中国气田开发丛书

火山岩气田开发

冉启全　任　东　王拥军　等著

石油工业出版社

内 容 提 要

本书系统介绍了火山岩气藏开发的基础理论和关键技术，重点介绍了火山岩气藏的建筑结构、储层模式、气藏模型及描述技术，火山岩气藏多重介质渗流机理、开发规律、开发动态模型和有效开发技术，并结合典型区块介绍了理论、技术的应用实例。

本书可供从事油气田开发的科技人员及相关高等院校的师生阅读参考。

图书在版编目（CIP）数据

火山岩气田开发／冉启全等著．
北京：石油工业出版社，2016.1
（中国气田开发丛书）
ISBN 978-7-5183-0807-1

Ⅰ. 火⋯
Ⅱ. 冉⋯
Ⅲ. 火山岩-岩性油气藏-气田开发
Ⅳ. TE37

中国版本图书馆 CIP 数据核字（2015）第 251897 号

出版发行：石油工业出版社
（北京安定门外安华里2区1号楼　100011）
网　　址：www.petropub.com
编辑部：(010) 64523735　图书营销中心：(010) 64523633
经　　销：全国新华书店
印　　刷：北京中石油彩色印刷有限责任公司

2016年1月第1版　2016年1月第1次印刷
889×1194毫米　开本：1/16　印张：36.25
字数：1010千字

定价：290.00元
（如发现印装质量问题，我社图书营销中心负责调换）
版权所有，翻印必究

《中国气田开发丛书》编委会

顾　　问：赵政璋　李鹭光　刘振武

主　　任：马新华

副 主 任：孟慕尧　张卫国　何江川

委　　员：（按姓氏笔画排序）

万玉金　马力宁　冉启全　任　东

江同文　杜志敏　李保柱　李海平

张明禄　陆家亮　胡　勇　胡永乐

贾爱林　廖仕孟　谭　健　熊建嘉

主　　编：马新华　孟慕尧

副 主 编：张明禄

《中国气田开发丛书》专家组

组　　长：孟慕尧

成　　员：（按姓氏笔画排序）

冉隆辉　李士伦　岳清山　袁愈久　钱　凯

《中国气田开发丛书·火山岩气田开发》
编 写 组

组　长：冉启全
副组长：任　东　　王拥军　　童　敏　　孙圆辉
成　员：闫　林　　董家辛　　王志平　　徐梦雅
　　　　李　宁　　彭　晖　　陈福利　　袁大伟
　　　　徐　青　　王少军　　王　强

序

我国常规天然气开发建设发展迅速，主要气田的开发均有新进展，非常规气田开发取得新突破，产量持续增加。2014年全国天然气产量达$1329 \times 10^8 m^3$，同比增长10.7%。目前，塔里木盆地库车山前带克深和大北气田，鄂尔多斯盆地的苏里格气田和大牛地气田，四川盆地的磨溪—高石梯气田、普光和罗家寨气田等一批大中型气田正处于前期评价或产能建设阶段，未来几年天然气产量将持续保持快速增长。

近年来，中国气田开发进入新的发展阶段。经济发展和环境保护推动了中国气田开发的发展进程；特别是为了满足治理雾霾天气的迫切需要，中国气田开发建设还将进一步加快发展。因此，认真总结以往的经验和技术，站在更高的起点上把中国的气田开发事业带入更高的水平，是一件非常有意义的工作，《中国气田开发丛书》的编写实现了这一愿望。

《中国气田开发丛书》是一套按不同气藏类型编写的丛书，系统总结了国内气田开发的经验和成就，形成了有针对性的气田开发理论和对策。该套丛书分八个分册，包括《总论》《火山岩气田开发》《低渗透致密砂岩气田开发》《多层疏松砂岩气田开发》《凝析气田开发》《酸性气田开发》《碳酸盐岩气田开发》及《异常高压气田开发》。编著者大多是多年从事现场生产和科学研究且有丰富经验的专家、学者，代表了中国气田开发的先进水平。因此，该丛书是一套信息量大、科学实用、可操作性强、有一定理论深度的科技论著。

《中国气田开发丛书》的问世，为进一步发展我国的气田开发事业、提高气田开发效果将起到重要的指导和推动作用，同时也为石油院校师生提供学习和借鉴的样本。因此，我对该丛书的出版发行表示热烈的祝贺，并向在该丛书的编写与出版过程中给予了大力支持与帮助的各界人士，致以衷心的感谢！

中国工程院院士 韩大匡

前 言

火山岩气藏是以火山岩为储层的特殊类型气藏，广泛分布于全球多个国家的沉积盆地中，蕴藏着丰富的天然气资源。但是，火山岩作为储层长期以来未得到足够重视，火山岩气藏一直未成为天然气开发的重点领域。近十多年来，我国松辽盆地、准噶尔盆地陆续发现数千亿方级规模储量，火山岩气藏开发引起了业界的广泛关注，其有效开发对满足日益增长的能源需求、改善能源结构和生活环境具有重要意义。

与常规气藏相比，火山岩气藏的主要特点为：一是储层成因特殊，由火山喷发作用形成；二是具有不同于沉积岩层状分布的多期次叠置非层状建筑结构模式；三是具有不同于沉积岩渐变式分布的强非均质性储层模式；四是具有受构造、内幕结构、多重介质控制的复杂气水系统特征；五是具有特殊的储渗模式和多重介质非线性渗流特征。

火山岩气藏是一个全新的研究领域，火山岩储层分布和开发规律认识不清，井位部署难度大，缺乏配套的有效开发技术，因此开发难度大。近十多年来，针对松辽盆地、准噶尔盆地火山岩气藏，通过室内实验、理论研究、技术攻关、现场试验和生产实践，火山岩气藏开发理论、技术取得创新性成果，实现了规模建产。

本书是对中国火山岩气藏开发成果的提炼和总结，系统介绍了火山岩气藏的开发特点、开发基础理论、特色开发技术和国内外开发实践，填补了火山岩气藏开发的理论和技术空白，对火山岩气藏及类似复杂类型气藏的有效开发具有重要指导作用和借鉴意义。

冉启全教授负责本书体系结构的制定和整体布局，冉启全、任东、王拥军、童敏负责技术思路、提纲制定和章节写作安排。

本书共分八章。第一章"绪论"由任东、冉启全、孙圆辉、闫林等编写；第二章"火山岩建筑结构与层序"由王拥军、孙圆辉、冉启全等编写；第三章"火山岩储层模式"由王拥军、冉启全、闫林、孙圆辉、徐青等编写；第四章"火山岩气藏特征与气藏模型"由孙圆辉、任东、冉启全、徐梦雅、李宁等编写；第五章"火山岩气藏渗流机理与开发规律"由童敏、冉启全、任东、董家辛、王志平、彭晖等编写；第六章"火山岩气藏开发动态描述与预测模型"由冉启全、任东、童敏、王志平、李宁、徐梦雅、王少军等编写；第七章"火山岩气藏开发技术"由冉启全、王拥军、童敏、董家辛、孙圆辉、王志平、彭晖、徐梦雅等编写；第八章"火山岩气田开发实践"由任东、童敏、王拥军、孙圆辉、王志平、陈福利、闫林、董家辛、袁大伟、王强等编写。

本书由冉启全、任东、王拥军、童敏统稿，冉启全、任东定稿。

在本书编写过程中，胡文瑞院士多次组织专家审查提纲，马新华、何江川、孟幕尧、李士伦、岳青山等专家具体组织本书的结构安排与内容审查，提出了很多建设性意见，郭尚平院士、裘怿楠教授多次给予指导，在此表示感谢！书中部分图、表引用了大庆油田有限责任公司、吉林油田公司、新疆油田公司等单位技术人员的研究成果，在此表示感谢！

由于火山岩气藏地质条件的复杂性及特有的开发难度，鉴于作者水平有限，书中疏漏和不当之处在所难免，恳请读者不吝赐教，批评指正。

本书编写组
2015年9月

目 录

第一章 绪论 ... 1
- 第一节 21世纪前火山岩气藏开发状况 ... 1
- 第二节 火山岩气藏地质特点及开发难点 ... 3
- 第三节 火山岩气藏开发理论和关键技术 ... 5
- 第四节 火山岩气藏开发前景 ... 10
- 参考文献 ... 10

第二章 火山岩建筑结构与层序 ... 12
- 第一节 火山岩建筑结构 ... 12
- 第二节 火山岩地层层序 ... 44
- 第三节 火山岩层序对比与层系划分 ... 49
- 参考文献 ... 55

第三章 火山岩储层模式 ... 59
- 第一节 火山岩储层类型与储层模式的概念 ... 59
- 第二节 火山岩储层演化模式 ... 66
- 第三节 火山岩储层分布模式 ... 84
- 第四节 火山岩储层储渗模式 ... 103
- 第五节 火山岩有效储层特征 ... 122
- 参考文献 ... 129

第四章 火山岩气藏特征与气藏模型 ... 132
- 第一节 火山岩气藏分类与特征 ... 132
- 第二节 火山岩气藏构造特征与构造模型 ... 141
- 第三节 火山岩气藏内幕结构特征与格架模型 ... 145
- 第四节 火山岩气藏储渗特征与属性模型 ... 151
- 第五节 火山岩气藏气水分布与流体模型 ... 160
- 第六节 火山岩气藏模型的应用 ... 165
- 参考文献 ... 166

第五章 火山岩气藏渗流机理与开发规律 ... 169
- 第一节 火山岩气藏微观可流动性特征 ... 169
- 第二节 火山岩气藏非线性渗流机理 ... 179
- 第三节 火山岩气藏开发规律 ... 200
- 参考文献 ... 223

第六章　火山岩气藏开发动态描述与预测模型 ······ 227
 第一节　火山岩气藏渗流机理与基本数学模型 ······ 227
 第二节　火山岩气藏动态描述模型与方法 ······ 231
 第三节　火山岩气藏产能预测模型与方法 ······ 266
 第四节　火山岩气藏开发数值模拟模型及方法 ······ 286
 参考文献 ······ 301

第七章　火山岩气藏开发技术 ······ 304
 第一节　有效储层预测与井位优选技术 ······ 304
 第二节　提高火山岩气藏单井产量技术 ······ 354
 第三节　火山岩气藏产能评价与优化配产技术 ······ 390
 第四节　火山岩气藏动态描述技术 ······ 418
 第五节　火山岩气藏数值模拟技术 ······ 447
 第六节　火山岩气藏开发模式及技术政策优化技术 ······ 458
 参考文献 ······ 481

第八章　火山岩气田开发实践 ······ 486
 第一节　火山岩气藏类型及开发程序 ······ 486
 第二节　CC/YT火山岩气田开发 ······ 493
 第三节　SS/XX火山岩气田开发 ······ 515
 第四节　DD火山岩气田开发 ······ 537
 第五节　日本火山岩气田开发 ······ 558
 参考文献 ······ 568

第一章 绪 论

火山岩作为油气储层为人们所认识已有近百年历史，但由于其成因特殊、隐蔽性强、本身不能生成油气等特点，长期以来被看作油气勘探开发的禁区[1]。早期火山岩油气藏通常是"兼探发现"或"偶然发现"，加之其占有的储量和产量比之沉积岩储层为数甚微，因此长期以来，石油地质学界对其重视和研究程度相对较低，而从油气开发角度的研究程度更低。进入21世纪以来，中国在松辽盆地和准噶尔盆地陆续发现了数个储量规模达千亿立方米的大型火山岩天然气藏，资源量达到数万亿立方米，向世人展现了该类气藏巨大的资源及开发潜力。

由于火山岩天然气藏（以下简称火山岩气藏）成因特殊，储层条件及渗流机理复杂，缺乏成熟的理论、技术指导，因此有效开发面临诸多挑战。近十年来，中国火山岩气藏开发经历了从前期评价到开发调整的多个阶段，通过实践—认识—再实践的探索和逐步积累，比较系统地形成了火山岩气藏开发理论和技术，推动了中国火山岩气藏有效开发和快速上产。

本书是近十年来中国火山岩气藏开发形成的理论、技术和模式的总结，是在开发实践基础上对火山岩气藏储层、渗流机理、开发规律的认识以及配套的火山岩气藏描述、开发技术的总结和提升，目的是抛砖引玉、启发思路，推动火山岩气藏开发技术的进步，并为类似隐蔽性气藏及复杂岩性气藏的有效开发提供借鉴。

第一节 21世纪前火山岩气藏开发状况

火山岩气藏作为一种特殊的气藏类型，广泛分布于世界多个含油气盆地中。全球已发现的与火山岩有关的油气藏多达数百个，广泛分布于中国、日本、美国、澳大利亚、印度尼西亚、刚果、巴西等100多个国家的沉积盆地中[2,3]（图1—1）。从目前已发现火山岩气藏特点来看，单个气藏储量规模一般较小，地质储量多小于$300\times10^8m^3$，但也有大型气藏，例如澳大利亚Browse盆地Scott Reef油气藏天然气地质储量超过$3000\times10^8m^3$；储量丰度一般较低，多小于$2.5\times10^8m^3/km^2$，但局部高丰度区可达$20\times10^8m^3/km^2$，如日本Niigata盆地Yoshii–Kashiwazaki火山岩气藏西北高点天然气储量丰度达到$22\times10^8m^3/km^2$。

火山岩气藏的开发以日本最早。以吉井—东柏崎气田为例，该气田于1968年发现，是一个狭长形背斜圈闭、强水驱的绿色凝灰岩气藏，埋深2310~2720m，储集空间类型以次生溶蚀孔型和裂缝型为主，孔隙度7%~32%，渗透率5~150mD；气藏有效厚度54~57m，叠合含气面积27.8km²，原始可采储量$118\times10^8m^3$；气藏开发过程中共钻井46口，其中15口井投入生产，单井日产最高$50\times10^4m^3$，已累计产气$88\times10^8m^3$。该气藏类似于层状构造气藏，分布多以中心式喷发形成的锥状或盾状火山机构为中

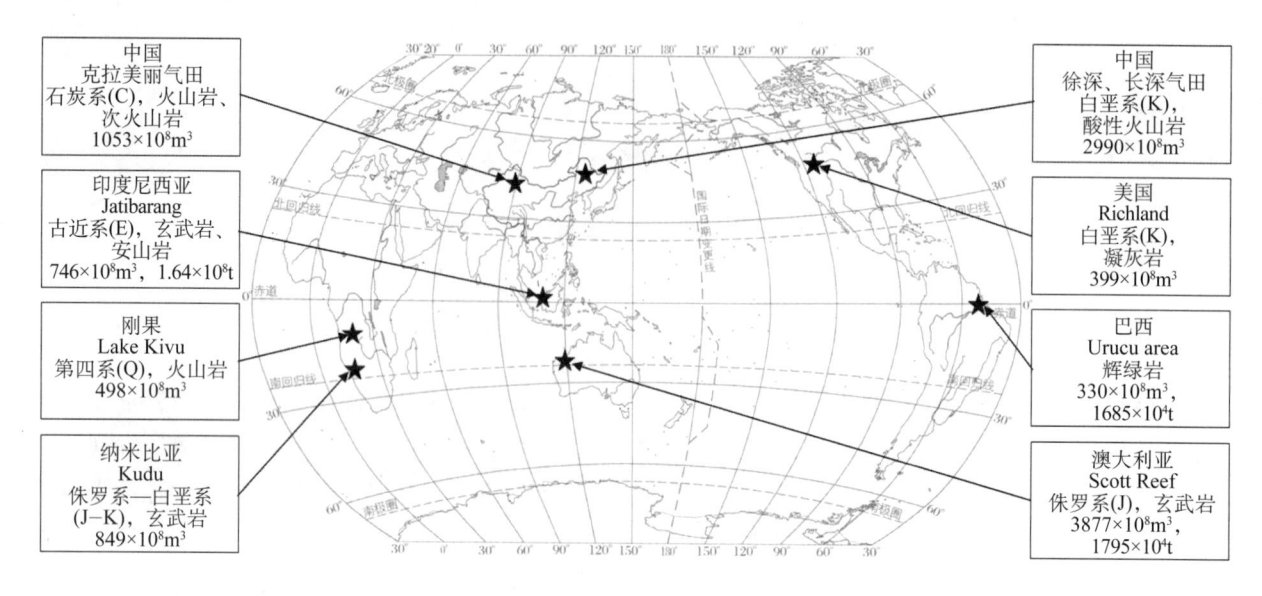

图1-1 全球代表性火山岩气藏分布图

心展布，储量规模小，气藏开发以简单满足生产为目的，未开展相关的开发理论和技术研究。其后虽然在加纳、巴西、澳大利亚、美国等地不断发现火山岩气藏，但开发效果并不理想。国内的火山岩气藏较早投入开发的是1985年发现的曹家务古近系辉绿岩火山岩气藏和1986年发现的新疆佳木河组火山岩气藏，其次是1992年发现的周公山玄武岩气藏[4, 5]，同样由于气藏规模小，多采用简单方式开发。1993年，准噶尔盆地陆梁隆起DD5井钻遇石炭系火山岩气层，但气藏规模总体偏小，对储量和产量的贡献较为有限[6]。

因此，21世纪前对于火山岩气藏开发一直很少进行系统研究，整体研究程度较低，更没有形成相关开发理论和开发技术。

纵观国内外火山岩气藏的开发历程，大致可分为4个阶段：

(1) 未认识阶段（20世纪50年代以前）。基于传统石油地质理论，认为火山岩与油气是水火不相容的。因此，火山岩被作为油气勘探开发的禁区。

(2) 发现阶段（20世纪50年代初至60年代末）。在一些偶然发现的火山岩油气藏中出现了日产千吨以上的高产油井，人们开始认识到火山岩中聚集油气并非异常现象，从而引起了一定的重视，并开始在局部地区围绕火山岩进行有目的的勘探。

(3) 探索阶段（20世纪70年代至20世纪末）。随着一些火山岩油气藏的陆续发现，人们开始对此类油气藏的地质和开发特征进行探索性的研究，但这些研究工作较粗浅，缺乏系统性[7]。主要研究工作包括：①开展地面露头研究；②进行火山岩岩石类型及岩相分析；③建立火山岩储层评价方法；④通过室内实验，分析储层物性；⑤对开发特征作初步研究。

(4) 发展阶段（21世纪以来）。伴随着中国松辽盆地深层、准噶尔盆地等火山岩气藏规模性发现，该类气藏开发已成为国内天然气勘探开发的重要领域。国内针对火山岩气藏开展了系统的研究工作，通过十多年实践—认识—实践的反复探索、逐步积累，形成了一套成熟可行的火山岩气藏有效开发理论与技术，并在火山岩气藏开发中得到了工业化应用，实现了该类气藏的规模有效开发[8, 9]。

第二节 火山岩气藏地质特点及开发难点

一、火山岩气藏的地质特点

火山岩气藏储层成因特殊、地质条件复杂，其建筑结构、储层特征和气水分布等与常规沉积岩气藏存在显著差异。

（1）储层成因特殊，地质条件复杂。由于火山岩本身不能生成油气，火山岩气藏的形成及分布受气源、储层、源储配置等因素的综合控制，具有隐蔽性；同时，火山岩储层成因特殊，其形成受喷发环境（水上喷发、水下喷发等），喷发方式（中心式、裂隙式等），喷发能量(强、弱等)，喷发期次（单期次、多期次），熔浆性质（酸性、中性、基性），喷发量（多、少），喷发频率（持续稳定喷发、间歇式喷发），古地形地貌（平缓、陡峭），后期改造（风化、构造碎裂、溶蚀等）等多种因素控制，储层地质条件复杂[5, 10–14]。

（2）具有非层状叠置式建筑结构。受多火山口、多期次喷发影响，火山岩建筑结构表现为多级次性特征，从大到小划分为火山岩建造、火山机构、火山岩体、火山岩相、储渗单元等结构单元，各级结构单元形态多样、规模差异大，表现为叠置型、非层状特征[15–18]。

（3）孔洞缝均有发育，具有多重介质特征，渗流机理复杂。火山岩储层储集空间类型多，洞、孔、缝均有发育，主要类型包括气孔、粒间孔、溶蚀孔及多种裂缝。不同类型洞、孔、缝形态多样、孔径变化大，喉道类型多、形态复杂，喉道半径变化大，洞、孔、缝与喉道组合关系复杂，储渗模式及渗流机理复杂。

（4）储层变化快、非均质性强。火山岩储层形态、规模差异大，纵横向变化快、分布零散、连续性差，储层内部孔隙形态、大小及发育程度差异大、变化快，储层平面、层间及层内非均质性强。

（5）具有多个气水系统，气水关系复杂。火山岩气藏气水分布受构造、内幕结构及多重介质控制，总体表现为"上气下水"的分布特征，但不同火山机构、不同火山岩体的气水界面不尽相同，表现为多个气水系统。在单个气水系统内部，由于储层物性、非均质性、裂缝等的差异，基质和裂缝中的含气饱和度不同，不同物性储层基质中气水界面也存在一定差异，因此，气藏气水关系复杂。

二、火山岩气藏的开发特点

火山岩气藏建筑结构、储层特征、气水分布、储渗模式和渗流机理的复杂性使得该类气藏具有不同于沉积岩的开发特点，主要表现为：

（1）产能差异大、分布不均衡。火山岩储集岩性多、变化快、物性差异大，非均质性极强，导致气井产能差异大。从物性特征来看，火山岩高孔高渗、中孔中渗、低孔低渗以及致密储层均有发育；从储集岩性来看，火山岩储层分布于熔岩、火山碎屑岩、碎屑熔岩等多种火山岩岩石中，岩性、岩相变化快。对于物性好的储层，采用常规技术就能获得较高的自然产能；对于物性较差的储层，其自然产能低，需要通过压裂改造才能获得工业气流；而对于致密火山岩气藏，基本无自然产能，需要进行体积压裂改造才能解放单井产能。例如XX气田XX21区块，其单井初期稳定日产量从自然产能 $20 \times 10^4 m^3$ 到压裂后小于 $1 \times 10^4 m^3$ 的气井都有分布，井距小于500m的两口相邻井其初期稳定产能最高相差5倍以上。由此说明，火山岩不同气藏、同一气藏内的气井产能差异大，变化幅度大。

(2) 产量递减快、稳产难度大。火山岩发育孔隙型、裂缝型、裂缝—孔隙型、孔隙—裂缝型等多种不同类型的储层，其渗流机理和产量动态变化特征不同。对于裂缝型和孔隙—裂缝型储层，生产过程中以裂缝供气为主，气井投产初期产量高，但由于裂缝能量消耗快且供给量十分有限，基质对裂缝的补给严重不足，气井投产初期产量即快速递减；对于裂缝—孔隙型储层，生产过程中裂缝、大孔隙优先向井筒供气，使得气井具有较高的初期产量，但由于大孔隙和裂缝的能量消耗较快，而大量基质小孔的连通及补给能力不足，使得气井产量发生较大幅度的递减；而对于孔隙型储层，生产过程中以孔隙供气为主，稳产能力相对较好，但容易受火山岩储层较强非均质性和较差连通性、连续性的影响。从火山岩气藏实际生产特征来看，气藏的年综合递减率一般在30%以上，最高可达80%。因此，火山岩气藏总体具有产量递减快、稳产难度大的特点。

(3) 井控储量和单井累计产气量变化大。储层的储渗能力、规模大小和内部连通性特征决定了井控储量大小和最大单井累计产气量。火山岩储层连通性差、储渗单元形态与规模、储渗能力变化大，导致火山岩气藏单井控制储量变化大，$(0.001～20) \times 10^8 m^3$均有分布。据中国目前已投入开发的火山岩气藏统计表明，高效火山岩气藏直井井控储量大，可达$10 \times 10^8 m^3$以上，一般为$(4～6) \times 10^8 m^3$，该类气藏所占比例较低，仅为20%左右；低效火山岩气藏直井井控储量相对较低，多分布在$(1～2) \times 10^8 m^3$，该类气藏所占比例约为30%；而致密火山岩气藏的井控储量低，直井井控储量多小于$1 \times 10^8 m^3$，该类气藏是火山岩气藏的主体，所占比例约为50%。火山岩气藏井控储量差异大、储层非均质性强等导致单井累计采气量变化大，$(0.001～10) \times 10^8 m^3$均有分布，其中小于$0.5 \times 10^8 m^3$的井占50%以上。

(4) 出水类型多，裂缝沟通气层和水层，易发生水淹。火山岩气藏通常存在边底水、层间可动水、层内束缚水、气层内凝析水等多种水体形式，气层与水层之间具有直接接触、间接接触、裂缝串通等多种连通方式。加之裂缝发育是火山岩气藏的重要特点之一，由天然裂缝和人工压裂缝组成的缝网系统极易成为边底水上窜通道。因此，气井在生产过程中极易发生水窜、水锥，造成气井产水。

三、火山岩气藏的开发难点

火山岩气藏开发是一个新的研究领域，加之其特殊、复杂的开发地质条件，21世纪初，中国开始规模开发该类气藏时，缺乏成熟的开发理论与技术可供借鉴，如何有效开发该类气藏面临诸多挑战。其开发难点主要体现在：

(1) 储层成因及分布规律复杂，认识难度大。传统的油气开发地质理论多是基于沉积成因、层状储层展开的，难以适应火山岩喷发成因、非层状储层的特点。火山岩储层的分布受火山岩多中心、多期次喷发、快速堆积特点的影响，表现为复杂的多级次非层状叠置型的建筑结构，导致气藏复杂建筑结构特别是低级次结构的认识难度较大。同时，火山岩气孔型、粒间孔型、溶孔型、裂缝型等不同类型储集空间的成因不同、演化过程复杂，缺乏有关火山岩不同类型储层和储集空间分布模式的指导。因此，要发展火山岩气藏开发地质的模式和理论，解决对储层成因和分布规律等的认识问题。

(2) 储层描述和预测困难，井位优选难度大。火山岩骨架参数变化大、孔隙类型多、孔隙中流体分布及赋存状态复杂，岩石导电方式及组合类型多，测井响应机理复杂。同时，火山岩储层岩石类型多、变化快，储集空间及流体性质较为复杂，储层信息难以被地震资料检测和分辨，导致有效储层的预测面临巨大挑战。火山岩气藏具有多级次复杂建筑结构，储层非均质性强，流体分布规律复杂，构造控制及属性建模难度大。储层描述和预测难题加大了火山岩气藏储渗单元评价及预测难度和布井风险，从而给井位优选带来困难。因此，要发展火山岩气藏储层描述和预测技术，解决储层认识难题，为井位优选和井网部署等提供支撑。

（3）渗流机理复杂，开发特征和开发规律认识面临挑战。火山岩储层中洞、孔、缝均有发育，且配置类型多、结构复杂，为多重介质储层，渗流机理复杂，常规渗流理论难以适应。由于缺乏适合火山岩气藏地质特点的非线性渗流理论和模型，导致不同类型介质不同开发阶段的流体渗流特征认识、火山岩气藏产能预测、动态储量评价、储层参数动态解释以及开发指标等预测难度大。因此，要发展适合火山岩气藏地质特点的渗流理论和开发模型，解决开发特征和开发规律认识难题。

（4）缺乏有效开发模式和相应配套技术，火山岩气藏规模效益开发难度大。火山岩气藏分布零散、储量规模及品质差异大，储层连续性差、非均质性强，建立适合火山岩气藏复杂地质条件的井位井网模式、建产模式及开发模式难度大。同时，由于缺乏适合该类气藏的动态描述、产能评价、开发优化等配套技术，导致火山岩气藏开发效果差、方案指标符合率低、气藏开发效益差。因此，要创新火山岩气藏开发模式，发展相应配套技术，解决火山岩气藏规模效益开发难题。

第三节　火山岩气藏开发理论和关键技术

针对火山岩气藏复杂的地质条件、特殊的开发特点和诸多开发难点，在缺乏开发基础理论指导和可借鉴开发技术的情况下，从火山岩气藏开发地质及有效开发理论入手，通过建立适合火山岩气藏特点的有效储层预测与井位优选技术、提高单井产量与开发优化技术，解决火山岩气藏储层认识与井位优选、开发规律与开发模式等难题，指导火山岩气藏规模有效开发。研究思路见图1-2。

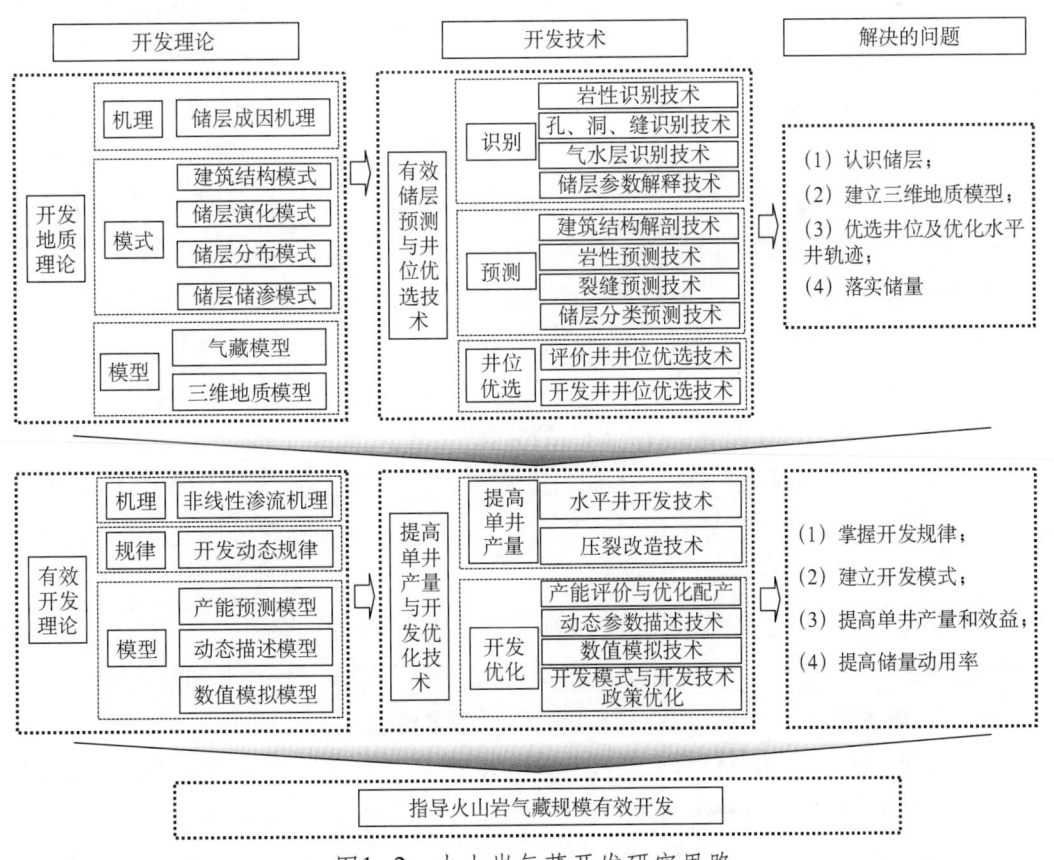

图1-2　火山岩气藏开发研究思路

一、火山岩气藏主要开发理论

火山岩气藏开发理论由开发地质理论和有效开发理论两部分内容构成。其中，火山岩气藏开发地质理论重点介绍火山岩气藏有效储层成因机理与火山岩气藏建筑结构模式、储层演化模式、储层分布模式、储层储渗模式以及火山岩气藏模型与三维地质模型等，其目的是解决火山岩复杂储层成因及其分布模式、模型的认识问题；火山岩气藏有效开发理论主要介绍火山岩气藏非线性渗流机理、开发规律及开发模型等，其目的是解决火山岩气藏渗流及开发规律、开发模型的认识问题。

1. 开发地质理论——储层成因机理、储层模式、气藏模型

（1）储层成因机理。火山岩储层的成因受火山熔浆挥发分逸散、火山碎屑空落堆积、差异化溶蚀、冷凝收缩、气液爆炸、构造碎裂等作用的共同影响，而不同类型储层其主要成因机理和发育特点不同。其中，气孔型储层是由高温熔浆冷凝并经各种成岩作用而形成的，主要发育于火山熔岩中，其成因主要受挥发分含量、熔浆内外压差、冷凝速度等的控制；粒间孔型储层是由气液爆炸作用将火山熔浆或围岩炸成碎片，再经堆积作用和各种成岩作用而形成的，主要发育于火山碎屑岩中，其成因主要受火山爆发能量、火山碎屑大小及堆积方式等控制；溶蚀孔型储层是火山岩在后期成岩作用下不断遭受溶解作用，发育大量溶蚀孔隙而形成的，可发育于各类火山岩中，其成因主要受风化淋滤和埋藏溶蚀作用时间及强度、CO_2含量、有机酸类型、易溶组分含量等控制；裂缝型储层是基质孔隙发育程度相对较低而各种成因类型裂缝都较发育的储层类型，可发育于各类火山岩中，其成因主要受构造作用强度、气液爆炸强度、冷凝收缩不均匀性及冷凝速度等控制。

（2）储层模式。火山岩储层特殊的成因机理使得其建筑结构模式、储层演化模式、储层分布模式、储层储渗模式与常规沉积岩储层存在显著差异。①建筑结构模式。根据火山岩的成因、结构及岩石共生组合关系，火山岩建筑结构从大到小依次可划分为火山岩建造、火山机构、火山岩体、火山岩相、储渗单元等五级。不同级别建筑结构的形态、规模、叠置关系及其对储层展布、流体分布和储层连通性等的控制作用不同。②储层演化模式。火山岩气孔、粒间孔、收缩缝、炸裂缝等原生孔缝的形成、损失、保存机理和溶蚀孔、脱玻化微孔、构造缝、风化缝等次生孔缝的形成机理各不相同，建立不同类型储层的演化模式，对火山岩储层预测具有理论指导意义。③储层分布模式。火山岩溢流气孔型、爆发粒间孔型、溶蚀孔型、裂缝型、混合型等不同类型储层的成因机理不同，储层空间分布模式、储层连续性特征及连通性特点不同。火山岩储层分布模式研究对指导火山岩气藏有效储层分类预测、富集区优选及井位优化设计具有重要指导意义[19]。④储层储渗模式。火山岩储层发育分单一型、复合型两大类以及气孔型、粒间孔型、微孔型、裂缝型、裂缝—气孔型、裂缝—粒间孔型、裂缝—微孔型、裂缝—溶孔型等8种主要储渗模式，不同储渗模式储层的储集、渗流能力的差异性导致气井产能大小和稳产能力不同。火山岩储层储渗模式的建立对火山岩气藏渗流机理分析及产能影响因素研究具有指导意义。

（3）气藏模型。火山岩气藏发育火山喷发旋回、火山机构和火山岩体等多层次的构造，具有复杂的气藏内幕结构和多重介质储渗特点，流体性质及气水分布差异大，该类气藏的气藏模型、三维地质模型与常规砂岩、碳酸盐岩气藏均存在较大差异。①模型多样性。火山岩气藏具有原位、异位、复合等多种储层成因类型和构造、内幕结构、岩性、复合等多种圈闭类型，储层品质存在高效、低效和致密之别，流体性质包括含CO_2、含凝析油和常规干气气藏等，不同类型气藏的开发技术对策不同。②三维地质模型。真实反映火山岩气藏多级内幕结构、多重介质储层及复杂流体分布的气藏特点。其中，

构造模型反映了火山岩气藏火山喷发旋回、火山机构和火山岩体等多层次构造形态及其变化;格架模型反映了火山岩气藏多级内幕结构的形态、规模、叠置关系及空间分布;属性模型反映了火山岩气藏构造、格架对储层属性的控制作用以及储层基质、裂缝的储集、渗流能力;流体模型反映了火山岩气藏构造、格架、储层属性对流体的控制作用以及气藏内部气水界面、流体组分、饱和度的变化[20-21]。

2. 有效开发理论——非线性渗流机理、开发规律及开发模型

(1) 非线性渗流机理。火山岩储层发育不同尺度孔、洞、缝,为多重介质储层,孔隙结构复杂,物性差异大,其渗流机理与常规单一介质储层不同。火山岩储层非线性渗流机理主要表现在3个方面:一是不同尺度孔缝介质中流体渗流流态复杂,引起流体渗流呈现非线性特征;二是储层应力敏感引起孔喉变形、裂缝闭合,进而导致流体非线性渗流;三是不同尺度多重介质"接力"排供气特征导致流体渗流呈现非线性渗流特征。

(2) 火山岩气藏开发规律。火山岩气藏开发规律受复杂内幕结构、多重介质储层以及复杂流体分布等内因和开发方式与技术政策、工艺措施等外因的共同影响,使得不同类型气藏的生产动态规律、井控动态储量变化规律、产水规律不同。①火山岩气藏生产动态规律。火山岩气藏发育有1种裂缝型储渗模式、2种孔隙型储渗模式和3种裂缝—孔隙型储渗模式等,不同储渗模式下气井在初期高产阶段、产量递减阶段和低产稳产阶段的产量、压力及其变化特征不同。②井控动态储量变化规律。对于低渗孔隙型储层,由于储层物性相对较差,压力波传播速度慢,随着生产时间的延长,压力波传播范围逐渐扩大,泄气半径增大,气井控制动态储量会逐渐增加;对于多重介质储层,在"接力"排供气机理的作用下,大孔大缝、中孔小缝、小孔微缝中的流体逐级被动用,井控动态储量逐渐升高;对于气藏开发过程中的边底水侵入,由于火山岩气藏普遍发育边底水,气藏开发过程中同时受边底水侵入影响,特别是裂缝性水窜形成水封时,会导致井控动态储量降低。③产水规律。火山岩气藏产水类型主要为凝析水、层间水、可动水及边底水,不同类型水体的产出机理、产出时机、产水特征及对气井生产的影响不同。

(3) 火山岩气藏开发模型。火山岩气藏气井初期产量高、递减快,产能差异大、分布不均衡,多数井需压裂投产。从火山岩气藏非线性渗流机理入手,根据储渗单元类型、形态、叠置关系及孔、洞、缝发育特点,建立火山岩气藏开发模型:一是火山岩气藏直井、水平井自然投产和压裂投产状态下的产能预测模型与方法;二是火山岩气藏不同储层介质、复杂边界形态的直井、水平井储层动态参数描述模型;三是火山岩气藏多重介质非线性渗流数值模拟模型。

二、火山岩气藏开发关键技术

火山岩气藏开发关键技术由有效储层预测与井位优选、提高单井产量与开发优化两部分构成。其中,火山岩气藏有效储层识别与井位优选技术重点介绍有效储层识别、预测和井位优选等,内容涵盖气水层识别、储层参数解释、建筑结构解剖、储层分类预测和井位优化设计等,其目的是解决火山岩气藏储层认识和井位优选、水平井轨迹优选设计问题,并为储量评价提供技术参数;火山岩气藏提高单井产量与开发优化技术由提高单井产量和开发优化两部分构成,内容涵盖水平井开发、压裂改造增产、产能评价与优化配产、动态参数描述、气藏数值模拟、开发模式与开发技术政策等,其目的是提高火山岩气藏单井产量和井控动态储量,并通过开发优化设计提升气藏整体开发效果和效益。

1. 火山岩气藏有效储层预测与井位优选技术

(1) 有效储层识别技术。火山岩气藏岩性复杂、多尺度孔洞缝发育、物性变化快、气水关系复杂，测井响应具有较强多解性，有效储层识别难度大。因此，火山岩气藏有效储层识别问题需要采取从岩性到孔洞缝再到流体和储层参数的递进式识别技术。①岩性识别技术。在岩石分类和命名的基础上，综合利用岩石化学分析及ECS测井、岩心描述及FMI成像测井、多种类型常规测井等资料，采用TAS图版解释、FMI图像分析、敏感参数交会及聚类分析等方法，通过识别岩石成分、结构构造和成因类型，综合评价火山岩岩性特征。②孔、洞、缝识别技术。采用岩心描述、铸体薄片鉴定、成像测井图像分析、核磁共振测井T_2谱分析及常规测井半定量解释等方法，识别火山岩储层孔、洞、缝并评价其发育特征。③气水层识别技术。综合利用地质录井、地层测试和各种测井资料，采用综合解释的思路，分岩性建立气层、水层解释模型，有效识别火山岩气藏中的气层、水层。④储层参数解释技术。定性分析与定量计算相结合，理论计算与统计模型相结合，分岩性、分储渗类型，考虑复杂流体变化的影响，改进储层参数解释模型，提高火山岩储层孔隙度、渗透率和饱和度参数的计算精度。

(2) 有效储层预测技术。火山岩有效储层发育多种类型多种尺度孔、洞、缝，同时受复杂建筑结构和岩性岩相控制，分布规律复杂，预测难度大。因此，火山岩气藏有效储层预测需要从建筑结构解剖入手，通过岩性岩相和裂缝预测，采用建筑结构和储层分布规律共同约束的体控地震反演技术以及有效储层分类标准和气水关系约束的分类预测技术来实现。①建筑结构解剖技术。在火山岩建筑结构模式和储层模式指导下，针对各级结构单元的地质、测井、地震响应特征，运用井震结合等手段，进行火山岩气藏内幕结构逐级解剖，搞清火山岩各级次结构单元的形态、规模、分布及叠置关系。②岩性预测技术。由于岩石成分和内部结构构造不同，不同类型火山岩具有不同的地震频率、振幅、相位特征以及地震反射形态，采用分频属性反演方法实现火山岩岩性的预测。③裂缝预测技术。火山岩储层裂缝带在地震上表现为能量减弱、频率降低、连续性变差、波阻抗降低的特点，采用地震属性分析法、裂缝参数地震反演方法实现火山岩裂缝的预测。④储层分类预测技术。利用建筑结构解剖和岩性预测成果，通过"体控"地震反演提高参数预测精度，获取三维波阻抗数据体和储层特征参数数据体；在此基础上，建立火山岩储层地震分类标准，结合气水分布约束提取分类有效厚度，实现有效储层精细预测。

(3) 井位优选技术。火山岩气藏储量品质差异大、变化快，井位优选面临着复杂储层内幕结构、复杂气藏气水关系和不均衡的产能分布带来的困难和挑战。火山岩气藏井位优选需要根据内幕结构表征和有效储层分布预测结果，针对不同开发阶段的布井目标和已有井网及资料条件进行优选。①评价井井位优选技术。火山岩气藏开发前期评价阶段井网控制程度低、气藏地质特征和产能特征认识程度低，评价井部署需要面向不同构造部位、岩性岩相类型、裂缝发育程度、储层类型和储渗单元，达到有效控制气藏、认识气藏的目的。②开发井井位优选技术。火山岩气藏进入开发阶段以后，已形成了由探井、储量评价井和开发评价井构成的基础井网，对气藏地质特征和产能特征也有了较为清楚的认识。开发井部署需要在井网井距约束下，按照"整体评价、滚动开发、逐步完善井网"的思路，优选构造高部位及有利微构造、有利岩性岩相带、裂缝发育带、储层物性好、储渗单元规模大、气层厚度大的区域优先部署开发井，以提高钻井成功率和高效井比例，并及时建成配套生产能力。

2. 火山岩气藏提高单井产量与开发优化技术

(1) 提高单井产量技术。火山岩气藏储层非均质性强、气井产能变化大，同时存在高效、低效和致密3种不同的火山岩气藏类型，提高单井产量是实现高效气藏高效开发、低效气藏效益开发和致密气藏有效开发的关键。火山岩气藏提高单井产量的技术手段主要包括两个方面：①水平井开发技术。综合考虑火山岩气藏内部各火山岩体形态及分布、构造特征、储渗单元的展布和裂缝发育情况等，优化水平井井位、水平井段方向和空间轨迹等，减小水平井部署风险；同时，综合运用类比法、气藏工程、数值模拟等方法，对火山岩气藏水平井参数，包括水平段长度、射孔参数等进行优化，使水平井与储渗单元分布形态、叠置关系、规模大小相适应，从而达到提高储层钻遇率和储量动用程度的目的[22]。②压裂改造技术。针对火山岩气藏储层普遍具有埋藏深、高温、高压、高硬度，具有边底水、储层物性差异大，压裂改造困难等特点，综合考虑火山岩气藏储渗单元的形态、规模以及气水分布等，以火山岩气藏储层岩石裂缝起裂与延伸机理为基础，对于物性差、低渗透率、单井产量低的低效气藏采用适度规模压裂技术提高单井产量；对于致密气藏，需采用长水平井段+体积压裂技术提高单井产量，使得致密气藏得到有效动用，从而实现了无产变有产、低产变高产。

（2）开发优化技术。火山岩气藏发育不同尺度的气孔、溶蚀孔、粒间孔和裂缝等多重介质，岩性及物性变化快，储层非均质性强，井控动态储量和单井产量差异大，在气藏开发过程中需要对气井产能、井控动态储量、开发指标和开发技术政策等进行优化，以提升气藏的开发效果。火山岩气藏开发优化主要通过4项技术来实现：①产能评价与优化配产技术。从火山岩气藏储层特点出发，对于试气试采气井，综合考虑稳定试井、等时试井、修正等时试井及单点稳定流动测试方法获得的生产动态资料，评价气井产能；对于完钻未试气井或新井，则利用不同井型、不同储渗模式的气井产能预测模型预测气井的产能。然后根据优化配产原则，按照合理利用地层能量、合理优化生产压差、考虑稳产期的优化配产等配产方法进行单井配产。通过有效协调采气速度和不同介质渗流速度的合理匹配，实现不同介质间的均衡动用，降低残余气饱和度，从而达到充分解放气藏产能，提升开发效果的目的[23]。②储层参数动态描述与井控动态储量评价技术。根据火山岩储层不同尺度孔洞缝的介质类型，选择考虑高速非达西、滑脱效应、应力敏感等复杂渗流机理和边界条件影响的动态描述模型，采用解析解法、数值求解法、典型图版法等求解技术，描述火山岩气藏储层渗透率、探测半径、表皮系数、窜流系数、储容比、流度比、储能系数比、裂缝半长等参数；同时结合气井生产动态资料，对于高孔隙度、高渗透率火山岩气藏采用压降法、压力恢复法等常规分析评价井控动态储量，对于低孔隙度、低渗透率火山岩气藏采用Blasingame法、A.G.法、NPI法等现代分析方法评价不同类别气井的井控动态储量[24]。③火山岩气藏数值模拟技术。利用反映火山岩气藏多级内幕结构、多重介质储层及复杂流体分布的构造、格架、属性及流体模型；优选适合火山岩气藏孔洞缝分布规律的双孔双渗、双孔单渗或单一介质渗流模型；在对生产动态资料进行历史拟合的基础上进一步修正地质模型；基于机理分析和开发技术政策优化，针对目标区块通过多个方案设计与对比，最终预测推荐方案的开发预测指标[25]。④开发模式与开发技术政策优化技术。从火山岩气藏开发的技术经济角度出发，针对不同的气藏类型，建立了不同的开发模式。对于高效气藏采用"稀井网大井距、井网一次成型、水平井开发的"少井高产"开发模式；对低效气藏采用"不规则小井距、井网多次成型以及直井/水平井压裂"的开发模式；对于致密气藏则采用非常规技术——长水平井段水平井体积压裂实现致密火山岩气藏的有效开发。明确不同开发模式下的采气速度、合理生产产量、井网井距优化部署、气藏的产能规模与稳产年限等开发技术政策，形成了不同开发模式下开发技术政策优化技术，对于实现各类高效、低效及致密火山岩气藏的科学有效开发，提高气藏的整体开发水平具有重要意义。

进入21世纪以来，中国火山岩气藏开发理论、技术虽然取得了较快的发展和较大的提高，但还有很多方面需要不断充实、完善和提高：（1）高效火山岩气藏。该类气藏已取得较好的开发效果，目前主要面临气井见水和如何进一步提高采收率低的问题，需要重点发展气藏四维动态描述、气藏开发规律及动态调整、综合防水、治水及提高采收率等理论与技术。（2）低效和致密火山岩气藏。该类气藏储量动用程度低、开发潜力巨大，目前主要面临产量低、递减快、开发效益差的问题，需要重点发展低渗透率、致密气藏微孔、微缝及脆性甜点富集模式，面向微纳米孔缝、喉道的储层微观表征技术，气藏非线性渗流机理及全生命周期产能预测技术等。（3）要创新开发模式、转变开发理念。结合非常规油气开发理念，通过"直井→常规水平井→长水平段水平井"、"不压裂→常规压裂→体积压裂"等理念的转变和新技术的应用，实现"高效→低效→致密"等不同类型火山岩气藏的规模效益开发。

第四节 火山岩气藏开发前景

火山岩气藏作为一种特殊的气藏类型，是天然气开发的一个新领域。目前，已在全球100多个国家的300多个沉积盆地中发现了火山岩油气藏，说明该类油气藏分布广泛，开发前景较为广阔。

（1）全球火山岩天然气资源丰富。火山岩在全球广泛分布，地域上覆盖了环太平洋、地中海和中亚地区，纵向上发育于太古宇、石炭系、二叠系、白垩系和古近系等多套地层，统计结果表明，火山岩是沉积盆地早期充填的重要组成部分，充填体积占到盆地总体积的1/4[26]，说明火山岩气藏发育具有坚实的物质基础。火山岩气藏发现和利用的潜力较大。

（2）火山岩气藏开发潜力较大。随着常规天然气资源的减少以及人们对火山岩气藏重视程度的提高，火山岩气藏开发理论、技术在全球范围内的推广应用将使得越来越多的火山岩气藏得到有效开发，而火山岩天然气在世界天然气工业发展中必将发挥更加重要的作用。

（3）已探明未开发的火山岩气藏仍具有相当的开发潜力。火山岩天然气资源丰富，但是品质差异大，包括高效、低效和致密等不同类型。从目前已开发类型来看，中高渗透率的高效火山岩气藏已实现了规模有效开发，相对低渗透率的低效火山岩气藏仅有小部分投入了开发，而致密火山岩气藏基本没有动用。在整个火山岩天然气储量构成中，低渗透率和致密火山岩气藏占主体，具有相当大的开发潜力。

参 考 文 献

[1] 江怀友，郭建平，郭士尉. 世界火成岩气藏勘探开发现状与展望[J]. 天然气技术，2010，4(2)：8-10.

[2] Zorin Y A. Geodynamics of the Western Part of the Mongolia—Okhotsk Collisional Belt, Trans-Baikal Region (Russia) and Mongolia[J]. Tectonophysics, 1999, 306：33-56.

[3] Schutter S R. Occurences of Hydrocarbons in and Around Igneous Rocks [J]. Geological Society London Special Publications, 2003, 214:35-68.

[4] 唐伏平，柳海，石新朴，等. 准噶尔盆地火成岩气田开发现状及展望[J]. 新疆石油地质，2009，30（6）：710-713.

[5] 赵澄林，陈丽华，等. 中国天然气储层[M]. 北京：石油工业出版社，1999.

[6] 李海平，贾爱林，何东博，等. 中国石油的天然气开发技术进展及展望[J]. 天然气工业，2010，30(1):5-7.

[7] 张玉广, 刘永建, 霍进杰. 中国火山岩油气资源现状及前景预测[J]. 资源与产业, 2009, 11 (3): 23-25.

[8] 邹才能, 赵文智, 贾承造, 等. 中国沉积盆地火山岩油气藏形成与分析[J]. 资源与产业, 2009, 11 (3): 23-25.

[9] Feng Zhiqiang. Volcanic Rocks as Prolific Gas Reservoir: A Case Study From the Qingshen Gas Field in the Songliao Basin NE China [J]. Marine and Petroleum Geology, 2008, 25: 416-432.

[10] 罗静兰, 石发展. 风化店火山岩岩相、储集性与油气的关系[J]. 石油学报, 1996, 17 (1): 32-39.

[11] 杨辉, 宋吉杰, 文百红. 火山岩岩性宏观预测方法——以松辽盆地北部徐家围子断陷为例[J]. 石油勘探与开发, 2007, 34 (2): 150-155.

[12] 杨辉, 文百红, 戴晓峰. 火山岩油气藏重磁电震综合预测方法及应用[J]. 地球物理学报, 2011, 54 (2): 286-293.

[13] 姚新玉, 何正怀. 准噶尔盆地火山岩地震相及分布特征[J]. 新疆石油地质, 1994, 15 (3): 214-219.

[14] 孟宪禄, 杨迎春. 松辽盆地北部汪家屯—升平三维地震区火山岩解释研究[J]. 石油物探, 1998, 37 (A01): 25-30.

[15] 孟祥化, 葛铭. 沉积建造及其共生矿床分析[M]. 北京: 地质出版社, 1979.

[16] 袁见齐, 朱上庆, 翟裕生. 矿床学[M]. 北京: 地质出版社, 1985.

[17] 邱家骧, 陶魁元, 赵俊磊. 火山岩[M]. 北京: 地质出版社, 1996.

[18] 李石, 王彤. 火山岩[M]. 北京: 地质出版社, 1981.

[19] 赵文智, 王红军, 曹宏, 等. 中国中低丰度天然气资源大型化成藏理论与勘探开发技术[M]. 北京: 科学出版社, 2013.

[20] Yuan Shiyi, Ran Qiquan, Xu Zhengshun, et al. Reservoir Characterization of Fractured Volcanic Gas Reservoir in Deep Zone [C]. SPE 104441, 2006.

[21] 宋新民, 冉启全, 孙圆辉, 等. 火山岩气藏精细描述及地质建模[J]. 石油勘探与开发, 2012, 37 (4): 458-465.

[22] 袁士义, 冉启全, 徐正顺, 等. 火山岩气藏高效开发策略研究[J]. 石油学报, 2007, 28 (1): 73-76.

[23] 朱黎鹞, 童敏, 阮宝涛, 等. 长岭1号气田火山岩气藏产能控制因素研究[J]. 天然气地球科学, 2010, 21 (3): 375-377.

[24] 朱黎鹞, 童敏, 闫林. 水平井探测半径及其计算方法[J]. 天然气工业, 2010, 30 (5): 55-56.

[25] 童敏, 周雪峰, 闫林. 考虑岩石变形的火山岩气藏数值模拟研究[J]. 西南石油学院学报, 2006, 28 (4): 44-46.

[26] 姜洪福, 师永民, 张玉广, 等. 全球火山岩油气资源前景分析[J]. 资源与产业, 2009, 11 (3): 20-22.

第二章 火山岩建筑结构与层序

火山岩建筑结构是指火山岩各成因单元的时空分布和叠置关系，它决定火山岩的内部格架和整体分布。火山岩建筑结构具有多级次性，从高到低划分为火山岩建造、火山机构、火山岩体、火山岩相和储渗单元等5个级次，不同级次结构单元具有不同的类型、形态、规模、分布和叠置关系。火山岩层序是指火山岩各时间单元的空间分布和叠置关系，它反映火山喷发作用的周期性、旋回性和韵律性，从高到低划分为火山岩建造、喷发旋回、喷发期次、喷发韵律和冷凝单元等5个级次，不同级次火山岩层序的喷发规律、火山岩厚度及间断标志、层序间接触关系不同，采用旋回对比和分级控制原则，形成不同于沉积岩地层的层序对比方法。

第一节 火山岩建筑结构

不同级次火山岩建筑结构反映的火山岩成因单元形态、分布和规模不同。火山岩建造是成因相似、空间上连续的火山岩组合，受造山活动及区域性构造运动控制，多分布于深大断裂附近，尤其是两组断裂交汇处。火山机构由同源岩浆顺同一主干通道运移并发生火山作用形成，单中心、单源喷发火山岩分布区的火山机构就是一个火山岩建造，多中心、多源喷发的火山机构规模小于火山岩建造。火山岩体是火山机构内部一次连续喷发形成的火山岩组合体，其规模小于或等于火山机构。火山岩相是火山岩体内部一次相同火山作用形成的火山岩组合体，其规模小于或等于火山岩体。储渗单元则是一次有利火山作用及后期有利成岩作用形成的储渗体，原生型储渗单元受火山岩相控制，次生型储渗单元受后期成岩作用控制。

一、火山岩建筑结构的概念及级次划分

1. 火山岩的概念

火山岩是火山作用时喷出的岩浆经冷凝固结、压实成岩等作用形成的岩石，狭义概念又称喷出岩（Effusive Rock）[1]，广义概念将岩浆在溢流通道及近地表处的凝固产物也包括在内。

火成岩是指地幔或地壳岩石经熔融或部分熔融形成岩浆后，再逐渐冷却固结形成的岩石，火山岩是火成岩的一种类型。火山岩与火成岩都由熔浆冷凝固结形成，有相同的物质来源和相似的形成机制，但岩石分布和岩性有所不同，火成岩分布于火山通道附近、近地表地下区域及地表以上，岩石类型包括喷出岩、次火山岩和侵入岩；火山岩则主要分布于火山通道内及地表以上，岩石类型以火山熔岩和火山碎屑岩为主[2-8]。

岩浆岩是指地壳深处的岩浆沿地壳裂隙上升、冷凝后形成的岩石，火成岩是岩浆岩的一种类型[2-3]。火成岩与岩浆岩物质来源相同，形成机制相似，但岩浆岩分布于从岩浆房到火山通道再到地表以上的空间中，岩性分为喷出岩和侵入岩，侵入岩进一步分为深成岩和浅成岩，火成岩不包括岩浆岩中的深成岩。

火山岩在远离火山喷发区发育与沉积岩过渡或呈互层状的岩石类型，岩性以各种沉积火山岩或火山沉积岩为主。

2. 火山岩建筑结构的概念

地质上的建筑结构或内幕结构概念主要反映不同类型地质单元的空间、时间关系。王玉普院士指出[9]，储层建筑结构反映储层的级次可分性和非均质性，是指储层的各级层次界面和层次实体，其中层次界面是指层次实体间的界面，层次实体则是结构的构成单元。STOW D. A. V.等[9]将储层内幕结构定义为反映地质单元及其空间、时间关系；吴昌荣等[10]将南海珠江深水扇系统的内幕结构定义为系统内沉积体及其内部单元的三维几何、岩性、物性等地质特征及空间分布、形成先后的相互关系；刘玉班将渤海湾潜山油藏的内幕结构定义为内幕地层、岩性和断层分布❶。

火山岩建筑结构复杂，早期火山岩地质学家在火山岩共生组合关系方面进行了大量有益的研究[11-13]。在此基础上，从搞清火山岩的结构非均质性出发，将火山岩建筑结构定义为：火山岩各级次结构单元之间的成因联系、时空关系以及几何形态和规模大小[14]。

3. 火山岩建筑结构的特点

火山岩形成于火山作用，受火山口分布、熔浆性质、喷发方式、喷发持续及间断时间等因素影响，具有不同于沉积岩建筑结构的特点，具体表现为：

（1）多级次性特征。区域性分布火山岩通常由一个或多个火山机构组成，火山机构内部则由不同成因和不同时空关系的岩石单元叠置构成，这些岩石单元进一步由火山作用的旋回性和韵律性划分为不同的岩相单元、冷凝单元和储渗单元。因此，从储渗单元、冷凝单元到岩相单元、再到火山机构和区域性火山岩建造，火山岩整体表现出明显的多级次性特征。

（2）形态和叠置关系复杂、规模差异大。火山岩的形成受熔浆来源、通道类型、喷发方式、古地形地貌及搬运介质等因素影响，不同位置、不同期次的火山岩基本结构单元具有岩石类型多样、岩体形态和规模变化大的特点；而不同级次的建筑结构单元由不同位置、不同喷发期次的基本结构单元，按照不同的叠置方式组合形成，因此表现出形态和叠置关系复杂、规模差异大的特征。

（3）不同程度的破坏和改造作用使火山岩建筑结构更加复杂。火山岩形成后发生的改造性地质作用主要包括：①喷发末期火山口附近火山锥的局部塌陷；②后期火山活动对前期火山岩的破坏，当火山机构不断迁移时影响更大；③出露火山岩遭受风化剥蚀；④构造运动的切割作用；⑤异地搬运作用等。这些地质作用改变了早期火山岩的内幕结构，使其完整性遭到破坏，从而使火山岩建筑结构更加复杂。

4. 火山岩建筑结构的级次

早期火山岩地质学家以全球不同时代火山岩为对象，重点考虑火山岩成因、成分和时空关系，提出了组合、类型、岩区、系列、岩系、岩套、建造、杂岩体、岩省等描述火山岩建筑结构级次的

---

❶ 刘玉班. 油气藏早期评价中的构造及储集层研究. 渤海石油公司对外合作以来的总结资料，第二辑（地质勘探专辑），2007，27（3）：184。

概念。李石等[1]将火山岩划分为4个级次：（1）火山岩组合，指以某种间断分隔的成因相关、时代相近、空间相伴、性质相似的一组火山岩；（2）火山岩建造，指成因相关、特征相似但处于不同造山旋回的相似发展阶段、时空可能不同的火山岩组合；（3）火山岩系列，是指岩石呈规律性变化的火山岩组合，根据SiO_2含量将火山岩划分为拉斑玄武岩（48%~63%）、钙碱性火山岩（52%~70%）和碱性火山岩（>70%）三个系列；（4）火山岩类型（或岩区），指根据火山岩矿物成分和化学成分划分的岩石单元，把全球新生代火山岩分为太平洋岩区和大西洋岩区，尼格里后来又将大西洋岩区进一步划分为大西洋和地中海两个岩区。王德滋等[15]将火山岩划分为岩浆杂岩、岩浆建造、岩套和火山岩系列四个级次，其中岩浆杂岩与火山岩组合相当，岩浆建造与火山岩建造相当。

立足于火山岩油气藏开发，以区域性火山岩为对象，根据火山岩各组成部分的成因、时空关系和规模大小，将火山岩建筑结构从大到小划分为5个级次（表2-1、图2-1）：

（1）火山岩建造。由熔浆离开熔浆囊后发生的火山作用形成，是时间上相近、空间上连续分布的火山岩组合，分布规模最大，为区域性火山岩Ⅰ级建筑结构。

（2）火山机构。由同源岩浆顺同一主干通道运移、喷发或溢流形成，是时间上准连续、空间上紧密共生的火山岩组合，规模小于或等于火山岩建造，为Ⅱ级建筑结构。

（3）火山岩体。是火山机构内部一次连续或集中喷发形成的火山岩组合，规模小于或等于火山机构，为Ⅲ级建筑结构。

（4）火山岩相。是指由不同类型火山作用（如爆发、溢流、隐蔽爆炸、侵入等）形成、时空连续的火山岩组合，规模小于火山岩体，为Ⅳ级建筑结构。

（5）储渗单元。由有利的火山作用及后期成岩作用形成、时空连续的储渗体组合，储渗单元之间由隔层及其他遮挡层分隔，规模小于或等于岩相单元，为Ⅴ级建筑结构，多个连通的储渗单元可组成规模较大的连通体。

表2-1 火山岩建筑结构级次关系

级次	结构单元	形成机制	规模大小	时空关系
Ⅰ级	火山岩建造	熔浆离开熔浆囊后发生的火山作用	区域性最大规模	时间相近，空间上连续分布
Ⅱ级	火山机构	同源熔浆顺同一个主干通道运移并发生火山作用形成	小于或等于火山岩建造	时间上准连续，空间上紧密共生
Ⅲ级	火山岩体	火山机构内部一次连续喷发形成	小于或等于火山机构	时空连续
Ⅳ级	火山岩相	不同类型火山作用（爆发、溢流、侵入）形成的火山岩	小于火山岩体	时空连续
Ⅴ级	储渗单元	有利火山作用及成岩作用形成的储渗体	小于或等于火山岩相，多个连通的储渗单元可组成大的连通体	时空连续

二、火山岩建造

1. 火山岩建造的概念

建造一词最早于18世纪中叶被菲克谢尔引入地质文献，用于表示岩石成分和空间位置都相似的区域岩石地层组合；孟祥化等[16]则将建造用于研究组成地壳成层岩石圈中岩石共生组合体的形成和分布规律。大多数地质学家将火山岩建造定位于一定地质发展阶段内成因相似的一套火山岩组合；袁见齐

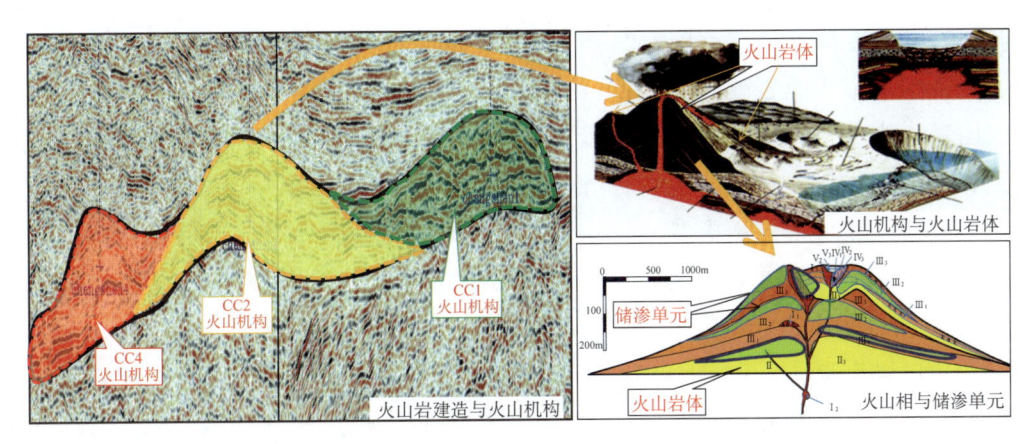

图2-1 火山岩不同级次建筑结构关系示意图

等[17]将其定义为在某一地质发展阶段及特定大地构造单元中,地壳表部形成的一套火山岩组合;孙鼐和彭亚鸣[5]则定义为一定地质构造环境和一定地质发展阶段内,成因上密切联系、空间上紧密共生的有规律的岩石自然组合。

在前人研究基础上,从开发地质角度出发,本书将火山岩建造定义为在特定的地质阶段和特定的构造环境中,由成因相似、紧密共生的火山岩相互叠置、连片,形成的一套岩石自然组合,如松辽盆地白垩系营城组火山岩建造、准噶尔盆地石炭系巴山组火山岩建造。

2. 火山岩建造的分类

参考早期分类方法,根据岩石成分特征,将火山岩建造划分为5种类型,不同的火山岩建造类型具有不同的喷发方式、岩性岩相、岩石产状和分布特征(表2-2)[1, 15]。

表2-2 火山岩建造分类

建造类型		岩石成分	火山岩相	喷发方式	岩石产状	形成时间	分布特征
流纹岩建造		酸性岩;钾长石、酸性斜长石和石英为主;包括流纹岩、流纹英安岩、熔结凝灰岩、花岗斑岩等	喷出相、次火山岩相、超浅成侵入相	陆相中心式	岩锥、岩钟、岩株	造山期	大陆区
安山岩建造		中性岩;斜长石为主,石英含量小于15%;包括钙质、钙碱质及富铁质安山岩等	喷出相、次火山岩相、浅成侵入相	陆相裂隙式、中心式	岩流、岩锥、岩钟		大陆边缘岛弧
玄武岩建造	细碧角斑岩建造	Na_2O和H_2O含量高;钠长石大量出现;包括细碧岩、辉绿岩、角斑岩、石英角斑岩等	喷出相	水下裂隙式	岩枕	前造山期	优地槽早期
	拉斑玄武岩建造	K_2O含量高,含石英,辉长贫钙,不含橄榄石;拉斑玄武岩为主,偶见安山岩等分异产物	喷出相、浅成侵入相	陆相泛流式	岩流、岩被、岩墙、岩株	后造山期	地台区
	碱性玄武岩建造	Na_2O+K_2O以及TiO_2含量高;碱性长石与基性长石或中酸性斜长石共生;包括橄榄玄武岩、碱玄岩、碧玄岩、霞石岩等	喷出相、浅成侵入相	陆相中心式	岩流、岩颈、熔岩台地		稳定地区,大陆与岛屿均有分布

(1)流纹岩建造。多出现于造山作用晚期,局限于构造发展的隆起阶段,分布于大陆区。其岩石成分为酸性火山岩;岩石矿物以钾长石、酸性斜长石和石英为主,其中暗色矿物以黑云母、角闪石、普通辉石为主;岩石类型包括流纹岩、流纹英安岩、熔结凝灰岩、花岗斑岩等,伴生岩石包括英安

岩、安山岩、粗安岩等。该建造多在陆地以中心式喷发形成，岩相以喷出相为主，次火山岩相和超浅成侵入相次之；岩石产状多为岩锥、岩钟和岩株。

（2）安山岩建造。发育于中—晚造山阶段，分布于环太平洋的年轻造山带、中间地块和古陆台地边缘。其岩石成分为中性火山岩；岩石矿物以斜长石为主，石英含量小于15%，其中暗色矿物以角闪石、黑云母、普通辉石为主；岩石类型包括钙质、钙碱质和富铁质安山岩等，伴生岩石包括高铝玄武岩、橄榄玄武岩等。该建造多在陆地以裂隙式和中心式喷发形成；岩相以喷出相为主，次火山岩相和浅成侵入相次之；岩石产状多为岩流、岩锥和岩钟。

（3）细碧角斑岩建造。多形成于造山前或早期造山阶段，是地壳活动带早期岩浆活动的产物，多发育于优地槽环境，从元古宙到新近纪均有发育。其岩石成分为基性火山岩，Na_2O和H_2O含量高；钠长石大量出现，暗色矿物以单斜辉石、绿泥石、阳起石为主；由细碧岩、辉绿岩、角斑岩、石英角斑岩等组成，伴生岩石包括碳酸盐岩、硅质岩、杂砂岩、黏土岩等。该建造多在海底以裂隙式喷发形成；岩相多为喷出相；岩石产状多为岩枕。

（4）拉斑玄武岩建造。多形成于后造山期，主要发育于稳定地台区。岩石成分为基性火山岩，K_2O含量高；矿物成分常含石英，辉石贫钙，不含橄榄石；岩石类型以拉斑玄武岩为主，伴生岩石包括安山岩、英安岩、流纹岩等分异产物。该建造多在陆地以泛流式喷发形成；岩相包括喷出相和浅成侵入相；岩石产状多为岩流、岩被、岩床、岩墙、岩株等。

（5）碱性玄武岩建造。形成于造山作用期后，多出现于相对稳定的大陆和岛屿地区，与大陆断裂活动密切相关。岩石成分属于基性火山岩，Na_2O+K_2O以及TiO_2含量高；矿物成分多为碱性长石、基性长石或中酸性斜长石共生，辉石富钙、富钛，以透辉石和钛辉石为主；岩石类型包括橄榄玄武岩、粗面玄武岩、碱玄岩、碧玄岩等，常与碱性橄榄玄武岩和碳酸盐岩伴生。该建造多在陆地以中心式喷发方式形成；岩相包括喷出相和浅成侵入相；岩石产状多为岩流、熔岩台地、岩颈等。

3. 火山岩建造的特征

火山岩建造由各种火山岩组成，与沉积岩建造的地质、地球物理特征明显不同。不同类型火山岩建造受熔浆性质、喷发方式、古地貌等因素影响，其形态、规模和空间分布变化大。

1）地球物理特征

火山岩的岩石成分、物理化学性质与沉积岩不同，导致火山岩建造与沉积围岩的测井、地震、重力、磁力特征不同，形成特殊的岩石界面（表2–3）。

表2–3　火山岩建造的地球物理特征

识别对象	岩性	测井			地震反射				重力	磁力
		值域	主要形态	光滑度	波形	振幅	频率	相位		
火山岩建造	火山岩	高电阻率、高密度、低声波时差	箱形、钟形—漏斗形	微齿—光滑	杂乱	强	低	不连续	高	高
围岩	沉积岩	低电阻率、低密度、高声波时差	各种形态	齿状—锯齿状	层状	弱	高	连续	低	低
界面	火山沉积岩沉火山岩	介于火山岩与沉积岩之间	指形	齿状	不整合界面强反射				介于火山岩与沉积岩之间	

（1）测井响应特征。沉积岩电阻率低、岩石密度低、声波时差高、中子孔隙度高，曲线多呈齿状—锯齿状、形态多样；火山岩则具有高电阻率、高密度、低声波时差、低中子孔隙度特征，曲线相

对平滑，多呈箱形或钟形—漏斗组合形态；火山岩建造与围岩界面多发育沉火山岩或火山沉积岩，其特征介于火山岩与沉积岩之间，曲线形态多呈薄层齿状指形。从流纹岩建造到玄武岩建造，其自然伽马减小，密度和中子孔隙度增大；细碧角斑岩、拉斑玄武岩和碱性玄武岩建造在ECS和伽马能谱测井上以高Na^+、高K^+和高Ti^{4+}含量为特点。

（2）地震响应特征。沉积岩密度、声波速度和波阻抗小[5000~13000g/(cm³·m/s)]，在地震剖面上具有弱振幅、高频率、较好连续性反射特征和层状反射外形；火山岩密度、声波速度和波阻抗大[9000~16000g/(cm³·m/s)]，在地震剖面上具有强振幅、低频率、差连续性反射特征和杂乱反射外形；火山岩建造与围岩界面多为不整合界面强反射特征（图2-2）。不同类型火山岩建造中，流纹岩建造以中心式喷发的火山碎屑锥最发育，地震剖面上具有强振幅、差连续性反射特征，锥状反射外形；安山岩建造以中心式喷发的火山盾或裂隙式喷发的熔岩流为主，地震反射能量中等、连续性较好，为盾状或似层状反射外形；细碧角斑岩建造以水下裂隙式喷发的枕状岩流为主，地震反射能量较强、连续性中等，串珠型似层状反射外形；拉斑玄武岩建造以泛流式喷发的大面积熔岩流为主，地震反射能量强、连续性好，具层状反射外形；碱性玄武岩建造以中心式喷发的熔岩流和熔岩台地为主，地震反射能量较强、连续性较好，盾状或似层状反射外形。

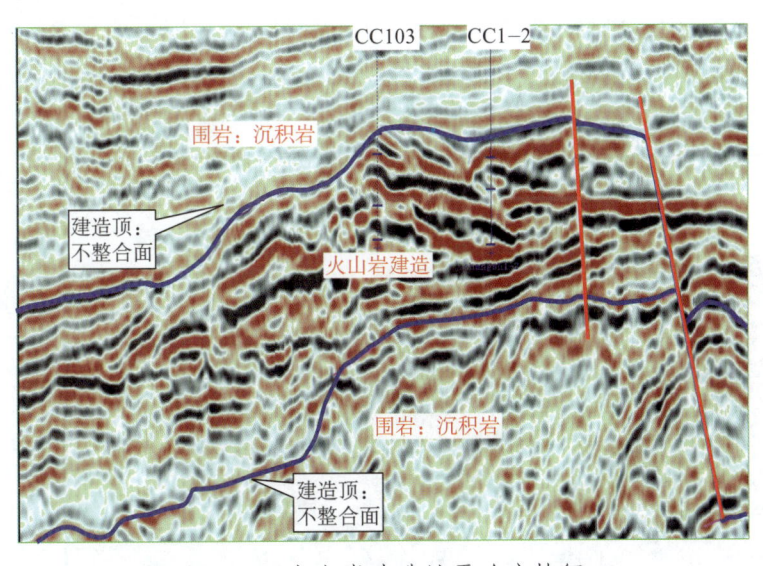

图2-2 火山岩建造地震响应特征

（3）重力、磁力特征。火山岩比沉积岩铁镁矿物含量高、密度大，在重力场中表现为正异常，在磁力场中表现为异常高值。在5种火山岩建造中，以玄武岩建造和细碧角斑岩建造的重力正异常和磁力异常高值最大，安山岩建造次之，流纹岩建造最小。

2）形态、分布及规模特征

（1）形态特征。火山岩建造的形态受熔浆性质、喷发方式、喷发环境和古地貌等因素影响，表现为多种形态特征。

①不同熔浆形成的火山岩建造形态不同：酸性熔浆黏度大、流动性差，流纹岩建造多为锥形、塔形、钟形、株形和颈形；基性熔浆黏度小、流动性好，拉斑玄武岩建造、碱性玄武岩建造多为床形、墙形、被状和脉状；安山岩建造则以盾形、钟形为主。

②不同喷发方式形成的火山岩建造形态不同：单通道中心式火山岩建造多呈丘状、穹状和透镜状，其中流纹岩建造比玄武岩建造更陡峭，平面上为圆形或椭圆形；多通道中心式火山岩建造多为大

型不规则丘状隆起，平面上为条状、带状或椭圆状；裂隙式火山岩建造则以不规则岩流或岩被为主，其中玄武岩建造比流纹岩建造更平缓，面积更大、厚度更薄。

③不同喷发环境形成的火山岩建造形态不同：与陆上环境相比，水下环境中熔岩喷出时首先接触的介质是水，因而冷却速度快，容易形成韧性的固体外壳；随着内部压力增大，熔岩流外壳破裂，熔浆被挤出后再次形成新的外壳；如此循环往复，容易形成外形浑圆的枕状和球状熔岩。水下火山爆发由于水的密度比空气大，火山碎屑物沉积速度慢，重力分异明显，易形成粒序层理、水平层理和变形层理，发育层状凝灰岩。

④古地貌的影响使火山岩建造形态更加复杂。当地势平坦时，火山岩坡度和厚度变化小，火山岩建造对称性好；当地势凹凸不平时，低洼处火山岩坡度大、厚度大，往上则逐渐减小，火山岩建造对称性差。

（2）分布规律。全球性火山岩建造与造山作用密切相关，细碧角斑岩建造形成于造山前或早期阶段，多发育于优地槽环境；安山岩建造多形成于中—晚造山阶段，广泛分布于环太平洋的年轻造山带、中间地块和古陆台地边缘；流纹岩建造形成于晚造山阶段，分布于大陆区；拉斑玄武岩建造多形成于后造山期，发育于稳定地台区；碱性玄武岩建造多形成于造山作用期后，多出现于相对稳定的大陆和岛屿地区。区域性火山岩建造分布受区域构造作用及构造演化控制，纵向上多发育于构造运动活跃期，平面上主要分布在深大断裂附近，两组断裂交叉处尤为发育，如松辽盆地流纹岩建造发育于裂谷盆地的断陷期，建造展布方向与深大断裂延伸方向基本一致（图2-3）。

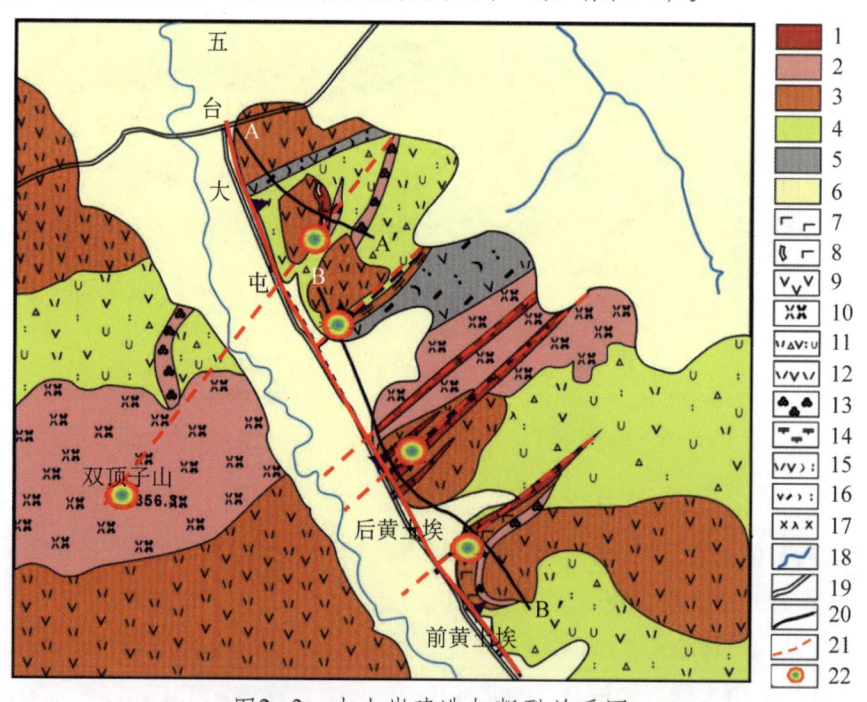

图2-3 火山岩建造与断裂关系图

1—火岩通道相次火山岩亚相；2—侵出相内带亚相；3—喷溢相下部亚相；4—爆发相热碎屑流亚相；5—火山沉积相再搬运沉积岩亚相；6—第四系覆盖层；7—玄武岩；8—玄武质含块岩；9—安山岩；10—流纹斑岩；11—英安质含角砾凝灰熔岩；12—英安岩；13—珍珠岩；14—粗安岩；15—英安质晶屑玻屑凝灰岩；16—安山质晶屑玻屑凝灰岩；17—辉绿玢岩；18—河流；19—公路；20—剖面；21—断层；22—火山口

（3）规模特征。火山岩建造的规模主要受喷发量和喷发持续时间影响，其面积从几平方千米到几万平方千米，厚度从几十米到几千米。例如，松辽盆地北部的流纹岩建造面积达数万平方千米，厚度300~1500m；松辽盆地南部的流纹岩建造面积达11000km^2，厚度250~1800m；冀北晚侏罗世流纹岩建造规模比较大，面积数万平方千米，厚度144~6263m；而北京西山晚侏罗世安山岩建造虽然分布面积有限，但火山岩厚度却从几百米到4000多米不等[18]。

三、火山机构

1. 火山机构的概念

邱家骧[19]将火山机构定义为一定空间和时间范围内火山通道及其附近的各种堆积物和构造，包括火山口、火山颈、近火山口堆积物和侵出岩穹。原中国地质科学院情报所[20]认为，火山机构或称火山构造，是一定时间和空间范围内由火山作用形成的各种产物及其相关构造的总和，包括地面火山喷出、喷发、爆发的产物，或者地表以下与火山作用有关的火山侵入体及其爆发产物以及火山产物、火山—侵入体及其周围围岩所构成的系列构造。李石等[1]将火山机构定义为火山管道附近同一火山喷发时代的各种火山—侵入作用的产物以及反映火山喷发机制的这些产物所占据特定位置和构造等的整体形态。焦汉生[21]将火山机构定义为一定空间和时间范围内火山通道与附近各种堆积物及其岩相特征的总和，包括火山颈、火山口及火山口周围的火山岩相，并指出徐家围子营城组包含14个呈北北西向排列的火山机构。王德滋[15]指出，火山机构是指一定时间内喷发出来的火山碎屑物和熔岩围绕火山通道所形成的堆积体，包括火山通道相、喷发相、侵出相、次火山岩相以及与火山作用密切相关的矿产等。王璞珺等[22]认为，火山机构是在一定时间范围内来自于同一喷发源的火山物质围绕源区堆积所构成的具有一定形态和共生组合关系的各种火山作用产物的综合。

参考上述定义，重点考虑其自身特点及其在火山岩建筑结构中的地位，本书将火山机构定义为火山作用产物围绕火山通道所形成的堆积体及火山岩建造的基本结构单元，其特点有：

(1) 物质同源。熔浆来自于同一个熔浆囊。

(2) 成因相关。熔浆在同一个主干通道中运移，以爆发、溢流和局部浅层侵入为主。

(3) 时间相对连续。岩石集中在某一时间单元内形成。

(4) 空间共生。火山口、火山通道、火山喷发物以及与火山作用有关的各种产物共同形成一个火山岩组合体。其中，火山口是熔浆向地面喷发的出口；火山通道是熔浆喷出的通路；火山喷出物构成火山机构的主体，由火山喷发形成的熔岩及火山碎屑岩堆积而成。

2. 火山机构的分类

前人根据成因、形态或产物特征，划分的火山机构类型包括盾火山岩、泛流玄武岩、火山渣锥、层火山、破火山等[1, 15, 19, 22]。

综合考虑喷发方式、成因和形态建立火山机构分类方案，首先根据喷发方式，将火山机构分为中心式、裂隙式和复式三大类[27]，进而根据火山机构的整体形态，划分出锥状、盾状、穹状、层状等类型；最后以上述分类为基础，结合火山机构成因进行不同类型的组合。

1) 中心式火山机构

是指以中心式喷发方式形成的火山机构，其火山通道呈筒状或柱状，火山口则呈近等轴状圆形；根据火山机构的整体形态，进一步分为锥状火山机构、盾状火山机构和穹状火山机构3种机构类型。

(1) 锥状火山机构。由强喷发能量形成的火山碎屑堆积而成的火山机构，具有面积小、倾角大、厚度大、轴对称性好等特点。根据锥体形成机制，进一步分为两种类型：①单锥状火山机构，具有单一的火山通道，连续喷发形成，形态对称；②叠锥状火山机构，锥体形成后，在原有火山口发生新的喷发，新锥置于老锥之上（图2-4）。

（2）盾状火山机构。火山喷发能量弱，由多次溢流（偶有较弱爆发）的基性熔岩平缓地覆盖在地面形成，外形类似盾牌，面积大、倾角小（通常只有几度）、厚度小。

（3）穹状火山机构。由高黏度的中酸性或酸性、碱性岩浆缓慢挤出而形成，边部陡峭、中心平缓，顶部常发育岩钟、岩丘、岩碑等。

2）裂隙式火山机构

多指由基性熔浆（少数是中性熔浆）沿通道溢流形成的大面积分布的熔岩高原或台地，如泛流玄武岩。其火山通道呈片状，无明显火山口，通常具有宽阔的顶面和缓坡度的侧翼，岩层向外倾斜，平缓而凸曲（图2-5）。

图2-4 叠锥状火山机构　　　　图2-5 裂隙式火山机构

3）复式火山机构

是指多种来源、多种成因、多次喷发形成的火山机构，其形态复杂、面积大、厚度大、对称性差。根据成因，可进一步分为5种类型。

（1）多通道火山：由多个相邻火山通道的喷出物相互叠加，共同构成一个较大的火山锥（图2-6）。

图2-6 多通道火山机构

（2）层火山：由中心式火山口反复爆发产生的火山碎屑与短期喷溢产生的熔岩流互层组成的火山机构，其中熔岩起着格架的作用。

（3）侧移火山：是指主火山通道及主火山口发生迁移，其堆积的岩体也随之迁移，互相叠覆或向某方向扩展形成的火山机构（图2-7）。

（3）寄生火山：是指在寄生或侧生在火山通道附近的火山锥、火山穹丘等。

（5）熔岩穹丘：破火山口内由晚期活动产生的多个规模较大的熔岩穹丘（图2-7）。

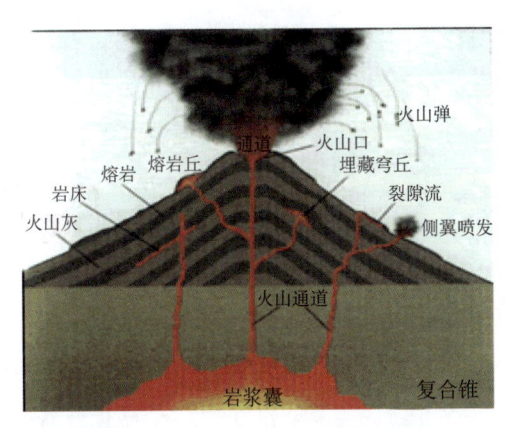

图2-7 复式火山机构示意图

3. 火山机构的特征

火山机构由火山口、火山通道及围斜构造组成[1, 23]，不同部位的测井、地震响应特征存在差异。同时，由于成因差异，不同火山机构的形态、叠置关系和规模不同。

1）测井响应特征

（1）火山口。火山口是指火山喷发结束时熔浆回撤导致火山塌陷形成的环形坑，包括两种类型：①火山碎屑岩呈环状分布，其间夹杂同期滞后角砾岩或表生碎屑，测井曲线上高、低值互层状发育，曲线形态为齿状—锯齿状指形（图2-8）；②局部发育蘑菇状或云朵状侵出岩穹或岩体，测井曲线为高电阻率、高密度、低声波时差，曲线形态为平滑—微齿状箱形。

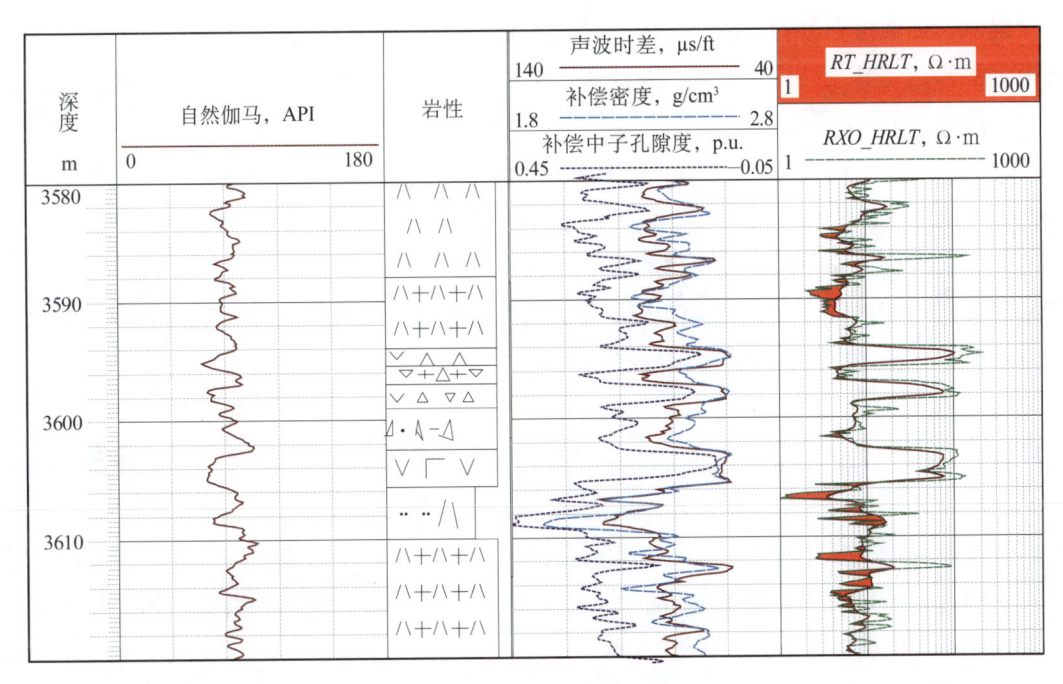

图2-8 火山口的测井图（DD8）

（2）火山通道。位于火山口下方，由撤回的熔浆充填，由火山颈和隐爆角砾岩组成。其中火山颈多为岩株、岩脉或岩柱状产出，发育直立流纹构造、大型柱状节理和斑状结构等岩石结构；岩性以火山熔岩、熔结角砾岩及次火山岩为主；测井曲线为中高电阻率、中高密度、中低声波时差，曲线形态多为平滑—微齿状箱形、钟形+漏斗复合形（图2-9）。隐爆角砾岩呈碎裂枝杈状、不规则脉状产出，发育隐爆角砾结构、碎裂结构等岩石结构；若被同源熔浆充填，测井曲线表现为中高电阻率、中高密度、中低声波时差，曲线形态为微齿状箱形；若未被充填，或被低阻围岩充填，测井曲线表现为中低电阻率、中低密度、中高声波时差，曲线形态多为齿状—锯齿状箱形+漏斗复合形。

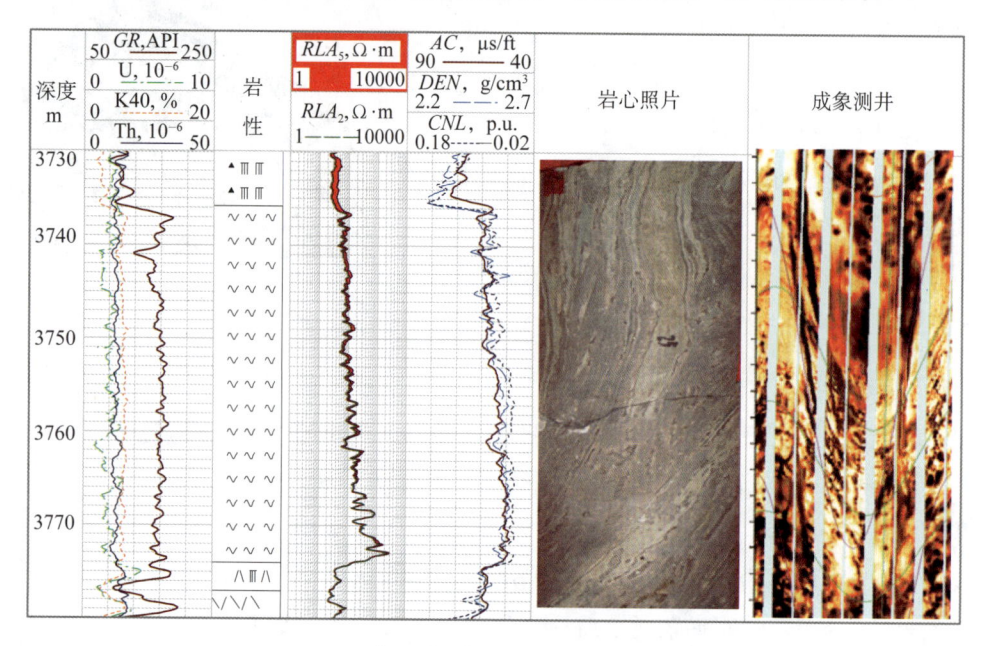

图2-9 火山通道的测井图（CC103）

（3）围斜构造。近火山口带以厚层块状的火山集块岩、火山角砾岩或气孔熔岩为主，测井曲线表现为中等幅值，曲线形态多为平滑—微齿状钟形、箱形；远火山口则发育火山凝灰岩、小气孔熔岩，并夹火山沉积岩，多具互层现象，测井曲线表现为中低电阻率、中低密度、中高声波时差，曲线形态多为微齿—齿状箱形、指形。

（4）边界特征。分3种情况：一是火山岩与沉积岩突变接触，测井曲线由"低电阻率、低密度、高声波时差"向"高电阻率、高密度、低声波时差"变化；二是火山岩成分突变，如酸性火山岩与基性火山岩突变接触，测井曲线表现由"高伽马、低密度、低中子"向"低伽马、高密度、高中子"变化；三是侵入岩与喷出岩、熔岩与火山碎屑岩接触，常规测井表现为曲线形态、光滑度变化，成像测井表现为图像结构和岩石构造产状变化，难以识别。

2）地震响应特征

（1）火山口。中心式火山口内部由于塌陷而下凹，外缘则因火山碎屑物质就近堆积而凸起，地震剖面上表现为强振幅、高频率、较好连续性反射特征和弧形凹陷或地堑式下拉反射外形，平面上具有近环状差相干带或相位突变特征；若火山口被全部充填，下凹特征消失，地震同相轴内倾或拉平（图2-10）。裂隙式火山口由于熔浆在中部回撤但沿两翼堆积，多形成中部相背的"M"状反射特征，但由于裂隙宽度小，地震特征不明显（图2-11）。

（2）火山通道。产状近直立，在地震上表现为中—弱振幅、高频率、不连续反射特征和向上发散的反射外形。中心式火山通道的地震反射外形多为伞状、漏斗状或柱状（图2-10）；裂隙式火山通道的地震反射外形多为高角度曲面（图2-11）。

（3）围斜构造。中心式火山机构的地震反射外形多为丘状、盾状及穹状，具有点对称性；其中近火山口区域地震反射杂乱，同相轴向上收敛、振幅弱—中、频率低、连续性差；远火山口区域为似层状反射，同相轴向外延伸，振幅中—强、频率中—高、连续性较好，向外逐步过渡为平行、亚平行结构（图2-10）。裂隙式火山机构地震振幅较强、频率低、连续性较好，具有楔状、层状反射外形，以非对称的楔状外形更发育（图2-11）。

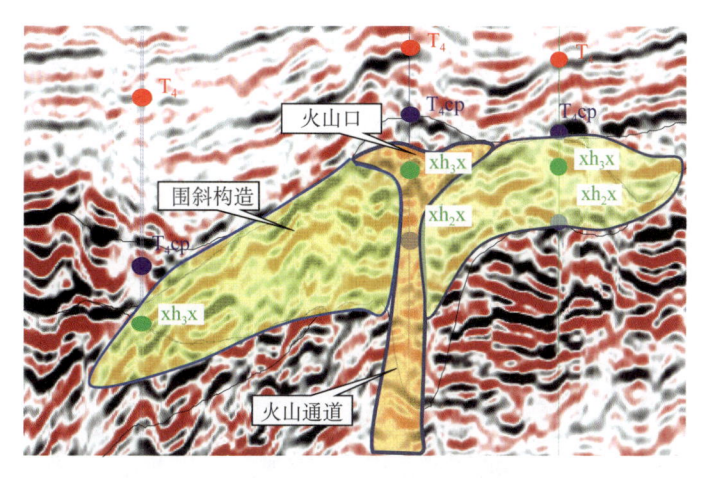

图2-10 中心式火山机构的地震特征

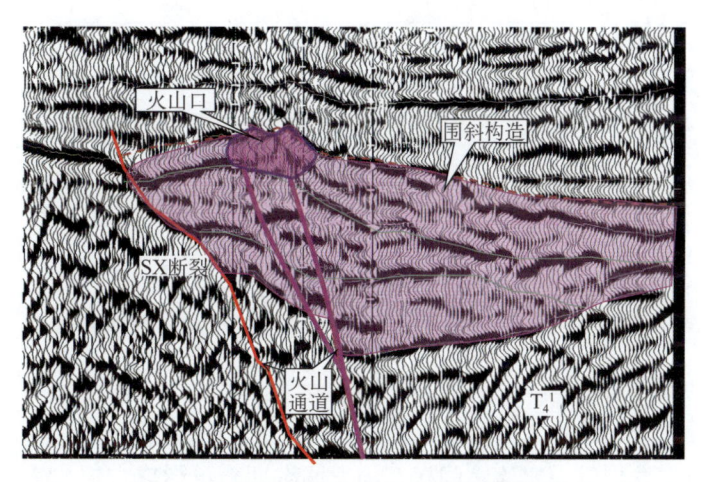

图2-11 裂隙式火山机构的地震特征

（4）火山机构边界。火山机构与围岩大多呈角度不整合接触，地震反射多表现为不整合面强反射特征，局部连续可追踪（图2-10和图2-11）。

3）火山机构的形态、叠置关系及规模

（1）形态特征。中心式火山机构以锥状、盾状、穹状为主；裂隙式火山机构以盾状、层状为主，多形成熔岩台地；复式火山机构多呈复杂丘状、多锥状、层状等。熔浆流动性影响机构倾角，基性熔浆形成的火山机构厚度小、面积大、倾角小；酸性熔浆形成的火山机构厚度大、面积小、倾角大。古地形地貌影响机构对称性，地表越凹凸不平，火山机构对称性越差。松辽盆地火山岩多由酸性熔浆经中心式喷发形成，15个出露火山机构和12个地下火山机构解剖表明：①机构形态包括单锥状、多锥状、盾状、穹状和层状等类型，以单锥状为主，约占50%~66.6%，盾状次之，约占13.3%~25%；②锥体坡度1.5°~80°，集中分布于10°~30°之间；③火山机构对称性较好。

（2）叠置关系。火山机构之间多存在3种叠置关系：①纵向叠置，即后形成的火山机构直接叠覆在早形成的火山机构之上，若为同一个火山口先后喷发，可形成如叠锥状的纵向叠置关系；若是两个火山口高度不同的相邻，且低部位的火山先喷发而高部位的火山后喷发，则两个火山机构之间可形成局部纵向叠置关系。②侧向叠置，当两个高差不大的相邻火山先后喷发，形成的火山机构之间通常表现为侧向叠置关系，后期形成的火山机构叠置在早期形成的火山机构之上。③交错叠置，当两个或多个相邻火山同时喷发，造成火山机构之间呈犬牙交错般的叠置关系，并以侧向叠置为主。

（3）规模大小，取决于火山机构形成期间喷发熔浆总量，熔浆囊的容量越大，火山作用时间越长，火山机构规模越大。在不同类型火山机构中，中心式火山机构厚度大、面积小，裂隙式火山机构厚度小、面积大；基性熔浆形成的火山机构厚度小、面积大，而酸性熔浆形成的火山机构厚度大、面积小。XX气田火山机构的规模特征为（表2-4）：①整体规模较大，长轴2.1~14km、短轴1.1~6.5km、高度73~550m、面积3.4~68.9km^2；②不同类型火山机构的规模，以多锥状最大，盾状、单锥状次之，穹状最小。

表2-4 XX气田火山机构规模参数

古火山机构形态	统计数	长轴, km 区间	长轴, km 平均值	短轴, km 区间	短轴, km 平均值	高度, m 区间	高度, m 平均值	面积, km^2 区间	面积, km^2 平均值
单锥	15	2.8~10.6	6.6	1.1~5.1	3.3	91~550	282	6~49.2	16.8
多锥	2	7.5~14	10.8	4.5~6.5	5.5	257~450	354	37~68.9	53
盾状	6	3.3~12.6	7.4	2.1~4.5	3.5	73~200	136	8~43.4	22.1
穹状	2	2.1~3	2.6	1.8~2	1.9	134~330	232	3.4~6	4.7
层状	2	7.6~8	7.8	1.6~2.2	1.9	80~100	90	13~23.4	18.2

四、火山岩体

1. 火山岩体的概念

火山岩体的概念有多种，从狭义的单岩性体到广义的火山岩建造均有出现[24-27]。王思敬认为[28]，火山岩体多由多次轮回喷发构成，岩体之间存在喷发间歇期，可形成古风化夹层。地质矿产部情报研究所认为，火山岩体的内部构造取决于火山岩的岩性相和成因相的时空组合，同时还要考虑岩浆产物的形变深度[29]。

综合上述定义，考虑火山岩体成因和地质特点，以及开发地质应用，将火山岩体定义为火山机构与火山岩相之间的地质结构单元，是火山机构内部一套成因相同、集中喷发或侵入、连续分布的火山岩组合，其顶底通常发育一定厚度的风化壳、松散层或沉积岩夹层。

2. 火山岩体的分类

根据火山岩体的成因和地质特点，将其分为4种类型（图2-12）。

（1）喷发间歇期岩性分隔类。由于喷发间歇期常发生火山岩剥蚀或表皮碎屑搬运、沉积现象，导致火山岩剥蚀面或火山沉积岩分隔，形成多个火山岩体[图2-12(a)]。

（2）喷发能量强弱转换类。在长期喷发中，火山喷发能量可能会发生多次强弱转换，从而形成强—弱或弱—强转换面，将火山机构分隔为多个独立的火山岩体[图2-12(b)]。

（3）独立岩体类。指与火山岩同区、同期、同源的次火山岩体、浅成及超浅成侵入岩体，它受同一个火山机构控制，但是火山机构中一个相对独立的组成单元[图2-12(c)]。

（4）断层隔挡类。一个完整的火山机构或火山岩体，受构造运动破坏，被断层分割为多个不同的火山岩体[图2-12(d)]。

(a) 喷发间歇期岩性分隔类

(b) 喷发能量强弱转换类

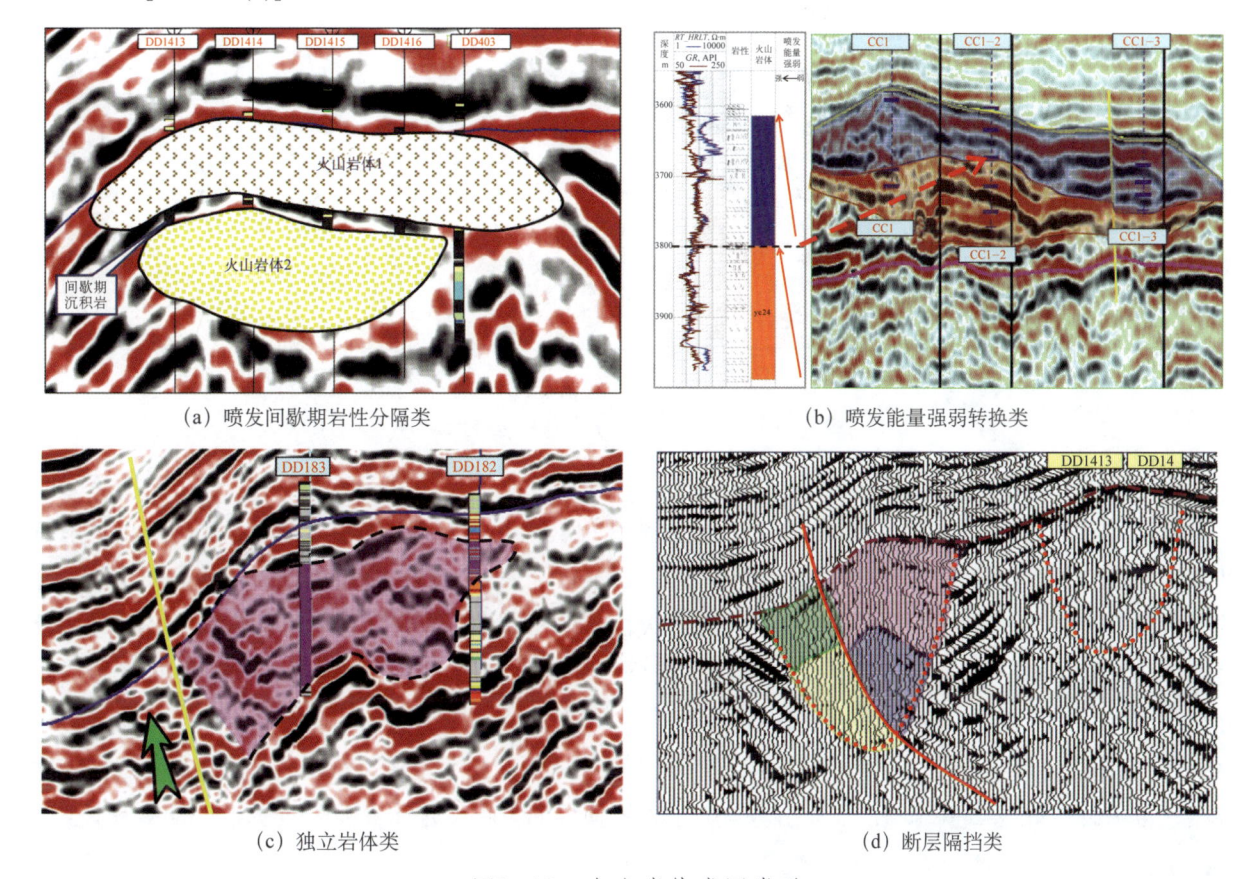

(c) 独立岩体类

(d) 断层隔挡类

图2-12　火山岩体成因类型

3. 火山岩体的特征

不同类型火山岩体具有不同的形态、分布、叠置关系和规模特征，同时由于岩性组合及边界特征不同，其测井与地震响应特征也存在较大差异。

1）岩性组合与测井响应特征

（1）喷发间歇期岩性分隔类。由多套火山岩组合构成，岩体边界多为风化壳或火山沉积岩。从内部到边界，测井曲线由"高电阻率、高密度、低声波时差"向"低电阻率、低密度、高声波时差"变化，曲线形态由微齿状钟形向锯齿状指形或钟形变化。

（2）喷发能量强弱转换类。火山喷发能量越强，火山碎屑岩越发育，碎屑粒径也越大，测井曲线的齿化现象就越严重。火山岩体边界是喷发能量的转换面，包括强—弱组合到强—弱组合、强—弱组合到弱—强组合等4种转换类型；不同转换类型的测井曲线形态不同，如CC1-2井弱—强组合与弱—强组合的转换表现为两个漏斗形的交界面[图2-13(a)]。

（3）独立岩体类。内部岩性多为次火山岩或侵入岩，岩体边界则为次火山岩到沉积岩、次火山岩到喷发岩的变化界面，其中前者测井曲线表现为放射性、电阻率和密度减小，后者测井曲线表现为放射性、电阻率、密度略有减小[图2-13(b)]。

（4）断层隔挡类。断裂破碎带在常规测井曲线上多表现为低电阻率、低密度、高声波时差特征，曲线形态呈锯齿状，在声电成像图上具有碎裂结构和地层错断现象。

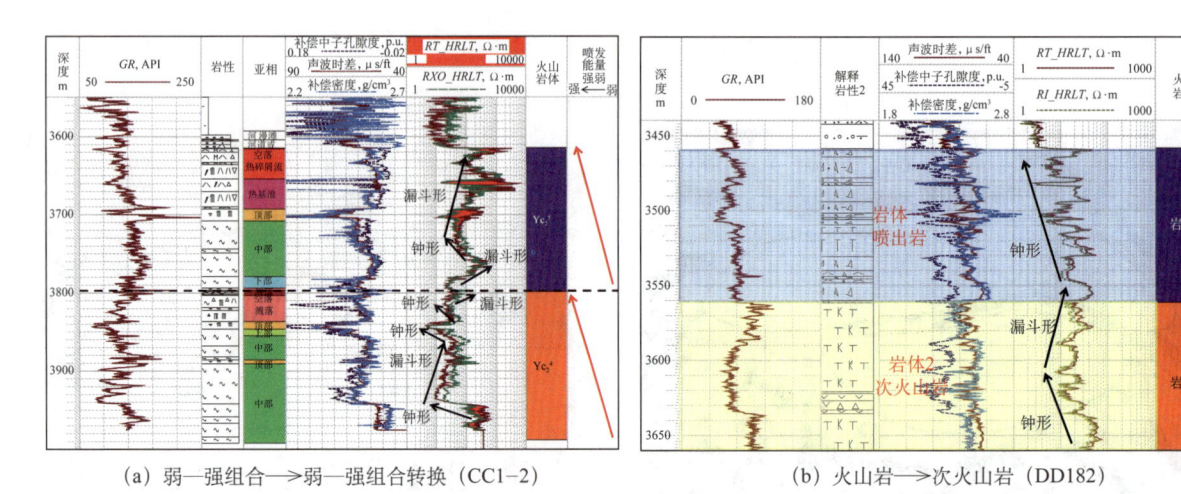

(a) 弱—强组合→弱—强组合转换（CC1-2）　　(b) 火山岩→次火山岩（DD182）

图2-13　火山岩体的测井响应特征

2）地震响应特征

（1）内部反射特征。喷发能量较强的火山岩体在地震上表现为弱振幅、低频率、不连续的反射特征和杂乱反射外形[图2-12(a)]；喷发能量较弱的火山岩体则表现为中—弱振幅、低频率、较好连续性的反射特征和似层状反射外形[图2-12(b)]；独立火山岩体具有中—弱振幅、中等频率、差连续性的反射特征和反射外形杂乱[图2-12(c)]；断层在地震剖面上主要表现为同相轴终止、错断、扭曲、合并、分叉、数量变化及极性反转等现象[图2-12(d)]。

（2）体边界反射特征。风化壳或火山沉积岩界面在地震剖面上表现为不整合面的强反射，同相轴连续，可追踪性好[图2-12(a)]；次火山岩与喷出岩转换界面、喷出岩能量强弱转换界面表现为不整合面的中弱反射，同相轴断续，可追踪性较差[图2-12(b)]。

3）形态、分布、叠置关系及规模特征

（1）形态及分布。火山岩体继承了火山机构的基本形态特征，但同时又受切割类型影响（图2-14）。单期喷发的火山机构，火山岩体与火山机构形态一致；由多期喷发火山机构，第一期火山岩体与火山机构一致，而后期火山岩体以似层状或透镜状为主[图2-12(a)和图2-12(b)]；独立次火山岩体、侵入岩体和侵出岩体多表现为柱状、楔形、透镜状；断裂分割火山岩为不规则块状[图2-12(d)]。火山碎屑锥中的火山岩体由火山碎屑物质就近堆积而成，主要分布在近火山口区域；火山熔岩盾中的火山岩体一般位于火山机构坡折带或洼部附近；穹状火山机构的火山岩体或次火山岩体、侵出岩体多位于火山通道附近。

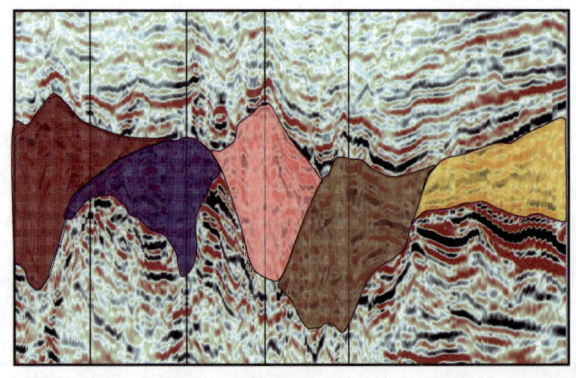

(a) 中心式喷发的火山岩体　　(b) 裂隙式喷发的火山岩体

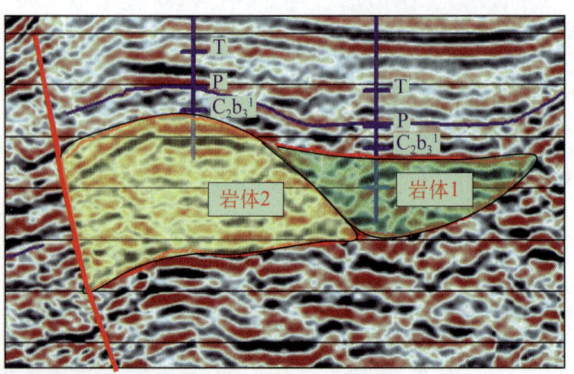

图2-14　火山岩体形态特征

（2）叠置关系。火山岩体存在纵向式、侧向式、嵌入式和孤立式四种叠置关系。纵向式叠置是指后期火山岩体直接叠加在早期火山岩体之上（图2—15）。侧向式叠置是指火山岩体从侧面进行接触和交叉，分为4种情况：①早期火山岩体形成后，火山通道及火山口发生侧向迁移，后期火山岩体部分叠置于早期火山岩体之上；②两个相邻火山口先后喷发，形成的火山岩体之间侧向接触；③断裂切割形成的火山岩体之间沿断裂侧面接触；④次火山岩体、寄生火山岩体与主火山岩体之间，多呈侧向式叠置关系。嵌入式叠置是指火山岩体之间呈犬牙交错的接触关系，分两种情况：一是相邻火山口多期交互式喷发和交错嵌入；二是火山岩体形成后，被次火山岩体分隔成两个火山岩体。孤立式分布，指单期喷发、独立分布，被沉积岩或火山沉积岩覆盖，互不接触的火山岩体。

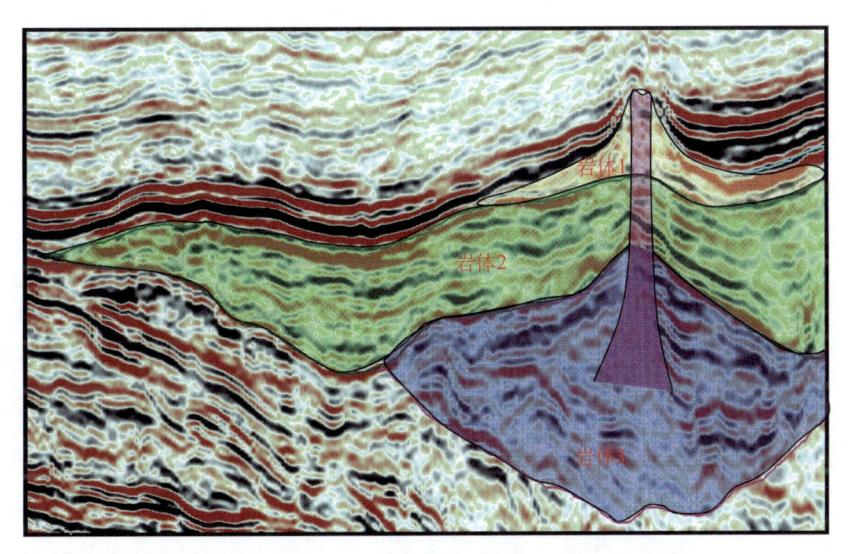

图2—15 纵向叠置模式图

（3）规模大小。喷发间歇期分隔的火山岩体受本期喷发总量及出露后风化剥蚀量控制；喷发能量强弱转换火山岩体则受火山作用韵律性、每次喷发的时间和强度影响；独立分布的火山岩体规模与岩层间可塑空间大小、可侵入的熔浆量有关；断层分割的火山岩体与原火山岩体大小、断裂方式有关，断层密度越大，被分割的火山岩体越小。XX气田不同类型火山岩体的几何特征存在较大差异（表2—5）：①面积，盾状火山岩体6.5～60.5km²，锥状火山岩体2.1～18.7km²，次火山岩体3.3～8.4km²；②厚度，盾状火山岩体125～1149m，次火山岩体251～747m，锥状火山岩体130～560m；③整体规模，以盾形火山岩体最大。

表2—5 XX气田火山岩体规模参数

岩石成分	岩体类型	岩体数	长轴, km 范围	长轴, km 平均	短轴, km 范围	短轴, km 平均	最大厚度, m 范围	最大厚度, m 平均	面积, km² 范围	面积, km² 平均
酸性	锥状火山岩体	9	2.9～6.5	4.1	0.8～3.7	2.2	130～560	290	2.1～18.7	8.4
酸性	盾状火山岩体	11	3.6～10.6	7.3	1.7～7.7	4	158～1149	557	6.5～60.5	26
中性	次火山岩体	4	2.3～4.6	3.1	1.8～2.3	2.1	251～747	490	3.3～8.4	5
基性	盾状火山岩体	2	6.2～6.4	6.3	2.2～2.3	2.3	125～178	152	12～12.6	12.3

五、火山岩相

1. 火山岩相的概念

火山岩相首次由苏联学者科普切弗—德沃尔尼科夫等人[30]引入地质文献。李石[1]将火山岩相定义为一定地理条件和热力条件下形成的一种岩石或一个地质体；王德滋等[15]将其定义为火山作用产物的产出方式、在空间上的分布格局以及这些产物所呈现的外貌和特征；孙鼐[5]将火山岩相定义为反映火山岩生成条件的岩石特征；邱家骧[19]将其定义为在一定环境下火山活动产物特征的总称；赵澄林[31]将其定义为火山岩形成条件及在该条件下所形成的火山岩岩性特征的总和；邹才能[32]认为，火山岩相是火山作用过程中火山产物类型、特征及其堆积类型的总和，包括岩石形成条件和岩石特征，是火山喷发类型的真实记录，是火山作用最本质、最重要的地质实体，它反映了火山喷发类型、搬运介质及方式、堆积环境与气候等综合地质特征。

参考上述定义，考虑火山岩相的建筑结构意义，将其定义为：火山岩体的重要组成部分和次一级建筑结构单元，是相同类型火山作用及其产物的时空分布和地质特征。

2. 火山岩相的分类

М.乌索夫等最早对火山岩相进行了比较详细的分类，С.М.克罗帕契夫和В.И.斯塔罗斯特尼于1973年提出了新的划分意见。在此基础上，科普切弗—德沃尔尼科夫[30]按产出条件和岩体形态将火山岩分为原始喷发相、次火山岩相和火山管道相。李石[1]将火山岩分为喷发相、次火山岩相和火山管道相。Fisher和Schmincke[33]将火山碎屑岩分为火山碎屑流相、火山碎屑岩相、喷发冲积相和火山灰流相。陶奎元[34]将火山岩划分为喷溢相、空落相、火山碎屑流相、涌流相等共11种类型。金伯禄等[35]按火山物质搬运方式将火山岩相划分为爆发相、喷崩及喷溢相、侵出相及潜火山相和喷发—沉积相。谢家莹等[36]划分出喷溢相、爆发空落相、火山碎屑流相等13种火山岩相。刘祥等[37]将火山碎屑岩划分为火山喷发空中降落堆积物、火山碎屑流状堆积物、火山泥流堆积物、火山基浪堆积物4种类型。刘文灿等[38]把大别山火山岩划分为爆发相、喷溢相、喷发—沉积相、潜火山岩相。王璞珺等[22]将徐家围子营城组火山岩划分为火山通道相、爆发相、喷溢相、火山—沉积岩相和侵出相。

火山岩相划分方案应考虑的要素包括[19]：（1）火山喷发方式和机理；（2）火山喷发环境；（3）火山产物的堆积环境和堆积机理；（4）火山岩浆在地表以下一定深度的侵入机制；（5）在火山机构中的位置。综合前人分类方案和上述要素，结合火山岩相地质特点，将其划分为爆发相、溢流相、侵出相、火山通道相、次火山岩相、火山沉积岩相共6种岩相类型和19种亚相（表2-6），不同岩相的成因、岩石学特征和亚相类型不同。

表2-6 火山岩岩相类型划分

相	亚 相
爆发相	溅落亚相、热碎屑流亚相、热基浪亚相、空落亚相
溢流相	顶部亚相、上部亚相、中部亚相、下部亚相
侵出相	内带亚相、中带亚相、外带亚相
火山通道相	火山颈亚相、隐爆角砾岩亚相
次火山岩相	内带亚相、中带亚相、外带亚相
火山沉积相	含外碎屑亚相、再搬运亚相、凝灰岩夹煤亚相

（1）爆发相是指由于挥发份逸散作用产生气液爆炸，将岩浆及部分围岩炸成各种粒级火山碎屑，经堆积、压实而形成的火山岩岩石单元。特征岩性包括各种火山碎屑岩和熔结碎屑岩；典型岩石结构包括集块结构、角砾结构、凝灰结构和熔结结构，以及弹道状坠石、粒序层理等。爆发相可形成于火山作用的各个时期，多见于酸性岩喷发旋回下部和基性岩喷发旋回上部；自下而上划分为空落、热基浪、热碎屑流、溅落4个亚相。

（2）溢流相指熔浆在后续喷出物推力和自身重力作用下，沿地表流动过程中逐渐冷凝固结而形成的火山岩岩石单元。其特征岩性是火山熔岩，典型岩石结构包括熔结结构、球粒结构、细晶结构、自碎角砾结构等，岩石构造有气孔构造、流纹构造、杏仁构造、块状构造等。多形成于火山喷发旋回中期，自下而上划分为下部、中部、上部、顶部4个亚相。

（3）侵出相指高黏度酸性或中性岩浆受内力挤压流出地表时，遇水淬火或在大气中快速冷凝，在火山口附近形成的块状火山岩岩石单元。其特征岩性为珍珠岩、细晶熔岩和角砾熔岩；典型岩石结构包括珍珠结构、碎斑结构、玻璃质结构、熔结结构等，岩石构造包括岩球构造、岩枕构造、块状构造、变形流纹构造等。侵出相多形成于火山活动后期，外形多为穹隆状，自内而外可划分为内带、中带和外带3个亚相。

（4）火山通道相指岩浆在向上运移过程中，滞留和回填在火山管道中形成的火山岩岩石单元。特征岩性为隐爆角砾岩、火山熔岩和熔结火山碎屑岩；典型岩石结构包括隐爆角砾结构、碎裂结构、斑状结构、熔结结构等，岩石产状有筒状、脉状、枝叉状充填和环状节理、放射状节理等。火山通道相形成于火山作用各个时期，位于火山机构下部和近中心区域，最后保留的多为后期活动的产物；自内而外可划分为火山颈和隐爆角砾岩两个亚相。

（5）次火山岩相指由熔浆侵入围岩后缓慢冷凝、结晶而形成的火山岩岩石单元，以岩床、岩墙及岩脉等产状出现。特征岩性包括花岗斑岩、正常长斑岩、闪长玢岩等；典型岩石结构有斑状结构、全晶质结构、熔结结构等，典型岩石构造有含捕房体构造、冷凝边构造、流面构造、柱状节理、板状节理等。形成于火山作用同期或后期，位于火山通道附近；自内而外可划分为内带、中带和外带3个亚相。

（6）火山沉积相指与火山岩共生，发育于火山岩之间的沉积岩岩石单元。特征岩性是各种沉火山岩、火山沉积岩等；典型岩石结构是陆源碎屑结构，典型岩石构造还有韵律层理、水平层理、交错层理、粒序层理等。多形成于火山活动间歇期，分布于火山机构内部期次或岩体上部或远火山口区；可分为含外碎屑、再搬运和凝灰岩夹煤3个亚相。

3. 火山岩相模式

相模式是对岩相地质及分布特征的总结，是表现岩相间依存关系的概念化抽象模型[39]。这里主要介绍火山岩相的地质相模式、测井相模式和地震相模式。

1）地质相模式

包括纵向组合模式、横向分布模式和不同类型火山机构的岩相模式。

（1）纵向组合模式。根据火山喷发的韵律特征，将火山岩相归纳为正序式、反序式和交互式3种模式（图2-16）：①正序式，火山喷发能量由强变弱，自下而上相序为爆发相空落、热基浪、热碎屑流、溅落亚相和溢流相下部、中部、上部、顶部亚相，多见于酸性火山岩中；②反序式，火山喷发能量由弱变强，自下而上相序为溢流相下部、中部、上部、顶部亚相和爆发相溅落、热碎屑流、热基浪、空落亚相，多见于中基性火山岩中；③交互式，是指火山喷发能量强弱交替变化，反映火山喷发能量不稳定，爆发相与溢流相交互发育。

（2）横向分布模式。根据与火山口的距离远近，划分出火山口、近火山口和远火山口3个区带（图2-17）：①火山口区带，爆发相、溢流相、侵出相、火山通道相及次火山岩相交互发育，岩相变化快、叠置关系复杂；②近火山口区带，以溢流相和爆发相为主，岩相厚度大、分布稳定、连续性好，多呈似层状分布和叠置；③远火山口区带，岩相为爆发相、溢流相或火山沉积相，岩相单一、厚度小但分布稳定、连续性好，以层状分布为主。

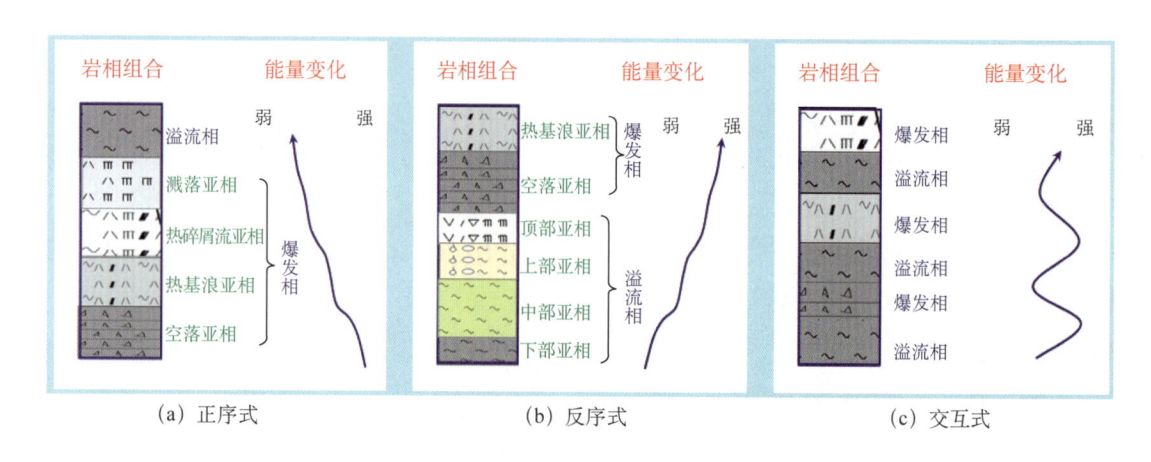

图2-16 火山岩相纵向组合模式图

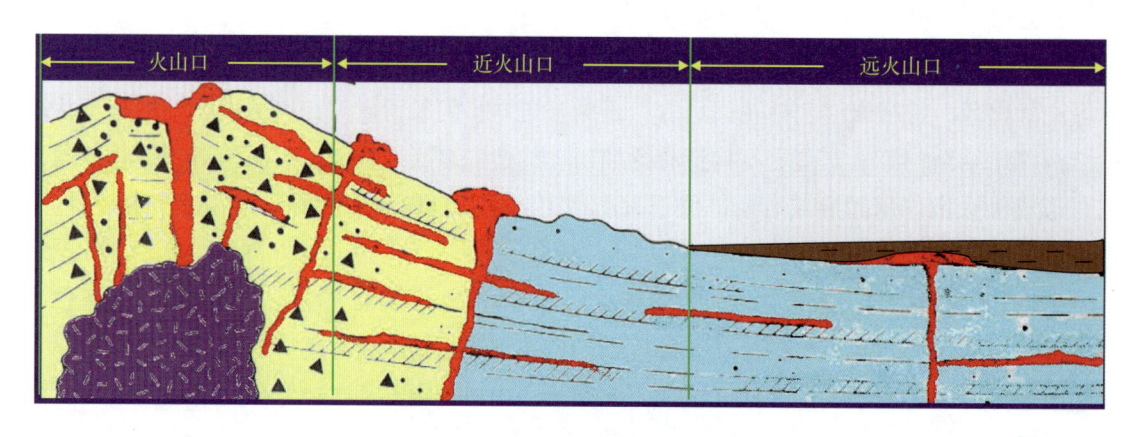

图2-17 火山岩横向分布模式图

（3）岩相组合模式。根据喷发能量及岩性组合变化，松辽盆地火山岩可分为火山碎屑岩型、熔岩型和复合型3种岩相组合模式（图2-18）。总体岩相分布特征为[40]：①平面上自火山口向外依次发育火山通道相、侵出相（及次火山岩相）、爆发相、溢流相和火山沉积相；②纵向上自下而上依次发育次火山岩相、火山通道相、爆发相、溢流相、侵出相和火山沉积相；③近火山口岩相类型复杂而远火山口相对简单。

2）测井相模式

测井相的概念是测井分析家O.Serra于1979年首次提出的，其定义为能表征地层特征并将其与其他地层区别开来的一组测井响应特征集。火山岩测井相模式是表征火山岩岩性岩相的测井响应特征集合（表2-7）。

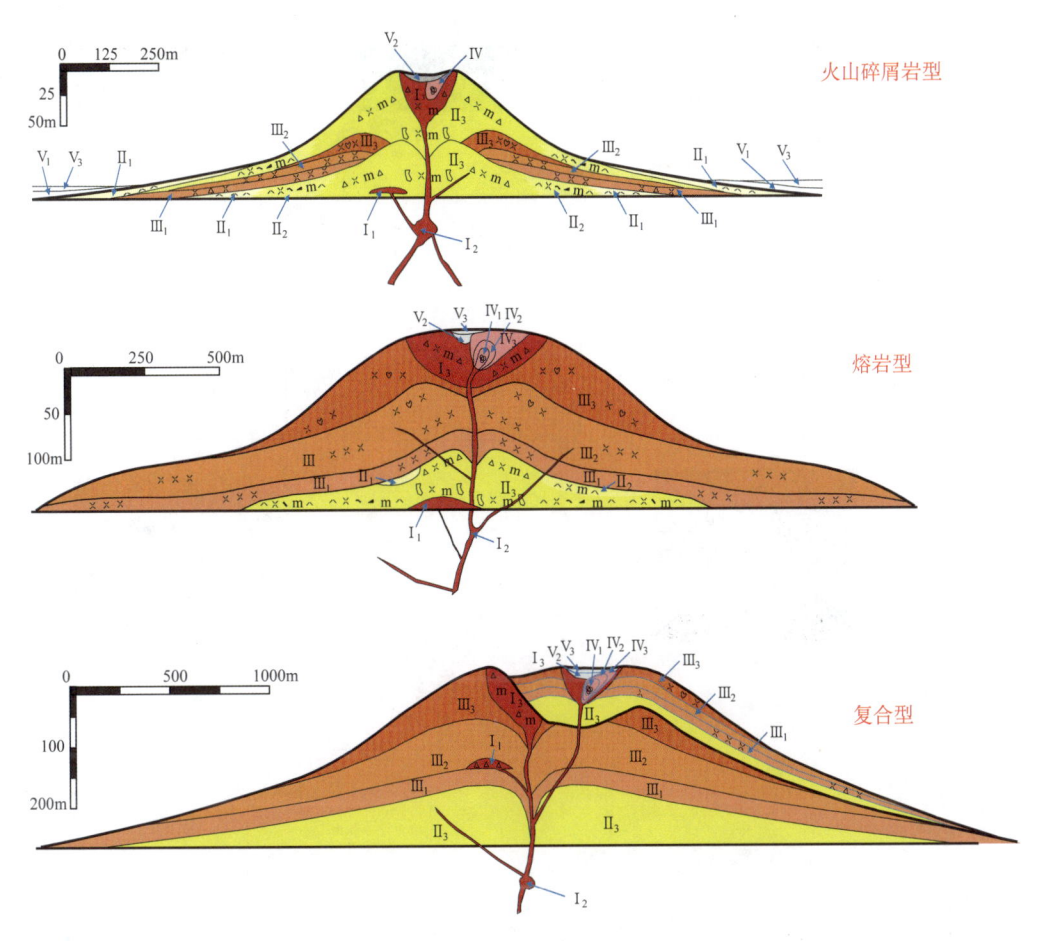

图2-18 松辽盆地主要火山机构的岩相组合模式[40]

Ⅰ—火山通道相；Ⅰ₁—火山颈亚相；Ⅰ₂—次火山岩亚相；Ⅰ₃—隐爆角砾岩亚相；Ⅱ—爆发相；Ⅱ₁—空落亚相；Ⅱ₂—热基浪亚相；
Ⅱ₃—热碎屑流亚相；Ⅲ—喷溢相；Ⅲ₁—下部亚相；Ⅲ₂—中部亚相；Ⅲ₃—上部亚相；Ⅳ—侵出相；Ⅳ₁—内带亚相；Ⅳ₂—中带亚相；
Ⅳ₃—外带亚相；Ⅴ—火山沉积岩相；Ⅴ₃—凝灰岩含煤亚相；Ⅴ₂—再搬运亚相；Ⅴ₁—含外碎屑亚相

(1) 爆发相。其特征岩性为不同粒径的火山碎屑岩，测井曲线多为中高电阻率、中低声波时差、中低密度，具有齿状—锯齿状漏斗—钟形组合形态。其中空落亚相为低电阻率、高声波时差、低密度，曲线形态以锯齿状箱形、漏斗形及指形为主；热基浪亚相多为较高电阻率、较低声波时差、较高密度，曲线形态以微齿状箱形为主；热碎屑流亚相具有高电阻率、低声波时差、高密度特征，曲线形态多呈平滑—微齿状箱形；溅落亚相则具有低电阻率、高声波时差、低密度特征，曲线形态多呈齿状钟形或指形。

(2) 溢流相。其特征岩性为各种成分和结构的火山熔岩，测井曲线具有高电阻率、低声波时差、中高密度特征，曲线形态多为平滑—微齿状箱形。其中，下部亚相为较低电阻率、较高声波时差、较低密度，锯齿状漏斗形或指形；中部亚相为高电阻率、低声波时差、高密度，平滑—微齿状箱形；上部亚相为较低电阻率、较高声波时差、较低密度，微齿状箱形或钟形；顶部亚相为低电阻率、高声波时差、低密度，多呈微齿—齿状钟形或指形。

(3) 侵出相。特征岩性包括珍珠岩、细晶熔岩等，测井曲线为较低电阻率、较高声波时差、较低密度，齿状—锯齿状钟形、指形或箱形。其中，外带亚相为低电阻率、高声波时差、低密度，微齿—齿状钟形或指形；中带亚相为较低电阻率、较高声波时差、较低密度，微齿状箱形或钟形；内带亚相为高电阻率、低声波时差、高密度，多呈平滑—微齿状箱形。

表2-7 火山岩相的岩石学特征及测井相模式

火山岩相	岩石学特征			测井响应特征					岩心照片	测井相模式
	特征岩性	典型岩石结构	典型岩石构造	曲线幅值			主要形态	平滑程度		
				电阻率	声波时差	密度					
爆发相	火山集块岩、火山角砾岩、火山凝灰岩、熔结角砾岩、角砾熔岩、凝灰熔岩	火山集块结构、火山角砾结构、火山凝灰结构、熔结角砾结构、熔结凝灰结构	变形流纹构造、粒序层理、弹道状坠石、平行层理	中高	中低	中低	漏斗—钟形组合形态	齿状—锯齿状		
溢流相	气孔熔岩、角砾熔岩、细晶熔岩、含同生角砾化熔岩、自碎角砾化熔岩	熔结角砾结构、自碎角砾结构、球粒结构、斑状结构、细晶结构、玻璃质结构	气孔构造、流纹构造、杏仁构造、块状构造	高	低	中高	箱形	平滑—微齿状		
侵出相	珍珠岩、细晶熔岩、角砾熔岩	珍珠结构、碎斑结构、少斑结构、玻璃质结构、熔结角砾结构	岩球构造、岩枕构造、块状构造、变形流纹构造	较低	较高	较低	钟形、指形、箱形	齿状—锯齿状		

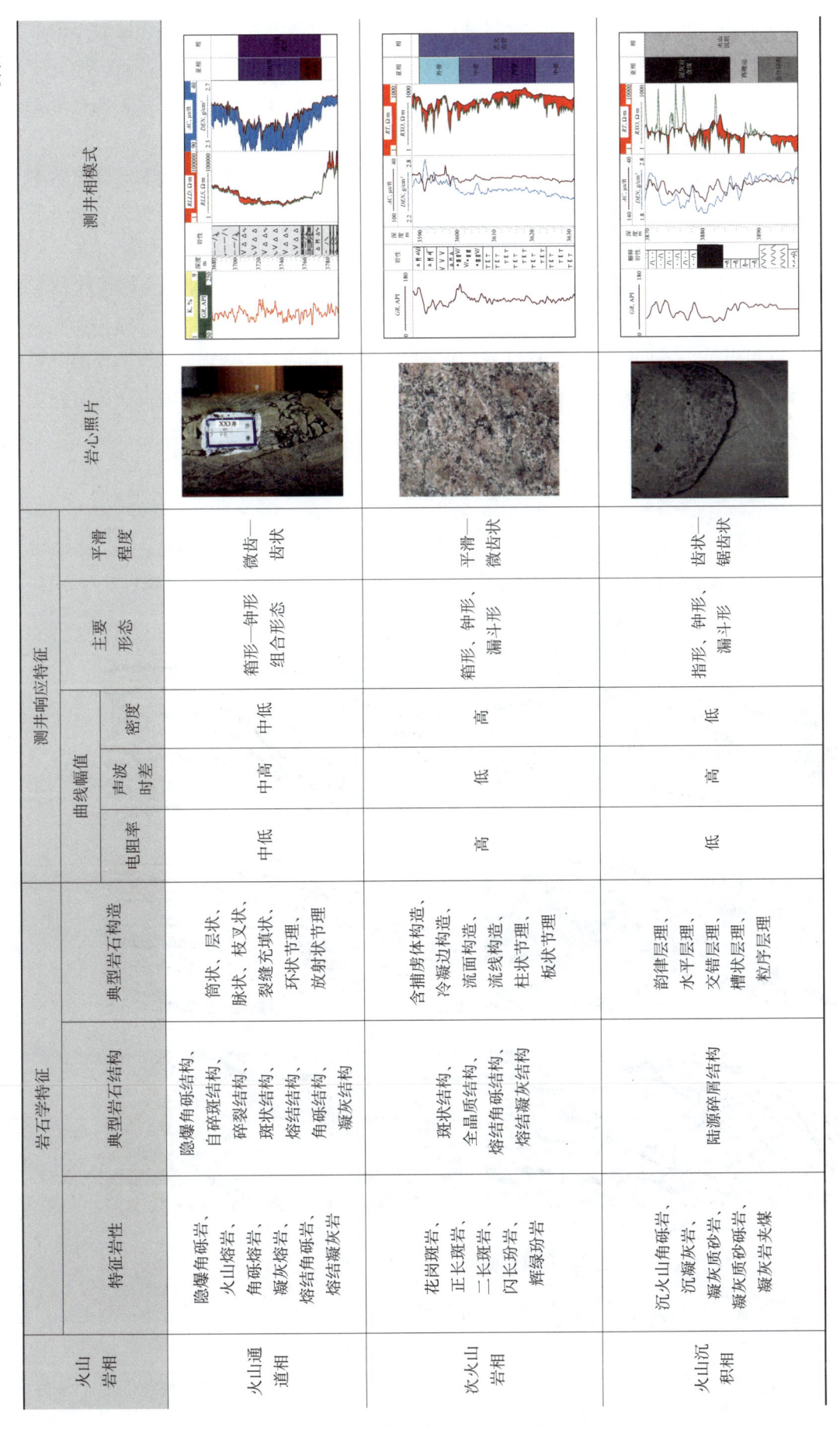

续表

火山岩相	岩石学特征			测井响应特征				岩心照片	测井相模式
	特征岩性	典型岩石结构	典型岩石构造	曲线幅值			主要形态	平滑程度		
				电阻率	声波时差	密度				
火山通道相	隐爆角砾岩、火山熔岩、角砾熔岩、凝灰熔岩、熔结角砾岩、熔结凝灰岩	隐爆角砾结构、自碎斑结构、碎裂结构、斑状结构、熔结结构、角砾结构、凝灰结构	筒状、层状、脉状、枝叉状、裂缝充填状、环状节理、放射状节理	中低	中高	中低	箱形—钟形组合形态	微齿—齿状		
次火山岩相	花岗斑岩、正长斑岩、二长斑岩、闪长玢岩、辉绿岩	斑状结构、全晶质结构、熔结角砾结构、熔结凝灰结构	含捕虏体构造、冷凝边构造、流面构造、流线构造、柱状节理、板状节理	高	低	高	箱形、钟形、漏斗形	平滑—微齿状		
火山沉积相	沉火山角砾岩、沉凝灰岩、凝灰质砂岩、凝灰质砂砾岩、凝灰岩夹煤	陆源碎屑结构	韵律层理、水平层理、交错层理、槽状层理、粒序层理	低	高	低	指形、钟形、漏斗形	齿状—锯齿状		

（4）火山通道相。以隐爆角砾岩为特征岩性，测井曲线为中低电阻率、中高声波时差、中低密度，微齿—齿状箱形—钟形组合形态。其中，隐爆角砾岩亚相为中高电阻率、中低声波时差、中高密度，曲线形态主要为齿状钟形或指形；火山颈亚相为低电阻率、高声波时差、低密度，曲线形态多呈平滑—微齿状箱形、漏斗形。

（5）次火山岩相。以花岗斑岩、正长斑岩、闪长玢岩等为特征岩性，测井曲线具有高电阻率、低声波时差、高密度特征，曲线形态多为平滑—微齿状箱形、钟形和漏斗形。其中，外带亚相为低电阻率、高声波时差、低密度，多呈齿状钟形或箱形；中带亚相为较低电阻率、较高声波时差、较低密度，多呈微齿状钟形或箱形；内带亚相为高电阻率、低声波时差、高密度，平滑—微齿状箱形或漏斗形。

（6）火山沉积相。以沉火山岩和火山沉积岩为特征岩性，测井曲线为低电阻率、高声波时差、低密度，齿状—锯齿状指形、钟形或漏斗形。其中，含外碎屑亚相为较低电阻率、较高声波时差、较低密度，微齿状箱形或漏斗形；再搬运亚相为低电阻率、高声波时差、低密度，齿状箱形或钟形；凝灰岩夹煤亚相为高电阻率、高声波时差、低密度，锯齿状指形。

3）地震相模式

地震相是一个由地震反射层组成、反映沉积体及沉积地层特征的三维地震单元，其反射结构、振幅、连续性、频率和层速等要素与相邻单元不同[41-43]。

火山岩不同岩相的的地震相模式如图2-19所示。

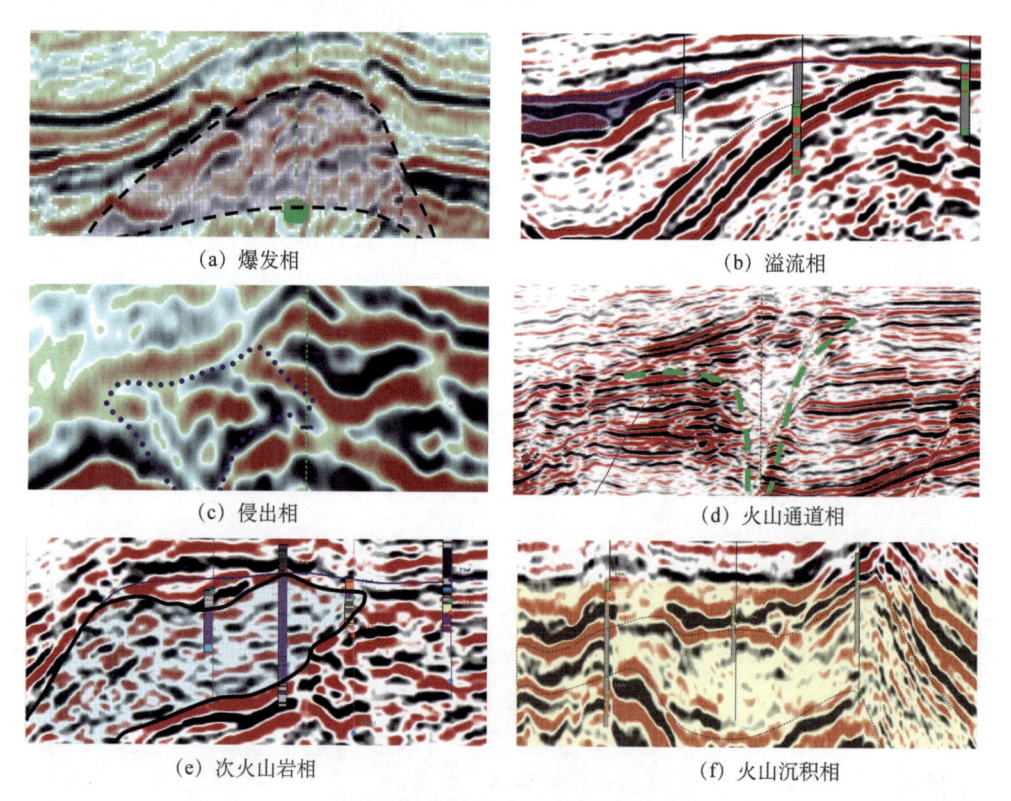

(a) 爆发相

(b) 溢流相

(c) 侵出相

(d) 火山通道相

(e) 次火山岩相

(f) 火山沉积相

图2-19 火山岩相的地震相模式

（1）爆发相。由气液爆炸和堆积作用形成，多呈锥状或楔状。地震剖面上具有中—弱振幅、相对高频、中—差连续性反射特征和丘状或楔状反射外形，平面相变快[图2-19(a)]。

（2）溢流相。由喷溢作用而形成，连续性好，产状多为层状、块状或绳状。地震剖面上多为中—

强振幅、中—低频率、较好连续性，似层状、透镜状反射外形[图2-19(b)]。

（3）侵出相。由内力挤压作用而形成，岩石产状多为锥形、钟形、丘形等。地震剖面上多为中—弱振幅、中—高频率、差连续性反射特征，具有以底部为中心呈扇形向外发散的近似伞状的地震反射外形[图2-19(c)]。

（4）火山通道相。岩石成分复杂，产状近直立。地震剖面上多具有弱振幅、高频率、差连续性反射特征和近直立的柱状反射外形[图2-19(d)]。

（5）次火山岩相。由超浅成侵入作用形成，岩石产状多为岩床、岩盖、岩株、岩墙及岩脉等。地震剖面上具有顶底强反射，内部弱振幅、中—高频率、断续的射特征和不规则透镜状反射外形[图2-19(e)]。

（6）火山沉积相。层状分布、连续性好。地震剖面上多表现为顶底强反射，内部为中—弱振幅、中—高频率、中等连续性的平行、亚平行反射特征，层状反射外形[图2-19(f)]。

4. 火山岩相的特征

以XX气田、CC气田、DD气田火山岩为对象，综合分析野外露头观测、密井网解剖和地震解释成果，揭示不同类型火山岩相的形态、分布、叠置关系及规模特征。

1）形态及分布特征

由于成因差异，不同类型火山岩相的形态及分布特征不同（图2-20和图2-21）。

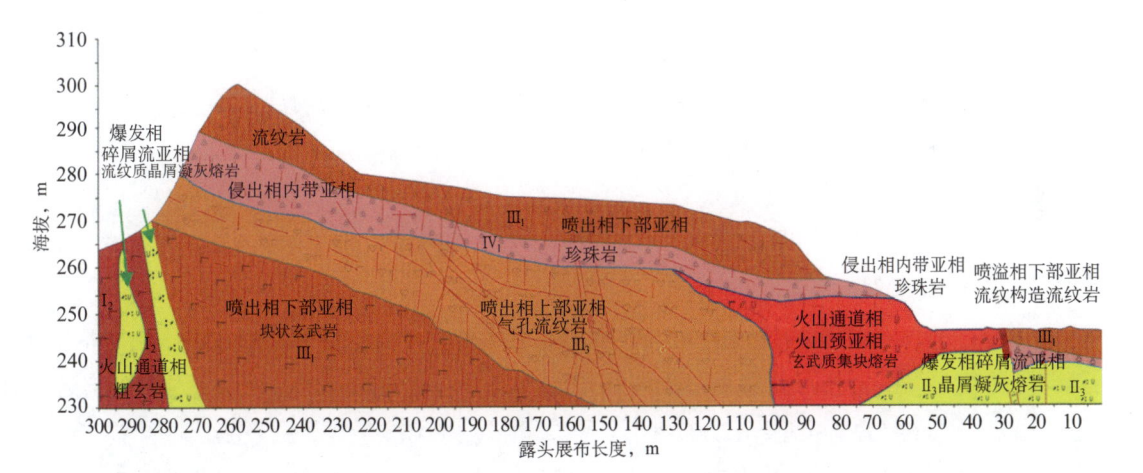

图2-20　野外露头火山岩相剖面分布图

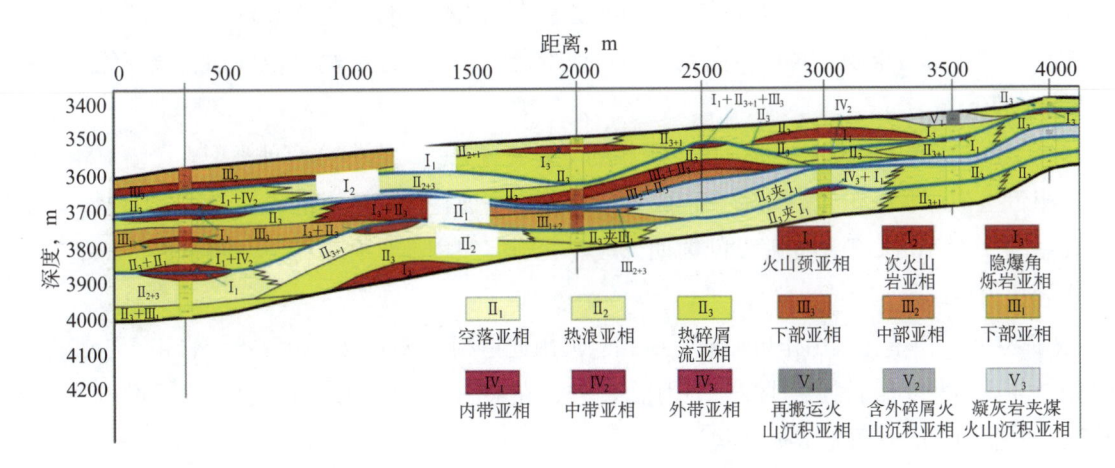

图2-21　密井网区火山岩相剖面分布图

（1）爆发相。形成于喷发能量较强时产生的气液爆炸作用和堆积作用，喷发能量越强，大粒径火山集块岩、火山角砾岩越发育。爆发相中粒径较大的火山碎屑多围绕火山通道就地堆积形成火山碎屑锥或火山碎屑丘，平面上呈圆形或椭圆形；粒径小的火山凝灰既可分布于近火山口区域，也可分布于远火山口区甚至漂浮到更远的地方，形成似层状或层状火山灰层，平面上主要表现为不规则片状或似层状。

（2）溢流相。形成于熔浆溢流作用，多分布于火山机构的火山颈、火山口及围斜构造中。岩相形态与喷发方式、熔浆性质有关，酸性熔浆中心式喷溢时形成盾状熔岩，裂隙式喷溢时形成楔状熔岩，平面上分别呈近圆形或片状；基性熔浆中心式喷溢时多呈盾状、层状分布，裂隙式喷溢时则为层状、席状分布，平面上呈条带状。

（3）侵出相。形成于熔浆的内力挤压作用，多位于火山口区域，与爆发相和溢流相呈切割-披覆关系。侵出相的外形似穹隆或呈下窄上宽的伞状、蘑菇状，顶部较平缓边缘较陡峭，平面上呈不规则圆形或椭圆形。

（4）火山通道相。形成于火山作用的整个过程，位于火山机构下部和近中心区域。岩相形态与火山通道基本一致，中心式喷发的火山通道相多呈柱状、筒状、枝杈状，平面上呈圆形或椭圆形；裂隙式喷发的火山通道多呈不规则脉状或墙状，平面上呈线形。

（5）次火山岩相。形成于超浅成侵入作用，位于火山通道附近区域，与火山熔岩伴生。岩相形态与火山通道附近的断裂破碎带、围岩裂隙、层间空隙等可塑性空间有关，常以岩株、岩床、岩脉、岩墙、岩盘及不规则透镜状小岩体产出，平面上呈不规则片状。

（6）火山沉积相。形成于火山活动间歇期沉积作用，位于火山机构内部相邻喷发期次之间或远火山口。岩相形态以薄层状为主，平面上表现为港湾状及不规则条带状、片状。

2）叠置关系

受空间位置关系和形成时间顺序影响，火山岩相叠置关系复杂，常见的有4种：交互式、叠瓦式、平行式和孤立式（图2-22）。

（1）交互式。相邻火山机构按时间先后顺序发生不同类型火山作用时，形成的火山岩呈交错叠置状态，其典型特征是一个岩相可叠置在多个岩相带上。火山岩相的交互式叠置关系主要出现在火山口附近，是火山岩相的主要叠置类型[图2-22(a)]。

（2）叠瓦式。又称单边式，多发育于近火山口区域的爆发相和溢流相中。若爆发相首先在火山口附近堆积，并逐步向远火山口地带迁移，火山相叠置方式为低部位叠加在高部位之上的反向叠瓦式；若溢流相首先在低部位堆积，再逐步向近火山口地带迁移，则表现为高部位叠加在低部位之上的正向叠瓦式[图2-22(b)]。

（3）层叠式。中基性溢流相及火山沉积相的主要叠置方式。大体分两种类型：①溢流相火山熔岩在火山口附近呈似层状分布，后期喷发形成的熔岩直接叠加在前期形成的火山岩熔岩之上，形成层叠式叠置关系[图2-22(c)]；②不同喷发间歇期形成的火山沉积相都具有平行、亚平行展布特征，也表现为层叠式叠置关系。

（4）孤立式。由单一火山作用形成侵出相、火山通道相、次火山岩相等单一岩相，相邻区域缺乏相关岩相，与围岩呈不整合接触[图2-22(d)]。此外，在火山机构侧面，由于火山物质堆积过多使得山坡不稳固并发生滑塌，也可形成孤立状相带。

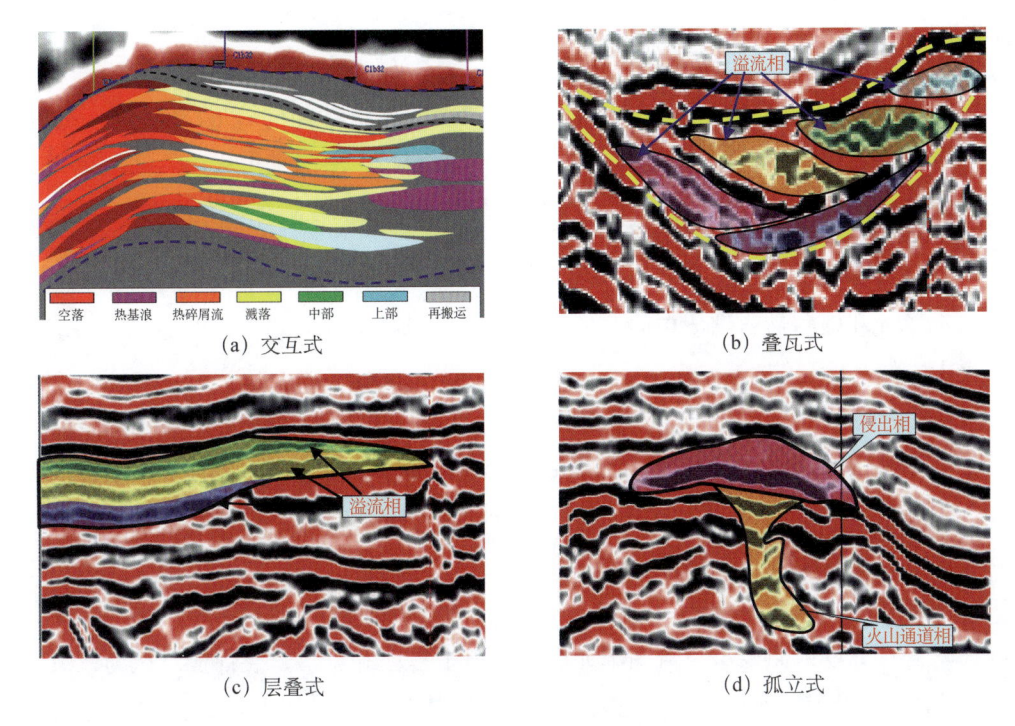

(a) 交互式　　(b) 叠瓦式
(c) 层叠式　　(d) 孤立式

图2-22　火山岩相叠置模式

3) 规模特征

火山岩相的规模主要受火山作用强度和持续时间控制，野外露头测量、密井网解剖及地震识别表明，不同类型火山岩相的规模特征不同（图2-20和图2-21）。

（1）爆发相。其规模取决于熔浆黏度、爆发强度和持续时间，熔浆黏度越高、火山爆发强度越大、持续时间越长，爆发相整体规模越大。XX气田酸性火山岩爆发相横向延伸长度0.5～3km、厚度70～400m，具有延伸范围中等、厚度大的特点，整体规模较大。

（2）溢流相。影响因素与爆发相相同，但熔浆黏度越低、爆发强度越小、溢流时间越长，溢流相规模越大。XX气田火山岩溢流相横向延伸长度0.7～4km、厚度50～300m，具有延伸长度大、厚度中等的特点，整体规模较大。

（3）侵出相。形成于火山作用后期，在熔浆黏度高且气体过饱和程度较差的情况下形成，其规模大小与侵出作用持续时间和侵出管道类型有关。XX气田火山岩侵出相横向延伸0.003～0.6km、厚度10～100m，整体规模较小。

（4）火山通道相。其规模取决于原始火山管道大小及火山作用的改造强度。原始管道越大、火山爆发越强烈，则火山通道相规模越大。XX气田火山通道相的横向延伸长度0.1～1km，厚度50～500m，具有面积小、厚度大的特点，整体规模有限。

（5）次火山岩相。其规模与熔浆黏度、超浅成作用时间及可塑性容纳空间有关。熔浆黏度越小、超浅成作用时间越长、容纳次火山岩的可塑性空间越大，次火山岩规模越大。DD气田次火山岩的横向延伸长度1.8～4.6km，厚度200～750m，具有延伸长度大、厚度大的特点，整体规模较大。

（6）火山沉积相。其规模取决于喷发间断时间及间断期接受的沉积物总量大小。火山喷发间断时间越长、其间接受的沉积物总量越多，火山沉积相规模越大。在不同喷发环境中，与陆上环境相比，水下环境接受的沉积物总量更大，火山沉积相规模更大。

六、火山岩储渗单元

火山岩储渗单元是指可储集并允许流体在其内部流动的火山岩岩石单元。火山岩储渗单元与碎屑岩流动单元、碳酸盐岩储集单元既有相似之处，也有诸多不同。不同类型火山岩储渗单元具有不同的形态、分布、叠置关系和规模特征，也显示出不同的测井、地震响应特征。

1. 储渗单元的概念

碎屑岩流动单元和碳酸盐岩储集单元、缝洞单元概念相对比较成熟，以上述概念为基础，通过对比分析提出火山岩储渗单元的概念。

1）流动单元

国外学者较早提出流动单元的概念。C.L.Hearn[44]提出的流动单元概念是：垂向及侧向上连续，具相似渗透率、孔隙度及层面特征的储集带。W. J. Ebanks[45]后来的阐述是：垂向及侧向连续，影响流体流动的岩石地质、物理性质相似的储集岩体。Amaerule J.O等[46]则将流动单元定义为岩石中水力特征相似的层段。

国内地质学家和开发地质专家对流动单元概念提出了自己的见解。裘怿楠[47]认为，流动单元是因储层非均质性隔挡及串流旁通条件，使注入水沿地质结构的一定途径驱油，并自然形成的流体流动通道。穆龙新[48]的定义是：一个从内部受边界限制，由于不连续的薄隔挡层、各种沉积微界面、小断层及渗透率差异等因素造成渗透特征相同，水淹特征一致的储集单元。焦养泉[49]将其定义为沉积体系内部按地下水动力条件进一步划分的建筑块体。刘文业[50]认为，流动单元是以岩性或物性隔挡层为边界、内部具有相似岩石物理特征和相似流体渗流特征的、空间上连续分布的储集体，是一种特殊的储集体单元。

由此可知，流动单元具有相似物性、相同水动力条件、相同流体性质、明确的遮挡或边界，它既可以是同一时间单元或沉积单元，也可由不同时间单元或沉积单元联合、复合而成。

2）储集单元和缝洞单元

元永荣[51]最早提出碳酸盐岩储集单元的概念：在纵向地层剖面中能形成油气封闭的基本岩性组合，由储层、产层、盖层和底层共同组成，其中产层决定储集单元的生产能力，盖层决定储集单元的封闭能力，它们共存于储集单元的统一体中。陈碧珏、熊琦华、吴元燕、陈恭祥等人[41, 52-54]后来广泛引用这一概念进行碳酸盐岩油气层对比。因此，连续分布的储层、致密的溶蚀边界或岩性边界或封闭断裂，是储集单元的重要组成要素。

焦方正、窦之林等[55-56]在总结塔河碳酸盐岩缝洞型油藏开发经验时，为了表征岩溶缝洞储集体及其中流体的连通性特征，提出了缝洞系统和缝洞单元的概念。其中，缝洞系统是指在同一岩溶背景条件下，由相关联的孔、洞、缝构成的岩溶缝洞发育带或缝洞集合体，不同系统之间由连续的致密体分隔；缝洞单元是指周围被相对致密或渗透性较差的溶蚀界面或封闭断裂分隔，由一个或若干个裂缝网络沟通的溶洞所组成，具有统一压力系统的流体动力单元（或连通体）；一个缝洞系统可以由一个或多个缝洞单元组成。

3）储渗单元

参考流动单元、储集单元和缝洞单元的定义，考虑单元成因的一致性、分布的连续性以及储渗条件和水动力特征，将火山岩储渗单元定义为：相同成因、连续分布、周围被非渗透性阻流带封隔的火山岩岩石单元，为统一的水动力系统，能够储集流体并允许流体在其中流动。因此，火山岩储渗单元由有效储渗体和周围的阻流带共同组成，单元内部具有相似的渗流特征，是一个独立的水动力系统；储渗单元之间可通过开启断层、构造裂缝、柱状节理缝连通，或者以垂向和侧向接触的方式，形成一个大的连通体。火山岩储渗单元分布受复杂建筑结构控制，大多发育于同一火山机构、同一旋回、同一喷发期次甚至同一岩相单元内部。

2. 储渗单元的分类

参考碎屑岩流动单元、碳酸盐岩储集单元分类方法，根据火山岩储渗单元的成因和储集渗流特征，划分储渗单元类型。

1）成因分类

不同火山喷发作用形成的储集空间类型不同，其储渗单元的分布也不一样，根据成因将储渗单元划分为7种类型：

（1）溢流型。由溢流作用形成，储集空间以气孔为主；其中储渗层多发育于溢流相顶部、上部和下部亚相，岩性以气孔熔岩为主；隔夹层发育于中部亚相，岩性以致密熔岩为主。

（2）爆发型。由爆发作用形成，储集空间以粒间孔为主；其储渗层多发育于爆发相热碎屑流、溅落和空落亚相，岩性以熔结凝灰岩、角砾熔岩、火山角砾岩为主；隔夹层多发育于热基浪亚相，岩性以晶屑凝灰岩为主。

（3）侵出型。由侵出作用形成，储集空间以裂缝、晶洞、岩球间空隙、溶蚀孔为主；储渗层多发育于外带亚相，岩性以珍珠岩、角砾熔岩为主；隔夹层多发育于中带和内带亚相，岩性以致密珍珠岩和细晶流纹岩为主。

（4）隐爆型。由隐爆作用形成，储集空间为隐爆裂缝和气孔；储渗层发育于火山通道相隐爆角砾岩亚相和火山颈亚相，以自碎角砾化熔岩和气孔熔岩为主；隔夹层发育于火山颈亚相，以致密熔岩为主。

（5）浅成侵入型。由浅成侵入作用形成，储集空间以晶间孔和溶蚀孔为主；储渗层主要发育于外带亚相，以正长斑岩、花岗斑岩等为主；隔夹层多发育于内带亚相，以致密次火山岩为主。

（6）火山沉积型。由火山作用和沉积作用形成，储集空间以粒间孔和溶蚀孔为主；储渗层多发育于含外碎屑亚相，岩性以沉火山岩为主；隔夹层主要发育于凝灰岩夹煤亚相和再搬运亚相，岩性以凝灰质粉砂岩、凝灰质泥岩、煤岩为主。

（7）溶蚀型。由溶蚀作用形成，储集空间以溶蚀孔为主；储渗层多发育于火山岩体界面附近，各种火山岩都有发育；隔夹层则远离界面，岩性为致密火山岩。

2）储渗能力分类

以储层成因和生产动态为基础，根据火山岩储渗单元的储集、渗流特征，将火山岩储渗单元分为4种类型，以XX气田火山岩气藏储渗单元为例说明（表2-8）。

（1）Ⅰ类储渗单元。规模大、孔隙度高、储集能力强，其面积大于2km^2，有效厚度大于20m，孔隙度大于10%；孔隙结构好、渗透性好、渗流能力强，其平均孔喉半径大于0.3mm，排驱压力小于2MPa，渗透率大于1mD；井控储量大于3×10^8m^3，单井产能以自然高产和压后高产为主，稳产能力强；该类储渗单元多发育于爆发相溅落亚相和溢流相顶部、上部亚相。

（2）Ⅱ类储渗单元。规模、孔隙度、储集能力中等，其面积大于1.5km^2，有效厚度大于15m，孔隙度大于5%；孔隙结构较好、渗透性中等，渗流能力较好，其平均孔喉半径大于0.1mm，排驱压力小于6MPa，渗透率大于0.1mD；井控储量$1.5×10^8$～$3×10^8m^3$，单井产能为压后中产，稳产能力中等；该类储渗单元多发育于爆发相热碎屑流亚相、溅落亚相和空落亚相。

表2-8　XX气田火山岩气藏储渗单元分类

储渗单元类型	主要岩相类型	储集特征 规模 有效厚度 m	储集特征 规模 面积 km^2	储集特征 储层物性 孔隙度 %	渗流特征 孔隙结构特征 平均喉道半径 μm	渗流特征 孔隙结构特征 排驱压力 MPa	渗流特征 渗透性 渗透率 mD	动态特征 井控储量 10^8m^3	动态特征 产能 $10^4m^3/d$	动态特征 稳产能力
Ⅰ	爆发相溅落亚相	>30	>2	>10	>0.3	<2	>1	>3	自然高产、压后高产	强
Ⅰ	溢流相顶部、上部亚相	>20	>3	>10	>0.3	<2	>1	>3	自然高产、压后高产	强
Ⅱ	火山通道相	>20	>1.5	>5	>0.1	<6	>0.1	1.5~3	压后中产	中
Ⅱ	爆发相热碎屑流、溅落、空落	>20	>1.5	>5	>0.1	<6	>0.1	1.5~3	压后中产	中
Ⅱ	溢流相上部亚相	>15	>2	>5	>0.1	<6	>0.1	1.5~3	压后中产	中
Ⅲ	爆发相空落亚相	>10	>0.5	>3	>0.01	<12	>0.01	0.5~1.5	压后低产	弱
Ⅲ	溢流相下部、中部亚相	>5	>1	>3	>0.01	<12	>0.01	0.5~1.5	压后低产	弱
Ⅲ	火山沉积相含外碎屑、再搬运	>5	>1	>3	>0.01	<12	>0.01	0.5~1.5	压后低产	弱
Ⅳ	爆发相热基浪亚相	<15	<1	>3	>0.01	<12	>0.01	<0.5	非工业	弱
Ⅳ	溢流相中部亚相	<10	<1.5	>3	>0.01	<12	>0.01	<0.5	非工业	弱
Ⅳ	火山沉积相含外碎屑、再搬运	<10	<1.5	>3	>0.01	<12	>0.01	<0.5	非工业	弱

（3）Ⅲ类储渗单元。规模较小、孔隙度低、储集能力较弱，其面积大于$1km^2$，有效厚度大于5m，孔隙度大于3%；孔隙结构、渗透性和渗流能力较差，其平均孔喉半径大于0.01mm，排驱压力小于12MPa，渗透率大于0.01mD；井控储量$0.5×10^8$～$1.5×10^8m^3$，单井产能为压后低产，稳产能力较弱；多发育于爆发相空落亚相、溢流相下部和中部亚相及火山沉积相含外碎屑和再搬运亚相。

（4）Ⅳ类储渗单元。规模小、孔隙度低、储集能力弱，其面积小于$1.5km^2$，有效厚度小于15m，孔隙度大于3%；孔隙结构、渗透性和渗流能力差，其平均孔喉半径大于0.01mm，排驱压力小于12MPa，渗透率大于0.01mD；井控储量小于$0.5×10^8m^3$，单井产能以非工业气流井为主，稳产能力弱；多发育于爆发相热基浪亚相、溢流相中部亚相、火山沉积相含外碎屑和再搬运亚相。

3. 储渗单元的特征

不同类型储渗单元具有不同的测井、地震响应特征和形态、分布、规模特征。

1）测井响应特征

不同储集、渗流能力的火山岩储渗单元，其核磁共振测井和常规测井响应特征不同。

（1）储集能力的测井响应。储集能力取决于储渗单元的规模和内部物性，用核磁共振测井和常规三孔隙度测井来反映其内部物性（表2-9）。核磁共振测井T_2谱图的可动流体谱总面积越大，表明储层物性越好，储渗单元的储集能力越强。常规测井曲线上，密度测井值越小、声波时差和中子孔隙度值越大，表明储层物性越好，储渗单元的储集能力越大；火山岩储渗层测井曲线为中等幅值，曲线形态多呈平滑—微齿状箱形；沉火山岩储渗层则表现为中低密度、中高声波时差、中高中子孔隙度特征，曲线形态多为齿状钟形、漏斗形（图2-23）。

表2-9 火山岩储渗单元储集能力的测井响应特征

地层类型	岩石类型	核磁共振测井T_2谱图		常规测井				
		束缚流体谱总面积	可动流体谱总面积	密度测井	声波时差测井	中子测井	曲线形态	平滑程度
储渗层	火山岩	小	大	中等	中等	中等	箱形	平滑—微齿
	沉火山岩	大	中等	中低	中高	中高	钟形、漏斗形	齿状
隔、夹层	火山岩	小	小	大	小	小	箱形	微齿—齿状
	沉火山岩	大	小	小	大	大	指形、钟形、漏斗形	锯齿

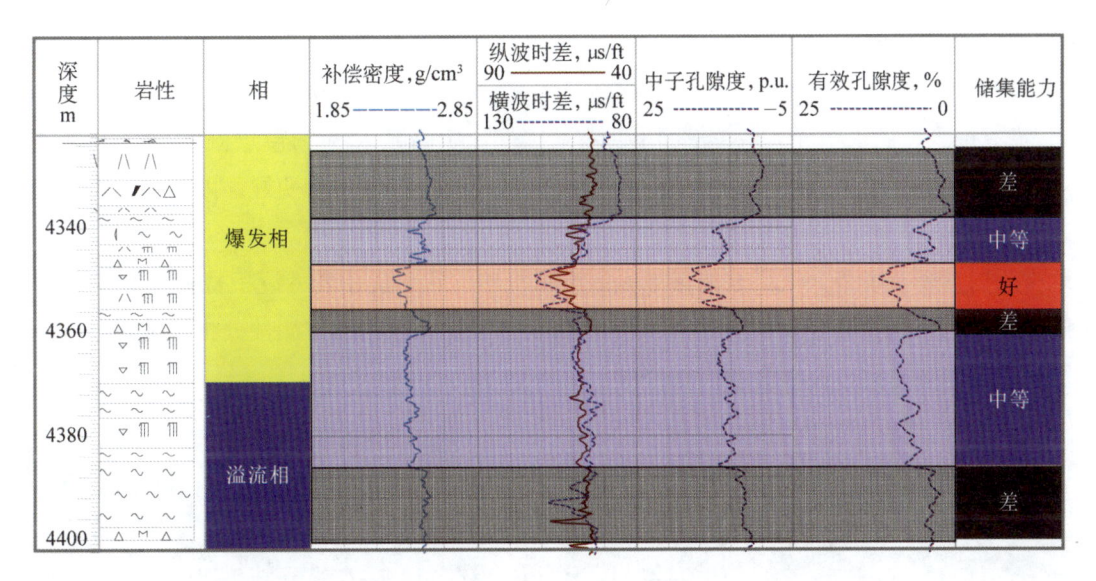

图2-23 火山岩储集能力常规测井响应特征（XX23井）

（2）渗流能力的测井响应。渗流能力取决于孔缝发育程度和孔隙结构特征，用核磁共振测井和常规电阻率、三孔隙度测井来反映（表2-10）。核磁共振测井的T_2值和可动流体峰圈闭面积越大，其渗流能力越强。常规测井上，电阻率和密度越低、声波时差越高，说明渗流能力越强（图2-23）。火山岩储渗单元在核磁共振测井上表现为可动流体峰圈闭面积大、T_2值分布范围大，在常规测井曲线上表现为密度、声波时差和电阻率幅值中等，深浅侧向电阻率具较大正差异；沉火山岩储渗单元受陆源碎屑影响，核磁共振测井可动流体峰圈闭面积中等、T_2值较小，常规测井曲线则表现为电阻率和密度中低值、声波时差中高值。

表2-10 火山岩储渗单元渗流能力的测井响应特征

地层类型	岩石类型	核磁共振测井T_2谱		常规测井			
		可动流体峰T_2值	可动流体峰面积	电阻率测井值	深浅电阻率差异	密度测井值	声波时差测井值
储渗层	火山岩	大	大	中等	较大正差异	中等	中等
	沉火山岩	小	中等	中低	较小正差异	中低	中高
隔、夹层	火山岩	大	小	大	小	大	小
	沉火山岩	小	小	小	小	小	大

2）地震响应特征

不同类型储渗单元的地震反射振幅、频率、连续性特征和反射外形不同，据此建立四种主要成因类型储渗单元的地震响应模式（图2-24）。

（1）爆发型储渗单元。地震剖面上具有弱振幅、较高频率、较差连续性的反射特征，丘状、楔状反射外形；储渗层越发育，地震反射振幅越弱，频率则略有降低；断续可追踪的较强反射常反映储渗层与周围阻流带的交界面[图2-24(a)]。

（2）溢流型储渗单元。地震剖面上具有弱振幅、低频率、较好连续性的反射特征，似层状反射外形；储渗层越发育，地震反射振幅越弱、频率越低、连续性相对变差；若溢流相储渗单元直接与沉积岩接触，可形成局部较强的反射界面[图2-24(b)]。

（3）隐爆型储渗单元。地震剖面上具有弱振幅、高频率、差连续性反射特征，伞状、云朵状反射外形；物性越好，地震反射振幅越弱、频率越高、连续性越差[图2-24(c)]。

（4）浅成侵入型储渗单元。地震剖面上具有弱振幅、中高频率、差连续性反射特征，不规则块状反射外形；储渗层越发育，地震反射振幅越弱、频率越低、连续性则略变好，内部可追踪的较强断续反射常反映储渗层与阻流带的交界面[图2-24(d)]。

除地震反射波形特征外，火山岩储渗单元的波阻抗也与致密火山岩、沉积岩有所不同，如CC气田火山岩储渗单元的波阻抗介于9500～14500g/(cm^3·m/s)。因此，采用地震属性分析和地震反演方法，可有效识别火山岩储渗单元，预测储渗单元分布。

(a) 爆发型储渗单元

(b) 溢流型储渗单元

(c) 隐爆型储渗单元

(d) 浅成侵入型储渗单元

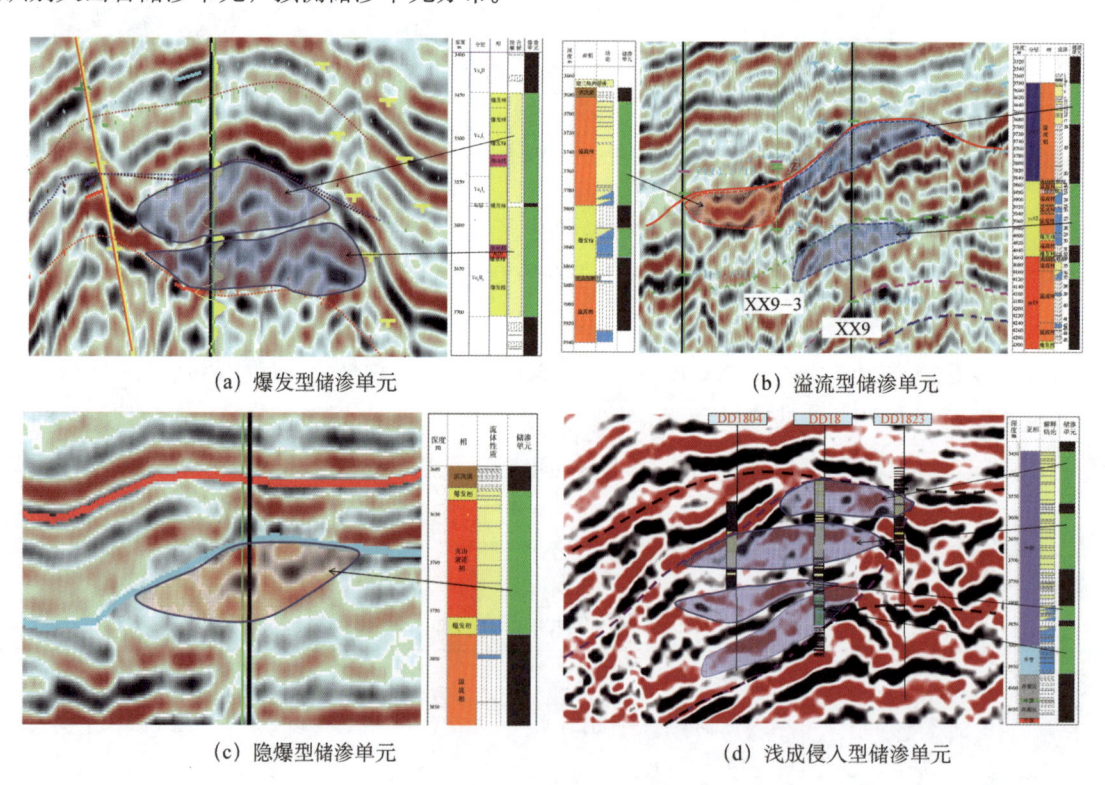

图2-24 火山岩储渗单元的地震响应模式

3）形态、分布及规模特征

储渗单元的形态、分布和规模与火山岩形成机制及环境有关。野外露头观测、密井网解剖和地震解释表明，储渗单元形态、分布及规模变化大，结构非均质性强（表2-11）。

（1）形态特征。受火山岩成因以及火山机构、火山岩体、火山岩相等各级次建筑结构影响，储渗单元形态复杂，不同类型储渗单元形态变化大。隐爆型储渗单元受火山管道形态、爆发强度、熔浆冷却不均匀性、溶蚀改造方式等影响，多呈柱状或不规则透镜状。爆发型储渗单元受火山爆发强度、堆积方式、喷发环境等因素影响，总体上呈不规则块状或盾状。溢流型储渗单元受溢流方式、熔浆流动性、挥发份含量及逸散程度、古地形地貌等因素影响，以盾状、似层状或薄层状为主。侵出型储渗单元形态与枕状、球状珍珠岩的堆砌方式有关，多呈透镜状或不规则块状。火山沉积型储渗单元受沉积方式及后期成岩作用影响，以层状和似层状为主。总体而言，火山岩储渗单元在剖面上多表现为柱状、盾状、透镜状、不规则块状、似层状（图2—25和图2—27），在平面上则为土豆状、条带状或片状（图2—26）。

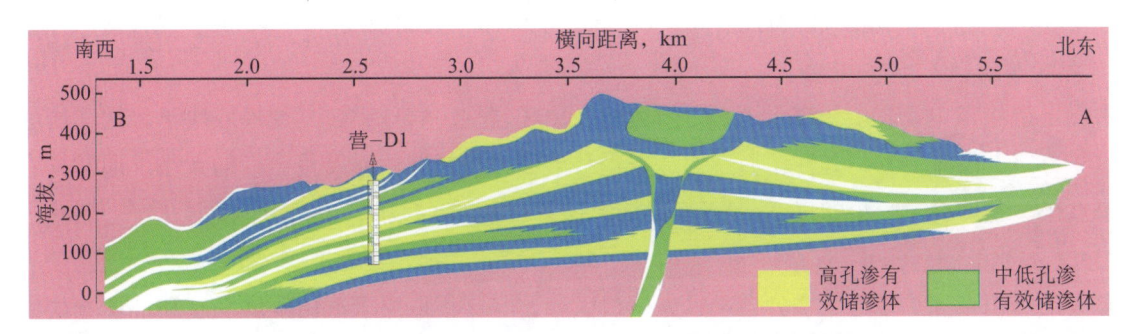

图2—25 GMS露头复合火山机构储渗单元分布模式图

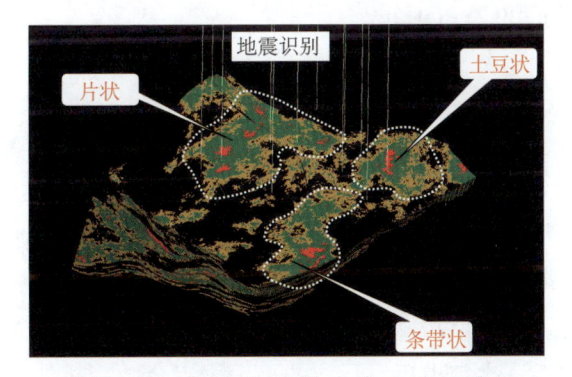

图2—26 地震识别储渗单元平面形态

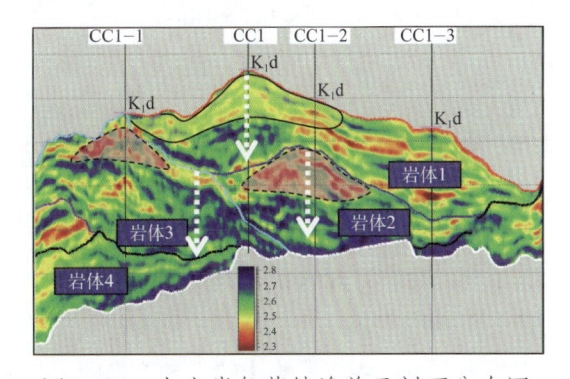

图2—27 火山岩气藏储渗单元剖面分布图

（2）分布及规模特征。受火山岩形成机制、各级次建筑结构形态和规模、建设性成岩作用等影响，不同类型储渗单元的规模及分布差异大（表2—11）。

表2—11 XX气田火山岩储渗单元形态与规模

储渗单元类型	形态	规模			
		长度，km	宽度，km	厚度，m	面积，km²
隐爆型	透镜状、柱状、块状	0.05~0.5	0.01~0.4	12~120	0.01~0.2
爆发型	块状、盾状	0.2~2.5	0.1~1.8	4~80	0.2~3
溢流型	似层状、薄层状	0.2~3.5	0.1~2.9	2~60	0.2~5
侵出型	透镜状、块状	0.4~0.9	0.1~0.7	17~83	0.3~0.6
火山沉积型	层状、薄层状	0.3~1.2	0.2~1	2~20	0.1~1.1

①隐爆型储渗单元。主要分布于火山通道及火山口附近，其规模取决于隐爆作用、冷凝收缩作用及后期溶蚀作用的强度和火山通道大小，通常具有面积小、厚度大、整体规模较小的特点。如XX气田该类型储渗单元的长度0.05~0.5km、宽度0.01~0.4km、厚度12~120m、面积0.01~0.2km^2。

②爆发型储渗单元。多分布于近火山口区域的火山碎屑锥中，其规模取决于火山爆发强度、堆积方式、压实作用、溶蚀作用的强度以及火山碎屑锥和爆发相的大小，通常具有面积大、厚度大、整体规模较大的特点。如XX气田该类型储渗单元的长度0.2~2.5km、宽度0.1~1.8km、厚度4~80m、面积0.2~3km^2。

③溢流型储渗单元。多分布于近火山口区域的熔岩盾中，其规模取决于熔浆堆积速度（以慢为好）、挥发份含量及逸散程度、后期溶蚀作用的强度以及熔岩盾或熔岩层的大小，总体上具有面积大、厚度较大、整体规模较大的特点。XX气田该类储渗单元的长度0.2~3.5km、宽度0.1~2.9km、厚度2~60m、面积0.2~5km^2。

④侵出型储渗单元。多分布于火山口附近的侵出相岩枕、岩球中，其规模取决于岩枕、岩球的大小和堆积方式、熔浆冷却均匀性、后期构造作用和溶蚀作用的强度以及侵出相的大小，通常具有面积小、厚度小、整体规模较小的特点。XX气田该类储渗单元的长度0.4~0.9km、宽度0.1~0.7km、厚度17~83m、面积0.3~0.6km^2。

⑤火山沉积型储渗单元。多分布于远火山口区域，其规模取决于火山碎屑尺度和堆积方式、后期溶蚀作用强度及火山沉积相大小，通常具有面积、厚度和整体规模都较小的特点。XX气田该类储渗单元的长度0.3~1.2km、宽度0.2~1km、厚度2~20m、面积0.1~1.1km^2。

第二节 火山岩地层层序

火山岩不同级次时间单元的喷发韵律性和规模大小不同。火山喷发旋回是一个火山活动期内同源火山喷出物的总和，相邻旋回间发育不整合面、间断期火山沉积岩，旋回分布广、厚度大。火山喷发期次是火山机构内部一次连续喷发形成的火山岩组合，相邻期次以风化壳、松散层过渡，其分布受火山机构制约、厚度中等。火山喷发韵律是喷发期次内部一次集中喷发形成的火山岩组合，相邻韵律之间以相序转换面或岩性组合界面过渡，分布受喷发期次控制、厚度小。冷凝单元是喷发期次内部一次脉冲式喷发形成的火山岩，相邻单元之间以冷、热界面过渡，分布范围有限、厚度小。

一、火山岩地层层序的概念及级次划分

1. 火山岩地层层序的概念

地层层序理论建立在被动大陆边缘海相地层研究基础上，Sloss于1949年第一次明确提出层序的概念，将其定义为以区域不整合面为边界的地层集合体。Van Wagoner[57]认为层序地层是以侵蚀面或无沉积作用面或者与之可对比的整合面为界的年代地质学格架中具有成因联系的旋回性序列及其相互关系。朱筱敏[58]认为层序是一套相对整一的、成因上有联系的、顶底以不整合面或与之相对应的整合面为界的地层单元。

与连续型层状沉积岩不同，火山岩是受多级建筑结构控制的非层状叠置型集合体。因此参考沉积

岩层序地层的概念[59-61]，根据火山活动的规律性[62-64]，将火山岩地层层序定义为以火山岩建造顶底区域性不整合面为界、内部具有成因联系的各级地层单元及其时空关系。

2. 火山岩地层层序级次划分

火山岩地层层序划分方案很多，根据地质填图的需要，划分出岩系、旋回、韵律、期次4个级次；中国地质调查局[65]根据火山喷发产物的时空关系划分出Ⅰ～Ⅳ4级旋回，分别代表盆地时空演化过程、岩浆作用演化阶段、火山活动间歇期和脉动式火山喷发期；谢家莹[36]将陆相火山岩地层层序划分为旋回、组、岩相、层4个级次；黄玉龙[66]则将松辽盆地营城组火山岩划分为旋回、期次、岩相3级层序。陆相盆地沉积旋回划分以构造作用和沉积作用的级别为依据，共划分为5个级次[67]（表2-12）。因此参考上述地层层序划分方法，结合火山作用周期性特点，将火山岩地层层序划分为5个级次（表2-12）：

表2-12 火山岩与沉积岩地层层序划分对比表

沉积岩地层层序				火山岩地层层序			
旋回级次	控制因素	接触关系	厚度	旋回级次	控制因素	接触关系	厚度
一级旋回	地壳的升降运动	明确的不整合	几百至几千米	火山岩建造	板块运动、岩石圈破裂	不整合	几百至几千米
二级旋回	盆地的沉降与抬升	沉积相类型变化或不整合	几十至几百米	火山喷发旋回	岩浆运移、抽空与充注	间断期沉积岩	几百至上千米
三级旋回	湖盆水域的扩张与收缩	湖侵层	几米至几十米	火山喷发期次	连续喷发使熔浆囊泄压而暂停	间歇期火山沉积岩	几十至几百米
四级旋回	沉积条件的变化	相序转换面	几米至十几米	火山喷发韵律	喷发方式能量变化	相序转换面	几米至几十米
五级旋回	微相变化	微相变化面	小于几十米	冷凝单元	脉冲式喷发和冷凝	软顶硬底	小于几十米

（1）火山岩建造。在一定地质阶段的某一特定地质构造环境下形成的火山岩组合，相当于一级沉积旋回。受板块运动、岩石圈破裂作用控制，多以不整合面与其他火山岩建造或围岩接触，火山岩厚度为几百米至几千米。

（2）火山喷发旋回。火山岩建造内部一个火山活动期内形成的同源火山喷发物的总和[14]，相当于二级沉积旋回。受岩浆房内岩浆运移、抽空与充注作用控制，表现为火山活动从开始到高峰期再到衰退期和休眠期的完整过程[15]。多以不整合面、火山沉积岩与相邻旋回接触，火山岩厚度几百至上千米。

（3）火山喷发期次。火山机构内部一次连续喷发形成的火山岩组合[14]，相当于三级沉积旋回。受熔浆囊内因连续喷发产生的泄压作用控制，相邻期次之间通常发育风化壳、松散层或火山沉积岩，火山岩厚度几十米至几百米。

（4）火山喷发韵律。喷发期次内部一次集中喷发形成的火山岩组合，相当于四级沉积旋回。受喷发方式和能量变化的控制，表现为完整的岩相（组合）。多以相序转换面或岩性组合界面与相邻韵律接触，火山岩厚度几米至几十米。

（5）冷凝单元。喷发期次内部一次脉冲式喷发而形成的火山岩，相当于五级沉积旋回。当两个脉冲的时间间隔大到使火山岩表面冷却时，两个喷发单元之间就有冷、热界面，形成一个冷凝单元。通常具有软顶硬底构造，火山岩厚度小于几十米。

二、火山喷发旋回

火山喷发旋回反映区域性火山活动的周期性，旋回内部火山岩与喷发间断期火山沉积岩、风化壳或火山灰层的地质特征、测井与地震响应特征不同。

1. 地质特征与测井响应

（1）喷发期火山岩。其岩石成分相近，测井曲线具有高电阻率、高密度、低声波时差特征，曲线形态未平滑—齿状箱形[图2-28(a)]。

（2）喷发间断期产物及旋回界面特征如下：

①火山沉积岩。厚度大、火山物质含量低，测井曲线多为低电阻率、低密度、高声波时差，曲线形态多呈齿状—锯齿状箱形、钟形[图2-28(b)]。

②风化壳层。易活动组分（FeO，K_2O，Na_2O等）少，惰性组分（TiO_2，MgO，Na_2O等）相对富集，测井曲线具有钾元素含量低、钍和铀元素含量高、电阻率和密度低、声波时差和中子孔隙度高的特点，曲线齿化严重，曲线形态多呈钟形或漏斗形。

③火山灰层。包括喷发初期同源火山灰层和喷发结束时的异源火山灰层，测井曲线表现为低电阻率、低密度、高中子孔隙度、高声波时差特征，曲线形态多为平滑—微齿状箱形。

④火山岩成分突变界面。从酸性到基性，火山岩表现为放射性减弱、密度和中子增大。

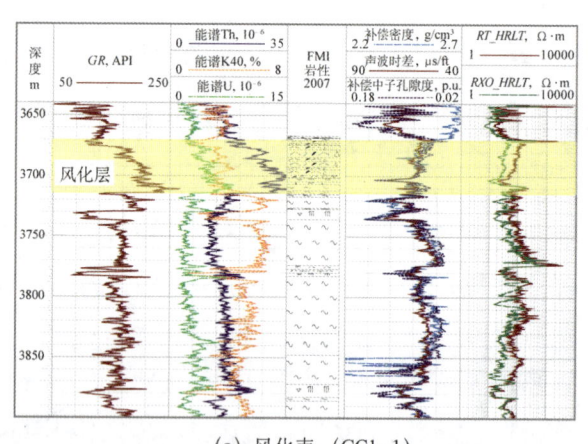

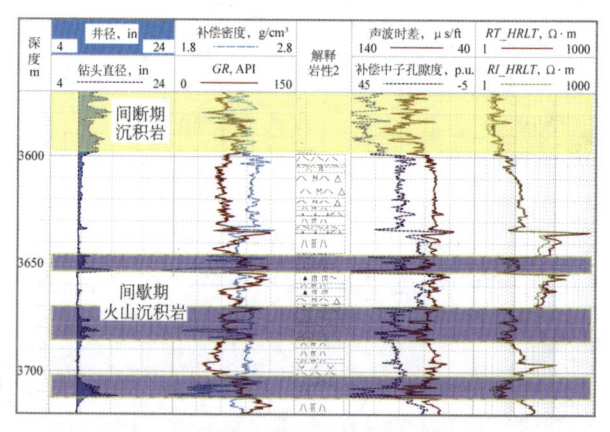

(a) 风化壳（CC1-1）　　(b) 旋回边界及内部沉积岩（DD1414）

图2-28　火山喷发旋回测井标志

2. 地震响应特征

喷发旋回内部火山岩在地震上多为强振幅、低频率、差连续性反射特征和杂乱反射外形（图2-29）；其中，酸性火山岩频率低、连续性差，基性火山岩频率高、连续性好。

间断期火山沉积岩在地震上多为弱振幅、高频率、较好连续性特征和似层状反射外形（图2-29）。风化壳、沉积岩与火山岩的界面通常表现为角度不整合面的强反射特征；火山岩成分变化界面、火山灰层与旋回内部火山岩界面也多具有不整合面反射特征，但能量弱、连续性差，可追踪性差。

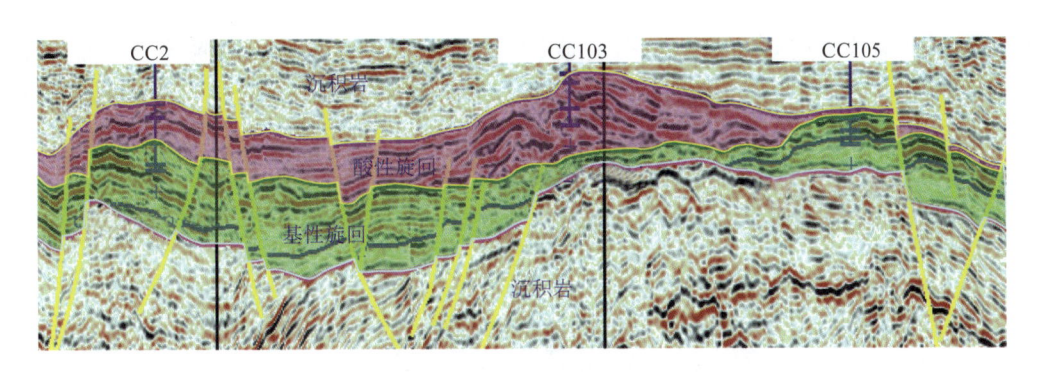

图2-29 火山喷发旋回的地震响应特征图（CC气田）

三、火山喷发期次

火山喷发期次反映火山机构内部火山喷发作用的连续性，喷发期火山岩与喷发间歇期火山沉积岩、风化壳或松散层的地质特征、测井与地震响应特征不同。

1. 地质特征与测井响应

（1）喷发期火山岩。岩石成分和成因基本一致，测井曲线具有高电阻率、高密度、低声波时差特征，曲线形态多为微齿—齿状箱形、钟形。

（2）喷发间歇期产物及期次界面特征如下：

①火山沉积岩。碎屑物质含量高、厚度薄、分布范围小，测井曲线多为中低电阻率、中低密度、中高声波时差，曲线形态多为锯齿状指形、漏斗形、刺刀形。

②风化壳。由于暴露时间短，其规模和延伸范围小于喷发旋回间断期风化壳层，测井曲线为中低电阻率、中低密度、中高声波时差，曲线形态呈锯齿状指形或刺刀形（图2-30）。

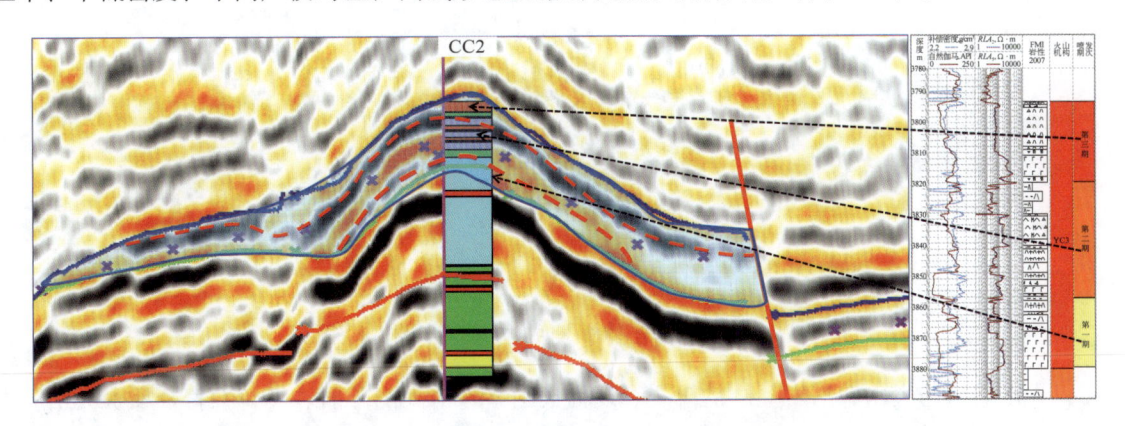

图2-30 火山喷发期次地震剖面识别图

③岩性组合转换面。包括火山凝灰岩与火山角砾岩、火山碎屑岩与火山熔岩、火山熔岩与次火山岩、喷出岩与侵入岩的岩性变换界面，测井响应与变换类型有关，比如从细粒凝灰岩到火山角砾岩，电阻率和密度增大、中子孔隙度和声波时差减小，曲线平滑程度降低；从火山碎屑岩到火山熔岩，测井曲线由齿状钟形向微齿状箱形转换。

2. 地震响应特征

如图2-30，喷发期次内部火山岩在地震上表现为强振幅、低频率、差连续性反射特征和杂乱反射外形，喷发期次界面的地震反射特征为：火山沉积岩多具有中－弱振幅、较高频率、较好连续性反射特征和似层状反射外形；风化壳则表现为中强振幅的局部不整合界面反射特征；岩性组合转换面在地震剖面上特征不明显。

四、火山喷发韵律

火山喷发韵律反映喷发期次内部火山活动的规律性，不同韵律类型的地质特征、测井与地震响应特征不同。

1. 地质特征与测井响应

根据喷发期次内部火山活动的能量特征，大体可分为3种韵律类型：

（1）火山熔岩韵律。岩石结晶程度中间高两端低，气孔发育程度则为中间低两端高，气孔孔径上部大中部小。测井曲线表现为三段式特征：下部为中低电阻率、中低密度、中高声波时差，齿状漏斗形；中部为高电阻率、高密度、低声波时差，微齿箱形；上部为低电阻率、低密度、高声波时差，齿状钟形。

（2）火山碎屑岩韵律。自下而上，碎屑粒径由大到小，物性由好变差。测井曲线整体表现为齿状漏斗形、箱形，其中下部的火山角砾岩测井曲线为低电阻率、低密度、高声波时差，齿状箱形为主；中部的凝灰质角砾岩或角砾凝灰岩为中高电阻率、中高密度、中低声波时差，齿状箱形或漏斗形为主；上部的凝灰岩为中高电阻率、高密度、低声波时差，粒度越小，电阻率和密度越低，声波时差越大，以微齿状箱形、漏斗形为主（图2-31）。

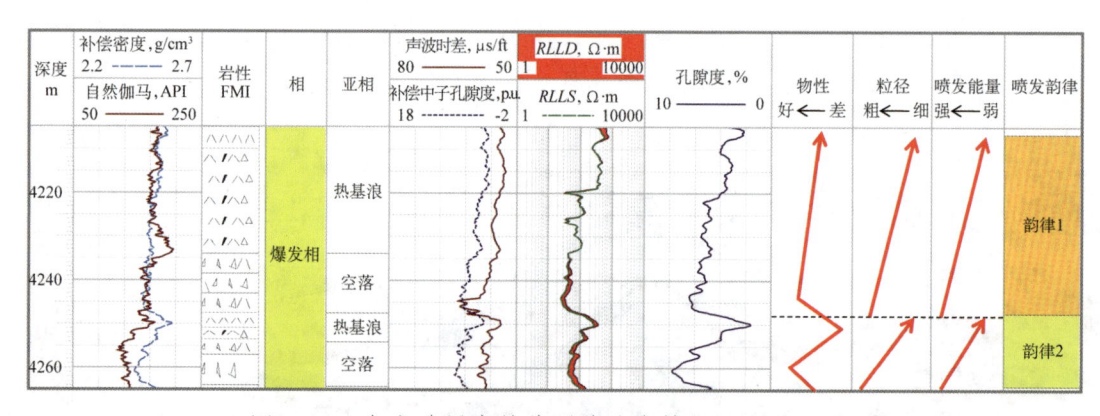

图2-31 火山碎屑岩韵律测井响应特征图（XX23）

（3）火山熔岩与火山碎屑岩互层韵律。表现为火山熔岩与火山碎屑岩交替发育，反映火山喷发能量强弱交替。在测井曲线上，下部火山碎屑岩多为中低电阻率、中低密度、中高声波时差特征，曲线形态以齿状—锯齿状钟形、漏斗形为主；中部碎屑熔岩多为低电阻、低密度、高声波时差特征，曲线形态以微齿—齿状箱形为主；上部火山熔岩则具有中高电阻率、中高密度、中高声波时差特征，曲线形态以平滑—微齿状钟形、箱形组合形态为主；顶部气孔熔岩多具有低电阻率、低密度、高声波时差特征，曲线形态以微齿状指形、钟形为主。

2. 地震响应特征

地震剖面上，火山熔岩韵律多为中—强振幅、低频率、较好连续性反射特征和似层状反射外形；

火山碎屑岩韵律则为中—弱振幅、低频率、差连续性反射特征和杂乱反射外形；互层韵律多为强振幅、中—高频率、较好连续性反射特征和似层状反射外形（图2—32）。

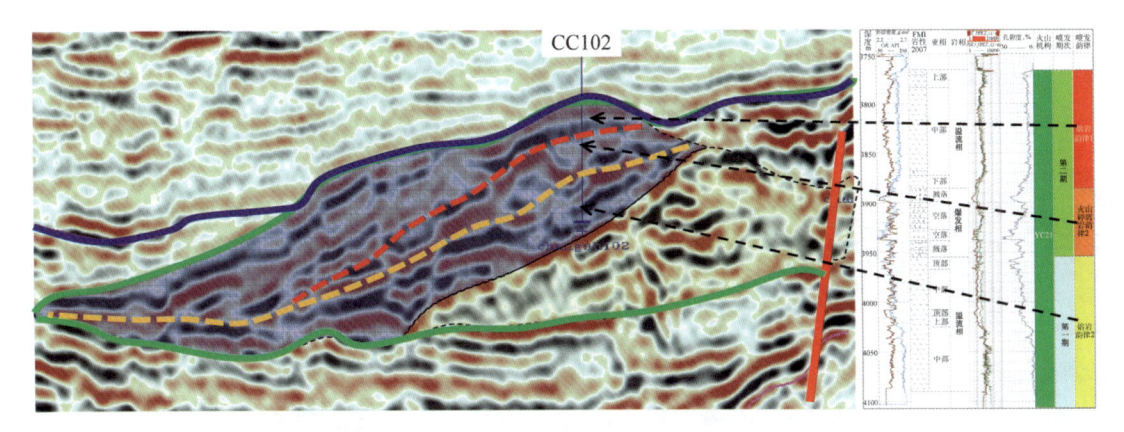

图2—32　火山喷发韵律地震剖面识别图

五、冷凝单元

冷凝单元反映喷发期次内部脉冲式喷发作用的活动规律，受火山岩亚相控制，地质上具有软顶硬底构造、氧化顶、玻璃壳、熔渣壳、烘烤边、气孔和杏仁体等特征，分布范围有限、厚度小。测井和地震响应不明显，识别及预测难度大。通常以火山岩亚相及喷发韵律为约束，利用取心段或野外露头来划分火山岩冷凝单元。

第三节　火山岩层序对比与层系划分

火山岩不同级次层序具有可对比性，但火山岩时间单元的分布特点不同于沉积岩，因此需采用不同于沉积岩的旋回对比方法揭示地层层组关系，在此基础上划分层系。

一、火山岩层序对比方法

火山岩层序在区域范围、火山机构内部、火山岩亚相等不同级次范围内具有可对比性，根据火山岩时间单元缺乏古生物化石标志、呈非层状叠置型分布的特点，采用不同于沉积岩的对比方法进行火山旋回对比和层组对比，揭示火山岩地层层序关系。

1. 火山旋回对比

1) 火山旋回的可对比性

根据不同级次火山旋回的地质特点、约束机制、规模大小和分布范围，将火山旋回的可对比性划分为3类（表2—13）：

（1）区域范围内可对比。火山喷发旋回分布于整个盆地内，由沉积岩或风化壳分隔，其厚度几百至几千米，延伸长度几十至几百千米，具有盆地内部稳定分布、可追踪性强的特点，因此可在火山岩建造约束下进行区域性对比。

(2) 火山机构内部局部可对比。火山喷发期次、火山喷发韵律分布于火山机构内部，由风化壳、火山灰层、相序转换面等分隔，其厚度几米至几百米，延伸长度几百米至几十千米，局部可追踪性强，因此可在火山机构约束下进行局部追踪和对比。

(3) 火山岩亚相约束下单井外推。冷凝单元分布于火山岩体及亚相内，由冷热界面分隔，测井、地震特征不明显，可在火山岩亚相约束下进行单井外推。

表2-13 不同级次火山旋回可对比性特征表

地层层序	约束机制	分布范围	规模 厚度	规模 延伸长度	可对比性
喷发旋回	火山岩建造	盆地内	几百至几千米	几十千米至几百千米	区域范围内对比
喷发期次	火山机构	机构内	几十至几百米	几千米至几十千米	火山机构内对比
喷发韵律	火山岩相	机构内	几米至几十米	几百至几千米	火山机构内对比
冷凝单元	火山岩亚相	岩体内	小于几十米	几十至几百米	单井外推

2) 火山旋回的对比原则

沉积旋回对比多遵循"地层物质属性相当"原则，采用岩性对比、古生物对比、沉积对比、地层年代对比等方法，进行综合划分和对称对比。针对火山旋回不同于沉积旋回的"非层状叠置型分布、层理不发育、缺乏古生物化石标志、建造内部岩石地质年代差异小"等特点，以及沉积旋回对比方法适应性差的实际，以火山岩建筑结构解剖及火山旋回划分为基础，建立适合火山岩气藏的旋回对比原则：

(1) 旋回对比、分级控制原则。高级次火山旋回以稳定分布的沉积岩和风化壳为标志层，可追踪性强；低级次火山旋回缺乏稳定标志层，在没有约束条件下对比误差大。因此，根据火山旋回的级次关系，采用"高级次控制低级次"原则，提高火山旋回对比的可靠性。

(2) 建筑结构约束原则。火山岩建筑结构描述火山岩各成因单元的空间分布和叠置关系，火山旋回则描述火山岩各时间单元的空间分布和叠置关系，二者具有成因联系。根据建筑结构与火山旋回的对应关系，采用建筑结构进行约束，可提高火山旋回对比的准确性。

(3) 综合对比原则。包括资料综合和方法综合两种：资料综合是指充分利用地质、测井、地震等多种资料，按照从单井到剖面再到空间的思路进行对比；方法综合则是指综合应用岩性对比、喷发韵律对比、标志层对比等方法提高火山旋回对比的可信度。

3) 火山旋回对比实例

按照上述原则，根据岩性岩相、时空分布及规模、叠置关系开展火山旋回对比。

(1) 火山喷发旋回对比。

以火山岩建造为约束，根据岩性岩相、火山岩地质年龄、喷发间断火山沉积岩、气候条件及地层接触关系，采用综合对比方法，揭示盆地内火山喷发旋回的分布特征。

以XX气田火山岩为例，该建造发育两个火山喷发旋回（图2-33）。营一段旋回火山岩为厚层流纹岩夹珍珠岩、火山碎屑岩，顶底为膨润土；地质年龄134～120Ma；营二段喷发间断期以凝灰质砾岩、砂岩夹凝灰岩含煤地层为主，属温湿气候环境；旋回总厚度170～1700m；底界对应T_4^1地震反射层，由2～3个断续波组成，在斜坡地带见明显上超和削截，与下伏沙河子组呈平行不整合接触；

顶界对应T_4^b反射层。营三段旋回火山岩为玄武岩、玄武质角砾熔岩夹少量凝灰角砾岩,地质年龄 120~110Ma;营四段喷发间断期以杂色砂砾岩及灰色泥岩、粉砂岩为主,属于扇三角洲-湖泊沉积体系;旋回总厚度90~800m;底界对应T_4^b反射层,与下伏地层呈平行不整合接触;顶界对应T_4地震反射层,是一个明显的构造域转换面。

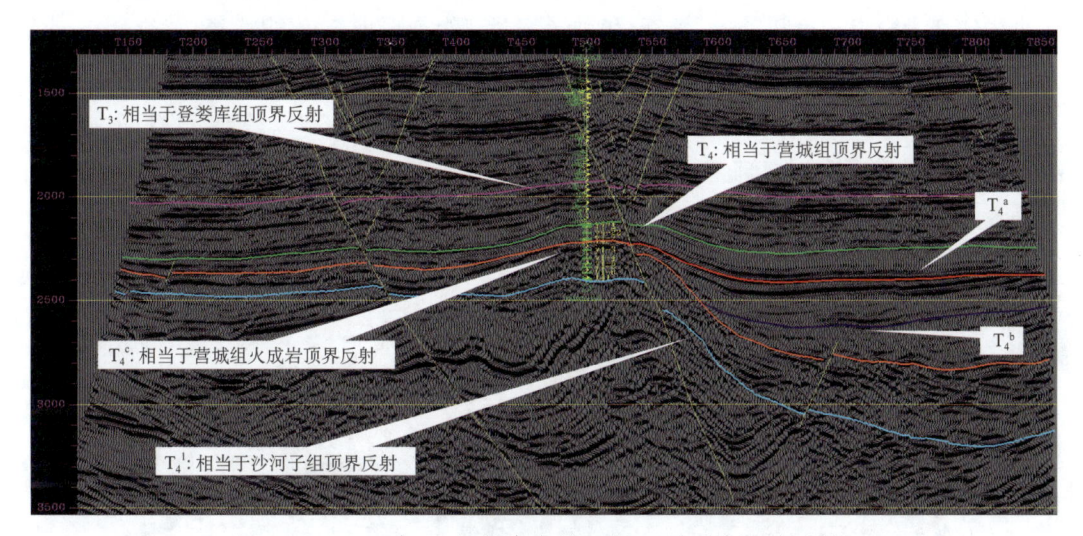

图2-33 XX气田火山喷发旋回界面地震剖面解释图

(2)火山喷发期次对比。

以火山机构为约束,根据岩性岩相及喷发间歇期火山沉积岩等特征,采用地质、测井、地震综合分析方法,揭示旋回内部各个喷发期次的分布特征。

以XX21火山机构为例(图2-34),在3口钻遇井中,XX21井钻遇火山通道,XX21-1和XX21-2井自下而上钻遇两套岩性组合,对应两个喷发期次;在地震剖面上,第一期(下部)火山岩表现为弱振幅、高频率、不连续的杂乱反射特征;第二期(上部)则表现为强振幅、低频率、连续性好的似层状反射特征;期次界面具有局部不整合的强反射特征。

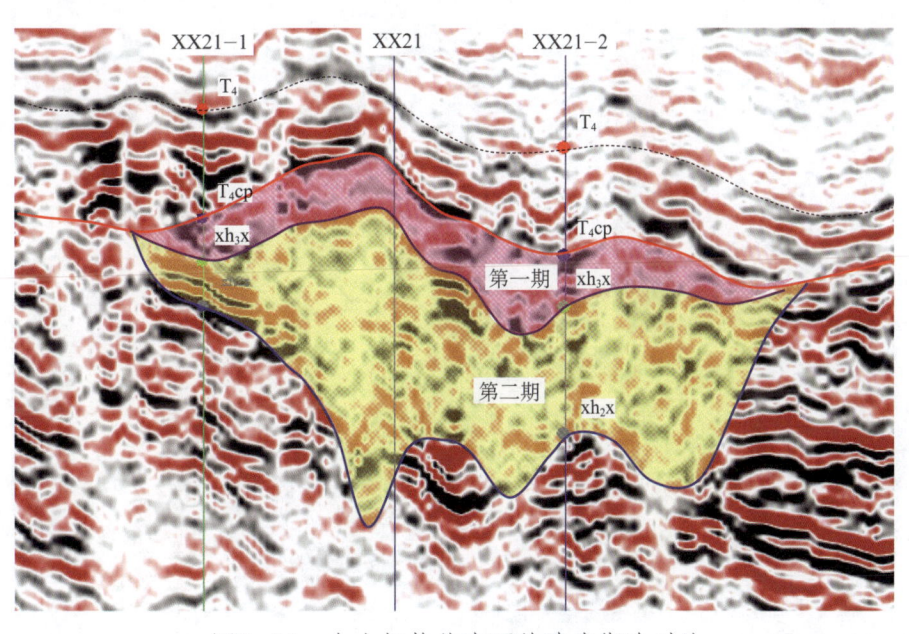

图2-34 火山机构约束下的喷发期次对比

（3）火山喷发韵律对比。

在火山机构及喷发期次约束下，根据岩性组合及喷发能量转换特征，采用单井划分和井震结合的对比方法，划分火山喷发韵律，搞清喷发期次内部各个火山喷发韵律的分布特征。

XX21火山机构两个喷发期次分别发育3套火山喷发韵律（图2—35），XX21-2井钻遇其中第2～5套，测井曲线分别为微齿—齿状钟形、箱形和钟形—漏斗组合形形态（图2—36）。在地震剖面上，韵律1、4、5具有强振幅、低频率、较好连续性反射特征和似层状反射外形；韵律2则具有强振幅、高频率、差连续性反射特征和杂乱反射外形；韵律3、6具有弱振幅、高频率、差连续性反射特征和杂乱反射外形；韵律之间呈平行不整合接触关系，地震剖面上可断续追踪。

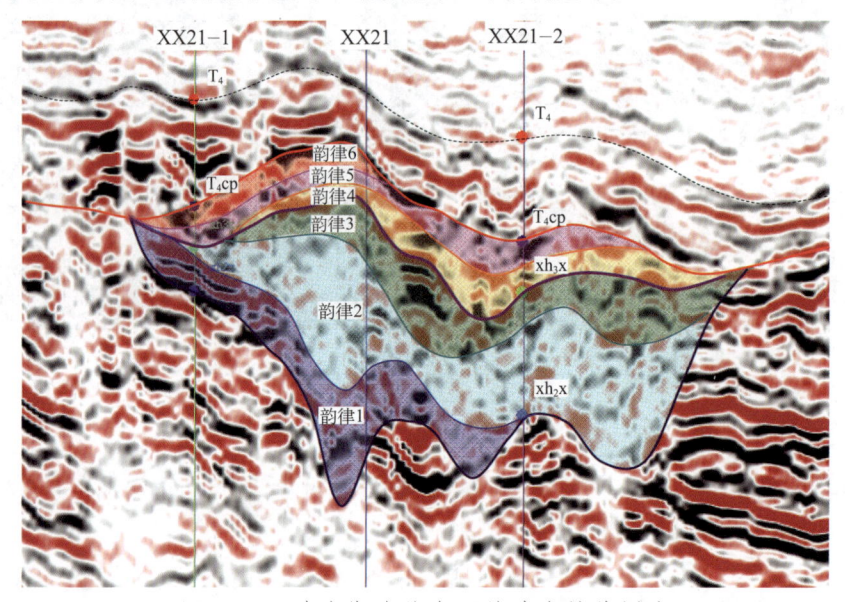

图2—35 喷发期次约束下的喷发韵律划分

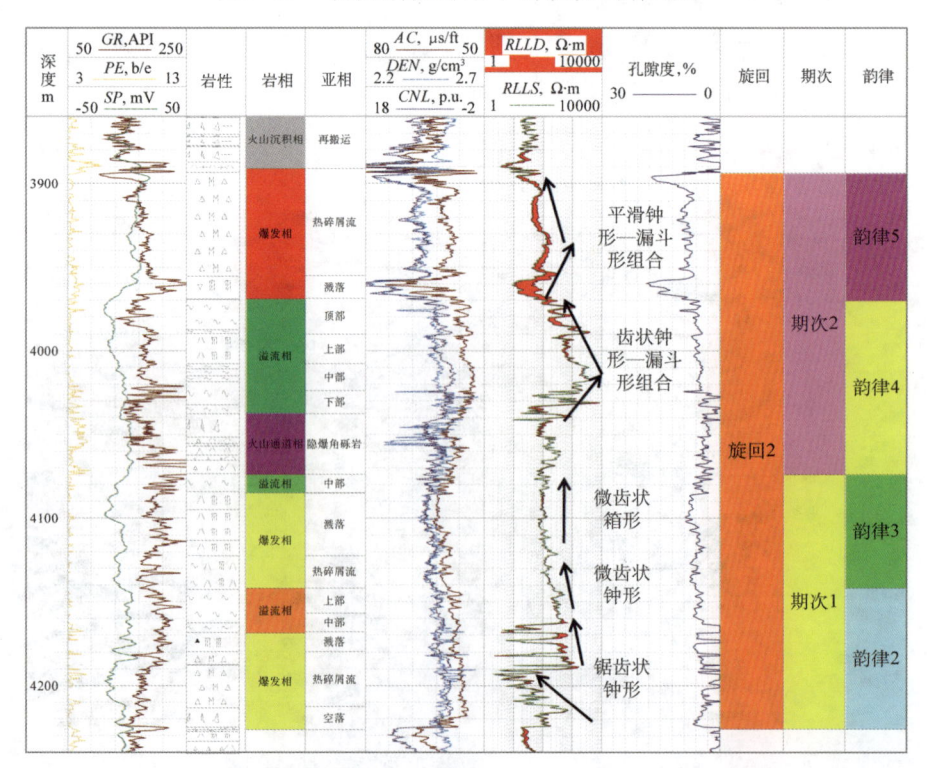

图2—36 喷发韵律单井划分（XX21-2井）

2. 层组对比

火山岩非层状叠置型建筑结构复杂，层状沉积岩常用的"沉积旋回对比、切片对比、等高程对比"等方法适应性差。针对火山岩层组特点，采用"建筑结构及火山旋回控制"原则，形成火山岩独特的层组对比方法。

1）对比标准层

标准层是层组对比的依据，其数量和质量决定对比的可靠性。火山喷发能量的强、弱变换是火山旋回形成的基础，根据喷发期火山岩及喷发间断期沉积岩特征，建立三级标准层：

一级标准层。为区域性分布的厚层沉积岩，如XX气田Yc组二段和四段，多发育于火山喷发旋回之间，控制区域性火山岩分布。

二级标准层。为火山机构内部的火山沉积岩，如XX1火山机构内部的凝灰质砂岩，多发育于喷发期次之间，控制机构内部火山岩分布。

三级标准层。为火山岩体内部连续分布、岩性特殊的火山岩，如CC气田火山岩体内部的角砾熔岩标志层，多形成于火山喷发韵律之间，对流体分布具有显著影响。

2）控制格架

区域火山岩以火山机构为基本单元，层组的分布和走向受火山旋回和建筑结构控制。搞清不同喷发旋回的分布，建立区域性控制格架；搞清不同旋回内部火山机构、火山岩体、火山岩相的分布，建立层组内部约束格架。

3）单层对比

在控制格架内建立三级标准层，按照"点、线、面、体"的思路开展单层对比（图2-37）：

（1）根据火山岩地质特征和测井响应，在单井上划分单层。

（2）建立骨架网络，采用井震联合分析方法建立井间对比模式。

（3）以火山旋回和建筑结构控制格架为约束，在连井剖面、地震剖面、反演剖面上进行追踪、解释，揭示火山岩单层的剖面分布特征。

（4）采用地震属性分析和地震反演等方法，刻画火山岩单层的空间分布。

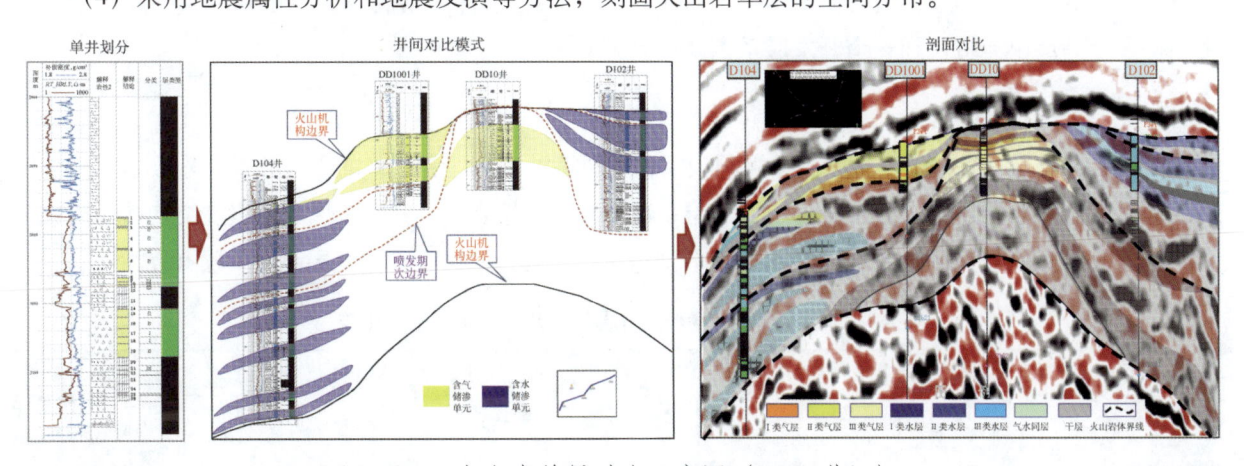

图2-37 火山岩单层对比示意图（DD10井区）

火山岩储层对比采用"以标准层为依据，以火山旋回和建筑结构为约束，以储、隔组合为单元，多信息综合对比分析"的方法，符合火山岩层组分布特点，对比结果可靠性高，为火山岩层系划分奠定了坚实基础。

二、火山岩层系划分

1. 火山岩层系的概念

开发层系的概念是在解决合注合采导致层间矛盾突出、中低渗透油层开发程度低等问题的过程中，综合考虑地质、技术、工艺、经济等因素建立起来的[68]。崔廷主[69]认为，开发层系是由相对独立、上下有良好隔层、储层物性和驱动方式相近且具备一定储量和生产能力的一套储层组合，是最基本的开发单元。孙志道、胡永乐等[70]认为，开发层系是控制产层中油、气、水运动过程的综合技术措施系统，它直接影响开发效果和经济效益。

火山岩层系的概念也是基于解决开发层间矛盾、提高动用程度而提出来的。针对火山岩极强的非均质性特征，将火山岩层系定义为：由隔层分隔、储渗特征和流体性质基本一致、具备一定储量和生产能力的储渗单元或由储渗单元组合的连通体。

2. 火山岩层系划分原则

针对火山岩建筑结构和地层层序的特殊性，参考沉积岩开发层系划分原则[71, 72]，以提高储量动用程度和整体开发效益为目标，综合考虑地质、气藏、工艺和经济因素，建立火山岩层系划分原则，包括：

（1）地质条件。重点考虑储渗单元的形态、规模和连通性，以具有一定储量规模的储渗单元连通体为对象，将距离较近的储渗单元组合到一个层系。

（2）气藏条件。考虑流体性质、驱动类型和压力系统，对于CO_2或凝析油含量差异大、有底水和无底水、温度梯度和压力梯度差异大的储渗单元连通体，考虑分层系开发。

（3）工艺技术条件。考虑火山岩地层水平井钻井技术、分层采气工艺、分段压裂工艺、排水采气工艺、防腐工艺、地面配套工艺的适应性，对适应性不同的地层考虑分层系开发。

（4）经济效益。高效气藏单井产量高、经济效益好，通常采用自然投产方式，对距离远、隔层发育的储渗单元，考虑分层系开发；低效气藏和致密气藏单井产量低、经济效益差，多应用水平井和压裂改造提高单井产量技术，因此在满足地质、气藏和工艺条件的情况下，尽量采用"一井多元"思路，将多个储渗单元组合到一个开发层系，以提高单井效益。

3. 火山岩层系划分

沉积岩开发层系是根据岩性组合、沉积旋回和地层接触关系建立起来的级次关系，一般划分为含气层系、气层组、砂层组、单层4级[54]；火山岩层系也要考虑岩性岩相、火山旋回和各级次结构单元接触关系，与沉积岩开发层系对应的火山岩4级层系分别为含气层系、气层组、亚气层组、单层（表2-14）。

表2-14 火山岩气藏与沉积岩气藏开发层系划分对比表

沉积岩气藏开发层系划分				火山岩气藏开发层系划分			
层系划分	对应沉积旋回	特点	厚度	层系划分	对应喷发旋回	特点	厚度
—	一级旋回	—	几百至几千米	—	火山岩建造	—	几百至几千米
含气层系	二级旋回	沉积成因、岩石类型一致，稳定隔层分隔	几十至几百米	含气层系	火山喷发旋回	岩石成因相联、成分一致、气水特征一致，由不同火山机构的储层构成，稳定沉积岩分隔	几百至上千米

续表

沉积岩气藏开发层系划分				火山岩气藏开发层系划分			
层系划分	对应沉积旋回	特点	厚度	层系划分	对应喷发旋回	特点	厚度
气层组	三级旋回	同一岩相单元，较厚的隔层分隔	几米至几十米	气层组	火山喷发期次	岩石类型相同，火山机构内部发育，较厚的火山沉积岩分隔	几十至几百米
砂层组	四级旋回	岩性一致，隔层稳定性差	几米至十几米	亚气层组	火山喷发韵律	相同岩相，致密火山岩分隔	几米至几十米
单层	五级旋回	岩性、物性一致	小于几十米	单层	冷凝单元	岩性、物性基本一致，致密火山岩分隔	小于几十米

（1）含气层系。岩石成因相关、成分一致、气水特征基本一致的气层组合，相当于沉积岩的含气层系。火山岩含气层系受火山喷发旋回控制，并由稳定的沉积岩隔层分隔，其顶底界面与喷发旋回顶底界面一致。气层总厚度可达数百米。

（2）气层组。岩石类型相同、气层特征相近的气层组合，相当于沉积岩的气层组。火山岩气层组受火山喷发期次及火山岩体控制，由较厚的火山沉积岩或致密火山岩分隔，其顶、底界面与火山喷发期次的顶、底界一致。气层总厚度可达上百米。

（3）亚气层组。岩相基本一致、气层特征相同的气层组合，相当于沉积岩的砂层组。火山岩亚气层组受喷发韵律及火山岩相控制，由较稳定的致密火山岩分隔，其顶、底界面与火山喷发韵律的顶、底界面一致，在火山岩体内部局部可追踪。气层总厚度可达数十米。

（4）单层。岩性和物性基本一致、气层特征相同的含气层，相当于沉积岩的单层。火山岩单层受冷凝单元和储渗单元控制，由致密火山岩分隔，其顶、底界面与冷凝单元顶、底界面一致。含气层厚度多为几米至几十米。

参 考 文 献

[1] 李石，王彤. 火山岩[M]. 北京：地质出版社，1981.

[2] 徐永柏. 岩石学[M]. 北京：地质出版社，1985.

[3] 卫管一，张长俊. 岩石学简明教程[M]. 北京：地质出版社，1995.

[4] 路凤香，桑隆康. 岩石学[M]. 北京：地质出版社，2002.

[5] 孙蒲，彭亚鸣. 火成岩石学[M]. 北京：地质出版社，1985.

[6] 原武汉地质学院岩石教研室. 岩浆岩岩石学（上册）[M]. 北京：地质出版社，1980.

[7] 赵文选，齐泽润. 火山岩结构构造图册[M]. 北京：原子能出版社，1979.

[8] 邱家骧. 岩浆岩岩石学[M]. 北京：地质出版社，1985.

[9] Stow D A V, Johansson M J. Deep-water Massive Sands：Nature, Origin and Hydrocarbon Implication[J]. Marine and Petroleum Geology，2000，17（2）：145-174.

[10] 吴昌荣，彭大钧，庞雄，等. 南海珠江深水扇系统的微观内幕结构研究[J]. 沉积与特提斯地质，2007，27（3）：27-32.

[11] 索孝东，李凤霞. 三塘湖盆地马朗凹陷石炭系地质结构与火山岩分布[J]. 新疆石油地质，2007，30（4）：463-466.

[12] 郑洪伟，李廷栋，等. 青藏高原北部新生代火山岩区深部结构特征及其成因探讨[J]. 现代地

质，2010，24（1）：131-139.

[13] 唐华风，庞彦明，边伟华，等.松辽盆地白垩系营城组火山机构储层定量分析[J].石油学报，2008，29（6）：841-845.

[14] 冉启全，王拥军，孙圆辉，等.火山岩气藏储层表征技术[M].北京：科学出版社，2011.

[15] 王德滋，周新民.火山岩岩石学[M].北京：科学出版社，1982.

[16] 孟祥化，等.沉积建造及其共生矿床分析[M].北京：地质出版社，1979.

[17] 袁见齐，朱上庆，翟裕生.矿床学[M].北京：地质出版社，1985.

[18] 陆凤香，吴其反，等.中国东部典型地区下部岩石圈组成、结构和层圈相互作用[M].湖北：中国地质大学出版社，2005.

[19] 邱家骧，陶奎元，赵俊磊，等.火山岩[M].北京：地质出版社，1996.

[20] 中国地质科学院情报所.国外火山岩区工作中的一些基础问题（中册）：火山岩地层[M].北京：中国地质科学院情报所，1978.

[21] 谯汉生，牛嘉玉，等.中国东部深层石油地质[M].北京：石油工业出版社，2002.

[22] 王璞珺，冯志强，等.盆地火山岩——岩性、岩相、储层、气藏、勘探[M].北京：科学出版社，2008.

[23] 张永忠，何顺利，周晓峰，等.兴城南部深层气田火山机构地震反射特征识别[J].地球学报，2008，29（5）：577-581.

[24] 程日辉，王璞珺，刘万洙，等.徐家围子断阶带对火山岩体和沉积相带的控制[J].石油与天然气地质，2003，24（2）：126-129，135.

[25] 蔡先华，谭胜章.松辽盆地南部长岭断陷火成岩分布及成藏规律[J].石油物探，2002，41（3）：363-366.

[26] 唐振国，乔卫，杨秀芳.松辽盆地北部火山岩体岩性圈闭评价方法[J].大庆石油地质与开发，2001，20（4）：9-11.

[27] 余家仁.隐伏火山岩体岩相解释及储集性能研究[J].石油勘探与开发，1995，22（3）：24-29.

[28] 王思敬.坝基岩体工程地质力学分析[M].北京：科学出版社，1990.

[29] 地质矿产部情报研究所.找矿矿物学与矿物学填图[M].福建：福建科学技术出版社，1986.

[30] 科普切弗—德沃尔尼科夫，等.火山岩及其研究法[M].周济群，黄光昭，译.北京：地质出版社，1978.

[31] 赵澄林.沉积学原理[M].北京：石油工业出版社，2001.

[32] 邹才能.非常规油气地质[M].北京：地质出版社，2011.

[33] Fisher R V, Schmincke H U. Pyroclastic Rocks [M]. Heidelberg:Springer, 1984.

[34] 陶奎元.火山岩相构造学[M].南京：江苏科学出版社，1994.

[35] 金伯禄，张希友.长白山火山地质研究[M].延吉：东北朝鲜民族出版社，1994.

[36] 谢家莹，陶奎元.中国东南大陆中生代火山地质及火山—侵入杂岩[M].北京：地质出版社，1996.

[37] 刘祥，向天元.中国东北地区新生代火山和火山碎屑堆积物能源与灾害[M].长春：吉林大学出版社，1997.

[38] 刘文灿，孙善平，李家振.大别山兆麓晚侏罗世金刚台组火山岩地质及岩相构造特征[J].现代

地质，1997，11（2）：237-243.

[39] 刘喜顺，许杰，张晓平. 准噶尔盆地西北缘石炭系火山岩岩相特征及相模式[J]. 新疆地质，2010，28（1）：73-76.

[40] 徐正顺，庞彦明，王渝明，等. 火山岩气藏开发技术[M]. 北京，石油工业出版社，2010.

[41] 陈恭洋，王允诚. 油气田地下地质学[M]. 北京：石油工业出版社，2007.

[42] 冯增昭，陈继新，张吉森. 鄂尔多斯地区早古生代岩相古地理[M]. 北京，石油工业出版社，1991.

[43] 宋传春. 准噶尔盆地沉积体系及其沉积特征[M]. 北京，石油工业出版社，2006.

[44] Hearn C L, Ebanks W J, Tye Bo, et al. Geological Factors Influencing Reservoir Performance of the Hartzog Draw Field, Wyoming [J]. JPT, 2013, 38（6）：1335-1344.

[45] Ebanks Jr W J.Flow Unit Concept - integrated Approach to Reservoir Description for Engineering Projects [J]. AAPG Bulletin, 1987, 71(5)：551-552.

[46] Amaefule J O, Mehmet Altunbay, Djebbar Tiab, et al. Enhanced Reservoir Description: Using Core and Log Data to Identify Hydraulic (Flow) Units and Predict Permeability in Uncored Intervals/Well [C]. 1993, SPE 26436, 205-220.

[47] 裘怿楠，贾爱林. 储层地质模型10年[J]. 石油学报，2000，21（4）：101-104.

[48] 穆龙新，贾文瑞，贾爱林. 建立定量储层地质模型的新方法[J]. 石油勘探与开发，1994，21（4）：82-86.

[49] 焦养泉，李思田. 陆相盆地露头储层地质建模研究与概念体系[J]. 石油实验地质，1998，20（4）：346-353.

[50] 刘文业. 注聚油藏动态模型及剩余油分布[M]. 北京：石油工业出版社，2008.

[51] 亓永荣. 怎样认识油层[M]. 北京：石油工业出版社，1979.

[52] 陈碧珏. 油矿地质学[M]. 北京：石油工业出版社，1987.

[53] 熊琦华. 测井地质基础（下册）[M]. 北京：石油工业出版社，1987.

[54] 吴元燕，吴胜和，蔡正旗. 油矿地质学[M]. 北京：石油工业出版社，2005.

[55] 焦方正，窦之林. 塔河碳酸盐岩缝洞型油藏开发研究与实践[M]. 北京：石油工业出版社，2008.

[56] 焦方正，窦之林，漆立新，等. 塔河油气田开发研究文集[M]. 北京：石油工业出版社，2006.

[57] Van Wagoner J C, Posamentier H W, Mitchum R M, et al. An Overview of the Fundamentals of Sequence Stratigraphy and Key Definitions[J]. SEPM Paleontologists and Mineralogists Spec. Pub., 1988, 42: 39-45.

[58] 朱筱敏. 层序地层学[M]. 东营：石油大学出版社，2000.

[59] 刘波. 基准面期次与沉积期次的对比方法探讨[J]. 沉积学报，2002，20（1）：112-117.

[60] 地质部书刊编辑室. 区域地质调查野外工作方法（第2分册）：侵入岩、火山岩、沉积岩、变质岩[M]. 北京：地质出版社，1980.

[61] 张昌民. 储层研究中的层次分析法[J]. 石油与天然气地质，1992，13（3）：344-350.

[62] 赵澄林，孟卫工，金春爽，等. 辽河盆地火山岩与油气[M]. 北京：石油工业出版社，1999.

[63] 王璞珺，吴河勇，庞颜明，等. 松辽盆地火山岩相：相序、相模式与储层物性的定量关系[J].

吉林大学学报（地球科学版），2006，36（5）：805-812.

[64] 程日辉，王璞珺，刘万洙，等.徐家围子断陷火山岩充填的层序地层[J].吉林大学学报（地球科学版），2005，35（4）：469-474.

[65] 中国地质调查局.二十世纪末中国各省区域地质调查进展[M].北京：地质出版社，2003.

[66] 黄玉龙，王璞珺，门广田，等.松辽盆地营城组火山岩旋回和期次划分——以盆缘剖面和盆内钻井为例[J].吉林大学学报（地球科学版），2007，37（6）：1183-1191.

[67] 裘亦楠，薛叔浩，等.油气储层评价技术[M].北京：石油工业出版社，1997.

[68]《中国油气田开发若干问题的回顾与思考》编写组.中国油气田开发若干问题的回顾与思考[M].北京：石油工业出版社，2003.

[69] 崔廷主.油气田开发地质[M].北京：石油工业出版社，2007.

[70] 孙志道，胡永乐，李云娟，等.凝析气藏早期开发气藏工程研究[M].北京：石油工业出版社，2003.

[71] 袁士义，叶继根，孙志道.凝析气藏高效开发理论与实践[M].北京：石油工业出版社，2003.

[72] 余守德.复杂断块砂岩油藏开发模式[M].北京：石油工业出版社，1998.

第三章　火山岩储层模式

火山岩是一种特殊的储层类型，发育气孔、粒间孔、收缩缝等原生和次生孔隙，形成气孔型、粒间孔型、裂缝型、溶蚀孔型和混合型储层；火山岩储层的形成机理、分布规律、连续性及连通性特征不同于沉积岩储层。火山岩储层模式包括不同类型储层的演化模式、结构模式、分布模式和储渗模式，是一种反映火山岩特殊成因、结构、分布和静动态关系的抽象地质模式，该模式也表现出不同于沉积岩储层模式的特点。

第一节　火山岩储层类型与储层模式的概念

火山岩储层同时具有火山岩的特点和特殊的储渗意义，表现出不同于沉积岩储层的多重介质、非均质性和叠置型分布特征，根据其成因和储渗特点划分为5种类型，不同类型储层具有不同的岩性岩相、储渗模式、储层形态、规模及分布特征。在搞清火山岩储层特点、划分储层类型基础上，参考沉积岩储层模式的定义，提出火山岩储层模式的概念。

一、火山岩储层的概念及特点

1. 火山岩储层的概念

储层是指具有一定储集空间并使储存在其中的流体在一定压差下流动的岩层[1]。火山岩曾被认为很难成为油气储层，但随着各种类型火山岩油气藏的不断发现，其作为一种特殊的储层类型得到了广泛关注。特别是在深层，火山岩的强抗压实性得以体现，成为深层寻找油气的重要储层类型，具有重要的理论和应用研究价值[2]。结合火山岩特点和储层定义，将火山岩储层定义为：以火山岩为岩性载体，以火山喷发及成岩改造成因孔、洞、缝为储集空间，以孔隙间喉道和各种裂缝为渗流通道，可供油气储集和渗流的特殊储集层。

2. 火山岩储层的特点

火山岩储层具有不同于沉积岩储层的特殊性，其特点主要表现为：

（1）储集空间成因复杂、类型多，火山岩储层形成于火山作用，发育溢流型气孔、爆发型粒间孔、冷凝收缩缝、气液爆破型炸裂缝、有机酸溶蚀孔洞、CO_2酸性水溶蚀孔等多种储集空间类型，其孔缝形态、大小及分布特征比沉积岩储层更加复杂。

（2）为孔洞缝多重介质，溢流相火山熔岩中可同时发育孔径超过10cm的孔洞型气孔和孔径极小的针眼状气孔（图3—1）；爆发相火山碎屑岩中也可同时出现火山集块间的大粒间孔和凝灰间孔径极小的基质微孔；火山岩裂缝也包括规模较大的构造缝、柱状节理缝和规模较小的收缩缝、炸裂缝，火山岩储层属于特殊的孔洞缝多重介质。

（3）物性变化快、储层非均质性强，火山岩储层具有不同于沉积岩的窄相带特征，岩相内部储层受火山碎屑快速堆积、熔浆快速流动等影响，变化快、差异大，呈差异化分布。

（4）非层状叠置型储层分布规律复杂，火山喷发成因储层由多火山口、不同喷发方式、多期喷发的火山岩体叠置形成，表现出非层状、多中心结构特征，分布规律复杂。

（a）孔洞型气孔　　　　　　　　　（b）针眼状气孔

图3-1　火山熔岩不同尺度气孔照片

二、火山岩储层类型及特征

1. 火山岩储层类型

参考前人分类方法[3]，综合考虑火山岩储层成因与发育控制因素、特征岩性及储渗特征，重新建立火山岩储层划分方案，将火山岩储层划分为五种类型（表3-1）：

（1）气孔型储层。形成于熔浆挥发分逸散作用，受挥发分含量、熔浆内外压差和冷凝速度等影响；发育于火山熔岩、角砾熔岩、凝灰熔岩中，储集空间以气孔和杏仁孔为主，渗流通道以气孔缩小型喉道、收缩缝及构造缝为主。

（2）粒间孔型储层。形成于火山碎屑空落、堆积和压实作用，受爆发能量及碎屑尺寸、堆积方式和压实强度等影响；发育于火山角砾岩、熔结角砾岩及凝灰岩中，储集空间以粒间孔、晶间孔、基质微孔为主，渗流通道包括粒间孔缩小型喉道、砾间缝及构造缝等。

（3）溶蚀孔型储层。形成于大气淡水、含CO_2酸性水及有机酸的溶蚀作用，受火山岩出露时间、溶蚀强度、CO_2来源及含量、有机酸类型及易溶组分含量等影响；发育于各种火山岩中，储集空间以溶蚀孔为主，渗流通道以溶蚀型喉道、风化缝、溶蚀缝及构造缝为主。

（4）裂缝型储层。形成于冷凝收缩、气液爆破及构造复合作用，受冷凝速度及不均匀性、气液爆炸强度、构造活动强度等影响；发育于较致密的火山岩中，储集空间以各种裂缝及少量孔隙为主，渗流通道为各种裂缝。

（5）混合型储层。包括裂缝—气孔型、裂缝—粒间孔型、裂缝—溶孔型、气孔—溶孔—裂缝型、粒间孔—溶孔—裂缝型等，形成于火山喷发作用、构造作用及后期成岩作用，受火山喷发方式及规模、构造活动强度、成岩作用类型及强度等影响；发育于各种火山岩中，储集空间以各种孔隙和裂缝为主，渗流通道以各种类型喉道和裂缝为主。

表3-1 火山岩储层成因类型

储层类型	主要成因机理	发育控制因素	特征岩性	主要储集空间	主要渗流通道
气孔型储层	挥发分逸散作用	挥发分含量、熔浆内外压差、冷凝速度	火山熔岩、角砾熔岩、凝灰熔岩	气孔、杏仁孔	气孔缩小型喉道、收缩缝、构造缝
粒间孔型储层	火山碎屑空落、堆积作用	火山爆发能量、火山碎屑大小及堆积方式	火山角砾岩、熔结角砾岩、晶屑凝灰岩、熔结凝灰岩	粒间孔、晶间孔、基质微孔	粒间孔缩小型喉道、炸裂缝、砾间缝、构造缝
溶蚀孔型储层	大气淡水、含CO_2酸性水及有机酸溶蚀作用	风化淋滤作用时间及强度、CO_2含量、有机酸类型、易溶组分含量	各种类型火山岩	溶蚀孔	溶蚀型喉道及风化缝、溶蚀缝、构造缝
裂缝型储层	冷凝收缩、气液爆炸及构造作用	气液爆炸强度、冷凝收缩不均匀性及速度、构造作用强度	致密火山岩	各种裂缝及少量孔隙	各种裂缝
混合型储层	火山喷发作用、构造作用及成岩作用复合成因	火山喷发规模、方式、构造作用强度及后期成岩作用强弱共同控制	各种类型的火山岩中均可以发育	多种不同类型的孔隙及裂缝	多种类型的孔隙喉道及裂缝

2. 火山岩不同类型储层特征

由于成因及控制因素不同，火山岩不同类型储层的岩性岩相、储渗模式、储层形态、规模及分布特征不同（表3-2）。

1）气孔型储层

根据成因及气孔发育特征，气孔型储层可进一步细分为孔洞气孔型储层、大气孔型储层、小气孔型储层、微孔型储层4种，不同类型气孔型储层特征差异大（表3-2）。

(1) 孔洞气孔型储层。挥发分逸散作用充分，气孔发育程度高、孔径大（>2mm）、喉道半径大（>0.5μm），孔缝组合以气孔型、裂缝—气孔型为主；储层多发育于近火山口的溢流相顶部亚相中，以气孔型火山熔岩为特征岩性。XX气田孔洞气孔型储层的孔隙度多大于15%，渗透率多大于2 mD；储层形态呈透镜状，但厚度一般不超过50m，延伸长度多小于1km。

(2) 大气孔型储层。挥发分逸散作用较充分，气孔较发育，孔径以0.5~2mm为主、喉道半径0.25~0.5μm，孔缝组合以气孔型、裂缝—气孔型为主；储层多发育于熔岩盾中部的溢流相顶部亚相、近火山口的溢流相上部亚相和爆发相溅落亚相中，以气孔熔岩和角砾熔岩为特征岩性。大气孔型储层的孔隙度多大于10%，渗透率多大于0.2mD；储层形态以条带状和片状为主，厚度可达20m以上，延伸长度多大于1km。

(3) 小气孔型储层。挥发分逸散不充分，气孔密度小、孔径小（0.01~0.5mm）、喉道细（0.1~0.25μm），孔缝组合以气孔型、裂缝—气孔型为主；储层广泛分布于远火山口的溢流相上部亚相、近火山口的溢流相下部和中部亚相、爆发相热碎屑流亚相中，特征岩性包括小孔熔岩、凝灰熔岩、熔结角砾岩和熔结凝灰岩等。储层孔隙度多大于5%，渗透率大于0.02mD；储层形态以透镜状、条带状和片状为主，最大厚度可超过50m，延伸长度多大于2km。

(4) 微孔型储层。挥发分逸散不充分，气孔发育程度低、孔径小（<0.01mm）、喉道半径小（<0.1μm），孔缝组合以微孔型和裂缝—微孔型为主；储层多发育于远火山口区域的溢流相中部亚相和爆发相热碎屑流亚相中，以微气孔型熔岩和熔结凝灰岩为特征岩性。储层孔隙度多小于5%，渗透率多小于0.02mD；储层形态以片状和条带状为主，最大厚度可达80m以上，延伸长度可达3km以上。

2）粒间孔型储层

粒间孔型储层也可细分为粒间孔洞型储层、大粒间孔型储层、小粒间孔型储层和基质微孔型储层4种类型，不同类型储层特征不同（表3-2）。

（1）粒间孔洞型储层。粒间孔孔径多大于2mm、喉道半径多大于0.5μm，孔缝组合以粒间孔型和裂缝—粒间孔型为主；储层多发育于近火山口区域的爆发相空落亚相中，以火山集块岩、火山角砾岩为特征岩性。XX气田该类型储层的孔隙度一般大于10%，渗透率多大于2mD；储层形态以环带状和透镜状为主，厚度可超过20m，延伸长度多小于1km。

（2）大粒间孔型储层。粒间孔孔径0.5~2mm、喉道半径0.25~0.5μm，孔缝组合以粒间孔型和裂缝—粒间孔型为主；储层多发育于近火山口的爆发相空落亚相和热碎屑流亚相中，以火山角砾岩和熔结角砾岩为特征岩性。储层孔隙度大于8%，渗透率大于0.2mD；储层形态以环带状、片状和似层状为主，最大厚度可达30m以上，延伸长度多大于1km。

（3）小粒间孔型储层。粒间孔孔径0.01~0.5mm、喉道半径0.1~0.25μm，孔缝组合以粒间孔型和裂缝—粒间孔型为主；储层多分布于爆发相空落亚相、热基浪亚相和热碎屑流亚相中，以火山角砾岩、晶屑凝灰岩、熔结凝灰岩等为特征岩性。储层孔隙度大于5%，渗透率大于0.05mD；储层形态多为片状和透镜状，最大厚度可超过80m，延伸长度多大于1.5km。

（4）基质微孔型储层。粒间孔孔径多小于0.01mm、喉道半径多小于0.1μm，孔缝组合以微孔型和裂缝—微孔型为主；多发育于远火山口的爆发相热基浪亚相和热碎屑流亚相中，特征岩性为晶屑凝灰岩和熔结凝灰岩。该类型储层的孔隙度一般小于5%，渗透率多小于0.05mD；储层形态多为片状和条带状，最大厚度可超过80m，延伸长度可达3km以上。

3）溶蚀孔型储层

溶蚀孔型储层可细分为溶蚀孔洞型储层、溶蚀孔型储层、基质溶孔型储层3种类型，不同类型储层特征不同（表3-2）。

（1）溶蚀孔洞型储层。溶蚀孔孔径大于2mm、喉道半径大于0.5μm，孔缝组合以溶蚀孔型和裂缝—溶蚀孔型为主；多发育于火山颈、火山岩体顶部、溢流相顶部亚相和爆发相溅落亚相、断裂带附近以及有机酸、含CO_2酸性水运移通道中，特征岩性包括自碎角砾化熔岩、角砾熔岩和断层角砾岩等。储层孔隙度通常可达15%以上，渗透率多大于5mD；储层形态多以不规则透镜状为主，最大厚度一般不超过50m，延伸长度多小于1km。

（2）溶蚀孔型储层。溶蚀孔孔径0.5~2mm、喉道半径集中于0.25~0.5μm，孔缝组合以溶蚀孔型和裂缝—溶蚀孔型等；储层多发育于火山岩体上部、断裂带附近和有机酸、含CO_2酸性水运移通道附近，特征岩性包括气孔熔岩、角砾熔岩和火山角砾岩等。储层孔隙度一般可达10%以上，渗透率多大于0.5mD；储层形态以不规则透镜状、土豆状和片状为主，最大厚度可达50m以上，延伸长度0.1~10km。

（3）基质溶孔型储层。溶蚀孔孔径多小于0.5mm、喉道半径多小于0.25μm，孔缝组合以裂缝—溶蚀孔型为主；多发育于溢流相中部亚相、爆发相热基浪亚相、次火山岩相内带亚相以及微断裂发育区、低含CO_2区，特征岩性包括致密熔岩、凝灰熔岩、熔结凝灰岩和晶屑凝灰岩。储层孔隙度多小于10%，渗透率多小于0.5mD；储层形态以不规则透镜状和似层状为主，最大厚度小于50m，延伸长度最大超过3km。

表3-2 XX气田火山岩气藏不同成因储层类型特征表

储层类型		典型岩相	特征岩性	发育位置	物性		孔缝组合	储层形态	储层规模		储集能力	渗流能力
					孔隙度 %	渗透率 mD			最大厚度 m	延伸长度 km		
气孔型	孔洞气孔型	溢流相顶部亚相	气孔熔岩	近火山口区域	>15	>2	气孔型、裂缝—气孔型	透镜状	<50	<1	较好	好
	大气孔型	溢流相顶部亚相、溢流相上部亚相、爆发相溅落亚相	气孔熔岩、角砾熔岩	熔岩盾中部、近火山口区域	>10	>0.2	气孔型、裂缝—气孔型	条带状、片状	>20	>1	好	中等—好
	小气孔型	溢流相上部亚相、溢流相下部亚相、溢流相中部亚相、爆发相热碎屑流亚相	小孔熔岩、凝灰熔岩、熔结凝灰岩、熔结角砾岩	整个熔岩盾	>5	>0.02	气孔型、裂缝—气孔型	透镜状、条带状、片状	>50	>2	中等	中等—差
	微孔型	溢流相中部亚相、爆发相热碎屑流亚相	微气孔熔岩、熔结角砾岩	远火山口区域	<5	<0.02	微孔型、裂缝—微孔型	片状、条带状、透镜状	>80	>3	差	差
粒间孔型	粒间孔洞型	爆发相空落亚相	火山集块岩、火山角砾岩	近火山口区域	>10	>2	粒间孔型、裂缝—粒间孔型	环带状、透镜状	>20	<1	较好	好
	大粒间孔型	爆发相空落亚相、爆发相热基浪亚相、爆发相热碎屑流亚相	火山角砾岩、晶屑凝灰岩、熔结角砾岩、熔结凝灰岩	近火山口区域	>8	>0.2	粒间孔型、裂缝—粒间孔型	环带状、片状、似层状	>30	>1	好	中等—好
	小粒间孔型	爆发相空落亚相、爆发相热基浪亚相、爆发相热碎屑流亚相	火山角砾岩、晶屑凝灰岩、熔结角砾岩、熔结凝灰岩	整个碎屑岩锥	>5	>0.05	粒间孔型、裂缝—粒间孔型	片状、透镜状	>80	>1.5	中等—差	中等
	基质微孔型	爆发相热基浪亚相、爆发相热碎屑流亚相	晶屑凝灰岩、熔结凝灰岩	远火山口区域	<5	<0.05	微孔型、裂缝—微孔型	似层状、片状	>100	>3	中等—差	差
溶蚀孔洞型		火山通道火山颈部亚相、溢流相底部亚相、爆发相溅落亚相、断裂带附近区域	自碎角砾化熔岩、角砾岩、断层角砾岩	火山通道、岩体顶部、烃源带通道	>15	>5	溶孔型、裂缝—溶孔型	不规则、透镜状	<50	<1	好	好

续表

储层类型		典型岩相	特征岩性	发育位置	物性 孔隙度 %	物性 渗透率 mD	孔缝组合	储层形态	储层规模 最大厚度 m	储层规模 延伸长度 km	储集能力	渗流能力
溶蚀孔型	溶蚀孔型	各种岩相	气孔熔岩、角砾熔岩、火山角砾岩	岩体上部、断裂带、高含CO_2区	>10	>0.5	溶孔型、裂缝—溶孔型	不规则透镜状、土豆状、片状	>50	0.1~10	好	中等—好
溶蚀孔型	基质溶孔型	溢流相中部亚相、爆发相热基浪亚相、次火山岩相内带亚相	致密熔岩、凝灰熔岩、熔结凝灰岩、晶屑凝灰岩	岩体中下部、微断裂发育区、低含CO_2区	<10	<0.5	溶孔型、裂缝—溶孔型	不规则透镜状、似层状	<50	>3	中等	中等
裂缝型	隐爆裂缝型	火山通道亚相	自碎角砾化熔岩	火山通道	<3	>0.2	炸裂缝—构造缝	不规则环带状	>50	<1	差	好
裂缝型	常规裂缝型	溢流相中部亚相、爆发相热基浪亚相、次火山岩相内带亚相	致密熔岩、晶屑凝灰岩、熔结凝灰岩	远火山口区域、侵入带、断裂带	<3	>0.2	收缩缝、炸裂缝—构造缝	不规则透镜状、条带状	>80	>3	差	好
混合型储层	气孔—溶孔型	溢流相各个亚相、爆发相凝落亚相、熔结凝灰岩相热碎屑流亚相	各种含气孔的熔岩、凝灰/角砾岩、熔结凝灰岩	整个熔岩盾、近火山口区域	>8	>0.2	气孔—溶孔复合型	透镜状、条带状、片状	>50	>3	好—中等	好—中等
混合型储层	粒间孔—溶孔混合型	爆发相空落亚相、爆发相热碎屑流亚相	火山角砾岩、晶屑凝灰岩、熔结角砾岩、熔结凝灰岩	整个碎屑岩锥	>8	>0.2	粒间孔—溶孔复合型	环带状、片状、似层状	>100	>3	好—中等	好—中等
混合型储层	孔隙—裂缝型	各个火山亚相带中	各种火山岩岩性	火山机构的各个部位	>3	>0.2	各种裂缝与孔隙的组合	不规则透镜状、条带状等	>50	>1	好—差均可	好

4）裂缝型储层

可细分为隐爆裂缝型和常规裂缝型两种，其储层特征存在显著差异（表3-2）。

（1）隐爆裂缝型储层。火山岩特有的储层类型，储集空间以隐爆炸裂缝为主，构成炸裂缝—构造裂缝组合类型，多发育于火山通道相隐爆角砾岩亚相中，以自碎角砾化熔岩为特征岩性。储层孔隙度多小于3%，渗透率则大于0.5mD；储层形态以不规则环带为主状，最大厚度可达50m以上，但平面延伸长度有限，多小于1km。

（2）常规裂缝型储层。储集空间以收缩缝、炸裂缝、溶蚀缝和构造缝为主，构成收缩缝—构造缝、炸裂缝—构造缝组合类型，多发育于溢流相中部亚相、爆发相热基浪亚相、次火山岩相内带亚相和断裂带附近，以致密熔岩、晶屑凝灰岩和次火山岩为特征岩性。储层孔隙度一般小于3%，渗透率则大于0.5 mD；储层形态多为不规则透镜状和条带状，储层连续性中等。

5）混合型储层

包括气孔—溶孔型、粒间孔—溶孔型和孔隙—裂缝型3种（表3-2）。

（1）气孔—溶孔型储层。孔径大于0.01mm、喉道半径大于0.1μm，孔缝组合以气孔—溶孔复合型为主；发育于溢流相和爆发相溅落、热碎屑流亚相，特征岩性包括火山熔岩、凝灰熔岩、角砾熔岩、熔结凝灰岩、熔结角砾岩等。储层孔隙度大于8%，渗透率大于0.2mD；储层形态包括透镜状、条带状、片状等，最大厚度达50m以上，最大延伸长度超过3km。

（2）粒间孔—溶孔型储层。孔径大于0.01mm、喉道半径大于0.1μm，孔缝组合以粒间孔—溶孔复合型为主；发育于爆发相空落、热基浪、热碎屑流亚相中，特征岩性包括火山角砾岩、晶屑凝灰岩、熔结角砾岩、熔结凝灰岩。储层孔隙度大于8%，渗透率大于0.2mD；储层形态包括环带状、片状、似层状等，最大厚度100m以上，最大延伸长度超过3km。

（3）孔隙—裂缝型储层。其孔喉特征变化大，孔径大于0.01mm、喉道半径大于0.1μm，孔缝组合涵盖各种裂缝—孔隙的组合类型；可发育于各种火山岩岩性中。XX气田该类储层孔隙度多大于3%，渗透率多大于0.2mD；储层形态包括不规则透镜状、条带状等，储层厚度多超过50m，最大延伸长度多大于1km。

三、火山岩储层模式的概念

在搞清火山岩储层特征的基础上，参考沉积岩储层模式，提出火山岩储层模式的概念。

储层模式将地下储层概括为一个抽象简化的地质模型，通过建立油气田生产动态与储层静态地质特征的关系，利用静态资料预测开采动态变化[3]。陈荣书[4]将储层模式定义为储层成因结构和形态特征表述的综合，以及开采过程中储层动态与静态结合、图解与数值模拟结合的概括，是能有效反映储层地质特点和开采动态的地质模型。信荃麟[5]在研究斜坡扇时，将储层模式定义为由若干单层浊积体垂向叠置，其间有泥质间隔层，靠局部"冲蚀天窗"连接的连通体。四川碳酸盐岩储层模式定义为储层成因规律与结构特征之间的因果关系[6]。

参考沉积岩储层模式的定义，结合火山岩储层的特点，将火山岩储层模式定义为反映火山岩储层成因特点、内幕结构、分布特征以及静态地质特征与开发动态关系的抽象地质模式。

火山岩储层模式由4部分组成：

（1）储层演化模式，是指储层的形成过程及其在各个演化阶段的地质模型的综合，包括原生孔缝的形成、原生孔隙损失和保存机理、次生孔缝的形成机理以及不同类型储层的演化特征，该模式是揭示火山岩储层成因机理、预测火山岩储层分布的地质依据[7]。

（2）储层结构模式，是指火山岩建筑结构的级次关系及各级次建筑结构的形态、规模、分布和叠置关系，包括火山岩成因单元、时间单元的类型、规模和时空分布，该模式是揭示储层内幕结构特征、建立储层格架模型的基础。

（3）储层分布模式，指火山岩储层各个组成部分在时间和空间上的分布规律及叠置关系，包括储层的空间分布模式、储层连续性和连通性，该模式是火山岩井位优选的重要依据。

（4）储层储渗模式，是指火山岩储集空间和渗流通道的组合模式，包括孔隙和裂缝的形态、大小、储集能力和渗流能力、火山岩不同类型储层的孔缝组合关系和储集渗流模式，以及不同类型储渗模式的静动态特征。

第二节　火山岩储层演化模式

火山岩储层发育气孔、脱玻化孔、收缩缝、炸裂缝等特殊的原生和次生孔隙，具有强于沉积岩储层的抗压实特征和异于沉积岩储层的形成、损失、保存机理及演化模式；火山岩储层经历了从冷凝到晚期埋藏的6个成岩阶段，不同类型储层在各个成岩阶段的地质作用和孔隙变化都存在差异，表现为既与沉积岩不同、其相互之间也有差异的个性化演化特征。

一、原生孔缝形成机理

原生孔缝是指与岩石同时形成的孔隙和裂缝[8]。火山岩原生孔缝主要形成于火山作用结束前的熔浆冷凝阶段和热液阶段，受原始喷发状态或火山岩相的控制。根据成因将火山岩原生孔缝划分为气孔、粒间孔、收缩缝、炸裂缝4种类型，每种类型的形成机理、影响因素和特征标志不同（表3-3）。

表3-3　原生孔缝类型及形成机理

原生孔缝	形成机理	主要影响因素	特征标志
气孔	挥发分逸散	挥发分含量、熔浆性质、熔浆温度、喷发方式、喷发环境	发育于火山熔岩中，多具气孔拉长型流纹构造
粒间孔	火山碎屑堆积	爆发能量、堆积方式、堆积环境、埋藏深度	发育于火山碎屑岩，沿碎屑边缘分布，以岩石的集块结构、火山角砾结构、凝灰结构为特征
收缩缝	熔浆冷凝收缩	温度场的不均匀性、熔浆冷凝速度、熔浆成分、外部环境	多发育于火山熔岩中，具环带状、放射状等不规则形态特征
炸裂缝	气液爆破	气液爆炸的冲击力、降落时的撞击力、火山碎屑大小、降落环境	发育于各种含斑晶的火山岩中，以不规则龟裂形为特征

1. 气孔

岩浆中含有一定量的挥发组分，包括H_2O，CO_2，CH_4，NH_3，H_2等。岩浆在火山通道中由深向浅运移的过程中以及喷出地表以后，内部保持较高的压力，而外部压力减小，导致内外压差逐渐增大；当压差大到挥发分可以克服岩浆阻力而逸出岩浆时，在岩浆中留下大小不同的空腔，形成气孔（图

3—2)。原始气孔多呈近圆形,由于熔浆流动,气孔常常顺流动方向拉长变形呈椭圆形,形成气孔成因的流纹构造。

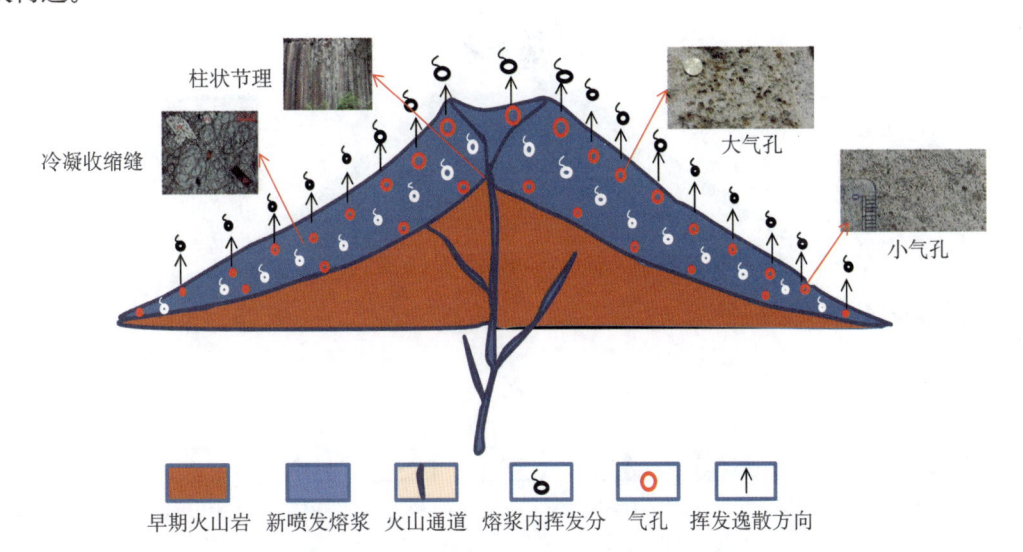

图3-2 气孔及收缩缝成因概念模式

气孔形成的影响因素包括:(1)挥发分含量。挥发分含量越高,气孔相对越发育。(2)熔浆性质。基性熔浆黏度小、流动快,挥发分逸出需要克服的阻力小,逸散作用充分,气孔多表现为大而密的特征,酸性熔浆则相反,气孔相对小而稀。(3)熔浆温度。高温导致挥发分内部压力大、熔浆黏度小、逸散作用强,因此气孔发育程度高。(4)火山作用类型。与次火山岩相比,喷出地表的熔浆内外压差大,挥发分逸散作用充分,因此气孔孔径大、发育程度高。(5)喷发环境。水下喷发的熔浆内外压差小、冷却速度快,挥发分的逸散作用不充分,气孔发育程度低。各种影响因素共同作用导致火山岩气孔大小及发育程度不同(图3-1和图3-3):挥发分含量高、逸散充分的火山熔岩形成孔洞型气孔;挥发分含量较高、逸散作用较充分的火山熔岩形成大气孔;挥发分含量低、逸散作用不充分的火山熔岩形成针眼状小气孔。

图3-3 火山岩气孔类型

2. 粒间孔

火山爆发时,浅位岩浆房中的岩浆、早期火山岩及围岩被炸裂成大小不同的碎块、颗粒或粉末抛到空中,落地后形成火山碎屑物如火山弹、集块、角砾和火山灰、火山尘等,经原地堆积或短距离搬运后,形成由角砾、颗粒或火山灰支撑的原始粒间孔(图3-4)。火山碎屑岩发育典型的火山集块结构、火山角砾结构和凝灰结构,其粒间孔沿碎屑边缘分布,与正常沉积碎屑相比,具有边缘形态不规则、孔径变化大、分布规律差的特点。

粒间孔发育的影响因素包括:(1)火山喷发能量。喷发能量越高,火山碎屑含量越高、粒径越大、形态越不规则,粒间孔孔径变化越大、形态越不规则。(2)堆积方式。大粒度角砾支撑形成的砾间孔孔径大、喉道粗、物性好,多位于爆发层序下部;小粒度火山灰或火山尘支撑形成的粒间微孔,

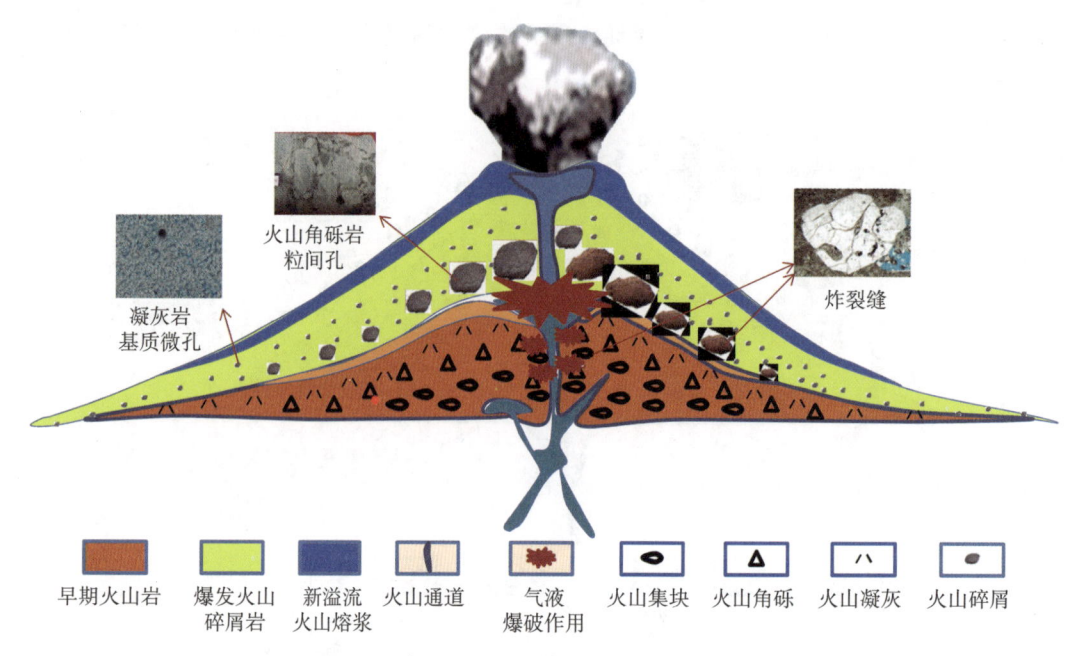

图3-4 粒间孔型及炸裂缝成因概念模式

孔径小、喉道细、物性差,多位于爆发层序上部。(3)喷发环境。水下爆发的火山碎屑沉积速度相对较慢、分异明显,粒间孔孔径相对较大、形态更规则、发育程度更高。(4)埋藏深度,埋深越大,压实作用对粒间孔的破坏越大,火山碎屑岩的物性越差。

多种因素共同作用形成不同类型的火山岩粒间孔(图3-5):爆发能量强、火山碎屑粒径大、颗粒分选好的火山集块岩及火山角砾岩,形成大孔径粒间孔;爆发能量及火山碎屑粒径中等、颗粒分选性中等的火山角砾岩,形成小孔径粒间孔;粒径较小的火山灰、火山尘等形成孔径极小的基质微孔。

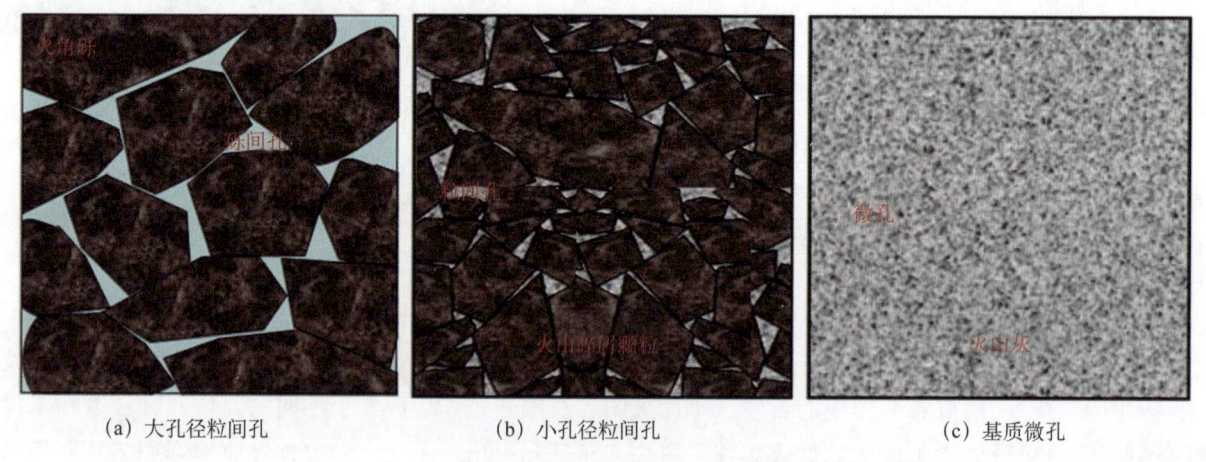

(a) 大孔径粒间孔　　(b) 小孔径粒间孔　　(c) 基质微孔

图3-5 粒间孔型储层成因概念模式

3. 冷凝收缩缝

在火山活动中,熔浆进入浅层或到达地面后就开始降温,由于熔浆成分、初始温度及外部环境的不同,引起熔浆内部温度分布的不均,导致岩石体积不规则收缩、破裂,从而形成冷凝收缩裂缝[8,9](图3-2和图3-6)。火山岩冷凝收缩缝多发育于火山熔岩中,多表现为同心圆状、放射状、柱状、板状等不规则形态。

冷凝收缩缝受熔浆原始温度及冷凝速度、外部环境等因素影响。自火山通道向外，熔浆温度逐渐降低，构成以火山通道为高温中心的温度场，从而形成围绕火山通道分布的大型柱状节理[图3-6(a)]，成为火山岩重要的储集空间和渗流通道。熔浆成分的不均匀性会导致其内部温度变化不均，形成以局部高温点为中心的同心圆状冷凝收缩裂缝[图3-6(b)]，成为火山岩重要的储集空间和喉道类型。

(a) 大型柱状节理（冷凝收缩成因）　　(b) 冷凝收缩缝，珍珠岩

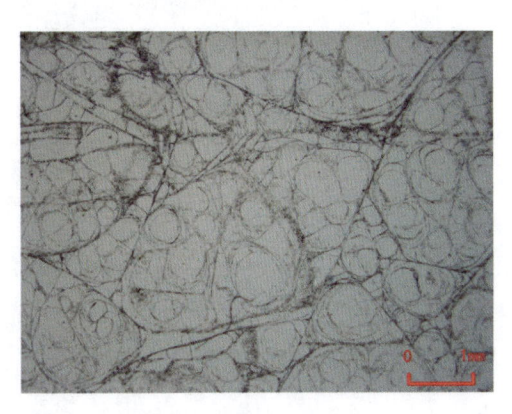

图3-6　火山岩冷凝收缩缝类型

4. 炸裂缝

火山爆发时强烈的气液爆破作用将熔浆及早期形成的火山岩炸成碎片，或将晶屑、斑晶等震碎，一部分保留在原地，形成自碎角砾化熔岩或碎裂次火山岩，并在其中形成隐爆炸裂缝[图3-4和图3-7(a)]；一部分被抛到空中，落地时进一步发生撞击作用，震碎其中的晶屑或斑晶，形成晶内炸裂缝[图3-4和图3-7(b)]。炸裂缝多为不规则形态，或沿斑晶内部节理缝、双晶缝形成，具有一定可复原性。

炸裂缝发育特征受气液爆炸作用的冲击力、降落时的撞击力及降落环境等因素影响，气液爆炸作用越强、火山碎屑撞击力越大，炸裂缝就越发育。

(a) 炸裂缝，自碎角砾化熔岩　　(b) 炸裂缝，含角砾熔结凝灰岩

图3-7　火山岩炸裂缝类型

二、原生孔缝损失机理

原生孔缝形成以后，受热液期熔浆焊接和充填、冷凝期熔浆熔结、表生期表生矿物胶结和充填、埋藏期机械压实以及成岩阶段矿物重结晶、次生矿物交代等作用的影响，会损失一部分孔隙体积（表3-4），损失大小与不同阶段孔缝损失作用类型及强度有关[10,11]。

表3-4　XX气田火山岩储层原生孔缝损失机理及特征

作用物/作用力	损失机理		成岩阶段	影响的主要孔缝类型	特征标志		储集空间体积损失百分比,%
	作用类型	损失机理			特征岩性	岩石结构	
液态熔浆	胶接作用	火山热液焊接火山碎屑颗粒	热液阶段、岩浆期后阶段	粒间孔、炸裂缝	熔结火山碎屑岩	熔结结构	6
	充填作用	火山热液、岩浆期后矿物充填孔缝		气孔、粒间孔收缩缝、炸裂缝	火山熔岩、火山碎屑岩	流纹构造、充填构造	10
塑性碎屑	熔结作用	塑形碎屑被压扁、拉长、焊接火山碎屑	冷凝阶段、热液阶段	粒间孔、炸裂缝	熔结火山碎屑岩	熔结结构、杏仁构造	9
表生矿物	胶接作用	表生矿物胶结火山碎屑颗粒	表生阶段	粒间孔、炸裂缝	沉火山岩	沉火山结构	9
	充填作用	表生矿物充填孔缝		气孔、粒间孔收缩缝、炸裂缝	火山熔岩、火山碎屑岩	杏仁构造、充填构造	
上覆地层压力	压结作用	火山碎屑经压实、固结成岩	早—中埋藏阶段	粒间孔、炸裂缝、收缩缝	火山碎屑岩	假流纹构造火山碎屑变形、破裂	8
	压溶作用	晶格变形或溶解作用	中—晚埋藏阶段	粒间孔、炸裂缝、收缩缝		缝合缝、压溶缝	
次生矿物	交代作用	钠长石、钠铁闪石、菱铁矿、黄铁矿、方解石、黏土矿物交代	热液阶段—埋藏阶段	气孔、粒间孔、收缩缝、炸裂缝	次火山岩、火山熔岩、火山碎屑岩	交代条纹	2
	重结晶	晶体重新结晶		气孔、基质微孔	球粒流纹岩、霏细岩	球粒结构、霏细结构	1

1. 熔浆的胶结与充填作用

熔浆胶结作用是指火山喷发出来的液态熔浆将火山碎屑物质焊接在一起形成熔结火山碎屑岩的成岩作用，通常发生在热液阶段，以熔结结构为典型岩石结构。熔浆胶结作用对粒间孔和炸裂缝产生强烈的破坏作用[图3-8(a)]，综合熔浆自身原生气孔弥补的部分损失，该作用损失的孔隙体积约为总孔隙体积的6%左右[12]。

熔浆充填作用是指由液态熔浆或岩浆期后矿物（石英、钠长石、方解石、绿泥石等）充填已形成的气孔、粒间孔和各种裂缝的成岩作用，以流纹构造和充填构造为特征。该作用多发生于岩浆期后阶段（即气水热液阶段），熔浆温度不断下降，大量挥发分从接近凝结的岩浆中逸出形成气水和热液，并沿接触裂隙或岩体向围岩接触带渗透[13]。该作用对原生气孔、粒间孔和各种裂缝产生强烈的破坏作用[图3-8(b)]，气孔分两期充填形成杏仁构造，第一世代由柱状长石、石英沿气孔壁呈栉壳状生长，第二世代由粒状石英、长石、萤石呈镶嵌状充填气孔的剩余空间。该作用损失的孔隙体积约为总孔隙体积的10%左右[12]。

2. 塑性碎屑的熔结作用

火山碎屑物质在自身重力和上覆地层压力作用下，塑性火山碎屑物被压扁、拉长，并定向排列，使火山碎屑物焊接在一起形成熔结火山碎屑岩，这种作用称为熔结作用。该作用多发生在冷凝阶段和热液阶段，以熔结结构为典型特征。熔结作用对粒间孔和炸裂缝有强烈的破坏作用。熔结作用越强，岩石越致密，原生粒间孔和炸裂缝损失越严重（图3-9），该作用损失的孔隙体积约为总孔隙体积的9%左右。

(a) 熔浆胶结（DD14，3839.70m，安山质角砾熔岩） 　　(b) 气孔两个世代充填（XX5，3680m，流纹岩）

图3-8　熔浆胶结与充填作用

(a) 熔结作用（XX1，3526m，熔结凝灰岩） 　　(b) 熔结作用（DD18，4059.65m，熔结角砾岩）

图3-9　塑性碎屑的熔结作用

熔结作用按熔结强度可分为弱熔结、中等熔结和强熔结3种类型，其鉴别依据是玻屑变形程度、假流纹构造发育程度、岩石密度大小、岩石粗糙感、浆屑颜色和含气孔状况等。弱熔结火山碎屑岩基本保持凝灰结构，多数玻屑无明显变形，少数玻屑有压扁、变形现象，但不足以构成明显的假流纹构造，岩石外形疏松、浆屑颜色浅、密度相对较小；中等熔结火山碎屑岩的凝灰岩结构消失，大部分晶屑已压扁、变形甚至绕晶屑、岩屑弯曲，近似平行排列或假流纹构造特征；强熔结火山岩玻屑强烈扁平化，弧面和分叉等形状基本消失，玻屑平行排列呈细纹状，为典型的假流纹构造，岩石外形致密、浆屑颜色深、密度大。

3. 表生矿物的胶结和充填作用

表生矿物胶结作用是指表生矿物胶结火山碎屑的作用，发生于表生阶段，以沉火山结构为典型特征[图3-10(a)]；表生矿物的充填则是指火山喷发物基本固化、固结后所发生的表生矿物充填孔、缝的作用，发生于表生阶段，以杏仁构造和充填构造为典型特征[图3-10(b)和图3-10(c)]；胶结或充填于火

(a) 碳酸盐胶结
(DD402，3696.00m，沉火山角砾岩)　　(b) 泥质充填风化缝
(XX2，3956m，球粒流纹岩)　　(c) 绿泥石充填收缩缝
(XX2，3935m，珍珠岩)

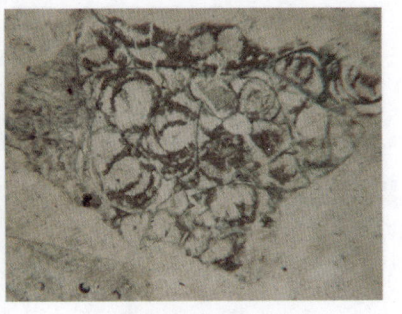

图3-10　表生矿物的充填和胶结作用

山碎屑及孔缝间的表生矿物有石英、长石、方解石、石膏、绿泥石、泥质物质等。这两种作用对原生孔隙起着强烈的破坏作用,以XX气田火山岩储层为例,表生矿物胶结和充填损失的孔隙空间体积可达总孔隙体积的9%。

4. 上覆地层的压实作用

压实作用或称压结作用,是指火山碎屑或火山岩在上覆地层压力作用下,发生孔隙体积减小、密度增大、颗粒变形与破裂甚至局部溶解的作用,多发生于早—中埋藏阶段,以假流纹构造和火山碎屑变形、破裂为特征[图3-11(a)]。随着埋藏深度的增加,火山碎屑颗粒或火山岩不同成分之间接触点上所承受的上覆地层压力,或来自构造作用的侧向应力,超过正常孔隙流体压力2~5倍时,火山碎屑颗粒接触处的溶解度增高,发生晶格变形和称为压溶作用的溶解作用。这种作用多发生于中—晚埋藏阶段,以缝合缝、压溶缝为典型特征[图3-11(b)]。压结作用和压溶作用对火山岩储集空间主要起破坏作用,使原有孔隙、裂缝的尺度变小,从而影响储层的储集能力和渗流能力;但压实作用形成的砾间缝、碎裂缝、压溶缝等对储层储渗性能也有贡献。相对而言,压实作用对火山熔岩的影响比火山碎屑岩小。XX气田火山岩储层由于压实作用损失的储集空间体积占总孔隙体积的8%左右。

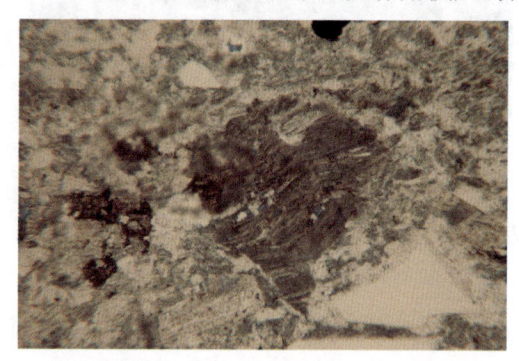

(a) 压结作用(XX1, 3450.03m, 熔结凝灰岩)　　(b) 缝合缝(XX1, 3448.08m, 晶屑凝灰岩)

图3-11　上覆地层的压实作用

5. 次生矿物的交代和重结晶作用

交代作用是指一种矿物替代另一种矿物的现象,其本质是被交代矿物的溶解和交代矿物的沉淀同时进行,导致替代现象的发生[14]。该作用多沿气孔、粒间孔和裂隙进行,以交代条纹为典型特征。火山岩的交代作用是指各种斑晶和晶体被钠长石、钠铁闪石、菱铁矿、石英、碳酸盐、石膏、高岭土和绿泥石等所替代[图3-12(a)和图3-12(b)],从热液阶段到埋藏阶段均有发生。交代作用对原生孔缝的影响与作用类型有关,例如XX气田火山岩储层因交代作用损失的孔隙体积不到总孔隙体积的2%。

(a) 方解石交代石英　　　　(b) 长石斑晶钠长石化　　　　(c) 重结晶作用
　　(XX2, 3952m, 霏细岩)　　　(XX9, 3905m, 英安岩)　　　(XX901, 3864.22m, 流纹质凝灰熔岩)

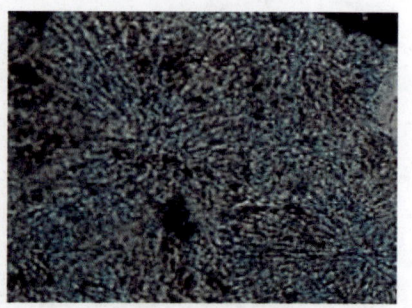

图3-12　次生矿物的交代和重结晶作用

重结晶作用是指矿物成岩后晶体重新结晶的作用，或指同种矿物在基本保持固态的条件下，通过溶解、组分迁移、再次沉淀结晶，而不生成新矿物相的作用[15]。火山岩的重结晶作用主要是基质重结晶形成球粒或霏细结构的过程[10]，多发生于热液阶段到埋藏阶段，主要影响气孔和基质微孔的变化[图3-12(c)]。重结晶作用损失的原生孔隙体积约为总孔隙体积的1%。

三、次生孔缝形成机理

次生孔缝是指岩石形成后，由溶蚀、交代、重结晶、压溶、构造等成岩后生作用形成的孔隙和裂缝[16,17]。火山岩次生孔隙形成于火山作用结束后的表生阶段和埋藏阶段，受成岩作用及其环境、构造作用等影响[18]，根据成因可进一步划分为溶蚀孔、脱玻化微孔、构造缝和风化缝，每种孔隙的形成机理、形成阶段、影响因素和特征标志不同（表3-5）。

表3-5 次生孔缝形成机理

次生孔缝类型	次生作用机理		成岩阶段阶段	标志性特征	储集空间体积增大，%
	次生作用类型	作用机理			
溶蚀孔	溶解作用	大气淡水	长石、方解石、铁方解石、岩屑、玻屑被溶蚀留下的空隙	表生阶段	溶蚀痕迹	8~12
		含CO_2酸性水		埋藏阶段		
		有机酸				
脱玻化微孔	脱玻化作用	玻璃质经过脱玻化作用形成结晶质矿物，体积缩小	埋藏阶段、表生阶段	梳状脱玻结构、球粒结构、霏细结构	8
构造缝	构造作用	构造应力作用下岩石破裂	整个成岩阶段及成岩后期	雁行状构造、擦痕面、次生矿物	2
风化缝	风化作用	岩石形成后出露地表遭受风化作用改造	表生阶段	长石高岭土化	3

1. 溶蚀孔

溶蚀孔包括铸模孔、溶蚀气孔、粒间溶孔、基质溶孔和溶蚀缝，由溶蚀作用形成。火山岩溶蚀作用的类型、机理和影响因素具有一定的特殊性。

1) 溶蚀类型与机理

火山岩溶蚀作用以有机酸溶蚀和含CO_2酸性水溶蚀为主。

（1）有机酸的溶蚀作用。

有机酸溶蚀长石后多形成高岭石、自生石英或金属阳离子络合物，溶蚀碳酸盐后多形成碳酸钙或碳酸氢钙。以有机酸溶蚀钠长石形成高岭石为例，其化学反应式如式（3-1）所示，溶蚀后固体体积缩小12.5%，从而增大孔隙体积，增强火山岩储层的储渗能力。

$$2NaAlSi_3O_8+2H^++H_2O \longrightarrow Al_2Si_2O_5(OH)_4+4SiO_2+2Na^+ \qquad (3-1)$$

有机酸溶蚀能力强，溶蚀对象多，对不同溶蚀对象其溶蚀特征不同：碳酸盐全部溶蚀无残留；长石溶蚀形成粒内溶孔、铸模孔[图3-13(a)]；基质溶蚀形成较大的基质溶孔；流纹质基质和斑晶强烈溶蚀形成超大溶蚀孔[图3-13(b)]。但在火山岩储层中，由于有机酸溶蚀作用范围小、时间短，有机酸溶蚀对火山岩储层影响小。

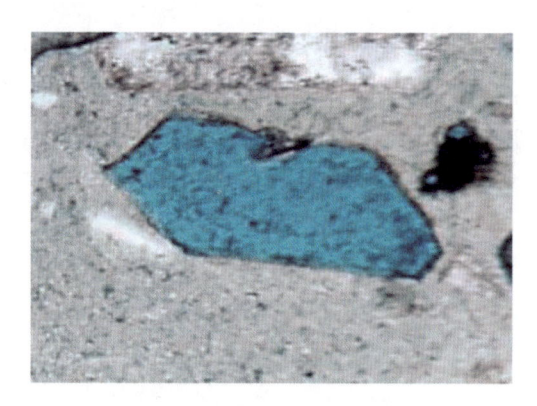

(a) 长石斑晶溶蚀形成铸模孔
（XX801，3854.09m，含角砾流纹质晶屑凝灰岩）

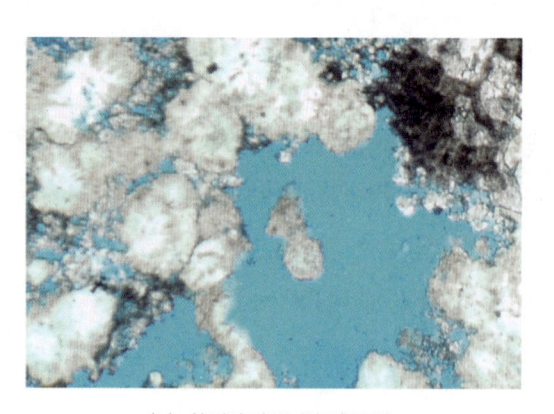

(b) 基质溶蚀形成超大孔隙
（XX901，3861.13m，球流纹岩）

图3—13 有机酸溶蚀作用

(2) 含CO_2酸性水的溶蚀作用。

含CO_2酸性水溶蚀长石主要形成高岭石，溶蚀碳酸盐岩则形成碳酸氢钙。以溶蚀钠长石形成高岭石为例[式（3—2）]，溶蚀部分的固体体积缩小12.5%，从而增大孔隙体积。

$$2NaAlSi_3O_8 + 2CO_2 + 11H_2O \longrightarrow Al_2Si_2O_5(OH)_4 + 2HCO_3^- + 4H_4SiO_2 + 2Na^+ \qquad (3-2)$$

与有机酸相比，含CO_2酸性水的溶蚀能力弱，但溶蚀时间长、范围广，是火山岩储层较普遍的溶蚀类型。根据CO_2酸性水来源进一步分为两种类型：一是表生阶段含CO_2大气淡水的溶蚀作用，长石斑晶高岭土化、火山灰基质中的长石微晶高岭土化或溶蚀形成基质微孔[图3—14(a)和图3—14(b)]；二是中等埋藏条件下有机质成熟和脱羧产生的CO_2以及深部幔源CO_2形成的酸性水溶蚀作用，火山灰基质溶蚀形成基质微孔、基质长石高岭土化后再被溶蚀形成大面积微孔[图3—14(c)]。CO_2酸性水溶蚀作用可以形成各种类型溶蚀孔隙，扩大原有孔隙空间，提高火山岩储层的储渗能力。

(a) 长石斑晶部分溶蚀形成粒内溶孔
（XX1，3447.65m，晶屑凝灰岩）

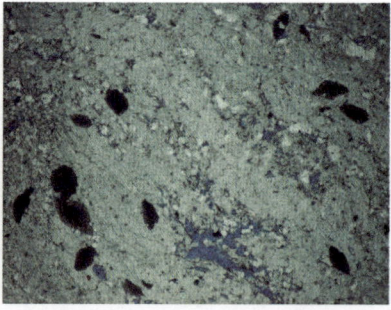

(b) 浆屑溶蚀形成基质微孔（XX8，3731.46m，流纹质浆屑岩屑角砾熔岩）

(c) 基质长石高岭土化后再被溶蚀形成大面积微孔（XX1，3574.6m，流纹质熔结岩屑晶屑凝灰岩）

图3—14 CO_2酸性水溶蚀作用

2）溶蚀作用影响因素

溶蚀作用影响因素包括溶解液、溶蚀通道和溶蚀对象的特性。

(1) 溶解液特性：有机酸主要形成于中埋藏期有机质成熟阶段，含CO_2酸性水则来源于表生期含CO_2大气淡水、中埋藏期脱羧作用和深部幔源CO_2，其溶蚀能力相对有机酸较弱但作用时间长、影响范围大，是火山岩主要的溶蚀类型。

(2) 溶蚀通道：溶蚀作用发生的场所和溶蚀作用向外延伸的通道，火山岩的溶蚀通道主要包括各种断裂和裂缝、各级建筑结构的顶底面、顺层流纹构造、渗透性较好的储集体和长石晶体的边缘、解理缝等，溶蚀型储层通常沿溶蚀通道分布。

(3) 溶蚀对象：火山岩易溶组分主要有长石斑晶、方解石、铁方解石、岩屑、浆屑、玻屑、玻璃基质及火山灰等，易溶组分含量越高，溶蚀型储层就越发育。火山岩不同成分在水介质中的溶出顺序依次为Ca，Na，Mg，K，SiO_2，Fe_2O_3，Al_2O_3，因此，在不同火山岩矿物中，斜长石比碱性长石易溶蚀，基性斜长石比酸性斜长石易溶蚀，碳酸盐的可溶蚀性介于碱性长石与斜长石之间；在不同类型火山岩中，中基性火山岩比酸性火山岩易溶蚀。

2. 脱玻化孔

脱玻化孔是指脱玻化作用形成的微小孔隙。火山岩脱玻化作用具有重要的储层意义，由于对象的特殊性，其作用机理和影响因素不同于其他类型岩石。

1) 火山岩脱玻化作用机理

玻璃质是一种不稳定的未结晶固态物质，随着挥发组分、温度、压力的变化，玻璃质将逐渐转变为稳定的结晶质，这一过程称为脱玻化作用[19]。火山玻璃是过冷却的结果，熔浆喷至地表后快速冷却并使其黏度迅速增大，当熔浆的黏性超过分子间的引力时，形成非结晶的玻璃质固体[20]。火山熔岩和火山碎屑岩中不稳定的火山玻璃在后期都可以自动转化为晶体，即发生脱玻化作用，形成梳状脱玻结构、霏细结构和球粒结构和脱玻化孔（图3-15）。

(a) 脱玻化作用形成雏晶
(XX2, 3937m, 珍珠岩)

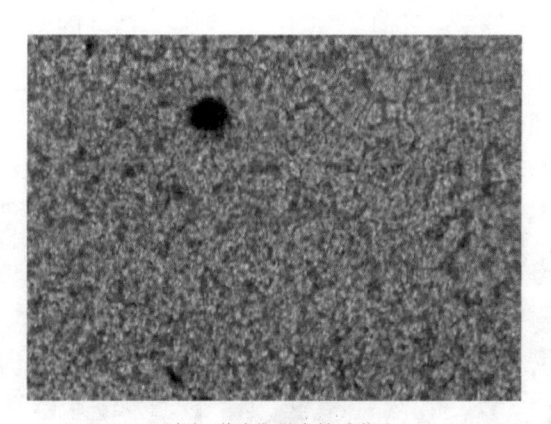

(b) 脱玻化形成基质微孔
(XX901, 3860.9m, 球粒流纹岩)

图3-15 脱玻化作用及脱玻化孔

2) 脱玻化作用的影响因素

火山岩脱玻化作用影响因素多，包括[21]：(1) 地层水。可增加玻璃质的质点运动，是火山岩脱玻化作用的活动组分和不可缺乏要素。(2) 裂隙。断层、层间缝及各种裂缝是地层水赋存和活动的场所，脱玻化作用多从裂隙渗流带和孔隙发育部分开始。(3) 温度。高温有利于玻璃质的质点运动和重新排列，根据实验和理论计算，由玻璃质变为霏细结构，在300℃时需100Ma，而400℃时只需几千年，因此地热、火山喷发、侵入岩烘烤、热液活动等直接影响着脱玻化的进程和时间。(4) 压力。玻璃质变为结晶质时体积变小，因此静压力尤其是构造应力，会促进火山岩的脱玻化作用。(5) 火山成分。酸性火山岩黏度高，结晶程度相对更差，因此更容易出现玻璃质，脱玻化作用相对更加普遍。

3) 火山岩脱玻化孔的储层意义

火山玻璃经脱玻化作用生成长石、石英等矿物，体积缩小，形成几微米至几十微米的脱玻化微孔；更广泛意义的脱玻化孔，还包括火山玻璃脱玻化所生成的铝硅酸盐等矿物被溶蚀后而形成的溶蚀孔隙，又称脱玻化溶蚀孔。赵海玲等[24]采用质量平衡法和CIPW矿物含量分析法，估算出1kg流纹质玻璃经脱玻化作用形成长石、石英球粒后，至少会产生37.6cm^{3}的孔隙，换算成面孔率达8%以上。实际观测表明[24]，球粒流纹岩的脱玻化孔约占孔隙总体积的20%，是仅次于气孔（约占70%）的第二大类孔隙；熔结凝灰岩的脱玻化孔约占孔隙总体积的30%；而凝灰岩的脱玻化孔最大占比可达70%。因此，脱玻化孔虽然尺寸小但数量多，是火山岩特别是酸性火山岩重要的储集空间类型，对微孔型储层的形成至关重要。

3. 构造缝

构造裂缝形成于构造运动，火山岩储层发育大量构造缝。XX气田、DD气田火山岩储层构造裂缝面孔率高达2%，占裂缝总体积的80%～96%。火山岩原生孔隙系统存在孔喉配置关系差的特点，导致储层渗透性差，而构造裂缝不但是重要的储集空间，更起到了重要的沟通孔隙和提供渗流通道的作用[图3-16(a)]。

构造缝呈雁行状分布，其擦痕面、裂缝面上常发育次生矿物，可形成于整个成岩演化阶段。由于构造作用的方向性和期次性，构造裂缝多成组出现、方向性强，普遍具有多期发育、规模大、延伸远、切割深的特点，是火山岩碎裂化的重要成因[图3-16(b)]。

构造缝受多种因素影响：（1）构造活动的剧烈程度。构造活动越剧烈，构造缝就越发育。（2）构造运动的期次。早期构造缝常被表生矿物或次生矿物充填、有效性差，而晚期裂缝充填程度低、有效性好[图3-16(c)]。（3）岩石脆性，脆性好的火山岩构造裂缝更发育，如溢流相下部亚相的细晶流纹岩脆性好，因此构造缝较发育，常成为较好的裂缝性储层。

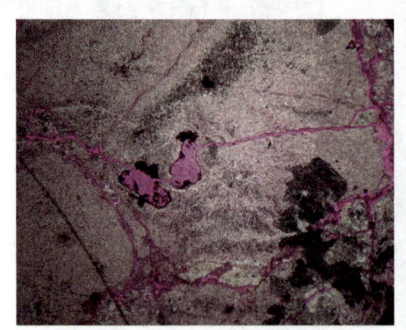

(a) 构造裂缝连通孔隙　　　　　　　　(b) 构造作用切穿晶屑　　　　　　　　(c) 晚期切割早期
(CC4, 4403.02m, 火山角砾岩)　　　　(XX3, 3900m, 熔结凝灰岩)　　　　(CC2, 3836m, 角砾熔岩)

图3-16　火山岩中的构造作用与构造缝

4. 风化缝

风化作用是指地表或近地表的坚硬岩石与大气、水、生物接触过程中产生物理、化学变化而在原地形成松散堆积物的过程，风化缝就是在机械、物理和化学风化作用下，沿岩石原有裂缝或层理形成的各种裂缝[22]。火山岩风化缝多发育于风化壳内，呈独特的漏斗状、蛇曲状、肠状、树枝状等形态[26][图3-17(a)]，裂缝面附近的长石常发生高岭土化[图3-17(b)]。风化缝宽度大、连通性好、裂缝孔隙度可达3%，但纵向上具有向下迅速减少的特点。因此，风化缝是风化壳型火山岩储层的重要储集空间和渗流通道，具有重要的储层意义。

(a) 风化缝（XX6，3849.45m，球粒流纹岩）　　(b) 长石晶屑高岭土化（XX1，3525.40m，火山角砾岩）

图3-17　风化作用与风化缝

风化缝的主要影响因素包括[23]：

(1) 气候条件。寒冷或干旱地区以物理风化作用为主，风化缝形成后充填少，容易保存；潮湿炎热地区则以化学风化和生物风化为主，风化缝容易遭受剥蚀和充填，保存难度大。

(2) 古地形和古构造。高部位风化作用强，风化缝发育程度高；而低部位风化作用弱，风化缝发育差。顺层面方向古地形缓，风化壳发育程度高，风化缝易于保存；而逆层面方向地形陡，风化壳发育程度低，风化缝难于保存。

(3) 岩石性质。岩浆岩形成于高温高压环境，矿物种类多，抗风化能力比变质岩和沉积岩弱；其中基性岩浆岩暗色矿物多、颜色深，易于吸热、散热，抗风化能力比酸性岩浆岩弱。在岩石结构构造方面，疏松结构的火山岩易于风化，不等粒比等粒易于风化，粗粒度比细粒度易于风化，构造破碎带比其它部位更易于风化。在节理发育的块状岩浆岩中，存在一种球形风化现象，即被三组以上裂隙切割出来的岩块，外部棱角突显，在物理风化和化学风化联合作用下，棱角首先被风化，最后成球形或椭球形。

(4) 风化时间。风化时间越长，风化缝越发育；但早期风化缝受长时间充填、胶结、压实等作用影响，多数被填死，晚期风化缝受充填等作用影响小，开启风化裂缝相对更发育。

三、火山岩孔缝保存机理

火山岩骨架抗压实能力强，其孔缝在埋藏过程中比其他类型岩石更容易保存下来，从而在深层发育优质储层[24]。

1. 岩石的抗压强度及影响因素

岩石的抗压实能力多用抗压强度，即岩石在单轴向压力作用下达到破坏的最大压应力值来表示，该值主要受矿物组成、岩石结构构造、岩石密度、风化程度和含水状况等影响。

(1) 矿物类型及含量。不同矿物抗压强度差值大，高硬度矿物含量越高，岩石抗压实能力越强。碎屑岩以石英砂岩抗压强度最大，约210MPa，其他砂岩为30～80MPa；碳酸盐岩抗压强度为100～120MPa；火山岩由橄榄石、辉石、斜长石、角闪石、石英等高抗压强度的矿物组成，酸性流纹岩的抗压强度约200MPa，基性玄武岩则高达280MPa。

(2) 岩石结构构造。岩石结构构造影响抗压强度，其中结晶岩石高于非结晶岩石，细晶岩石高于粗晶岩石；等粒结构岩石高于非等粒结构岩石，细粒结构岩石高于粗粒结构岩石。沉积岩发育粒状、片架、斑基等岩石结构和层理、叶片状等岩石构造，抗压强度较低且具有各向异性特征，垂直层理方向高于平行层理方向；火山岩发育粒状、斑状、玻璃质、热液熔浆焊接和塑性岩屑熔结等岩石结构，岩石颗粒方向性差，以块状构造为主，抗压强度高。

（3）风化作用。降低岩体结构面的粗糙程度，产生新裂隙、破坏岩体完整性并增强岩石亲水性、孔隙性和透水性，同时使原有矿物发生水解、水化、氧化等作用，并为黏土等次生矿物替代，因此大大降低岩石抗压强度，最多可降低20~30倍甚至更多。

（4）岩石密度和温度。高密度岩石的抗压强度高，当石灰岩密度从1.43g/m³增加到2.76g/m³时，其抗压强度由5MPa增加到180MPa。火山岩中的高密度基性玄武岩抗压强度最高，中性安山岩和酸性流纹岩次之。温度升高通常导致岩石屈服点和抗压强度降低。

（5）地层水。岩石内部地层水通过连结、润滑、水楔、溶蚀等作用削弱矿物颗粒间的连结力，降低岩石抗压强度。泥质砂岩软化系数为0.21~0.75，石英砂岩和砾岩为0.5~0.96，火山熔岩为0.75~0.95，火山角砾岩为0.6~0.95，凝灰岩为0.52~0.86，因此，地层水对泥质砂岩抗压强度的影响最大，火山岩最小，火山岩中又以火山熔岩最小。

2. 火山岩的抗压强度与原生孔缝保存能力

岩心实验表明（图3-18），XX气田火山岩的单轴强度为160~190MPa，三轴强度为314~596MPa，而上部砂砾岩的单轴强度为111~154MPa，三轴强度约为300MPa；火山岩骨架的抗压强度明显高于砂砾岩。

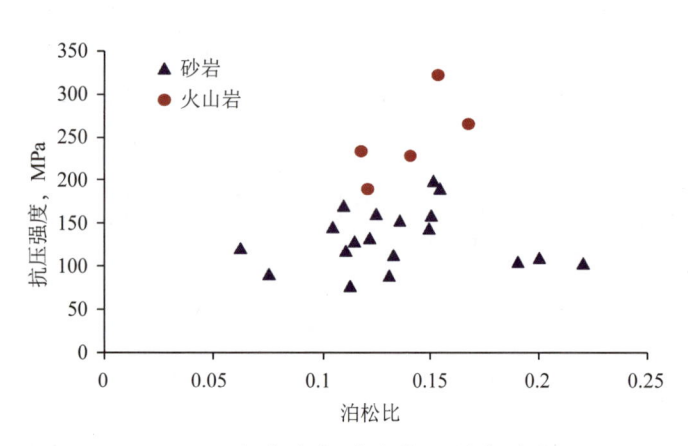

测井解释表明，XX气田火山岩的抗压强度为30~600MPa，平均约350MPa，火山沉积岩或沉火山岩的抗压强度为100~400MPa，平均250MPa；泉头组细砂岩的抗压强度为10~250MPa，平均约100MPa；登娄库组砂砾岩的抗压强度为

图3-18 火山岩与砂岩抗压强度对比图

50~250MPa，平均约200MPa；因此，火山岩骨架的抗压实能力最强，沉火山岩和砂砾岩次之，砂岩和泥岩最差。

根据压敏实验（图3-19），当净有效压力从3.5MPa增大到40MPa时，火山岩压缩系数从35.5×10^{-4}MPa^{-1}减小到12.1×10^{-4}MPa^{-1}，砂砾岩则从53.3×10^{-4}MPa^{-1}减小到19.5×10^{-4}MPa^{-1}，说明火山岩储层在相同条件下抗压实能力更强。

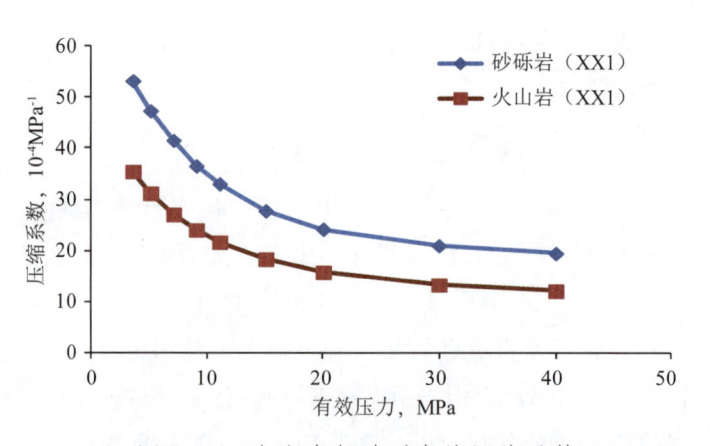

储层孔隙度随深度的变化趋势揭示了不同类型储层的抗压实能力和保存机理，

图3-19 火山岩与砂砾岩的压缩系数

从图3-20中可以看出：不同类型储层的孔隙度都随深度增加而减小，但火山岩减小速度慢而碎屑岩减小速度快，砂砾岩低于砂岩，说明上覆地层压力对火山岩孔隙度影响小，火山岩骨架较强的抗压实能力使火山岩孔缝更容易保存。

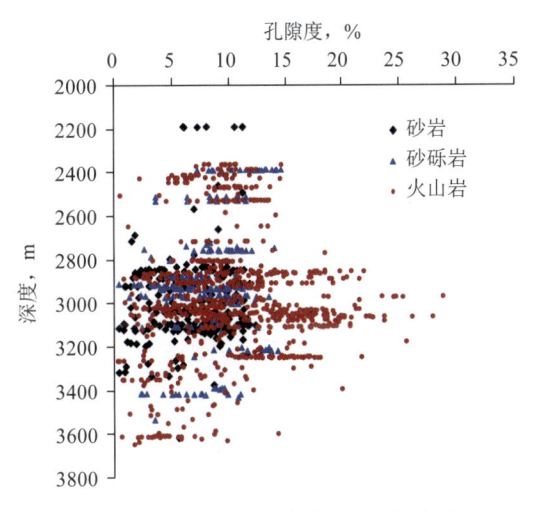

图3-20 储层孔隙度随深度变化

五、不同类型储层的成岩演化模式

火山岩形成一般经历了6个成岩阶段：冷凝阶段、热液阶段、表生阶段、早期埋藏成岩阶段、中期埋藏成岩阶段和晚期埋藏成岩阶段。不同类型储层在各个成岩阶段经历的地质作用、形成的储集空间、发生的孔隙类型和孔隙度变化各不相同，从而形成火山岩气孔型、粒间孔型、溶蚀孔型、裂缝型、混合型储层的成岩演化模式。

1. 气孔型储层演化模式

气孔型储层由高温熔浆冷凝并经过各种成岩作用形成，主要发育于火山熔岩中，是火山岩的主要储层类型，其演化模式如图3-21所示。

储层演化阶段	冷凝阶段	热液阶段	表生阶段	早期埋藏阶段	中期埋藏阶段	晚期成岩阶段
储层演化模式						
主要地质作用	火山喷发、挥发分逸散	熔浆胶结、熔浆充填、矿物交代	表生矿物胶结、表生矿物充填、风化、大气淡水淋滤	压结、胶结、次生矿物交代、脱玻化、含CO_2酸性水溶蚀	压结压溶、次生矿物交代、重结晶、有机酸溶蚀、含CO_2酸性水溶蚀	次生矿物充填、次生矿物交代、含CO_2酸性水溶蚀
储集空间类型	气孔、收缩缝	气孔、(熔浆充填残余)气孔、(斑晶、基质)溶蚀孔、杏仁孔、收缩缝	(残余)气孔、(斑晶、基质)溶蚀孔、风化缝、收缩缝、溶蚀缝	压结、胶结、次生矿物交代、脱玻化、含CO_2酸性水溶蚀	(残余)气孔、溶蚀孔、铸模孔、裂缝	(残余)气孔、溶蚀孔、裂缝
孔隙演化	原生孔隙发育	原生孔隙退化	风化溶蚀孔缝增多	原生孔隙进一步退化溶蚀孔、脱玻化孔增加	早期孔隙深度退化，溶蚀孔增加	
孔隙度变化, %	25	15	18	12	10	8
典型照片						

图3-21 气孔型储层演化模式图

在冷凝阶段，喷出地表的高温熔浆由挥发分逸散作用形成原生气孔，由熔浆的不均匀冷却形成原生收缩裂缝；该阶段气孔具有孔径大、分布密度大的特点，其孔径可达数厘米，孔隙度可高达25%，而冷凝收缩缝也具有连续分布的特征，发育程度高。

在热液阶段，火山熔岩发生熔浆胶结、充填作用和矿物交代作用，气孔中开始充填大量的石英和绿泥石，储集空间以气孔及熔浆部分充填的残余气孔、杏仁孔和收缩缝为主；该成岩阶段原生孔隙开始退化，孔隙度有所减少，平均约为15%左右。

表生阶段的成岩作用以表生矿物胶结和充填、风化作用及大气淡水淋滤作用为主，储集空间包括气孔、表生矿物部分充填的残余气孔、基质溶蚀孔、风化缝、收缩缝和溶蚀缝等；该成岩阶段风化缝、溶蚀孔缝等次生孔隙较为发育，孔隙度略有增加，平均可达18%左右。

早期埋藏阶段的成岩作用主要有压结、胶结、次生矿物交代、脱玻化和含CO_2酸性水溶蚀等，储集空间包括压缩后体积缩小的气孔、次生矿物生长形成的残余气孔、各种溶蚀作用形成的溶蚀孔、脱玻化孔和各种裂缝；该阶段原生孔隙进一步退化，次生溶蚀孔、脱玻化孔增加，结果是孔隙度相对减小，平均约为12%左右。

中、晚埋藏阶段的成岩作用主要为压结、压溶、次生矿物交代和充填、重结晶、含CO_2酸性水和有机酸性水溶蚀等，储集空间以气孔、溶蚀孔和各种缝隙为主，出现代表有机酸强溶蚀标志的铸模孔；该阶段早期孔隙深度退化但溶蚀孔增加，孔隙度8%～12%。

2. 粒间孔型储层演化模式

粒间孔型储层由气液爆炸作用、碎屑堆积作用和各种成岩作用形成，发育于火山碎屑岩中，是火山岩主要的储层类型之一，其储层演化模式见图3-22。

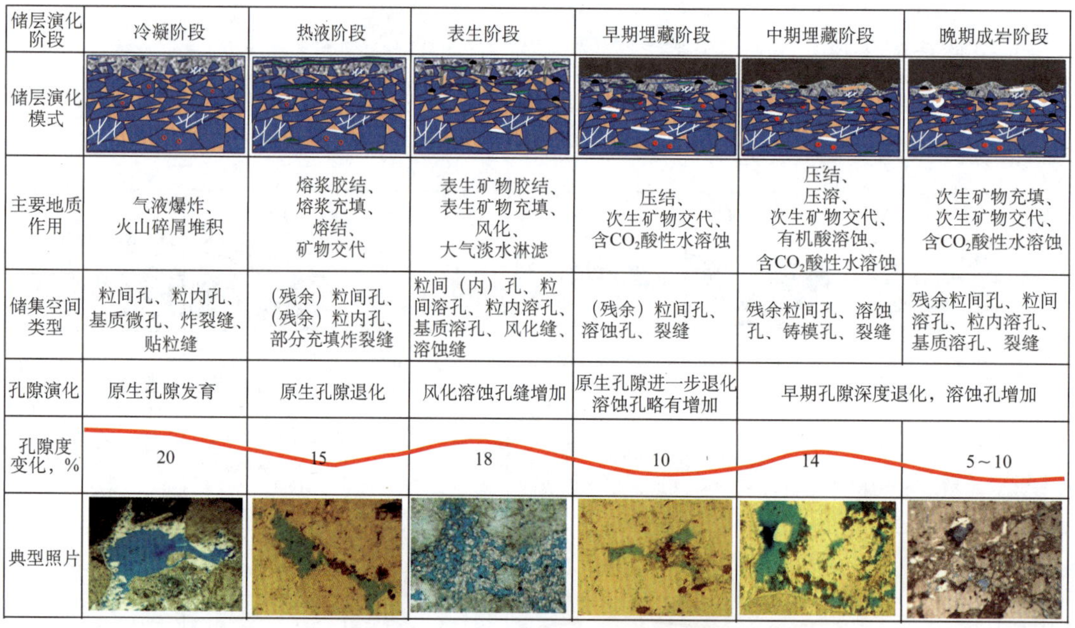

图3-22 粒间孔型储层演化模式图

从火山爆发到熔浆冷凝阶段，主要发生气液爆炸作用和火山碎屑堆积作用，形成原生粒间孔、基质微孔、炸裂缝和贴粒缝，同时发育火山碎屑早期形成的粒内孔；该阶段粒间孔粒径大、分布广泛，储层物性和渗透好，原始孔隙度可达20%左右。

热液阶段的成岩作用包括熔浆胶结作用、熔浆充填作用、塑性碎屑熔结作用和矿物交代作用，主要储集空间类型包括（残余）粒间孔、（残余）粒内孔及部分充填的炸裂缝；该阶段原生孔隙开始退化，孔隙度减少为15%左右。

表生阶段的成岩作用包括表生矿物胶结和充填、风化作用及大气淡水淋滤等，储集空间类型包括粒间孔、粒内孔、粒间溶孔、粒内溶孔、基质溶孔、风化缝和溶蚀缝；该阶段风化缝、溶蚀孔缝等次生孔隙较为发育，孔隙度增大至18%左右。

早期埋藏阶段的成岩作用包括压结、次生矿物交代和含CO_2酸性水溶蚀等，储集空间类型包括压缩后缩小的粒间孔、次生矿物生长形成的残余粒间孔、各种溶蚀作用形成的溶蚀孔和各种裂缝；该阶段原生孔隙进一步退化，而次生溶蚀孔略有增加，孔隙度约为10%。

中、晚埋藏阶段的成岩作用主要有压结、压溶、次生矿物交代和充填、含CO_2酸性水和有机酸性水溶蚀等，储集空间包括残余粒间孔、粒间溶孔、粒内溶孔、各种裂缝以及强溶蚀铸模孔；该阶段是早期孔隙深度退化、溶蚀孔增加的阶段，孔隙度约为5%～10%。

3. 溶蚀孔型储层演化模式

从火山爆发到热液阶段，火山岩经历了原生气孔、粒间孔、炸裂缝、收缩缝的形成过程以及石英和绿泥石充填、高岭石和方解石交代长石等原生孔隙的损失过程。从表生阶段开始，火山岩在后期成岩作用下不断遭受溶解作用，形成溶蚀孔隙，其溶蚀模式如图3-23所示。

储层演化阶段	冷凝—热液阶段	表生阶段	早期埋藏阶段	中期埋藏阶段	晚期成岩阶段
储层演化模式	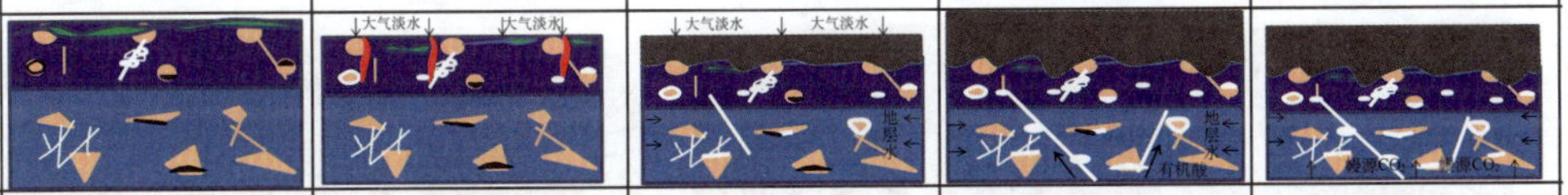				
典型成岩作用	石英充填、绿泥石充填、高岭石交代、方解石交代	长石溶蚀、长石高岭土化、石英次生加大、基质碳酸盐化	碳酸盐岩胶结、石英胶结、构造作用、长石溶蚀	次生矿物交代、长石溶蚀、碳酸盐溶蚀、斑晶（晶屑）溶蚀、火山灰溶蚀	次生矿物充填、次生矿物交代、火山灰溶蚀
溶蚀通道	各种原生孔缝：气孔、粒间孔、杏仁孔、炸裂缝、收缩缝	原生孔缝网络	原生孔缝网络、表生阶段的溶蚀孔缝、构造裂缝及断裂	原生+次生孔缝网络、构造断裂及裂缝	
溶蚀类型	—	大气淡水（含CO_2）溶蚀	大气淡水+地层水（含CO_2）溶蚀	有机酸溶蚀含CO_2酸性水溶蚀	（地下水+深部幔源CO_2）酸性水溶蚀
次生孔隙度增大,%	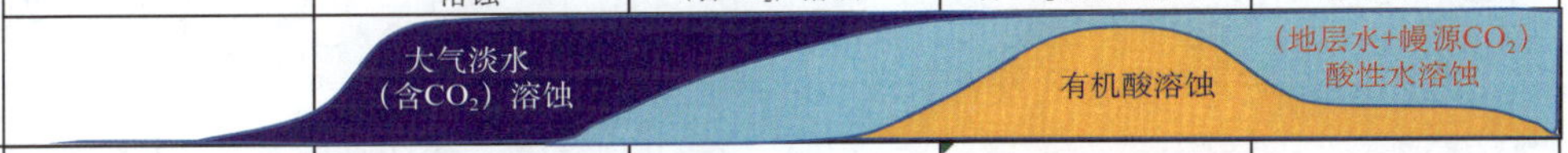 0 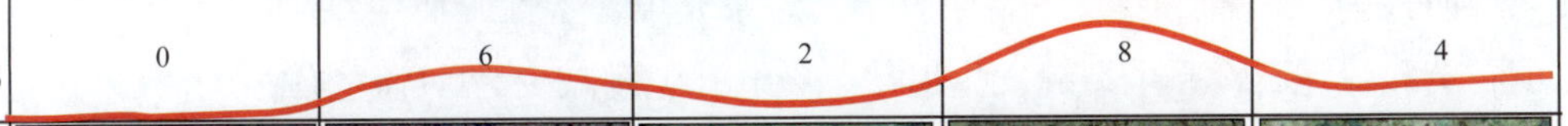	6	2	8	4
典型照片					

图3-23 溶蚀孔隙型模式图

在表生阶段，火山岩遭受风化淋滤，顺原生孔缝网络发生大气淡水溶蚀作用，仅长石溶蚀和高岭土化、石英次生加大、基质碳酸盐化等形成部分溶蚀孔缝，次生孔隙度约增加6%。

在早期埋藏阶段，火山岩遭受上覆地层压实、碳酸盐和石英胶结、构造活动等成岩作用，发育由原生孔隙、表生阶段溶蚀孔隙、构造裂缝、较大规模断裂组成的溶蚀通道，顺溶蚀通道发生含CO_2酸性水溶蚀长石作用，形成部分溶蚀孔缝，次生孔隙度约增加2%。

在中期埋藏阶段，有机质生烃过程中产生大量有机酸和CO_2，形成有机酸性水和含CO_2酸性水，沿溶蚀通道渗流到火山岩体中，通过溶蚀长石、碳酸盐和火山灰形成大量溶蚀孔、洞、缝，以发育基质溶蚀的特大孔、长石斑晶溶蚀的铸模孔为特征，次生孔隙度约增加8%。

在晚期成岩阶段，成岩作用以次生矿物充填和交代作用为主，有机酸大幅减少，深部幔源CO_2与地下水作用形成含CO_2酸性水，溶蚀火山灰形成基质溶孔，次生孔隙度约增加4%。

4. 裂缝型储层演化模式

裂缝型储层基质孔隙不发育但各种类型裂缝发育，是一种特殊的火山岩储层类型，其储层演化模式如图3-24所示。

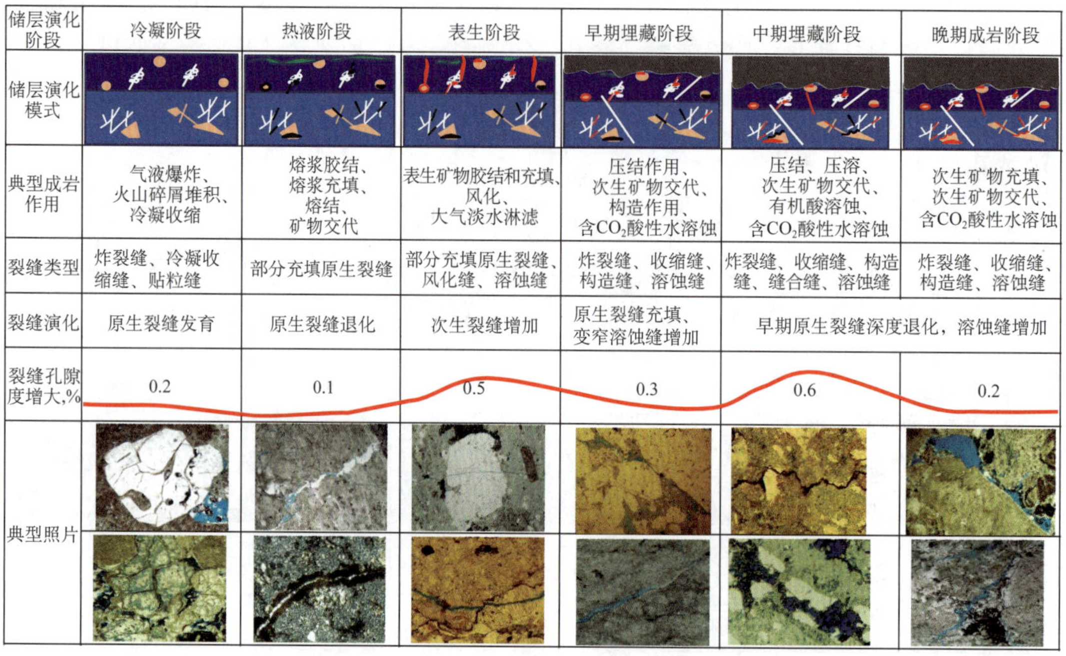

储层演化阶段	冷凝阶段	热液阶段	表生阶段	早期埋藏阶段	中期埋藏阶段	晚期成岩阶段
储层演化模式						
典型成岩作用	气液爆炸、火山碎屑堆积、冷凝收缩	熔浆胶结、熔浆充填、熔结、矿物交代	表生矿物胶结和充填、风化、大气淡水淋滤	压结作用、次生矿物交代、构造作用、含CO_2酸性水溶蚀	压结、压溶、次生矿物交代、有机酸溶蚀、含CO_2酸性水溶蚀	次生矿物充填、次生矿物交代、含CO_2酸性水溶蚀
裂缝类型	炸裂缝、冷凝收缩缝、贴粒缝	部分充填原生裂缝	部分充填原生裂缝、风化缝、溶蚀缝	炸裂缝、收缩缝、构造缝、溶蚀缝	炸裂缝、收缩缝、构造缝、缝合缝、溶蚀缝	炸裂缝、收缩缝、构造缝、溶蚀缝
裂缝演化	原生裂缝发育	原生裂缝退化	次生裂缝增加	原生裂缝充填、变窄溶蚀缝增加	早期原生裂缝深度退化，溶蚀缝增加	
裂缝孔隙度增大,%	0.2	0.1	0.5	0.3	0.6	0.2
典型照片						

图3-24 裂缝型储层演化模式图

在火山爆发阶段，强烈的气液爆炸作用将围岩震碎，形成隐爆炸裂缝；被炸碎并抛到空中的火山碎屑落地时也会产生碎裂作用形成碎裂缝；之后火山物质开始冷却，冷凝过程中的不均匀冷却会形成收缩裂缝。因此该阶段是原生裂缝发育阶段，裂缝孔隙度可达0.2%。

在热液阶段，火山岩主要发生熔浆胶结、熔浆充填、塑性碎屑熔结和矿物交代作用，原生裂缝中开始充填石英和绿泥石，原生裂缝发生退化，裂缝孔隙度减少为0.1%左右。

表生阶段的成岩作用包括表生矿物胶结和充填、风化作用、大气淡水淋滤等，除原生裂缝中充填物和缝壁矿物溶蚀外，还形成新的风化缝；该阶段次生裂缝孔隙度增加约0.5%。

进入早期埋藏阶段，成岩作用主要为压结作用、次生矿物交代、构造作用和含CO_2酸性水溶蚀等，其特点是原生裂缝进一步退化、溶蚀缝进一步发育、同时形成新的构造裂缝甚至大的断裂，裂缝孔隙度增加约0.3%。

中、晚埋藏阶段的主要成岩作用为压结、压溶、次生矿物交代和有机酸溶蚀、含CO_2酸性水溶蚀，原生裂缝深度退化，但形成缝合缝，溶蚀缝则大量发育，裂缝孔隙度在中埋藏阶段可增加0.6%左右，在晚期埋藏阶段可增加0.2%左右。

5. 混合型储层演化模式

混合型储层为孔、洞、缝兼具的储层，是火山岩最常见的储层类型，其经历的成岩阶段与单一型储层一样，但由于岩性、原生孔缝类型和发育程度以及后期构造、成岩作用的影响程度不同，储层中孔、洞、缝呈现出不同于单一型储层的演化规律。XX气田火山岩冷凝—热液阶段的成岩作用较强，而表生、埋藏期的成岩作用相对较弱，原生孔缝保存程度较高；CC气田埋藏期含CO_2酸性水及有机酸溶蚀作用较强，溶孔较为发育；DD气田火山岩表生期风化剥蚀及大气淡水淋滤作用强，风化淋滤孔缝较为发育（图3-25）。

储层演化阶段	冷凝阶段	热液阶段	表生阶段	早期埋藏阶段	中期埋藏阶段	晚期成岩阶段
主要地质作用	火山喷发、挥发分逸散、气液爆炸、火山碎屑堆积	熔浆胶结、熔浆充填、矿物交代、熔结	表生矿物胶结、表生矿物充填、风化作用、大气淡水淋滤	压结、胶结、次生矿物交代、脱玻化、含CO_2酸性水溶蚀	压结、压溶、胶结、次生矿物交代、脱玻化、重结晶、有机酸溶蚀、含CO_2酸性水溶蚀	次生矿物充填、次生矿物交代、含CO_2酸性水溶蚀
储集空间类型	气孔、收缩缝、粒间孔、粒内孔、基质微孔、炸裂缝、贴粒缝	气孔（熔浆充填残余）、杏仁孔、收缩缝、（残余）粒间孔、（残余）粒内孔、部分充填炸裂缝	（残余）气孔、（斑晶、基质）溶蚀孔、收缩缝、粒间（内）孔、粒内（内）溶孔、基质溶孔、风化、溶蚀缝、构造缝	压结、（残余）气孔、溶蚀孔、脱玻化孔、（残余）粒间孔、溶蚀孔、构造缝	（残余）气孔、溶蚀孔、铸模孔、残余粒间孔、溶蚀孔、铸模孔、构造缝	（残余）气孔、溶蚀孔、残余粒间孔、粒间溶孔、粒内溶孔、基质溶孔、构造缝
孔隙演化	原生孔隙发育	原生孔隙退化	风化溶蚀孔缝增加	原生孔隙进一步退化，溶蚀孔、脱玻化孔增加	早期孔隙深度退化，溶蚀孔增加	
孔隙度变化，%	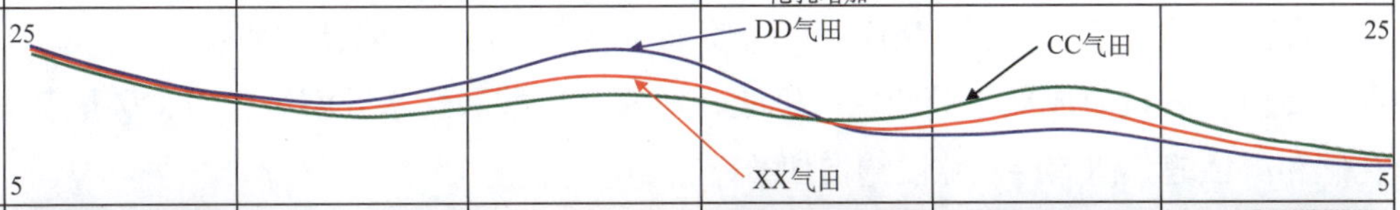 25〜5			DD气田	CC气田	25〜5
				XX气田		
典型照片	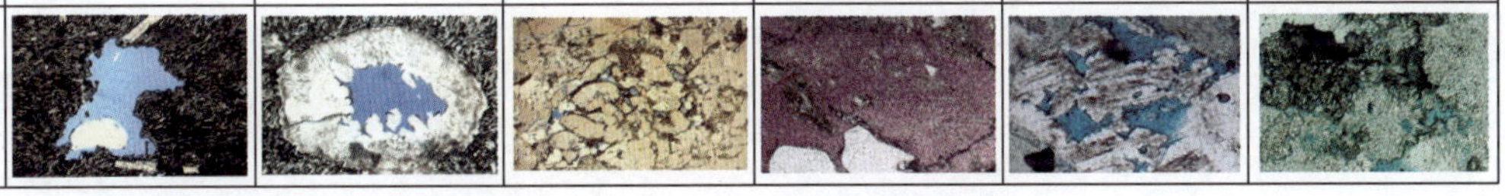					

图3-25 混合型储层演化模式图

1）XX气田混合型火山岩储层演化模式

该气田火山岩岩性以流纹岩、火山角砾岩和凝灰岩为主，储层演化模式见图3-25。

在冷凝阶段，经过气液爆炸、火山碎屑堆积及挥发份逸散等作用形成大量气孔、粒间孔和炸裂缝，原始孔隙度可达20%以上。

热液阶段经过熔浆充填、熔结及矿物交代，原生孔隙大量损失，孔隙度约为10%～15%。

表生阶段的风化、淋滤等作用形成溶蚀孔缝，改善储层物性，使孔隙度增大5%左右。

早期埋藏阶段的压结、胶结、交代等作用压缩孔隙空间，孔隙度约降低7%。

中期埋藏阶段有机质成熟并大量生烃，产生大量有机酸和CO_2，形成有机酸酸性水和含CO_2酸性水，溶蚀长石、碳酸盐和火山灰产生溶蚀孔缝，储层孔隙度约增大4%。

晚期成岩阶段主要发生次生矿物的充填和交代，孔隙度降低约3%。

经历上述演化后，XX气田混合型火山岩储层最终孔隙度约为6%～10%。

2）CC气田混合型火山岩储层演化模式

该气田火山岩岩性以酸性流纹岩、角砾熔岩、熔结凝灰岩等为主，其中流纹岩约占57%，其储层演化模式见图3-25。

在冷凝阶段经过挥发分逸散及气液爆炸形成大量气孔和炸裂缝，原始孔隙度高达25%。

热液阶段的熔浆充填及矿物交代作用使原生孔隙度损失10%～15%。

表生阶段的大气淡水溶蚀及风化、淋滤作用形成溶蚀孔缝，孔隙度约增加3%～4%。

早期埋藏阶段的胶结、交代等作用使孔隙度损失约6%。

中期埋藏阶段有机质成熟生烃并产生大量有机酸和CO_2，同时深部幔源CO_2沿深大断裂及火山通道运移至火山岩中，形成有机酸酸性水和含CO_2酸性水，溶蚀长石、碳酸盐和火山灰，形成大量溶蚀孔、洞、缝，大幅度改善储层物性，孔隙度可增大约8%。

晚期成岩阶段主要发生次生矿物的充填和交代，孔隙度降低约3%~4%。

经历上述成岩演化后，CC气田混合型火山岩储层最终孔隙度约为7%~12%。

3）DD气田混合型火山岩储层演化模式

该气田发育玄武岩、流纹岩、正长斑岩、火山角砾岩及凝灰岩等多种岩石类型，岩性岩相复杂，储层演化模式见图3-25。

在冷凝阶段经过火山碎屑堆积、气液爆炸及挥发份逸散等作用形成大量粒间孔、气孔、炸裂缝及冷凝收缩缝，原始孔隙度可达20%以上。

热液阶段经过熔浆充填、熔结及矿物交代等作用，孔隙度大幅度降低至10%~15%。

在表生阶段经历了长期的风化、剥蚀及淋滤改造作用，形成大面积分布的溶蚀孔缝，储层物性得到有效改善，孔隙度增加约7%~8%。

早期埋藏阶段的压结、胶结、交代等作用使早期形成的孔隙度降低约5%。

中期埋藏阶段有机质成熟生烃产生有机酸，形成有机酸酸性水并溶蚀长石、碳酸盐和火山灰，形成溶蚀孔洞和溶蚀缝，使储层孔隙度约增加3%。

晚期成岩阶段主要发生次生矿物的充填和交代，使得孔隙度降低约3%。

综上所述，DD气田混合型火山岩储层最终孔隙度约为6%~9%。

第三节　火山岩储层分布模式

火山岩储层成因和发育控制因素复杂，不同类型储层在纵向上表现为沙漏型、倒锥型等分布型式，在平面上则以不同的形态分布于火山机构的不同位置。火山岩储层的连续性受火山岩及其内部孔缝分布的影响，表现为孤立式和多种类型叠置模式。火山岩储层的连通性受复杂储层岩性结构和多成因孔缝网络影响，在气藏整体、储渗单元之间及储渗单元内部3个层次上表现为不同的连通性特征。

一、火山岩储层的空间分布模式

气孔型、粒间孔型、溶蚀孔型、裂缝型是火山岩特有的4种储层类型，其分布受储层形成机制及后期成岩演化作用控制，表现为特殊的纵、横向分布规律；混合型储层由两种或两种以上单一成因储层复合形成，是火山岩普遍发育的储层类型，其分布同时受岩性岩相、火山岩建筑结构、有机酸及含CO_2酸性水分布等影响，表现为复杂的空间分布模式。

1. 纵向分布模式

火山岩不同类型储层受其特殊的成因控制，表现为不同的纵向分布规律。

1）气孔型储层

气孔型储层发育于溢流相火山熔岩中，是典型的原生型储层。火山岩原生气孔的发育程度主要受挥发分含量及岩浆内外压差控制。对厚层熔岩来说，顶部岩浆的内外压差大，其中的挥发分容易突破岩浆约束，发生强烈的逸散作用；底部岩浆贴近地面，挥发分逸散作用相对较弱；中部岩浆远离低压区，挥发分则很难突破岩浆约束逸散出来。

一个完整的溢流相相序自下而上由细晶熔岩、致密熔岩、气孔熔岩组成。气孔型储层在纵向上表现为三段式"沙漏型"分布模式（图3-26）：上部亚相气孔孔径大、数量多，原生收缩缝发育，物性好；下部亚相气孔孔径较小、数量较少，原生收缩缝较发育，物性较好；而中部亚相气孔孔径小、数量少，原生收缩缝发育程度低，物性差。

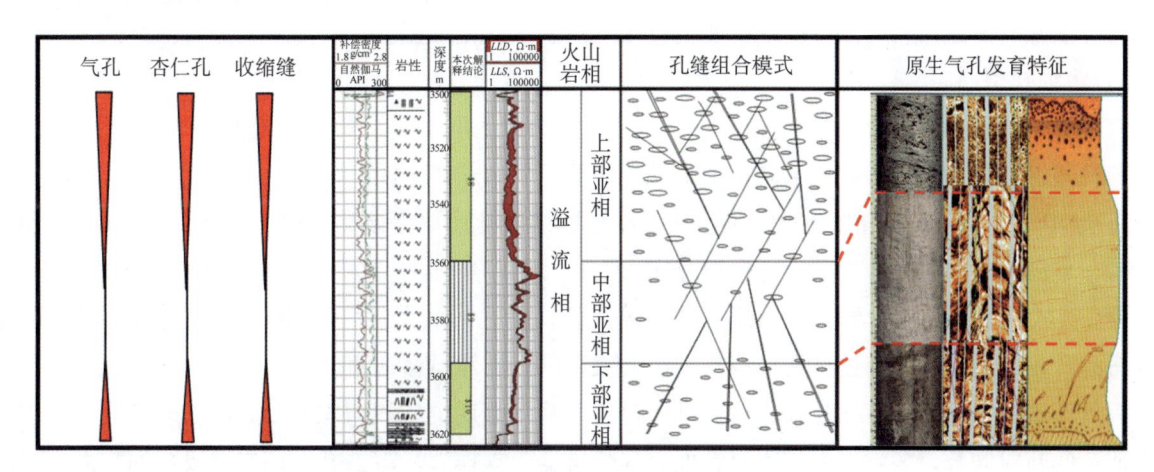

图3-26 熔岩气孔型储层纵向分布模式

2）粒间孔型储层

粒间孔型储层是发育于爆发相火山碎屑岩中的原生型储层。火山岩粒间孔的发育特征受火山碎屑大小、分选性及碎屑堆积方式等影响。在相同条件下，大粒径、分选好的火山碎屑堆积形成骨架支撑的粒间孔，具有孔径大、发育程度高的特点，受压实作用影响较小，储层物性相对较好；而小粒径、分选差的火山碎屑堆积形成基质支撑的粒间孔，具有孔径小、发育程度低的特征，受压实作用影响大，储层物性相对较差。

一次火山爆发的能量通常由强到弱逐渐变化，在纵向上形成下粗上细的粒序结构，典型爆发相相序自下而上由火山集块岩、火山角砾岩、晶屑凝灰岩、熔结角砾岩或熔结凝灰岩、角砾熔岩或凝灰熔岩组成（图3-27）。其中，火山集块岩、火山角砾岩中主要形成角砾支撑、孔径较大的粒间孔洞和不同孔径的粒间孔，储层物性好；晶屑凝灰岩则形成基质支撑、孔径很小的基质微孔，储层物性差；熔

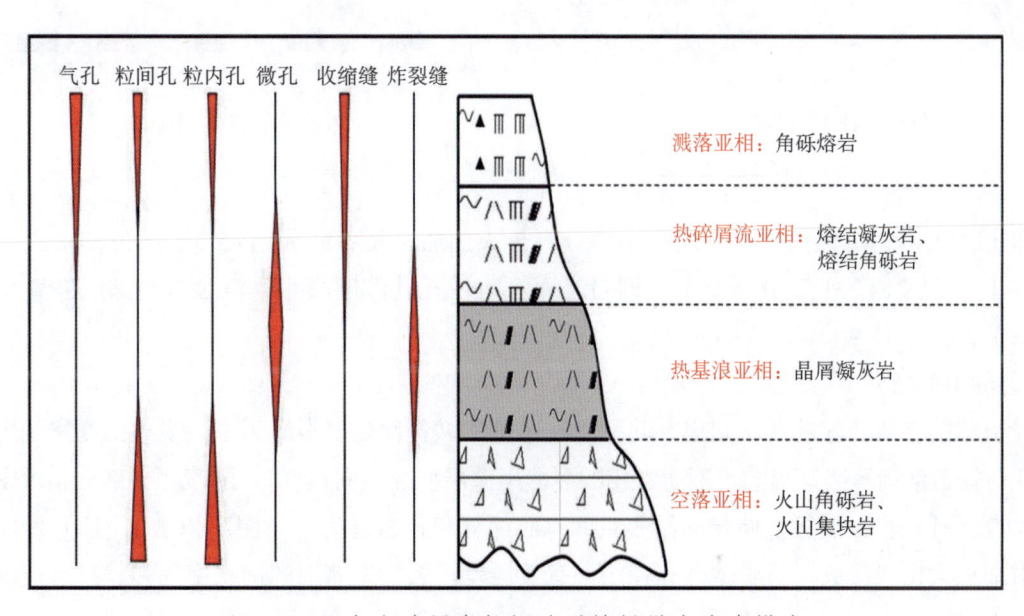

图3-27 火山碎屑岩粒间孔型储层纵向分布模式

结角砾岩和熔结凝灰岩中主要发育粒间孔、基质微孔，熔浆胶结作用既可填满粒间空隙，也可产生气孔，因此物性变化大；角砾熔岩和凝灰熔岩中气孔、粒间孔、微孔、收缩缝都较发育，储层物性好。因此，粒间孔型储层在纵向上也表现为三段式"沙漏型"分布模式（图3-27）：顶部溅落亚相物性最好，上部热碎屑流亚相和底部空落亚相次之，中部热基浪亚相最差。

3）溶蚀孔型储层

溶蚀孔型储层发育于各种类型火山岩中，是典型的次生型储层，其发育程度受溶蚀作用类型及强度、溶蚀通道等多种因素影响，不同类型溶蚀型储层的分布规律不同。

有机酸酸性水溶蚀能力强，常溶蚀整块斑晶形成溶蚀孔洞型，该类型储层主要受有机酸浓度及分布影响，多沿火山岩与烃源岩的连通通道分布。

含CO_2酸性水溶蚀能力弱但分布广、作用时间长，因此形成大量溶蚀孔，该类型储层受溶蚀通路及岩石易溶组分控制，多沿原生孔缝或易溶组分发育区、流体运移通道分布。

大气淡水的风化淋滤多发生在火山活动平静期，受平静期类型和喷发间断时间长短控制：（1）火山岩建造间断时间长，多形成大型不整合面，风化淋滤带规模大，溶蚀孔型储层厚度和面积大；（2）火山喷发旋回受岩浆房中岩浆抽空与充注机制控制，间断期时间较长，风化淋滤带规模较大，溶蚀孔型储层较发育[图3-28(a)]；（3）火山喷发期次受熔浆囊泄压作用控制，间断时间较短，风化壳或松散层规模小，溶蚀孔型储层发育程度相对较低[图3-28(b)]。因此，火山岩结构级次越高、规模越大、火山活动间歇时间越长，溶蚀孔型储层就越发育。

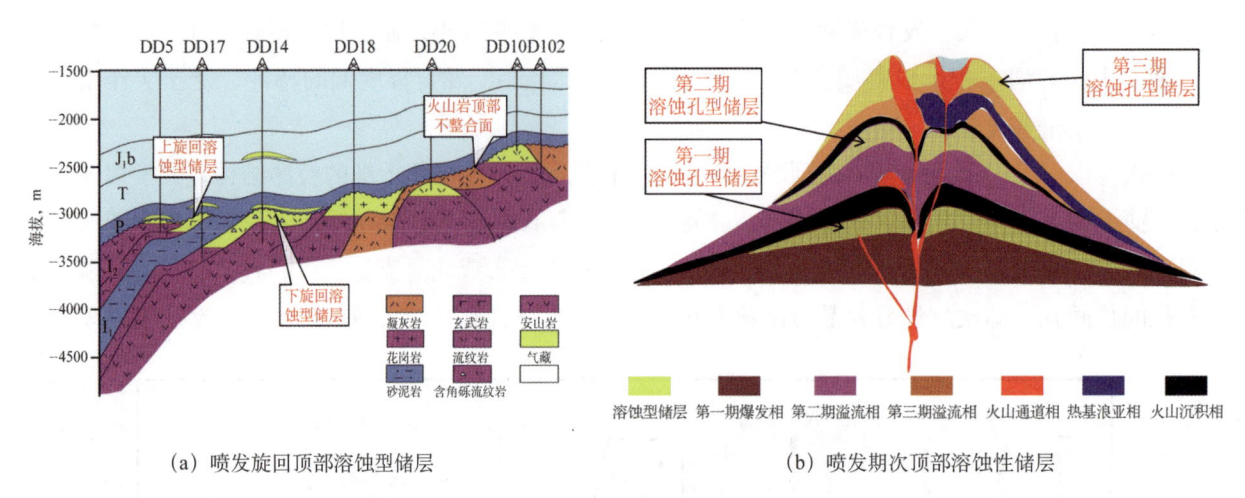

图3-28　不同类型溶蚀孔型储层纵向分布模式

总体上，火山岩溶蚀储层在纵向上主要分布于火山通道及各种火山岩体、喷发期次上部界面附近，纵向上具有"倒锥型"分布特征，即自上而下溶蚀孔孔隙度减小，溶蚀孔型储层发育程度降低（图3-29）。

4）裂缝型储层

裂缝型储层基质孔隙度低，储集空间和渗流通道都以各种类型裂缝为主。受火山爆发强度、熔浆冷凝速度、构造活动等因素影响，不同岩相的裂缝型储层特征不同：（1）溢流相中部亚相致密熔岩气孔零星发育、孔径小，裂缝型储层的储集空间以收缩缝和构造缝为主（图3-26）；（2）爆发相热基浪亚相由细粒火山灰组成，基质微孔孔径小、有效性差，裂缝型储层的储集空间和渗流通道以炸裂缝和构造缝为主（图3-27）。

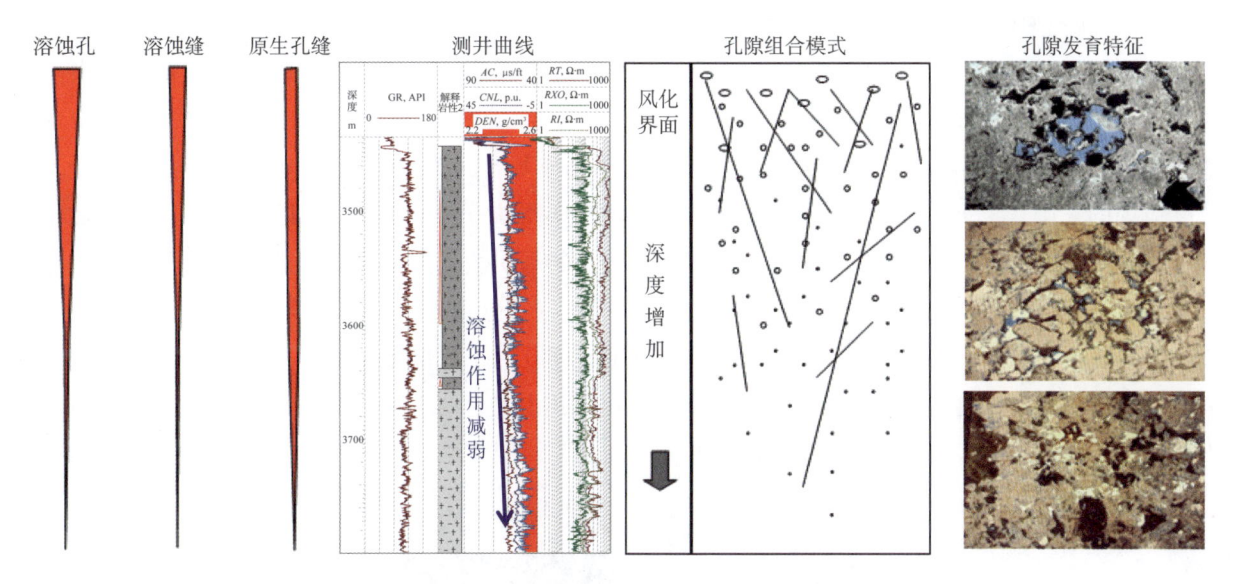

图3-29 大气淡水溶蚀型储层纵向分布模式

总体上，火山岩裂缝型储层纵向上主要分布于厚层溢流相和爆发相的中部，表现为"囊状"分布模式，与气孔型储层和粒间孔型储层的分布模式相反。

2. 平面分布模式

火山岩以火山通道及火山口为中心，其岩石类型、火山作用及后期成岩作用都呈现出有规律的变化趋势，因此火山岩不同类型储层在平面上都表现出各具特色的分布规律。

1）气孔型储层

近火山口区域熔浆温度和挥发分含量高，挥发分容易克服熔浆阻力，因此逸散作用充分，气孔孔径大、发育程度高，气孔型储层物性好；离火山口距离越大，熔浆温度越低、挥发分含量越少，挥发分克服熔浆阻力难度越大，导致逸散作用不充分，气孔孔径小、发育程度低，气孔型储层物性逐渐变差。因此，气孔型储层在平面上表现为典型的"楔状"分布模式（图3-30）：近火山口区域发育程度高，远火山口区域发育程度低。

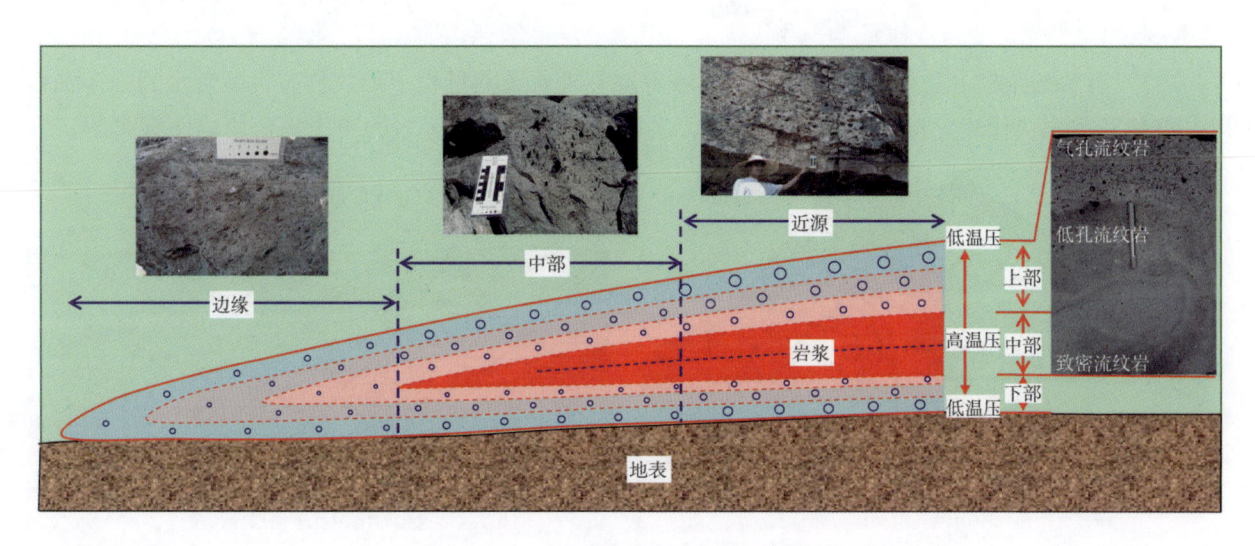

图3-30 气孔型储层平面分布模式

2) 粒间孔型储层

在火山爆发过程中，大粒径火山集块或火山角砾最先降落并就近堆积，围绕火山口形成火山集块岩或火山角砾岩，发育角砾支撑的大孔径粒间孔，储层物性好；粒径小的火山角砾和火山灰依次降落，披覆在早期堆积形成的火山碎屑岩之上，发育角砾或基质支撑的小孔径粒间孔，储层物性变差；粒度极细的火山灰、火山尘最后降落，由于降落速度慢，常常分布于从火山口到数千米、甚至数千千米之外的区域，形成各种凝灰岩，储集空间以孔径极小的基质微孔为主，储层物性差。

因此，粒间孔型储层在平面上也表现为特殊的"楔状"分布模式（图3-31）：(1)近火山口区域火山碎屑岩粒径大，储集空间以角砾支撑的大孔径粒间孔为主，储层物性好；(2)火山碎屑锥翼部火山碎屑粒径中等，储集空间以杂基支撑的小孔径粒间孔为主，储层物性中等；(3)远火山口区域火山碎屑岩粒径小，储集空间以基质支撑的基质微孔为主，储层物性差。

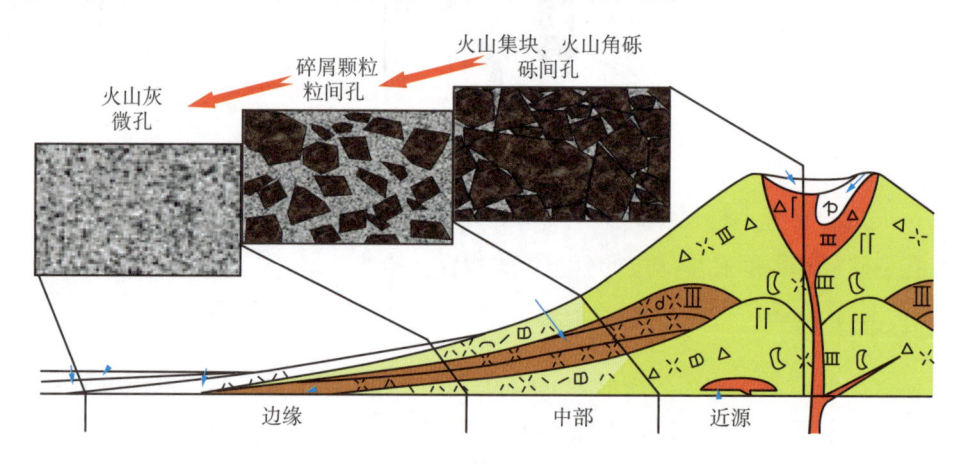

图3-31 粒间孔型储层平面分布模式

3) 溶蚀孔型储层

火山岩溶蚀孔型储层表现出4种类型的平面分布模式（图3-32）：

(1) 风化壳溶蚀孔型储层，形成于表生期含CO_2大气淡水的溶解作用，主要发育于火山机构、喷发旋回、火山岩建造等火山岩结构单元的上部，多分布于各种不整合面附近。

(2) CO_2酸性水溶蚀孔型储层，形成于幔源CO_2酸性水的溶蚀作用，受原生孔缝和岩石易溶组分控制，与原生型储层分布规律基本一致。

(3) 有机酸溶蚀孔型储层，形成于中埋藏阶段有机质成熟过程中形成的有机酸性水的强溶蚀作用，受烃源岩与火山岩之间的连通通道控制，主要分布于靠近烃源岩的火山岩储层或断裂带附近区

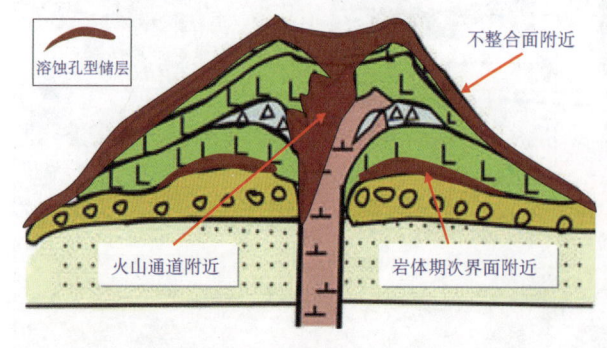

(a) 火山机构中溶蚀孔型储层分布模式　　　(b) 盆地火山岩溶蚀孔型储层分布模式

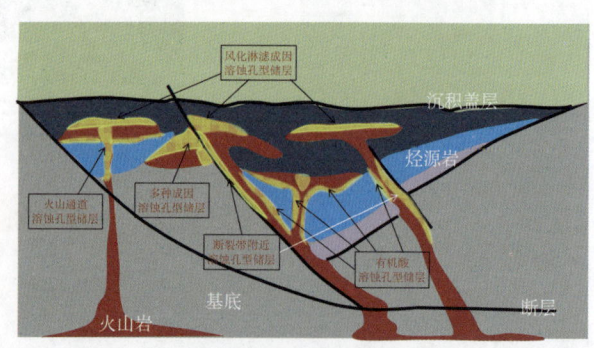

图3-32 溶蚀孔型储层平面分布模式图

域，多通过直接接触、裂缝或开启断裂连通。

（4）混合成因裂缝—溶蚀孔型储层，形成于含CO_2大气淡水、有机酸性水的综合溶蚀作用，主要发育于断裂及裂缝带附近区域、大型柱状节理缝发育的火山通道附近区域。

4）裂缝型储层

火山岩裂缝型储层富集区带主要发育于以下区域（图3-33）：

（1）火山通道附近区域。经常性的气液爆炸作用生成大量炸裂缝，形成以自碎角砾化熔岩和隐爆角砾岩为特征岩性的原生裂缝型储层，储集空间以炸裂缝为主，储、渗能力强但分布范围有限，储层多呈厚层块状或透镜状。

（2）近火山口区域。不均匀的熔浆冷凝生成大量柱状节理，与规模较小的成岩缝组成发达的裂缝网络系统，形成规模较大的裂缝型储层，储、渗能力强但分布有限。

（3）断裂及裂缝发育带。反复的构造活动产生大量的构造缝，连通成岩缝和孔径较小的微孔，形成次生裂缝型储层，储集空间以构造缝为主，储、渗能力强且分布范围大，储层多呈条带状分布。

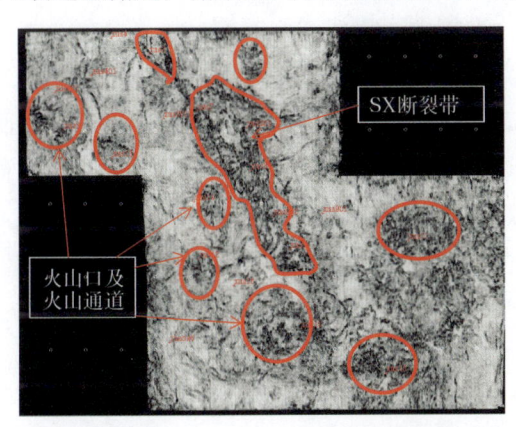

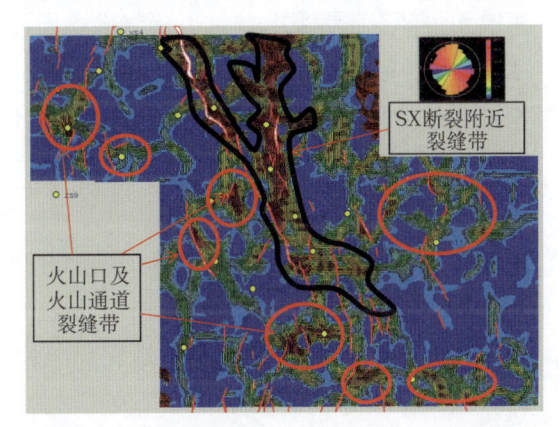

图3-33 火山岩裂缝富集平面分布图

3. 空间分布模式

混合型储层兼具各种单一成因储层的特点，受多种因素控制，在不同的岩相单元、建筑结构单元和特殊流体分布区具有不同的分布规律。在单一型储层纵向、平面分布模式基础上，综合分析火山岩储层在火山机构不同位置的分布特征，建立火山岩储层的空间分布模式。

1）火山岩储层分布规律

火山岩储层受火山喷发作用、构造活动及有利成岩作用控制，在岩相单元不同位置、火山机构不同部位以及高含CO_2、构造断裂和近烃源岩等特殊区域，储层发育控制因素和分布规律不同（表3-6）。

表3-6 火山岩不同单元储层发育特征及控制因素表

有利储渗区		火山喷发作用			构造作用	有利成岩作用			
分类	部位	挥发分逸散	气液爆破	堆积作用		冷凝收缩	风化淋滤	含CO_2酸性水溶蚀	有机酸溶蚀
岩相单元	顶部	强	斑晶炸裂	颗粒或基质支撑	—	快	强	强	—
	上部	较强	—	颗粒支撑	—	中等	较强	较强	—
	中部	弱	—	基质支撑	—	慢	中等	弱	—
	下部	中等	斑晶炸裂	角砾支撑	—	较快	弱	弱	—

续表

有利储渗区		火山喷发作用			构造作用	有利成岩作用			
分类	部位	挥发分逸散	气液爆破	堆积作用		冷凝收缩	风化淋滤	含CO_2酸性水溶蚀	有机酸溶蚀
横向结构单元	火山通道	中等	强	角砾支撑	强烈	慢	强	强	强
	近火山口区域	强	强	角砾支撑	较强烈	慢	中等	中等	中等
	远火山口区域	弱	弱	基质支撑	—	快	弱	较弱	较弱
特殊成因单元	高含CO_2区	—	—	—	—	—	弱	强	弱
	构造断裂区	—	—	—	强烈	—	强	强	弱—强
	近烃源岩区域	—	—	—	—	—	弱	弱	强

（1）岩相单元内部的储层分布。

岩相单元顶部受强挥发分逸散、碎屑堆积作用、气液爆破、快速冷凝收缩、风化淋滤、含CO_2酸性水溶蚀等作用控制，孔、洞、缝发育，储层物性好。

岩相单元的上部挥发分逸散、风化淋滤、含CO_2酸性水溶蚀等作用逐渐减弱，冷凝收缩速度减慢，气液爆破作用影响逐渐减小，导致储层基质物性变差，但原生的冷凝收缩缝发育程度有所增加；到了中部，有利的火山作用和成岩作用达到最差，导致储层发育最差。

岩相单元下部挥发分逸散作用中等、风化淋滤和含CO_2酸性水溶蚀作用较弱，但气液爆破、火山碎屑堆积、压实作用影响大，冷凝速度快，形成一定规模的孔缝，储层物性中等。

因此，火山岩岩相单元以顶部储层最发育，上部和下部次之，中部最差。

（2）火山机构内部的储层分布。

火山通道附近储层发育程度主要受火山喷发方式和喷发能量控制。火山强烈爆发时在火山通道附近产生隐蔽爆破作用，形成炸裂缝和角砾支撑的粒间孔；火山宁静溢流时，火山通道内发生熔浆溢流作用，形成气孔、平行于熔浆流动方向的流纹构造和残留熔浆冷凝收缩形成的平行于通道方向的柱状节理缝。火山通道附近由于构造位置一般较高，在后期受到构造作用、风化淋滤作用、含CO_2酸性水和有机酸溶蚀作用较强，储层发育程度往往较高、物性好。

自火山口向机构翼部，气液爆破、挥发分逸散、冷凝收缩、含CO_2酸性水和有机酸溶蚀等作用的影响逐渐减小，储层物性逐渐变差。

因此，火山通道及近火山口区域是火山岩储层发育的有利区。

（3）特殊成因单元的储层分布。

高含CO_2区的火山岩容易受CO_2酸性水溶蚀作用影响，溶蚀孔型储层更发育，储层物性好。

构造断裂区火山岩受构造作用影响大，断层作为极好的流体运移通道，其附近地层更容易受到CO_2酸性水和有机酸的溶蚀作用，裂缝型储层和溶蚀型储层更发育，储层物性好。

近烃源岩区易发生有机酸酸性水的强溶蚀作用，形成溶蚀孔洞型储层，储层物性好。

因此，高含CO_2区、构造断裂发育区、近烃源岩区域是火山岩储层发育的有利区。

图3—34是XX气田火山岩储层平面分布图，从图3—34中可以看出，该气田主要的火山岩气藏都分布在SX断裂带附近区域，发育于近火山口及高含CO_2区域，如储层物性好、单井产能高的XX8区块，其CO_2含量超过20%。

2）火山岩储层空间分布模式

在搞清火山岩储层发育控制因素及分布规律的基础上，根据其纵向、平面分布模式，通过"点—线—面—体"组合进一步建立火山岩储层三维空间分布模式（图3-35）：

（1）纵向上，自顶向下依次发育溶蚀孔型、气孔型、裂缝型和粒间孔型储层，储层物性先变差后变好，具有漏斗形变化特征。

（2）平面上，由火山口向外，依次发育隐蔽碎裂型、溶蚀孔型、粒间孔型、大气孔型、小气孔型和微孔型储层，储层物性逐渐变差。

（3）三维空间上，火山岩不同成因储层围绕火山通道及火山口，以条带状、透镜状、片状等复杂形态和纵向、横向、叠瓦状等复杂方式叠置分布。

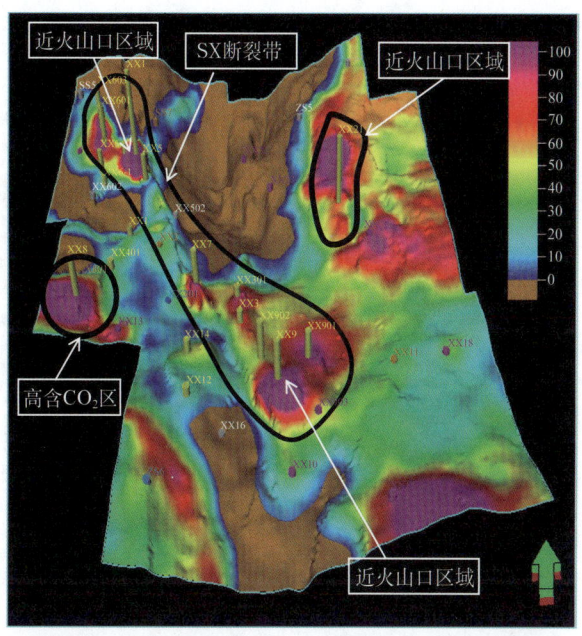

图3-34 XX气田火山岩储层平面分布图

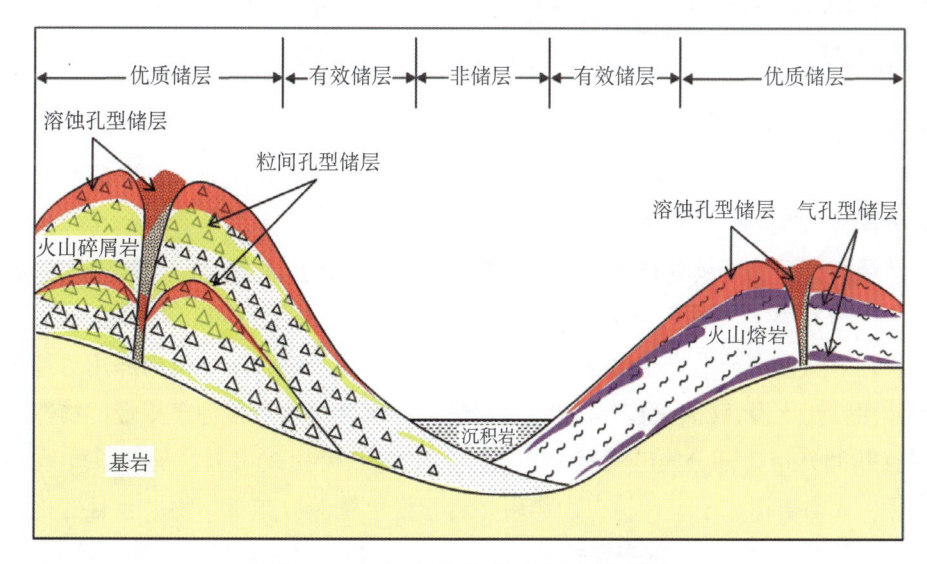

图3-35 火山岩储层空间分布模式

以CC气田火山岩为例（图3-36），该火山岩建造分为上、下两个喷发旋回，其中上部旋回的火山岩储层由顶部溶蚀孔型、中部气孔型和下部粒间孔型等多种类型储层组成，其6个火山岩体内部都表现为与整个旋回相似的储层分布特征；下部旋回火山岩储层整体上以气孔型为主，局部夹粒间孔型。该火山岩建造储层的空间分布特征如下：储层整体围绕复合型盾状火山岩建造分布，近火山口区域主要发育溶蚀孔型、粒间孔型和大气孔型储层，而远火山口区域主要发育小气孔型、粒间孔型和微孔型储层，由火山口向外，储层类型和储层物性逐渐变差。

二、火山岩储层连续性

储层连续性是反映储层变化、评价油气藏品质的重要参数，对优选井网井距、评价井控储量具有

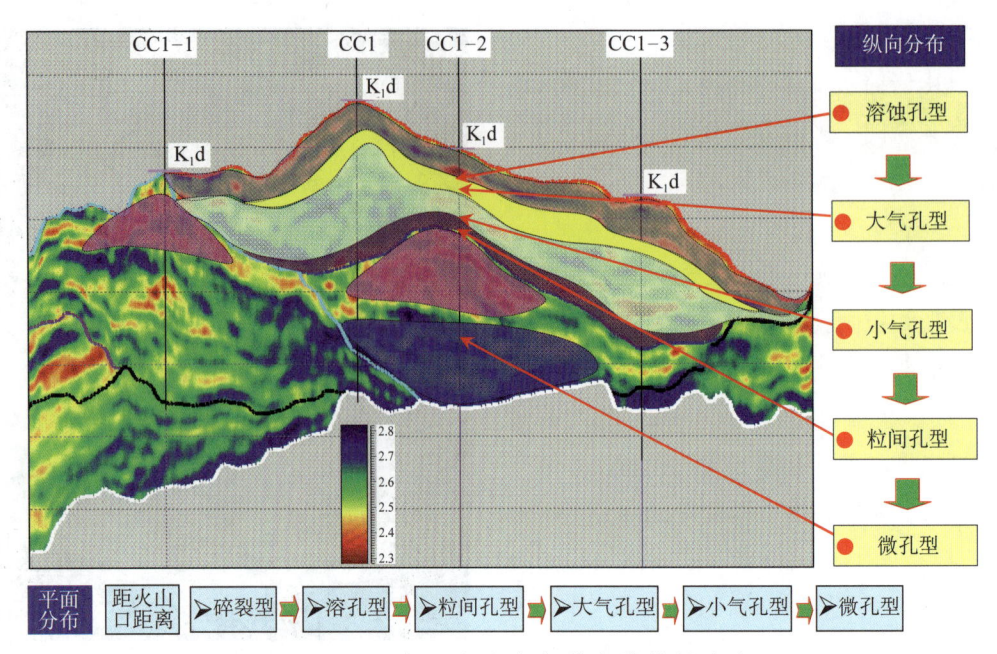

图3-36 CC气田火山岩气藏有效储层分布

重要意义[25,26]。火山岩储层成因特殊、相变快，多呈非层状叠置型分布、结构非均质性强，其连续性受火山岩分布及储层形成与演化的控制，表现为孤立式和多种叠置模式。

1. 火山岩储层连续性的概念

沉积岩储层连续性是指渗透性岩石的空间连续性，或有效储渗体，如砂体在横向或平面上的延续程度，主要反映储层砂体内部建筑结构及物性展布规律[27-32]。

不同类型储层的成因和连续性特征不同（表3-7）。砂岩形成于湖（海）盆内外强水动力沉积环境，相带变化慢、分布宽，物性好且变化小；储层多呈层状连续型分布，以岩性和厚度渐变方式尖灭，延伸长度数百米到数十千米，连续性较好。碳酸盐岩形成于湖（海）盆内部相对稳定环境中弱水动力沉积作用，相带变化慢，既有稳定沉积的宽相带，也有礁、滩等各种窄相带，物性好但变化大；储层多为似层状断续分布，部分呈透镜状分布，以渐变式或突变式尖灭，延伸长度数十米至数十千米，连续性较好。火山岩形成于事件性火山作用，岩相变化快、分布窄，物性差且变化大；储层多呈非层状叠置型分布，以岩性和厚度突变方式尖灭，延伸长度数十米至数千米，连续性差。

针对火山岩储层的特点，参考沉积岩储层连续性概念，将火山岩储层连续性定义为有一定储渗能力的火山岩岩相单元或储渗单元在三维空间上的延续程度，主要反映储层内幕结构及物性展布规律。

表3-7 不同类型储层连续性特征

有效性特征	火山岩	砂岩	碳酸盐岩
储层成因	事件性火山作用	湖（海）盆内外强水动力沉积作用	湖（海）盆内部弱水动力沉积作用
相带变化	变化快、窄相带	变化慢、宽相带	变化慢、宽窄均有
储层物性	变化大、总体较差	变化小、总体较好	变化大、总体较好
储层形态	非层状叠置型分布，不规则透镜状为主	连续层状分布，层状为主	似层状断续分布，部分透镜状
延伸长度	数十米至数千米	数百米至数十千米	数十米至数十千米
尖灭方式	岩性、厚度突变	岩性、厚度渐变	渐变、突变均有

2. 火山岩储层连续性的影响因素

火山岩储层的连续性主要受火山岩分布及储层形成与演化作用的控制。

1）火山岩宏观分布对储层连续性的影响

火山岩岩石是火山岩储层发育的物质基础，火山岩的厚度和分布范围直接影响火山岩储层的连续性。因此，熔浆性质、火山喷发方式、喷发能量、喷发持续时间和古地貌等因素均可通过控制火山岩岩石的分布影响火山岩储层的连续性。

（1）熔浆性质控制火山岩储层形态：酸性熔浆黏度高、流动性差，储层多为丘形，厚度大、面积小，连续性差；基性熔浆黏度低、流动性好，储层多为平缓似层状，厚度小、面积大，连续性好（图3-37）。

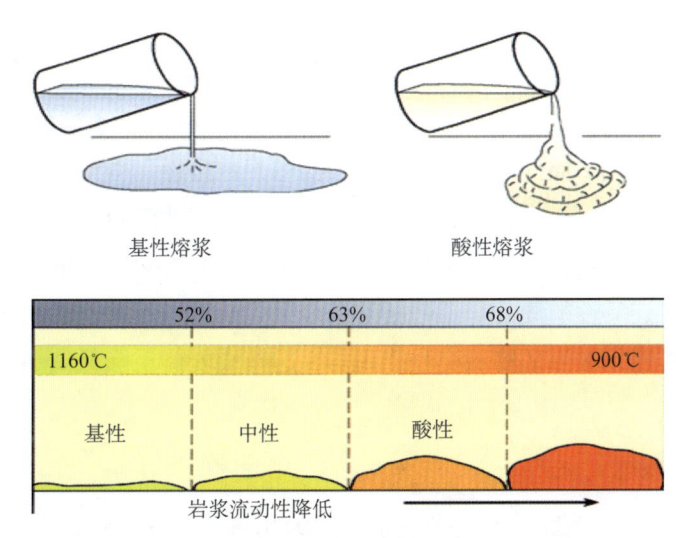

图3-37 不同组分熔浆黏度差异示意图

（2）喷发方式控制火山岩储层形态和规模：中心式喷发形成丘状、穹状或透镜状火山岩，储层厚度数百米，分布面积可达数十平方千米，储层连续性较差；裂隙式喷发形成似层状、条带状或被状火山岩，储层厚度数十米，分布面积数千平方千米，储层连续性较好。

（3）喷发能量控制火山岩储层类型和形态：火山爆发形成火山碎屑锥，储层厚度大但面积小，连续性差；熔浆溢流形成熔岩盾或熔岩被，储层厚度小但面积大，连续性好。

（4）喷发持续时间决定火山岩储层规模：在相同条件下，火山喷发持续时间越长，形成的火山岩规模越大，储层连续性越好。

（5）古地貌控制火山岩的充填特征：古地貌地势平坦，喷溢熔浆缓慢流动，火山岩储层厚度小但面积大，连续性好；古地貌地势起伏大，喷溢熔浆往低洼处快速充填，则火山岩储层局部厚度大但整体面积小，连续性差（图3-38）。

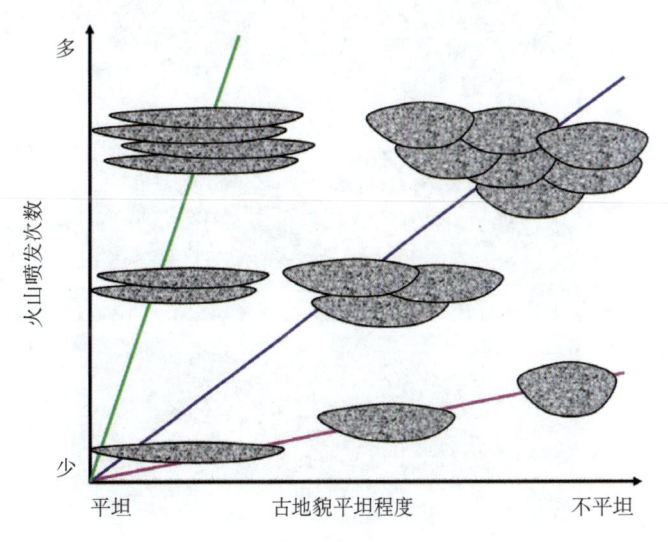

图3-38 古地貌控制火山岩储层连续性

2)原生孔缝形成及后期成岩作用对储层连续性的影响

原生孔缝的形成、保存和后期成岩作用对火山岩储层的形成和分布至关重要,是影响火山岩储层连续性的关键因素。

(1)原生孔缝的形成和保存主要影响原生气孔型储层和原生粒间孔型储层的连续性:①原生气孔型储层。在高挥发分含量、熔浆快速流动和低外部压力条件下,挥发分逸散作用充分,则气孔型储层发育程度高、分布面积大,储层连续性好,反之则连续性变差。②原生粒间孔型储层。在长时间强烈爆发条件下,火山碎屑岩的分布面积大、分选性和成层性好,储层发育、连续性好,反之则连续性变差。③若两次喷发时间间隔短,形成的气孔、粒间孔容易被后来的熔浆或火山碎屑充填、交代,储层连续性就会变差。

(2)成岩后期改造作用进一步影响储层的连续性,改善火山岩储层连续性的成岩作用包括:①溶蚀作用通过扩大原有孔缝体积或生成新的次生孔缝,增强储层的连续性,其中CO_2酸性水溶蚀时间长、范围广,可有效改善高含CO_2区火山岩储层的连续性。有机酸性水溶蚀能力强、但溶蚀范围有限,主要改善近烃源岩区或烃—储连接通道附近区域的储层连续性。②风化淋滤作用改善近地表火山岩储层的连续性,火山岩出露地表面积越大,风化壳型储层连续性就越好。③脱玻化作用生成脱玻化孔,增强岩石的储渗能力和连续性。④局部构造活动产生各种微断裂或裂缝,增强储层的储渗能力和连续性。破坏火山岩储层连续性的成岩作用包括熔浆及表生矿物的胶结与充填作用、塑性碎屑的熔结作用、上覆地层的压实作用、次生矿物的交代作用等,这些成岩作用降低储层的储渗能力,使储层连续性变差。

3. 火山岩储层连续性模式

火山岩储层形态、分布和叠置关系复杂,多表现为相对较差的连续性特征。根据火山岩储层的结构模式和空间分布模式,以一个中心式多期次熔岩盾与一个中心式多期次火山碎屑锥叠置组合为原型,建立火山岩储层连续性模式,将其归结为3种主要类型(图3-39)。

(a)火山机构叠置模式　　　　　(b)火山岩储层分布模式

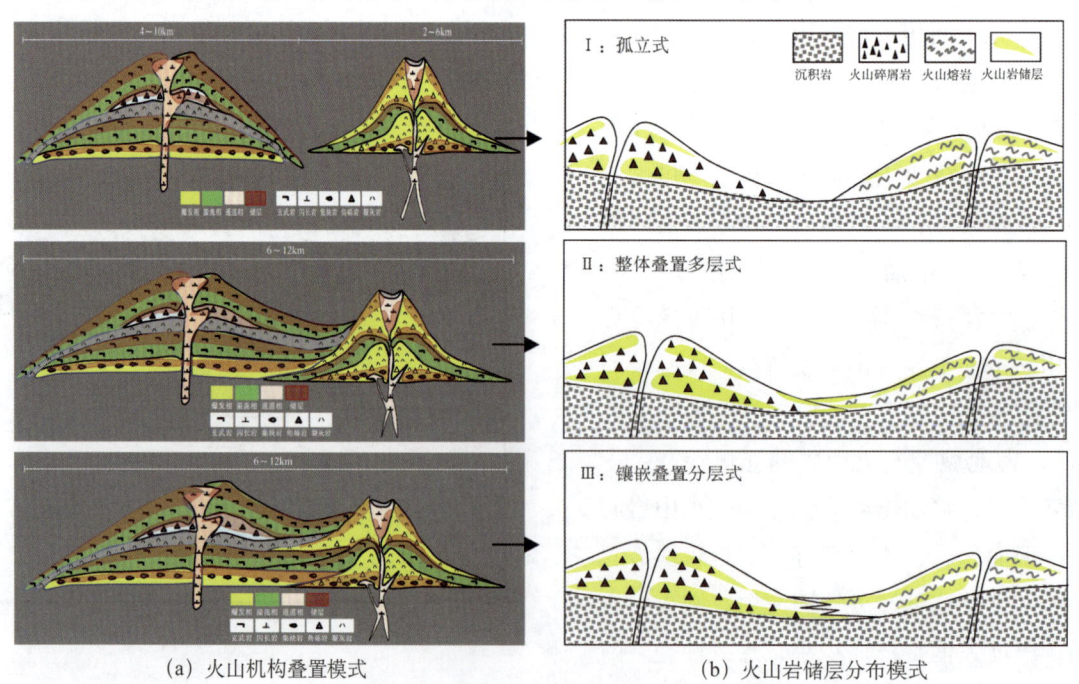

图3-39　火山岩储层连续性模式

1)孤立式

相邻火山机构相距较远或者喷发量少,导致其互不接触时,火山机构内部的火山岩储层呈孤立式发育,储层连续性取决于单个火山机构内部储层的发育特征和空间分布特征。

如图3-39所示,孤立式中,火山熔岩盾储层厚度70~120m,延伸长度4~9km,分布面积达到26km^2,厚度小、面积大,储层连续性较好;火山碎屑锥储层厚度90~210m,延伸长度2~6km,分布面积约9km^2,厚度大但面积小,储层连续性相对较差;二者互不接触呈孤立式分布。

2)整体叠置多层式

相邻火山机构先后喷发,由于间隔时间长,后喷发的火山机构整体叠置在先喷发的火山机构之上时,火山岩的连续性变好,复合火山机构规模扩大。储层的连续性则取决于两个火山机构内部储层在叠置部位的发育情况及接触关系:(1)若叠置部位两边储层发育并直接接触,复合火山机构内部储层在横向上得以延续,储层连续性得到有效改善;(2)若叠置部位两边储层不发育或不直接接触,则储层连续性难以改善。

如图3-39所示,整体叠置多层式中,复合火山机构叠置部分的储层厚度100~500m,整体延伸长度达到6~14km,分布面积超过30km^2,表现为厚度大、分布范围大的特点,储层连续性显著变好。

3)镶嵌叠置分层式

相邻火山机构同时喷发或交互式喷发,不同喷发期次形成的火山岩呈镶嵌式叠置时,复合火山机构规模扩大,火山岩与火山岩储层都呈连续分布态势,特别是当相邻火山机构同时喷发、火山岩完全融合时,火山岩储层连续性可得到有效改善。

如图3-39所示,镶嵌叠置分层式中,复合火山机构的储层厚度50~230m,延伸长度8~15km,分布面积超过35km^2,最大可达70km^2,具有厚度和分布范围大的特点,储层连续性变好。

三、火山岩储层连通性

连通性反映连续分布的储层其内部的连通状况,可分为整个气藏的连通性、气藏内部储层单元之间的连通性、储层单元内部连通性3个层次。火山岩储层非均质性强,其连通性受内幕结构、断裂及裂缝系统、岩性和物性阻隔、储集空间非均匀分布等因素影响,表现为孤立式、叠置连通式等多种连通模式。针对火山岩储层复杂的连通性特征,采用静动态结合、宏微观综合分析的方法,分层次表征火山岩储层的连通性。

1. 火山岩储层连通性概念

储层连通性影响井网井距的优化、单井产能的评价和开发模式的确定,对气藏开发至关重要[33]。人们从气藏开发的角度关注整个气藏的连通状况、不同储渗单元之间的连通性及储渗单元内部的流体性质、流体分布状态和流体渗流特性。John W. Snedden等人将储层连通性分为静态和动态两种[36]:静态连通性描述气藏投产前的天然连通状态,其连通性特征受气藏固有地质学特征,如建筑结构、储集空间及其毛管力、流体类型及分布等控制,对合理预测气藏储量至关重要;动态连通性则描述气藏开发后的流体变化,与分隔空间之间的连通方式、地层压力和流体饱和度的变化等,对确定最终采收率至关重要。裘怿楠、王同良、孙建孟等人认为[31, 37,38],储层连通性(Reservoir Connectivity)是指储层堆积的紧密程度,储集层渗透油气的难易程度或所含流体在其中移动的自由度的量度。

参照沉积岩储层连通性概念，将火山岩储层连通性定义为：火山岩储集流体并允许流体在其中有效流动的难易程度，包括3个层次：（1）气藏整体的连通状况；（2）气藏内部储渗单元之间的连通状况；（3）储渗单元内部流体的分布及流动特征。

2. 火山岩储层连通性的影响因素

火山岩3个层次的储层连通性受断裂及裂缝系统、储层内幕结构、岩性物性阻隔单元、渗流通道宽窄变化等多种宏观或微观因素的影响。

1）气藏整体连通性影响因素

火山岩气藏整体连通性主要受宏观建筑结构、断裂及裂缝系统、风化淋滤作用等因素影响。

（1）火山岩宏观建筑结构。

影响气藏整体连通性的火山岩建筑结构包括建造、旋回、机构和火山岩体（图3—40）。

火山岩建造受熔浆性质、喷发方式与环境、古地形等影响，表现为复杂的形态、规模、分布和堆叠关系；低黏度熔浆、裂隙式喷发、陆上环境和平缓的古地形有利于喷出物大面积分布，并发生充分的挥发分逸散作用，气藏储层物性好、面积大，连通性好。

火山喷发旋回之间由于喷发间断，多形成火山沉积岩或沉火山岩，储渗能力和连通性差。

火山机构叠置部分远离火山口，多由细粒凝灰岩或致密熔岩组成，储层物性变差，因此成为两端储层的阻流带，导致不同机构之间不连通或连通性变差，形成多个独立气藏。

在火山机构内部不同成因、不同期次的火山岩体之间多发生沉积、风化等作用，产生物理阻隔或发生相变，形成岩性或物性隔夹层，降低储层连通性，形成多个气水系统。

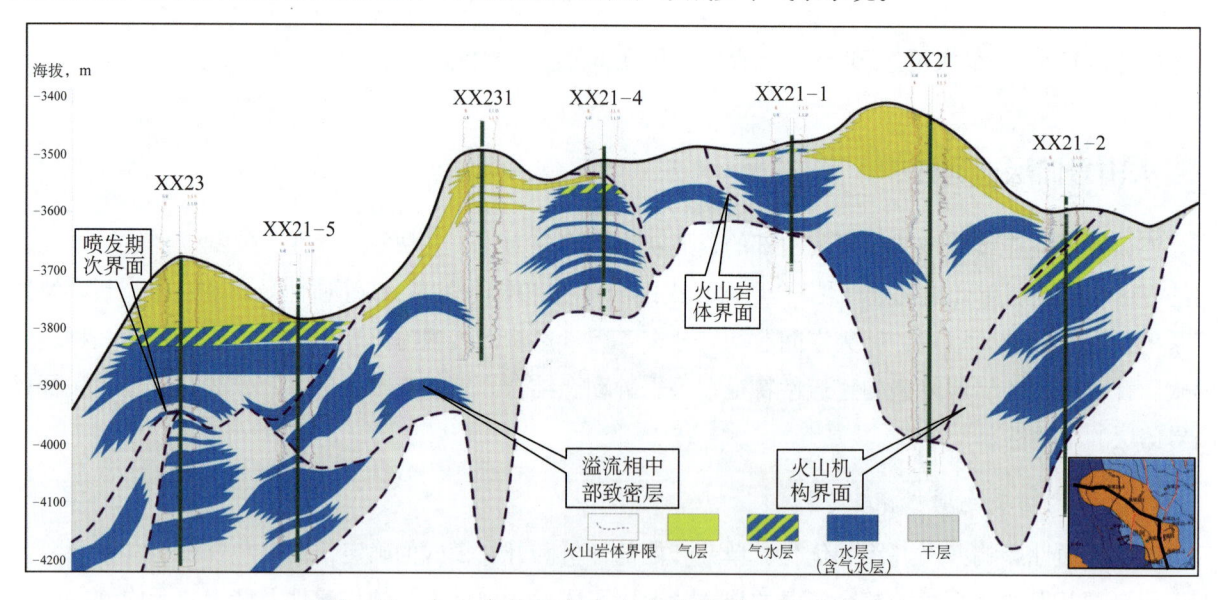

图3—40 火山岩储层复杂内幕结构影响气藏连通性

（2）断裂及裂缝系统。

开启断层改变流体流动方向，使流体顺断层加速流动，从而增强流体流动效率，改善储层连通性；封闭断层则成为流动隔挡，降低流体的流动效率，减弱储层的连通性[39]。

岩浆活动及火山作用都与深大断裂紧密相关，如XX气田的SX断裂、CC气田的HRJ断裂、DD气田的DX断裂。这些区域性大断裂及其次生二、三级断裂的开启程度、活动状况，对火山岩气藏的形成和整体连通性具有重要影响。

(3) 风化淋滤作用。

表生期火山岩暴露于地表形成地层不整合面，在风化碎裂作用和大气淡水淋滤作用下，火山岩中的易溶组分被溶解并生成大量次生溶蚀孔，形成大面积连片分布的风化壳型储层，从而极大地改善了火山岩储层的连通性。如图3-41所示，DD气田改造型火山岩气藏沿地层不整合面大面积分布，火山岩储层横向连通性好。

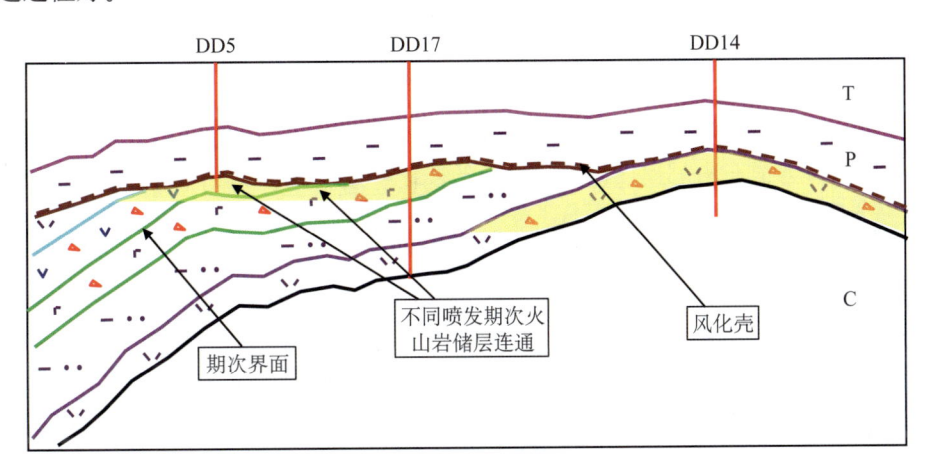

图3-41 风化淋滤作用改善储层连通性

2）气藏内部储渗单元连通性影响因素

气藏内部储渗单元连通性主要受岩性岩相变化、储渗单元叠置关系、复杂缝网系统等影响。

(1) 岩性岩相变化。

火山喷发能量、喷发速度随时间的变化导致火山岩岩性岩相的纵、横向变化，物性好、储渗能力强的有利岩性岩相带与物性差、阻隔流体渗流的不利岩性岩相带交互分布。喷发速度慢、能量变化小的火山岩相变慢、储渗单元规模大分布广，储层连通性好；而喷发速度快、能量变化大的火山岩相变快、储渗单元厚度大但分布范围小，储层连通性差。

(2) 储渗单元叠置关系。

不同喷发期次的储渗单元通常以纵向式叠置方式为主，增强储渗单元的纵向连通性；不同成因的储渗单元则以侧向式叠置方式为主，增强储层的横向连通性；不同火山口、不同来源的火山岩储渗单元则以侧向式或叠瓦式叠置方式为主，同时在纵向上和横向上增强火山岩储层的连通性。因此，复杂的叠置关系使火山岩储层的连通性复杂化。

(3) 复杂缝网系统。

除大型构造缝外，致密火山熔岩中常发育冷凝收缩缝、微孔型凝灰岩中常发育炸裂缝、近火山口区域常发育大型柱状节理缝等，这些天然裂缝与人工压裂缝一起组成复杂的缝网系统，改变火山岩储层流体流动路径，增强流体流动效率，改善储层的连通性。

3）储渗单元内部连通性影响因素

储渗单元内部连通性主要受岩性隔夹层、物性隔夹层、渗流通道宽度变化等影响。

(1) 岩性隔夹层。

不同类型岩性岩相的储渗特征不同，物性差、储渗能力弱的致密熔岩、凝灰岩、沉火山岩和火山沉积岩常常是储渗单元内部阻挡流体渗流的隔夹层，这种类型的岩性隔夹层越发育，储渗单元内部的连通性越差。

（2）物性隔夹层。

火山岩储渗单元内部物性在纵横向上呈有规律的变化趋势，如溢流型储渗单元以顶部物性最好，自顶向下先变差后变好，自火山口向外则逐渐变差；爆发型储渗单元通常以底部物性最好，自底向上先变好后变差，自火山口向外则逐渐变差。因此，储渗单元内部物性变差部分通常成为阻挡流体渗流的隔夹层，这部分物性隔夹层占比越高，储渗单元连通性越差。

（3）渗流通道宽度变化。

火山岩储层孔—喉—缝配置关系复杂、变化快，微裂缝沟通的储层渗流通道宽、渗流能力强，而喉道特别是微喉道沟通的储层渗流通道窄、渗流能力弱，阻流特征明显。因此，火山岩储层渗流通道宽度的快速变化使得储渗单元内部连通性呈现复杂的变化特征。

3. 火山岩储层连通模式

火山活动的突发性、快速性和多变性决定了火山岩储集空间和物性变化快、储层非均质性极强的特点，火山岩储层连通性影响因素多、表现形式复杂多样。根据火山岩储层的形态、分布和储渗能力等特征，建立火山岩储层的连通模式，将其分为气藏整体、气藏内部储渗单元和储渗单元内部3个层次10种类型（图3-42和表3-8）。

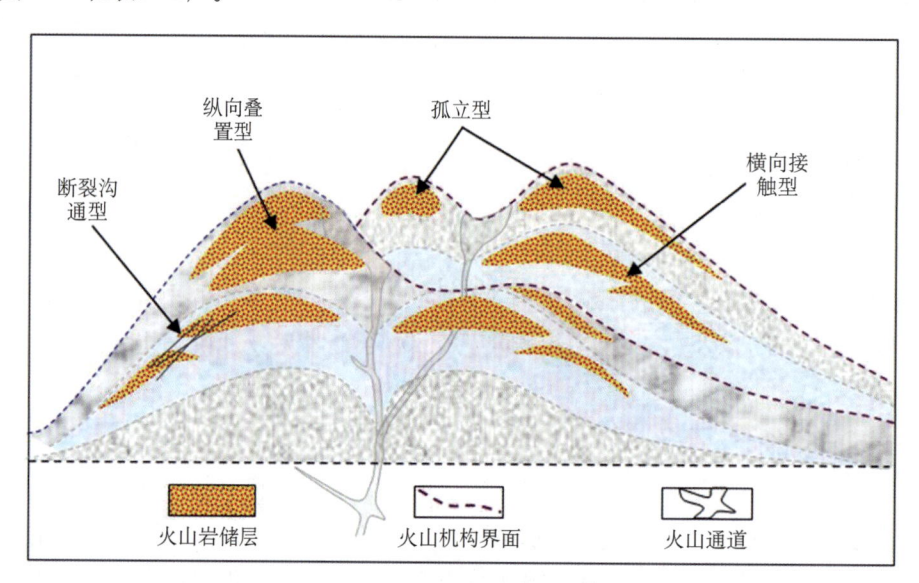

图3-42　火山岩储层连通模式

表3-8　火山岩储层连通模式表

连通模式		结构类型/岩相类型	储层形态	连通体规模	裂缝发育	储集能力	渗流能力	典型气藏
气藏整体连通模式	孤立式	各种火山机构	单一透镜状、条带状	厚度：>20m；延伸长度：<2km	低发育	弱	中—弱	XX21
	整装式		条带状、似层状	厚度：>100m；延伸长度：>5km	发育	强	强	CC1
	断层沟通式		各种形态	厚度：>20m；延伸长度：>1km	发育	中—强	强	SS2-1
	风化淋滤大面积分布式	结构单元中上部	厚层状	厚度：>100m；延伸长度：>3km	一般发育	强	强	DD18

续表

连通模式		结构类型/岩相类型	储层形态	连通体规模	裂缝发育	储集能力	渗流能力	典型气藏
气藏内部储渗单元连通模式	低相变稳定分布式	溢流相、爆发相、次火山岩相	似层状、条带状、透镜状	厚度：>10m；延伸长度：>3km	一般	中—强	中—强	DD17，DD18
	纵向叠置沟通式	爆发相、火山通道相	复杂透镜状、土豆状	厚度：>50m；延伸长度：<3km	发育	中等	中—强	XX21
	横向叠置沟通式	溢流相、爆发相	条带状、透镜状	厚度：>20m；延伸长度：>1km	一般发育	中—强	中等	XX9
	裂缝沟通式	各种岩相	各种形态	厚度：>50m；延伸长度：>1km	发育	中—强	强	DD14，DD18
储渗单元内部连通模式	岩性、物性隔夹层阻隔式	各种岩相	不规则形态	厚度：>20m；延伸长度：>1km	低发育	中—弱	中—弱	普遍发育
	微裂缝沟通式	火山通道相、溢流相、爆发相	块状、似层状、透镜状	厚度：>20m；延伸长度：>1km	发育	中—强	强	DD14，DD18

1）气藏整体连通模式

根据火山岩储层结构、断裂体系及风化淋滤作用等控制要素，进一步将气藏整体连通模式划分孤立式、整装式、断层沟通式和风化淋滤大面积分布式4种类型。

（1）孤立式。

孤立式是指火山机构控制的火山岩气藏被致密沉积岩或沉火山岩物理分隔，形成独立气藏的连通模式。该模式可发育于各种火山机构中，储层多呈单一透镜状或条带状分布形态，储层厚度大于50m、但延伸长度小于2km；该模式储层裂缝发育程度低，整体储集能力弱，渗流能力中—弱，以XX21气藏为代表。

（2）整装式。

整装式是指大型复合火山机构内部各个组成机构之间互相连通，共同形成具有统一气水界面和压力系统的大型火山岩气藏的连通模式。该模式可发育于各种火山机构中，储层多呈条带状和似层状分布形态，储层厚度大于100m、延伸长度大于5km；该模式储层裂缝发育程度高，整体储集能力和渗流能力都较强，以CC1气藏为代表。

（3）断层沟通式。

断层沟通式是指开启断裂连通储层形成具有统一气水关系的火山岩气藏的连通模式。该模式可发育于各种火山机构，储层形态多为串珠状、条带状或复杂透镜状，储层厚度大于20m，延伸长度大于1km；该模式储层裂缝发育，储集能力中—强、渗流能力强，以SS2-1气藏为代表。

（4）风化淋滤大面积分布式。

风化淋滤大面积分布式是指火山岩出露地表接受风化淋滤，形成大面积分布的火山岩气藏的连通模式。该模式主要发育于建筑结构单元的中上部，储层形态多呈厚层状，储层厚度大于100m，延伸范围大于3km；该模式储层裂缝发育程度一般，储集能力和渗流能力都较强，以DD18气藏为代表。

2）气藏内部储渗单元连通模式

根据岩性岩相变化、储渗单元叠置关系及缝网系统分布等影响因素，进一步将气藏内部储渗单元连通模式划分低相变稳定分布式、纵向叠置沟通式、横向叠置沟通式和裂缝沟通式4种类型。

(1) 低相变稳定分布式。

低相变稳定分布式是指火山活动的喷发方式、喷发能量持续稳定，火山岩岩相变化小、储层分布相对稳定的连通模式。该模式多发育于溢流相、爆发相和次火山岩相中，储层形态多为似层状、条带状和透镜状，储层厚度大于10m、延伸长度大于3km；该模式储层裂缝发育程度一般，储集能力和渗流能力中—强，以DD17气藏和DD18气藏为代表。

(2) 纵向叠置沟通式。

纵向叠置沟通式多指火山机构内部不同期次火山岩储层在纵向上叠置连通，形成具有统一温度、压力和渗流特征的流动体系的连通模式。该模式多发育于爆发相和火山通道相中，储层形态多呈复杂透镜状或土豆状，储层厚度大于50m、延伸长度小于3km；该模式储层裂缝发育，储集能力中等，渗流能力中—强，以XX21气藏为代表。

(3) 横向叠置沟通式。

横向叠置沟通式是指火山机构内部不同期次、不同成因火山岩储层侧向叠置形成同一个渗流体系的连通模式。该模式多发育于溢流相和爆发相中，储层形态多为条带状或透镜状，储层厚度大于20m、延伸长度大于1km；该模式储层裂缝发育程度一般，储集能力中—强、渗流能力中等，以XX9气藏为代表。

(4) 裂缝沟通式。

裂缝沟通式指裂缝沟通储渗单元形成温压系统和气水关系统一的火山岩气藏的连通模式。该模式可发育于各种岩相中，储层形态多样，储层厚度大于50m、延伸长度大于1km；该模式裂缝发育，储集能力中—强、渗流能力强，以DD14气藏和DD18气藏为代表。

3) 储渗单元内部连通模式

根据储层内部隔夹层类型及微观渗流通道变化特征，进一步将储渗单元内部连通模式划分为岩性、物性隔夹层阻隔式和微裂缝沟通式两种类型。

(1) 岩性、物性隔夹层阻隔式。

岩性、物性隔夹层阻隔式是指岩性岩相变化或物性变差导致储层流动性变差的连通模式。该模式发育于各种火山岩相中，储层形态多不规则，储层厚度大于20m、延伸长度大于1km；该模式储层裂缝发育程度低，储集能力和渗流能力中—弱，在各种火山岩气藏中普遍发育。

(2) 微裂缝沟通式。

微裂缝沟通式是指微裂缝沟通分散孔隙、增强储层储渗能力的连通模式。该模式多发育于火山通道相、溢流相和爆发相中，储层形态多为块状、似层状或透镜状，储层厚度大于20m、延伸长度大于1km；该模式储层微裂缝发育，储集能力中—强、渗流能力强，以XX1气藏为代表。

4. 火山岩储层连通性表征

针对火山岩储层复杂的连通性特征，采用多学科综合研究思路，应用密井网解剖、实验分析、测井解释、地震预测、动态分析等多种手段，通过内幕结构、断裂、裂缝、井间干扰、渗流边界等参数的刻画和分析，分3个层次表征火山岩储层的连通性（表3-9）。

1) 气藏整体连通性表征

主要从内幕结构、断裂特征和气水关系3个方面表征气藏整体连通性。

(1) 内幕结构。

内幕结构控制火山岩储层的空间分布和叠置关系，火山岩内幕结构越简单，储层流体流动的边界制约因素越少，连通性就越好。在划分内幕结构级次关系的基础上，采用露头勘察、密井网解剖、地震解释等方法，分级次识别火山岩建筑结构单元，确定单元界面，建立火山岩储层格架模型，指导火山岩气藏整体连通性分析。

(2) 断裂特征。

开启断层改变流体运动方向，增强流动效率，改善储层连通性；封闭断层则阻止流体流动，破坏储层连通性。利用野外露头和地震剖面识别、追踪、解释断裂，划分断裂级次，搞清断裂的空间分布，评价断裂性质及其对火山岩气藏整体连通性的影响。

(3) 气水关系。

连通气藏多具有上气下水和统一气水界面特征；不连通气藏气水关系复杂，存在气水界面不一致现象。采用静动态结合、井震联合解释的方法，利用试气试采、测井解释和地震烃类检测手段，分析火山岩气藏气水分布特征和气水界面变化特征，评价气藏整体连通性。

表3-9 火山岩储层连通性表征参数与方法

表征参数及连通性意义			表征技术与方法	
层次	参数	连通性意义	具体方法	技术内涵
气藏整体连通性	内幕结构	内幕结构控制火山岩储层的空间分布和叠置关系	(1) 露头勘察；(2) 密井网解剖；(3) 地震解释	分级次识别火山岩建筑结构单元，确定单元界面，建立火山岩储层格架模型
	断裂特征	开启断层增强流体流动效率，改善储层连通性；封闭断层则阻止流体流动，破坏储层连通性	(1) 露头观测；(2) 地震解释	利用野外露头和地震剖面识别、追踪、解释断裂，划分断裂级次，搞清断裂的空间分布，评价断裂性质
	气水关系	连通气藏多具有上气下水和统一气水界面特征；不连通气藏气水关系复杂，存在气水界面不一致现象	(1) 试气试采；(2) 测井解释；(3) 地震烃类检测	采用静动态结合、井震联合解释的方法，分析气水分布和气水界面变化特征
气藏内部储渗单元连通性	岩性岩相	岩性岩相变化缓慢，则储层稳定分布、连通性好；弱岩性岩相变化快，则储层非均质性强、连通性差	(1) 露头观测；(2) 岩心描述；(3) 测井解释；(4) 地震属性分析	根据露头观测建立模式，采用从岩心（点）到测井（线）再到地震（面、体）的思路表征岩相类型、形态及分布
	缝网特征	开启的天然裂缝和人工压裂组成复杂的缝网系统，改善储层流动效率，增强储层连通性	(1) 地质、测井、地震综合解释；(2) 微地震监测；(3) 生产动态	采用静动态结合的方法，搞清天然裂缝及人工压裂缝的类型、形态、分布特征，揭示其沟通作用
	流体性质	连通储层的流体性质相同或有规律变化，不连通储层流体性质可不同或呈无规律变化	(1) 流体取样分析；(2) 全烃分析	对比天然气的组成和比例、地层水的离子组分和矿化度，根据差异情况评价储层的连通性
	温度压力系统	连通气藏具有统一的温度和压力系统，不连通气藏表现为各自独立或互不相同的温度、压力变化趋势	(1) 温度大小及温度梯度分析；(2) 压力大小及压力梯度分析	根据温度、压力大小以及温度、压力随深度变化趋势，判断是否为统一的温度系统和压力系统

续表

表征参数及连通性意义			表征技术与方法	
层次	参数	连通性意义	具体方法	技术内涵
储渗单元内部连通性	储层物性	储层物性好、变化小，则储层流动性和连通性好；储层物性差、变化大，则储层流动性和连通性差	(1) 实验分析； (2) 测井解释； (3) 地震预测	采用岩心刻度测井和井震联合标定方法，搞清火山岩储层物性空间变化规律，定量划分储渗层和阻流带
	井间地震	井间地震具有远高于常规三维地震和变频VSP的分辨率，可精细刻画井间地质单元的细微变化	井间地震的采集、处理与解释	根据井间地震资料进行属性分析或波阻抗、伽马和密度反演，解释井间地质体及其特征变化
	井间干扰	生产井层的连通性代表井所在储层的连通性，生产层相互连通的井在生产中具有井间干扰	(1) 干扰试井； (2) 井间生产干扰分析	通过干扰试井和井间生产的干扰分析，综合确定两井之间生产层的连通性特征
	渗流边界	生产井的波及边界代表储层外部的阻流带，是储层的渗流边界	不稳定试井法	利用火山岩气藏不稳定试井资料解释气井的探测半径，根据相邻井探测半径的重叠情况分析储层连通性

2）气藏内部储渗单元连通性表征

主要从岩性岩相、缝网特征、流体性质和温压系统4个方面表征储渗单元之间的连通性。

（1）岩性岩相。

若岩性岩相变化缓慢，则储层稳定分布、连通性好；若岩性岩相变化快，则储层非均质性强、连通性差。根据露头观测建立火山岩岩相模式，采用从岩心（点）到测井（线）再到地震（面、体）的思路，识别岩性岩相，表征岩性岩相的类型、形态及分布特征，指导火山岩气藏内部储渗单元的连通性分析。

（2）缝网特征。

开启的天然裂缝和人工压裂组成复杂的缝网系统，改善储层流动效率，增强储层连通性；闭合或充填裂缝则阻挡流体流动，破坏储层连通性。针对火山岩储层复杂的裂缝特征，采用地质、测井、地震综合解释的方法识别、预测天然裂缝发育特征，采用微地震监测手段揭示人工压裂缝的形态、规模及分布，最后根据生产动态搞清天然—人工缝网系统的组合关系和分布，揭示复杂缝网对火山岩储层的沟通作用。

（3）流体性质。

气藏流体性质变化是评价储层连通性的重要依据，连通气藏的流体性质相同或有规律变化，不连通储层流体性质可不同或呈无规律变化。通过流体取样和全烃分析，对比天然气的组成和比例、地层水的离子组分和矿化度，根据流体性质差异评价储层的连通性特征。

（4）温压系统。

连通气藏具有统一的温度和压力系统，不连通气藏表现为各自独立或互不相同的温度、压力变化趋势。根据火山岩气藏温度、压力大小以及温度、压力随深度的变化趋势，判断其是否属于同一温度系统或同一压力系统，从而评价储层的连通性。

3）储渗单元内部连通性表征

从储层物性、井间地震、井间干扰和渗流边界4个方面表征储渗单元内部连通性。

(1)储层物性。

孔隙度、渗透率等物性参数是定量划分火山岩储渗层与阻流带的依据：储层物性好、变化小，则储层流动性和连通性好；储层物性差、变化大，则储层流动性和连通性差采用岩心刻度测井和井震联合标定方法，通过实验分析、测井解释和地震反演预测，搞清火山岩储层物性在三维空间的变化规律，定量划分储渗体和阻流带。

(2)井间地震。

井间地震的主频达110Hz，采集道间距2.5m，剖面视分辨率为每100m约10～11根同相轴，理论分辨率可达5m，远高于常规三维地震和变频VSP，据此可精细刻画井间地质单元的细微变化。在井间地震资料采集、处理的基础上，开展属性分析或波阻抗、伽马和密度反演，揭示井间地质体及其特征变化，指导储渗单元内部连通性分析。

(3)井间干扰。

生产井层的连通性代表井所在储层的连通性，生产层相互连通的井在生产中具有井间干扰特征。通过干扰试井和邻井生产过程中的井间干扰分析，综合确定两井生产层的连通性。

(4)渗流边界。

生产井的波及边界代表储层外部的阻流带，是储层流体的渗流边界。利用火山岩气藏不稳定试井资料解释气井的探测半径，根据相邻井探测半径的重叠情况分析储层的连通性。

第四节 火山岩储层储渗模式

与碎屑岩和碳酸盐岩相比，火山岩储集空间和渗流通道的类型更多、形态规模差异更大、空间分布非均质性更强，其储层的储集、渗流能力差异更大。根据火山岩储集空间和渗流通道的类型、形态、规模、分布等特征以及孔、喉、缝组合关系，建立火山岩储层的储渗模式，将火山岩储层的储集、渗流组合关系划分为两大类8种模式，并表征不同储渗模式的储集能力、渗流能力、产能和稳产能力，为火山岩气藏渗流机理研究和产能影响因素分析奠定基础。

一、火山岩储层的储集空间

1. 火山岩储层储集空间的特点

火山岩储层储集空间的成因与碎屑岩、碳酸盐岩不同，其储集空间表现出类型更多、形态规模差异更大、空间分布不均匀性更强的特点（表3-10）。

表3-10 不同类型储层的储集空间特征对比表

特征	岩石类型	火山岩	碎屑岩	碳酸盐岩
储集空间类型	原生孔缝	气孔、粒间孔、收缩缝、炸裂缝	粒间孔	粒(晶)间孔、生物钻孔、体腔孔、生长骨架孔、收缩缝
	次生孔缝	溶蚀孔、构造缝、溶蚀缝、风化缝	溶蚀孔、构造缝	溶蚀孔、构造缝、风化缝、溶蚀缝
	裂隙贡献	重要的储集空间和渗流通道	低渗致密储层的渗流通道，对常规储层影响较小	重要的渗流通道

续表

特征	岩石类型	火山岩	碎屑岩	碳酸盐岩
储集空间分布	颗粒影响	孔缝形态、大小与颗粒直径、分选相关性差	孔缝形态、大小与颗粒直径和分选性密切相关	孔缝形态、大小与颗粒直径和分选相关性差
	成岩影响	有利：溶蚀为主；不利：熔浆或次生、表生矿物胶结、充填。影响大，能完全改变原生孔隙或形成完整的次生孔缝	有利：溶蚀为主；不利：压实、胶结作用。影响小，部分改变原生粒间孔或生成部分溶蚀孔	有利：溶蚀、白云石化，不利：充填、胶结、变形。影响很大，能完全改变原生孔隙或形成完整的次生孔缝
	分布特征	变化快，不同岩石之间、相同岩石内部储集空间形态、规模差异大	渐变特征，储集空间形态、规模差异小	不同岩体差异大，岩体内部差异相对较小
储集能力	原始孔隙度	一般10%～30%，最大60%以上	一般25%～40%	一般40%～70%
	最终孔隙度	火山熔岩保存60%或以上；火山碎屑岩保存40%或以上；最终孔隙度3%～20%，变化大	保存40%以上，储层孔隙度15%～30%，随深度变化大	保存难度大，储层孔隙度5%～10%

1）储集空间类型

火山岩的原生孔缝以气孔、粒间孔、收缩缝和炸裂缝为主，次生孔缝包括溶蚀孔、构造缝、溶蚀缝和风化缝等，裂缝既是重要的储集空间又是主要的渗流通道。

砂砾岩的原生孔缝以粒间孔为主，次生孔缝包括溶蚀孔和构造缝，裂缝是低渗致密储层重要的渗流通道，但对常规的高、中孔渗储层影响小。

碳酸盐岩的原生孔缝包括粒（晶）间孔、生物钻孔、体腔孔、生长骨架孔、收缩缝为主，次生孔缝包括溶蚀孔、构造缝、风化缝和溶蚀缝，裂缝是重要的渗流通道。

2）储集空间分布

火山岩孔缝形态及大小与颗粒直径、颗粒分选相关性差，储集空间分布受成岩作用影响大，表现为原生孔缝完全消失、铸模孔发育等；火山岩储层有利的成岩作用以溶蚀作用为主，不利的成岩作用包括熔浆或次生、表生矿物的胶结和充填等。因此，火山岩储集空间分布变化快，不同类型岩石之间、相同类型岩石内部储集空间的形态、规模差异大。

碎屑岩孔隙形态、大小与颗粒直径、分选密切相关，储集空间分布受成岩作用影响小，表现为原生粒间孔部分改变或在原生孔缝基础上发育溶蚀孔；碎屑岩储层有利的成岩作用以溶蚀作用为主，不利成岩作用包括压实作用和胶结作用等。因此，碎屑岩储集空间分布呈渐变趋势，储集空间形态、规模差异小。

碳酸盐岩孔缝形态及大小与颗粒直径、分选相关性差，储集空间受成岩作用影响大，表现为原生孔隙完全消失或次生孔缝重新形成；碳酸盐岩储层的有利成岩作用包括溶蚀作用、白云石化作用等，不利的成岩作用包括次生或表生矿物的胶结、充填和变形。因此，碳酸盐岩储集空间分布变化较大，表现为不同岩体间差异大而岩体内部差异相对较小。

3）储集能力

火山岩储层的原始孔隙度可达10%～30%，最大能达到60%以上；火山岩骨架抗压实能力强，深层火山熔岩可保存原始孔隙度60%以上，火山碎屑岩可保存40%以上，最终孔隙度为3%～20%。因此，火山岩储集能力变化快、变化幅度大。

碎屑岩原始孔隙度为25%~40%，骨架抗压实能力弱，原始孔隙度仅能保存约40%，最终孔隙度最大可达15%~30%，但随深度增加快速降低。

碳酸盐岩原始孔隙度为40%~70%，骨架抗压实能力弱，原生孔缝难以有效保存，最终孔隙度仅有5%~10%。因此，碳酸盐岩储集能力变化快、变化幅度大。

2. 火山岩储集空间分类

赵澄林、任作伟、刘为付等人[33-36]根据成因和形态，将火山岩储集空间特征划分为原生孔隙、次生孔隙、原生裂缝、次生裂缝4大类，进一步细分为多达16种类型。针对火山岩储集空间的特点，借鉴不同类型储层的储集空间划分方法，根据火山岩储集空间的形态、成因和大小，建立火山岩储集空间的分类方案（表3—11）：

（1）首先根据形态，将火山岩储集空间分为孔隙和裂缝两大类，其中孔隙是指三维空间近等的储集空间类型，裂缝则是指三维空间为片状、其中两维远大于另一维（比例大于10）的储集空间类型。

（2）其次根据成因，将孔隙分为气孔、粒间孔和溶蚀孔3种类型，将裂缝分为收缩缝、炸裂缝、构造缝、溶蚀缝和缝合缝5种类型。

（3）最后根据储集空间规模大小，进一步将各种成因的孔隙细分为孔洞（孔径>2mm）、大孔（孔径0.5~2mm）、小孔（孔径0.01~0.5mm）和微孔（孔径<0.01mm）4个级别11种类型，将裂缝分为大缝（缝宽>10mm）、中缝（缝宽1~10mm）、小缝（缝宽0.1~1mm）和微缝（缝宽<0.1mm）4种类型。

3. 火山岩储集空间特征

火山岩不同类型储集空间的形态、大小和储集能力不同。

1) 气孔

气孔由熔浆内挥发分通过逸散作用形成，多发育于溢流相火山熔岩、爆发相碎屑熔岩和熔结碎屑岩储层中，气孔发育特征主要受挥发分含量及逸散作用充分程度影响。

（1）气孔的形态。气孔刚形成时多为近圆形[图3—43(a)]，受熔浆流动影响常顺流动方向拉长而呈椭圆形[图3—43(b)]；气孔形成后，若发生熔浆基质、次生矿物、表生矿物的充填和交代，则表现为不规则棱角形[图3—43(c)]。近圆形气孔多分布在缓坡熔浆流动缓慢区或受熔浆流动影响较小的溢流相中部亚相，椭圆形气孔主要分布在坡度较大熔浆快速流动区或溢流相顶部、上部和下部亚相，棱角形气孔多分布在溢流相顶部和下部亚相。XX气田流纹岩储层中椭圆形气孔最发育，约占50%；近圆形气孔约占30%；棱角形气孔约占20%。

(a) 近圆形、椭圆形　　　　　(b) 椭圆形　　　　　(c) 棱角形

图3—43　火山岩气孔形态特征

表3-11 火山岩气藏储层孔隙分类及特征表

孔隙分类	气孔			粒间孔				溶蚀孔		基质溶孔
	气孔型孔洞	大气孔	小气孔	微孔	粒间孔洞	大粒间孔	小粒间孔	基质微孔	溶蚀孔洞	溶蚀孔	
孔径	←——— 2mm ———— 0.5mm ———— 0.01mm ———→			←——— 2mm ———— 0.5mm ———— 0.01mm ———→				←——— 2mm ———— 0.5mm ———→		
典型岩性	气孔型熔岩、角砾熔岩	气孔熔岩	致密熔岩、熔结凝灰岩	致密熔岩	火山集块岩、火山角砾岩	火山角砾岩、熔结角砾岩、自碎化角砾熔岩	火山角砾岩、熔结角砾岩	晶屑凝灰岩、熔结凝灰岩	气孔熔岩、角砾熔岩、火山角砾岩	气孔熔岩、角砾熔岩、熔结角砾岩、自碎化角砾熔岩	气孔熔岩、凝灰熔岩、熔结凝灰岩
岩相/亚相	溢流相顶部亚相、爆发相溅落亚相	溢流相上部亚相、溢流相下部亚相	溢流相中部亚相、爆发相热碎屑流亚相	溢流相中部亚相	爆发相空落亚相	爆发相空落亚相、爆发相热碎屑流亚相、火山通道相	爆发相空落亚相、爆发相热碎屑流亚相	爆发相基浪亚相、爆发相热碎屑流亚相	气孔熔岩、角砾熔岩、火山角砾岩 溢流相顶部亚相、溢流相上部亚相、爆发相溅落亚相	溢流相上部亚相、爆发相溅落亚相、爆发相热碎屑流亚相、火山通道相	溢流相下部亚相、爆发相溅落亚相、爆发相热碎屑流亚相
孔隙形态	近圆形、椭圆形、棱角形	近圆形、椭圆形、棱角形	近圆形、椭圆形	近圆形	条带形、树枝型	棱角形、条带形、树枝形	棱角形、条带形	棱角形	近圆形、条带形、规则斑晶形	近椭圆形、棱角形、港湾形、规则斑晶形	规则斑晶形、弥散形
储集能力	强	较强	较弱	弱	强	较强	较弱	弱	强	强	较强
典型照片											

(2) 气孔的大小。火山岩气孔最大孔径可达300mm，但多为0.1~5mm，根据大小分为4种类型：①气孔型孔洞，发育于溢流相顶部亚相的气孔熔岩、爆发相溅落亚相的角砾熔岩中，孔隙间喉道以气孔收缩型粗喉道和裂缝型喉道为主；②大气孔，发育于溢流相上部、下部亚相，孔隙间喉道以气孔收缩型粗、中喉道和裂缝型喉道为主；③小气孔，多发育于溢流相中部亚相的致密熔岩、爆发相热碎屑流亚相的熔结碎屑岩中，孔隙间喉道以气孔收缩型中、细喉道和裂缝型喉道为主；④微孔，发育于溢流相中部亚相的致密熔岩中，孔隙间喉道以气孔收缩型微喉道和裂缝型喉道为主。XX气田火山熔岩总体上以大气孔为主，约占45%；小气孔次之，约占40%；气孔型孔洞和微孔发育程度相对较低，分别约占10%、5%。

(3) 气孔的储集能力。大气孔（包括气孔型孔洞）形成时熔浆内外压差大、挥发分逸散充分，因而气孔孔径大、发育程度高、储集能力强；而小气孔（包括微孔）形成时熔浆内外压差小、挥发分逸散不充分，因而气孔孔径小、发育程度低、储集能力弱。如表3—12所示，XX气田大气孔型储层的测井孔隙度、实验孔隙度和最大进汞饱和度都分别为6.16%，7.14%和68.02%，小气孔型储层的测井孔隙度、实验孔隙度和最大进汞饱和度分别为4.17%，5.56%和55.69%，大气孔型的储集能力相对较强；气孔型储层整体的储集能力中等。

表3—12 XX气田火山岩不同类型孔隙储集能力统计表

孔隙类型		测井孔隙度, %	实验孔隙度, %	最大进汞饱和度, %
气孔	大气孔（包括气孔型孔洞）	6.16	7.14	68.02
	小气孔（包括微孔）	4.17	5.56	55.69
粒间孔	大粒间孔（包括粒间孔洞）	5.35	5.87	69.81
	小粒间孔（包括基质微孔）	3.87	5.29	46.66
溶蚀孔	溶蚀孔（包括溶蚀孔洞）	8.63	9.62	76.06
	基质溶孔	5.31	6.96	65.49

2）粒间孔

粒间孔由火山碎屑堆积作用形成，发育于火山碎屑岩及熔结碎屑岩中，粒间孔的发育特征受爆发作用及火山碎屑大小等因素控制。

(1) 粒间孔的形态。火山碎屑磨圆差，粒间孔形态多不规则；分选较好时粒间孔为颗粒支撑的棱角形[图3—44(a)]，分选中等时形成多重颗粒支撑的条带形[图3—44(b)]，分选较差时表现为颗粒和基质共同支撑的复杂树枝状[图3—44(c)]。粒间孔形成后发生的次生矿物或表生矿物的胶结、充填作用使其形态进一步复杂化。一般情况下，棱角形和条带形粒间孔多发育于爆发相空落亚相的火山角砾岩、爆发相热碎屑流亚相的熔结角砾岩中；树枝形粒间孔多发育于爆发相空落亚相的凝灰质角砾岩或角砾凝灰岩中。XX气田火山碎屑岩储层粒间孔以棱角形为主，约占60%；树枝形约占25%；条带形相对较少，约占15%

(2) 粒间孔的大小。火山岩粒间孔最大孔径约50mm，但多为0.01~0.5mm，根据孔径大小细分为4种类型（表3—11）：①粒间孔洞。发育于爆发相空落亚相的火山集块岩、火山角砾岩中，孔间以粒间孔收缩型粗喉道和裂缝型喉道为主。②大粒间孔。多发育于爆发相空落亚相的火山角砾岩及热碎屑流亚相的熔结角砾岩、火山通道相的自碎角砾化熔岩中，孔间以粒间孔收缩型粗、中喉道和裂缝型喉道为主。③小粒间孔。发育于爆发相空落亚相的火山角砾岩及热碎屑流亚相的熔结角砾岩、熔结凝

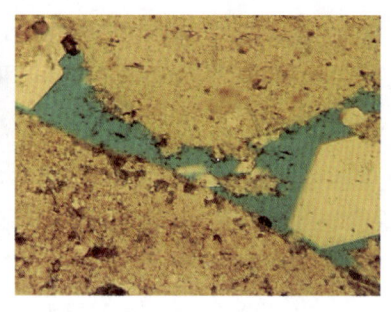

(a) 棱角形　　　　　　　　　(b) 条带形　　　　　　　　　(c) 复杂树枝状

图3-44　火山岩粒间孔形态特征

灰岩中，孔间以粒间孔收缩型中、细喉道和裂缝型喉道为主。④基质微孔。发育于爆发相热基浪亚相的晶屑凝灰岩和热碎屑流亚相的熔结凝灰岩中，孔间以粒间孔收缩型微喉道和裂缝型喉道为主。XX气田火山碎屑岩小粒间孔约占43%；基质微孔和大粒间孔分别占29%和22%；粒间孔洞仅约占6%。

(3) 粒间孔的储集能力。大粒间孔（包括粒间孔洞）多为角砾支撑，粒间孔孔径大、发育程度高、储集能力强；而小粒间孔（包括基质微孔）由小尺度角砾和基质支撑，粒间孔孔径小、发育程度较低、储集能力相对较弱。XX气田火山碎屑岩大粒间孔型储层的测井孔隙度、实验孔隙度和最大进汞饱和度分别为5.35%，5.87%和69.81%，小粒间孔型储层的测井孔隙度、实验孔隙度和最大进汞饱和度分别3.87%、5.29%和46.66%，大粒间孔型储层的储集能力相对较强；粒间孔型储层整体的储集能力相对较差。

3）溶蚀孔

溶蚀孔是指由溶蚀作用改造原生孔隙或重新形成的次生孔隙，发育于各种岩性岩相中，其发育程度与溶蚀强度及原有孔隙特征有关。

(1) 溶蚀孔的形态。溶蚀孔的形态通常继承了原有孔隙的形态并使其复杂化，重新生成的溶蚀孔形态受易溶组分性质、溶解作用强度控制：①强溶蚀作用全部溶蚀斑晶时，溶蚀孔为规则斑晶形[图3-45(a)]。②中等溶蚀作用局部溶解易溶组分时，溶蚀孔为复杂港湾形[图3-45(b)]。③弱溶蚀作用溶蚀部分火山灰时，溶蚀孔为更加复杂的弥散形[图3-45(c)]。规则斑晶形溶蚀孔发育含斑晶的凝灰岩和流纹岩中；复杂港湾形溶蚀孔广泛分布于火山熔岩和火山碎屑岩中；弥散形溶蚀孔发育于凝灰岩中。XX气田火山岩溶蚀孔以复杂港湾形最发育，约占50%；弥散形次之，约占35%；规则斑晶形相对较低，约占15%。

(a) 规则斑晶形　　　　　　　(b) 复杂港湾形　　　　　　　(c) 弥散形

图3-45　火山岩溶蚀孔形态特征

(2) 溶蚀孔的大小。溶蚀孔孔径主要介于0.01~10mm。最大孔径超过300mm，根据孔径大小可将溶蚀孔分为3种类型：①溶蚀孔洞。由大斑晶被全部溶蚀或大孔隙被溶蚀改造形成，多见于风化壳、高含CO_2区、火山通道及烃源疏导通道附近区域，多发育于溢流相顶部和上部亚相的气孔熔岩、爆发相溅落亚相的角砾熔岩、爆发相空落亚相的火山角砾岩，孔间以溶蚀型粗喉道和裂缝型喉道为主。②溶蚀孔。由大型斑晶部分溶蚀、小型斑晶全部溶蚀或小孔隙溶蚀改造形成，多发育于溢流相上部亚相的气孔熔岩、爆发相溅落亚相的角砾熔岩、热碎屑流亚相的熔结角砾岩、空落亚相的火山角砾岩及火山通道相的自碎角砾化熔岩中，孔间以溶蚀型中、细喉道和裂缝型喉道为主。③基质溶孔。由火山灰或火山尘中的易溶组分被溶蚀形成，多发育于溢流相下部亚相的气孔熔岩、爆发相溅落亚相的凝灰熔岩、热碎屑流亚相的熔结凝灰岩、热基浪亚相的晶屑凝灰岩和空落亚相的凝灰岩中，孔间以溶蚀型细、微喉道和裂缝型喉道为主。XX气田火山岩大溶蚀孔约占50%，小溶蚀孔约占32%，溶蚀孔洞和溶蚀微孔发育程度相对较低，分别约占10%和8%。

（3）溶蚀孔的储集能力。大溶蚀孔（包括溶蚀孔洞）形成于溢流相顶部、上部亚相和爆发相溅落、空落亚相，由于溶蚀作用强烈，溶蚀孔孔径大、发育程度高、储集能力强；基质溶孔（包括部分小溶蚀孔）形成于火山通道相、溢流相下部亚相和爆发相热碎屑流、热基浪亚相中，由于溶蚀作用较弱，溶蚀孔孔径小、发育程度低、储集能力弱。XX气田火山岩溶蚀孔型储层的测井孔隙度、实验孔隙度和最大进汞饱和度分别为8.63%、9.62%和76.06%，基质溶孔型储层的测井孔隙度、实验孔隙度和最大进汞饱和度分别为5.31%、6.96%和65.49%，溶蚀孔型储层整体的储集能力相对较强。

4）裂缝

裂缝由熔浆冷凝收缩、气液爆炸、构造运动、溶蚀及压溶作用形成，是火山岩储层重要的储集空间，其发育程度与火山喷发类型、熔浆冷凝速度及后期改造作用有关。

（1）裂缝类型。根据成因，火山岩裂缝可划分为原生缝和次生缝两大类，其中原生缝包括收缩缝和炸裂缝，次生缝包括构造缝、溶蚀缝和缝合缝（表3-13）；根据大小，火山岩裂缝可划分为大缝、中缝、小缝、微缝4种类型。

表3-13 XX气田火山岩储层裂缝类型及特征

裂缝类型		裂缝规模	缝宽 mm	比例 %	特征岩性	特征岩相	形态	储集能力
原生缝	收缩缝	微—中缝	各种尺寸	12	气孔熔岩	溢流相上部亚相、溢流相下部亚相、火山通道相	龟裂形、同心圆形	很弱
	炸裂缝	微—小缝	<0.1	8	晶屑凝灰岩、隐爆角砾岩	爆发相热基浪亚相、火山通道相隐爆角砾岩亚相	（平直、低弯度）线形、网形	很弱
次生缝	构造缝	小—大缝	>0.1	70	各类火山岩	各类岩相/亚相	平直—低弯度线形、条带形，呈组系发育	弱
	溶蚀缝	小—大缝	>0.1	5	各类火山岩	各类岩相/亚相	线形、条带形、网形	弱
	缝合缝	微缝	<0.1，基本闭合	5	火山角砾岩、晶屑凝灰岩	爆发相空落亚相、爆发相热基浪亚相	高弯度线形	无

（2）裂缝形态。火山岩裂缝形态与成因密切相关，单条裂缝通常表现为直线形、低弯度线形和高弯度线形（或锯齿形），储层裂缝总体表现为同心圆形、龟裂形和网形（图3-46）。不同类型裂缝形态不同：①收缩缝多为同心圆形和龟裂形，火山通道附近的柱状节理则表现为规则网形；②炸裂缝整体上为龟裂形和网形，单条裂缝则表现为平直—低弯度线形；③构造缝多为平直—低弯度线形或条带

形，呈组系发育；④溶蚀缝多表现为线形或条带；⑤缝合缝受岩层产状、构造应力、地层抗压能力等影响，多具锯齿形特征。火山岩储层构造缝占主导地位，裂缝形态以平直—低弯度线形最发育，XX气田该类型裂缝约占80%，龟裂形、网形约占12%，高弯度线形、同心圆形分别约占5%和3%。

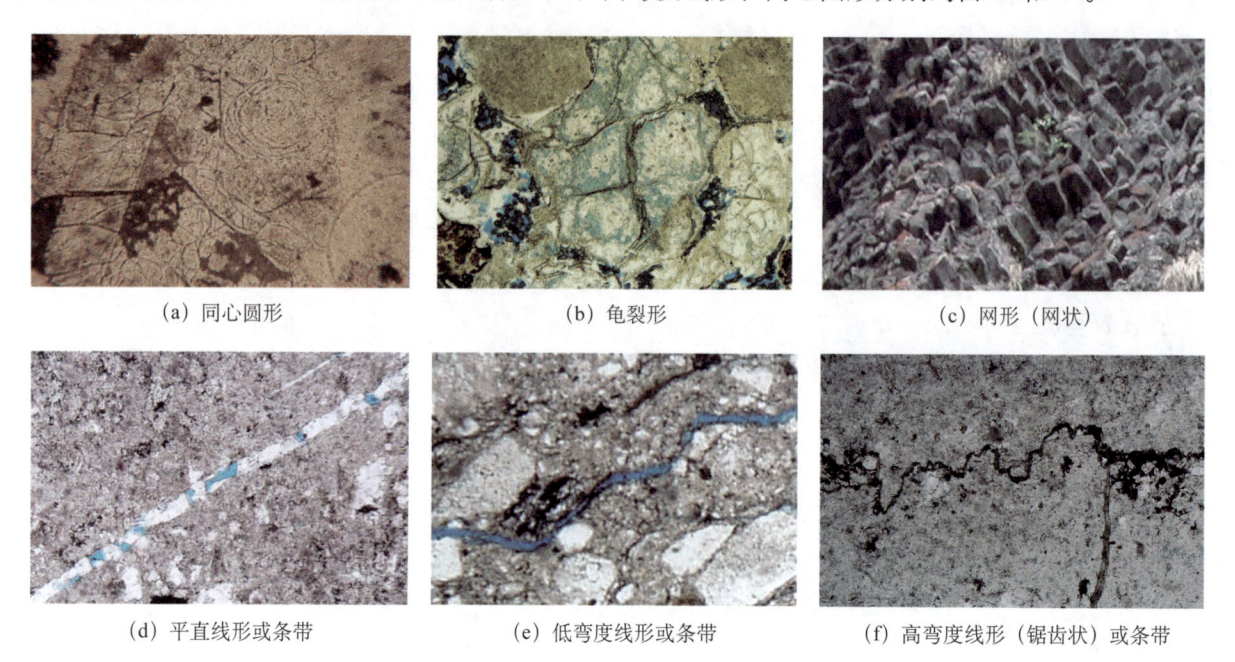

(a) 同心圆形　　(b) 龟裂形　　(c) 网形（网状）

(d) 平直线形或条带　　(e) 低弯度线形或条带　　(f) 高弯度线形（锯齿状）或条带

图3-46　火山岩储层裂缝形态特征

（3）裂缝规模。构造缝宽度大、延伸远，以小—大缝为主，裂缝规模大；溶蚀缝扩大了原有裂缝的规模，多为小—大缝；缝合缝延伸远，但多处于闭合状态；收缩缝和炸裂缝宽度小、延伸范围小，以微—小缝为主，火山通道附近收缩成因的柱状节理规模大，以中缝为主。火山岩裂缝宽度最大12.5mm，多分布于0.01~1mm，在地面以小缝为主，在地下则以微缝为主。以XX气田为例（表3-14），岩心上火山岩裂缝以小缝为主（约占78%），中缝次之（约占12%）；铸体薄片上火山岩裂缝以小缝最发育（约占50%），微缝次之（约占40%）；测井解释的火山岩裂缝中，微缝约占75%，小缝约占20%。

表3-14　XX气田火山岩气藏储层裂缝大小特征表

表征方法	最大缝宽 mm	主要区间 mm	不同大小裂缝所占百分比，%			
			大缝(>10mm)	中缝(1~10mm)	小缝(0.1~1mm)	微缝(<0.1mm)
岩心观察	12.5	0.1~1	4	12	78	6
铸体薄片	2	0.01~0.5	0	10	50	40
测井解释	1.5	0.005~0.05	0	5	20	75

（4）裂缝的储集能力。裂缝的储集能力远低于孔隙，XX气田岩心裂缝面孔率0.02%~2.7%，平均0.28%，约占总孔隙度的3.9%；测井解释的裂缝孔隙度为0.01%~1.9%，平均0.06%，约占总孔隙度的0.8%。在不同类型裂缝中，构造缝规模大、发育程度高、储集能力最强，溶蚀缝次之，收缩缝、炸裂缝则较弱，缝合缝多处于闭合状态，基本无储渗意义（图3-47）。

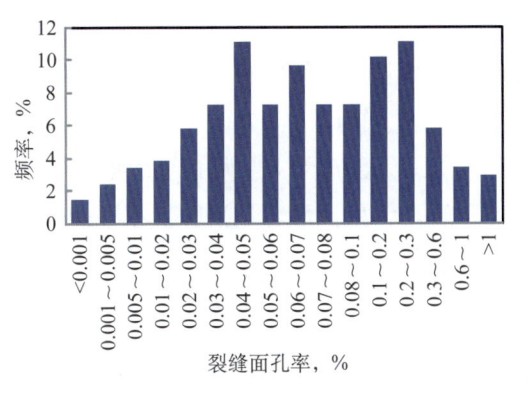

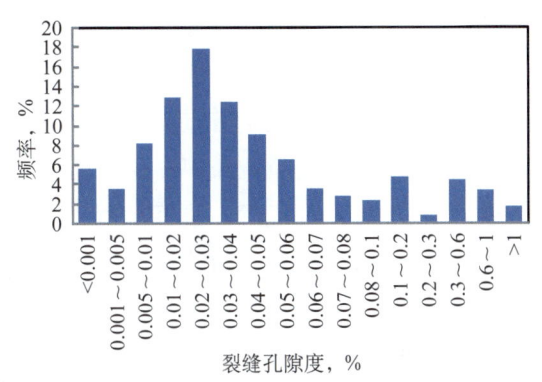

(a) 岩心描述裂缝面孔率分布图　　　　　　（b) 测井解释裂缝孔隙度分布图

图3-47　裂缝的储集能力

二、火山岩储层的渗流通道

1. 火山岩渗流通道的特点

与碎屑岩和碳酸盐岩储层相比，火山岩储层的渗流通道具有"成因复杂、形态多样、规模小、分布广、变化快、差异大"的特点，渗流特征更加复杂（表3-15）。

表3-15　不同储层类型渗流通道特征对比表

特征	岩石类型	火山岩	碎屑岩	碳酸盐岩
喉道类型	成因类型	孔隙收缩型、溶蚀型、裂缝型	孔隙收缩型、可变断面收缩型	粒间隙、晶间隙型、构造缝型、解理缝型
	形态分类	管状、不规则形、片状（粗短型、细短型、粗长型、细长型）	管束状、片状、弯片状	管状、片状（宽短型、狭长型、网格型）
	裂隙作用	重要的喉道和渗流通道	渗流通道之一	重要的喉道和渗流通道
	喉道大小	喉道半径小、分布范围广	喉道半径大、分布范围窄	喉道半径大、两级分化分布
渗流特征	孔喉配置关系	孔—洞—喉—缝组合关系复杂	孔喉组合关系相对简单	孔—洞—喉—缝组合关系较复杂
	渗流能力	总体较弱，变化快、差异大	总体较强，变化慢、差异小	总体较强，变化较快、差异大
典型图例		孔隙收缩型／溶蚀型／裂缝型		

1）喉道类型

火山岩喉道包括孔隙收缩型、溶蚀型和裂缝型，形态包括管状、片状和各种不规则形状，整体形态复杂，裂缝在火山岩储层中起着重要的沟通孔隙和渗流通道的作用。

碎屑岩喉道形成于孔隙间缩小部分及可变断面收缩部分，以管束状、片状和弯片状为主。

碳酸盐岩喉道包括粒间隙型、晶间隙型、构造缝型和解理缝型，形态包括管状和各种片状，裂缝也起着重要的连通孔隙和渗流通道的作用。

2）喉道大小

火山岩喉道半径范围范围广、差异大，平均值多小于1μm，整体较小。

碎屑岩喉道多分布于1~10μm，喉道规模总体较大，但分布范围相对较窄。

碳酸盐岩既有半径超过10μm的大喉道，也有无喉道的孤立孔隙，喉道规模总体较大，但呈现出两端元的分布态势。

3）渗流特征

火山岩储层发育各种类型的孔、洞、喉、缝，不同类型、不同尺度的储、渗介质组合关系非常复杂，渗流能力总体较弱且变化快、差异大。

碎屑岩储层孔、喉配置关系相对简单，储层的储渗能力总体较强且变化慢、差异小。

碳酸盐岩储层孔、洞、缝相对更发育，缝洞组合、孔喉组合相对较多，储层储渗能力总体较强且变化较快、差异较大。

2. 火山岩渗流通道分类

针对火山岩渗流通道的特殊性，根据成因、形态和规模特征，建立分类方案（表3-16）。

表3-16 火山岩气藏储层喉道分类及特征表

喉道类型			喉道特征			
成因分类	形态分类	规模分类		渗流能力	代表岩性	典型岩相
^	^	喉道半径 μm	长短 类型	^	^	^
基质喉道	孔隙收缩型	管状	≥0.25	长 粗长型	较强	火山集块岩、火山角砾岩	爆发相空落亚相
^	^	^	^	短 粗短型	强	气孔熔岩、火山角砾岩	溢流相上部亚相、爆发相空落亚相
^	^	^	<0.25	长 细长型	弱	火山角砾岩	爆发相空落亚相
^	^	^	^	短 细短型	较弱	气孔熔岩、熔结凝灰岩、晶屑凝灰岩	溢流相下部亚相、爆发相热碎屑流亚相、爆发相热基浪亚相
^	溶蚀型	不规则状	≥0.25	长 粗长型	较强	气孔熔岩、角砾熔岩、火山角砾岩	溢流相顶部亚相、爆发相溅落亚相、爆发相空落亚相
^	^	^	^	短 粗短型	强	气孔熔岩、熔结凝灰岩、晶屑凝灰岩	溢流相上部亚相、爆发相热碎屑流亚相、爆发相热基浪亚相
裂缝型喉道	构造缝	片状、呈组系线形	≥0.25	长 粗长型	强	各种火山岩	各种岩相
^	溶蚀缝	片状、龟裂形或线形	^	^	^	^	^
^	收缩缝 柱状节理	片状、龟裂形	<0.25	长 细长型	较强	火山熔岩	火山通道相
^	收缩缝 收缩缝	片状、同心圆形或龟裂形	^	^	^	火山熔岩	溢流相
^	炸裂缝	片状、平直—低弯度线形	^	^	^	火山碎屑岩、自碎角砾化熔岩	爆发相、火山通道相

1) 按成因分类

根据成因将火山岩储层喉道分为基质喉道和裂缝型喉道两大类，基质喉道进一步分为孔隙收缩型喉道和溶蚀型喉道两种基本类型。

（1）基质喉道。

①孔隙收缩型喉道：气孔或粒间孔之间由于孔隙缩小形成的喉道，主要发育于溢流相火山熔岩和爆发相火山碎屑岩的原生孔型储层中。气孔收缩型喉道由气孔缩小部分形成，或气孔之间由于次生矿物（如石英晶体等）充填缩小而形成；粒间孔收缩型喉道由火山碎屑颗粒经堆积、压实作用，导致孔隙收缩形成。

②溶蚀型喉道：火山岩的次生矿物或其他易溶组分经部分溶蚀而形成的喉道，可发育于各种火山岩的溶蚀型储层中。进一步分为两种类型：一是孔隙收缩型喉道中的易溶组分遭溶蚀，由原喉道改造而形成；二是基质中的易溶组分经部分溶蚀而生成新的喉道。

（2）裂缝型喉道。

微裂缝沟通孔隙而形成的喉道，发育于各种火山岩的裂缝—孔隙型或裂缝型储层中。可细分为冷凝收缩缝型、气液爆炸缝型、构造缝型和溶蚀缝型等类型。

2) 按形态分类

根据形态将火山岩喉道分为管状、不规则状和片状3种类型，其中管状喉道多为孔隙收缩成因，不规则状喉道则多见于溶蚀成因喉道，片状喉道则多发育于裂缝成因喉道。

3) 按大小分类

根据喉道半径将火山岩喉道分为粗喉道（$\geqslant 0.5\,\mu m$）、中喉道（$0.25\sim0.5\,\mu m$）、细喉道（$0.1\sim0.25\,\mu m$）和微喉道（$<0.1\,\mu m$）4种类型[37]；根据喉道长短分为长喉道和短喉道两种类型。

3. 火山岩渗流通道特征

在类型划分的基础上，采用铸体薄片鉴定、岩石孔渗测试、压汞分析等方法，评价火山岩不同类型喉道的形态、大小和渗流能力特征。

1) 喉道形态

（1）基质喉道。

①孔隙收缩型喉道。普遍具有管状形态特征。气孔缩小型喉道多具有粗短型和细短型管状、哑铃状外形[图3-48(a)]；晶体生长型喉道内壁粗糙、形态不规则，多为细长型管状、哑铃状外形[图3-48(b)]。粒间孔缩小型喉道多为粗长型和细长型管状、沙漏状外形[图3-48(c)和图3-48(d)]。在XX气田火山岩储层中，孔隙收缩型喉道以细短型为主，约占55%；粗短型次之，约占20%；细长型和粗长型相对较少，分别约占15%和10%。

(a) 粗短管状（流纹岩）　　(b) 细短管状（流纹岩）　　(c) 粗长管状（火山角砾岩）　　(d) 细长管状（火山角砾岩）

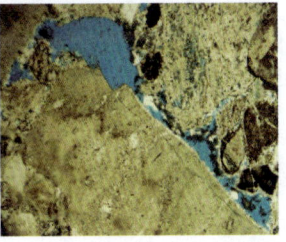

图3-48　火山岩孔隙收缩型喉道形态特征

②溶蚀型喉道。多为不规则管状，但若斑晶被全部溶蚀，喉道形态就变得规则。在两种溶蚀型喉道中，粗长型喉道多为沙漏状和哑铃状外形，粗短型喉道则具有树枝状、星点状外形（图3-49）。XX气田火山岩储层的溶蚀作用较弱，溶蚀型喉道多以粗短型星点状和树枝状为主，约占70%；粗长型沙漏状次之，约占30%。

(a) 粗长型（沙漏状）　　　(b) 粗短型（星点状）　　　(c) 粗短型（树枝状）

图3-49　火山岩储层溶蚀型喉道不规则形态特征

（2）裂缝型喉道。

普遍具有片状形态特征（图3-50），在大裂缝形成的粗长型喉道中，构造缝型喉道多为平直线形或条带形；溶蚀缝型喉道形态受原喉道形态控制，内壁粗糙、外部形态不规则；柱状节理缝型喉道在横截剖面上为龟裂形，纵向剖面上为线形；收缩缝型喉道具有同心圆形和龟裂形外形；炸裂缝型喉道多呈平直—低弯度线形。XX气田、DD气田火山岩的裂缝型喉道都以收缩缝型、炸裂缝型和构造缝型为主，溶蚀缝型相对较少。

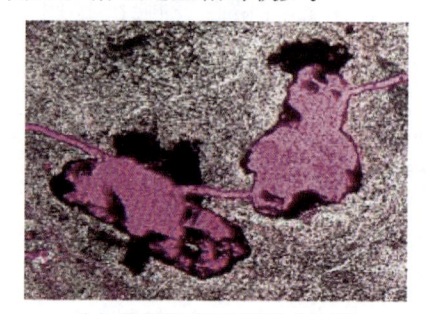

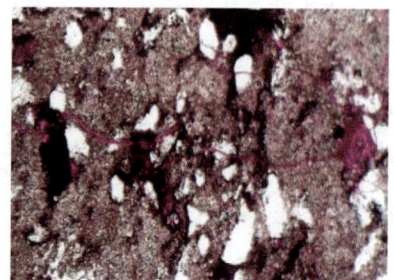

(a) 粗长型（平直线形或条带）　　　(b) 细长型（低弯度线形或条带）　　　(c) 细长型（龟裂状）

图3-50　火山岩储层裂缝型喉道形态特征

2）喉道大小

不同方法观测到的火山岩储层喉道大小不同（表3-17）。

（1）岩心观察：用于确定裂缝型喉道的规模大小及分布特征。XX气田裂缝型喉道半径最大3000μm，主要范围为30~300μm，平均150μm，属于大喉道。

（2）薄片鉴定：用于直接观测各种类型喉道的大小及分布。XX气田火山岩裂缝型喉道半径为0.5~15μm，溶蚀型喉道半径为0.2~6μm；孔隙收缩型喉道半径为0.1~4μm。

（3）压汞分析：用于定量表征火山岩基质不同类型喉道的大小及分布特征。以XX气田火山岩为例，其基质喉道半径主体为0.005~0.4μm，其中微喉道约占76.6%，小喉道约占18%，中喉道和大喉道发育程度低，分别约占4.9%、0.5%（表3-17）。其中的孔隙收缩型喉道最大半径约0.38μm，主要分布于0.008~0.2μm，平均0.06μm；按大小以微喉道为主，约占83.9%，小喉道次之，约占13.4%；中喉道较少，约占2.7%；大喉不发育。溶蚀型喉道最大半径约0.64μm，主要分布于0.01~0.4μm，平均

0.11μm；按大小以微喉道为主，约占57.9%；小喉道次之，约占29.8%；中喉道和大喉道较少，分别约占10.5%、1.8%。

表3–17　XX气田火山岩气藏储层喉道大小统计表

表征方法	孔隙收缩型喉道半径，μm			溶蚀型喉道半径，μm			裂缝型喉道半径，μm		
	最大	主要区间	平均值	最大	主要区间	平均值	最大	主要区间	平均值
岩心观察	—	—	—	—	—	—	3000	30～300	150
铸体薄片	—	0.1～4	1.5	—	0.1～6	—	—	0.5～15	—
压汞实验	0.38	0.008～0.2	0.06	0.64	0.01～0.4	0.11	—	—	—
测井解释	—	—	—	—	—	—	750	2.5～25	14

（4）恒速压汞分析：根据准静态进汞过程中产生的压力降落识别孔隙和喉道，表征喉道半径分布及不同尺度喉道控制的孔隙体积等微观孔隙结构参数。如XX气田火山岩，其基质喉道半径最大5.4μm，主要分布于0.16～1.2μm，平均0.6μm；按大小划分以中喉为主，约占41.7%；小喉次之，约占33.3%；大喉较少，约占25%；微喉不发育（图3–51）。

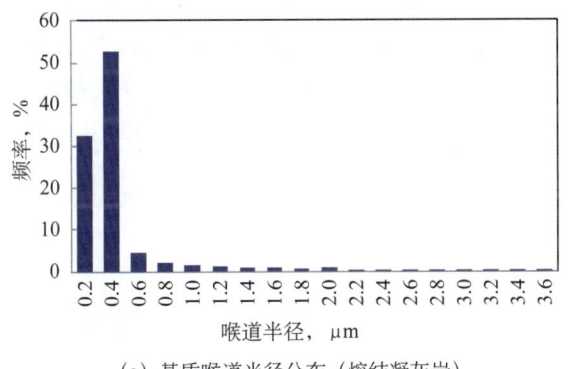

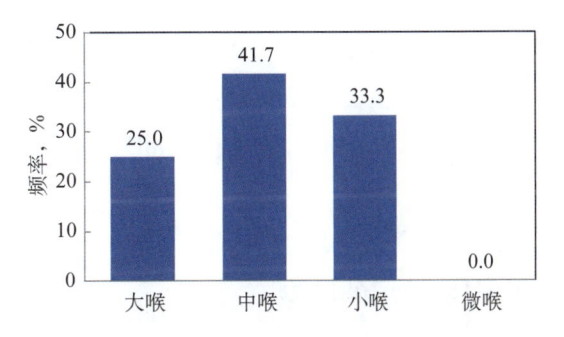

(a) 基质喉道半径分布（熔结凝灰岩）　　(b) 基质喉道大小类型

图3–51　恒速压汞资料确定火山岩储层基质喉道大小特征（XX气田）

（5）测井解释，利用FMI成像测井和常规双侧向测井计算裂缝宽度，评价裂缝型喉道的大小特征。在XX气田火山岩储层中，测井解释的裂缝型喉道半径最大为750μm，主要分布于2.5～25μm，平均14μm，全部属于大喉道（表3–17）。

因此，火山岩储层喉道半径整体分布范围大，从大喉道到微喉道均有发育；其中基质喉道半径小，以微喉道和小喉道为主，但溶蚀型喉道半径普遍大于孔隙收缩型的；裂缝型喉道半径远大于基质喉道半径，裂缝对火山岩储层渗流能力有重要贡献。

3）喉道的渗流能力

（1）基质喉道的渗流能力。用基质渗透率、排驱压力等参数来评价喉道的渗流能力。如表3–18所示，火山岩基质渗透率最大17.3mD，主要分布于0.02～0.2mD，平均0.15mD；排驱压力主要分布于0.2～27.7MPa，平均9.77MPa，具有多峰分布特征，说明火山岩储层渗流能力变化大。在两种成因类型中，孔隙收缩型喉道的基质渗透率和排驱压力分别为0.08mD和10.57MPa，溶蚀型喉道的基质渗透率和排驱压力分别为0.28mD和8.06MPa，溶蚀型喉道渗流能力相对较强。在4种形态类型中，粗短型、粗长型、细长型和细短型喉道的基质渗透率分别为0.12mD，0.11mD，0.05mD和0.03mD，排驱压力分别为9.16MPa，9.86MPa，12.31MPa和16.17MPa；渗流能力以粗短型最好，粗长型次之，细短型最差。

表3-18 XX气田火山岩气藏基质喉道渗流能力评价表

喉道类型		特征岩相	典型岩性	基质渗透率，mD	排驱压力，MPa
孔隙收缩型喉道	粗短型	溢流相上部亚相	气孔熔岩	0.124	9.16
	粗长型	爆发相空落亚相	火山角砾岩	0.108	9.86
	细长型	爆发相空落亚相	熔结角砾岩	0.048	12.31
	细短型	溢流相下部亚相、爆发相热基浪亚相	小气孔细晶熔岩、晶屑凝灰岩	0.032	16.17
	合计	溢流相、爆发相	火山熔岩、火山碎屑岩	0.08	10.57
溶蚀型喉道		各种岩相	各种岩性	0.28	8.06
基质喉道		各种岩相	各种岩性	0.15	9.77

（2）裂缝型喉道的渗流能力。在不同的裂缝型喉道中，构造缝型喉道和柱状节理缝型喉道宽度大、延伸远、渗流能力强；溶蚀缝型喉道扩大了原有裂缝的宽度和延伸距离，增强了渗流能力；收缩缝和炸裂缝型喉道宽度较小、延伸距离短、渗流能力相对较差；缝合缝型喉道多处于闭合状态，渗流能力最差。以XX气田为例，用裂缝喉道半径和裂缝渗透率表征裂缝型喉道的渗流能力：①岩心观察的裂缝型喉道半径主要分布于30~300μm，平均150μm，为基质喉道半径的2000倍以上；②测井解释的裂缝型喉道半径主要分布于2.5~25μm，平均14μm，是基质喉道半径的20~200倍；③裂缝渗透率主要分布于0.02~59.65mD，平均2.18mD，是基质渗透率的30倍左右；说明裂缝型喉道是火山岩储层重要的渗流通道。

三、火山岩储层的储渗模式

1. 火山岩储层储渗模式分类

储渗模式是储集空间与渗流通道的组合模式，它影响储层的储集、渗流能力和气井的产能大小[37]。根据火山岩储集空间和渗流通道的类型、特征以及储层中孔、喉、缝的组合方式，建立火山岩储层的储渗模式，将其划分为两大类8种类型（表3-19）。

1）单一型储渗模式

单一型储渗模式是指储集空间类型单一、渗流通道与储集空间有成因联系的储集渗流模式，火山岩储层的单一储渗模式包括4种类型：

（1）气孔型储渗模式。其储集空间以孔径较大、呈串珠状分布的气孔为主，渗流通道以气孔收缩成因的粗短型喉道为主，裂缝发育程度低；该类型储渗模式主要发育于溢流相顶部和上部亚相的气孔熔岩中，以SS2-1为代表。

（2）粒间孔型储渗模式。储集空间以孔径较大的粒间孔为主，渗流通道以粒间孔收缩型喉道为主，形态包括粗长型、粗短型、细长型和细短型，裂缝发育程度低；主要发育于爆发相空落亚相的火山角砾岩和热碎屑流亚相的熔结角砾岩中，以XX1区块为代表。

（3）微孔型储渗模式。储集空间以孔径较小的基质微孔为主，渗流通道以基质微孔收缩成因的细短型喉道为主，裂缝发育程度低；主要发育于爆发相热碎屑流亚相的熔结凝灰岩和热基浪亚相的晶屑凝灰岩中，以XX1区块为代表。

表3-19 火山岩储层储渗模式分类表

储渗模式类型		微观结构特征			岩性岩相特征			典型岩心	模式图
	孔隙类型	喉道类型	裂缝发育特征	岩性	岩性岩相特征	代表区块			
单一型储渗模式	气孔型	气孔	孔隙收缩型	发育程度低	气孔熔岩	溢流相顶部亚相、溢流相上部亚相	SS2-1		
	粒间孔型	粒间孔	孔隙收缩型	发育程度低	火山角砾岩、熔结角砾岩	爆发相空落亚相、爆发相热碎屑流亚相	XX1		
	微孔型	基质微孔	孔隙收缩型	发育程度低	晶屑凝灰岩、熔结凝灰岩	爆发相热碎屑流亚相、爆发相热基浪亚相	XX1		
	裂缝型	零星气孔	裂缝型	构造缝、收缩缝、炸裂缝	致密火山岩	溢流相下部亚相、溢流相中部亚相、爆发相热基浪亚相	XX9、XX231		
组合型储渗模式	裂缝—气孔型	气孔	孔隙收缩型	构造缝、收缩缝	气孔熔岩、角砾熔岩	溢流相顶部亚相、溢流相上部亚相、爆发相溅落亚相	XX8、XX9、CC1、XX21		
	裂缝—粒间孔型	粒间孔	孔隙收缩型、裂缝型	构造缝	火山角砾岩、熔结角砾岩	爆发相空落亚相、爆发相热碎屑流亚相	XX1、XX21		
	裂缝—微孔型	基质微孔	孔隙收缩型、裂缝型	构造缝、炸裂缝	熔结凝灰岩、晶屑凝灰岩	爆发相热碎屑流亚相、爆发相热基浪亚相	XX1		
	裂缝—溶孔型	原生孔隙及溶孔	溶蚀型、裂缝型	构造缝、溶蚀缝、收缩缝、炸裂缝	各种火山岩	各种岩相	XX8、CC1、XX28		

(4) 裂缝型储渗模式。储集空间包括零星分布的小气孔、微气孔、基质微孔以及构造缝和收缩缝，渗流通道以裂缝型粗长和细长喉道为主；主要发育于溢流相下部亚相和中部亚相、爆发相热基浪亚相的致密火山岩中，以XX9, XX231等区块为代表。

2) 组合型储渗模式

组合型储渗模式是指以各种孔隙为储集空间、以基质喉道和裂缝型喉道为渗流通道的相对复杂的储集渗流模式，火山岩储层的组合储渗模式包括4种类型：

(1) 裂缝—气孔型储渗模式。储集空间以孔径较大的气孔为主，渗流通道则以气孔收缩型和裂缝型喉道为主，裂缝包括构造缝和收缩缝，发育程度高；该模式主要发育于溢流相顶部亚相和上部亚相的气孔熔岩中，以CC1, XX8等区块为代表。

(2) 裂缝—粒间孔型储渗模式。储集空间以孔径较大的粒间孔为主，渗流通道包括粒间孔收缩型和裂缝型，裂缝以构造缝为主，发育程度高；该模式主要发育于爆发相空落亚相的火山角砾岩和热碎屑流亚相的熔结角砾岩中，以XX21, XX1区块为代表。

(3) 裂缝—微孔型储渗模式。储集空间以孔径较小的基质微孔为主，渗流通道包括基质微孔收缩型和裂缝型，裂缝以构造缝和炸裂缝为主，发育程度高；该模式多发育于爆发相热碎屑流亚相的熔结凝灰岩和热基浪亚相的晶屑凝灰岩中，以XX1, XX3区块为代表。

(4) 裂缝—溶蚀孔型储渗模式。储集空间以各种孔径的溶蚀孔为主，渗流通道包括溶蚀型和裂缝型，裂缝包括溶蚀缝、构造缝、收缩缝和炸裂缝，发育程度高；该模式可发育于各种岩相的火山岩中，以CC1, XX28区块为代表。

2. 火山岩储层模式特征

在储渗模式分类的基础上，采用孔隙度、渗透率、探测半径、无阻流量等参数表征不同类型储渗模式的储集能力、渗流能力和产能特征（表3-20），揭示储渗模式对气藏生产动态的影响，为火山岩气藏渗流机理、开发模型和开发技术政策研究奠定基础。

1) 气孔型储渗模式

该模式储层具有较强的储集能力和中等渗流能力，通常具有一定自然产能或能获得压后高产，其稳产能力也较强。该模式的储集能力受气孔大小及发育程度、储层连续性等因素影响，渗流能力受气孔收缩型喉道粗细和孔喉配置关系控制。因此，从溢流相中部亚相到下部亚相再到上部和顶部亚相，由于挥发分逸散作用逐步变得更加充分，气孔发育程度增高、气孔间连通性变好，储层的储集、流渗能力增强，气井产能和稳产能力也逐渐增强。

以XSS2-1井93号层为例，该井产层段为溢流相顶部亚相的气孔流纹岩，岩心上可见串珠状分布的大气孔，气孔间连通性好，裂缝不发育，属于典型的气孔型储渗模式。该层平均有效孔隙度13.2%、渗透率0.74mD，试井解释的内区探测半径为980m；试气获自然产能$15.1 \times 10^4 m^3/d$，试采产量为$12.15 \times 10^4 m^3/d$，无阻流量达$40.93 \times 10^4 m^3/d$；投产后以$9 \times 10^4 \sim 15.7 \times 10^4 m^3/d$的产量稳定生产，压力下降慢，单位压降的采气量达到$1139 \times 10^4 m^3/MPa$；截至2013年，累计产气$0.6 \times 10^8 m^3$，预计稳产10a。

2) 裂缝—气孔型储渗模式

该模式储层整体具有较强的储集能力和渗流能力，其储集能力主要受气孔大小及发育程度、储层连续性影响，渗流能力则受裂缝发育程度和孔缝配置关系控制。由于裂缝改善了储层的渗流能力，增大了储层的连通范围，因此，在相同基岩条件下，裂缝—气孔型储渗模式的储集、渗流能力、产能要

表3-20 火山岩储层储渗模式特征表

储渗模式分类		储集特征		渗流特征		产能特征				稳产特征			典型井层	
	储集能力	典型井特征		渗流能力	典型井特征	产能特征	典型井特征			稳产能力	典型井特征		井名及层号	生产曲线
		有效孔隙度, %	探测半径, m		总渗透率, mD		试气产量 $10^4 m^3$	试采产量, $10^4 m^3$	无阻产量, $10^4 m^3$		单位压降采气量, $10^4 m^3$/MPa	预期稳产时间, a		
单一模式														
气孔型	高	13.2	980	中	0.74	自然产能压后高产	15.1(自然)	12.15	40.93	强	1139	10	XSS2-1井93号层	
粒间孔型	中	11.5	530	中—低	0.52	中产—低产	11.35(自然)	8.10	20.6	中低	593.2	6	DD1415井42、43号层	
微孔型	中低	5.87	213.5	低	0.08	压后低产	0.28(自然); 12.86(压裂)	6.4	19.49	弱	—	3	XX1-4井129号层	
裂缝型	低	1.44	426	高	8.09	自然高产, 递减快	223号层: 3.0(自然); 40.76(压裂)	12.02	55.18	弱	448.7	4	XX21井224号层	

续表

储渗模式分类	储集特征 储集能力	储集特征 典型井特征 有效孔隙度,%	储集特征 典型井特征 探测半径,m	渗流特征 渗流能力	渗流特征 典型井特征 总渗透率,mD	产能特征 产能特征	产能特征 典型井特征 试气产量 $10^4 m^3$	产能特征 典型井特征 试采产量,$10^4 m^3$	产能特征 典型井特征 无阻产量,$10^4 m^3$	稳产特征 稳产能力	稳产特征 典型井特征 单位压降采气量,$10^4 m^3/MPa$	稳产特征 典型井特征 预期稳产时间,a	典型井层 井名及层号	典型井层 生产曲线
裂缝—气孔型	高	6.3	480	中高	1.19	自然中产—压后高产	20.9(压裂)	5.24	23.16	中高	186.3	4	XX9井 59Ⅱ, 60Ⅳ号层	
裂缝—粒间孔型	中	8.6	205	中高	3.71	压后高产—中产	53(压裂)	14.07	118	强	930	7	XX1井 150号层	
裂缝—微孔型	中低	6.31	183	中	0.42	压后高产—中产	0.17(自然); 9.7(压裂)	7.6	11.24	弱	—	—	XX6—107井 141Ⅱ号层	
裂缝—溶蚀孔型	高	16.7	630	中高	25.2	压后高产—中产	22.6(自然)	10.11	43.81	强	1293	6	XX8井 74XI号层	

组合模式

强于纯气孔型储渗模式。

XX9井59Ⅱ~60Ⅳ号层为溢流相上部亚相的气孔流纹岩，岩心上可见均匀分布的小气孔，发育构造缝和收缩缝，为气孔储、缝喉渗的裂缝—气孔型储渗模式。该层有效孔隙度6.3%、渗透率1.19mD、探测半径480m；试气后获自然产能$0.05\times10^4\text{m}^3/\text{d}$，压裂后达到$20.9\times10^4\text{m}^3/\text{d}$，无阻流量$23.16\times10^4\text{m}^3/\text{d}$；投产后稳定产量约$6\times10^4\text{m}^3/\text{d}$，压力下降快但关井后恢复也较快，单位压降的采气量为$186.3\times10^4\text{m}^3/\text{MPa}$，截至2013年，累计产气$0.3\times10^8\text{m}^3/\text{d}$，预计稳产4a。

3）粒间孔型储渗模式

与气孔型储渗模式相比，粒间孔型储渗模式抗压实能力弱，在深埋藏条件下其储集、渗流能力都弱于气孔型，多为压后中产—低产，稳产能力较低。该模式的储渗能力受碎屑颗粒大小、分选、堆积方式和压实作用等影响大，碎屑颗粒越小、分选越差、压实作用越强，则储渗能力就越弱，爆发相内部，从溅落、空落到热碎屑流和热基浪，储、渗能力逐步减弱。

DD1415井42—43号层为爆发相空落亚相的凝灰质角砾岩储层，储集空间以粒间孔为主，裂缝不发育，属于典型的粒间孔储、喉道渗的粒间孔型储渗模式。该层平均有效孔隙度为11.5%、渗透率0.52mD、探测半径530m；试气后获自然产能$11.35\times10^4\text{m}^3/\text{d}$，无阻流量$20.6\times10^4\text{m}^3/\text{d}$；投产后以$8.10\times10^4\text{m}^3/\text{d}$的产量稳定生产，压力下降较快，单位压降产气量为$593.2\times10^4\text{m}^3/\text{MPa}$，截至2013年，累计产气$0.95\times10^8\text{m}^3/\text{d}$，预计稳产6a。

4）裂缝—粒间孔型储渗模式

相同条件下，裂缝—粒间孔型储渗模式的储集、渗流能力强于粒间孔型，因此具有中等储集能力、中高渗流能力，其动态特征表现为压后中产—高产，稳产能力较强。

XX1井150号层为爆发相空落亚相的火山角砾岩储层，储集空间以中等孔径的粒间孔为主，裂缝以构造缝、炸裂缝为主，属于典型的裂缝—粒间孔型储渗模式。该层平均孔隙度8.6%、渗透率3.7mD、探测半径205m；压裂后试气产量$53\times10^4\text{m}^3/\text{d}$，试采产量$14\times10^4\text{m}^3/\text{d}$，无阻流量$118\times10^4\text{m}^3/\text{d}$；投产后以$12\times10^4$~$24\times10^4\text{m}^3/\text{d}$的产量生产，压力缓慢递减，单位压降采气量高达$930\times10^4\text{m}^3/\text{MPa}$；截至2013年，累计产气$2.5\times10^8\text{m}^3/\text{d}$，预计稳产年限为7a。

5）微孔型储渗模式

由于孔喉小，该模式储集、渗流能力差，气井多表现为压后中产—低产，稳产能力差。

XX1-4井129号层为爆发相热基浪亚相的流纹质含角砾晶屑凝灰岩储层，储集空间以基质微孔为主，裂缝不发育，属于微孔型储渗模式。该层平均有效孔隙度5.87%、渗透率0.08mD、探测半径213.5m；试气后自然产能$0.28\times10^4\text{m}^3/\text{d}$，压裂试气产量$12.64\times10^4\text{m}^3/\text{d}$，试采产量$6.4\times10^4\text{m}^3/\text{d}$，无阻流量$19.49\times10^4\text{m}^3/\text{d}$；投产后以$3.4\times10^4$~$6.43\times10^4\text{m}^3/\text{d}$的产量间开生产，开井压力递减快但关井后恢复缓慢，表明其稳产能力弱；截至2013年，累计产气$0.12\times10^8\text{m}^3$。

6）裂缝—微孔型储渗模式

裂缝改善了储层的渗流能力，增大了连通范围，相同条件下裂缝—微孔型储渗模式的储集、渗流能力强于微孔型，气井多具有压后中、高产特征，稳产能力弱。

XX6-107井141Ⅰ号层为爆发相热基浪亚相的流纹质含角砾晶屑凝灰岩储层，储集空间以基质微孔为主，发育构造缝和炸裂缝，属于裂缝—微孔型储渗模式。该层平均有效孔隙度6.31%、渗透率0.42mD、探测半径183m；试气获自然产能$0.17\times10^4\text{m}^3/\text{d}$，压裂后试气产能达到$9.7\times10^4\text{m}^3/\text{d}$，试采产能为$7.6\times10^4\text{m}^3/\text{d}$，无阻流量为$11.24\times10^4\text{m}^3/\text{d}$；该井目前间开生产，开井后压力递减快但关井后恢复缓慢，表明其供气能力不足、稳产能力弱。

7）裂缝—溶蚀孔型储渗模式

溶蚀作用增大了孔、喉半径和裂缝宽度，从而增强储层的储集、渗流能力和连通范围，因此裂缝—溶孔型储渗模式的储渗能力多强于原生孔缝型，其气井产能多为自然高产，稳产能力较强。该模式的储集能力取决于原生孔隙发育特征和溶蚀程度，渗流能力取决于裂缝类型及发育程度、溶蚀型喉道粗细以及孔喉缝配置关系。

X8井74XI号层为火山通道相火山颈亚相的角砾熔岩储层，岩心上可见溶蚀孔及构造缝、收缩缝和溶蚀缝，属于典型的裂缝—溶孔型储渗模式。该层平均有效孔隙度16.7%、渗透率25.2mD、探测半径630m；试气获自然产能$22.6\times10^4m^3/d$，无阻流量为$43.81\times10^4m^3/d$；试采产量为$10\times10^4\sim15\times10^4m^3/d$，单位压降的采气量高达$1293\times10^4m^3/MPa$；截至2013年，累计产气$0.12\times10^8m^3/d$，预计稳产年限为6a。

8）裂缝型储渗模式

该模式基质孔隙发育程度低，储集空间和渗流通道都以裂缝为主，因此储集能力差但渗流能力强，储层在打开初期有较高产能，但递减快、稳产难，多通过打开上下储层综合开发。

XX21井224号层为溢流相中部亚相的致密流纹岩，气孔不发育，但构造缝和收缩缝发育，属于典型的裂缝型储渗模式。该层平均有效孔隙度只有1.44%、渗透率为8.09mD，属于低孔高渗储层。该层未试气，其上部邻层223号层试气获自然产能$3.0\times10^4m^3/d$，压裂后产能上升为$41.96\times10^4m^3/d$，无阻流量为$55.18\times10^4m^3/d$，试采产量稳定在$12.02\times10^4m^3/d$；该层压力递减较快，关井后迅速回升，之后缓慢递增并逐渐趋于稳定。分析认为，223号层初期产能有一部分由224号的裂缝贡献，其快速递减符合裂缝型储渗模式的产能特征。

综上所述，在8种储渗模式中，总体以裂缝—溶孔型储渗模式的储渗能力最强、自然产能最高、稳产能力最好，气孔型、裂缝—气孔型和裂缝—粒间孔型次之，微孔型最差。

第五节　火山岩有效储层特征

储层的有效性本质上取决于其内部储集空间及渗流通道的类型、发育程度和配置关系，在宏观静态上表现为具有较好的物性、孔隙结构和电性特征，在动态上则表现为具有一定工业价值的产量特征。针对火山岩气藏的特点，在定义其有效储层概念的基础上，从储层开发的经济性和工业价值出发，利用相应的产量约束建立有效储层下限和分类标准，揭示不同类型火山岩有效储层的物性、孔隙结构、电性和产量等静、动态特征。

一、火山岩有效储层的概念及评价思路

1. 火山岩有效储层的概念

赵澄林、李文浩、王艳忠、张春等人[38-41]将有效储层定义为能够储集流体并使其中流体能够流动，且在现有工艺技术条件下能够产出具有工业价值液（气）量的储集层。由此可以看出，界定储层是否有效关键在两个方面：一是储层本身的储渗特性，包括岩石的储集特征、流体类型及其在岩石中的渗流特征；二是在现有技术开发是否具有经济效益，包括流体的工业价值、现有开发技术的可行性

和开发经济效益。

火山岩有效储层的概念与沉积岩有效储层类似，但考虑到火山岩的特殊成因及其储层的强非均质性，从提高开发效益的角度，定义两种类型有效储层：一类为常规火山岩有效储层，是指基于常规气藏开发理念和模式，采用常规开发技术能产出具有经济效益和工业价值天然气的火山岩储层；另一类是致密火山岩有效储层，是指根据非常规天然气开发理念，采用体积压裂技术能产出具有经济效益和工业价值天然气的火山岩储集层。

2. 火山岩有效储层评价思路

针对火山岩有效储层的特殊性和目前常规、非常规开发技术的应用现状，建立火山岩有效储层评价思路（图3-52）：

（1）根据单井成本费用和公司基准收益率确定气藏开发的经济极限和期初最低工业气流、累计最低产气量，进而采用静动态结合方法确定有效储层的物性、孔隙结构下限，采用岩心刻度测井方法确定有效储层的声波传播、导电性、岩石密度等电性下限。

（2）考虑一定的内部收益率，根据单井期初工业气流特征划分有效储层类型，静动态结合建立有效储层分类的物性、孔隙结构和电性标准，评价不同类型有效储层特征。

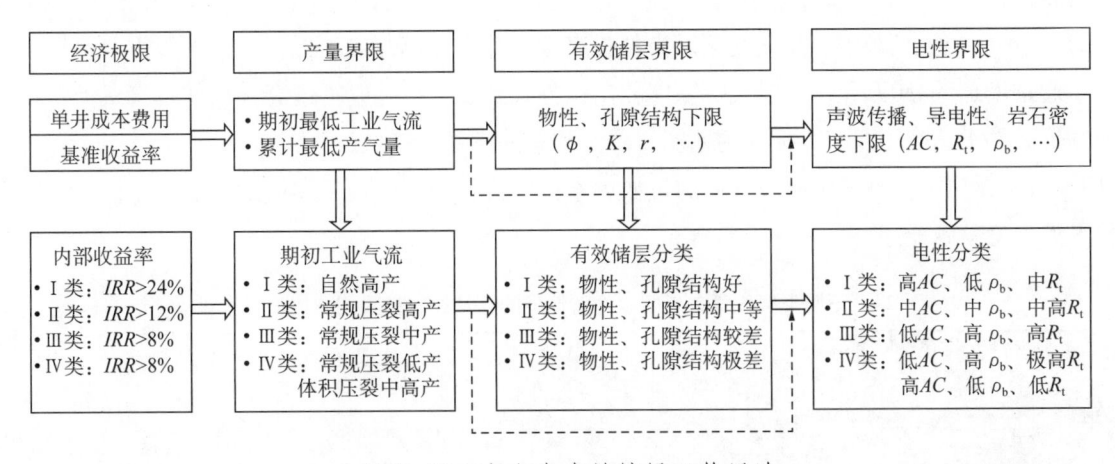

图3-52 火山岩有效储层评价思路

二、火山岩气藏有效储层下限

有效储层下限是储层与非储层的界限，受储层参数、单井产量和经济效益等因素影响。针对不同类型火山岩气藏的特点和单井成本费用情况，根据公司基准收益率确定期初最低工业气流和累积最低产气量，以此为依据划分储层和非储层，综合利用试气试采、室内实验和测井曲线等静动态资料，建立火山岩有效储层的物性、孔隙结构和电性下限标准。

1. 经济极限工业气流标准

根据开发全生命周期现金流平衡原理，确定期初经济工业气流的计算表达式如下：

$$\sum_{t=1}^{n}\frac{PQ_0[1-D(t)]I-(INV+YC+YT)_t}{(1+i_c)^t}=0 \tag{3-3}$$

式中　P——气价（不含增值税），元/10^3m³；

　　　Q_0——期初经济工业气流，10^4m³/d；

　　　$D(t)$——产量递减率函数，%；

　　　I——天然气商品率，无量纲；

　　　INV——年建设投资，万元；

　　　YC——年操作成本费用，万元；

　　　t——评价年限；

　　　YT——年气税费（按当前规定税率计算的各种税费），万元。

XX气田2008年投入开发，以直井为主，该气田平均井深约3800m，自然投产方式下单井直井投资约4550万元，常规压列方式下约为5000万元，体积压裂方式下约为5600万元；天然气税费85元/10^3m³；操作成本费用110元/10^3m³，贷款年利率4.5%。采用衰竭式开采，评价期为20a，高效气藏、低效气藏和致密气藏的稳产年限分别取9a、5.5a和2.5a，递减期的递减率按8%计算，不同类型气藏在不同气价条件下的经济极限工业气流标准如表3-21，从表3-21中可以看出：

（1）单井成本控制气藏开发的经济效益，单井成本越低，气藏达到工业气流标准的期初日产量和累计产量就越低。

（2）在不同类型气藏中，高效气藏以自然投产方式开发，单井成本低；低效气藏需要常规压裂，单井成本通常增加约450万元；致密气藏以体积压裂方式开发，单井成本最高；因此，气藏类型越好，在相同气价条件下达到工业气流标准的期初日产量和累计产量就越低。

（3）气价是影响气藏开发经济效益的重要因素，气价越高，气藏开发达到工业气流标准的期初日产量和累计产量就越低。

表3-21　不同类型气藏在不同气价条件下的直井经济极限工业气流标准表

气藏类型	投产方式	单井成本，万元				不同气价对应的工业气流下限标准					
		构成			合计	期初日产量，10^4m³			累计产量，10^8m³		
			钻井	压裂及试油	地面		1.49元/m³	2.69元/m³	3.7元/m³	1.49元/m³	2.69元/m³	3.7元/m³
高效气藏	自然投产	3200	150	1200	4550	1.42	0.76	0.54	0.68	0.36	0.26
					2000	5350	1.67	0.89	0.64	0.8	0.42	0.3
低效气藏	常规压裂		600	1200	5000	1.72	0.92	0.66	0.72	0.38	0.27
					2000	5800	2	1.06	0.76	0.83	0.44	0.32
致密气藏	体积压裂		1200	1200	5600	2.24	1.19	0.85	0.79	0.42	0.3
					2000	6400	2.56	1.36	0.97	0.9	0.48	0.34

2. 物性和含气性下限标准

在经济极限工业气流标准的约束下，利用试气、试采等动态资料，分析、对比工业气层与非工业气层的物性和含气性特征，确定不同开采技术条件下的有效储层物性和含气性下限标准。图3-53是XX21低效火山岩气藏的应用实例，从图3-53中可以看出：（1）该气藏有效储层的物性下限为$\phi \geqslant 4\%$，$K \geqslant 0.1$mD；（2）含气性下限为$S_g \geqslant 40\%$。

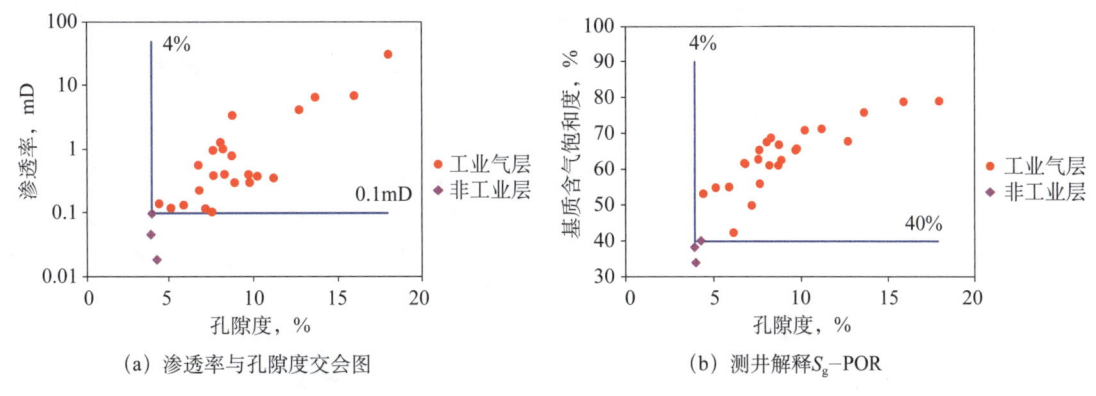

(a) 渗透率与孔隙度交会图　　(b) 测井解释S_g-POR

图3-53　经济极限工业气流标准约束下的有效储层物性和含气性下限（XX21）

3. 孔隙结构下限标准

采用两种方法确定孔隙结构下限：

（1）最小有效孔喉法。

最小有效孔喉法也称束缚水膜厚度法，该方法认为亲水岩石的孔隙和喉道壁上有一层吸附得很牢固的束缚水膜，喉道水膜厚度与天然气运动直径一半之和就是储层产气的喉道半径下限，根据实验数据确定的火山岩气藏有效储层喉道半径下限为0.01μm（详见第五章第一节）。

（2）物性下限标准约束的压汞分析法。

利用压汞资料建立储层渗透率与喉道半径交会图，利用储层物性下限确定喉道半径下限。图3-54是XX21低效火山岩气藏应用实例，该气藏渗透率下限为0.1mD，由此确定孔隙喉道半径下限为0.05μm。

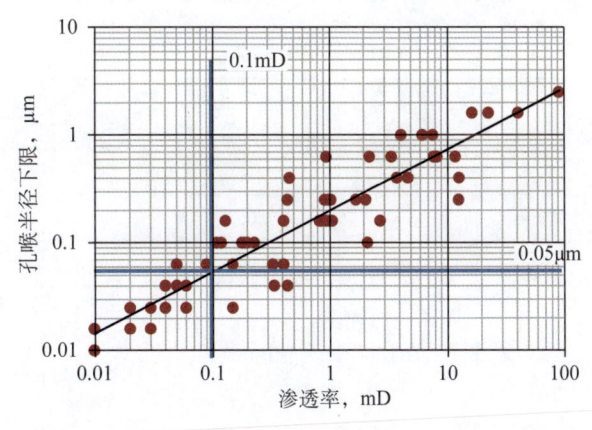

图3-54　压汞分析法确定储层喉道下限（XX21）

4. 电性下限标准

同样，用两种方法建立火山岩气藏有效储层电性下限标准：

一是经济极限工业气流标准约束法，利用经济极限工业气流标准约束，对比分析工业、非工业气层的测井响应特征，建立有效储层电性下限标准。图3-54(a)是XX21井区应用实例，该井区有效储层的岩石密度上限为2.54g/cm³、声波时差下限为55 μs/ft[❶]。

---

❶ 1ft=30.4cm。

二是物性下限标准约束法，采用岩心刻度测井的方法，在取心段建立物性与电性交会图版，利用有效储层的物性下限标准确定电性下限标准。图3-55(b)是XX21井区应用实例，从图3-55(b)中可以看出，物性下限4%对应的声波时差为57μs/ft。

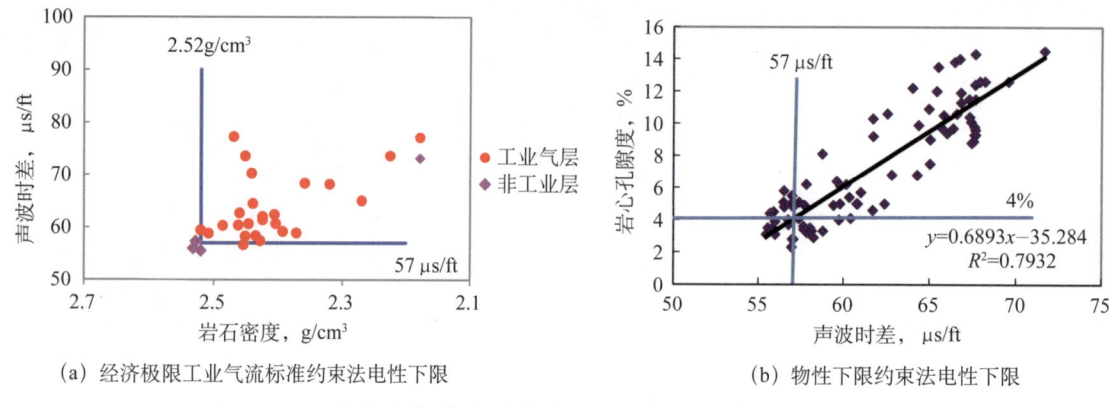

(a) 经济极限工业气流标准约束法电性下限　　(b) 物性下限约束法电性下限

图3-55　火山岩气藏有效储层电性下限标准图版（XX21）

5. 火山岩气藏有效储层下限标准

天然气气体分子运动直径小，其流动特征主要受喉道大小、水膜厚度和驱动力控制。常规气藏喉道粗，天然气流动性好，气体流动需要的排驱压力小；致密气藏喉道细，流体流动性差，需要的排驱压力大。压裂改造技术通过在储层中制造人工裂缝，改善储层流体的流动性，降低储层动用的喉道下限和生产压差；基于非常规开发理念的大规模体积压裂改造技术对基质岩块进行网状切割，从而大大降低储层可动用的喉道下限。

基于上述思路和研究方法，分常规和致密火山岩气藏建立有效储层下限标准（表3-22）。

表3-22　火山岩气藏有效储层下限标准表

火山岩气藏	有效储层下限	物性 孔隙下限 %	渗透率下限 mD	孔隙结构 喉道半径下限 μm	电性 声波时差下限 μs/ft	岩石密度上限 g/cm³
XX气田原位型火山岩气藏	常规储层	4	0.1	0.05	57	2.52
	致密储层	3	0.01	0.01	54	2.55
DD气田异位型火山岩气藏	常规储层	6	0.04	0.15	次火山岩：57；酸性喷出岩：59；中性喷出岩：60；基性喷出岩：64	次火山岩：2.52；酸性喷出岩：2.50；中性喷出岩：2.57；基性喷出岩：2.65
	致密储层	4	0.01	0.05	次火山岩：54；酸性喷出岩：55；中性喷出岩：57；基性喷出岩：60	次火山岩：2.56；酸性喷出岩：2.54；中性喷出岩：2.62；基性喷出岩：2.70

(1) 常规火山岩气藏有效储层下限标准。

XX气田火山岩气藏改造程度低、保存较完整，是典型的原位型酸性火山岩气藏。采用上述方法确定的常规火山岩气藏有效储层下限标准为：喉道半径0.05μm、孔隙度4%、渗透率0.1mD、含气饱和度40%、声波时差57μs/ft，岩石密度上限2.52g/cm³。

DD气田火山岩气藏次生改造作用强烈、保存完整性差，是典型的异位型复杂岩性火山岩气藏，储层喉道类型更多、弯曲度大、孔隙结构更复杂,其常规火山岩气藏的有效储层下限标准为:喉道半径0.15μm、孔隙度6%、渗透率0.04mD、含气饱和度40%,电性下限受岩性影响大,次火山岩及酸性、中性、基性喷出岩的声波时差下限分别为57μs/ft,59μs/ft,60μs/ft和64μs/ft,岩石密度上限分别为2.52g/cm³,2.50g/cm³,2.57g/cm³和2.65g/cm³。

(2)致密火山岩气藏有效储层下限。

XX气田酸性致密火山岩气藏的有效储层下限标准为:喉道半径0.01μm、孔隙度3%、渗透率0.01mD、含气饱和度30%、声波时差55μs/ft,岩石密度上限2.54g/cm³。

DD气田复杂成分致密火山岩气藏的有效储层下限标准为:喉道半径0.05μm、孔隙度4%、渗透率0.01mD、含气饱和度30%,电性下限随岩性变化,次火山岩及酸性、中性、基性喷出岩的声波时差下限分别为54μs/ft,55μs/ft,57μs/ft和60μs/ft,岩石密度上限分别为2.56g/cm³,2.54g/cm³,2.62g/cm³和2.70g/cm³。

采用非常规致密气开发技术可动用的有效储层下限相对于常规气藏有所下移。

三、火山岩气藏有效储层分类评价

1. 火山岩气藏有效储层分类标准

利用各种静、动态资料,采用基于经济极限工业气流标准约束的交会图分析方法(图3-56至图3-59),建立有效储层产能、物性、含气性、孔隙结构和电性分类标准(表3-23),将火山岩气藏有效储层划分为4种类型,其中Ⅰ、Ⅱ、Ⅲ类是常规火山岩气藏有效储层,Ⅳ类是常规技术无法动用的致密火山岩气藏有效储层。

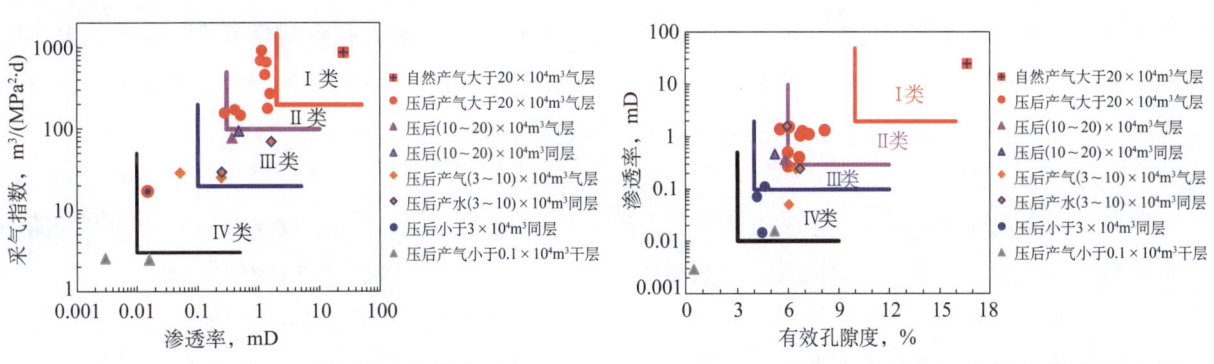

图3-56 采气指数—测井渗透率交会图

图3-57 试气段渗透率—有效孔隙度交会图

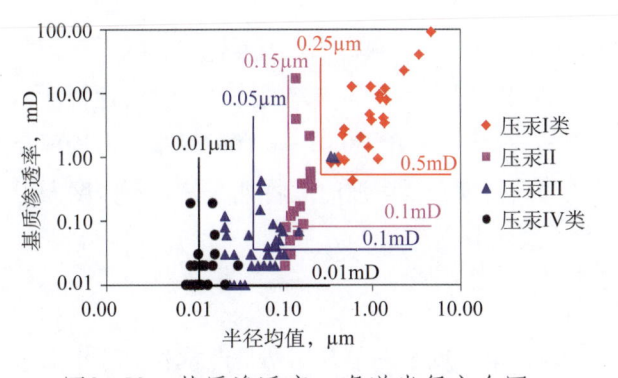

图3-58 基质渗透率—喉道半径交会图

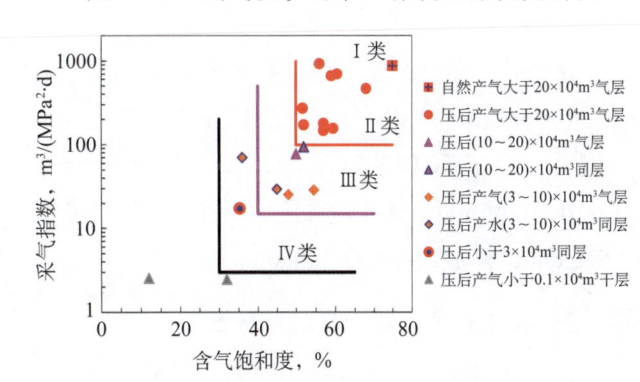

图3-59 采气指数—含气饱和度交会图

表3–23 火山岩储层物性分类标准（原位型火山岩气藏）

标准名称	评价内容 参数	I 类	II 类	III 类	IV 类
产能标准	采气指数，m³/(MPa²·d)	>200（自然）	>100（压裂）	>20（压裂）	<100（体积压裂）
	无阻流量，10⁴m³/d	>30（自然）	>20（压裂）	>10（压裂）	<20（体积压裂）
物性标准	有效孔隙度，%	>10	6~10	4~6	3~4
	渗透率，mD	>2	0.3~2	0.1~0.3	0.01~0.1
	基质渗透率，mD	>0.5	0.1~0.5	0.05~0.1	0.01~0.05
含气性标准	含气饱和度，%	>50	>50	>40	>30
孔隙结构	喉道半径，μm	>0.25	0.15~0.25	0.05~0.15	0.01~0.05
电性标准	密度，g/cm³	<2.38	2.38~2.45	2.45~2.52	>2.52
	声波时差，μs/ft	>65	60~65	57~60	<57

（1）I 类有效储层。

生产动态具有自然高产特征，采气指数大于200m³/(MPa²·d)、试气无阻流量大于30×10⁴m³/d。储层表现为粗喉道、较好物性和含气性特征，其喉道半径大于0.25μm，有效孔隙度大于10%，总渗透率大于2mD，基质渗透率大于0.5mD，含气饱和度大于50%；测井曲线表现为低密度、高声波时差特征，其岩石密度小于2.38g/cm³，声波时差大于65μs/ft。

（2）II 类有效储层。

生产动态表现为压后高产，采气指数大于100 m³/(MPa²·d)、试气无阻流量大于20×10⁴m³/d。储层为中等孔喉、中等物性和含气性，其喉道半径介于0.15~0.25μm，有效孔隙度介于6%~10%，总渗透率介于0.3~2mD，基质渗透率介于0.1~0.5mD，含气饱和度大于50%；测井曲线具有中低密度、中高声波时差特征，其岩石密度为2.38~2.45g/cm³，声波时差为60~65μs/ft。

（3）III 类有效储层。

生产动态表现为压裂后中产，采气指数大于20m³/(MPa²·d)、试气无阻流量大于10×10⁴m³/d。储层为小孔喉，具有较差的物性和含气性，其喉道半径介于0.05~0.15μm，有效孔隙度介于4%~6%，总渗透率介于0.1~0.3mD，基质渗透率介于0.05~0.1mD，含气饱和度大于40%；测井曲线表现为中高密度、中低声波时差，其岩石密度为2.45~2.52g/cm³，声波时差为57~60μs/ft。

（4）IV 类有效储层。

常规技术条件下生产动态为低产或无产，采用体积压裂改造技术可获得中产甚至高产，其采气指数小于100 m³/(MPa²·d)、试气无阻流量小于20×10⁴m³/d。储层表现为小孔喉和差的物性、含气性特征，其喉道半径介于0.01~0.05μm，有效孔隙度介于3%~4%，总渗透率介于0.01~0.1mD，基质渗透率介于0.01~0.05mD，含气饱和度大于30%；测井曲线表现为高密度、低声波时差特征，其岩石密度大于2.52g/cm³，声波时差小于57μs/ft。

2. 不同类型气藏开发的经济效益

以20年评价期为基础，根据不同类型气藏的投产方式、单井成本、单井期初日产量和稳产年限，评价不同类型气藏在不同气价条件下的内部收益率情况，从表3–24可以看出：

表3-24 不同类型火山岩气藏开发的经济效益分析表

气藏类型	投产方式	单井成本 万元	单井期初日产量 $10^4 m^3$	稳产年限 a	不同气价对应的内部收益率，%		
					1.49元/m^3	2.69元/m^3	3.7元/m^3
高效气藏（Ⅰ类储层为主）	自然投产	4550	8	9	82.44	471.52	>6000
		5350			64.60	249.09	5313.52
低效气藏（Ⅱ类储层为主）	常规压裂	5000	5	5.5	36.66	98.19	213.22
		5800			30.18	76.18	146.29
低效气藏（Ⅲ类储层为主）		5000	2.5		14.51	34.62	55.70
		5800			11.64	28.38	44.97
致密气藏（Ⅳ类储层为主）	体积压裂	5600	5.5	2.5	32.45	91.74	200.22
		6400			26.84	72.33	142.4

（1）高效气藏以Ⅰ类储层为主，具有分布连续、物性和含气性好的特点，气藏产能高、稳产能力强，多以自然投产方式开发，单井成本低，当气价从1.49元/m^3增大到3.7元/m^3时，其内部收益率从64.6%至超过6000%，反映气藏开发的经济效益最好。

（2）以Ⅱ类储层为主的低效气藏储层连续性、物性和含气性变差，气藏产能和稳产能力变弱，多以常规压裂的方式投产开发，单井成本比高效气藏有一定增加，当气价从1.49元/m^3增大到3.7元/m^3时，其内部收益率从30.18%增至213.22%，经济效益较好。

（3）以Ⅲ类储层为主的低效气藏储层连续性、物性和含气性更差，气藏产能和稳产能力进一步变弱，以常规压裂方式开发，单井成本与Ⅱ类储层为主的低效气藏一致，当气价从1.49元/m^3增大到3.7元/m^3时，其内部收益率从11.64%增至55.7%，经济效益较差。

（4）致密气藏以Ⅳ类储层为主，储层连续性、物性和含气性极差，常规开发方式产能极低、无稳产能力；采用基于非常规天然气开发理念的体积压裂方式，虽然单井成本有较大增加，但气井产能增幅更高，当气价从1.49元/m^3增大到3.7元/m^3时，其内部收益率从26.84%至200.22%，反映气藏开发也具有一定的经济效益。

参 考 文 献

[1] 李阳，刘建民. 油藏开发地质学[M]. 北京：石油工业出版社，2007.

[2] SY/T 6285—2011，油气储层评价方法[S]. 北京：石油工业出版社，2011.

[3] 薛培华. 河流点坝相储层模式概论[M]. 北京：石油工业出版社，1991.

[4] 陈荣书. 石油及天然气地质学[M]. 湖北武汉：中国地质大学出版社，1994.

[5] 信荃麟，张一伟. 油藏描述与油藏模型[M]. 山东东营：石油大学出版社，1990.

[6] 中国石油学会石油工程学会. 油田开发论文集(一)[M]. 北京：石油工业出版，1982.

[7] 戴启德，黄玉杰. 油田开发地质学[M]. 山东东营：石油大学出版社，2002.

[8] 张方礼，尹万泉，等. 辽河大洼油田火山岩储层研究[M]. 武汉：中国地质大学出版社，2000.

[9] 姚超，杜小弟. 深层油气勘探[M]. 北京：石油工业出版社，2002.

[10] 侯启军，赵志魁，王立武，等. 火山岩气藏[M]. 北京：科学出版社，2009.

[11] 赵澄林，孟卫工，金春爽，等. 辽河盆地火山岩与油气[M]. 北京：石油工业出版社，1999.

[12] 徐正顺，庞彦明，王渝明，等. 火山岩气藏开发技术[M]. 北京：石油工业出版社，2009.

[13] 陈希廉. 地质学[M]. 北京：冶金工业出版社，1979.

[14] 赵红兵，王风华，谭滨田，等. 胜坨砂砾岩体储层地质与油藏评价[M]. 北京：石油工业出版社，2012.

[15] 刘作程. 岩石学[M]. 北京：冶金工业出版社，1992.

[16] 陈作全. 石油地质学简明教材[M]. 北京：地质出版社，1987.

[17] 马永生，梅冥相，陈小兵，等. 碳酸盐岩储层沉积学[M]. 北京：地质出版社，1999.

[18] 郝石生，贾振远. 碳酸盐岩油气形成和分布[M]. 北京：石油工业出版社，1989.

[19] 叶德隆，邬金华，陈能松. 岩石典型结构分析[M]. 武汉：中国地质大学出版社，1995.

[20] 王嘉荫. 火成岩[M]. 北京：地质出版社，1957.

[21] 赵海玲，黄薇，王成，等. 火山岩中脱玻化孔及其对储层的贡献[J]. 石油与天然气地质，2009，30(1): 47−52.

[22] 王端平，金强，戴俊生，等. 基岩潜山油气藏储集空间分布规律和评价方法[M]. 北京：地质出版社，2003，34−49.

[23] 柏松章. 碳酸盐岩潜山油田开发[M]. 北京：石油工业出版社，1996.

[24] 邹才能，赵文智，贾承造，等. 中国沉积盆地火山岩油气藏形成与分布[J]. 中国石油勘探与开发，2008，35(3)：257−271.

[25] 裘怿楠，刘雨芬. 低渗透砂岩油藏开发模式[M]. 北京：石油工业出版社，1998.

[26] 郭春华，杨宇，莫振敏，等. 缝洞型碳酸盐岩油藏流动单元概念和研究方法探讨[J]. 石油地质与工程，2006，20(6): 34−37.

[27] 裘怿楠，薛叔浩，等. 油气储层评价技术[M]. 北京：石油工业出版社，1997.

[28] 姚光庆，蔡忠贤. 油气储层地质学原理与方法[M]. 武汉：中国地质大学出版社，2005.

[29] 刘雯林. 油气田开发地震技术[M]. 北京：石油工业出版社，1996.

[30] Weber K J，van Geuns L C.Framework for Constructing Clastic Reservoir Simulation Models [J]. JPT，1990，42(10): 1248−1297

[31] R. Barthel. The Effect of Large-scale Heterogeneities On the Performance of Waterdrive Reservoir [C]. SPE 22697，1991: 423−432.

[32] Snedden John W，Vrolijk Peter J，Sumpter Larry T，等. 储层连通性：定义、实例与对策[J]，国外石油动态，2008(9): 22−38.

[33] 赵澄林，刘孟慧，胡爱梅，等. 特殊油气储层[M]. 北京：石油工业出版社，1997.

[34] 任作伟，金春爽. 辽河坳陷洼609井区火山岩储集层的储集空间特征[J]. 石油勘探与开发，1999，26(4): 54−56.

[35] 余淳梅，郑建平，唐勇，等. 准噶尔盆地五彩湾凹陷基底火山岩储集性能及影响因素[J]. 中国地质大学学报，2004，29(3)：303−308.

[36] 刘为付，朱筱敏. 松辽盆地徐家围子断陷营城组火山岩储集空间演化[J]. 石油实验地质，2005，27(1)：44−49.

[37] 袁士义，宋新民，冉启全. 裂缝性油藏开发技术[M]. 北京：石油工业出版社，2004.

[38] 赵澄林，徐丽华，涂强，等. 中国天然气储层[M]，北京：石油工业出版社，1999.

[39] 李文浩,张枝焕,昝灵,等. 渤南洼陷北部陡坡带沙河街组砂砾岩有效储层物性下限及其主控因素[J]. 石油与天然气地质,2012,33(5): 766−777.

[40] 王艳忠,操应长. 车镇凹陷古近系深层碎屑岩有效储层物性下限及控制因素[J]. 沉积学报,2010,28(4): 752−761.

[41] 张春,蒋裕强,郭红光,等. 有效储层基质物性下限确定方法[J]. 油气地球物理,2010,8(2):11−16.

第四章 火山岩气藏特征与气藏模型

气藏特征与气藏模型对于气田开发至关重要，它不仅是决定开发方式和开发程序的重要依据，也是井网部署、储量计算、气田动态分析、调整挖潜的基础[1]。火山岩气藏作为一种特殊的气藏类型，其形态和分布受火山喷发、构造、成岩等多重作用的控制，在构造形态、内幕结构、储层物性及连通性、流体性质等方面与常规砂岩、碳酸盐岩气藏均存在较大差异。本章通过国内大量火山岩气藏实例解剖，在明确气藏构造特征、内幕结构、储渗及流体特征基础上，提出如何建立反映火山岩气藏多级内幕结构、多重介质储层及复杂流体分布的构造、格架、属性及流体模型的思路和方法，为气藏开发部署提供依据。

第一节 火山岩气藏分类与特征

国外学者关于气藏的概念都有比较一致的认识，认为气藏是被天然气聚集所占据的天然气储集体[2]。火山岩气藏指的是天然气在火山岩圈闭中聚集而形成的具有一定的面积和容积以及具有相同压力系统和统一气水界面的天然气储集体。火山岩气藏之所以能成为有工业开采价值的气藏，主要原因在于[3]：

(1) 火山熔岩中常发育气孔和大量收缩裂缝；
(2) 火山碎屑岩中发育大量粒间孔；
(3) 强烈的气液爆破常形成隐爆炸裂缝；
(4) 火山岩骨架具有强抗压实性，孔缝更易保存，是深层一种重要的优质储层；
(5) 火山岩岩石组成和矿物成分不稳定，易遭受风化、溶蚀、交代等改造作用影响而产生大量溶蚀孔、重结晶孔、风化剥蚀裂缝等储渗空间；
(6) 火山岩杨氏模量高，脆性大，在构造力作用下容易碎裂形成构造裂缝。

火山岩本身不能生成油气[4]，因此烃源岩、圈闭和输导通道是决定火山岩气藏形成与分布的关键因素[5,6]。

国内外关于气藏的分类，从圈闭类型、天然气来源、流体性质、赋存状态、储量产量、压力、驱动方式等不同角度出发，分类方案多达数十种[7-13]。火山岩气藏是一类比较复杂的气藏，依据气藏的储层成因、圈闭类型、储层品质、流体性质可以划分出不同的类型，而不同分类方案在气藏开发中的作用不同。

一、储层成因分类与特征

就火山岩气藏储层成因而言，一般都要受到火山喷发、构造、成岩等作用的共同影响。其中，火山喷发作用控制着火山机构的形成、原始分布和机构形态，并决定了火山岩岩性、岩相的原始分布以及原生孔缝的发育程度与分布，具有原位性；构造作用通常使火山机构及岩性、岩相带发生碎裂和物理异位，并形成次生构造裂缝，具有异位性；成岩作用一方面在表生成岩期通过风化剥蚀、搬运沉积作用异位改变火山机构顶面构造形态和岩相带分布，另一方面在表生、埋藏成岩期通过压实、胶结、溶蚀等作用原位改变储层骨架成分、储层物性及孔隙结构，具有原位、异位双重性。

因此，根据火山喷发、构造、成岩作用的强弱，可将火山岩气藏可分为原位型、异位型、复合型3种类型，不同类型火山岩气藏的储层特征、气藏特征及开发特征见表4-1。

表4-1 火山岩气藏成因分类与特征

分类	成因	储层特征	气藏特征	开发特征	示意图	典型气藏
原位型	火山岩形成后原位堆积，后期的构造运动、搬运沉积或风化淋滤作用相对较弱，火山机构及岩性、岩相基本保持着初始形态及产状	(1) 储层分布严格受火山岩内幕结构和火山岩相控制；(2) 孔洞缝类型总体以原生气孔、粒间孔等为主，溶孔和构造缝局部发育；(3) 储层物性中—差、厚度变化快、连续性较差	(1) 以内幕结构圈闭和岩性圈闭为主；(2) 通常具有多个气水界面及压力系统	(1) 不同岩性岩相带单井产量差异大；(2) 一般靠近火山口气井产量高；(3) 单气井初期产量多为中—低，递减快		XX21
异位型	火山岩形成后经历了较强的构造运动、搬运沉积或风化淋滤，改变了火山机构及岩性、岩相的原始形态及产状	(1) 储层分布受构造、断层、风化壳和成岩相控制；(2) 孔洞缝类型总体以次生的溶孔、构造裂缝为主；(3) 储层物性较好，厚度较大，连续性较好	(1) 以构造圈闭为主；(2) 通常具有统一气水界面及压力系统	(1) 单井产量应构造位置高低及裂缝发育程度而异；(2) 一般火山机构顶面风化淋滤带及断裂带附近气井产量高；(3) 初期产量一般中—高产，稳产能力相对较强		DD14
复合型	火山岩形成后经历了中度或局部的构造运动、搬运沉积或风化淋滤作用，而具有原位型火山岩和异位型火山岩双重特征	(1) 储层分布受构造、内幕结构、岩相、成岩相等的复合控制；(2) 孔洞缝类型包括各类原生及次生孔缝；(3) 储层叠合厚度大、储层物性较好、连续性中—好	(1) 以复合圈闭为主；(2) 通常具有多个气水系统及压力系统	(1) 构造位置、岩性岩相及裂缝发育程度综合影响单井产量；(2) 近火山口的构造高部位气井产量高；(3) 初期产量多为中—高产，稳产能力强		WF1

1. 原位型火山岩气藏

该类气藏的储层成因为火山岩形成后发生原位堆积，后期的构造运动、搬运沉积或风化淋滤作用对火山岩的形态、产状及分布影响较弱，使得火山机构及岩性、岩相未发生明显的破坏或异位，仍保持着初始形态及产状。

原位型火山岩气藏储层具有3方面的典型特征：一是储层格架严格受火山岩内幕结构和火山岩相控制，储层的展布与有利岩性岩相带的分布具有较好的一致性；二是储层中的孔洞缝类型总体以原生气孔、粒间孔、冷凝收缩缝、炸裂缝等为主，溶孔和构造缝局部发育，一般不形成大面积连续分布的溶蚀带和裂缝带；三是受孔洞缝类型及有限溶蚀作用的影响，火山机构不同部位储层的储集和渗流能力差异较大，总体上表现为具有一定的储集能力但渗流能力较差，储层物性中等—差，储层厚度变化快、连续性较差。该类气藏的圈闭类型以内幕结构圈闭和岩性圈闭为主，通常具有多个气水界面及压力系统。由于不同岩性岩相带储层物性及规模差异大，导致气藏不同位置单井产量差异大，一般以近火山口附近储层厚度大、物性好、气井产量高。该类气藏单井初期产量多为中—低，由于单个储渗单元规模较小，连通范围有限，气井产量往往递减快。

原位型火山岩气藏以XX9，XX21，LS1等为典型，其火山喷发方式以裂隙—中心式喷发为主，多个中心式喷发火山机构沿深大断裂串珠状分布，火山机构形态、内幕结构及火山通道清晰可见，火山岩体单体成藏，不同岩体具有不同的气水和压力系统，表现出明显的原位性特点。

2. 异位型火山岩气藏

该类气藏的储层成因为火山岩形成后，经历了较强的构造运动、搬运沉积或风化淋滤作用，改变了火山机构及岩性、岩相的原始形态及产状。

相比原位型火山岩气藏，异位型火山岩气藏储层特点明显不同。一是储层分布受火山岩构造、断层、风化壳和成岩相控制作用明显，而火山岩岩性、岩相控制作用较弱；二是储层中的孔洞缝类型总体以次生溶蚀孔、构造缝为主，而原生的孔缝保存较少；三是受构造碎裂、风化淋滤和溶蚀等作用的共同影响，储层中溶孔和裂缝发育程度较高，储层物性较好，且厚度较大，连续性较好。该类气藏的圈闭类型多以构造圈闭为主，通常具有统一气水界面及压力系统。受构造位置高低及裂缝发育程度的影响，气藏单井产量存在一定差异，但不如原位型气藏差异大，以火山机构顶面风化淋滤带及断裂带附近气井产量最高。该类气藏初期产量一般中—高产，稳产能力相对较强。

异位型火山岩气藏以DD14为代表，该气藏火山机构类型为多火山口多期次喷发形成的多锥复合型火山机构，储层岩性为典型的中心式爆发型凝灰质角砾岩、凝灰岩等。DD14火山岩在石炭纪末期受南北向构造挤压作用，生成滴水泉北断裂及滴水泉西断裂并强烈活动，使得火山机构发生错断、滑塌异位；同时，该气藏火山岩在表生期经历了长期的风化剥蚀和短距离搬运沉积，使得火山碎屑锥发生削蚀、减薄。DD14火山岩火山机构形态残缺，火山岩发生风化淋滤及搬运沉积，有效储层分布主要集中在火山岩顶面风化壳附近，表现出异位性特点。

3. 复合型火山岩气藏

该类气藏的储层成因为火山岩形成后经历了中度或局部的构造运动、搬运沉积或风化淋滤作用，而具有原位型火山岩和异位型火山岩双重特征。

复合型火山岩气藏储层特征主要有：一是储层分布受构造、内幕结构、岩相、成岩相等的复合控制，其中火山机构内部储层的原位性突出，而火山机构顶面、期次岩体界面附近及断层附近异位性突出；二是受火山喷发、构造和成岩作用的共同影响，火山岩储层中同时发育原生、次生孔洞及裂缝；三是具有多套不同成因的储层，储层的叠合厚度大、储层物性一般较好，连续性一般为中—好。该类气藏的圈闭类型多为构造、内幕结构、岩性组成的复合圈闭，通常具有多个气水系统及压力系统。由于受构造位置、岩性岩相及裂缝发育程度综合影响，气藏单井产量差异大，多以近火山口的构造高部位气井产量高。该类气藏初期产量一般中—高产，稳产能力相对较强。

WF1火山岩气藏具有复合型气藏的特点，其火山早期以中心式弱能量喷发为主，晚期以裂隙式喷发为主，火山口沿基底断裂分布。该区块构造形态受基岩隆升及火山作用控制，在火石岭组晚期、泉一段和青山口时期发生多期构造运动，形成复杂的断裂系统并使得火山机构发生不同程度的错段、滑塌异位；但火石岭组后期风化淋滤和搬运沉积作用仍相对较弱，火山机构内幕结构及火山通道可见，断层和火山岩体共同控制成藏，不同断块及不同火山岩体具有不同的气水和压力系统，因此，侏罗系火石岭组火山岩气藏具有复合性特点。

二、圈闭类型分类与特征

火山岩气藏圈闭类型包括构造圈闭、内幕结构圈闭、岩性圈闭、复合圈闭等，不同圈闭类型气藏成因不同，其储层特征、气藏特点和开发特征存在一定差异（表4—2）。

表4—2　火山岩气藏圈闭分类与特征

分类	成因	储层特征	气藏特征	开发特征	示意图	典型气藏
构造圈闭	火山岩由于构造变形所形成的背斜或受断裂分割遮挡所形成的圈闭中的天然气聚集	（1）有效储层分布受构造形态控制；（2）储层中构造裂缝相对发育，储层连通性较好；（3）储层总渗透率高、孔隙度、渗透率相关性差，具有双重介质特征	（1）气藏规模受构造圈闭规模控制；（2）常常发育边底水，多具有统一气水界面及压力系统	（1）构造高部位气井初期高产且不产水，产量、压力稳定，后期见水慢；（2）构造低部位气井初期低产或气水同出，随着边底水推进，产量、压力降低，产水量上升		XX8
内幕结构圈闭	火山机构之间或火山机构内部由于各级结构单元之间强烈分割性所形成的互不连通的结构单元中的天然气聚集	（1）有效储层分布受内幕结构控制；（2）结构单元之间不连通，结构单元内部连通；（3）不同结构单元储层物性差异大	（1）气藏规模受各内幕结构单元规模控制；（2）不同结构单元通常具有不同气水界面及压力系统	（1）结构单元规模大、储层物性好、含气性好，气井产量高，产量、压力稳定；（2）结构单元规模小、储层物性差、含气性差，气井产量低，产量、压力递减快		DD18
岩性圈闭	由于火山岩岩性或物性发生变化而形成的圈闭中的天然气聚集	（1）有效储层分布受有利岩性岩相带控制；（2）储层多呈断续透镜状，连通性差；（3）储层多以单一孔隙型为主，物性一般较差	（1）气藏规模受物性甜点规模控制；（2）一般不具有统一气水界面及压力系统	（1）储层物性好、含气性好，气井产量高，产量、压力递减慢；（2）储层物性差、含气性差，气井产量低，产量、压力递减快		LS3
复合圈闭	火山岩有效储层受不渗透岩性、构造、内幕结构复合围限或遮挡所形成圈闭中的天然气聚集	（1）储层分布受构造、内幕结构和岩性复合控制；（2）储层类型及形态变化快、连通性差异大；（3）发育多种孔洞缝类型，具有多种储渗模式	（1）气藏规模受复合圈闭规模控制；（2）一般不具有统一气水界面及压力系统	（1）构造位置高、物性好、含气性好，产量高，产量、压力稳定；（2）构造位置低、物性差、含气性差，产量低或产水，产量、压力递减快		DD14

1. 构造圈闭火山岩气藏

火山活动常常是由构造运动引起的，而火山岩形成后，后期的构造运动能进一步改变火山岩的构造形态及产状，形成不同的构造圈闭类型。因此，构造圈闭火山岩气藏指的是火山岩由于构造变形所形成的背斜或受断裂分割遮挡所形成的构造圈闭中的天然气聚集。

该类气藏的储层多具有以下典型特征：一是有效储层的分布受火山岩构造形态控制，即构造高部位或断裂带附近有效储层更为发育；二是储层形成和演化过程中受构造作用的影响大，构造裂缝相对发育，储层连通性较好；三是储层的储集空间类型包括多种原生、次生孔缝，由于裂缝发育程度高，储层总渗透率较高，而孔隙度、渗透率的相关性较差，储层具有双重介质特征。构造圈闭火山岩气藏的规模受到圈闭规模的严格控制，即构造溢出点控制气藏最大含气面积和最大气柱高度；该类气藏常常发育边底水，由于储层裂缝发育、连通性好，通常具有统一气水界面及压力系统。

气藏不同构造位置气井的开发特征不同。构造高部位一般气层厚度大、含气性好、远离水层，开发初期气井产量高且不产水，开发过程中气井产量、压力稳定，后期见水慢；而构造低部位气层厚度减小、含气性变差且靠近气水过渡带和水层，开发初期气井低产或气水同出，开发过程中随着边底水推进，天然气产量、压力降低，产水量快速上升。

2. 内幕结构圈闭火山岩气藏

火山喷发多中心、多源、多旋回性使得火山岩内幕结构复杂，而不同结构单元之间由于岩性的变化和物性遮挡，能形成火山岩内幕结构圈闭。因此，内幕结构圈闭火山岩气藏指的是火山机构之间或火山机构内部由于各级结构单元之间强烈分割性所形成的互不连通的内幕结构圈闭中的天然气聚集。

该类气藏的储层特点主要有：一是有效储层的分布受内幕结构控制，储层的展布范围和厚度不超过内幕结构单元的范围和厚度；二是不同结构单元之间由于致密熔岩、细粒凝灰岩等非渗透层的遮挡作用而不连通，而结构单元内部由于储层紧密接触、裂缝、喉道等的有效沟通而连通；三是不同结构单元之间由于储层成因存在一定差异，储层物性差异较大。内幕结构圈闭火山岩气藏的规模受各内幕结构单元规模控制，而不同结构单元通常具有不同气水界面及压力系统。

气藏的产量、压力和稳产能力受内幕结构规模、储层物性、含气性共同控制，不同部位气井的开发特征不同。气井钻遇的内幕结构规模大、储层物性好、含气性好时，气井产量高，产量、压力稳定；当钻遇内幕结构单元规模小、储层物性差、含气性差时，气井产量低，产量、压力递减快。

3. 岩性圈闭火山岩气藏

受火山喷发方式、喷发环境、岩浆性质等的综合影响，火山岩岩石类型多，成分、结构、构造复杂，纵向和横向变化快，物性差异大，常常形成火山岩岩性圈闭。因此，岩性圈闭火山岩气藏指的是由于火山岩岩性或物性发生变化而形成的岩性圈闭中的天然气聚集。

该类气藏的储层特点主要有：一是有效储层分布受有利岩性岩相带控制，即孔缝发育的岩性岩相带中多发育气层，而孔缝不发育的岩性岩相带多为干层；二是储层的分布及连续性、连通性与有利岩性岩相带的展布一致，由于火山岩岩性岩相变化快，有效储层多呈断续透镜状分布，连通性差；三是储层中裂缝一般不发育，以单一孔隙型为主，物性一般较差。岩性圈闭火山岩气藏的规模受物性甜点规模控制，即物性甜点的分布范围和累计厚度控制气藏含气面积和气柱高度；该类气藏一般不具有统一气水界面及压力系统。

岩性圈闭火山岩气藏气井的产量、压力和稳产能力受储层物性、含气性和储层规模控制。储层物性好、含气性好、规模大，气井产量高，产量、压力递减慢；储层物性差、含气性差、规模小，气井产量低，产量、压力递减快。

4. 复合圈闭火山岩气藏

火山岩在形成和演化过程中会受到火山喷发、构造、成岩等多种作用的共同影响，常常形成同时具有构造、内幕结构或岩性圈闭特点的复合圈闭。因此，复合圈闭火山岩气藏指的是火山岩有效储层受不渗透岩性、构造、内幕结构复合围限或遮挡所形成复合圈闭中的天然气聚集。

复合圈闭火山岩气藏的储层特点：一是储层分布受构造、内幕结构和岩性复合控制，不同位置主要圈闭类型可能存在差异；二是气藏不同位置的储层类型及形态变化快，连通性差异大；三是储层中发育多种孔洞缝类型，而不同位置的孔洞缝类型不同，具有单一孔隙型、裂缝—孔隙型、孔隙—裂缝型、裂缝型等多种储渗模式。该类气藏的规模受复合圈闭规模控制，一般不具有统一气水界面及压力系统。

该类气藏气井的产量、压力和稳产能力由构造位置、储层物性、含气性和储层规模共同决定。构造位置高、物性好、含气性好，气井产量高，生产过程中产量、压力相对稳定；而构造位置低、物性差、含气性差，气井产量低或产水，生产过程总产量、压力递减快。

三、储层品质分类与特征

火山岩气藏含气区带面积广但分布零散，单个气藏储量丰度、储层连续性、物性及单井产能差异大，存在"高效"、"低效"和"致密"之别，不同品质气藏的成因、储层特征、气藏特征及开发特征不同（表4—3）。

表4—3 火山岩气藏储层品质分类与特征

分类	成因	储层特征	气藏特征	开发特征	典型生产曲线	典型气藏
高效	火山岩原生孔缝发育，成岩过程中经历了较强的溶蚀、脱玻化及构造碎裂作用，物性得到进一步改善，具有储层规模大、物性好、含气性好等特点	(1) 储层规模大，多为厚层块状，连续性及连通性好；(2) 发育各类孔缝，其中溶孔和构造缝常见；(3) 储层物性好，一般 $\phi \geqslant 8\%$，$K \geqslant 1\text{mD}$	(1) 气柱高度及含气面积大，含气饱和度高，可采储量丰度高；(2) 常发育边底水，水体能量足	(1) 自然产能达到工业气流标准；(2) 初期产量高，生产过程中产量、压力稳定	CCP6井生产动态曲线	CC1
低效	火山岩具有一定的原生孔缝，成岩过程中经历的压实、压溶、胶结等破坏性成岩作用和溶蚀、构造碎裂等建设性成岩作用不均衡，储层物性、含气性差异大，总体表现为较低孔渗和含气饱和度	(1) 储层规模中—小，多为分散薄层状或透镜状，非均质性强；(2) 发育多种孔隙，溶孔局部富集，裂缝发育程度低；(3) 储层物性中等，一般 $5\% < \phi < 8\%$，$0.1\text{mD} < K < 1\text{mD}$	(1) 气柱高度及含气面积中—小，含气饱和度中等，可采储量丰度中—低；(2) 常发育层间水，水体能量中—弱	(1) 自然产能低，通过常规压裂能获得工业气流；(2) 初期产量低，生产过程中产量、压力快速递减	DD1001井生产动态曲线	DD10，XX21

续表

分类	成因	储层特征	气藏特征	开发特征	典型生产曲线	典型气藏
致密	火山岩原生孔缝发育程度低，后期又经历了较强的压实、压溶、胶结、交代、充填作用，使得储层孔隙和喉道进一步变小，具有储层物性差、含气饱和度低等特点	(1) 储层大面积叠置发育，厚度大，但每个单层多呈薄层状，连通性差； (2) 发育微—纳米孔缝为主，大尺度溶孔和裂缝少见； (3) 储层致密，一般 $\phi \leq 5\%$，$K \leq 0.1\text{mD}$	(1) 气柱高度及叠合含气面积一般较大，含气饱和度低，可采储量丰度中—低； (2) 常发育孔隙内束缚水，水体能量弱	(1) 一般不具有自然产能，大规模体积压裂能获得工业气流； (2) 初期产量、压力快速递减，在中后期低产情况下能保持长期稳产		LS3

1. 高效火山岩气藏

该类气藏的储层成因包括原生成因和次生成因两种。原生成因主要是指储层中大量气孔和粒间孔的形成，前者是火山熔浆喷溢至地表后，由于挥发分逸散作用强，而形成了大气孔密集发育的气孔型储层；后者则是粒度较粗、分选较好的火山碎屑，空落至地表大量堆积所形成的粒间孔密集发育的粒间孔型储层。次生成因主要是指火山岩在成岩演化过程中经历了较强的溶蚀、脱玻化及构造碎裂作用，进一步改善了储层物性，而压实、压溶、胶结、交代、充填等作用相对较弱，使得火山岩储层的孔缝得以较好保存。

高效火山岩气藏的储层规模大，多为厚层块状，连续性及连通性好；储层中可发育各类孔缝，其中溶孔和构造缝常见，是该类气藏具有良好物性条件的重要原因。从目前国内发现的火山岩气藏的统计结果来看，高效火山岩气藏储层孔隙度一般能达到8%以上，渗透率一般能达到1mD以上。该类气藏气柱高度和含气面积一般较大，含气饱和度高，可采储量丰度高；同时，气藏常发育边底水，水体能量足。高效火山岩气藏的自然产能达到工业气流标准，具有初期产量高，生产过程中产量、压力稳定等特点。

目前中国已发现的火山岩气藏中，高效气藏储量约$2000 \times 10^8 \text{m}^3$，主要分布在CC1，XSS2-1，DD18，DD14等区块。该类气藏开发效果好，井控储量及单井产量高，稳产能力强，是目前中国火山岩气藏产能建设的主体。表4-3中上部图为CC1火山岩气藏CCP6井生产动态曲线，该井井深4655m，井控储量达到$25 \times 10^8 \text{m}^3$，平均单井产量$21 \times 10^4 \text{m}^3/\text{d}$，目前已累产天然气$1.5 \times 10^8 \text{m}^3$，压力仍保持在27.5MPa，压降速度0.0053MPa/d，产量、压力稳定，代表了高效火山岩气藏的开发特点。

2. 低效火山岩气藏

该类气藏储层成因为火山岩在早期喷发过程中形成了一定规模的原生孔缝，由于成岩过程中经历了压实、压溶、胶结等破坏性成岩作用和溶蚀、构造碎裂等建设性成岩以及各种成岩作用的不均衡性，导致储层物性、含气性差异大，但总体表现为较低孔渗和含气饱和度特点。

低效火山岩气藏的储层规模中—小，多为分散薄层状或透镜状，非均质性强；储层中可发育多种孔隙，但溶孔局部富集，裂缝发育程度也相对高效火山岩气藏低。统计结果表明，低效火山岩气藏储层孔隙度多介于5%和8%之间，渗透率介于0.1mD和1mD之间。该类气藏的气柱高度及含气面积一般为中等—较小，含气饱和度中等，可采储量丰度中—低。低效火山岩气藏储层物性差，多发育层间水，水体能量中—弱。气藏的自然产能低，通过常规压裂能获得工业气流，初期产量低，生产过程中产量、压力快速递减。

目前中国已发现的火山岩气藏中，低效气藏储量高达$3000×10^8m^3$，是目前火山岩天然气储量的重要组成部分，主要分布在WF，XX1，XX9，XX21及DD10、DD17等区块。该类气藏井控储量及单井产量偏低，稳产能力较弱。表4-3中部图为DD10气藏DD1001井生产动态曲线，该井井深3145m，井控储量小于$5000×10^4m^3$，压裂投产初期单井产量$15×10^4m^3/d$，然后产量、压力快速递减，两年后产量递减为初期产量的50%。

3. 致密火山岩气藏

该类气藏储层成因为火山岩原生孔缝发育程度低，后期又经历了较强的压实、压溶、胶结、交代、充填作用，使得储层孔隙和喉道进一步变小，储层物性差、含气饱和度较低。

致密火山岩气藏一般形成于火山机构间的构造较低部位，具有储层大面积叠置发育的特点，储层厚度大，但每个单层多呈分散薄层状，连通性差。该类气藏储层储集空间以微—纳米孔缝为主，大尺度溶孔和裂缝少见。根据目前国内发现的火山岩气藏的统计结果，致密火山岩气藏储层孔隙度多小于5%，渗透率多小于0.1mD。由于储层分布范围大，该类气藏的气柱高度及叠合含气面积一般较大，同时由于储层喉道细微、天然气充注压力大，含气饱和度相对高效和低效火山岩气藏更低，可采储量丰度中—低。致密火山岩气藏中通常边底水不发育，而孔隙内束缚水常见，因此，水体能量弱。该类气藏一般不具有自然产能，但大规模体积压裂能获得工业气流，气井投产初期产量、压力快速递减，在中后期低产情况下能保持长期稳产。

致密火山岩气藏在火山岩天然气储量构成中占据重要位置，目前已发现储量超过$5000×10^8m^3$，是中国火山岩天然气地质储量的主体。表4-3下部图为LS3致密火山岩气藏LS3井生产动态曲线，该井井深3410m，井控储量小于$3000×10^4m^3$，压裂投产初期单井产量$6×10^4m^3/d$，然后产量、压力快速递减，20d后产量递减为初期产量的25%。

中国火山岩天然气资源量达数万亿立方米，三级储量近万亿立方米，贫富差异显著。按气藏品质划分高、低效、致密气藏，并分别制订针对性的开发技术对策，对实现火山岩气藏规模有效开发意义重大。高效气藏的开发，可实现快速建产，有效缓解天然气供需矛盾；低效和致密气藏的开发，可提高天然气资源动用程度，大幅度增加天然气产量。

四、流体性质分类与特征

火山岩气藏具有上生下储、下生上储、幔生上储等多种成藏模式[14]，气源包括不同有机混源、有机无机混源等[15]，因此，火山岩气藏的流体性质存在较大差异。目前，我国已发现的火山岩气藏中，按流体性质分类，可划分为含CO_2、含凝析油和干气气藏三大类，不同类型气藏的成因、气藏特征和开发特征不同（表4-4）。

表4-4 火山岩气藏流体分类标准

分类	成因	气藏特征	开发特征	示意图	典型气藏
含CO_2	岩浆脱气和地壳富碳岩石分解等无机成因CO_2与有机质分解等有机成因CO_2在火山岩储层中聚集，与烃类气混杂所形成的	（1）天然气中CO_2含量不小于2%；（2）地层中为高密度、无界面张力、具有液体性质的超临界态；（3）地面为常规气态	（1）生产过程中相态和密度、黏度等物化参数发生变化；（2）具有腐蚀性，在开发过程中对钻具、井筒和输气管线具有腐蚀作用		CC1，CC2，CC4

续表

分类	成因	气藏特征	开发特征	示意图	典型气藏
含凝析油	有机质在高成熟阶段发生裂解生成凝析气并以气相运移至火山岩储层中或轻质原油进入火山岩储层中溶解于天然气中形成	(1) 凝析油含量不小于50g/m³；(2) 初始储层条件下流体呈气态；(3) 衰竭式开采时储层中存在反凝析现象，地面有凝析油产出	(1) 衰竭式开采过程中，储层中发生反凝析形成液态烃，造成井筒周围储层污染；(2) 凝析油回收利用不仅能产生良好的经济价值且保护了环境		DD18, CLS3
干气气藏	有机质发生热降解作用形成的大量烃类气体沿着断裂或不整合面等运移至火山岩储层中聚集而成	(1) 甲烷含量一般大于95%；(2) 气体相对密度小于0.65开采过程中地下储层内和地面分离器中均无凝析油产出	常规气藏开采特征		XSS2-1, CWF1

1. 含CO₂火山岩气藏

该类气藏中CO_2具有无机和有机两种来源。前者主要是由于幔源和壳源岩浆脱气以及地壳富碳岩石分解所形成的，生成的CO_2气量充足；后者主要是由于有机质发生热降解所形成的，量较少[16]。根据气藏中CO_2含量高低，可划分为微含CO_2（CO_2含量小于0.01%）、低含CO_2（CO_2含量0.01%~2%）、中含CO_2（CO_2含量2%~10%）、高含CO_2（CO_2含量10%~50%）、特高含CO_2（CO_2含量50%~70%）和CO_2（CO_2含量不小于70%）6个级别，而当CO_2含量达到中等指标（2%）以上时参与气藏分类、命名[17]。

因此，含CO_2火山岩气藏中CO_2含量通常大于2%。该类气藏中流体在地层中为高密度、无界面张力、具有液体性质的超临界态，在地面为常规气态。气藏生产过程中，从地层到井口，流体的相态和密度、黏度等物化参数均会发生变化。由于CO_2属于腐蚀性气体，在开发过程中会对钻具、井筒和输气管线产生较强的腐蚀作用，因此，做好地下井筒、地面集输及净化处理全过程CO_2防腐及CO_2资源化利用，是气藏开发过程中必须考虑的重要问题。

CC气田普遍含CO_2，CO_2含量从0.01%~98%不等，其中最具有代表性的是CC1含CO_2火山岩气藏。该气藏天然气属于有机与无机混合成因，其中烃类气主要来自与营城组火山岩紧密相邻的沙河子组暗色泥岩，CO_2则主要来自地幔，是幔源岩浆携带的大量气体沿深大断裂向上运移聚集在营城组火山岩中形成的[18]。气藏中CO_2含量23.05%~30.72%，平均CO_2含量27.27%，相对密度0.84，在地层中为高密度、无界面张力、具有液体性质的超临界态。

2. 含凝析油火山岩气藏

该类气藏中天然气主要有两种来源：一是有机质在高成熟阶段发生裂解生成凝析气并以气相运移至火山岩储层中；二是轻质原油进入火山岩储层中溶解于天然气中形成。根据气藏中凝析油含量高低，可划分为微含凝析油（凝析油含量小于50g/m³）、低含凝析油（凝析油含量为50~100g/m³）、中含凝析油（凝析油含量为100~250g/m³）、高含凝析油（凝析油含量为250~600g/m³）和特高含凝析油（凝析油含量不小于600g/m³）6个级别，而当凝析油含量低于50g/m³时，通常不参与气藏分类、命名[17]。

含凝析油火山岩气藏中凝析油含量通常大于50g/m³，该类气藏中流体在初始储层条件下呈气态，在衰竭式开采时储层中会存在反凝析现象，地面有凝析油产出。该类气藏一方面由于其能同时采出天然气和凝析油而具有重要的经济价值；另一方面，在开发过程中由于地层压力降低会出现反凝析现象，使大量的液态烃由于反凝析而损失在地层当中。特别是在近井地带，由于压降漏斗的存在，析出的凝析油会更多，严重污染井筒周围的储层，影响气藏的整体开发效果，从而导致整个气藏凝析油采收率低。

目前，中国已发现的含凝析油火山岩气藏中凝析油含量一般以微含凝析油和低含凝析油为主，对气藏开发影响总体较小。例如DD气田DD14火山岩气藏，该气藏凝析油含量仅为71.7g/m³，为低含凝析油气藏。在40℃时（气井生产时地面井口温度均值），凝析油黏度1.07mPa·s，密度0.771g/cm³。由于气藏凝析油含量低，当凝析油析出后，不仅没有污染井筒周围的储层，反而因吸附在油管表面对油管起到了一定的保护作用，降低了腐蚀速率。

3. 火山岩干气气藏

关于火山岩气藏中天然气成因的认识基本上可以归纳为无机成因和有机成因两种。前者认为天然气的形成与火山活动或岩浆活动有关，属无机成因，包括碳化说、宇宙说、岩浆说、上地幔高温生气说、变质说、放射成因说等，但目前还处于假说阶段[16]；后者则认为天然气主要来自于与火山岩相邻的富有机质的沉积岩中，属有机成因，包括CO_2还原、发酵和热成因等。通过火山岩储层和烃源岩中C同位素的对比分析和火山岩气藏分布规律及其与烃源岩配置关系的总结，认为火山岩气藏中绝大部分天然气属有机成因，即天然气为烃源岩中有机质热降解形成的。

相比含CO_2火山岩气藏和含凝析油火山岩气藏，干气气藏中天然气成分以甲烷为主，通常甲烷含量达到95%以上；可含少量的乙烷，CO_2，N_2等，气体相对密度一般小于0.65。火山岩干气气藏具有常规气藏的开采特征，由于甲烷、乙烷含量高，气体易燃、易爆、易膨胀、易扩散，在生产压力、温度较高的条件下容易发生天然气泄漏、火灾和爆炸的事故，需要采取有效的风险控制措施，降低风险，才能保证安全生产。

XX气藏的气源主要来自于沙河子组暗色泥岩，天然气成分中CH_4含量达93.5%，CO_2含量1.78%，不含凝析油，天然气相对密度0.5961，属于典型的干气气藏。

第二节 火山岩气藏构造特征与构造模型

一、火山岩气藏构造特征

相对盆地沉积作用，火山喷发是快速的造陆事件，因此，火山岩构造具有幅度大、变化快、形态各异等特点。与沉积作用对沉积构造的控制不同，火山岩气藏的构造形态则明显受到火山多中心、多旋回喷发作用和火山物质近火山口堆积特点的影响，表现为分散性、多层次性和差异性的统一。国内火山岩气藏构造特征研究结果表明，火山岩气藏主要发育火山喷发旋回、火山机构和火山岩体3个层次的构造，由于成因、规模不同，3个层次的构造在火山岩气藏开发中的作用和应用不同（图4—1和表4—5）。

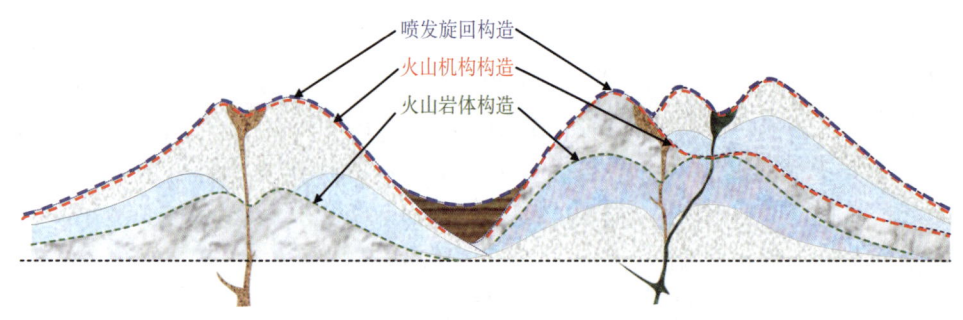

图4-1 火山岩气藏3个层次的构造及其特征

表4-5 火山岩气藏构造层次及特征

构造层次	成因	形态和分布	规模	对气藏的控制作用	开发中的作用
喷发旋回构造	火山活动期结束后，与多个火山机构相对应的火山机构群顶面构造	(1) 高点：火山机构；(2) 低点：机构间洼地；(3) 形态：反映火山喷发方式	数十至数百千米级	控制火山岩分布及厚度变化	火山喷发模式及火山岩分布规律研究
火山机构构造	火山喷发结束后，与火山口相对应的单个火山机构顶面构造	(1) 高点：近火山口；(2) 低点：远火山口；(3) 形态：反映火山机构类型	数千米至数十千米级	控制气藏分布及其规模大小	火山机构模式及气藏分布规律研究
火山岩体构造	火山机构形成过程中，火山口一次相对连续喷发所形成的火山岩体的顶面构造	(1) 高点：岩体中心；(2) 低点：岩体边缘；(3) 形态：反映火山岩体类型	数百米至数千米级	控制单个气水系统的分布及规模大小	气水分布模式及气水系统研究

1. 火山喷发旋回构造

火山活动与大地构造运动密切相关，构造运动有强有弱，持续时间有长有短，具有旋回性，导致火山活动同样也具有旋回性。一个火山喷发旋回常常由于火山活动持续时间长、强度大、范围广，在内部发育多个火山机构，并使火山岩大面积连片分布，成为火山岩气藏发育的物质基础。火山喷发旋回构造是指火山活动期结束后，与多个火山机构相对应的火山机构群顶面构造。由于一个火山喷发旋回内可发育锥状、盾状、穹状、层状等不同类型火山机构，因此，相比沉积旋回构造，火山喷发旋回构造具有形态变化快，构造幅度差异大等特点（图4-2）。

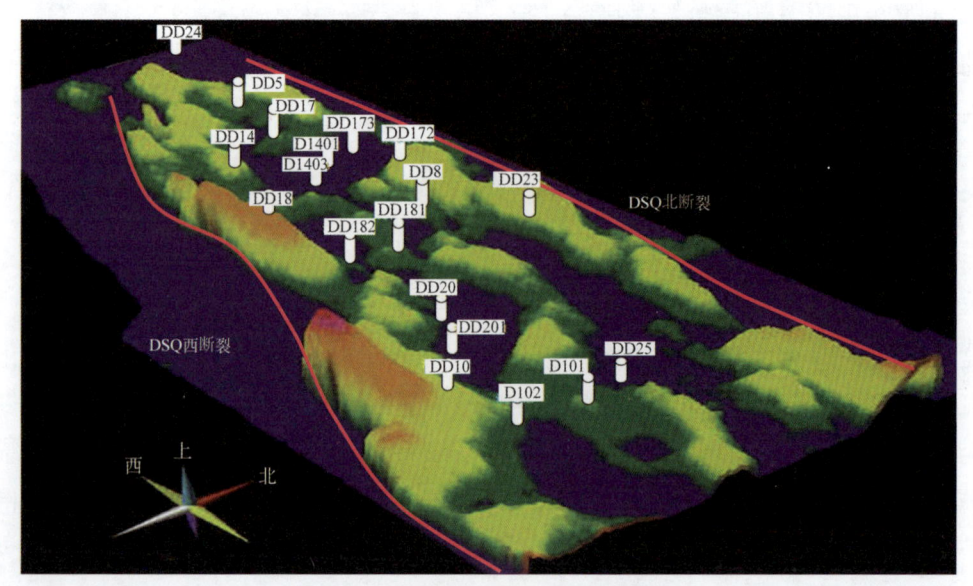

图4-2 火山喷发旋回构造形态特征
（引自新疆油田勘探开发研究院）

构造形态对火山喷发方式、机构类型及火山岩分布状况具有较好指示作用。如多个分散的局部凸起构造形态反映多火山口、多中心喷发的特点，构造高点常代表火山喷发中心位置，而构造低部位则多指示火山机构间沉积洼地；而构造形态平缓的熔岩高原、平原、台地或单斜构造多反映裂隙式火山喷发的特点，线状排列的局部凸起则反映了裂隙通道的位置。

火山喷发旋回构造的规模因火山机构群规模大小而异，通常为数十至数百千米级，其形态变化与火山喷发类型及喷发中心的相对位置密切相关。因此，火山岩气藏喷发旋回构造的研究对分析火山喷发模式、认识火山岩分布规律具有指导意义。

2. 火山机构构造

火山机构通常由火山口、火山通道和围斜构造3部分构成，常具有围绕火山口呈正向凸起的地貌特征。火山机构构造是指火山喷发结束后，与火山口相对应的单个火山机构顶面构造。与常规沉积构造相比，火山机构构造的形成主要受火山口位置、火山喷发方式及喷发规模等控制，常形成中部高、四周低、平面上呈现多中心的特殊的构造形态。火山机构构造高点多代表邻近火山喷发中心的近火山口位置，而构造低点一般为远离火山口的沉积洼地。火山机构构造形态通常反映了火山机构类型及其成因。例如锥状火山机构顶面构造反映了较强能量、中心式火山喷发成因，而单斜、背斜火山机构顶面构造则反映了弱能量、裂隙式火山喷发成因。

火山机构构造的展布范围因各个机构的类型、规模大小而异，通常为数千米至数十千米级，其构造特征与火山机构成因、类型及后期的保存密切相关。同时，不同成因火山机构构造在控制储层分布、指导井位部署中的作用不同。例如，DD气田异位型火山岩气藏储层主要为风化淋滤及后期溶蚀改造成因，气层主要分布在火山机构顶面构造以下的风化淋滤带，气层规模受构造面积及构造幅度控制，井位部署及水平井轨迹设计应重点考虑构造高点的位置及构造幅度的变化；XX气田原位型火山岩气藏储层主要受火山喷发作用的控制，气层分布在火山机构内部的各有利岩性岩相带中，气层规模受构造控制作用较弱，因此，火山机构构造在储层预测、井位部署及水平井轨迹设计中起重要的参考作用。

3. 火山岩体构造

火山岩体构造指的是火山机构形成过程中，火山口连续喷发所形成的各火山岩体顶面构造。火山岩体构造因火山口一次连续喷发所形成的喷发物的性质、规模和后续流动差异性可呈现丘状、鼻状、鞍状、单斜状等多种形态。由于熔岩的低部位充填和火山碎屑岩的近源堆积的特点，火山岩体顶面构造形态受古地貌形态影响较大，但单个岩体顶面的构造高点和低点仍对火山岩体中心和边缘的位置具有较好的指示作用。火山岩体构造形态反映了火山岩体的类型，一般火山碎屑岩型火山岩体构造形态呈现收敛的丘状、鼻状、鞍状等，熔岩型火山岩体构造形态多呈略微上凸并向低部位发散的鼻状、单斜状等。

火山岩体顶面构造的展布范围因单期次火山喷发规模大小而异，通常为数百米至数千米级，火山岩体构造不仅控制了气藏单个气水系统的分布及规模大小，而且对气藏开发层系划分、井网设计及可动用储量评价具有重要指导意义。例如松辽盆地原位型火山岩气藏，由于该类气藏的气层主要分布于各火山岩体内部的有利岩性岩相带中，而各岩体之间基本不连通，因此，各火山岩体之间气水界面、含气面积及流体性质等不尽相同，在井网设计及开发层系划分中需要单独考虑。DD18异位型火山岩气藏发育多个含气岩体彼此独立，各岩体的气水界面不同，因此，在储量评价和井网设计中需要分岩体分别进行论证。

二、火山岩气藏构造模型

在地层层序划分和火山机构、火山岩体解剖的基础上，利用单井分层数据、构造层位数据、断层数据等，以火山喷发旋回、火山机构、火山岩体层面为约束条件，建立火山喷发旋回控制下的区域构造模型、火山机构控制下的局部构造模型和火山岩体控制下的微构造模型，体现火山喷发旋回、火山机构、火山岩体不同层次构造形态及特征（图4-3）。

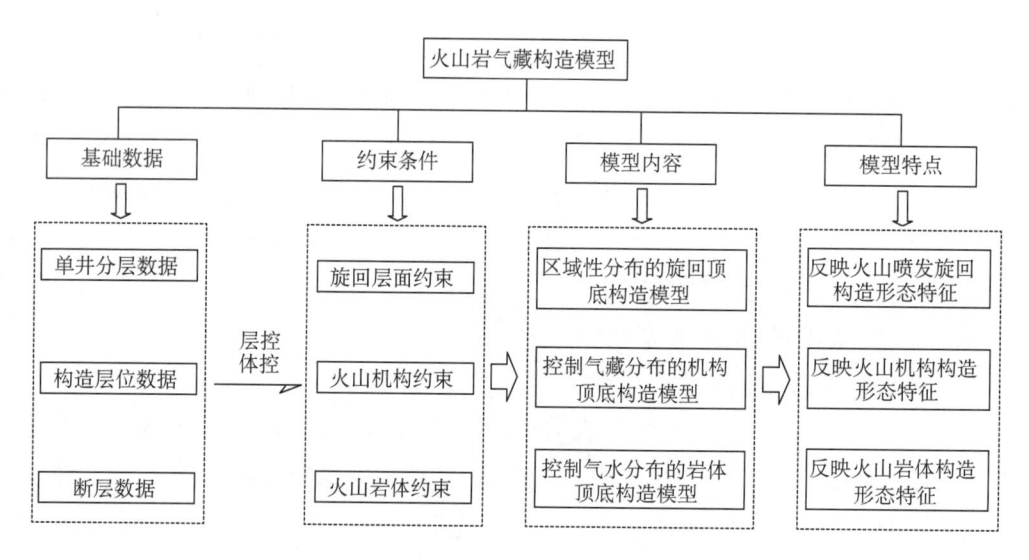

图4-3 火山岩气藏构造模型建模思路及流程

火山岩气藏构造模型要反映火山喷发旋回、火山机构、火山岩体3个层次的构造形态及变化特征，构造建模主要通过以下5个步骤来实现：

（1）依据火山喷发旋回、火山机构、火山岩体层面标志，进行层位的单井划分、对比和地震层位的追踪、解释；

（2）建立速度场，将地震解释的火山岩各喷发旋回、机构、岩体时间域层位数据转换为深度域数据；

（3）以构造断层解释为基础，引入断层文件，建立火山岩三维断层模型；

（4）根据构造的层次性，遵循从大到小的原则，井点以单井分层数据为基础，井间以旋回、机构、岩体层面数据为约束条件，利用克里金插值分别形成火山岩各旋回、机构、岩体层面海拔高度的网格值；

（5）进行喷发旋回、火山机构、火山岩体构造面的校正以及断层组合，形成不同级次的构造模型（图4-4）。

火山喷发旋回构造模型主要是定量表征各喷发旋回的构造形态及断层的空间分布，确定火山岩发育的构造高点及有利的气藏分布位置；火山机构构造模型主要是定量表征各火山机构的规模大小、构造形态以及火山口、围斜构造的局部形态及变化特征等；火山岩体构造模型主要是定量表征单个火山岩体的规模、形态及变化特征，揭示火山岩体空间分布特征及叠置关系。

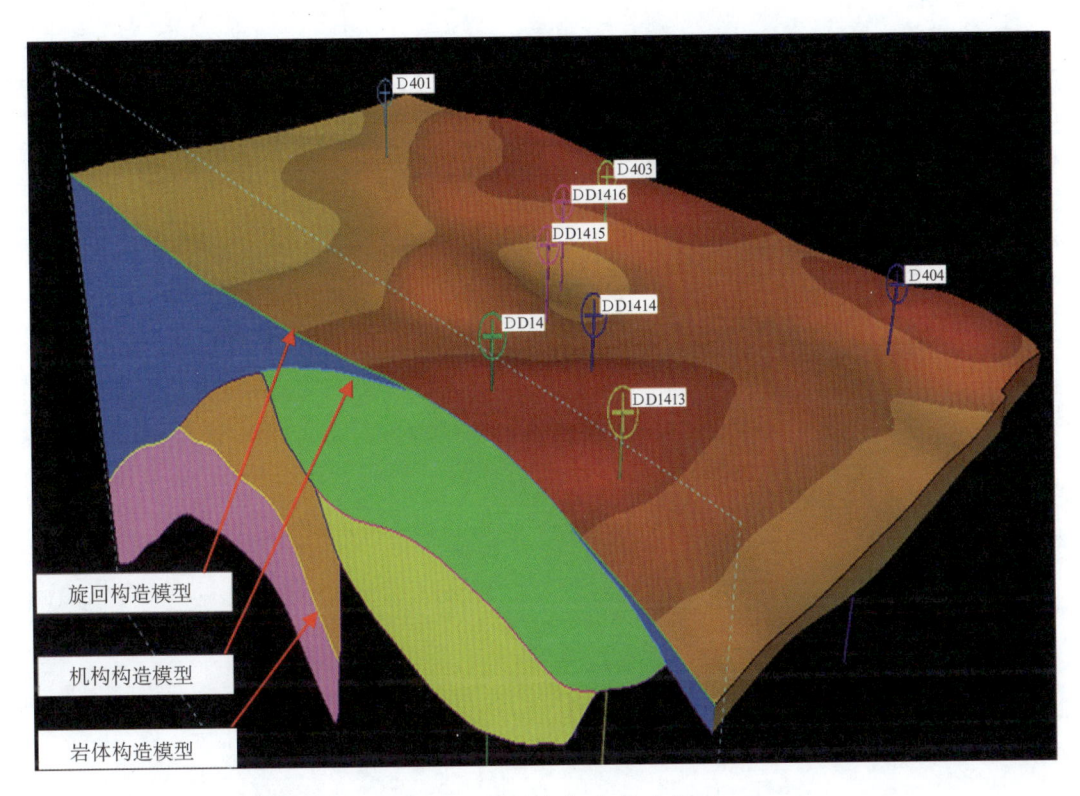

图4-4 火山岩气藏构造模型

第三节 火山岩气藏内幕结构特征与格架模型

一、火山岩气藏内幕结构特征

火山岩是火山作用的产物，由于火山喷发具有多源性、多旋回性，加之不同火山口不同期次喷发之间差异大，致使火山岩具有比常规沉积岩储层更为复杂的内幕结构特征。由第二章第一节和第二节可知，火山岩气藏发育5级内幕结构单元，分别是火山喷发旋回格架、火山机构格架、火山岩体格架、火山岩相格架、储渗单元格架（图4-5），而不同级次内幕结构单元的成因、特征、规模及对气藏的控制作用和对气藏开发的指导意义不同（表4-6）。

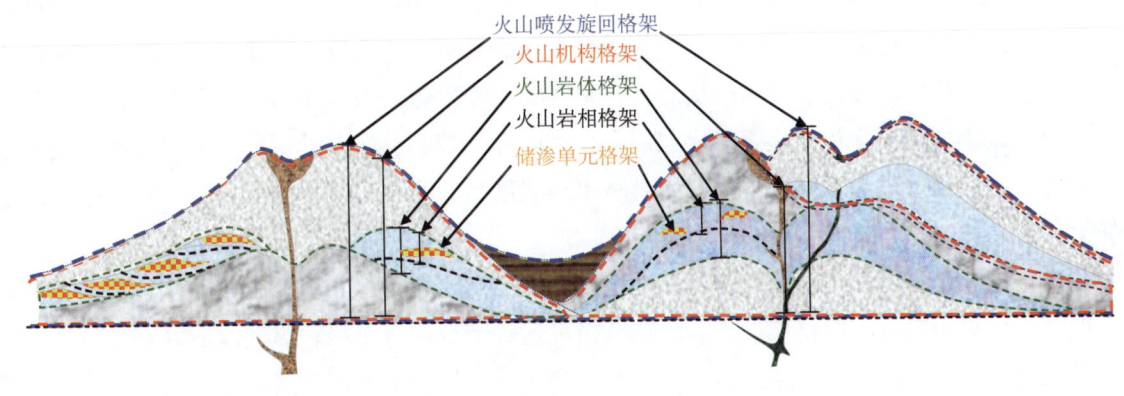

图4-5 火山岩气藏5级内幕结构单元及其特征

表4-6 火山岩气藏内幕结构级次及特征

内幕结构	成因	特征	规模	对气藏的控制作用	开发中的作用
喷发旋回	某个火山活动期内，由多个火山机构及火山机构间沉积岩叠加形成的	(1) 高值：火山喷发中心； (2) 低值：机构间洼地； (3) 形态：反映火山喷发方式及火山岩展布	(1) 范围：数十至数百千米级； (2) 厚度：数百米至数千米级	控制火山岩地层空间展布及其厚度变化	火山喷发模式及火山岩分布规律研究
火山机构	火山从喷发到结束，由单个火山口多次喷发形成的火山岩叠置而成	(1) 高值：近火山口； (2) 低值：远火山口； (3) 形态：反映火山机构类型及空间展布	(1) 范围：数千米至数十千米级； (2) 厚度：几百米至上千米级	控制机构及其形成气藏的最大规模	火山机构模式及气藏分布规律研究
火山岩体	火山机构形成过程中，火山一次相对连续喷发所形成的火山岩组合	(1) 高值：储量高丰度区； (2) 低值：储量低丰度区； (3) 形态：反映火山岩体类型及空间展布	(1) 范围：数百米至数千米级； (2) 厚度：百米至数百米级	控制气水系统及单体储量规模	气水分布模式及储量评价研究
火山岩相	火山岩体内部，火山一次连续喷发所形成的火山岩	(1) 高值：储层发育有利区； (2) 低值：储层发育不利区； (3) 形态：反映火山岩相类型及空间展布	(1) 范围：数百米级； (2) 厚度：十米至数十米级	控制储层类型、分布及规模大小	储层预测及分布规律研究
储渗单元	火山岩体内部，火山一次连续喷发所形成的火山岩的不同部位	(1) 高值：物性有利区； (2) 低值：储渗单元边缘； (3) 形态：反映储渗单元类型及空间展布	(1) 范围：数米至上百米级； (2) 厚度：小于一米到数十米级	控制储层物性及单井最大可采储量规模	井控储量及储层连通性评价

1. 火山喷发旋回格架

火山喷发旋回是火山岩建造内部一个火山活动期内火山喷发产物的总和，通常由多个火山机构喷出的火山岩及火山机构间沉积岩叠加形成。旋回之间通常由于构造变动和喷发间断而发育一定厚度的沉积岩隔层、风化壳或火山灰层。

火山喷发旋回格架受岩浆房内岩浆运移、抽空与充注作用共同控制，反映了火山活动从开始到高峰期再到衰退期和休眠期的完整过程。喷发旋回格架的厚度变化和空间几何形态与火山喷发方式及火山喷发中心位置有关。厚度高值区表明邻近火山喷发中心，火山喷发规模大、频率高、持续时间长，火山喷出物供给充足；而低值区则表明距离火山喷发中心较远，火山喷出物供给相对匮乏，火山岩厚度小，多为火山机构间的洼地。格架的形态则反映了火山喷发方式及火山岩空间展布规律，一般裂隙式喷发形成的火山岩地层多沿断裂带呈层状展布，空间分布较为稳定、地层厚度差异较小，而中心式喷发形成的火山岩地层多为孤立状或沿断裂带呈串珠状展布，表现出明显的锥状、丘状特征，地层厚度差异大。

中国东部和西部火山岩由于喷发方式、喷发能量和喷发环境等的不同，火山喷发旋回格架规模不同。一般来讲，火山喷发旋回格架的平面展布范围可达数十至数百千米，纵向厚度数百米至数千米，火山喷发旋回格架对火山岩地层空间展布及其厚度变化具有显著的控制作用，在气藏开发中主要是利用火山喷发旋回格架进行火山喷发模式及火山岩分布规律研究。

2. 火山机构格架

火山机构是火山作用产物围绕火山通道所形成的堆积体，是火山熔浆沿同一个主干通道至地表所形成的由火山口、火山通道和围斜构造3部分组成的有机体。

火山机构格架的厚度变化和空间几何形态与火山机构类型和距离火山口的远近有关。厚度高值区表明靠近火山口，多期次喷发火山岩就近堆积在火山口周围形成较厚的火山岩地层；而低值区则表明距离火山口较远，火山喷出物供给断断续续且规模小，火山岩厚度小，代表了远火山口区域。火山机构格架的形态则反映了机构的类型和空间展布。一般中心式火山机构形态多为锥状、盾状、穹状，具有中间厚、边缘薄、厚度差异大的特点；裂隙式火山机构多为盾状、层状，机构不同部位厚度差异较小；而复式火山机构多呈复杂丘状、多锥状、层状等，机构不同部位厚度差异大。

受喷发方式、喷发规模、熔浆性质和古地形地貌等的影响，火山机构的规模存在较大差异。通过露头观测和地震解释，火山机构的平面展布范围一般可达数千米至数十千米，纵向厚度多为几百米至上千米，火山机构对单个气藏的最大规模具有显著的控制作用，在气藏开发中主要是利用火山机构格架建立火山机构模式和分析气藏分布规律。

3. 火山岩体格架

火山岩体是火山机构内部一套成因相同、集中喷发或侵入、连续分布的火山岩组合，是介于火山机构与火山岩相之间的地质结构单元，其类型包括喷发间歇期岩性分隔类、喷发能量强弱转换类、独立岩体类、断层隔挡类。不同火山岩体之间通常发育一定厚度的风化壳、松散层或沉积岩夹层。

火山岩体格架的厚度变化和空间几何形态与火山岩体的成因、类型和形态有关。不同成因火山岩体的几何形态差异大，包括透镜状、柱状、楔状等。就单个火山岩体而言，其厚度高值区代表了火山一次集中喷发所形成的火山物质堆积的有利区，在发育优质储层方面具有厚度和规模上的优势，往往形成气层发育的储量高丰度区；而低值区则表明该部位在接收火山物质堆积方面存在不足，具有地层厚度薄、常常面临发生岩性尖灭的不利条件，往往气层不发育，储量丰度低。火山岩体格架的形态则反映了岩体的类型和空间展布。一般喷发间歇期岩性分隔类和喷发能量强弱转换类火山岩体多以似层状或透镜状为主，具有中部厚度大、边缘薄的特点；独立岩体类火山岩体多表现为柱状、楔形、透镜状；而断裂切割形成的火山岩体则为不规则块状。

受火山一次集中喷发规模和古地形地貌等的影响，火山岩体的规模存在较大差异。通过火山岩露头观测、密井网解剖和地震解释，火山岩体的平面展布范围一般为数百米至数千米级，纵向厚度多为百米至数百米级，火山岩体对气藏的气水分布及单个岩体的储量规模具有显著的控制作用，在气藏开发中主要是利用其评价储量和建立气水分布模式[19]。

4. 火山岩相格架

火山岩相是火山岩体次一级的建筑结构单元，是火山一次连续喷发所形成的火山岩组合，包括爆发相、溢流相、侵出相、火山通道相、次火山岩相及火山沉积岩相6种岩相类型，并可进一步划分出19种亚相，而不同火山岩相的特征、规模及在火山岩气藏开发中的作用不同。

火山岩相格架的厚度变化和空间几何形态与岩相的类型和形态有关。不同类型火山岩相的几何形态差异大，包括锥状、丘状、盾状、楔状、伞状、枝杈状等。就火山岩相的单个相带而言，其厚度高值区代表了火山一次连续喷发所形成的火山物质堆积的有利区，其挥发分逸散作用和火山碎屑堆积作用往往更充分，原生孔缝发育，后期成岩过程中受到溶蚀的概率更大，容易形成优质的火山岩储层；而低值区则表明该部位已处于火山岩相展布的末端，相带窄、厚度薄、粒度细，不利于形成优质储层。火山岩相格架形态则反映了岩相的类型和空间展布。一般爆发相多发育于火山机构的围斜构造中，喷发能量越强、粒径越大，近火山口区域爆发相多表现为锥状或丘状，而远火山口区域的爆发相多表现为似层状或层状；溢流相多发育于火山机构的火山颈、火山口及围斜构造中，多呈盾状、楔状、层状展布；侵出相位于火山口区域，多呈伞状、蘑菇状；火山通道相位于火山机构下部和近中心区域，多呈柱状、筒状、枝杈状等。

火山岩相的规模受相应火山作用的强度和持续时间影响，火山喷发作用越强、喷发时间越持久，形成岩相的规模越大。通过野外露头测量、密井网解剖及地震识别，不同火山岩相的规模差异较大，但平面展布范围一般为数百米级，而纵向厚度一般为十米至数十米级。火山岩相对气藏的储层类型、分布及规模大小具有显著的控制作用，在气藏开发中主要是利用其研究储层分布规律并进行储层预测[20-26]。

5. 储渗单元格架

火山岩储渗单元是火山岩中可储集并允许流体在其内部流动的岩石单元，由有效储渗体和周围的阻流带共同组成。储渗单元之间可通过开启断层、构造裂缝、柱状节理缝连通，或者以垂向和侧向接触的方式，形成一个大的连通体。

不同类型火山岩储渗单元的几何形态差异大，纵向上表现为透镜状、盾状、柱状、不规则块状、似层状或层状等，平面上具有土豆状（爆发相）、条带状（溢流相）或片状（混合相区）等不同形态。储渗单元的厚度高值区反映了储层发育带的分布，具有储层厚度大、物性好、分布范围较大等特点；而低值区则表明储层发育程度较低、物性变差，处于储渗单元边界。不同成因储渗单元的形态和分布不同。火山通道相储渗单元多呈柱状或不规则透镜状，爆发相储渗单元多呈不规则块状或盾状，溢流相储渗单元以盾状、似层状或薄层状为主，侵出相储渗单元多呈透镜状或不规则块状，火山沉积相储渗单元多以层状和似层状为主。

火山岩储渗单元的规模主要受各级次建筑结构规模、建设性成岩作用强弱和储层保存条件的共同影响，规模差异大。露头观测、密井网解剖及地震识别结果表明，火山岩储渗单元平面展布范围一般为数米至上百米级，而纵向厚度一般为小于一米至数十米级。火山岩储渗单元对气藏的储层物性及单井最大可采储量规模具有显著的控制作用，是井控储量评价和储层连通性分析的重要基础[27-30]。

二、火山岩气藏格架模型

在火山机构、岩体刻画、岩性岩相预测和储渗单元预测的基础上，利用单井内幕结构划分结果和火山机构、岩体、岩相、储渗单元层位数据，以火山机构、火山岩体、火山岩相、储渗单元为约束条件，建立火山喷发旋回、火山机构、火山岩体空间格架模型、火山岩相空间格架模型和渗单元空间格架模型，体现旋回、机构、岩体形态、规模、叠置关系及空间分布、岩相形态、规模、叠置关系及空间分布和储渗单元形态、规模、叠置关系及空间分布（图4-6）。

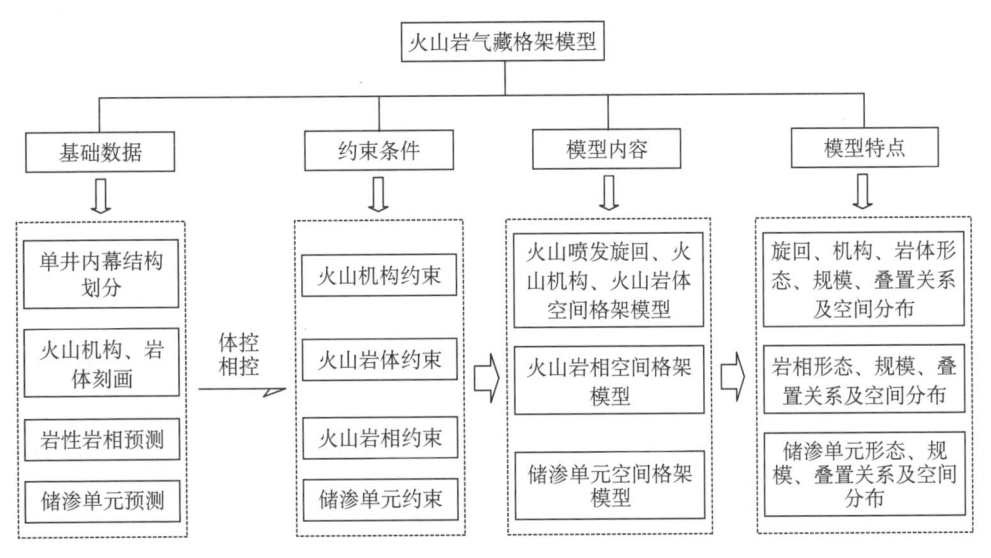

图4-6 火山岩气藏格架模型建模思路及流程

火山岩气藏格架模型要反映火山喷发旋回、火山机构、火山岩体、火山岩相、储渗单元5个层次的格架形态及变化特征。

1. 火山喷发旋回、机构、岩体格架模型

火山喷发旋回、机构、岩体格架模型是在火山喷发旋回、火山机构、火山岩体识别与刻画的基础上，井点根据单井火山喷发旋回、机构、岩体划分结果，井间利用火山喷发旋回、火山机构、火山岩体构造层面，按照从大到小的顺序，通过各喷发旋回顶底面的空间闭合、旋回内部各火山机构顶底面的空间闭合，以及机构内部各火山岩体顶底面的空间闭合，建立火山喷发旋回、火山机构、火山岩体储层格架模型（图4-7）。

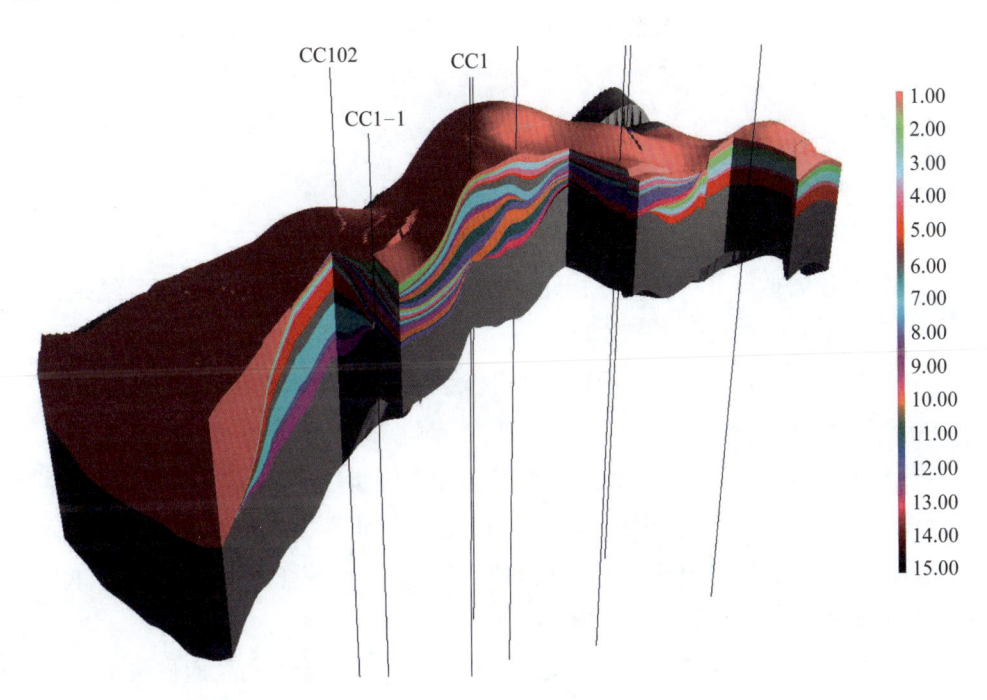

图4-7 火山岩储层格架模型

对于火山喷发旋回、机构、岩体格架模型的建立，关键是要做好叠置界面的无缝处理。由于火山喷发的多源性、多旋回性和火山岩体地震解释的差别，在建立格架模型过程中往往存在岩体交叉或岩体分布范围超出机构、旋回控制而导致模型出错。常用的处理办法有两种：一是修正旋回、机构、岩体刻画结果，消除存在交叉的区域；二是运用叠置区赋值相同的数学运算方法，使旋回、机构或岩体在交叉区域数值一致，即界面重叠，实现无缝拼接。

火山喷发旋回格架模型主要是反映火山各喷发旋回喷发方式、喷发中心的位置、空间变化及其与断裂的关系，定量表征各喷发旋回格架的空间几何形态、规模大小及叠置关系；火山机构格架模型主要是反映各火山机构的机构类型、形态以及火山口、火山通道与围斜构造的组合关系，定量表征火山口、火山通道、火山机构等的空间几何形态、规模大小等以及火山机构间的叠置关系；火山岩体格架模型主要是反映各火山岩体的类型、形态及空间分布，定量表征各岩体的长、宽、厚特征参数、空间几何形态、岩体体积及叠置关系等。

2. 火山岩相格架模型

火山岩相格架模型是在火山岩多层次构造模型和火山喷发旋回、机构、岩体格架模型建立的基础上，以火山岩相分布模式为指导，利用火山岩相识别和表征结果，采用随机或确定性建模方法建立火山岩相格架模型（图4-7）。

随机建模方法多应用于钻井资料较少的火山岩气藏开发早期，是基于井点单井岩相研究结果，井间以火山喷发旋回、火山机构、岩体格架为约束，利用三维地震资料，采用序贯指示模拟等方法，通过井间火山岩相的随机模拟，建立火山岩相模型；确定性建模方法多应用于井控程度相对高的火山岩气藏开发中后期，是在火山岩相认识程度较高的情况下，基于单井相、剖面相和平面相确定性研究结果，以火山喷发旋回、火山机构、岩体格架为约束条件，以各喷发韵律火山岩相预测结果为协同约束条件，通过确定性模拟，建立火山岩相模型。

火山岩相格架模型体现了火山喷发旋回、机构、岩体格架对火山岩相展布的控制作用，能反映各相带的岩相类型、形态变化及空间分布，并定量表征各相带的长、宽、厚特征参数、空间几何形态、相带规模及叠置关系等。

3. 火山岩储渗单元格架模型

火山岩储渗单元格架模型是在火山岩多层次构造模型和火山喷发旋回、机构、岩体、岩相格架模型建立的基础上，以火山岩储层分布模式为指导，利用火山岩储渗单元识别和表征结果，采用随机或确定性建模方法建立火山岩储渗单元格架模型。

火山岩储渗单元随机或确定性建模的建模方法与火山岩相格架建模相同，只是建模的参数和约束条件不同。火山岩储渗单元随机建模是基于井点单井储渗单元研究结果，井间以火山喷发旋回、火山机构、岩体、岩相格架为约束，利用三维地震资料，采用序贯指示模拟等方法进行随机模拟，建立火山岩储渗单元模型；而确定性建模方法则是基于单井储渗单元识别、骨架和典型剖面的储渗单元刻画以及储渗单元空间预测结果，以火山喷发旋回、火山机构、岩体、岩相格架为约束条件，通过确定性模拟，建立火山岩储渗单元格架模型。

火山岩储渗单元格架模型体现了火山喷发旋回、机构、岩体、岩相格架对储渗单元展布的控制作用，能反映储渗单元的类型、形态变化及空间分布，并定量表征各储渗单元的长、宽、厚等特征参数以及储渗单元的几何形态、规模大小和叠置关系等（图4-8）。

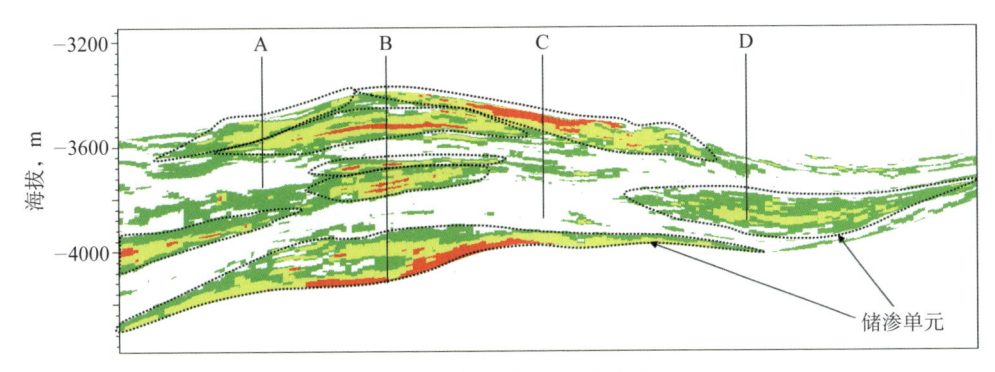

图4-8 火山岩储渗单元三维空间分布图

第四节 火山岩气藏储渗特征与属性模型

一、火山岩气藏储渗特征

由第三章第三节可知，火山岩气藏储层中孔、洞、缝发育，发育多种不同类型、不同尺度的孔、洞和喉道；孔、洞、缝组合关系复杂，具有气孔型、粒间孔型、微孔型、裂缝型和裂缝—气孔型、裂缝—粒间孔型、裂缝—微孔型、裂缝—溶孔型等多种储渗模式。由于储渗空间的多样性、孔缝尺度的差异性及孔缝组合方式的不同，火山岩气藏不同介质储层储渗特征不同。

1. 火山岩储层的介质划分

火山岩储层中孔、洞、缝多重介质共存，根据介质类型及储渗特点可将火山岩储层划分为孔隙型、裂缝—孔隙型和裂缝型三大类，而不同火山岩储层中的孔缝介质类型不同。根据介质尺度大小及其渗流流态差异性，火山岩储层介质类型包括大孔介质（$r>1\mu m$）、小孔介质（$r<1\mu m$）、大裂缝介质（$w_f>0.1mm$）、微裂缝介质（$w_f<0.1mm$）。

1）大孔介质

大孔介质主要分布于溢流相顶部/上部亚相大气孔发育带、爆发相空落亚相大粒间孔发育带和火山岩体上部界面附近风化溶蚀带等多个不同火山岩相带中，以大气孔、大粒间孔和溶蚀孔为典型代表，孔隙形态可表现为近圆形、椭圆形、棱角形、树枝形、港湾形等多种不同形态。大孔介质孔隙尺度较大、储集能力强，孔径多大于$100\mu m$、孔隙度通常可达8%以上；喉道较粗，喉道半径可达$1\mu m$以上，渗流能力较好，渗透率可达0.1mD以上，气体在其中流动多表现为达西渗流的特点。

2）小孔介质

小孔介质主要分布于溢流相中部亚相小气孔发育带、爆发相热基浪/热碎屑流亚相小粒间孔发育带和火山岩体中部基质微孔发育带中，以小气孔、小粒间孔、基质微孔为典型代表，孔隙形态可表现为近圆形、椭圆形、棱角形、斑晶形、针眼状、弥散状等多种不同形态。小孔介质孔隙尺度小、储集能力差，孔径多小于$100\mu m$、孔隙度多小于8%；喉道细微、喉道半径多小于$1\mu m$，渗流能力弱、渗透率低于0.1mD，气体在其中流动多表现为低速非达西渗流的特点。

3）大裂缝介质

大裂缝介质主要分布于靠近断裂带的火山岩构造缝发育带、火山通道相大型节理缝发育带、靠近风化溶蚀带的溶蚀缝发育带中，介质类型以大型构造缝、节理缝、溶蚀缝为典型代表，形态多为呈组系发育的线形、条带形、网状等。该类介质中裂缝尺度大，长度多大于10mm；裂缝面孔率低，裂缝孔隙度通常在1%以下；裂缝宽度大、渗流能力较强，平均裂缝宽度可达0.1mm以上、渗透率可达1000mD以上，气体在其中流动多表现为高速非达西渗流的特点。

4) 微裂缝介质

微裂缝介质主要分布于溢流相中部/下部冷凝收缩缝发育带、爆发相热基浪亚相炸裂缝发育带、靠近断裂带的构造微裂缝发育带、爆发相空落/热基浪亚相缝和缝发育带中，类型以收缩缝、炸裂缝、微构造缝、缝合缝储层为典型代表，形态可表现为龟裂形、同心圆形、线形、网形、齿状等多种形态。该类介质中裂缝尺度小，裂缝长度多小于10mm；由于裂缝面孔率较低，裂缝孔隙度通常在1%以下；裂缝宽度小、平均裂缝宽度小于0.1mm，渗流能力弱于大裂缝型储层，气体在其中流动符合达西渗流的特点。

2. 多重介质的渗流特征

由第三章第二节可知，火山岩储层在形成与演化过程中受到火山喷发作用、构造作用、成岩作用的共同影响，形成了不同类型、不同尺度孔缝共存的特点，为典型的多重介质储层。关于多重介质的概念，国内外学者从不同研究角度进行了定义[31-35]，比较有代表性的为：假设每种介质在油气藏区域内均连续分布，其内部存在流体渗流，多种介质在空间位置上重叠，不同介质间存在质量交换。火山岩多重介质储层可进一步细分为双重介质、三重介质及四重介质（表4-7）。

表4-7　火山岩气藏不同储层介质划分表

储层类型	多重介质	介质类型	组成	尺度	流态	储层分布
孔隙型	单一介质	中高孔渗	大孔	大气孔、溶蚀孔、大粒间孔	$r>1\mu m$	达西渗流	(1) 溢流相顶部/上部大气孔发育带；(2) 爆发相空落亚相大粒间孔发育带；(3) 火山岩体上部风化溶蚀带
		低孔渗	小孔	小气孔、小粒间孔、基质微孔	$r<1\mu m$	低速非达西渗流	(1) 溢流相中部亚相小气孔发育带；(2) 爆发相热基浪/热碎屑流亚相小粒间孔发育带；(3) 火山岩体中部基质微孔发育带
	双重介质（双孔双渗）		大孔	大气孔、溶蚀孔、大粒间孔	$r>1\mu m$	达西渗流	(1) 溢流相中上部亚相溶蚀—小气孔发育带；(2) 爆发相热基浪/热碎屑流亚相溶蚀—小粒间孔发育带；(3) 火山岩体中上部溶孔—基质微孔发育带
			小孔	小气孔、小粒间孔、基质微孔	$r<1\mu m$	低速非达西渗流	
裂缝—孔隙型	双重介质	双孔双渗	大孔	大气孔、溶蚀孔、大粒间孔	$r>1\mu m$	达西渗流	(1) 溢流相顶部/上部大气孔—构造缝发育带；(2) 爆发相空落亚相大粒间孔—构造缝发育带；(3) 火山岩体上部溶蚀孔/缝—构造缝发育带；(4) 火山岩断裂带附近裂缝—溶蚀孔发育带
			大裂缝	收缩缝、炸裂缝、构造缝、缝合缝	$w_f>0.1mm$	高速非达西渗流	
		双孔单渗	小孔	小气孔、小粒间孔、基质微孔	$r<1\mu m$	低速非达西渗流	(1) 溢流相中部亚相小气孔—冷凝收缩缝发育带；(2) 爆发相热基浪/热碎屑流亚相小粒间孔—炸裂缝发育带；(3) 火山岩体中部基质微孔—构造缝发育带
			微裂缝	构造缝、节理缝、溶蚀缝	$w_f<0.1mm$	达西渗流	

续表

储层类型	多重介质	介质类型	组成	尺度	流态	储层分布
裂缝—孔隙型	三重介质	小孔	小气孔、小粒间孔、基质微孔	$r<1\mu m$	低速非达西渗流	(1) 溢流相上部/下部气孔—冷凝收缩缝—构造缝发育带； (2) 爆发相粒间孔—炸裂缝—构造缝（砾间缝）发育带； (3) 火山通道相气孔（粒间孔）—大型节理缝—隐爆炸裂缝发育带； (4) 火山岩断裂带溶蚀孔—构造（溶蚀）缝成岩缝发育带； (5) 火山岩基质孔隙—成岩缝—压裂缝（加构造缝）发育带
		微裂缝	构造缝、节理缝、溶蚀缝	$w_f<0.1mm$	达西渗流	
		大裂缝	收缩缝、炸裂缝、构造缝、缝合缝	$w_f>0.1mm$	高速非达西渗流	
	四重介质	大孔	大气孔、溶蚀孔、大粒间孔	$r>1\mu m$	达西渗流	(1) 溢流相顶部孔洞型气孔—小气孔—构造缝—收缩缝发育带； (2) 爆发相空落亚相孔洞型砾间孔—小粒间孔—构造缝—炸裂缝发育带； (3) 火山通道相孔洞型溶蚀孔—小溶蚀孔（或气孔/粒间孔）—大型节理缝—隐爆炸裂缝发育带
		小孔	小气孔、小粒间孔、基质微孔	$r<1\mu m$	低速非达西渗流	
		微裂缝	构造缝、节理缝、溶蚀缝	$w_f<0.1mm$	达西渗流	
		大裂缝	收缩缝、炸裂缝、构造缝、缝合缝	$w_f>0.1mm$	高速非达西渗流	
裂缝型	单一介质	中高孔渗大裂缝	构造缝、节理缝、溶蚀缝	$w_f>0.1mm$	高速非达西渗流	(1) 火山通道相大型节理缝发育带； (2) 构造缝发育的火山岩断裂带附近； (3) 靠近风化溶蚀带的溶蚀缝发育带
		低孔渗微裂缝	收缩缝、炸裂缝、构造缝、缝合缝	$w_f<0.1mm$	达西渗流	(1) 溢流相中部/下部冷凝收缩缝—构造微裂缝发育带； (2) 爆发相热基浪亚相炸裂缝—构造微裂缝发育带； (3) 火山通道相隐爆角砾岩亚相微裂缝发育带
	双重介质（双孔双渗）	大裂缝	构造缝、节理缝、溶蚀缝	$w_f>0.1mm$	高速非达西渗流	(1) 溢流相中部/下部大构造缝—冷凝收缩缝—构造微裂缝发育带； (2) 爆发相热基浪亚相大构造缝—炸裂缝—构造微裂缝发育带； (3) 火山通道相节理缝—隐爆微裂缝发育带
		微裂缝	收缩缝、炸裂缝、构造缝、缝合缝	$w_f<0.1mm$	达西渗流	

注：w_f为裂缝宽度；r为喉道半径。

1）双重介质储层

火山岩气藏储渗空间多样，根据不同孔缝组合方式，可将双重介质储层分为孔隙型、裂缝—孔隙型、裂缝型3类：

（1）孔隙型。

孔隙型双重介质储层由大孔和小孔两种介质组成，主要分布在溢流相中部亚相小气孔—冷凝收缩缝发育带、爆发相热基浪/热碎屑流亚相小粒间孔—炸裂缝发育带、火山岩体中部基质微孔—构造缝发育带中。储层两种介质之间能够相互窜流，且均向井筒渗流。由于小孔介质孔径小、喉道细微，因此开发过程中受滑脱效应、阈压效应的影响，气体在小孔介质中做低速非达西流动；在大孔介质中做达西渗流。同时，随地层压力的降低，气孔/溶蚀孔洞收缩变形，需要考虑应力敏感效应对大孔介质与小孔介质的影响。

(2) 裂缝—孔隙型。

① 双孔双渗。

储层由大孔、大裂缝两种介质组成，主要分布在溢流相顶部/上部大气孔—构造缝发育带、爆发相空落亚相大粒间孔—构造缝发育带、火山岩体上部溶蚀孔/缝—构造缝发育带、火山岩断裂带附近裂缝—溶蚀孔发育带中。储层两种介质之间能够相互窜流，且均向井筒渗流。气体在大孔介质中做达西渗流；由于大裂缝介质渗透性好，导流能力强，因此气体流动较快，为高速非达西渗流。同时，随地层压力的降低，气孔/溶蚀孔洞收缩变形，大裂缝变形或闭合，需要考虑应力敏感效应对大孔介质与大裂缝介质的影响。

② 双孔单渗。

储层由小孔、微裂缝两种介质组成，主要分布在溢流相中部亚相小气孔—冷凝收缩缝—构造缝发育带、爆发相热基浪/热碎屑流亚相小粒间孔—炸裂缝—构造缝发育带、火山岩体中部基质微孔—构造缝发育带中。储层两种介质之间能够相互窜流，但仅有微裂缝介质向井筒渗流。由于小孔介质孔径小、喉道细微，因此受开发过程中滑脱效应、阈压效应的影响，气体在小孔介质中做低速非达西流动；在微裂缝介质中做达西渗流。同时，随地层压力的降低，气孔/溶蚀孔洞收缩变形，微裂缝变形或闭合，需要考虑应力敏感效应对小孔介质与微裂缝介质的影响。

(3) 裂缝型。

储层由微裂缝、大裂缝两种介质组成，主要分布在溢流相中部/下部大构造缝—冷凝收缩缝—构造微裂缝发育带、爆发相热基浪亚相大构造缝—炸裂缝—构造微裂缝发育带、火山通道相节理缝—隐爆微裂缝发育带中。储层两种介质之间能够相互窜流，且均向井筒渗流。气体在微裂缝介质中做达西渗流；由于大裂缝介质渗透性好，导流能力强，因此气体流动较快，为高速非达西渗流。同时，随地层压力的降低，天然裂缝变形或闭合，需要考虑应力敏感效应对微裂缝介质与大裂缝介质的影响。

2) 三重介质储层

储层由小孔、微裂缝和大裂缝3种介质组成，主要分布在溢流相上部/下部气孔—冷凝收缩缝—构造缝发育带、爆发相粒间孔—炸裂缝—构造缝（砾间缝）发育带、火山通道相气孔（粒间孔）—大型节理缝—隐爆炸裂缝发育带、火山岩断裂带溶蚀孔—构造（溶蚀）缝成岩缝发育带、火山岩基质孔隙—成岩缝—压裂缝（加构造缝）发育带中。储层中各介质之间考虑相互窜流，但只有微裂缝与大裂缝向井筒渗流。由于小孔介质孔径小、喉道细微，因此受开发过程滑脱效应、阈压效应的影响，气体在小孔介质中做低速非达西流动；在微裂缝介质中为达西渗流；由于大裂缝介质渗透性好，导流能力强，因此气体流动较快，为高速非达西渗流。同时，随地层压力的降低，气孔/溶蚀孔洞收缩变形，天然裂缝变形或闭合，需要考虑应力敏感效应对每种介质的影响。

3) 四重介质储层

储层由大孔、小孔、大裂缝和微裂缝4种介质组成，主要分布在溢流相顶部孔洞型气孔—小气孔—构造缝—收缩缝发育带、爆发相空落亚相孔洞型砾间孔—小粒间孔—构造缝—炸裂缝发育带、火山通道相孔洞型溶蚀孔—小溶蚀孔（或气孔/粒间孔）—大型节理缝—隐爆炸裂缝发育带中。储层中各介质之间考虑相互窜流,并且每重介质均向井筒渗流。由于开发过程中存在滑脱效应、阈压效应,气体在小孔介质中做低速非达西流动;在大孔、微裂缝介质中为达西渗流;由于大裂缝介质渗透性好,导流能力强,因此气体流动较快,为高速非达西渗流。同时,随地层压力的降低,气孔/溶蚀孔洞收缩变形,天然裂缝变形或闭合,需要考虑应力敏感效应对每重介质的影响。

二、火山岩气藏属性模型

针对火山岩储层中多重介质共存的特点,在单井孔渗及裂缝参数解释、储层及裂缝参数反演的基础上,以内幕结构、岩性岩相、储渗单元、储层及裂缝分布规律等为约束条件,分基质和裂缝分别建立内幕结构及储层分布规律约束下的储层属性模型。其中,火山岩储层基质属性模型包括:(1)大孔介质孔隙度、渗透率模型;(2)小孔介质孔隙度、渗透率模型。火山岩储层裂缝属性模型包括:(1)裂缝网络模型;(2)大裂缝介质孔隙度、渗透率模型;(3)微裂缝介质孔隙度、渗透率模型;(4)裂缝导流能力模型。该地质模型能反映火山岩储层多重介质特征,表征内幕结构控制下的储层基质物性特征及变化规律和储层裂缝特征及变化规律(图4-9),对气藏井位优化部署、储量评价、数值模拟具有较大的指导意义[36-38]。

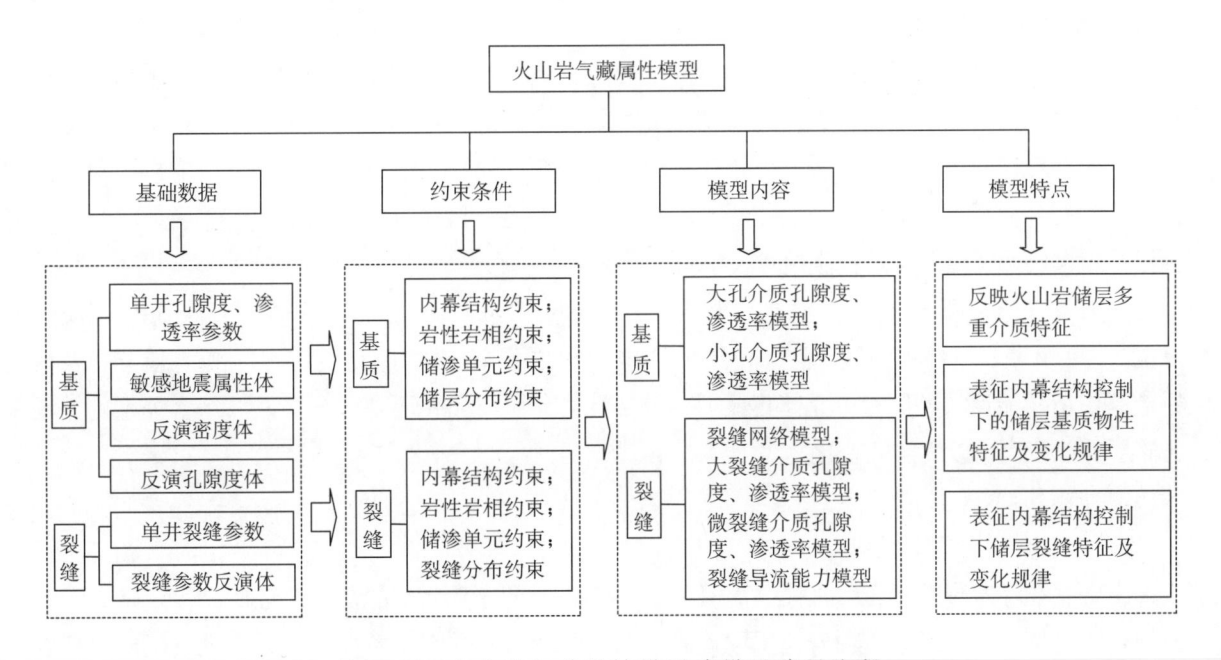

图4-9 火山岩气藏属性模型建模思路及流程

1. 基质属性模型

火山岩基质属性模型包括基质孔隙度模型和基质渗透率模型。建立基质属性模型是在内幕结构、岩性岩相、储渗单元和储层分布规律约束的基础上,考虑孔隙介质的差异性,分大孔介质和小孔介质分别进行建模。

1)基质孔隙度模型

(1)大孔介质孔隙度模型。

火山岩大孔介质孔隙度(ϕ_m)模型是在火山岩多层次构造模型和格架模型建立的基础上,以大孔介质的分布规律为指导，利用单井大孔介质识别和孔隙度解释结果，采用确定性或随机建模方法建立。

确定性建模方法：①内幕结构约束，通过火山喷发旋回、火山机构、火山岩体地层格架约束，确保火山岩大孔介质分布的客观性；②火山岩相约束，火山岩相对大孔介质分布及其孔隙度变化有明显的控制作用，通过火山岩相约束，可实现大孔介质分布与火山岩相带展布及孔隙度变化的统一；③储渗单元约束，储渗单元控制大孔介质的规模、连续性及连通性，通过储渗单元格架约束，可实现储层中该类介质的分辨率；④地震约束，井点以单井解释的大孔介质发育段厚度、孔隙度数据为基础，井间以地震反演得到的孔隙度数据体为约束条件，采用确定性模拟算法建立大孔介质孔隙度模型。

随机建模方法：由于火山岩储层形态及物性变化较常规沉积岩储层更大，因此，采用随机建模方法建立大孔介质孔隙度模型时仍需要在内幕结构、岩相、储渗单元的约束下进行，以适应火山岩快速变化的储层格架及非均质性。相比确定性建模，火山岩随机建模方法是在研究该类介质的变程（Range）、块金值（Nugget）、基台值（Sill）、拱高等地质统计学参数的基础上，井点以单井解释的大孔介质厚度、孔隙度数据为基础，井间以地震数据体或反演密度、波阻抗数据体为协同变量，运用随机模拟的方法建立地质模型。

(2) 小孔介质孔隙度模型。

火山岩小孔介质孔隙度（ϕ_s）模型的建模方法与大孔介质孔隙度模型的建模方法基本相同，也包括确定性和随机两种建模方法。其基本思路是在火山岩多层次构造模型和格架模型的基础上，基于单井小孔介质发育段厚度、孔隙度数据，以小孔介质的分布规律为指导，采用确定性或随机模拟方法建立。相比大孔介质而言，火山岩储层中小孔介质的连续性通常相对较好，因此，变差函数中的变程值一般相对较大，而块金值和基台值相对较小。

通过大孔介质孔隙度（ϕ_m）模型与小孔介质孔隙度（ϕ_s）模型叠加可得到火山岩储层基质孔隙度模型（图4-10）。该模型能体现火山岩内幕结构及储层分布规律对储层基质中孔隙介质分布及其变化的控制作用，能反映各储渗单元储集能力的差异性、储层与隔夹层空间分布及其组合关系，并定量表征储层孔隙度高低及其空间变化。

2) 基质渗透率模型

(1) 大孔介质渗透率模型。

火山岩大孔介质渗透率（K_m）模型建模可通过确定性或随机建模方法来实现。

确定性建模方法：基于火山岩储层中大孔介质孔隙度与渗透率相关性分析，将地震反演得到的大孔介质孔隙度数据体转换为渗透率数据体；井点以单井解释的大孔介质渗透率数据为基础，井间以内幕结构、岩相、储渗单元为约束条件，利用转换得到的渗透率数据体，采用确定性建模方法建立渗透率模型；

随机建模方法：井点以单井解释的大孔介质渗透率参数为基础，井间以内幕结构、岩相、储渗单元为约束条件，以地震数据体或反演孔隙度、密度、波阻抗体为协同约束条件，采用随机模拟方法建立大孔介质渗透率模型。

(2) 小孔介质渗透率模型。

火山岩小孔介质渗透率（K_s）模型的建模方法与大孔介质渗透率模型的建模方法类似，是在火山岩多层次构造模型和格架模型的基础上，以小孔介质的分布规律为指导，利用单井小孔介质发育段的

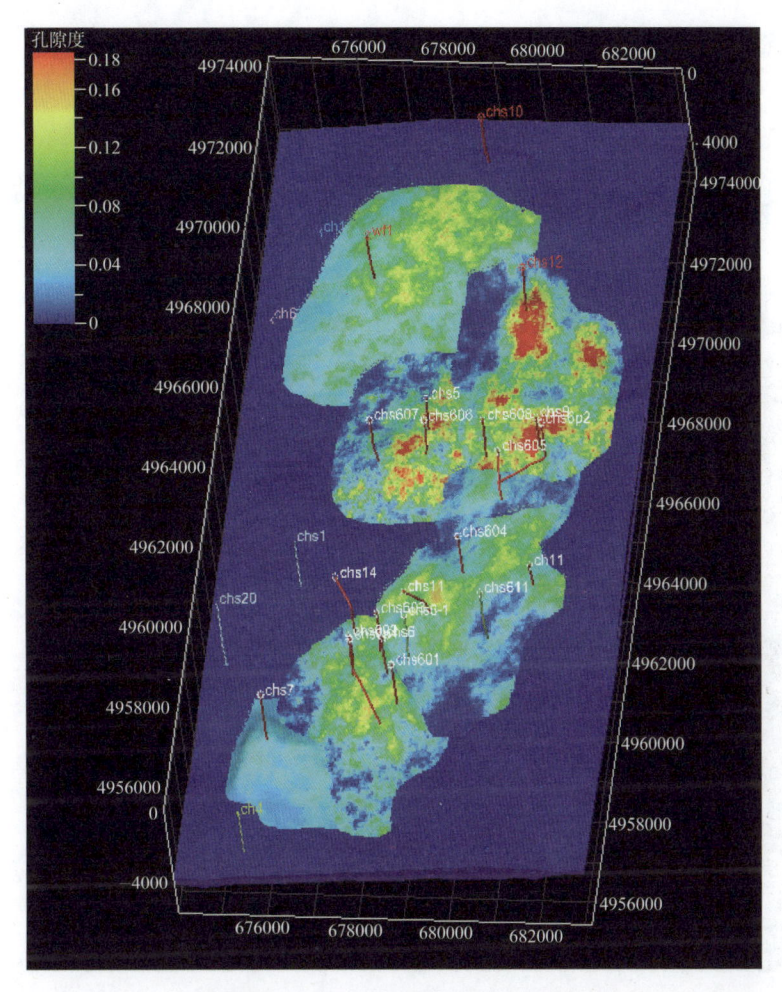

图4-10 火山岩气藏基质孔隙度模型

厚度、渗透率参数，采用确定性或随机建模方法建立。

通过大孔介质渗透率（K_m）模型与小孔介质渗透率（K_s）模型的叠加，可得到火山岩储层基质渗透率模型（图4-11）。该模型体现了内幕结构及储层分布规律对储层基质渗透率变化的控制作用，能反映各储渗单元基质渗透性好坏，并定量表征储层基质渗透率高低、空间变化及储层基质的连通性等。

2. 裂缝属性模型

火山岩裂缝属性模型包括裂缝网络模型、裂缝孔隙度模型、裂缝渗透率模型、裂缝导流能力模型。由于火山岩储层中裂缝类型多、尺度差异大、分布规律不同，对气藏微观渗流和生产动态具有重要影响。因此，建立符合火山岩气藏裂缝属性模型需要在内幕结构、岩性岩相、储渗单元和裂缝分布规律约束的基础上，考虑不同裂缝介质的差异性及其对气藏渗流机理的影响，分别建立三维地质模型。

1）裂缝网络模型

火山岩气藏发育不同尺度裂缝，形成复杂裂缝网络。根据不同裂缝的渗流机理及其在气藏开发中的作用机理，建立火山岩气藏裂缝网络模型，包括大裂缝离散模型和微裂缝连续模型。

（1）大裂缝离散模型。

该类裂缝多呈离散分布，具有规模大、延伸距离远、测井、地震响应特征明显等特点。因此，主要是通过岩心观察、FMI成像测井、常规测井解释，获取井点裂缝参数，包括裂缝的形状、延伸距

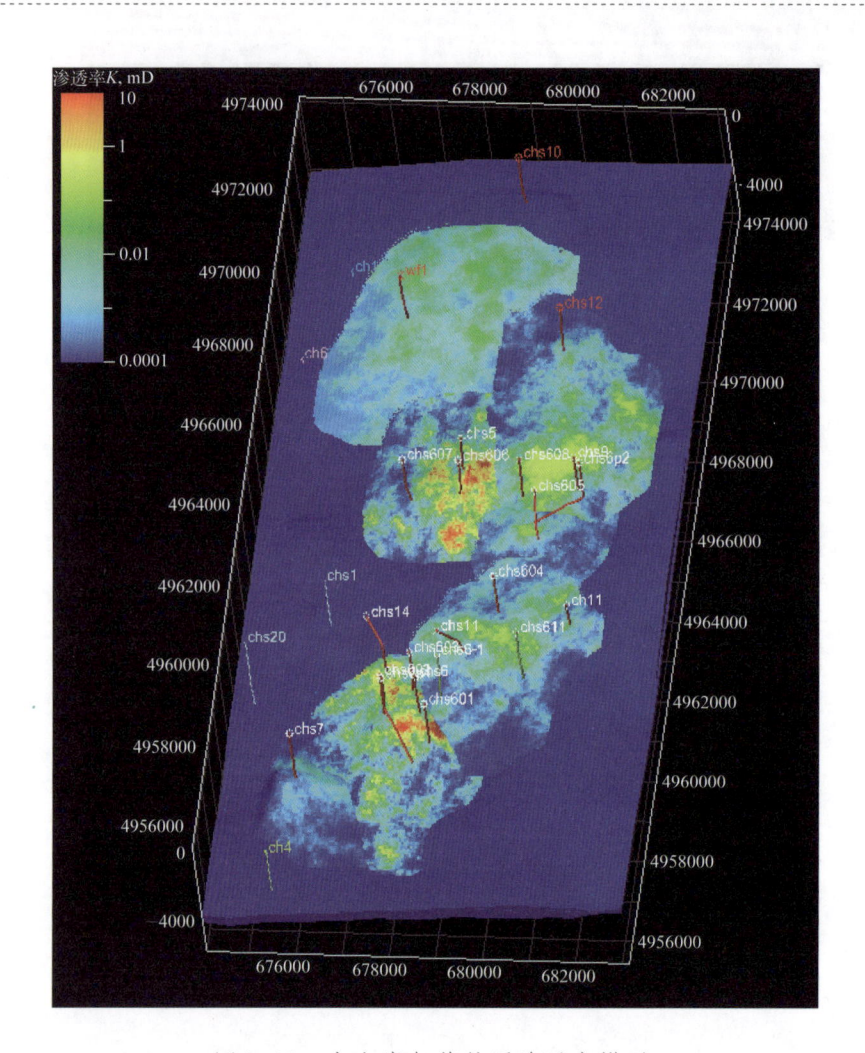

图4—11 火山岩气藏基质渗透率模型

离、倾角、方位角等；通过地质分析、地震相干、"蚂蚁体"、边缘检测、动态监测、物理模拟等方法，获取井间裂缝信息。在此基础上，以单井大裂缝参数为基础，以火山岩内幕结构、岩相、储渗单元为约束条件，结合井间裂缝数据体，通过确定性建模方法建立大裂缝离散模型（DFN），准确刻画大裂缝的形态，得到大裂缝长度、宽度、渗透率、导流能力等属性参数。

（2）微裂缝连续模型。

该类裂缝尺度小，测井、地震响应特征不明显，识别和预测难度较大。通常是根据岩心观察、薄片鉴定、CT扫描、FMI成像测井等资料，获取井点裂缝参数，包括裂缝密度、产状、开度等；根据微裂缝分布规律、微裂缝地震属性分析和参数反演等方法，获取微裂缝数据体。在此基础上，以单井微裂缝参数为基础，以火山岩内幕结构、岩相、储渗单元为约束条件，以井间微裂缝数据体为协同约束条件，通过随机模拟的方法，建立隐式的微裂缝连续模型（IFM），将微裂缝的分布与导流能力等属性映射到网格上，获得等效后的网格渗透率、孔隙度等属性参数。

2）裂缝孔隙度模型

（1）大裂缝孔隙度模型。

关键在于如何将大裂缝离散网络模型转化为裂缝孔隙度模型。针对大裂缝离散分布的特点，通常采用确定性建模方法来实现：①在裂缝网络模型的基础上，根据网络模型中单位体积的大裂缝条数

（N，条/m³）和面积（P_{32}，m²/m³）计算裂缝强度；②根据裂缝宽度（W_{ave}，m），长度（L_{ave}，m），高度（H_{ave}，m）计算裂缝孔隙度；③以火山岩内幕结构、岩相、储渗单元为约束条件，进行裂缝网络—孔隙度转换，建立大裂缝孔隙度（ϕ_{fma}）模型。

（2）微裂缝孔隙度模型。

针对微裂缝连续分布的特点，通常采用随机建模方法来建立微裂缝孔隙度模型：①根据井点岩心描述、薄片鉴定、FMI成像测井解释等得到的微裂缝宽度、长度、高度参数，计算微裂缝（ϕ_{fmi}）孔隙度；②井点以微裂缝孔隙度参数为基础，井间以火山岩内幕结构、岩相、储渗单元为约束条件，以微裂缝网络模型为协同约束条件，建立微裂缝孔隙度模型。

通过大裂缝孔隙度（ϕ_{fma}）模型与微裂缝孔隙度（ϕ_{fmi}）模型的叠加，得到总裂缝孔隙度（ϕ_f）模型，其计算表达式为$\phi_f = \phi_{fma} + \phi_{fmi}$。

3）裂缝渗透率模型

（1）大裂缝渗透率模型。

通常采用确定性建模方法来建立大裂缝离散网络渗透率模型：①在裂缝网络模型的基础上，根据单位体积的大裂缝条数（N，条/m³）和裂缝张量（L^2，m²）计算不同方向的裂缝渗透率；②以火山岩内幕结构、岩相、储渗单元为约束条件，进行裂缝网络–渗透率转换。

（2）微裂缝渗透率模型。

可运用随机建模方法建立微裂缝渗透率模型：①根据井点岩心描述、薄片鉴定、测井解释得到的微裂缝条数、张量参数，计算单井微裂缝（K_{fmi}）渗透率；②井点以微裂缝渗透率参数为基础，井间以火山岩内幕结构、岩相、储渗单元为约束条件，以微裂缝网络模型为协同约束条件，建立微裂缝渗透率模型。

火山岩储层中裂缝渗透率具有方向性，分别用K_{fx}，K_{fy}，K_{fz}代表不同方向的裂缝渗透率。通过大裂缝渗透率模型与微裂缝渗透率模型的叠加，建立总裂缝渗透率（K_f）模型，其计算表达式分别为$K_{fx} = K_{fmax} + K_{fmix}$，$K_{fy} = K_{fmay} + K_{fmiy}$，$K_{fz} = K_{fmaz} + K_{fmiz}$。

4）裂缝导流能力模型

裂缝导流能力模型的建立，依赖于裂缝渗透率和裂缝张开度，而裂缝张开度难以确定。因此，基于裂缝网络模型的不同处理方式，可分别建立大裂缝导流能力模型与微裂缝导流能力模型。

（1）大裂缝导流能力模型。

大裂缝尺度大、测井、地震响应特征明显，能够用确定性建模方法清晰刻画大裂缝几何特征，故根据大裂缝离散模型中的裂缝张开度（w_f），在大裂缝渗透率模型的基础上建立大裂缝导流能力模型，计算公式如下：

$$F_{F,C} = K_{fma} w_F \tag{4-1}$$

式中　$F_{F,C}$——大裂缝导流能力，mD·cm；

　　　K_{fma}——大裂缝渗透率，mD；

　　　w_F——大裂缝张开度，cm。

（2）微裂缝导流能力模型。

微裂缝尺度小，测井、地震响应特征不明显，识别和预测难度较大。因此，裂缝张开度难以直接确定，通常可通过成像测井获取井点裂缝张开度；此外，也可预先设定初始值做为每条微裂缝张开度，根据体积守恒原则在建模过程中对初始值进行校正。国际通用的裂缝张开度计算公式为：

$$w_f = A_f^{1/2} \delta \quad (4-2)$$

式中　A_f——裂缝面积，μm^2；

　　　δ——自定义系数，取值在0.00005~0.005之间。

从而建立微裂缝导流能力模型为：

$$F_{F,C} = K_{fmi} w_f \quad (4-3)$$

以微裂缝连续模型为基础，微裂缝的导流能力将通过网格属性参数体现出来。

通过大裂缝导流能力模型与微裂缝导流能力模型叠加可得到火山岩裂缝导流能力模型。火山岩裂缝导流能力模型体现了火山岩储层中裂缝导流能力的强弱，并反映了不同方向裂缝渗流能力的大小。

第五节　火山岩气藏气水分布与流体模型

气藏流体模型主要描述地层条件下气、水性质、分布状态及饱和度变化。火山岩气藏气水关系复杂、含气饱和度变化大，气水分布受构造、内部结构、储层介质等多因素控制，因此，建立火山岩气藏流体模型需要以构造、内幕结构为约束条件，分基质和裂缝两套系统建立流体模型，从而表征火山岩气藏的气水分布规律。

一、火山岩气藏气水分布模式及特征

1. 气水分布控制因素

火山岩气藏气水分布受构造形态、内幕结构、岩性及储层物性等多因素控制，表现为多个气水系统的复杂气水关系。

（1）构造控制气水分布。火山岩气藏发育火山喷发旋回、火山机构、火山岩体3个层次的构造，而每个层次的构造都能形成有效的构造圈闭。天然气由生烃中心向构造圈闭中运移时，在构造圈闭中聚集成藏，表现为火山岩气藏构造对气水分布的控制作用。

（2）内幕结构控制气水分布。由于火山喷发的多源性、多旋回性，火山岩气藏发育火山机构、火山岩体、火山岩相、储渗单元等多级内幕结构，可形成不同级别的内幕结构圈闭。天然气在火山岩储层中聚集成藏时，由于充注时间长短、先后次序和充注程度的不同，导致各级次内幕结构中的气水界面不尽相同，表现为内幕结构对气水分布的控制作用。

（3）岩性控制气水分布。火山岩储层成因特殊，岩石成分、结构、构造复杂，岩石类型多样，不同岩性储层孔缝类型及物性特征差异大，可形成火山岩岩性圈闭。天然气在火山岩岩性圈闭中聚集时，由于不同岩性储层的孔隙、喉道、裂缝等的差异性，使得不同岩性储层含气性及气水分布不同，表现为火山岩岩性对气水分布的控制作用。

（4）构造、内幕结构、岩性等对气水分布的综合控制作用。相比常规沉积岩气藏，火山岩气藏在多层次构造、复杂内幕结构、多重介质储层方面具有特殊性，常常形成构造—内幕结构—岩性等的复合圈闭。因此，火山岩气藏不同部位的气水分布受构造、内幕结构、岩性等影响大小不同，表现为储

层含气性及气水系统的差异性。

2. 气水分布模式

火山岩气藏气水系统复杂，总体可概括为单一气水系统和多气水系统两大类7种气水分布模式（表4-8）。

表4-8 火山岩气藏气水分布模式

气水系统	分类	气水分布特征	水体能量	模式图	代表区块
单一气水系统	构造控制	气水分布受构造控制，表现为构造高部位是气层、低部位是水层，构造圈闭内具有统一的气水界面	强		XX8
	内幕结构控制	气水分布受内幕结构控制，表现为上部岩体气层发育、含气饱和度高，下部岩体含气性差或含水，岩体内部具有统一的气水界面	中		DD14
	岩性控制	气水分布受岩性物性控制，表现为岩性有利、物性好、含气性好，不同储集岩气水界面大致相同	弱		DD10
	复合控制	气水分布受构造、内幕结构、岩性等的复合控制，具有相对统一的气水界面	弱—强		XX21
多气水系统	横向多气水系统	气藏发育多个微构造，不同微构造中气水界面不同，表现为横向上发育多个不同的气水界面	较强		CC1
	纵向多气水系统	气藏纵向发育多个火山岩体，不同火山岩体气水系统不同，表现为纵向具有多个气水界面	中		DD18
	空间多气水系统	三维空间上多个含气火山岩体相互叠置，各岩体气水系统各不相同，表现为空间上具有多个气水界面	弱—强		CC9

1) 单一气水系统分布模式

指的是气藏具有相对统一的气水界面和压力系统，根据控制因素可细分为构造控制型、内幕结构控制型、岩性控制型和复合控制型4种类型。

(1) 构造控制型：气水分布受构造控制，表现为构造高部位为气层、低部位为水层；气藏具有统一的气水界面和压力系统，最大气柱高度受圈闭高度控制。如XX气田XX8底水构造气藏，该气藏构造形态总体表现为一背斜，构造幅度100m，圈闭面积5.24km^2，具有统一的气水界面。该类气藏一般水体规模较大，水体能量较强。

(2) 内幕结构控制型：气水分布受内幕结构控制，表现为纵向上上部岩体气层发育、含气饱和度高，下部岩体气层发育程度低、含气性较差或含水；平面上不同火山岩体中气水界面和压力系统接近。如DD14内幕结构控制型火山岩气藏，该气藏主要由3个含气火山岩体组成，其中，上部火山角砾岩火山岩体未见水层，下部熔结角砾岩和翼部玄武岩两个火山岩体具有统一的气水界面，表现为内幕结构控制气水分布的特点。该类气藏水体规模受内幕结构控制，通常具有中等水体能量。

(3) 岩性控制型：气水分布受火山岩岩性岩相和物性控制，表现为有利火山岩岩性岩相带中储层物性好、含气性好，而非有利岩性岩相带中储层物性差、含气性差。如DD10岩性控制型火山岩气藏，该气藏以发育透镜状角砾熔岩储层为主，3套储层以近30°角向两翼倾没。钻井显示3套储层气水界面基本一致，表现为岩性、物性控制气水界面的特点。该类气藏储层的非均质性一般较强，物性较差，水体能量通常较弱。

(4) 复合控制型：气水分布受构造、内幕结构、岩性等共同控制，具有相对统一的气水界面。该类气藏通常物性差异较大，不同部位水体能量差异较大。

2) 多气水系统分布模式

由多个相邻的气藏构成，不同气藏的气水界面和压力系统不同，根据控制因素可进一步分为横向多气水系统型、纵向多气水系统型、空间多气水系统型。

(1) 横向多气水系统型：火山喷发过程中由于火山通道/火山口迁移或火山机构发生构造移位而在平面上形成多个微构造高点，气水分布受微构造控制，气水界面取决于天然气充注程度和溢出点位置，表现为平面上具有多个不同的气水界面和压力系统。如CC气田CC1底水构造气藏总体表现为一大型鼻状构造，发育CC1，CC103，CC1-1和CC105等4个微构造，各个微构造的气水界面高度不尽相同，表现为多级构造控制气水分布的特点。该类气藏通常具有较大规模的水体，水体能量一般较强。

(2) 纵向多气水系统型：火山多期次喷发形成纵向上相互叠置的多个火山岩体，各火山岩体彼此不连通、气水界面不同，表现为纵向上具有多个气水界面。如DD气田DD18火山岩气藏，发育4个含气火山岩体，其中，DD183火山岩体和DD184火山岩体气水界面高差近30m，表现为内幕结构控制气水分布的特点。该类气藏水体规模和水体能量一般中等。

(3) 空间多气水系统：多火山口多期次喷发形成纵向和侧向相互叠置的多个火山岩体，而各火山岩体彼此不连通，表现为平面上和纵向上气水界面各不相同。如WF气田火山岩气藏，该气藏在CC9井区发育4个相互叠置的火山岩体，其侧向气源对各个岩体充注程度不一，表现为平面上和纵向上气水界面不同。

二、火山岩气藏流体组成及分布

目前中国已发现了数十个不同类型的火山岩气藏中,从气藏流体性质来看,主要包括含CO_2、含凝析油和常规天然气藏3种类型(表4-9)。其中,东部火山岩气藏群以含CO_2为典型特征,CO_2含量0.3%~98%,以CC气田含CO_2火山岩气藏储量大、单井产量高、CO_2含量高(27.19%)最为典型;西部火山岩气藏群以含凝析油为典型特征,凝析油含量27.68~106.06g/m³,以DD气田低含凝析油火山岩气藏储量大;此外,XX,CWF等地分布一定量的常规火山岩气藏,甲烷含量89.97%~95.69%,平均93.50%。

表4-9 火山岩气藏典型流体性质

气藏类型	典型区块	甲烷含量	CO_2含量	凝析油含量
含CO_2	CC1	61.78%~70.41%,平均64.97%	21.95%~31.91%,平均27.19%	—
含凝析油	DD	82.74%~87.01%,平均84.72%	0.004%~0.007%,平均0.005%	27.68~106.06g/m³,平均65.56g/m³
常规气藏	XX1	89.97%~95.69%,平均93.50%	0.33%~1.92%,平均0.78%	—

不同类型火山岩气藏,由于流体性质不同,导致储层测井、地震响应机理及渗流规律不同,开发地质、气藏工程及开发方案设计等要求不同。

(1)含CO_2气藏:①含CO_2天然气在地层条件下为高密度、具有液体性质的超临界态,导致储层性质随CO_2含量变化而变化。随CO_2含量增大,储层密度和波阻抗增大、纵波时差和电阻率减小,导致地震波的响应特征也随之发生变化,因此,含CO_2天然气多相复杂流体识别和储层预测相比常规气藏要求更高。②含CO_2天然气在"地层中为高密度、无界面张力、具有液体性质的超临界态,在地面则为常规气态",生产过程中天然气相态和密度、黏度等物性参数变化大,因此,CO_2天然气超临界流体渗流模型及产能预测技术与常规气藏不同。③CO_2为具有腐蚀性的酸性温室气体,不同含量CO_2腐蚀性能存在差异,在开发方案设计上不仅要考虑气藏的产能规模和稳产能力,还要考虑井筒、地面管线防腐以及地面脱碳、CO_2资源化利用问题。

(2)含凝析油气藏:①气藏开发过程中常存在反凝析现象,需要考虑反凝析所引起的凝析油堵塞降低气井产能的风险;同时,当气井产量降低时,还需要考虑气井携液能力差,井底积液风险。②凝析油中常含有极易挥发的乙烷、丙烷和丁烷等气体,在处理、储运过程中,需要防止凝析油发生泄漏而引发火灾爆炸事故。③凝析油具有低毒性,其蒸气可引起眼睛及上呼吸道刺激症状,高浓度蒸气可在几分钟内引起人员呼吸困难、紫绀等缺氧症状,开发过程中需要考虑凝析油中毒窒息的风险。

(3)常规气藏:该类气藏中天然气主要由甲烷、乙烷等烷烃气体组成,气体具有易燃、易爆、易膨胀、易扩散等特性,由于气藏开发过程中生产压力、温度较高,因此,需要采取有效措施防止天然气泄漏、引发火灾和发生爆炸。

三、火山岩气藏流体分布模型

火山岩气藏气水分布及流体性质复杂、含气饱和度差异大。根据气水分布模式,考虑流体组分变化，以构造、内幕结构、储层属性为约束条件，建立反映火山岩气藏复杂气水分布及流体性质的气水分布模型、流体组分模型和储层基质/裂缝的饱和度模型（图4-12）。

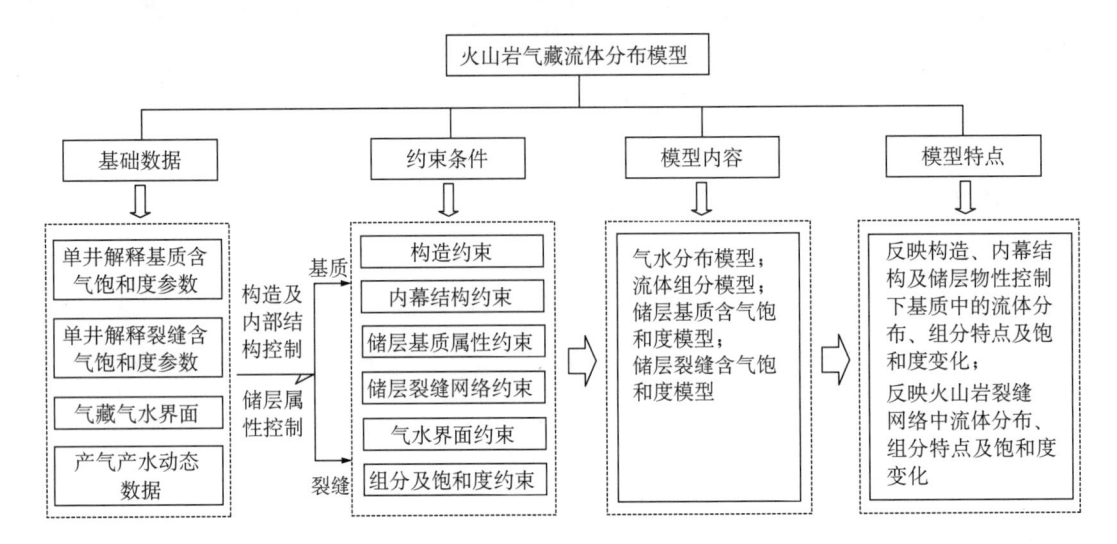

图4-12 火山岩气藏气水分布模型建模思路及流程

1. 气水分布模型

火山岩气藏具有多级次的地层格架，各级地层格架对气水分布的控制程度不同。因此，以单井气水层识别结果为基础，以多级次火山岩格架模型为约束，基于不同级次地层结构单元气水界面划分结果，首先建立火山岩喷发旋回控制的气水分布模型，揭示火山岩气藏上气下水的气水分布特征；其次建立火山机构的气水分布模型，揭示火山机构控制的气藏分布特征及规模；最后建立火山岩体的气水分布模型，揭示火山岩体控制的气水系统分布特征及水体规模。建立多级次气水分布模型为流体组分模型和基质/裂缝含气饱和度模型奠定基础。

2. 流体组分模型

气源条件的复杂性使得火山岩气藏内CO_2、凝析油等分布及含量存在较大差异，给开发方式选择和开发技术政策制定带来风险。因此，在气水分布模型的基础上，井点以单井识别的含CO_2气层、含凝析油气层为基础，井间以火山岩气藏构造、内幕结构为约束条件，建立火山岩气藏流体组分模型。流体组分模型的建立可揭示火山岩气藏各级地层格架控制下的流体组分特征，为开发方式选择提供依据。

3. 基质含气饱和度模型

火山岩气藏基质含气饱和度模型是在基质属性模型建立的基础上，井点以单井解释的烃类气饱和度、CO_2含气饱和度/凝析油含量为基础，井间以气水分布模型和流体组分模型为约束条件，以火山岩气藏构造、内幕结构为协同约束条件，参考烃类检测及有效储层反演得到的流体分布结果，分别建立火山岩气藏基质烃类气含气饱和度模型、CO_2含气饱和度模型/凝析油含量模型（图4-13）。

4. 裂缝含气饱和度模型

根据测井解释和地质研究，裂缝系统的原始含气饱和度一般取95%，凝析油含量与基质相当。因此，在建立火山岩裂缝属性模型的基础上，以气水分布模型为约束条件，将气水界面以上的裂缝含气饱和度赋值为95%，凝析油含量与基质相同，气水界面以下的裂缝含气饱和度赋值为0，凝析油含量赋值为0，建立火山岩裂缝流体模型。

火山岩气藏流体模型的建立可揭示气藏各级地层格架单元控制下的气水分布特征，表征气层的厚度、面积和体积，水层的厚度、面积和体积，获取气体（烃类气、CO_2气、凝析油）的体积和水体的体积。

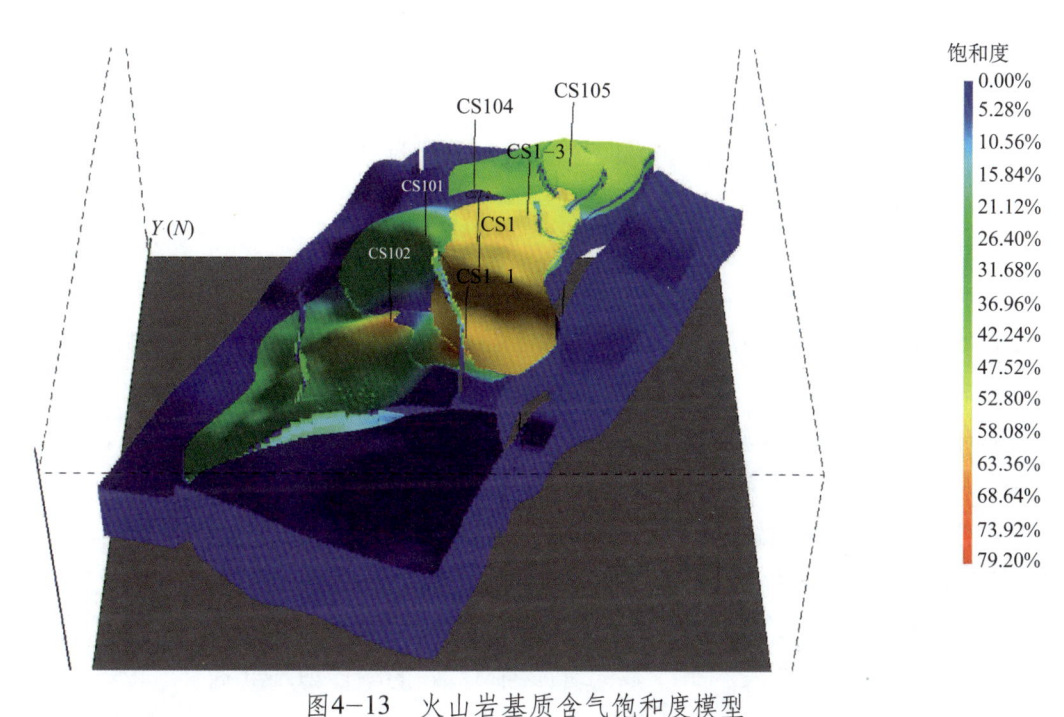

图4-13 火山岩基质含气饱和度模型

第六节 火山岩气藏模型的应用

根据火山岩气藏复杂储层条件和流体分布，建立反映火山岩气藏复杂内幕结构、多重介质储层及复杂气水分布的三维地质模型是火山岩气藏类型及特征研究的综合体现，对气藏井位部署及水平井井轨迹优化设计、地质储量评价及开发优化设计具有重要指导意义[39-41]。

1. 地质储量评价

火山岩发育岩性、构造、地层、复合等多种圈闭类型气藏，不同类型气藏的含气面积、气层厚度及连续性、气水分布评价标准不同。火山岩气藏圈闭类型及特征研究，可以指导储量评价单元划分、含气面积确定，以及气层厚度、孔隙度、饱和度的计算，为评价落实天然气地质储量奠定基础。建立反映火山岩气藏复杂内幕结构、双重介质储层及复杂气水分布的三维地质模型，运用模型中含气网格直接进行累加得到天然气地质储量，能够对容积法计算地质储量进行有效核实，从而进一步落实天然气地质储量规模。

2. 井位部署及水平井井轨迹优化设计

火山岩发育原位型、异位型和复合型3种成因类型的气藏，不同类型气藏的有效储层形态、规模、连续性及分布规律不同。气藏类型及其储层成因、类型、特点及分布规律的气藏模型可以有效指导火山岩气藏井位部署及水平井轨迹设计。例如异位型火山岩气藏多在气藏顶部发育连续的风化壳型储层，应沿风化壳设计水平井；原位型火山岩气藏多在有利岩性岩相带中发育原生气孔、粒间孔型储层，主要沿有利相带展布方向设计水平井。同时，应用反映火山岩气藏复杂内幕结构及储层变化的地质模型，可以在三维空间优化部署井位和水平井轨迹设计，有效提高开发井钻井成功率和水平井储层钻遇率。

3. 开发优化设计

火山岩气藏贫富差异大，不同储量丰度和储层物性气藏的开发方式、井网井距、产能设计要求不同。通过高效、低效、致密气藏的划分和针对性开发对策的制定，能够有效推动高效气藏的有效开发和低效、致密气藏储量的规模有效动用。

参 考 文 献

[1] 叶庆全，冀宝发，王建新. 油气田开发地质[M]. 北京：石油工业出版社，1999.

[2] 王允诚，孔金祥，李海平，等. 气藏地质[M]. 北京：石油工业出版社，2004.

[3] 彭彩珍，郭平，贾闽惠，等. 火山岩气藏开发现状综述[J]. 西南石油学院学报，2006，28(5)：69-72.

[4] 喻高明. 一种特殊油气储集层——火山岩油气藏[J]. 石油知识，1998，(1)：31-32.

[5] 赵澄林，孟卫工，金春爽，等. 辽河盆地火山岩与油气[M]. 北京：石油工业出版社，1999.

[6] 刘嘉麒，孟凡超. 火山作用与油气成藏[J]. 天然气工业，2009，29(8)：1-4.

[7] 戴金星，裴锡古，戚厚发. 中国天然气地质学[M]. 北京：石油工业出版社，1996.

[8] 冯志强. 松辽盆地庆深大型气田的勘探前景[J]. 天然气工业，2006，26(6)：1-5.

[9] 吴河勇，冯子辉，杨永斌，等. 松辽盆地北部深层天然气勘探风险评价[J]. 天然气工业，2006，26(6)：6-9.

[10] 罗静兰，邵红梅，张成立. 火山岩油气藏研究方法与勘探技术综述[J]. 石油学报，2003，24(1)：31-38.

[11] 陈振岩，李军生，张戈，等. 辽河坳陷火山岩与油气关系[J]. 石油勘探与开发，1996，23(3)：1-5.

[12] 肖尚斌，姜在兴，操应长，等. 火成岩油气藏分类初探[J]. 石油实验地质，1999，21(4)：324-327.

[13] 焦贵浩，罗霞，印长海，等. 松辽盆地深层天然气成藏条件与勘探方向[J]. 天然气工业，2009，29(9)：28-31.

[14] 姜传金，苍思春，吴杰. 徐家围子断陷深层气藏类型及成藏模式[J]. 天然气工业，2009，29(8)：5-7.

[15] 门广田，杨峰平，印长海，等. 徐深气田火山岩气藏类型与成藏控制因素[J]. 大庆石油地质与开发，2009，28(5)：33-38.

[16] 邹才能，等. 火山岩油气地质[M]. 北京：地质出版社，2012.

[17] GB/T 26979—2011, 天然气藏分类[S]. 北京：中国标准出版社，2012.

[18] 侯启军，赵志魁，王立武. 火山岩气藏——松辽盆地南部大型火山岩气藏勘探理论与实践[M]. 北京：科学出版社，2009.

[19] Yan Lin, Ran Qiquan, Hu Yongle. A New Method to Describe the Formation Framework of the Volcanic Gas Reservoir Hierarchically[C]. 2010, SPE 131932.

[20] Tomohisa Kawamoto, Kozo Sato.Geological Modelling of a Heterogeneous Volcanic Reservoir by the Petrological Method[C].2000，SPE 59407.

[21] Tang Hong , Ji Hancheng . Incorporation of Spatial Characteristics Into Volcanic Facies and Favorable Reservoir Prediction[J]. SPE Reservoir Evaluation & Engineering，2006，9(5)：565-573.

[22] 舒萍，丁日新，曲延明，等. 徐深气田火山岩储层岩性岩相模式[J]. 天然气工业，2007，27(8)：23-27.

[23] 吴颜雄，王璞，闫林，等. 松辽盆地营城组火山岩相量化表征与应用[J]. 岩石学报，2010，26(1)：73-81.

[24] 孙圆辉，宋新民，冉启全，等. 长岭气田火山岩岩性和岩相特征及其对储集层的控制[J]. 石油勘探与开发，2009，36(1)：68-73.

[25] 闫林，胡永乐，冉启全，等. 松辽盆地徐家围子断陷兴城地区营城组一段火山岩特征及火山喷发模式[J]. 天然气地球科学，2008，19(6)：821-825.

[26] 阮宝涛，孙圆辉，苏爱武，等. 松辽盆地长岭1号气田营城组火山岩岩相分析[J]. 天然气工业，2009，29(4)：27-29.

[27] 陈欢庆，胡永乐，闫林，等. 储层流动单元研究进展[J]. 2010(6)：875-884.

[28] 熊益学，郄爱华，冉启全，等. 滴南凸起区石炭系火山岩岩性特征及其意义[J]. 岩性油气藏，2011，23(6)：62-68.

[29] 孙圆辉，沈平平，阮宝涛，等. 松辽盆地长岭断陷长深1号气田火山岩岩性及储渗特征研究[J]. 天然气地球科学，2008，19(5)：630-633.

[30] 闫林，周雪峰，高涛，等. 徐深气田兴城开发区火山岩储层发育控制因素分析[J]. 大庆石油地质与开发，2007，26(2)：9-13.

[31] 彭小龙，杜志敏. 多重介质渗流模型的适用性分析[J]. 石油天然气学报，2006，28(4)：99-102.

[32] 刘慈群，郭尚平. 多重介质渗流研究进展[J]. 力学进展，1982，12(4)：360-364.

[33] 刘慈群，安维东. 多重介质中弹性渗流的数值模拟[J]. 力学学报，1982，(3)：236-243.

[34] 尹定. 多重孔隙介质模型及其压力恢复曲线形态[J].石油勘探与开发，1983，(3)：59-64.

[35] Bourdet D.Pressure Behavior of Layered Reservoirs with Cross Flow [C].1985, SPE 13628.

[36] 宋新民，冉启全，孙圆辉，等. 火山岩气藏精细描述及地质建模[J]. 石油勘探与开发，2012，37(4)：458-465.

[37] 吴键，孙圆辉，王彬，等. 准噶尔DX18区块裂缝性火山岩储集体三维地质建模[J]. 石油勘探与开发，2012，39(1)：92-99.

[38] 陈克勇，阮宝涛，李忠诚，等. 长岭气田火山岩储层三维孔隙度建模方法[J]. 石油地质与工程，2010(6)：38-41.

[39] Yuan Shiyi , Ran Qiquan , Xu Zhengshun , et al. Reservoir Characterization of Fractured Volcanic Gas Reservoir in Deep Zone[C]. 2006，SPE 104441.

[40] Maghsood Abbaszadeh, Chip Corbett, Rolf Broetz, et al.Development of an Integrated Reservoir Model for a Naturally Fractured Volcanic Reservoir in China[J]. SPE Reservoir Evaluation & Engineering,2001,4(5):406-414.

[41] Mateo J A, Reyes O.Simulation of a Volcanic Naturally Fractured Reservoir: A Case History[C]. 2002,PETSOC-2002-078.

第五章 火山岩气藏渗流机理与开发规律

油气藏的渗流机理与开发规律决定其开发动态和开发效果，是制定开发模式和调整方式、实现较高采收率和取得较好经济效益的基础[1]。火山岩气藏具有不同于沉积岩的孔洞缝多重介质特征，储层有效孔隙体积和可动流体体积变化大，微观可流动性复杂；复杂流体在特殊介质中受滑脱效应、应力敏感等影响，具有特殊的渗流流态、非线性渗流规律和多重介质接力式排供气机理；火山岩气井在不同储渗模式、不同类别气井条件下和不同生产阶段表现为不同的生产动态规律，具有不同的井控动态储量、产能变化规律和产水特征。因此，提高火山岩气藏开发效益的首要任务是正确认识火山岩气藏的渗流机理和开发规律。

第一节 火山岩气藏微观可流动性特征

气藏微观可流动性特征是揭示储层渗流机理、评价储量可动用性的基础，它取决于流体流动经过的喉道大小，通常用有效孔隙体积和可动流体体积来表征。火山岩不同成因、不同物性储层的喉道类型和尺度、有效孔隙体积和可动流体体积变化大，微观可流动性复杂。

一、火山岩气藏流体流动的喉道半径下限

1. 喉道半径下限概念

喉道大小控制储层的微观可流动性，在气藏条件下存在一个储层流体可在其中有效流动的喉道半径最小值，通常称为喉道半径下限[2]。唐泽尧[3]将喉道下限定义为允许流动的天然气通过的最小喉道半径值。戴金星等人[4]认为天然气流动受喉道两壁束缚水膜厚度和天然气运动分子直径控制，与二者之和相当的中值喉道半径就是气田产气的喉道半径下限。

2. 火山岩气藏喉道半径下限确定方法

针对火山岩气藏储层孔隙结构的复杂性，借鉴沉积岩气藏喉道半径下限的确定方法，应用束缚水膜厚度、离心实验、毛管压力试验等方法综合确定其储层喉道下限，为揭示火山岩气藏有效孔隙体积和可动流体体积特征、揭示其微观可流动性奠定基础[5, 6]。

1）束缚水膜厚度法

（1）方法原理。

亲水岩石的孔隙和喉道壁上有一层吸附得很牢固的束缚水膜，具有很强的抗剪切能力，在气层压差下难以除去，是影响气体分子通过喉道能力的最重要影响因素。从吸附理论考虑，喉道水膜厚度与

天然气运动直径一半之和就是储层产气的喉道半径下限[4]。

（2）实验测定法。

在纯气层中用油基钻井液取心，用微波法或抽提法测定束缚水体积，用高压压汞法或吸附法测定孔喉比表面，用束缚水体积除以孔喉比表面就得到束缚水膜厚度。目前没有开展火山岩储层束缚水膜厚度测量实验，参考威远气田震旦系白云岩实验（图5-1），考虑火山岩气藏储层孔隙度下限为3%~4%，其平均束缚水膜厚度约为0.0113μm。根据范德瓦尔斯方程计算结果及不同文献总结[7,8]，天然气分子运动直径多为0.4~0.7nm。因此其储层喉道下限为0.013~0.015μm，取值0.01μm。

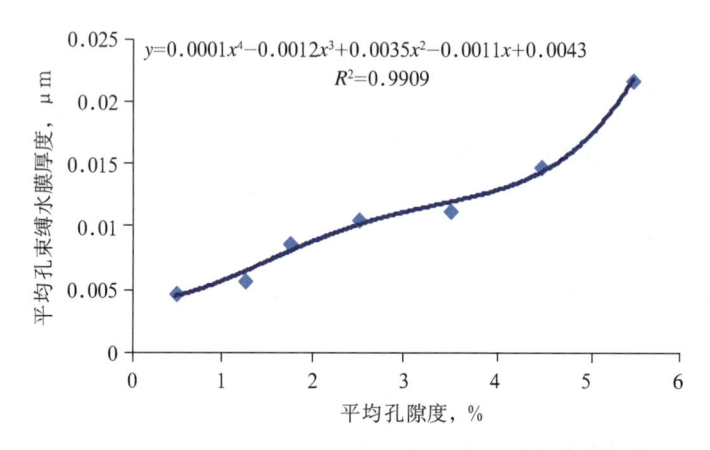

图5-1　白云岩束缚水膜厚度与孔隙度交会图

（3）经验公式估算法。

向阳等人在研究致密砂岩气藏水膜厚度时，以土壤学中计算土壤颗粒表面水膜厚度的理论公式为基础，推导出岩心水膜厚度的计算公式[9]：

$$d_i = 7.142\phi_e S_{wi}/(A_{比}\rho) \tag{5-1}$$

式中　d_i——岩心的水膜厚度，μm；

ϕ_e——岩心孔隙度，%；

S_{wi}——岩心的束缚水饱和度，%；

$A_{比}$——岩石的比表面积，m²/g；

ρ——岩心密度，g/cm³。

在用其他方法确定岩心孔隙度ϕ_e、束缚水饱和度S_{wi}、岩石密度ρ及岩石孔喉比表面$A_{比}$的基础上，用上述经验公式可确定储层孔喉中的束缚水膜厚度。

以XX气藏46个火山岩，实验为例，样品孔隙度2.5%~17%，束缚水饱和度32.61%~53.02%，岩石密度2.13~2.65g/cm³，岩石比表面积约3.25m²/g[8, 10]，计算得到的束缚水膜厚度介于0.0106~0.0613μm。天然气分子运动直径取值0.5nm，则喉道半径下限为0.010~0.0616μm（表5-1和图5-2）。火山岩储层孔隙度下限按3.5%考虑，确定火山岩气藏储层喉道半径下限小于0.016μm。

表5-1　火山岩孔隙度与束缚水膜厚度关系统计表（XX气田）

孔隙度，%	2.5~3	3~5	5~8	8~10	10~12	12~15	15~17
平均束缚水膜厚度，μm	0.0106	0.0183	0.0262	0.0367	0.0434	0.0436	0.0613
喉道半径下限，μm	0.0110	0.0186	0.0265	0.0370	0.0437	0.0439	0.0616

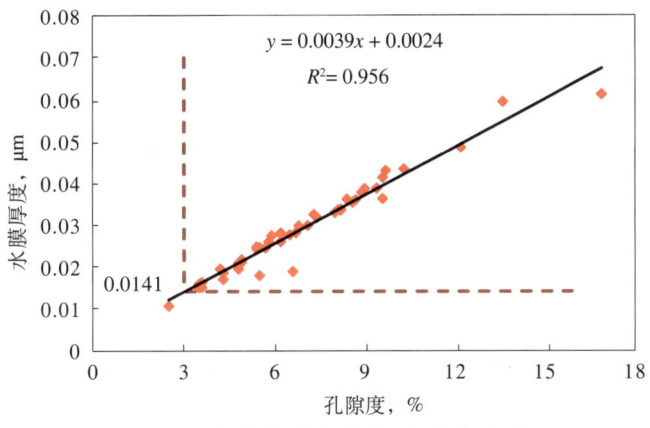

图5-2 束缚水膜厚度与孔隙度交会图

2）离心实验法

（1）方法原理。

喉道大小不同，离心析出流体需用的离心力不同。根据离心力与喉道半径的关系式，利用离心实验确定喉道半径下限。基于毛管力公式的离心力与喉道半径关系式为：

$$p = \frac{2\sigma\cos\theta}{r} \text{ 或 } r = \frac{2\sigma\cos\theta}{p} \tag{5-2}$$

式中　p——离心力，MPa；

　　　r——喉道半径，μm；

　　　σ——气水界面张力，mN/m，取60mN/m；

　　　θ——润湿角，（°）。

利用离心实验建立离心力与剩余水饱和度关系，根据气藏所在地层的地层压力和剩余水变化特征确定离心力上限p_{max}，利用式（5-2）就可以计算喉道半径下限r_{min}。

（2）火山岩储层离心实验。

如表5-2、图5-3（a）所示，火山岩储层的离心力与剩余水饱和度的关系为[11]：①剩余含水饱和度随离心力增大而减小；②当离心力大于2.07MPa时，剩余含水饱和度变化幅度逐渐减小。

将离心力转换为喉道半径，不同大小喉道控制的可动水饱和度特征为[图5-3（b）]：①可动水饱和度随喉道半径减小而减小；②当喉道半径为0.04μm时，可动水饱和度平均只有1.14%，此时剩余水饱和度略大于核磁法确定的束缚水饱和度；③缺乏离心力大于3.45MPa的实验数据，后续变化规律不清。

因此分析认为，火山岩储层喉道半径下限应小于0.04μm。

(a) 离心力与剩余含水饱和度交会图　　(b) 不同大小喉道控制的可动水饱和度

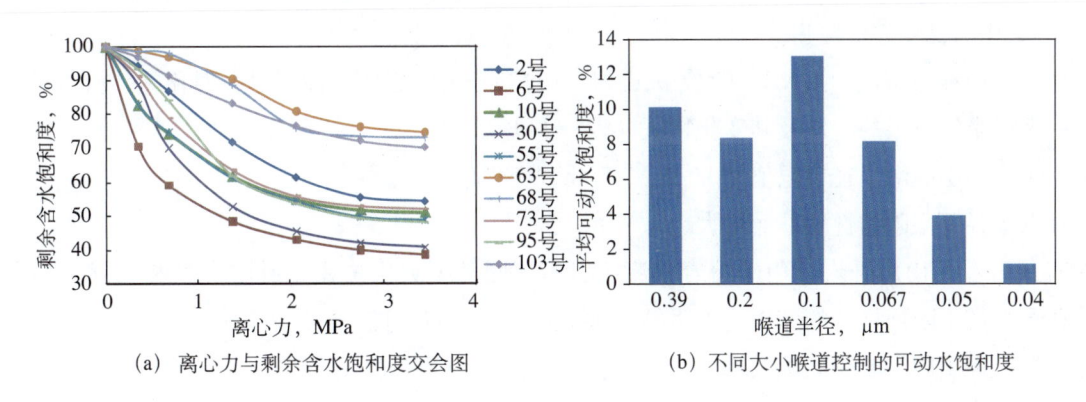

图5-3 离心法确定储层喉道半径下限

表5-2 不同离心力作用下岩心剩余含水饱和度测试结果[11]

岩样号	不同离心力作用后的剩余含水饱和度，%							核磁法束缚水饱和度，%
	离心前	0.35MPa	0.69MPa	1.38MPa	2.07MPa	2.76MPa	3.45MPa	
2	100	53.13	86.92	71.99	61.64	55.66	54.50	53.13
6	100	31.77	59.14	48.47	43.17	40.06	38.67	31.77
10	100	50.52	74.34	61.82	54.91	51.83	51.10	50.52
30	100	39.07	70.12	52.86	45.59	42.16	40.88	39.07
55	100	47.90	74.74	61.31	54.39	49.8	48.87	47.90
63	100	72.77	96.79	90.48	80.91	76.3	74.64	72.77
68	100	66.94	98.03	88.65	75.96	73.46	73.10	66.94
73	100	50.74	79.07	63.75	55.90	53.00	52.22	50.74
95	100	42.80	84.15	62.00	53.72	49.31	48.14	42.80
103	100	68.91	91.47	83.27	76.61	72.25	70.31	68.91

3）毛管压力试验法

（1）方法原理。

利用毛管压力曲线，首先获得渗透率贡献值与进汞饱和度的关系，求出累积渗透率贡献值达到某一值（如99%）时所对应的饱和度；然后根据喉道半径与进汞饱和度的关系，求取对应的喉道半径下限值[12]。具体算法如下：

$$\Delta K_{Fi} = 0.5 \times \left(\frac{1}{p_i^2} + \frac{1}{p_{i+1}^2}\right)\Delta S(\text{Hg}) \tag{5-3}$$

$$\Delta K_i = \frac{\Delta K_{Fi}}{\sum_{i=1}^{n}\Delta K_{Fi}} \tag{5-4}$$

式中 p——平均毛管压力，MPa；

ΔS（Hg）——区间进汞量，%；

ΔK_{Fi}——不同喉道半径区间内的渗流能力，MPa^{-2}；

ΔK_i——不同喉道半径区间内的渗流能力占总渗透能力的百分数，%。

截取累积渗透能力为99%时所对应的喉道半径，即为储层有效喉道半径下限值$r_{\min}$。

（2）火山岩储层方法应用。

应用压汞曲线分析法，对XX，CC等火山岩气田125个火山岩压汞曲线进行对比、分析，搞清了火山岩储层孔喉半径下限的值域及其变化特征（表5-3和图5-4）：

①火山岩储层孔喉半径下限值从0.016～2.5μm，变化范围大。

②孔喉半径下限随物性变好而增大。

③凝灰岩、火山角砾岩、角砾熔岩和流纹岩等不同类型火山岩由于孔喉类型和孔隙结构存在差异，其孔喉半径下限随物性的变化趋势明显有所不同[图5-4（a）]。

④孔喉半径下限主要受孔隙结构控制，与孔隙结构指数（K/ϕ）正相关，不同岩性的差异也可以统一到孔隙结构指数中[图5-4（b）]。

结合其他方法确定的孔隙度下限（3.5%）和渗透率下限（0.015mD），确定孔隙结构指数下限值约为0.004，由此确定的火山岩储层孔喉半径下限值应小于0.024μm。

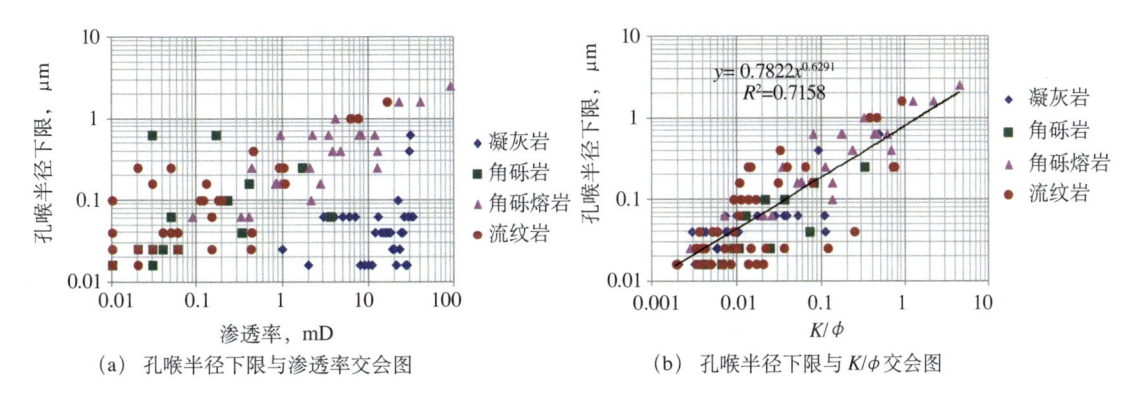

(a) 孔喉半径下限与渗透率交会图
(b) 孔喉半径下限与K/ϕ交会图

图5-4　压汞曲线分析法确定储层孔喉半径下限

表5-3　压汞曲线分析法确定的火山岩储层喉道下限表

岩性	主要孔隙类型	孔隙度，%	渗透率，mD	孔喉半径下限，μm	喉道下限变化趋势
凝灰岩	基质微孔	2.0~10.2	0.01~0.78	0.016~0.063	随物性变好而增大
角砾岩	粒间孔	2.2~10.9	0.01~3.60	0.025~0.63	
角砾熔岩	溶蚀孔	7.3~20.5	0.02~92.00	0.025~2.5	
流纹岩	气孔	0.6~18.1	0.01~16.60	0.016~1.6	

不同方法确定的喉道下限所代表的物理意义和适用条件不同。水膜厚度法应用吸附理论，通过测量或估算不同孔隙度条件下的束缚水膜厚度，同时考虑气体分子运动直径确定喉道下限，该值客观反映流体通过火山岩储层孔喉系统的渗流能力。离心实验和压汞曲线方法应用渗流理论，通过测量不同驱动力作用下流体通过孔喉的产出量并分析其变化趋势，确定火山岩储层中允许天然气流动并产出的孔喉的最小半径值，该值反映储层产出流体的能力。

综上所述，当喉道半径大于0.04μm时，毛管压力小于0.5MPa，流体可较容易地通过喉道进入储层，以小于3.45MPa的离心力就可驱替出岩石中饱和的大部分流体；当喉道半径介于0.024~0.04μm，毛管压力增大到3MPa，流体进入喉道变得较为困难，增大离心力可进一步驱替出部分流体；当喉道半径介于0.01~0.024μm，毛管压力增大到6MPa，增大离心力只能驱替出较少流体；当喉道小于0.01μm时，外部流体进入和流出变得更加困难，从储层中难以驱出任何可动流体。因此，综合确定火山岩气藏流体流动的喉道半径下限为0.01μm。

二、火山岩气藏储层有效孔隙体积

有效孔隙体积是表征储层有效性和储量可动用性的重要参数。火山岩储不同大小喉道、不同渗透率、不同排驱压力控制的有效孔隙体积不同。

1. 有效孔隙体积概念

岩石的有效孔隙体积通常是指在一定的压差下参与渗流的连通孔隙的体积[8]。这里将其定义为半径大于下限（>0.01μm）的喉道所连通的孔隙体积占总孔隙体积的百分比：

$$v = \frac{V_e}{V_t} \times 100\% \qquad(5-5)$$

式中　v——有效孔隙体积百分数，%；

　　　V_e——半径大于下限的喉道所连通的孔隙体积，cm³；

　　　V_t——岩石总孔隙体积，cm³。

2. 有效孔隙体积确定方法

首先利用压汞实验搞清储层孔喉分布，确定不同喉道控制的孔隙体积；然后建立基质渗透率、排驱压力与喉道半径的关系，将喉道半径转换为基质渗透率和排驱压力（图5-5和图5-6）；最后根据储层喉道下限，确定不同基质渗透率、排驱压力所控制的有效孔隙体积。

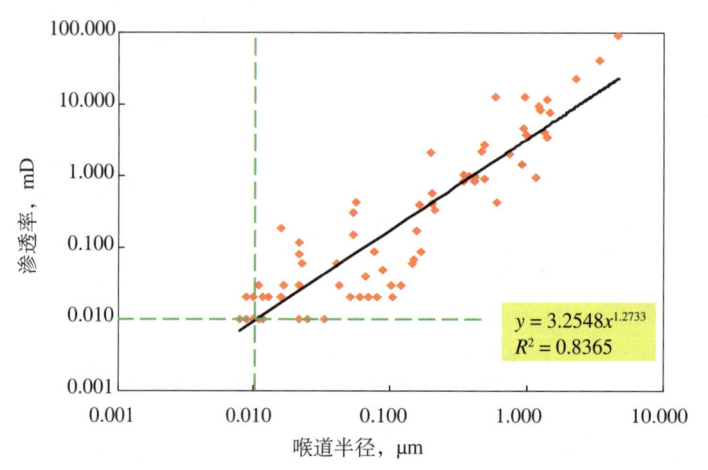

图5-5　基质渗透率与喉道半径交会图

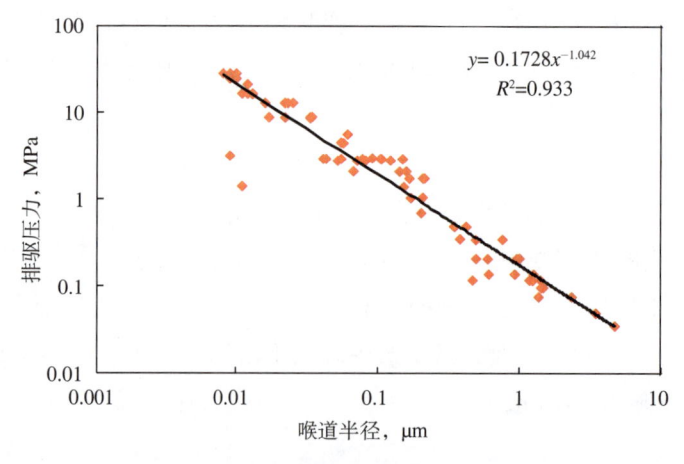

图5-6　排驱压力与喉道半径交会图

3. 有效孔隙体积特征

根据XX，CC，DD等气田数百个火山岩压汞实验资料，应用上述方法，揭示不同成因、不同物性火山岩储层喉道、渗透率和排驱压力控制的有效孔隙体积特征。

1）不同喉道及渗透率控制的有效孔隙体积

大喉道控制的有效孔隙体积越大，储层的有效储集能力和渗流能力越好。火山岩不同成因和物性储层喉道、渗透率控制的有效孔隙体积存在较大差异（表5-4）：

表5-4　火山岩不同成因和类别储层喉道、渗透率控制的有效孔隙体积表

参数			分布区间				合计
		喉道半径，μm	>0.25	0.15~0.25	0.05~0.15	0.01~0.05	
		基质渗透率，mD	>0.5	0.1~0.5	0.05~0.1	0.01~0.05	
不同喉道或渗透率控制的孔隙体积，%	成因分类	气孔型（火山熔岩）	22.43	25.23	6.43	29.25	83.34
		粒间孔型（火山角砾岩）	21.81	8.92	17.70	25.93	74.36
		基质微孔型（火山凝灰岩）	14.45	8.21	23.57	26.05	72.28
		溶蚀型（角砾熔岩）	53.54	10.68	18.97	9.81	93.00
	物性分类	Ⅰ类储层	56.02	11.27	16.91	8.65	92.85
		Ⅱ类储层	22.50	25.02	25.33	18.52	91.37
		Ⅲ类储层	10.05	14.39	26.99	29.56	80.99
		Ⅳ类储层	7.81	6.29	13.16	31.26	58.52
		合计	28.57	15.11	21.29	19.78	84.75

（1）火山岩储层有效孔隙体积平均约为84.75%，反映其具有较好的有效储集能力；不同大小喉道都控制由一定的有效孔隙体积，反映火山岩储层不同尺度孔喉均较发育的特点。

（2）在不同成因储层中，溶蚀型储层有效孔隙体积达93%，其中53.54%由大于半径0.25μm的粗喉道控制，反映其有效储集、渗流能力最强；粒间孔型和气孔型储层的有效孔隙体积分别占74.36%、83.34%，由粗、中（0.15~0.25μm）、细喉道（0.05~0.15μm）均匀控制，其有效储集、渗流能力中等；基质微孔型储层有效孔隙体积约占72.28%，主要由微喉道（<0.05μm）和细喉道控制，其有效储集能力较强但渗流能力较差。

（3）在不同类别储层中，Ⅰ类储层的有效孔隙体积约占92.85%，其中粗喉道控制了56.02%，微喉道仅控制8.65%；Ⅱ类储层的有效孔隙体积约占91.37%，其中中喉道和细喉道分别控制25.33%、18.52%；Ⅲ类储层的有效孔隙体积约占80.99%，细喉道和微喉道分别控制26.99%、29.56%；Ⅳ类储层的有效孔隙体积约占58.52%，主要由微喉道控制。随着储层类别变差，火山岩有效孔隙体积减小、微细喉道控制体积增多，其储集、渗流能力相对变差。

（4）不同级别渗透率控制的有效孔隙体积与不同喉道控制的有效孔隙体积特征一致。

2）不同排驱压力控制的有效孔隙体积

流体流过大喉道需要的驱替压力小，排驱压力控制的有效孔隙体积是制订合理生产压差的重要依据。火山岩不同成因和物性储层排驱压力控制的有效孔隙体积特征不同（表5-5）：

表5-5　火山岩不同成因和类别储层排驱压力控制的有效孔隙体积表

参数			分布区间							合计
		排驱压力，MPa	<1	1~2	2~3	3~5	5~10	10~15	>15	
不同喉道或渗透率控制的孔隙体积，%	成因分类	气孔型（火山熔岩）	15.01	21.93	18.65	12.05	12.50	2.00	1.20	83.34
		粒间孔型（火山角砾岩）	22.06	16.63	18.18	8.22	6.27	3.00	0.00	74.36
		基质微孔型（火山凝灰岩）	8.79	12.85	21.15	12.13	10.34	7.02	0.00	72.28
		溶蚀型（角砾熔岩）	53.53	26.63	8.74	4.10	0.00	0.00	0.00	93.00
	物性分类	Ⅰ类储层	50.35	29.72	8.71	2.00	2.07	0.00	0.00	92.85
		Ⅱ类储层	18.03	28.90	17.15	18.95	8.34	0.00	0.00	91.37
		Ⅲ类储层	9.27	19.50	23.77	10.13	16.32	2.00	0.00	80.99
		Ⅳ类储层	5.53	15.89	12.76	6.68	7.36	7.15	3.15	58.52
		合计	24.95	24.98	15.44	9.31	8.17	1.48	0.42	84.75

（1）总体上，火山岩储层的有效孔隙体积主要由小于10MPa的排驱压力控制，其中小于2MPa的排驱压力控制了49.93%的有效孔隙体积，当排驱压力达到5MPa，其控制的有效孔隙体积达到74.68%，反映火山岩有效储层较好的可动用性特征。

（2）在不同成因火山岩储层中，溶蚀型储层53.53%的有效孔隙体积由小于1MPa的低排驱压力控制，当排驱压力达到2MPa时，其控制的有效孔隙体积达到80.16%；粒间孔型储层38.69%的有效孔隙体积由小于2MPa的排驱压力控制，当排驱压力达到3MPa，其控制的有效孔隙体积达到56.87%；气孔型储层36.94%的有效孔隙体积由小于2MPa的排驱压力控制，当排驱压力达到3MPa，其控制的有效孔隙体积约为55.59%；基质微孔型储层只有8.79%，的有效孔隙体积由小于1MPa的低排驱压力控制，当排驱压力达到3MPa，其控制的有效孔隙体积约为42.79%。因此，可动用性以溶蚀孔型储层最好，粒间孔型次之，微孔型最差。

（3）在Ⅰ～Ⅳ类储层中，排驱压力达2MPa时控制的有效孔隙体积分别为80.07%，46.93%，28.77%和21.42%，当排驱压力达到3MPa时控制的有效孔隙体积分别为88.78%，64.08%，52.54%和34.18%，二者都呈明显的递减趋势，说明储层类型越好，其可动用性越好。

三、火山岩气藏储层可动流体体积

可动流体体积是评价储层流体微观可流动性、确定合理生产压差的重要依据[13]。火山岩不同成因和物性储层喉道、渗透率、排驱压力控制的可动流体体积不同。

1. 可动流体体积概念

可动流体体积通常是指在一定压差条件下储层中可流出流体的相对含量[14]。这里将其定义为可流动流体体积占总孔隙体积的百分比，在单相流条件下为该流体可流动的饱和度值。

可动流体体积的计算公式为：

$$v_\text{f} = \frac{V_\text{f}}{V_\text{t}} \times 100\% \tag{5-6}$$

式中　v_f——可动流体体积百分数；
　　　V_f——可动流体占据的孔隙体积，cm^3；
　　　V_t——岩石总孔隙体积，cm^3。

2. 可动流体体积确定方法

确定可动流体体积的方法包括密闭取心、离心实验、核磁共振实验与核磁共振测井解释等。

（1）密闭取心法。使用密闭取心器，采用（高压）密闭取心方法，在尽量减小钻井液对岩心冲刷和浸泡、取出后流体流出等影响的条件下，测定气层的原始含气饱和度和束缚水饱和度，确定储层的可动流体体积[15]。

（2）离心实验法。将完全饱和地层水的岩心进行离心，记录不同离心力作用下的岩心饱和度，建立饱和度与离心力的关系，寻找饱和度随离心力增大逐渐减小的变化拐点或以最大离心力来确定岩心的可动流体体积。

（3）核磁共振实验及测井解释法。核磁共振弛豫时间谱反映不同大小孔喉中含氢物质的分布[11]，如图5-7曲线2，孔喉半径越大，氢核的横向弛豫时间T_2越长，谱图靠右分布；与完全饱和水相比，岩心经过高速离心甩干后，核磁共振弛豫时间谱具有"削高留低"特点，反映大孔喉的高T_2图形幅度减小，而反映小孔喉的低T_2图形幅度变化小。当离心力足够大时，经高速离心后测量的核磁共振弛豫时间谱主要反映束缚水的分布（图5-7曲线1），据此可获得该岩心的可动流体体积以及该岩心在核磁共振谱图上的T_2截止值（$T_{2\text{cutoff}}$）。将$T_{2\text{cutoff}}$应用于核磁共振测井解释（图5-8），可得到随井深变化的可动流体体积。

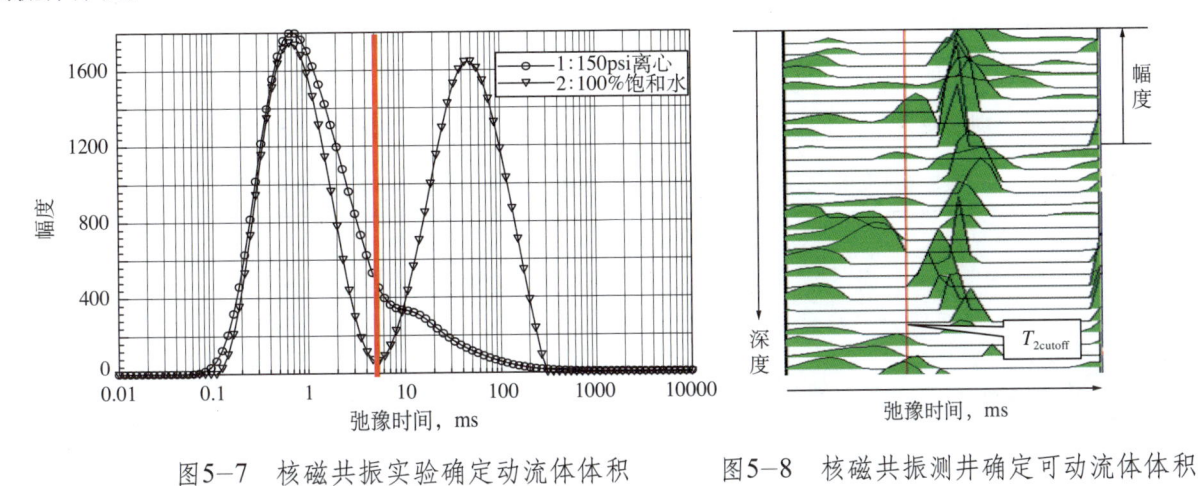

图5-7 核磁共振实验确定动流体体积

图5-8 核磁共振测井确定可动流体体积

3. 可动流体体积特征

利用核磁离心实验[16]与压汞实验相结合的方法，分析火山岩不同成因、不同物性储层喉道、渗透率和排驱压力控制的可动流体体积，为气藏可动用性及采收率评价奠定基础。

1）不同喉道及渗透率控制的可动流体体积

储层可动流体体积与喉道半径正相关（图5-9），大喉道控制的可动流体体积越大，储层流体可流动性越好。火山岩不同成因、不同物性储层喉道、渗透率控制的可动流体体积特征如表5-6所示，从表5-6中可以看出：

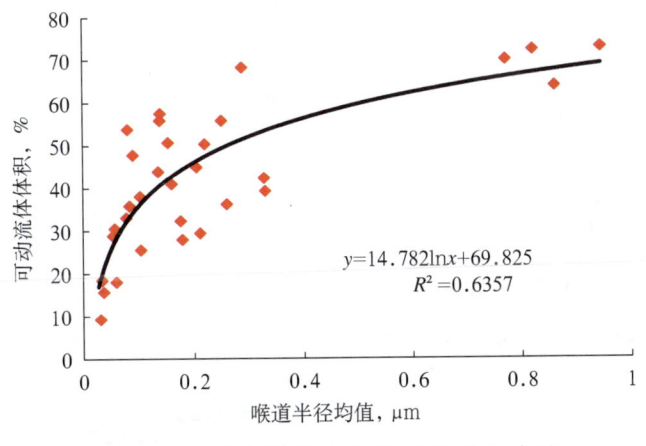

图5-9 可动流体体积与喉道半径交会图

（1）火山岩储层整体的可动流体体积约为41.73%，其中35.07%由半径大于0.1μm的中粗喉道控制，只有6.66%由半径为0.01~0.1μm的微细喉道控制，说明其流体可流动性较好。

（2）在不同成因储层中，溶蚀型储层可动流体体积约为68.35%，其中53.2%由半径大于0.25μm的粗喉道控制，流体流动性好；气孔型储层可动流体体积约为42.01%，其中22.93%由半径为0.25~0.1μm

的中喉道控制，流动性较好；粒间孔型储层可动流体体积约为30.34%，其中18%由半径大于0.25μm的粗喉道控制，可流动性中等；基质微孔型储层有效孔隙体积约为34.62%，其中13.06%的可动流体体积由半径小于0.1μm的微喉道控制，可流动性较差。

（3）Ⅰ~Ⅳ类储层可动流体体积分别为68.31%，49.95%，35.00%和25.82%，其中半径大于0.25μm的粗喉道控制的可动流体体积分别为54.63%，21.73%，8.22%和7.38%，半径为0.1~0.25μm的中喉道控制的可动流体体积分别为10.68%，26.51%，17.70%和5.98%，半径为0.01~0.1μm的微细喉道控制的可动流体体积分别为3.00%，1.71%，9.08%和12.46%，说明储层类别越好，其流体可流动性越好。

（4）不同级别渗透率控制的可动流体体积与不同喉道控制的可动流体体积特征一致。

表5-6 火山岩不同成因和类别储层喉道、渗透率控制的可动流体体积表

参数			分布区间						合计
喉道半径，μm			>0.75	0.75~0.5	0.5~0.25	0.25~0.1	0.1~0.05	0.05~0.01	
基质渗透率，mD			>2	2~1	1~0.5	0.5~0.2	0.2~0.05	0.05~0.01	
不同喉道、渗透率控制的可动流体体积，%	成因分类	气孔型（火山熔岩）	4.58	1.61	7.39	22.93	4.77	0.73	42.01
		粒间孔型（火山角砾岩）	4.05	0.70	13.25	8.47	3.88	0.00	30.34
		微孔型（火山凝灰岩）	5.62	1.78	6.92	7.24	10.19	2.87	34.62
		溶蚀型（角砾熔岩）	36.50	8.65	8.05	4.65	10.50	0.00	68.35
	物性分类	Ⅰ类储层	27.33	8.77	18.53	10.68	3.00	0.00	68.31
		Ⅱ类储层	5.47	2.61	13.65	26.51	0.54	1.17	49.95
		Ⅲ类储层	3.67	0.48	4.07	17.70	9.08	0.00	35.00
		Ⅳ类储层	4.94	0.58	1.86	5.98	8.90	3.56	25.82
		合计	7.01	2.07	8.30	17.69	5.65	1.01	41.73

2）不同排驱压力控制的可动流体体积

储层喉道大小与排驱压力反相关，因此可动流体体积与排驱压力也具有反相关特征（图5-10）。低排驱压力控制的可动流体体积越大，储层的微观可流动性越好。火山岩不同成因、物性储层排驱压力控制的可动流体体积特征见表5-7，从表5-7中可以看出：

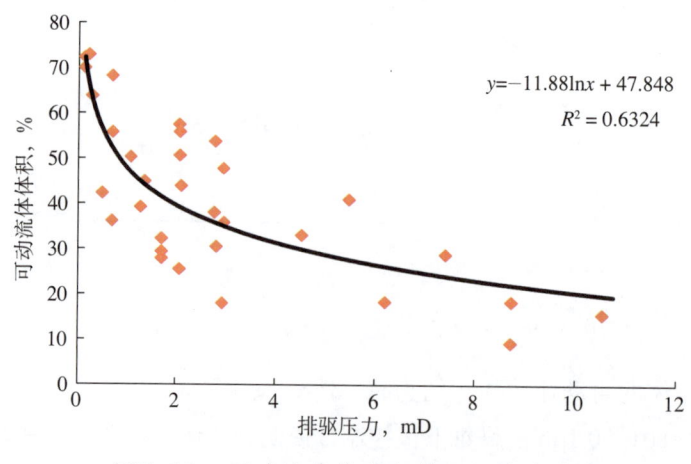

$y=-11.88\ln x + 47.848$

$R^2 = 0.6324$

图5-10 可动流体体积与排驱压力交会图

（1）总体上，火山岩储层相对低（<2MPa）、中（2~5MPa）、高排驱压力（>5MPa）分别控制

了12.47%，18.18%和11.08%的可动流体体积，说明其可流动性相对较好。

（2）在不同成因储层中，溶蚀型储层56.45%的可动流体体积由低排驱压力（<2MPa）控制，流体流动性最好；粒间孔型储层17.42%的可动流体体积中等排驱压力（2~5MPa）控制，流动性中等；气孔型储层20.13%的可动流体体积由中等排驱压力控制，12.92%由高排驱压力控制，流动性中等；基质微孔型储层低、中、高排驱压力分别控制了9.86%、13.6%和11.17%的可动流体体积，流动性相对较差。

表5-7 火山岩不同成因和类别储层排驱压力控制的可动流体体积表

参数			分布区间							合计
排驱压力，MPa			<1	1~2	2~3	3~5	5~10	10~15	>15	
不同喉道、渗透率控制的可动流体体积，%	成因分类	气孔型	4.75	4.21	7.38	12.75	11.35	0.94	0.63	42.01
		粒间孔型	4.05	4.40	10.05	7.37	2.50	1.97	0.00	30.34
		基质微孔型	5.91	3.95	7.58	6.01	5.43	5.74	0.00	34.62
		溶蚀型	37.17	19.28	8.55	3.35	0.00	0.00	0.00	68.35
	物性分类	Ⅰ类储层	27.88	20.47	10.32	7.40	2.24	0.00	0.00	68.31
		Ⅱ类储层	5.79	6.73	15.25	18.93	3.25	0.00	0.00	49.95
		Ⅲ类储层	3.75	1.70	3.66	7.92	16.27	1.69	0.00	34.99
		Ⅳ类储层	5.02	1.28	1.38	2.80	6.55	6.38	2.41	25.82
	合计		7.22	5.25	7.69	10.49	8.85	1.80	0.43	41.73

（3）在不同类别储层中，Ⅰ类储层48.35%的可动流体体积由低排驱压力控制，高排驱压力只控制了2.24%的可动流体体积，流体的可流动性好；Ⅱ类储层34.18%的可动流体体积由中等排驱压力控制，流体的可流动性中等；Ⅲ类储层17.96%的可动流体体积由高排驱压力控制，流体的可流动性较差；Ⅳ类储层15.34%的可动流体体积由高排驱压力控制，流体的可流动性最差。因此，储层类别越好，流体流动需要的排驱压力越小，储层可动用性越好。

统计表明，中国已开发的火山岩气藏Ⅰ~Ⅳ类储量分别占探明地质储量的10%，30%，35%和25%。采用分类开发方式可有效提高储量动用程度，其中Ⅰ类储层有效孔隙体积约为92.85%，可动流体体积约为68.31%，储层流体可流动性和储量可动用性好，在常规技术条件下可实现规模效益开发；Ⅱ类储层有效孔隙体积约为91.37%，可动流体体积约为49.95%，储层流体可流动性和储量可动用性较好，采用常规技术可有效开发；Ⅲ类储层有效孔隙体积约为80.99%，可动流体体积约为34.99%，储层流体可流动性和储量可动用性相对较差，采用常规压裂技术可有效开发；Ⅳ类储层有效孔隙体积约为58.52%，可动流体体积约为25.82%，储层致密、可动用性差，采用致密气开发理念和技术可实现部分动用。

第二节 火山岩气藏非线性渗流机理

火山岩气藏储层发育不同尺度孔洞缝多重介质，孔隙结构复杂，物性差异大，流体流动整体呈现非线性渗流特征，主要表现在3个方面：一是不同尺度孔缝介质中流体渗流流态复杂，引起流体渗流呈现非线性特征；二是储层应力敏感引起孔喉变形、裂缝闭合，进而导致流体非线性渗流；三是不同尺度多重介质"接力"排供气特征导致流体渗流呈现非线性渗流特征。火山岩气藏的复杂非线性渗流机理增加了气井生产动态分析、指标预测的复杂性和难度。因此，深入研究火山岩气藏非线性渗流机理对气藏开发具有重要指导作用。

一、不同孔缝介质的流态及渗流机理

1. 孔隙和裂缝的类型与大小

火山岩气藏发育气孔、溶蚀孔、粒间孔和裂缝等复杂孔缝介质，不同介质的尺度差异较大（表5-8）。其中，基质孔隙包括孔径大于100μm的大孔隙、孔径介于1～100μm的中等孔隙、孔径小于1μm的小孔隙3种类型；裂缝分为缝宽大于10mm的大裂缝、缝宽介于1～10mm的中裂缝、缝宽介于0.1mm～1mm小裂缝和缝宽小于0.1mm的微裂缝4种类型。基质孔隙和裂缝的类型与大小差异大，总体表现为多尺度、多介质的特征。

表5-8 不同尺度孔缝介质划分表[17, 18]

孔缝类型		尺度	渗流通道
基质孔隙	大气孔、溶蚀孔、大粒间孔	$D>100\mu m$	$r>3\mu m$
	中等气孔、溶蚀孔、中等粒间孔	$1\mu m<D<100\mu m$	$0.2\mu m<r<3\mu m$
	小气孔、小粒间孔、基质微孔	$D<1\mu m$	$r<0.2\mu m$
裂缝	大裂缝	$w>10mm$	—
	中裂缝	$1mm<w<10mm$	
	小裂缝	$0.1mm<w<1mm$	
	微裂缝	$w<0.1mm$	—

注：D—孔隙直径；w—裂缝宽度；r—喉道半径。

2. 流态与渗流机理

1）流态

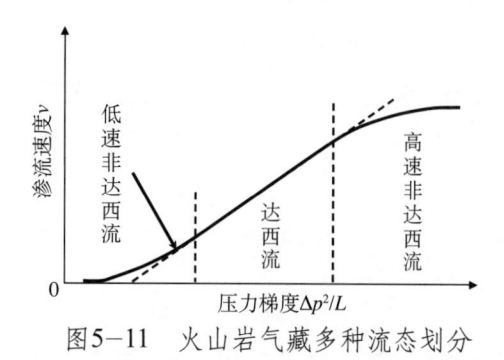

火山岩气藏储层发育纳米—微米级孔隙及微米—毫米级裂缝，流体流动跨越多个尺度，具有不同的流态，表现为多尺度、多流态效应。同时，地层压力的高低、流体的赋存状态等因素也对基质孔隙和裂缝内流体流动状态及渗流机理有影响（表5-9）。如何识别流体流态、揭示渗流机理是建立火山岩气藏开发理论模型的基础。总体上，火山岩气藏储层流体流态可划分为高速非达西流、达西流和低速非达西流3种流态[19]（图5-11），且不同尺度不同介质中流体流态的判别方法主要有雷诺数与克努森数两种。

图5-11 火山岩气藏多种流态划分

表5-9 不同尺度、不同孔缝介质中流态及非线性渗流机理

孔缝类型		尺度	流态判别标准		高速非达西	达西	低速非达西	应力敏感
			雷诺数	克努森数				
基质孔隙	大气孔、溶蚀孔、大粒间孔	$D>100\mu m$	>0.2	<0.001				
	中等气孔、溶蚀孔、中等粒间孔	$1\mu m<D<100\mu m$	$0.0001~0.2$	<0.001				
	小气孔、小粒间孔、基质微孔	$D<1\mu m$	<0.0001	>0.001				
裂缝	大裂缝	$w>10mm$	>300	<0.001				
	中裂缝	$1mm<w<10mm$						
	小裂缝	$0.1mm<w<1mm$						
	微裂缝	$w<0.1mm$	$0.0001~300$	<0.001				

注：■ 表示较高比例；■ 表示中等比例；■ 表示较低比例。

（1）雷诺数判别法。

火山岩气藏中流体在孔缝介质中渗流流态可采用雷诺数判断。雷诺数表示惯性力和黏滞力之比[20][式（5-7）]，用于判断流体渗流速度与压降是否符合线性关系。

葛家理[21]和陈代珣[22]研究指出，基质孔隙内线性流的雷诺数下限在1×10^{-4}~4.4×10^{-4}之间，上限在0.2~0.3之间；裂缝内雷诺数上限为300~500。

$$Re = \frac{\rho v\sqrt{K}}{17.5\mu\phi^{3/2}} \tag{5-7}$$

式中 Re——雷诺数，无量纲；
v——渗流速度，cm/s；
K——渗透率，D；
ρ——流体密度，g/cm³；
μ——流体黏度，mPa·s；
ϕ——岩石孔隙度。

当雷诺数小于雷诺数下限时，流体渗流流态为低速非达西流；当雷诺数介于雷诺数上、下限之间时，流体渗流流态为达西流；当雷诺数大于雷诺数上限时，流体渗流流态转为高速非达西流。

（2）克努森数判别法。

通常情况下，火山岩气藏气体渗流通道尺寸远远大于气体分子尺寸，气体视为连续性流动，符合达西渗流或高速非达西渗流。随着渗流通道尺寸减小，储层内气体发生低速非达西渗流，气体分子与流动通道之间的碰撞对气体流动的影响将不可忽略，连续介质模型失效，气体发生不连续流动[19]。引入克努森数来确定气体连续介质模型的适用程度[23]。克努森数[24]为气体分子自由程与孔喉直径的比值[式（5-8）]。根据修正的C. H. Sondergeld图版[25]（图5-12）及Javadpour等人对流体流动区域的划分方法[22-24, 26-31]，识别火山岩气藏储层中不同克努森数范围内的流体流态。

$$Kn = \frac{\lambda}{D} = \frac{kT}{\sqrt{2}\pi d^2 p} \bigg/ D \tag{5-8}$$

式中 Kn——克努森数,无量纲;
λ——气体分子平均自由程,m;
D——孔喉直径,m;
k——玻尔兹曼气体常数,$k=1.38×10^{-23}$J/K;
T——气体的绝对温度,K;
d——气体分子直径,m;
p——平均地层压力,MPa。

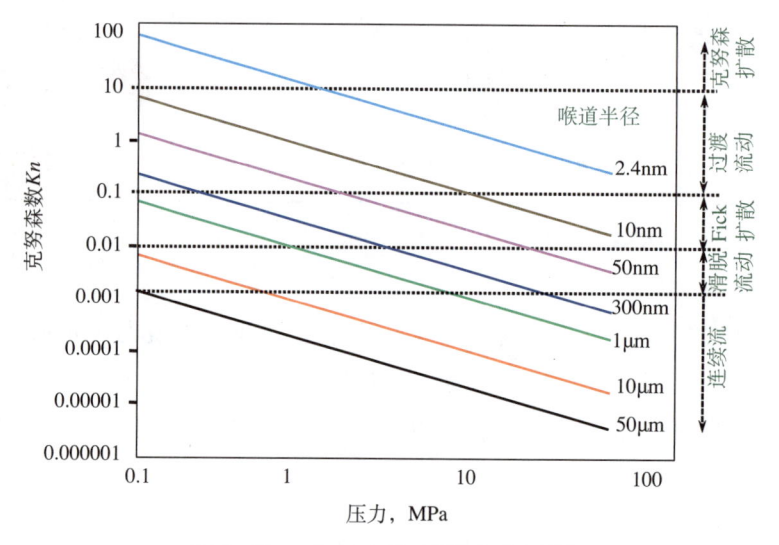

图5-12 克努森数判别流态图版

当克努森数小于0.001时,流体为连续性流动[32],符合达西或高速非达西渗流;克努森数介于0.001~0.01间时,流体流态为滑脱流;克努森数介于0.01~0.1之间时,流体流态符合Fick扩散;克努森数大于10时,流体流态符合克努森扩散;克努森数介于0.1~10之间时,流体流态为介于Fick扩散与克努森扩散之间的过渡流动。

2)高速非达西渗流机理

火山岩气藏开发过程中存在两种高速非达西渗流机理[33-35],一是对于裂缝宽度大于0.1mm的大、中、小裂缝,其导流能力强,气体渗流流速大,裂缝中雷诺数大于300,符合高速非达西渗流;二是气井井底附近,渗流面积小,生产压差大,气体流速高,基质雷诺数大于0.2,符合高速非达西渗流。通常用Forchheimer二次方程[36]描述高速非达西渗流机理:

$$\nabla p = \frac{\mu v}{K} + \beta \rho v^2 \tag{5-9}$$

式中 ∇p——压力梯度,MPa/m;
K——气测渗透率,mD;
β——高速非达西系数,m^{-1};
ρ——天然气密度,g/cm³;
μ——天然气黏度,mPa·s;
v——流速,m/s。

高速非达西系数β是描述高速非达西对气体渗流影响程度的关键参数。基质和裂缝的高速非达西系数的确定方法具有一定的差异。

（1）基质孔隙中高速非达西系数。

高速非达西系数与孔隙结构密切相关[37-43]。随着孔隙喉道半径增加，孔隙迂曲度减小，渗透率增加，高速非达西系数降低，基质孔隙内流体高速非达西渗流效应增强。目前开展火山岩高速非达西系数测定实验的很少，因此借用R. Noman的低渗透气藏高速非达西渗流实验结果[44]进行分析（图5-13），得到不同级别基质孔隙中高速非达西系数关系式：

$$\beta_{\mathrm{m}} = \frac{4.19 \times 10^{11}}{K_{\mathrm{m}}^{1.57}} \tag{5-10}$$

式中　K_{m}——基质渗透率，mD；
　　　β_{m}——基质孔隙高速非达西系数，m^{-1}。

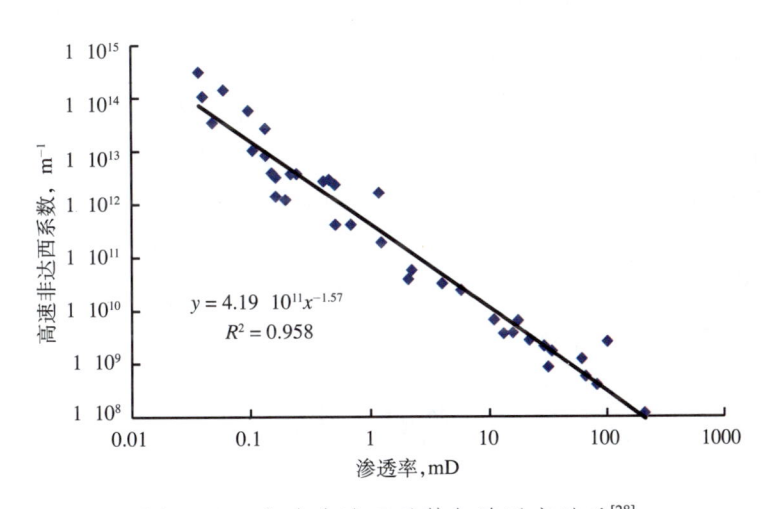

图5-13　高速非达西系数与渗透率关系[28]

（2）裂缝内高速非达西系数。

采用Pascal等人的低渗透储层裂缝内高速非达西渗流测试结果[45]，得到确定裂缝内高速非达西系数的计算方法：

$$\beta_{\mathrm{f}} = \frac{4.8 \times 10^{12}}{K_{\mathrm{f}}^{1.176}} \tag{5-11}$$

式中　K_{f}——裂缝渗透率，mD；
　　　β_{f}——裂缝高速非达西系数，m^{-1}。

3）达西渗流机理

火山岩气藏储层孔喉直径1μm＜D＜100μm的中等气孔、溶蚀孔、中等粒间孔及缝宽小于0.1mm的微缝内，流体流动的雷诺数介于临界雷诺数上、下限之间，渗流速度与压力梯度呈线性关系，服从达西渗流定律：

$$v = \frac{K}{\mu} \nabla p \tag{5-12}$$

式中　v——流速，m/s；

K——气测渗透率，mD；

μ——平均气体黏度，mPa·s；

∇p——压力梯度，MPa/m。

4）低速非达西渗流机理

对于火山岩气藏中孔喉直径$d<1\mu m$的小气孔、小粒间孔及基质微孔储层，随着地层压力下降，气体流速减小，当雷诺数小于1×10^{-4}、克努森数大于0.001时，气体渗流表现为低速非达西渗流机理——滑脱效应、扩散效应、阈压效应和渗吸作用。即：对于无水火山岩气藏，气体流动为单相气体渗流，存在滑脱效应与扩散效应；对于含水气藏，存在气水两相渗流，气体流动受阈压效应影响，裂缝发育时，存在渗吸现象。

（1）滑脱效应。

①滑脱效应的原理及动力学模型。

火山岩气藏储层发育不同尺度的气孔、粒间孔、溶蚀孔及裂缝等多重介质，孔隙之间通过形状各异的孔隙收缩型和裂缝型喉道连通，孔喉配置关系十分复杂。当天然气分子在小尺度气孔、粒间孔、溶蚀孔等孔隙和复杂喉道中流动（孔喉直径小于$1\mu m$），且压力较小（小于10MPa）时，天然气分子与孔道壁之间的分子作用力较弱，使得天然气分子不能像液体分子那样被孔道壁所束缚，当天然气分子的平均自由程接近孔隙尺寸时，天然气在孔道壁表面的流动速度不为零，而是处于运动状态。这种现象就是滑脱效应[46,47]。

由克努森数流态判别法可知，气体发生滑脱流动时，克努森数介于0.001~0.01之间[20]，依据Klinkenberg滑脱理论，得到考虑滑脱效应的运动学方程：

$$v=\frac{K_\infty}{\mu}\left(1+\frac{b}{\bar{p}}\right)\nabla p \tag{5-13}$$

式中　v——流速，m/s；

K_∞——等效液测渗透率，mD；

μ——平均气体黏度，mPa·s；

∇p——压力梯度，MPa/m；

$\bar{p}$——岩心进出口平均压力，MPa；

b——滑脱因子，MPa。

滑脱因子b反映了气体渗流滑脱效应的强弱程度，与岩石孔隙结构和气体性质及平均孔隙压力有关：

$$b=\frac{4c\lambda}{r}\bar{p}=\frac{2\sqrt{2}ckT}{\pi d^2}\frac{1}{r} \tag{5-14}$$

式中　c——近似于1的比例常数；

λ——气体分子平均自由程，m；

r——岩石孔喉半径，mm；

k——玻尔兹曼气体常数，取1.38×10^{-23}J/K；

T——绝对温度，K；

d——气体分子直径，mm。

②滑脱效应的影响因素及变化规律。

滑脱效应主要受喉道大小、储层渗透率高低及孔隙压力大小的影响。

（a）不同喉道半径对滑脱因子的影响。

火山岩气藏储渗模式多样，孔喉半径存在较大差异，不同的孔喉半径对滑脱效应的影响不同。根据式（5—14）可知，孔喉半径越小，滑脱因子越大，滑脱效应越明显。通过渗透率相近但喉道分布不同的火山岩岩心进行的滑脱实验（图5—14）表明：在相同渗透率下，小喉道占比越大，滑脱效应越强。

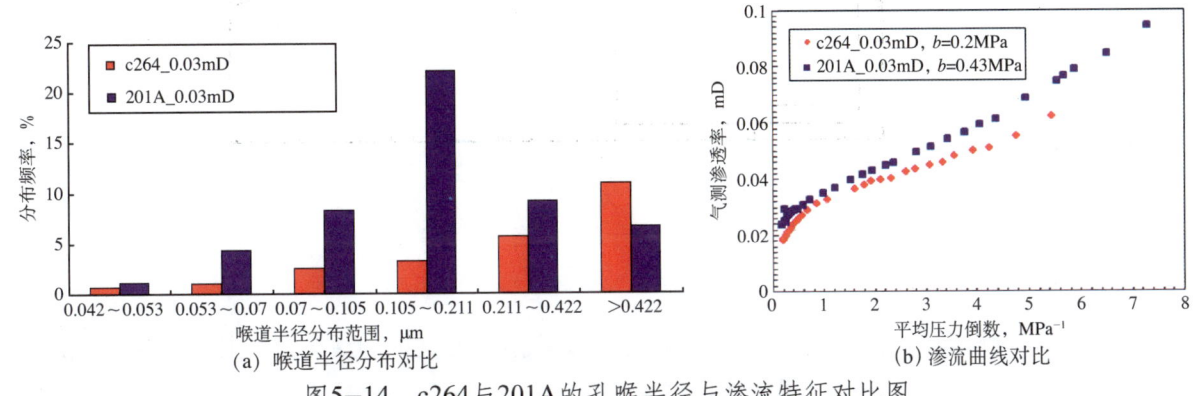

(a) 喉道半径分布对比

(b) 渗流曲线对比

图5—14　c264与201A的孔喉半径与渗流特征对比图

不同类型储渗模式的滑脱效应强弱不同（表5—10）：粒间孔型储层的孔隙孔径相对较大，喉道较大，滑脱效应较弱；气孔型储层气孔孔径大，呈串珠状分布，滑脱效应相对较弱；对于微孔型储层，其孔径较小，其喉道半径最小，滑脱效应最明显。因此，在火山岩气藏的开发中，对于微孔型储渗模式的储层应考虑滑脱效应的影响。

表5—10　不同储渗模式下的孔喉半径与滑脱效应

储渗模式	典型岩性	平均孔喉半径，μm	滑脱因子b，MPa	
			分布范围	平均值
粒间孔型	火山角砾岩	0.008~0.2	0.10~0.59	0.35
气孔型	流纹岩	0.01~0.4	0.17~0.97	0.48
微孔型	晶屑凝灰岩	<0.1	0.23~1.28	0.7

（b）不同渗透率大小对滑脱因子的影响。

渗透率大小不同，对滑脱效应影响不同。分析XX气藏43块火山岩岩心样品的滑脱效应实验数据表明，渗透率与滑脱因子具有明显的负相关特征[式（5—15），图5—15]。渗透率越低，滑脱因子越大，滑脱效应越强：

$$b=0.0948K^{-0.3153} \tag{5-15}$$

式中　b——气体滑脱因子，MPa；

K——渗透率，mD。

不同岩性火山岩的孔隙结构与物性不同，渗透率差异很大，滑脱因子存在差异（表5—11）。对于物性较好的气孔流纹岩和角砾熔岩（渗透率多大于1mD），滑脱因子较小（小于0.1MPa），滑脱效应较弱；但对于物性差的致密流纹岩和晶屑凝灰岩（多小于0.1mD），滑脱因子较大（大于0.4MPa），滑脱效应较强。

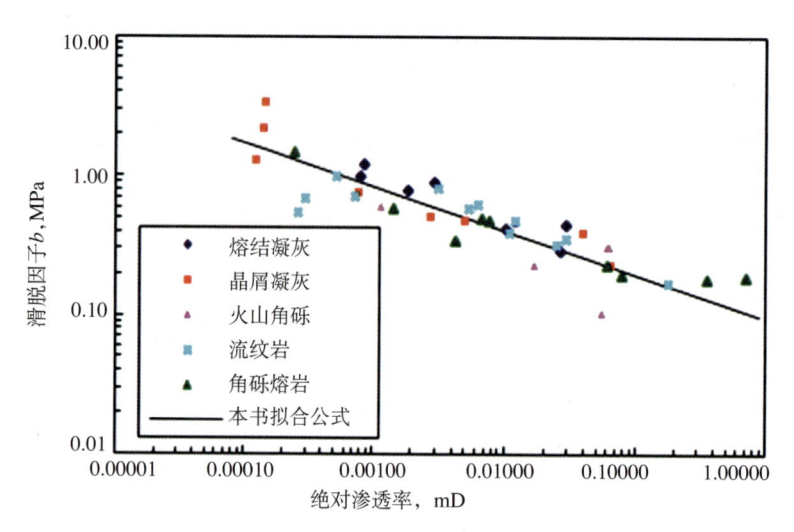

图5-15 滑脱因子b与渗透率K的关系

（c）不同孔隙压力大小对滑脱因子的影响。

火山岩气藏埋藏深，地层压力高。在高压条件下，气体分子之间的黏滞力占主导作用，在较低压力条件下，分子间力占主导作用。孔隙压力越小，意味着气体分子密度越小，即气体越稀薄，气体分子间的相互碰撞就越少，气体分子的平均自由程就越大，它可能等于、甚至大于孔道直径，气体分子沿基质孔隙或微裂缝壁面越易流动。由式（5-14）可知，气体滑脱因子越大，滑脱现象越严重。

表5-11 不同渗透率下的滑脱因子

渗透率，mD	<0.01	0.01~0.1	0.1~1	>1
特征岩性	致密流纹岩	晶屑凝灰岩	熔结凝灰岩	气孔流纹岩、角砾熔岩
滑脱因子b，MPa	>0.4	0.2~0.4	0.1~0.2	<0.1

（d）滑脱效应对产能的影响。

滑脱效应（相对于达西流）对渗流流量的贡献率可用式（5-16）表示。分析XX气藏20块火山岩样品的滑脱效应实验结果，得到不同孔隙压力下滑脱效应对渗透率的贡献率（图5-16）。

$$\eta = (K_g - K)/K \tag{5-16}$$

式中　η——贡献率，无量纲；
　　　K_g——气测渗透率，mD；
　　　K——渗透率，mD。

不同储层喉道大小不同，渗透率不同。滑脱效应增大了气测渗透率，对气体渗流起到正向增加作用。渗透率越小，滑脱效应对渗流贡献率越大。随着开发阶段压力的降低，滑脱效应对渗流贡献增强，对产能影响加大（表5-12）。

因此，对于物性好的高效火山岩气藏，滑脱效应对产能的影响较小，可以忽略不计。对于微裂缝发育，物性差的低效火山岩气藏，渗透率低（多小于0.1mD），滑脱效应将使产能增加6%~14%，在气藏开发后期需考虑滑脱效应对气藏开发效果的影响。

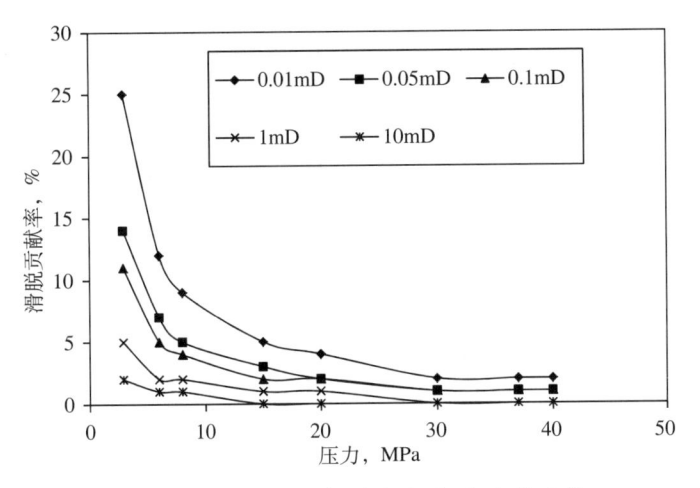

图5-16 滑脱效应对火山岩渗流的贡献

表5-12 不同孔隙压力下滑脱效应对产能的影响

开发阶段	孔隙压力 MPa	渗透率0.01~0.1mD 滑脱因子0.2~0.5MPa		渗透率0.01~1mD 0.1~0.2MPa		渗透率>1mD <0.1MPa	
		对渗透率的贡献率，%	对产能的影响	对渗透率的贡献率，%	对产能的影响	对渗透率的贡献率，%	对产能的影响
初期	20~40	1~4	弱	0~2	无	0	无
中期	10~20	3~7	弱	1~3	弱	0~1	弱
后期	<10	6~14	稍强	3~6	弱	0~3	弱

（2）扩散效应。

依据克努森数流态判别法，克努森数介于0.01~0.1间时，气体流态为扩散流，遵循Fick扩散定律；克努森数介于0.1~10时，气体流态为过渡流，介于Fick扩散与克努森扩散之间；克努森数大于10时，气体流态为克努森扩散。

①扩散效应的原理及动力学模型。

火山岩气藏发育不同尺度的气孔、溶蚀孔、粒间孔和裂缝，储层非均质性强，孔隙结构十分复杂。孔喉细小的火山岩气藏储层中，天然气分子处于运动状态，且在各个方向上的浓度处于平衡，当气藏处于开发中时，储层岩石空间各处的天然气浓度平衡被打破，天然气分子从高浓度区域向低浓度区域运移，直到整个空间的天然气浓度均匀为止。这种由浓度差引起的天然气分子移动就是扩散作用[48]。扩散动力学模型可用式（5—17）描述[49]：

$$Q = -D_k A \cdot \nabla C = -\frac{D_k A \cdot \nabla p}{\bar{p}} \tag{5-17}$$

式中 Q——单位时间内天然气分子通过横截面 A 上的质量流量，m^3/s；

D_k——扩散系数，m^2/s；

A——岩心样品横截面积，m^2；

∇C——浓度梯度，$m^3/(m^3 \cdot m)$；

∇p——压力梯度，MPa/m；

$\bar{p}$——岩心进出口平均压力，MPa。

分子扩散系数是分子扩散过程中的动力学特征，对特定的气藏，必须经过实验测定。在没有实验测定数据时，可用公式确定气体的扩散系数。

（a）当克努森数介于0.01~0.1时，气体扩散属Fick扩散，扩散系数计算的经验公式[50]为：

$$D_k = D_{kf} = 0.339 K^{0.67}/M^{0.5} \tag{5-18}$$

式中　D_{kf}——Fick扩散系数，m²/s；
　　　K——渗透率，mD；
　　　M——气体相对分子质量。

（b）当克努森数大于10时，气体运动属分子级别的克努森扩散。其扩散的动力学机制可用克努森方程来描述：

$$D_k = D_{kn} = \frac{d}{3}\left(\frac{8RT}{\pi M}\right)^{0.5} \tag{5-19}$$

式中　T——绝对温度，K；
　　　D_{kn}——Knudsen扩散系数，m²/s；
　　　M——气体摩尔质量，g/mol；
　　　R——气体摩尔常数，J/(mol·K)。

（c）当克努森数介于0.1~10时，气体运动介于Fick扩散与克努森扩散之间，扩散系数计算公式[30]为：

$$\frac{1}{D_k} = \frac{1}{D_{ke}} = \frac{1}{D_{kf}} + \frac{1}{D_{kn}} \tag{5-20}$$

式中　D_{ke}——过渡扩散系数，m²/s。

②扩散效应的影响因素及变化规律。

采用拟稳定扩散法，选取XX气藏25块岩心，测定分子扩散系数。实验结果表明，天然气在火山岩中的扩散作用主要受扩散介质、温度及岩石物性的影响[51]。

（a）不同孔隙介质对扩散系数的影响。

具有相同孔渗结构、相同尺寸的不同岩性岩样的扩散系数测定实验结果（图5-17）表明：孔隙结

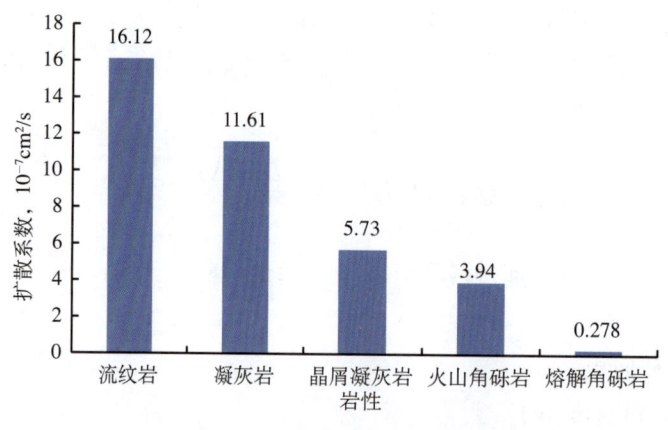

图5-17　火山岩岩性与扩散系数关系

构对扩散系数影响较大。5种不同岩性的火山岩中的扩散系数由大到小依次为：流纹岩、凝灰岩、晶屑凝灰岩、火山角砾岩、熔结角砾岩。流纹岩气孔及微裂缝发育，连通性好，扩散阻力小，扩散系数大；其次是凝灰岩；熔结角砾岩中几乎不发育微裂缝，孔隙连通性差，扩散阻力大，扩散系数小。

（b）温度对扩散系数的影响。

储层温度对气体扩散影响较大。娄洪[52]应用高温高压扩散实验装置测定了温度对天然气扩散系数的影响（图5—18）。结果表明：随着温度增加，天然气分子运动速度加快，运动半径减小，天然气扩散系数增大。

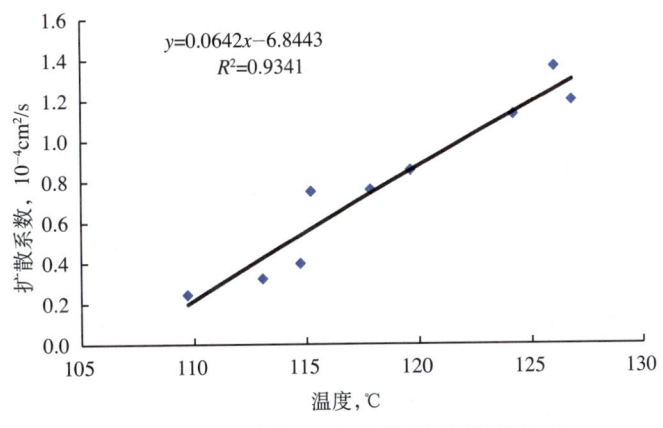

图5—18　温度与天然气扩散系数的关系

（c）岩石物性对扩散系数的影响。

天然气在岩石中的扩散主要是在岩石的连通孔道中进行的，孔道多少、大小、弯曲程度等都影响岩石的天然气扩散系数。张靖[53]综合分析了不同岩石物性对天然气扩散系数的影响（图5—19）。研究结果表明，扩散系数与岩石的渗透率和孔隙中值半径成正相关关系，即岩石渗透率和孔隙中值半径越大，岩石扩散系数越大，反之，则岩石扩散系数越小。

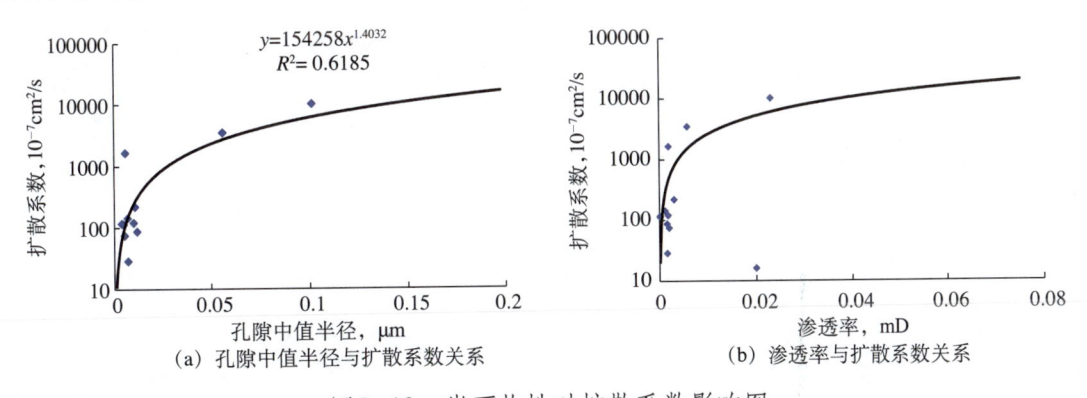

（a）孔隙中值半径与扩散系数关系　　（b）渗透率与扩散系数关系

图5—19　岩石物性对扩散系数影响图

（3）阈压效应。

对于含水火山岩气藏，气体渗流视为气水两相渗流，需考虑启动压力梯度影响[54]。

①阈压效应原理及动力学模型。

气藏的启动压力不同于低渗油藏的启动压力。低渗油藏的启动压力一般测量的是单相流体的启动压力，而气藏的启动压力实际上是气液两相（或三相）的毛管力，所以称气藏的启动压力为阈压更为贴切。非湿相气体开始进入岩心中最大喉道的压力或非湿相开始进入岩心的最小压力称为阈压（图

5-20)[55]。只有当压力差大于阈压时,流体才可以流动,这种现象叫作阈压效应。

火山岩气藏孔喉直径小于1μm的储层内,气体流动时,每个孔道道都有不同的阈压梯度,并且气体在每个孔道中流动所克服的毛细管力大小也不同,只有驱动压力梯度大于某孔道的阈压梯度时,该孔道中的气体才开始流动(图5-21)。气体低速非达西渗流数学表达式为:

$$\begin{cases} v = \dfrac{K}{\mu}(\nabla p - G) & \nabla p > G \\ v = 0 & \nabla p \leqslant G \end{cases} \tag{5-21}$$

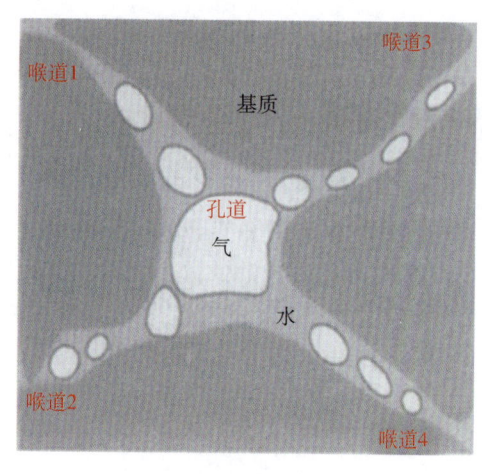

图5-20 阈压效应产生机理

式中 v——流速,m/s;
　　 K——气测渗透率,mD;
　　 μ——平均气体黏度,mPa·s;
　　 ∇p——压力梯度,MPa/m;
　　 G——阈压梯度,MPa/m。

②阈压效应的影响因素及变化规律。

采用气泡法对XX气田36块岩样的阈压实验结果进行分析,初步得出储层渗透率及含水饱和度对阈压效应影响较大。

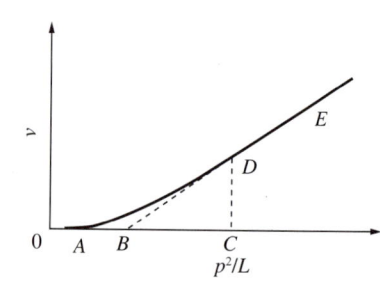

图5-21 气体低速非达西渗流示意图

(a)储层渗透率对阈压效应影响。

储层渗透率对阈压效应有明显的影响。随着渗透率的降低,阈压梯度增大,渗透率越小,阈压梯度越大,且渗透率小于1.2mD时,阈压梯度快速增大。阈压梯度与渗透率具有较好的幂指数关系[图5-22和式(5-22)]:

$$G = 0.0874 K^{-0.459} \tag{5-22}$$

式中 K——气测渗透率,mD;
　　 G——阈压梯度,MPa/m。

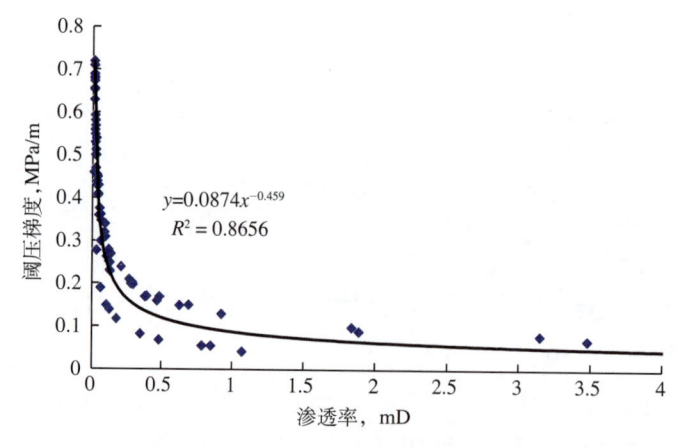

图5-22 渗透率与阈压梯度关系

(b) 含水饱和度对阈压效应影响。

束缚水饱和度对阈压梯度也有明显的影响（图5—23）。阈压梯度随着束缚水饱和度的增大而增大；含水饱和度越大，阈压梯度越大。当束缚水饱和度大于30%时，即存在阈压梯度，需考虑阈压效应影响。束缚水饱和度与阈压梯度具有指数关系的正相关特征：

$$G = 0.0005e^{0.1135S_{wc}} \tag{5-23}$$

式中 S_{wc}——束缚水饱和度，小数；
G——阈压梯度，MPa/m。

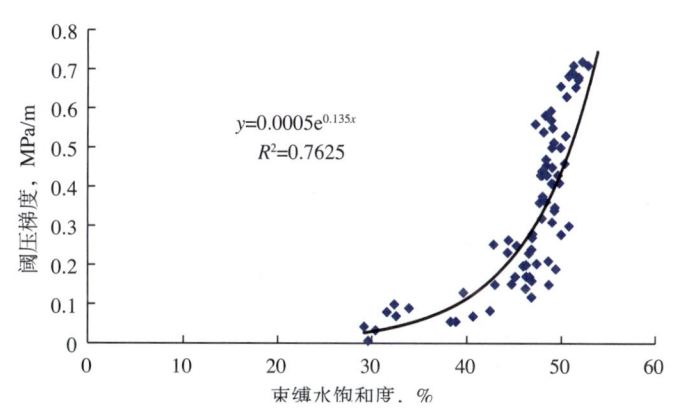

图5—23 束缚水饱和度与阈压梯度关系

（4）渗吸作用。

①渗吸作用的原理。

火山岩气藏孔、缝发育且多为含水气藏，生产过程中，水首先进入裂缝，再从裂缝渗吸进入基质，将小孔隙中的气驱出，这就是含水气藏的动态渗吸过程。其主要原理是由于裂缝的导流能力较强，在压差作用下，水在裂缝内流动时，受基质毛管力作用将裂缝内的水渗吸到基质中，而基质中原有的流体则被替换到裂缝中，并随裂缝中的流体被驱替到出口端，这就是裂缝与基质之间流体的交渗流动过程（图5—24），即动态渗吸[56, 57]。

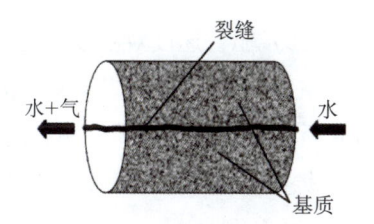

图5—24 火山岩气藏渗吸原理图

②渗吸试验。

对XX气田火山岩气藏17块岩样进行分析，应用岩石物理模拟试验、核磁共振及离心试验技术测定水驱前后核磁共振T_2谱线的幅度变化，测量渗吸前后小孔道中含水饱和度的变化，确定渗吸作用排出的气体体积，计算火山岩动态渗吸效率和驱替效率。其计算公式为：

$$\eta_1 = \frac{V_2}{V_1 - V_4} \tag{5-24}$$

$$\eta_2 = \frac{V_3}{V_1 - V_4} \tag{5-25}$$

式中 η_1——渗吸效率，%；
η_2——驱替效率，%；
V_1——饱和水量，cm³；

V_2——渗吸量，cm³；

V_3——驱替量，cm³；

V_4——离心后剩余水量，cm³。

③渗吸作用的影响因素及变化规律。

（a）渗吸作用的定量分析。

动态渗吸作用包括压差作用下水在裂缝中的驱替作用及基质中毛管力产生的渗吸作用。由渗吸实验结果（图5-25）可知，裂缝型火山岩岩心在驱替（大孔隙）和渗吸（小孔喉）共同作用下的采收率为44.77%，其中驱替贡献率为37.25%，渗吸贡献率为7.52%。微裂缝越发育，基质与裂缝接触面积越大，渗吸贡献率越强[58, 59]。

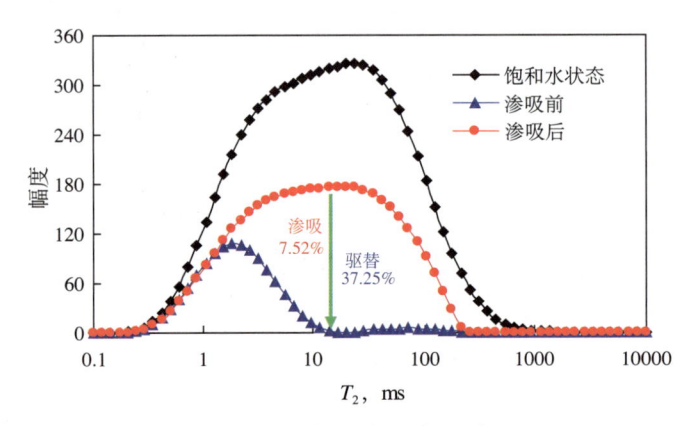

图5-25 动态渗吸实验结果

（b）驱替速度对渗吸作用的影响。

驱替速度大小不同对渗吸效率影响不同。岩心最终含水饱和度与渗吸效率都随驱替速度的增大先增大后减小，存在一最佳驱替速度0.04mL/min[图5-26（a）]。驱替速度越慢，岩心含水率上升越快，主要发生驱替作用；随着注入倍数增加，裂缝与基质之间发生交渗流动的时间增加，渗吸作用增强[图5-26（b）]。

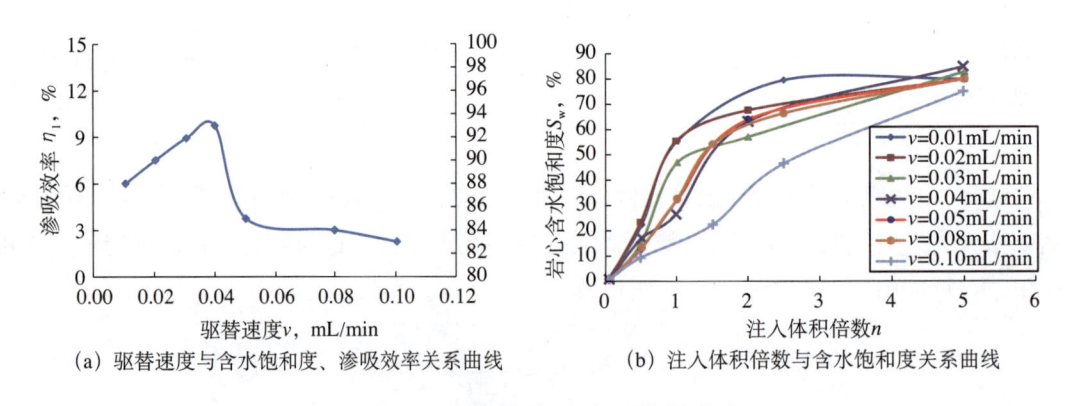

（a）驱替速度与含水饱和度、渗吸效率关系曲线
（b）注入体积倍数与含水饱和度关系曲线

图5-26 驱替速度对渗吸作用影响

（c）初始含水饱和度对渗吸作用的影响。

含水饱和度大小对渗流效率高低具有重要影响。随着初始含水饱和度的增加，渗吸效率降低（图5-27）。低含水阶段（含水饱和度为0~40%），渗吸效率相对较高而且下降缓慢，当含水饱和度达到80%后，渗吸效率较低且急速下降。

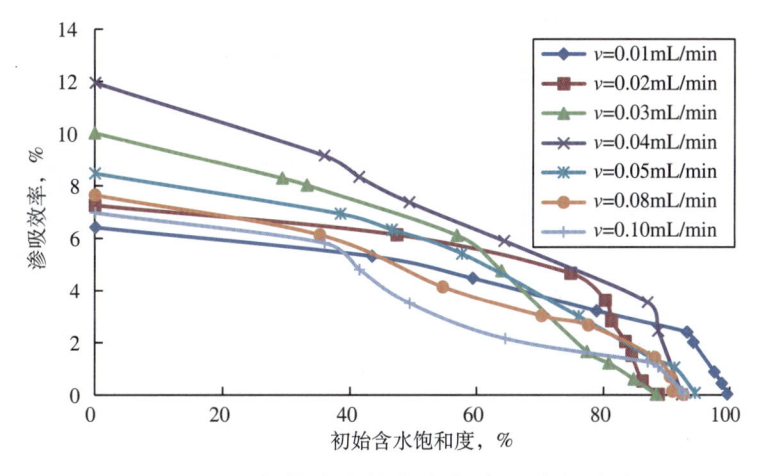

图5-27 初始含水饱和度与渗吸效率关系

二、应力敏感特征及其对渗流的影响

1. 有效应力原理

岩石颗粒有效应力就是上覆岩石应力与孔隙流体压力之差[60, 61][式（5—26）]。有效应力控制岩石颗粒的强度与变形，通过储层颗粒间的接触来传递。在有效应力作用下，火山岩气藏储层基质喉道产生变形、裂缝发生闭合[62]，从而导致储层的物性参数（孔隙度、压缩系数、渗透率）发生变化，影响天然气的开采。

$$\sigma = \sigma' + \alpha p \tag{5-26}$$

式中 σ——上覆岩石压力，MPa；

σ'——有效应力，MPa；

p——孔隙压力，MPa；

α——有效应力系数，随上覆岩石压力与孔隙压力变化，可通过实验测定。

2. 应力敏感实验方法

应力敏感性的测试方法通常有两种：一是变围压、定孔压的方法；二是定围压、变孔压的方法。

（1）两种实验方法原理对比。

变围压、定孔压的实验方法是通过增加或降低岩石围压的大小，测试物性参数随有效应力的变化，是目前最为普遍的应力敏感性实验研究方法。

定围压、变孔压的实验方法是保持围压为上覆围压压力不变，通过增大或降低孔隙流体压力，测试物性参数随有效应力的变化。

火山岩气藏生产过程是上覆压力不变，随着流体的采出，孔隙压力逐渐降低的过程，定围压、变孔压的实验更能反映地下储层真实应力变化情况，有效应力增加，岩石基质孔喉与裂缝发生变形，与火山岩气藏衰竭式开采过程更相符合[63, 64]。因此，建议采用定围压、变孔压的实验方法测试储层应力敏感性变化。

（2）两种实验方法结果对比。

采用两种不同实验方法对渗透率相近的岩心应力敏感实验结果分析表明（图5—28）：

① 随着孔隙压力降低，有效应力增大，基质孔隙与裂缝发生变形缩小，渗透率降低；

② 当孔隙压力从40MPa降到10MPa时，变围压、定孔压实验中基质渗透率降低12.2%、裂缝渗透率降低18.2%；变孔压、定围压实验基质渗透率降低59%、裂缝渗透率降低89.2%；

③ 两种实验方法中，裂缝渗透率变化均比基质孔隙渗透率变化大；变孔压测得的渗透率变化比变围压测得的变化大。因此，应根据实际气藏开采过程采取正确的应力敏感性测试方法，以免低估应力敏感造成的影响。

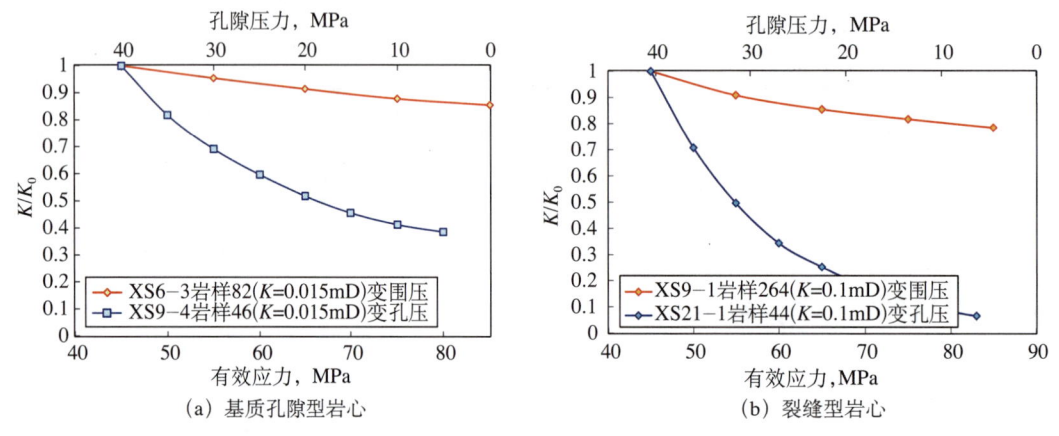

图5-28 变围压与变孔压应力敏感实验结果对比

3. 应力敏感作用下的物性参数变化规律

火山岩气藏发育不同尺度孔、缝介质，气藏衰竭式开采过程中，地层压力降低，在有效应力作用下储层孔喉体积和裂缝宽度发生变形，储层孔隙度、渗透率和压缩系数等参数随之变化。

1) 孔隙度应力敏感规律

随着孔隙压力下降，储层有效应力逐渐增大，储层的孔隙空间受到压缩，基质孔喉缩小，裂缝发生变形，甚至闭合，导致基质与裂缝的孔隙度降低。主要表现在（图5-29）：

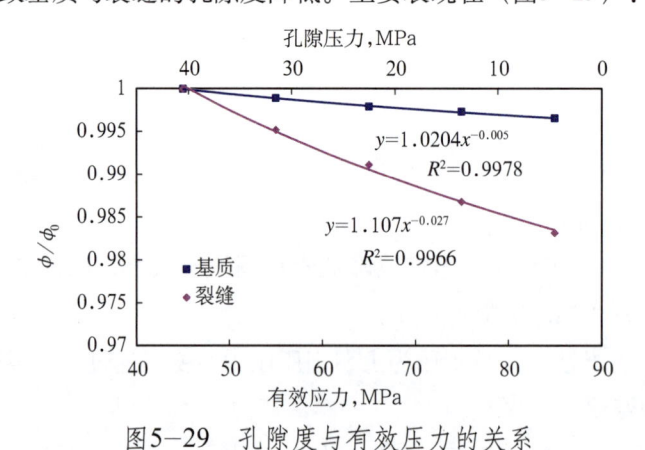

图5-29 孔隙度与有效压力的关系

（1）随着孔隙压力下降，有效应力增大，基质和裂缝的孔隙度降低；

（2）在相同有效应力增量作用下，裂缝孔隙度降低幅度比基质孔隙大。当有效应力增大到85MPa时，裂缝孔隙度下降1.7%，基质孔隙度下降0.34%；

（3）总体上，孔隙度随有效应力变化相对较小，裂缝孔隙度的应力敏感性比基质孔隙度的应力敏感性强。

对XX气田15块岩心的孔隙度应力敏感实验结果分析表明，火山岩气藏基质孔隙度和裂缝孔隙度与有效应力具有较好的负相关特征[式（5-27）和式（5-28）]。

基质孔隙度：

$$\frac{\phi}{\phi_0} = 1.0218(p_r - p)^{-0.014} \tag{5-27}$$

裂缝孔隙度：

$$\frac{\phi}{\phi_0} = 1.0039(p_r - p)^{-0.005} \tag{5-28}$$

2）渗透率应力敏感规律

火山岩气藏开采过程中，随着地层压力下降，基质孔隙与裂缝所受有效应力增加，基质孔喉缩小变形，降低了基质渗透率，裂缝变窄、闭合，使裂缝渗透率大幅度降低。主要表现为（图5-30）：

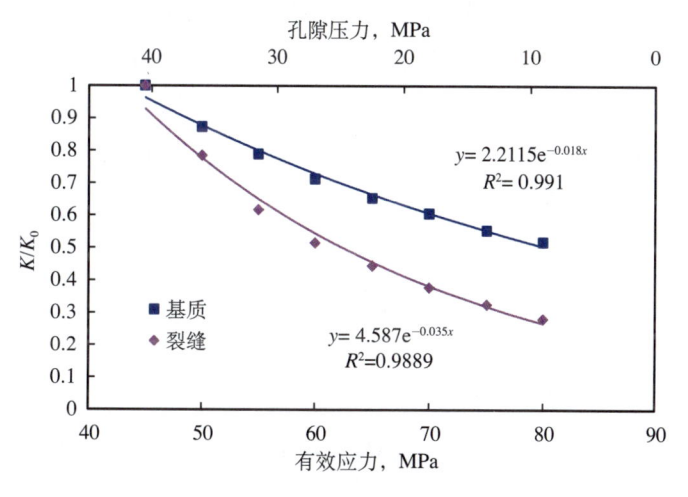

图5-30　渗透率与有效应力的关系

（1）随着孔隙压力降低，有效应力增大，基质与裂缝的渗透率降低。

（2）在相同有效应力增量作用下，裂缝渗透率比基质渗透率下降幅度大。当有效应力增大到85MPa时，裂缝渗透率下降72%，基质孔隙度下降48%。

（3）渗透率随有效应力变化明显，但基质渗透率的应力敏感性比裂缝渗透率的应力敏感性弱。

对XX气田15块岩心的渗透率应力敏感实验结果分析表明，火山岩气藏基质孔隙和裂缝的渗透率与有效应力具有较好的指数关系[式(5-29)和式(5-30)]。

基质：

$$\frac{K}{K_0} = 2.2115 e^{-0.018(p_r - p)} \tag{5-29}$$

裂缝：

$$\frac{K}{K_0} = 4.587 e^{-0.035(p_r - p)} \tag{5-30}$$

3）压缩系数应力敏感规律

随着地层压力的降低，基质和裂缝所受有效应力增加，基质与裂缝受压缩，孔隙体积变小，岩石压缩系数发生变化（图5-31）：

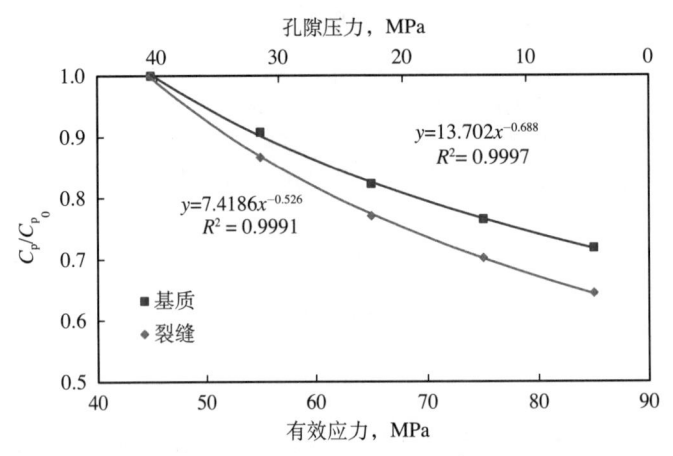

图5-31 压缩系数与有效压力的关系

(1) 基质压缩系数与裂缝压缩系数随着有效应力增加而减小；

(2) 相同有效应力增量作用下，裂缝压缩系数比基质压缩系数下降幅度大；

(3) 压缩系数随有效应力变化明显，基质压缩系数的应力敏感性比裂缝压缩系数的应力敏感性弱。压缩系数应力敏感实验结果表明，火山岩气藏基质孔隙和裂缝的压缩系数与有效应力具有较好的乘幂关系 [式（5-31）和式（5-32）]。

基质：

$$\frac{C_\mathrm{p}}{C_{\mathrm{p}_0}} = 13.702(p_\mathrm{r} - p)^{-0.688} \tag{5-31}$$

裂缝：

$$\frac{C_\mathrm{p}}{C_{\mathrm{p}_0}} = 7.4186(p_\mathrm{r} - p)^{-0.526} \tag{5-32}$$

4）压力往复升降中渗透率变化规律

火山岩气藏开发过程中，为满足生产需要，常开展试井、修井等作业，因此会出现频繁开关井情况，导致地层孔隙压力的降升波动。地层孔隙压力的往复变化，引起基质孔隙和裂缝系统所承受的有效压力增加或减少，使其产生弹、塑性变形。基质孔隙的变形将使孔隙体积缩小，特别是喉道的减少，将大大降低基质孔隙的渗透率；裂缝的变形主要是使裂缝变窄、闭合，从而使裂缝系统的渗透率大幅度降低。

利用XX气藏10块岩样，测定了两次压力降升过程中压力变化规律，进而分析了火山岩气藏压力降升过程中变形对渗透率和产能的影响程度（图5-32、表5-13和表5-14）：

表5-13 压力降升过程中裂缝渗透率变化

序号	孔隙压力，MPa	第一次降孔压裂缝渗透率变化，mD	第一次升孔压裂缝渗透率变化，mD	第二次降孔压裂缝渗透率变化，mD	第二次升孔压裂缝渗透率变化，mD
1	40	0.1120	0.0869	0.0869	0.0816
2	35	0.0880	0.0742	0.0701	0.0685
3	30	0.0698	0.0615	0.0583	0.0574
4	25	0.0573	0.0525	0.0504	0.0490
5	20	0.0481	0.0461	0.0444	0.0432
6	15	0.0426	0.0408	0.0396	0.0379
7	10	0.0380	0.0367	0.0358	0.0347
8	5	0.0335	0.0329	0.0315	0.0308

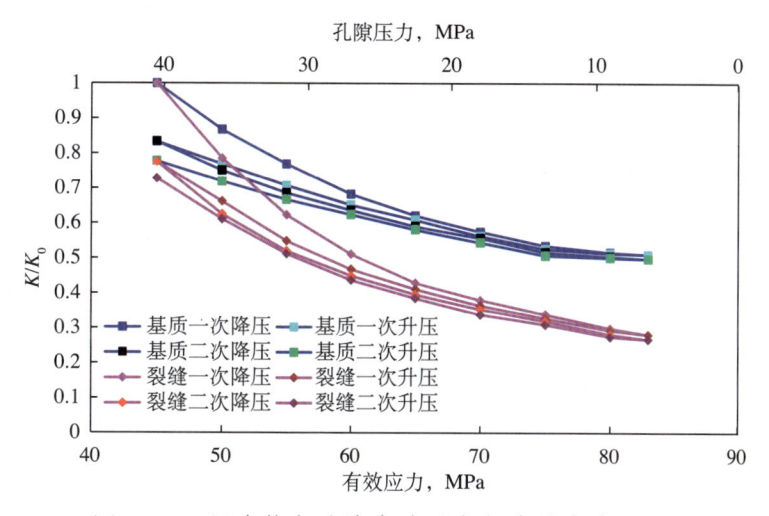

图5-32 压力往复升降中渗透率与有效应力关系

表5-14 压力降升过程中基质渗透率变化

序号	孔隙压力，MPa	第一次降孔压基质渗透率变化,mD	第一次升孔压基质渗透率变化,mD	第二次降孔压基质渗透率变化,mD	第二次升孔压基质渗透率变化,mD
1	40	0.0325	0.0271	0.0271	0.0253
2	35	0.0282	0.0250	0.0244	0.0234
3	30	0.0250	0.0230	0.0223	0.0217
4	25	0.0222	0.0212	0.0207	0.0203
5	20	0.0202	0.0198	0.0192	0.0189
6	15	0.0187	0.0183	0.0181	0.0177
7	10	0.0174	0.0171	0.0168	0.0165
8	5	0.0168	0.0167	0.0164	0.0163

（1）随着孔隙压力的降低，有效应力增加，基质和裂缝的渗透率降低。随着孔隙压力降升次数增加，渗透率变化幅度相对减小。在相同孔隙压力降幅的作用下，裂缝渗透率比基质的渗透率降低幅度大。有效应力增加初始阶段，渗透率降低幅度明显，当有效应力增加到一定程度后，渗透率降低趋势减缓。

（2）岩样在降压和升压过程中渗透率变化曲线不能重合，升压过程的渗透率低于降压过程中相应压力点的渗透率。基质与裂缝损失的渗透率大部分是不可恢复的，对气井产能影响大。

（3）一次压力降升过程中，裂缝渗透率恢复到原来的77%，基质渗透率恢复到原来的83%。裂缝大部分为不可恢复的塑性变形，基质发生弹塑性变形，塑性变形较少，弹性可恢复部分较多。二次压力降升过程中，岩样进一步发生弹塑性变形，其中塑性变形更多，渗透率恢复能力越差，裂缝渗透率只能恢复到原始值的70%，基质渗透率恢复到原始值的78%。渗透率恢复能力越差，对产能的影响更大。

火山岩气藏开发过程中，由于地层压力波动引起裂缝、基质孔隙发生应力敏感所造成的渗透率变化是不可逆转的，在制定优化配产、开发技术政策和预测开发指标时，应充分考虑应力敏感性的影响，制定合理的工作制度，优化生产压差，避免应力敏感伤害。

5）单位有效应力排气量与有效应力的关系

根据有效应力原理，火山岩气藏衰竭式开发过程中地层能量降低，将引起孔、缝介质发生压实变形，包括两个方面：一是岩石孔隙发生压缩变形排出气体，二是由于裂缝中的流体流入井筒，裂缝中的流体压力会随之降低，基质孔隙中的流体会发生膨胀进入裂缝[65]。这是由压实作用引起的火山岩气藏中基质向裂缝供排气的重要方式。

分析XX气田10块岩样的压实实验测试结果表明，压实排气量、单位有效应力气体排出量与有效应力存在一定的关系（图5-33和图5-34）：

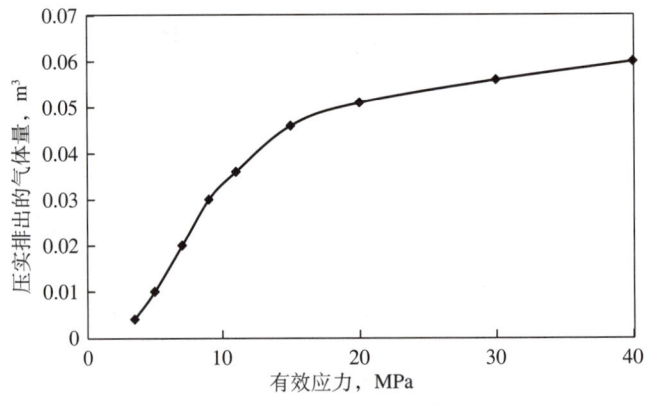

图5-33 压实排出气量随净有效应力的关系

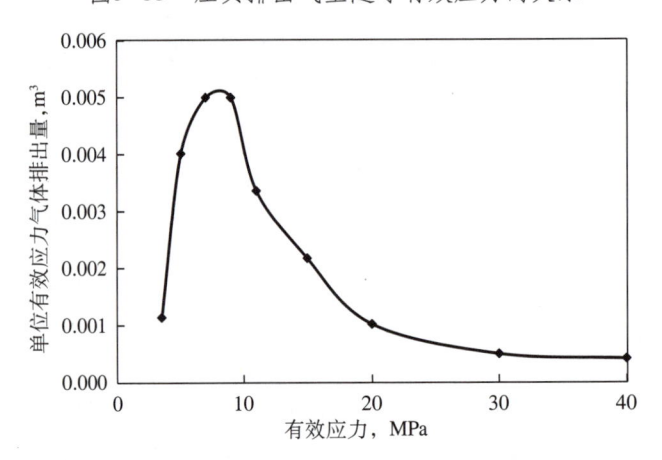

图5-34 单位有效应力排气量随净有效应力的关系

（1）随着有效应力的增加，初期压实作用强，岩石变形量大，压实排气量大，单位净有效应力的排气量大。

（2）后期压实作用较弱，岩石的抗压实作用增强，岩石孔隙缩小的幅度变小，压实排气量小，单位有效应力排气量的降低幅度减小。

（3）有效应力从3.5MPa增加到40MPa，由有效应力增大所引起的压实作用（孔隙变形），所排出的气量约占孔隙体积总含气量的1.89%。

三、多重介质排供气机理

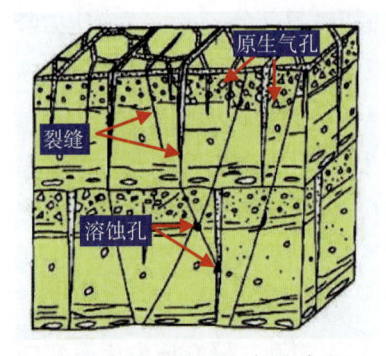

图5-35 孔、缝多重介质示意图

火山岩气藏发育气孔型、粒间孔型、微孔型、裂缝型、裂缝—溶蚀孔型、裂缝—气孔型等多种储渗模式，每种储渗模式的孔隙结构不同，孔径、喉道大小不一，因此储层中存在不同规模尺度的气孔、溶蚀孔、粒间孔和裂缝等多重介质（图5-35），储层物性差异大，气井不同生产阶段、不同尺度孔缝介质渗流顺序不同、渗流机理不同，形成多尺度多重介质"接力"排供气机理（表5-15和图5-36）。即大尺度物性好的孔缝介质优先采出天然气，次级尺度物性较差的孔缝介质逐渐补充供给天然气，如此形成多尺度多重介质"接力"排供气机理。

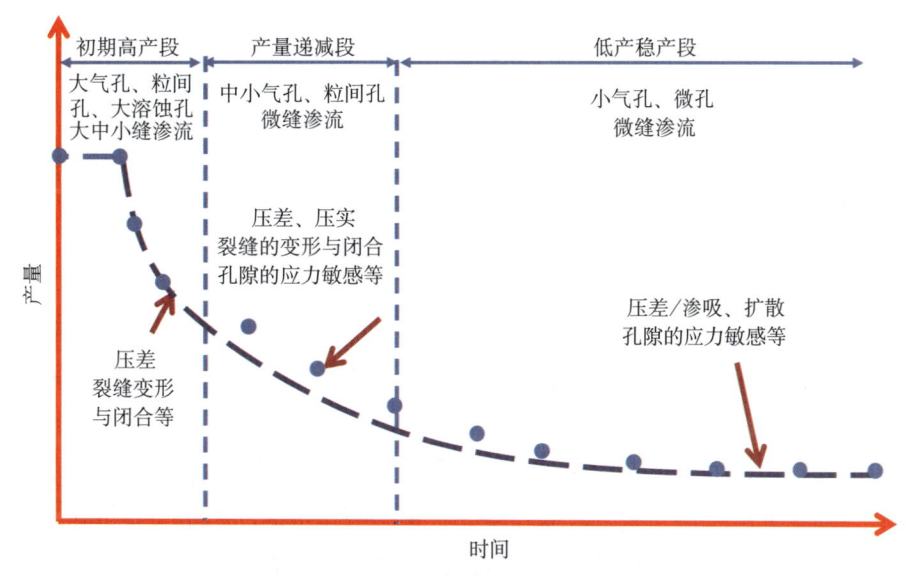

图5-36 火山岩气藏排供气机理模式图

表5-15 不同生产阶段气体在不同尺度介质中的流态及渗流机理

不同阶段	渗流介质	渗流通道	驱动力	流态及渗流机理	生产特征
初期高产	大气孔、大粒间孔、大溶蚀孔、大—中—小裂缝	孔隙收缩型、溶蚀型、裂缝型	压差	高速非达西渗流、裂缝应力敏感	单井产量高，流体从大孔、裂缝流向井筒
产量递减	中小气孔、中小粒间孔、微缝	孔隙收缩型、裂缝型	压实、压差	达西渗流、低速非达西渗流、裂缝应力敏感、基质应力敏感	单井产量发生递减，中孔—小孔、微缝与大孔、大—中—小缝间的流体发生质量交换，参与渗流，渗流范围扩大
低产稳产	小气孔、基质微孔、微裂缝	孔隙收缩型	压差、渗吸、扩散	低速非达西渗流、基质应力敏感	单井产量低，保持稳产，小孔—微孔、微缝与较大规模尺度孔缝间的流体发生质量交换，渗流范围进一步扩大

1. 高产稳产阶段

在火山岩气藏开发初期，气井单井产量高，主要是压差作用在多重介质接力供气和排气中起主导作用，其渗流介质主要是孔径大于100μm的大气孔、溶蚀孔、粒间孔和缝宽大于100μm的大、中、小裂缝。渗流通道为大孔、裂缝、孔隙收缩型喉道、溶蚀型和裂缝型喉道，气孔、溶蚀孔、粒间孔向大裂缝输送气体，进而流入井底。气体流态主要为高速非达西流，同时地层压力降低，导致裂缝发生变形。大裂缝和大孔隙内压力几乎同步下降，能量供给充足，气井产量稳定。

2. 产量递减阶段

随着生产时间的延长，大气孔、溶蚀孔、粒间孔向裂缝的窜流供气量远低于井底产量，产量开始出现递减，压实作用、压差开始起主导作用。大气孔、溶蚀孔、粒间孔向裂缝的渗流导致与井底沟通的裂缝系统能量消耗快，井底压力快速下降，孔径小于100μm的中孔—小孔和缝宽小于100μm微缝参与渗流，渗流范围扩大。该阶段渗流介质主要为孔径小于100μm的中等气孔、粒间孔和微裂缝，渗流通道主要为压实变形后的大孔、裂缝、孔隙收缩型及裂缝型的喉道，气体流态主要为达西渗流与低速非达西渗流。随着孔隙压力的降低，储层岩石孔隙、裂缝宽度会发生压缩变形。根据压实作用的动力学机制，压实作用越强，岩石变形量越大，单位净有效应力的气体排出量越大。通过物模实验可知，岩石孔隙发生压缩变形引起的孔隙气体排出量约占孔隙体积总含气量的1.89%。

3. 低产稳产阶段

随着产量的降低，当小气孔、微孔向裂缝窜流供气量达到稳定，裂缝—基质系统平衡，气井进入低产稳产阶段，压差、渗吸和扩散等多种作用起主导。该阶段气体渗流的主要介质为孔径小于1μm的小气孔、粒间孔、基质微孔和微裂缝，较大尺度孔缝则是流动通道。气体流态为低速非达西渗流。小孔—微孔、微缝与较大规模尺度孔缝间的流体发生质量交换，渗流范围进一步扩大。对于含水的多重介质气藏，渗吸作用在低压低产开发阶段起作用，根据渗吸作用的动力学实验可知，火山岩储层岩心在驱替（大孔隙）和渗吸（小孔喉）等共同作用下的采收率为44.75%，其中驱替贡献为37.25%，渗吸等贡献率7.52%；对于无水气藏，扩散作用该开发阶段起主导作用。

因此，针对不同规模储渗单元相互叠置的火山岩气藏，根据不同阶段、多尺度多重介质的接力供排气机理，实现火山岩气藏开发井的优化配产，可以达到以下目的：（1）降低压敏损害；（2）有效抑制水体锥进、防止水窜；（3）有效协调孔洞缝介质的排供气机理，实现不同尺度孔缝中流体的均衡开采，最终达到提高气井累积产量和采收率。

第三节 火山岩气藏开发规律

国内火山岩气藏投入开发的有XX气田、CC气田以及DD气田等。不同类型的火山岩气藏具有多尺度孔洞缝多重介质、储渗模式多样、储层岩性岩相变化快、储层物性及厚度变化大、非均质性强等特征[66]，导致不同构造位置及岩性岩相带的动态特征差异大，开发动态规律难以把握[67,68]。其中火山岩气藏内幕结构、储层特征以及流体分布状况是气藏开发规律复杂的内在原因，而开发方式与技术政策、工艺措施是外因。因此，需要从内因和外因两方面对火山岩气藏开发动态规律进行研究。

一、火山岩气藏气井生产动态规律

1. 不同储渗模式下气井生产动态规律

根据第三章第三节可知，火山岩气藏发育有一种裂缝型储渗模式、两种孔隙型储渗模式和三种裂缝—孔隙型储渗模式等，不同储渗模式下气井的生产动态特征不同（表5-16）。

表5-16 不同储渗模式下气井的生产动态特征

储层类型	储渗模式	储集空间	渗流通道	产能特征
气孔型储层	气孔发育型	气孔	孔隙收缩型（粗短型、细短型）	压后低产，初期产量较低，递减缓慢，后期稳产阶段产量较低
	裂缝—气孔型	气孔	孔隙收缩型、（粗短型、细短型）裂缝型	具有较高的自然产能，初期产量较低，递减很快，后期稳产阶段产量较低
粒间孔型储层	粒间孔型	粒间孔、晶间孔	孔隙收缩型、（粗短型、细短型、粗长型、细长型）	压后中产，初期产量中等，但递减较快，后期稳产阶段产量中等
	裂缝—粒间孔型	粒间孔、晶间孔	孔隙收缩型、（粗短型、细短型、粗长型、细长型）裂缝型	具有较高的自然产能，初期产量中等，递减较裂缝-溶蚀孔型快，后期稳产阶段产量中等
溶蚀孔型储层	裂缝—溶蚀孔型	溶蚀气孔、粒间溶孔、基质溶孔	溶蚀型、裂缝型	具有较高自然产能，初期产量较高，递减缓慢，后期稳产阶段产量较高
裂缝型储层	裂缝型	裂缝、微孔	裂缝	具有较高的自然产能，初期气井产量高，但递减迅速，基本无稳产期

1）气孔发育型

气孔发育型储渗模式，其储集空间以原生气孔为主，主要的渗流通道为气孔收缩型喉道，储层物性较好，钻遇该类储层的气井通常需压裂投产，气井投产初期产量较低，产量、压力递减缓慢，后期低产稳产期产气量较小。

典型井为SS2-1井。该井试气井段岩性为气孔流纹岩，孔隙度13.2%，基质渗透率0.74mD，初期自然产量中等（$15.1 \times 10^4 m^3/d$），由于储层物性较好，连通性好，供气较为充足，气井递减缓慢，投产两年以上，日产气量稳定在$12.11 \times 10^4 m^3$，油压稳定在23.5MPa，气井具有良好的稳产能力（图5-37和图5-38）。

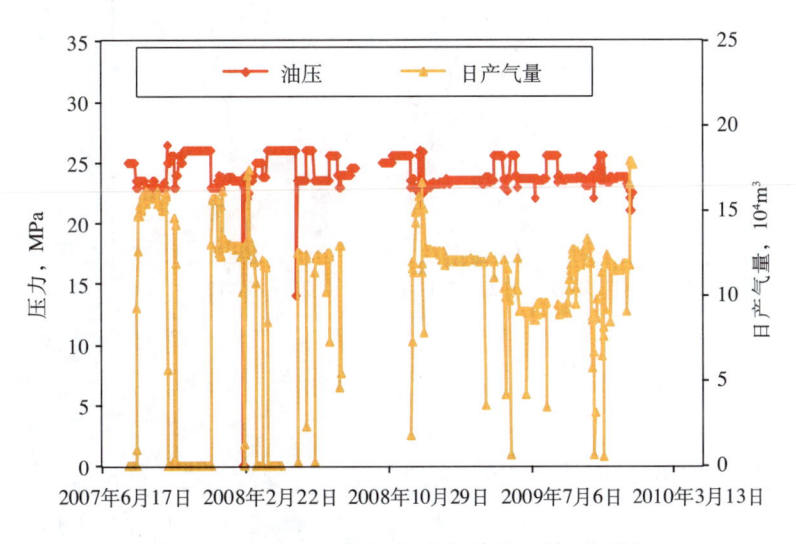

图5-37 SS2-1井生产动态曲线（气孔型）

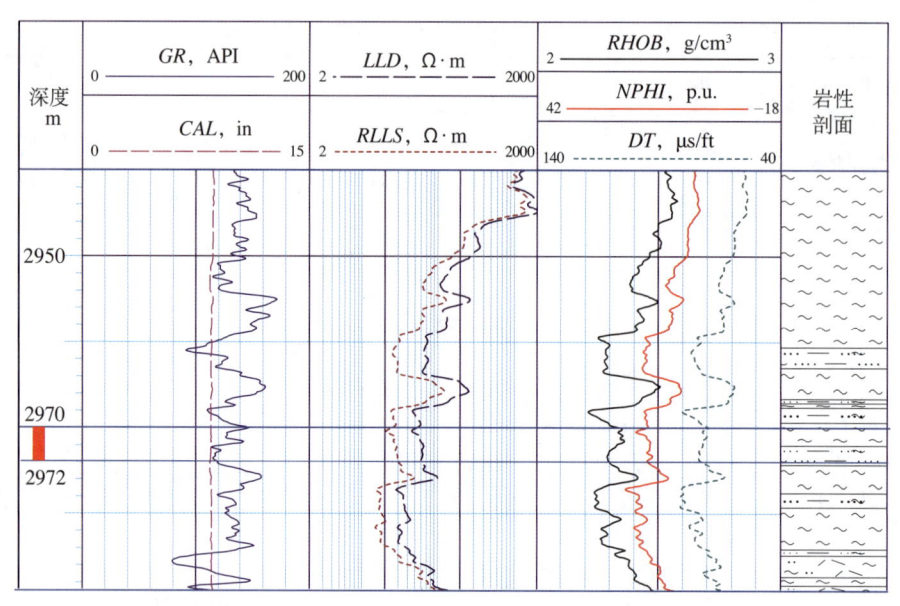

图5-38　SS2-1井生产井段（流纹岩）

2）裂缝—气孔型

裂缝—气孔型储渗模式，储集空间以小气孔为主，主要的渗流通道为中、微尺度裂缝，气井投产初期产量中等，产量、压力递减较快，后期低产稳产阶段产量中等。

典型井如DD17井。DD17井3633～3670m井段，岩性为安山玄武岩和玄武岩，基质物性较差，气井压后才获工业气流，该井于2009年7月正式投入生产，初期产量中等（$11 \times 10^4 \text{m}^3/\text{d}$），投产近两年后，产量降至$5.3 \times 10^4 \text{m}^3/\text{d}$，油压从33MPa降到11.8MPa，这是因为初期产量主要由裂缝供给，生产过程中，井底压力下降，压差增大，导致裂缝的变形和闭合，而孔隙物性较差，气体供给不足，气井稳产能力较弱（图5-39和图5-40）。

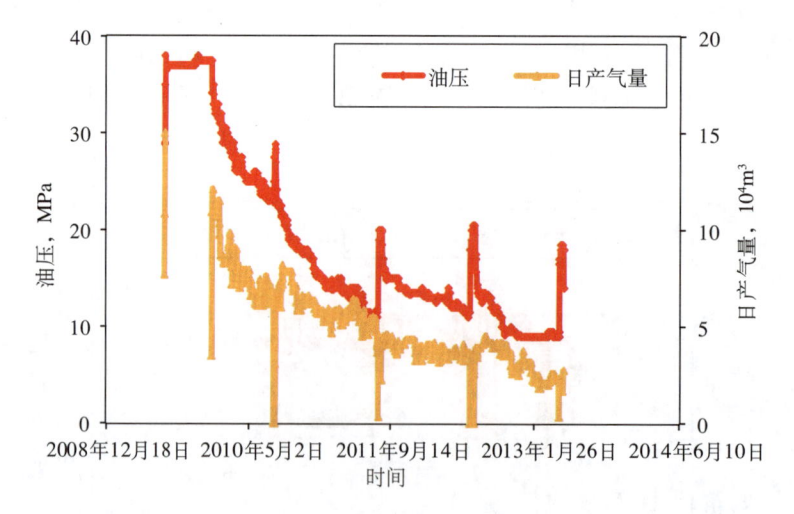

图5-39　DD17井生产动态曲线（裂缝—气孔型）

3）粒间孔型

粒间孔型储渗模式，储集空间以原生粒间孔为主，主要渗流通道为孔隙收缩型喉道，储层物性较好，钻遇该类储层的气井常具有较高的自然产能，但气井递减较快，后期低产稳产阶段产量中等，稳产能力中等。

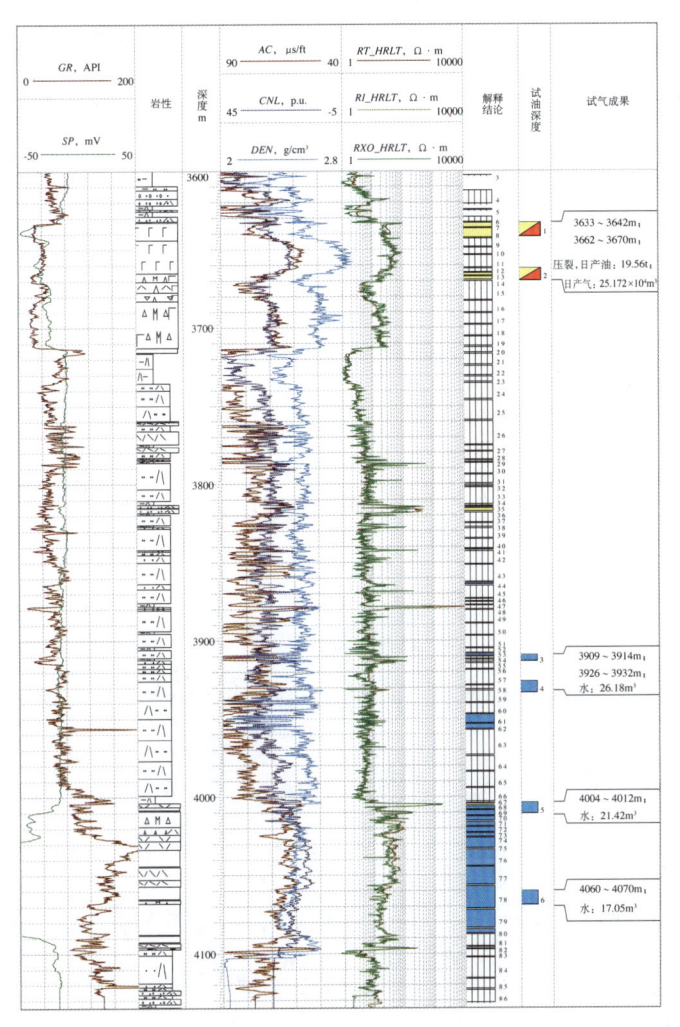

图5-40　DD17井柱状图

典型井为DD1416井3796~3810m井段有效孔隙度23%，渗透率6.5mD，该井于2009年5月正式投产，初期产量高达23×10⁴m³/d，压力降幅很快，由35MPa迅速降至23MPa，较强的应力敏感导致孔隙渗透率下降，孔隙流体供给缓慢，气井产量出现下降，但产量递减较慢，到2013年3月，气井产量降至7.35×10⁴m³/d，而后保持稳定（图5-41和图5-42）。

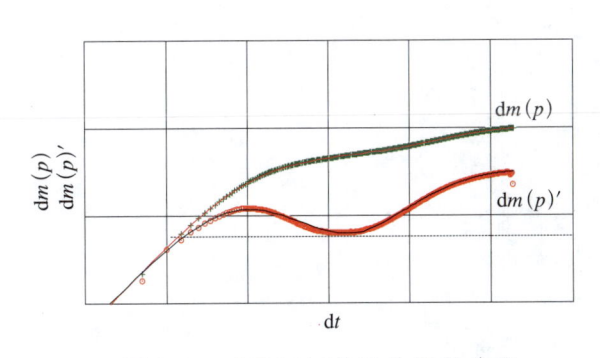

图5-41　DD1416井试井解释曲线 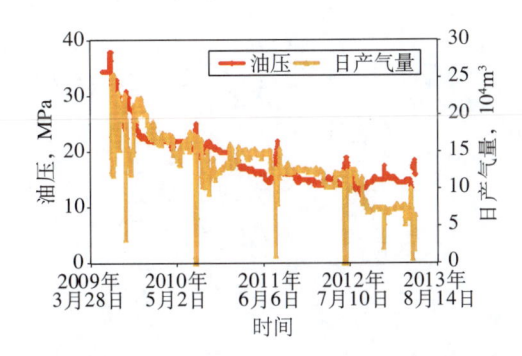　　图5-42　DD1416井生产动态曲线（粒间孔型）

4）裂缝—粒间孔型

裂缝—粒间孔型储渗模式，发育中等尺度裂缝沟通中等粒间孔，物性相对裂缝溶蚀孔型差，气井初期产量较高，压力递减较快，稳产能力相对较弱。

典型井为DD1415井，该井3796~3810m井段有效孔隙度13.4%，渗透率0.68mD，初期自然产能较高，为20.6×10⁴m³/d，主要为裂缝供气，但压力降幅较快，由37MPa降至20MPa，导致了裂缝的变形和闭合，同时，孔隙介质中的流体供给缓慢，导致气井产量下降，到2013年1月，日产气量已降至3×10⁴m³（图5-43和图5-44）。

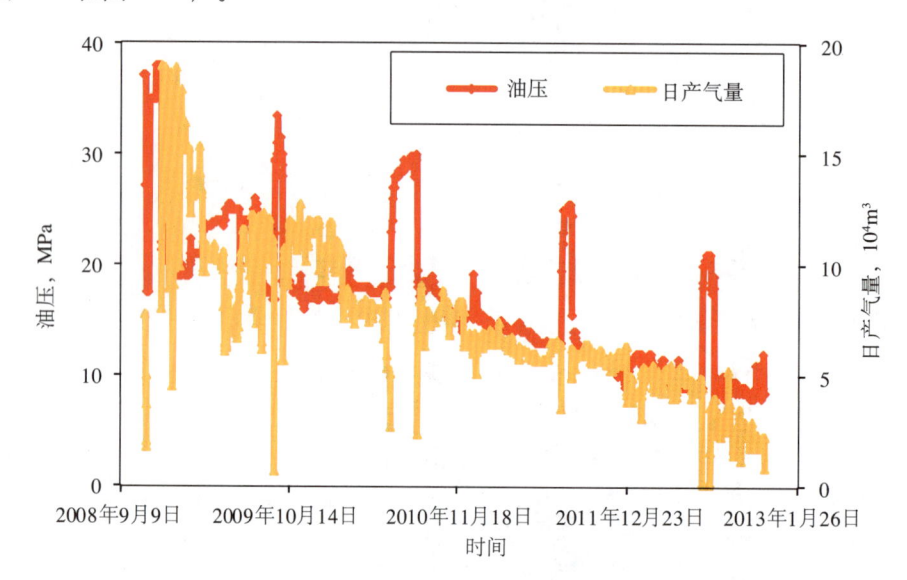

图5-43　DD1415井生产动态曲线（裂缝—粒间孔型）

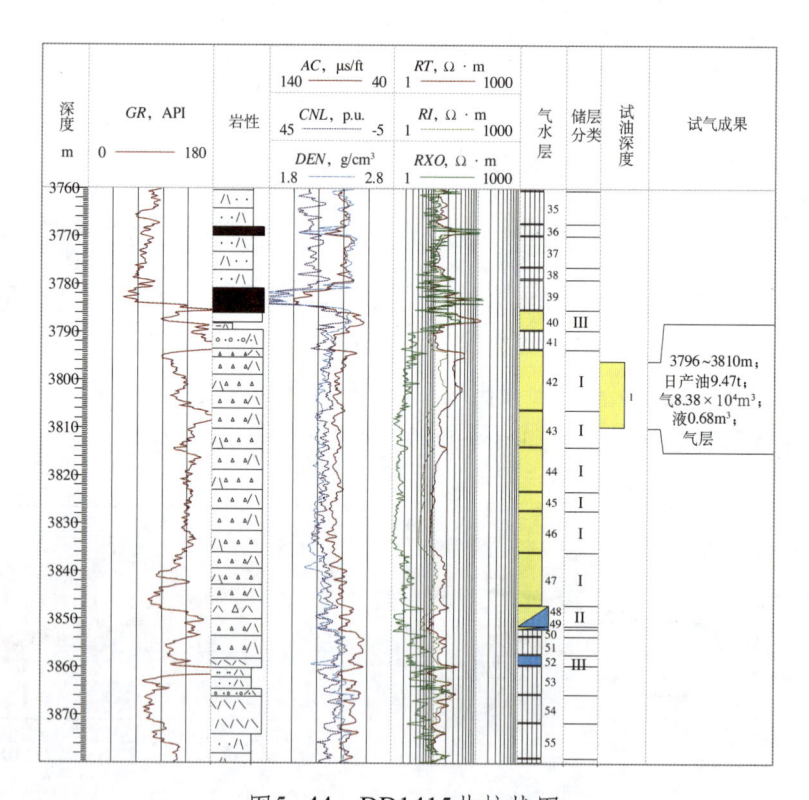

图5-44　DD1415井柱状图

5）裂缝—溶蚀孔型

裂缝—溶蚀孔型储渗模式，储层大裂缝发育，裂缝沟通大的溶蚀孔洞，储层物性好，气井产量高、压力稳定，递减缓慢，后期低产稳产阶段气井产量高，稳产能力强。

典型井以DD18井区DD1805井为代表，DD1805井3432.8~3674m井段，欠平衡完井裸眼井段241.2m。岩性为沉火山角砾岩、正长斑岩，测井解释为Ⅰ+Ⅱ+Ⅲ类储层。该井于2008年9月正式投产，到2010年6月，日产气量基本稳定至$15\times10^4m^3$，生产过程中产量、压力相对稳定，说明储层物性较好，连通性好，供给充足，到2013年3月，产量基本稳定在$8\times10^4m^3/d$（图5-45和图5-46）。

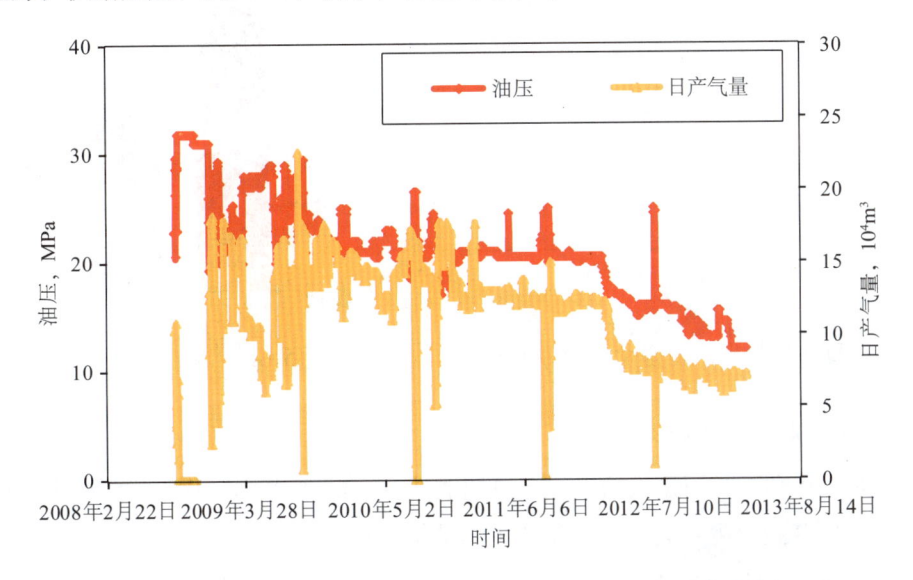

图5-45 DD1805井生产动态曲线（裂缝—溶蚀孔型）

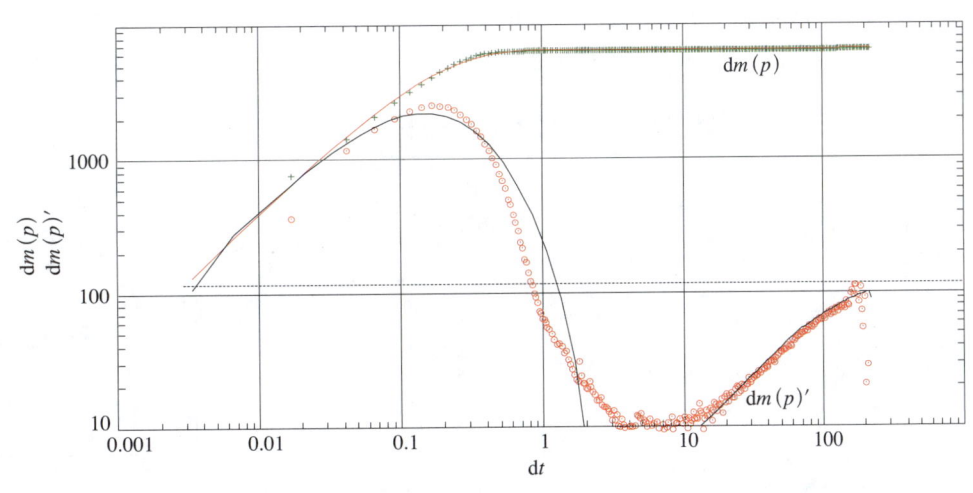

图5-46 DD1805井压力恢复双对数曲线（3432.8~3674m井段）

6）裂缝型

裂缝型储层，储集空间以各种类型的裂缝为主，基质孔隙欠发育，井控储量低，稳产能力差。气井初期产量较高，但递减迅速，基本无稳产期。

典型井为DD1823井。该井射开后即获自然产能，初期产量$15\times10^4m^3/d$，这一阶段主要是由裂缝供气，但压力迅速由26MPa降至16.5MPa，产量从$15\times10^4m^3/d$降至$1.35\times10^4m^3/d$，这是由于裂缝气体采出后，孔隙物性过差，气体供给不足，同时，压力降低造成了裂缝的闭合和变形，后期气井关井（图5-47和图5-48）。

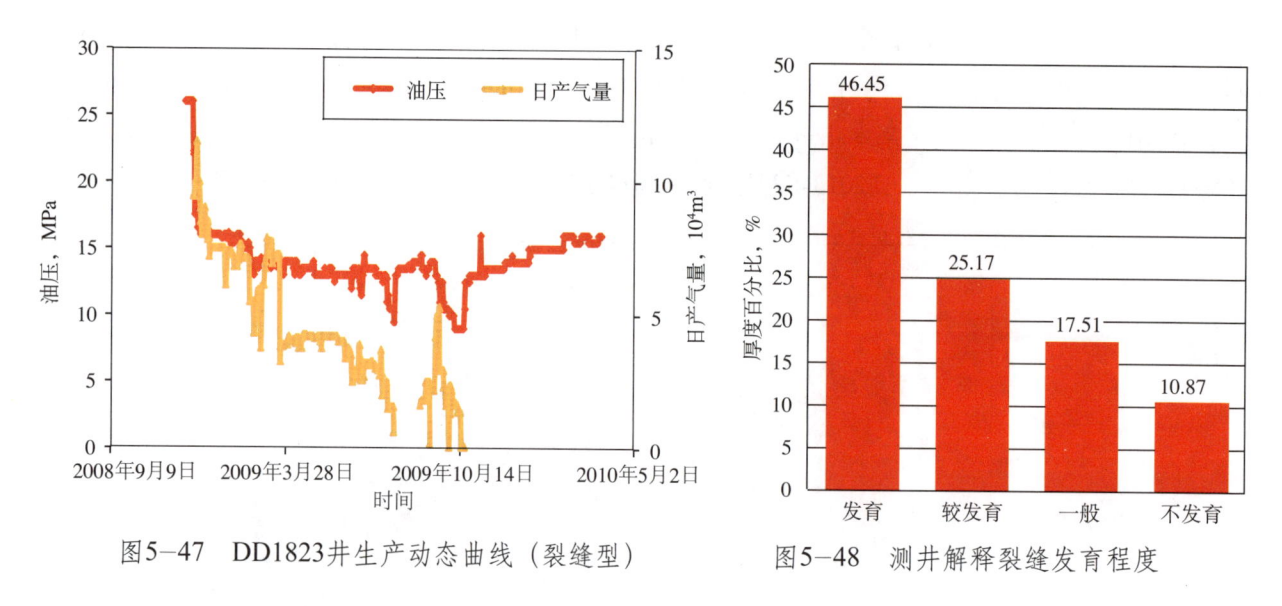

图5-47 DD1823井生产动态曲线（裂缝型）　　图5-48 测井解释裂缝发育程度

2. 不同类别气井的生产动态规律

日本吉井—东柏崎和南长冈是火山岩气藏早期成功开发的典范。我国火山岩气藏开发起步晚，但由于资料缺乏，可借鉴经验少，火山岩气藏的生产动态规律认识不清。近十年来，利用XX气田、CC气田、DD气田火山岩气藏气井的生产动态资料，通过分析气藏储层静态参数（如有效渗透率、地层系数等）与动态参数（如气井产能、稳定产量、采气指数、井控储量以及单位压降采出量等）的匹配关系、参照工业气流的行业标准（DZ/T 0217—2005）、同时引入经济界限指标，建立了火山岩气藏的气井分类评价标准（表5-17），对于快速分析火山岩气藏的开发特征及其规律具有重要的现实意义。

表5-17 火山岩气藏气井分类标准及动态特征

工业/非工业气井	气井类别	地层系数 mD·m	稳定产量 $10^4 m^3/d$	采气指数 $m^3/(MPa^2·d)$	无阻流量 $10^4 m^3/d$	井控动态储量 $10^8 m^3$	典型气井动态曲线
高效气井	Ⅰ类	>60	>12	>600	>50	>8.0	
	Ⅱ类	30~60	5~12	300~600	25~50	3.0~8.0	
低效气井	Ⅲ类	15~30	1.15~5	150~300	8~25	0.8~3.0	

续表

工业/非工业气井	气井类别	地层系数 mD·m	稳定产量 10⁴m³/d	采气指数 m³/(MPa²·d)	无阻流量 10⁴m³/d	井控动态储量 10⁸m³	典型气井动态曲线
致密气井	Ⅳ类	<15	<1.15	<150	<8	<0.8	

根据火山岩气藏的气井分类评价标准，可将气井分成三大类：高效气井（Ⅰ类、Ⅱ类）、低效气井（Ⅲ类）、致密气井（Ⅳ类）。不同类别气井在生产动态上表现出不同的特征，主要体现在产量、压力大小以及稳产能力等方面的差异性。

1）Ⅰ类气井生产动态

Ⅰ类气井储层物性较好，井控储量大$8×10^8m^3$，采气指数大于$600m^3/(MPa^2·d)$，无阻流量大于$50×10^4m^3/d$，气井初期产量高，递减缓慢，稳产能力强，稳定产量大于$12×10^4m^3/d$，压力降幅缓慢，关井压力恢复快，如CC103井。

CC气田CC103井在3632~3648m、3698~3732m井段，射开厚度共50m。岩性为角砾熔岩和流纹岩，测井解释孔隙度6.5%~11.8%，渗透率0.9~19.6mD，平均14.8mD，属于Ⅰ类和Ⅱ类储层。该井段采用APR+射孔联作测试为高产气层；生产过程中当以日产气量$38×10^4m^3$生产80天后，产量降至$33×10^4m^3/d$，油压由29MPa降至25.1MPa。当产量调至$20×10^4m^3/d$生产时，气井产量、压力保持稳定，计算无阻流量为$144.0×10^4m^3/d$，采气指数为$740m^3/(MPa^2·d)$，井控储量为$16.5×10^8m^3$，有效动用半径达782m（图5-49和图5-50）。

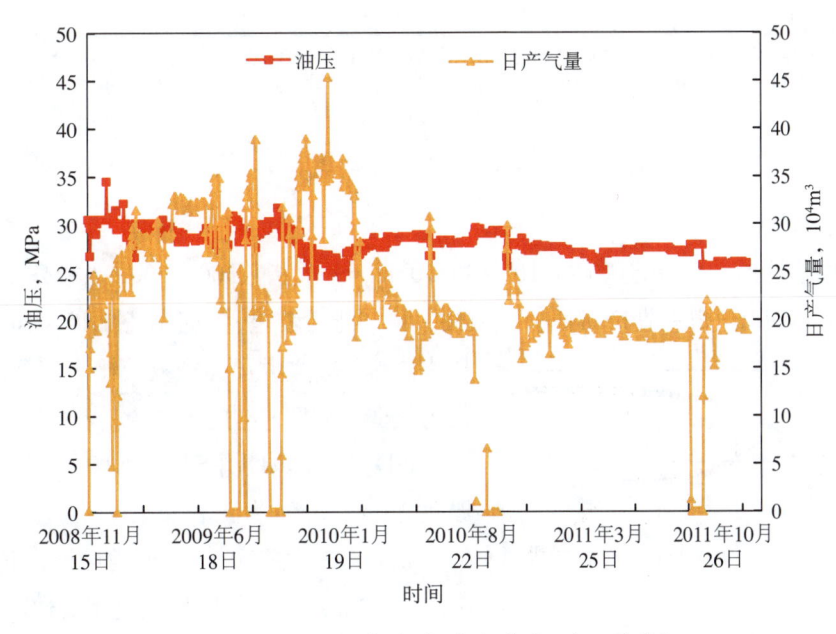

图5-49 CC103井生产动态曲线（Ⅰ类井）

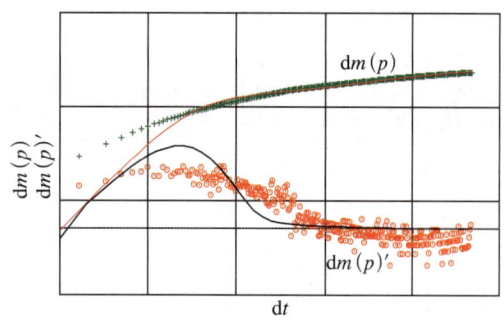

图5-50　CC103井双对数曲线（Ⅰ类井）

2）Ⅱ类气井生产动态

Ⅱ类气井储层物性好，井控储量为$3×10^8$~$8×10^8m^3$，采气指数为150~300m^3/（$MPa^2·d$），无阻流量为$25×10^4$~$50×10^4m^3$/d，气井投产初期产量较高，递减较Ⅰ类井快，稳产能力中等，稳定产量$5×10^4$~$12×10^4m^3$/d，压力降幅较快，关井压力恢复较慢，如CC1-2井。

CC气田CC1-2井在3697~3704m井段射开厚度7m，岩性为角砾熔岩，测井解释孔隙度17.6%，渗透率3.48mD，为Ⅰ类储层。该井系统试气气量高达$15×10^4m^3$/d。于2007年4月26日投入试采后，初期产量$7.8×10^4m^3$/d能保持稳定，油压由20MPa升至22.7MPa，随后将产量上调至$14.5×10^4m^3$/d左右时，产量仍能基本保持稳定状态，而油压有较大幅度的下降（由22.7MPa降至12.5MPa）。气井在产量$8.0×10^4m^3$/d左右时能保持较好的稳产能力，计算无阻流量为$26.2×10^4m^3$/d，井控储量为$7.5×10^8m^3$（图5-51、图5-52）。

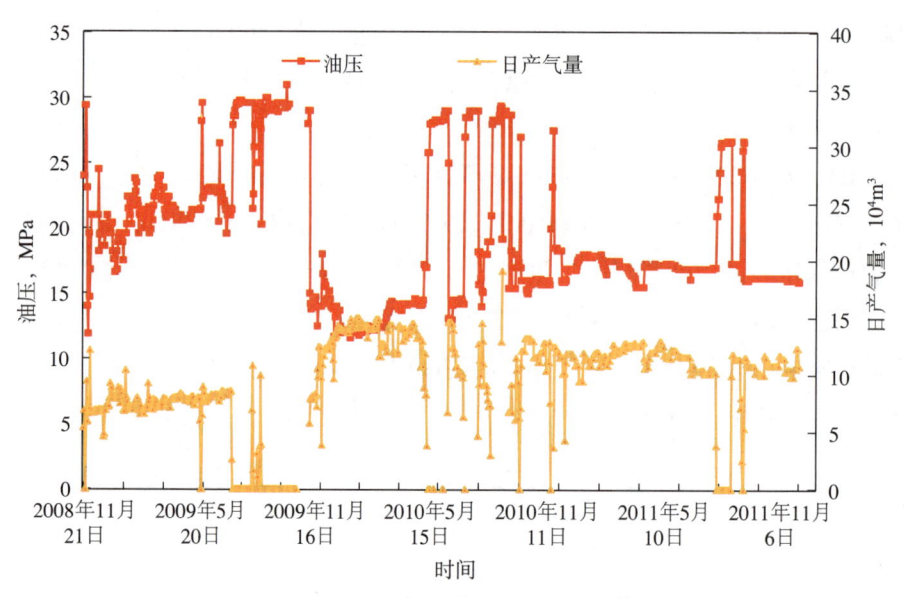

图5-51　CC1-2井生产动态曲线（Ⅱ类井）

3）Ⅲ气井生产动态

Ⅲ类气井储层物性差，井控储量$0.8×10^8$~$3×10^8m^3$，采气指数300~600m^3/（$MPa^2·d$），无阻流量在$8×10^4$~$25×10^4m^3$/d，气井初期产量低、递减快、稳产能力较差，稳定产量$1.15×10^4$~$5×10^4m^3$/d，压力降幅快，关井压力恢复较慢，恢复程度较低，稳产能力较弱，如DD18井。

DD气田DD18井S1层3510~3530m井段，射开厚度20m。岩性为正长斑岩，孔隙度8.7%，渗透率0.05mD，测井解释为Ⅱ+Ⅲ类储层。该井系统试气了6个工作制度，日产气最高达到$33.07×10^4m^3$/d，最低为$5.06×10^4m^3$/d；随着试气产量的增加，生产压差由1.03MPa增至11.36MPa，试气瞬时无阻流量达

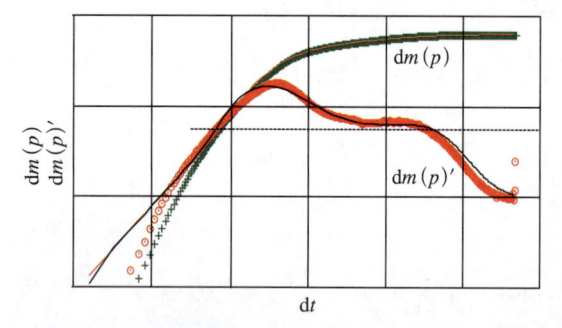

图5-52　CC1-2井试井双对数曲线（Ⅱ类井）

$54×10^4m^3/d$。大压差生产时,流压降低,说明大油嘴下压力在短时间内也难以稳定,储层供给能力不足,后期利用试采资料评价无阻流量$21.8×10^4m^3/d$,井控储量$1.85×10^8m^3$,探测范围为180m(图5-53和图5-54)。

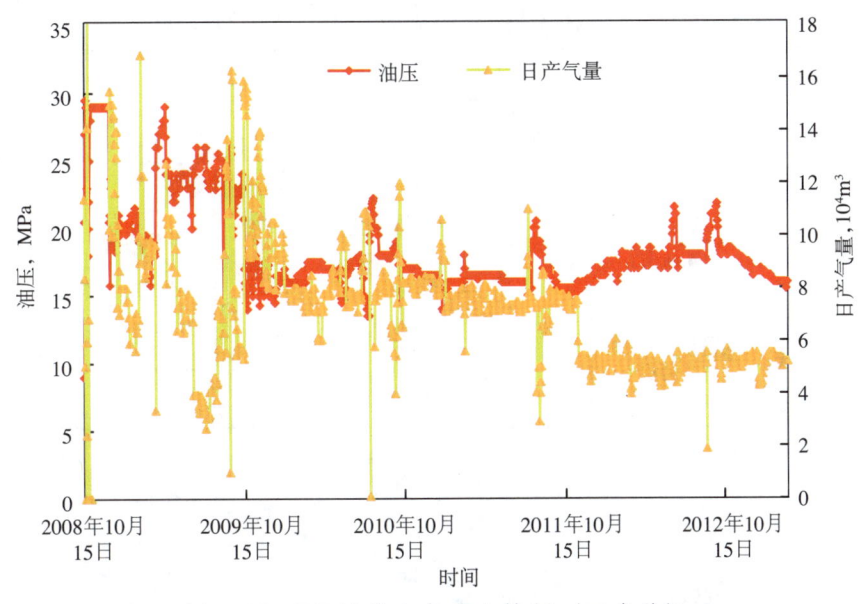

图5-53 DD18井生产动态特征(Ⅲ类井)

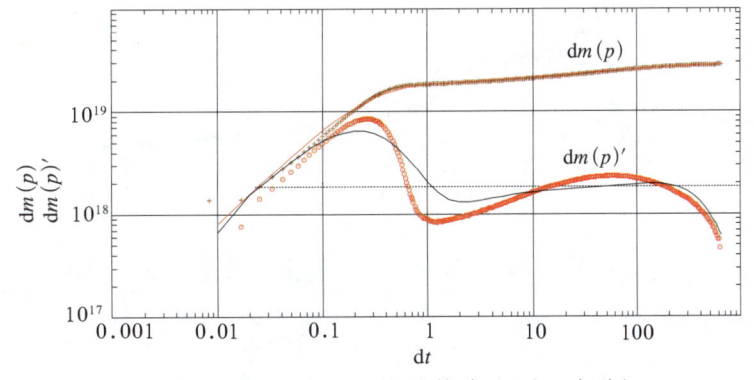

图5-54 DD18井试井双对数曲线(Ⅲ类井)

3. 不同生产阶段气井的生产动态规律

火山岩气藏岩性岩相复杂,储层物性差异较大,导致不同储渗模式下气井在不同生产阶段的生产动态规律不同。下面分别对裂缝—孔隙型、孔隙型、裂缝型3种储渗模式下气井的不同生产阶段动态规律进行分析。

1)裂缝—孔隙型储渗模式下气井不同生产阶段的生产动态规律

火山岩气藏发育有不同规模尺度的孔缝组合方式,气井生产过程中存在不同尺度多重介质"接力"排供气渗流机理,即大尺度物性好的孔缝介质优先采出天然气,次级尺度物性较差的孔缝介质逐渐补充供给天然气,如此形成多尺度多重介质"接力"排供气机理。

在"接力"排供气机理的作用下,裂缝—孔隙型气井不同生产阶段的生产动态规律不同(表5-18):生产初期,气井产量较高,此阶段主要为大尺度的气孔、溶蚀孔及大缝中的流体在压差作用下流入井筒;随后气井产量出现递减,这是由于大尺度介质中的流体供给不足,中小尺度的气孔、粒间孔间的流体参与渗流，中小构造缝为主要渗流通道，此阶段为产量递减阶段；随着生产的继续，小气孔、微孔及微缝中的流体逐渐被动用，参与渗流，当小孔缝中流向裂缝的流量与裂缝流向井筒的流量达到平衡后，气井进入低产稳产期。

表5-18 火山岩气藏裂缝—孔隙型气井不同生产阶段动态规律表

阶段	储集空间	渗流通道	动力学机制	产量和压力动态	示意图
初期高产	大气孔、大粒间孔、大溶蚀孔	大裂缝、粗喉道、溶蚀型	压差	高产气量持续时间短，压力下降速度快	
产量递减	中小气孔、中小粒间孔	中缝、小缝、粗吼道	压差、压实	产气量和压力处于持续下降状态	
低产稳产	小气孔、微孔	微裂缝、孔隙收缩型	压差、压实、扩散、渗吸	较低日产气量下稳产、压力下降缓慢	

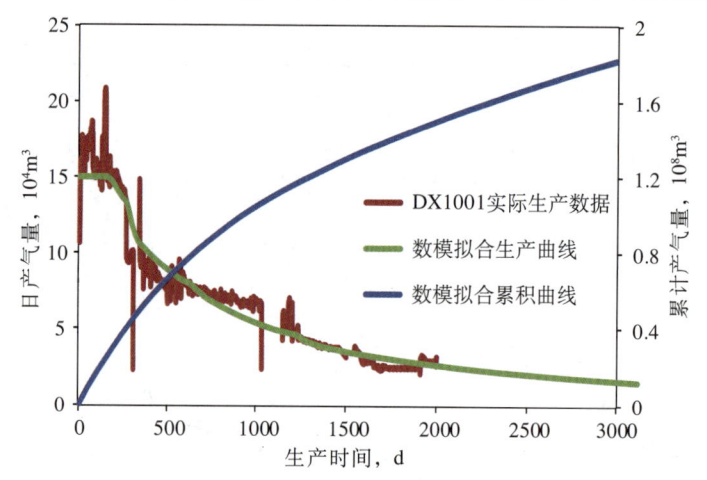

图5-55 DD1001井实际曲线与数模拟合结果

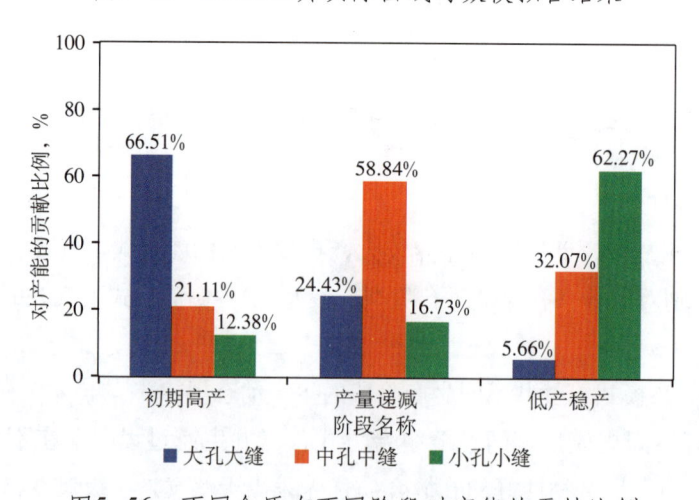

图5-56 不同介质在不同阶段对产能的贡献比例

图5-55为DD气田DD1001井的实际生产曲线与数值模拟曲线的拟合结果。表5-19为数值模拟计算的DD1001井不同生产阶段不同尺度介质对气井产量的贡献量，图5-56为裂缝和基质在气井生产的不同阶段对气井产量的贡献。可以看出，初期高产阶段气体由大气、粒间孔、大构造缝流入井筒，主

要是大尺度介质对气井产能的贡献（66.51%），其中，裂缝产量占主导地位，为71.46%，基质产量占28.54%；而随着生产的进行，大气孔等介质中的气体逐渐排出，供给不足，出现产量递减阶段，中小尺度的气孔、粒间孔开始接替供给，贡献量达58.84%，这一阶段中，裂缝对产气量的贡献逐渐减小，降为44.59%，基质的贡献量上升至55.41%；气井生产后期，小气孔、微孔、微裂缝中的气体逐渐被动用，气井生产达到动态平衡，出现低产稳产阶段，这一阶段主要是小尺度介质对气井产能的贡献（62.27%），且基质的贡献占主导地位，其中裂缝的贡献降为18.27%，基质的贡献占81.73%。

表5–19 DD1001井不同生产阶段不同介质对气井产能的贡献

阶段	大气孔、粒间孔、构造缝		中小气孔、粒间孔、中小缝		小气孔、微孔、微缝		累产量 10^4m^3	阶段产量/总产量 %
	产量绝对值 10^4m^3	所占比例 %	产量绝对值 10^4m^3	所占比例 %	产量绝对值 10^4m^3	所占比例 %		
初期高产	3674.75	66.51	1166.27	21.11	684.24	12.38	5525.26	27.3
产量递减	1576.33	24.43	3796.56	58.84	1079.52	16.73	6452.41	31.88
低产稳产	467.48	5.66	2649.57	32.07	5144.23	62.27	8261.28	40.82

下面分别对初期高产、产量递减、低产稳产3个阶段的变化机理及规律进行分析：

（1）初期高产阶段。

气井生产初期主要为大气孔、粒间孔、大构造缝中的流体在压差作用下流向井筒，投产初期，井底压力高，生产压差大，气井产量高。

裂缝是初期高产的必要条件，裂缝越大，初期产量越高；同时，裂缝是渗流的主要通道，裂缝的延伸范围越大，沟通基质和微裂缝的范围越大，累计产量越大（图5–57）。

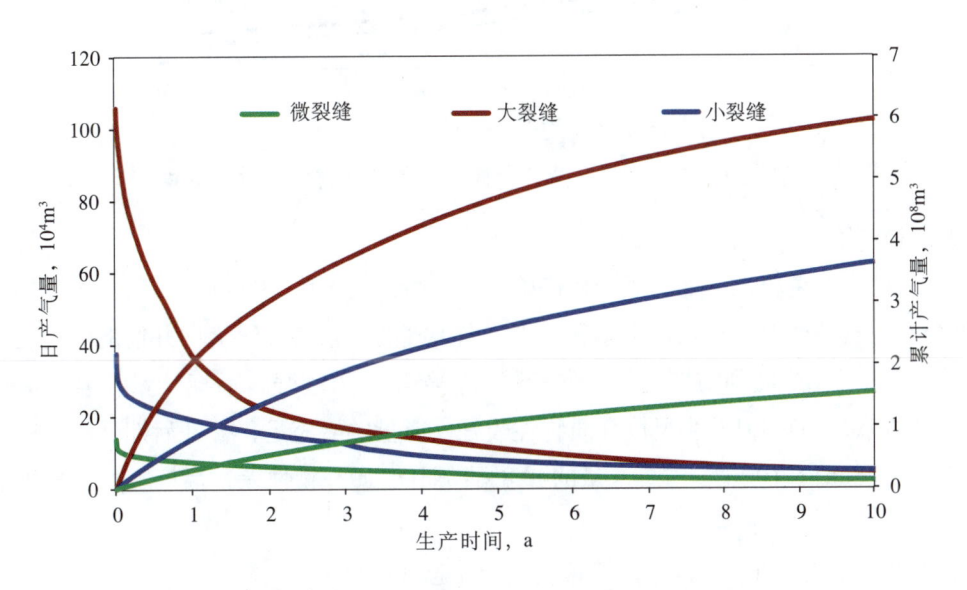

图5–57 裂缝大小对气井产能的贡献对比曲线

通过数值模拟手段，分别建立了具有不同级别裂缝的单井模型。通过对比发现，裂缝规模越大，导流能力越强，其初期产量越高，初期高产阶段持续时间越长，初期阶段累产越高（图5–58）。

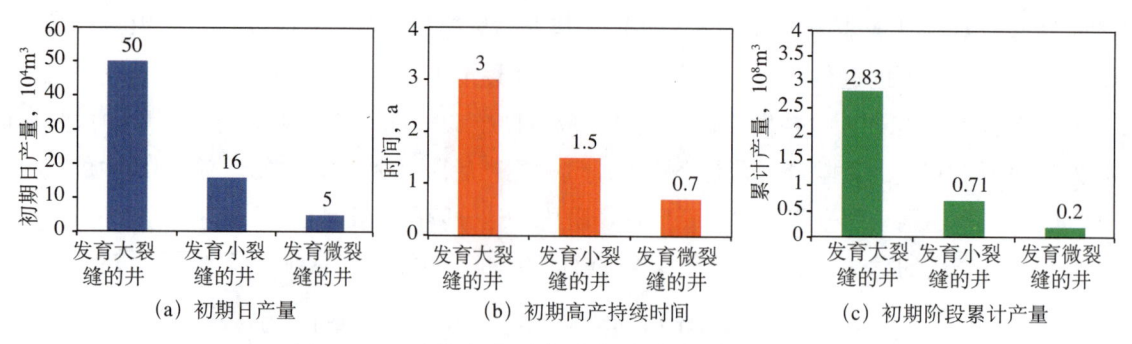

图5-58 裂缝大小对气井初期产能的贡献分析

（2）产量递减阶段。

随着生产的继续，气井产量出现递减，这是由于初期高产阶段过后，大尺度孔缝介质中的流体减少，压力降低，中等尺度的气孔、粒间孔中的流体在压实作用下开始参与渗流，中小孔隙收缩性的喉道及小裂缝为主要渗流通道。通过数值模拟研究发现，中等尺度的介质物性越好，产量递减越慢，递减段越长（图5-59）。

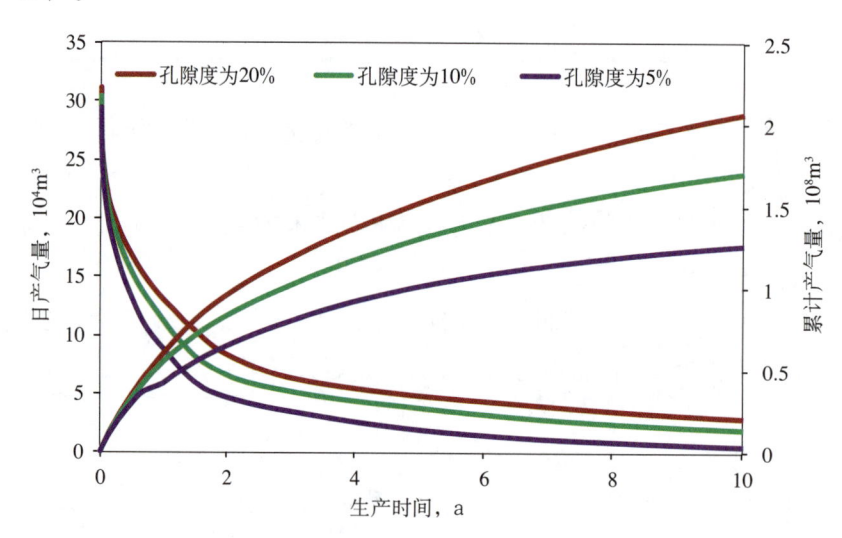

图5-59 中等尺度介质的物性对气井产能的贡献对比曲线

（3）低产稳产阶段。

气井生产后期，产量较低，处于低产稳产阶段。此阶段主要为小气孔、微孔、微缝供给渗流，主要是小尺度介质对气井产能的贡献，当小孔缝中流向裂缝的流量与裂缝流向井筒的流量达到平衡后，产量相对稳定。小尺度介质的物性越好、储量越大，补给能力越强，后期产量和累产量越大。如图5-60和图5-61所示，DD1001井小尺度介质物性较好，能量供给充足，气井后期低产稳产阶段较长，累计产气较多，为$8261×10^4 m^3$，占总产量的40.8%；而DD10井物性差，后期气井能量供给不足，产量过低停止生产，累计产气较少。

2）孔隙型储渗模式下气井不同生产阶段的生产动态规律

对于孔隙型储渗模式下的气井，其储层物性较裂缝—孔隙型差，裂缝不发育，气体在储层中的渗流缓慢，供给能力较弱，气井产量较裂缝—孔隙型小。气井生产初期，气井产气量较小，递减缓慢，后期低产稳产期较长，但产量较低。

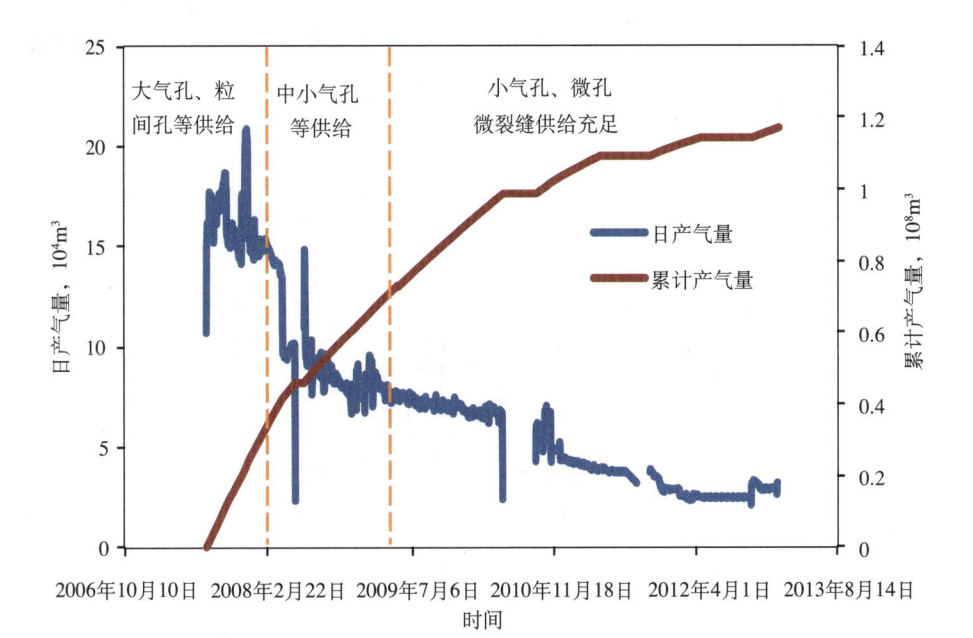

图5-60　DD1001井生产曲线

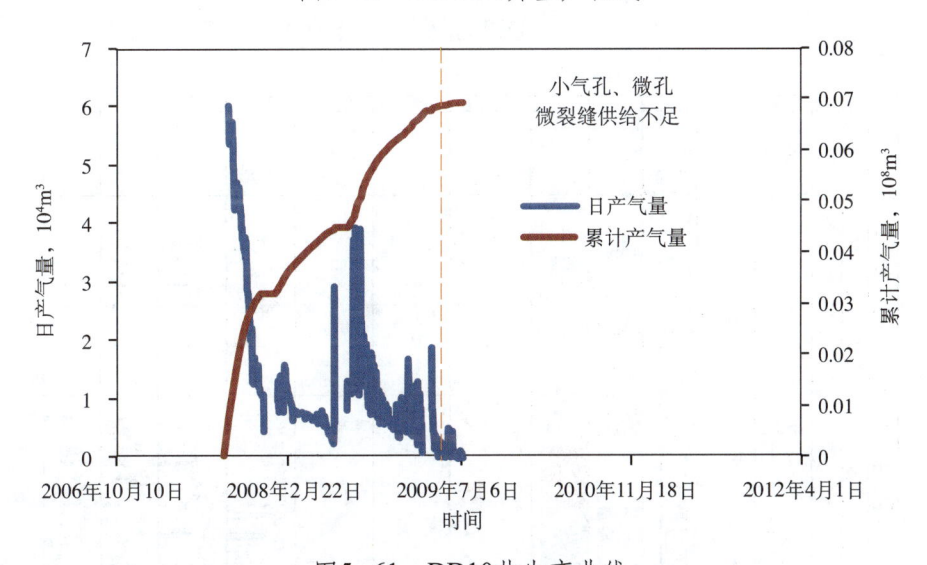

图5-61　DD10井生产曲线

孔隙型储层以DD171井为典型代表，气井生产主要靠人工裂缝沟通孔隙，稳产条件差，产量、压力下降快。DD171井储层主要储集、空间和渗流通道为气孔，裂缝欠发育。储层物性差（0.27~0.33mD）、气层段裂缝发育程度低、需压裂才能获得工业气流。该井2011年1月10日正式投产，初期产气量以$8.5×10^4m^3/d$稳定生产33d，油压基本稳定在20.5MPa；后期以$5.5×10^4m^3/d$生产165d，油压从29MPa降至26MPa。截至2011年8月累计产气$0.13×10^8m^3$（图5-62和图5-63）。生产时间短，表现出低产稳产特征。

3）裂缝型储渗模式下气井不同生产阶段的生产动态规律

对于裂缝型储渗模式下的气井，储层裂缝发育，但孔隙物性很差，气体主要由裂缝供给，流向井筒。气井生产初期产气量很高，但递减迅速，后期由于孔隙物性较差，气体供给不充足，基本无低产稳产期。

典型井为DD1823井。该井射开后即获自然产能，初期产量$15×10^4m^3/d$，这一阶段主要是由裂缝供气，但压力迅速由26MPa降至16.5MPa，产量从15×10⁴m³/d降至1.35×10⁴m³/d，这是由于裂缝气体采出后，孔隙物性过差，气体供给不足，同时，压力降低造成了裂缝的闭合和变形，后期气井关井（图5-47）。

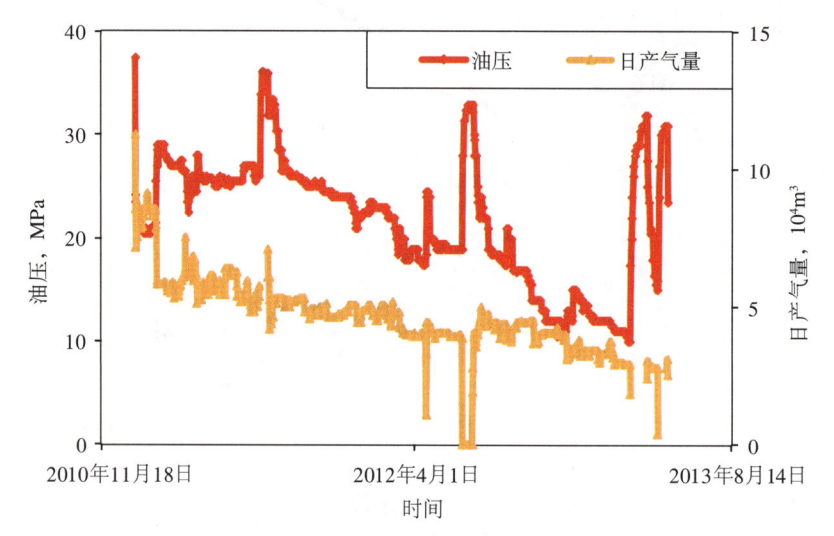

图5-62　DD171井生产动态曲线

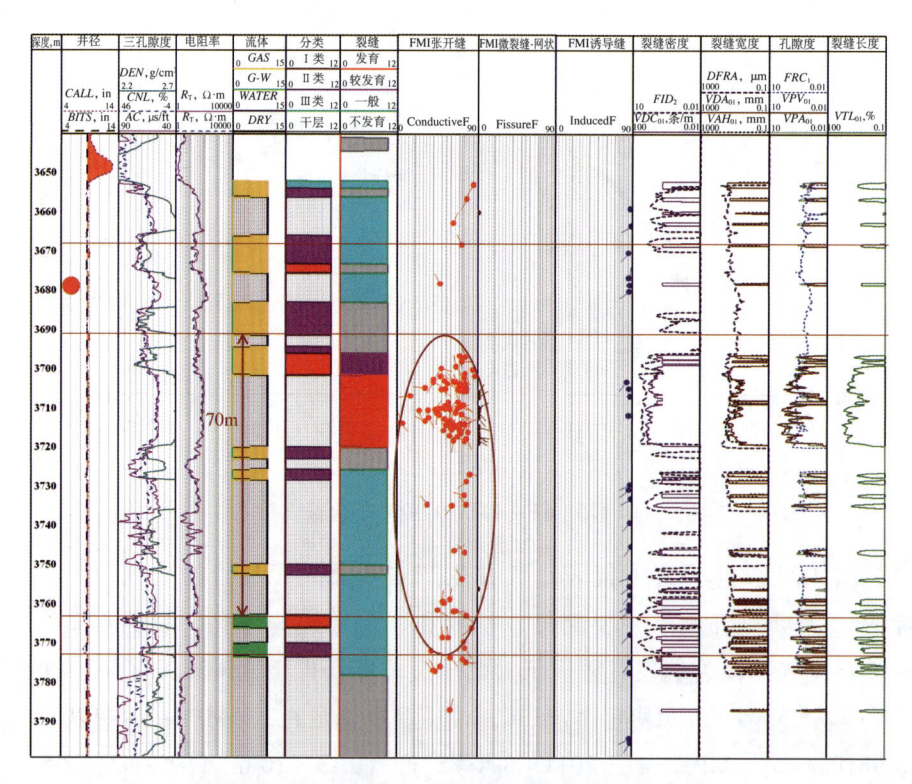

图5-63　DD171井单井柱状综合测井图

4）理论对比分析

利用Eclipse数值模拟软件建立单井模型，对裂缝型、孔隙型、裂缝—孔隙型储层气井的生产动态进行模拟，对比分析其生产规律。其中，裂缝—孔隙型储层气井采用双孔双渗模型进行模拟，孔隙型气井采用单孔单渗模型进行模拟，裂缝型气井采用双孔单渗模型进行模拟。图5-64为不同储渗模式下气井不同生产阶段产气量对累产气量的贡献，图5-65为3种储渗模式下气井的生产动态曲线。

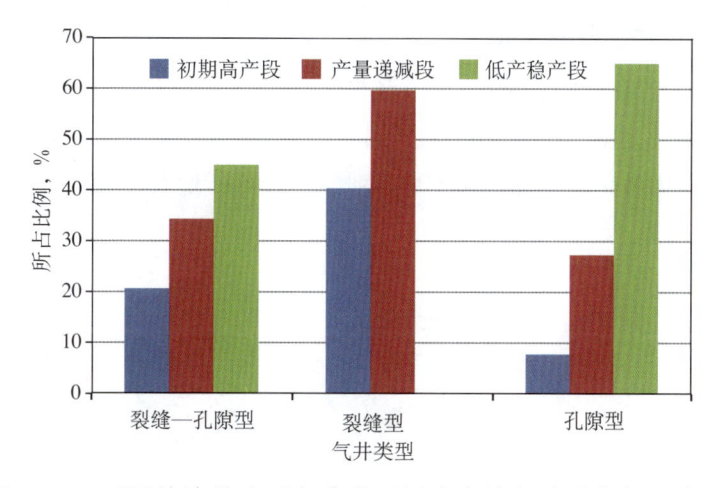

图5-64 不同储渗模式下气井的不同生产阶段对累产气量的贡献

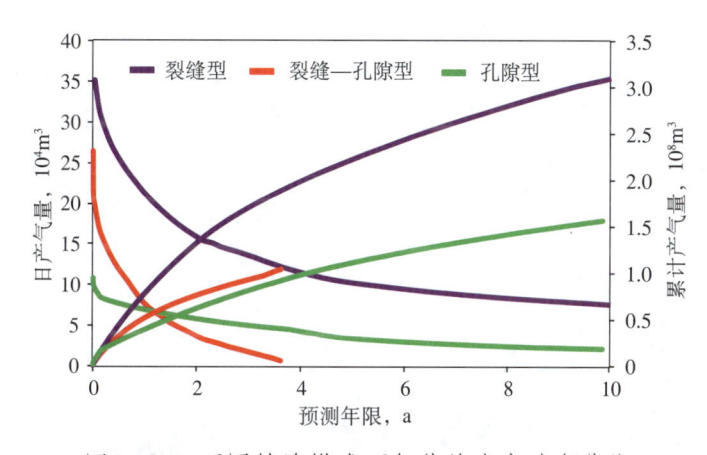

图5-65 不同储渗模式下气井的生产动态曲线

裂缝型储层，生产初期，由于高导流能力裂缝的存在，其初期产量高，但是该类储层孔隙物性差，供给严重不足，因此递减快，基本无低产稳产期；裂缝—孔隙型储层，生产初期，裂缝高导流能力的影响，产量较高，基质有较好的供给能力，因此其递减较缓，有很长的低产稳产期；对于孔隙型储层，没有高导流能力的裂缝存在，其初期产量较低，但是递减缓慢，产量曲线平缓，有很长的低产稳产期。

二、火山岩气藏井控动态储量变化规律

气井钻遇储渗单元的储渗能力、规模大小和内部连通性特征决定了井控动态储量和单井累积产气量的大小。由于火山岩储层呈叠置型分布，发育有孔、洞、缝多重介质，储层物性变化快，同时存在边底水的影响，因此在气藏开发过程中，井控动态储量往往会发生变化。对于低渗孔隙型储层，由于储层物性相对较差，压力波传播速度慢，随着生产时间的延长，压力波传播范围逐渐扩大，泄气半径增大，气井控制动态储量会逐渐增加；对于多重介质储层，在"接力"排供气机理的作用下，大孔大缝、中孔小缝、小孔微缝中的流体逐级被动用，井控动态储量逐渐升高。但由于火山岩气藏普遍发育边底水，气藏开发过程中同时受边底水侵入影响，特别是裂缝性水窜形成水封时，也会导致井控动态储量降低。

1. 低渗低效储层井控动态储量变化规律

由于低渗孔隙型储层裂缝不发育，储层物性较差（平均孔隙度小于10%，渗透率小于1mD），储集空间以中小气孔、粒间孔为主，压力波在储集空间的传播速度慢，初期传播范围有限，井控储量较低。随着生产的进行，压力波传播范围逐渐扩大，泄气半径不断增大，外围储层不断被动用，井控动态储量变大，如图5-66所示。

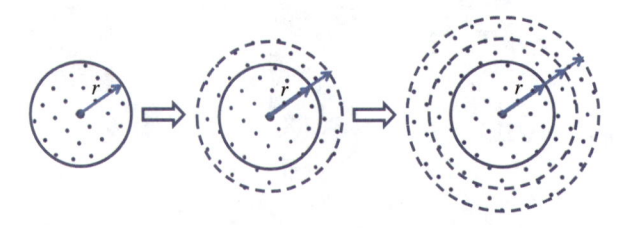

图5-66 低渗孔隙型储层井控储量变化模式图

XX1-1井投产初期关井90d后压降法动态储量$1.08 \times 10^8 m^3$，关井320d后，压降法动态储量$1.8 \times 10^8 m^3$；继续开井238d，关井173d，压降法动态储量$2.2 \times 10^8 m^3$；再开井生产1114d后，关井116d，压降法动态储量$2.9 \times 10^8 m^3$（图5-67和图5-68），截至2012年8月，该井累计产气$1.57 \times 10^8 m^3$，动态储量增加幅度达63.54%。

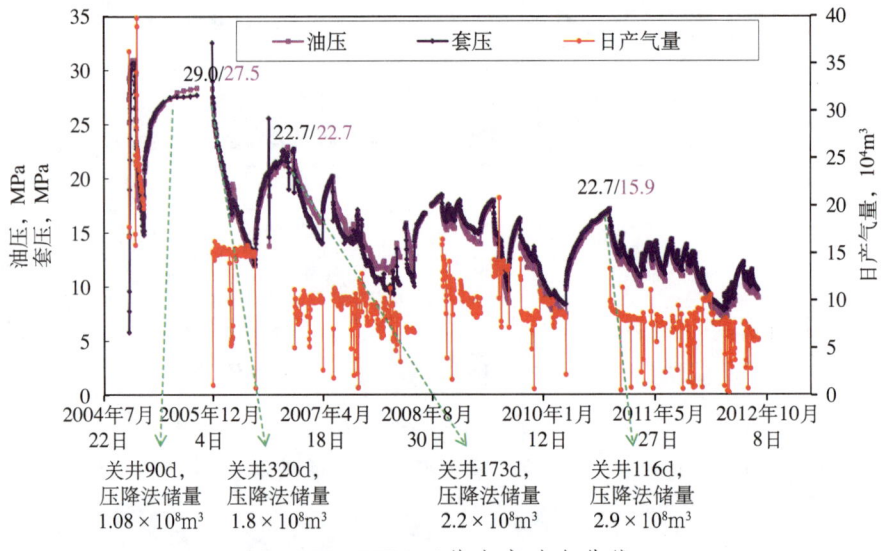

图5-67 XX1-1井生产动态曲线

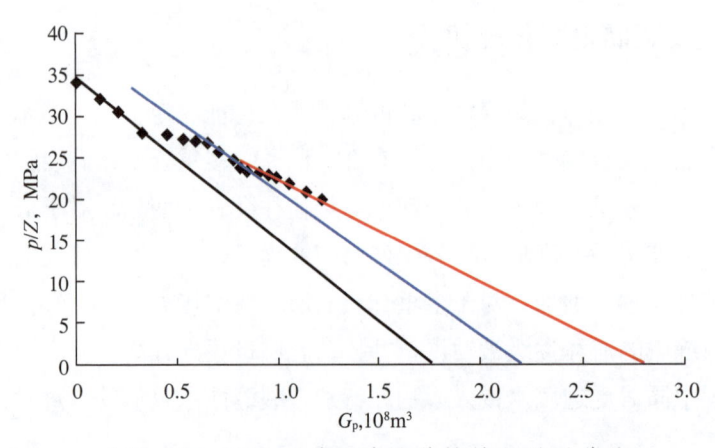

图5-68 XX1-1井压降法井控储量关系曲线

2. 多重介质储层井控动态储量变化规律

火山岩气藏储集空间类型复杂多样，发育气孔、粒间孔、溶蚀孔及多种裂缝，孔、缝形状复杂、孔径变化大，具有多重介质特征，储层物性差异较大。气井在早期生产阶段，天然气流体从大气孔、溶蚀孔、大裂缝流向井筒，随着生产时间的延长，井底附近压降漏斗加深、压力梯度增大，中等气孔、溶蚀孔、小缝和小孔微缝中的流体逐渐动用，泄流半径随之增大，动用范围逐渐扩大，井控动态储量逐渐升高，如图5-69所示。

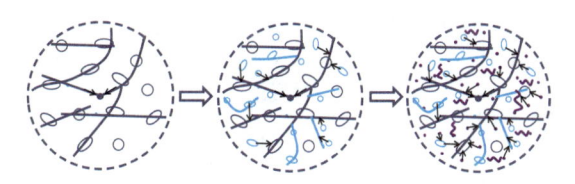

图5-69 多重介质储层井控储量变化模式图

如DD1416井，2010年5月井控储量$3.08 \times 10^8 m^3$，2012年12月井控储量$4.42 \times 10^8 m^3$，增加了$1.34 \times 10^8 m^3$（图5-41和图5-42）。

3. 低渗致密压裂储层井控储量变化规律

火山岩气藏低渗致密储层气井物性较差，需压裂才能获得工业气流。压裂后，人工裂缝沟通的面积扩大，压力波传播范围增加，动用的有效面积最大，井控储量动态增加（图5-70和图5-71）。

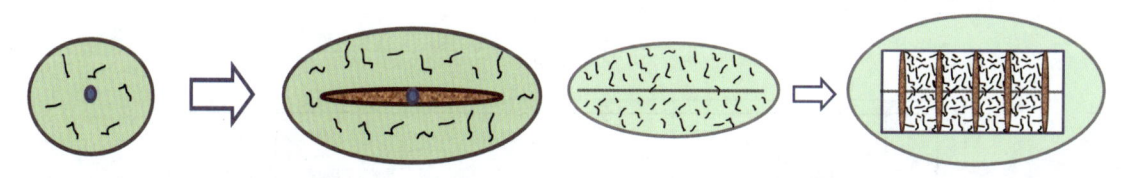

图5-70 直井压裂控制面积变化模式图　　图5-71 水平井井压裂控制面积变化模式图

如XX6-2井3520~3528m井段，砂砾岩及熔结角砾岩，孔隙度7.3%，渗透率0.9mD，2012年11月8日采取补孔压裂措施，措施前后，相同关井时间（30d）内井底压力明显提高，单位压降产量由$70 \times 10^4 m^3/MPa$增加到$180 \times 10^4 m^3/MPa$，井控动态储量由$0.4 \times 10^8 m^3$增加到$1.1 \times 10^8 m^3$（图5-72和图5-73）。

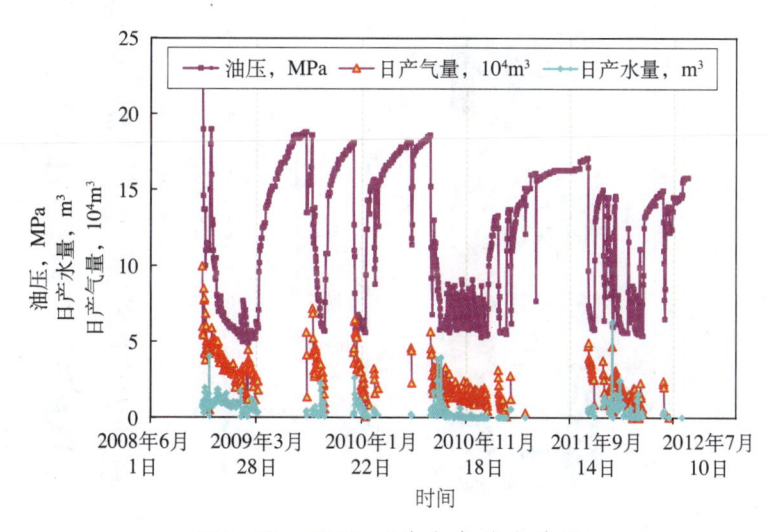

图5-72 XX6-2井生产动态曲线

4. 边底水对气井井控储量变化规律

火山岩普遍存在边底水，受构造、储层内幕结构及多重介质等多种因素控制，总体表现为"上气下水"的分布特征，但不同火山机构、不同火山岩体的气水界面不尽相同，气水分布特征存在差异，气水关系十分复杂。同时火山岩储层多发育有裂缝，物性差异大，气井生产过程中在较大生产压差作用下，会造成边底水沿裂缝上窜，引起储层基质岩块之间，基质与裂缝之间都可能因水封而形成"死气区"[69]，造成气井产量和压力迅速下降，气井井控动态储量降低，如图5—74所示。

如DD183井初期产水量仅为0.6 m³/d左右，主要为凝析水；后期产水突然升高至35.6 m³/d，水气比由0.09m³/10⁴m³升至25.6m³/10⁴m³，产气量快速降至0.74×10⁴m³/d（图5—75至图5—77）。受底水影响之前，井控动态储量为2.11×10⁸m³，底水上窜以后，井控动态储量降为0.68×10⁸m³，损失1.43×10⁸m³。

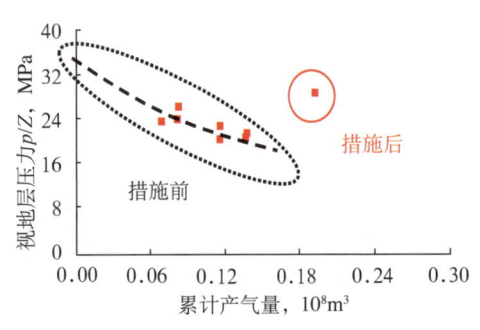

图5—73　XX6—2井压裂前后关井30d压力对比 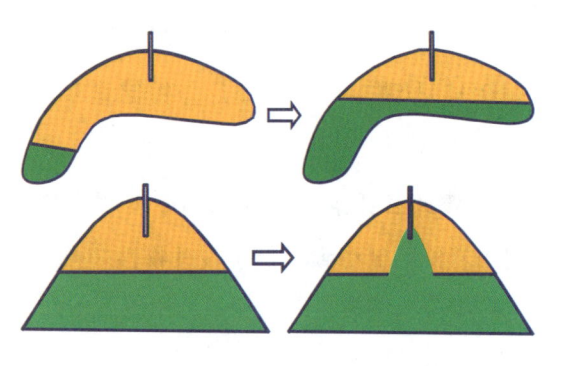　　图5—74　受边、底水对井控储量影响示意图

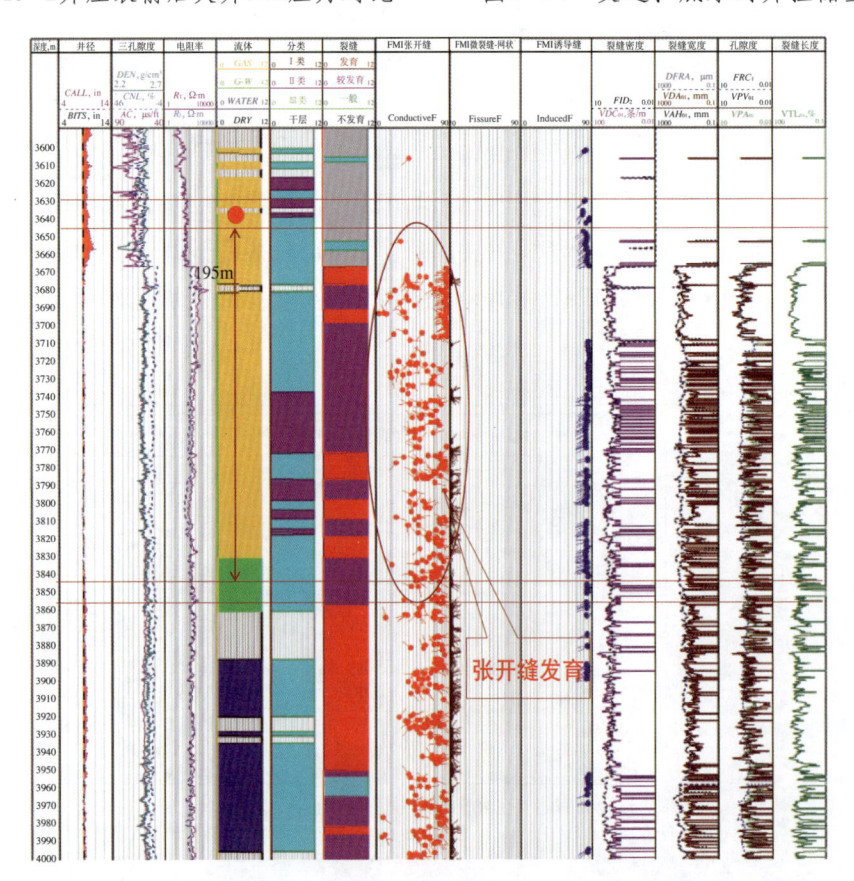

图5—75　DD183井储层裂缝发育特征

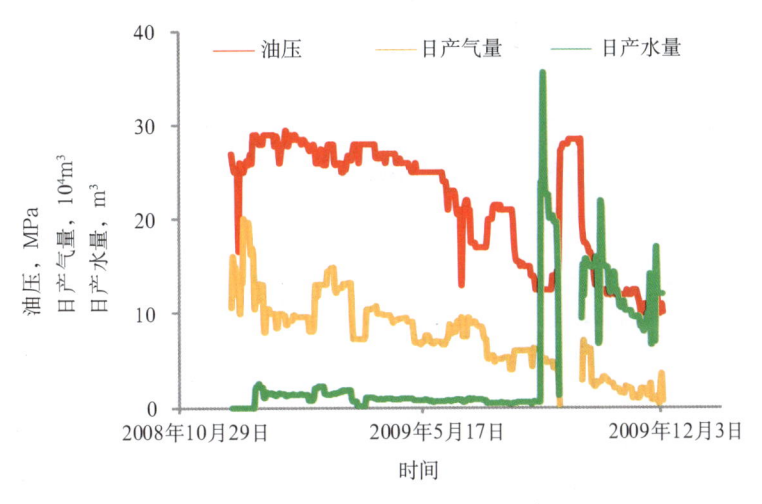

图5-76　DD183井生产动态曲线

三、火山岩气藏产水规律

火山岩气藏储层内流体分布状况极为复杂：在储层内部，存在凝析水、束缚水，层间水和可动水等多种类型；在气藏边部和底部可能存在边底水。不同产水类型的产水机理、产水规律均不相同，下面分别进行探讨。

1. 火山岩气藏产水类型及产水规律

火山岩气藏产水类型主要为凝析水、层间水、可动水及边底水。表5-20列举了不同产出水类型的产水机理及产水动态规律。

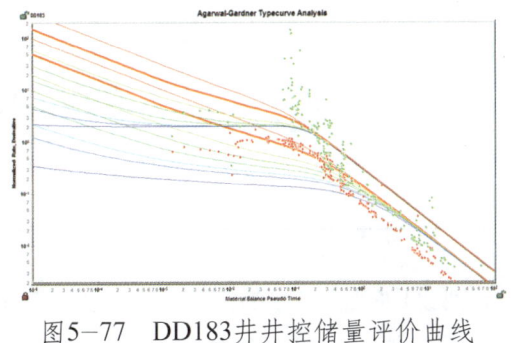

图5-77　DD183井井控储量评价曲线（软件截图）

1）凝析水

凝析水是赋存于天然气中的"水蒸气"，在气藏开发过程中伴随天然气一起产出。凝析水的产出伴随气井生产的全过程，但产出的凝析水量往往较小且保持稳定（图5-78曲线①），通常介于0.04～5m³/d，水气比一般小于0.2m³/10⁴m³，因而基本不对气井生产造成影响。同时，凝析水矿化度远低于水层水，以长岭火山岩气藏为例，地层水总矿化度17739.5～32210.5mg/L，平均为23771.4mg/L；而凝析水矿化度平均为2000mg/L左右。

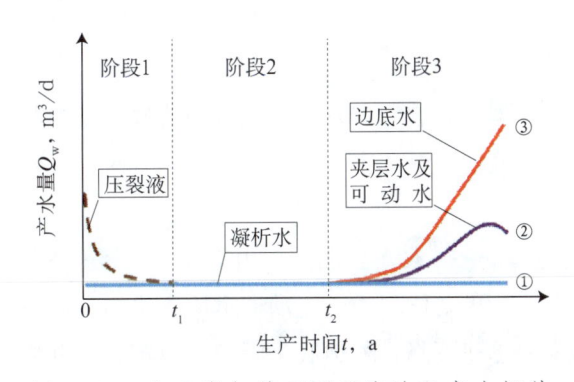

图5-78　火山岩气藏不同开发阶段产水规律

因此，从产水量、水气比以及矿化度就可判断是否凝析水。

2）层间水及可动水

层间水是气层内夹层封存的水体，该部分水体与天然气不存在物质交换，通常在气井钻遇或裂缝沟通下才能产出，并且产出通道与天然气产出通道相互独立，因此层间水的产出不会导致气相渗透率的降低，产气量大小受产水影响较小；可动水是气层原始含水中的可动部分，根据郭平[70]、付大其[71]等人室内实验研究表明，气流速度增高，岩心含水饱和度逐渐减小，可动水占原始含水的

10%~30%,其余为束缚水,并且渗透率越低可动水越少。

表5–20 不同产出水类型的产水机理及产水规律

产水类型	产水机理	产出时机	产水特征及规律（生产阶段）	对气井生产的影响	典型曲线
凝析水	与天然气混合呈单一气相,随天然气生产而产出	伴随生产全过程	凝析水产量通常很小且相对稳定,介于0.04~5m³/d,水气比一般小于0.2m³/10⁴m³	无影响	
层间水可动水	当生产层远离边底水或气水过渡带时,随着地层压力降低,生产压差增大,岩石变形导致地层中的层间水、可动水开始产出	生产中后期	气井生产中后期出现气井产水量缓慢上升的现象,由于层间水及可动水规模有限,生产后期产水量下降	影响很小	
边底水	气层压力下降,导致与气层接触的边底水或过渡带的水体进入气层,逐渐形成气水两相流动	生产前中后期	产水量急剧上升,产气量急剧下降	影响严重	

层间水及可动水的产出多出现在气井生产的中后期,气井的产水量出现缓慢上升,但由于层间水体能量有限,生产一段时间后产水会出现下降趋势(图5–28曲线②)。在储层内对天然气的流动影响较小,其主要影响表现为：产水导致井底压力升高,生产压差降低；产水量较大时,气井携液困难,易导致井底积液甚至无法生产的情况发生。

3) 边底水

火山岩气藏的边底水是最普遍、水体能量最大的水体类型。在裂缝欠发育的气藏,边底水主要靠锥进(对于直井)和脊进(对于直井)两种方式上侵；在裂缝性气藏或主要靠压裂改造的气藏,天然裂缝和压裂缝的共同作用下,边底水沿裂缝上窜进入井底。

边底水的产出可能出现在气井生产的任何阶段,且产水量很大,呈明显上升趋势(图5–78曲线③)。同时,边底水对火山岩气藏开发都具有明显的影响,主要体现为：流动通道内含水饱和度不断升高,气相渗透率明显下降,导致气井见水后产量和压力迅速下降；若边底水沿裂缝上窜,气井快速见水,井底积液严重,造成气井停产。

2. 边底水的产出机理及动态规律

通过前文对凝析水、层间水及可动水、边底水3种产出水类型的分析,可以看出,边底水的侵入会对气井生产造成严重影响,因此,重点分析边底水的产出机理及产出动态规律,对气井的生产及治水措施的选择具有重要意义。根据气藏储层裂缝发育程度、气水接触关系和边底水上升情况,建立了3种产水类型,分别为裂缝型纵向强水窜、裂缝型纵向弱水窜、孔隙型纵向水锥(表5–21)。

表5-21 不同产水模式下气井的产水规律

产水模式	地质特征	产出机理	产水规律（产水时间、产水快慢、水量大小）	模式图
裂缝纵向强水窜	气水层间接接触，发育高角度裂缝	在生产压差作用下沿裂缝上窜	气井见水时间很早，产水量较大且上升速度较快	
裂缝纵向弱水窜	气、水层间接接触，隔夹层裂缝发育程度低	在生产压差作用下沿裂缝上窜	气井见水时间较裂缝纵向强水窜型晚，产水量缓慢上升且较裂缝纵向强水窜小	
裂缝—孔隙型纵向水锥	气、水层直接接触，裂缝发育程度低	在生产压差作用下沿孔隙缓慢流入井底	气井生产中后期，产水量缓慢上升，初期产量小，后期产水量逐渐升高	

1）气水层直接接触，高角度裂缝沟通边底水，大生产压差导致气井迅速产水

气水层之间无干层、隔夹层，气水层直接接触，气层直接接触的气水层中发育有高角度构造缝和微裂缝，此类气井多在测试期间即产出大量地层水，这是由高角度裂缝沟通边底水导致的。

CC102井位于CC气田构造低部位、射孔井段在3768~3771.8m，岩性为晶屑凝灰岩，测井解释为气层。该井射孔段底部距气层底部13.8m，距离水层顶部91.8m，气层与水层之间为气水层，厚度78m。气层及气水层高导缝和微裂缝发育，气水层的岩性为流纹岩，其中Ⅰ级裂缝层66m，Ⅱ级裂缝层3.6m，Ⅲ级裂缝层8.4m（图5-79和图5-80）。该井试气生产压差为4.3MPa，日产水20.56m³，产出水的矿化度为18918mg/L，水型为$NaHCO_3$型，pH值为7.5，试气产出水与区域地层水水性基本一致，判断产出水为地层水。所以，气、水层直接接触，且裂缝发育，气井测试期间即产出大量地层水。在该类气井难以投产，或投产后无水期很短。

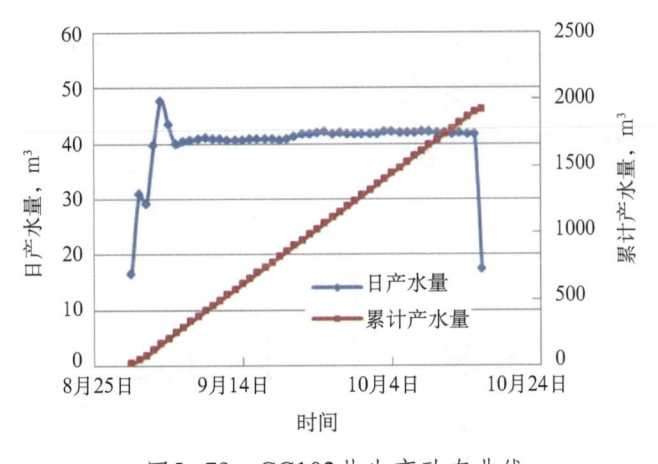

图5-79 CC102井生产动态曲线

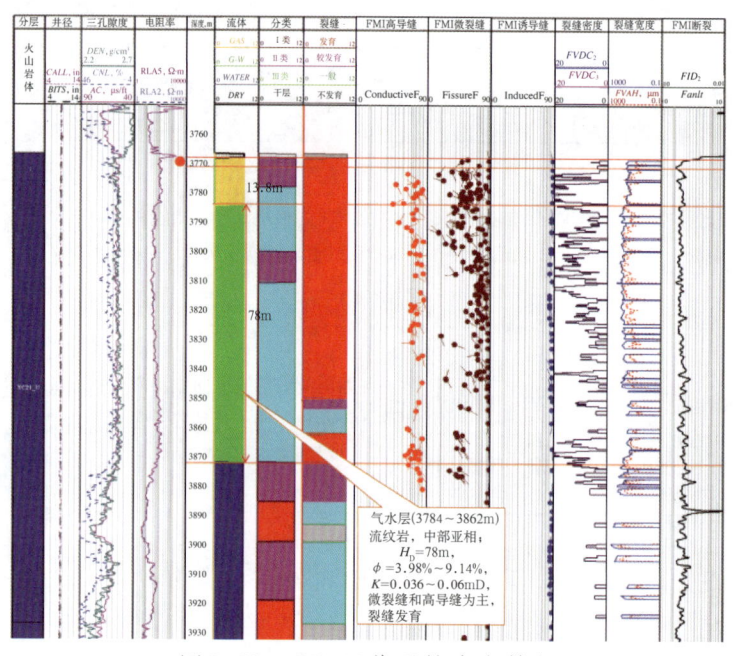

图5-80 CC102井裂缝发育特征

2) 气、水层间接接触，隔夹层裂缝发育程度低，气井无水采气期较长

气、水层之间有较厚、较稳定的隔层，裂缝发育程度低，气、水层间接接触，气井无水采气期较长，气井生产过程中产水量初期较小，后期产水量缓慢上升，此类气井产水对生产的影响较小。

DD1415井位于DD14井区，射孔井段3796~3810m为该区块纵向上第二套（下部）火山岩储层，岩性为凝灰质角砾岩，测井解释为气层。该井射孔段距离气水层顶部37m，气层与水层之间为气水层，厚度为4m。气层、气水层及水层天然裂缝（张开缝）不发育（图5-81）。该射孔井段未压裂，试气过程中产水量很小。该井于2008年11月6日投入试采，至2009年8月24日产水量0.4~0.7m³/d，水气比0.056m³/10⁴m³；后期产水量缓慢增加，最大产水量为5.3m³/d，水气比缓慢上升，后期达0.32m³/10⁴m³（图5-82）。

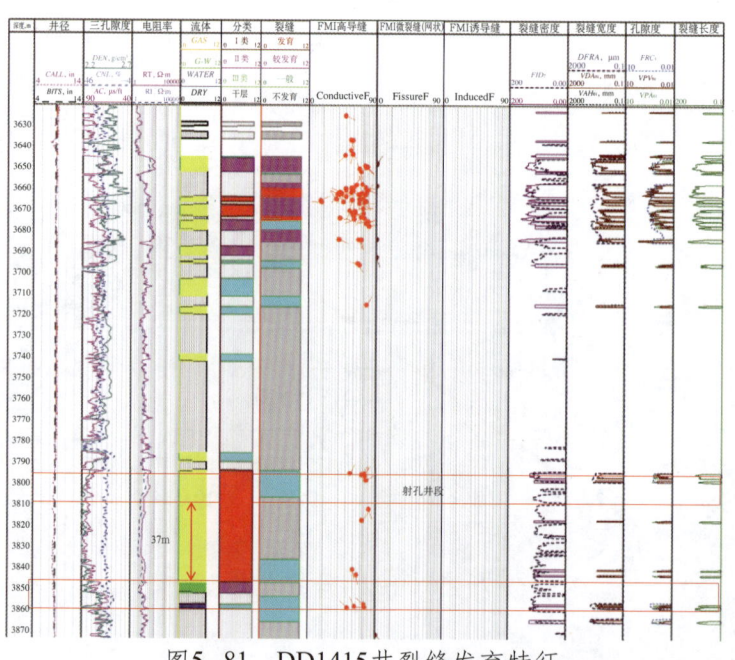

图5-81 DD1415井裂缝发育特征

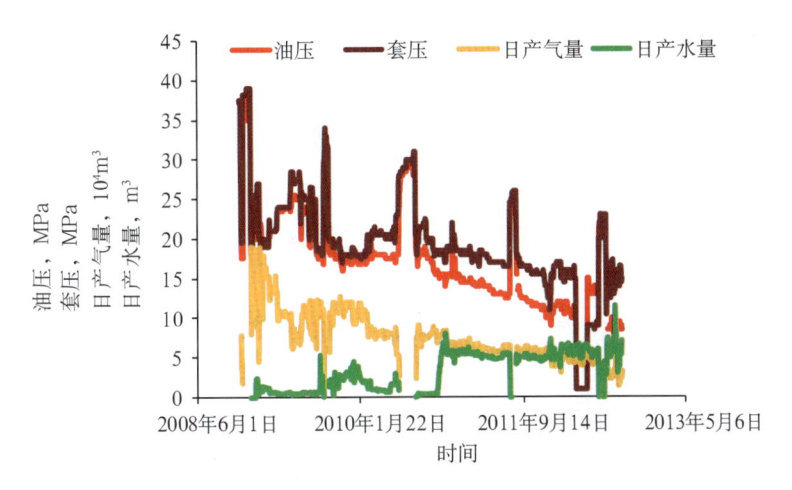

图5-82 DD1415井试采产水动态特征

3）气、水层间接接触，隔夹层裂缝发育，气井无水采气期较短

气层与水层之间存在较厚的隔夹层，气、水层间为间接接触。但隔夹层中天然裂缝发育，气、水层之间被隔夹层中的天然裂缝沟通。气井大压差生产时，底水沿裂缝上窜，造成气井产水，该类气井的无水产气期较短，此类气井产水对生产的影响较大。

DD171井位于构造相对高部位，射孔井段3670~3690m，岩性包括玄武岩、玄武质角砾熔岩。该井射孔段底部距气水层顶部70m，气层与气水层之间为4个干层，总厚度60.3m，干层发育裂缝（图5-63）。气井生产初期产水量低（平均1.62 m³/d），分析为凝析水；持续生产14个月后产水量突然上升至8.5 m³/d以上，产气量也随之降低，表明此时底水已上侵，气井进入产水阶段（图5-62）。

参 考 文 献

[1] 韩大匡，万仁溥，等. 多层砂岩油藏开发模式[M]. 北京：石油工业出版社，1999.

[2] 罗明高. 定量储层地质学[M]. 北京：地质出版社，1998.

[3] 唐泽尧. 气田开发地质[M]. 北京：石油工业出版社，1997.

[4] 戴金星，裴锡古，戚厚发. 中国天然气地质学卷一[M]. 北京：石油工业出版社，1992.

[5] 庞彦明，章凤奇，邱红枫，等. 酸性火山岩储层微观孔隙结构及物性参数特征[J]. 石油学报，2007，28（6）：72-77.

[6] 杨正明，郭和坤，姜汉桥，等. 火山岩气藏微观孔隙结构特征参数[J]. 辽宁工程技术大学学报（自然科学版），2009，28（S1）：286-289.

[7] 李幸运，郭建新，张清秀，等. 气藏储集层物性参数下限确定方法研究[J]. 天然气勘探与开发，2008，31（3）：33-38.

[8] 孙赞东，贾承造，李相方，等. 非常规油气勘探与开发（下）[M]. 北京：石油工业出版社，2011，919-920.

[9] 向阳，向丹，羊裔常，等. 致密砂岩气藏水驱动态采收率及水膜厚度研究[J]. 成都理工学院学报，1999，26（4）：389-391.

[10] 杨建，康毅力，桑宇，等. 致密砂岩天然气扩散能力研究[J]. 西南石油大学学报（自然科学版），2009，31（6）：76-79.

[11] 杨正明，郭和坤，姜汉桥，等. 火山岩气藏不同岩性核磁共振实验研究[J]. 石油学报，2009，30（3）：400-408.

[12] 万文胜，杜军社，佟国彰，等. 用毛细管压力曲线确定储集层孔隙喉道半径下限[J]. 新疆石油地质，2006，27（1）：104-106.

[13] 陈欢庆，胡永乐，闫林，等. 储层流动单元研究进展[J]. 地球学报，2010，31（6）：875-884.

[14] 王树寅，李晓光，石强，等. 复杂储层测井评价原理和方法[M]. 北京：石油工业出版社，2006.

[15] 金毓荪. 采油地质工程[M]. 北京：石油工业出版社，1985.

[16] 孙军昌，郭和坤，杨正明，等. 不同岩性火山岩气藏岩芯核磁孔隙度实验研究[J]. 西南石油大学学报（自然科学版），2011，33（5）：27-34.

[17] 王道富. 鄂尔多斯盆地特低渗透油田开发[M]. 北京：石油工业出版社，2008.

[18] 李林，张学丰. 碳酸盐岩孔隙分类方法综述[J]. 内蒙古石油化工，2009（8）：50-54.

[19] 杜新龙，康毅力，游利军，等. 低渗透储层微流动机理及应用进展综述[J]. 地质科技情况，2013，32（2）：92-95.

[20] 何更生. 油层物理[M]. 北京：石油工业出版社，1994.

[21] 葛家理. 油气层渗流力学[M]. 北京：石油工业出版社，1982.

[22] 陈代珣，王章瑞，高家碧. 多孔介质中低速气体的非线性渗流[J]. 西南石油学院学报，2002，24（5）：40-42.

[23] Javadpour F, Fisher D, Unsworth M. Nanoscale Gas Flow in Shale Gas Sediments[J]. Joural of Canadian Petroleum Technology，2007，46（10）：55-61.

[24] S. A. 沙夫，P. L. 钱伯. 气体动力学基本原理H编：稀薄气体的流动[M]. 徐华舫，译. 北京：科学出版社，1988.

[25] 陈代珣. 渗流气体滑脱现象与渗透率变化的关系[J]. 力学学报，2002，34（1）：96-100.

[26] Faruk Civan. A Triple-mechnanism Fractal Model With Hydraulic Dispersion for Gas Permeation in Tight Reservoirs[C]. 2002，SPE 74368.

[27] 陈代珣，王章瑞，高家碧. 气体滑脱现象的综合特征参数研究[J]. 天然气工业，2003，23（4）：65-67.

[28] 朱光亚，刘先贵，杨正明，等. 低渗气藏气体渗流特征机理研究[M]//何庆华，张煜，张占峰，等. 中国石油学会第一届油气田开发技术大会论文集——2005年中国油气田开发科技进展与难采储量开采技术研讨会. 北京：石油工业出版社，2006.

[29] 杨建，康毅力，李前贵，等. 致密砂岩气藏微观结构及渗流特征[J]. 力学进展，2008，35（2）：229-234.

[30] 庞睿智，郭立稳，齐玉磊. CO气体在煤层中的扩散机理及模式[J]. 河北理工大学学报（自然科学版），2009，31（4）：1-5，10.

[31] Sondergeld Carl H, Newsham Kent E, Comisky Joseph T, et al. Petrophysical Considerations in Evaluating and Producing Shale Gas Resources[C]. 2010，SPE 131768.

[32] J. Bear. 多孔介质流体动力学[M]. 李竞生，陈崇希，译. 北京：中国建筑工业出版社，1983.

[33] 马新仿, Valko Peter. 裂缝非达西渗流对气井水力压裂设计的影响[J]. 油气地质与采收率, 2010, 17 (5): 83-85.

[34] 李元生, 李相方, 藤赛男, 等. 考虑变启动压降和高速非达西渗流的产能计算新方法[J]. 石油钻探技术, 2012, 40 (2): 70-74.

[35] 陈元千, 郭二鹏, 张枫. 确定气井高速湍流系数方法的应用与对比[J]. 断块油气田, 2008, 15 (5): 53-55.

[36] Forchheimer P H.Wasserbewegung Durch Boden [J]. Zeitschrift des Vereines Deutscher Ingenieure, 1901, 45 (5): 1781-1788.

[37] Belhaj H A, Agha K R, Nouri A M, et al. Numerical Simulation of Non-Darcy Flow Utilizing the New Forchheimer's Diffusivity Equation [C]. 2003, SPE 81499.

[38] Li Dacun, Engler Thomas W.Literature Review on Correlations of the Non-Darcy Coefficient [C]. 2001, SPE 70015.

[39] Belhaj H A, Agha K R, Nouri A M, et al. Numberical Modeling of Forchheimer's Equation to Describe Darcy and Non-Darcy Flow in Porous Media[C]. 2003, SPE 80440.

[40] 李爱芬, 刘照伟, 杨勇. 双重介质中有限导流垂直裂缝井试井模型求解新方法[J]. 水动力学研究与进展:A辑, 2006, 21 (2): 217-222.

[41] 冯文光, 葛家理. 多重介质组合油藏非定常非达西高速渗流问题的解析研究[J]. 西南石油学院学报, 1985, (3): 14-27.

[42] Hojeen Su.A three-phase Non-Darcy Flow Formulation in Reservoir Simulation [C]. 2004, SPE 88536.

[43] Barree R D, Conway M W.Beyond Beta Factors: a Complete Model for Darcy, Forchheimer and Trans-Forchheimer Flow in Porous Media[C]. 2004, SPE 89325.

[44] Noman R, Archer J S.The Effect of Pore Structure on Non-Darcy Gas Flow in Some Low-Permeability Reservoir Rocks[C]. 1987, SPE/DOE 16400, 103-114.

[45] Pascal H, Quillian Ronald G.Analysis of Vertical Fracture Length and Non-Darcy Flow Coefficient Using Variable Rate Tests[C]. 1980, SPE 9438.

[46] 刘晓旭, 胡勇, 朱斌, 等. 气体低速非达西渗流机理及渗流特征研究[J]. 特种油气藏, 2006, 13 (6): 43-46.

[47] 姚广聚, 彭红利, 熊钰, 等. 低渗透砂岩气藏气体渗流特征[J]. 油气地质与采收率, 2009, 16 (4): 104-105, 108.

[48] 李明诚. 石油与天然气运移[M]. 北京: 石油工业出版社, 2004.

[49] 姚军, 孙海, 樊冬艳, 等. 页岩气藏运移机制及数值模拟[J]. 中国石油大学学报（自然科学版）, 2013, 37(1): 91-98.

[50] Turgay Ertekin, King Gregory R, Schwerer Fred C.Dynamic Gas Slippage: a Unique Dual-mechanism Approach to the Flow of Gas in Tight Formations[J]. SPE Formation Evaluation, 1986, 1 (1): 43-52.

[51] 付广, 杨勉, 刘文龙. 浓度对天然气发生扩散作用的影响[J]. 天然气地球科学, 2000, 11 (1): 22-27.

[52] 娄洪, 罗鹏, 薛盼, 等. 天然气扩散系数影响因素的定量模拟研究[J]. 内蒙古石油化工,

2012, (14): 5-6.

[53] 张靖, 付广, 陈章明. 岩石扩散系数研究方法[J]. 河南石油, 1996, 10 (6): 11-16.

[54] 高树生, 熊伟, 刘先贵, 等. 低渗透砂岩气藏气体渗流机理实验研究现状及新认识[J]. 天然气工业, 2010, 30(1): 52-55.

[55] 刘晓旭, 胡勇, 朱斌, 等. 气体低速非达西渗流机理及渗流特征研究[J]. 特种油气藏, 2006, 13 (6): 43-46.

[56] 蒋卫东, 晏军, 杨正明. 火山岩气藏气水动态渗吸效率研究新方法[J]. 中国石油大学学报（自然科学版）, 2012, 36 (1): 101-105.

[57] 王家禄, 刘玉章, 陈茂谦, 等. 低渗透油藏裂缝动态渗吸机理实验研究[J]. 石油勘探与开发, 2009, 36 (1): 86-90.

[58] 袁士义, 冉启全, 胡永乐, 等. 考虑裂缝变形的低渗透双重介质油藏数值模拟研究[J]. 自然科学进展, 2005, 15 (1): 77-83.

[59] 张红玲. 裂缝性油藏中的渗吸作用及其影响因素研究[J]. 油气采收率技术, 1999, 6 (2): 44-48.

[60] 李传亮. 储层岩石的应力敏感性评价方法[J]. 大庆石油地质与开发, 2006, 25 (1): 40-42.

[61] David Tran, Long Nghiem, Lloyd Buchanan. An Overview of Iterative Coupling Between Geomechanical Deformation and Reservoir Flow[C]. 2005, SPE 97879.

[62] 王学武, 黄延章, 杨正明. 致密储层应力敏感性研究[J]. 岩土力学, 2010, 31 (S1): 183-186.

[63] 郭平, 张俊, 杜建芬, 等. 采用两种实验方法进行气藏岩心应力敏感研究[J]. 西南石油大学学报, 2007, 29 (2): 7-9.

[64] 何健, 康毅力, 刘大伟, 等. 孔隙型与裂缝—孔隙型碳酸盐岩储层应力敏感研究[J]. 钻采工艺, 2005, 28(2): 84-86.

[65] 冉启全, 顾小芸. 油藏渗流与应力耦合分析[J]. 岩土工程学报, 1998, 20 (2): 69-73.

[66] 晏军, 杨正明, 刘超, 等. 含水对火山岩气藏供排气过程影响的实验研究[M]//渗流力学与工程的创新与实践——第十一届全国渗流力学学术大会论文集.重庆: 重庆大学出版社, 2011.

[67] 徐正顺, 庞彦明, 王渝明. 火山岩气藏开发技术[M]. 北京: 石油工业出版社, 2009.

[68] 朱黎鹂, 于忠涛, 李允智. 气藏中CO_2含量对气井产能的影响[J]. 天然气技术, 2009, 3 (4): 38-40.

[69] 曲耀俊, 曲林. 四川裂缝—孔隙型有水气藏的水封与解封[M]. 北京: 石油工业出版社, 2001.

[70] 郭平, 黄伟岗, 姜贻伟, 等. 致密气藏束缚及可动水研究[J]. 天然气工业, 2006, 26 (10): 99-10.

[71] 付大其, 朱华银, 刘义成, 等. 低渗气层岩石孔隙中可动水实验[J]. 大庆石油学院学报, 2008, 32 (5): 23-26.

第六章　火山岩气藏开发动态描述与预测模型

火山岩气藏储层为各种形态、不同规模储渗单元的非层状叠置体，是发育有不同尺度的气孔、溶蚀孔洞、粒间孔和裂缝等的多重介质，储层物性差异大，其渗流具有多重介质接力排供气与非线性渗流的特征[1-3]。采用常规渗流理论建立的开发模型和方法难以客观反映火山岩气藏复杂介质的渗流特征，预测结果符合率低[4,5]。

本章在第五章火山岩气藏非线性渗流机理研究的基础上，根据火山岩气藏不同规模储渗单元的叠置模式及其多尺度孔洞缝介质发育的特点，建立了火山岩气藏不同储层介质类型、不同边界形态下的直井及水平井的储层动态参数描述模型，火山岩气藏直井、水平井自然投产和压裂投产状态下的产能预测模型与方法以及火山岩气藏多重介质非线性渗流数值模拟模型，为火山岩气藏的有效开发奠定坚实的理论基础。

第一节　火山岩气藏渗流机理与基本数学模型

火山岩气藏作为一种特殊岩性的天然气藏，储层发育有溢流相气孔型、爆发相粒间孔型和溶蚀孔型等多种储层类型，同时储层受断裂、火山喷发作用和岩浆侵入作用控制，在断裂带、环火山口附近及侵入岩体内，发育不同尺度的构造缝、炸裂缝等多种裂缝。气藏孔隙结构复杂，储渗模式多样，不同尺度孔洞缝介质的孔喉半径差异大，流体渗流机理复杂，不同渗流机理的基本数学模型见表6-1。

表6-1　火山岩气藏基本渗流数学模型

流态	渗流机理	储层类型	渗流介质	影响因素	基本数学模型
高速非达西	高速非达西渗流	溢流相顶/上部气孔/大气孔型、爆发相空落粒间孔型及溶蚀孔型储层	孔喉半径大于1μm储层的近井筒区域、裂缝宽度大于0.1mm	裂缝应力敏感、基质应力敏感	$\nabla p = \dfrac{\mu \vec{v}}{K_a} + \beta_a \rho \lvert v \rvert \vec{v}$
达西	达西渗流	溢流相顶/上部气孔/大气孔型、爆发相空落粒间孔型及溶蚀孔型储层	孔喉半径大于1μm储层远井筒区域、裂缝宽度小于0.1mm	裂缝应力敏感、基质应力敏感	$\vec{v} = \dfrac{K_a}{\mu} \nabla p$
低速非达西	低速非达西渗流	溢流相中、下部小气孔型、基质溶孔型、爆发相空落小粒间孔型及爆发相热基浪基质微孔型储层	孔喉半径小于1μm储层	基质应力敏感、阈压效应、滑脱效应	$\vec{v} = \dfrac{K_m}{\mu}(\nabla p - G)$

一、高速非达西渗流数学模型

由第五章第二节可知，火山岩气藏溢流相顶/上部气孔/大气孔型、爆发相空落粒间孔型及溶蚀孔型等孔隙较发育的储层，渗流喉道以粗短型、粗长型孔隙收缩型喉道和溶蚀喉道为主，孔喉半径大于1μm，在气井井底附近，渗流面积小，生产压差大，气体流速高，符合高速非达西渗流；对于构造缝/炸裂缝发育的溢流相顶/上部气孔型及溶蚀孔型储层（裂缝—孔隙型储层），发育较大尺度的裂缝，裂缝宽度大于0.1mm，其导流能力强，气体渗流流速大，符合高速非达西渗流；对于压裂投产井，人工压裂裂缝宽度大于0.1mm，导流能力强，气体在裂缝内渗流同样符合高速非达西渗流。采用Forchheimer二项式方程描述高速非达西渗流的运动学特征[6]，其运动学方程为：

$$\nabla p = \frac{\mu_g \vec{v}}{K_\alpha} + \beta_\alpha \rho_g |v| \vec{v} \tag{6-1}$$

将式（6-1）作为达西定律的修正公式表示为：

$$\vec{v} = \frac{K_\alpha \delta}{\mu_g} \nabla p \tag{6-2}$$

其中，δ是与流动速度大小有关的高速非达西渗流的修正系数，如式（6-2）所示，在达西流动时，δ为1，Forchheimer定律还原为达西定律[7]：

$$\delta = \frac{1}{1 + \frac{K_\alpha \beta_\alpha \rho_g v}{\mu_g}} \nabla p \tag{6-3}$$

结合式（6-2）、状态方程与物质平衡方程，建立考虑高速非达西渗流的基本微分方程为[8]：

$$\frac{1}{r}\frac{\partial}{\partial r}\left(r\delta\frac{\partial \psi}{\partial r}\right) = \frac{\phi \mu_g C_t}{K_\alpha}\frac{\partial \psi}{\partial t} \tag{6-4}$$

式（6-4）考虑了高速非达西流动以及天然气黏度、压缩因子等随压力的变化，是高度非线性的不稳定渗流方程。

二、达西渗流数学模型

通常情况下，气体在孔喉半径大于1μm的气孔型、粒间孔型及溶蚀孔型储层内渗流，或者在裂缝宽度小于0.01mm的微裂缝内渗流，符合达西渗流定律，其运动学方程为：

$$\vec{v} = \frac{K_\alpha}{\mu_g} \nabla p \tag{6-5}$$

考虑达西渗流的基本微分方程为：

$$\frac{1}{r}\frac{\partial}{\partial r}\left(r\frac{\partial \psi}{\partial r}\right) = \frac{\phi \mu_g C_t}{K_\alpha}\frac{\partial \psi}{\partial t} \tag{6-6}$$

三、低速非达西渗流数学模型

火山岩气藏溢流相中、下部小气孔型、基质溶孔型、爆发相空落小粒间孔型及爆发相热基浪基质微孔型储层，渗流通道为细短型、细长型气孔收缩喉道、溶蚀喉道和粒间孔缩小型喉道，孔喉半径小于$1\mu m$，喉道细小，储层物性差，气体渗流阻力大，气体渗流符合低速非达西渗流。

1. 滑脱效应数学模型

对于含水较少的小气孔型、小溶蚀孔型和小粒间孔型储层，孔喉细小，开发初期滑脱效应影响小，可忽略不计；开发后期低压（小于10MPa）条件下，滑脱效应影响较为显著。采用Klinkenberg方程描述其动力学特征[9-11]，考虑滑脱效应的运动学方程为：

$$\vec{v} = \frac{K_m}{\mu_g} \nabla p \tag{6-7}$$

其中，$K_m = \frac{K_{m\infty}}{\mu_g}\left(1 + \frac{b_K}{p}\right)$。

将式（6-7）和状态方程代入连续性方程中，建立考虑气体滑脱效应的火山岩气藏不稳定渗流的基本微分方程：

$$\frac{1}{r}\frac{\partial}{\partial r}\left(r\zeta\frac{\partial \psi}{\partial r}\right) = \frac{\phi\mu_g C_t}{K_{m\infty}}\frac{\partial \psi}{\partial t} \tag{6-8}$$

其中，$\zeta = \left(1 + \frac{b_K}{p}\right)$。

2. 阈压效应数学模型

火山岩气藏内部一般存在大量束缚水、凝析水，有时还存在可动水或夹层水。物性越差，束缚水饱和度越高，气体渗流受阈压效应影响，其运动学方程为：

$$\vec{v} = \frac{K_m}{\mu_g}(\nabla p - G) \tag{6-9}$$

由式（6-9）、状态方程和物质平衡方程建立起考虑阈压效应影响的气体渗流基本微分方程：

$$\frac{1}{r}\frac{\partial}{\partial r}\left(r\frac{\partial \psi}{\partial r}\right) - \frac{1}{r}\lambda_{\psi B} = \frac{\phi\mu_g C_t}{K_m}\frac{\partial \psi}{\partial t} \tag{6-10}$$

其中，$\lambda_{\psi B} = \frac{2p}{\mu_g Z}G$。

四、应力敏感效应数学模型

随着地层压力降低，溢流相顶部、上部及下部气孔型/溶蚀孔型储层、爆发相空落、热基浪粒间孔型储层中，不同尺度气孔、溶蚀孔洞孔隙喉道易发生收缩变形，基质应力敏感较强；对于构造缝/炸裂缝发育的气孔型、溶蚀孔型储层，天然裂缝易发生变形或闭合；对于人工压裂裂缝，随着地层压力降低，受支撑剂失效等影响，人工压裂缝发生变形或闭合，同样产生较强的应力敏感效应。基质孔喉、天然裂缝及人工压裂缝变形引起渗透率K与孔隙度ϕ的应力敏感关系式[12—16]分别为：

人工压裂缝：
$$K_F = K_{F0} e^{-\alpha_F(p_e-p_F)} \tag{6-11}$$

$$\phi_F = \phi_{F0} e^{-\varphi_F(p_e-p_F)} \tag{6-12}$$

天然裂缝：
$$K_f = K_{f0} e^{-\alpha_f(p_e-p_f)} \tag{6-13}$$

$$\phi_f = \phi_{f0} e^{-\varphi_f(p_e-p_f)} \tag{6-14}$$

基质：
$$K_m = K_{m0} e^{-\alpha_m(p_e-p)} \tag{6-15}$$

$$\phi_m = \phi_{m0} e^{-\varphi_m(p_e-p_m)} \tag{6-16}$$

为方便计算，采用气藏拟压力形式表述不同孔缝介质渗透率的应力敏感关系式如下[17]：

人工压裂缝：
$$K_F = K_{F0} e^{-\gamma_F(\psi_i-\psi)} \tag{6-17}$$

天然裂缝：
$$K_f = K_{f0} e^{-\gamma_f(\psi_i-\psi)} \tag{6-18}$$

基质：
$$K_m = K_{m0} e^{-\gamma_m(\psi_i-\psi)} \tag{6-19}$$

考虑储层应力敏感性，结合运动方程、状态方程和连续性方程，建立考虑渗透率应力敏感效应的火山岩气藏渗流基本微分方程[18]：

$$\frac{\partial^2 \psi}{\partial r^2} + \frac{1}{r}\frac{\partial \psi}{\partial r} + \gamma_\alpha \left(\frac{\partial \psi}{\partial r}\right)^2 = \frac{\phi \mu_g C_t}{K_{\alpha 0}} e^{\gamma_\alpha(\psi_i-\psi)} \frac{\partial \psi}{\partial t} \tag{6-20}$$

符号说明

α——介质，α=m表示基质，α=F表示宽度大于0.1mm的天然裂缝或人工压裂缝，α=f表示宽度小于0.1mm的天然裂缝；

β_α——α介质内高速非达西系数，m^{-1}；

ρ_g——天然气密度，g/cm^3；

μ_g——天然气黏度，$mPa·s$；

Z——天然气偏差因子；

$\vec{v}$——流速，m/s；

r——径向距离，m；

C_t——综合压缩系数，MPa^{-1}；

ϕ——孔隙度；

t——生产时间，d；

G——阈压梯度，MPa/m；

$\lambda_{\psi B}$——拟阈压梯度，$MPa^2/(mPa·s/m)$；

b_K——滑脱因子，MPa；

p——地层压力，MPa；

p_e——原始地层压力，MPa；

∇p——压力梯度，MPa/m；

ψ_i——气藏原始地层拟压力，MPa²/(mPa·s)；

ψ——气藏拟压力，计算公式为 $\int_0^p \dfrac{2p}{\mu_g(p)Z(p)}\mathrm{d}p$，MPa²/(mPa·s)；

K_α——α 介质的气测渗透率，mD；

K_m——基质气测渗透率，mD；

$K_{m\infty}$——基质等效液测渗透率，mD；

K_{m0}——原始条件下基质气测渗透率，mD；

K_F——人工裂缝气测渗透率，mD；

K_{F0}——原始条件下人工裂缝的气测渗透率，mD；

K_f——天然裂缝气测渗透率，mD；

K_{f0}——原始条件下天然裂缝的气测渗透率，mD；

α_F——人工裂缝渗透率的变形因子，MPa⁻¹；

α_f——天然裂缝渗透率的变形因子，MPa⁻¹；

α_m——基质渗透率的变形因子，MPa⁻¹；

ϕ_m——基质孔隙度变形因子，MPa⁻¹；

ϕ_f——天然裂缝的变形因子，MPa⁻¹；

ϕ_F——人工裂缝的变形因子，MPa⁻¹；

γ_α——α 介质的应力敏感模数，mPa·s/MPa²；

γ_m——基质应力敏感模数，mPa·s/MPa²；

γ_f——天然裂缝应力敏感模数，mPa·s/MPa²；

γ_F——人工裂缝应力敏感模数，mPa·s/MPa²。

第二节　火山岩气藏动态描述模型与方法

火山岩气藏发育不同尺度孔洞缝介质，孔喉半径差异大，不同介质间流体的窜流与传质、应力敏感及滑脱效应等引起的非线性渗流机理复杂，同时不同规模储渗单元的叠置模式不同、气水关系复杂，导致气藏边界的形态及类型复杂多样。因此，采用常规沉积岩气藏的试井解释模型描述火山岩气藏的储层动态参数（如表皮系数、地层渗透率、流动系数、探测半径、边界和地层压力等）存在较大的误差，建立适合于火山岩气藏的动态描述模型，刻画储层动态参数，对于指导火山岩气藏开发具有重要意义。

一、火山岩气藏动态描述模型

火山岩气藏溢流相气孔型、爆发相粒间孔型和溶蚀孔型等储层中发育不同尺度的构造缝、炸裂缝和收缩缝，不同的储渗模式可简化为不同的地层模型。例如对于气孔、粒间孔/溶蚀孔发育的储层，可简化为单一介质；对于气孔、溶孔、粒间孔及裂缝等均发育的储层，渗流通道以细短/长孔隙收缩型喉道和裂缝型喉道为主的储层，可简化为双重介质；对于以角砾支撑为主的粒间孔储层，由火山口及远，粒度减小，物性变差，可简化为复合介质。根据不同井型、不同介质类型建立了13种不同储渗模式下的火山岩气藏动态描述模型，采取相应的技术手段实现火山岩气藏的动态描述。

1. 单一介质模型

1) 中、高孔渗单一介质储层动态描述模型

火山岩气藏溢流相顶/上部气孔/大气孔型、爆发相空落粒间孔型及溶蚀孔型等孔隙较发育的储层，渗流喉道以粗短型、粗长型孔隙收缩型喉道和溶蚀喉道为主，储层各处的物性差异小，可简化为中、高孔渗的单一介质储层，通常采用直井和水平井两种井型进行开发。动态描述模型中需考虑储层应力敏感效应对气井不稳定渗流的影响。

（1）无量纲变量。

火山岩气藏渗流微分基本方程是一个非线性很强的偏微分方程，直接求解是无法进行的，要获得其解析解，需对方程式进行线性化处理。为此，引入以下无量纲变量：

① 直井。

无量纲拟压力：
$$\psi_D[p(x_D,t_D)] = \frac{2.7143\times 10^{-2} K_{m0} h T_{sc}}{q_{sc} T p_{sc}}[\psi_i(p) - \psi(p)] \quad (6-21)$$

无量纲时间：
$$t_D = \frac{3.6 K_{m0}}{\phi \mu C_t r_w^2} t \quad (6-22)$$

无量纲半径：
$$r_D = \frac{r}{r_w} \quad (6-23)$$

无量纲井筒储集系数：
$$C_D = \frac{C}{2\pi \phi h C_t r_w^2} \quad (6-24)$$

无量纲渗透率模量：
$$\gamma_D = \frac{q_{sc} \cdot T \cdot p_{sc}}{8.64 \times 10^{-3} \pi K_{m0} h T_{sc}} \gamma \quad (6-25)$$

② 水平井。

无量纲拟压力：
$$\psi_D[p(x_D,t_D)] = \frac{2.7143\times 10^{-2} K_{mH0} h T_{sc}}{q_{sc} T p_{sc}}[\psi_i(p) - \psi(p)] \quad (6-26)$$

无量纲时间：
$$t_D = \frac{3.6 K_{mH0}}{\phi \mu C_t L^2} t \quad (6-27)$$

无量纲水平段长度：
$$L_D = \frac{L}{h}\sqrt{\frac{K_{mV}}{K_{mH}}} \quad (6-28)$$

x方向无量纲长度：
$$x_D = \frac{x}{L} \quad (6-29)$$

y方向无量纲长度：
$$y_D = \frac{y}{L} \quad (6-30)$$

z 方向无量纲长度：
$$z_D = \frac{z}{h} \tag{6-31}$$

无量纲井筒储集系数：
$$C_D = \frac{C}{2\pi \phi h C_t L^2} \tag{6-32}$$

无量纲渗透率模量：
$$\gamma_D = \frac{q_{sc} T p_{sc}}{8.64 \times 10^{-3} \pi K_{mH0} h T_{sc}} \gamma \tag{6-33}$$

式中 h——气藏有效厚度，m；

T——储层温度，℃；

T_{sc}——标准状态下温度，℃；

p_{sc}——标准状态下压力，MPa；

q_{sc}——标准状态下气井产量，m³/d；

K_{mV}——储层垂直方向上的渗透率，mD；

K_{mH}——储层水平方向上的渗透率，mD；

K_{mH0}——原始条件下储层水平方向上的渗透率，mD；

L——水平井水平段半长，m；

C——井筒储存系数，m³/MPa；

r_w——井筒半径，m；

γ——应力敏感模数；

ψ_D——无量纲拟压力；

t_D——无量纲时间；

r_D——无量纲径向半径；

C_D——无量纲井筒存储系数；

γ_D——无量纲渗透率模量；

L_D——水平井水平段无量纲长度（半长）；

x_D——x 方向无量纲距离；

y_D——y 方向无量纲距离；

z_D——z 方向无量纲距离。

其余符号意义同前。

(2) 直井动态描述模型[16]。

① 物理模型。

(a) 储层顶底封闭等厚，原始气藏压力 p_e 处处相等，气井以恒定产量 q_{sc} 生产（图6-1）；

(b) 储层中流体为单相气体；

(c) 气体呈二维平面等温径向渗流，服从达西渗流定律，忽略毛管力和重力的影响；

(d) 考虑井筒储存效应、表皮系数和应力敏感效应的影响。

图6-1 中、高孔渗单一介质型储层直井概念模式图

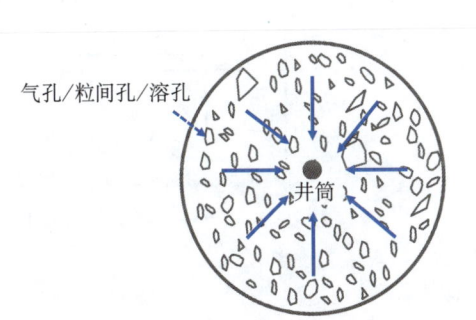

② 动态描述模型。

将无量纲变量与式（6-19）代入渗流基本方程，结合定解条件，得到考虑应力敏感效应的火山岩气藏中、高孔渗单一介质型储层直井动态描述模型：

$$\begin{cases} \dfrac{1}{r_D}\dfrac{\partial}{\partial r_D}\left(r_D\dfrac{\partial \psi_D}{\partial r_D}\right)-\gamma_D\left(\dfrac{\partial \psi_D}{\partial r_D}\right)^2 = e^{\gamma_D \psi_D}\dfrac{\partial \psi_D}{\partial t_D} \\ \psi_D(r_D, t_D=0)=0 \\ C_D\dfrac{d\psi_{wD}}{dt_D}-\left(r_D e^{-\gamma_D \psi_D}\dfrac{\partial \psi_D}{\partial r_D}\right)_{r_D=1}=1 \\ \psi_{wD}=\left[\psi_D - Sr_D e^{-\gamma_D \psi_D}\dfrac{\partial \psi_D}{\partial r_D}\right]_{r_D=1} \\ \text{流体渗流缓慢}: \psi_D(r_D \to \infty)=0 \\ \text{圆形封闭边界}: \left.\dfrac{\partial \psi_D}{\partial r_D}\right|_{r_D=R_{eD}}=0 \\ \text{边水充足供给}: \psi_D(r_D=R_{eD})=0 \end{cases} \quad (6\text{-}34)$$

式中 S——表皮系数；

R_{eD}——气藏封闭边界径向无量纲距离；

ψ_{wD}——无量纲井底流动拟压力。

其余符号意义同前。

(3) 水平井动态描述模型。

① 物理模型。

多个不同规模储渗单元侧向叠置型储层或单个储渗单元大面积分布型储层，一般采用水平井开发。储层内气体向水平井流动为三维空间流动，受储层各向异性、气层厚度、水平井长度、位置以及气藏边界等的影响。

(a) 储层顶底封闭等厚，各向异性，原始气藏压力 p_i 处处相等，气井以恒定产量 q_{sc} 生产；

(b) 水平井中心坐标为 (x_w, y_w, z_w)，水平段井筒长度为 $2L$（图6-2）；

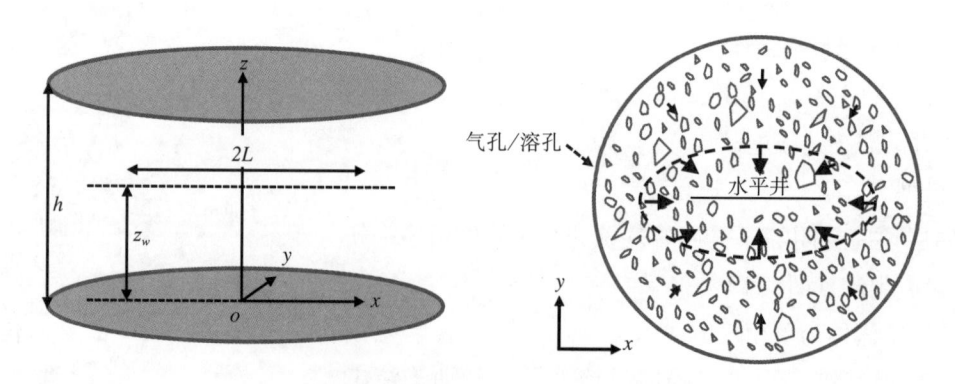

图6-2 中、高孔渗单一介质型储层水平井概念模式图

(c) 忽略毛管力和重力的影响，气体流动服从达西渗流定律；

(d) 考虑井筒储存效应、表皮系数和应力敏感效应的影响。

②动态描述模型。

将无量纲变量与式（6—19）代入渗流基本方程，结合定解条件，得到考虑应力敏感效应的火山岩气藏中、高孔渗单一介质型储层水平井动态描述模型[19]：

$$\begin{cases} \dfrac{\partial^2 \psi_D}{\partial x_D^2} + \dfrac{\partial^2 \psi_D}{\partial y_D^2} - \gamma_D \left[\left(\dfrac{\partial \psi_D}{\partial x_D}\right)^2 + \left(\dfrac{\partial \psi_D}{\partial y_D}\right)^2 \right] + L_D^2 \left[\dfrac{\partial^2 \psi_D}{\partial z_D^2} - \gamma_D \left(\dfrac{\partial \psi_D}{\partial z_D}\right)^2 \right] = e^{\gamma_D \psi_D} \dfrac{\partial \psi_D}{\partial t_D} \\ \psi_D(x_D, y_D, z_D, t_D = 0) = 0 \\ \lim\limits_{y_D \to y_{wD}} e^{-\gamma_D \psi_D} \dfrac{\partial \psi_D}{\partial y_D} = \begin{cases} 0, & 0 \leqslant z_D < z_{aD} \\ -\dfrac{\pi}{2} \cdot \dfrac{1}{z_{bD} - z_{aD}}, & z_{aD} \leqslant z_D \leqslant z_{bD}, \forall t_D \\ 0, & z_{bD} < z_D \leqslant 1 \end{cases} \\ \dfrac{\partial \psi_D}{\partial z_D} \bigg|_{z_D=0} = \dfrac{\partial \psi_D}{\partial z_D} \bigg|_{z_D=1} = 0 \\ \text{流体渗流缓慢：} \lim\limits_{y_D \to \infty} \psi_D(x_D, y_D, z_D, t_D) = 0 \qquad \forall x_D, z_D, t_D \\ \lim\limits_{x_D \to \infty} \psi_D(x_D, y_D, z_D, t_D) = 0 \qquad \forall y_D, z_D, t_D \\ \text{圆形封闭边界：} \dfrac{\partial \psi_D}{\partial r_D} \bigg|_{r_D = R_{eD}} = 0 \\ \text{边水充足供给：} \psi_D(r_D = R_{eD}) = 0 \end{cases} \quad (6-35)$$

式中 q_{sc}——标准状态下气井产量，m³/d；

Z_{aD}——z方向水平井筒下沿位置无量纲距离；

K_{mV}——储层垂直方向上的渗透率，mD；

K_{mH}——储层水平方向上的渗透率，mD；

Z_{bD}——z方向水平井筒上沿位置无量纲距离；

L——水平井水平段半长，m；

C——井筒储存系数，m³/MPa；

h——气藏有效厚度，m；

下标sc——处于标准状况下；

下标D——无量纲。

2）低孔渗单一介质储层动态描述模型

火山岩气藏溢流相中、下部小气孔型、基质溶孔型、爆发相空落小粒间孔型及爆发相热基浪基质微孔型储层，渗流通道为细短型、细长型气孔收缩喉道、溶蚀喉道和粒间孔缩小型喉道，储层物性差，可简化为低孔渗的单一介质储层，单井自然产能低，多采用压裂直井与多段压裂水平井进行开发。在动态描述模型中需考虑以下几点：

一是人工裂缝导流能力大，气体流动性好，符合高速非达西渗流；

二是随地层压力的降低，储层孔隙喉道易发生收缩变形，人工裂缝发生变形与闭合，需分别考虑应力敏感效应对储层基质与人工裂缝的影响；

三是气体在储层中流动存在阈压效应，符合低速非达西渗流；

四是开发后期，地层压力较低，储层内气体流动的滑脱效应不可忽略。

(1) 无量纲变量。

为建立火山岩气藏低孔渗单一介质储层动态描述模型，引入以下无量纲变量。

无量纲地层拟压力：
$$\psi_D[p(x_D,t_D)] = \frac{2.7143 \times 10^{-2} K_{m0} h T_{sc}}{q_{sc} T p_{sc}}[\psi_i(p) - \psi(p)] \qquad (6-36)$$

无量纲裂缝拟压力：
$$\psi_{FD}[p(x_D,t_D)] = \frac{2.7143 \times 10^{-2} K_{m0} h T_{sc}}{q_{sc} T p_{sc}}[\psi_i(p) - \psi_F(p)] \qquad (6-37)$$

无量纲时间：
$$t_D = \frac{3.6 K_{m0}}{\phi \mu C_t x_F^2} t \qquad (6-38)$$

x方向无量纲距离：
$$x_D = \frac{x}{x_F} \qquad (6-39)$$

y方向无量纲距离：
$$y_D = \frac{y}{x_F} \qquad (6-40)$$

无量纲裂缝导流能力：
$$F_{CD} = \frac{K_F w_F}{K_{m0} x_F} \qquad (6-41)$$

无量纲导压系数：
$$\xi_{FD} = \frac{K_{F0}(\phi C_t)_m}{K_{m0}(\phi C_t)_F} \qquad (6-42)$$

无量纲井筒储集系数：
$$C_D = \frac{C}{2\pi \phi h C_t x_F^2} \qquad (6-43)$$

无量纲储层渗透率模量：
$$\gamma_D = \frac{q_{sc} T p_{sc}}{8.64 \times 10^{-3} \pi K_{m0} h T_{sc}} \gamma \qquad (6-44)$$

无量纲裂缝渗透率模量：
$$\gamma_{FD} = \frac{q_{sc} T p_{sc}}{8.64 \times 10^{-3} \pi K_{m0} h T_{sc}} \gamma_F \qquad (6-45)$$

无量纲高速非达西系数：
$$\beta_D = \frac{K_{F0} \beta \rho_g v}{86.4 \mu_g} \qquad (6-46)$$

无量纲阈压梯度：
$$D = \frac{2.7143 \times 10^{-2} K_{m0} h T_{sc} x_F}{q_{sc} T p_{sc}} \lambda_{\psi B} \qquad (6-47)$$

无量纲裂缝流率：
$$q_{lD}(x_D,t_D) = 2x_F \frac{q_l(x,t)}{q_{sc}} \qquad (6-48)$$

式中 x_F——人工裂缝半长，m；

w_F——人工裂缝宽度，m；

ψ_F——人工裂缝拟压力，MPa²/(mPa·s)；

ψ_{FD}——无量纲人工裂缝拟压力；

F_{CD}——无量纲裂缝导流能力；

ζ_{FD}——无量纲导压系数；

γ_{FD}——无量纲裂缝渗透率模量；

β_D——无量纲高速非达西系数；

D——无量纲阈压梯度；

q_l——压裂水平井第l条裂缝流率，$m^3/(d·m)$；

下标l——第l条裂缝，$l=1, 2, \cdots, n_F$。

（2）压裂直井动态描述模型。

①物理模型。

（a）储层顶底封闭等厚，原始气藏压力p_e处处相等，气井以恒定产量q_{sc}生产；

（b）储层被压开一条垂直裂缝，裂缝贯穿整个地层，相对井筒对称，高度等于气藏厚度（图6–3）；

（c）裂缝具有有限导流能力，气体在裂缝内流动符合高速非达西渗流；

（d）忽略毛管力和重力的影响；

（e）流体为可压缩气体，在储层中呈二维平面等温渗流，先从储层流入人工裂缝，再通过裂缝流入井筒。

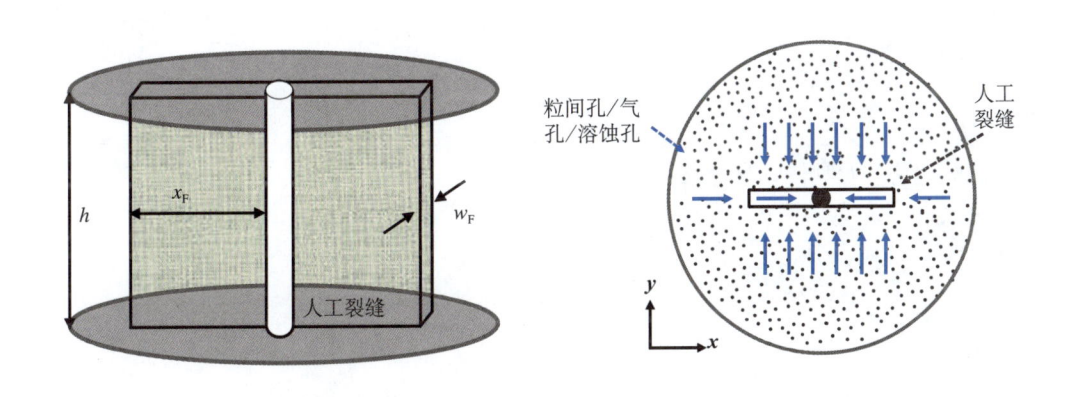

图6–3　低孔渗单孔隙型气藏压裂直井概念模式图

②动态描述模型。

将压裂直井在储层中的渗流过程划分为3个阶段（图6–4）[17]：

裂缝区：裂缝内$0<x<x_F$，流体作线性流动。

区域Ⅰ：在$0<x<x_F$，$w_F/2<y<\infty$的裂缝半长控制范围内，地层流体作垂直于裂缝的线性流动。

区域Ⅱ：在$x_F<x<\infty$，$w_F/2<y<\infty$的裂缝半长控制范围外，地层流体作平行于裂缝的线性流动。

将无量纲变量与式（6–2）、式（6–9）、式（6–17）、式（6–19）代入渗流基本方程，结合定解条件，得到考虑应力敏感和阈压效应的火山岩气藏低孔渗单一介质型储层中不同开发阶段压裂直井动态描述模型[20–22]。

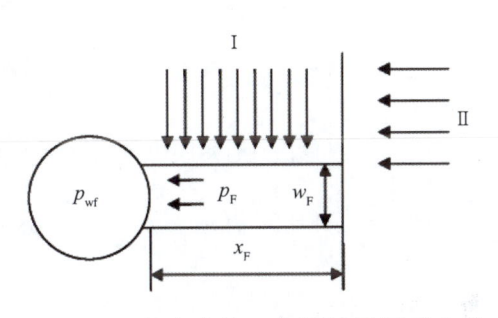

图6–4　低孔渗单一介质储层压裂直井三线性流动模型

(a) 火山岩气藏开发前期。

ⓐ裂缝内部渗流模型：

$$\begin{cases} \dfrac{\partial}{\partial x_D}\left(\delta_\gamma \dfrac{\partial \psi_{FD}}{\partial x_D}\right) + \dfrac{\partial}{\partial y_D}\left(\delta_\gamma \dfrac{\partial \psi_{FD}}{\partial y_D}\right) = \dfrac{1}{\xi_{FD}}\dfrac{\partial \psi_{FD}}{\partial t_D} \quad (0 < x_D < 1) \\ \psi_{FD}(t_D = 0) = 0 \\ \left.\dfrac{\partial \psi_{FD}}{\partial x_D}\right|_{x_D = 1} = 0 \\ \left.K_{F0} e^{-\gamma_{FD}\psi_{FD}} \dfrac{\partial \psi_{FD}}{\partial y_D}\right|_{y=\frac{w_F}{2}} = K_{m0} e^{-\gamma_D \psi_{1D}}\left(\dfrac{\partial \psi_{1D}}{\partial y_D} + D\right)\bigg|_{y=\frac{w_F}{2}} \\ \left.e^{-\gamma_{FD}\psi_{FD}}\dfrac{\partial \psi_{FD}}{\partial x_D}\right|_{x_D=0} = -\dfrac{\pi}{F_{CD}}\left(1 - C_D \dfrac{\partial \psi_{wD}}{\partial t_D}\right) \end{cases} \quad (6-49)$$

其中：

$$\delta_\gamma = \dfrac{1}{e^{\gamma_{FD}\psi_D} + \beta_D} \quad (6-50)$$

式中　δ_γ——中间变量，无具体物理意义；
　　　其余符号意义同前。

ⓑ裂缝半长控制区域内渗流模型：

$$\begin{cases} \dfrac{\partial^2 \psi_{2D}}{\partial x_D^2} + \dfrac{\partial^2 \psi_{1D}}{\partial y_D^2} - \gamma_D\left[\left(\dfrac{\partial \psi_{2D}}{\partial x_D}\right)^2 + \left(\dfrac{\partial \psi_{1D}}{\partial y_D}\right)^2\right] + D\gamma_D\left(\dfrac{\partial \psi_{1D}}{\partial x_D} + \dfrac{\partial \psi_{1D}}{\partial y_D}\right) = e^{\gamma_D \psi_{1D}}\dfrac{\partial \psi_{1D}}{\partial t_D} \\ \psi_{1D}(t_D = 0) = 0 \\ \left.\psi_{FD}\right|_{y_D=0} = \psi_{1D} - S e^{-\gamma_D \psi_{1D}}\left(\dfrac{\partial \psi_{1D}}{\partial y_D} + D\right) \\ 储层物性较差，流体渗流缓慢：\lim\limits_{y_D \to \infty} \psi_{1D} = 0 \\ 储层具有封闭边界(x \to x_{eD}, y \to y_{eD}): \left.\dfrac{\partial \psi_{1D}}{\partial y_D}\right|_{y_D = y_{eD}} + D = 0 \\ 储层具有充足边水供给：\psi_{1D}(y_D = y_{eD}) = 0 \end{cases} \quad (6-51)$$

式中　ψ_{1D}——区域Ⅰ地层内无量纲拟压力；
　　　ψ_{2D}——区域Ⅱ地层内无量纲拟压力；
　　　x_{eD}——储层封闭边界x方向无量纲距离；
　　　y_{eD}——储层封闭边界y方向无量纲距离；
　　　其余符号意义同前。

ⓒ裂缝半长控制区域外渗流模型：

$$\begin{cases} \dfrac{\partial^2 \psi_{2D}}{\partial x_D^2} - \gamma_D \left(\dfrac{\partial \psi_{2D}}{\partial x_D}\right)^2 + D\gamma_D \dfrac{\partial \psi_{2D}}{\partial x_D} = e^{\gamma_D \psi_{2D}} \dfrac{\partial \psi_{2D}}{\partial t_D} \\ \psi_{2D}(t_D = 0) = 0 \\ \psi_{2D}\big|_{x_D=1} = \psi_{1D}\big|_{x_D=1} \\ \text{储层物性较差，流体渗流缓慢：} \lim\limits_{x_D \to \infty} \psi_{2D} = 0 \\ \text{储层具有封闭边界}(x \to x_{eD}, y \to y_{eD})\text{：} \dfrac{\partial \psi_{2D}}{\partial x_D}\bigg|_{x_D = x_{eD}} + D = 0 \\ \text{储层具有充足边水供给：} \psi_{2D}(x_D = x_{eD}) = 0 \end{cases} \quad (6-52)$$

(b) 火山岩气藏开发后期。

火山岩气藏开发后期，地层压力较低，结合式（6-7），建立考虑滑脱效应影响的压裂直井不稳定渗流模型。

ⓐ裂缝内部渗流模型：

$$\begin{cases} \dfrac{\partial}{\partial x_D}\left(\delta_\gamma \dfrac{\partial \psi_{FD}}{\partial x_D}\right) + \dfrac{\partial}{\partial y_D}\left(\delta_\gamma \dfrac{\partial \psi_{FD}}{\partial y_D}\right) = \dfrac{1}{\xi_{FD}} \dfrac{\partial \psi_{FD}}{\partial t_D} \quad (0 < x_D < 1) \\ \psi_{FD}(t_D = 0) = 0 \\ \dfrac{\partial \psi_{FD}}{\partial x_D}\bigg|_{x_D=1} = 0 \\ K_{F0} e^{-\gamma_{FD}\psi_{FD}} \dfrac{\partial \psi_{FD}}{\partial y_D}\bigg|_{y=\frac{w_F}{2}} = K_{m0} e^{-\gamma_D \psi_{1D}} \zeta \dfrac{\partial \psi_{1D}}{\partial y_D}\bigg|_{y=\frac{w_F}{2}} \\ e^{-\gamma_{FD}\psi_{FD}} \dfrac{\partial \psi_{FD}}{\partial x_D}\bigg|_{x_D=0} = -\dfrac{\pi}{F_{CD}}\left(1 - C_D \dfrac{\partial \psi_{wD}}{\partial t_D}\right) \end{cases} \quad (6-53)$$

ⓑ裂缝半长控制区域内渗流模型：

$$\begin{cases} \dfrac{1}{\partial x_D}\left(e^{-\gamma_D \psi_{1D}} \zeta \dfrac{\partial \psi_{1D}}{\partial x_D}\right) + \dfrac{1}{\partial y_D}\left(e^{-\gamma_D \psi_{1D}} \zeta \dfrac{\partial \psi_{1D}}{\partial y_D}\right) = \dfrac{\partial \psi_{1D}}{\partial t_D} \\ \psi_{1D}(t_D = 0) = 0 \\ \psi_{FD}\big|_{y_D=0} = \psi_{1D} - S e^{-\gamma_D \psi_{1D}} \zeta \dfrac{\partial \psi_{1D}}{\partial y_D} \\ \text{储层物性较差，流体渗流缓慢：} \lim\limits_{y_D \to \infty} \psi_{1D} = 0 \\ \text{储层具有封闭边界}(x \to x_{eD}, y \to y_{eD})\text{：} \dfrac{\partial \psi_{1D}}{\partial y_D}\bigg|_{y_D = y_{eD}} = 0 \\ \text{储层具有充足边水供给：} \psi_{1D}(y_D = y_{eD}) = 0 \end{cases} \quad (6-54)$$

ⓒ裂缝半长控制区域外渗流模型：

$$\begin{cases} \dfrac{1}{\partial x_D}\left(e^{-\gamma_D \psi_{2D}}\zeta\dfrac{\partial \psi_{2D}}{\partial x_D}\right)=\dfrac{\partial \psi_{2D}}{\partial t_D} \\ \psi_{2D}(t_D=0)=0 \\ \psi_{2D}\big|_{x_D=1}=\psi_{1D}\big|_{x_D=1} \\ 储层物性较差，流体渗流缓慢：\lim\limits_{x_D\to\infty}\psi_{2D}=0 \\ 储层具有封闭边界(x\to x_{eD},y\to y_{eD}):\dfrac{\partial \psi_{2D}}{\partial x_D}\bigg|_{x_D=x_{eD}}=0 \\ 储层具有充足边水供给：\psi_{2D}(x_D=x_{eD})=0 \end{cases} \quad (6-55)$$

（3）多段压裂水平井动态描述模型。

①物理模型。

（a）储层顶底封闭等厚，原始气藏压力p_e处处相等，气井以恒定产量q_{sc}生产；

（b）水平井水平段长度为$2L$，横向等间距压裂n_F条垂直裂缝，裂缝贯穿整个地层，相对井筒对称，高度等于气藏厚度，半长为x_F，宽度为w_F，且$w_F\neq 0$，缝端封闭（图6-5）；

（c）裂缝具有限导流能力，渗透率为K_F，气体在裂缝内作高速非达西渗流；

（d）忽略毛管力和重力的影响；

（e）气体可压缩，首先从储层流向人工裂缝，再通过人工裂缝流入井筒。

生产初期，流动垂直于裂缝壁面，各条裂缝动态独立；随着裂缝端部流动扩展，多裂缝之间相互干扰，流动主要反映为平行于裂缝面的线性流动；当压力波及范围尚未达到储层边界时，多裂缝系统在远井地带呈拟径向渗流（图6-6）。

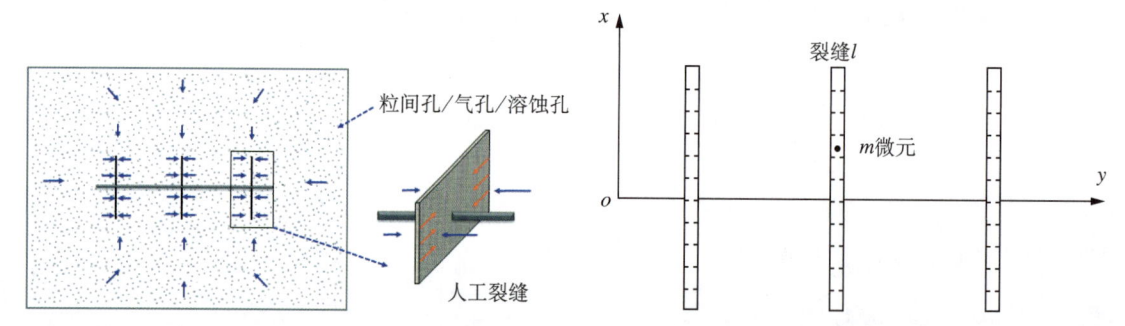

图6-5 低孔渗单一介质型气藏压裂水平井概念模式图　　图6-6 多段压裂水平井裂缝离散化机制示意图

②动态描述模型。

将无量纲变量与式（6-2）、式（6-9）、式（6-17）、式（6-19）代入渗流基本方程，结合定解条件，得到考虑应力敏感效应和阈压效应的火山岩气藏低孔渗单一介质型储层压裂水平井动态描述模型[23-25]。

（a）火山岩气藏开发前期。

ⓐ裂缝内部渗流模型。

对于第l条裂缝，假设其缝内拟压力为ψ_{IF}，裂缝单位长度流入流量为$q_l(x,t)$，裂缝与井筒交点坐标为(x_l,y_l,z_w)。由于x_F/h较大，因此认为流体在狭窄条带状的裂缝中做拟线性流：

$$\begin{cases} \dfrac{\partial}{\partial x_D}\left(\delta_\gamma \dfrac{\partial \psi_{lFD}}{\partial x_D}\right) + \dfrac{\partial}{\partial y_D}\left(\delta_\gamma \dfrac{\partial \psi_{lFD}}{\partial y_D}\right) = \dfrac{1}{\xi_{FD}} \dfrac{\partial \psi_{lFD}}{\partial t_D} \quad (0 < x_D < 1) \\ \psi_{lFD}(t_D = 0) = 0 \\ \left.\dfrac{\partial \psi_{lFD}}{\partial x_D}\right|_{x_D=1} = 0 \\ \left.\dfrac{\partial \psi_{lFD}}{\partial x_D}\right|_{x_D=0} = -\dfrac{\pi}{F_{CD}} e^{\gamma_{FD}\psi_{lFD}} q_{lD} \\ \left.\dfrac{\partial \psi_{lFD}}{\partial y_D}\right|_{y_D=0} = -\dfrac{\pi}{2} e^{\gamma_D \psi_D} q_{lD} \\ \psi_{lFD}(x_D) = \psi_{lFD}(x_D)|_{y_D=0} + q_{lD}(x_D) \cdot S_{lF} \\ \displaystyle\sum_{l=1}^{n_F} \int_{-x_{FD}}^{+x_{FD}} q_{lD}(x_D, t_D)\,dx = 2 \end{cases} \qquad (6\text{-}56)$$

$$\delta_\gamma = \dfrac{1}{e^{\gamma_{FD}\psi_{lFD}} + \beta_D} \qquad (6\text{-}57)$$

式中 ψ_{lFD}——第 l 条裂缝的无量纲裂缝流率；

S_{lF}——第 l 条裂缝的表皮系数；

n_F——裂缝总条数。

其余符号意义同前。

ⓑ 地层渗流模型[21, 23, 25]。

如图6-6所示，采用裂缝离散化机制，将第 l 条裂缝的一翼等分成 n 小段，共有 $NF=2n\times n_F$ 个裂缝单元。假设各小段中流率均匀分布，可得第 l 条裂缝的第 m 单元中心坐标为 $[x_{Dl(m)}, y_{Dl(m)}]$，半长为 $L_{FDl(m)}$，流率 $q_{Dl(m)}$，其他微元定义方法类似。则第 l 条裂缝的第 m 单元方程为：

$$\begin{cases} \dfrac{1}{r_D}\dfrac{\partial}{\partial r_D}\left(r_D \dfrac{\partial \psi_{Dl(m)}}{\partial r_D}\right) - \gamma_D \left(\dfrac{\partial \psi_{Dl(m)}}{\partial r_D}\right)^2 + D\gamma_D \dfrac{\partial \psi_{Dl(m)}}{\partial r_D} - D\dfrac{1}{r_D} = e^{\gamma_D \psi_{Dl(m)}} \dfrac{\partial \psi_{Dl(m)}}{\partial t_D} \\ \psi_{Dl(m)}(r_D, t_D = 0) = 0 \\ \displaystyle\lim_{r_D \to r_{wD}} r_D\left(\dfrac{\partial \psi_{Dl(m)}}{\partial r_D} + D\right) = -e^{\gamma_D \psi_{Dl(m)}} \\ \text{储层物性较差，流体渗流缓慢：} \displaystyle\lim_{r_D \to \infty} \psi_{Dl(m)}(r_D, t_D) = 0 \\ \text{储层具有圆形封闭边界：} \left.\dfrac{\partial \psi_{Dl(m)}}{\partial r_D}\right|_{r_D = R_{eD}} + D = 0 \\ \text{储层具有充足边水供给：} \psi_{Dl(m)}(r_D = R_{eD}) = 0 \end{cases} \qquad (6\text{-}58)$$

式中 $\psi_{Dl(m)}$——第 l 条裂缝第 m 单元的无量纲裂缝流率。

其余符号意义同前。

(b) 火山岩气藏开发后期。

火山岩气藏开发后期，地层压力较低，滑脱效应影响不可忽略，压裂水平井不稳定渗流模型的裂缝渗流模型同式（6-56），其地层渗流模型如下：

$$\begin{cases} \dfrac{1}{r_D}\dfrac{\partial}{\partial r_D}\left(r_D e^{-\gamma_D \psi_{Dl(m)}}\zeta\dfrac{\partial \psi_{Dl(m)}}{\partial r_D}\right)=\dfrac{\partial \psi_{Dl(m)}}{\partial t_D} \\ \psi_{Dl(m)}(r_D,t_D=0)=0 \\ \lim\limits_{r_D\to r_{wD}}\zeta\cdot r_D\dfrac{\partial \psi_{Dl(m)}}{\partial r_D}=-e^{\gamma_D \psi_{Dl(m)}} \\ 储层物性较差，流体渗流缓慢：\lim\limits_{r_D\to\infty}\psi_{Dl(m)}(r_D,t_D)=0 \\ 储层具有圆形封闭边界：\left.\dfrac{\partial \psi_{Dl(m)}}{\partial r_D}\right|_{r_D=R_{eD}}=0 \\ 储层具有充足边水供给：\psi_{Dl(m)}(r_D=R_{eD})=0 \end{cases} \quad (6\text{-}59)$$

2. 双重介质模型

1）双孔双渗型火山岩气藏

构造缝/炸裂缝发育的溢流相顶/上部气孔型及溶蚀孔型储层，不但发育大气孔、大孔洞等孔隙介质，还发育较大尺度的裂缝，其渗流通道为粗长型、细长型孔隙收缩型喉道和裂缝型喉道。此类储层高孔高渗，天然裂缝与基质孔隙均向井筒渗流，可简化为双孔双渗的双重孔隙介质地层模型，多采用常规直井与水平井进行开发。随着地层压力降低，气孔/溶蚀孔洞发生收缩变形，天然裂缝发生变形或闭合，动态描述模型中需分别考虑储层基质岩块系统和天然裂缝系统的应力敏感效应对气井不稳定渗流的影响。

（1）无量纲变量。

建立双孔双渗型火山岩气藏动态描述模型，需考虑以下无量纲变量：

无量纲拟压力：
$$\psi_{jD}[p(x_D,t_D)]=\dfrac{2.7143\times 10^{-2}(K_{f0}+K_{m0})hT_{sc}}{q_{sc}Tp_{sc}}[\psi_i(p)-\psi_j(p)] \quad (6\text{-}60)$$

无量纲时间：
$$t_D=\dfrac{3.6(K_{f0}+K_{m0})t}{\left[(\phi C_t)_f+(\phi C_t)_m\right]\mu X^2} \quad (6\text{-}61)$$

无量纲井筒储集系数：
$$C_D=\dfrac{C}{2\pi h\left[(\phi C_t)_f+(\phi C_t)_m\right]X^2} \quad (6\text{-}62)$$

储容比：
$$\omega_j=\dfrac{(\phi C_t)_j}{(\phi C_t)_f+(\phi C_t)_m} \quad (6\text{-}63)$$

无量纲渗透率模量：
$$\gamma_{jD}=\dfrac{q_{sc}Tp_{sc}}{8.64\times 10^{-3}\pi(K_{f0}+K_{m0})hT_{sc}}\gamma_j \quad (6\text{-}64)$$

窜流系数：
$$\lambda=\dfrac{\alpha K_{m0}X^2}{K_{f0}+K_{m0}} \quad (6\text{-}65)$$

无量纲裂缝渗透率：
$$k_{f0}=\dfrac{K_{f0}}{K_{f0}+K_{m0}} \quad (6\text{-}66)$$

无量纲基质渗透率: $$k_{m0} = \frac{K_{m0}}{K_{f0} + K_{m0}} \quad (6-67)$$

无量纲半径: $$r_D = \frac{r}{X} \quad (6-68)$$

无量纲距离: $$x_D = \frac{x}{L}; \ y_D = \frac{y}{L}; \ L_D = \frac{L}{h}; \ h_D = \frac{h}{r_w}; \ z_D = \frac{z}{h} \ （水平井） \quad (6-69)$$

式中 X——直井时代表r_w，水平井时代表L；

ω——储容比；

λ——窜流系数；

α——形状因子；

K_{f0}——无量纲裂缝渗透率；

K_{m0}——无量纲基质渗透率；

下标j——f或m；

下标m——基质；

下标f——天然裂缝。

（2）直井动态描述模型。

①物理模型。

如图6-7所示，某双孔双渗型火山岩气藏储层中，气井以恒定产量q_{sc}进行生产，

（a）气藏顶底封闭等厚，原始条件下，气藏压力处处相等，即为P_e；

（b）储层中存在天然微裂缝与均匀孔隙基岩两种介质，称之为裂缝系统和基质岩块系统。基岩和裂缝都与井筒连通，同时基岩和裂缝之间发生拟稳态窜流（图6-7）；

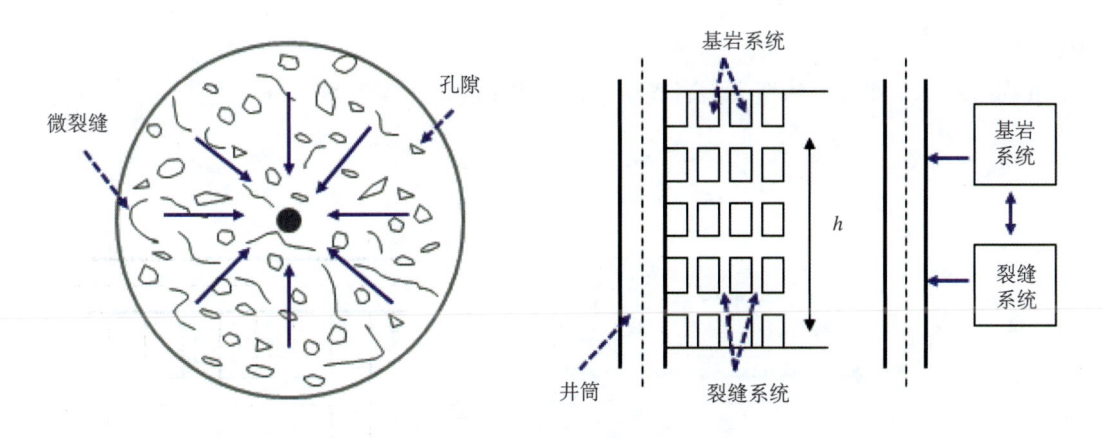

图6-7 双孔双渗型气藏直井概念模式图

（c）忽略毛管力和重力影响；

（d）单相可压缩气体在储层中呈二维平面等温径向渗流，在基质岩块、天然裂缝两个渗流场内的流动均满足达西定律。

（e）考虑井筒储存效应、表皮效应和应力敏感效应的影响。

② 动态描述模型。

将式 (6-18)、式 (6-19) 代入运动方程，结合状态方程和连续性方程，建立同时考虑储层基质岩块系统与天然裂缝系统应力敏感效应的双孔双渗直井渗流动态描述模型[26, 27]：

$$\begin{cases} k_{f0}\dfrac{1}{r_D}\dfrac{\partial}{\partial r_D}\left(r_D e^{-\gamma_{fD}\psi_{fD}}\dfrac{\partial \psi_{fD}}{\partial r_D}\right)+\lambda e^{-\gamma_{mD}\psi_{mD}}(\psi_{mD}-\psi_{fD})=\omega_f\dfrac{\partial \psi_{fD}}{\partial t_D} \\ k_{m0}\dfrac{1}{r_D}\dfrac{\partial}{\partial r_D}\left(r_D e^{-\gamma_{mD}\psi_{mD}}\dfrac{\partial \psi_{mD}}{\partial r_D}\right)-\lambda e^{-\gamma_{mD}\psi_{mD}}(\psi_{mD}-\psi_{fD})=\omega_m\dfrac{\partial \psi_{mD}}{\partial t_D} \\ \psi_{fD}(r_D,t_D=0)=\psi_{mD}(r_D,t_D=0)=0 \\ C_D\dfrac{\partial \psi_{wD}}{\partial t_D}-\left(k_{f0}e^{-\gamma_{fD}\psi_{fD}}\dfrac{\partial \psi_{fD}}{\partial r_D}+k_{m0}e^{-\gamma_{mD}\psi_{mD}}\dfrac{\partial \psi_{mD}}{\partial r_D}\right)\bigg|_{r_D=1}=1 \\ \psi_{wD}=\psi_{fD}-Se^{-\gamma_{fD}\psi_{fD}}\dfrac{\partial \psi_{fD}}{\partial r_D}\bigg|_{r_D=1}=\psi_{mD}-Se^{-\gamma_{mD}\psi_{mD}}\dfrac{\partial \psi_{mD}}{\partial r_D}\bigg|_{r_D=1} \\ \text{流体渗流缓慢：}\lim_{r_D\to\infty}\psi_{fD}(r_D,t_D)=\lim_{r_D\to\infty}\psi_{mD}(r_D,t_D)=0 \\ \text{圆形封闭边界：}\dfrac{\partial \psi_{fD}}{\partial r_D}\bigg|_{r_D=R_{eD}}=\dfrac{\partial \psi_{mD}}{\partial r_D}\bigg|_{r_D=R_{eD}}=0 \\ \text{边水充足供给：}\psi_{fD}(r_D=R_{eD})=\psi_{mD}(r_D=R_{eD})=0 \end{cases} \quad (6-70)$$

式中 ψ_{mD}——基质岩块系统的无量纲拟压力；

ψ_{fD}——天然裂缝的无量纲拟压力；

γ_{mD}——基质岩块系统的无量纲渗透率模量；

γ_{fD}——天然裂缝系统的无量纲渗透率模量。

其余符号意义同前。

(3) 水平井动态描述模型。

① 物理模型。

如图6-8所示，某双孔双渗型火山岩气藏中，一水平井以恒定产量 q_{sc} 进行生产，

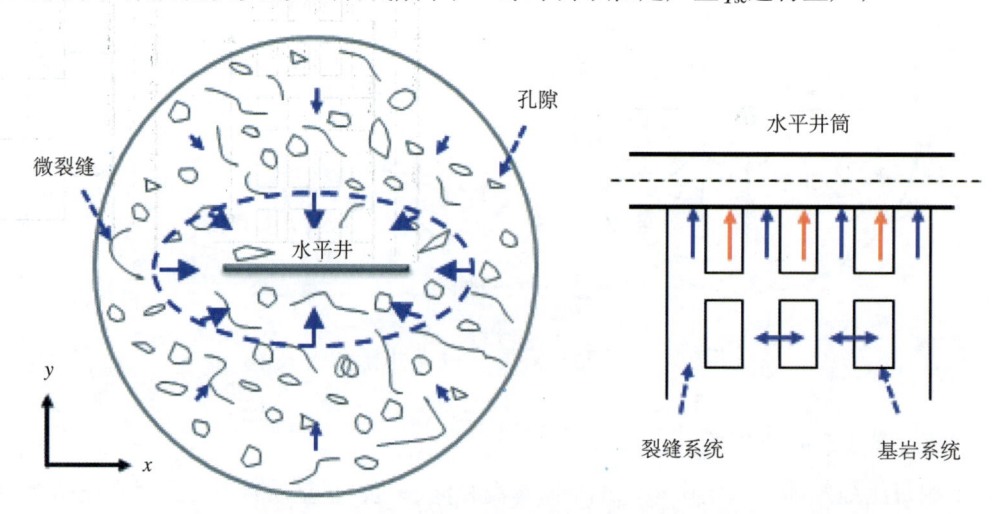

图6-8 双孔双渗型气藏水平井概念模式图

(a) 气藏顶底封闭等厚，原始条件下，气藏压力处处相等，即为 p_e；

(b) 水平井中心坐标为 (x_w, y_w, z_w)，水平段井筒长度为 $2L$；

(c) 储层中存在天然微裂缝与均匀孔隙基岩两种介质，称之为裂缝系统和基质岩块系统。基岩和裂缝都与井筒连通，同时基岩和裂缝之间发生拟稳态窜流；

(d) 忽略毛管力和重力的影响；

(e) 气体可压缩，在基质岩块、天然裂缝两个渗流场内的流动均满足达西定律；

(f) 考虑井筒储存效应、表皮效应和应力敏感效应影响。

② 动态描述模型。

将式（6-18）、式（6-19）代入运动方程，结合状态方程和连续性方程，建立同时考虑储层基质岩块系统与天然裂缝系统应力敏感效应的双孔双渗火山岩气藏水平井渗流动态描述模型[28]：

$$\begin{cases} k_{f0}\left[\dfrac{\partial}{\partial x_D}\left(e^{-\gamma_{fD}\psi_{fD}}\dfrac{\partial \psi_{fD}}{\partial x_D}\right)+\dfrac{\partial}{\partial y_D}\left(e^{-\gamma_{fD}\psi_{fD}}\dfrac{\partial \psi_{fD}}{\partial y_D}\right)+L_D^2\dfrac{\partial}{\partial z_D}\left(e^{-\gamma_{fD}\psi_{fD}}\dfrac{\partial \psi_{fD}}{\partial z_D}\right)\right] \\ =\omega_f\dfrac{\partial \psi_{fD}}{\partial t_D}-\lambda\cdot e^{-\gamma_{mD}\psi_{mD}}(\psi_{mD}-\psi_{fD}) \\ k_{m0}\left[\dfrac{\partial}{\partial x_D}\left(e^{-\gamma_{mD}\psi_{mD}}\dfrac{\partial \psi_{mD}}{\partial x_D}\right)+\dfrac{\partial}{\partial y_D}\left(e^{-\gamma_{mD}\psi_{mD}}\dfrac{\partial \psi_{mD}}{\partial y_D}\right)+L_D^2\dfrac{\partial}{\partial z_D}\left(e^{-\gamma_{mD}\psi_{mD}}\dfrac{\partial \psi_{mD}}{\partial z_D}\right)\right] \\ =\omega_m\dfrac{\partial \psi_{mD}}{\partial t_D}+\lambda\cdot e^{-\gamma_{mD}\psi_{mD}}(\psi_{mD}-\psi_{fD}) \\ \psi_{fD}(x_D,y_D,z_D,t_D=0)=\psi_{mD}(x_D,y_D,z_D,0)=0 \\ \lim\limits_{y_D\to y_{wD}}\left(k_{f0}e^{\gamma_{fD}\psi_{fD}}\dfrac{\partial \psi_{fD}}{\partial y_D}+k_{m0}e^{\gamma_{mD}\psi_{mD}}\dfrac{\partial \psi_{mD}}{\partial y_D}\right)=\begin{cases}0,\ 0\leqslant z_D<z_{aD}\\ -\dfrac{\pi}{2}\cdot\dfrac{1}{z_{bD}-z_{aD}},\ z_{aD}\leqslant z_D\leqslant z_{bD},\forall t_D\\ 0,\ z_{bD}<z_D\leqslant 1\end{cases} \\ \dfrac{\partial \psi_{fD}}{\partial z_D}\bigg|_{z_D=0}=\dfrac{\partial \psi_{fD}}{\partial z_D}\bigg|_{z_D=1}=0 \\ \dfrac{\partial \psi_{mD}}{\partial z_D}\bigg|_{z_D=0}=\dfrac{\partial \psi_{mD}}{\partial z_D}\bigg|_{z_D=1}=0 \\ \text{流体渗流缓慢：}\lim\limits_{y_D\to\infty}\psi_{jD}(x_D,y_D,z_D,t_D)=0\quad \forall x_D,z_D,t_D\ \ j=f,m \\ \qquad\qquad\qquad\lim\limits_{x_D\to\infty}\psi_{jD}(x_D,y_D,z_D,t_D)=0\quad \forall y_D,z_D,t_D\ \ j=f,m \\ \text{圆形封闭边界：}\dfrac{\partial \psi_{fD}}{\partial r_D}\bigg|_{r_D=R_{eD}}=\dfrac{\partial \psi_{mD}}{\partial r_D}\bigg|_{r_D=R_{eD}}=0 \\ \text{边水充足供给：}\psi_{fD}(r_D=R_{eD})=\psi_{mD}(r_D=R_{eD})=0 \end{cases} \quad (6-71)$$

2）双孔单渗型火山岩气藏

构造缝/炸裂缝发育的气孔型/溶蚀孔型/粒间孔型储层，发育小气孔、基质溶孔、小粒间孔、爆发相热基浪基质微孔及微裂缝，渗流通道以细短型、细长型孔隙收缩型喉道和裂缝型喉道为主。此类储层基质岩块系统不能直接向井内渗流，流动总是先从微裂缝开始，逐渐向基质岩块系统波及，可简化为双孔单渗的双重孔隙介质地层模型，可采用常规直井与水平井进行开发。当储层物性较差，单井自然产能低时，需进行储层改造以获得工业产出，多采用压裂直井与多段压裂水平井进行开发。针对该类气藏的开发机理，在建立动态描述模型时需考虑以下几点：

第一，随地层压力的降低，基质系统孔喉变形，天然裂缝发生变形与闭合，需要考虑应力敏感效应对储层基质系统与天然裂缝系统的影响；

第二，气体在储层基质中渗流需要考虑阈压效应影响；

第三，开发后期地层压力较低时，需考虑储层基质内气体滑脱效应对不稳定渗流的影响；

第四，若储层经过压裂改造，则需考虑裂缝内高速非达西渗流及人工裂缝的应力敏感效应。

（1）无量纲变量。

建立双孔单渗型火山岩气藏动态描述模型，需引入以下无量纲变量：

无量纲拟压力：
$$\psi_{jD}[p(x_D,t_D)] = \frac{2.7143 \times 10^{-2} K_{f0}hT_{sc}}{q_{sc}Tp_{sc}}[\psi_i(p) - \psi_j(p)] \tag{6-72}$$

无量纲时间：
$$t_D = \frac{3.6K_{f0}t}{[(\phi C_t)_f + (\phi C_t)_m]\mu X^2} \tag{6-73}$$

无量纲井筒储集系数：
$$C_D = \frac{C}{2\pi h[(\phi C_t)_f + (\phi C_t)_m]X^2} \tag{6-74}$$

储容比：
$$\omega = \frac{(\phi C_t)_f}{(\phi C_t)_f + (\phi C_t)_m} \tag{6-75}$$

无量纲天然裂缝渗透率模量：
$$\gamma_{fD} = \frac{q_{sc}Tp_{sc}}{8.64 \times 10^{-3}\pi K_{f0}hT_{sc}} \cdot \gamma_f \tag{6-76}$$

无量纲人工裂缝渗透率模量：
$$\gamma_{FD} = \frac{q_{sc}Tp_{sc}}{8.64 \times 10^{-3}\pi K_{f0}hT_{sc}} \cdot \gamma_F \tag{6-77}$$

窜流系数：
$$\lambda = \frac{\alpha K_m X^2}{K_{f0}} \tag{6-78}$$

无量纲距离：
$$r_D = \frac{r}{X}; x_D = \frac{x}{X}; y_D = \frac{y}{X} \tag{6-79}$$

无量纲长度：
$$L_D = \frac{L}{h}; h_D = \frac{h}{r_w}; z_D = \frac{z}{h} \text{（水平井）} \tag{6-80}$$

若储层压裂改造，需引入以下下无量纲变量：

无量纲阈压梯度：
$$D = \frac{2.7143 \times 10^{-2} K_{f0}hT_{sc}X}{q_{sc}Tp_{sc}}\lambda_{\psi B} \tag{6-81}$$

人工裂缝无量纲导压系数：
$$\xi_{FD} = \frac{K_{F0}[(\phi C_t)_f + (\phi C_t)_m]}{K_{f0}(\phi C_t)_F} \tag{6-82}$$

人工裂缝无量纲导流能力：
$$F_{CD} = \frac{K_{F0}w_F}{K_{f0}x_F} \tag{6-83}$$

无量纲高速非达西系数：
$$\beta_D = \frac{K_{F0}\beta\rho_g v}{86.4\mu_g} \tag{6-84}$$

无量纲人工裂缝流率：
$$q_{lD}(x_D, t_D) = 2x_F \frac{q_l(x,t)}{q_{sc}} \quad (l=1,2,\cdots,n_F) \tag{6-85}$$

式中　X——直井时代表r_w，水平井时代表L，压裂井时代表x_F。

（2）直井动态描述模型。

①物理模型。

如图6-9所示，某双孔单渗型火山岩气藏储层中，气井以恒定产量q_{sc}进行生产。

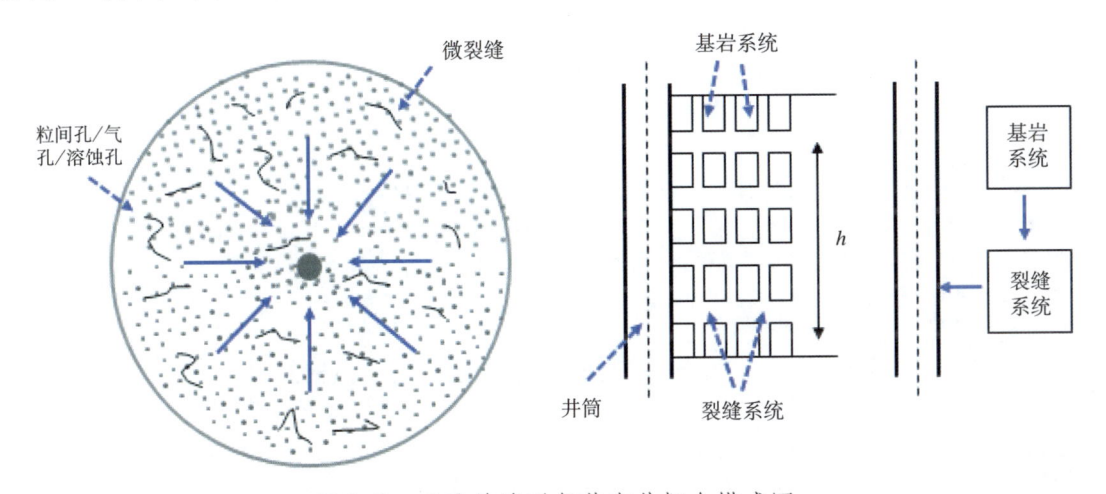

图6-9　双孔单渗型气藏直井概念模式图

（a）气藏顶底封闭等厚，原始条件下，气藏压力处处相等，即为p_e。

（b）储层中存在天然微裂缝与均匀孔隙基岩两种介质，称为裂缝系统和基质岩块系统。其中，裂缝系统是流体的流动通道，基质岩块系统是流体的储集空间。

（c）忽略毛管力和重力的影响，基质岩块系统不能直接向井内供气，气体先从储层基质岩块流入天然裂缝，再通过天然裂缝流入井筒，除此之外无其他渗流方式。

②动态描述模型。

将无量纲变量与式（6-9）、式（6-16）代入渗流基本方程，结合定解条件，可得考虑应力敏感效应和阈压效应的双孔单渗型不同开发阶段火山岩气藏直井动态描述模型[19]。

（a）火山岩气藏开发前期 [式（6-86）]。

（b）火山岩气藏开发后期。

火山岩气藏开发后期，地层压力较低，将式（6-7）代入运动方程中，整理得到考虑储层应力敏感和气体滑脱效应的双孔单渗型火山岩气藏直井不稳定渗流模型 [式（6-87）]。

（3）水平井动态描述模型。

①物理模型。

如图6-10所示，某双孔单渗型火山岩气藏储层中。

（a）气藏顶底封闭等厚，原始气藏压力p_e处处相等，水平井以恒定产量q_{sc}生产；

（b）水平井中心坐标为(x_w, y_w, z_w)，水平段井筒长度为$2L$（图6-10）；

$$\begin{cases} \dfrac{1}{r_D}\dfrac{\partial}{\partial r_D}\left(r_D\dfrac{\partial \psi_{fD}}{\partial r_D}\right)-\gamma_{fD}\left(\dfrac{\partial \psi_{fD}}{\partial r_D}\right)^2+D\cdot\gamma_{fD}\cdot\dfrac{\partial \psi_{fD}}{\partial r_D}-D\cdot\dfrac{1}{r_D} \\ \quad=\mathrm{e}^{\gamma_{fD}\psi_{fD}}\left[\omega\dfrac{\partial \psi_{fD}}{\partial t_D}+(1-\omega)\dfrac{\partial \psi_{mD}}{\partial t_D}\right] \\ (1-\omega)\dfrac{\partial \psi_{mD}}{\partial t_D}=\lambda(\psi_{fD}-\psi_{mD}) \\ \psi_{fD}(r_D,t_D=0)=0 \\ C_D\dfrac{d\psi_{wD}}{dt_D}-\left[r_D\mathrm{e}^{-\gamma_{fD}\psi_{fD}}\left(\dfrac{\partial \psi_{fD}}{\partial r_D}+D\right)\right]_{r_D=1}=1 \\ \psi_{wD}=\psi_{fD}-\left[Sr_D\mathrm{e}^{-\gamma_{fD}\psi_{fD}}\left(\dfrac{\partial \psi_{fD}}{\partial r_D}+D\right)\right]_{r_D=1} \\ 储层物性较差,流体渗流缓慢:\lim\limits_{r_D\to\infty}\psi_{fD}(r_D,t_D)=0 \\ 储层具有圆形封闭边界:\dfrac{\partial \psi_{fD}}{\partial r_D}\bigg|_{r_D=R_{eD}}+D=0 \\ 储层具有充足的边水供给:\psi_{fD}(r_D=R_{eD})=0 \end{cases} \quad (6-86)$$

$$\begin{cases} \dfrac{1}{r_D}\dfrac{\partial}{\partial r_D}\left(r_D\mathrm{e}^{-\gamma_{fD}\psi_{fD}}\zeta\dfrac{\partial \psi_{fD}}{\partial r_D}\right)=\left[\omega\dfrac{\partial \psi_{fD}}{\partial t_D}+(1-\omega)\dfrac{\partial \psi_{mD}}{\partial t_D}\right] \\ (1-\omega)\dfrac{\partial \psi_{mD}}{\partial t_D}=\lambda(\psi_{fD}-\psi_{mD}) \\ \psi_{fD}(r_D,t_D=0)=0 \\ C_D\dfrac{d\psi_{wD}}{dt_D}-\left(r_D\zeta\mathrm{e}^{-\gamma_{fD}\psi_{fD}}\dfrac{\partial \psi_{fD}}{\partial r_D}\right)_{r_D=1}=1 \\ \psi_{wD}=\left[\psi_{fD}-Sr_D\zeta\mathrm{e}^{-\gamma_{fD}\psi_{fD}}\dfrac{\partial \psi_{fD}}{\partial r_D}\right]_{r_D=1} \\ 储层物性较差,流体渗流缓慢:\lim\limits_{r_D\to\infty}\psi_{fD}(r_D,t_D)=0 \\ 储层具有圆形封闭边界:\dfrac{\partial \psi_{fD}}{\partial r_D}\bigg|_{r_D=R_{eD}}=0 \\ 储层具有充足边水供给:\psi_{fD}(r_D=R_{eD})=0 \end{cases} \quad (6-87)$$

（c）气体可压缩，忽略毛管力和重力的影响，基质岩块系统不能直接向井内供气，气体先从储层基质岩块流入天然裂缝，再通过天然裂缝流入井筒，除此之外无其他渗流方式。

② 动态描述模型。

将无量纲变量与式（6-9）、式（6-18）代入渗流基本方程，结合定解条件，得到考虑储层应力敏感效应和阈压效应的双孔单渗型火山岩气藏不同开发阶段水平井动态描述模型[29, 30]。

（a）火山岩气藏开发前期 [式（6-88）]。

（b）火山岩气藏开发后期。

开发后期，地层压力较低，滑脱效应不可忽略，得到双孔单渗型火山岩气藏考虑滑脱效应和应力敏感效应的水平井不稳定渗流模型 [式 (6-89)]。

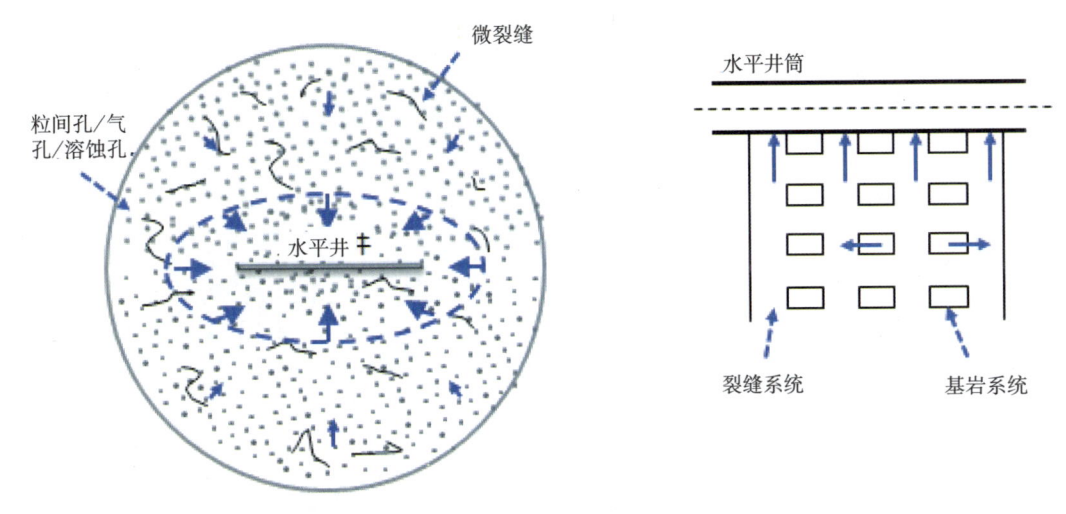

图6-10 双孔单渗型气藏水平井概念模式图

$$\begin{cases} \dfrac{\partial^2 \psi_{fD}}{\partial x_D^2} + \dfrac{\partial^2 \psi_{fD}}{\partial y_D^2} - \gamma_{fD}\left[\left(\dfrac{\partial \psi_{fD}}{\partial x_D}\right)^2 + \left(\dfrac{\partial \psi_{fD}}{\partial y_D}\right)^2\right] + D\gamma_{fD}\left(\dfrac{\partial \psi_{fD}}{\partial x_D} + \dfrac{\partial \psi_{fD}}{\partial y_D}\right) \\ + L_D^2\left[\dfrac{\partial^2 \psi_{fD}}{\partial z_D^2} - \gamma_{fD}\left(\dfrac{\partial \psi_{fD}}{\partial z_D}\right)^2 + D\gamma_{fD}\dfrac{\partial \psi_{fD}}{\partial z_D}\right] = e^{\gamma_D \psi_D}\left[\omega\dfrac{\partial \psi_{fD}}{\partial t_D} + (1-\omega)\dfrac{\partial \psi_{mD}}{\partial t_D}\right] \\ (1-\omega)\dfrac{\partial \psi_{mD}}{\partial t_D} = \lambda(\psi_{fD} - \psi_{mD}) \\ \psi_{fD}(x_D, y_D, z_D, t_D = 0) = 0 \\ \lim\limits_{y_D \to y_{wD}} e^{-\gamma_D \psi_D}\left(\dfrac{\partial \psi_{fD}}{\partial y_D} + D\right) = \begin{cases} 0, & 0 \leqslant z_D < z_{aD} \\ -\dfrac{\pi}{2}\cdot\dfrac{1}{z_{bD} - z_{aD}}, & z_{aD} \leqslant z_D \leqslant z_{bD}, \forall t_D \\ 0, & z_{bD} < z_D \leqslant 1 \end{cases} \\ \dfrac{\partial \psi_{fD}}{\partial z_D}\bigg|_{z_D=0} = \dfrac{\partial \psi_{fD}}{\partial z_D}\bigg|_{z_D=1} = -D \\ 储层物性较差，流体渗流缓慢：\lim\limits_{y_D \to \infty}\psi_{fD}(x_D, y_D, z_D, t_D) = 0 \quad \forall x_D, z_D, t_D \\ \qquad\qquad\qquad\qquad\qquad\qquad \lim\limits_{x_D \to \infty}\psi_{fD}(x_D, y_D, z_D, t_D) = 0 \quad \forall y_D, z_D, t_D \\ 储层具有圆形封闭边界：\dfrac{\partial \psi_{fD}}{\partial r_D}\bigg|_{r_D=R_{eD}} + D = 0 \\ 储层具有充足边水供给：\psi_{fD}(r_D = R_{eD}) = 0 \end{cases} \quad (6-88)$$

(4) 压裂直井动态描述模型与求解。

①物理模型。

如图6-11所示，某双孔单渗型火山岩气藏储层中，气井以恒定产量q_{sc}进行生产，

(a) 气藏顶底封闭等厚，原始条件下，气藏压力处处相等，即为p_e；

(b) 储层中存在天然微裂缝与均匀孔隙基岩两种介质，称为裂缝系统和基质岩块系统。其中，裂缝系统是流体的流动通道，基质岩块系统是流体的储集空间；

$$\begin{cases} \left[\dfrac{\partial}{\partial x_D}\left(e^{-\gamma_{fD}\psi_{fD}}\zeta\dfrac{\partial \psi_{fD}}{\partial x_D}\right)+\dfrac{\partial}{\partial y_D}\left(e^{-\gamma_{fD}\psi_{fD}}\zeta\dfrac{\partial \psi_{fD}}{\partial y_D}\right)+L_D^2\dfrac{\partial}{\partial z_D}\left(e^{-\gamma_{fD}\psi_{fD}}\zeta\dfrac{\partial \psi_{fD}}{\partial z_D}\right)\right] \\ =\left[\omega\dfrac{\partial \psi_{fD}}{\partial t_D}+(1-\omega)\dfrac{\partial \psi_{mD}}{\partial t_D}\right] \\ (1-\omega)\dfrac{\partial \psi_{mD}}{\partial t_D}=\lambda(\psi_{fD}-\psi_{mD}) \\ \psi_{fD}(x_D,y_D,z_D,t_D=0)=0 \\ \lim\limits_{y_D\to y_{wD}}e^{-\gamma_{fD}\psi_{fD}}\zeta\dfrac{\partial \psi_{fD}}{\partial y_D}=\begin{cases}0, & 0\leqslant z_D<z_{aD} \\ -\dfrac{\pi}{2}\cdot\dfrac{1}{z_{bD}-z_{aD}}, & z_{aD}\leqslant z_D\leqslant z_{bD},\forall t_D \\ 0, & z_{bD}<z_D\leqslant 1\end{cases} \\ \dfrac{\partial \psi_{fD}}{\partial z_D}\bigg|_{z_D=0}=\dfrac{\partial \psi_{fD}}{\partial z_D}\bigg|_{z_D=1}=0 \\ \text{储层物性较差,流体渗流缓慢:}\lim\limits_{y_D\to\infty}\psi_{fD}(x_D,y_D,z_D,t_D)=0 \quad \forall x_D,z_D,t_D \\ \qquad\qquad\qquad\qquad\qquad\quad\lim\limits_{x_D\to\infty}\psi_{fD}(x_D,y_D,z_D,t_D)=0 \quad \forall y_D,z_D,t_D \\ \text{储层具有圆形封闭边界:}\dfrac{\partial \psi_{fD}}{\partial r_D}\bigg|_{r_D=R_{eD}}=0 \\ \text{储层具有充足边水供给:}\psi_{fD}(r_D=R_{eD})=0 \end{cases} \quad (6-89)$$

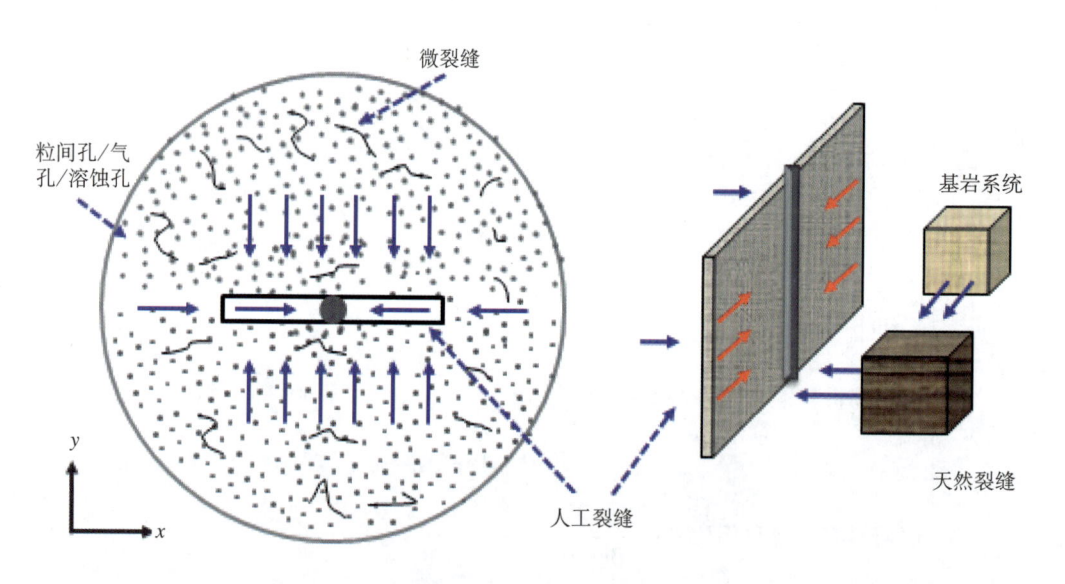

图6-11 双孔单渗型气藏压裂直井概念模式图

（c）储层被压开一条垂直裂缝，裂缝贯穿整个地层，相对井筒对称，高度等于气藏厚度，半长为x_F，宽度为w_F，且$w_F\neq 0$，缝端封闭；

（d）人工裂缝具有限导流能力，气体在裂缝内作高速非达西渗流；

（e）气体可压缩，忽略基块系统向人工裂缝的供液，气体先从储层基质岩块流入天然裂缝，在通过人工裂缝流入井筒。

②动态描述模型。

由于裂缝宽度和地层泄流半径相比非常小,因而可认为$w_F/2 \to 0$,将式(6-2)与式(6-9)、式(6-17)、式(6-18)代入运动方程,结合状态方程和连续性方程,建立双孔单渗火山岩气藏不同开发阶段压裂直井渗流动态描述模型[21, 31-32]。

(a) 火山岩气藏开发前期。

ⓐ裂缝内部渗流模型:

$$\begin{cases} \dfrac{\partial}{\partial x_D}\left(\delta_\gamma \dfrac{\partial \psi_{FD}}{\partial x_D}\right) + \dfrac{\partial}{\partial y_D}\left(\delta_\gamma \dfrac{\partial \psi_{FD}}{\partial y_D}\right) = \dfrac{1}{\xi_{FD}}\left[\omega \dfrac{\partial \psi_{FD}}{\partial t_D} + (1-\omega)\dfrac{\partial \psi_{mD}}{\partial t_D}\right] \\ (1-\omega)\dfrac{\partial \psi_{mD}}{\partial t_D} = \lambda(\psi_{FD} - \psi_{mD}) \\ \psi_{FD}(t_D = 0) = 0 \\ \left.\dfrac{\partial \psi_{FD}}{\partial x_D}\right|_{x_D = 1} = 0 \\ \left.K_{F0} e^{-\gamma_{FD}\psi_{FD}} \dfrac{\partial \psi_{FD}}{\partial y_D}\right|_{y=\frac{w_F}{2}} = \left.K_{f0} e^{-\gamma_{fD}\psi_{1D}}\left(\dfrac{\partial \psi_{1D}}{\partial y_D} + D\right)\right|_{y=\frac{w_F}{2}} \\ \left.e^{-\gamma_{FD}\psi_{FD}} \dfrac{\partial \psi_{FD}}{\partial x_D}\right|_{x_D = 0} = -\dfrac{\pi}{F_{CD}}\left(1 - C_D \dfrac{\partial \psi_{wD}}{\partial t_D}\right) \end{cases} \quad (6-90)$$

其中:

$$\delta_\gamma = \dfrac{1}{e^{\gamma_{FD}\psi_D} + \beta_D} \quad (6-91)$$

ⓑ裂缝半长控制区域内渗流模型:

$$\begin{cases} \dfrac{\partial^2 \psi_{1D}}{\partial x_D^2} + \dfrac{\partial^2 \psi_{1D}}{\partial y_D^2} - \gamma_{fD}\left[\left(\dfrac{\partial \psi_{1D}}{\partial x_D}\right)^2 + \left(\dfrac{\partial \psi_{1D}}{\partial y_D}\right)^2\right] + D\gamma_{fD}\left(\dfrac{\partial \psi_{1D}}{\partial x_D} + \dfrac{\partial \psi_{1D}}{\partial y_D}\right) \\ = e^{\gamma_{fD}\psi_{1D}}\left[\omega \dfrac{\partial \psi_{1D}}{\partial t_D} + (1-\omega)\dfrac{\partial \psi_{mD}}{\partial t_D}\right] \\ (1-\omega)\dfrac{\partial \psi_{mD}}{\partial t_D} = \lambda(\psi_{1D} - \psi_{mD}) \\ \psi_{1D}(t_D = 0) = 0 \\ \left.\psi_{FD}\right|_{y_D = 0} = \psi_{1D} - S_f e^{-\gamma_{fD}\psi_{1D}}\left(\dfrac{\partial \psi_{1D}}{\partial y_D} + D\right) \\ \text{储层物性较差,流体渗流缓慢}: \lim_{y_D \to \infty} \psi_{1D} = 0 \\ \text{储层具有封闭边界}(x \to x_{eD}, y \to y_{eD}): \left.\dfrac{\partial \psi_{1D}}{\partial y_D}\right|_{y_D = y_{eD}} + D = 0 \\ \text{储层具有充足边水供给}: \psi_{1D}(y_D = y_{eD}) = 0 \end{cases} \quad (6-92)$$

ⓒ裂缝半长控制区域外渗流模型。

$$\begin{cases} \dfrac{\partial^2 \psi_{2D}}{\partial x_D^2} - \gamma_{fD}\left(\dfrac{\partial \psi_{2D}}{\partial x_D}\right)^2 + D\gamma_{fD}\dfrac{\partial \psi_{2D}}{\partial x_D} = \mathrm{e}^{\gamma_{fD}\psi_{2D}}\left[\omega\dfrac{\partial \psi_{2D}}{\partial t_D} + (1-\omega)\dfrac{\partial \psi_{mD}}{\partial t_D}\right] \\ (1-\omega)\dfrac{\partial \psi_{mD}}{\partial t_D} = \lambda(\psi_{2D} - \psi_{mD}) \\ \psi_{2D}(t_D = 0) = 0 \\ \psi_{2D}|_{x_D=1} = \psi_{1D}|_{x_D=1} \\ \text{储层物性较差，流体渗流缓慢}: \lim\limits_{x_D \to \infty}\psi_{2D} = 0 \\ \text{储层具有封闭边界}(x \to x_{eD}, y \to y_{eD}): \dfrac{\partial \psi_{2D}}{\partial x_D}\bigg|_{x_D = x_{eD}} + D = 0 \\ \text{储层具有充足边水供给}: \psi_{2D}(x_D = x_{eD}) = 0 \end{cases} \quad (6-93)$$

(b) 火山岩气藏开发后期。

当开发后期地层压力较低时，考虑滑脱效应影响，得到压裂直井不稳定渗流模型：

ⓐ裂缝内部渗流模型：

$$\begin{cases} \dfrac{\partial}{\partial x_D}\left(\delta_\gamma \dfrac{\partial \psi_{FD}}{\partial x_D}\right) + \dfrac{\partial}{\partial y_D}\left(\delta_\gamma \dfrac{\partial \psi_{FD}}{\partial y_D}\right) = \dfrac{1}{\xi_{FD}}\left[\omega\dfrac{\partial \psi_{FD}}{\partial t_D} + (1-\omega)\dfrac{\partial \psi_{mD}}{\partial t_D}\right] \\ (1-\omega)\dfrac{\partial \psi_{mD}}{\partial t_D} = \lambda(\psi_{FD} - \psi_{mD}) \\ \psi_{FD}(t_D = 0) = 0 \\ \dfrac{\partial \psi_{FD}}{\partial x_D}\bigg|_{x_D=1} = 0 \\ K_{F0}\mathrm{e}^{-\gamma_{FD}\psi_{FD}}\dfrac{\partial \psi_{FD}}{\partial y_D}\bigg|_{y=\frac{w_F}{2}} = K_{f0}\mathrm{e}^{-\gamma_{fD}\psi_{1D}}\zeta\dfrac{\partial \psi_{1D}}{\partial y_D}\bigg|_{y=\frac{w_F}{2}} \\ \mathrm{e}^{-\gamma_{FD}\psi_{FD}}\dfrac{\partial \psi_{FD}}{\partial x_D}\bigg|_{x_D=0} = -\dfrac{\pi}{F_{CD}}\left(1 - C_D\dfrac{\partial \psi_{wD}}{\partial t_D}\right) \end{cases} \quad (6-94)$$

ⓑ裂缝半长控制区域内渗流模型：

$$\begin{cases} \dfrac{1}{\partial x_D}\left[\mathrm{e}^{-\gamma_{fD}\psi_{1D}}\zeta\dfrac{\partial \psi_{1D}}{\partial x_D}\right] + \dfrac{1}{\partial y_D}\left[\mathrm{e}^{-\gamma_{fD}\psi_{1D}}\zeta\dfrac{\partial \psi_{1D}}{\partial y_D}\right] = \left[\omega\dfrac{\partial \psi_{1D}}{\partial t_D} + (1-\omega)\dfrac{\partial \psi_{mD}}{\partial t_D}\right] \\ (1-\omega)\dfrac{\partial \psi_{mD}}{\partial t_D} = \lambda(\psi_{1D} - \psi_{mD}) \\ \psi_{1D}(t_D = 0) = 0 \\ \psi_{FD}|_{y_D=0} = \psi_{1D} - S_f \mathrm{e}^{-\gamma_{fD}\psi_{1D}}\zeta\dfrac{\partial \psi_{1D}}{\partial y_D} \\ \text{储层物性较差，流体渗流缓慢}: \lim\limits_{y_D \to \infty}\psi_{1D} = 0 \\ \text{储层具有封闭边界}(x \to x_{eD}, y \to y_{eD}): \dfrac{\partial \psi_{1D}}{\partial y_D}\bigg|_{y_D = y_{eD}} = 0 \\ \text{储层具有充足边水供给}: \psi_{1D}(y_D = y_{eD}) = 0 \end{cases} \quad (6-95)$$

ⓒ裂缝半长控制区域外渗流模型：

$$\begin{cases} \dfrac{1}{\partial x_D}\left[e^{-\gamma_{fD}\psi_{2D}}\zeta\dfrac{\partial \psi_{2D}}{\partial x_D}\right] = \left[\omega\dfrac{\partial \psi_{2D}}{\partial t_D} + (1-\omega)\dfrac{\partial \psi_{mD}}{\partial t_D}\right] \\ (1-\omega)\dfrac{\partial \psi_{mD}}{\partial t_D} = \lambda(\psi_{2D} - \psi_{mD}) \\ \psi_{2D}(t_D = 0) = 0 \\ \psi_{2D}|_{x_D=1} = \psi_{1D}|_{x_D=1} \\ \text{储层物性较差，流体渗流缓慢：}\lim\limits_{x_D \to \infty}\psi_{2D} = 0 \\ \text{储层具有封闭边界}(x \to x_{eD}, y \to y_{eD})：\left.\dfrac{\partial \psi_{2D}}{\partial x_D}\right|_{x_D = x_{eD}} = 0 \\ \text{储层具有充足边水供给：}\psi_{2D}(x_D = x_{eD}) = 0 \end{cases} \quad (6-96)$$

（5）多段压裂水平井动态描述模型与求解。

①物理模型。

如图6-12所示，双孔单渗型火山岩气藏储层中，压裂水平井以恒定产量q_{sc}进行生产。

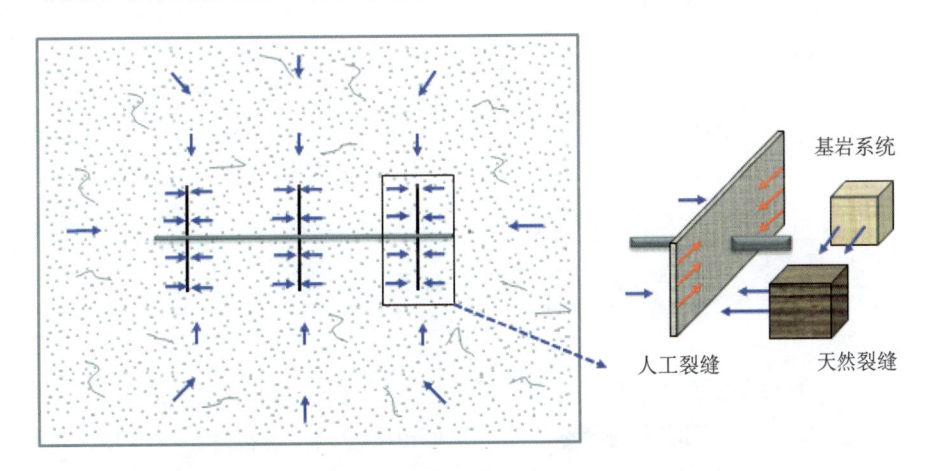

图6-12 双孔单渗型气藏压裂直井概念模式图

（a）气藏顶底封闭等厚，原始条件下，气藏压力处处相等，为p_e；

（b）水平段井筒长度为$2L$，水平井横向等间距压裂n_F条垂直裂缝，裂缝贯穿整个地层，相对井筒对称，高度等于气藏厚度，半长为x_F，宽度为w_F，且$w_F \neq 0$，缝端封闭；

（c）人工裂缝具有限导流能力，气体在裂缝内作高速非达西渗流；

（d）气体可压缩，忽略基块系统向人工裂缝的供液，气体先从储层基质岩块流入天然裂缝，再通过人工裂缝流入井筒，除此之外无其他渗流方式；

生产初期，流动垂直于裂缝壁面，各条裂缝动态独立；随着裂缝端部流动扩展，多裂缝之间相互干扰，流动主要反映为平行于裂缝面的线性流动；当压力波及范围尚未达到储层边界时，多裂缝系统在远井地带呈拟径向渗流。

②动态描述模型。

将式（6-2）与式（6-9）、式（6-17）、式（6-18）代入运动方程，结合状态方程和连续性方程，建立双孔单渗型火山岩气藏不同开发阶段的压裂水平井渗流动态描述模型。

(a) 火山岩气藏开发前期。

ⓐ裂缝渗流模型。

对于第l条裂缝，假设其缝内拟压力为ψ_{lF}，裂缝单位长度流入流量为$q_l(x, t)$，裂缝与井筒交点坐标为(x_l, y_l, z_w)。由于x_F/h较大，因此认为流体在狭窄条带状的裂缝中做拟线性流：

$$\begin{cases} \dfrac{\partial}{\partial x_D}\left(\delta_\gamma \dfrac{\partial \psi_{lFD}}{\partial x_D}\right)+\dfrac{\partial}{\partial y_D}\left(\delta_\gamma \dfrac{\partial \psi_{lFD}}{\partial y_D}\right)=\dfrac{1}{\xi_{FD}}\left[\omega\dfrac{\partial \psi_{lFD}}{\partial t_D}+(1-\omega)\dfrac{\partial \psi_{mD}}{\partial t_D}\right] \\ (1-\omega)\dfrac{\partial \psi_{mD}}{\partial t_D}=\lambda(\psi_{lFD}-\psi_{mD}) \\ \psi_{lFD}(t_D=0)=0 \\ \left.\dfrac{\partial \psi_{lFD}}{\partial x_D}\right|_{x_D=1}=0 \\ \left.\dfrac{\partial \psi_{lFD}}{\partial x_D}\right|_{x_D=0}=-\dfrac{\pi}{F_{CD}}e^{\gamma_{FD}\psi_{lFD}}q_{lD} \\ \left.\dfrac{\partial \psi_{lFD}}{\partial y_D}\right|_{y_D=0}=-\dfrac{\pi}{2}e^{\gamma_D\psi_D}q_{lD} \\ \psi_{lFD}(x_D)=\left.\psi_{lFD}(x_D)\right|_{y_D=0}+q_{lD}(x_D)S_{lF} \\ \sum_{l=1}^{n_F}\int_{-x_{FD}}^{+x_{FD}}q_{lD}(x_D,t_D)\mathrm{d}x=2 \end{cases} \quad (6\text{-}97)$$

其中：

$$\delta_\gamma=\dfrac{1}{e^{\gamma_{FD}\psi_{lFD}}+\beta_D} \quad (6\text{-}98)$$

ⓑ地层渗流模型。

如图6-6所示，采用裂缝离散化机制，将第l条裂缝的一翼等分成n小段，共有$NF=2n\times n_F$个裂缝单元。假设各小段中流率均匀分布，可得第l条裂缝的第m单元中心坐标为$[x_{Dl(m)}, y_{Dl(m)}]$，半长为$L_{FDl(m)}$，流率$q_{Dl(m)}$，其他微元定义方法类似。则第l条裂缝的第m单元方程为：

$$\begin{cases} \dfrac{1}{r_D}\dfrac{\partial}{\partial r_D}\left[r_D\dfrac{\partial \psi_{Dl(m)}}{\partial r_D}\right]-\gamma_{fD}\left[\dfrac{\partial \psi_{Dl(m)}}{\partial r_D}\right]^2+D\gamma_{fD}\dfrac{\partial \psi_{Dl(m)}}{\partial r_D}-D\dfrac{1}{r_D} \\ =e^{\gamma_{fD}\psi_{Dl(m)}}\left[\omega\dfrac{\partial \psi_{Dl(m)}}{\partial t_D}+(1-\omega)\dfrac{\partial \psi_{mD}}{\partial t_D}\right] \\ (1-\omega)\dfrac{\partial \psi_{mD}}{\partial t_D}=\lambda\left[\psi_{Dl(m)}-\psi_{mD}\right] \\ \psi_{Dl(m)}(r_D,t_D=0)=0 \\ \lim_{r_D\to r_{wD}}r_D\left(\dfrac{\partial \psi_{Dl(m)}}{\partial r_D}+D\right)=-e^{\gamma_{fD}\psi_{Dl(m)}} \\ \text{储层物性较差，流体渗流缓慢}: \lim_{r_D\to\infty}\psi_{Dl(m)}(r_D,t_D)=0 \\ \text{储层具有圆形封闭边界}: \left.\dfrac{\partial \psi_{Dl(m)}}{\partial r_D}\right|_{r_D=R_{eD}}+D=0 \\ \text{储层具有充足边水供给}: \psi_{Dl(m)}(r_D=R_{eD})=0 \end{cases} \quad (6\text{-}99)$$

(b) 火山岩气藏开发后期。

开发后期地层压力较低,考虑滑脱效应影响,压裂水平井不稳定渗流模型的裂缝渗流模型同式(6–97),其地层渗流模型如下:

$$\begin{cases} \dfrac{1}{r_D}\dfrac{\partial}{\partial r_D}\left[r_D \mathrm{e}^{-\gamma_{fD}\psi_{Dl(m)}}\zeta\dfrac{\partial \psi_{Dl(m)}}{\partial r_D}\right] = \left[\omega\dfrac{\partial \psi_{Dl(m)}}{\partial t_D} + (1-\omega)\dfrac{\partial \psi_{mD}}{\partial t_D}\right] \\ (1-\omega)\dfrac{\partial \psi_{mD}}{\partial t_D} = \lambda\left(\psi_{Dl(m)} - \psi_{mD}\right) \\ \psi_{Dl(m)}(r_D, t_D = 0) = 0 \\ \lim\limits_{r_D \to r_{wD}} \zeta \cdot r_D \dfrac{\partial \psi_{Dl(m)}}{\partial r_D} = -\mathrm{e}^{\gamma_{fD}\psi_{Dl(m)}} \\ 储层物性较差,流体渗流缓慢:\lim\limits_{r_D \to \infty}\psi_{Dl(m)}(r_D, t_D) = 0 \\ 储层具有圆形封闭边界:\dfrac{\partial \psi_{Dl(m)}}{\partial r_D}\bigg|_{r_D = R_{eD}} = 0 \\ 储层具有充足边水供给:\psi_{Dl(m)}(r_D = R_{eD}) = 0 \end{cases} \quad (6\text{–}100)$$

3. 复合地层模型

溢流相上/下部气孔型储层受挥发分逸散作用影响,孔喉半径由火山口及远逐渐减少,物性逐渐变差;以角砾支撑为主的爆发相粒间孔储层由火山口及远,粒度减小,物性变差;根据相带及物性的变化特征,可将这类储层简化为径向复合与线性复合两种类型的复合地层模型。径向复合地层可采用常规直井与水平井开发,而线性复合地层则多采用常规直井进行开采。针对该类气藏的开发机理,在建立动态描述模型中需考虑以下几点:

(1) 地层中存在两种不同物性参数渗流区(同一区域内流体和地层的物性相同),存在两种不同程度的应力敏感效应;

(2) 气体在储层中的低速渗流需考虑阈压效应的影响。

1) 无量纲变量

建立复合型火山岩气藏动态描述模型,需引入以下无量纲变量:

无量纲拟压力:
$$\psi_{jD}[p(x_D, t_D)] = \dfrac{2.7143 \times 10^{-2} K_{10} h' T_{sc}}{q_{sc} T p_{sc}}[\psi_i(p) - \psi(p)] \quad (6\text{–}101)$$

无量纲时间:
$$t_D = \dfrac{3.6 K_{10}}{(\phi\mu C_t)_1 X^2} t \quad (6\text{–}102)$$

无量纲长度:
$$x_D = \dfrac{x}{X}; \quad y_D = \dfrac{y}{X} \quad (6\text{–}103)$$

无量纲半径:
$$r_D = \dfrac{r}{X}; \quad R_{fD} = \dfrac{R_f}{X} \quad (6\text{–}104)$$

无量纲井筒储集系数:
$$C_D = \dfrac{C}{2\pi h'(\phi C_t)_1 X^2} \quad (6\text{–}105)$$

无量纲渗透率模量：
$$\gamma_{jD} = \frac{q_{sc}Tp_{sc}}{8.64\times10^{-3}\pi K_{10}h'T_{sc}}\gamma_j \qquad (6-106)$$

流度比：
$$M_{12} = \frac{M_1}{M_2} = \frac{K_{10}/\mu_1}{K_{20}/\mu_2} \qquad (6-107)$$

储容比：
$$\omega_{12} = \frac{\omega_1}{\omega_2} = \frac{(\phi C_t)_1}{(\phi C_t)_2} \qquad (6-108)$$

厚度比：
$$H = \frac{h_2}{h_1} \qquad (6-109)$$

式中 下标 j——1 或 2；

下标1——内区或Ⅰ区地层；

下标2——外区或Ⅱ区地层；

X——直井时代表 r_w，水平井时代表 L；

h'——径向复合时代表 h，线性复合时代表 h_1；

K_{10}——原始条件下，内区或Ⅰ区地层渗透率，mD；

K_{20}——原始条件下，外区或Ⅱ区地层渗透率，mD；

h_1——原始条件下，内区或Ⅰ区地层厚度，m；

h_2——原始条件下，外区或Ⅱ区地层厚度，m；

M_{12}——两区流度比；

ω_{12}——两区储容比；

R_f——径向复合地层中的内区半径，m；

H——线性复合地层两区的高度比；

R_{fD}——径向复合地层中的无量纲内区半径。

其余符号意义同前。

2) 径向复合型

(1) 直井动态描述模型。

①物理模型。

(a) 气藏顶底封闭等厚，原始条件下，气藏压力处处相等，即为 p_e。

(b) 直井位于气藏中心，完全打开储层，以恒定产量 q_{sc} 进行生产。

(c) 地层中存在两种不同物性参数渗流区，同一区域内，流体和地层的物性相同，为均质储层；两个渗流区呈环状嵌套，交界面不存在附加压力降（图6-13）。

(d) 忽略毛管力和重力的影响，气体呈二维平面等温径向渗流。

(e) 考虑井筒储存效应、表皮效应和应力敏感效应的影响。

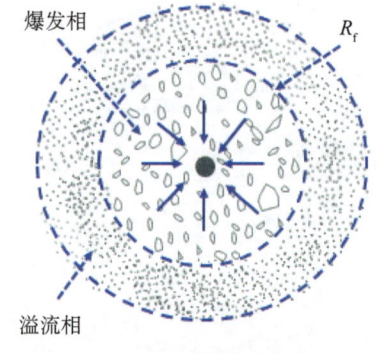

图6-13 径向复合气藏直井概念模式图

②动态描述模型。

考虑两区应力敏感效应和阈压效应的径向复合火山岩气藏直井动态描述模型如下，当$D=0$时，式(6-110)还原为符合达西规律的渗流数学模型[19]：

$$\begin{cases} 当1 \leqslant r_\mathrm{D} \leqslant R_\mathrm{fD}时: \\ \dfrac{1}{r_\mathrm{D}} \dfrac{\partial}{\partial r_\mathrm{D}} \left(r_\mathrm{D} \dfrac{\partial \psi_\mathrm{1D}}{\partial r_\mathrm{D}} \right) - \gamma_\mathrm{1D} \left(\dfrac{\partial \psi_\mathrm{1D}}{\partial r_\mathrm{D}} \right)^2 + D\gamma_\mathrm{1D} \dfrac{\partial \psi_\mathrm{1D}}{\partial r_\mathrm{D}} - D\dfrac{1}{r_\mathrm{D}} = \mathrm{e}^{\gamma_\mathrm{1D}\psi_\mathrm{1D}} \dfrac{\partial \psi_\mathrm{1D}}{\partial t_\mathrm{D}} \\ 当R_\mathrm{fD} \leqslant r_\mathrm{D}时: \\ \dfrac{1}{r_\mathrm{D}} \dfrac{\partial}{\partial r_\mathrm{D}} \left(r_\mathrm{D} \dfrac{\partial \psi_\mathrm{2D}}{\partial r_\mathrm{D}} \right) - \gamma_\mathrm{2D} \left(\dfrac{\partial \psi_\mathrm{2D}}{\partial r_\mathrm{D}} \right)^2 + D\gamma_\mathrm{2D} \dfrac{\partial \psi_\mathrm{2D}}{\partial r_\mathrm{D}} - D\dfrac{1}{r_\mathrm{D}} = \dfrac{\omega_{12}}{M_{12}} \mathrm{e}^{\gamma_\mathrm{2D}\psi_\mathrm{2D}} \dfrac{\partial \psi_\mathrm{2D}}{\partial t_\mathrm{D}} \\ \psi_\mathrm{1D}(r_\mathrm{D}, t_\mathrm{D}=0) = \psi_\mathrm{2D}(r_\mathrm{D}, t_\mathrm{D}=0) = 0 \\ C_\mathrm{D} \dfrac{\mathrm{d}\psi_\mathrm{wD}}{\mathrm{d}t_\mathrm{D}} - r_\mathrm{D}\mathrm{e}^{-\gamma_\mathrm{1D}\psi_\mathrm{1D}} \left(\dfrac{\partial \psi_\mathrm{1D}}{\partial r_\mathrm{D}} + D \right)_{r_\mathrm{D}=1} = 1 \\ \psi_\mathrm{wD} = \left[\psi_\mathrm{1D} - S\mathrm{e}^{-\gamma_\mathrm{1D}\psi_\mathrm{1D}} r_\mathrm{D} \left(\dfrac{\partial \psi_\mathrm{1D}}{\partial r_\mathrm{D}} + D \right) \right]_{r_\mathrm{D}=1} \\ \psi_\mathrm{1D}(R_\mathrm{fD}, t_\mathrm{D}) = \psi_\mathrm{2D}(R_\mathrm{fD}, t_\mathrm{D}) \\ \mathrm{e}^{-\gamma_\mathrm{1D}\psi_\mathrm{1D}} \left(\dfrac{\partial \psi_\mathrm{1D}}{\partial r_\mathrm{D}} + D \right)\bigg|_{r_\mathrm{D}=R_\mathrm{fD}} = \dfrac{\mathrm{e}^{-\gamma_\mathrm{2D}\psi_\mathrm{2D}}}{M_{12}} \left(\dfrac{\partial \psi_\mathrm{2D}}{\partial r_\mathrm{D}} + D \right)\bigg|_{r_\mathrm{D}=R_\mathrm{fD}} \\ 储层物性较差，流体渗流缓慢: \lim\limits_{r_\mathrm{D} \to \infty} \psi_\mathrm{2D} = 0 \\ 储层具有圆形封闭边界: \dfrac{\partial \psi_\mathrm{2D}}{\partial r_\mathrm{D}}\bigg|_{r_\mathrm{D}=R_\mathrm{eD}} + D = 0 \\ 储层具有充足边水供给: \psi_\mathrm{2D}(r_\mathrm{D} = R_\mathrm{eD}) = 0 \end{cases} \quad (6\text{-}110)$$

式中 ψ_1D——内区或Ⅰ区地层的无量纲拟压力；

ψ_2D——外区或Ⅱ区地层的无量纲拟压力；

γ_1D——内区或Ⅰ区地层的无量纲渗透率模量；

γ_2D——外区或Ⅱ区地层的无量纲渗透率模量。

其余符号意义同前。

(2) 水平井动态描述模型。

①物理模型。

如图6-14所示，某径向复合型火山岩气藏储层中，气井以恒定产量q_sc进行生产。

(a) 气藏顶底封闭等厚，原始条件下，气藏压力处处相等，即为p_e。

(b) 地层中存在两种不同物性参数渗流区，同一区域内孔隙介质单一且均匀分布，流体和地层物性相同；两个渗流区呈环状嵌套，交界面不存在附加压力降。

(c) 水平井筒长度为$2L$，距离底边界z_w。

(d) 气体可压缩，忽略毛管力和重力影响，气体呈等温渗流。

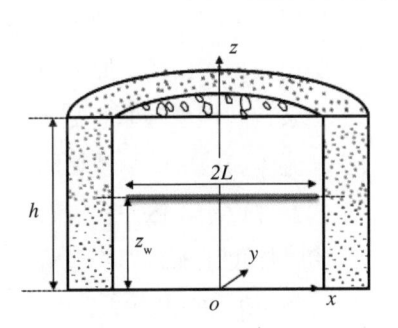

图6-14 径向复合气藏水平井概念模式图

②动态描述模型。

考虑两区应力敏感效应和阈压效应的径向复合火山岩气藏中水平井动态描述模型如下，同理，当$D=0$时，式（6-111）可还原为符合达西规律的渗流数学模型[33]：

$$\begin{cases} 当1\leq r_D\leq R_{fD}时：\\ \dfrac{1}{r_D}\dfrac{\partial}{\partial r_D}\left(r_D\dfrac{\partial \psi_{1D}}{\partial r_D}\right)-\gamma_{1D}\left(\dfrac{\partial \psi_{1D}}{\partial r_D}\right)^2+D\gamma_{1D}\dfrac{\partial \psi_{1D}}{\partial r_D}-D\dfrac{1}{r_D}\\ +L_D^2\left[\dfrac{\partial^2\psi_{1D}}{\partial z_D^2}-\gamma_{1D}\left(\dfrac{\partial \psi_{1D}}{\partial z_D}\right)^2+D\gamma_{1D}\dfrac{\partial \psi_{1D}}{\partial z_D}\right]=\mathrm{e}^{\gamma_{1D}\psi_{1D}}\dfrac{\partial \psi_{1D}}{\partial t_D}\\ 当R_{fD}\leq r_D时：\\ \dfrac{1}{r_D}\dfrac{\partial}{\partial r_D}\left(r_D\dfrac{\partial \psi_{2D}}{\partial r_D}\right)-\gamma_{2D}\left(\dfrac{\partial \psi_{2D}}{\partial r_D}\right)^2+D\gamma_{2D}\dfrac{\partial \psi_{2D}}{\partial r_D}-D\dfrac{1}{r_D}\\ +L_D^2\left[\dfrac{\partial^2\psi_{2D}}{\partial z_D^2}-\gamma_{2D}\left(\dfrac{\partial \psi_{2D}}{\partial z_D}\right)^2+D\gamma_{2D}\dfrac{\partial \psi_{2D}}{\partial z_D}\right]=\dfrac{\omega_{12}}{M_{12}}\mathrm{e}^{\gamma_{2D}\psi_{2D}}\dfrac{\partial \psi_{2D}}{\partial t_D}\\ \psi_{1D}(r_D,t_D=0)=\psi_{2D}(r_D,t_D=0)=0\\ \lim\limits_{r_D\to 0}\int_{z_{aD}}^{z_{bD}}\mathrm{e}^{-\gamma_{1D}\psi_{1D}}r_D\left(\dfrac{\partial \psi_{1D}}{\partial r_D}+D\right)\mathrm{d}z_D=\begin{cases}0,&0\leq z_D<z_{aD}\\-1,&z_{aD}\leq z_D\leq z_{bD},\forall t_D\\0,&z_{bD}<z_D\leq 1\end{cases}\\ \psi_{1D}(R_{fD},t_D)=\psi_{2D}(R_{fD},t_D)\\ \mathrm{e}^{-\gamma_{1D}\psi_{1D}}\left(\dfrac{\partial \psi_{1D}}{\partial r_D}+D\right)\bigg|_{r_D=R_{fD}}=\dfrac{\mathrm{e}^{-\gamma_{2D}\psi_{2D}}}{M_{12}}\left(\dfrac{\partial \psi_{2D}}{\partial r_D}+D\right)\bigg|_{r_D=R_{fD}}\\ \dfrac{\partial \psi_{jD}}{\partial z_D}\bigg|_{z_D=0}=\dfrac{\partial \psi_{jD}}{\partial z_D}\bigg|_{z_D=1}=-D\quad j=1,2\\ 储层物性较差，流体渗流缓慢：\lim\limits_{r_D\to\infty}\psi_{2D}=0\\ 储层具有圆形封闭边界：\dfrac{\partial \psi_{2D}}{\partial r_D}\bigg|_{r_D=R_{eD}}+D=0\\ 储层具有充足边水供给：\psi_{2D}(r_D=R_{eD})=0 \end{cases} \quad (6-111)$$

3）线性复合型

（1）物理模型。

如图6-15所示，条带状复合型火山岩气藏储层中，气井以恒定产量q_{sc}进行生产。

①气藏顶底封闭，原始条件下，气藏压力处处相等，即为p_e；

②条带状地层被垂直划分为物性参数各不相同的左、右两部分（Ⅰ区和Ⅱ区），同一区域内储层均质，流体和地层的物性相同，两个渗流区应力敏感效应不同，交界面不存在附加压力降；

③直井位于Ⅰ区中，位置坐标为(x_w,y_w)，完全打开储层；

④气体可压缩，忽略毛管力与重力的影响，气体呈等温渗流。

（2）动态描述模型。

根据连续性方程和达西定律，建立线性复合火山岩气藏同时考虑两区储层不同应力敏感效应的垂直井渗流数学模型，当$D=0$时，可还原为符合达西规律的渗流数学模型[34-35]：

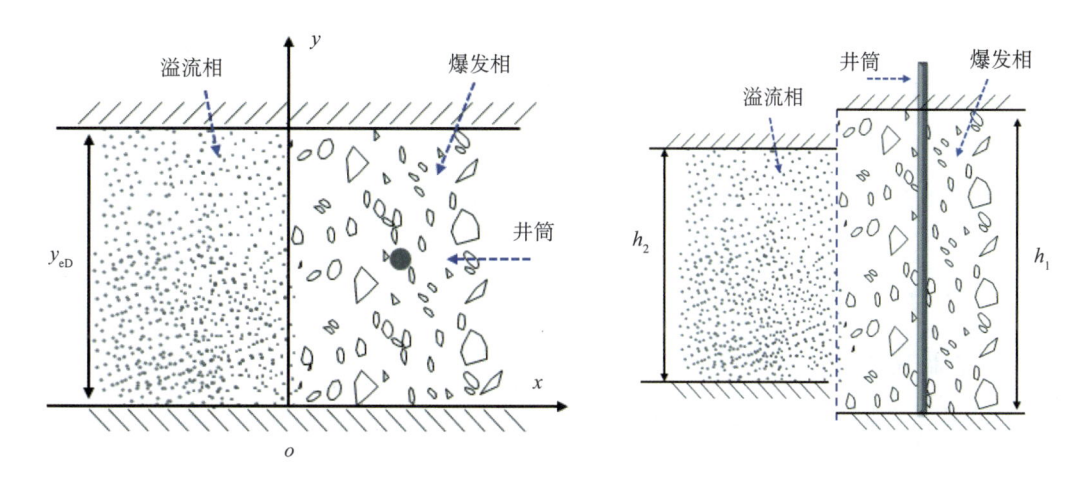

图6-15 线性复合气藏直井概念模式图

$$\begin{cases} \text{当}x \geq 0\text{时}: \\ \dfrac{\partial^2 \psi_{1D}}{\partial x_D^2} + \dfrac{\partial^2 \psi_{1D}}{\partial y_D^2} - \gamma_{1D}\left[\left(\dfrac{\partial \psi_{1D}}{\partial x_D}\right)^2 + \left(\dfrac{\partial \psi_{1D}}{\partial y_D}\right)^2\right] + D\gamma_{1D}\left(\dfrac{\partial \psi_{1D}}{\partial x_D} + \dfrac{\partial \psi_{1D}}{\partial y_D}\right) \\ + 2\pi\delta(x_D - x_{wD})\delta(y_D - y_{wD}) = e^{\gamma_{1D}\psi_{1D}}\dfrac{\partial \psi_{1D}}{\partial t_D} \\ \text{当}x \leq 0\text{时}: \\ \dfrac{\partial^2 \psi_{2D}}{\partial x_D^2} + \dfrac{\partial^2 \psi_{2D}}{\partial y_D^2} - \gamma_{2D}\left[\left(\dfrac{\partial \psi_{2D}}{\partial x_D}\right)^2 + \left(\dfrac{\partial \psi_{2D}}{\partial y_D}\right)^2\right] + D\gamma_{2D}\left(\dfrac{\partial \psi_{2D}}{\partial x_D} + \dfrac{\partial \psi_{2D}}{\partial y_D}\right) \\ = \dfrac{\omega_{12}}{M_{12}}e^{\gamma_{2D}\psi_{2D}}\dfrac{\partial \psi_{2D}}{\partial t_D} \\ \psi_{1D}(x_D, y_D, t_D = 0) = \psi_{2D}(x_D, y_D, t_D = 0) = 0 \\ \psi_{1D}\big|_{x_D=0} = \psi_{2D}\big|_{x_D=0} \\ \psi_{1D}(R_{fD}, t_D) = \psi_{2D}(R_{fD}, t_D) \\ e^{-\gamma_{1D}\psi_{1D}}\left(\dfrac{\partial \psi_{1D}}{\partial x_D} + D\right)\bigg|_{x_D=0} = \dfrac{H}{M_{12}}e^{-\gamma_{2D}\psi_{2D}}\left(\dfrac{\partial \psi_{2D}}{\partial x_D} + D\right)\bigg|_{x_D=0} \\ \dfrac{\partial \psi_{1D}}{\partial y_D}\bigg|_{y_D=0} = \dfrac{\partial \psi_{1D}}{\partial y_D}\bigg|_{y_D=y_{eD}} = -D \\ \dfrac{\partial \psi_{2D}}{\partial y_D}\bigg|_{y_D=0} = \dfrac{\partial \psi_{2D}}{\partial y_D}\bigg|_{y_D=y_{eD}} = -D \\ \text{储层物性较差，流体渗流缓慢}: \lim_{x_D \to +\infty}\psi_{1D} = \lim_{x_D \to -\infty}\psi_{2D} = 0 \\ \text{储层具有封闭边界（Ⅰ区}: x \to x_{eD1}, \text{Ⅱ区}: x \to x_{eD2}): \\ \dfrac{\partial \psi_{1D}}{\partial x_D}\bigg|_{x_D=x_{eD1}} = -D \quad \dfrac{\partial \psi_{2D}}{\partial x_D}\bigg|_{x_D=x_{eD2}} = -D \\ \text{储层具有充足边水供给}: \psi_{1D}(x_D = x_{eD1}) = \psi_{2D}(x_D = x_{eD2}) = 0 \end{cases} \quad (6-112)$$

二、火山岩气藏动态描述模型求解方法

火山岩气藏动态描述模型的求解方法分为以下几个步骤。

1. 确定模型参数

动态描述计算所需模型参数包括四大类：储层物性参数、流体参数、直井/水平井参数、压裂参数。根据实际资料确定静态参数，同时对动态参数赋初始值。

2. 划分介质类型，判断渗流机理

根据火山岩气藏储层特征，确定储层类型为单一介质型储层、双重介质储层、复合介质储层，需要考虑高速非达西渗流、低速非达西渗流、滑脱效应及不同介质的应力敏感效应。

3. 选择动态描述模型

根据不同井型、不同介质类型，选择相应的动态描述模型。

4. 模型求解

当模型仅考虑应力敏感效应时，采用解析求解方法。

当模型考虑裂缝高速非达西渗流、启动压力梯度、滑脱效应及多种复杂渗流机理耦合时，采用数值求解方法。

1）解析求解

（1）将动态描述模型线性化。

考虑了渗透率应力敏感效应的动态描述模型非线性极强，需要引入摄动变换式对其进行线性化处理，如式（6-113）所示：

$$\psi_D(r_D, t_D) = -\frac{1}{\gamma_D}\ln[1 - \gamma_D \eta_D(r_D, t_D)] \tag{6-113}$$

其中：

$$\begin{cases} \eta_D = \eta_{0D} + \gamma_D \eta_{1D} + \gamma_D^2 \eta_{2D} + \cdots \\ \dfrac{1}{1 - \gamma_D \eta_{wD}} = 1 + \gamma_D \eta_{wD} + \gamma_D^2 \eta_{wD}^2 + \cdots \\ -\dfrac{1}{\gamma_D}\ln(1 - \gamma_D \eta_D) = \eta_D + \dfrac{1}{2}\gamma_D \eta_D^2 + \cdots \\ -\dfrac{1}{\gamma_D}\ln(1 - \gamma_D \eta_{wD}) = \eta_{wD} + \dfrac{1}{2}\gamma_D \eta_{wD}^2 + \cdots \end{cases} \tag{6-114}$$

式中 η_D——中间变量，无具体物理意义。

其他符号意义同前。

由于无量纲应力敏感模数较小，取式（6-114）中零阶摄动解代入摄动式变换过程即可。

（2）得到Laplace空间下摄动井底流压解。

对摄动变换后的线性模型进行Laplace变换，得到Laplace空间下不同边界条件的摄动井底流压。

（3）得到实空间下摄动变换井底流压解。

对Laplace空间下摄动井底流压应用Stehfest算法进行Laplace数值反演，得到实空间下摄动变换井底流压解。

（4）得到井底流压。

最后，将上述压力解做摄动反变换，如式（6-115）所示，进而得到考虑应力敏感效应的火山岩气藏井底压力：

$$\psi_{wD} = -\frac{1}{\gamma_D} \ln\left\{1 - \gamma_D L^{-1}[\bar{\eta}_{0wD} + O(\gamma_D)]\right\} \qquad (6-115)$$

式中　$O(\gamma_D)$——η_{wD}零阶解以上的余量；
　　　L^{-1}——Laplace逆变换。

2）数值求解

当模型考虑了裂缝高速非达西渗流、启动压力梯度或滑脱效应时，难以求得其解析解。因此对其采取时间向后，空间中心差分的方法得到其隐式差分方程，从而利用追赶法求解。

如式（6-3）所示，方程中含有δ，而达西修正系数δ依赖于v，v同时依赖于未知压力分布，所以方程是非线性的，需采用迭代法进行数值求解。同理，对滑脱效应参数ζ的处理方法与之类似。以裂缝高速非达西渗流模型处理方法为例，迭代步骤为：

（1）假定$\delta=1$，并求解流场内压力方程。

（2）根据前面所得到的压力分布计算速度分布并进而计算δ的分布。

（3）应用在第2步算出的δ值解方程。

（4）将新得到的压力解与旧的压力解进行比较，如果其变化大于规定的范围，则返回第2步；若其收敛，得到压力解。

5. 确定动态参数

将计算得到的井底流压与实际井底流压数据对比，满足精度后得到动态参数，包括四大类：储层参数、介质参数、边界参数、压裂参数。

动态描述流程如图6-16所示。

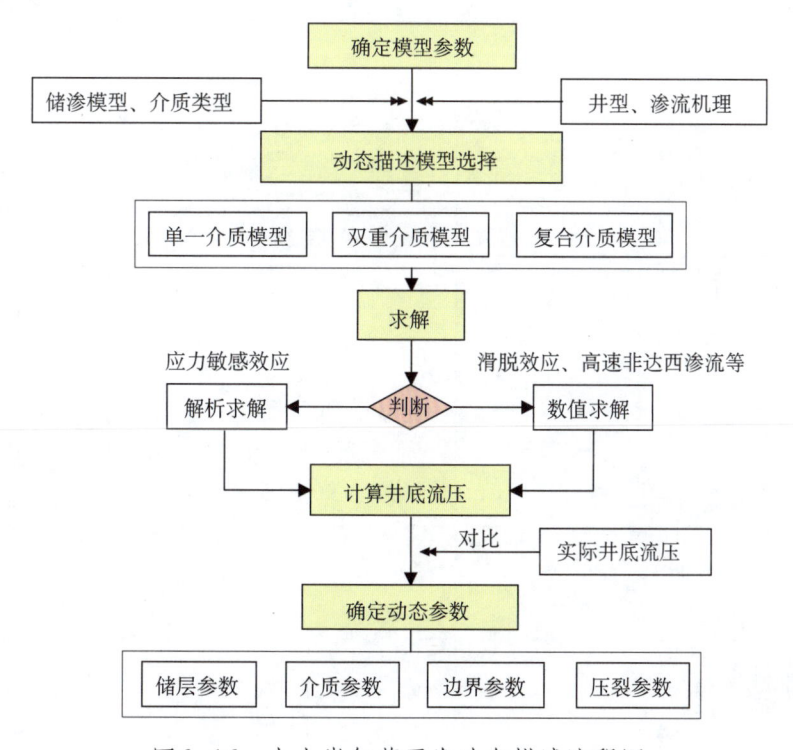

图6-16　火山岩气藏开发动态描述流程图

不同井型、不同开发模式的火山气藏动态描述模型见表6-2。

表6-2 不同井型、不同开发模式的火山岩气藏动态描述模型

井型	动态描述模型	开发模式	储渗模式	渗流机理	模型影响因素	概念模式图	渗流模型
直井	单孔隙型（中高孔渗）	常规	溢流相顶部、上部，爆发相空落，热碎屑流，气孔型孔洞，溶蚀孔洞	基质达西渗流；基质应力敏感	基质应力敏感		(1) 储层物性较差，渗流缓慢： $\bar{\eta}_{0wD} = \dfrac{K_0(\sqrt{u}) + S\sqrt{u}K_1(\sqrt{u})}{u\{\sqrt{u}K_1(\sqrt{u}) + C_D u[K_0(\sqrt{u}) + S\sqrt{u}K_1(\sqrt{u})]\}}$ (2) 储层具有封闭边界： $\bar{\eta}_{0wD} = \dfrac{E(r_D=1) + S\sqrt{u}F(r_D=1)}{u\{\sqrt{u}F(r_D=1) + C_D u[E(r_D=1) + S\sqrt{u}F(r_D=1)]\}}$ (3) 储层具有充足边水供给： $\bar{\eta}_{0wD} = \dfrac{E(r_D=1) + S\sqrt{u}F(r_D=1)}{u\{\sqrt{u}F(r_D=1) + C_D u[E(r_D=1) + S\sqrt{u}F(r_D=1)]\}}$
	单孔隙型（低孔渗）	压裂	爆发相热碎屑流，热基浪，溢流相中、下部，小气孔，基质溶孔，基质微孔	基质达西渗流；人工裂缝高速非达西流；基质应力敏感；人工裂缝应力敏感；基质阈压效应；基质滑脱效应	阈压效应；滑脱效应；基质应力敏感；人工裂缝的变形与闭合		数值解
	双重介质（双孔双渗）	常规	爆发相空落，热碎屑流，溢流相顶部、上部，裂缝—气孔型，裂缝—溶蚀孔型	达西流；基质应力敏感；天然裂缝应力敏感	基质应力敏感；天然裂缝变形与闭合		数值解

第六章 火山岩气藏开发动态描述与预测模型

续表

井型	动态描述模型	开发模式	储渗模式	渗流机理	模型影响因素	概念模式图	渗流模型
直井	双重介质（双孔单渗）	常规	小气孔、基质溶孔、小粒间孔、爆发相热基浪基质微孔及微裂缝	达西流；天然裂缝应力敏感；阈压效应；滑脱效应	天然裂缝变形与闭合；阈压效应；滑脱效应		数值解
	双重介质（双孔单渗）	压裂	小气孔、基质溶孔、小粒间孔、爆发相热基浪孔及微裂缝	基质、天然裂缝达西流，人工裂缝高速非达西渗流；天然裂缝应力敏感；人工裂缝应力敏感；阈压效应；滑脱效应	天然裂缝人工裂缝的变形与闭合；人工裂缝的变形与闭合；阈压效应；滑脱效应		数值解
	径向复合	常规	爆发相、溢流相及沉积相等渐变区	两区达西流；两区应力敏感；阈压效应	两区应力敏感；阈压效应		数值解
	线性复合	常规	爆发相、溢流相及沉积相等渐变区	两区达西流；两区应力敏感；阈压效应	两区应力敏感；阈压效应		数值解

续表

井型	动态描述模型	开发模式	储渗模式	渗流机理	模型影响因素	概念模式图	渗流模型
水平井	单孔隙型（中高孔渗）	常规	溢流相顶部、上部，爆发相空落、热碎屑流；气孔型孔洞、溶蚀孔洞	基质达西渗流；基质应力敏感	基质应力敏感		储层物性较差，渗流缓慢： (1) $\bar{\eta}_{SD}=\frac{1}{2u}\int_{-1}^{1}K_0\left[\sqrt{(x_D-x_{wD}-\alpha)^2+(y_D-y_{wD})^2}\varepsilon_0\right]d\alpha$ $+\frac{1}{u}\sum_{n=1}^{\infty}K_0\left[\sqrt{(x_D-x_{wD}-\alpha)^2+(y_D-y_{wD})^2}\varepsilon_n\right]\cos(\theta_n z_{wD})\cos(\theta_n z_D)d\alpha$ (2) 储层具有圆形封闭边界： $\bar{\eta}_{SD}=\frac{1}{2u}\int_{-1}^{1}K_0\left[\sqrt{(x_D-x_{wD}-\alpha)^2+(y_D-y_{wD})^2}\varepsilon_0\right]d\alpha$ $+\frac{K_1(R_{eD}\varepsilon_0)}{I_1(R_{eD}\varepsilon_0)}\int_{-1}^{1}I_0\left[\sqrt{(x_D-x_{wD}-\alpha)^2+(y_D-y_{wD})^2}\varepsilon_0\right]d\alpha$ $+\frac{1}{u}\sum_{n=1}^{\infty}\frac{K_1(R_{eD}\varepsilon_n)}{I_1(R_{eD}\varepsilon_n)}\int_{-1}^{1}I_0\left[\sqrt{(x_D-x_{wD}-\alpha)^2+(y_D-y_{wD})^2}\varepsilon_n\right]d\alpha \cdot \cos(\theta_n z_{wD})\cos(\theta_n z_D)$ (3) 储层具有充足的边水供给： $\bar{\eta}_{SD}=\frac{1}{2u}\int_{-1}^{1}K_0\left[\sqrt{(x_D-x_{wD}-\alpha)^2+(y_D-y_{wD})^2}\varepsilon_0\right]d\alpha$ $-\frac{K_0(R_{eD}\varepsilon_0)}{I_0(R_{eD}\varepsilon_0)}\int_{-1}^{1}I_0\left[\sqrt{(x_D-x_{wD}-\alpha)^2+(y_D-y_{wD})^2}\varepsilon_0\right]d\alpha$ $+\frac{1}{u}\sum_{n=1}^{\infty}\frac{K_0(R_{eD}\varepsilon_n)}{I_0(R_{eD}\varepsilon_n)}\int_{-1}^{1}I_0\left[\sqrt{(x_D-x_{wD}-\alpha)^2+(y_D-y_{wD})^2}\varepsilon_n\right]d\alpha \cdot \cos(\theta_n z_{wD})\cos(\theta_n z_D)$
	单孔隙型（低孔渗）	压裂	爆发相热碎屑流，溢流相中、下部，小气孔、基质溶孔、基质微孔	基质达西渗流；人工裂缝高速非达西渗流；基质应力敏感；人工裂缝阈压效应；基质滑脱效应	阈压效应；滑脱效应；基质应力敏感；人工裂缝的变形与闭合		数值解

第六章 火山岩气藏开发动态描述与预测模型 265

续表

井型	动态描述模型	开发模式	储渗模式	渗流机理	模型影响因素	概念模式图	渗流模型
水平井	双重介质（双孔双渗）	常规	爆发相空落、热碎屑流、溢流相顶部、上部、裂缝—气孔型溶蚀型	达西流；基质应力敏感；天然裂缝应力敏感	基质应力敏感；天然裂缝变形与闭合		数值解
	双重介质（双孔单渗）	常规	小气孔、基质溶孔、小粒间孔、爆发相热基浪基质微孔及微裂缝	达西流；天然裂缝应力敏感；阈压效应；滑脱效应	天然裂缝变形与闭合；阈压效应；滑脱效应		数值解
	双重介质（双孔单渗）	压裂	小气孔、基质溶孔、小粒间孔、爆发相热基浪基质微孔及微裂缝	基质、天然裂缝达西流；人工裂缝高速非达西渗流；天然裂缝应力敏感；人工裂缝应力敏感；阈压效应；滑脱效应	天然裂缝人工裂缝的变形与闭合；人工裂缝应力敏感；阈压效应；滑脱效应		数值解
	径向复合	常规	爆发相、溢流相及沉积相等渐变区	两区达西渗流；两区应力敏感；阈压效应	两区应力敏感；阈压效应		数值解

第三节 火山岩气藏产能预测模型与方法

火山岩气藏发育不同尺度的孔洞缝多重介质,储渗模式多样,储层物性差异大,渗流流态及渗流机理复杂;不同规模储渗单元叠置关系多样,个性化设计井型(直井、水平井)及工艺规模(压裂规模、几何形态)进一步增加了渗流的复杂性,导致基质与裂缝(天然裂缝和压裂缝)的排供气机理更加复杂,气井产能预测难度大;生产实践中,气井无试气、试采资料,或试气、试采资料解决不了产能评价问题,使气井产能评价面临难题。因此,需针对火山岩气藏的特殊性,建立考虑储层类型、物性、井型、工艺参数及渗流机理的产能预测模型,以解决实际生产中产能预测问题,为火山岩气藏产能优化提供理论依据。

一、火山岩气藏产能预测模型

火山岩气藏溢流相气孔型、爆发相粒间孔型和溶蚀孔型等储层中发育不同尺度的构造缝、炸裂缝和收缩缝。不同的储渗模式可简化为不同的地层模型。对于大孔隙(气孔、粒间孔、溶蚀孔)储层,孔喉半径大于1μm,基质储层物性好,或储层发育天然裂缝,裂缝与基质物性级差相差不大的裂缝—孔隙型储层,气井开发具有自然产能,可简化为单一介质储层;对于气孔、溶孔、粒间孔及裂缝等均发育的储层,渗流通道以细短/长孔隙收缩型喉道和裂缝型喉道为主的储层,基质储层物性差,孔喉半径小于1μm,裂缝与基质渗透率级差相差很大,与裂缝相比,小的可以忽略不计,可简化为双孔单渗型双重介质储层;而裂缝与基质物性级差相差大,但没小到可以忽略的程度,基质具有一定的导流能力,可简化为双孔双渗型双重介质储层。根据火山岩气藏不同尺度孔洞缝介质发育的特点,火山岩气藏气井井型通常采用直井和水平井两种井型,开采模式包括裸眼或压裂两种模式。由此建立火山岩气藏不同井型、不同开发模式下的产能预测模型(表6-3)。

1. 单一介质产能预测模型

火山岩气藏溢流相顶/上部气孔/大气孔型、爆发相空落粒间孔型及溶蚀孔型等孔隙较发育的储层,孔喉半径大于1μm,基质储层物性好,具有自然产能,视为单一介质储层;构造缝/炸裂缝发育的溢流相顶/上部气孔型及溶蚀孔型储层(孔隙—裂缝型储层),裂缝与基质物性级差相差不大(裂缝—基质渗透率级差小于3~5倍[36]),气井开发具有自然产能,也可简化为单一介质储层。储层内气体渗流符合达西渗流定律,靠近井筒区域,地层压降大,气体流速高,符合高速非达西渗流定律。建立产能预测模型需考虑高速非达西渗流、达西渗流、储层应力敏感。

1)直井产能预测模型

(1)物理模型。

①地层为非均质可压缩变形多孔介质。

②流体为可压缩流体,在储层内发生单相等温渗流。

③地层流体径向流入井筒,靠近井筒区域压差大、流速高,为高速非达西渗流;远离井筒区域,为达西渗流。

④假定储层水平或接近水平,忽略重力和毛管力影响。

表6-3 火山岩气藏产能预测模型

井型	储层类型	开发模式	储渗模式	物理模型	流态及渗流机理	渗流模型
直井	单一介质（中高渗孔隙型）	常规	气孔型孔洞、溶蚀孔洞		高速非达西渗流；达西渗流；基质应力敏感	$m(p_e)-m(p_{wf})=\dfrac{q_{sc}}{2\pi K_{m0}h}\dfrac{p_{sc}T}{T_{sc}Z_{sc}}\ln\dfrac{r_e}{r_w}+\dfrac{4.19\times10^{11}MT}{K_{m0}^{1.57}e^{-0.57\mu h(p_e-p_{wf})}R\bar\mu}\dfrac{p_{sc}^2q_{sc}^2}{4\pi^2h^2T_{sc}^2Z_{sc}^2}\left(\dfrac{1}{r_w}-\dfrac{1}{r_h}\right)$
直井	双孔单渗型双重介质	常规/压裂	小气孔、基质溶孔、基质微孔、裂缝—孔隙型		裂缝高速非达西渗流；基质低速非达西渗流；裂缝应力敏感；滑脱效应；阈压效应	$m(p_e)-m(p_{wf})=\dfrac{p_{sc}T}{T_{sc}Z_{sc}}\dfrac{q_{sc}}{2K_{F0}w_F h}\ln\dfrac{a+\sqrt{a^2-x_F^2}}{x_F}+\dfrac{4.8\times10^{12}p_{sc}^2TM}{K_{F0}^{1.176}e^{-0.176\alpha_F(p_e-p_{wf})}w_F^2 h^2 x_F RT_{sc}^2 Z_{sc}^2}q_{sc}^2$ $+\dfrac{p_{sc}T}{T_{sc}Z_{sc}}\dfrac{q_{sc}}{2\pi K_{m0}h}\left[\ln\dfrac{4\mu K_{F0}^{1.176}}{\sqrt{a^2-x_F^2}}+\dfrac{2x_F}{\pi}G_T\cdot(\sinh\xi_e-\sinh\xi_F)\right]$
水平井	单一介质（中高渗孔隙型）	常规	气孔型孔洞、溶蚀孔洞		高速非达西渗流；达西渗流；基质应力敏感	$m(p_e)-m(p_{wf})=\dfrac{p_{sc}T}{T_{sc}Z_{sc}}\dfrac{q_{sc}}{2\pi K_{m0}L}\ln\dfrac{h}{2r_w}+\dfrac{4.19\times10^{11}MT}{K_{m0}^{1.57}e^{-0.57\mu h(p_e-p_{wf})}R\bar\mu}\dfrac{p_{sc}^2q_{sc}^2}{4\pi^2L^2T_{sc}^2Z_{sc}^2}\left(\dfrac{1}{r_w}-\dfrac{2}{h}\right)$ $+\dfrac{p_{sc}T}{T_{sc}Z_{sc}}\dfrac{q_{sc}}{2\pi K_{m0}h}\ln\dfrac{a+\sqrt{a^2-l^2}}{l}+G_T(r_e-r_F)$

续表

井型	储层类型	开发模式	储渗模式	物理模型	流态及渗流机理	渗流模型
水平井	双孔单渗型双重介质	常规/压裂	小气孔、基质溶孔、基质微孔，裂缝—孔隙型	基质→裂缝→井筒	裂缝高速非达西渗流； 基质低速非达西渗流； 裂缝应力敏感； 基质应力敏感； 滑脱效应； 阈压效应	$m(p_e) - m(p_{wfi}) = \dfrac{p_{sc}T}{T_{sc}Z_{sc}} \dfrac{q_{sci}}{2\pi K_{F0}w_{Fi}h_i} \ln\dfrac{h_i/2}{r_w} + \dfrac{4.8\times10^{12}p_{sc}^2TM}{4\pi^2\bar{\mu}K_{F0}^{1.176}\mathrm{e}^{-0.176\alpha_f(p_e-p_{wfi})}w_{Fi}^2RT_{sc}^2Z_{sc}^2}\left(\dfrac{1}{r_w}-\dfrac{2}{h_i}\right)q_{sc}^2$ $+\dfrac{p_{sc}T}{T_{sc}Z_{sc}} \dfrac{q_{sci}}{2K_{F0}w_{Fi}h_i} \ln\dfrac{a+\sqrt{a^2-x_{Fi}^2}}{x_{Fi}}+\dfrac{2x_{Fi}G_T}{\pi}\cdot(\sinh\xi_i-\sinh\xi_{Fi})$ $+\dfrac{p_{sc}T}{T_{sc}Z_{sc}} \dfrac{q_{sci}}{2\pi K_{m0}h_i}$ $q_{sc}=\sum_{i=1}^{n}q_{sci}$
			小气孔、基质溶孔、基质微孔，裂缝—孔隙型	基质→次级裂缝→主裂缝→井筒		$m(p_e) - m(p_{wfi}) = \dfrac{p_{sc}T}{T_{sc}Z_{sc}} \dfrac{q_{sci}}{2K_{F0}w_{Fi}h_i} \ln\dfrac{h_i/2}{r_w} + \dfrac{4.8\times10^{12}}{K_{F0}^{1.176}\mathrm{e}^{-0.176\alpha_f(p_e-p_{wfi})}} \dfrac{MT}{R\bar{\mu}} \dfrac{p_{sc}^2}{T_{sc}^2Z_{sc}^2} \dfrac{q_{sci}^2}{w_{Fi}^2h_ix_{Fi}}$ $+\dfrac{p_{sc}T}{T_{sc}Z_{sc}} \dfrac{q_{sci}}{4K_{fi0}w_{Fi}} + \dfrac{4.8\times10^{12}}{K_{Fi0}^{1.176}\mathrm{e}^{-0.176\alpha_f(p_e-p_{wfi})}} \dfrac{MT}{R\bar{\mu}} \dfrac{p_{sc}^2}{T_{sc}^2Z_{sc}^2} \dfrac{q_{sci}^2}{4\pi^2w_{Fi}^2}$ $+\dfrac{p_{sc}T}{T_{sc}Z_{sc}} \dfrac{q_{sci}h_i}{8K_{m0}x_{Fi}d_i} + \dfrac{G_Th_i}{2}$ $q_{sc}=\sum_{i=1}^{n}q_{sci}$
	双孔双渗型双重介质	常规/压裂	裂缝—气孔型、裂缝—溶蚀孔型	基质→裂缝→井筒		$m(p_e) - m(p_{wfi}) = \dfrac{p_{sc}T}{T_{sc}Z_{sc}} \dfrac{q_{sci}}{2\pi K_{F0}w_{Fi}h_i} \ln\dfrac{h_i/2}{r_w} + \dfrac{4.8\times10^{12}p_{sc}^2TM}{4\pi^2\bar{\mu}K_{F0}^{1.176}\mathrm{e}^{-0.176\alpha_f(p_e-p_{wfi})}w_{Fi}^2RT_{sc}^2Z_{sc}^2}\left(\dfrac{1}{r_w}-\dfrac{2}{h_i}\right)q_{sc}^2$ $+\dfrac{p_{sc}T}{T_{sc}Z_{sc}} \dfrac{q_{sci}}{2K_{F0}w_{Fi}h_i} \ln\dfrac{a+\sqrt{a^2-x_{Fi}^2}}{x_{Fi}}+\dfrac{2x_{Fi}G_T}{\pi}\cdot(\sinh\xi_i-\sinh\xi_{Fi})$ $+\dfrac{p_{sc}T}{T_{sc}Z_{sc}} \dfrac{q_{msci}}{2\pi K_{m0}W_i} \ln\dfrac{R_e}{r_w} + G_T(R_e-r_w)$ $q_{sc}=\sum_{i=1}^{n}(q_{sci}+q_{msci})$

(2) 产能预测模型。

①产量方程。

气体在储层内的流动视为平面径向流（图6–17），产量表达式为：

$$q = 2\pi rhv \tag{6-116}$$

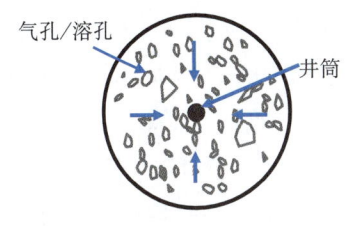

图6–17 垂直气井流动示意图

标准状态下气井产量表达式为：

$$q_{sc} = \frac{T_{sc} Z_{sc} p}{ZT p_{sc}} 2\pi rhv \tag{6-117}$$

②边界条件。

考虑内外边界为定压边界，边界条件为：

$$\begin{cases} r = r_w, p = p_{wf} \\ r = r_e, p = p_e \\ r = r_h, p = p_h \end{cases} \tag{6-118}$$

近井筒区域为高速非达西渗流，区域边界通过雷诺数求取。由式（5–1）可知：

$$Re = \frac{\rho v \sqrt{K_m}}{17.5 \mu \phi^{3/2}} \tag{6-119}$$

将气井产量表达式（6–117）代入式（5–1），得到高速非达西渗流边界的表达式为：

$$r_h = \frac{\rho q_{sc} ZT p_{sc} \sqrt{K_m}}{35\pi T_{sc} Z_{sc} p_h Reh \mu \phi^{3/2}} \tag{6-120}$$

③产能模型。

将产量方程 [式(6–117)]、应力敏感方程 [式（6–15）] 分别代入运动方程 [式（6–1）、式（6–5）]，结合边界条件 [式(6–118)]，采用分离变量法积分，得到考虑储层应力敏感性的单一介质型储层常规直井产能预测模型：

$$m(p_e) - m(p_{wf}) = \frac{q_{sc}}{2\pi K_{m0} h} \frac{p_{sc} T}{T_{sc} Z_{sc}} \ln\frac{r_e}{r_w} + \frac{4.19 \times 10^{11} MT}{K_{m0}^{1.57} e^{-0.57\alpha_m(p_e - p_{wf})} R\bar{\mu}} \frac{p_{sc}^2 q_{sc}^2}{4\pi^2 h^2 T_{sc}^2 Z_{sc}^2} \left(\frac{1}{r_w} - \frac{1}{r_h}\right) \tag{6-121}$$

$$m(p) = \int_{p_0}^{p} \frac{p e^{-\alpha_a(p_e - p)}}{\mu Z} dp \tag{6-122}$$

式中 q——气体体积流量，m³/d；

v——气体渗流速度，m/s；

Z_{sc}——标准状况下气体压缩系数，通常取1；

Re——雷诺数，无量纲；

Re_c——下临界雷诺数，无量纲；

r_e——供给半径，m；

r_h——近井筒区域高速非达西渗流边界，m；

$m(p)$——气藏考虑应力敏感的拟压力函数，$MPa^2/(mPa·s)$；

p_{wf}——井底流压，MPa；

M——天然气的摩尔质量；

R——通用气体常数，$R=8.3143×10^{-3}MPa·m^3/(kmol·K)$；

$\bar{\mu}$——平均地层压力下天然气黏度，mPa·s。

2）水平井产能预测模型

（1）物理模型。

①地层为非均质可压缩变形孔隙介质。

②流体等温渗流，为可压缩流体。

③水平井位于气层中部。

④垂直水平井筒截面内，近水平井筒区域$R<h/2$，生产压差大、气体流速高，为径向高速非达西渗流[37]；平行水平井筒平面内，远离水平井井筒区域$R>h/2$，气体渗流为平面椭圆流[38]，符合达西渗流定律，流场示意图见图6-18和图6-19。

⑤忽略重力与毛管力影响。

⑥不同渗流区域交界面处遵循质量守恒、势能守恒原理，交界面处压力相等为模型衔接条件。

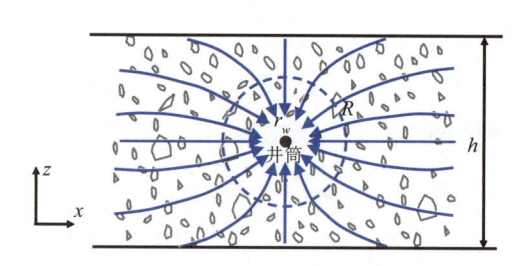

图6-18 井筒附近平面径向渗流场分布示意图　　图6-19 椭圆渗流场分布示意图

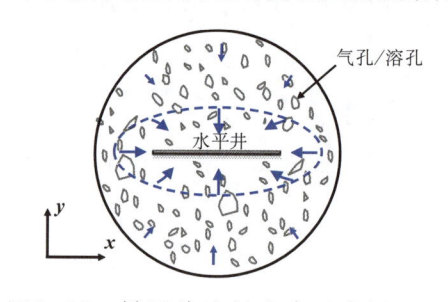

（2）产能预测模型。

①产量方程。

近水平井筒$R<h/2$处，气体在储层中的流动为垂向平面径向流，产量表达式为：

$$q=2\pi rLv \tag{6-123}$$

标准状态下气井产量表达式为：

$$q_{sc}=\frac{T_{sc}Z_{sc}p}{ZTp_{sc}}2\pi rLv \tag{6-124}$$

远离水平井筒$R>h/2$处，气体在储层中的渗流为平面椭圆渗流，直角坐标系和椭圆坐标系的变换关系为：

$$\begin{cases}x=a\cos\eta\\ r=\sqrt{y^2+z^2}=b\sin\eta\end{cases}\quad\begin{cases}a=l\text{ch}\xi\\ b=l\text{sh}\xi\end{cases}$$

由此得到气体流速在椭圆坐标中表示为：

$$v=\frac{q}{4lh\text{ch}\xi}=\frac{K}{\mu}\left(\frac{\pi}{2l\text{ch}\xi}\cdot\frac{dp}{d\xi}\right) \tag{6-125}$$

式中　l——水平井水平段长度，m；

　　　h——储层厚度，m。

则远离水平井筒$R>h/2$处，产量表达式为：

$$q=4lh\mathrm{ch}\xi \cdot v \tag{6-126}$$

标准状态下气井产量表达式为：

$$q_{\mathrm{sc}}=\frac{T_{\mathrm{sc}}Z_{\mathrm{sc}}p}{ZTp_{\mathrm{sc}}}4lh\mathrm{ch}\xi \cdot v \tag{6-127}$$

②边界条件。

考虑内外边界为定压边界，边界条件为：

$$\begin{cases} r=r_{\mathrm{w}}, p=p_{\mathrm{w}} \\ R=h/2, p=p_{L} \\ \xi=\xi_{L}, p_{\xi}=p_{L} \\ \xi=\xi_{\mathrm{e}}, p_{\xi}=p_{\mathrm{e}} \end{cases} \tag{6-128}$$

③产能模型。

将产量方程式（6-124）代入运动方程式（6-1），式（6-127）代入式（6-5），结合应力敏感方程［式（6-15）］与边界条件［式（6-128）］，采用分离变量法，积分得到基质物性好情况下，考虑储层应力敏感性的孔隙型储层常规水平井产能预测模型：

$$m(p_{\mathrm{e}})-m(p_{\mathrm{wf}})=\frac{p_{\mathrm{sc}}T}{T_{\mathrm{sc}}Z_{\mathrm{sc}}}\frac{q_{\mathrm{sc}}}{2\pi K_{\mathrm{m}0}L}\ln\frac{h}{2r_{\mathrm{w}}}+\frac{4.19\times10^{11}MT}{K_{\mathrm{m}0}^{1.57}\mathrm{e}^{-0.57\alpha_{\mathrm{m}}(p_{\mathrm{e}}-p_{\mathrm{wf}})}R\bar{\mu}}\frac{p_{\mathrm{sc}}^{2}q_{\mathrm{sc}}^{2}}{4\pi^{2}L^{2}T_{\mathrm{sc}}^{2}Z_{\mathrm{sc}}^{2}}\left(\frac{1}{r_{\mathrm{w}}}-\frac{2}{h}\right)$$
$$+\frac{p_{\mathrm{sc}}T}{T_{\mathrm{sc}}Z_{\mathrm{sc}}}\frac{q_{\mathrm{sc}}}{2\pi K_{\mathrm{m}0}h}\ln\frac{a+\sqrt{a^{2}-l^{2}}}{l} \tag{6-129}$$

式中　L——水平井水平段长度，m；

　　　l——水平井水平段半长，m；

　　　a——水平井泄流椭圆长半轴，m；

　　　b——水平井泄流椭圆短半轴，m。

2. 双孔单渗产能预测模型

构造缝/炸裂缝发育的气孔型/溶蚀孔型/粒间孔型储层（裂缝—孔隙型储层），发育小气孔、基质溶孔、小粒间孔、爆发相热浪基浪基质微孔及微裂缝，基质储层物性差，孔喉半径小于$1\mu\mathrm{m}$，具有较低的导流能力，但裂缝与基质渗透率级差相差很大（裂缝—基质渗透率级差为15~500），裂缝与井筒连通，渗流特征等效于人工压裂缝，流体从基质流入裂缝，再从裂缝流入井筒，储层视为双孔单渗双重介质储层。基质内气体渗流符合低速非达西渗流，裂缝内渗流符合高速非达西渗流，生产井简化处理为压裂井。气井产量即为裂缝流入产量。建立产能预测模型考虑裂缝高速非达西渗流、裂缝应力敏感，基质低速非达西渗流（滑脱效应、阈压效应）、基质应力敏感。

1）直井产能预测模型

火山岩气藏发育不同角度的构造缝与成岩缝，不同角度裂缝与井筒相交，相应的产能预测模型不同。

(1) 高角度裂缝（天然裂缝/人工裂缝）。

①物理模型。

（a）地层为非均质可压缩变形多孔介质；

（b）流体等温渗流，为可压缩流体，无任何特殊的物理化学现象发生；

（c）高角度裂缝视为人工压裂垂直裂缝，沿井眼对称分布，裂缝剖面为与气层厚度等高的矩形（图6-20），裂缝为有限导流能力；

（d）裂缝内气体渗流符合高速非达西渗流，储层内气体渗流符合低速非达西渗流；

（e）忽略重力与毛管力。

依据质量守恒与势能守恒原理，不同渗流区域交界面处流量相同、压力相等为模型衔接条件。

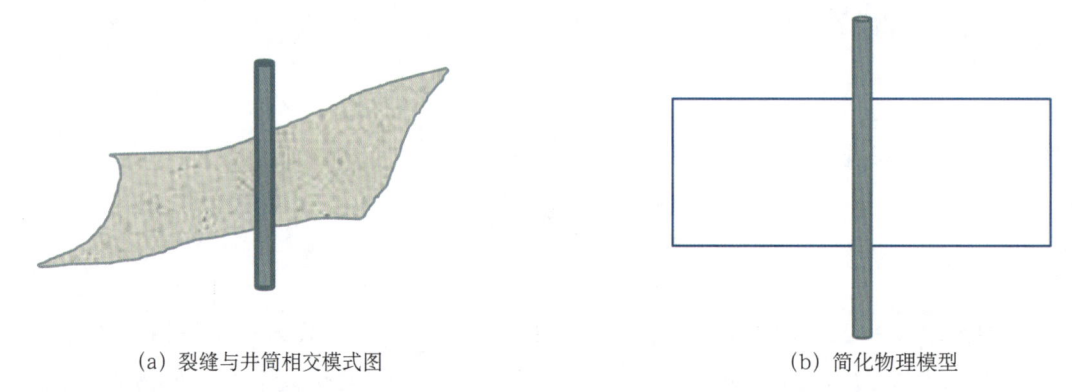

(a) 裂缝与井筒相交模式图　　　　(b) 简化物理模型

图6-20　高角度裂缝与井筒相交物理模型

②产能预测模型。

（a）产量方程。

人工压裂垂直裂缝等效为垂直薄板，气体在薄板中的流动视为平面线性流（图6-21），则人工裂缝内产量表达式为：

$$q=2W_F hv \tag{6-130}$$

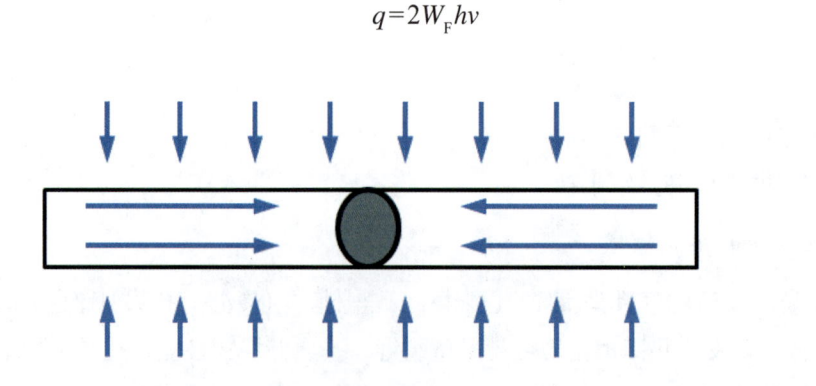

图6-21　垂直压裂井裂缝内流动示意图

垂直压裂井采气时，诱发地层中的平面二维椭圆渗流[39]，形成以裂缝端点为焦点的共轭等压椭圆和双曲线流线族，如图6-22所示。其直角坐标和椭圆坐标的关系为：

$$\begin{cases} x=a\cos\eta, & y=b\sin\eta \\ a=x_F \text{ch}\xi, & b=x_F \text{sh}\xi \end{cases} \tag{6-131}$$

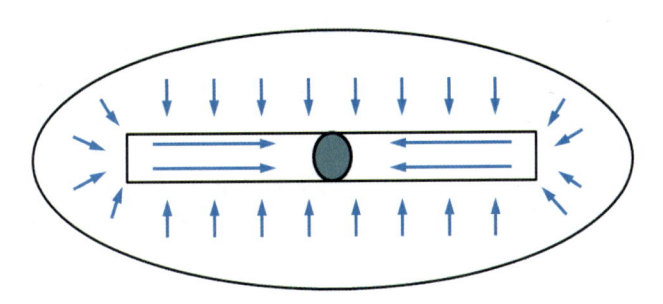

图6-22 垂直压裂井平面流动示意图

基于扰动椭圆的概念，用发展的矩形族来描述等压椭圆族，得到流体流速在椭圆坐标中表示为：

$$v=\frac{q}{A}=\frac{q}{4x_{F}hch\xi}=\frac{K_{F}}{\mu}\frac{\pi}{2x_{F}ch\xi}\frac{dp}{d\xi} \tag{6-132}$$

则人工压裂缝诱发的小气孔型/溶蚀孔型/小粒间孔型储层内气体椭圆渗流的产量表达式为：

$$q=4x_{F}hch\xi \cdot v \tag{6-133}$$

(b) 边界条件。

考虑内、外边界为定压边界，边界条件为：

$$\begin{cases} r=r_{w}, p=p_{w} \\ r=x_{F}, p=p_{F} \\ \xi=\xi_{F}, p_{\xi}=p_{F} \\ \xi=\xi_{e}, p_{\xi}=p_{e} \end{cases} \tag{6-134}$$

(c) 产能模型。

将产量方程式（6-130）代入运动方程式（6-1），方程式（6-133）代入运动方程式（6-9），结合滑脱效应方程[式（6-7）]、应力敏感方程[式（6-11）、式（6-15）]与边界条件[式（6-134）]，分离变量积分，得到火山岩气藏双孔单渗型储层考虑阈压效应、滑脱效应及应力敏感性下直井压裂垂直裂缝产能预测模型：

$$m(p_e)-m(p_{wf})=\frac{p_{sc}T}{T_{sc}Z_{sc}}\frac{q_{sc}}{2K_{F0}w_{F}h}+\frac{4.8\times10^{12}p_{sc}^{2}TM}{4\mu K_{F0}^{1.176}e^{-0.176\alpha_{F}(p_e-p_{wf})}w_{F}^{2}h^{2}x_{F}RT_{sc}^{2}Z_{sc}^{2}}q_{sc}^{2}$$
$$+\frac{p_{sc}T}{T_{sc}Z_{sc}}\frac{q_{sc}}{2\pi K_{m0}h}\ln\frac{a+\sqrt{a^{2}-x_{F}^{2}}}{x_{F}}+\frac{2x_{F}}{\pi}G_{T}(\sinh\xi_{e}-\sinh\xi_{F}) \tag{6-135}$$

$$G_{T}=\frac{e^{-\alpha_{m}(p_e-p)}}{\bar{\mu}\bar{Z}}G \tag{6-136}$$

对于干气气藏，不考虑阈压效应影响，式（6-135）中$G_T=0$，而含水气藏，考虑阈压效应影响，$G_T\neq 0$。

式中 w_F——压裂裂缝宽度，m；

x_F——高角度天然裂缝半长/人工压裂垂直裂缝半长，m；

ξ——椭圆坐标；

ξ_F——人工压裂裂缝尖端椭圆坐标；

ξ_e——椭圆渗流边界坐标；

$m(p)$——气藏考虑应力敏感与滑脱效应的拟压力函数，$MPa^2/(mPa·s)$；

K_F——人工裂缝渗透率，mD；

G_T——考虑应力敏感的拟阈压梯度函数，$MPa^2/(mPa·s)$；

b——人工裂缝泄流椭圆短半轴，m；

a——人工裂缝泄流椭圆长半轴，m。

（2）低角度裂缝（天然裂缝/人工裂缝）。

①物理模型。

（a）地层为非均质可压缩变形多孔介质；

（b）流体等温渗流，为可压缩流体，无任何特殊的物理化学现象发生；

（c）低角度裂缝视为人工压裂水平裂缝，沿井眼对称分布（图6—23），裂缝为有限导流能力；

（d）裂缝内气体渗流符合高速非达西渗流，储层内气体渗流符合低速非达西渗流；

（e）不考虑重力和毛管力影响。

不同渗流区域交界面处流量相同、压力相等，气体渗流遵循质量守恒定律与势能守恒原理。

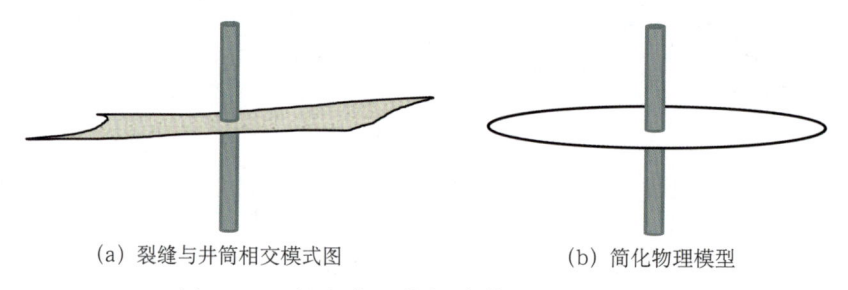

(a) 裂缝与井筒相交模式图　　　(b) 简化物理模型

图6—23　低角度裂缝与井筒相交物理模型

②产能预测模型。

（a）产量方程。

人工压裂水平裂缝等效为水平圆形薄板，气体在薄板中的流动可视为平面径向流（图6—24），则人工裂缝内产量表达式为：

$$q=2\pi rhv \quad (6-137)$$

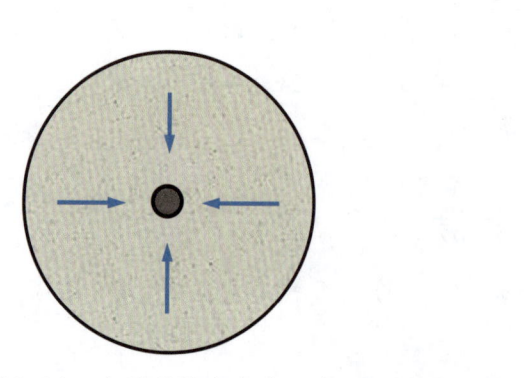

图6—24　水平裂缝内流动示意图 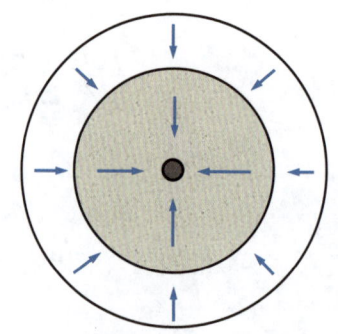　　　图6—25　水平压裂直井平面流动示意图

直井压裂水平缝时，诱发地层中的平面复合径向渗流，见图6—25。其产量表达式同式（6—137）。

(b) 边界条件。

考虑内外边界为定压边界，边界条件为：

$$\begin{cases} r = r_\mathrm{w}, p = p_\mathrm{w} \\ r = r_\mathrm{F}, p = p_\mathrm{F} \\ r = r_\mathrm{e}, p = p_\mathrm{e} \end{cases} \tag{6-138}$$

(c) 产能模型。

将产量方程式（6—137）代入运动方程式（6—1）与式（6—9），结合滑脱效应方程式[（6—7）]、应力敏感方程[式（6—11）、式（6—15）]与边界条件[式（6—138）]，分离变量积分，得到火山岩气藏双孔单渗型储层直井压裂水平裂缝产能预测模型：

$$m(p_\mathrm{e}) - m(p_\mathrm{wf}) = \frac{4.8 \times 10^{12} MT}{K_\mathrm{F0}^{1.176} e^{-0.176 \alpha_\mathrm{F}(p_\mathrm{e}-p_\mathrm{wf})} R \bar{\mu}} \frac{p_\mathrm{sc}^2 q_\mathrm{sc}^2}{4\pi^2 h^2 T_\mathrm{sc}^2 Z_\mathrm{sc}^2} \left(\frac{1}{r_\mathrm{w}} - \frac{1}{r_\mathrm{F}} \right) \\ + \frac{q_\mathrm{sc}}{2\pi K_\mathrm{m0} h} \frac{p_\mathrm{sc} T}{T_\mathrm{sc} Z_\mathrm{sc}} \ln \frac{r_\mathrm{e}}{r_\mathrm{F}} + G_\mathrm{T}(r_\mathrm{e} - r_\mathrm{F}) \tag{6-139}$$

式中 r_F——低角度天然裂缝半长/人工压裂水平裂缝半长，m。

2）水平井产能预测模型

火山岩气藏不同角度的构造缝或成岩缝与水平井筒相交，可简化为两种形式：高角度裂缝与水平井筒相交及复杂角度裂缝与水平井筒相交，不同相交模式下产能预测模型不同。

(1) 高角度裂缝（天然裂缝/人工裂缝）。

① 物理模型。

(a) 地层为非均质可压缩变形多孔介质；

(b) 流体等温渗流，为可压缩流体，无任何特殊的物理化学现象发生；

(c) 高角度裂缝视为不等长的人工压裂横向裂缝，沿水平井筒对称分布（图6—26），裂缝具有限导流能力，水平井具无限导流能力；

(d) 忽略重力与毛管力，流体从基质流入裂缝，再由裂缝流入井筒；

(e) 裂缝内气体渗流符合高速非达西渗流，基质内气体渗流符合低速非达西渗流。

裂缝与基质渗流区域交界面处流量相同、压力相等，气体渗流遵循质量守恒定律与势能守恒原理。

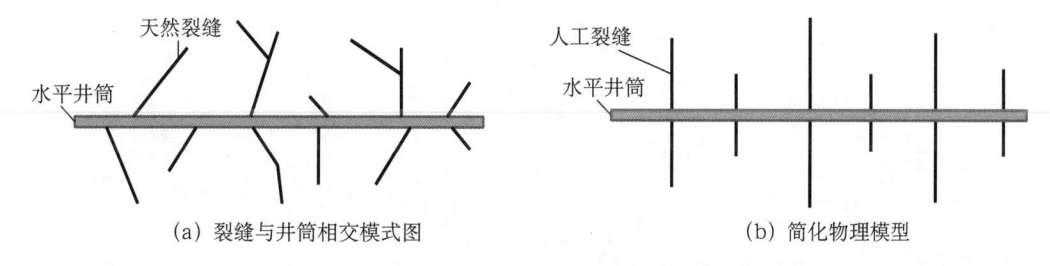

图6—26 高角度裂缝与水平井筒相交物理模型

(a) 裂缝与井筒相交模式图　　(b) 简化物理模型

② 产能预测模型。

(a) 产量方程。

气体在人工裂缝中远离井筒的流动可视为平板内的平面线性流，靠近水平井筒，流线向井筒汇聚，为平面径向流，如图6—27所示，则人工裂缝内的产量表达式为：

$$q = 2w_F h v \tag{6-140}$$

人工裂缝诱发的溢流相小气孔型/溶蚀孔型/小粒间孔型储层中的气体渗流可视为平面二维椭圆渗流，如图6-28所示，则储层基质内的产量表达式为：

$$q = 4x_F h \mathrm{ch}\xi \cdot v \tag{6-141}$$

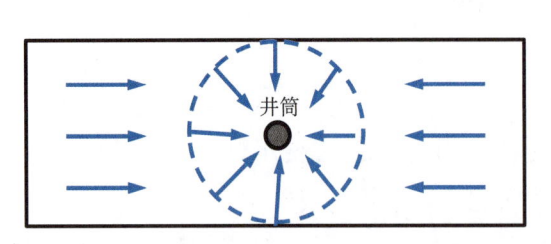

图6-27　横向裂缝内渗流场示意图 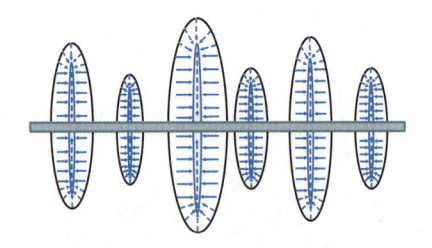　　图6-28　地层内椭圆渗流场示意图

(b) 边界条件。

考虑内、外边界为定压边界，边界条件为：

$$\begin{cases} r = r_\mathrm{w}, p = p_\mathrm{w} \\ r = x_\mathrm{F}, p = p_\mathrm{F} \\ \xi = \xi_\mathrm{F}, p_\xi = p_\mathrm{F} \\ \xi = \xi_\mathrm{e}, p_\xi = p_\mathrm{e} \end{cases} \tag{6-142}$$

(c) 产能模型。

将产量方程式（6-140）代入运动方程式（6-1），方程式（6-141）代入运动方程式（6-9），结合应力敏感方程［式（6-11）与式（6-15）］、滑脱效应方程［式（6-7）］及边界条件［式（6-142）］，分离变量积分，得到考虑滑脱效应、应力敏感性与阈压效应的火山岩气藏双孔单渗型储层水平井压裂多条横向裂缝产能预测模型：

$$m(p_\mathrm{e}) - m(p_{\mathrm{wf}i}) = \frac{p_\mathrm{sc}T}{T_\mathrm{sc}Z_\mathrm{sc}} \frac{q_{\mathrm{sc}i}}{2\pi K_{\mathrm{F}0} w_{\mathrm{F}i}} \ln\frac{h_i/2}{r_\mathrm{w}} + \frac{4.8\times10^{12} p_\mathrm{sc}^2 TM}{4\pi^2 \bar{\mu} K_{\mathrm{F}0}^{1.176} \mathrm{e}^{-0.176\alpha_\mathrm{F}(p_\mathrm{e}-p_{\mathrm{wf}i})} w_{\mathrm{F}i}^2 RT_\mathrm{sc}^2 Z_\mathrm{sc}^2}\left(\frac{1}{r_\mathrm{w}} - \frac{2}{h_i}\right) q_\mathrm{sc}^2$$
$$\frac{p_\mathrm{sc}T}{T_\mathrm{sc}Z_\mathrm{sc}} \frac{q_{\mathrm{sc}i}}{2K_{\mathrm{F}0}w_{\mathrm{F}i}h_i} + \frac{p_\mathrm{sc}T}{T_\mathrm{sc}Z_\mathrm{sc}} \frac{q_{\mathrm{sc}i}}{2\pi K_{\mathrm{m}0}h_i} \ln\frac{a+\sqrt{a^2-x_{\mathrm{F}i}^2}}{x_{\mathrm{F}i}} + \frac{2x_{\mathrm{F}i}}{\pi}G_\mathrm{T}(\sinh\xi_i - \sinh\xi_{\mathrm{F}i}) \tag{6-143}$$

$$q_\mathrm{sc} = \sum_{i=1}^{n} q_{\mathrm{sc}i} \tag{6-144}$$

式中　i——第 i 条裂缝；

　　　$q_{\mathrm{sc}i}$——第 i 条裂缝体积流量，m³/d；

　　　q_sc——压裂水平井体积流量，m³/d；

　　　h_i——第 i 条裂缝贯穿储层的有效厚度，m；

　　　$K_{\mathrm{F}i}$——第 i 条裂缝渗透率，mD；

　　　$K_{\mathrm{F}i0}$——第 i 条裂缝初始渗透率，mD；

　　　$w_{\mathrm{F}i}$——第 i 条裂缝宽度，m；

　　　$x_{\mathrm{F}i}$——第 i 条裂缝半长，m；

p_{wfi}——第i条裂缝井底流压,MPa;

ξ_i——第i条裂缝泄流椭圆坐标;

n——水平井压裂裂缝条数,$n=L/d+1$;

d——水平井压裂裂缝间距,m。

(2) 复杂角度裂缝(天然裂缝/人工裂缝)。

①物理模型。

(a) 地层为非均质可压缩变形多孔介质;

(b) 流体等温渗流,为可压缩流体,无任何特殊的物理化学现象发生;

(c) 高角度裂缝与水平井井筒相交,高角度裂缝简化为人工压裂主裂缝(横向裂缝),低角度裂缝简化为次级裂缝(水平裂缝),与人工压裂主裂缝相交,构成复杂缝网(图6-29);

(d) 人工压裂主裂缝沿水平井筒对称分布,裂缝具有限导流能力,水平井具无限导流能力;

(e) 忽略重力与毛管力,流体从基质流入次级裂缝,由次级裂缝流入人工压裂主裂缝,再由主裂缝流入水平井筒(图6-30);

(f) 人工压裂主裂缝内气体渗流符合高速非达西流,次级裂缝内符合达西渗流,基质内气体渗流符合低速非达西渗流。

气体渗流遵循质量守恒定律与势能守恒原理,不同孔缝介质间气体渗流,满足交界面处流量相等、压力相等的原则。

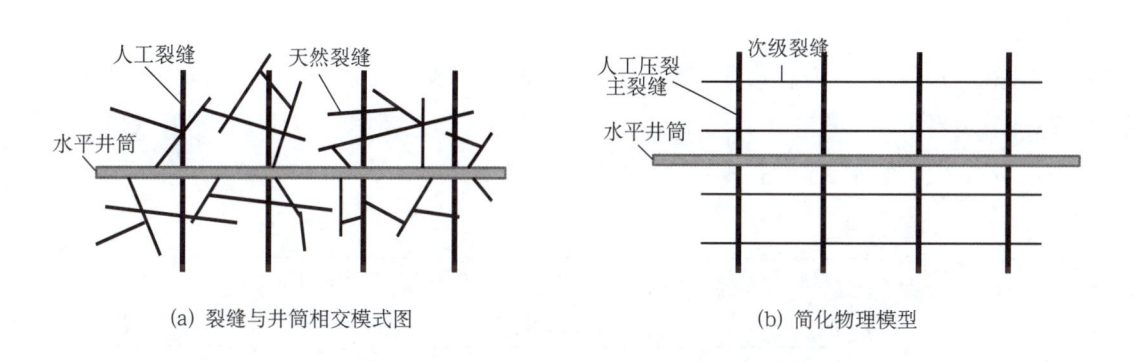

(a) 裂缝与井筒相交模式图　　(b) 简化物理模型

图6-29　复杂天然裂缝与水平井筒相交物理模型(压裂缝网)

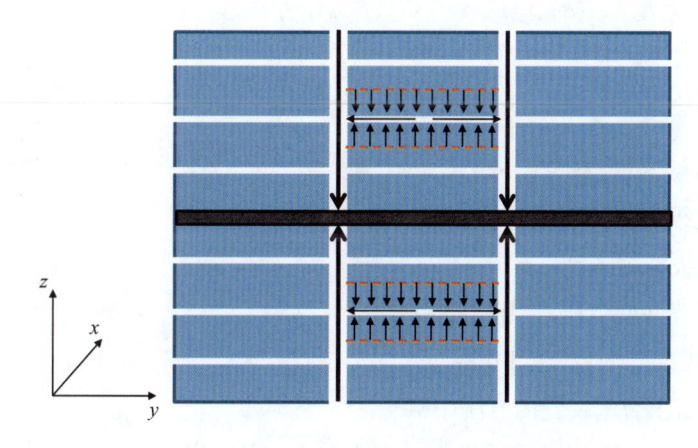

图6-30　水平井压裂缝网渗流物理模型

② 产能预测模型。

(a) 产量方程。

气体在人工压裂主裂缝中流体流动为平板内的平面线性流,靠近水平井筒,流线向井筒汇聚,为平面径向流(图6-27),则人工裂缝内的产量表达式为:

$$q = 2W_F hv \tag{6-145}$$

次级裂缝内的气体渗流可视为平面线性流(图6-30),其产量表达式为:

$$q = 4x_F W_F v \tag{6-146}$$

基质内渗流符合平面线性流,其产量方程为:

$$q = 2x_F dv \tag{6-147}$$

(b) 边界条件。

考虑内、外边界为定压边界,边界条件为:

$$\begin{cases} x = r_w, p = p_w \\ x = x_F, p = p_F \\ y = x_f, p = p_f \\ z = h, p = p_e \end{cases} \tag{6-148}$$

(c) 产能模型。

将产量方程式(6-145)至式(6-147),分别代入运动方程式(6-1)、式(6-5)、式(6-9),考虑基质与裂缝应力敏感[式(6-11)、式(6-13)、式(6-15)],结合滑脱效应方程[式(6-7)]及边界条件[式(6-148)],分离变量积分,得到考虑应力敏感、滑脱效应与阈压效应的火山岩气藏双孔单渗型储层水平井压裂缝网产能预测模型:

$$\begin{aligned} m(p_e) - m(p_{wfi}) &= \frac{p_{sc}T}{T_{sc}Z_{sc}} \frac{q_{sci}}{2K_{Fi0}w_{Fi}h_i} + \frac{4.8 \times 10^{12}}{K_{Fi0}^{1.176} e^{-0.176\alpha_F(p_e-p_{wfi})}} \frac{MT}{R\bar{\mu}} \frac{p_{sc}^2}{T_{sc}^2 Z_{sc}^2} \frac{q_{sci}^2}{4w_{Fi}^2 h_i^2 x_{Fi}} \\ &+ \frac{p_{sc}T}{T_{sc}Z_{sc}} \frac{q_{sci}}{2\pi K_{Fi}w_{Fi}} \ln\frac{h_i/2}{r_w} + \frac{4.8 \times 10^{12}}{K_{Fi0}^{1.176} e^{-0.176\alpha_F(p_e-p_{wfi})}} \frac{MT}{R\bar{\mu}} \frac{p_{sc}^2}{T_{sc}^2 Z_{sc}^2} \frac{q_{sci}^2}{4\pi^2 w_{Fi}^2} \left(\frac{1}{r_w} - \frac{2}{h_i}\right) \\ &+ \frac{p_{sc}T}{T_{sc}Z_{sc}} \frac{q_{sci}}{4K_{fi0}x_{Fi}w_{fi}} + \frac{p_{sc}T}{T_{sc}Z_{sc}} \frac{q_{sci}h_i}{8K_{m0}x_{Fi}d_i} + \frac{G_T h_i}{2} \end{aligned} \tag{6-149}$$

$$q_{sc} = \sum_{i=1}^{n} q_{sci} \tag{6-150}$$

式中 K_{fi}——第 i 条次级裂缝渗透率,mD;

K_{fi0}——第 i 条次级裂缝初始渗透率,mD;

W_{fi}——第 i 条次级裂缝宽度,m;

p_{wfi}——第 i 条裂缝井底流压,MPa;

p_{fi}——第 i 条次级裂缝内流压,MPa;

p_{Fi}——第 i 条人工压裂主裂缝内流压,MPa;

ξ_i——第 i 条裂缝泄流椭圆坐标;

n——水平井压裂裂缝条数;

d_i——第 i 条人工压裂缝与第 $i+1$ 条压裂缝间距离，m。

3. 双孔双渗水平井产能预测模型

构造缝/炸裂缝发育的气孔型/溶蚀孔型/粒间孔型储层（裂缝—孔隙型储层），基质储层物性差，孔喉半径小于 1 μm，具有一定的导流能力，裂缝与基质渗透率级差为 5~15，裂缝与井筒连通，渗流特征等效于人工压裂缝，流体不仅从基质直接流入井筒，而且还从基质流入裂缝，再从裂缝流入井筒，储层视为双孔双渗型双重介质储层。基质内气体渗流符合低速非达西渗流，裂缝内渗流符合高速非达西渗流。气井产量为基质孔隙内产量与裂缝内产量之和。建立产能预测模型考虑裂缝高速非达西渗流、裂缝应力敏感，基质低速非达西渗流（滑脱效应、阈压效应）、基质应力敏感。

1）物理模型

（1）地层为非均质可压缩变形多孔介质；

（2）流体等温渗流，为可压缩流体，无任何特殊的物理化学现象发生；

（3）水平井井筒为裸眼完井，依赖水平井裸眼井段和人工压裂裂缝/天然裂缝生产；

（4）高角度裂缝简化为人工压裂横向裂缝，沿水平井筒对称分布，裂缝具有限导流能力，水平井具无限导流能力；

（5）忽略重力与毛管力，流体一部分沿裂缝壁面均匀的流入裂缝，再经裂缝流入水平井井筒，另一部分沿地层直接渗流入水平井井筒[40]；

（6）裂缝内气体渗流符合高速非达西渗流，地层基质内渗流符合低速非达西渗流。

基质与裂缝内渗流遵循质量守恒与势能守恒原理，不同介质渗流交界面处流量相等、压力相等。

2）产能预测模型

（1）产量方程。

气体在人工裂缝中远离井筒的流动可视为平板内的平面线性流，靠近水平井筒，流线向井筒汇聚，为平面径向流，如图 6-31 所示，则人工裂缝内的产量表达式为：

$$q = 2w_F h v \tag{6-151}$$

人工裂缝诱发的溢流相小气孔型/溶蚀孔型/小粒间孔型储层中的气体渗流可视为平面二维椭圆渗流，见图 6-32，则储层基质内的产量表达式为：

$$q = 4x_F h \mathrm{ch}\xi \cdot v \tag{6-152}$$

图 6-31　横向裂缝内渗流场示意图　　图 6-32　地层内椭圆渗流场示意图

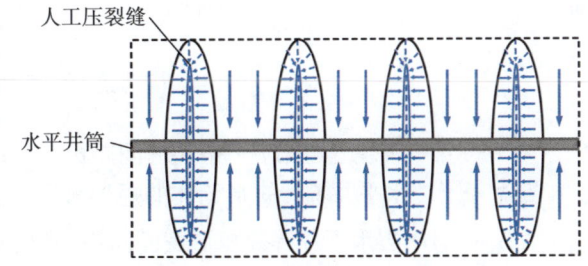

地层基质向水平井井筒渗流可等效为矩形箱体，如图 6-32 所示。箱体截面为长 $l_h = \sum_{i=1}^{n} 2x_{fi} / n$，宽为

h 的矩形，它与半径为 $\sqrt{l_h h/\pi}$ 的圆形等效，水平井未受压裂裂缝泄流影响的每段井筒长为 W_i，每段基质泄流相当于供给半径为 $R_e = \sqrt{l_h h/\pi}$，井径为 r_w，地层厚度为 W_i 的圆形地层泄流，流体流动符合低速非达西渗流，产量表达式为：

$$q = 2\pi r W_i v \tag{6-153}$$

（2）边界条件。

模型考虑内、外边界为定压边界，边界条件为：

$$\begin{cases} r = r_w, p = p_w \\ r = x_F, p = p_F \\ \xi = \xi_F, p_\xi = p_F \\ \xi = \xi_e, p_\xi = p_e \\ r = R_e, p = p_e \end{cases} \tag{6-154}$$

（3）产能模型。

将产量方程式（6-151）代入运动方程式（6-1），产量方程式（6-152）和式（6-153）分别代入运动方程式（6-9），考虑气体滑脱效应[式（6-7）]及储层应力敏感[式（6-11）与式（6-15）]，结合边界条件［式（6-154）］，分离变量积分，得到考虑应力敏感、滑脱效应与阈压效应影响的火山岩气藏双孔双渗型储层水平井压裂多条横向裂缝单条裂缝的产能预测模型：

$$\begin{aligned} m(p_e) - m(p_{wfi}) &= \frac{p_{sc}T}{T_{sc}Z_{sc}} \frac{q_{sci}}{2\pi K_{F0} w_{Fi}} \ln\frac{h_i/2}{r_w} + \frac{4.8 \times 10^{12} p_{sc}^2 TM}{4\pi^2 \bar{\mu} K_{F0}^{1.176} e^{-0.176\alpha_F(p_e-p_{wfi})} w_{Fi}^2 RT_{sc}^2 Z_{sc}^2} \left(\frac{1}{r_w} - \frac{2}{h_i}\right) q_{sci}^2 \\ &- \frac{p_{sc}T}{T_{sc}Z_{sc}} \frac{q_{sci}}{2K_{F0} w_{Fi} h_i} + \frac{p_{sc}T}{T_{sc}Z_{sc}} \frac{q_{sci}}{2\pi K_{m0} h_i} \ln\frac{a + \sqrt{a^2 - x_{Fi}^2}}{x_{Fi}} + \frac{2x_{Fi}}{\pi} G_T (\sinh\xi_i - \sinh\xi_{Fi}) \end{aligned} \tag{6-155}$$

考虑应力敏感、滑脱效应与阈压效应影响，每段未受人工压裂裂缝影响的地层基质泄流产能预测模型：

$$m(p_e) - m(p_{wfi}) = \frac{p_{sc}T}{T_{sc}Z_{sc}} \frac{q_{msci}}{2\pi K_{m0} W_i} \ln\frac{R_e}{r_w} + G_T(R_e - r_w) \tag{6-156}$$

则火山岩气藏双孔双渗型储层考虑应力敏感、滑脱效应与阈压效应影响的压裂水平井产能预测模型为：

$$q_{sc} = \sum_{i=1}^{n} (q_{sci} + q_{msci}) \tag{6-157}$$

式中 W_i——第 i 条裂缝与第 $i+1$ 条裂缝间距离，$i=1, \cdots, n-1$；

l_h——压裂水平井等效矩形箱体的矩形截面长边，m；

R_e——与压裂水平井等效矩形截面面积相等的圆形供给半径，m；

q_{msci}——第 i 段基质储层未受人工压裂缝泄流影响的体积流量，m³/d。

二、火山岩气藏产能预测模型求解方法

火山岩气藏产能预测模型求解方法分为以下几个步骤：

(1) 确定模型参数。

产能计算所需模型参数包括四大类：储层物性参数、流体参数、水平井/直井参数、压裂参数，详见表6-4。

表6-4　火山岩气藏产能预测模型参数

储层参数	流体参数	直井/水平井参数	压裂参数
储层厚度	束缚水饱和度	钻遇率	压裂级数
基质孔隙度			人工裂缝间距
基质渗透率			人工裂缝半长
储层天然裂缝形态、大小、分布密度	气体密度	井筒半径	人工裂缝宽度
地层压力	气体黏度		
储层温度	压缩因子	水平井长度	人工裂缝渗透率
地层综合压缩系数	气体压缩系数		

(2) 划分介质类型，判断渗流机理。

根据火山岩气藏储层特征，确定储层类型为单一介质型储层/双孔单渗型储层/双孔双渗型储层。根据介质类型、介质与井筒组合关系确定气体从不同介质流入井筒的渗流机理。

单一介质储层：气体从基质流入井筒，近井筒区考虑高速非达西渗流，远离井筒区域考虑达西渗流，同时考虑基质应力敏感。

双孔单渗型储层：气体从基质流入裂缝，考虑低速非达西渗流与基质应力敏感；气体由裂缝流入井筒，考虑裂缝高速非达西渗流、裂缝应力敏感。

双孔双渗型储层：裂缝内气体渗流考虑高速非达西渗流与裂缝应力敏感，地层基质内渗流考虑低速非达西渗流与基质应力敏感。

(3) 选择产能预测模型。

根据不同的井型和开发模式，选择相应产能预测模型。

(4) 计算基质泄流半径。

按照基质泄流半径求取方法[式（6-30）]，计算不同生产时间基质泄流半径：

$$R(t) = \sqrt{4\eta t + r_w^2} \qquad (6-158)$$

式中　$R(t)$——基质泄流半径，m。

(5) 计算气井产能。

根据火山岩气藏产能预测模型，运用牛顿迭代法求解气井产能。

单一介质储层：采用式（6-121）计算常规直井产能，采用式（6-129）计算常规水平井产能。

双孔单渗型储层：采用式（6-135）、式（6-139）计算常规/压裂直井产能，采用式（6-143）、式（6-149）计算常规/压裂水平井产能。

双孔双渗型储层：采用式（6-143）至式（6-157）计算常规/压裂水平井产能。

火山岩气藏压力与基质泄流半径具有非瞬时传播的特点，对于压裂水平井而言，基质泄流半径与压力传播分两个阶段：

$R(t) < W_i/2$ 阶段，基质泄流半径小于1/2裂缝间距，任意相邻两条裂缝间压力未发生相互干扰（图6-33），其迭代求解步骤如下：

①计算t时刻基质泄流半径$R(t)$；

②利用产能预测模型求解t时刻基质流到单条裂缝中的流量q_{sci}，并计算压裂水平井产量$q_{sc} = \sum_{i=1}^{n} q_{sci}$；

③基于物质平衡原理，由单条裂缝产量q_{sci}计算单条裂缝控制泄流区域内的地层压力降Δp_i及平均地层压力$\bar{p}_i$；

④计算t时刻应力敏感效应下单条裂缝控制泄流区域内的基质物性参数$\phi_{mi}=f(p_{mi})$，$K_{mi}=f(p_{mi})$；裂缝物性参数$\phi_{Fi}=f(p_{Fi})$，$K_{Fi}=f(p_{Fi})$；

⑤利用牛顿迭代法，重复步骤①~④，求解$t+1$时刻压裂水平井产量。

$R(t) > W_i/2$ 阶段，基质泄流半径大于1/2裂缝间距，任意相邻两条裂缝间压力发生相互干扰，将多条裂缝与水平井控制的泄流区域视为一个整体泄流区域（图6-34），其迭代求解步骤如下：

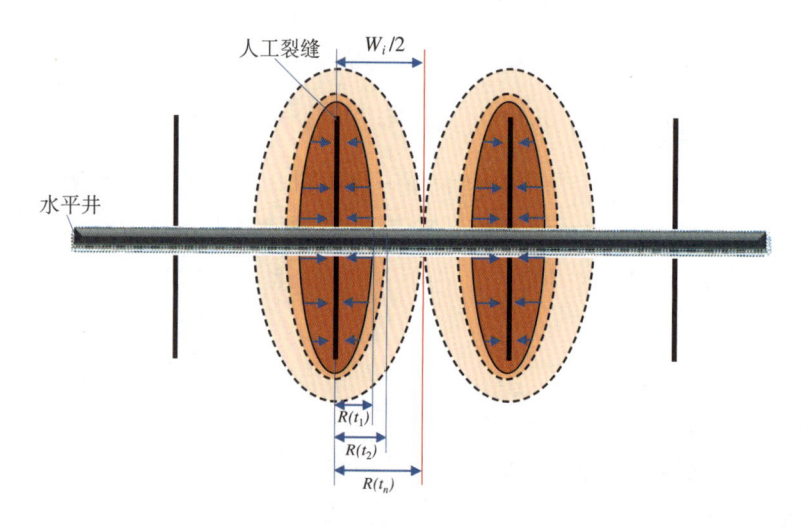

图6-33　$R(t) < W_i/2$阶段基质泄流半径及单条裂缝控制泄流区域示意图

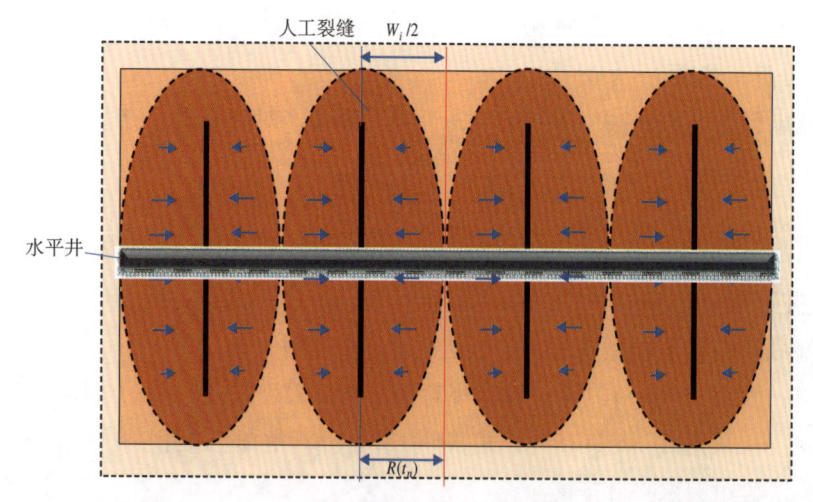

图6-34　$R(t) > W_i/2$阶段基质泄流半径及整体泄流区域示意图

①计算t时刻基质泄流半径$R(t)$；

②利用产能预测模型求解t时刻基质流到单条裂缝中的流量q_{sci}，并计算压裂水平井产量$q_{sc}=\sum_{i=1}^{n}q_{sci}$；

③基于物质平衡原理，由压裂水平井产量q_{sc}计算整体泄流区域内地层压力降Δp及平均地层压力$\overline{p}$；

④计算t时刻应力敏感效应下整体泄流区域内的基质物性参数$\phi_m=f(p_m)$，$K_m=f(p_m)$；裂缝物性参数$\phi_F=f(p_F)$，$K_F=f(p_F)$；

⑤利用牛顿迭代法，重复步骤①至步骤④，求解$t+1$时刻气井产量（图6-35）。

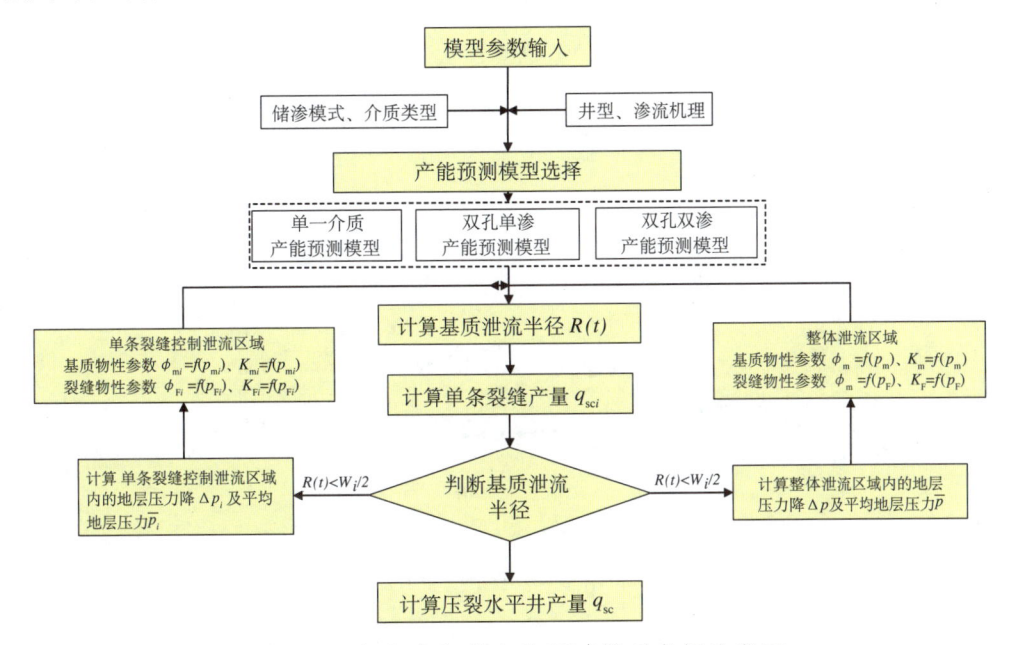

图6-35 火山岩气藏产能预测模型求解流程图

三、产能预测模型敏感性分析

火山岩储层发育不同尺度的气孔、溶蚀孔、粒间孔和构造缝、炸裂缝等多重介质，储渗模式多样，非线性渗流机理复杂。基于前面介绍的火山岩气藏产能预测模型，对滑脱效应、阈压效应和应力敏感等渗流机理进行敏感性分析。

以溢流相中、下部小气孔型储层为例，该类储层适合采用压裂直井开发，根据压裂直井产能预测模型，定量评价滑脱效应、阈压效应和应力敏感对火山岩气藏压裂直井产能的影响。

1. 滑脱效应对气井产能的影响评价

滑脱效应的存在可以提高气井的产能。一般来说，在相同生产压差下，滑脱系数越大，气井的产能越大。从模拟结果中可以看出，滑脱系数增大到4MPa时，气井无阻流量增大了20%。在高流压阶段，产能受滑脱系数的影响不大，而在低流压（5~10MPa）阶段，产能受滑脱系数的影响较大。火山岩气藏气井生产初期阶段，地层压力较高，产能受滑脱效应影响不大，可忽略；晚期阶段，随着地层压力降低，气井处于低压生产阶段，从模拟结果中可以看出，此时滑脱效应对产能影响较大，不可忽略（图6-36和图6-37）。

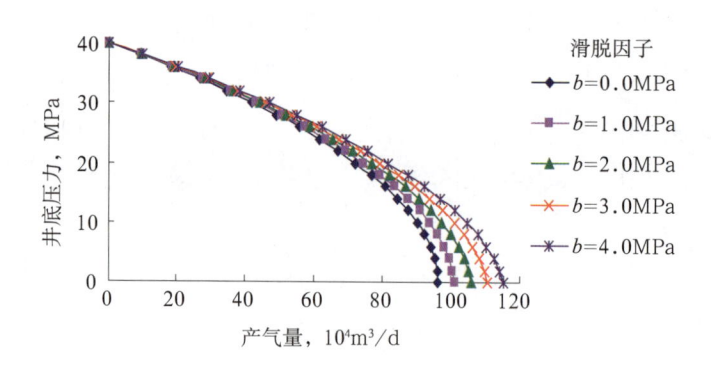

图6-36 滑脱效应对气井产能的影响

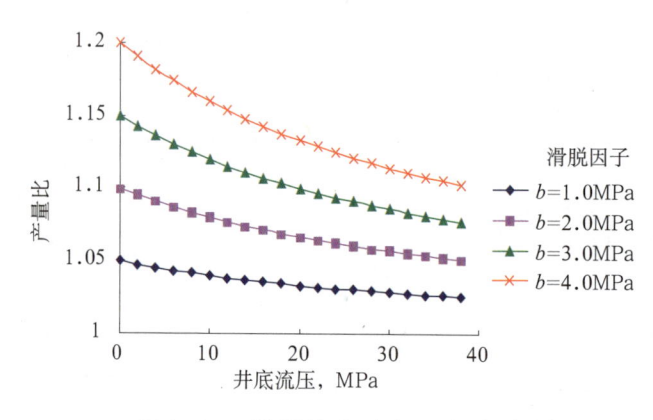

图6-37 滑脱效应对产量比的影响

2. 阈压效应对气井产能的影响评价

与滑脱效应相比，阈压效应对气井产量影响较大。随着阈压的增加，气井产量降低。当阈压梯度从0.07MPa/m增加到1MPa/m，无阻流量降低22.5%；对于渗透率为0.43mD的火山岩气藏，阈压梯度约为0.35MPa/m时，考虑阈压的影响，产量约减少12%（图6-38和图6-39）。

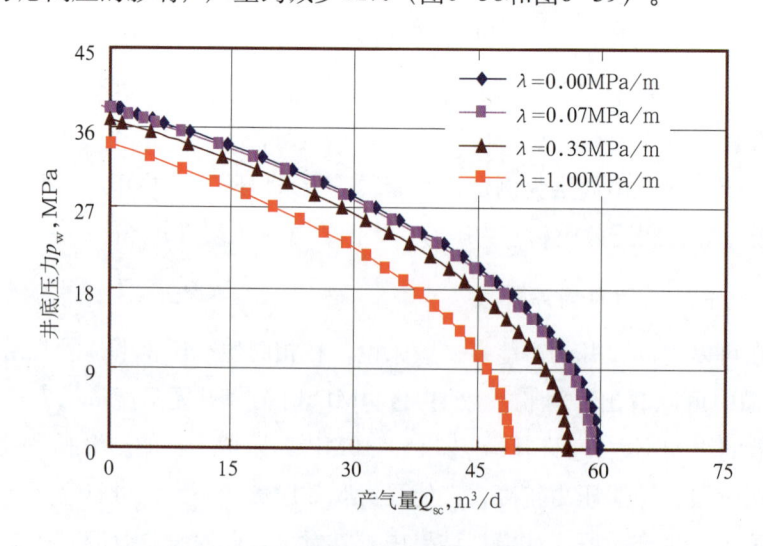

图6-38 阈压效应对IPR曲线的影响

3. 应力敏感对气井产能的影响评价

相对于滑脱效应和阈压效应的作用，应力敏感对气井产能影响较大，应力敏感系数为0.12MPa^{-1}

时，气井无阻流量为不考虑应力敏感时的78.67%（图6-40）。随着应力敏感系数的增加，气井产量降低，气井产量降低幅度随着应力敏感系数增加而减小。通过前面的分析可知，对于溢流相中、下部小气孔型储层，随着应力敏感系数增加，岩石孔喉变形增加，由于该类储层孔喉细小，当岩石受压实到一定程度后，变形幅度减小。随地层压力降低，应力敏感程度增加，无阻流量最高损失达到60%（图6-41）。

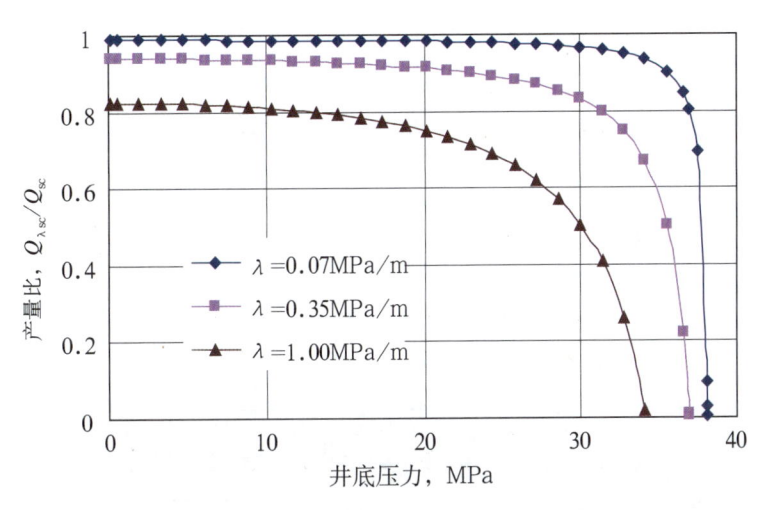

图6-39 阈压效应对产能比的影响

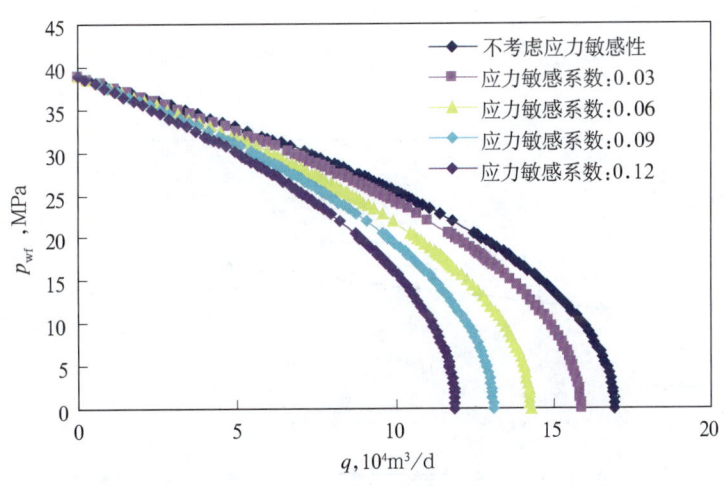

图6-40 不同应力敏感系数时的产能曲线

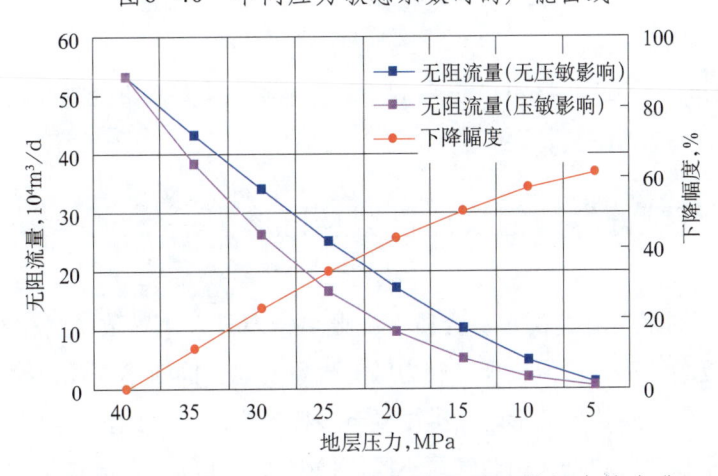

图6-41 考虑应力敏感下无阻流量随地层压力的变化

4. 滑脱效应、阈压效应和应力敏感对气井产能的相互作用规律

通过建立同时考虑滑脱效应、阈压效应和应力敏感三种非线性渗流机理的产能预测模型评价滑脱效应、阈压效应和应力敏感相互作用规律及对气井的产能产生影响。计算结果（图6—42和图6—43）表明，当压差小于6.9MPa时阈压效应起主导作用，压差大于6.9MPa时应力敏感起主导作用；近井地带（井距小于270m）以应力敏感为主导因素，远井区（井距大于270m）以阈压效应为主导因素；正常开采条件下，滑脱效应影响较小。渗透率$K<0.1$mD，孔隙压力小于10MPa，滑脱效应影响相对较大（3%~7%）。

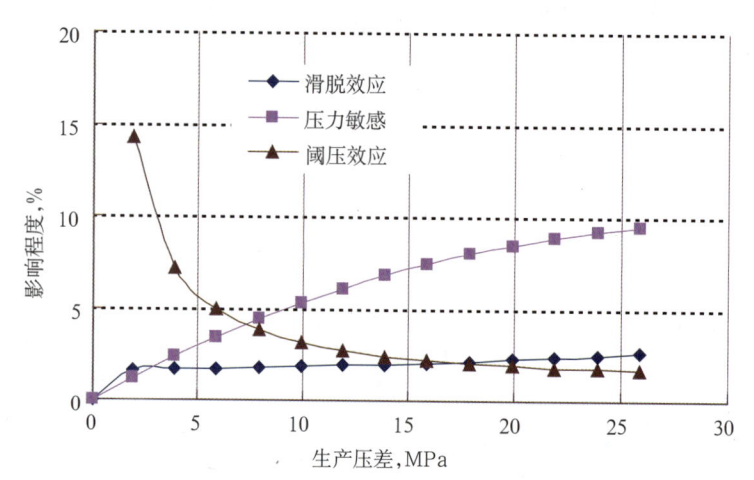

图6—42 K=0.43mD时三种因素对产能影响效果随井底压力变化图

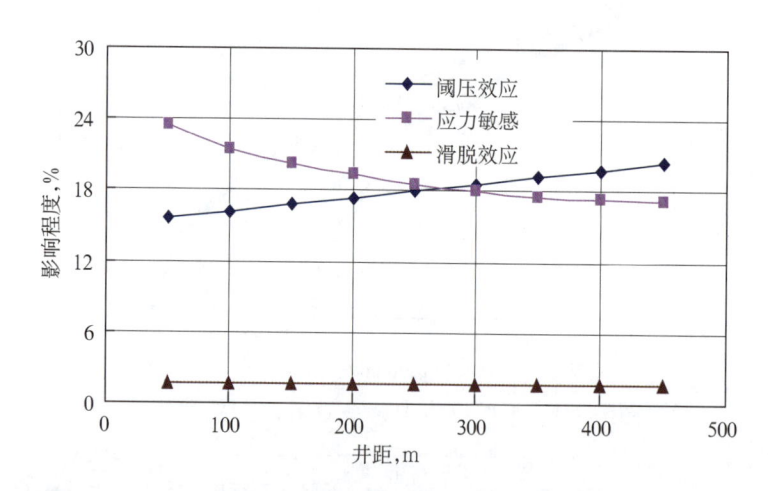

图6—43 K=0.43mD时三种因素对产能影响效果随井距变化图

第四节 火山岩气藏开发数值模拟模型及方法

火山岩气藏发育不同尺度孔缝洞多重介质，孔喉半径差异大，导致储层存在滑脱效应、阈压效应、高速非达西流等复杂非线性渗流机理，应力敏感现象明显，同时不同规模储渗单元的叠置模式不同、气水关系复杂，导致气藏边界的形态及类型复杂多样[4, 41-50]。因此，本节在第五章火山岩气藏非线性渗流机理研究的基础上，根据火山岩气藏不同规模储渗单元的叠置模式及其多尺度孔洞缝介质发育的特点，建立了四重介质、三重介质、双重介质、单一介质火山岩气藏开发数值模拟模型，形成了自适应建模、自适应求解的火山岩气藏数值模拟求解方法，为火山岩开发方案优化、开发指标预测提供理论依据。

一、火山岩气藏数值模拟数学模型

针对火山岩气藏多尺度、多介质孔缝洞特征，充分结合室内实验、理论及生产动态分析结果，将储层划分为不同的储渗模式，同时根据不同储渗模式的特点，将火山岩气藏储层划分为四重介质储层、三重介质储层、双重介质储层及单一介质储层（表6-5），不同类型储层具有不同的渗流模式（图6-44至图6-49）。针对每种类型储层内不同尺度介质的流态不同、不同开发阶段的渗流机理不同，建立了适合火山岩气藏不同开发机理的气、水两相非线性渗流数学模型[51]，为开发方案优化、开发指标预测提供技术支撑和手段。

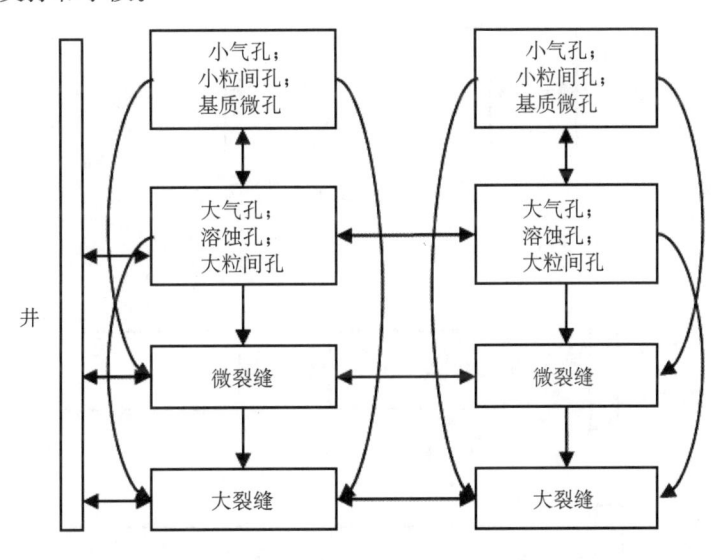

图6-44 四重介质渗流模式

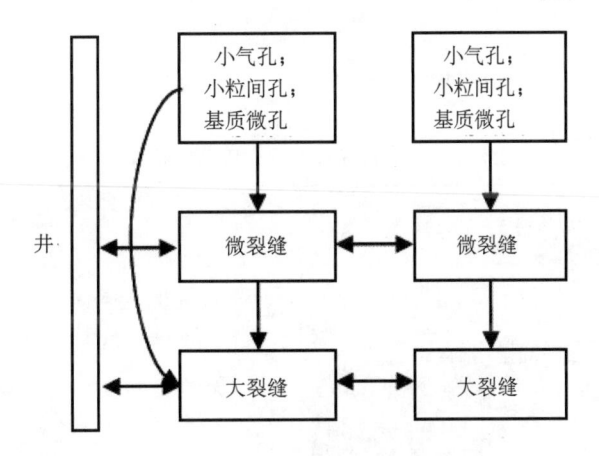

图6-45 三重介质渗流模式

图6-46 双重介质单渗模式

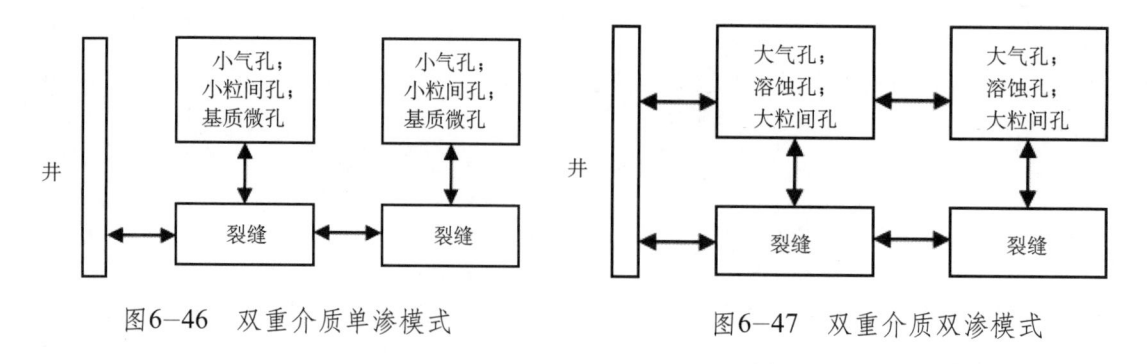

图6-47 双重介质双渗模式

(a) 小气孔—小粒间孔—基质微孔渗流模式

(b) 大气孔—溶蚀孔—大粒间孔渗流模式

图6-48 孔隙型单一介质渗流模式

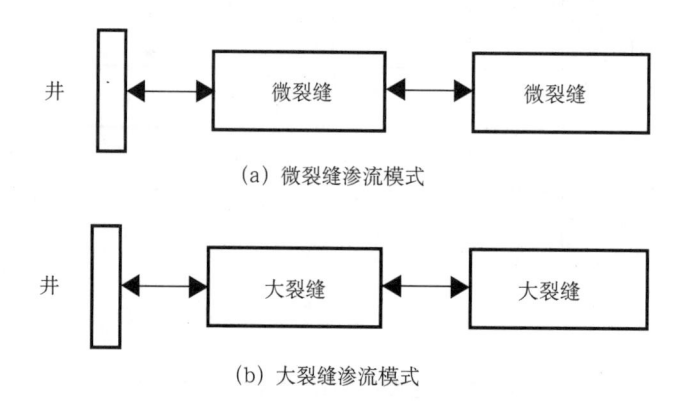

(a) 微裂缝渗流模式

(b) 大裂缝渗流模式

图6-49 裂缝型单一介质渗流模式

表6-5 火山岩气藏多重介质储层特性表

介质类型	储渗空间	岩心示意图	概念模型	孔渗特征	孔缝类型	尺度界限	渗流机理	影响因素
四重介质	裂缝—孔隙型			四孔三渗	小气孔、小粒间孔、基质微孔	孔喉半径小于1μm	低速非达西渗流（滑脱效应阈压效应）	应力敏感
					大气孔、溶蚀孔、大粒间孔	孔喉半径大于1μm	达西渗流	
					微裂缝	裂缝宽度小于0.1mm	达西渗流	
					大裂缝	裂缝宽度大于0.1mm	高速非达西渗流	

续表

介质类型	储渗空间	岩心示意图	概念模型	孔渗特征	孔缝类型	尺度界限	渗流机理	影响因素
三重介质	裂缝—孔隙型			三孔双渗	小气孔、小粒间孔、基质微孔	孔喉半径小于1μm	低速非达西渗流（滑脱效应阈压效应）	应力敏感
					微裂缝	裂缝宽度小于0.1mm	达西渗流	
					大裂缝	裂缝宽度大于0.1mm	高速非达西渗流	
双重介质	裂缝—孔隙型			双孔单渗	小气孔、小粒间孔、基质微孔	孔喉半径小于1μm	低速非达西渗流（滑脱效应阈压效应）	应力敏感
					裂缝（微裂缝、大裂缝）	裂缝宽度大于0.1mm	高速非达西渗流	
				双孔双渗	大气孔、溶蚀孔、大粒间孔	孔喉半径大于1μm	达西渗流	应力敏感
					裂缝（微裂缝、大裂缝）	裂缝宽度大于0.1mm	高速非达西渗流	
单一介质	孔隙型			单孔单渗	小气孔、小粒间孔、基质微孔	孔喉半径小于1μm	低速非达西渗流（滑脱效应阈压效应）	应力敏感
					大气孔、溶蚀孔、大粒间孔	孔喉半径大于1μm	达西渗流	应力敏感
	裂缝型				微裂缝	裂缝宽度小于0.1mm	达西渗流	应力敏感
					大裂缝	裂缝宽度大于0.1mm	高速非达西渗流	应力敏感

1. 四重介质渗流数学模型

针对孔缝洞发育的火山岩气藏，可简化处理为小气孔—小粒间孔—基质微孔（m）、大气孔—溶蚀孔—大粒间孔（M）、微裂缝（f）、大裂缝（F）四重介质模型。此类储层中小气孔—小粒间孔—基质微孔不能直接向井内渗流，流动总是先从大气孔—溶蚀孔—大粒间孔、微裂缝开始，逐渐向小气孔—小粒间孔—基质微孔波及，大气孔—溶蚀孔—大粒间孔、微裂缝及大裂缝均向井筒渗流。针对该类气藏的开发机理，在建立数值模拟模型时需考虑以下几点：

（1）随地层压力的降低，基质系统孔喉变形与缩小，裂缝发生变形与闭合，需要考虑应力敏感对储层小气孔—小粒间孔—基质微孔、大气孔—溶蚀孔—大粒间孔、微裂缝和大裂缝的影响。

（2）火山岩气藏内部一般存在大量束缚水、凝析水，有时还存在可动水或夹层水。物性越差，束缚水饱和度越高，小气孔—小粒间孔—基质微孔渗流数学模型中需考虑气体阈压效应影响。

（3）开发后期地层压力较低时，小气孔—小粒间孔—基质微孔渗流数学模型中需考虑气体滑脱效应影响。

(4) 由于微裂缝张开度较小，因此气体内部流动符合达西渗流规律；大裂缝张开度较大，气体流动符合高速非达西渗流规律。

1) 小气孔—小粒间孔-基质微孔渗流数学模型

将式（6-7）、式（6-9）、式（6-15）、式（6-16）代入运动方程，结合状态方程和连续性方程，建立考虑滑脱效应、阈压效应、应力敏感的气水两相渗流数学模型。

气相数学模型：

$$-\alpha_{Fm}\left[\frac{\rho_g K_0 K_{rg} e^{-\alpha(p_e-p)}}{\mu_g}\left(1+\frac{b_K}{p}\right)\right]_m (\Phi_{gm}-\Phi_{gF}-G) - \alpha_{fm}\left[\frac{\rho_g K_0 K_{rg} e^{-\alpha(p_e-p)}}{\mu_g}\left(1+\frac{b_K}{p}\right)\right]_m (\Phi_{gm}-\Phi_{gf}-G)$$
$$-\alpha_{Mm}\left[\frac{\rho_g K_0 K_{rg} e^{-\alpha(p_e-p)}}{\mu_g}\left(1+\frac{b_K}{p}\right)\right]_m (\Phi_{gm}-\Phi_{gM}-G) = \frac{\partial\left[\phi_0 e^{-\varphi(p_e-p)}\rho_g S_g\right]_m}{\partial t} \quad (6-159)$$

水相数学模型：

$$-\alpha_{Fm}\left[\frac{\rho_w K_0 K_{rw} e^{-\alpha(p_e-p)}}{\mu_w}\right]_m (\Phi_{wm}-\Phi_{wF}) - \alpha_{fm}\left[\frac{\rho_w K_0 K_{rw} e^{-\alpha(p_e-p)}}{\mu_w}\right]_m (\Phi_{wm}-\Phi_{wf})$$
$$-\alpha_{Mm}\left[\frac{\rho_w K_0 K_{rw} e^{-\alpha(p_e-p)}}{\mu_w}\right]_m (\Phi_{wm}-\Phi_{wM}) = \frac{\partial\left[\phi_0 e^{-\varphi(p_e-p)}\rho_w S_w\right]_m}{\partial t} \quad (6-160)$$

$$\Phi_g = p_g - \rho_g g D \quad (6-161)$$

$$\Phi_w = p_w - \rho_w g D \quad (6-162)$$

式中　下标 m，M，f，F——小气孔—小粒间孔—基质微孔、大气孔—溶蚀孔—大粒间孔、微裂缝及大裂缝；

α_{Mm}、α_{fm}、α_{Fm}——小气孔—小粒间孔—基质微孔与大气孔—溶蚀孔—大粒间孔、小气孔—小粒间孔—基质微孔与微裂缝、小气孔—小粒间孔—基质微孔与大裂缝间的窜流系数，m；

ρ_g——气藏条件下的气相密度，kg/m^3；

ρ_w——气藏条件下的水相密度，kg/m^3；

K_0——气藏的绝对渗透率，mD；

K_{rg}——气相的相对渗透率，无量纲；

K_{rw}——水相的相对渗透率，无量纲；

α——岩石有效应力绝对渗透率修正系数，无量纲；

p_e——原始底层压力，MPa；

p_g——气相压力，MPa；

p_w——水相压力，MPa；

μ_g——气相黏度，mPa·s；

μ_w——水相的黏度，mPa·s；

b_K——滑脱因子，MPa；

$\varPhi_{\mathrm{g}}$——气相压力势函数，MPa；

$\varPhi_{\mathrm{w}}$——水相压力势函数，MPa；

G——阈压梯度，MPa/m；

g——重力加速度，$9.8\mathrm{m/s}^2$；

D——深度，m；

ϕ_0——气藏的有效孔隙度；

φ——岩石有效应力有效孔隙度修正系数，无量纲；

S_{g}——气相饱和度；

S_{w}——水相饱和度；

t——时间，s。

2）大气孔—溶蚀孔—大粒间孔渗流数学模型

将式（6-15）、式（6-16）代入运动方程，结合状态方程和连续性方程，建立考虑应力敏感的气水两相渗流数学模型。

气相数学模型：

$$\nabla \cdot \left[\rho_{\mathrm{g}} \frac{K_0 K_{\mathrm{rg}} \mathrm{e}^{-\alpha(p_{\mathrm{e}}-p)}}{\mu_{\mathrm{g}}} \nabla \varPhi_{\mathrm{g}} \right]_M - \alpha_{\mathrm{FM}} \left(\frac{\rho_{\mathrm{g}} K_0 K_{\mathrm{rg}} \mathrm{e}^{-\alpha(p_{\mathrm{e}}-p)}}{\mu_{\mathrm{g}}} \right)_M (\varPhi_{\mathrm{gM}} - \varPhi_{\mathrm{gF}}) - \alpha_{\mathrm{fM}} \left(\frac{\rho_{\mathrm{g}} K_0 K_{\mathrm{rg}} \mathrm{e}^{-\alpha(p_{\mathrm{e}}-p)}}{\mu_{\mathrm{g}}} \right)_M (\varPhi_{\mathrm{gM}} - \varPhi_{\mathrm{gf}}) \\ + \alpha_{\mathrm{mM}} \left(\frac{\rho_{\mathrm{g}} K_0 K_{\mathrm{rg}} \mathrm{e}^{-\alpha(p_{\mathrm{e}}-p)}}{\mu_{\mathrm{g}}} \right)_m (\varPhi_{\mathrm{gM}} - \varPhi_{\mathrm{gm}}) + q_{\mathrm{gM}} = \frac{\partial \left[\phi_0 \mathrm{e}^{-\varphi(p_{\mathrm{e}}-p)} \rho_{\mathrm{g}} S_{\mathrm{g}} \right]_M}{\partial t} \tag{6-163}$$

水相数学模型：

$$\nabla \cdot \left[\rho_{\mathrm{w}} \frac{K_0 K_{\mathrm{rw}} \mathrm{e}^{-\alpha(p_{\mathrm{e}}-p)}}{\mu_{\mathrm{w}}} \nabla \varPhi_{\mathrm{w}} \right]_M - \alpha_{\mathrm{FM}} \left(\frac{\rho_{\mathrm{w}} K_0 K_{\mathrm{rw}} \mathrm{e}^{-\alpha(p_{\mathrm{e}}-p)}}{\mu_{\mathrm{w}}} \right)_M (\varPhi_{\mathrm{wM}} - \varPhi_{\mathrm{wF}}) - \alpha_{\mathrm{fM}} \left(\frac{\rho_{\mathrm{w}} K_0 K_{\mathrm{rw}} \mathrm{e}^{-\alpha(p_{\mathrm{e}}-p)}}{\mu_{\mathrm{w}}} \right)_M (\varPhi_{\mathrm{wM}} - \varPhi_{\mathrm{wf}}) \\ + \alpha_{\mathrm{mM}} \left(\frac{\rho_{\mathrm{w}} K_0 K_{\mathrm{rw}} \mathrm{e}^{-\alpha(p_{\mathrm{e}}-p)}}{\mu_{\mathrm{w}}} \right)_m (\varPhi_{\mathrm{wM}} - \varPhi_{\mathrm{wm}}) + q_{\mathrm{wM}} = \frac{\partial \left[\phi_0 \mathrm{e}^{-\varphi(p_{\mathrm{e}}-p)} \rho_{\mathrm{w}} S_{\mathrm{w}} \right]_M}{\partial t} \tag{6-164}$$

式中 α_{fM}，α_{FM}——大气孔—溶蚀孔—大粒间孔与微裂缝、大气孔—溶蚀孔—大粒间孔与大裂缝间的窜流系数，m；

q_{g}——单位时间内地层天然气流入/流出的质量流量，kg/s；

q_{w}——单位时间内地层水流入/流出的质量流量，kg/s；

∇——哈密顿算子，无量纲。

3）微裂缝渗流数学模型

将式（6-13）、式（6-14）代入运动方程，结合状态方程和连续性方程，建立考虑应力敏感的气水两相渗流数学模型。

气相数学模型：

$$\nabla \cdot \left[\rho_{\mathrm{g}} \frac{K_0 K_{\mathrm{rg}} \mathrm{e}^{-\alpha(p_{\mathrm{e}}-p)}}{\mu_{\mathrm{g}}} \nabla \varPhi_{\mathrm{g}} \right]_f - \alpha_{\mathrm{Ff}} \left(\frac{\rho_{\mathrm{g}} K_0 K_{\mathrm{rg}} \mathrm{e}^{-\alpha(p_{\mathrm{e}}-p)}}{\mu_{\mathrm{g}}} \right)_f (\varPhi_{\mathrm{gf}} - \varPhi_{\mathrm{gF}}) + \alpha_{\mathrm{fm}} \left(\frac{\rho_{\mathrm{g}} K_0 K_{\mathrm{rg}} \mathrm{e}^{-\alpha(p_{\mathrm{e}}-p)}}{\mu_{\mathrm{g}}} \right)_m (\varPhi_{\mathrm{gm}} - \varPhi_{\mathrm{gf}}) \\ + \alpha_{\mathrm{fM}} \left(\frac{\rho_{\mathrm{g}} K_0 K_{\mathrm{rg}} \mathrm{e}^{-\alpha(p_{\mathrm{e}}-p)}}{\mu_{\mathrm{g}}} \right)_M (\varPhi_{\mathrm{gM}} - \varPhi_{\mathrm{gf}}) + q_{\mathrm{gf}} = \frac{\partial \left[\phi_0 \mathrm{e}^{-\varphi(p_{\mathrm{e}}-p)} \rho_{\mathrm{g}} S_{\mathrm{g}} \right]_f}{\partial t} \tag{6-165}$$

水相数学模型：

$$\nabla \cdot \left[\rho_w \frac{K_0 K_{rw} e^{-\alpha(p_e-p)}}{\mu_w} \nabla \Phi_w \right]_f - \alpha_{Ff} \left(\frac{\rho_w K_0 K_{rw} e^{-\alpha(p_e-p)}}{\mu_w} \right)_f (\Phi_{wf} - \Phi_{wF}) + \alpha_{fm} \left(\frac{\rho_w K_0 K_{rw} e^{-\alpha(p_e-p)}}{\mu_w} \right)_m (\Phi_{wm} - \Phi_{wf})$$
$$+ \alpha_{fM} \left(\frac{\rho_w K_0 K_{rw} e^{-\alpha(p_e-p)}}{\mu_w} \right)_M (\Phi_{wM} - \Phi_{wf}) + q_{wf} = \frac{\partial \left[\phi_0 e^{-\varphi(p_e-p)} \rho_w S_w \right]_f}{\partial t} \quad (6-166)$$

式中 α_{Ff}——微裂缝与大裂缝间的窜流系数，m。

4）大裂缝渗流数学模型

将式（6–11）、式（6–12）、式（6–1）代入运动方程，结合状态方程和连续性方程，建立考虑高速非达西流、应力敏感的气水两相渗流数学模型。

气相数学模型：

$$\nabla \cdot \left\{ \frac{1}{2K_0 e^{-\alpha(p_e-p)} \beta_g} \left\{ \frac{\mu_g}{\rho_g K_{rg}} - \left[\left(\frac{\mu_g}{\rho_g K_{rg}} \right)^2 - 4 \left(K_0^2 e^{-2\alpha(p_e-p)} \rho_g \beta_g \right) \nabla \Phi_g \right]^{0.5} \right\} \right\}_F$$
$$+ \alpha_{Ff} \left(\frac{\rho_g K_0 K_{rg} e^{-\alpha(p_e-p)}}{\mu_g} \right)_f (\Phi_{gf} - \Phi_{gF}) + \alpha_{Fm} \left(\frac{\rho_g K_0 K_{rg} e^{-\alpha(p_e-p)}}{\mu_g} \right)_m (\Phi_{gm} - \Phi_{gF}) \quad (6-167)$$
$$+ \alpha_{FM} \left(\frac{\rho_g K_0 K_{rg} e^{-\alpha(p_e-p)}}{\mu_g} \right)_M (\Phi_{gM} - \Phi_{gF}) + q_{gF} = \frac{\partial \left[\phi_0 e^{-\varphi(p_e-p)} \rho_g S_g \right]_F}{\partial t}$$

水相数学模型：

$$\nabla \cdot \left[\rho_w \frac{K_0 K_{rw} e^{-\alpha(p_e-p)}}{\mu_w} \nabla \Phi_w \right]_F + \alpha_{Ff} \left(\frac{\rho_w K_0 K_{rw} e^{-\alpha(p_e-p)}}{\mu_w} \right)_f (\Phi_{wf} - \Phi_{wF}) + \alpha_{Fm} \left(\frac{\rho_w K_0 K_{rw} e^{-\alpha(p_e-p)}}{\mu_w} \right)_m (\Phi_{wm} - \Phi_{wF})$$
$$+ \alpha_{FM} \left(\frac{\rho_w K_0 K_{rw} e^{-\alpha(p_e-p)}}{\mu_w} \right)_M (\Phi_{wM} - \Phi_{wF}) + q_{wF} = \frac{\partial \left[\phi_0 e^{-\varphi(p_e-p)} \rho_w S_w \right]_F}{\partial t} \quad (6-168)$$

式中 β_g——高速非达西系数，无量纲。

2. 三重介质渗流数学模型

针对裂缝发育、基质孔隙不发育的火山岩气藏，可简化处理为小气孔—小粒间孔–基质微孔（m）、微裂缝（f）、大裂缝（F）三重介质模型。此类储层小气孔—小粒间孔—基质微孔不能直接向井内渗流，流动总是先从微裂缝开始，逐渐向小气孔—小粒间孔—基质微孔波及，微裂缝及大裂缝均向井筒渗流。针对该类气藏的开发机理，在建立数学模型时需考虑以下几点：

（1）应力敏感对小气孔—小粒间孔—基质微孔、微裂缝和大裂缝中渗流的影响；
（2）阈压效应对小气孔—小粒间孔—基质微孔内气体渗流的影响；
（3）滑脱效应对小气孔—小粒间孔—基质微孔内气体渗流的影响；
（4）微裂缝内气体流动符合达西渗流规律，大裂缝内气体流动符合高速非达西流规律。

1）小气孔—小粒间孔—基质微孔渗流数学模型

将式（6–7）、式（6–9）、式（6–15）、式（6–16）代入运动方程，结合状态方程和连续性方程，建立考虑滑脱效应、阈压效应、应力敏感的气水两相渗流数学模型。

气相数学模型：

$$-\alpha_{\mathrm{Fm}}\left[\frac{\rho_{\mathrm{g}}K_0 K_{\mathrm{rg}}\mathrm{e}^{-\alpha(p_{\mathrm{e}}-p)}}{\mu_{\mathrm{g}}}\left(1+\frac{b_{\mathrm{K}}}{p}\right)\right]_{\mathrm{m}}\left(\varPhi_{\mathrm{gm}}-\varPhi_{\mathrm{gF}}-G\right)$$
$$-\alpha_{\mathrm{fm}}\left[\frac{\rho_{\mathrm{g}}K_0 K_{\mathrm{rg}}\mathrm{e}^{-\alpha(p_{\mathrm{e}}-p)}}{\mu_{\mathrm{g}}}\left(1+\frac{b_{\mathrm{K}}}{p}\right)\right]_{\mathrm{m}}\left(\varPhi_{\mathrm{gm}}-\varPhi_{\mathrm{gf}}-G\right)=\frac{\partial\left[\phi_0\mathrm{e}^{-\varphi(p_{\mathrm{e}}-p)}\rho_{\mathrm{g}}S_{\mathrm{g}}\right]_{\mathrm{m}}}{\partial t} \quad (6-169)$$

水相数学模型：

$$-\alpha_{\mathrm{Fm}}\left(\frac{\rho_{\mathrm{w}}K_0 K_{\mathrm{rw}}\mathrm{e}^{-\alpha(p_{\mathrm{e}}-p)}}{\mu_{\mathrm{w}}}\right)_{\mathrm{m}}\left(\varPhi_{\mathrm{wm}}-\varPhi_{\mathrm{wF}}\right)$$
$$-\alpha_{\mathrm{fm}}\left(\frac{\rho_{\mathrm{w}}K_0 K_{\mathrm{rw}}\mathrm{e}^{-\alpha(p_{\mathrm{e}}-p)}}{\mu_{\mathrm{w}}}\right)_{\mathrm{m}}\left(\varPhi_{\mathrm{wm}}-\varPhi_{\mathrm{wf}}\right)=\frac{\partial\left[\phi_0\mathrm{e}^{-\varphi(p_{\mathrm{e}}-p)}\rho_{\mathrm{w}}S_{\mathrm{w}}\right]_{\mathrm{m}}}{\partial t} \quad (6-170)$$

2）微裂缝渗流数学模型

将式（6–13）、式（6–14）代入运动方程，结合状态方程和连续性方程，建立考虑应力敏感的气水两相渗流数学模型。

气相数学模型：

$$\nabla\cdot\left[\rho_{\mathrm{g}}\frac{K_0 K_{\mathrm{rg}}\mathrm{e}^{-\alpha(p_{\mathrm{e}}-p)}}{\mu_{\mathrm{g}}}\nabla\varPhi_{\mathrm{g}}\right]_{\mathrm{f}}-\alpha_{\mathrm{Ff}}\left(\frac{\rho_{\mathrm{g}}K_0 K_{\mathrm{rg}}\mathrm{e}^{-\alpha(p_{\mathrm{e}}-p)}}{\mu_{\mathrm{g}}}\right)_{\mathrm{f}}\left(\varPhi_{\mathrm{gf}}-\varPhi_{\mathrm{gF}}\right)$$
$$+\alpha_{\mathrm{fm}}\left(\frac{\rho_{\mathrm{g}}K_0 K_{\mathrm{rg}}\mathrm{e}^{-\alpha(p_{\mathrm{e}}-p)}}{\mu_{\mathrm{g}}}\right)_{\mathrm{m}}\left(\varPhi_{\mathrm{gm}}-\varPhi_{\mathrm{gf}}\right)+q_{\mathrm{gf}}=\frac{\partial\left[\phi_0\mathrm{e}^{-\varphi(p_{\mathrm{e}}-p)}\rho_{\mathrm{g}}S_{\mathrm{g}}\right]_{\mathrm{f}}}{\partial t} \quad (6-171)$$

水相数学模型：

$$\nabla\cdot\left[\rho_{\mathrm{w}}\frac{K_0 K_{\mathrm{rw}}\mathrm{e}^{-\alpha(p_{\mathrm{e}}-p)}}{\mu_{\mathrm{w}}}\nabla\varPhi_{\mathrm{w}}\right]_{\mathrm{f}}-\alpha_{\mathrm{Ff}}\left(\frac{\rho_{\mathrm{w}}K_0 K_{\mathrm{rw}}\mathrm{e}^{-\alpha(p_{\mathrm{e}}-p)}}{\mu_{\mathrm{w}}}\right)_{\mathrm{f}}\left(\varPhi_{\mathrm{wf}}-\varPhi_{\mathrm{wF}}\right)$$
$$+\alpha_{\mathrm{fm}}\left(\frac{\rho_{\mathrm{w}}K_0 K_{\mathrm{rw}}\mathrm{e}^{-\alpha(p_{\mathrm{e}}-p)}}{\mu_{\mathrm{w}}}\right)_{\mathrm{m}}\left(\varPhi_{\mathrm{wm}}-\varPhi_{\mathrm{wf}}\right)+q_{\mathrm{wf}}=\frac{\partial\left[\phi_0\mathrm{e}^{-\varphi(p_{\mathrm{e}}-p)}\rho_{\mathrm{w}}S_{\mathrm{w}}\right]_{\mathrm{f}}}{\partial t} \quad (6-172)$$

3）大裂缝渗流数学模型

将式（6–11）、式（6–12）、式（6–1）代入运动方程，结合状态方程和连续性方程，建立考虑高速非达西渗流、应力敏感的气水两相渗流数学模型。

气相数学模型：

$$\nabla\cdot\left\{\frac{1}{2K_0\mathrm{e}^{-\alpha(p_{\mathrm{e}}-p)}\beta_{\mathrm{g}}}\left\{\frac{\mu_{\mathrm{g}}}{\rho_{\mathrm{g}}k_{\mathrm{rg}}}-\left[\left(\frac{\mu_{\mathrm{g}}}{\rho_{\mathrm{g}}k_{\mathrm{rg}}}\right)^2-4\left(K_0^2\mathrm{e}^{-2\alpha(p_{\mathrm{e}}-p)}\rho_{\mathrm{g}}\beta_{\mathrm{g}}\right)\nabla\varPhi_{\mathrm{g}}\right]^{0.5}\right\}\right\}_{\mathrm{F}}$$
$$+\alpha_{\mathrm{Ff}}\left(\frac{\rho_{\mathrm{g}}K_0 K_{\mathrm{rg}}\mathrm{e}^{-\alpha(p_{\mathrm{e}}-p)}}{\mu_{\mathrm{g}}}\right)_{\mathrm{f}}\left(\varPhi_{\mathrm{gf}}-\varPhi_{\mathrm{gF}}\right) \quad (6-173)$$
$$+\alpha_{\mathrm{Fm}}\left(\frac{\rho_{\mathrm{g}}K_0 K_{\mathrm{rg}}\mathrm{e}^{-\alpha(p_{\mathrm{e}}-p)}}{\mu_{\mathrm{g}}}\right)_{\mathrm{m}}\left(\varPhi_{\mathrm{gm}}-\varPhi_{\mathrm{gF}}\right)+q_{\mathrm{gF}}=\frac{\partial\left[\phi_0\mathrm{e}^{-\varphi(p_{\mathrm{e}}-p)}\rho_{\mathrm{g}}S_{\mathrm{g}}\right]_{\mathrm{F}}}{\partial t}$$

水相数学模型：

$$\nabla \cdot \left[\rho_w \frac{K_0 K_{rw} e^{-\alpha(p_e-p)}}{\mu_w} \nabla \Phi_w \right]_F + \alpha_{Ff} \left(\frac{\rho_w K_0 K_{rw} e^{-\alpha(p_e-p)}}{\mu_w} \right)_f (\Phi_{wf} - \Phi_{wF})$$
$$+ \alpha_{Fm} \left(\frac{\rho_w K_0 K_{rw} e^{-\alpha(p_e-p)}}{\mu_w} \right)_m (\Phi_{wm} - \Phi_{wF}) + q_{wF} = \frac{\partial \left[\phi_0 e^{-\varphi(p_e-p)} \rho_w S_w \right]_F}{\partial t} \quad (6-174)$$

3. 双重介质渗流数学模型

1) 双孔单渗渗流数学模型

针对裂缝发育、基质孔隙不发育的火山岩气藏，可简化处理为小气孔—小粒间孔—基质微孔（m）、裂缝（f）双孔单渗模型[52]。此类储层小气孔—小粒间孔—基质微孔不能直接向井内渗流，流动总是先从裂缝开始，逐渐向小气孔—小粒间孔—基质微孔波及，只有裂缝向井筒渗流。针对该类气藏的开发机理，在建立数值模拟模型时需考虑以下几点：

一是应力敏感对小气孔—小粒间孔—基质微孔与裂缝中渗流的影响；

二是阈压效应对小气孔—小粒间孔—基质微孔内气体渗流的影响；

三是滑脱效应对小气孔—小粒间孔—基质微孔内气体渗流的影响[52]；

四是裂缝内气体流动符合高速非达西流规律。

(1) 小气孔—小粒间孔—基质微孔渗流数学模型。

将式（6-7）、式（6-9）、式（6-15）、式（6-16）代入运动方程，结合状态方程和连续性方程，建立考虑滑脱效应、阈压效应、应力敏感的双孔单渗气水两相渗流数学模型。

气相数学模型：

$$-\alpha_{fm} \left[\frac{\rho_g K_0 K_{rg} e^{-\alpha(p_e-p)}}{\mu_g} \left(1 + \frac{b_K}{p}\right) \right]_m (\Phi_{gm} - \Phi_{gf} - G) = \frac{\partial \left[\phi_0 e^{-\varphi(p_e-p)} \rho_g S_g \right]_m}{\partial t} \quad (6-175)$$

水相数学模型：

$$-\alpha_{fm} \left(\frac{\rho_w K_0 K_{rw} e^{-\alpha(p_e-p)}}{\mu_w} \right)_m (\Phi_{wm} - \Phi_{wf}) = \frac{\partial \left[\phi_0 e^{-\varphi(p_e-p)} \rho_w S_w \right]_m}{\partial t} \quad (6-176)$$

(2) 裂缝渗流数学模型。

将式（6-13）、式（6-14）、式（6-1）代入运动方程，结合状态方程和连续性方程，建立考虑高速非达西流、应力敏感的双孔单渗气水两相渗流数学模型。

气相数学模型：

$$\nabla \cdot \left\{ \frac{1}{2K_0 e^{-\alpha(p_e-p)} \beta_g} \left\{ \frac{\mu_g}{\rho_g k_{rg}} - \left[\left(\frac{\mu_g}{\rho_g k_{rg}} \right)^2 - 4 \left(K_0^2 e^{-2\alpha(p_e-p)} \rho_g \beta_g \right) \nabla \Phi_g \right]^{0.5} \right\} \right\}_f$$
$$+ \alpha_{fm} \left(\frac{\rho_g K_0 K_{rg} e^{-\alpha(p_e-p)}}{\mu_g} \right)_m (\Phi_{gm} - \Phi_{gf}) + q_{gf} = \frac{\partial \left[\phi_0 e^{-\varphi(p_e-p)} \rho_g S_g \right]_f}{\partial t} \quad (6-177)$$

水相数学模型：

$$\nabla \cdot \left[\rho_{\mathrm{w}} \frac{K_0 K_{\mathrm{rw}} \mathrm{e}^{-\alpha(p_{\mathrm{e}}-p)}}{\mu_{\mathrm{w}}} \nabla \Phi_{\mathrm{w}} \right]_{\mathrm{f}} + \alpha_{\mathrm{fm}} \left(\frac{\rho_{\mathrm{w}} K_0 K_{\mathrm{rw}} \mathrm{e}^{-\alpha(p_{\mathrm{e}}-p)}}{\mu_{\mathrm{w}}} \right)_{\mathrm{m}} (\Phi_{\mathrm{wm}} - \Phi_{\mathrm{wf}}) + q_{\mathrm{wf}} = \frac{\partial \left[\phi_0 \mathrm{e}^{-\varphi(p_{\mathrm{e}}-p)} \rho_{\mathrm{w}} S_{\mathrm{w}} \right]_{\mathrm{f}}}{\partial t} \quad (6\text{-}178)$$

2) 双孔双渗渗流数学模型

针对孔缝发育的火山岩气藏，可简化处理为大气孔—溶蚀孔—大粒间孔（M）、裂缝（f）双孔双渗模型。此类储层大气孔—溶蚀孔—大粒间孔、裂缝均可直接向井内渗流。针对该类气藏的开发机理，在建立数值模拟模型时需考虑以下几点：

一是应力敏感对大气孔—溶蚀孔—大粒间孔与裂缝中渗流的影响；

二是裂缝内气体流动符合高速非达西流规律。

（1）大气孔—溶蚀孔—大粒间孔渗流数学模型。

将式（6-7）、式（6-9）、式（6-15）、式（6-16）代入运动方程，结合状态方程和连续性方程，建立考虑应力敏感的双孔双渗气水两相渗流数学模型。

气相数学模型：

$$\nabla \cdot \left[\rho_{\mathrm{g}} \frac{K_0 K_{\mathrm{rg}} \mathrm{e}^{-\alpha(p_{\mathrm{e}}-p)}}{\mu_{\mathrm{g}}} \nabla \Phi_{\mathrm{g}} \right]_{\mathrm{M}} - \alpha_{\mathrm{fM}} \left[\frac{\rho_{\mathrm{g}} K_0 K_{\mathrm{rg}} \mathrm{e}^{-\alpha(p_{\mathrm{e}}-p)}}{\mu_{\mathrm{g}}} \right]_{\mathrm{M}} (\Phi_{\mathrm{gM}} - \Phi_{\mathrm{gf}}) + q_{\mathrm{gM}} = \frac{\partial \left[\phi_0 \mathrm{e}^{-\varphi(p_{\mathrm{e}}-p)} \rho_{\mathrm{g}} S_{\mathrm{g}} \right]_{\mathrm{M}}}{\partial t} \quad (6\text{-}179)$$

水相数学模型：

$$\nabla \cdot \left[\rho_{\mathrm{w}} \frac{K_0 K_{\mathrm{rw}} \mathrm{e}^{-\alpha(p_{\mathrm{e}}-p)}}{\mu_{\mathrm{w}}} \nabla \Phi_{\mathrm{w}} \right]_{\mathrm{M}} - \alpha_{\mathrm{fM}} \left(\frac{\rho_{\mathrm{w}} K_0 K_{\mathrm{rw}} \mathrm{e}^{-\alpha(p_{\mathrm{e}}-p)}}{\mu_{\mathrm{w}}} \right)_{\mathrm{M}} (\Phi_{\mathrm{wM}} - \Phi_{\mathrm{wf}}) + q_{\mathrm{wM}} = \frac{\partial \left[\phi_0 \mathrm{e}^{-\varphi(p_{\mathrm{e}}-p)} \rho_{\mathrm{w}} S_{\mathrm{w}} \right]_{\mathrm{M}}}{\partial t} \quad (6\text{-}180)$$

（2）裂缝渗流数学模型。

将式（6-13）、式（6-14）代入运动方程，结合状态方程和连续性方程，建立考虑高速非达西渗流、应力敏感的双孔双渗气水两相渗流数学模型。

气相数学模型：

$$\nabla \cdot \left\{ \frac{1}{2K_0 \mathrm{e}^{-\alpha(p_{\mathrm{e}}-p)} \beta_{\mathrm{g}}} \left\{ \frac{\mu_{\mathrm{g}}}{\rho_{\mathrm{g}} K_{\mathrm{rg}}} - \left[\left(\frac{\mu_{\mathrm{g}}}{\rho_{\mathrm{g}} K_{\mathrm{rg}}} \right)^2 - 4 \left(K_0^2 \mathrm{e}^{-2\alpha(p_{\mathrm{e}}-p)} \rho_{\mathrm{g}} \beta_{\mathrm{g}} \right) \nabla \Phi_{\mathrm{g}} \right]^{0.5} \right\} \right\}_{\mathrm{f}}$$

$$+ \alpha_{\mathrm{fm}} \left(\frac{\rho_{\mathrm{g}} K_0 K_{\mathrm{rg}} \mathrm{e}^{-\alpha(p_{\mathrm{e}}-p)}}{\mu_{\mathrm{g}}} \right)_{\mathrm{m}} (\Phi_{\mathrm{gm}} - \Phi_{\mathrm{gf}}) + q_{\mathrm{gf}} = \frac{\partial \left[\phi_0 \mathrm{e}^{-\varphi(p_{\mathrm{e}}-p)} \rho_{\mathrm{g}} S_{\mathrm{g}} \right]_{\mathrm{f}}}{\partial t} \quad (6\text{-}181)$$

水相数学模型：

$$\nabla \cdot \left[\rho_{\mathrm{w}} \frac{K_0 K_{\mathrm{rw}} \mathrm{e}^{-\alpha(p_{\mathrm{e}}-p)}}{\mu_{\mathrm{w}}} \nabla \Phi_{\mathrm{w}} \right]_{\mathrm{f}} + \alpha_{\mathrm{fm}} \left(\frac{\rho_{\mathrm{w}} K_0 K_{\mathrm{rw}} \mathrm{e}^{-\alpha(p_{\mathrm{e}}-p)}}{\mu_{\mathrm{w}}} \right)_{\mathrm{m}} (\Phi_{\mathrm{wm}} - \Phi_{\mathrm{wf}}) + q_{\mathrm{wf}} = \frac{\partial \left[\phi_0 \mathrm{e}^{-\varphi(p_{\mathrm{e}}-p)} \rho_{\mathrm{w}} S_{\mathrm{w}} \right]_{\mathrm{f}}}{\partial t} \quad (6\text{-}182)$$

4. 单一介质渗流数学模型

针对孔隙发育的火山岩储层，当孔喉半径大于 1μm 时，气体流动符合达西渗流规律，应力敏感效应明显，可采用大气孔—溶蚀孔—大粒间孔（M）单一介质模型对其进行描述。当孔喉半径小于1μm时，气体流动符合低速非达西渗流定律，应力敏感效应明显，可采用小气孔—小粒间孔—基质微孔（m）单一介质模型对其进行描述。

针对裂缝较发育的火山岩储层，当裂缝宽度小于0.1mm时，气体流动符合达西渗流规律，应力敏感效应明显，可采用微裂缝（f）单一介质模型对其进行描述。当裂缝宽度大于0.1mm时，气体流动符合高速非达西渗流规律，应力敏感效应明显，可采用大裂缝（F）单一介质模型对其进行描述。

1）孔隙型单一介质渗流数学模型

（1）小气孔—小粒间孔—基质微孔渗流数学模型。

将式（6–15）、式（6–16）代入运动方程，结合状态方程和连续性方程，建立考虑滑脱效应、阈压效应、应力敏感的小气孔—小粒间孔—基质微孔气水两相渗流数学模型。

气相数学模型：

$$\nabla \cdot \left[\rho_g \frac{K_0 K_{rg} e^{-\alpha(p_e-p)}}{\mu_g} \left(1 + \frac{b_K}{p}\right) (\nabla \Phi_g - G) \right]_m + q_{gm} = \frac{\partial \left[\phi_0 e^{-\varphi(p_e-p)} \rho_g S_g \right]_m}{\partial t} \qquad (6-183)$$

水相数学模型：

$$\nabla \cdot \left[\rho_w \frac{K_{rw}}{\mu_w} K_0 e^{-\alpha(p_e-p)} \nabla \Phi_w \right]_m + q_{wm} = \frac{\partial \left[\phi_0 e^{-\varphi(p_e-p)} \rho_w S_w \right]_m}{\partial t} \qquad (6-184)$$

（2）大气孔—溶蚀孔—大粒间孔渗流数学模型。

将式（6–15）、式（6–16）代入运动方程，结合状态方程和连续性方程，建立考虑应力敏感的大气孔—溶蚀孔—大粒间孔气水两相渗流数学模型。

气相数学模型：

$$\nabla \cdot \left[\rho_g \frac{K_{rg}}{\mu_g} K_0 e^{-\alpha(p_e-p)} \nabla \Phi_g \right]_M + q_{gM} = \frac{\partial \left[\phi_0 e^{-\varphi(p_e-p)} \rho_g S_g \right]_M}{\partial t} \qquad (6-185)$$

水相数学模型：

$$\nabla \cdot \left[\rho_w \frac{K_{rw}}{\mu_w} K_0 e^{-\alpha(p_e-p)} \nabla \Phi_w \right]_M + q_{wM} = \frac{\partial \left[\phi_0 e^{-\varphi(p_e-p)} \rho_w S_w \right]_M}{\partial t} \qquad (6-186)$$

2）裂缝型单一介质渗流数学模型

（1）微裂缝渗流数学模型。

将式（6–15）、式（6–16）代入运动方程，结合状态方程和连续性方程，建立考虑应力敏感的微裂缝气水两相渗流数学模型。

气相数学模型：

$$\nabla \cdot \left[\rho_g \frac{K_{rg}}{\mu_g} K_0 e^{-\alpha(p_e-p)} \nabla \Phi_g \right]_f + q_{gf} = \frac{\partial \left[\phi_0 e^{-\varphi(p_e-p)} \rho_g S_g \right]_f}{\partial t} \qquad (6-187)$$

水相数学模型：

$$\nabla \cdot \left[\rho_w \frac{K_{rw}}{\mu_w} K_0 e^{-\alpha(p_e-p)} \nabla \Phi_w \right]_f + q_{wf} = \frac{\partial \left[\phi_0 e^{-\varphi(p_e-p)} \rho_w S_w \right]_f}{\partial t} \qquad (6-188)$$

（2）大裂缝渗流数学模型。

将式（6-13）、式（6-14）、式（6-1）代入运动方程，结合状态方程和连续性方程，建立考虑高速非达西流、应力敏感的大裂缝气水两相渗流数学模型。

气相数学模型：

$$\nabla \cdot \left\{ \frac{1}{2K_0 e^{-\alpha(p_e-p)} \beta_g} \left\{ \frac{\mu_g}{\rho_g K_{rg}} - \left[\left(\frac{\mu_g}{\rho_g K_{rg}} \right)^2 - 4 \left(K_0^2 e^{-2\alpha(p_e-p)} \rho_g \beta_g \right) \nabla \Phi_g \right]^{0.5} \right\} \right\}_F + q_{gF} = \frac{\partial \left[\phi_0 e^{-\varphi(p_e-p)} \rho_g S_g \right]_F}{\partial t} \qquad (6-189)$$

水相数学模型：

$$\nabla \cdot \left[\rho_w \frac{K_{rw}}{\mu_w} K_0 e^{-\alpha(p_e-p)} \nabla \Phi_w \right]_F + q_{wF} = \frac{\partial \left[\phi_0 e^{-\varphi(p_e-p)} \rho_w S_w \right]_F}{\partial t} \qquad (6-190)$$

5. 非线性渗流辅助数学模型

为了使火山岩气藏数学方程组封闭，需建立相应的窜流模型、定解条件、毛管力和饱和度约束方程。

1）多重介质间渗流数学模型

上述内容涉及多重介质之间窜流的处理问题。本节将以三重介质为例，给出具体的处理方法[53,54]。

（1）基质孔隙与裂缝间渗流数学模型。

①基质孔隙与大裂缝间的窜流，主要由基质孔隙的渗流特性决定，因此采用滑脱效应数学模型式（6-7）、阈压效应数学模型式（6-9）、应力敏感数学模型式（6-15）、式（6-16），建立考虑滑脱效应、阈压效应、应力敏感的基质孔隙与大裂缝间的窜流模型：

$$q_{Fm} = \alpha_{Fm} \left[\frac{\rho_g K_0 K_{rg} e^{-\alpha(p_e-p)}}{\mu_g} \left(1 + \frac{b_K}{p} \right) \right]_m (\Phi_{gm} - \Phi_{gF} - G) \qquad (6-191)$$

其中，窜流系数：

$$\alpha_{Fm} = A_{Fm}/l_{Fm} \qquad (6-192)$$

式中 A_{Fm}——小气孔—小粒间孔—基质微孔与大裂缝间特征面积，m^2；

l_{Fm}——小气孔—小粒间孔—基质微孔与大裂缝间特征距离，m。

特征距离l_{Fm}的计算：基质孔隙被大裂缝分割为多个立方体，在每个立方体上，均匀分布着微裂缝。用A，B，C和a，b，c分别表示大裂缝及微裂缝在三个方向上的间距，如图6-50所示。

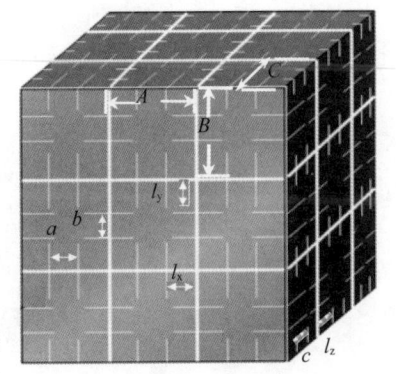

图6-50 基质、微裂缝、大裂缝特征距离示意图

基质孔隙与大裂缝间的特征距离 l_{Fm} 为：

$$l_{Fm} = \begin{cases} A/6 & \text{一维} \\ AB/[4(A+B)] & \text{二维} \\ \dfrac{3ABC}{10(AB+BC+AC)} & \text{三维} \end{cases} \quad (6-193)$$

基质孔隙与大裂缝间的特征面积 A_{Fm}：首先计算出单元内所包含的基质块的个数，然后根据每个基质块中大裂缝与基质、微裂缝与基质的接触面积，计算出总接触面积：

$$A_{Fm} = 2V(AB+BC+AC)/(ABC) \quad (6-194)$$

式中　V——计算单元的体积，m^3。

②基质孔隙与微裂缝间的窜流，主要由基质孔隙的渗流特性决定，因此采用滑脱效应数学模型式（6-7）、阈压效应数学模型式（6-9）、应力敏感数学模型式（6-15）、式（6-16），建立考虑滑脱效应、阈压效应、应力敏感的基质孔隙与裂缝间渗流数学模型：

$$q_{fm} = \alpha_{fm}\left[\dfrac{\rho_g K_0 K_{rg} e^{-\alpha(p_e-p)}}{\mu_g}\left(1+\dfrac{b_K}{p}\right)\right]_m (\Phi_{gm}-\Phi_{gf}-G) \quad (6-195)$$

其中，窜流系数：

$$\alpha_{fm} = A_{fm}/l_{fm} \quad (6-196)$$

式中　A_{fm}——小气孔—小粒间孔—基质微孔与微裂缝间特征面积，m^2；
　　　l_{fm}——小气孔—小粒间孔—基质微孔与微裂缝间特征距离，m。

基质孔隙与微裂缝间的特征距离 l_{fm} 为：

$$l_{fm} = \begin{cases} a/6 & \text{一维} \\ ab/[4(a+b)] & \text{二维} \\ \dfrac{3abc}{10(ab+bc+ac)} & \text{三维} \end{cases} \quad (6-197)$$

式中　a，b，c——微裂缝在 x，y，z 三个方向上的间距，m。

基质孔隙与微裂缝间的特征面积 A_{fm} 为：

$$A_{fm} = 2V(ab+bc+ac)/(abc) \quad (6-198)$$

（2）微裂缝与大裂缝间渗流数学模型。

微裂缝与大裂缝间的窜流，主要由微裂缝的渗流特性决定，因此采用应力敏感数学模型式（6-13）、式（6-14），建立考虑应力敏感的微裂缝与大裂缝间渗流数学模型：

$$q_{Ff} = \alpha_{Ff}\left(\rho_g K_0 K_{rg} e^{-\alpha(p_e-p)}\mu_g^{-1}\right)_f (\Phi_{gf}-\Phi_{gF}) \quad (6-199)$$

其中，窜流系数：

$$\alpha_{Ff} = A_{Ff}/l_{Ff} \quad (6-200)$$

式中 A_{Ff}——微裂缝与大裂缝间特征面积，m^2；

l_{Ff}——微裂缝与大裂缝间特征距离，m。

微裂缝与大裂缝间特征距离l_{Ff}：按照式（6-201）计算，其中l_x，l_y，l_z需根据试井结果在建模前确定。具体图示如图6-50所示。

$$l_{Ff} = \begin{cases} l_x/2 & \text{一维} \\ (l_x + l_y)/2 & \text{二维} \\ (l_x + l_y + l_z)/2 & \text{三维} \end{cases} \tag{6-201}$$

式中 l_x，l_y，l_z——大裂缝与微裂缝在x，y，z三个方向上的间距，m。

微裂缝与大裂缝间特征面积A_{Ff}：等于微裂缝的绝对渗透率乘以大裂缝与基质的特征面积：

$$A_{Ff} = K_{0f} A_{Fm} = \frac{K_{0f} \cdot 2V(AB + BC + AC)}{ABC} \tag{6-202}$$

2）定解条件

数学模型的定解条件包括初始条件和边界条件。初始条件是指在$t=0$时，火山岩气藏模拟区域中各点压力、饱和度的瞬间状态分布情况。边界条件是指火山岩气藏几何边界在开采过程中所处的状态，分外边界条件和内边界条件。外边界条件采用Neumman边界条件，内边界条件采用Direchlet边界条件。

3）毛管力和饱和度约束条件

对于火山岩气藏多相渗流问题，在多重介质中存在毛管力，因此需建立相应的毛管力约束方程。同时，各介质中的多相流体饱和度需要满足总和等于1的约束条件。

二、火山岩气藏数值模拟数学模型的求解

针对火山岩气藏非线性渗流数学模型，本节介绍火山岩气藏非线性渗流数学模型的求解方法[55,56]。

1. 自适应建模

（1）根据火山岩气藏不同尺度多重介质孔渗特征、储渗模式，确定多重介质的介质类型；

（2）根据多重介质尺度的不同、渗流机理的不同，判断流态，选择渗流模型。

2. 自适应求解

（1）采用有限差分法对非线性渗流数学模型进行离散化处理，得到数值差分离散方程。

（2）数值求解差分离散方程。目前常用的求解方法有两类：一类是对多个独立变量逐次求解，最常用的是IMPES（Implicit Pressure Explicit Saturation）方法。另一类是联立求解方程组，同时解出各独立变量，即联立解法（SS-Simultaneous Solution），其中最常用的是全隐式方法（Fully Implicit Method）。

IMPES方法适用于达西渗流、收敛速度较快的情况。基本原理是：

（1）消去饱和度未知量，得到每个网格块的压力方程；

（2）隐式解出$n+1$时间步的压力值；

（3）显式解出$n+1$时间步的饱和度值。

全隐式方法适用于非达西渗流、收敛速度较慢的情况。其基本原理是：

（1）联立方程，得到压力和饱和度的联立方程；

（2）在一个时间步内进行多次迭代求解，系数参与迭代，使之逐步逼近$n+1$时间步的值。

计算中需设定阈值确定具体求解方法，数值求解出孔隙流压增量Δp和饱和度增量ΔS，算出$n+1$时间步的孔隙压力与饱和度值，依据应力敏感具体公式更新物性参数。将新值带入到差分方程中，替换旧值，进入下一个时间步迭代。

具体流程如图6-51所示。

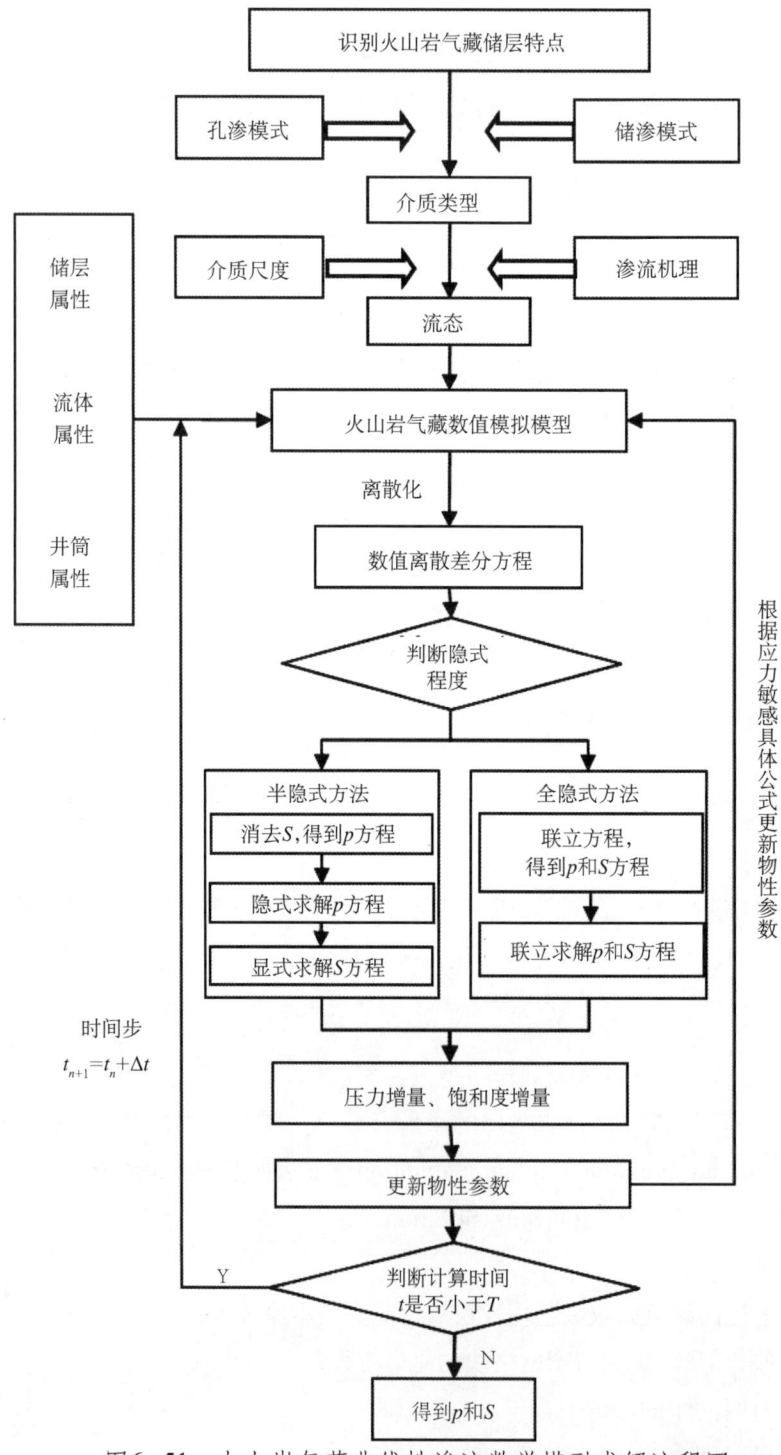

图6-51 火山岩气藏非线性渗流数学模型求解流程图

参 考 文 献

[1] 董家辛, 童敏, 冉博, 等. 火山岩气藏不同储渗模式下的非线性渗流机理[J]. 石油勘探与开发, 2013, 40 (3): 346-351.

[2] 杨正明, 霍凌静, 张亚蒲, 等. 含水火山岩气藏非线性渗流机理研究[J]. 天然气地球科学, 2010, 21 (3): 371-374.

[3] 田玉栋, 李相方, 曹宝军, 等. 火山岩气藏储层渗流特征浅析[J]. 断块油气田, 2009, 16 (6): 43-45.

[4] 袁士义, 冉启全, 徐正顺, 等. 火山岩气藏高效开发策略研究[J]. 石油学报, 2007, 28 (1): 73-77.

[5] 何学文, 杨胜来, 唐嘉. 深层火山岩油气藏滑脱效应及启动压力梯度研究[J]. 特种油气藏, 2010, 17 (5): 100-102.

[6] Ezeudembah Agodi S, Dranchuk P M. Flow Mechanism of Forchheimer's Cubic Equation in High-Velocity Radial Gas Flow Through Porous Media [C]. 1982, SPE 10979.

[7] 马婧, 程时清. 高速非达西气井渗流模型及压力曲线特征[J]. 石油钻探技术, 2009, 37 (4): 28-31.

[8] 赵晓燕, 姚军, 崔传智, 等. 考虑真实气体PVT 动态的高速非达西渗流模型[J]. 石油钻探技术, 2009, 37 (2): 78-81.

[9] 姚约东, 李相方, 葛家理, 等. 低渗气层中气体渗流克林贝尔效应的实验研究[J]. 天然气工业, 2004, 24(11): 100-102.

[10] 朱光亚, 刘先贵, 李树铁, 等. 低渗气藏气体渗流滑脱效应影响研究[J]. 天然气工业, 2007, 27 (5): 44-47.

[11] 许进进, 任玉林, 凡哲元, 等. 考虑滑脱效应下XS火山岩气藏数值模拟研究[J]. 石油天然气学报 (江汉石油学院学报), 2011, 33 (1): 148-151.

[12] Farquhar R A, Smart B G D, Todd A C, et al, Stress Sensitivity of Low-Permeability Sandstones From the Rotliegendes Sandstone [C]. 1993, SPE 26501.

[13] Lorenz J C. Stress-sensitive Reservoir [J]. SPE 50977, Journal of Petroleum Technology, 1999, 51 (1): 61-63.

[14] 刘建军, 刘先贵. 有效压力对低渗透多孔介质孔隙度、渗透率的影响[J]. 地质力学学报, 2001, 7 (1): 41-44.

[15] 秦积舜. 变围压条件下低渗砂岩储层渗透率变化规律研究[J]. 西安石油学院学报 (自然科学版), 2002, 17 (4): 29-31, 35.

[16] 杨正明, 彭彩珍. 火山岩气藏应力敏感性实验研究[J]. 天然气勘探与开发, 2011, 34 (1): 29-31.

[17] 郭平. 低渗透致密砂岩气藏开发机理研究 [M]. 北京: 石油工业出版社, 2009.

[18] 雷群, 杨正明, 刘先贵, 等. 复杂天然气藏储层特征及渗流规律[M]. 北京: 石油工业出版社, 2008.

[19] 廖新维, 沈平平. 现代试井分析 [M]. 北京: 石油工业出版社, 2002.

[20] 董艳军. 应力敏感地层垂直裂缝井压力动态分析 [D]. 青岛：中国石油大学（华东），2009.

[21] 徐梦雅. 致密砂岩气藏压裂井动态反演技术及其应用研究 [D]. 北京：中国石油大学（北京），2013.

[22] 蔡明金，陈方毅，张利，等. 考虑启动压力梯度低渗透油藏应力敏感模型研究[J]. 特种油气藏，2008，15（2）：69-72.

[23] 杨宇. 水平井及压裂水平井测试分析技术研究 [D]. 成都：西南石油大学，2005.

[24] 李军诗. 压裂水平井动态分析研究 [D]. 北京：中国地质大学（北京），2005.

[25] 徐梦雅，廖新维，何逸凡，等. 完井方式对致密气藏压裂水平井产能的影响 [J]. 油气地质与采收率，2012，19(2)：67-71.

[26] 姚军，王子胜. 缝洞型碳酸盐岩油藏试井解释理论与方法[M]. 山东东营：中国石油大学出版社，2007.

[27] 张允，王子胜，姚军，等. 带启动压力梯度的双孔压敏介质压力动态及其应用研究[J]. 水动力学研究与进展，2007，22（3）：332-337.

[28] 王晓东，刘慈群. 双渗透介质水平井压力动态分析[J]. 油气井测试，1993，2（4）：59-64.

[29] 王晓东，刘慈群. 双重介质封闭油藏水平井试井分析方法[J]. 油气井测试，1992，1（2）：1-5.

[30] 李晓平，沈燕来，刘启国，等. 双重介质油藏水平井试井分析方法[J]. 西南石油学院学报，2001，23（5）：16-18.

[31] 刘永良，徐艳梅，刘彬，等. 考虑启动压力梯度低渗双重介质油藏垂直裂缝井试井模型[J]. 油气井测试，2010，19（5）：5-8.

[32] 蔡明金，贾永禄，王永恒，等. 低渗透双重介质油藏垂直裂缝井压力动态分析[J]. 石油学报，2008，29（5）：723-726.

[33] 王晓冬，刘慈群. 复合油藏中水平井压力分析[J]. 石油学报，1997，18（2）：72-76.

[34] 罗建新，张烈辉，赵玉龙，等. 线性复合油气藏试井解释模型及典型曲线分析[J]. 长江大学学报(自然科学版)，2011，8（2）：196-199.

[35] Ambastha A K, McLeroy P G, Grader A S. Effects of a Partially Communicating Fault in a Composite Reservoir on Transient Pressure Testing[J]. SPE Formation Evaluation，1989，4（2）：210-218.

[36] 王自明，袁迎中，蒲海洋，等. 碳酸盐岩油气藏等效介质数值模拟技术[M]. 北京：石油工业出版社，2012.

[37] 张黔川，吕涛，吕劲. 气藏水平井非达西流动二项式产能试井公式[J]. 天然气工业，2004，24（10）：83-85.

[38] 吕劲. 水平井稳态产油量解析公式及讨论[J]. 石油勘探与开发，1993，20（增）：135-139.

[39] 邓英尔，刘慈群. 两相流体椭圆渗流数学模拟与开发计算方法[J]. 石油学报，1999，20（5）：48-52.

[40] 王志平，朱维耀，岳明，等. 低、特低渗透油藏压裂水平井产能计算方法[J]. 北京科技大学学报，2012，34（7）：750-754.

[41] 徐正顺，房宝财. 徐深气田火山岩气藏特征与开发对策[J]. 天然气工业，2010，30（12）：1-4.

[42] 谭显春，邵锐，邱红枫. 徐深气田火山岩气藏高效开发难点及对策[J]. 天然气工业，2009，29（8）：72-74.

[43] 田冷，舒萍，何顺利. 大庆兴城火山岩气藏合理配产方法优化[J]. 大庆石油地质与开发，2010，29（2）：75-78.

[44] 闫利恒，王延杰，麦欣，等. 克拉美丽气田火山岩气藏配产方法优选[J]. 天然气工业，2012，32（2）：51-53.

[45] 徐正顺，王渝明，庞彦明. 大庆徐深气田火山岩气藏的开发[J]. 天然气工业，2008，28（12）：74-77.

[46] 杨思松. 长岭气田火山岩气藏水平井开发技术研究[J]. 西安石油大学学报，2012，32（2）：105-110.

[47] 孙晓岗，王彬，杨作明. 克拉美丽气田火山岩气藏开发主体技术[J]. 天然气工业，2010，30（2）：11-15.

[48] 庞彦明，毕晓明，邵锐，等. 火山岩气藏早期开发特征及其控制因素[J]. 石油学报，2009，30（6）：882-886.

[49] 徐永春，王少军. 火山岩气藏产能特征[J]. 科技视界，2012（8）：159-159，175.

[50] Ran Qiquan, Li Shilun. Study on Dynamic Models of Reservoir Parameters in the Coupled Simulation of Multiphase Flow and Reservoir Deformation [J]. Petroleum Exploration and Development, 1997, 24 (3), 61-65.

[51] 袁士义，宋新民，冉启全. 裂缝性油藏开发技术[M]. 北京：石油工业出版社，2004.

[52] 高树生，钱根宝，王彬，等. 新疆火山岩双重介质气藏供排气机理数值模拟研究[J]. 岩土力学，2011，32（1）：276-281.

[53] Wu Y S, Moridis G, Bai B, et al. A Multi-Continuum Model for Gas Production in Tight Fractured Reservoirs [C]. 2009, SPE 118944.

[54] Wu Y S, Qin Guan .A General Numerical Approach for Modeling Multiphase Flow and Transport in Fractured Porous Media [J]. Communications in Computational Physics, 2009, 6 (1)：85-108.

第七章 火山岩气藏开发技术

火山岩气藏具有多级次建筑结构、多成因多尺度储集空间、孔洞缝多重介质和多类型储渗模式等特征，表现为极强的储层非均质性和复杂的渗流机理，普遍存在不同形态和规模、不同储量丰度和品质的气藏共存的现象，气藏开发面临钻井成功率低，单井产量低，动态描述、产能及开发指标预测符合率低，无现成开发模式和开发技术政策可借鉴等难题。而破解火山岩气藏开发难题的关键，是在火山岩建筑结构、储层模式、渗流机理、开发规律等开发基础理论指导下，应用火山岩气藏动态描述模型和方法，发展火山岩气藏开发核心技术，包括有效储层预测与井位优选技术、水平井及压裂改造提高单井产量技术、产能评价与优化配产技术、气藏动态描述技术、气藏数值模拟技术、气藏开发模式及开发技术政策优化技术。

第一节 有效储层预测与井位优选技术

火山岩的发育受岩浆性质、火山喷发方式和喷发模式等影响，表现为多中心、窄相带、非层状展布的特点；火山储层受火山作用及后期多期构造作用和成岩作用影响，其储集空间类型、孔隙结构、裂缝特征十分复杂；火山岩及其储层特征的复杂性导致火山岩有效储层识别、预测和井位优选难度大。针对火山岩气藏的特殊性，在各级次建筑结构约束和储层模式指导下，形成基于宽方位地震采集与处理的叠前分方位地震属性分析、叠后地震"体控、相控"反演等火山岩气藏有效识别与预测技术，提高有效储层预测精度；在此基础上，针对火山岩气藏不同开发阶段布井目标和井网资料的差异，形成火山岩评价井和开发井井位优选技术，提高钻井成功率和高效井比例，为实现气藏规模效益开发奠定基础。

一、火山岩气藏有效储层识别技术

火山岩有效储层成因机理复杂、影响因素多，通常具有岩性岩相复杂、储集空间类型多、物性变化快、流体性质及气水关系复杂的特点，因此，发展火山岩气藏岩性识别、孔洞缝识别、气水层识别和储层参数解释等技术，是搞清火山岩有效储层特征、评价火山岩储层品质的基础。火山岩的特殊性导致不同类型有效储层的放射性、声波传播特性和岩石导电性差异小，测井解释多解性强，储层识别难度大。针对火山岩有效储层识别的难点，需要充分利用ECS与FMI等特殊测井资料和各种静动态资料，采用不同于常规气藏的岩心刻度测井技术和分岩性、分基质和裂缝，考虑流体影响的精细解释方法，提高有效储层识别的符合率。

1. 岩性识别技术

火山岩岩性变化控制着原生孔缝类型、岩石骨架参数和储渗能力等储层特征的变化，对储集空间评价、流体识别和储层参数解释影响大。针对火山岩岩石成分和结构构造复杂、岩石类型多的特点，综合利用岩心描述、岩化分析试验及ECS、FMI和常规测井等资料，采用TAS图版解释、FMI图像分析、敏感参数交会、聚类分析等方法，识别火山岩岩石成分、结构构造、成因特征和岩石类型，为储集空间评价、流体识别和储层参数解释奠定岩性基础。

1）岩石成分识别

针对火山岩化学成分的复杂性[1-7]，利用岩石化学分析的实验资料和ECS测井数据，采用TAS图版分析和敏感参数交会等方法识别岩石酸碱度，划分岩石成分类型。

（1）利用岩石化学分析实验资料识别火山岩成分。

如图7-1（a），采用TAS图版分析方法[1]，按照酸度将火山岩划分为4种类型：

①超基性火山岩，其SiO_2含量小于45%；

②基性火山岩，其SiO_2含量为45%～52%；

③中性火山岩，其SiO_2含量为52%～63%；

④酸性火山岩，其SiO_2含量大于63%。

在此基础上，进一步综合酸、碱度将火山岩划分为玄武岩、粗面玄武岩、玄武安山岩、英安岩和流纹岩等岩石类型。

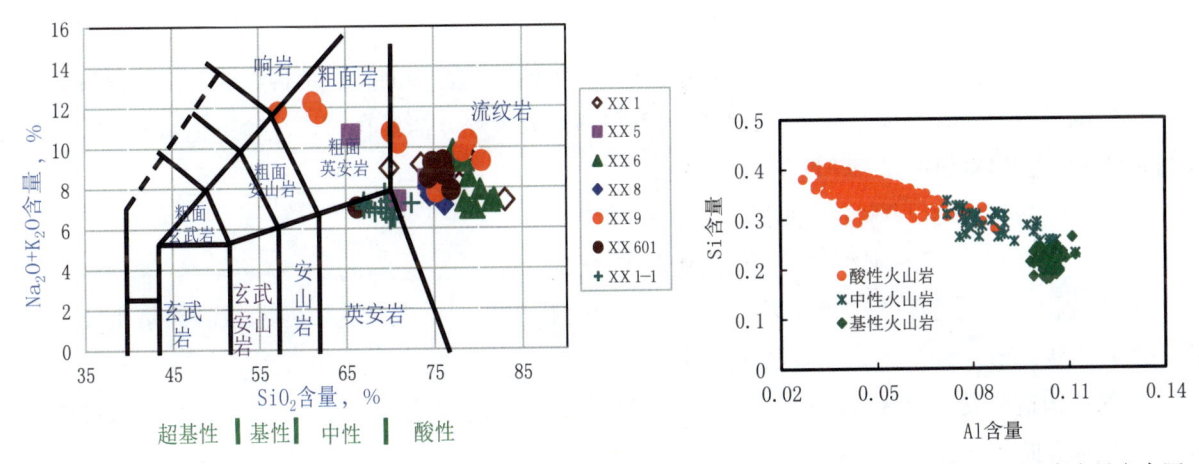

(a) 岩石化学分析数据TAS图版

(b) ECS测井Al-Si元素含量交会图

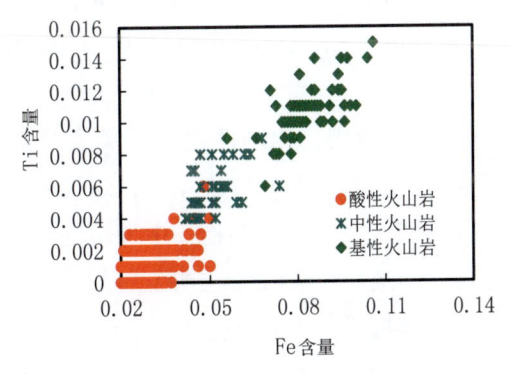

(c) ECS测井Fe-Ti元素含量交会图

图7-1 火山岩岩石成分识别

(2) 利用ECS元素测井识别火山岩成分。

ECS元素测井利用快中子非弹性散射和辐射俘获核反应原理，测量地层主要造岩元素的质量百分数，并应用氧化物闭合模型确定主要氧化物含量[5,6]。因此，利用ECS测井识别火山岩成分的方法有两种：一是根据氧化物含量曲线，采用TAS图版方法识别岩石成分；二是利用元素含量曲线，采用交会图分析方法划分火山岩成分类型[图7-1（b）]。

以XX气田为例（表7-1），根据成分差异将火山岩分为3种类型：

①基性火山岩：Si元素含量小于0.24、Al元素含量大于0.1、Fe元素含量大于0.067、Ti元素含量大于0.08；

②酸性火山岩：与玄武岩相反，Si元素含量大于0.3、Al元素含量小于0.07、Fe元素含量小于0.041、Ti元素含量小于0.42；

③中性火山岩：元素含量则介于基性火山岩与酸性火山岩之间。

表7-1　不同成分火山岩ECS元素测井响应特征（XX气田）

岩石类型	Si含量	Al含量	Fe含量	Ti含量
基性火山岩	<0.24	>0.1	>0.067	>0.08
中性火山岩	0.23~0.32	0.07~0.11	0.04~0.068	0.04~0.09
酸性火山岩	>0.3	<0.07	<0.041	<0.042

2）岩石结构构造的识别

火山岩发育流纹构造、气孔构造、角砾结构、凝灰结构等特殊的岩石结构和构造，利用岩心、薄片及成像测井资料，采用肉眼描述、显微镜观察和图像分析等方法，在对比、分析不同岩石结构构造特征的基础上，建立识别标志并划分岩石结构构造类型。

（1）利用岩心、岩石薄片识别岩石结构、构造。

如图7-2，火山岩几种典型的岩石结构构造主要表现为：

①流纹构造。发育于火山喷出岩中，与变形层理构造相似，表现为颗粒、微晶、基质玻璃或气孔，呈岩流状分布。

②气孔构造。发育于火山熔岩中，表现为熔浆中挥发分逸散后留下的空洞，多呈圆形或椭圆形，椭圆形长轴方向与熔浆流动方向一致。

③火山碎屑结构。发育于火山碎屑岩中，表现为碎屑棱角分明、无磨圆特征，根据碎屑粒径进一步划分为火山集块结构（粒径大于64mm）、火山角砾结构（粒径2~64mm）和凝灰结构（粒径小于2mm）。

④熔结结构。发育于熔结火山碎屑岩中，由刚性岩块、半塑性玻屑、塑性浆屑等组成的热碎屑流，在重荷和高温共同作用下定向排列、塑变拉长或扁平化，焊接刚性颗粒并固结成岩，该类结构具有塑变和焊接的特点。根据熔结程度可分为强熔结结构、中等熔结结构、弱熔结结构三种类型，根据熔结对象进一步分为熔结集块结构、熔结角砾结构、熔结凝灰结构三种类型。

⑤斑状结构。一种不等粒结构，其特征是在很小程度上存在两个世代的矿物和玻基。

⑥球粒结构。主要发育于球粒流纹岩，表现为围绕某一中心呈放射性生长的长石和其矿物的纤维组成球状形成物。

⑦珍珠构造。多出现在由天然玻璃组成的珍珠岩中，表现为均匀收缩的物质中出现的不规则圆形或椭圆形裂缝系统。

图7-2 岩心、薄片识别火山岩岩石结构构造

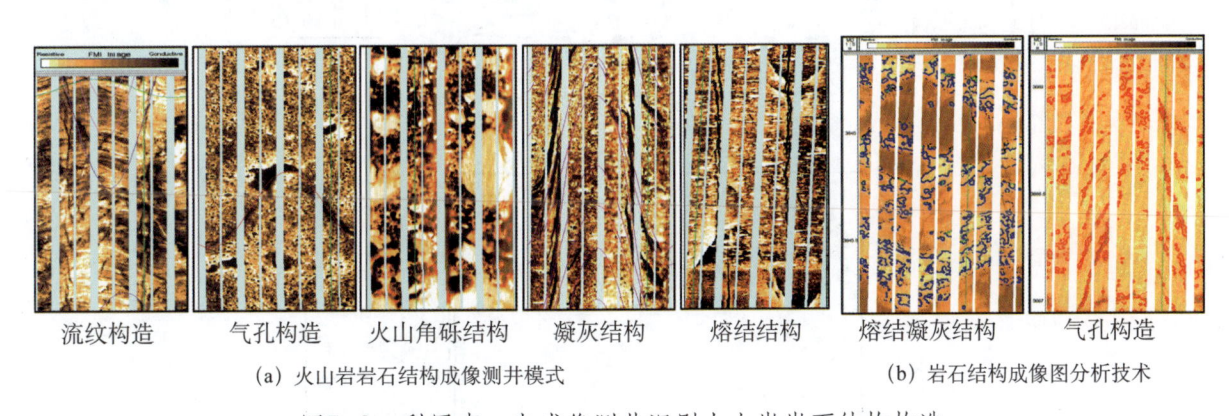

（2）利用声、电成像测井识别火山岩岩石结构构造。

声、电成像测井利用旋转式超声换能器和微电极阵列覆盖井壁，测量不同方位的反射波幅度、传播速度和岩石电阻率，形成井壁图像，多用于识别岩石结构构造等地质现象[7]。

火山岩岩石结构构造在成像测井图上表现为独特的图像特征[图7-3（a）]：流纹构造多呈深、浅相间的条纹；气孔构造图像均匀，具有较为规则的黑色斑点；火山角砾结构表现为黄白色棱角状斑块；凝灰结构则表现为黑白相间的细小斑点；熔结结构在成像图上出现浅色（黄白色）变形条带；等等。在成像测井解释模式基础上，计算电阻率变化指示曲线并设定下限值，刻画异常图像特征并匹配识别模式，可识别火山岩岩石结构构造[图7-3（b）]。

(a) 火山岩岩石结构成像测井模式　　　(b) 岩石结构成像图分析技术

图7-3 利用声、电成像测井识别火山岩岩石结构构造

3）岩性综合识别

在识别火山岩岩石成分和结构构造基础上，结合成因划分火山岩岩石类型，采用交会图分析和主成分、神经网络等聚类方法，综合识别火山岩性。

（1）火山岩测井响应特征。

常规测井测量岩石的放射性、声波传播特性、中子减速特性和岩石导电性。不同类型火山岩具有不同的测井响应特征（图7-4）：①从基性到酸性，不同成分火山岩具有"放射性增强、Th和K含量增加、密度和中子减小"的变化趋势；②在不同成因火山岩中，火山熔岩的测井曲线多为平滑箱型，火山角砾岩则为齿状箱型，晶屑凝灰岩为微齿状箱型和漏斗形，熔结火山碎屑岩则多为锯齿状钟形。因此，利用常规测井曲线，采用测井相分析和敏感测井曲线交会图分析（图7-5）的方法，可识别火山岩岩性，划分岩石类型。

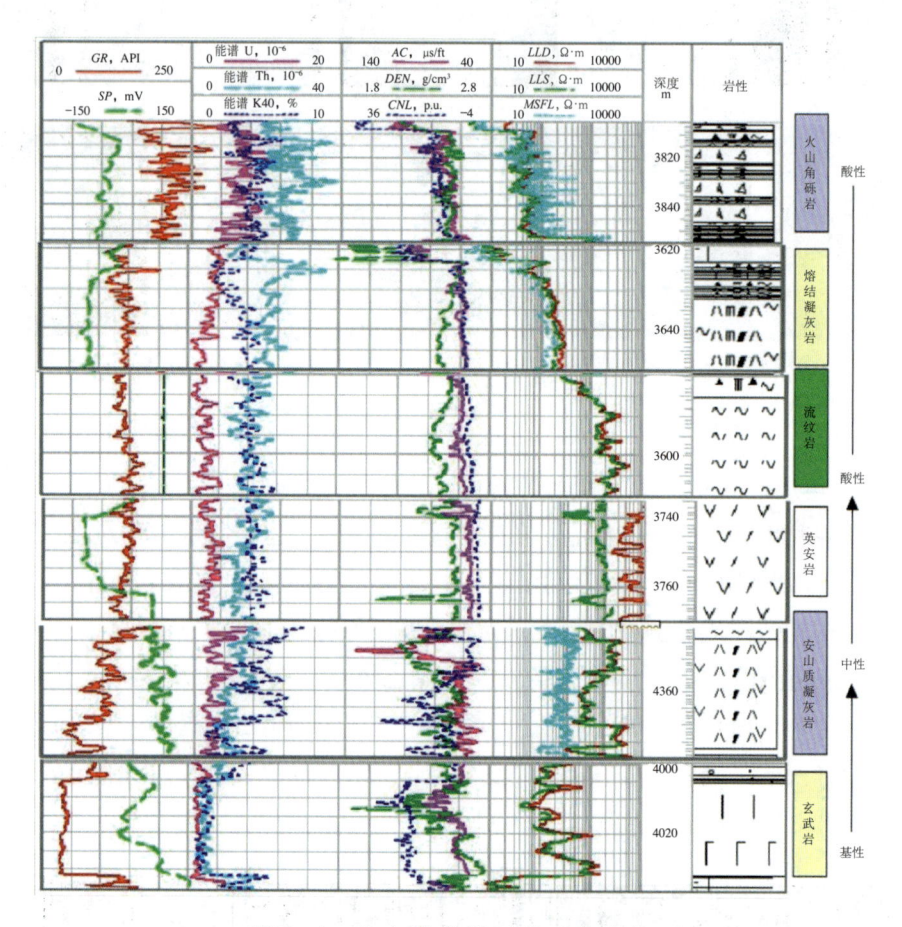

图7-4 火山岩常规测井响应特征

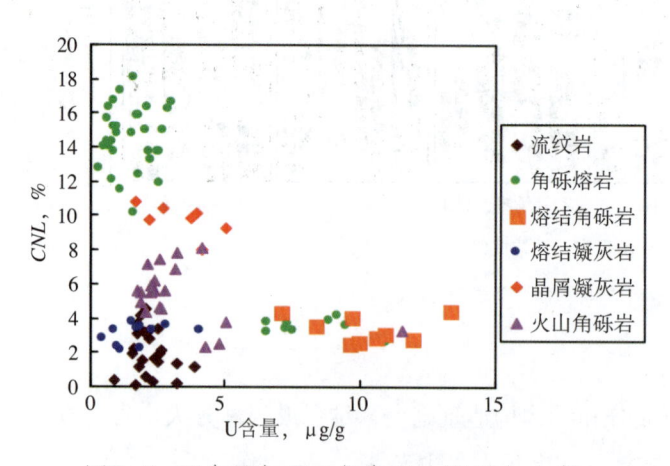

图7-5 U含量与CNL交会图法识别火山岩

(2) 主成分分析法。

主成分分析是一种变量聚类方法，它将测井数据按地质成因进行归纳、整理和分类，并采用正交变换的方式，以最小的信息损失换取更少的变量。图7-6是XX9井区应用实例，从图7-6中可以看出：

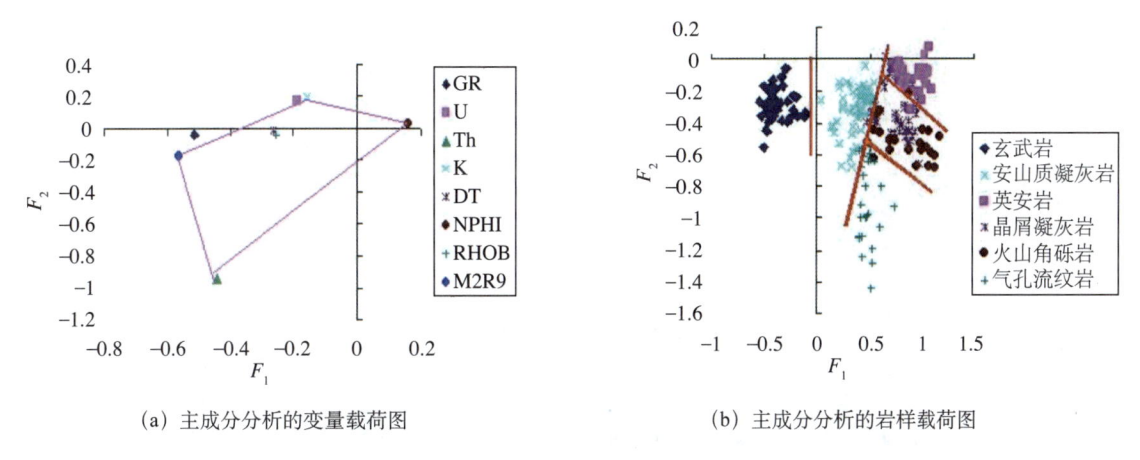

(a) 主成分分析的变量载荷图　　　(b) 主成分分析的岩样载荷图

图7-6　常规测井识别火山岩岩性的交会图法和主成分分析法

①第一主成分F_1左端为电阻率和自然伽马，右端为中子孔隙度，主要反映岩石物性和放射性变化，其特征值为4.06，占总信息量的55.7%。

②第二主成分F_2主要反映U，Th，K含量变化，其特征值为1.85，占信息总量的28.1%。

③利用F_1-F_2交会图可有效识别玄武岩、安山质凝灰岩、英安岩、气孔流纹岩、晶屑凝灰岩和火山角砾岩等主要岩石类型。

(3) 神经网络聚类分析法。

筛选反映岩石成分的ECS测井元素含量曲线、常规测井放射性曲线和常规测井密度曲线以及反映岩石结构构造的声、电成像测井结构指示曲线、常规测井三孔隙度和常规测井电阻率曲线，制作输入的大样本数据体（>20个），选用自组织BP神经网络等聚类方法，通过学习建立解释模型，应用该模型并综合多种信息可逐点识别火山岩岩石类型（图7-7）。

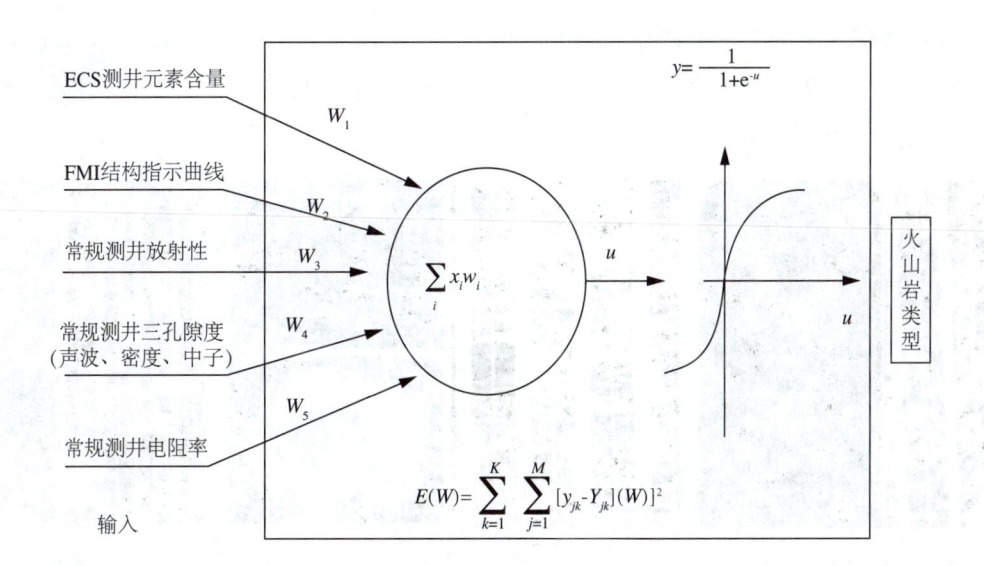

图7-7　自组织神经网络识别岩性原理图

4）火山岩岩性识别实例

应用火山岩岩性识别技术，可有效识别数十种火山岩岩石类型，识别符合率达到85%以上，有效解决了火山岩储层岩性认识问题。图7-8是DD气田火山岩岩性识别结果，从中可以看出，该区主要发育正长斑岩（23.1%），凝灰质粉砂岩（17.2%），凝灰岩（包括安山质凝灰岩、流纹质凝灰岩及英安质熔结凝灰岩等，总计含量达13.8%）、玄武岩（6%）等岩性，局部发育煤和正常沉积岩（粉砂岩、凝灰质粉砂岩、凝灰质砂砾岩等）。

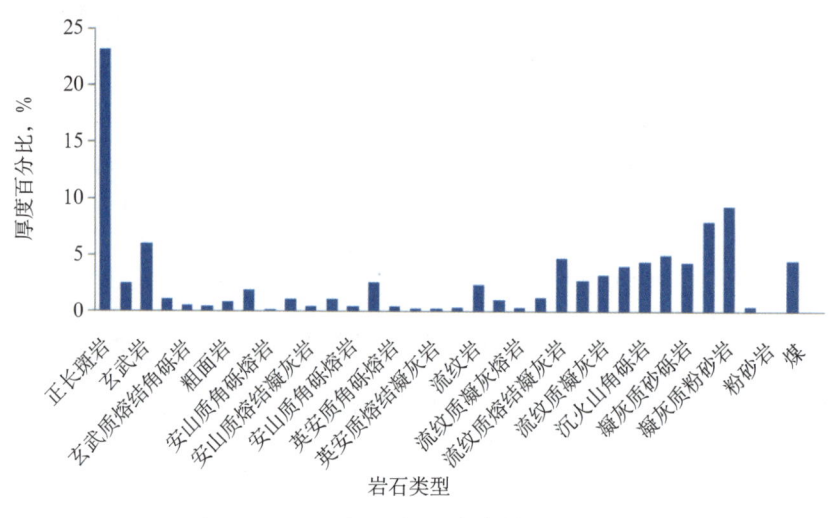

图7-8 DD气田火山岩岩性发育特征

2. 孔、洞、缝识别技术

不同类型储集空间的形态、大小、分布和组合关系决定储层储渗模式、渗流机理和开发规律。针对火山岩储集空间多成因、多尺度、快速变化的特点，采用岩心描述、薄片鉴定、成像测井图像分析、核磁共振测井T_2谱分析及常规测井解释等方法，识别火山岩储层孔、洞、缝并评价其发育特征，为建立储渗模式、揭示渗流机理和开发规律奠定物质基础。

1）火山岩储集空间识别

在储集空间成因分类的基础上，综合利用岩心、铸体薄片和成像测井资料，建立火山岩储集空间识别标志，根据岩性岩相及储集空间的形态、大小、产状和测井响应等特征，综合识别、区分不同类型储集空间（图7-9和表7-2）。

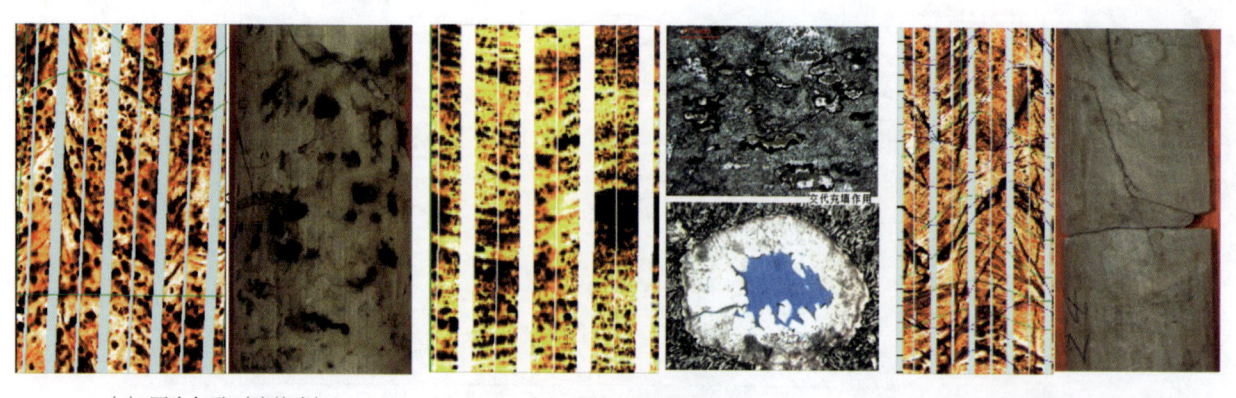

(a) 原生气孔（流纹岩）　　(b) 残留气孔（流纹岩）　　(c) 构造裂缝（流纹岩）

图7-9 火山岩储层孔、洞、缝识别图

表7-2 火山岩储集空间识别标志

孔洞缝类型		典型气藏	岩性岩相标志		特征标志			成像测井标志
			岩性	岩相	形态	大小	溶蚀痕迹	
气孔	原生气孔	XX9	火山熔岩、火山碎屑熔岩	溢流相、爆发相溅落亚相	圆形、椭圆形	常见孔洞型气孔和大气孔	无	圆形或椭圆形黑色斑点或板块，定向排列
	蚀变充填型	DD17、DD10			近圆形、不规则形	孔径减小	局部溶蚀	不规则黑色斑点或斑块
粒间孔	原生粒间孔	XX1	火山角砾岩、熔结角砾岩、自碎角砾化熔岩	爆发相、火山通道相	棱角形、条带形、树枝形	孔洞较少，小孔为主	无	多边形黑色斑块，棱角分明
	搬运改造型	DD14、DD10			多边形	孔径增大部分减小	局部溶蚀	多边形黑色斑块，边缘较平滑
溶蚀孔	地下有机酸或CO_2酸性水溶蚀型	XX8	各种岩性	各种岩相	不规则形态	常见孔洞和大孔	溶蚀残留物、溶蚀凹坑和沟槽、港湾状溶蚀边	不规则黑色斑块、斑点或片状
	风化淋滤型	DD18					风化壳特征	
裂缝	原生成岩缝	XX1	火山熔岩、火山碎屑岩、隐爆角砾岩、次火山岩	爆发相、溢流相、火山通道相、次火山岩相	同心圆形、龟裂形、网形、不规则线形	延伸短、规模小	无	不规则线条或条带，无组系特征
	构造缝	DD18	各种岩性	各种岩相	规则片状	延伸长、规模大		规则的正弦线条或条带，呈组系发育

（1）气孔识别。原生气孔形成于挥发分逸散作用，发育于溢流相火山熔岩、爆发相火山碎屑熔岩中；其形态多为较规则的圆形或椭圆形，常见孔洞型气孔和大气孔，沿流动方向有定向排列和拉长的趋势；气孔在成像测井图上表现为圆形或椭圆形黑色斑点或斑块。在成岩后期遭受蚀变改造后，气孔被部分充填，其形态变得不规则、孔径减小，局部显示出溶蚀痕迹，在成像测井图上则表现为不规则黑色斑点或斑块。

（2）粒间孔识别。原生粒间孔形成于火山碎屑堆积作用，发育于爆发相火山碎屑岩、火山通道相自碎角砾化熔岩中；其形态多为棱角形、条带形和树枝形，以小孔为主、孔洞较少；成像测井图上为棱角分明的多边形黑色斑块。后期搬运改造后，粒间孔棱角变缓，局部有溶蚀痕迹，孔径增大，在成像测井图上表现为边缘较为平滑的多边形黑色斑块。

（3）溶蚀孔识别。溶蚀孔形成于各种溶蚀作用，可发育于各种岩相的火山岩中；其形态多为不规则圆形、棱角形、港湾形或弥散形，孔径较大、孔洞较多；其中有机酸或CO_2酸性水溶蚀形成的溶扩孔或次生溶孔，其溶蚀痕迹多表现为溶蚀残留物、溶蚀凹坑和沟槽、港湾状溶蚀边等，而近地表弱碱性水形成的次生孔隙，其溶蚀痕迹具有风化壳特征；在成像测井图上，溶蚀孔多表现为不规则黑色斑块、斑点或呈弯片状。

（4）裂缝识别。裂缝形成于各种原因产生的岩石破裂，其中原生裂缝包括火山熔岩中的冷凝收缩缝、火山碎屑岩或隐爆角砾岩中的炸裂缝，裂缝形态多为同心圆形、龟裂形或网形，边缘不规则，裂缝延伸长度小，无组系特征，在成像测井图上表现为独立或局部发育的不规则线条或条带；构造缝可发育于各种岩性岩相中，裂缝形态多为规则片状，裂缝延伸长度大且呈组系发育，在成像测井图上表现为成组发育的较为规则的正弦线条或条带。

2) 孔、洞、缝发育特征评价

在储集空间识别的基础上，进一步利用声电成像测井、核磁共振测井和常规测井，综合评价火山岩不同类型孔、洞、缝的发育特征。

（1）声电成像测井。

充填流体的孔、洞、缝在成像测井图上分别表现为深色斑块、斑点或线条。利用岩心刻度测井的方法，建立孔、洞、缝成像测井解释模式，利用声、电成像测井拾取不同类型孔、洞、缝，并计算不同类型孔、洞、缝的面孔率和裂缝密度，评价其发育程度和分布特征。

图7—10（a）是一段流纹岩储层的FMI成像测井图，从图7—10（a）中可以看出：①密集发育的小气孔是本段储层主要的储集空间类型，成像测井估算面孔率达到10%；②溶蚀孔洞和气孔型孔洞虽然尺度大，但零星分布，有效面孔率分别为3%和1%；③该段发育1条构造裂缝，估算面孔率为0.2%；④该段储层为裂缝—气孔型，孔缝配置、孔隙结构及储层物性都较好。

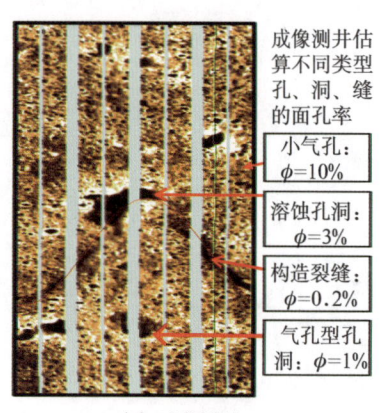

(a) 成像测井

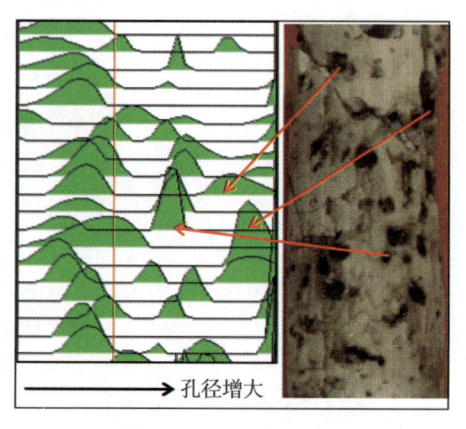

(b) 核磁共振测井

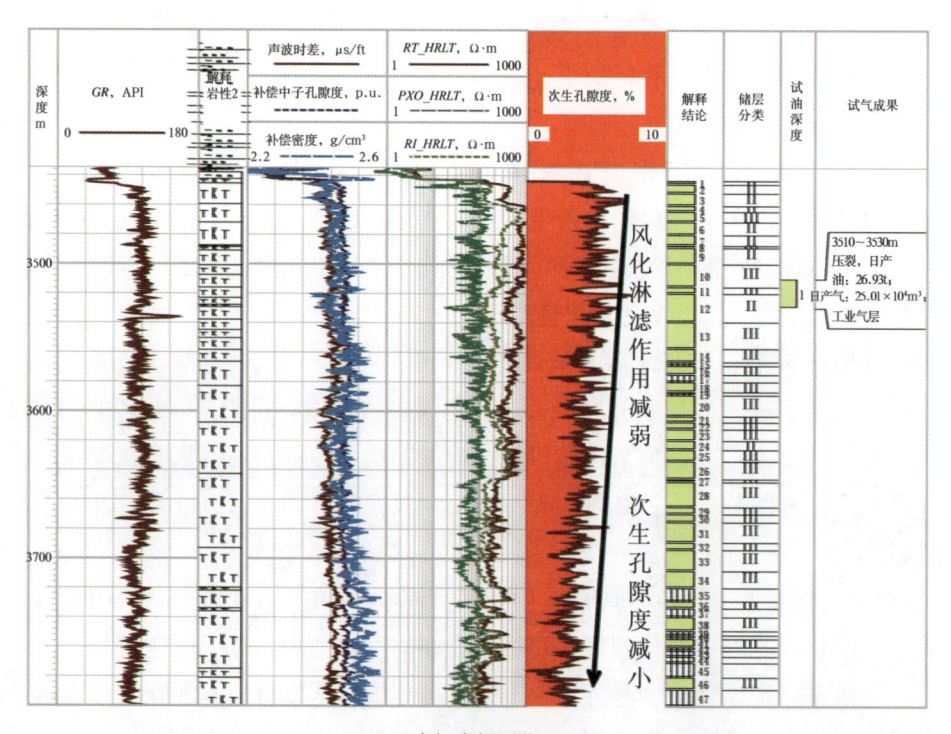

(c) 常规测井

图7—10 火山岩储层孔洞缝发育特征评价图

(2) 核磁共振测井。

核磁共振测井测量地层中氢核的横向弛豫特征谱（T_2谱）。由于小孔隙弛豫时间短而大孔隙弛豫时间长，T_2谱图上的横坐标（弛豫时间）与孔隙大小正相关，而T_2谱幅度（信号强度）则与某种尺度孔隙的发育程度正相关[8]。若将观测信号强度刻度为孔隙度，则不同T_2时间范围内的信号强度之和，就是该类孔隙的孔隙度。

$$\phi_i = \sum_{j=1}^{n} P_{ij} \tag{7-1}$$

式中 ϕ_i——第i个弛豫时间区间的孔隙度大小，小数；

P_{ij}——第i个弛豫时间区间第j个小区间的信号强度，代表不同孔径的孔隙度，小数；

j——将第i个弛豫时间区间划分为n个小区间，j为其中任意一个。

图7–10（b）也是一段气孔流纹岩储层的核磁共振测井T_2谱图，从图7–10（b）中可以看出，大气孔在CMR谱图上靠右分布，小气孔靠左分布。根据实验确定的T_2截止值，核磁共振测井计算的有效孔隙度约为12.54%；其中大气孔孔隙度约为8.23%，占有效孔隙度的65.63%；小气孔孔隙度约为4.31%，占有效孔隙度的34.37%；该段储层以大气孔为主，其储集、渗流能力较强。

(3) 常规测井。

不同类型孔、洞、缝在常规测井曲线上具有不同的响应特征，通过单曲线或组合曲线解释，可以半定量地评价各种类型孔、洞、缝的发育特征。

①次生孔隙指数法。密度测井测量岩石的电子密度指数，用于计算除结构水以外的总孔隙度；中子测井测量岩石的含氢指数，用于计算岩石的总孔隙度；声波测井测量滑行纵波穿过地层达到接收器的首波时间，对高角度裂缝、孤立孔隙、次生溶蚀孔等不敏感，据此建立反映次生孔缝发育程度的次生孔隙指数：

$$\phi_f = \phi_{ND} - \phi_S \tag{7-2}$$

式中 ϕ_f——次生孔隙度，%；

ϕ_{ND}——中子与密度交会孔隙度，%；

ϕ_S——声波孔隙度，%。

该方法在不同类型储层中的适应性不同：对爆发相粒间孔型、基质微孔型和次火山岩相晶间孔型储层，声波传播符合体积模型要求，声波时差满足威利时间公式，该方法能有效评价其次生孔、缝发育特征；而对溢流相气孔型储层，由于存在部分孤立型气孔，原生孔隙与声波时差不满足威利时间公式，用该方法确定的次生孔隙指数高于实际情况。

图7–17（c）是DD18井应用实例，该井区次火山岩风化淋滤型储层次生溶蚀孔缝发育，从次火山岩体顶面往下，次生孔隙度逐渐减小，说明风化淋滤作用的影响逐渐减弱。

②视孔隙结构指数法。Archie公式中的地层胶结指数m用于描述岩石孔隙结构弯曲度对电流导通路径的影响[9]，相同条件下次生溶蚀孔和裂缝改善了储层的导电路径，使m值减小，因此利用冲洗带电阻率建立反映次生孔缝发育程度的指示函数，即视孔隙结构指数（m^*）：

$$m^* = (\lg R_{mf} - \lg R_{xo}) / \lg \phi \tag{7-3}$$

式中 R_{mf}——钻井液滤液电阻率，$\Omega \cdot m$；

R_{xo}——冲洗带电阻率，$\Omega \cdot m$；

ϕ——基质孔隙度，%。

不同类型火山岩储层m值差异大：

(a) 火山碎屑岩储层，以常规尺度粒间孔为主，基本满足Archie公式条件，m值约为2。

(b) 火山熔岩或集块岩储层，大尺度孔隙显著增加岩石的总孔隙度，但当其孤立分布时对岩石导电性贡献小，因此其孔隙结构指数高，m值最大可达5；当大尺度孔隙与主要孔隙相连通时，构成电流优先通道，显著增强岩石的导电性，孔隙结构指数低，m值通常小于2。

(c) 晶屑凝灰岩储层，基质微孔发育导致束缚水饱和度高，当微孔隙系统连续性差时，岩石孔隙结构指数m值大于2；当微孔隙系统与常规孔隙系统并联分布，岩石电阻率显著降低，其孔隙结构指数m值显著降低，最低可达到1.3~1.5。

(d) 裂缝增强导电能力，导致储层孔隙结构指数减小，通常可达到1.1~1.5。

火山岩储层类型多、孔隙结构复杂，因此，分岩性和孔喉配置关系是利用应用上述方法有效评价次生孔缝发育特征的关键。

③深浅侧向幅度差法。高角度裂缝使深、浅侧向电阻率的正差异增大，据此建立反映高角度裂缝发育程度的指示函数：

$$FLPL=(RLLD-RLLS)/RLLD \qquad (7-4)$$

式中　$RLLD$——深侧向电阻率，$\Omega \cdot m$；

　　　$FLPL$——裂缝发育程度指示函数，无量纲；

　　　$RLLS$——浅侧向电阻率，$\Omega \cdot m$。

④铀异常指标法。次生孔缝发育区流体活动比较活跃，因此会富集更多的放射性铀元素，据此基于伽马能谱测井，建立反映次生孔缝发育程度的铀异常指示函数：

$$FPU=U/Th \qquad (7-5)$$

式中　FPU——裂缝发育程度的铀曲线指示函数，无量纲；

　　　U——伽马能谱铀曲线，10^{-6}；

　　　Th——伽马能谱钍曲线，10^{-6}。

⑤次生孔缝发育指数法，基于上述分析，构建反映次生孔缝发育程度的综合指示函数：

$$FID_2=AFD_2 \phi_f/m^* \qquad (7-6)$$

式中　FID_2——裂缝发育程度的综合指示函数，无量纲；

　　　AFD_2——调节参数，本书取100。

图7-11是DD1824井3530~3730m段次生孔缝发育特征评价图，该阶段为次火山岩储层，计算的次生孔隙指数ϕ_f约为0.003%~0.11%，视孔隙结构指数m^*为1.4~3.1，深浅成像幅度差$FLPL$为0.1~0.9，次生孔隙发育指数FID_2为0.1~5.3。根据测井响应及次生孔缝识别结果，将火山岩储层自上而下划分为次生孔隙发育段、次生孔缝发育段和裂缝发育段。

3. 气水层识别技术

气水关系是划分气水系统、评价地质储量和水体能量的基础。针对火山岩孔隙结构及导电机理复杂、存在多种成因低阻气层和高阻水层的特点，综合利用地质录井、地层测试和各种测井资料，分岩性建立气、水层解释模型，有效识别火山岩气、水层，搞清气藏气水关系。

1) 地质录井识别气水层

有利的录井显示包括：岩心气泡、密闭取心含气、泥浆槽液面气泡以及井口泥浆出口气泡、气浸、井涌和井喷等，这些信息出现越频繁、表现越强烈，说明储层含气性越好。在气测录井中，利用监测到的全烃含量、烃组分和非烃组分含量、气测比值等数据，建立气层识别的下限标准（图7-12），以高于此标准的气测异常显示作为判断火山岩气层的重要依据。

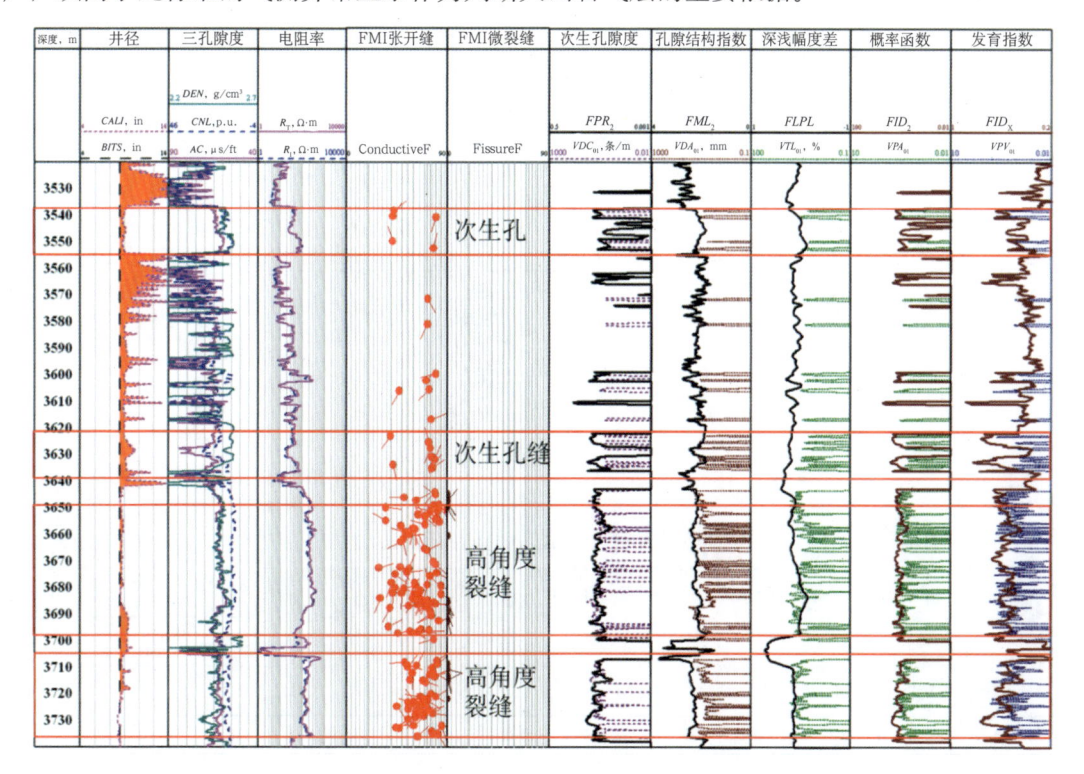

图7-11 常规评价次生孔缝发育特征（DD1824井）

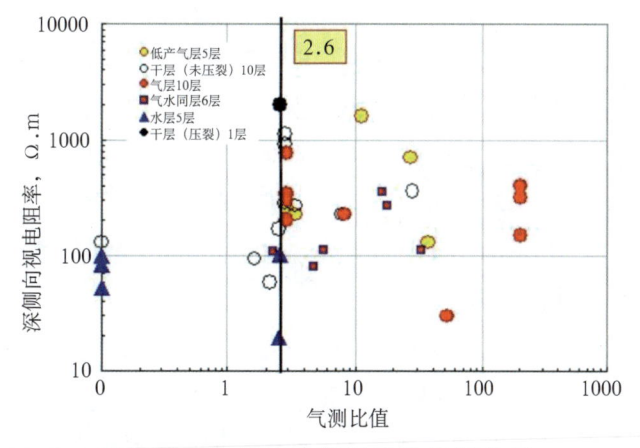

图7-12 地质录井气测比法识别气层

2) 地层测试识别气水层

采用随钻、电缆等地层测试方法和普通试油、气井试气等工艺技术，获取地层流体样品和压力数据，通过分析流体样品的含气性、试气段的气液产量、变工作制度下的储层产气能力和不同段气层压力梯度特征，综合确定火山岩气藏流体类型及气水界面（图7-13）。

3) 测井方法识别气水层

（1）核磁共振测井识别气水层。

如表7-3，地层水含氢量高、扩散系数小，具有纵向弛豫时间（T_1）短而横向弛豫时间（T_2）长的特点；天然气则相反，纵向弛豫时间（T_1）长但横向弛豫时间（T_2）短。

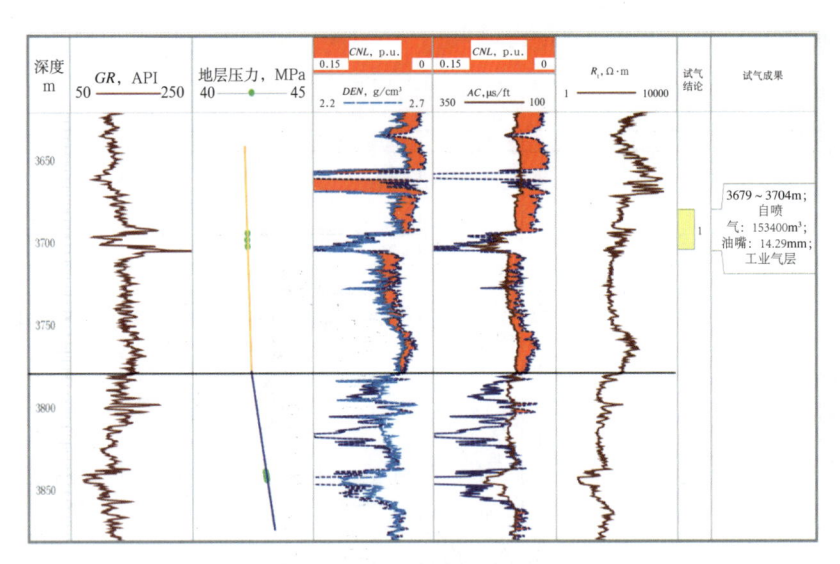

图7-13 地层测试压力梯度法识别气水层

表7-3 天然气与水的弛豫特征对比表

流体	T_1, ms	T_2, ms	典型T_1/T_2	I_H	η, mPa·s	D, 10^{-5}cm²/s
水	1~500	1~5000	2	1	0.2~0.8	1.8~7
气	2000~5000	1~60	80	0.2~0.4	0.011~0.014	80~100

注：T_1为纵向弛豫时间；T_2为横向弛豫时间；D为扩散系数；I_H含氢指数；η为黏度。

在核磁共振测井T_2谱图上，火山岩气层T_2时间短、峰值幅度大且靠左分布，呈单峰或双峰紧靠特征[图7-14（a）]；水层T_2时间长、峰值幅度大且多呈双峰分离特征[图7-14（b）]。

核磁共振测井识别气水层的方法主要有3种：①T_2谱图分析法，根据核磁共振测井T_2谱图的谱峰位置、幅度和谱图形态，定性识别气、水层；②移谱法，设置足够长等待时间，用长、短回波间隔进行测量并相减，根据气体信号往T_2减小方向位移远大于水的现象消除水的信号而凸显天然气特征；③差谱法，采用标准回波间隔，使用长短不同的等待时间进行测量，根据气、水磁化矢量恢复程度不同消除水的信号[图7-14（c）]。

（2）声波测井识别气水层。

天然气降低声波传播速度而增强声波能量吸收能力，岩石含气性越好，纵波、横波、斯通利波时差越大，纵横波速度比越小，反射波能量衰减越强。

用声波测井识别火山岩气水层的方法主要有两种：一是根据波形干涉图上出现的波形缺失、紊乱和干涉条纹等现象识别气层；二是利用试气资料证实的气、水层建立纵横波时差比值下限标准，如XX气田酸性火山岩气藏为1.67，低于该标准储层含气性好。

图7-15是XX1井利用声波测井识别气层的实例，该井3447~3453m段为晶屑凝灰岩储层，其纵波时差约62.8ms/ft❶且出现周波跳跃现象，纵横波速度比（v_p/v_s）约1.53，波形干涉图出现明显的衰减、波形紊乱甚至局部缺失，纵波、横波、斯通利波能量弱，该井在3460~3470m段试气，日产气19.57 10^4m³，无水，试气结论为工业气层。

（3）阵列感应测井识别气水层。

阵列感应测井应用阵列线圈，采用3种工作频率，测量3种纵向分辨率、6种探测深度的感应电阻率

---
❶ 1ft=30.48cm。

曲线，并采用反演处理的方法获得原始地层电阻率和钻井液侵入剖面。

火山岩气层电阻率高于水层；当地层水矿化度高于钻井液滤液（$R_w<R_{mf}$）时，火山岩气层呈现典型的低侵特征（即钻井液侵入带电阻率降低），而水层则表现为典型的高侵特征，因此通过钻井液侵入剖面和原始地层电阻率对比分析即可识别火山岩气、水层。

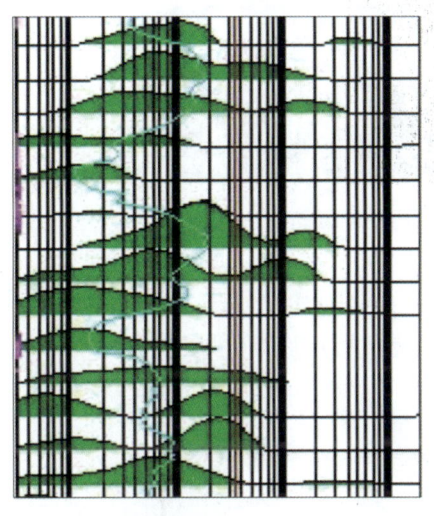

(a) 气层T_2谱（熔结凝灰岩，XX601）

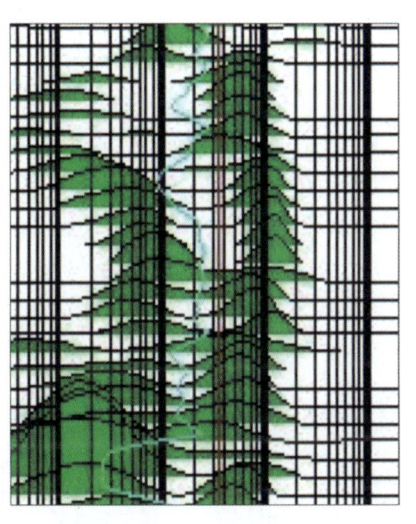

(b) 水层T_2谱（角砾熔岩，XX8）

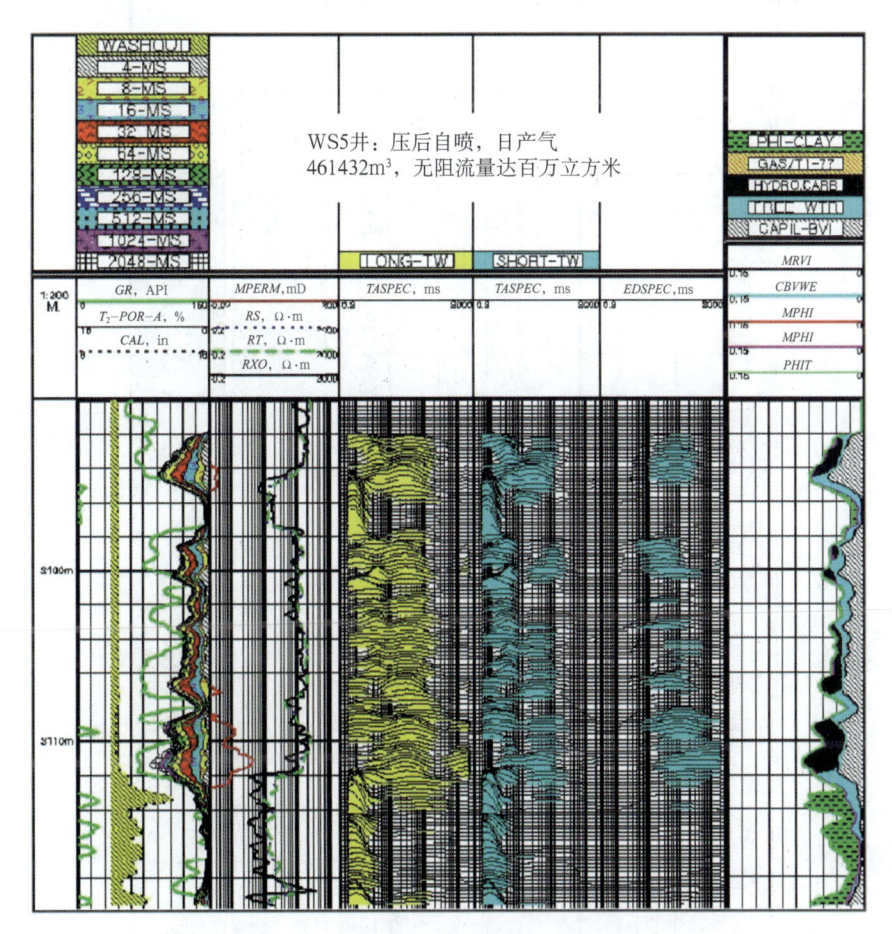

(c) 核磁共振测井差谱法识别气水层

图7—14 核磁共振测井识别火山岩气、水层图

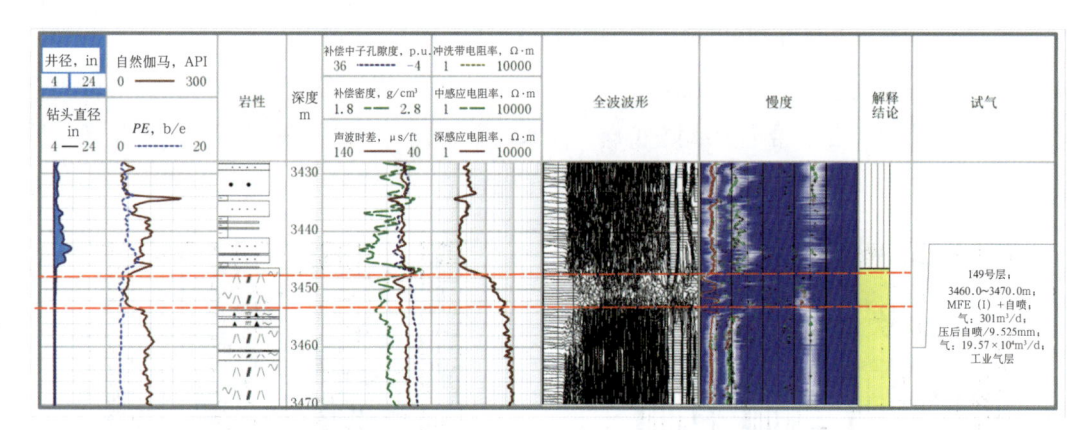

图7-15 火山岩气层全波波形及慢度特征

图7-16是XX5井应用实例，该井142Ⅰ号层真电阻率约300Ω·m，高于气层下限值（110Ω·m）、具有钻井液低侵特征，含气饱和度平均52%，综合解释为差气层；142Ⅱ号层真电阻率约60Ω·m、具有钻井液高侵特征，含气饱和度平均30%，综合解释为水层。试气结果证实了上述结论。

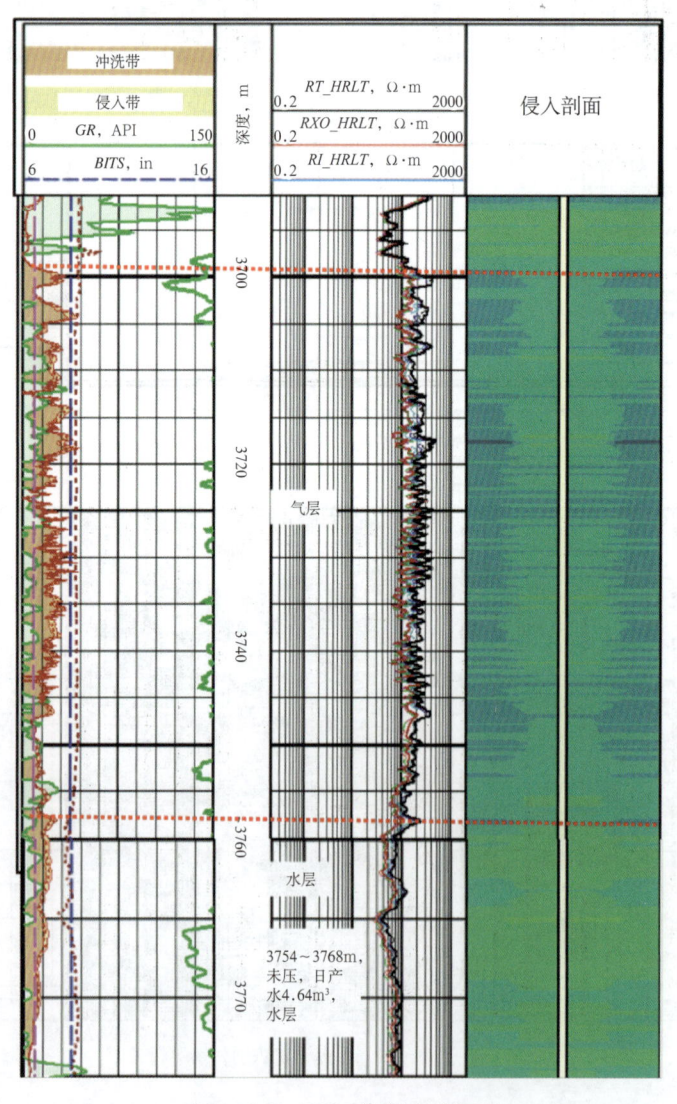

图7-16 XX5井侵入剖面

(4) 用常规测井识别气水层。

如表7-4所示，烃类气与地层水的密度比为1/8、中子比值小于1/100、热中子宏观俘获截面比值为1/13、声波时差比值大于4，前者导电性差而后者导电性好。

表7-4 烃类气与地层水的岩石物理特征对比表

流体	密度, g/cm³	中子孔隙度, p.u	热中子俘获截面指数, b/e	电阻率, Ω·m	声波时差, μs/ft
地层水	1.19	60	157.6	低	185
烃类气	0.15	—	12.5	高	>800

在常规测井曲线上，火山岩气层表现为中低密度、中低中子、高声波时差、中高电阻率、深浅电阻率正差异等特征。采用交会图分析、测井曲线重叠、饱和度解释等方法，分岩性建立气水层识别模式（图7-17），可有效地识别火山岩气藏气、水层，提高识别符合率。

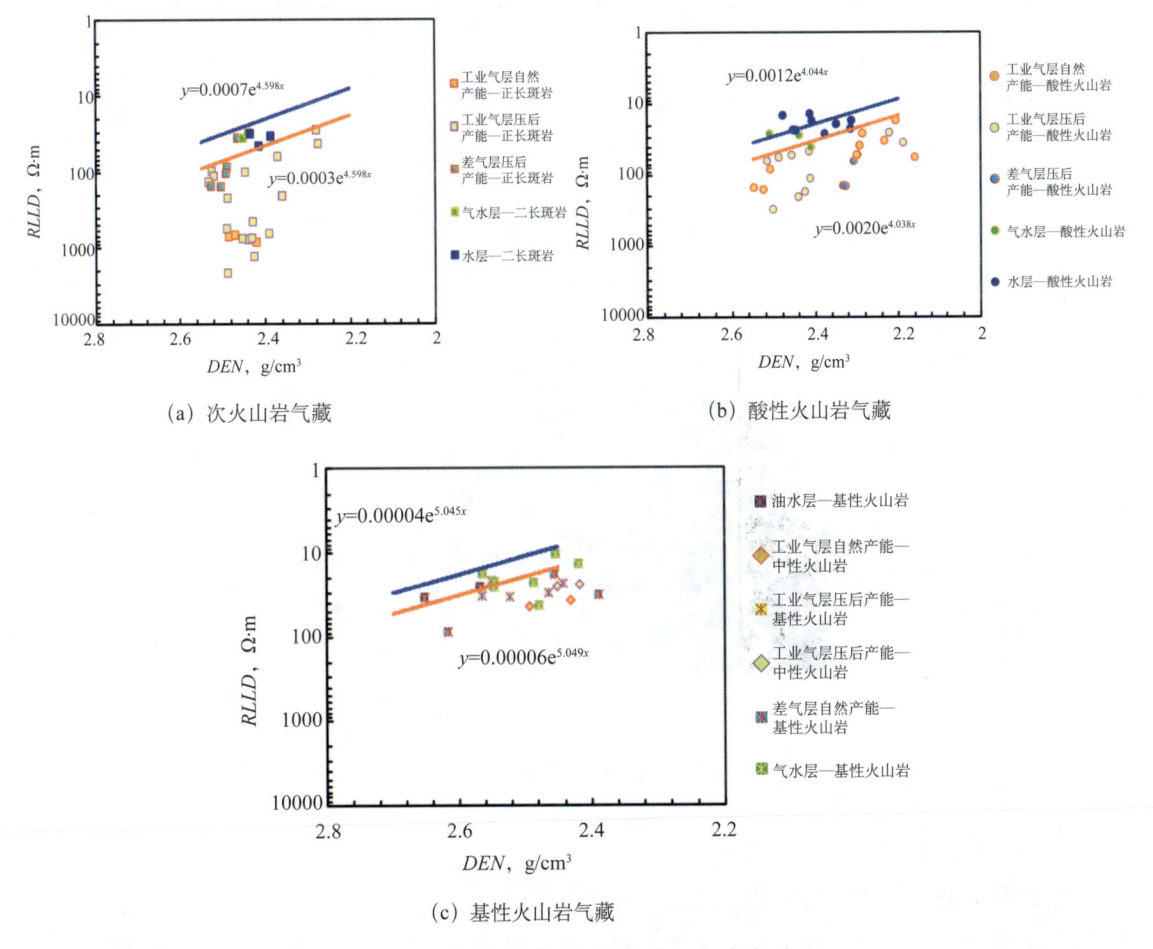

(a) 次火山岩气藏

(b) 酸性火山岩气藏

(c) 基性火山岩气藏

图7-17 交会图分析法识别火山岩气水层

图7-18是XX23井流纹岩气、水层识别实例，用CNL-DEN，CNL-AC，RLLD-RLLS，FRG_1-RLLD，FRG_2-RLLD，FRG_3-CNL，RMSC-RMSCXX共7种曲线重叠方法显示储层的含气性，其中FRG_1，FRG_2，FRG_3分别是由RLLD-DEN，RLLD-AC，CNL-DEN交会图确定的气水层界线，RMSC，RMSCXX分别为纵横波速度比及气层上限。图7-18中储层自上而下电阻率降低、钻井液低侵幅度减小、中子增大、重叠面积减小，说明含气性逐渐变差，两个转折点4011m和4042m分别对应纯气层和气

水同层的底界。该井在3909~3943m段试气，压后日产气27.86×10⁴m³、无液；后期试采30d，稳定产量10×10⁴m³/d，产液9.1m³/d，返排率97.76%，测试结论为工业气层。

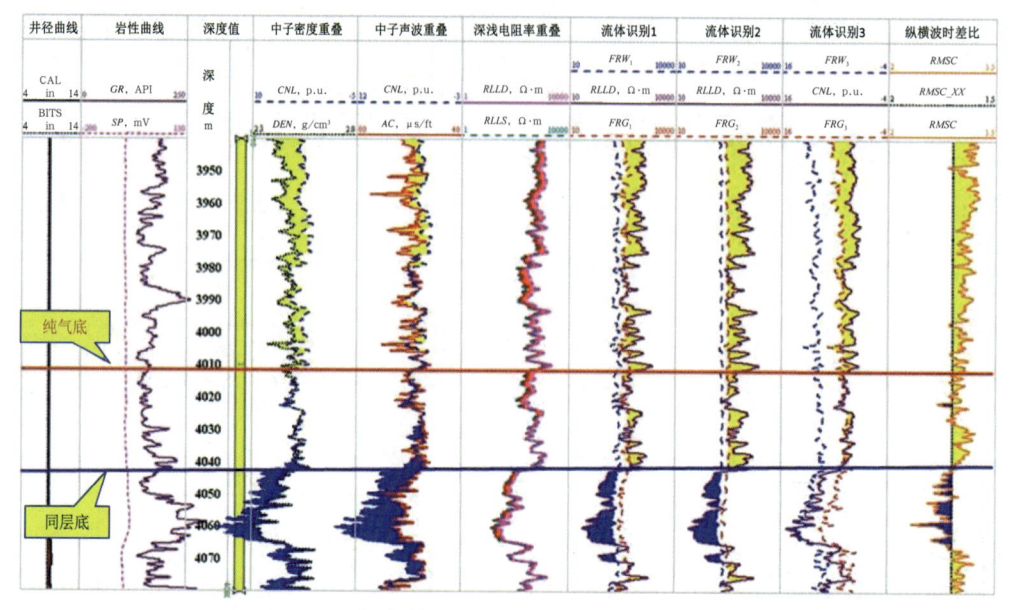

图7-18 曲线重叠法识别气水层（XX23井）

图7-19是利用饱和度解释法识别火山岩气、水层的图版，从图7-19中可以看出：纯气层的含气饱和度大于50%，气水层的含气饱和度大于36%，物性越好，含气饱和度越高。

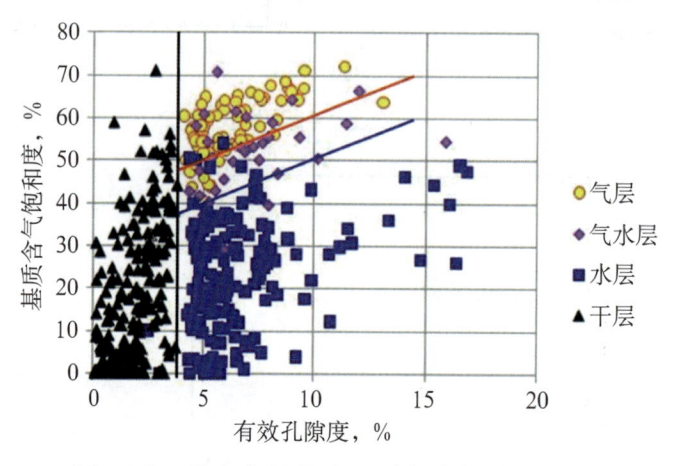

图7-19 饱和度解释法识别气水层（XX21）

4. 储层参数解释技术

储层参数解释是定量评价储层储渗能力、计算地质储量的基础。针对火山岩复杂的岩石成分、储集空间和流体性质导致储层参数解释精度低、误差大的特点，采用定性分析与定量计算相结合、理论计算与统计模型相结合、分岩性、分储渗类型的解释方法，考虑复杂流体变化的影响，发展适合火山岩气藏的储层参数解释技术，提高火山岩储层孔隙度、渗透率和饱和度参数的计算精度，有效量化火山岩储层的储集性能、渗流能力和含气性。

1）火山岩储层孔隙度解释

针对火山岩岩石成分复杂、骨架参数差异大的特点，按照分岩性解释原则，采用统计模型与理论公式相结合的方法，计算总孔隙度和有效孔隙度。

(1)岩石骨架参数的确定。

①岩石物性分析法，利用岩石物性实验资料制作密度、声波、中子与岩心孔隙度的交会图，取回归趋势线在孔隙度为零时的参数值作为岩石骨架参数。

②测井曲线交会图分析法，选择相同岩性和流体的储层，制作三孔隙度测井与深侧向电阻率测井的交会图，取电阻率无限增大时的参数值作为岩石骨架参数。

③ECS测井分析法，基于实验建立岩石骨架参数与ECS测井元素含量的关系式[8, 10]：

$$\rho_{ma}=3.15-1.10W_{Si}-0.98W_{Ca}-2.44W_{Na}-2.41W_{K}+1.42W_{Fe}-11.31W_{Ti} \tag{7-7}$$

式中　ρ_{ma}——骨架密度，g/cm³；

　　　W_{Si}，W_{Ca}，W_{Na}，W_{K}，W_{Fe}，W_{Ti}——分别为ECS测井硅、钙、钠、钾、铁和钛元素的质量百分含量。

得到随井深变化的连续骨架参数。

表7–5是用上述方法确定的火山岩岩石骨架参数，可以看出，从酸性到基性，火山岩储层岩石骨架的密度、声波时差和中子值有增大趋势。

表7–5　多种方法确定的火山岩气藏岩石骨架参数表

岩石类型	岩石密度，g/cm³	声波时差，μs/ft	补偿中子，%
酸性火山岩	2.61	52.00	-0.50
中酸性火山岩（英安岩）	2.63	50.0	1.00
中性火山岩（安山岩）	2.72	52.0	4.00
基性火山岩（玄武岩）	2.80	55.0	8.00

(2)分岩性、分流体类型建立统计模型。

一是基于实验的统计模型，在XX气田开展了高温（139℃），高压（围压85MPa、内压42MPa）条件下分别充注甲烷气和地层水（NaHCO₃型，10000mg/L）的声波和密度实验，利用该实验数据建立了计算酸性火山岩有效孔隙度的声波和密度测井解释模型，从图7–20（a）中可以看出，火山岩声波时差随孔隙度增大而增大，流体变化对解释结果影响较大。

二是基于实验和测井的统计模型，在测井资料预处理和岩心刻度测井的基础上，通过拟合分析得到计算火山岩有效孔隙度的密度、声波和中子测井解释模型，从图7–20（b）可以看出，火山岩岩石密度随孔隙度增大而减小，岩性变化对解释结果影响大。

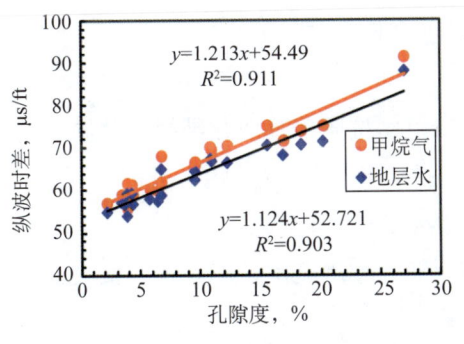

(a) 纵波时差—孔隙度交会图（酸性火山岩）　　(b) 岩石密度—孔隙度交会图

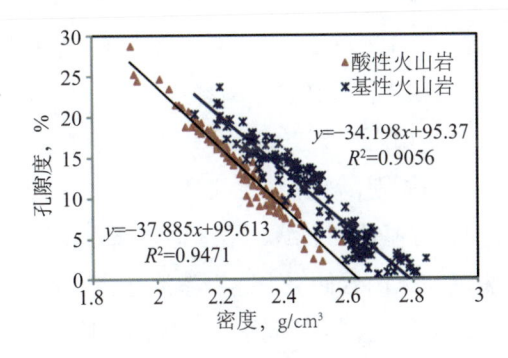

图7–20　分岩性、分流体类型建立统计模型

因此，分岩性并考虑流体影响是提高火山岩储层孔隙度解释精度的有效手段。

（3）利用理论模型解释储层总孔隙度和有效孔隙度。

根据使用的测井系列分为两种：

一是基于常规测井的理论计算模型，声波测井主要探测有效孔隙度和束缚水，对高角度裂缝和孤立孔没有响应，多用于计算基质有效孔隙度；密度测井能探测各种孔隙和裂缝，但对结构水没有响应，用于计算总孔隙度；补偿中子测井探测地层的含氢量，受岩石骨架结构水、孔隙流体类型和测井环境影响大，可用于计算总孔隙度但精度不高。

$$\phi_t = \frac{\rho_b - \rho_{ma}}{\rho_f - \rho_{ma}} - V_{sh}\frac{\rho_{sh} - \rho_{ma}}{\rho_f - \rho_{ma}} \times 100\% \tag{7-8}$$

$$\phi_e = \frac{\Delta t - \Delta t_{ma}}{\Delta t_f - \Delta t_{ma}} - V_{sh}\frac{\Delta t_{sh} - \Delta t_{ma}}{\Delta t_f - \Delta t_{ma}} \times 100\% \tag{7-9}$$

式中　ϕ_t，ϕ_e——储层总孔隙度和基质有效孔隙度，%；

ρ_b，ρ_{ma}，ρ_{sh}，ρ_f——密度测井、岩石骨架、泥质及流体的岩石密度值，g/cm³；

Δt，Δt_{ma}，Δt_{sh}，Δt_f——声波测井、岩石骨架、泥质及流体的声波时差值，μs/ft；

V_{sh}——火山尘和泥质含量。

二是基于核磁共振测井的理论计算模型，核磁共振测井不受岩石骨架影响，对孔洞、大孔、小孔、裂缝和束缚水都有响应，对死孔则为有条件响应。若将观测信号强度刻度为孔隙度，那么在不同弛豫时间区间内的信号强度之和，就是地层的总孔隙度；而其中孔喉半径大于下限的部分就是有效孔隙度，由T_2分布求取总孔隙度和有效孔隙度的理论公式为[8]：

总孔隙度：
$$\phi_t = E(0) = \sum_i P_i \tag{7-10}$$

CBVI法有效孔隙度：
$$\phi_e = FFI = \sum_{T_2 > T_{2cutoff}} P_i P \tag{7-11}$$

SBVI法有效孔隙度：
$$\phi_e = FFI = \sum_i (1 - C_i) P_i \tag{7-12}$$

式中　ϕ_t，ϕ_e——核磁共振测井总孔隙度和有效孔隙度，小数；

$E(0)$——零时刻观测信号强度，被刻度成孔隙度大小，小数；

P_i——不同弛豫时间区间的信号强度，即不同孔径的孔隙度大小，小数；

BVI，FFI——毛管束缚水孔隙体积和自由流体孔隙体积，小数；

$T_{2cutoff}$——有效储层T_2下限值，ms，由实验确定；

C_i（$i=1,2,\cdots,n$）——束缚水T_2谱分布系数，无量纲，由实验确定。

2）火山岩储层渗透率解释

针对火山岩储集空间类型多、孔喉缝组合关系复杂的特点，按照分基质和裂缝、分储渗类型、分孔喉大小的原则，采用统计模型与理论公式相结合的方法，提高渗透率解释精度。

（1）分基质和裂缝，用理论公式计算渗透率。

裂缝在火山岩储层中起着渗流通道的作用，分基质和裂缝计算渗透率，不仅客观反映了孔缝耦合关系，也可通过剔除裂缝影响，提高基质渗透率的解释精度。

①裂缝渗透率，考虑火山岩裂缝的多样性和复杂性，根据裂缝产状及其组合关系，用改进的理论公式计算火山岩储层裂缝渗透率：

$$\begin{cases} 单组系裂缝：K_f = 8.5 \times 10^{-4} \times R \times d^2 \times \phi_f / m_f \\ 多组系垂直缝：K_f = 4.24 \times 10^{-4} \times R \times d^2 \times \phi_f / m_f \\ 网状裂缝：K_f = 5.66 \times 10^{-4} \times R \times d^2 \times \phi_f / m_f \end{cases} \quad (7-13)$$

其中，R是裂缝的径向延伸系数，当裂缝径向延伸大于2m时，可近似看成无限延伸，取$R=1$；当延伸0.5~2m时，为中等延伸，取$R=0.8$；当延伸0.3~0.5m时，为浅延伸，取$R=0.4$；当延伸小于0.3m时，为极浅延伸，$R=0$。

②基质渗透率，根据束缚水饱和度与基质渗透率的关系，选用TIMUR公式计算火山岩基质渗透率[式（7-14）]；并利用核磁、相渗、压汞等实验标定公式，建立利用孔隙度和束缚水饱和度计算火山岩基质渗透率的解释模型[式（7-15）]：

$$K_b^{1/2} = C \frac{\phi_e^x}{S_{wi}^y} \quad (7-14)$$

$$K_b^{1/2} = 1.3554 \left(\frac{\phi_e^{1.54}}{S_{wi}^{1.454}} \right)^{0.5437} \Rightarrow K_b^{1/2} = 1.3554 \frac{\phi_e^{0.84}}{S_{wi}^{0.79}} \quad (7-15)$$

式中　ϕ_e——有效孔隙度，小数；

　　　S_{wi}——束缚水饱和度，小数；

　　　K_b——基质渗透率，mD；

　　　C，x，y——分别指系数及幂指数，此处取值分别为1.3554，0.84，0.79。

（2）分储渗类型并剔除裂缝影响，用统计模型解释基质渗透率。

基质渗透率取决于孔、洞、喉的形态、弯曲度、发育程度和组合关系，裂缝则导致出现低孔高渗现象。因此分储渗类型并减小裂缝影响是建立火山岩基质渗透率统计模型的关键。

图7-21是XX气田应用实例，利用该气田400多个物性实验数据，剔除裂缝样品，分气孔型、溶蚀孔型、粒间孔型和微孔型建立基质渗透率解释模型，可以看出：①裂缝样在图版上表现为高渗异常点，筛除裂缝样后，岩心渗透率与岩心孔隙度有很好的相关性；②不同储渗类型的孔—渗关系基本一致，但拟合公式的斜率以粒间孔型最高、微孔型最低，反映不类型火山岩存在孔隙结构上的差异，而分储渗类型建模则提高了解释精度。

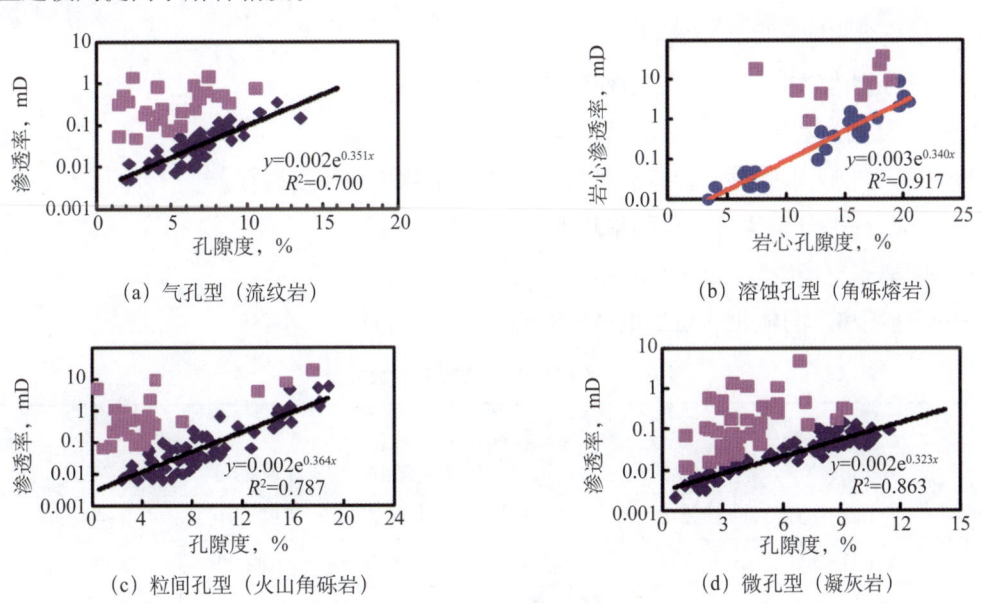

(a) 气孔型（流纹岩）

(b) 溶蚀孔型（角砾熔岩）

(c) 粒间孔型（火山角砾岩）

(d) 微孔型（凝灰岩）

图7-21　分储渗类型解释基质渗透率

(3) 分孔隙大小解释渗透率。

相同条件下，大孔喉渗透性好而小孔喉渗透性差。针对火山岩多尺度孔喉发育特征，根据CMR测井得到的T_2谱把孔隙分为3种类型：大孔、中孔和小孔，针对分孔隙大小采用不同解释模型的方法，分别计算储层渗透率，有效提高了储层渗透率解释精度。

$$对大孔：K_{macro} = a'(\frac{V_{macro}}{\phi_t - V_{macro}})^{b'} \phi_t^{c'} \tag{7-16}$$

$$对中孔和小孔：K_{SDR} = a(\rho T_{2LM})^b \phi_t^c \tag{7-17}$$

式中　T_{2LM}——T_2分布的平均值，ms；

V_{macro}——大孔孔隙度，小数；

a，a'，b，b'，c，c'——系数，由实验确定。

3) 火山岩基质含气饱和度解释

采用常规电阻率测井与核磁共振测井解释相结合的方法计算火山岩基质含气饱和度。

(1) 电阻率测井解释法。

根据火山岩的导电机理，应用改进的Archie公式或W-S模型，通过岩电实验确定岩电参数a，b，m和n（表7-6），在量化岩石骨架导电性、孔缝表面电导率、裂缝和泥质等附加导电性的影响并进行校正的基础上，建立火山岩基质含气饱和度解释模型：

$$S_g = 1 - n\sqrt{\frac{abR_w}{R_t \phi^m}} \tag{7-18}$$

其中蚀变火山岩及沉火山岩采用W-S模型：

$$S_g^{-n'} = 1 - \frac{R_t}{F^* R_w}(1 + \frac{BQ_v R_w}{S_w}) = 1 - \frac{\phi^{m'} R_t}{aR_w}(1 + \frac{BQ_v R_w}{S_w}) \tag{7-19}$$

$$裂缝影响校正：R_t = (\frac{1}{R_{log}} - K_f \frac{\phi_f^{mf}}{R_m})^{-1} \tag{7-20}$$

$$表面电导率影响校正：R_t = (\frac{1}{R_{log}} - C_q)^{-1} \tag{7-21}$$

式中　S_w——基质含水饱和度，小数；

a，b——分别为岩电关系系数，通过岩电实验确定；

m，n——分别为基岩胶结指数和饱和度指数；

m'，n'——分别为消除黏土影响后基岩块的胶结指数和饱和度指数；

R_t，R_w，R_{log}——分别为地层电阻率和地层水电阻率、测井电阻率，$\Omega \cdot m$；

Q_v——阳离子交换浓度，meq/mL；

B——平衡阳离子的电化学当量电导，$S \cdot cm^3/(mmol \cdot m)$。

表7-6　不同火山岩的岩电参数取值表

岩性	m 范围	m 平均值	a平均值	n 范围	n 平均值	b 范围	b 平均值
次火山岩	1.53~2.42	2.02	1.071	1.9~2.15	2.01	0.94~1.09	1.02
火山喷出岩	1.47~3.57	1.64	2.124	1.49~2.01	1.90	0.95~1.34	1.05
火山沉积岩	1.27~2.00	1.64	1.076	1.85~2.24	1.99	0.97~1.16	1.05

(2)核磁共振测井解释法。

①双T_W法,对用差谱法获得的观测回波串做减法运算,获得差谱信息$\Delta E(t)$,在已知T_{2g}的情况下,通过$\Delta E(t)$的双指数拟合,可以得到$\Delta \phi_g$,从而得到含气饱和度S_g。

$$\Delta E(t) = \phi S_g I_{Hg}(e^{\frac{-T_{RS}}{T_{1g}}} - e^{\frac{-T_{RL}}{T_{1g}}})e^{\frac{-t}{T_{2g}}} = \Delta \phi_g e^{\frac{-t}{T_{2g}}} \tag{7-22}$$

式中 T_R, t——分别为纵向恢复时间和测量时间,ms;

T_{1g}, T_{2g}——分别为天然气的纵向弛豫时间和横向弛豫时间,ms;

S_w, S_g——分别为含水、含气饱和度,小数;

I_{Hg}——气的含氢指数,小数。

②气柱高度法,利用核磁共振测井计算毛管压力曲线,结合气藏实际压力特征,用气柱高度法计算气水界面以上气层的含水饱和度。

$$\left. \begin{array}{l} p_c = 2\sigma \cos\theta / r_1 \\ 1/T_2 = \rho_2 S/V = 2\rho_2/r_2 \end{array} \right\} \Rightarrow p_c T_2 = \sigma r_2 \cos\theta/(\rho_2 r_1) \Rightarrow p_c = \frac{K_{pc}}{T_2} \tag{7-23}$$

$$\begin{cases} S_w = 1 - Ae^{-(\frac{B}{h+D})^C} \\ h = \dfrac{100 p_c}{\rho_w - \rho_g} \end{cases} \tag{7-24}$$

式中 p_c——毛细管压力,MPa;

σ——界面张力,N·m;

θ——润湿角,(°);

r_1, r_2——孔隙或喉道的毛细管半径及孔隙半径,mm;

K_{pc}——转换系数,与岩石界面张力、润湿角、孔隙半径等有关,通过实验确定;

h——气柱高度,m;

A,B,C,D——计算参数,与岩石类型、孔隙结构、流体性质等有关,通过实验确定。

5. 有效储层综合识别技术

1)技术思路

针对火山岩有效储层的复杂性,在搞清其岩性岩相、储集空间、物性和含气性特征基础上,建立不同成因、不同物性储层的识别标志,综合识别不同类型有效储层(图7-22):

(1)利用火山岩岩性识别、孔洞缝识别等特色技术,搞清火山岩有效储层的基本特征。

(2)根据岩性岩相和储集空间特征,结合成因划分火山岩储层成因类型;建立不同成因有效储层识别标志,定性定量识别火山岩气藏不同成因有效储层。

(3)根据火山岩孔洞缝发育特征、物性和含气性评价储层的有效性,划分储层物性类型并标定测井,建立不同类型有效储层的测井识别模式,分类识别火山岩有效储层。

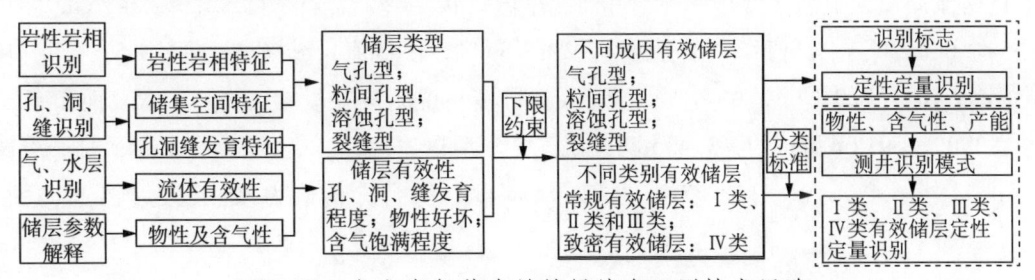

图7-22 火山岩气藏有效储层综合识别技术思路

2）不同成因有效储层识别

针对火山岩4种不同成因有效储层的岩性、储集空间、物性和含气性差异，在岩心刻度测井的基础上，建立有效储层测井识别标志和模式，分类识别火山岩有效储层（表7-7）：

表7-7　火山岩气藏不同成因有效储层测井响应特征表

储层类型	声电成像测井	核磁共振测井			常规测井		
^	^	谱图形态	谱峰T_2值	自由流体峰幅度	形态	光滑度	曲线值
气孔型储层	黄色块状结构，较均匀分布规则的圆形、椭圆形黑色斑点，边缘平滑	双峰或多峰，零散分布	分布范围大，平均值较大	溢流相顶部亚相高、溢流上部和下部中等、爆发热碎屑流中等	箱形、钟形—漏斗形组合	平滑—微齿	中高电阻率、中高密度、中低声波时差、中低中子	以XX气田为例，常规有效储层：$AC>57\mu s/ft$；$\rho_b<2.52 g/cm^3$，$R_t>150\Omega\cdot m$
粒间孔型储层	黄色—浅红色块状或斑状结构，不均匀分布不规则的圆点或具尖锐边缘的多边形黑色斑块	单峰或双峰，连续分布	分布范围较大，平均值中等	爆发空落高、爆发热碎屑流高、爆发热基浪低	箱形、钟形、漏斗形	齿状—锯齿状	中低电阻率、中低密度、中高声波时差、中高中子	致密有效储层：AC：$54\sim57\mu s/ft$，ρ_b：$2.52\sim2.55 g/cm^3$；$R_t>300\Omega\cdot m$
溶蚀孔型储层	红色—深红色块状结构，局部发育不规则黑色斑块	不对称双峰	分布范围中等，平均值中等	中等—高	箱形、钟形—漏斗形组合	平滑—齿状	中低电阻率、低密度、高声波时差、高中子	
裂缝型储层	黄色—亮黄色块状结构，不均匀分布不规则的黑色线条，多具正弦线特征	单峰或分离双峰	分布范围大	低	箱形	微齿—齿状	高深电阻率、中低微电阻率、高密度、低声波、低中子	AC：$<54\mu s/ft$，ρ_b：$>2.55 g/cm^3$；$\phi_f>0.2\%$；$R_t>500\Omega\cdot m$

（1）气孔型有效储层。

该类储层在声电成像测井图上表现为黄色（浅色）块状结构，发育较均匀分布的规则圆形、椭圆形黑色斑点，边缘平滑。在核磁共振测井T_2谱图上呈双峰或多峰特征，T_2值分布具有范围大、平均值较大的特点；可动流体峰幅度以溢流相顶部亚相最大，上部和下部亚相、爆发相热碎屑流亚相次之。常规测井曲线形态多呈平滑—微齿状箱形，少量呈钟形—漏斗形组合形态；曲线值多为中高电阻率、中高密度、中低声波时差、中低中子，XX气田流纹岩气孔型常规有效储层的测井值表现为：$AC>57\mu s/ft$，$\rho_b<2.52 g/cm^3$，$R_t>150\Omega\cdot m$；致密有效储层的测井值表现为：AC：$54\sim57\mu s/ft$，ρ_b：$2.52\sim2.55 g/cm^3$，$R_t>300\Omega\cdot m$。

图7-23是XX23井测井综合图，该井段岩性岩相为溢流相顶部亚相的流纹岩，岩心上气孔发育，孔径从0.2cm×0.2cm到2cm×3cm不等，为气孔型储层。该井段储层在成像测井图上表现为深黄色块状结构，发育圆形黑色斑点或斑块；在核磁共振测井T_2谱图上见2~4个谱峰，T_2值分布范围和平均值都较大，自由流体峰为中高幅度；常规测井曲线呈微齿状箱形，岩石密度2.27~2.54g/cm³，中低值；声波时差54~68ms/ft，中高值；中子孔隙度2.2%~5.6%，中低值；纵横波速度比1.5~1.7，中低值；深侧向电阻率270~3722Ω·m，中高值。岩心及测井资料说明该井段储层物性、含气性和有效性都较好。该井在3909~3914m和3939~3943m两段试气，压后自喷，日产气27.86×10⁴m³，日产液14.4m³，压裂液返排率为46.4%，试气结论为工业气层；因此，综合分析认为该井段为典型的气孔型有效储层。

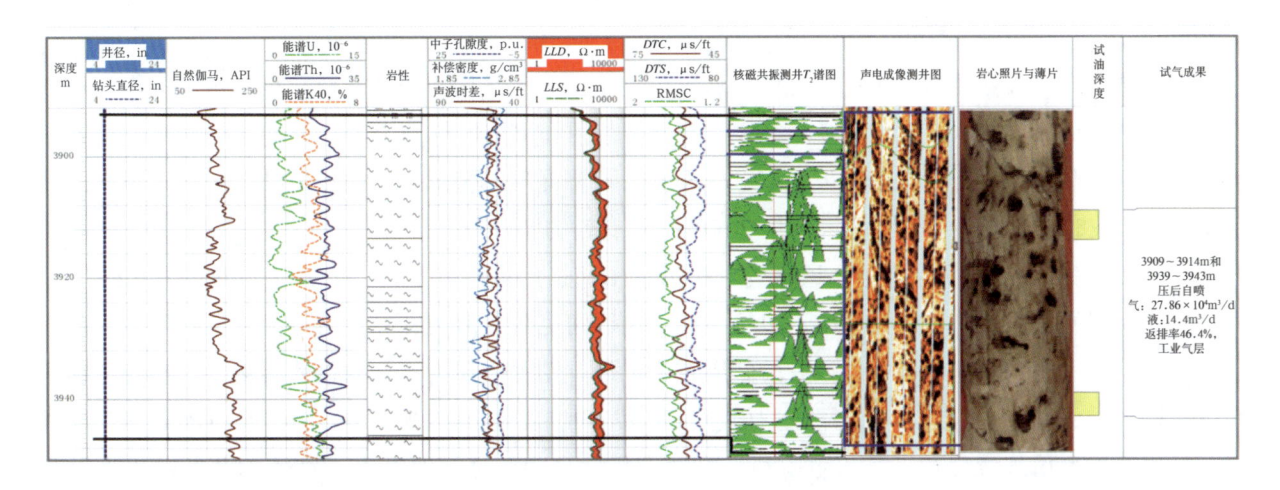

图7-23 气孔型储层测井综合图（XX23井）

（2）粒间孔型有效储层。

该类储层在声电成像测井图上表现为黄色—红色块状或斑状结构，发育黑色不规则圆点或多边形斑块，边缘棱角分明。在核磁共振测井T_2谱图上呈连续分布的单峰或双峰特征；T_2值分布范围大、平均值中等；可动流体峰幅度以空落亚相最大，热碎屑流亚相中等，热基浪亚相最小。常规测井曲线形态多为齿状—锯齿状箱形、钟形或漏斗形，测井值具有中低电阻率、中低密度、中高声波时差、中高中子特征，有效储层测井值与气孔型有效储层一致。

图7-24是CC1-1井测井综合图，该井段岩相为爆发相空落亚相，岩性为流纹质火山角砾岩，铸体薄片上以不规则砾间孔隙为主。该井段储层在成像图上表现为浅黄色斑状结构，其中棱角状亮色斑块为火山角砾，不规则黑色斑块为角砾间孔，黑色斑点为粗粒凝灰粒间孔；在核磁共振测井T_2谱图上表现为双峰特征，各谱峰的T_2值分布范围大，但平均值中等，自由流体峰幅度中—高；常规测井呈齿状漏斗—钟形组合形态，岩石密度2.28～2.53g/cm³，低值；声波时差56.7～72.7ms/ft，中高值；中子孔隙度3.6%～14.9%，中高值；深侧向电阻率20～162Ω·m，平均65Ω·m，中低值。岩心、岩石薄片及测井资料说明该段储层物性、含气性和有效性较好，该段未试气，但综合分析表明该井段为典型的粒间孔型有效储层。

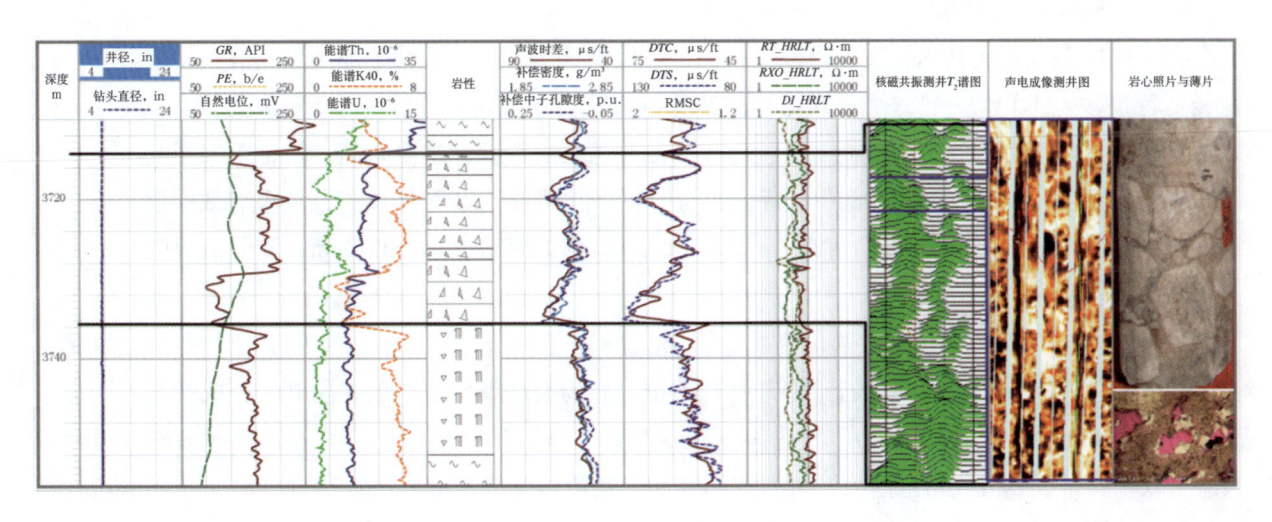

图7-24 粒间孔型储层测井综合图（CC1-1井）

(3) 溶蚀孔型有效储层。

该类储层在成像测井图上表现为红色—深红色块状或斑状结构，局部发育黑色不规则条带。在核磁共振测井T_2谱图上多呈不对称双峰特征，T_2值分布范围和平均值都为中等；可动流体峰幅度中等—大。常规测井曲线多表现为平滑—齿状箱形以及钟形—漏斗形组合形态，曲线值具有中低电阻率、低密度、高声波时差、中高中子特征，测井值与气孔型有效储层一致。

图7–25是XX8井测井综合图，该井段岩相为火山通道相火山颈亚相，岩性为流纹质角砾熔岩，岩心上不规则的火山角砾被熔浆胶结，边缘模糊，肉眼可见各种溶蚀孔隙；铸体薄片上孔隙呈不规则港湾状，发育程度高、连通性好。该井段储层在成像测井图上表现为深红色斑状结构，其中浅黄色—红色斑块为导电性差的熔结角砾，不规则黑色条带为溶蚀带；核磁共振测井T_2谱图具有不对称双峰特征，各谱峰的T_2值连续分布，分布范围和平均值中等，自由流体峰幅度大；常规测井曲线呈平滑箱形，岩石密度2.25~2.46g/cm³，低值；声波时差65~82μs/ft，高值；中子孔隙度8.8%~18.2%，中高值；深侧向电阻率24~63Ω·m，低值。岩心、薄片及测井资料说明其物性、含气性及有效性好，该井在3723~3735m段试气，采用MFEⅡ+TCP，10mm油嘴，自然自喷，日产气22.62×10⁴m³，其CO_2含量23%左右，无液；试气结论为工业气层；综合分析认为该井段为典型的溶蚀孔型有效储层。

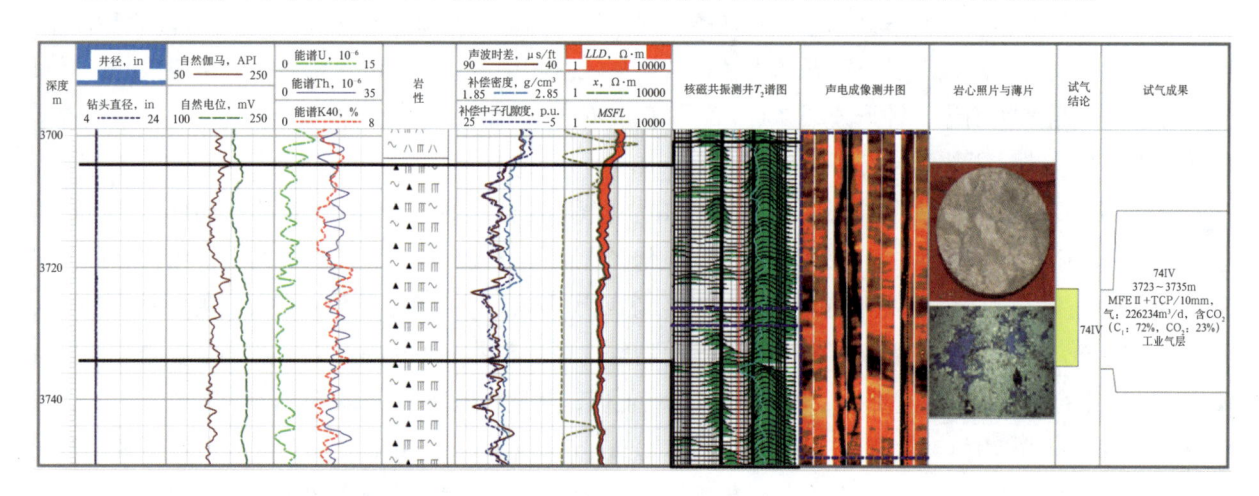

图7–25 溶蚀孔型储层测井综合图（XX8井）

(4) 裂缝型有效储层。

该类储层在成像测井图上表现为黄色—亮黄色块状结构，发育各种不规则黑色线条，多数具有正弦线型特征，且不均匀分布。核磁共振测井T_2谱图多呈单峰或双峰特征，T_2值分布范围大，可动流体峰幅度小。常规测井曲线多为微齿—齿状箱形，曲线值具有深探测电阻率高、微电阻率低的特点，同时表现为高密度、低声波时差、低中子特征，与上述3种类型有效储层不同，裂缝型有效储层基质孔隙不发育，测井值表现为：$AC<54$μs/ft，$\rho_b>2.55$g/cm³，$\phi_f>0.2\%$、$R_t>500$Ω·m，测井值界限因气藏类型不同而有所差异。

图7–26是DD17井测井综合图，该井段岩相为溢流相中部亚相，岩性为玄武岩，岩心上裂缝发育，岩心整体破碎，但基岩块岩石致密，孔隙不发育，为裂缝型储层。该井段储层在成像测井图上表现为红色—黄色块状结构，各种产状的黑色正弦型线条呈网状分布，表明裂缝发育；核磁共振测井T_2谱呈双峰特征，T_2值分布范围大，束缚流体峰和可动流体峰幅度都较小；常规测井曲线为微齿状箱形，岩石密度2.69~2.87g/cm³，高值；声波时差56~60μs/ft，低值；中子孔隙度15%~23%，中高值

（高密度、高中子是基性火山岩的测井特征）；深侧向电阻率40~66Ω·m，在DD17井区为高值；测井综合解释的基质有效孔隙度平均0.4%，低于下限；裂缝孔隙度0.5%，中高值。岩心、测井及参数解释表明该段火山岩基质物性差，但裂缝发育程度高，裂缝是主要的储集空间和渗流通道，因此为典型的裂缝型有效储层。

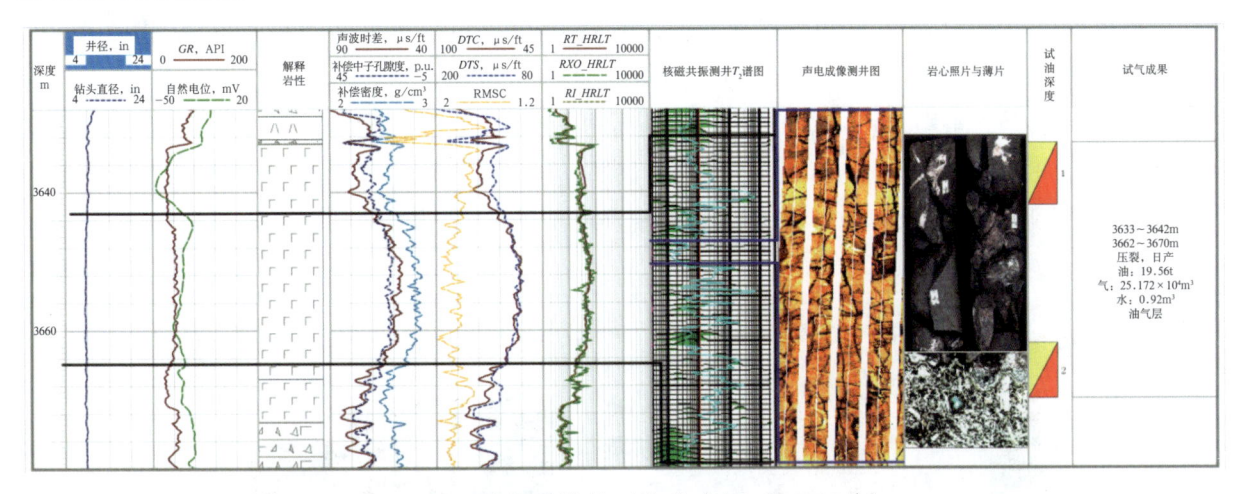

图7-26 裂缝型储层测井综合图（DD17井）

3）不同物性类别有效储层识别

根据储层孔洞缝、物性、含气性、产能特征和有效储层分类标准，建立火山岩气藏有效储层识别模式（表7-8），综合利用测井资料和岩性岩相、孔洞缝、流体识别结果以和储层参数解释成果，识别火山岩气藏不同物性类别有效储层。

表7-8 火山岩气藏不同物性类别有效储层特征表（XX气田）

储层类型	储层物性	声电成像测井	核磁共振测井			常规测井	
^	^	^	谱图形态	谱峰T_2值	自由流体峰幅度	曲线特征	曲线值域
Ⅰ类	好	整体颜色较深（深黄色—深红色为主），黑色斑点或斑块发育，黑色正弦线较发育	双峰甚至多峰	较大	大	中低电阻率、中低密度、中高声波时差、中高中子	R_t：10~400Ω·m；DEN<2.38 g/cm³；AC>65 μs/ft
Ⅱ类	中	整体颜色较浅（黄色—浅红色为主）黑色斑点或斑块、黑色正弦线或不规则线条较发育	单峰或双峰为主	中等	中	中等电阻率、中等密度、中等声波时差、中等中子	R_t：150~2000Ω·m；DEN：2.38~2.45 g/cm³；AC：60~65 μs/ft
Ⅲ类	差	整体颜色浅（亮黄色—黄色为主），黑色斑点或斑块发育差；但黑色正弦或不规则线条可能较发育（裂缝型）	单峰或双峰	较小，裂缝型中等	较小	中高电阻率、中高密度、中低声波时差、中低中子	R_t：200~4000Ω·m；DEN：2.45~2.52 g/cm³；AC：57~60 μs/ft
Ⅳ类	极差	颜色浅（亮黄色—白色），黑色斑点或斑块零星发育；但黑色正弦线条较发育	单峰或双峰	小	小	高电阻率、高密度、低声波时差、低中子	R_t>300Ω·m；DEN：2.52~2.55 g/cm³；AC：54~57 μs/ft

（1）Ⅰ类有效储层。

该类储层具有物性好、含气性好的特点，在成像测井图上表现为整体颜色较深（深黄色—深红色），黑色斑点或斑块（孔隙）发育，黑色正弦线（裂缝）较发育；在核磁共振测井T_2谱图上为双峰甚至多峰特征，谱峰T_2值较大，自由流体峰幅度大；常规测井曲线上表现为中低电阻率（10~400Ω·m）、中低密度（<2.38g/cm³）、中高声波时差（>65μs/ft）特征。

图7-27是CC103井182Ⅱ号层测井综合图，该层为自碎角砾化熔岩，岩心破碎；其有效孔隙度为10.62%~20.93%，平均14%；含气饱和度66%~76%，平均72.3%；都高于Ⅰ类下限。成像测井为深黄色—红色块状结构，黑色斑块局部发育，黑色正弦型线条发育；核磁共振测井T_2谱图为双峰结构，T_2值较大，自由流体峰幅度大。测井密度2.2~2.49g/cm³，平均2.32g/cm³，低于Ⅰ类下限；声波时差57~88μs/ft，平均67μs/ft，高于Ⅰ类下限；中子孔隙度6%~19%，平均9%；深侧向电阻率15~100Ω·m，平均40Ω·m。综合解释为Ⅰ类有效储层。

该段试气自喷，产量51.3×10⁴m³/d，无阻流量达74.5×10⁴m³/d，为自然高产气层。

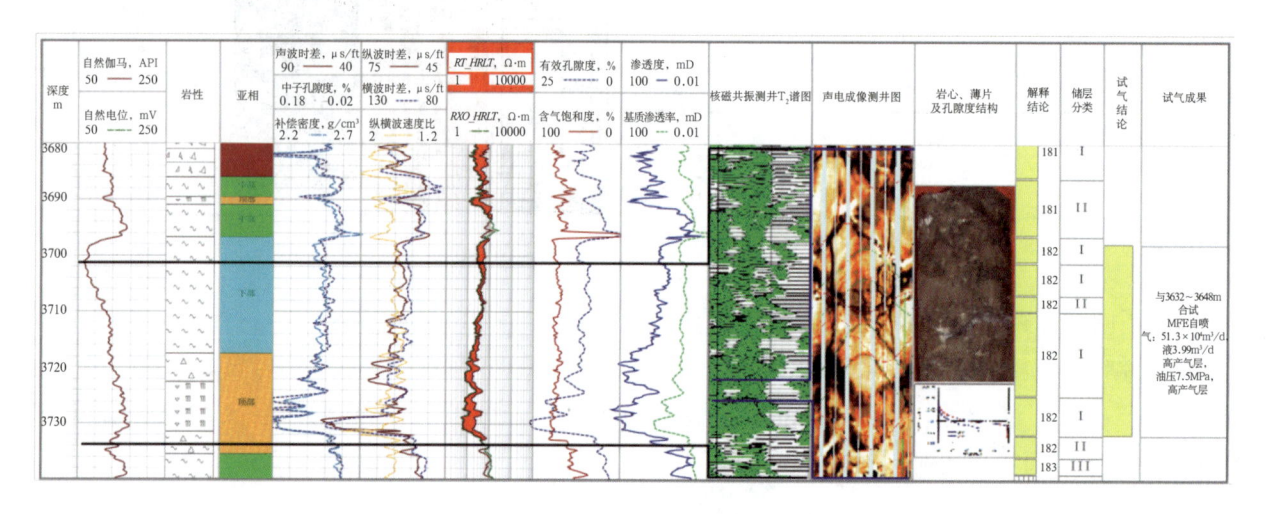

图7-27 火山岩气藏Ⅰ类有效储层（CC103井，自碎角砾化熔岩）

（2）Ⅱ类有效储层。

该类储层物性中等、含气性较好，成像测井图整体为黄色—浅红色，黑色斑点、斑块或正弦型线条较发育；核磁共振测井T_2谱为单峰或双峰，谱峰T_2值和自由流体峰中等；常规测井电阻率（150~2000Ω·m）、密度（2.38~2.45g/cm³）、声波时差（60~65μs/ft）为中等幅值。

图7-28是XX901井257Ⅰ号层实例，该层为流纹岩，岩心上气孔型流纹构造及裂缝发育；有效孔隙度4.9%~8.2%，平均6.6%；含气饱和度48%~72%，平均61%；高于Ⅱ类下限而低于Ⅰ类下限。成像测井为黄色—红色块状，气孔定向排列形成的流纹构造发育，黑色正弦型线条发育；核磁共振测井T_2谱为单峰或双峰结构，T_2值和自由流体峰幅度中等。测井密度2.36~2.49g/cm³，平均2.42g/cm³；声波时差58~65ms/ft，平均61ms/ft；中子孔隙度4%~6%，平均5%；深侧向电阻率300~2000Ω·m，平均700Ω·m。综合解释为Ⅱ类有效储层。

天然气压后试气产能38.24×10⁴m³/d，无阻流量88.2×10⁴m³/d，为压裂后高产气层。

（3）Ⅲ类有效储层。

该类储层物性、含气性较差，成像测井图以亮黄色为主，黑色斑点或斑块发育程度低，但黑色正弦型或不规则线条发育程度一般；核磁共振测井T_2谱为单峰或双峰，谱峰T_2值相对较小或中等，自由流体峰幅度小；常规测井具有中高电阻率（200~4000Ω·m）、中高密度（2.45~2.52g/cm³）、中低声波时差（57~60μs/ft）特征。

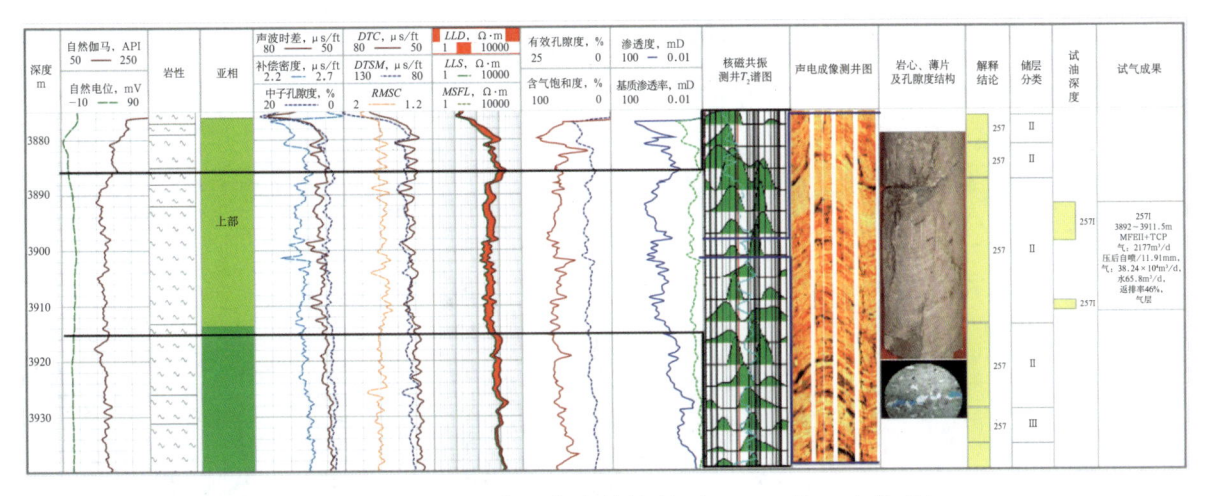

图7-28 火山岩气藏Ⅱ类有效储层（XX901井，流纹岩）

图7-29为XX902井237Ⅰ号层实例，该层为球粒流纹岩，有效孔隙度3.8%~5.6%，平均4.5%；含气饱和度40%~62%，平均50%；符合Ⅲ类储层特征。FMI成像图为亮黄色块状结构，气孔定向排列成因的流纹构造较发育，裂缝发育程度低；核磁共振测井T_2谱图为单峰结构，T_2值较小，自由流体峰幅度较小。测井密度2.48~2.55g/cm³，平均2.51g/cm³；声波时差56~65μs/ft，平均59μs/ft；中子孔隙度1.7%~4.5%，平均3.3%；深侧向电阻率300~2000Ω·m，平均900Ω·m；电性特征介于Ⅲ类与Ⅱ类之间。综合解释为Ⅲ类有效储层。

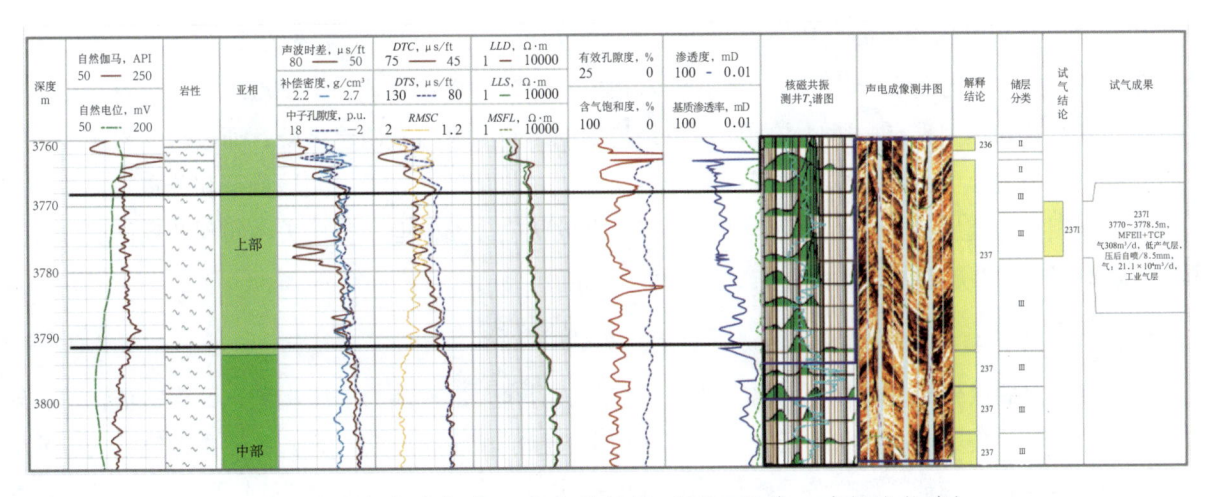

图7-29 火山岩气藏Ⅲ类有效储层（XX902井，球粒流纹岩）

该段压裂后，用大油嘴测试，生产压差达17.78MPa，天然气初期产能为$21×10^4m^3/d$，但产量、压力快速降低，是典型的压裂后中—高产气层。

（4）Ⅳ类有效储层。

该类储层物性和含气性差，成像测井以亮黄色—白色为主，黑色斑点或斑块零星发育，但黑色正弦线条较发育；核磁共振测井为单峰或双峰，谱峰T_2值和自由流体峰幅度小；常规测井具有高电阻率（>300Ω·m）、高密度（2.52~2.55g/cm³）、低声波时差（54~57μs/ft）特征。

图7-30为XX2井194号层实例，该层为流纹质熔结凝灰岩，有效孔隙度2.5%~4.5%，平均3.4%；含气饱和度17%~50%，平均36.5%。本井无成像测井和核磁共振测井，常规测井密度2.52~2.6g/cm³，平均2.56g/cm³；声波时差52~58μs/ft，平均56μs/ft；中子孔隙度1.7%~3.8%，平均2.8%；深侧向电

阻率300~1000Ω·m，平均350Ω·m。综合解释为Ⅳ类有效储层。

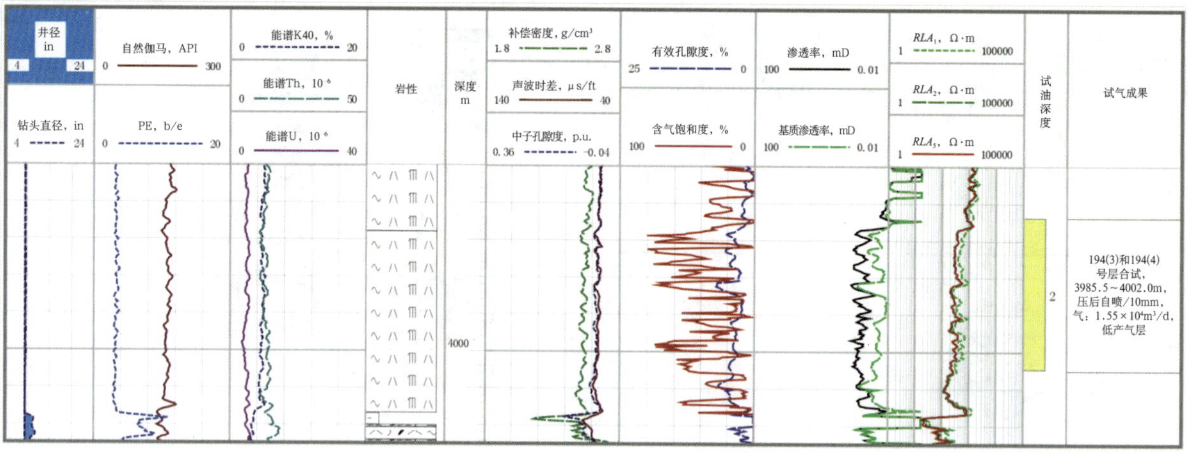

图7-30 火山岩气藏Ⅳ类有效储层（XX2井，流纹岩、晶屑凝灰岩）

该段压裂后直喷，用10mm油嘴测试，日产天然气$1.55 \times 10^4 m^3$，为压裂后低产气层，采用常规开发技术无法实现经济效益开发，因此划归致密有效储层，即Ⅳ类有效储层。

二、火山岩气藏有效储层预测技术

有效储层预测是搞清井间储层分布、提高布井效果的关键。火山岩有效储层发育多种类型多种尺度孔、洞、缝，同时受复杂建筑结构和岩性岩相控制，分布规律复杂，预测难度大。针对火山岩有效储层的复杂性和预测难点，通过火山岩建筑结构解剖，建立火山岩储层格架；通过岩性岩相和裂缝预测，搞清火山岩原生、次生型有效储层的分布规律；在此基础上，采用储层格架和分布规律共同约束的体控、相控地震反演技术提高反演精度，根据有效储层分类标准和气水关系实现有效储层分类预测，提高不同类别储层的预测符合率。

1. 火山岩建筑结构解剖技术

建筑结构对储层分布起着重要的格架约束作用。针对火山岩复杂的多级次建筑结构特征，在建筑结构模式指导下，按照从高级次到低级次、逐级约束的解剖顺序和思路，分析各级次建筑结构单元的地质特征和地球物理特征，建立各级次结构单元的构成、形态、测井和地震识别标志（表7-9），通过露头观测、岩心描述、测井识别和地震预测，揭示火山机构、火山岩体、火山岩相和储渗单元等主要建筑结构单元的形态、规模、分布和叠置关系，为火山岩气藏储层反演建立重要的格架约束。

表7-9 火山岩建筑结构特征及识别标志表

建筑结构	组成	形态	测井响应特征		地震反射特征			
			曲线形态	曲线幅值	波形	振幅	频率	连续性
火山机构	火山口	锥状、盾状、穹状、楔状	齿状—锯齿状指形	高、低互层状	弧形凹陷或地堑式下拉	强	高	好
	火山通道		直立流纹构造、隐爆构造平滑—微齿状箱形、漏斗形	中高电阻率中高密度	伞状、柱状、漏斗状	中—弱	高	差
	围斜构造		平滑—微齿状钟形、箱形	中等幅值	向上收敛的似层状	中—弱	低	差

续表

建筑结构	组成	形态	测井响应特征		地震反射特征			
			曲线形态	曲线幅值	波形	振幅	频率	连续性
火山岩体	内部	透镜状或不规则	微齿状箱形、钟形、漏斗形	中高电阻率中高密度	杂乱反射	中—弱	中—低	差
	边界		岩性或相序变化形成的齿状指形或尖峰状	中低电阻率中低密度	似层状反射	强	中	好
火山岩相	爆发相	锥状、楔状	齿状—锯齿状漏斗形、钟形	中高电阻率中高密度	锥状、楔状	中—弱	高	中—差
	溢流相	层状、块状	平滑—微齿状箱形	高电阻率中高密度	似层状、透镜状	中—强	中—低	较好
	侵出相	锥形、钟形、丘形	齿状—锯齿状指形、箱形或钟形	低电阻率低密度	向外发散的扇形	中—弱	中—低	差
	火山通道相		与火山通道特征一致					
	次火山岩相	岩床、岩株等	平滑—微齿状指形、钟形、漏斗形等	高电阻率高密度	不规则透镜状	弱	中—高	断续
储渗单元	储渗性岩石	片状、条带状、透镜状	各种形态	中低电阻率中低密度	不规则透镜状或条带状	弱	低	差

1) 火山机构识别与解剖

火山机构由火山口、火山通道及围斜构造组成[11]。其中火山口由环带状分布的火山碎屑岩或者蘑菇状、云朵状分布的侵出岩构成，内部通常由于塌陷而下凹；在测井上表现为齿状—锯齿状指形，高低幅值互层状发育；在地震剖面上表现为弧形凹陷或地堑式下拉的反射特征，振幅强、频率高、同相轴较连续。火山通道由岩株、岩脉、直立柱状产出的火山熔岩、次火山岩以及碎裂枝杈状、不规则脉状分布的隐爆角砾岩构成[图7—31 (a)]；在测井上表现为平滑—微齿状箱形、漏斗形，中高电阻率、中高密度[图7—31 (b)]；地震剖面上表现为近直立或向上发散的反射外形，如直立柱状、伞状、漏斗状等，内部地震反射具有中—弱振幅、高频率、差连续特征[图7—32 (a)]。围斜构造由近火山口带的楔状、透镜状或块状熔岩、角砾岩和远火山口带的似层状小气孔熔岩、凝灰岩组成，在地震剖面上表现为丘状、盾状或楔状、层状反射外形，同相轴向上收敛、弱—中振幅、低频率、连续性差[图7—32 (a)]。

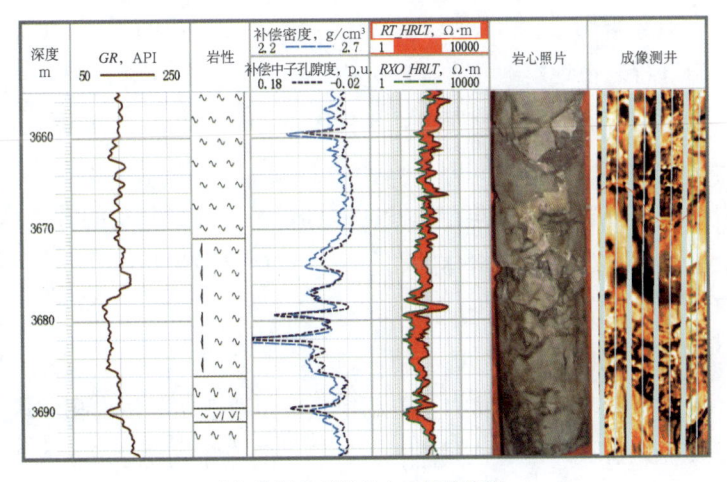

(a) 通道附近柱状节理　　(b) 隐爆角砾岩岩心及测井特征

图7—31　火山通道岩石结构及测井响应特征

火山机构识别按照井震结合思路，以火山口和火山通道为标志，采用地震剖面追踪与平面预测结合的方法进行。在地震剖面上，首先根据直立柱状、伞状等地震反射特征识别火山口及火山通道；进而根据不同类型围斜构造的地震相模式，追踪、识别围斜构造[图7-32（a）]。平面上主要用两种方法识别火山机构：一是地震属性法，针对火山机构差相干、弱振幅、高倾角等地震反射特征，沿目的层提取敏感地震属性或做地震属性时间切片，通过分析地震属性的异常来识别火山机构，图7-32（b）是XX21井区用倾角属性识别火山岩机构的实例；二是微构造识别法，根据火山机构特有的正向微构造特征，利用火山岩顶面构造划分正向微构造特征区，结合地震剖面或其他地震属性分析方法确认火山机构或者火山口位置。

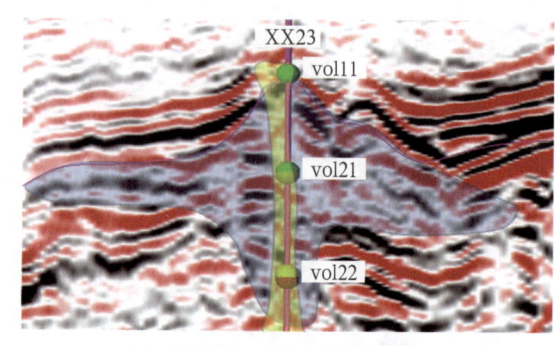

(a) 井震结合剖面追踪解剖技术　　(b) 倾角属性平面预测方法

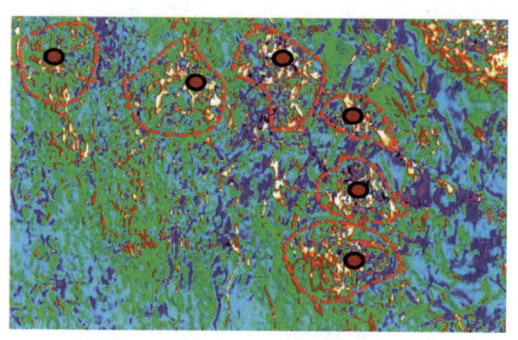

图7-32　火山机构地震识别方法

2）火山岩体识别与解剖

火山岩体是火山机构内部一套成因相同、连续分布的火山岩组合，可分为喷发间歇期岩性分隔类、喷发能量强弱转换类、伴生侵出或浅成侵入独立岩体类、构造运动破坏类，其岩性边界分别为风化壳、火山沉积岩、能量转换的岩性弱边界、岩性突变界面、断裂及其破碎带等。火山岩体多为不规则透镜状，内部火山岩的测井曲线为微齿状箱形、钟形、漏斗形，具有中高电阻率、中高密度特征；在地震剖面上为中弱振幅、中低频率、差连续或不连续的杂乱反射特征。岩体边界在测井上为岩性或相序变化形成的齿状指形或尖峰状，具有中低电阻率、中低密度特征；在地震上表现为强振幅、中等频率、较好连续性的似层状反射特征，断裂及其破碎带表现为同相轴终止、错断、扭曲、合并、分叉、数量变化及极性反转等现象。

火山岩体识别是以火山喷发间断或岩性突变形成的不整合面，以及构造运动破坏形成的断裂破碎带为标志进行。在地震剖面上，以火山机构边界为约束，以4种类型火山岩体的地震相模式为依据，采用井震联合的方法识别、追踪火山岩体[图7-33（a）]。在平面上，采用多种方法预测火山岩体平面分布：一是根据火山岩体之间的差相干或不相干特点，采用相干分析的方法预测其分布；二是根据不同火山岩体地震反射外形和同相轴特征差异，采用波形分类的方法预测其分布；三是针对不同火山岩体优选敏感属性，如次火山岩体的相位属性、盾状溢流相火山岩体的振幅属性，等等，采用属性分析的方法预测其分布[图7-32（b）]。

3）火山岩相识别与解剖

火山岩相主要分为爆发相、溢流相、火山通道相、侵出相和次火山岩相5种类型。在测井曲线上，爆发相表现为齿状—锯齿状漏斗形、钟形，具有中高电阻率、中高密度特征；溢流相表现为平滑—微齿状箱形，具有高电阻率、中高密度特征；侵出相表现为齿状—锯齿状指形、箱形或钟形，具有低电阻率、低密度特征；火山通道相为微齿—齿状箱型—钟形组合形态，具有中低电阻率、中高声波时差、中高密度特征；次火山岩相表现为平滑—微齿状指形、钟形、漏斗形等，具有高电阻率、高密度特征。在地震剖面上，爆发相具有丘状、楔状反射外形和中—弱振幅、相对高频、中—差连续性的杂乱反射特征[图7-34（a）]；溢流相具有层状、透镜状反射外形以及中—强振幅、中—低频率、较好连续性的平行—亚平行地震反射特征[图7-34（b）]；侵出相具有以底部为中心呈扇形向外发散的近似伞状的地震反射外形以及中—弱振幅、中—高频率、差连续性的杂乱反射特征；次火山岩相则具有不规则透镜状反射外形，表现为弱振幅、中—高频率、断续的杂乱反射特征[图7-34（c）]；火山通道相具有近直立的柱状反射外形，及弱振幅、高频率、差连续性的杂乱反射特征。

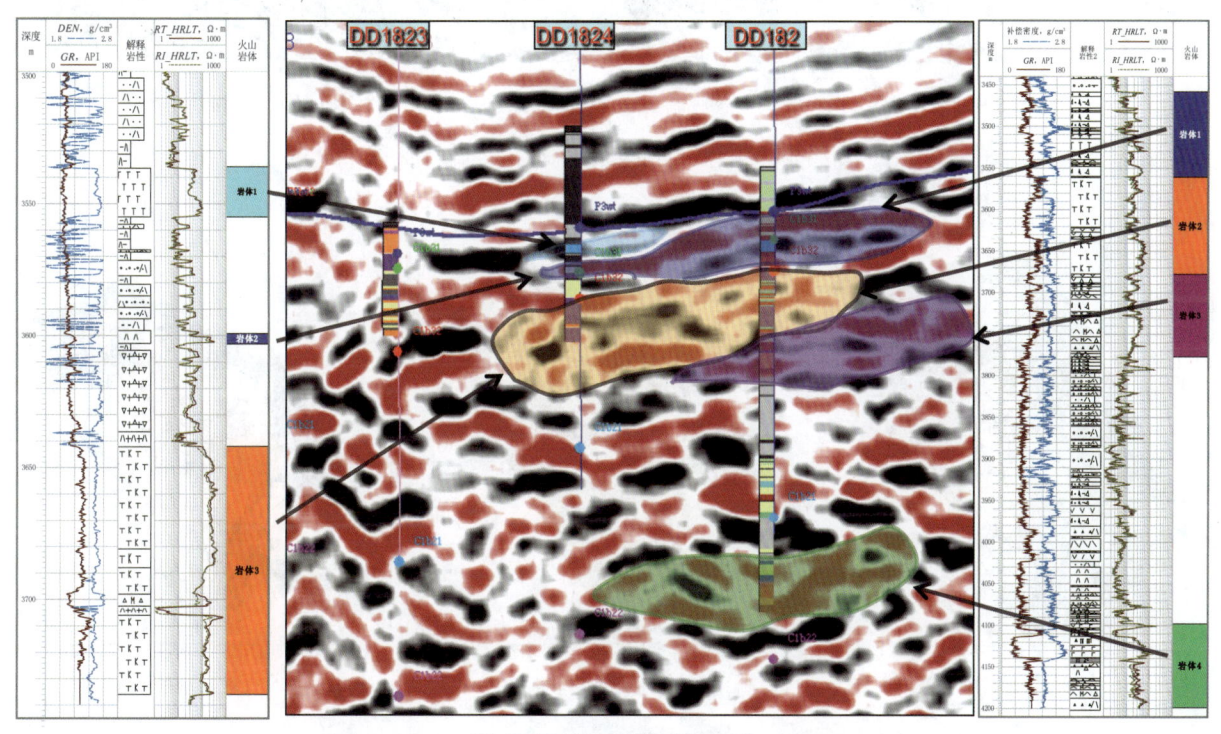

（a）井震结合的剖面识别方法

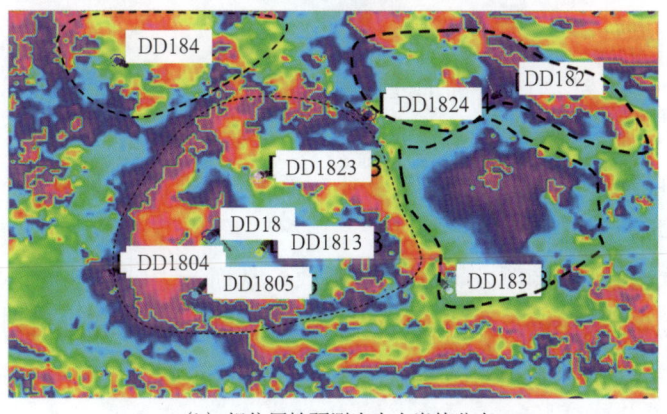

（b）相位属性预测次火山岩体分布

图7-33　火山岩体识别方法

根据不同类型岩相的地质特点和测井、地震响应模式，在剖面上以单井岩相为井点约束，以火山岩体为格架约束，采用井震标定和联合解释的方法，确定井间岩相类型，追踪岩相界面；在平面上则用多种方法识别火山岩相，包括：（1）波形分类方法，根据不同火山岩相的地震响应特征，在地震层序内提取5~10种波形，建立波形分类与岩相分类的关系，结合地质认识和井点约束预测火山岩相平面分布；(2) 多属性融合分析技术，分析并提取对火山岩相敏感的地震属性，在单一属性分析的基础上，对比不同属性反映的地质信息和不确定性特征，在地质规律约束下，综合确定火山岩相的平面分布（图7-35）。

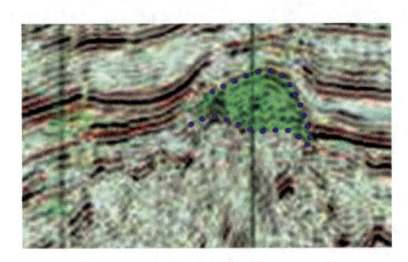

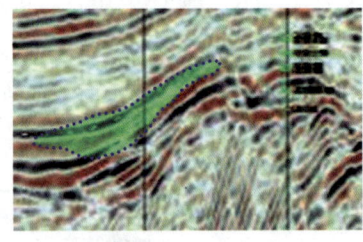

(a) 爆发相：丘状　　　　　　(b) 溢流相：楔状或似层状　　　　　　(c) 次火山岩相：透镜状

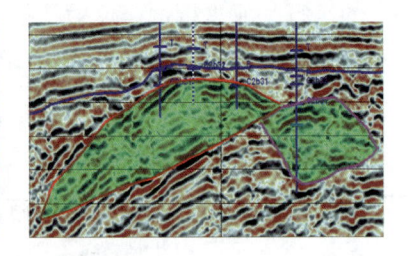

图7-34　典型火山岩相的地震剖面特征图

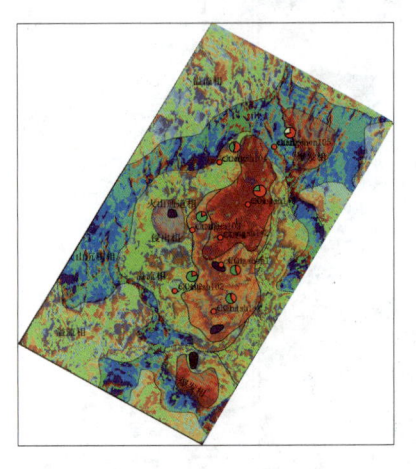

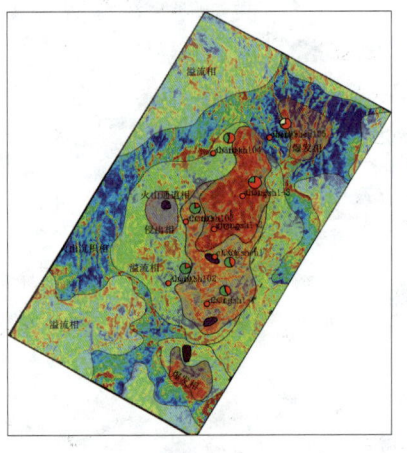

(a) 波形分类地震属性图　　　　　(b) 均方根振幅地震属性图　　　　　(c) 多属性融合预测岩相分布

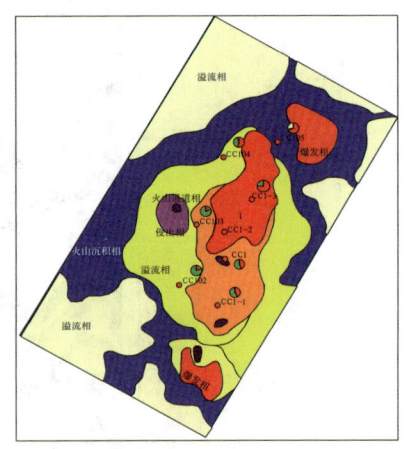

图7-35　多属性融合预测岩相平面分布

4）储渗单元识别与解剖

储渗单元是火山岩中储渗能力较好的部分，测井上具有中低电阻率、中低密度特征，地震上由于其较强的声波吸收能力，多表现为弱振幅、低频率和差连续性特征。在火山岩体、岩相等建筑结构约束下，根据测井、地震响应模式，用多种方法识别、解剖储渗单元，包括：

(1) 分频振幅能量属性法。

地震波通过储渗单元后，高频成分会被强烈吸收，从而产生"高频振幅能量低、低频振幅能量高"的特殊现象。为此，对火山岩气藏地震数据进行分频处理，并采用地层切片的方法提取高频和低频振幅属性，通过对比二者的差异预测储渗单元分布，差异越大，储渗单元的物性、含气性越好（图7-36）。

(2) 地震属性综合分析法。

吸收系数是通过计算子波频谱变化率得到的地震属性参数，能较好反映有效储渗层特征；关联维则是基于混沌时间序列，用重建相空间方法得到的直接反映油气分布的地震道分数维。首先用吸收系数、关联维和其他地震属性，采用单一属性分析的方法预测储渗单元分布；然后对多种属性预测结果进行叠合，以叠加次数为可信度综合预测储渗单元分布（图7-37）。

(a) 高频（20Hz）振幅能量　　　　　　　　　　(b) 低频（12Hz）振幅能量

图7—36　分频振幅能量属性法预测储渗单元平面分布（DD气藏）

(a) 吸收系数预测储渗单元　　　(b) 关联维预测储渗单元　　　(c) 吸收+关联维叠合预测储渗单元分布

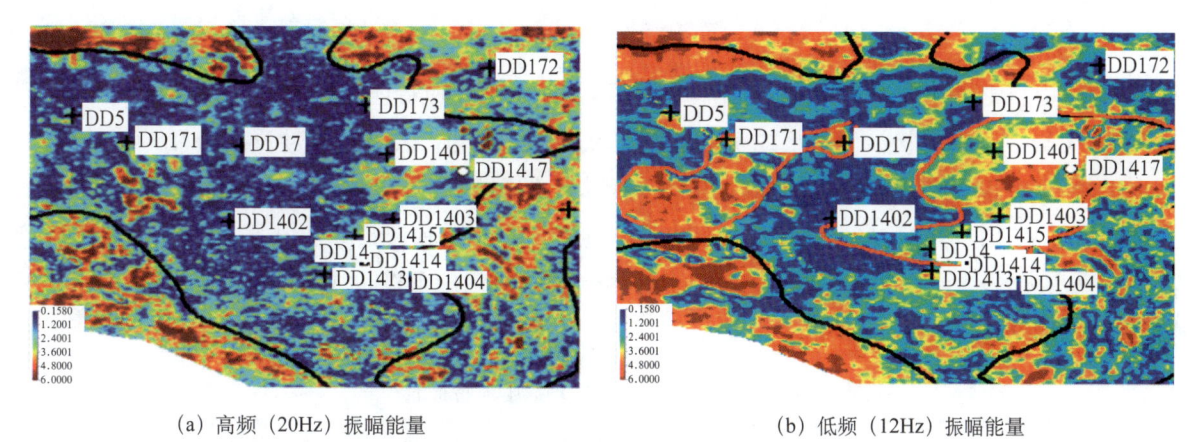

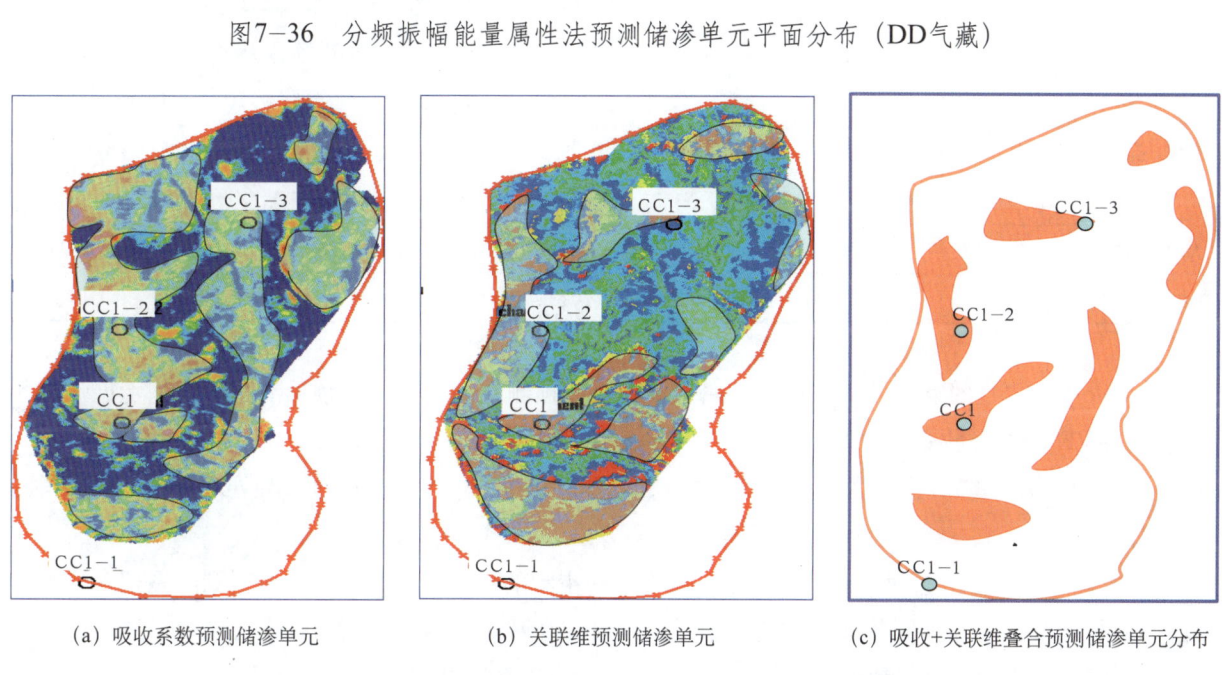

图7—37　综合属性分析法预测储渗单元平面分布（CC气藏6号火山岩体）

（3）地震反演方法。

考虑建筑结构约束开展地震反演，得到波阻抗、声波、孔隙度等数据体，应用有效储渗层地震下限标准，筛掉非储渗层数据，对留下来的火山岩进行空间位置组合分析，从而搞清火山岩储渗单元的形态、规模、分布和叠置关系（图7—38）。

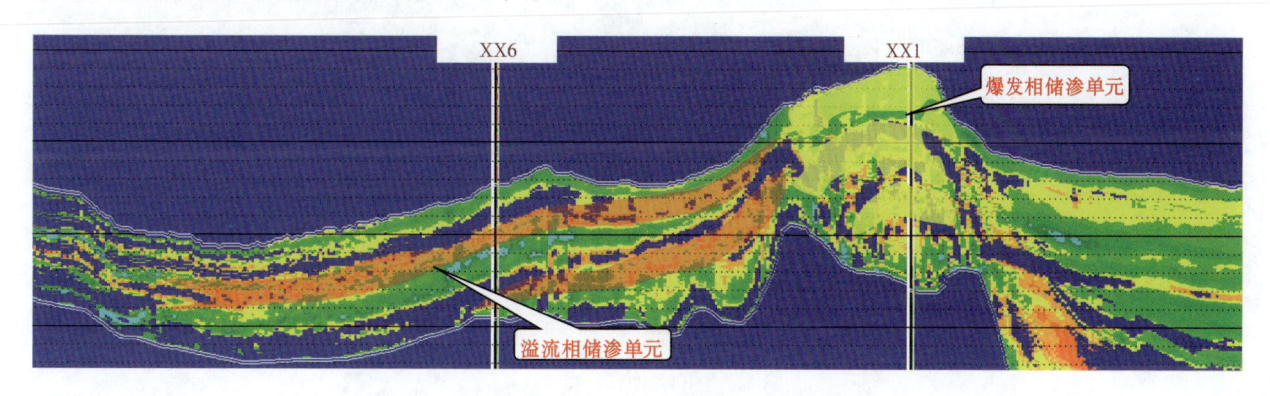

图7—38　地震反演方法识别火山岩储渗单元

2. 火山岩储层岩性预测技术

不同类型火山岩由于岩石成分和内部结构构造不同，其地震响应特征也存在较大差异（表7–10）[12]：（1）火山熔岩多具有层状、似层状或席状反射外形以及强振幅、较好连续性反射特征，从基性到酸性，由于岩石密度减小、厚度增大，其自然伽马增大、波阻抗减小、地震反射频率相对降低；（2）火山碎屑岩多为高自然伽马、低波阻抗，具有丘状地震反射外形和低频率、中弱振幅、不连续反射特征；（3）次火山岩多为高自然伽马、高波阻抗，具有穹状或不规则楔状地震反射外形和高频率、中弱振幅、不连续反射特征。

表7–10 不同火山岩的地震响应特征表

岩性	岩相		地震相		地震属性		代表井
			内部反射特征	外部形态	波阻抗	自然伽马	
火山熔岩类	基性熔岩	溢流相	高频率、强振幅、连续性好	席状、楔状	高	低	DD171, DD401
	中性熔岩		低频率、强振幅、连续性好	层状	中高	中低	DD403
	酸性熔岩		低频率、强振幅、连续性好	似层状	中	高	DD403, DD401
火山碎屑岩类	火山角砾岩	爆发相	低频率、中弱振幅、不连续	丘状	低	高	DD14, DD403
次火山岩类	正长斑岩	次火山相	高频率、中弱振幅、不连续	穹状、楔状	高	高	DD18

针对火山岩岩性的复杂性，采用分频属性反演方法预测岩性分布。分频反演是一种基于振幅随频率变化（AVF）和神经网络技术而形成的非线性属性反演，其方法步骤为[12]：

（1）地震数据的分频处理，根据其有效频带范围设计合适的尺度，通过分频处理产生不同频段的数据体。

（2）AVF关系分析，对于一个楔状模型，用不同主频的雷克子波与其褶积，得到一系列合成地震剖面以及振幅与厚度在不同频率下的调谐曲线，利用神经网络技术对调谐曲线进行转换，进一步得到在不同时间厚度下的振幅与频率关系曲线。

（3）分频属性反演，将AVF关系引入反演，建立波阻抗与地震波形之间的非线性映射关系，通过地震数据的特殊处理，得到地层的波阻抗、伽马、密度等反演数据体。

（4）岩性分布预测，建立不同岩性的波阻抗、自然伽马、岩石密度判识标准（图7–39）；利用反演数据体进行多属性交会分析，确定空间数据点的岩性归属，预测岩性分布（图7–40）。

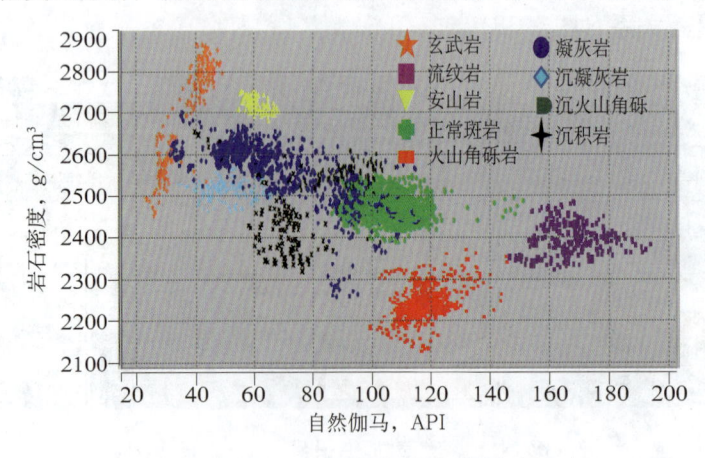

图7–39 火山岩岩性分类模式

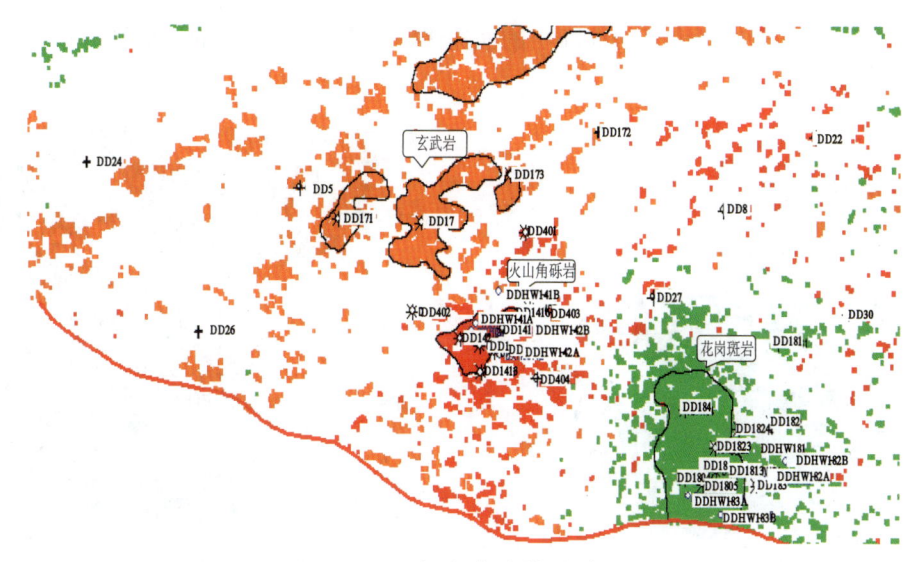

图7-40 火山岩岩性分布图

以DD气田为例，从图7-40中可以看出，DD18井区以次火山岩为主，DD14井区以火山角砾岩为主，DD17井区以玄武岩为主，预测结果符合实际。

3. 火山岩储层裂缝预测

裂缝系统的地震正演表明，火山岩储层裂缝带在地震上表现为能量减弱、频率降低、连续性变差、波阻抗降低；由于以构造缝为主，储层裂缝具有层组发育、对称排列的特点，表现为明显的各向异性[12]。针对火山岩裂缝的上述特点，采用多种方法预测其空间分布。

1) 叠后地震属性分析法

相干分析技术根据相邻地震道之间的非相似性，利用地震波组连续性变化特征预测裂缝，但预测结果易受岩性边界、断层等影响[图7-41（a）][13]。

三瞬属性分析技术直接利用瞬时振幅、瞬时频率和瞬时相位等地震波的动力学信息检测裂缝，预测结果受火山岩内幕结构、流体类型影响大[图7-41（b）][14]。

吸收系数分析法根据裂缝及其含气性引起地震波吸收衰减的原理来预测裂缝，具有较高的灵敏度，但预测结果受孔隙结构、流体流动、局部饱和效应等多种因素影响，多解性强。

应力分析技术应用运动学构造恢复方法，通过计算构造运动产生的应变量来预测裂缝分布，由于构造恢复过程复杂，预测效果受地层厚度、岩性、构造发育史等因素影响，存在一定的不确定性[图7-41（c）]。

2) 叠前地震属性分析法

火山岩储层裂缝各向异性特征主要表现为：当声波顺裂缝方向传播时，声波速度最大、衰减最小、频率最低；当声波垂直裂缝方向传播时，声波速度最小、衰减最大、频率最高。因此不同方位的地震属性表现为一个椭圆，椭圆长轴方向代表裂缝走向，椭圆扁率代表裂缝发育程度或裂缝密度。根据上述原理，对叠前地震资料进行分分方位处理，优选并提取敏感的地震属性（如能量、主频、衰减梯度、地震能量分位数频率等），根据这些属性随方位角的变化情况确定地震属性的方位椭圆特征，预测井间裂缝的发育密度和展布方向[15-17]。

图7-42是XX1气藏利用该方法预测裂缝分布的实例，对比能量、主频、衰减梯度、地震能量分位数频率4种属性预测裂缝的符合程度，结果表明：前3种属性的符合率为60%，而地震能量分位数频率属性的符合率达到80%以上（图7-42a），是适合XX1井区裂缝预测的最优叠前分方位角属性。预测结

果表明：XX1井区裂缝多发育于北北西向断层的西边[图7-42（b）]，裂缝方向则以东西向和北北西向为主[图7-42（c）]。

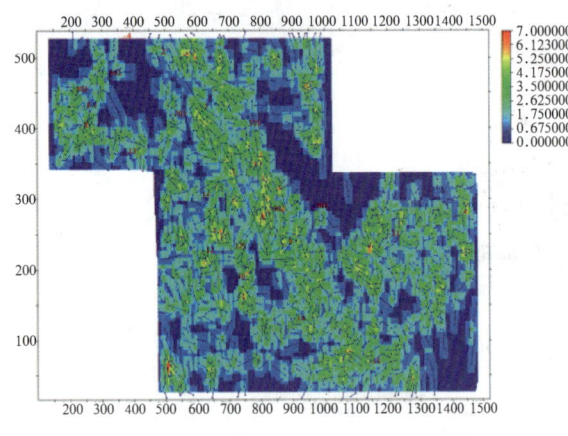

(a) 相干分析（XX气田）

(b) 瞬时频率属性分析（XX2-1）

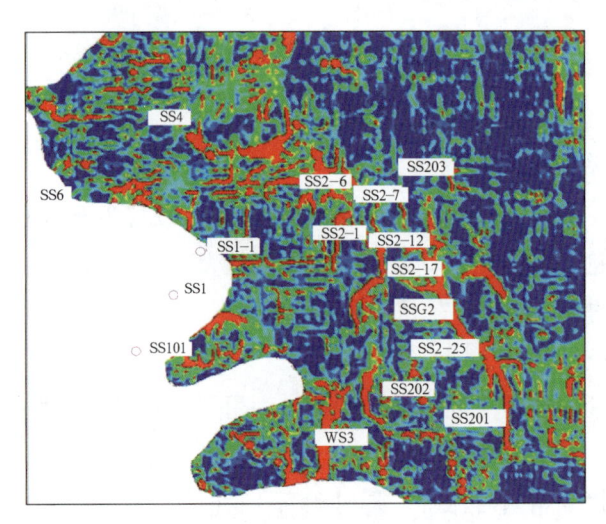

(c) 应力分析（XX2-1）

图7-41 叠后地震属性分析预测裂缝分布

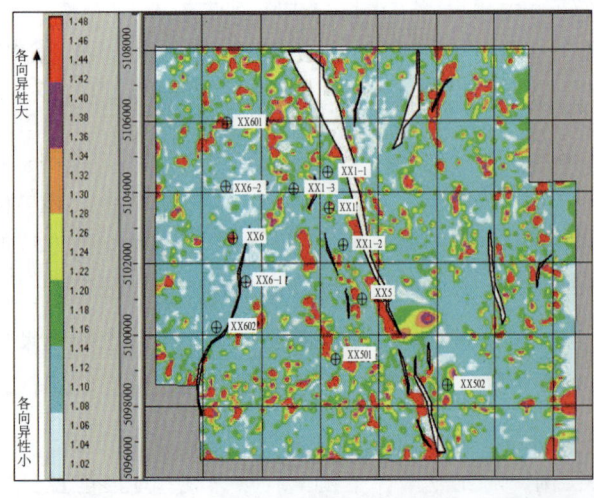

(a) 地震能量分位数频率

(b) 裂缝方向

图7-42 叠前地震属性分析预测裂缝分布（XX1井区）

3）裂缝参数地震反演法

裂缝与岩石导电性、波阻抗有较好相关性，裂缝越发育，岩石电阻率和波阻抗越小[18]。因此用裂缝参数地震反演技术预测裂缝分布，其方法步骤为：

（1）优选反演目标参数，如利用对裂缝敏感的双侧向测井，构建裂缝指数$RTC=（2.589×RLLD-1.589×RLLS）/RLLS$；利用常规测井裂缝解释模型构建裂缝发育指数$FID_2$[式（7-6）]。

（2）构建声波量纲，将裂缝指数曲线转化为视声波曲线，并建立反演模型。

（3）采用基于模型约束的反演方法，得到裂缝特征参数约束的拟阻抗体。

（4）建立裂缝指数（如RTC和FID_2等）与波阻抗的统计关系[图7-43（a）]，并进行二次反演，将拟阻抗数据体转化为裂缝指数三维数据体。

（5）通过分析该数据体，预测火山岩储层裂缝发育程度[图7-43（b）和图7-43（c）]。

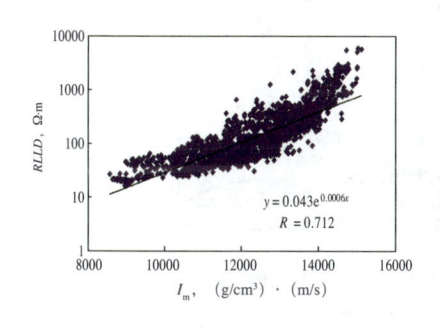

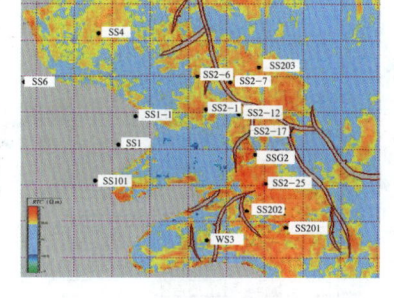

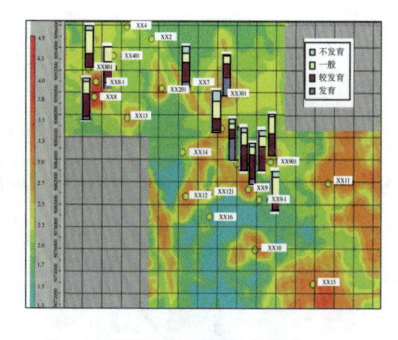

(a) 深侧向电阻率与波阻抗交会图

(b) 地震反演的裂缝指数RTC

(c) 地震反演的裂缝发育指数FID_2

图7-43 裂缝参数地震反演技术预测裂缝分布

图7-43（b）是RTC反演法在XX2-1区块的应用实例，从中可以看出：RTC高值区主要分布在XX4井附近区域、XX2-1—XX2-6—XX2-7—XX203沿线区域、XX202—XX2-25附近区域，与钻井揭示的裂缝有利区基本一致。

图7-43（c）在FID_2反演法在XX89区块的应用实例，从图中可以看出：FID_2高值区主要发育于XX9—XX902，XX3—XX14，XX8—XX801，XX301和XX7—XX3共5个条带，与单井揭示的裂缝发育区基本一致。

4. 火山岩气藏有效储层分类预测

搞清井间储层物性及有效储层分布是优化井网井距、优选开发井位的基础。针对火山岩储层的特殊性和复杂性，如何实现各级次建筑结构的格架约束、井点约束和分类预测，是提高有效储层预测精度和符合率、进而提高钻井成功率和高效井比例的关键。

1）建立基于各级次建筑结构的储层格架约束

火山岩建造成因相似，它区分火山岩与沉积岩，控制气藏的顶、底构造，形成储层反演的顶、底界面约束。火山机构是产出同源、成因相关，它区分熔浆来源和气藏接触关系，控制气藏的形态、规模和分布，形成储层反演的气藏界面约束。火山岩体连续喷发和分布，它区分火山机构内部各组成部分的时空关系，控制气水系统的分布和单体储量的规模大小，形成储层反演的气水系统边界约束（图7-44）。火山岩相成因相同，它区分火山喷发的方式、能量和环境差异，控制火山岩储层的类型和走向，形成储层反演的走向约束（图7-45）。

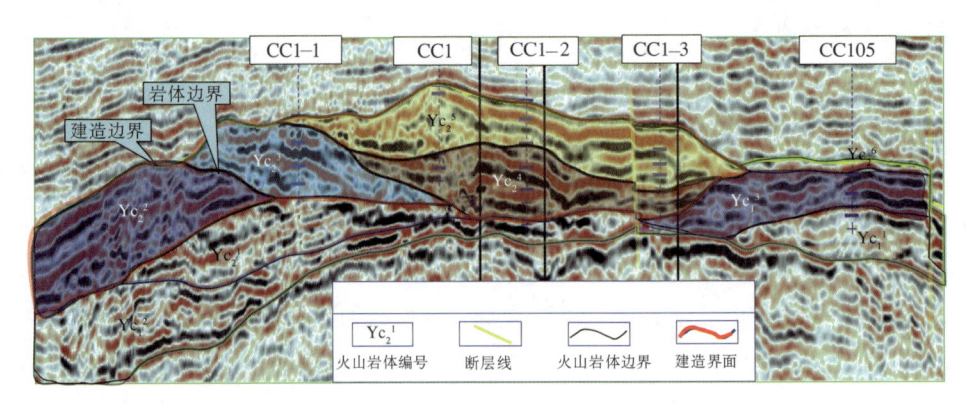

图7-44 火山岩储层"体控"结构图

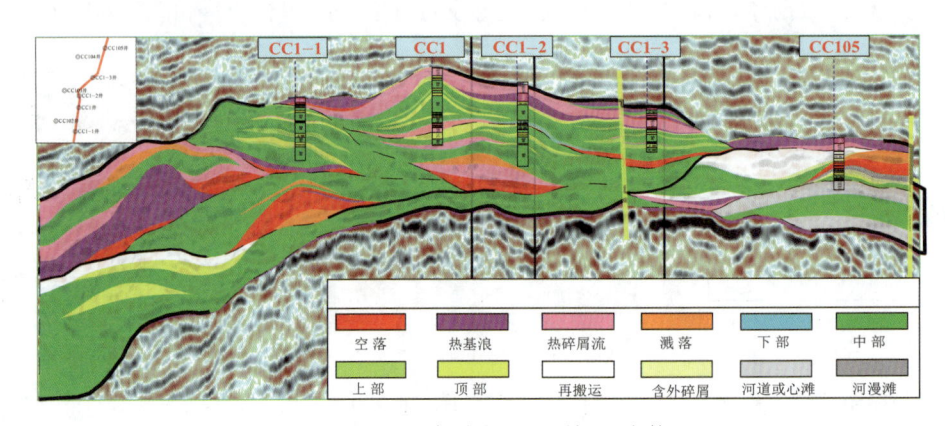

图7-45 火山岩储层"相控"结构图

基于建筑结构的储层格架,是真实反映火山岩储层结构、实现体控和相控反演、提高储层预测精度的关键。建立约束反演的储层格架需要进一步开展3个层次的工作(图7-46):

一是区分火山岩、沉积岩和喷发间歇期火山沉积岩,追踪火山岩建造顶、底界面和喷发间歇期界面,建立火山岩气藏的构造约束界面。

二是追踪、刻画火山机构及火山岩体的外部包络面,在保证叠置部分实现无缝联接的基础上,建立火山岩气藏的储层约束格架。

三是确定火山岩相的走向,在储层格架内部插值,建立储层展布方向的走向约束。

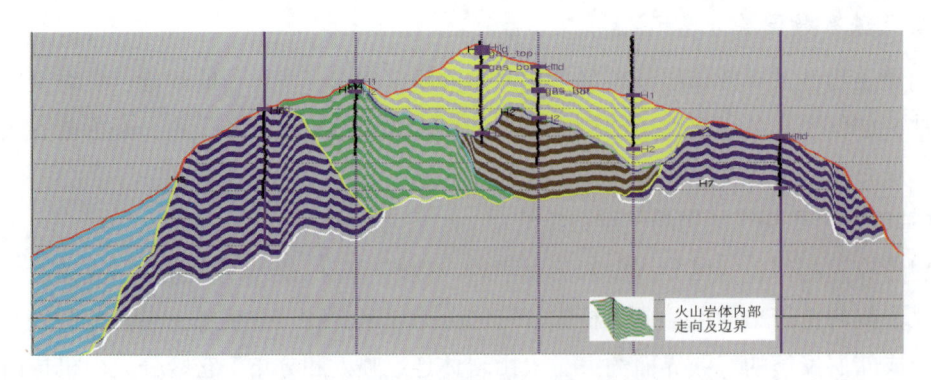

图7-46 火山岩气藏地震反演的储层格架图

2)建立基于地质规律和井点约束的反演初始模型

为了有效反映火山岩储层复杂的储集空间和极强的非均质性特征,建立反演初始模型时需要考虑：（1）岩性岩相约束，岩性岩相控制火山岩储层成因和储集空间类型，不同岩性岩相储层的波阻抗值范围和储层物性解释模型存在较大差异；（2）储渗单元约束，储渗单元提供初步的火山岩储层分布边界，体现火山岩储层分布规律；（3）井点储层特征约束，包括单井储渗性能分类、储层成因分类、储层物性和产能分类以及储层特征参数的约束。

在储层格架、地质规律和井点储层特征约束下，优选线性插值、分形插值、波形相干插值等方法，对井点数据进行插值处理，建立储层反演的初始模型（图7—47）。与常规波阻抗反演的初始模型相比（图7—48），基于储层格架和地质规律约束的初始模型更真实地反映了火山岩气藏复杂的多级次建筑结构和储层展布规律。

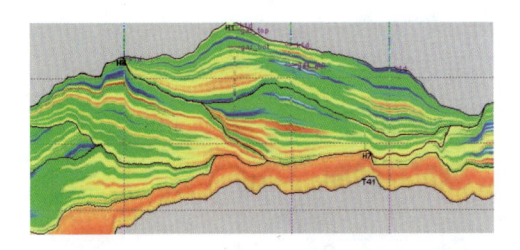

图7—47 地层格架约束的初始模型 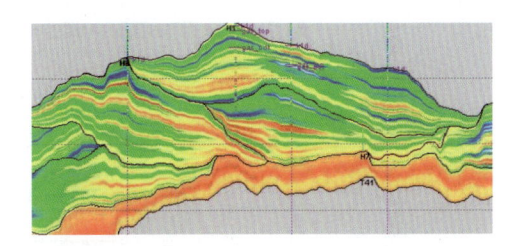　　　　图7—48 常规波阻抗反演初始模型

3）火山岩储层参数反演

在测井资料归一化处理、储层精细标定、子波提取等工作的基础上，利用反映火山岩储层分布规律和复杂内幕结构特征的初始模型，采用基于模型约束的稀疏脉冲反演方法，应用随机算法，通过剩余误差的迭代修改，获得高质量的波阻抗数据体（图7—49）。

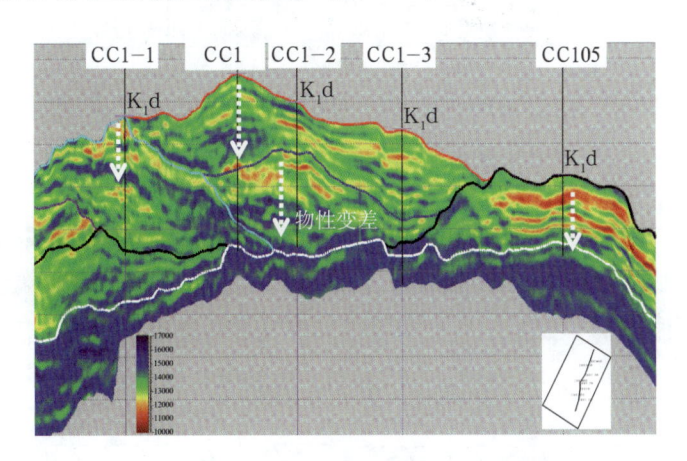

图7—49 火山岩储层波阻抗反演剖面

以波阻抗反演为基础，进一步采用"二次反演"的思路进行储层参数反演：（1）构建拟声波曲线，即用统计转换等方法，将储层参数转换到与测井声波相同的值域范围；（2）以拟声波曲线为依据，采用波阻抗反演的方法，得到拟波阻抗数据体；（3）使用波形相干或统计算法，建立储层参数与拟波阻抗数据的关系，并进行"二次反演"，获得储层参数数据体，包括密度数据体、声波数据体和孔隙度数据体（图7—50）。

4）火山岩有效储层分类预测

根据火山岩有效储层地质分类标准，采用井震结合的方法获取井旁地震道波阻抗、孔隙度、密度和声波数据，建立火山岩有效储层的地震分类标准（图7—51）。

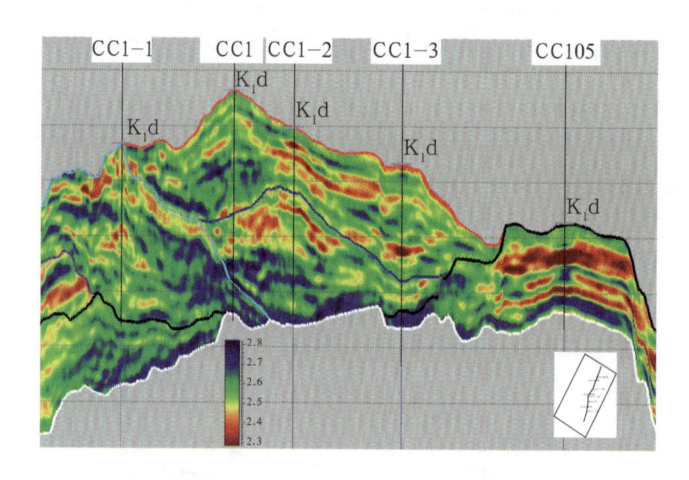

图7-50 火山岩储层密度反演剖面

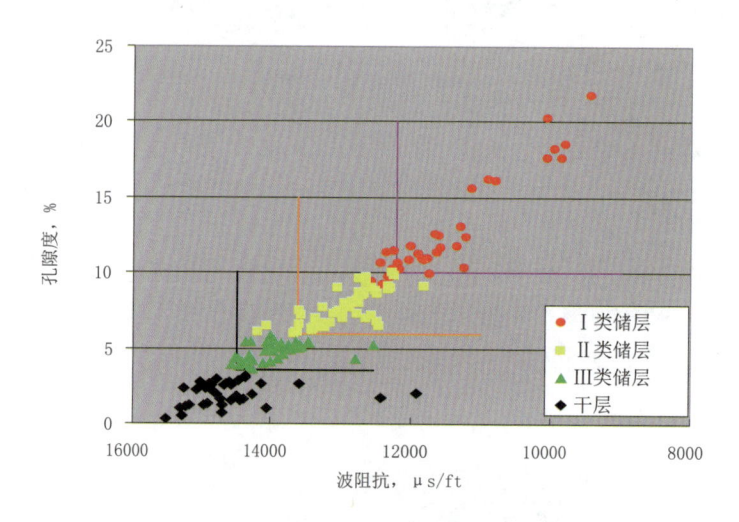

图7-51 火山岩储层地震分类标准

利用反演得到的波阻抗和储层参数数据体，在有效储层地震分类标准约束下提取分类有效厚度，包括：（1）根据有效储层的地震下限标准提取总储层厚度；（2）根据有效储层的地震分类标准提取分类储层厚度；（3）根据有效储层的地震分类标准和在气水系统分布，提取气水界面以上的总有效厚度和分类有效厚度（图7-52），为高效布井和井位优选提供依据。

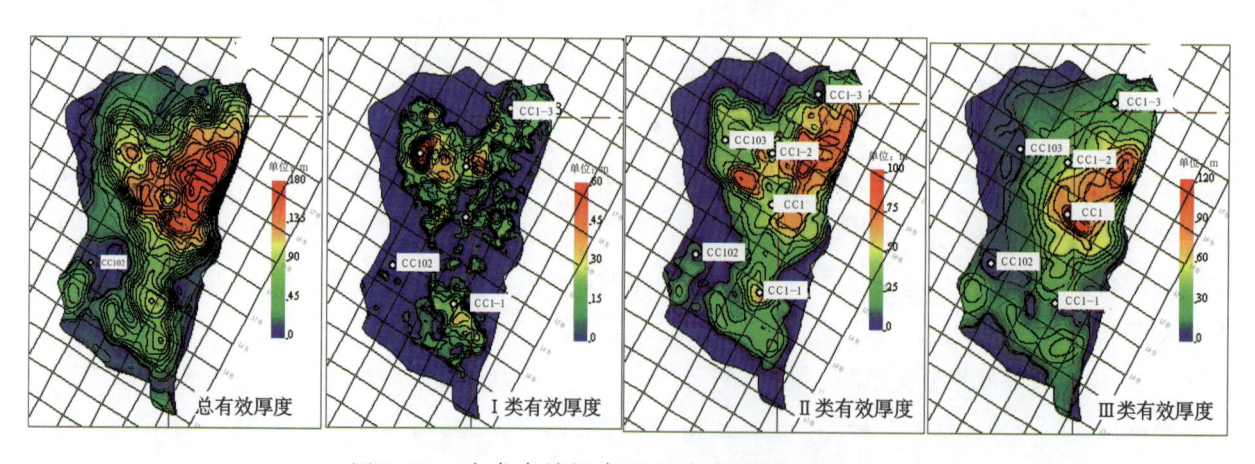

图7-52 分类有效厚度平面分布图（CC气田）

三、火山岩气藏井位优选技术

井位优选是实现油气藏有效开发的核心技术之一。火山岩气藏建筑结构和气水关系复杂、储量品质差异大且变化快、产能分布极不均衡,井位优选面临钻井成功率低、高效井比例低等挑战。针对火山岩气藏的复杂性和井位优选面临的挑战,在火山岩储层结构模式和分布模式指导下,利用有效储层预测技术搞清气藏构造、岩性岩相、裂缝、储层类型、储渗单元和效储层分布特征,根据不同开发阶段布井目标、已有井网及资料条件的差异,建立火山岩气藏适合于不同开发阶段的井位优选原则,形成火山岩气藏开发评价井和开发井井位优选技术,提高钻井成功率和高效井比例,为规模有效开发火山岩气藏奠定基础。

1. 不同开发阶段的井位优选原则

处于开发前期评价阶段和开发阶段的火山岩气藏,由于其阶段任务、优选对象和优选要求和控制条件不同,其井位优选原则也不一样(表7-11)。

表7-11 火山岩气藏开发前期评价和开发阶段的井位优选原则

开发阶段		开发前期评价阶段	开发阶段
主要任务		认识气藏地质特征和开发特征,重点是产能特征	建成配套生产能力,按时投产
优选对象		评价井	开发井
井位优选基本要求		(1)覆盖低井控区,搞清井间地质特征; (2)覆盖不同成因、不同形态、不同规模及不同气水关系的火山岩气藏,全面认识气藏开发特征	(1)覆盖相对低井控区,提高储量动用程度; (2)优选有利区,提高单井产能和单井效益
井位优选控制条件		(1)探井和储量评价井组成的简单井网,布井空间大,无井网井距约束; (2)对气藏建筑结构和储层特征具有初步认识	(1)探井和储量评价井、开发评价井组成的基础井网,布井空间小,需考虑井网井距的约束; (2)基本搞清气藏的建筑结构和储层特征
井位优选原则	总体原则	控制气藏,全面认识气藏地质特征和产能特征	提高井位部署成功率和储量动用程度
	构造部位	在不同构造部位部署评价井,揭示气水关系	在相对高部位部署开发井,远离边底水
	岩性岩相	在不同岩性岩相区部署评价井,认识储层的相控规律	在有利岩性岩相带部署开发井,提高优质火山岩钻遇率
	储层裂缝	在各种类型裂缝发育区及裂缝不发育区部署评价井,搞清不同类型裂缝对产能的影响	优选裂缝发育区部署开发井,利用裂缝的高渗流和高连通性实现单井高产
	储层类型	在气孔型、粒间孔型、溶蚀孔隙型和裂缝型储层发育区部署评价井,认识储层成因控制规律	优选有利储层类型优先部署开发井,在成因规律指导下提高优质储层钻遇率
	储渗单元	针对不同成因、规模和连续性的储渗单元部署评价井,揭示储渗单元的井控储量和产能特征	优选规模大、物性和含气性好、连续性和连通性好的储渗单元部署高产井
	有效储层分布	在不同有效厚度、不同物性区部署评价井,搞清储层厚度及物性对产能的影响	优选有效储层厚度大及Ⅰ、Ⅱ类储层发育区部署高效井

1)开发前期评价阶段

该阶段是指气藏的开发评价和开发准备阶段,其主要任务是通过部署评价井,深化对气藏地质特征和开发特征、特别是产能特征的认识;该阶段井位优选的基本要求是:(1)覆盖低井控区,搞清井间地质特征;(2)覆盖不同类型气藏,全面认识火山岩气藏的开发特征。

开发前期评价阶段的火山岩气藏已初步具备由探井和储量评价井组成的简单井网[20],但井距数千米、布井空间大,无井网井距约束;同时,该阶段虽已形成对气藏建筑结构和储层特征的初步认识,但仍然存在内幕结构、气水关系、储层和产能等认识不清的问题。因此,该阶段井位优选的基本原则是:

(1) 总体上控制气藏，全面认识气藏地质和产能特征。

(2) 在不同构造部位部署评价井，揭示气藏气水关系。

(3) 在不同岩性岩相区部署评价井，认识储层的相控规律。

(4) 在不同类型裂缝发育区和裂缝不发育区部署评价井，搞清裂缝对产能的影响。

(5) 在不同成因储层部署评价井，认识储层的成因控制规律。

(6) 针对不同成因、不同规模和不同连续性的储渗单元部署评价井，揭示不同类型储渗单元的井控储量和产能特征。

(7) 在不同有效厚度、不同物性区部署评价井，搞清储层厚度及物性对产能的影响。

DD18井区是典型的次火山岩气藏，其发现井为DD18井。为了深入认识该气藏的地质特征和产能特征，按照上述原则部署了两批评价井（图7-53）：第一批针对3个次火山岩体，部署了3口探明储量评价井，即DD182井、DD183井和DD184井；第二批考虑井控程度，分别在构造低部位和火山岩体边界部署了5口开发评价井，包括DD1804井、DD1806井、DD1812井、DD1823井和DD1824井。从而围绕次火山岩体形成一个由探井和评价井组成的不规则基础井网。

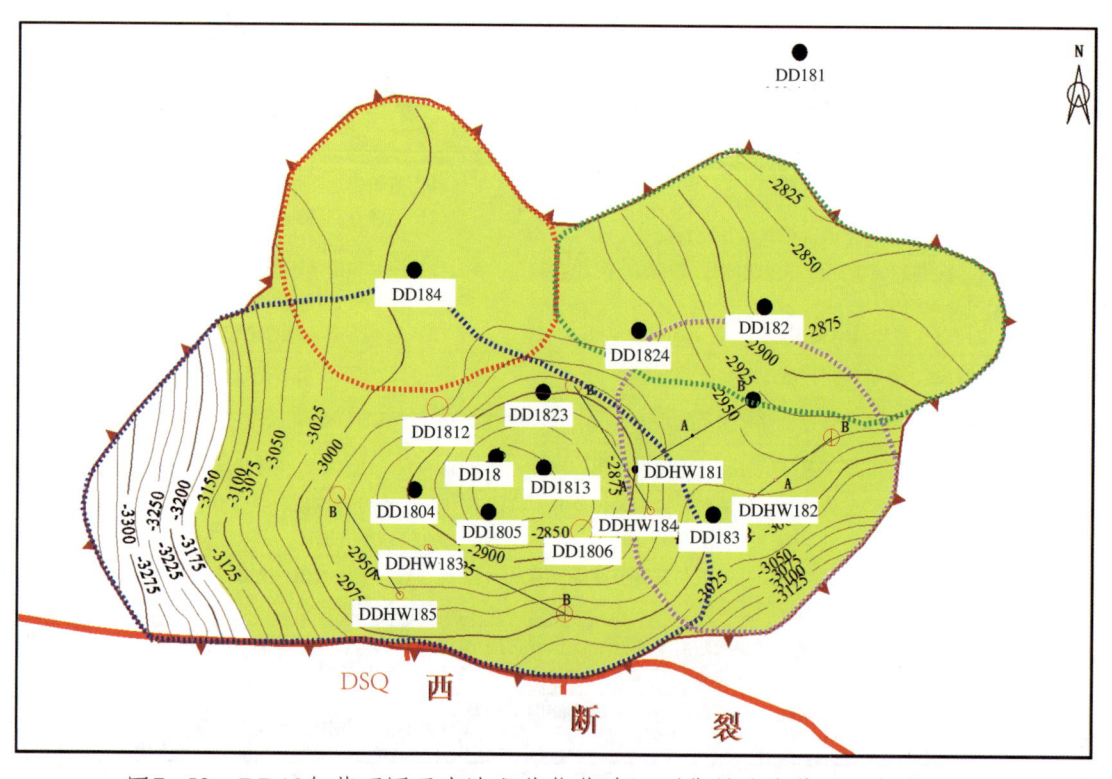

图7-53　DD18气藏不同开发阶段井位优选图（背景为岩体顶面构造图）

2）开发阶段

该阶段是开发方案编制和实施阶段，其主要任务是通过部署开发井，建成配套生产能力并按时投产；该阶段井位优选的基本要求：（1）覆盖低井控区，提高储量动用程度；（2）优选有利区，提高单井产量和单井效益。

开发阶段的火山岩气藏已具备由探井、储量评价井和开发评价井组成的基础井网，井距通常小于1km、布井空间小，需要考虑井网井距的约束；同时，该阶段已基本搞清火山岩气藏的建筑结构和储层特征，为开发井优选部署奠定了基础。因此该阶段的井位优选原则是：

（1）总体上提高井位部署成功率和储量动用程度。

（2）在相对高部位部署开发井，远离边底水，尽量延长气井无水采气期。

（3）在有利岩性岩相带部署开发井，提高优质火山岩钻遇率。

（4）优选裂缝发育区部署开发井，利用裂缝的高渗流和高连通性实现单井高产。

（5）优选有利储层类型优先部署开发井，在成因规律指导下提高优质储层钻遇率。

（6）优选规模大、物性和含气性好、连续性和连通性好的储渗单元部署高产井。

（7）优选有效储层厚度大及Ⅰ、Ⅱ类储层发育区部署高效井。

在开发阶段，DD18井区在基础井网背景下，按照开发方案不规则井网型式和开发井距（500~800m）的要求，根据火山岩气藏各级次建筑结构、裂缝、气水关系及有效储层分布等特征，部署了两类开发井（图7-53）：第一类部署在次火山岩体中心有效厚度大的区域，以直井为主，包括DD1805井和DD1813井；第二类则部署在次火山岩体翼部和边部有效储层厚度较薄区域，以水平井为主，包括DDHW181井、DDHW182井、DDHW183井、DDHW184井、DDHW185井、DDHW187井、DDHW188井和DDHW189井；从而建立一个"直井+水平井"的开发井网。

2. 评价井井位优选技术

针对火山岩气藏地质条件复杂、产能分布不均衡以及开发前期评价阶段井网控制程度低、气藏地质特征和产能特征认识不清的特点，建立火山岩气藏评价井井位优选技术流程（图7-54），在初步搞清气藏构造、岩性岩相、裂缝、储层和储渗单元特征的基础上，按照火山岩气藏评价井优选原则优选评价井，达到有效控制气藏、认识气藏的目的。

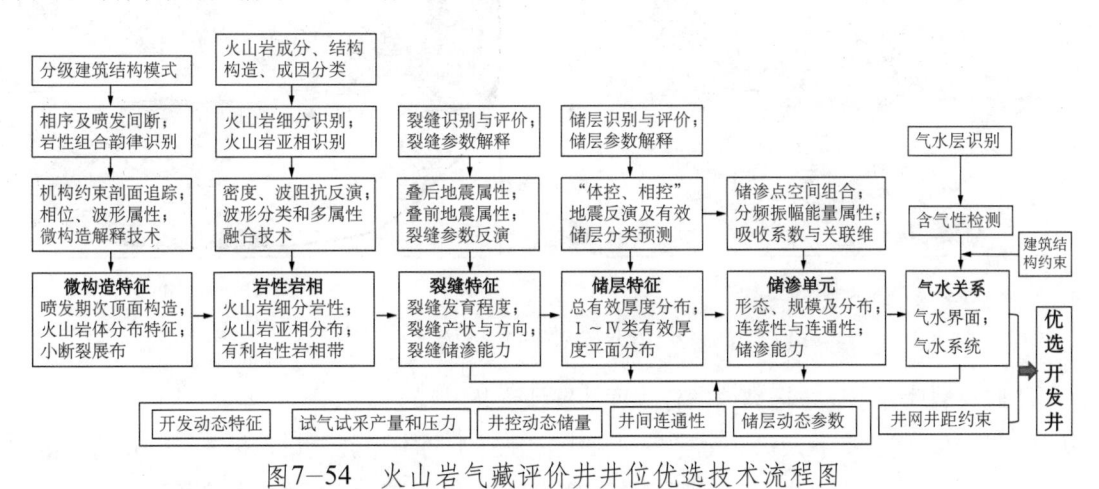

图7-54 火山岩气藏评价井井位优选技术流程图

1）描述火山岩气藏构造特征，在不同构造部位优选评价井

火山岩气藏在开发前期评价阶段已具备由探井和储量评价井组成的简单井网，但井距大、井控程度低，实现各级次建筑结构的精细刻画难度大。构造解释主要在火山岩地层层序和火山机构模式指导下，在单井上区分火山岩与沉积岩、识别特征的岩石构造如柱状节理等，在纵横向上根据不同期火山喷发形成的火山岩与围岩的假整合或不整合接触关系，采用地震剖面追踪、倾角属性分析、微构造识别等方法，搞清喷发旋回、火山机构、控藏大断裂以及火山岩气藏的形态和分布。在此基础上根据评价井优选的构造原则，在气藏不同构造部位优选评价井，以揭示气藏气水关系。

CC气田火山岩分两期喷发，早期基性玄武岩旋回整体为一个火山机构，晚期酸性火山岩旋回发育两个火山机构（7-44）。通过建筑结构解剖和构造解释，初步搞清了两期喷发旋回和3个火山机构的分布特征。在此基础上，按照评价井优选原则陆续部署了CC105井、CC1-1井、CC1-2井和CC1-3井等评价井。完钻后揭示：该气藏主要发育于晚期旋回的两个火山机构中，具有统一气水界面，为大型整装火山岩气藏。

2）建立火山岩岩相模式，在不同岩性岩相区优部署评价井

建立火山岩成分分类标准和测井识别模式，利用探井、储量评价井的岩心、薄片和测井资料识别火山岩岩性，应用地震波形分析和自然伽马反演等方法预测不同成分火山岩分布。建立火山岩相模式，利用取心井岩心和非取心井测井曲线识别火山岩相，采用地震波形分类、叠后地震属性分析等方法预测火山岩相分布。根据火山岩气藏的岩性岩相分布特征，在不同岩性岩相带部署评价井，揭示火山岩储层的相控规律。

图7-55是DD14井区的应用实例。该井区火山岩是一个由中心式爆发作用形成的火山碎屑锥，以爆发相、溢流相、火山沉积相和混合相为主，采用均方根振幅属性分析等方法揭示了各种岩相的分布范围。在此基础上部署4口评价井，加上探井DD14，覆盖了该区主要的岩相带。完钻后揭示：DD14井钻遇的爆发相凝灰角砾岩物性最好，以Ⅰ、Ⅱ类储层为主，储层厚度约130m；DD401井钻遇的溢流相玄武岩次之，Ⅰ、Ⅱ、Ⅲ类储层均有发育，储层厚度约20m；DD402井钻遇的火山沉积相最差，以Ⅲ类储层为主，储层厚度约30m。

(a) 均方根振幅属性　　(b) 火山岩相分布

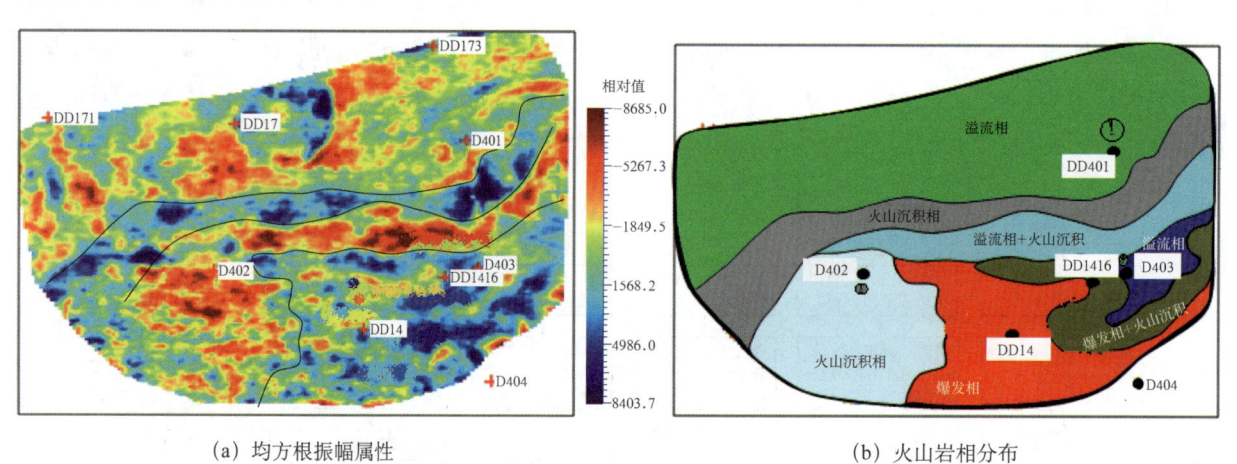

图7-55　DD14井区岩相预测及评价井优选

3）预测储层裂缝分布，根据裂缝发育程度部署评价井

在火山岩裂缝成因、产状及大小分类的基础上，建立不同类型裂缝识别模式；利用有限的岩心、铸体薄片和测井资料识别裂缝类型，解释裂缝密度参数；进而应用相干体、边缘检测、瞬时相位、瞬时频率等叠后地震属性分析技术预测裂缝发育程度和区域性构造缝方向；在不同程度裂缝发育区域部署评价井，研究不同类型裂缝对火山岩气藏产能的影响。

图7-56是CC气田应用实例。针对该气田火山岩高角度构造缝占90%以上的特点，在单井裂缝识别和发育程度评价的基础上，采用相干体、倾角体等属性预测裂缝分布。在裂缝发育区部署3口评价井：CC103井、CC102井和CC1-1井；在裂缝低发育区部署两口评价井：CC104井和CC102井，探井CC1井也位于该区；在裂缝不发育区部署两口评价井：CC1-3井和CC1-2井。完钻后试气无阻流量分别为：裂缝发育区（55~74.5）×10^4m³/d，平均65×10^4m³/d；裂缝低发育区CC1井为36×10^4m³/d，其余两口井产水；裂缝不发育区CC1-2井为21.9×10^4m³/d，CC1-3井测试无产能；说明裂缝对火山岩气藏产量影响大。

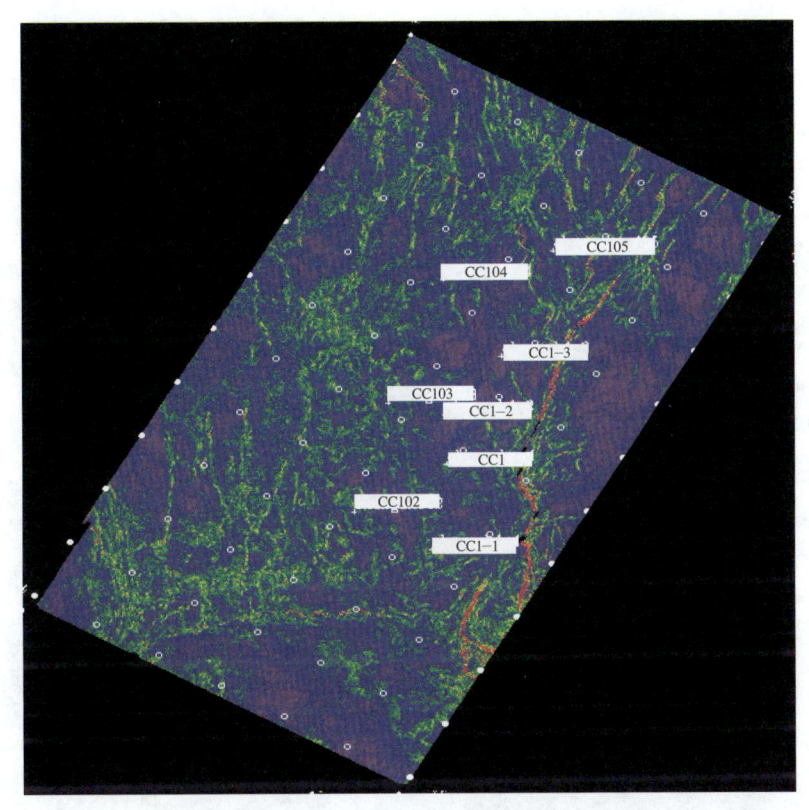

图7-56 CC气田裂缝预测及评价井优选

4）揭示火山岩储层特征，在不同类型储层及有效厚度分布区部署评价井

建立火山岩气藏有效储层成因和物性分类标准，在储层参数解释和有效储层识别基础上，采用岩性岩相及单井约束的基于模型的地震反演方法，预测火山岩储层特征参数（波阻抗等）的空间分布，在储层下限及气水界面约束下提取有效储层总厚度；在不同类型储层发育区和有效储层不同厚度分布区部署评价井，搞清储层成因控制规律和储层厚度对产能的影响。

图7-57是XX9井区应用实例，该井区为流纹岩气藏，利用1口探井和2口储量评价井约束，采用基于模型的地震反演方法预测有效储层分布。据此在有效储层发育区部署XX9-3井，在较发育区部署XX9-2井，在边部欠发育区部署XX9-1井和XX9-4井，形成控制气藏的基础井网。完钻后试气表明：（1）有效储层发育区的单井有效厚度平均137m，其中Ⅱ类储层79m，试气无阻流量$(30\sim82)\times10^4 m^3/d$；（2）有效储层较发育区的单井有效厚度78m，其中Ⅱ类储层16m，试气无阻流量$14\times10^4 m^3/d$；（3）有效储层欠发育区的单井有效厚度平均58m，其中Ⅱ类储层35m，试气无阻流量$10\times10^4 m^3/d$；说明有效储层厚度越大、储层物性越好，火山岩气藏储层产能就越高。

5）揭示储渗单元分布特征，在不同类型储渗单元部署评价井

根据有效储层预测结果，采用空间组合分析的方法揭示储渗单元空间分布；或利用吸收系数、关联维等储层敏感属性预测储渗单元分布；在不同类型储渗单元部署评价井，揭示储渗单元的井控储量和产能特征。

以CC气田为例（图2-27），采用井震结合方法建立有效储层地震评价标准，确定有效储层波阻抗分布范围为$10000\sim14500\ (g/cm^3)\cdot(m/s)$；在此基础上，通过波阻抗反演和有效储渗单元空间组合，摸清储渗单元分布特征。针对不同类型储渗单元部署评价井CC1-1井、CC1-2井和CC1-3井，完钻后试采结果表明：CC1井和CC1-1井钻遇的储渗单元规模大、内部连通性好，其井控储量平均超过

$10×10^8m^3$，试气无阻流量达$36.8×10^4m^3/d$；而CC1—2井和CC1—3井钻遇的储渗单元规模小，其井控储量平均只有$5.2×10^8m^3$，试气无阻流量$21.9×10^4m^3/d$；说明储渗单元规模越大、内部连通性越好，井控储量和产能就越大。

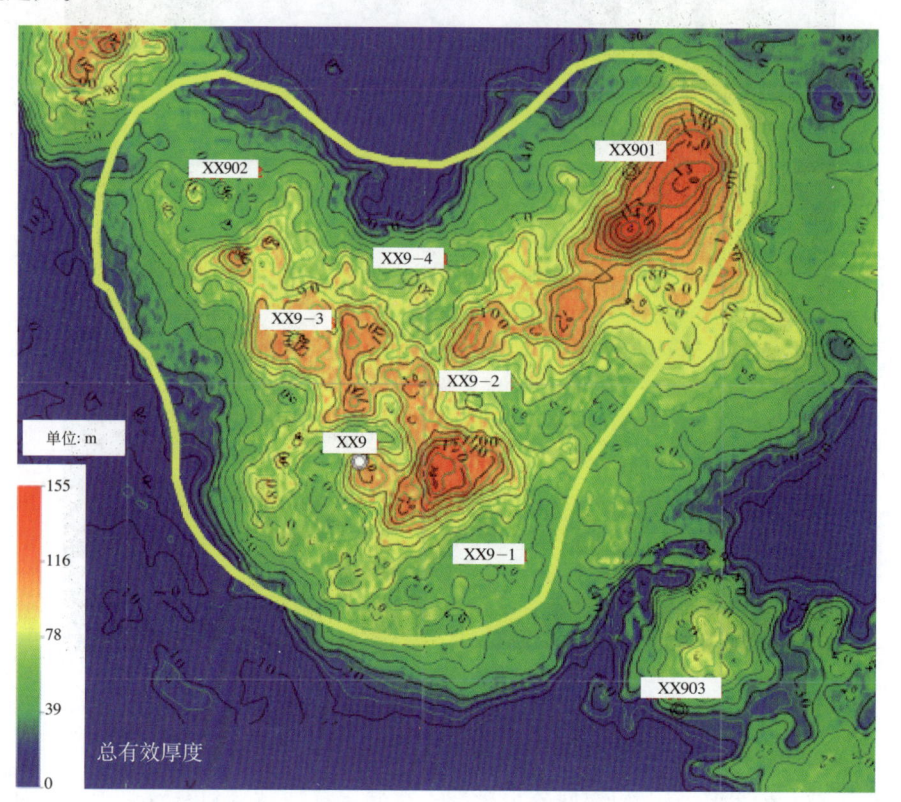

图7-57　XX9气藏有效储层预测及评价井优选

3. 开发井井位优选技术

火山岩气藏进入开发阶段后，已具有由探井、储量评价井和开发评价井组成的基础井网，井控程度较高，各种静动态资料也更加丰富，对气藏地质特征和产能特征的认识更为清楚。因此开发井井位优选的技术思路是：充分利用丰富的岩心、实验和测井资料以及精度更高的开发地震资料和试气、试采等动态资料，搞清气藏建筑结构和微构造特征、岩性岩相特征、裂缝特征、储层特征、储渗单元特征和气水关系，考虑井网井距的约束，按照开发阶段井位部署原则和"整体评价、滚动开发、逐步完善井网"思路，优选开发井（图7-58）。

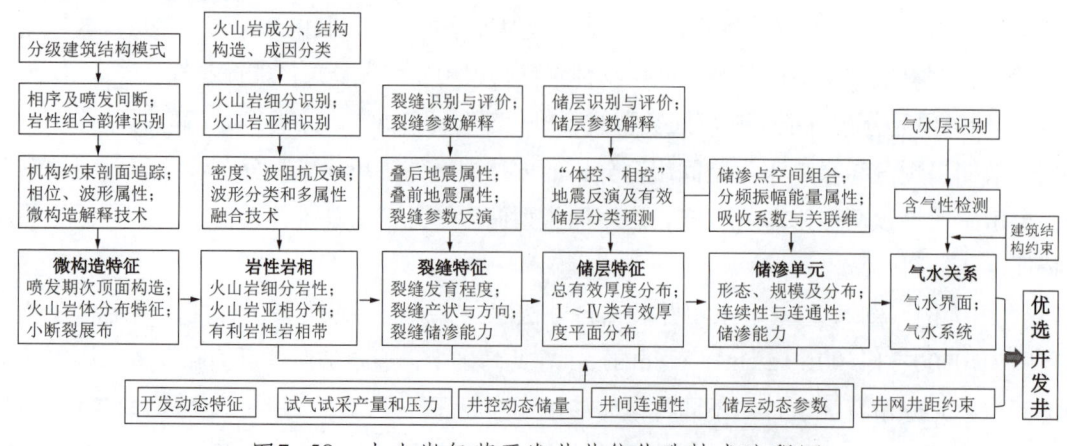

图7-58　火山岩气藏开发井井位优选技术流程图

1）描述火山岩气藏微构造特征，优选构造高部位部署开发井

在火山岩分级次建筑结构模式指导下，通过识别喷发间歇期岩性变化、喷发能量强弱转换相序变化、喷发韵律性岩性组合变化，确定喷发期次及火山岩体边界；进而采用火山机构约束的地震剖面追踪、地震属性分析、微构造解释等方法，搞清喷发期次顶面构造特征，表征火山岩体形态、规模及分布，确定小断裂展布；以此为依据，在边水气藏或底水气藏优选构造高部位部署开发井，以远离边、底水，延长无水采气期。

DD18井区是由4个次火山岩体叠置构成的底水气藏，在采用波形分析与追踪、地震属性分析等方法识别次火山岩体的基础上，针对不同次火山岩体进行微构造解释，揭示其顶面微构造特征并部署开发井。其中DD18次火山岩体顶面表现为西陡东缓的背斜构造，除DHW187穿越两个火山岩体外，其余开发井都围绕东北部构造高点部署。

2）预测岩性岩相分布，在有利岩性岩相带部署开发井

根据岩石成分、结构构造和成因综合划分火山岩岩石类型，应用ECS元素测井、FMI成像测井和常规测井识别细分的火山岩岩性；采用井震联合标定方法和波阻抗、密度反演技术预测不同类型火山岩分布。利用细分解释的火山岩岩性和测井资料划分火山岩亚相，采用波形分类方法和多种地震属性融合技术预测火山岩亚相分布。在此基础上，对比不同岩性岩相的物性特征，在有利岩性岩相带部署开发井，提高优质火山岩钻遇率。

DD10井区的有利岩性岩相带主要包括爆发相空落亚相角砾岩、热碎屑流亚相熔结凝灰岩、溢流相顶部亚相和上部亚相气孔熔岩、次火山岩相外带亚相正长斑岩，根据开发井岩性岩相部署原则，在爆发相空落亚相发育的位置部署DD1001井，完钻后储层厚度82m，钻遇率达到62%，其中Ⅱ类储层厚度达到62.7m，试气无阻流量为$100.30 \times 10^4 m^3/d$。

3）揭示火山岩储层裂缝特征，在裂缝发育区优先部署开发井

裂缝在增强储层渗流能力的同时破坏其连续性、强化其非均质性特征，因此采用多学科综合研究的方法揭示裂缝特征：（1）利用较丰富的岩心和岩石薄片资料，描述取心井段裂缝发育程度和产状特征；（2）通过裂缝性储层试气试采资料的动态分析，评价裂缝对气藏产能的贡献；（3）用取心资料和试气试采资料刻度测井，利用声电成像、核磁共振和常规双侧向等测井资料识别天然裂缝，解释裂缝参数，评价裂缝发育程度和储渗能力；（4）在测井标定地震基础上，采用叠后、叠前地震属性分析方法和裂缝参数反演技术，预测裂缝的发育程度、方向和分布。从而在裂缝发育带优先部署开发井，利用裂缝的高渗流和高连通性实现单井高产。

图7-59是XX1区块应用叠前地震属性预测裂缝并部署开发井的实例。在单井裂缝评价和叠前地震资料分方位角处理的基础上，应用地震能量分位数频率属性预测火山岩储层裂缝密度和裂缝方位；以此为依据，在井网井距和气水关系约束下，优选裂缝发育带部署开发井。完钻后揭示，裂缝发育带投产初期产气量比方案设计的高$(0.07 \sim 10.36) \times 10^4 m^3/d$，平均单井高$5.15 \times 10^4 m^3/d$；稳定生产阶段单井产量比方案设计的高$(-4.37 \sim 12.61) \times 10^4 m^3/d$，平均单井高$2.20 \times 10^4 m^3/d$；说明裂缝对火山岩气藏产能具有重要贡献。

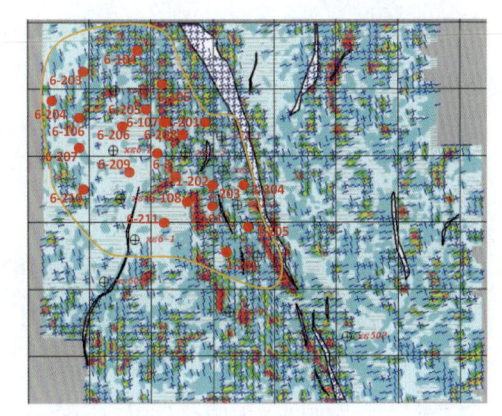

图7-59 XX1裂缝预测与开发井优选

4）分类预测有效储层，在Ⅰ、Ⅱ类储层发育区部署开发井

应用岩石物性分析和测井资料处理与解释等方法确定单井储层参数，根据有效储层下限和分类标准，在单井上识别储层、评价储层的有效性；采用试气试采资料动态分析方法，搞清不同类型有效储层的动态产能特征；在井震联合标定基础上，应用基于内幕结构和储层分布规律约束的"体控、相控"地震反演方法，获取储层特征参数的三维数据体；以有效储层分类标准和气水关系为约束，提取总有效厚度和Ⅰ~Ⅳ类储层有效厚度，在Ⅰ、Ⅱ类储层发育区部署开发井，提高优质储层钻遇率。

图7-60是XX8井区有效储层分类预测与开发井优选实例。该井区是由中心式爆发形成的单一锥状火山机构，在探井XX8和评价井XX801井、XX8-1井约束下，采用火山岩气藏有效储层分类预测方法，搞清了不同类别有效储层的平面分布，在此基础上优选开发井XX8-P1井。完钻后Ⅰ+Ⅱ类储层钻遇率达到80%以上，获得$200 \times 10^4 \text{m}^3/\text{d}$的试气无阻流量。

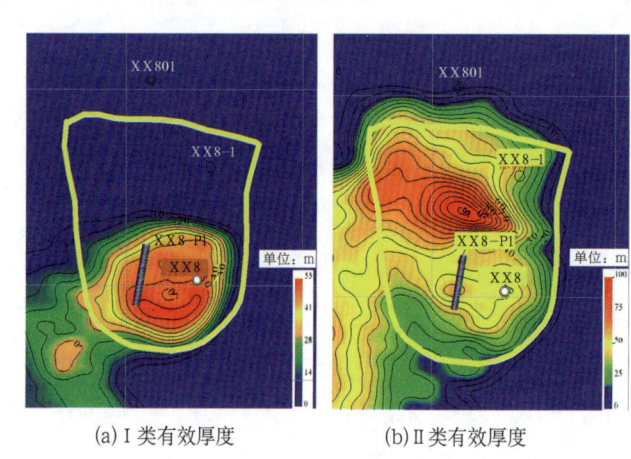

(a) Ⅰ类有效厚度　　(b) Ⅱ类有效厚度

图7-60　XX8井区有效储层分类预测与开发井优选

5）表征储渗单元，在规模大、连续性和连通性好、储渗能力强的单元部署高产井

利用地震反演获得的储层参数三维数据体，采用有效储渗点空间组合技术，或者利用地震波穿过含气地层后发生的高频衰减和低频增加现象，采用分频振幅能量、吸收系数和关联维等敏感地震属性分析方法，表征火山岩储渗单元的形态、规模、分布和叠置关系；在此基础上分析气藏开发动态特征，表征不同类型储渗单元的连续性、连通性和储渗能力。优选规模大、连续性和连通性好、储渗能力强的储渗单元，部署高产井。

图7-61是CC气田6号火山岩体储渗单元表征与开发井优选实例。该火山岩体为该气田复合型火山机构最后一次喷溢形成的盾状岩体，主要由流纹岩和流纹质角砾熔岩组成；通过反复对比、分析，筛选出吸收系数和关联维两种最敏感的地震属性，采用基于单井约束的地震属性分析方法搞清了储渗单元分布。从图7-61中可以看出，CC1井和CC1-2井所在储渗单元面积大、含气性好，据此部署两口水平井CCP2井和CCP7井。完钻后，CCP2井由于工艺原因停产，CCP7井获试气无阻流量$166 \times 10^4 \text{m}^3/\text{d}$，投产后稳定产能$(30 \sim 40) \times 10^4 \text{m}^3/\text{d}$，井控储量超过$40 \times 10^8 \text{m}^3$，目前已累计产气超过$2 \times 10^8 \text{m}^3$，是典型的高产井。

6）揭示气藏气水关系，划分气水系统，在天然气富集区部署开发井

火山机构控制气藏分布，火山岩体则控制气藏内部的气水系统。因此，在搞清火山岩各级次建筑结构单元分布特征和叠置关系的基础上，通过气水层识别、动态连通性分析和储层含气性地震检测，揭示火山岩气水层在纵横向、平面及火山岩体内部的富集规律和分布特征，确定气藏气水界面，划分气水系统。基于井网井距约束，在天然气富集区优选开发井，从而有效动用地质储量、实现气藏规模有效开发。

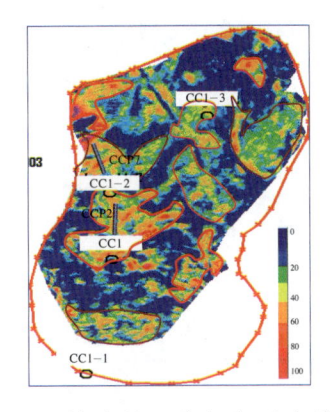

图7-61 储渗单元表征与开发井优选

图7-62是DD18井区划分气水系统、优选开发井的实例。该井区由4个次火山岩体构成，每个岩体内部的储渗单元互不连通，构成4个独立的气水系统，其中DD18岩体发育边底水，气水界面-3153m，其他3个岩体为岩性圈闭气藏。由于DD184岩体储量规模小于$20 \times 10^8 m^3$、储量品质差，因此在DD18，DD182和DD183次火山岩体部署开发井，井控范围内动用地质储量$280 \times 10^8 m^3$，实际年产量$3.5 \times 10^8 m^3$，实现了气田规模有效开发。

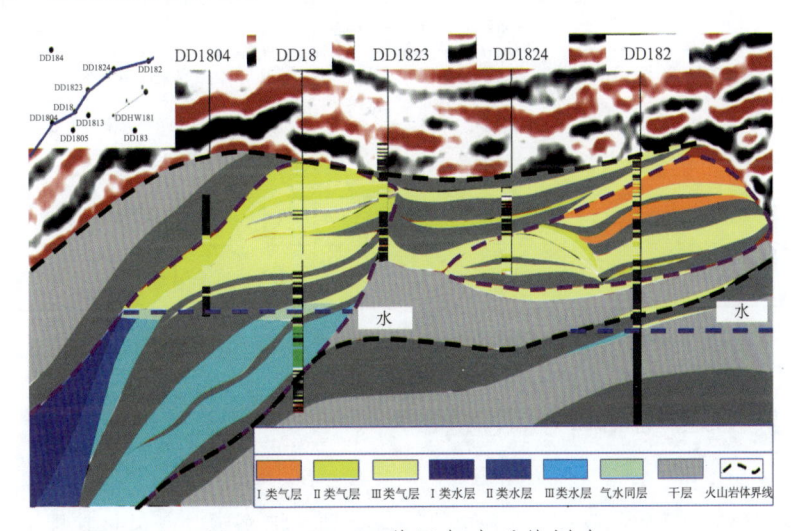

图7-62 DD18井区气水系统划分

7）分析气藏生产动态特征，为部署开发井提供依据

利用开发阶段丰富的试气试采资料，在生产动态特征分析的基础上，搞清不同岩性岩相、不同裂缝发育特征、不同物性储层和不同类型储渗单元的产能、井控储量、有效渗透率和泄气半径等动态特征，为开发井部署提供依据。

以DD气田火山岩气藏为例，通过生产动态分析，揭示了火山岩储层特征及储渗单元的动态变化规律，为开发井井位优选奠定基础（表7-12）：

（1）在不同岩性岩相中，爆发相火山碎屑岩的产能、井控储量、有效渗透率和泄气半径大，表明储层物性、连通性好；溢流相火山熔岩虽然试气产能和有效渗透率高，但厚度薄、泄气半径小，储层连通性差、井控储量低；次火山岩相正长斑岩基质物性差但裂缝发育、厚度大，动态特征表现为试气无阻流量和井控储量高、有效渗透率和泄气半径小；过渡岩相熔结凝灰岩试气产能高，但由于储层厚度薄、发育程度低，其有效渗透率和泄气半径小。

（2）天然裂缝对储层产能及稳产能力影响大，裂缝—孔隙型储层的试气无阻流量、井控储量和泄气半径是裂缝不发育的孔隙型储层的1.7倍，有效渗透率则达到20倍。

（3）储层物性越好，其产能和稳产能力越强，从Ⅰ类到Ⅲ类，试气无阻流量、井控储量、有效渗透率和泄气半径都表现为显著的递减趋势。

（4）气井钻遇规模大、连续性好的储渗单元时，具有明显的产能高、稳产能力强的特征；而钻遇规模小、连续性差的储渗单元或储渗单元边部时，其产能和稳产能力明显减弱。

表7-12　DD气田火山岩气藏生产动态特征表

储层/储渗单元类型		试气无阻流量，$10^4 m^3/d$		井控储量，$10^8 m^3$		有效渗透率，mD		泄气半径，m	
		分布范围	平均值	分布范围	平均值	分布范围	平均值	分布范围	平均值
岩性岩相	爆发相火山碎屑岩	8.8~100.3	42.3	2.5~4.3	3.3	0.5~34.40	9.7	210~395	320
	溢流相火山熔岩	22.2~114.7	49.6	0.3~0.7	0.5	0.1~18.70	3.4	103~330	175
	次火山岩相正长斑岩	14.5~54.2	37.0	0.5~7.43	3.3	0.02~3.45	0.7	55~418	207
	过渡岩相熔结凝灰岩	28.0~55.6	41.8		0.15	0.01~2.82	1.4	110~155	133
裂缝影响	裂缝—孔隙型储层	20.6~114.7	55.0	0.2~7.43	3.1	0.38~34.40	8.0	126~418	278
	孔隙型储层	8.8~54.2	32.7	0.3~5.6	1.8	0.01~2.12	0.4	55~385	177
储层物性分类	Ⅰ类	20.6~100.3	56.7	2.5~5.6	3.9	0.8~34.40	9.9	254~395	332
	Ⅱ类	22.2~114.7	43.0	0.2~7.43	1.9	0.01~18.65	2.3	103~418	203
	Ⅲ类	8.8~35.4	19.6	0.7~2.1	1.4	0.02~1.44	0.4	55~296	146
储渗单元	规模大、连续性好	20.6~114.7	56.2	2.1~7.3	3.7	0.05~34.40	7.03	126~418	266
	规模小、连续性差或储渗单元边部	14.5~51.7	34.3	0.3~3.1	1.2	0.01~2.12	0.47	55~385	178

第二节　提高火山岩气藏单井产量技术

火山岩同时存在高效、低效和致密3种不同的气藏类型，提高单井产量是其规模动用和有效开发的关键。水平井和压裂改造技术是沉积岩油气藏中提高单井产量的有效技术，但是否适应火山岩气藏特殊的地质条件和复杂的动态特征需要生产实践的验证。针对火山岩气藏的特点及其提高单井产量的难点，借鉴沉积岩油气藏的开发经验，在搞清水平井开发技术和压裂改造技术适应性的基础上，揭示适合水平井开发的火山岩气藏类型，建立水平井和压裂改造的地质、气藏优化设计方法，为利用该技术提高火山岩气藏单井产量奠定基础。

一、水平井提高单井产量技术

针对火山岩气藏非层状叠置型储层、复杂内幕结构和强非均质性特征，论证水平井开发技术的可行性，优选适合水平井开发的火山岩气藏，通过水平井井位和方向优选、井型与轨迹优化、水平井参数优化提高储层钻遇率、增加与气藏的接触面积，从而提高单井产量。

水平井提高火山岩气藏单井产量技术流程如图7-63所示：

（1）井位优选，选择远离边底水、储层物性好、裂缝发育好、储渗单元连续性和连通性好且呈横向叠置连片发育的有利区，提高水平井部署成功率。

（2）方向优选，采用与最小水平主应力方向一致、与天然裂缝垂直或斜交、顺储渗单元长轴、沿物性较好储层展布的原则，优选最有利方向部署水平井，扩大动用体积。

（3）井型与轨迹优化，综合考虑火山岩体及储渗单元的形态、规模、分布、叠置关系等特征，建立三大类6种井型与轨迹优化模式，提高水平井的储层钻遇率。

（4）水平井参数优化，根据火山岩气藏静态地质特征和生产动态特点，采用多种方法优化水平井的水平段长度、压裂参数和单井产能，增加气藏接触面积和裂缝导流能力。

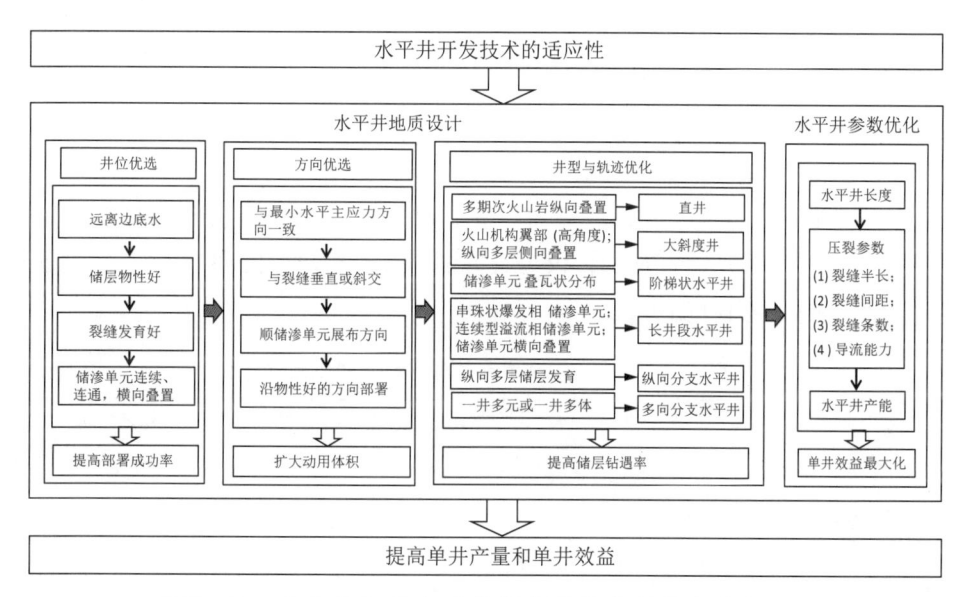

图7-63 火山岩气藏水平井提高单井产量技术流程图

1. 火山岩气藏水平井开发优点

利用水平井开发火山岩气藏具有以下几个方面的优势。

1）加大裸露长度、扩大泄气范围，从而提高单井日产量和单井累计产量

与直井泄气面积和控制体积小、单井日产量和累计产量低的特点相比，水平井由于沿储渗单元长轴穿行或穿越多个储渗单元，具有与有效储层接触面积大、单井控制体积大的特点，因此可增加有效储层的裸露长度和泄气面积，提高单井日产和累产。

以CC气田为例（表7-13），该气田水平井泄流半径、控制面积、井控储量和无阻流量分别是直井的1.5～5倍。数值模拟进一步揭示（图7-64），水平段越长，其面积替换比和产能替换比越大；当水平段长度为1000m时，面积替换比为3.59～4.88，产能替换比为4.11～6.51；考虑工作液对储层伤害的影响（假设$S=1.5$），产能替换比为2.53～3.18。

表7-13 CC气田水平井与直井开发特征对比表

井型	泄流半径，m	控制面积，km^2	井控储量，10^{8}m^3	无阻流量，10^{4}m^3/d
直井	90～1240	0.03～5.00	4～19	10～130
水平井	800～1780	0.40～7.30	20～50	100～270
水平井/直井	1.5～5.0	2.00～5.00	3～5	2.5～5.0

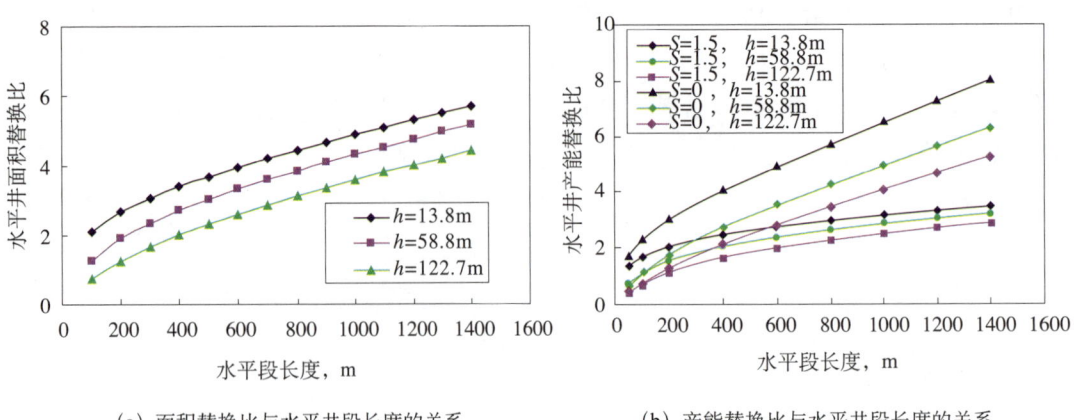

(a) 面积替换比与水平井段长度的关系　　(b) 产能替换比与水平井段长度的关系

图7-64　水平段长度对产能的影响（CC气田）

2）降低生产压差，减缓底水脊进，从而延长无水采气期、提高单井采收率

与直井相比，水平井泄气面积大、产量高、渗流阻力小，因此生产压差相对较低。如表7-14，CC气田水平井的平均生产压差为3.7MPa，仅为直井的41%，XX气田水平井生产压差是直井的42%；DD气田水平井生产压差明显小于直井。

表7-14　火山岩气藏水平井与直井生产压差对比表

井型	CC气田		XX气田		DD气田	
	范围	平均值	范围	平均值	范围	平均值
直井	3.6~22.0	9.0	2.6~38.2	18.9	4.1~16.5	8.7
水平井	1.3~6.6	3.7	1.2~15.0	8.0	1.8~16.0	6.9

低生产压差在底水气藏能有效地延缓底水脊进、延长无水采气期，从而提高采收率。直井DD183与水平井DDHW182处于相同的构造部位，对同一生产层位进行开采。DD183井初始产能$35.38 \times 10^4 m^3/d$，生产压差19.5 MPa，生产100d后见水，见水时累积产气量约为$0.2 \times 10^8 m^3$，见水后油压和日产气量快速下降[图7-65（a）]。DDHW182井初始产能$81.93 \times 10^4 m^3/d$，生产压差5.7MPa，生产380d后见水，见水时累积产气$1.0 \times 10^8 m^3$，见水后油压和日产气量缓慢下降[图7-65（b）]。统计表明，CC气田直井的平均采收率为37%，水平井的采收率为45%。

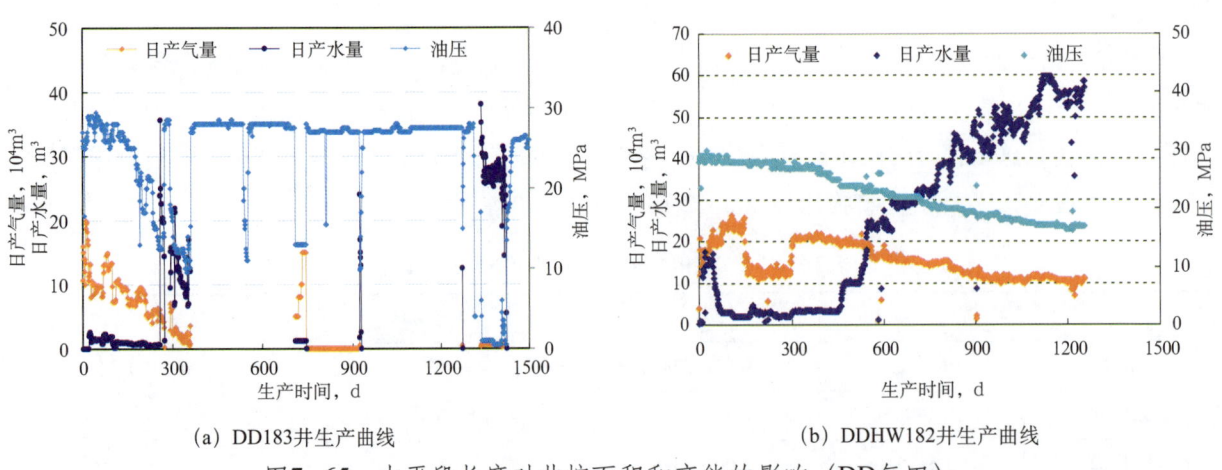

(a) DD183井生产曲线　　(b) DDHW182井生产曲线

图7-65　水平段长度对井控面积和产能的影响（DD气田）

3）钻遇更多裂缝，扩大连通范围，增加气井产量和井控储量

火山岩气藏构造缝约占57.6%～92.3%，其中直立缝+高角度缝约占38.6%～66.3%，而低角度缝+水平缝仅占10%～27.1%，因此火山岩气藏以高角度构造缝为主（表7-15）。

表7-15 火山岩气藏裂缝类型和产状特征

气田	构造缝占比，%	不同产状裂缝占比，%				
		直立缝	高角度缝	斜交缝	低角度缝	水平缝
CC气田	57.6	5.0	40.0	45.0	5.0	5.0
XX气田	70.4	33.3	33.0	15.1	10.0	8.6
DD气田	92.3	15.1	23.5	34.4	10.5	16.6

火山岩裂缝特征使得水平井钻遇高角度裂缝的概率远高于直井。如图7-66所示，直井钻遇单一高角度构造裂缝，表现为与井筒平行或高角度斜交，呈长井段连续分布特征；而水平井钻遇多条高角度构造裂缝，表现为与井筒垂直或低角度斜交，较短井段内发生较快变化。

（a）直井钻遇单一高角度构造裂缝（DD1804井）　　（b）水平井钻遇多条高角度构造裂缝（DDHW184井）

图7-66　水平井与直井钻遇裂缝特征对比

钻遇更多裂缝使水平井扩大了连通气层的范围、增加了气井产量和井控储量，如表7-13所示，水平井的泄流半径、井控面积、井控储量和产气能力明显高于直井。

4）穿越多个火山岩体或多个封闭的储渗单元，扩大连通范围，增加可动用储量

火山岩气藏内幕结构复杂，非均质性强，火山岩体、岩性岩相和储渗单元尺度小、变化快。如图7-67至图7-69，火山岩体面积多小于10km²，火山岩相分布范围400～3000m，亚相分布范围30～200m，火山岩储渗单元多呈透镜状分布，横向分布范围小于500m。

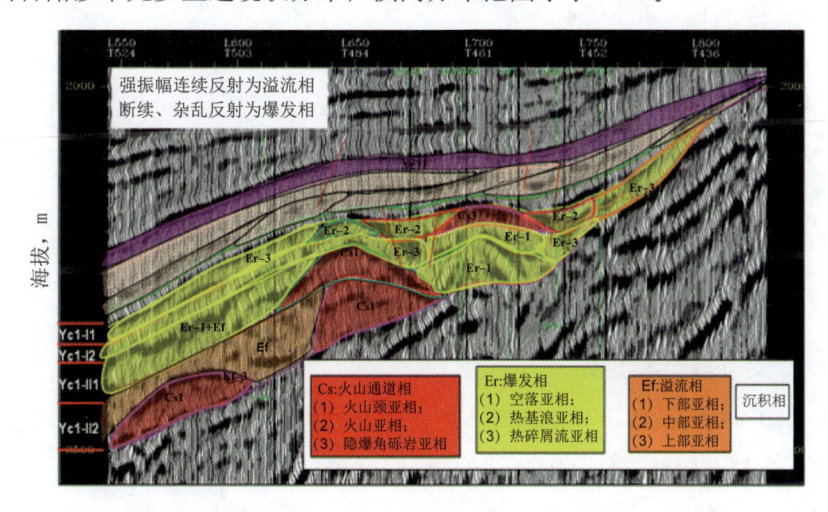

图7-67　火山岩体及火山岩相分布（XX1，软件截图）

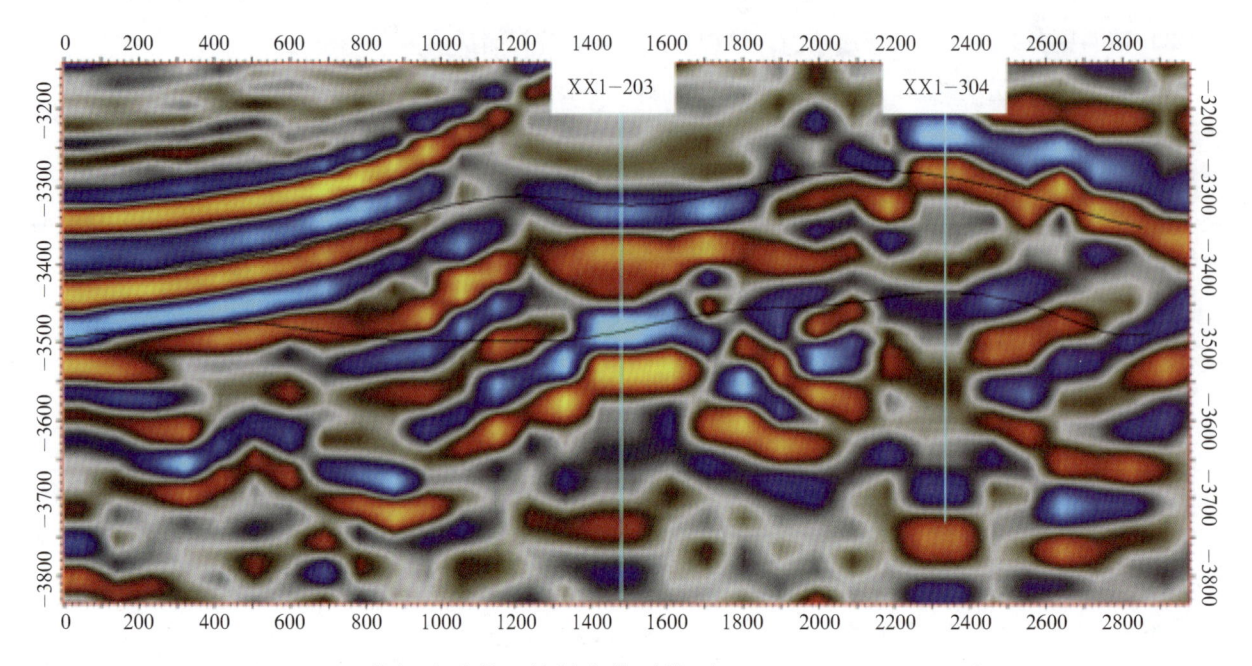

图7-68 井间地震揭示储层非均质性（XX1-203～XX1-304）

不同类型气藏井间干扰和连通性特征不同。CC气田火山岩由复合型火山岩机构群组成，为大型、整装气藏，井间干扰现象普遍、明显；XX气田和DD气田由分散、独立火山机构组成，气藏相对零散、规模小，井间干扰现象明显较少，如DD14火山碎屑锥气藏（图7-69），其内部DD1415井和DD1416井开采同一层位，井距490m，干扰试井证实这两口井互不连通。

因此，采用水平井穿越多个火山岩体或多个封闭储渗单元的开发方式，可以扩大连通范围、增加控制储量，从而提高单井产量和单井采收率。

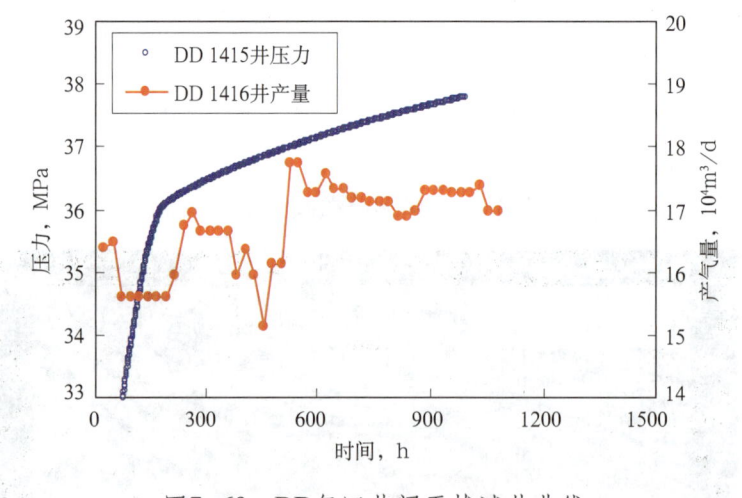

图7-69 DD气田井间干扰试井曲线

2. 适用水平井的火山岩气藏类型

水平井开发技术能否成功取决于气藏地质条件、工艺技术水平和开发效益3个方面。在目前各种类型水平井的钻完井工艺技术相对成熟、国际油价相对有利的条件下，选择合适的火山岩气藏类型是成功实施水平井开发技术并提高单井产量的关键。

1）国内外其他类型油气藏水平井适应性条件

总结国内外应用水平井技术开发低渗透油气藏的成功经验[19-21]，获得适用水平井开发技术的沉积岩低渗透油气藏地质参数，从表7—16可以看出：（1）适用水平井开发技术的油气藏深度范围为1000~4000m；（2）有效厚度大于4m；（3）非均质系数小于4；（4）有效厚度与非均质系数乘积小于100m；（5）渗透率大于0.2mD时效果更好；（6）储层天然裂缝发育时效果更好；（7）有利沉积相带为心滩、边滩等；（8）有利成岩相带为溶蚀成岩相等。

表7—16 适用水平井开发技术的低渗透油气藏地质条件参数表

油气藏深度	油层有效厚度	非均质系数	有效厚度与非均质系数乘积	渗透率	储层天然裂缝	有利沉积相带	有利成岩相带
1000~4000m	>4m	<4	<100m	>0.2mD，效果好	有裂缝效果好	心滩、边滩等有利沉积相	溶蚀成岩相等有利成岩相

2）适用水平井开发技术的火山岩气藏类型

中国已开发火山岩气藏的地质参数为（表7—17）：（1）气藏埋深2700~4000m；（2）油层有效厚度13~106m；（3）非均质系数0.55~0.98；（4）有效厚度与非均质系数乘积7.2~86.8m；（5）平均渗透率0.3~8mD；（6）裂缝以构造缝、收缩缝、炸裂缝和溶蚀缝为主，平均裂缝密度2.1~5.5条/m；（7）有利岩相包括溢流相上部亚相、爆发相空落亚相、火山通道相等。对照低渗透油气藏，火山岩气藏地质参数基本上都能满足水平井开发技术的要求。但考虑到气藏的特殊性，综合地质、技术条件和经济效益，筛选出5类适合水平井技术的火山岩气藏：

（1）大规模叠置连片分布的复合型火山岩气藏。

火山岩具有多火山口多期次喷发的特点，纵向上由爆发相火山碎屑岩和溢流相火山熔岩间互组成，平面上呈大规模叠置连片分布形态，典型实例如CC1和XX9。

CC1火山岩为中心式喷溢型，火山岩建造整体为盾状；储渗单元包括条带状溢流型、厚层状或透镜状爆发型；气藏规模大，其长约10km，宽约4km，含气面积约36km²，储层物性、连续性和连通性好，为大型整装气藏。

XX9火山岩为裂隙—中心式喷溢型，火山岩建造整体为盾状；气藏规模较大，其长约6km，宽约4.5km，含气面积约19km²，储层物性和连通性相对较差，为大型整装气藏。

（2）大面积分布的裂隙式溢流型火山岩气藏。

裂隙式溢流型火山岩喷发能量弱，主要发育溢流相火山熔岩，多沿深大断裂呈被状分布，相对厚度小、面积较大，典型实例如SS2—1和DD17。

SS2—1火山岩是由裂隙式溢流作用形成块状酸性流纹岩建造，储渗单元呈条带状；气藏长约7km，宽约4km，含气面积约19km²；储层物性、连续性和连通性好，为典型高效气藏。

DD17火山岩是由裂隙式溢流作用形成的薄层状基性玄武岩建造，储渗单元呈薄层状；气藏长约8km，宽约3km，含气面积约18km²；储层物性较好，但连续性和连通性变化大，为大型低效气藏。

（3）厚层、大规模分布的中心式爆发型火山岩气藏。

中心式爆发型火山岩喷发能量强，发育爆发相火山碎屑岩，多围绕圆柱状火山通道呈锥状分布，厚度大、面积小。典型实例如XX1和DD14。

XX1火山岩是由强烈爆发作用形成的流纹质火山角砾岩和流纹质凝灰岩建造，岩体多呈锥状或

表7-17 火山岩气藏水平井技术适应性参数表

气藏名称	中部埋深 m	有效厚度 m	非均质系数	有效厚度与非均质系数乘积	平均孔隙度 %	平均渗透率 mD	裂缝类型	裂缝密度 条/m	有利岩相	喷发类型	火山岩建造类型	形状	长 km	宽 km	面积 km²	水体类型	水体倍数	水平井技术适应性
CC1	3600	71.0	0.85	60.4	7.3	2.4	构造缝+炸裂缝	2~4（平均3.5）	溢流上部、火山通道	中心式喷溢型	复合型（爆发+溢流）	长条形	10	4	36	底水	19	适应
SS2-1	2700	50.0	0.85	42.5	8.3	1.2	构造缝+收缩缝+炸裂缝	2~5（平均3.2）	溢流上部	中心—裂隙式溢流型	酸性熔岩被	长条形	7	4	19	底水	6.5	适应
DD17	3700	13.0	0.55	7.2	12.3	1.1	构造缝+收缩缝	1.6~15.3（平均4.1）	溢流上部	裂隙式溢流型	基性熔岩被	长条形	8	3	18	边水	6.6	适应
DD14	3600	63.0	0.58	36.5	13.2	1.7	构造缝+炸裂缝	1.6~11（平均4.2）	空落、岩体中上部	中心式爆发型	火山碎屑锥	椭圆形	6	3	13	边水	1.8	适应
DD18	3580	106.0	0.63	66.8	9.5	1.2	构造缝+溶蚀缝	1.6~12.7（平均5.5）	侵入外带、岩体中上部	浅层侵入型	次火山岩体	近圆形	7	6	11.4	底水	3.0	适应
XX9	3400	85.0	0.98	83.3	5.4	0.3	构造缝+收缩缝	2.2~3.5（平均2.9）	溢流上部	裂隙—中心式喷溢型	复合型（溢流+爆发）	宽盾形	6	4.5	19	边水	4.4	适应
XX1	3700	86.0	0.83	71.4	5.5	0.6	构造缝+炸裂缝+溶蚀缝	2~5（平均3.4）	空落、热碎浪	中心式爆发型	火山碎屑锥	双长条拼接形	15	3	33	边水+底水	2.9	适应
YT	4000	94.3	0.92	86.8	9.6	0.36	构造缝	<3	溢流上部	裂隙—中心式喷溢型	沉积岩—火山岩建造	不规则带状	20	6	82.4	不活跃		适应
XX8	3400	95.0	0.9	85.5	8.3	8.0	构造缝+溶蚀缝	1.6~2.9（平均2.1）	火山通道、溢流上部	中心式喷溢型	火山盾	盾形	3	2.5	7	底水	4.2	不适应
XX7	3600	80.0	0.73	58.4	4.8	0.2	构造缝	2.5~3（平均2.8）	溢流上部	裂隙式溢流型	酸性熔岩被	窄条带	7	0.5	3	底水	3.5	不适应

盾状，储渗单元多呈透镜状或厚层块状；气藏呈双长条拼接形，长约15km，宽约3km，含气面积约33km^2；储层物性、连续性和连通性也较差，为典型的大型低效气藏。

DD14火山岩建造为角砾凝灰岩建造，岩体为锥状体；储渗单元多厚层块状；气藏椭圆形，长约6km、宽约3km，含气面积约13km^2；储层物性好，但连续性和连通性变化大。

（4）连续、大面积分布的风化壳型火山岩气藏。

风化壳型火山岩以蚀变型火山岩为主，气藏多发育于曾经长时间出露地表的火山岩体中上部，分布面积较大，典型实例如DD18。

DD18火山岩是由浅层侵入作用形成的厚层块状中性次火山岩建造，储渗单元多呈不规则透镜状；气藏近圆形，长约7km，宽约6km，含气面积约11.4km^2，储层物性、连续性和连通性都较好，为中型高效气藏。

（5）大面积分布的致密火山岩气藏。

目前发现的致密火山岩气藏为沉积岩—火山岩复合型建造，面积大但物性差、单井产能低，典型实例如YT。

YT火山岩是由裂隙—中心式喷发作用形成的酸性—中性火山碎屑岩建造，岩体分布较分散，储渗单元多呈环带状或层状；气藏呈不规则带状，长约20km，宽约6km，含气面积约82.4km^2，储层物性和内部连通性差、单井产量低，是典型的大面积分布型致密气藏。

3. 火山岩气藏水平井地质设计

水平井地质设计要求以储层精细描述为基础，通过井位、层位及方向、井型优选和轨迹优化，提高水平井钻井成功率和储层钻遇率，为利用水平井提高单井产量奠定基础。

1）水平井井位优选

水平井平面控制范围大、纵向控制范围小且单井成本高，主要用于开发阶段提高储量动用率和提升开发效果，因此其井位优选遵循火山岩气藏开发阶段的井位优选原则、采用开发阶段的井位优选技术。针对火山岩气藏的特殊性，其水平井井位优选原则包括：

（1）含气性好。

在含气性识别和预测基础上，优选含气性好的区域部署水平井，充分发挥水平井开发的高效性。火山岩气藏受构造和岩性双重控制，各级次建筑结构边部或叠置区物性和含气性通常变差，如DD18井区（图7-62），4个次火山岩体叠置区的气层厚度和含气饱满度明显变差，在这些部位部署水平井，难以达到提升开发效果的目的。

（2）储渗能力强。

储层的储集、渗流能力直接影响水平井的产量和效益，优选物性好、裂缝发育、连续性和连通性好的区域部署水平井，可以提高储层钻遇率，进而提高单井产量和单井效益。有利于部署水平井的岩相带包括爆发相空落亚相和热碎屑流亚相、溢流相顶部和上部亚相、火山通道相隐爆角砾岩亚相、侵入相外带亚相等。此外，各级次建筑结构中上部岩石冷凝快、气孔或粒间孔发育、储层物性好、分布广，也是部署水平井的有利区。

（3）远离边底水。

边底水水窜或锥进都会严重影响气井产量，如DD183井，其初始产能高达35.38×10^{4}m^3/d，最高产量为23.97×10^{4}m^3/d，见水后油压和日产气量快速下降。

因此在边（底）水气藏部署水平井要求：①优选构造高部位，尽量远离边底水；②优选气层与水层不直接接触型，气、水层间隔层厚度越大、裂缝越不发育，效果越好。

（4）有足够大的井位部署空间。

水平井的井控范围随储层物性和连通性变好、水平段长度增大而增大。借鉴低渗透气藏水平井开发技术的要求，在火山岩气藏部署水平井，其单井控制储量应不少于$2\times10^8m^3$，井控范围应不小于水平井长度、压裂缝半长与泄气半径之和，即沿水平段延伸方向应不小于1.5km，垂直方向应不小于0.5km。

以CCP10井为例（图7-70），该井位于CC103井和CC1-2井之间，部署区的地质特征为：①含气性好，火山岩含气饱和度约65%、厚度大于100m；②储集空间发育，部署区靠近火山口，储层发育气孔、溶蚀孔、粒间孔、构造缝及成岩缝等储集空间类型；③储层物性好、裂缝发育，部署区Ⅰ、Ⅱ类有效储层厚度和超过50m，平均裂缝密度为3条/m；④远离底水，部署区位于构造高部位的平缓区，气层与底水距离超过200m，且气、水层不直接接触；⑤部署空间大，部署区长、宽都超过了2km，目的层Yc_2^4火山岩体的剩余可采储量超过$20\times10^8m^3$。该井实施后，试气获高产，估算无阻流量$200\times10^4m^3/d$，产少量凝析水。

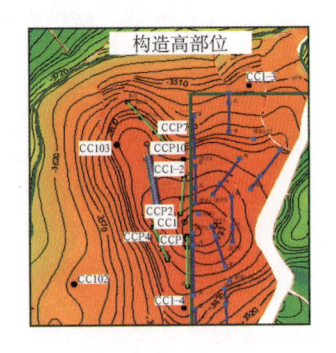

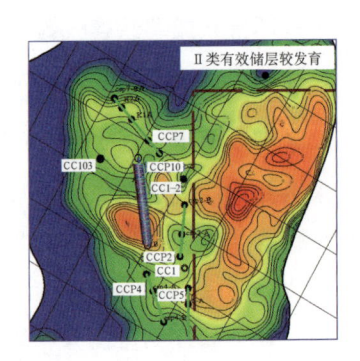

图7-70 CCP10井井位优选的分类有效厚度图

2）层位及方向优选

（1）纵向层位优选。

在远离底水的含气储层中，优选物性、连续性和连通性好的优质储层部署水平井，可以更好地发挥水平井横向控制范围大的特点，提高单井控制范围和单井产量。

CCP10井开发CC气田的Yc_2^4火山岩体，针对该岩体在纵向上发育多套气层且气层间物性和含气性差异大的特点，优选岩体中上部的179号层为水平段目标层。邻井CC103井揭示（图7-71）：179号层有效孔隙度6%~13%、渗透率0.7~1mD，裂缝发育段占40%，基质含气饱和度约为64%~78%，Ⅰ、Ⅱ类有效储层占70%以上；储渗单元为透镜状，厚度大、连续性和连通性好。该井实施后试气无阻流量达到$200\times10^4m^3/d$。

（2）水平段延伸方向优选。

优选水平段延伸方向可以提高储层和裂缝钻遇率、增加单井控制储量和产量。在火山岩气藏中主要采用下列原则和方法优选水平段延伸方向：

①根据储渗单元展布优选水平段延伸方向。对大规模叠置连片的复合型火山岩气藏、大面积分布的裂隙式溢流型火山岩气藏和风化壳型火山岩气藏，由于储渗单元规模大、连续性和连通性好，水平段沿储渗单元长轴方向延伸可增大控制体积；对厚层透镜状爆发型火山岩气藏，由于储渗单元规模

(a) 储层对比剖面

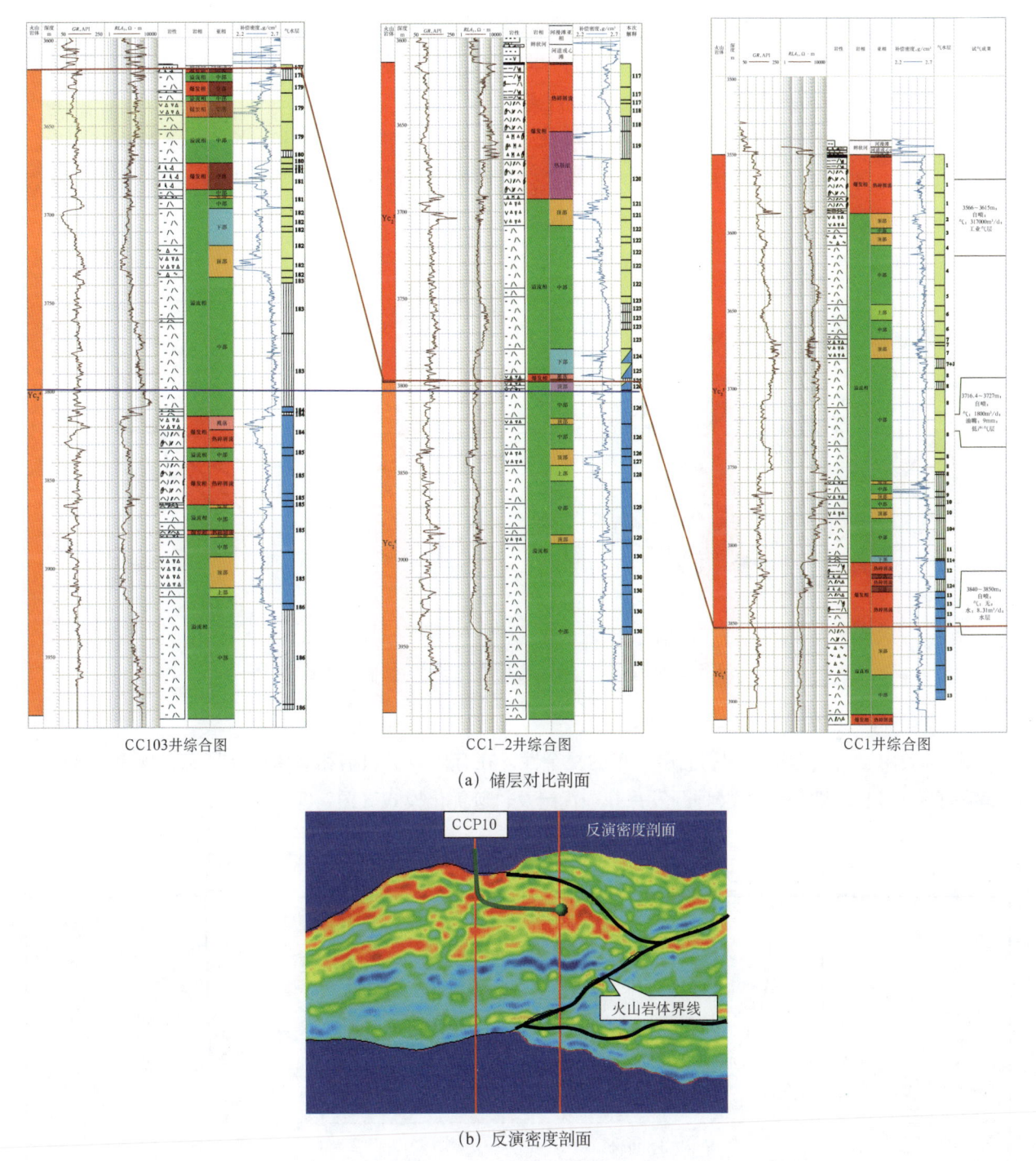

(b) 反演密度剖面

图7-71 CCP10井纵向层位优选

小、连续性和连通性差，水平段沿多个储渗单元的轴线串联方向延伸可以控制更多的储渗单元，通过一井多元提高单井控制体积。

②根据裂缝方向优选水平段延伸方向。裂缝起着沟通储渗单元、连通孔隙和渗流通道的作用，钻遇裂缝越多，单井控制体积越大、产量越好。针对火山岩储层主要发育高角度构造裂缝的特点，优选与构造缝垂直或斜交的方向部署水平井，一方面可以钻遇更多裂缝，有效扩大单井控制范围，另一方面增强储层的渗流能力，有效提高单井产量。

③根据地应力方向优选水平段延伸方向。低效火山岩气藏水平井井控范围小、自然产能低，通常需要压裂投产。压裂缝通常沿最大水平主应力方向延伸，因此沿最小水平主应力方向部署水平井可以产生垂直于水平井段的压裂缝，取得好的压裂效果。

如图7-72所示，DD182侵入岩气藏的储渗单元沿北西—南东方向呈透镜状分布，天然裂缝则为北北东或近南北向，最大水平主应力呈北东—南西向。根据上述优选原则，综合考虑储渗单元、天然裂缝和地应力特征，优选北西—南东向为该气藏水平井水平段延伸方向。

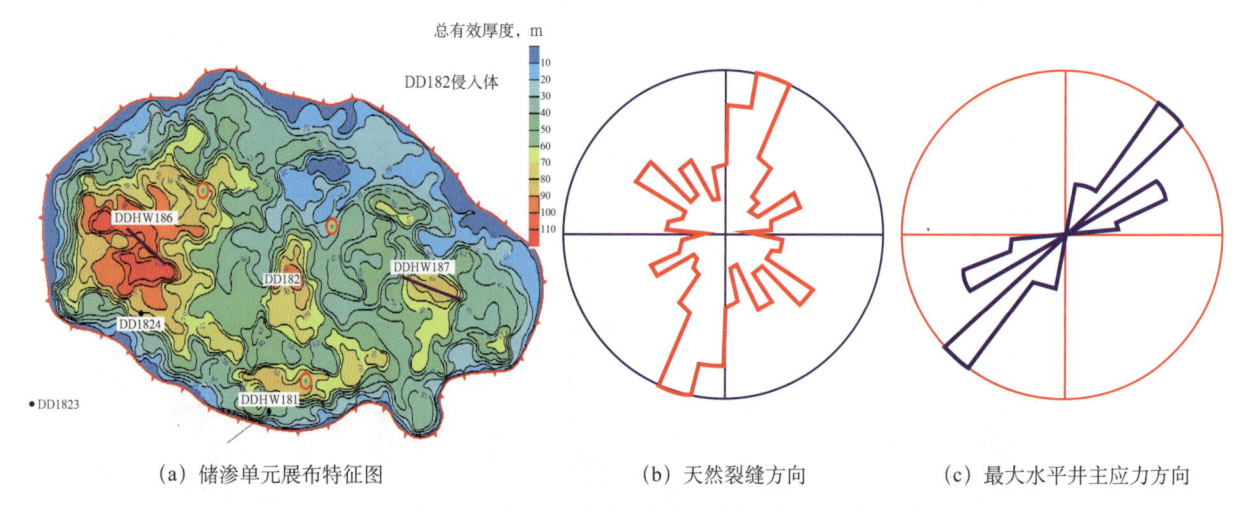

(a) 储渗单元展布特征图　　(b) 天然裂缝方向　　(c) 最大水平井主应力方向

图7-72　DD182火山岩气藏（侵入岩）水平井方向优选

3）水平井井型优选

针对火山岩气藏建筑结构和储层分布的复杂性，在有效储层识别和储渗单元形态、规模、叠置关系表征的基础上，建立三大类6种开发井井型优选及轨迹优化模式（图7-73）：

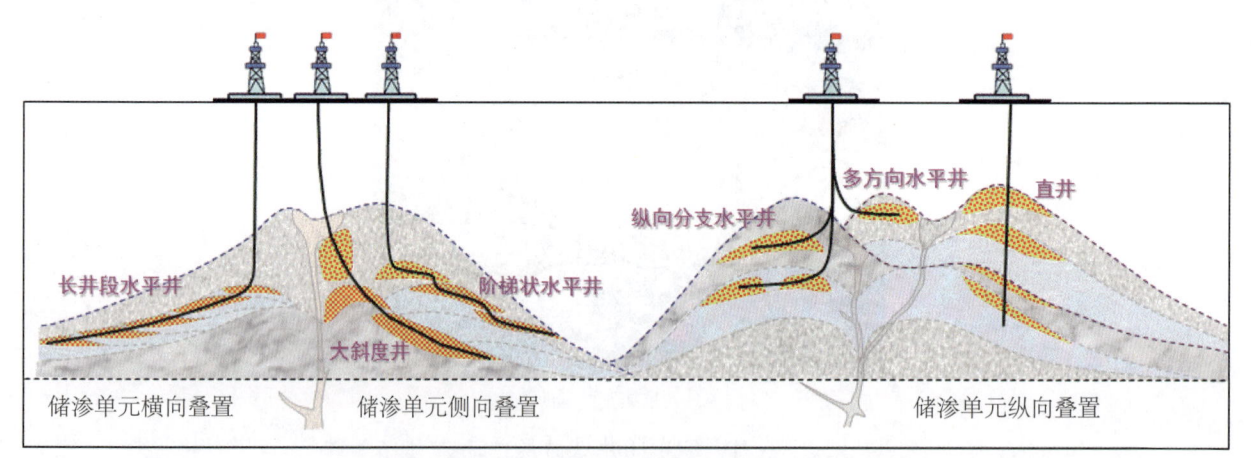

图7-73　火山岩气藏水平井井型优选模式

（1）直井模式。

直井纵向控制能力强但平面控制范围小，火山岩气藏有3种类型适合部署直井：
①中心式爆发成因的单锥状火山岩气藏，储渗单元呈透镜状分布，厚度大、面积小；
②中心式火山岩气藏的近火山口区域，储渗单元顺火山通道呈柱状分布；
③多期次复合型火山岩气藏，每期火山岩体内部的储渗单元呈纵向叠置型分布。

CC气田两口直井CC103井、CC1井部署在盾状火山机构的火山通道附近（图7-74），CC103井纵向上钻穿3套物性、连通性和连续性好的溢流型储渗单元，钻遇有效气层厚度112m，平均孔隙度7.92%、平均渗透率5.6mD，试气无阻流量74.5×10⁴m³/d；CC1井纵向上钻穿多套爆发型和溢流型储渗单元，储层物性、连续性和连通性较差，钻遇有效气层厚度167m，平均孔隙度5.4%、平均渗透率1.9mD，试气无阻流量36.8×10⁴m³/d。

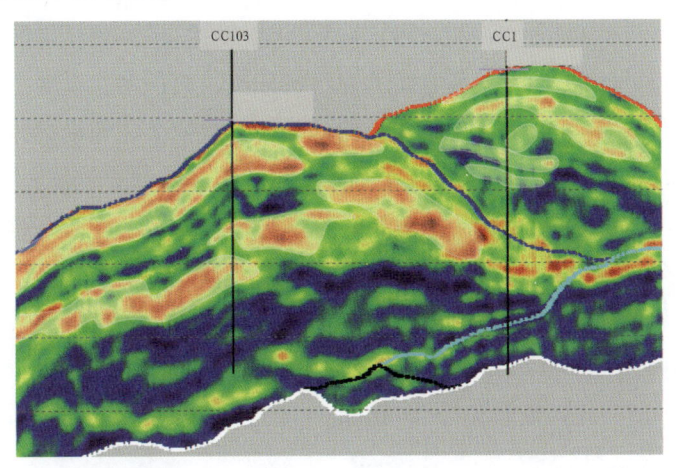

图7-74 直井模式（CC103井和CC1井）

（2）大斜度井模式。

大斜度井是最大井斜角超过60°的定向井，最早开始于20世纪30年代美国的加利福尼亚州，发展和推广于20世纪50—70年代。发展大斜度井的最初目的是通过解决地面问题和钻井工程本身的问题，以便在海滩上采出浅海内的石油[22]。

在火山岩气藏部署大斜度定向井，可以在特定条件下实现有效气层裸露面积、单井产量和单井效益的最大化，适合部署大斜度井的火山岩气藏包括：

①坡度较大的中心式单锥状或盾状火山岩气藏，翼部储渗单元呈大斜度分布；

②规模较大的多锥状复合型火山岩气藏，多个储渗单元呈大斜度叠置分布；

③有效储渗单元所在位置地面无法建立钻井井场，或实施工厂化钻井。

图7-75是CC气田大斜度定向井CCP3井部署实例，该井部署在Yc₂⁴号火山岩体Ⅰ号层，设计大斜度段长度500m；实施后实际大斜度段长度496m，储层钻遇率93.4%，其中钻遇Ⅰ类储层400m，钻遇率81%，试气产能（无阻流量）为230×10⁴m³/d。

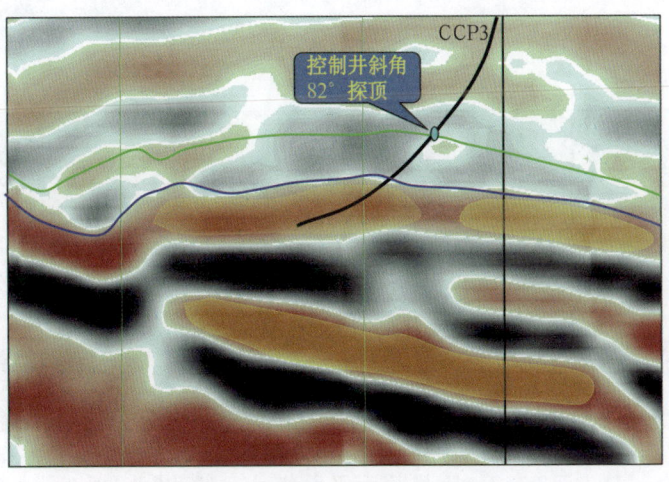

图7-75 大斜度井模式（CCP3井）

(3) 水平井模式。

水平井横向控制范围大但纵向控制能力弱，适合于层状或视层状储渗单元发育的气藏。针对火山岩气藏储渗单元形态、规模和叠置关系的复杂性，发展4种水平井部署模式。

① 长水平段水平井模式。

适用该模式的火山岩气藏包括：

（a）裂隙式溢流型，气藏储渗单元呈宽缓的视层状分布，面积大、厚度小；

（b）中心式爆发型，单个储渗单元呈孤立透镜状分布、规模小，但沿锥体向外方向通常发育多个串珠状分布的储渗单元，整体表现为大面积分布形式；

（c）大规模复合型，其内部储渗单元呈横向叠置型分布；

（d）风化壳型，储渗单元沿剥蚀面呈连续、大面积分布形式。

以CC气田CCP7井为例（图7—76），该井部署在Yc_2^4号火山岩体的Ⅱ号层，用于开发4个横向叠置的储渗单元，设计水平井段1000m；实际水平段长度1111m，钻遇气层1084m，储层钻遇率97.5%，其中Ⅰ类储层钻遇率55%；试气无阻流量$203×10^4m^3/d$。

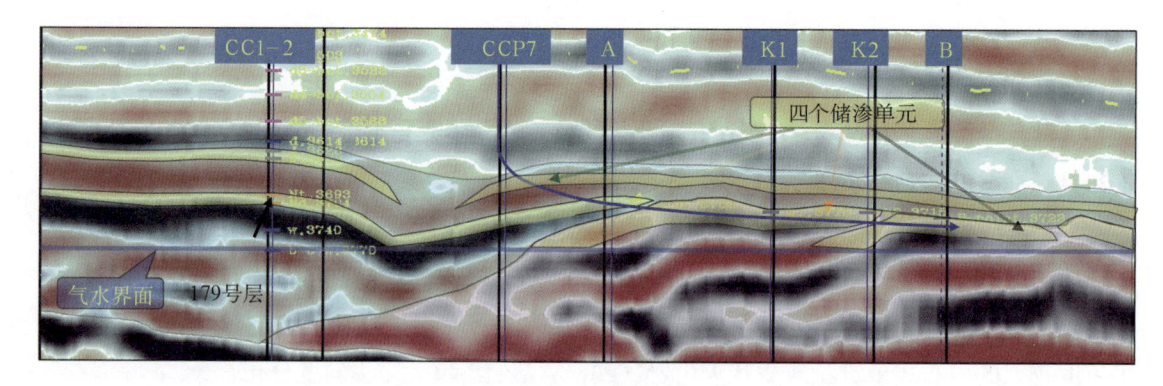

图7—76 长水平段水平井模式（CCP7井）

② 阶梯状水平井模式。

该模式适用于多期次喷发、储渗单元呈侧向叠瓦状叠置分布的火山岩气藏。以CC气田CCP5井为例（图7—77），该井部署在Yc_2^5号火山岩体，设计水平段长度为1000m；实际水平段长度为1005m，钻遇气层940m，储层钻遇率93.5%，其中Ⅰ类储层钻遇率70%；试气无阻流量$185×10^4m^3/d$，该模式的应用取得了较好的开发效果。

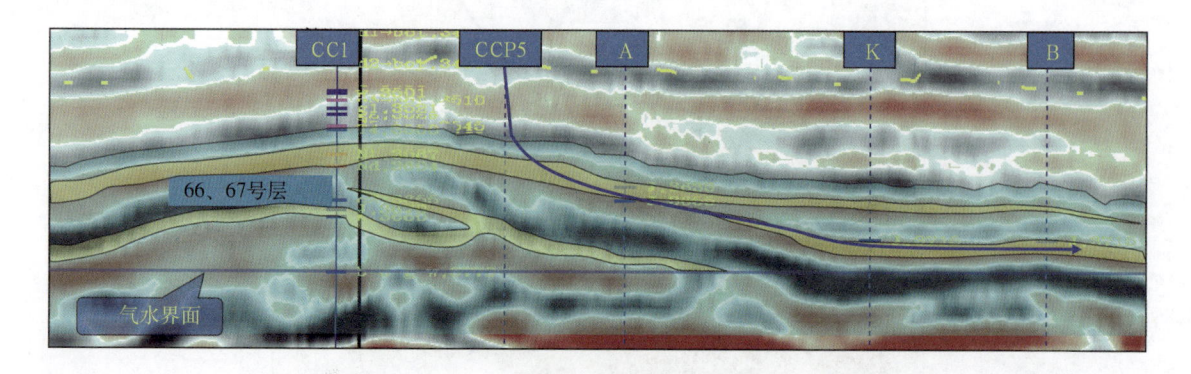

图7—77 阶梯状水平井模式（CCP5井）

③纵向分支水平井模式。

针对多期次溢流型、储渗单元呈纵向多层状分布的火山岩气藏，优先选用纵向多分支水平井，实现一井多层，提高储层动用程度和单井产量。

CD气田FS6—P1井采用纵向分支模式（图7—78），上下两支水平段长度均设计为1318m；目前已实施一支（下分支），实际水平段长度1340m，钻遇气层808m，储层钻遇率60.3%，未钻遇Ⅰ类储层，Ⅱ类储层钻遇率为25.5%；试气产量12×10⁴m³/d，试气无阻流量37×10⁴m³/d。

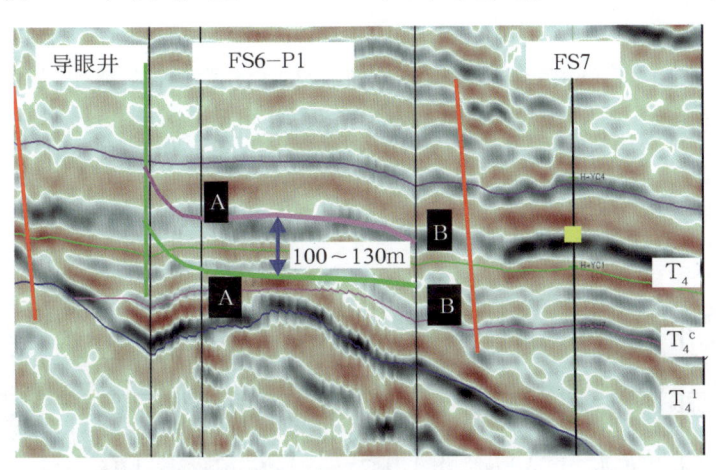

图7—78 纵向分支水平井模式（FS6—P1井）

T_4——Yc组顶界；

T_4^c——Yc₁顶界；

T_4^1——Yc组顶界。

④多方向分支水平井模式。

该模式适用于多岩体叠置型火山岩气藏，通过实施一井多元（储渗单元）或一井多体（火山岩体），减小叠置部位储层变差的影响，提高单井储层动用程度和单井产量。

CC气田CCP2井部署在Yc_2^{5-1}与Yc_2^{5-2}号火山岩体之间（图7—79），采用一井双体模式扩大井控范围、提高单井产量和效益。该井两分支设计水平段长700m，实施过程中由于工艺问题，只有Yc_2^{5-1}号岩体内部的分支成功，实际水平段长度498m，钻遇气层580m，储层钻遇率97%，其中Ⅰ类储层钻遇率59%；试气无阻流量189×10⁴m³/d。

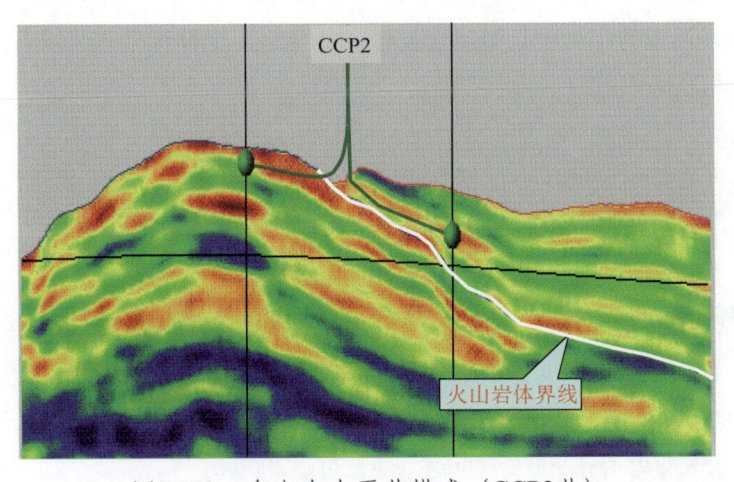

图7—79 多方向水平井模式（CCP2井）

4）水平井轨迹优化

沉积岩气藏主要根据构造特征、储层特征和地质模型优化水平井轨迹[23]。火山岩气藏则需要重点考虑气藏内幕结构的约束和储渗单元的分布，在建筑结构解剖和储层精细描述的基础上，通过建立气藏构造模型、储层格架模型、储层属性模型和流体模型，采用内幕结构边界和流体分布约束的方法，沿优质储渗单元长轴方向或叠置方向部署水平井，并根据储层内部含气性、物性和裂缝的非均质性优化水平井轨迹，提高水平井优质储层的钻遇率。

图7-80是YT气田LS2P1井轨迹优化设计的实例，部署区储渗单元形态为透镜状，呈串珠状零散分布；第一次根据火山岩体界面（蓝色线）和岩体分布初步设计了水平井轨迹（细黑色线），后来根据储层精细描述和储渗单元表征结果进行了适当调整；该井设计水平段长1200m，实钻水平段长1195m，储层钻遇率达到91.1%。

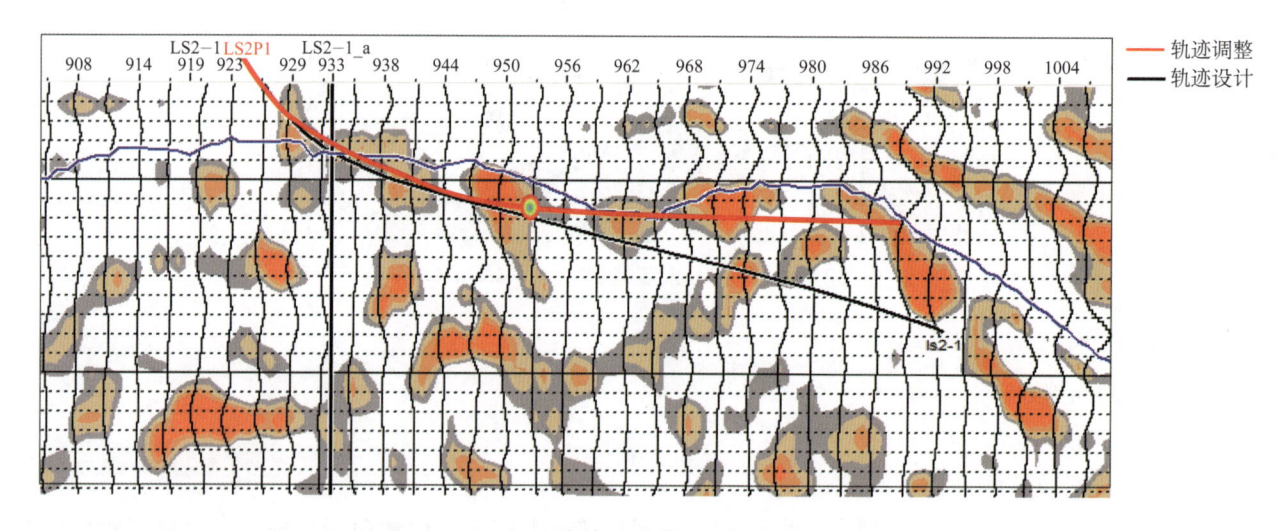

图7-80　水平井轨迹优化设计（LS2P1井）

4.水平井参数优化设计

水平井通过增大泄流面积、降低生产压差、扩大储层控制范围来提高单井产量和开发效果，在工艺技术允许的范围内优化设计水平段长度、压裂参数和单井产量等参数，有助于实现提高单井产量和最大化单井效益的目标。水平井压裂参数优化将在压裂改造技术中讨论，本节针对火山岩气藏的特点，重点讨论基于单井产量的水平段长度优化设计，并介绍水平段长度优化设计的类比法、地质特征约束法、产量需求法和经济效益约束法等方法。

1）类比法

人类利用水平井开发油气藏的历史已超过200年，目前最大的水平段长度已超过5000m，最大垂深也接近5000m，水平井已成为一种成熟的油气藏开发技术[24]。

如表7-18所示，国内外已开发气田的水平井开发实践表明[25-27]：

（1）早期开发气田的水平段长度平均值介于400~900m，而近期开发气田的水平段长度相对平均值介于900~1500m，随着技术的进度，水平井水平段长度不断增大。

（2）砂岩气藏水平井的水平井段长度介于400~1200m，储层品质越差，长度越大；而碳酸盐岩气藏水平井的水平井段长度多介于900~1500m，最长可达2000m。

表7-18 国内外气田储层特征及水平井段长度统计表

气田名称	埋深，m	岩性	储层厚度，m	水平段长度，m	产能替换比
美国Carthage气田	3000~3600	致密砂岩	1.5~16.8（平均4.6）	437	—
加拿大Westerose气藏	1930	砂岩	18~27	596	—
哥伦比亚Chuchupa气田	2650	砂岩	51	610	—
英国Barque气藏	4900	砂岩	薄层（天然缝）	692	3~5
英国Anglia气田	2400	砂岩	60	896	>5
荷兰zuidwai气藏	—	砂岩	100	200+200	1.8
德Nortn Viliant气田	—	砂岩	薄层	549	2
长庆苏里格气田	3200	致密砂岩	7~11	1000~1200	4
长庆靖边马五1+2气藏	3500	薄层碳酸盐岩	1~5	900~1200	3.5~5.5

国内已开发火山岩气藏也成功地应用了水平井开发技术，从表7-19可以看出：

（1）以CC气田为代表的高效火山岩气藏，其水平井段长度为480~1111m，平均711m，产能替换比为2.5~5。

（2）以XX气田为达标的低效火山岩气藏，其水平井段长度为595.6~1125m，平均853m，产能替换比为1.5~4。

因此，采用类比法确定的火山岩气藏水平井段长度介于500~1200m。

表7-19 国内火山岩气藏水平井水平段长度统计表

火山岩气藏	中部埋深，m	岩性	储层厚度，m	水平段长度，m	产能替换比
高效气田（CC气田）	3600	流纹岩、流纹质角砾熔岩	70	463~1111	2.5~5
低效气田（XX气田）	3800	火山角砾岩、凝灰岩、流纹岩	85	595.6~1125.0	1.5~4

2）地质特征约束法

通过建筑结构解剖及有效储层预测，揭示了火山岩气藏不同类型储渗单元的基本特征，从表7-20可以看出：

（1）中心式爆发单锥型火山岩气藏，如DD14，发育爆发相火山碎屑岩，储渗单元多为孤立透镜状，厚度大、面积小，其长度200~1500m，宽度100~1000m，厚度20~150m。

（2）中心式喷溢盾型火山岩气藏，如XX8，发育爆发相火山碎屑岩和溢流相火山熔岩，储渗单元多为透镜状或环带状，储渗单元之间为叠瓦状叠置，厚度、面积中等，其长度为200~2500m，宽度150~1500m，厚度10~100m。

（3）裂隙式溢流似层型火山岩气藏，如DD17和SS2-1，发育溢流相火山熔岩，储渗单元多为似层状，呈横向、叠瓦状叠置，厚度小、面积大，长度300~3500m，宽度200~3000m，厚度2~60m。

（4）多成因复合型火山岩气藏，如XX1和CC1，发育各种岩性岩相，储渗单元形态、规模、叠置关系变化大，其长度50~3500m，宽度10~3000m，厚度2~150m。

(5) 风化壳型火山岩气藏，如DD18，发育各种岩性岩相，储渗单元多为不规则透镜状、块状，以横向叠置为主，其长度300~3500m，宽度200~3000m，厚度20~150m。

火山岩气藏水平井多根据储渗单元的类型和形态进行参数优化设计，对孤立型储渗单元，水平井应尽量在储渗单元内穿行；而对叠置型储渗单元，水平井则应尽量穿越多个储渗单元。因此，从地质特征约束的角度，确定火山岩气藏水平井水平段长度介于400~2000m。

表7-20 火山岩不同类型气藏储渗单元特征表

气藏类型	典型气田名称	岩性岩相	储渗单元特征			
			长度，m	宽度，m	厚度，m	叠置关系
中心式爆发单锥型	DD14	爆发相火山碎屑岩	200~1500	100~1000	20~150	孤立透镜状
中心式喷溢盾型	XX8	爆发相火山碎屑岩 溢流相火山熔岩	200~2500	150~1500	10~100	横向、叠瓦状
裂隙式溢流视层型	DD17和SS2-1	溢流相火山熔岩	300~3500	200~3000	2~60	横向、叠瓦状
多成因复合型	XX1和CC1	各种岩相、岩性	50~3500	10~3000	2~150	各种方式
风化壳型	DD18	各种岩相、岩性	300~3500	200~3000	20~150	横向

3) 产量需求法

一般情况下，水平段越长，有效储层裸露面积就越大，水平井产量就越高。产量需求法又称配产约束法，以气田整体开发规模和单井配产为约束，通过分析水平井产能随水平段长度变化的关系来确定水平段长度。该方法的可靠性取决于产量预测精度，适合于裂隙式溢流型、多成因复合型、风化壳型等储渗单元连续性和连通性较好的火山岩气藏。

产量需求方法确定水平井段长度的核心技术是气藏工程分析技术和数值模拟技术。

（1）气藏工程分析技术。

Joshi于1991年建立了常规砂岩气藏考虑各向异性的水平井长度优化模型[28]；范子菲等人考虑天然气的非达西流动和气层各向异性影响，建立了砂岩气藏的水平井长度优化理论模型[29]；吴锋等人通过分析水平气井水平段变质量流的压降规律，建立了气藏与井筒耦合的压降计算方法，通过数值求解优化了水平段长度[30]。

火山岩气藏水平井产能评价需要考虑储渗模式和储层类型的变化以及压降、应力敏感、滑脱效应、井筒摩阻和污染、压裂参数等因素的影响，评价难度大。张晶等人建立了考虑摩擦压力损失的火山岩气藏水平井长度优化设计方法[31]；本书第六章考虑上述因素，建立了常规水平井和压裂水平井的产能预测模型，本章第三节将介绍火山岩气藏产能预测方法。在此基础上，通过评价水平井产能与水平段长度的关系，根据配产要求确定水平段长度。

图7-81是DD18井区应用实例，该气藏为风化壳型，储集空间以溶蚀孔、构造缝和溶蚀缝为主，储渗模式为典型的裂缝—溶蚀孔隙型，储层孔隙度平均9.1%、渗透率平均1.2mD，储渗单元为典型的厚层块状，连续性和连通性较好，采用火山岩气藏产能预测方法，建立了水平井产能与水平段长度的关系，根据初步开发方案的要求，该井区水平井单井配产的产能需求为$35 \times 10^4 m^3/d$，因而确定水平段长度为800m。

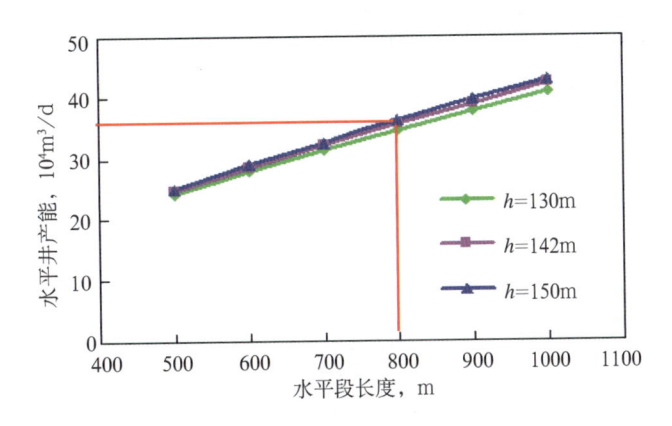

图7-81 气藏工程法确定水平段长度（DD18）

(2) 数值模拟技术。

数值模拟技术同时考虑了储层的非均质性以及水平井与周围生产井的干扰情况[32]。针对火山岩气藏特点，考虑储层介质和渗流模式，建立火山岩气藏多重介质气水两相渗流数学模型和求解方法，并研发软件实现了火山岩气藏数值模拟。应用该方法评价水平井不同水平段长度条件下的生产特征，进而确定水平段长度。

图7-82是DD18井区应用实例。首先针对火山岩气藏的地质特点，建立反映储层非均质性的地质模型[图7-82（a）]；然后制定针对8种不同水平井段长度（分别为400m，600m，800m，1000m，1200m，1400m，1600m和1800m）的方案，利用单井模型进行数值模拟，评价水平井采出程度与水平段长度的关系。预测结果表明[图7-90（b）]：随着水平段长度的增加，采出程度逐渐增加，而当水平段长度大于1000m时，采出程度增加幅度逐渐减小。因此分析认为，DD18井区水平井水平段的合理长度在600~1000m之间。

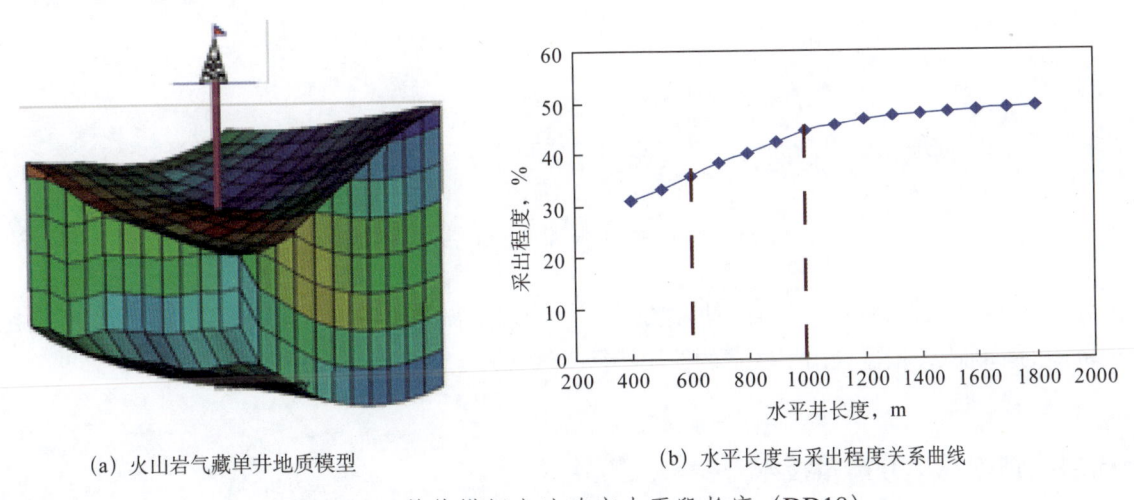

(a) 火山岩气藏单井地质模型

(b) 水平长度与采出程度关系曲线

图7-82 数值模拟方法确定水平段长度（DD18）

4）经济效益约束法

水平井单井产量随水平段长度增加呈非线性增长，但单井成本则随水平段长度增加呈稳定增长或大幅度增加，因此单井效益随水平段长度的增加也呈非线性增长趋势。在水平井增效原则指导下，实施水平井开发须以单井效益最大化为目标，通过建立水平井净收益与水平段长度的关系，选取净收益最大值对应的水平井段长度为最佳水平段长度[32]。

水平井的开发费用$I_{out}(t, L)$主要包括钻井费、压裂改造费、试气费、基建费、累计操作费、累计税金、收入所得税等，水平井的收入$I_{inc}(t, L)$则主要来自于开发时间内的累计产气量，气田开发过程中总收入与总投入之差即为总净利润或净收益$E(t, L)$：

$$E(t, L) = I_{inc}(t, L) - I_{out}(t, L) \tag{7-25}$$

式中　E——总利润，万元；

　　　I_{out}——水平井开发总费用，万元；

　　　I_{inc}——水平井开发时间内的总收入，万元；

　　　t——开发时间，a；

　　　L——水平段长度，m。

以XX气田某火山岩气藏为例[24]，该气藏埋深3100m，储层有效厚度19m，有效孔隙度5.4%，水平渗透率0.47mD；气藏原始压力31.55MPa，井底流压27.55MPa，地层温度127℃，气体黏度0.02241mPa·s；水平井初期递减率约10%、后期递减率约5%，单井生产成本0.32元/m³，评价年限10a，稳产期5a，气价1.08元/m³。在水平井产能预测的基础上，采用上述方法建立了净利润与水平段长度的关系（图7-83），结果表明：水平井开发效益具有随水平段长度增加"先增大后变缓最后减小"的特点，拐点出现在水平段长度约1000m处；当水平段长度小于1000m时，单井净利润随水平段长度增加大幅增加；当水平段长度介于1000～1500m时，单井净利润增加幅度逐渐减小；当水平段长度大于1500m时，单井净利润不变甚至出现减小趋势。因此综合确定该气田水平井合理的水平段长度为1000m。

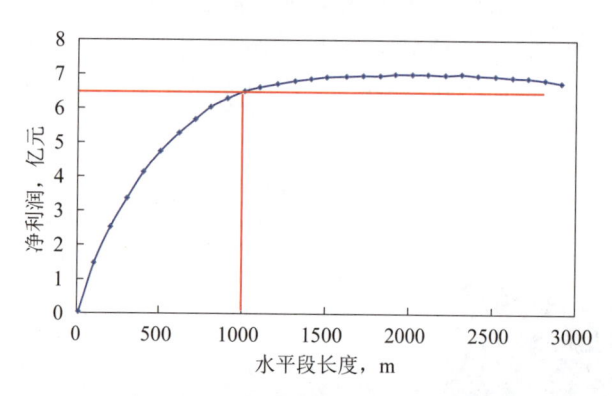

图7-83　水平井净利润与水平段长度关系

上述方法都有其独特优势，也有不足。生产实践中通常需要对各种方法进行综合分析，在确定一个合理范围的基础上，根据火山岩气藏的储层特征、气藏特点和生产需求进行优化。

二、压裂改造提高单井产量技术

火山岩高效、低效和致密气藏共存。对于低效和致密气藏，采用常规技术开发往往难以获得工业气流甚至没有产能，因此需要通过压裂改造产生人工裂缝，在改善储层渗流能力、扩大单井控制范围的条件下，获得工业气流和较好的开发效益。

1. 火山岩储层压裂改造难点及提高单井产量技术思路

火山岩岩石硬度大、抗压强度高、储层具有一定程度的敏感性且变化快，压裂改造难度大。因此需要针对火山岩储层特点，优选合理的压裂方式、优化压裂规模和施工参数，以最大限度地提高单井产量和单井效益。

1）影响压裂改造的火山岩储层特征

压裂储层评价是优选压裂工艺和材料、提升压裂效果的基础。针对火山岩储层的特殊性，采用岩心实验、地层测试和测井解释等方法，分析火山岩储层的岩石成分、岩石结构构造、岩石力学性质和储层敏感性等储层特征，为优化压裂设计奠定基础。

(1) 岩石成分及结构构造。

岩石成分影响岩石力学性质。不同岩石矿物由于化学元素组成、分子排列和化学键类型不同，其岩石力学性质差异大，如白云石、石英的杨氏模量分别为118800MPa和95688MPa，而正长石、绿泥石的杨氏模量只有39600MPa和18900MPa。火山岩岩石成分复杂、变化快，如DD气田，从表7-21中可以看出：①该气田火山岩整体上以石英、钾长石、斜长石、方解石和少量沸石、黏土为主；②不同区块中，DD17，DD18，DD182和DD402主要发育斜长石，DD14和DD403则以石英为主，不同区块矿物成分含量差异大；③黏土矿物含量为5.6～16%，以绿泥石、伊利石、伊/蒙混层和绿/蒙混层为主，不同区块中，DD17，DD18，DD402和DD403以绿泥石或绿/蒙混层为主，DD182和DD14则以伊/蒙混层为主。

表7-21 DD气田火山岩储层岩心实验矿物成分表

井号	岩石类型	岩样块	储层岩心全岩分析结果，%							黏土矿物	
			石英	钾长石	斜长石	方解石	白云山	黄铁矿	沸石	含量，%	主要类型
DD17	玄武岩	4	3	1.5	47.5	23.7	—	14.8	1.7	7.8	C，C/S
DD18	正长斑岩	5	19.4	20	53.4	1	—	0.6	—	5.6	C
DD182	正长斑岩	4	18.7	10.8	47.5	8	—	4.5	—	10.5	I/S
DD14	凝灰角砾岩	4	35.5	4	21.5	1.8	—	—	21.2	16	I/S
DD402	安山玄武岩	4	6.5	8.2	59	0.8	4.8	27	5.5	12.5	C/S
DD403	玄武安山岩	4	50	9.7	6.8	4	0.8	—	15.7	13	C

岩石的结构构造也是影响岩石力学的重要因素。火山岩由炽热熔浆冷凝形成，其特殊的冷凝固结和熔浆焊接作用与沉积岩的压实固结作用有很大差别：一方面，它形成熔结结构、流纹构造等火山岩独特的岩石结构构造，增强岩石的硬度和抗压强度；另一方面，熔浆的快速冷却也形成诸如珍珠构造的玻璃质火山岩，使其具有更大的脆性特征。

(2) 岩石力学性质。

火山岩具有不同于沉积岩的岩石力学性质，主要表现为（表7-22）：

①硬度高、抗压强度高。火山岩的杨氏模量为12890～65070 MPa，平均32478 MPa；泊松比为0.18～0.31，平均0.23；岩石抗压强度为87～539 MPa，平均271 MPa。而沉积岩中[33]：褐煤的抗压强度为14MPa，砂岩为142～157MPa，石灰岩可达180MPa。

②不同岩石差异大、非均质性强。火山岩杨氏模量、泊松比、抗压强度的最大最小比值分别达到5.1、1.7和6.2；不同岩石类型中，XX气田流纹岩和CC气田熔结凝灰岩硬度和抗压强度最高，其杨氏模量分别达44910MPa和58194MPa，泊松比分别为0.3和0.21，抗压强度分别为436MPa和386MPa；DD气田正长斑岩和CC气田流纹岩次之，其杨氏模量分别为46300MPa和25710MPa，泊松比分别为0.27和0.19，

抗压强度分别为254MPa和242MPa；CC气田流纹质角砾熔岩的硬度和抗压强度最低，其杨氏模量、泊松比、抗压强度分别为13178MPa，0.19和94MPa，其抗压强度比砂质页岩（抗压强度79MPa）略高。

表7-22 火山岩储层岩石力学参数测试结果表

气田名称	岩石类型	杨氏模量，MPa	泊松比	岩石抗压强度，MPa
CC气田	流纹质角砾熔岩	12890~13820	0.18~0.19	92~96
	熔结凝灰岩	38020~48400	0.28~0.30	261~435
	流纹岩	23860~26860	0.19	238~245
XX气田	流纹岩	55540~65070	0.17~0.27	334~539
DD气田	玄武岩	28640~30350	0.22~0.25	124~143
	正长斑岩	23910~59390	0.21~0.31	87~396
YT气田	沉凝灰岩	16836~21835	0.21	107~271

（3）储层敏感性。

火山岩气藏不同类型储层表现为不同的敏感性特征（表7-23）：①CC气田火山岩储层水锁特征极强，水锁指数达到84%~100%；②XX气田火山岩储层则具有中等—强的水敏、酸敏和应力敏感性；③DD气田表现为中等偏强水敏和极强酸敏，水敏指数54%~86%，酸敏指数35%~68%。基于储层保护的要求，压裂液通常要求与地层及其中的流体具有较好的配伍性。因此，火山岩气藏对压裂液在防水敏、酸敏、应力敏感和水锁方面有较高要求。

表7-23 火山岩气藏储层敏感性特征表

气田名称	水敏		酸敏		碱敏		应力敏感		水锁效应	
	指数	结论	指数	结论	指数	结论	指数	结论	指数	结论
CC气田	22~48	中等偏弱	-14~-9	无	17~33	中等偏弱	13~45	中等偏弱	84~100	极强
XX气田	—	中等偏强	—	中等	—	中等偏弱	46~93	中等~强	—	—
DD气田	54~86	中等偏强	35~68	极强	—	—	—	—	—	—

2）火山岩储层压裂改造难点

火山岩气藏特殊的储层特征使其压裂改造难度大，具体表现为[34]：

（1）岩石硬度大，施工泵压高。火山岩的杨氏模量、抗压强度、破裂压力梯度等均高于沉积岩，并且埋藏深、压裂沿程摩阻高，因此要求较高的施工泵压。

（2）储层非均质性强，压裂改造见效难度大。火山岩储层物性、裂缝、产能分布及岩石力学性质都表现为差异大、变化快的强非均质性特征，压裂设计和施工通常难以满足其极强的非均质性特征，导致压裂改造见效难度极大。

（3）压裂液滤失严重，普遍存在脱砂和砂堵现象。火山岩气藏天然裂缝发育，多为双重介质储层，流体遵从孔隙—裂缝双重滤失机制，压裂液滤失现象普遍，因此压裂液液体效率低，容易发生早期脱砂现象或造成人工裂缝宽度狭窄，形成砂堵。

（4）储层温度高、敏感性强，对压裂液性能要求高。火山岩储层温度通常高于120℃，要求压裂液具有较好的耐温性、耐剪切性、交联特性和携砂性；同时，火山岩储层存在中等偏强水敏、酸敏和极强水锁效应,要求压裂液具有较好的防水敏、酸敏和水锁效应的能力。

(5)火山岩气藏存在边、底水,通常需要控制缝高。高角度裂缝容易沟通水层,造成气井过早见水。对火山岩底水气藏,在压裂施工过程中,当压裂段离边、底水距离较小时(<50m),需要对压裂缝缝高进行有效控制,以免沟通水层降低储层开发效果。

3)火山岩气藏压裂改造提高单井产量技术思路

针对火山岩气藏压裂改造难点,在分析岩石力学性质基础上,通过优选压裂方式、优化压裂规模和施工参数,形成压裂改造提高单井产量的技术思路和流程(图7—84):

(1)优选压裂方式,根据低效火山岩气藏控制压裂规模和致密火山岩气藏实施体积压裂的需要,筛选适合不同类型气藏的分级方式、压裂工艺、压裂液和支撑剂,形成火山岩气藏个性化的压裂改造方式,提高压裂成功率。

(2)优化压裂规模,根据火山岩储层物性、裂缝类型及发育程度、储渗单元连续性和连通性、气藏气水关系等特征,优选合理的压裂级数、裂缝半长、裂缝高度、裂缝宽度和裂缝导流能力,提高火山岩气藏的单井控制范围,有效改善储层渗流能力。

(3)优化施工参数,在优选压裂方式和压裂规模的基础上,进一步优化泵入液量、砂量、砂比及排量等施工参数,提高压裂改造的有效性。

(4)针对不同类型火山岩气藏形成个性化压裂改造技术,对于物性差、低渗、常规技术单井产量低的低效火山岩气藏,发展适度规模压裂技术提高渗流能力,以获得工业气流实现规模效益开发;对于岩石致密、渗透性极差、常规技术产量极低或无产量的致密火山岩气藏,发展大型压裂改造技术形成有效渗流通道,以获得工业气流实现气藏有效开发。

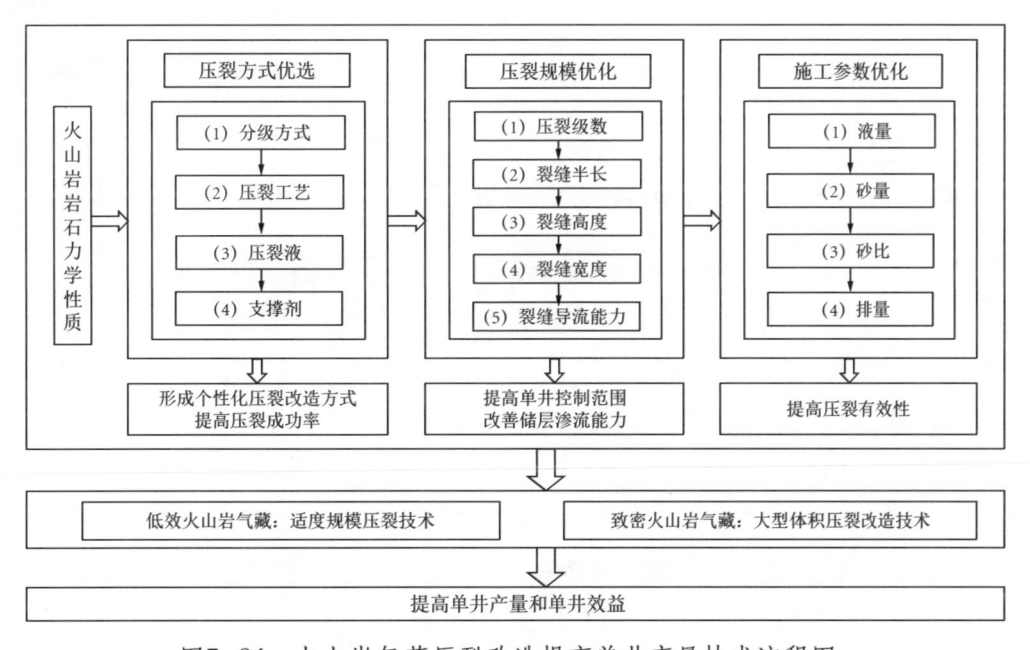

图7—84 火山岩气藏压裂改造提高单井产量技术流程图

2. 火山岩气藏压裂方式优选

针对火山岩特殊的压裂储层特征以及低效、致密火山岩气藏对压裂改造的不同要求,分直井和水平井优选分级方式、压裂工艺、压裂液和支撑剂,建立个性化的火山岩气藏压裂改造方式,为提高压裂成功率奠定基础。

1) 压裂方式优选

国外于20世纪90年代开始应用桥塞分段压裂技术，1998年第一次有了水力喷射分段压裂的思想，2005年贝克休斯成功研制投球滑套分级压裂技术。目前国内外普遍采用的分段压裂方式的工艺原理、完井要求和优缺点如表7-24，从中可以看出[35, 36]：

（1）机械式封隔器，具有压裂管柱结构简单、分段针对性强、施工效率高的特点，适合于火山岩气藏，其中双封单压式封隔器适合直井或级数较少的水平井，滑套封隔器则适合各种水平井，目前XX气田采用该类封隔器。

（2）水力喷射分段压裂，具有施工工序简单、对完井条件要求不高，适合于岩石破裂压力高的火山岩气藏，目前XX气田、DD气田采用该种分段压裂方式。

（3）裸眼管外封隔器，适合于井壁稳定性好、采用裸眼方式完井的直井和水平井，目前XX气田、DD气田、YT气田都采用了该种分段压裂方式。

（4）液体胶塞（或暂堵砂塞），对储层伤害大，不适合基质物性差、存在一定程度水敏、酸敏、应力敏感和水锁现象的火山岩气藏。

（5）环控封隔器，适合于浅层油气藏，不适合埋藏深度较大的火山岩气藏。

（6）多级可钻桥塞，适合于需要大型压裂改造的直井和水平井，目前YT气田采用快速可钻桥塞多段多簇压裂方式对直井进行体积压裂改造。

表7-24 国内外分段压裂方式对比表

分级方式		工艺原理	完井要求	主要优点	存在缺点	火山岩气藏适应性	
						适应性	应用气田
机械封隔器	双封单压式	液压法坐封封隔器	套管完井	（1）管柱简单，施工方便；（2）分段针对性强；（3）井内液体快速返排	容易砂卡造成井下事故	直井或级数较少的水平井	XX气田
	滑套封隔器	压差式开启滑套，投球式喷砂滑套	套管完井	（1）压裂、生产管柱一体化；（2）分段压裂针对性强；（3）施工效率高	（1）施工管柱长；（2）弯曲段影响大；（3）管柱回收问题突出	水平井	XX气田
水力喷射分段压裂		水力射孔、水力压裂一体化	裸眼完井或套管完井	（1）不需要机械封隔；（2）施工工序简单、周期短；（3）适合高破裂压力地层	（1）油管柱下深难；（2）存在流动过流面积问题	破裂压力高，适应性好	XX气田、DD气田
裸眼管外封隔器		管外封隔器+滑套	裸眼完井	（1）一次施工多个层段；（2）不需重复起下管柱；（3）快速返排，效果好，成本低	（1）作业工序和协调组织较复杂；（2）对钻井井眼轨迹质量要求高	井壁稳定性较好的直井和水平井	XX气田、DD气田、YT气田
液体胶塞（暂堵砂塞）		砂塞或胶塞	套管完井	（1）施工设备简单；（2）风险低，费用低	（1）储层伤害大；（2）工序多，作业周期长；（3）适合常规射孔压裂	基质物性差，水敏酸敏等，适应性差	—
环控封隔器		油管内加压坐封环空封隔器	套管完井	（1）下井工具少，事故易处理；（2）液体摩阻小，施工压力低	（1）多用于浅层油气藏；（2）对套管及其固井质量要求高	深度大，适应性差	—
多级可钻桥塞		桥塞坐封，连续油管快速钻掉	套管完井	（1）可实现无限级压裂；（2）用常规方法实现；（3）可实现体积压裂改造	（1）工艺复杂施工周期长；（2）压裂液停留时间长；（3）施工组织协调复杂	适合大型压裂改造的直井和水平井	YT气田

2）压裂工艺优选

火山岩储层压裂改造面临施工压力高、造缝难度大、压裂缝易闭合等难题，因此多选用适合于高破裂压力地层的水力喷射压裂技术。致密火山岩气藏的直井压裂需要更高的裂缝宽度和导流能力，水平井压裂需要更大的改造体积，因此需要发展特殊的压裂改造技术。

（1）直井纤维压裂液携砂的高速公路技术（HiWay），提高裂缝导流能力。

该技术应用可降解携砂纤维，实现了从常规支撑剂孔隙渗透到支撑剂团间高速通道的转变，以"柱状"体形式非均匀地铺置在裂缝内，在四周形成有高速导流能力的通道，从而改变常规压裂工艺形成单一压裂缝的模式，形成具有缝网波及面积形式的压裂缝（图7-85）。

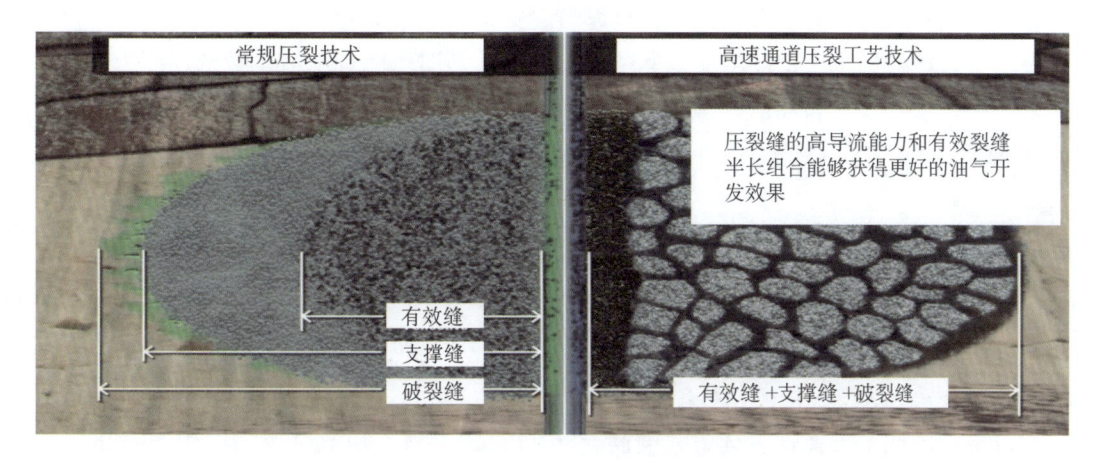

图7-85　纤维压裂液携砂的高速公路技术原理图

该技术能降低砂堵风险、维持产能长期稳定，而且在同等改造体积下可减少40%的压裂液和支撑剂用量，节约改造成本。

（2）水平井活性水+纤维动态转向技术，增加改造体积。

活性水转向压裂技术利用交联冻胶与活性水黏度差形成的"黏滞指进"效应，改变支撑剂分布形态和输砂剖面，从而改变压裂缝形态、增加裂缝条数和改造体积[37]。

纤维转向压裂技术是在压裂改造过程中，通过加入可降解纤维对射孔井眼或已压开储层进行堵塞，组织后续压裂液进入，改变压裂液在层内的流向以实现更合理放置，从而改变压裂缝形态，增加裂缝条数和改造体积[图7-86（a）][38]。

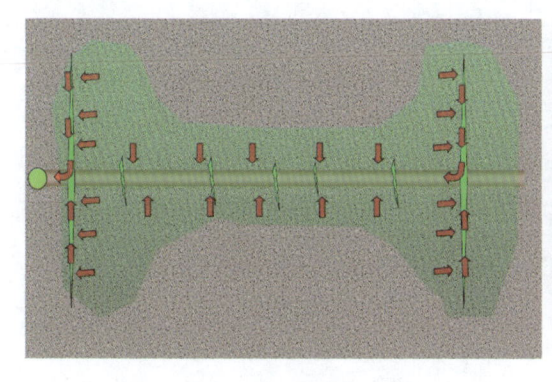

(a) 活性水+纤维动态转向原理图　　(b) LS303P1井应用实例

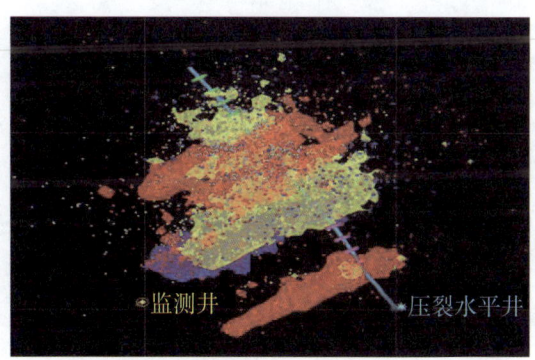

图7-86　活性水+纤维动态转向增加改造体积示意图

YT气田LS303P1井为致密凝灰岩储层，针对天然裂缝发育、储层各向异性强、压裂不利于形成复杂裂缝的特点，试验了活性水+纤维动态转向技术，采用可完全降解的转向材料与压裂液同时泵注，在压裂过程中针对裂缝发育情况实时调整泵送方案，从而增加了沿水平段的裂缝条数，实现了压裂缝与储层接触的最大化，达到了体积压裂效果[图7-94（b）]。

3) 压裂液与支撑剂优选

压裂液起着将支撑剂携带到指定位置的作用。要达到成功增产的目的，压裂液必须具备一定的物理化学性质，包括：（1）与储层岩体、流体相配伍；（2）能悬浮支撑剂、扩展裂缝宽度；（3）能轻易从储层中清除；（4）易于在现场配制且经济有效[36]。针对火山岩气藏高温、高压、有火山灰以及具有中等水敏、酸敏、应力敏感和强水锁效应的特点，要求压裂液必须具有耐高温（120~170℃）、耐剪切、较好岩石颗粒稳定性、低浓度、低摩阻的特点，同时应能将水敏、酸敏、应力敏感和水锁伤害降到最低。如CC气田，压裂液基液配方为：0.55% 特级瓜尔胶+2.0%防膨剂KCl+0.3%助排剂DL-12+0.18%碳酸钠+0.09%碳酸氢钠；破胶剂配方：胶囊破胶剂 + 过硫酸铵；防膨液配方：2%KCl+0.3%助排剂DL-1。

支撑剂主要起充填压裂裂缝、形成具有高导流能力的流动通道的作用。对支撑剂的要求是承压能力强、粒径均匀圆球度好、密度小、来源广价格便宜[36]。火山岩气藏储层埋藏深（2500~5000m）、闭合梯度高（0.017~0.018MPa/m）、闭合压力大（60~70 MPa）、部分井生产压差大（最高可达到20MPa以上），裂缝口最大闭合压力可超过80~90MPa；同时，火山岩储层天然裂缝发育、压裂裂缝宽度通常较窄；因此，支撑剂多选用强度高（86MPa或105MPa）、粒径小（30/50）的陶粒或树脂砂。

4) 火山岩气藏典型压裂模式

针对低效、致密火山岩气藏，在优选压裂方式、压裂工艺、压裂液和支撑剂的基础上，形成两类典型的火山岩气藏压裂模式（表7-25）：

（1）低效火山岩气藏适度规模压裂模式。

低效火山岩气藏储层物性较好、裂缝较发育、缝间干扰间距大，采用常规压裂技术提高单井产量效果显著。从降低缝间干扰和压裂成本、提高单井效益出发，需要控制压裂规模；在离底水较近（<50m）的区域，为了避免底水上窜、实现压后控水，需要控制裂缝高度。

表7-25 火山岩气藏压裂模式表

压裂模式	气藏类型及典型气田		井型	分级方式	压裂工艺	裂缝控制	压裂液特点	支撑剂类型
适度规模压裂模式	低效气藏	XX气田	直井	双封单压式	直井：常规水力压裂技术；水平井：常规水力喷射压裂技术	控制缝高和压裂规模	（1）耐高温（170℃）耐剪切；（2）较好的岩石颗粒稳定性	粒径0.45~0.63mm、86MPa高强度陶粒
			水平井	套管固井滑套、裸眼滑套				
		DD气田	直井	管内封隔器+滑套			（1）耐高温（120℃）耐剪切；（2）较好的岩石颗粒稳定性；（3）低水锁伤害	20/40目高强度陶粒
			水平井	裸眼滑套				30/50目高强度陶粒
体积压裂模式	致密气藏	YT气田	直井	快速可钻桥塞多段多簇	纤维压裂液携砂的高速公路技术	增加裂缝条数和改造体积	（1）耐高温（160℃）耐剪切；（2）低浓度、低摩阻；（3）低水锁伤害	30/50目、86MPa树脂砂
			水平井	裸眼封隔器完井滑套	活性水+纤维动态转向技术			

低效火山岩气藏适度规模压裂模式的主要内涵体现在两个方面：

一是采用常规的分级方式、压裂工艺和适合本地区的压裂液和支撑剂，在保证压裂效果的条件下尽量降低压裂成本。如表7-25所示，XX气田和DD气田的压裂分级方式多为机械封隔器和裸眼管外封隔器，压裂工艺以常规水力喷射压裂为主，压裂液主要考虑了耐温、耐剪切、岩石颗粒稳定性和水敏、水锁伤害影响，支撑剂以高强度国产陶粒为主。

二是采用多种缝高控制技术，控制裂缝垂向延伸。通过射孔优化，控制裂缝初始启裂和延伸方向；通过优化排量，避免裂缝纵向过度延伸；采用动态胶塞方法，控制裂缝纵向延伸；利用固体遮挡剂在气层与水层之间形成人工隔板。在应用缝高控制技术条件下，结合裂缝形态模拟，确保设计的针对性和裂缝的准确控制，实现压后控水。

（2）致密火山岩气藏体积压裂模式。

常规压裂技术对提高致密火山岩气藏单井产量效果不明显。借鉴致密油气或页岩油气开发理念，采用先进的压裂工艺技术，通过增加压裂段数、射孔簇数、裂缝规模和裂缝复杂性，增大改造体积，实现体积压裂，有效提高单井产量。

YT气田3口直井采用快速可钻桥塞多段多簇压裂工艺和纤维压裂液携砂的高速公路技术（图7-87），在降低施工摩阻的同时增加改造体积，实现了压裂排液投产一体化，增加了储层纵向一次改造程度，减少了作业次数，降低了储层污染，单井产量达到 $(6 \sim 8) \times 10^4 \text{m}^3/\text{d}$。

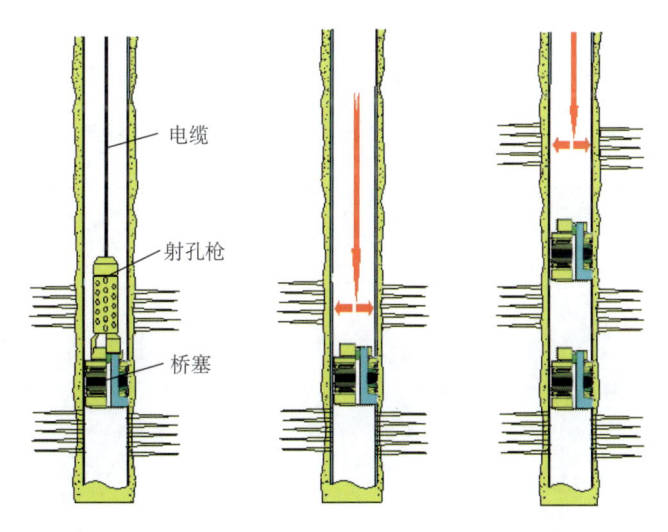

图7-87 直井快钻式桥塞多段多簇压裂工艺

YT气田LS303P1井采用裸眼封隔器完井滑套分段压裂工艺和活性水+纤维动态转向技术，增加了沿水平段的裂缝条数，形成复杂网络压裂缝系统，增加了改造体积，达到了体积压裂效果[图7-86（b）]。

3.火山岩气藏压裂规模优化

针对不同类型火山岩气藏，通过优化压裂级数、压裂段间距和裂缝长度、高度、宽度、导流能力等参数，在有效提高单井产量的基础上使单井效益最大化。

1）压裂级数优化

压裂井的日产量总体上随着压裂级数的增加而增加。但在生产一定时间后，裂缝之间会产生干扰，因此日产量增幅会随着压裂级数增加而逐渐减小；愈靠近储层内部，裂缝所受到的干扰愈大，产量则愈低。压裂级数不仅影响压裂井产能，同时也影响压裂施工的安全性和最终经济效益，因此优化压裂级数相当重要。

图7-88是YT气田两种类型储层的压裂级数优化图,该图采用的模拟模型为:储层厚度36m,水平段长度1000m,储层渗透率分别为0.17mD和0.017mD,地层压力38MPa,模拟结果为半年期产量随压裂级数的变化关系。从图7-88中可以看出,储层渗透率为0.17mD时的最优裂缝级数为10级,而储层渗透率为0.017mD时的最优裂缝级数为12级。

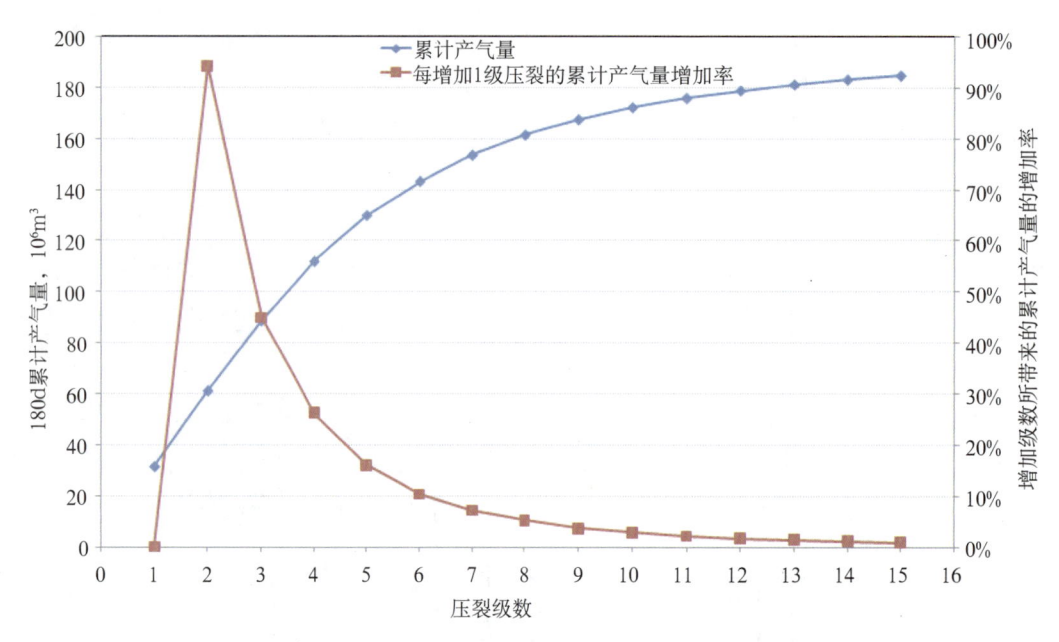

(a) 0.17mD储层压裂级数对半年期产量的影响

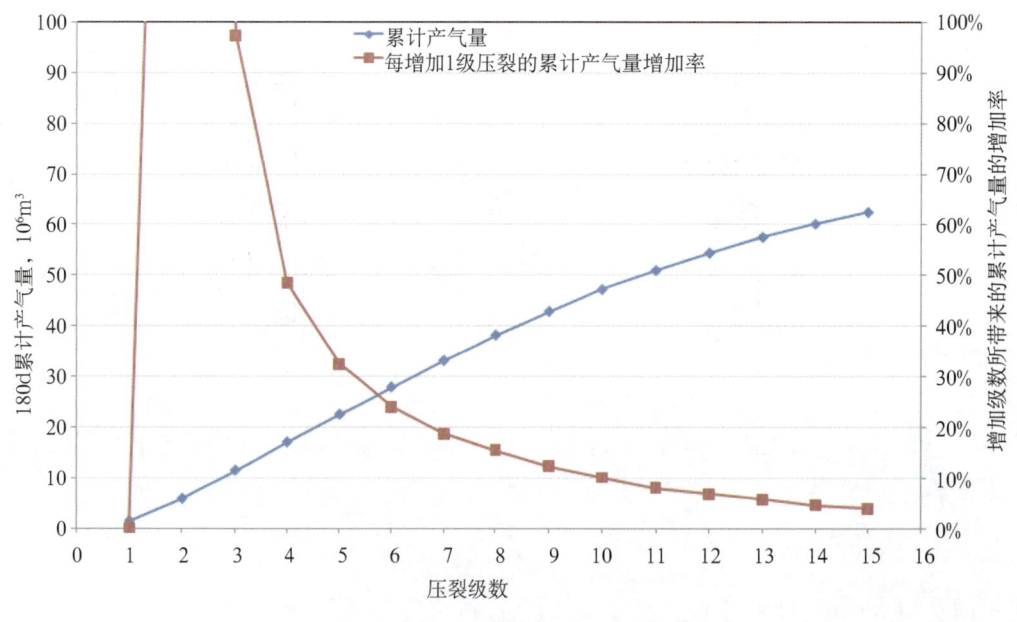

(b) 0.017mD储层压裂级数对半年期产量的影响

图7-88 压裂级数优化图(YT气田)

2) 压裂段宽度及段间距优化

压裂段宽度和段间距取决于压裂工艺、储层特征和裂缝间压力干扰。

在确定的压裂工艺条件下,首先需要根据储层物性确定压裂段宽度,储层渗透率越低,所需裂缝条数越多,压裂段间距越短。

以DD气田DDHW182井为例,根据该区储层渗透率(平均1.2mD)和不稳定试井解释的探测半径(平均69m),综合确定水平井压裂段间距为40~80m,平均60m;因此在压裂段间距约束下,优选岩性纯、物性好、含气性好的储层进行压裂改造(图7-89)。

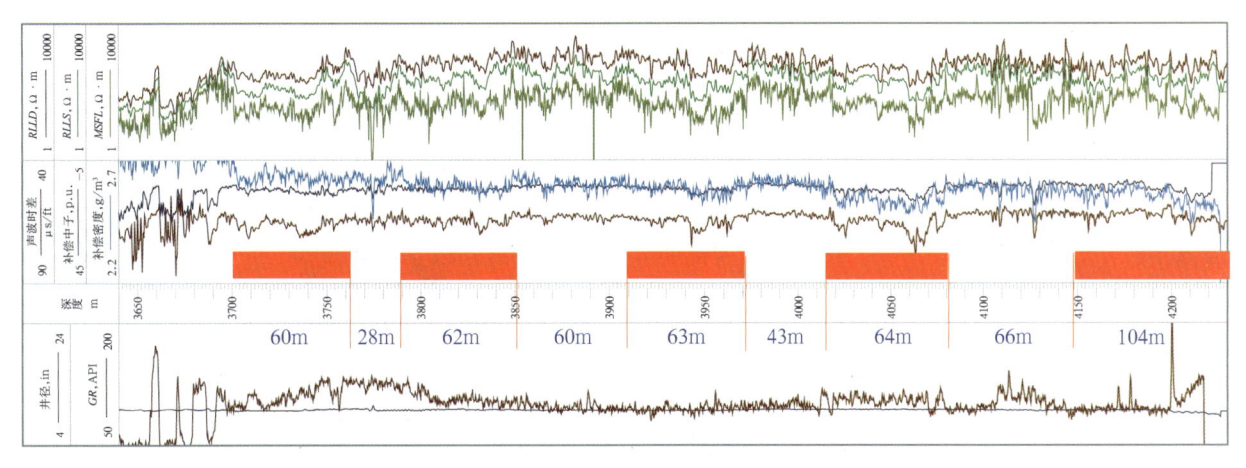

图7-89 水平井压裂段优选(DDHW182)

随着生产时间的推移和压力的传递,分级压裂井各压裂段裂缝的产量会彼此干扰,在一定渗透率下,裂缝间距越小,裂缝生产之间的干扰出现得越早,也越严重。压裂裂缝间产生干扰的距离与储层物性、裂缝形态和尺度、裂缝渗透率以及生产时间有关。

图7-90是YT气田水平井压裂段间距与日产量和累产量关系图,从中可以看出:

(1)0.2mD储层的裂缝间距以110m为宜,当裂缝间距大于110m时,裂缝间干扰造成的气井产量减小量低于裂缝条数增加引起的产量增加,因此裂缝间干扰影响小。

(a) 0.17mD储层裂缝间距对累产量的影响

(b) 0.17mD储层裂缝间距对日产量的影响

(c) 0.017mD储层裂缝间距对累产气量的影响

(d) 0.017mD储层裂缝间距对日产气量的影响

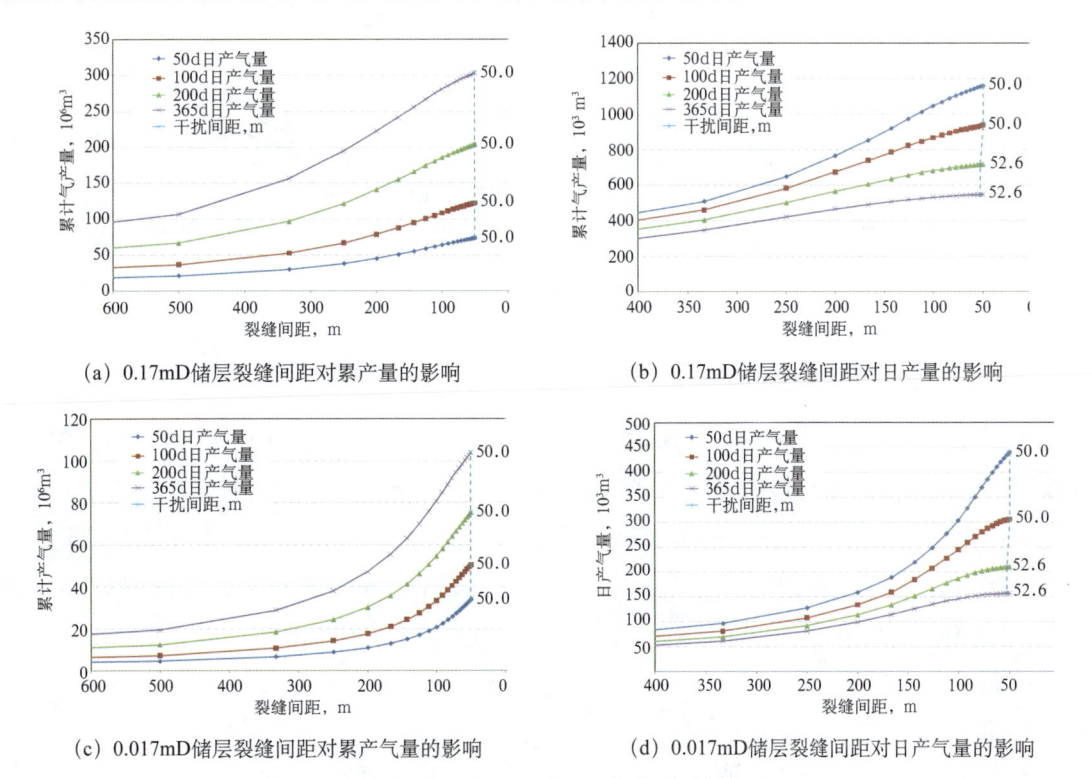

图7-90 压裂段间距优化结果图

（2）0.02mD储层的裂缝间距以90m为宜，当裂缝间距大于90m时，裂缝间干扰不会对最终产量产生不利影响。

（3）低渗储层裂缝间距对初期累计产量影响比后期累计产量影响大。

因此，最终确定YT气田火山岩气藏合理的裂缝间距为90～110m。

3）压裂规模优化

对每个压裂段，主要考虑裂缝长度、裂缝高度、裂缝宽度和无量纲导流能力的优化。

（1）裂缝长度优化。

裂缝长度越大，单井控制范围越大，水平井产量越高，但裂缝长度达到某值后，水平井产量增加量随长度继续增加而减小。以DD气田为例，针对渗透率分别为0.1mD和0.5mD、裂缝长度40～200m的储层进行压裂后生产数值模拟，结果表明（图7-91）：①随着裂缝长度的增加，水平井日产量和累产量逐步增加；②当裂缝长度超过120以后，日产气量、累计产气量增加幅度逐步降低；据此优选裂缝长度为120～160m。

(a) 渗透率0.1mD储层裂缝长度对日产气量影响

(b) 渗透率0.5mD储层裂缝长度对日产气量影响

(c) 渗透率0.1mD储层裂缝长度对累计产气量影响

(d) 渗透率0.5mD储层裂缝长度对累计产气量影响

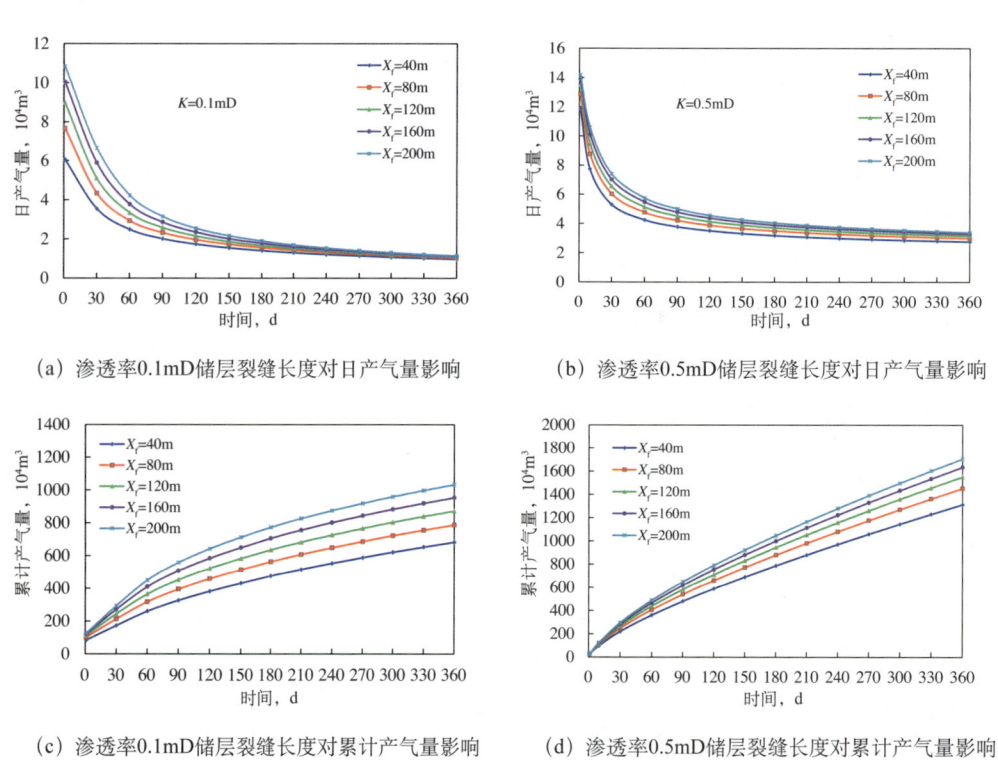

图7-91 DD气田不同渗透率条件下裂缝长度对日产气量和累计产气量的影响

致密气藏压裂必须产生足够长度的裂缝以与平衡无量纲导流能力相匹配。如YT气田，压裂以深穿透提高导流能力为目的，因此考虑半年期产量，对储层在不同渗透率下产量最优的裂缝半长进行优化模拟，从图7-92中可以看出：①0.17mD储层的裂缝最优半长约为150m，超过该值后产量增加的速率很小；②0.017mD储层的裂缝最优半长约为200m，超过该值后产量增加的速率很小。据此优选压裂裂缝半长为150～200m。

（2）裂缝高度优化。

深层火山岩气藏压裂改造多形成垂直裂缝[39]，因此最理想的状况是压裂裂缝完全在目的层（一层或多层）内延伸，即缝高恰好等于目的层厚度。压裂裂缝在垂向上过度延伸产生的问题主要包括[39, 40]：

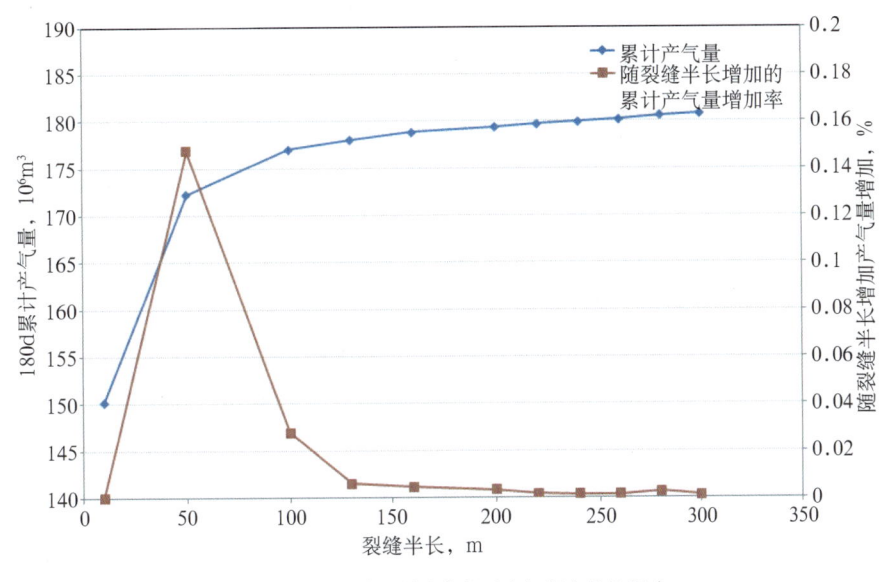

(a) 0.17mD储层裂缝半长对半年期产量的影响

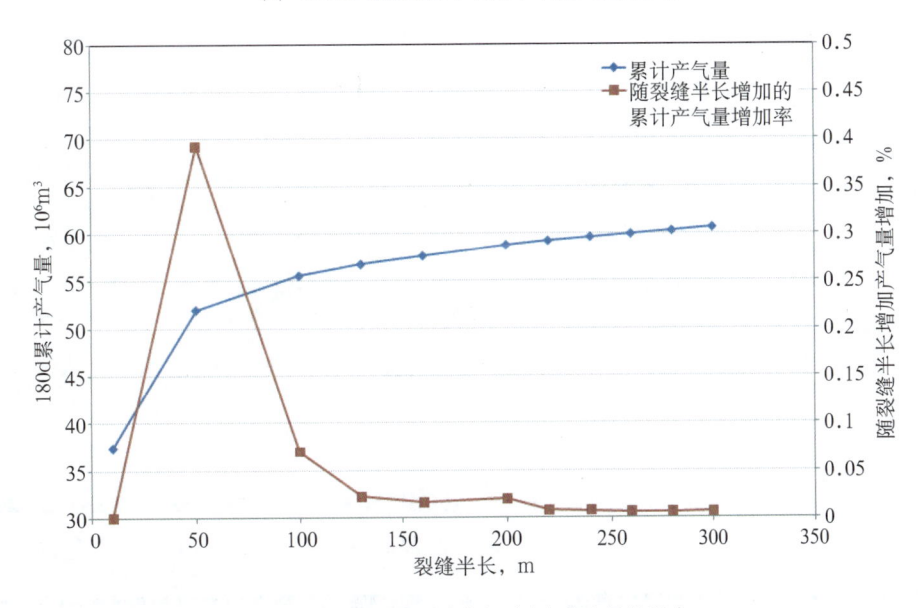

(b) 0.017mD储层裂缝半长对半年期产量的影响

图7-92 YT气田裂缝半长优化结果图

①相同施工规模下会降低裂缝长度，导致增产效果不明显；②支撑剂多沉降在目的层下部，少数分布在目的层内，影响压裂效果；③离水层近时穿透水层导致气井过早见水；④动态裂缝宽度变窄，严重时引起砂堵，导致施工失败。因此，需要从影响裂缝高度的因素入手，根据实际情况控制、优化压裂裂缝高度。

影响压裂裂缝高度的因素总体可分为4个方面[39,40]：

一是地层应力差，有资料表明，1.4~4.8MPa的地应力障碍可减缓或停止裂缝高度生长，但随着地层应力差值的减小，抑制裂缝延伸的闭合压力减小，而作用于裂缝壁面的静张开压力则增大，裂缝高度呈加速增大的趋势。

二是岩石物性，包括：①岩石力学性质，当目的层与隔层存在明显的接触面，裂缝增长速度会减缓；当隔层比目的层杨氏模量大，或隔层的泊松比、断裂韧性足够大，则隔挡层能阻止裂缝生长；

②储层物性，储层渗透率影响压裂液滤失，储层渗透率越大，压裂液滤失量越大，裂缝高度越小；油层厚度较大时对裂缝高度影响小，随着油层厚度减小，裂缝高度增加的速度加快；③断层和裂缝，断裂抑制裂缝向前延伸，从而助长裂缝向高度延伸；裂缝增大压裂液滤失，导致裂缝转向，从而降低裂缝高度；④储层非均质性，不同岩石的比表面能不同，因此储层物性、力学性质的非均质性有助于抑制裂缝垂向延伸。

三是压裂液性能，压裂液黏度影响其摩阻、悬砂、滤失和返排等性能，黏度越高，压裂缝高越大；滤失系数反映压裂液渗透能力，滤失系数越大，压裂裂缝高度越低。

四是施工参数，施工排量越高，裂缝高度越大；泵压越高，裂缝高度越大。

以此为基础发展火山岩气藏压裂裂缝高度控制和优化技术，主要技术方法包括[39, 40]：

①人工隔层技术，如图7—93所示，通过上浮剂和下沉剂在裂缝的顶部和底部形成人工遮挡层，增加裂缝末梢的阻抗，阻止裂缝中的流体压力向上和向下传播，从而控制裂缝高度。

②冷水水力压裂技术，冷水注入地层产生热弹性应力并降低目的层应力，使其与上下隔层的应力差增大，从而使缝高控制在产层内。

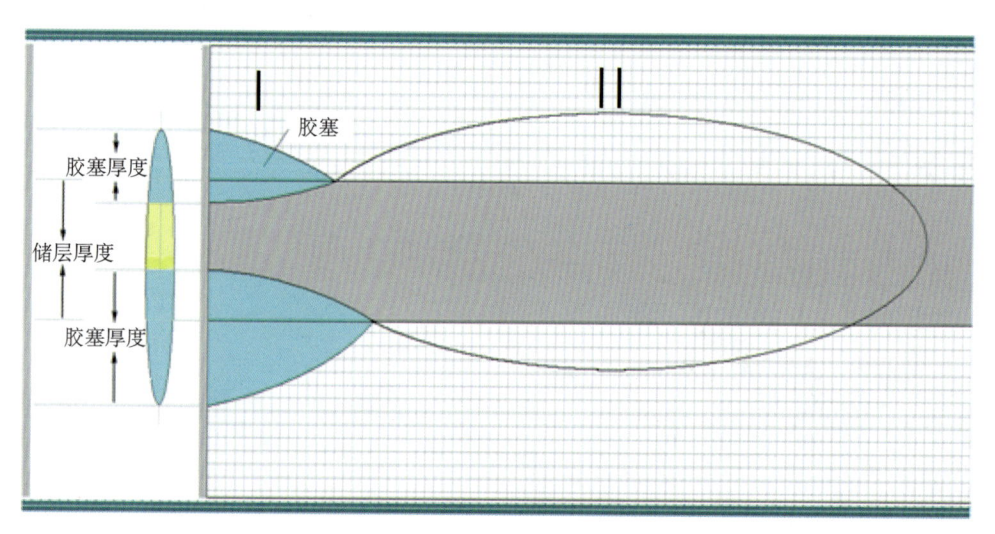

(a) 动态胶塞优化缝高示意图

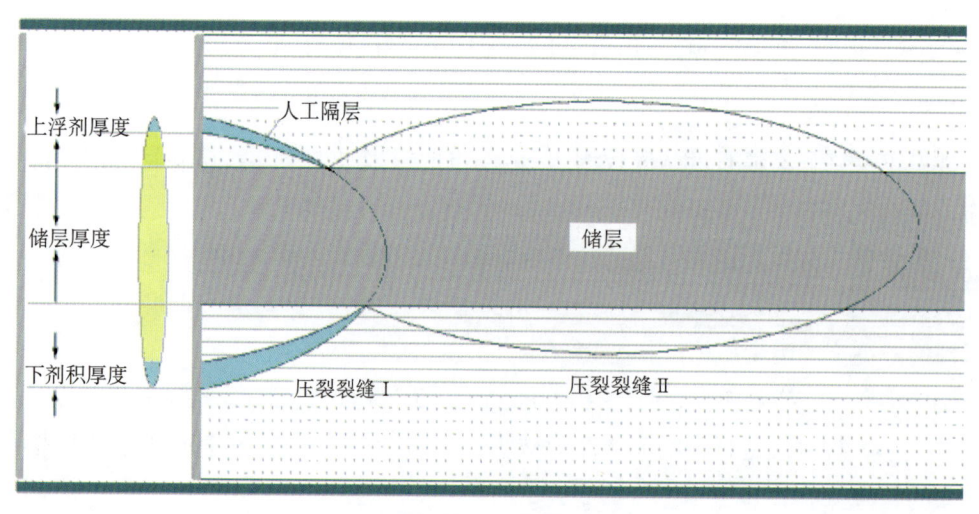

(b) 固体遮挡剂优化缝高示意图

图7—93 裂缝高度优化原理图

③降低破裂压力技术，对破裂压力高的致密地层，根据地层岩性注入少量土酸或盐酸，或采用高效射孔、密集射孔和螺旋布孔的方式降低其破裂压力，从而降低裂缝高度。

④调整压裂液性能参数，使用高滤失、低稠度压裂液产生的压裂裂缝高度小，但成本高。根据上下地层情况选择使用压裂液可控制缝高：当目的层地应力高于上部地层时，使用高密度压裂液；当目的层地应力高于下部地层时，则使用低密度压裂液。

⑤合理设计施工排量，合理施工排量可以控制压裂液在裂缝中的流动压力梯度，避免裂缝内净压力过高而穿层。同时排量变化应缓慢，突然改变排量可能导致缝高急剧增加。

⑥优化施工规模，裂缝向前延伸时，摩阻的存在使得裂缝前端的净压力逐渐降低，当低于裂缝的抗张强度时裂缝将不再向前延伸。

以XX1气田为例，该气田部分井区主力层离底水距离只有20~65m，因此采用优化射孔、优化施工参数、铺设下沉剂、加动态胶塞等方法有效控制了压裂裂缝高度，压裂后日产气（1.2~35.8）×10^4m^3，平均10.2×10^4m^3；日产水0.05~2.9m^3，平均只有1.1m^3。

(3) 无量纲导流能力优化。

压裂裂缝的无量纲导流能力是影响压裂效果的重要因素。在一定压裂规模下，存在一个与给定地层有最佳匹配关系的裂缝导流能力范围；低于该范围时，增产效果不明显；而高于该范围时，压裂井采出程度的增加幅度随导流能力增加逐渐减小，但是增加导流能力势必增加进砂量，导致施工成本增加而单井效益降低[41, 42]。裂缝导流能力优化就是采用数值模拟等方法，寻找不同类型储层最佳的压裂裂缝导流能力范围。

以DD气田为例，通过数值模拟揭示了不同渗透率条件、不同裂缝导流能力（5~50D·cm）的水平井产量特征，结果表明（图7—94）：①水平井压裂后日产气量和累计产气量随裂缝导流能力增大而增大；②对于渗透率为0.1mD的储层，当裂缝导流能力超过10D·cm后，日产气量和累计产气量增加幅度逐

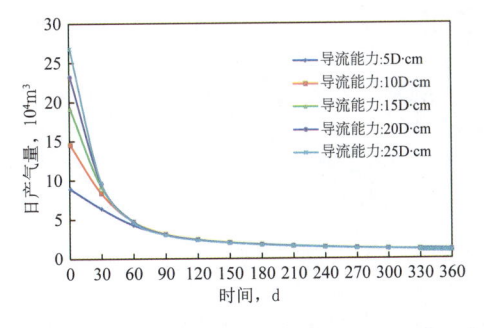

(a) 渗透率0.1mD储层裂缝导流能力对日产气量影响

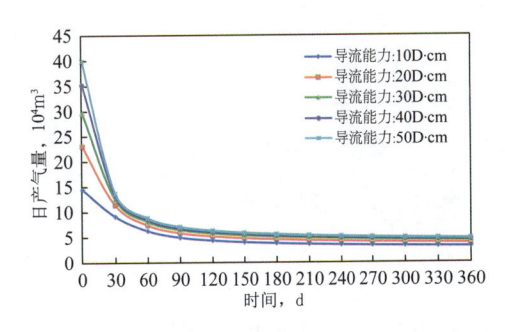

(b) 渗透率0.5mD储层裂缝导流能力对日产气量影响

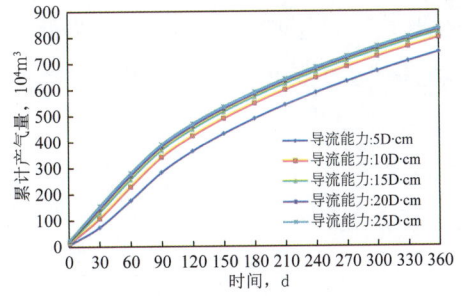

(c) 渗透率0.1mD储层裂缝导流能力对累计产气量影响

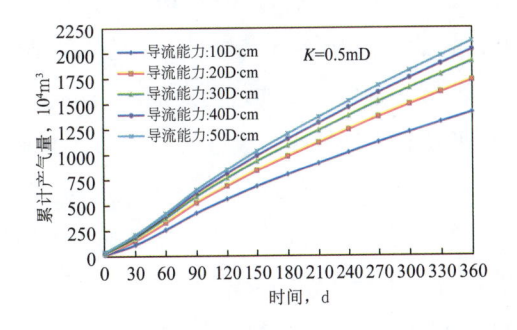

(d) 渗透率0.5mD储层裂缝导流能力对累计产气量影响

图7—94 不同渗透率条件下裂缝长度对日产气量和累计产气量的影响

渐降低，因此合理的裂缝导流能力约为10~15D·cm；③对于渗透率为0.5mD的储层，当裂缝导流能力超过30D·cm后，日产气量和累计产气量增加幅度逐渐降低，因此合理的裂缝导流能力为30~40D·cm。

图7-95分析了DD气田不同渗透率储层的裂缝导流能力对压裂直井日产气量的影响，从图7-95中可以看出：①不同类型储层的日产气量都随裂缝导流能力增大而增大，相同裂缝导流能力条件下高渗透率储层的产量高；②当裂缝导流能力小于20D·cm时，单井产量随裂缝导流能力增加而快速增加，而当裂缝导流能力大于30D·cm时，单井产量随裂缝导流能力增加的速度逐渐变缓；③储层渗透率越高，高导流能力对产量影响越大。因此综合确定该气田火山岩气藏裂缝导流能力的最佳范围为20~30D·cm。

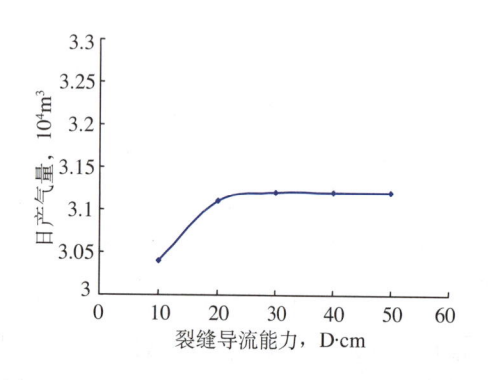

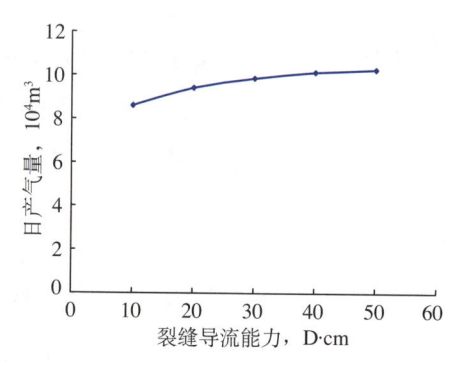

(a) 0.01mD储层压裂裂缝导流能力对日产气量的影响

(b) 0.1mD储层压裂裂缝导流能力对日产气量的影响

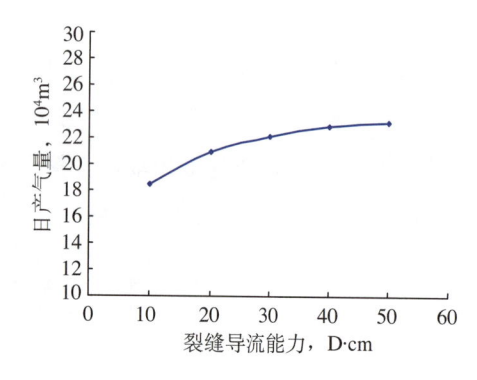

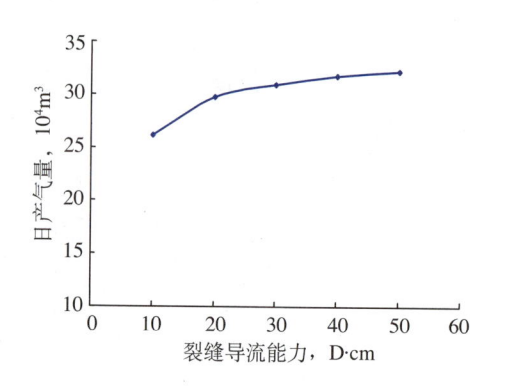

(c) 0.5mD储层压裂裂缝导流能力对日产气量的影响

(d) 1.0mD储层压裂裂缝导流能力对日产气量的影响

图7-95 压裂裂缝导流能力优化结果图（DD气田）

大多数火山岩气藏与DD气田相似，其储层渗透率为0.1~2mD，水平段长度为400~1200m，因此优化后的压裂段间距为40~80m、射孔井段长度<1m、压裂缝长度120~140m、导流能力10~40D·cm。但是火山岩气藏水平井压裂参数与水平段长度、储层物性密切相关，当储层渗透率降低、水平段变短，通常需要通过更短的压裂段长度和段间距、更大的压裂缝长度和导流能力，以获得更高的压后产量和更好的压裂改造效果。

4）不同类型火山岩气藏压裂规模优化

低效和致密火山岩气藏的压裂规模不同，具体见表7-26。

（1）低效火山岩气藏压裂规模优化。

针对低效火山岩气藏物性较好、边底水影响大、常规压裂改造效果显著的特点，在压裂改造过程中适当控制压裂规模，在有效提高单井产量的同时最大化单井效益。

XX气田和DD气田的直井多采用单层压裂或分层压裂方式；裂缝半长9~186m，平均50~60m；裂缝高度平均约60m；裂缝导流能力平均约300mD·m。水平井压裂级数3~5级；裂缝半长42~69m，平均约55m；裂缝高度多约85m；裂缝宽度1.8mm；裂缝导流能力200~300mD·m，平均约260mD·m。

（2）致密火山岩气藏压裂规模优化。

致密火山岩物性差、无边底水影响，常规压裂改造效果差，因此需要采用大规模体积压裂模式，以有效提高单井产量。

YT气田的压裂规模远大于XX气田和DD气田。其直井平均分5段进行压裂；裂缝半长50~150m，平均100m；裂缝高度平均50~60m；裂缝宽度平均4mm；裂缝导流能力320~389mD·m，平均约363mD·m。其水平井压裂级数10~20级；裂缝半长150~200m，平均超过180m；裂缝高度50~60m；裂缝宽度平均4mm；裂缝导流能力平均800mD·m。

表7-26 不同压裂模式的压裂规模优化表

压裂模式	气藏类型	气田名称	井型	压裂规模优化				
				压裂级数	裂缝半长，m	裂缝高度，m	裂缝宽度，mm	裂缝导流能力，mD·m
适度规模压裂模式	低效气藏	XX气田	直井	—	28~131	—	—	—
			水平井	3~5	—	—	—	—
		DD气田	直井	—	9~186	60	—	300
			水平井	4~5	42~69	85	1.8	200~300
体积压裂模式	致密气藏	YT气田	直井	5	50~150	50~60	4	320~389
			水平井	10~20	150~200			800

4. 火山岩气藏压裂施工参数优化

合理的压裂施工参数是实现压裂改造目标的关键，通过分析施工参数对压裂规模的影响和对压裂目标的贡献，优选压裂施工参数。

1）携砂液量优化

携砂液量控制整体压裂规模。低效火山岩气藏压裂规模小，入井液量低；而致密火山岩气藏压裂规模大，入井液量高。

低效火山岩气藏以XX气田和DD气田为例，其中XX气田直井压裂液总液量为300~1380m³，平均720m³；DD气田直井压裂液总液量为130~630m³，平均340m³，水平井每级压裂液用量为176~342m³，平均252m³。

致密火山岩气藏如YT气田，其平均每级压裂液液量为560m³，大于XX气田和DD气田。

2）砂量及砂液比优化

（1）加砂量优化。

加砂量决定压裂规模和裂缝长度。低效火山岩气藏需要控制压裂规模和裂缝长度，加砂量低；而致密火山岩气藏压裂规模和裂缝长度大，加砂量高。

图7-96是某低渗储层模拟计算的加砂量与支撑缝长关系图[43]，从图7-96中可以看出：裂缝长度随着加砂量增加而增大，但当加砂量大于20m³以后，裂缝长度增加幅度逐渐减缓。以此为参照，火山岩气藏压裂加砂量应以压裂设计的缝长为目标，综合考虑支撑缝长与加砂量关系进行优化。其中低渗火

山岩气藏压裂裂缝半长小于60m，每级加砂规模3～110m³，平均小于60m³；而致密火山岩气藏压裂裂缝半长大于150m，每级加砂规模70～90m³。

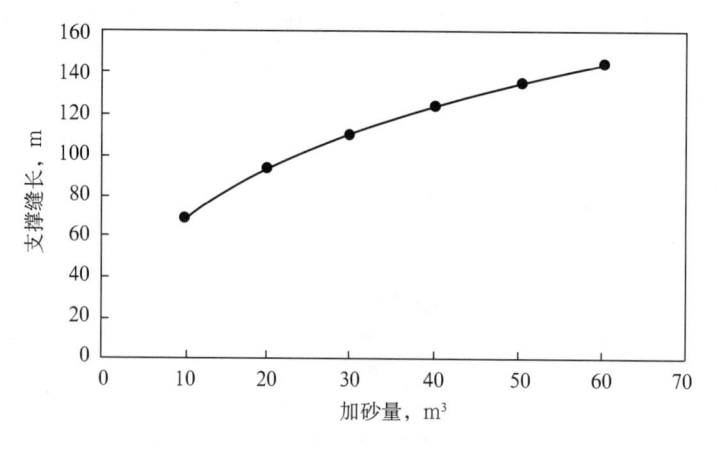

图7-96 支撑缝长与加砂量关系图

（2）砂液比优化。

砂液比影响裂缝内支撑剂铺置浓度和裂缝导流能力，砂液比值越高，裂缝内支撑剂铺置浓度和导流能力就越高[45]。砂液比优化主要考虑压裂设备能力、施工工艺水平和储层对裂缝导流能力的要求，在压裂设备能力和施工工艺水平允许的条件下，根据压裂设计的导流能力或支撑剂铺置浓度来优化砂液比。

图7-97是DD气田模拟计算的支撑剂铺置浓度与砂液比关系图，从图7-97中可以看出：欲达到5.0kg/m²的支撑剂铺置浓度，平均砂液比需达到25%以上。

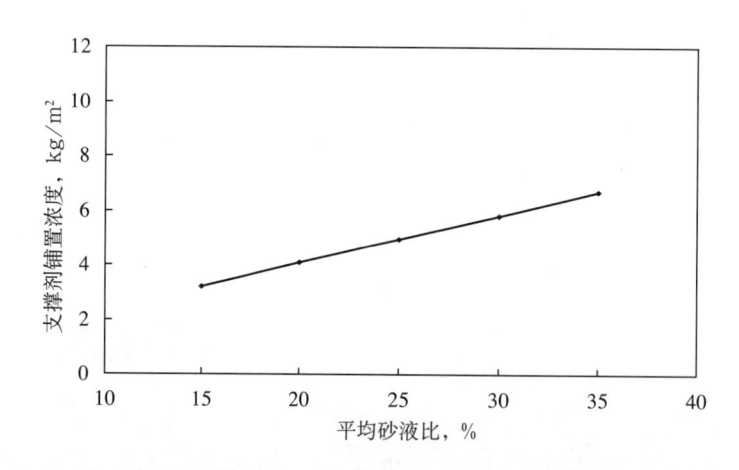

图7-97 支撑剂铺置浓度与砂液比关系（DD气田）

3）排量优化

施工排量影响加砂进度和裂缝形态，同时受压裂设备井口泵压和最大功率制约。大排量施工有利于顺利加砂和使裂缝形态复杂化，但过高的排量也会加大缝高的延伸，不适合于低效火山岩气藏适度规模压裂模式。因此，在压裂设备井口限压和功率能力允许条件下，通常根据压裂设计的裂缝高度和裂缝长度优化施工排量。

表7-27是YT气田模拟的不同施工排量下裂缝几何形态和长度、宽度等尺寸大小，可以看出：（1）施工排量增加，压裂动态裂缝的长度、高度和宽度都增大；（2）排量对裂缝的长度或高度影响较大，但对裂缝宽度影响有限；（3）当排量高于5 m³/min，压裂动态裂缝的长度、高度和宽度增大速

度变缓。因此，综合确定合理的施工排量为5.0～6.0m³/min。

表7-27 不同施工排量下的裂缝几何参数表

排量，m³/min	动态裂缝长度，m	动态裂缝高度，m	动态裂缝宽度，mm	平均裂缝宽度，mm
2.5	187.0	68.1	11.1	3.1
5.0	217.2	70.1	13.4	3.5
6.0	223.4	70.5	13.9	3.5

4）火山岩气藏压裂施工参数

不同类型火山岩气藏压裂改造需求不同，因此压裂施工参数也不一样。表7-28是两种类型火山岩气藏的压裂施工参数表，从表7-28中可以看出，二者存在明显差异。

表7-28 火山岩气藏压裂施工参数优化模式表

优化模式	气藏类型	气田名称	井型	液量，m³/级	砂量，m³/级	砂液比，%	前置液百分比，%	排量，m³/min
适度规模压裂模式	低效气藏	XX气田	直井	300～1380（总）	3～110	25～35	35～45	4.5～6.0
			水平井	—	10～63			
		DD气田	直井	130～630（总）	4～60	15～20	45～55	3.5～4.0
			水平井	176～342	15～38	14～21		5.0～6.0
体积压裂模式	致密气藏	YT气田	直井	560	70～90	25～35	35～40	5.0～6.0
			水平井					

（1）低效火山岩气藏适度规模压裂模式。

施工参数具有低液量、低砂量和低排量特征。

XX气田直井压裂总液量300～1380m³，平均720m³；砂量3～110 m³，平均60m³；砂液比25%～35%；前置液35%～45%；排量4.5～6.0m³/min。水平井每级加砂量10～63 m³。

DD气田直井压裂总液量130～630m³，平均340m³；砂量4～60 m³，平均25m³；砂液比15%～20%；前置液45%～55%；排量3.5～4.0m³/min。水平井每级液量176～342m³，平均252m³；加砂量为15～38m³，平均24m³；砂液比14%～21%，平均18%；排量5.0～6.0m³/min。

（2）致密火山岩气藏体积压裂模式。

施工参数具有大液量、高砂量和高排量特征。

YT气田采用直井分层、水平井分段压裂技术，每段或每级压裂液用量为560 m³，加砂量70～90 m³，砂液比25～35%，前置液百分比为35～40%，排量5.0～6.0m³/min。

5. 火山岩气藏储层压裂改造效果

针对不同类型火山岩气藏，采用个性化的储层压裂改造技术，在提高单井产量方面取得较好效果，主要表现为（表7-29）：

（1）低效火山岩气藏"低产"变"高产"。

低效火山岩气藏采用适度规模压裂技术，有效地提高了单井产量，实现了"低产"变"高产"，成功推动该类型火山岩气藏的规模效益开发。

XX气田统计直井58口，压裂前试气产量（0.0007~3）×10^4m³/d，平均0.3×10^4m³/d，90%以上未达工业气流标准；压裂后试气产量（0.3~42）×10^4m³/d，平均13×10^4m³/d，增产产量（0.3~39）×10^4m³/d，平均13.7×10^4m³/d，增产倍数2~1380倍，平均480倍，90%以上达到了工业气流标准。该气田统计压裂水平井12口，测试无阻流量（3.3~242.3）×10^4m³/d，平均103.0×10^4m³/d。

DD气田统计直井24口，压裂前只有7口井试气有产量，但普遍小于0.6×10^4m³/d；压裂后试气产量（0.42~29）×10^4m³/d，平均12.8×10^4m³/d，增产产量（0.06~29）×10^4m³/d，平均12.7×10^4m³/d，增产倍数1.2~506倍，平均90倍，80%以上达到了工业气流标准。该气田统计压裂水平井1口（DD182井），测试初期产量40×10^4m³/d，稳定产量27×10^4m³/d。

（2）致密火山岩气藏"无产"变"有产"。

致密火山岩气藏采用体积压裂技术，实现了"无产"变"有产"，成功推动该类型火山岩气藏的有效开发。

YT气田统计直井7口，都采用直接压裂方式，压裂后试气产量（0.26~25.2）×10^4m³/d，平均5.2×10^4m³/d，全部达到工业气流标准。该气田统计压裂水平井1口（LS3P1井），试气产量15×10^4m³/d，显示出较好的产能特征。

表7-29 火山岩气藏储层压裂改造效果分析表

气藏类型	气田名称	压裂技术	井型	统计井数口	压裂效果			
					压裂前产量 10^4m³/d	压裂后产量或产能 10^4m³/d	增产产量 10^4m³/d	增产倍数
低效气藏	XX气田	适度规模压裂技术	直井	58	0.0007~3	0.3~42	0.3~39	2~1380
			水平井	12		无阻流量3.3~242.3		
	DD气田		直井	24	<0.6	0.42~29	0.06~29	1.2~506
			水平井	1		初期产量:40；稳定产量:27		
致密气藏	YT气田	体积压裂技术	直井	7		0.26~25.2		
			水平井	1		15		

第三节 火山岩气藏产能评价与优化配产技术

火山岩气藏发育气孔、粒间孔、溶蚀孔等不同尺度孔洞缝的多重介质，渗流机理十分复杂，采用常规天然气藏的产能评价方法及气井优化配产技术难以反映火山岩气藏的复杂介质及渗流特征。因此，在火山岩气藏复杂介质渗流理论指导下，建立火山岩气藏的产能评价与优化配产技术，对于预测气井产能、分析火山岩气藏的产能分布特征，优化气井配产、提高气藏的累积产气量具有重要意义。

一、火山岩气藏产能评价技术

气井产能评价是气田开发的核心，包括试气井的产能评价及试采井的产能评价。通过产能评价，可建立测试井的产能方程，计算无阻流量、气井流入动态曲线（IPR曲线），进而确定气井合理工作制度，为气井的合理配产奠定基础图7-98。

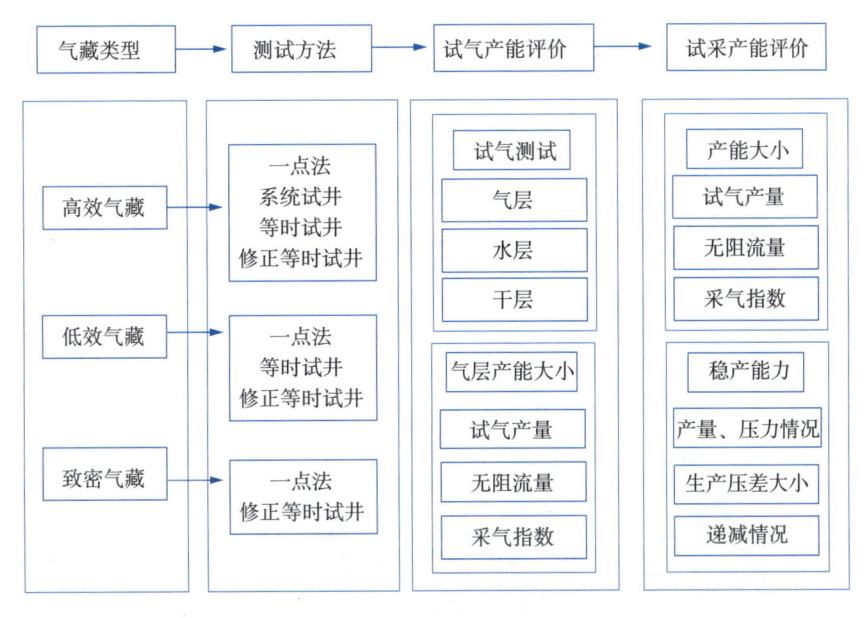

图7-98　气井产能评价技术流程图

1. 试气试采产能测试方法

试气试采是气田开发前不可缺少的重要环节，其主要目的就是深化气藏静态地质特征认识，掌握气田开发动态特征，落实气藏储量，为编制气田开发方案和部署开发井提供依据。

气井产能的测试就是通过改变若干次气井的工作制度、测量不同工作制度下的稳定产量（产气量、产水量）及与之相对应的井底流压。其测试方法包括一点法、稳定试井（回压试井）、等时试井测试和修正等时试井测试4种[44-50]。由于火山岩气藏发育不同尺度孔缝的多重介质，储层物性差异大，因此针对不同类型储层应采根据气井产能测试方法的适用条件（表7-30）选择与之相适应的产能测试方式。

对于高效火山岩气藏，储层孔缝发育，物性相对较好，连通性好，能量传播较快，多种产能测试方法均适用，一点法、稳定试井、等时试井测试和修正等时试井4种方法均适用。

对于低效火山岩气藏，储层裂缝发育程度相对较低，连通性较差，能量传播较慢，稳定试井要求达到稳定或拟稳定渗流，因此，采用稳定试井方法的误差较大，适用性较差，而且难于实现。而一点法、等时试井测试和修正等时试井3种方法的适用性较好。

对于致密火山岩气藏，储层致密，物性差，地层能量传播缓慢，只有一点法和修正等时试井适用于致密火山岩气藏。

2. 试气产能评价

试气是对利用钻井、录井、测井等手段初步确定的可能含气层位进行直接测试，并取得目的层产能、压力、气水性质及地质资料的工艺过程。

试气的目的就是识别气、水层，并对气层的产能进行测试。试气产能测试方法主要有一点法、稳定试井、等时试井及修正等时试井。

表7-30 气井产能测试方法汇总表

测试方法	适用气藏类型	原理方法	优、缺点	解释方法及模型	产量压力对应关系示意图
一点法	高效气藏、低效气藏、致密气藏	只测试一个稳定产量和在该产量生产时的稳定井底流压	优点：可预测测试气井产能；缺点的气井对系统试井对于系统试井资料不丰富的，使用时需谨慎	单一介质模型	
稳定试井	高效气藏	(1) 以较小产量生产稳定后，测取稳定的井底流压；(2) 逐增产量（3~4个工作制度），再测取相应的稳定井底流压	新井不适用	单一介质模型	
等时试井	高效气藏、低效气藏	(1) 采用3个以上不同工作制度，同时测量流动压力；(2) 每一个工作制度开井生产前，均关井使压力恢复到接近或达到原始地层压力；(3) 最后以一较小产量延续生产直至达到稳定	缺点：关井恢复时间较长，测试费用比较高，对于井控储量小的气井也不适用	单一介质模型 复合介质模型 双重介质模型	
修正等时试井	高效气藏、低效气藏、致密气藏	(1) 采用小产量由低到高递增方式；(2) 通过关井时间与关井恢复时间相等进行测试；(3) 在不稳定测试点后进行延续流量测试	优点：适用范围广，特别适用于低效、致密气藏；且大大缩短了测试时间	单一介质模型 双重介质模型 复合介质模型	

通过对已开发3个区块火山岩气藏的试气资料分析，可以看出，火山岩气藏储层的强非均质性导致了试气井的产能差异较大。不同区块火山岩气藏的气井产能各不相同；同一区块不同储层类别、不同储渗模式下的气井产能也不相同，同时，不同类别的气井产能差异也较大。

1）不同区块火山岩气藏试气井产能不同

试气情况统计表见表7–31，由于不同区块储层物性差异大，导致3个区块气井的试气产能差异较大，其中CC气田的试气井产量最高，最高可达75.3×10⁴m³/d，平均40.8×10⁴m³/d，试气无阻流量平均100.6×10⁴m³/d；DD气田次之，试气产量平均21.7×10⁴m³/d，试气无阻流量49.5×10⁴m³/d；XX气田的试气产量相对较低，平均25.2×10⁴m³/d，试气无阻流量平均38.3×10⁴m³/d。

表7–31 不同区块不同类别气井试气情况统计表

区块	井类别	试气产量，10⁴m³/d 最大值	最小值	平均值	试气无阻流量，10⁴m³/d 最大值	最小值	平均值	试气采气指数，m³/(d·MPa²) 最大值	最小值	平均值
DD气田	Ⅰ类井	25.29	41.37	30.3	55.6	174.8	90.6	996.7	2981.3	1259.8
	Ⅱ类井	19.67	35.57	25.9	35.4	87.7	49.3	109.6	807.1	514.2
	Ⅲ类井	4.19	20.79	12.6	8.75	30.1	20.5	32.5	72.18	48.16
	区块	4.19	41.37	21.7	8.75	174.8	49.5	32.5	2981.3	527.4
CC气田	Ⅰ类井	51.4	75.3	61.5	74.5	229	141.8	1077	3290	1586.3
	Ⅱ类井	28.47	35.61	30.7	46.8	127	64.9	124.8	958	602.2
	Ⅲ类井	8.84	14.27	10.5	19.6	31.4	21.9	62.9	150.3	94.9
	区块	8.84	75.3	40.8	19.6	229	100.6	62.9	3290	587.1
XX气田	Ⅰ类井	26.04	53.3	39.6	55.9	119.5	66	1002.9	1849.3	1325.7
	Ⅱ类井	19.56	37.28	23.9	20.6	45.24	32.7	179.9	747.1	483.9
	Ⅲ类井	4.6	15.8	9.7	6.8	15.9	12.3	39.4	115.3	69.9
	区块	4.6	53.3	25.2	6.8	119.5	38.3	39.4	1849.3	472.2

2）不同类别的试气井产能不同

对于同一区块的气井，井间差异较大，其中Ⅰ类井产能较高，Ⅱ类井及Ⅲ类井次之。以DD气田为例，Ⅰ类井试气产量（25.29~41.37）×10⁴m³/d，平均30.3×10⁴m³/d；Ⅱ类井试气产量稍低，为（19.67~35.57）×10⁴m³/d，平均25.9×10⁴m³/d；Ⅲ类井试气产量（4.19~20.79）×10⁴m³/d，平均12.6×10⁴m³/d。

3）不同类别储层的试气井产能不同

火山岩气藏不同类别储层的气井试气产能统计（表7–32）结果表明[51–54]：由于火山岩气藏储层物性极差大，连通性不同，导致气井试气产量各不相同，从1.8×10⁴m³/d到75.3×10⁴m³/d不等。其中，高效储层物性好，储层连通性好，气井试气产量最高，在（28.3~75.3）×10⁴m³/d；低效储层物性较差，储层连通性较差，气井试气产量在（12.27~23.8）×$10^4m^3/d$；致密储层物性很差，储层连通性差，渗流阻力大，试气产量很低，需压裂投产，气井试气产量（1.8~8.2）×$10^4m^3/d$。

表7–32　不同类别储层气井试气情况统计表

储层类别	无阻流量，$10^4m^3/d$			采气指数，$m^3/(d·MPa^2)$			试气产量，$10^4m^3/d$		
	最大值	最小值	平均值	最大值	最小值	平均值	最大值	最小值	平均值
高效储层	31.9	237.5	68.5	1271.2	3290	2426.4	28.3	75.3	43.8
低效储层	17.1	30.5	20.7	112.7	1080.6	535.9	12.27	23.8	20.6
致密储层	8.3	15.8	11.6	32.5	94.28	68.2	1.8	8.2	5.5

4）不同储渗模式下的气井产能不同

火山岩气藏发育有孔、缝、洞多重介质，存在孔隙型、裂缝—孔隙型、裂缝型等多种储渗模式，不同储渗模式下的气井产能差异较大（表7–33）。孔隙型储层裂缝不发育，储层物性较差，气井试气产量较低，平均$5.7×10^4m^3/d$；裂缝—孔隙型储层裂缝较发育，储层连通性较好，气井试气产量较高，平均$14.9×10^4m^3/d$；裂缝型储层裂缝发育，气井试气产量高，平均$27.2×10^4m^3/d$。

表7–33　不同储渗模式下气井试气情况统计表

储渗模式	无阻流量，$10^4m^3/d$			采气指数，$m^3/(d·MPa^2)$			试气产量，$10^4m^3/d$		
	最大值	最小值	平均值	最大值	最小值	平均值	最大值	最小值	平均值
孔隙型	5.8	17.2	13.1	37.2	124.8	74.6	3.6	9.4	5.7
裂缝—孔隙型	8.9	27.3	19.4	179.9	1277.6	746.3	10.8	19.3	14.9
裂缝型	16.7	41.2	30.5	1070	3189	2246.7	20.1	35.4	27.2

3.试采产能评价

试采产能评价则是在试气井的基础上，选择具有工业气流的气井进行试采。优选合适的产能测试方法对气井进行产能测试，包括一点法、稳定试井、等时试井及修正等时试井。

试采的目的就是评价气井的产能，包括试采产量、无阻流量及采气指数，并对气井的稳产能力、递减情况进行分析，从而确定气井合理工作制度和落实产能。

由于火山岩气藏储层的非均质性强，导致试采井的单井产能、稳产能力各不相同。不但不同区块火山岩气藏的气井试采产能不同，而且同一区块不同储层类别、不同储渗模式下的气井的试采动态也不相同，不同类别气井的试采产能差异也较大。

1）不同区块单井试采产能差异大

不同区块气井试采产能差异较大（表7–34），其中CC气田的试采产能最高，DD气田次之，XX气田试气产能最低。各个区块试采井的稳产能力也不相同，DD气田气井递减最快，年递减率平均30.7%，XX气田次之，平均27.3%，CC气田递减最慢，年递减率平均17.6%。

表7-34 不同区块气井试采情况统计表

区块	试采产量,10⁴m³/d			试采无阻流量 10⁴m³/d			试采采气指数 m³/(d·MPa²)			试采生产压差,MPa			年递减率,%		
	最小值	最大值	平均值	最小值	最大值	平均值	最小值	最大值	平均值	最小值	最大值	平均值	最小值	最大值	平均值
DD气田	2.65	30	11.04	6.48	88.24	50.1	19.5	2637.9	461.5	2.48	28.23	12.7	15.6	73.4	30.7
CC气田	5.32	45.32	28.1	9.21	110.5	74.9	42.9	2980.4	526.7	1.81	23.94	10.8	6.12	43.3	17.6
XX气田	2.76	17.99	7.3	5.87	37.61	29.4	29.1	1549.3	303.8	5.47	23.4	14.3	9.3	51.7	27.3

2）不同类别的试采井产能不同

对于不同类别气井，试采产能大小不同，且其稳产能力各不相同，总的来说，Ⅰ类井的试采产能最高，且稳产能力最强，试采过程中，气井产量、压力相对稳定，生产压差较小；Ⅱ类井次之，试采过程中，气井产量、压力出现不同程度的下降；Ⅲ类井产能最低，稳产能力最差，气井基本不能稳产，甚至不能连续生产，产量、压力下降较快，且生产压差较大（图7-99）。

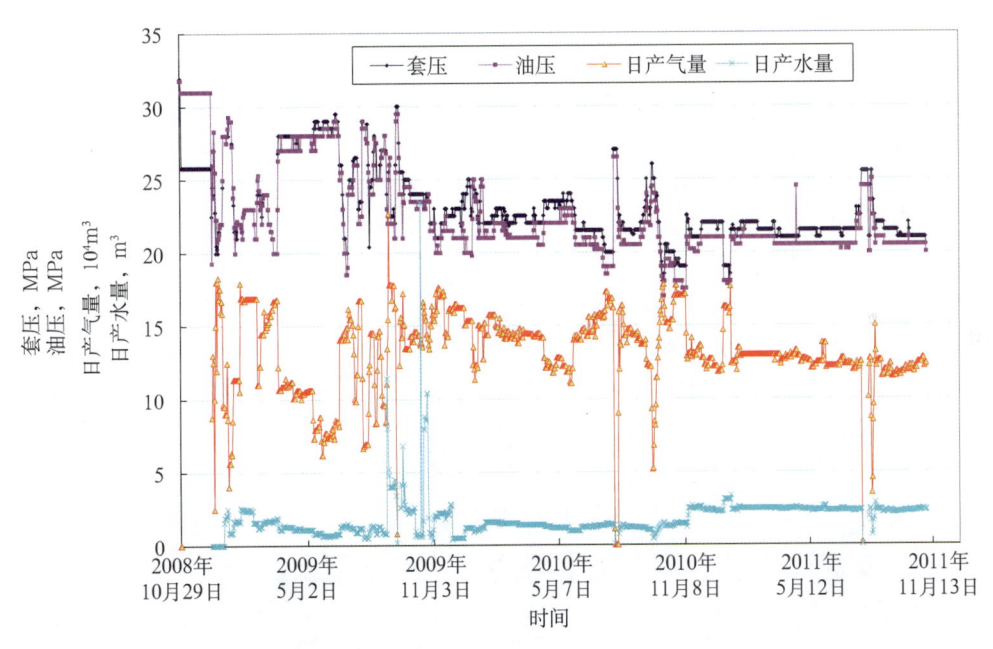

(a) Ⅰ类井试采曲线

(b) Ⅱ类井试采曲线

(c) Ⅲ类井试采曲线

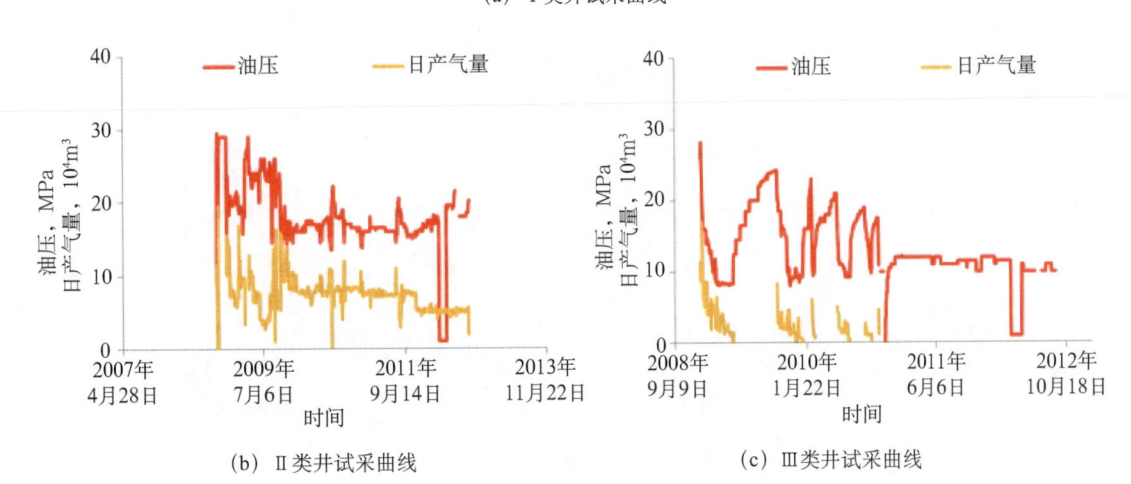

图7-99 不同类别气井的试采动态曲线

3）不同类别储层的试采井产能不同

对于高效储层，储层物性较好，气井试采产量较高，且产量、压力稳定，递减率很小；对于低效储层，气井试采产量较低，产量、压力下降较快，递减率较大；而致密储层气井需压裂投产，试采初期气井产量较高，随后递减较快，产量压力降幅较大（图7-100和表7-35）。

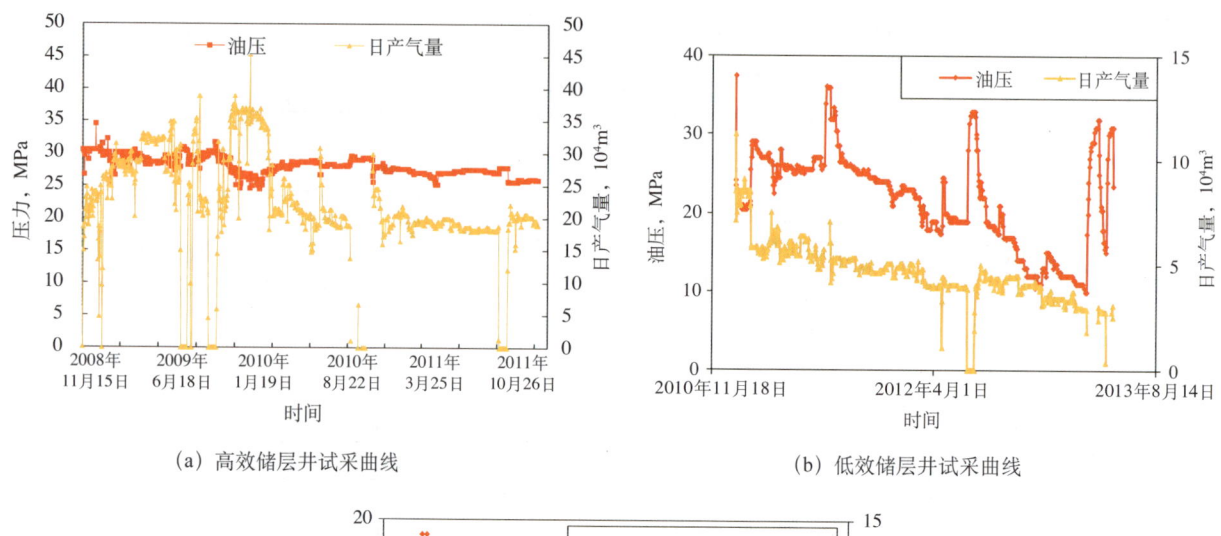

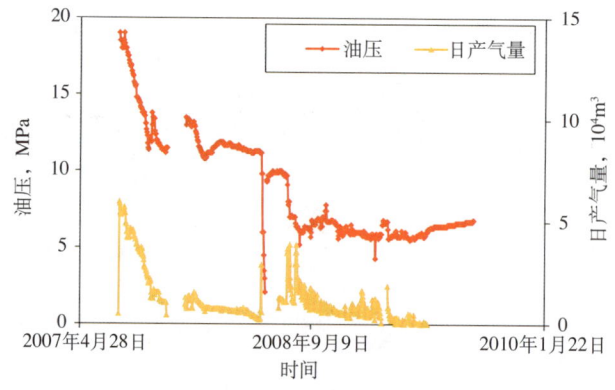

(a) 高效储层井试采曲线

(b) 低效储层井试采曲线

(c) 致密储层井试采曲线

图7-100 不同类别储层的试采动态曲线

表7-35 火山岩气藏气井试采产能统计表

储层类别	无阻流量 $10^4 m^3/d$			采气指数 $m^3/(d·MPa^2)$			试采产量 $10^4 m^3/d$			生产压差, MPa			产量压力变化情况	年递减率, %		
	最小值	最大值	平均值	最小值	最大值	平均值	最小值	最大值	平均值	最小值	最大值	平均值		最小值	最大值	平均值
高效储层	28.5	205.7	61.3	1271.2	3290	2426.4	15.4	36.7	20.7	3.6	9.2	7.4	产量较高，且产量、压力稳定	5.1	12.7	8.3
低效储层	16.8	32.6	17.9	112.7	1080.6	535.9	9.7	16.9	10.5	7.6	16.9	13.5	产量较低，产量、压力下降较快	8.7	26.7	20.4
致密储层	7.1	18.6	12.4	19.2	104.8	60.7	1.24	8.63	5.36	9.8	24.6	20.1	产量较高，随后递减较快，产量压力降幅较大	21.4	70.6	43.7

4）不同储渗模式下试采井的产能不同

火山岩气藏发育不同尺度的孔洞缝多重介质，其孔隙型、裂缝—孔隙型、裂缝型等储渗模式下的气井差异较大（表7—36）。孔隙型气井初期试采产量较低，平均$8.6×10^4m^3/d$，但产量、压力相对稳定；裂缝—孔隙型气井初期试采产量较高，平均$17.2×10^4m^3/d$，但递减较快，后期在产量较低时稳定；裂缝型气井初期产量最高，初期产量平均$25×10^4m^3/d$，但外围供给不足，产量递减迅速，不能稳产（表7—36和图7—101）。

表7—36 不同储渗模式下气井试采情况统计表

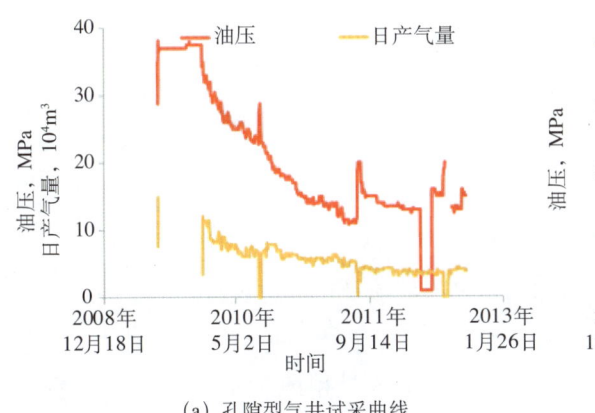

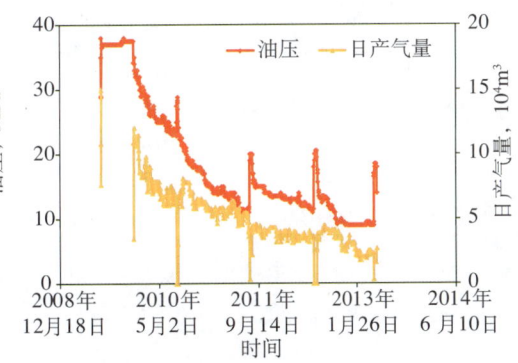

储渗模式	无阻流量 $10^4m^3/d$ 最小值	最大值	平均值	采气指数 $m^3/(d·MPa^2)$ 最小值	最大值	平均值	试采产量 $10^4m^3/d$ 最小值	最大值	平均值	生产压差，MPa 最小值	最大值	平均值	产量压力变化情况	递减率，% 最小值	最大值	平均值
孔隙型	4.9	15.4	11.6	23.1	153.2	59.5	4.6	12.7	8.6	6.75	15.72	11.63	产量较低，递减缓慢，压力下降较快	3.7	21.4	12.8
裂缝—孔隙型	6.3	25.8	17.6	127.4	1217.5	628.7	8.2	22.7	17.2	10.65	22.56	17.43	初期产量较高，随后递减，后期在较低产量下相对稳定	19.7	46.2	27.5
裂缝型	13.2	43.9	27.4	1172.4	2897.5	1886.2	14.3	32.9	25.5	15.32	28.89	23.76	初期产量较高，随后迅速递减	34.6	73.4	53.1

(a) 孔隙型气井试采曲线

(b) 裂缝—孔隙型气井试采曲线

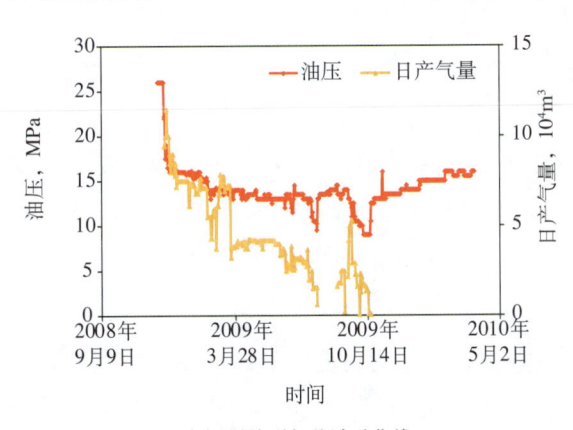

(c) 裂缝型气井试采曲线

图7—101 不同储渗模式的试采动态曲线

二、火山岩气藏产能预测技术

产能预测是气井或气藏合理配产的重要依据,特别是对于未完钻井或已完钻未试气的气井,由于没有气井产量和压力资料,递减规律难以把握,产能预测难度大。因此,利用气藏内已有的试气试采井资料建立的产能预测模型,或者第六章第三节建立的火山岩气藏产能预测模型,预测气井产能,形成了火山岩气藏产能预测技术(图7-102),为气井的合理配产奠定基础。

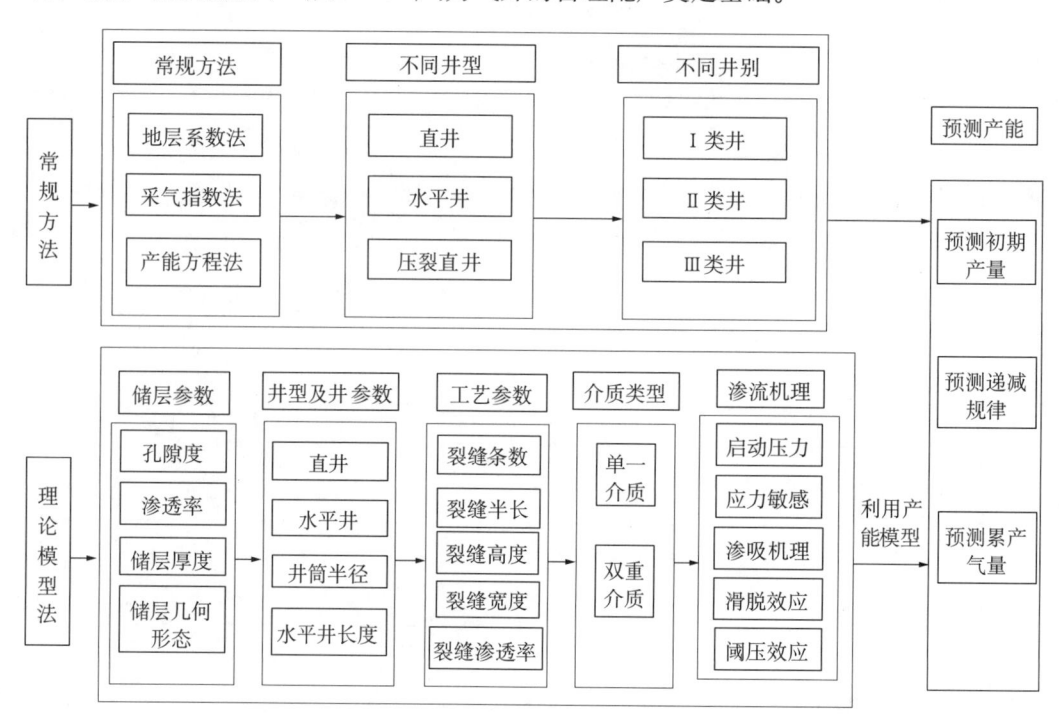

图7-102 火山岩气藏产能预测技术流程图

1. 常规产能预测方法

矿场上通常采用的产能预测方法包括地层系数法、采气指数法及产能方程法。

1) 地层系数法预测气井产能

根据已试气试采井的统计资料,建立气井无阻流量(Q_{AOF})与动用地层系数(Kh)的幂函数关系式[式(7-26)和式(7-27)],据此可利用新井(完钻未试气井或者正钻井)的动用地层系数确定新井的无阻流量。其中,正钻井的动用地层系数通过邻井分析得到,完钻井的动用地层系数可通过测井解释获得。

火山岩气藏不同类别气井无阻流量(Q_{AOF})与动用地层系数(Kh)的幂函数关系式不同(图7-103):

Ⅰ类气井: $Q_{AOF}=1.5186(Kh)^{0.6502}$ (7-26)

Ⅱ、Ⅲ类气井: $Q_{AOF}=4.6065(Kh)^{0.5159}$ (7-27)

同理,可建立气井的采气指数(J)与动用地层系数(Kh)的关系式(图7-104),从而求得新井的采气指数或产气量。

Ⅰ类气井: $J=301.98(Kh)^{0.3109}$ (7-28)

Ⅱ、Ⅲ类气井: $J=5.714(Kh)^{1.1124}$ (7-29)

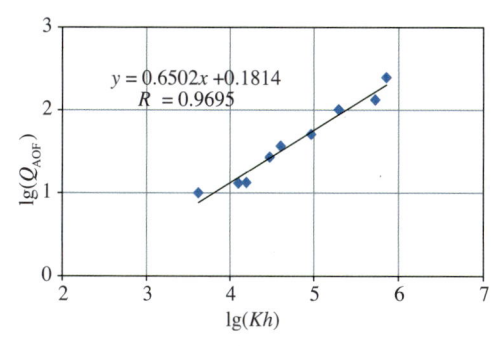

图7-103 Ⅰ类气井无阻流量与动用地层系数的幂关系

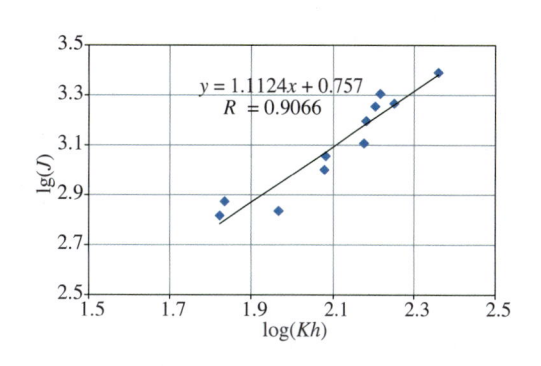

图7-104 Ⅱ、Ⅲ类气井采气指数与动用地层系数的关系

2）采气指数法预测气井产能

现场上还经常利用采气指数来确定气井的产量。由二项式产能方程可得[55]：

$$J=\frac{q_{sc}}{p_R^2-p_{wf}^2}=\frac{Kh}{1.291\times10^{-3}T\mu Z\left[S'+\ln\frac{0.472r_e}{r_w}\right]} \tag{7-30}$$

式中 q_{sc}——气井产量，$10^4 m^3/d$；

p_R——地层压力，MPa；

p_{wf}——井底流压，MPa；

K——地层渗透率，mD；

T——地层温度，K；

μ——黏度，mPa·s；

Z——偏差因子，无量纲；

S'——表皮系数，无量纲；

r_e——供气半径，m；

r_w——井筒半径，m。

通常认为一个区块、一个气藏或一口气井的采气指数为定值，利用新井的动用系数求得新井的采气指数后，给定不同的生产压差，即可求出相应的气井产量：

$$q_{sc}=J(p_R^2-p_{wf}^2) \tag{7-31}$$

3）产能方程法预测气井产能

根据统计规律，建立区块或层系的平均产能方程[57]：

$$p_R^2-p_{wf}^2=AQ+BQ^2 \tag{7-32}$$

统计二项式产能方程中的系数A、B与动用地层系数Kh的关系：

$$A=x_1(Kh)^{y_1} \quad B=x_2(Kh)^{y_2} \tag{7-33}$$

求得：

$$q_{sc}=\frac{\sqrt{A^2+4B(p_R^2-p_{wf}^2)}-A}{2B} \tag{7-34}$$

利用该方法建立了火山岩气藏不同类别气井的产能二项式方程：

Ⅰ类井：

$$p_R^2-p_f^2=\frac{741.22}{(Kh)^{0.6586}}Q+\frac{81.13}{(Kh)^{0.7681}}Q^2 \tag{7-35}$$

Ⅱ、Ⅲ类井：

$$p_R^2-p_f^2=\frac{240.88}{(Kh)^{0.5226}}Q+\frac{21.87}{(Kh)^{0.6094}}Q^2 \tag{7-36}$$

2. 基于渗流模型的产能预测技术

火山岩气藏储层发育不同尺度的气孔、溶蚀孔洞、粒间孔和裂缝等多重介质，不同类型储层的开发模式与开采井型存在差异。因此，根据火山岩储层基质与裂缝特征，设计井型、井参数及裂缝参数，划分介质类型，判断不同介质内气体渗流机理，选择相应的产能预测模型，预测气井初期产量、产量递减规律及累产气量，形成基于渗流模型的产能预测技术。其产能预测技术流程见图7-105。利用该技术一是可以实现对新井的产能预测，二是以产量为目标、优化新井的井参数与压裂参数，三是对生产井的生产动态进行诊断、预测后期产能。

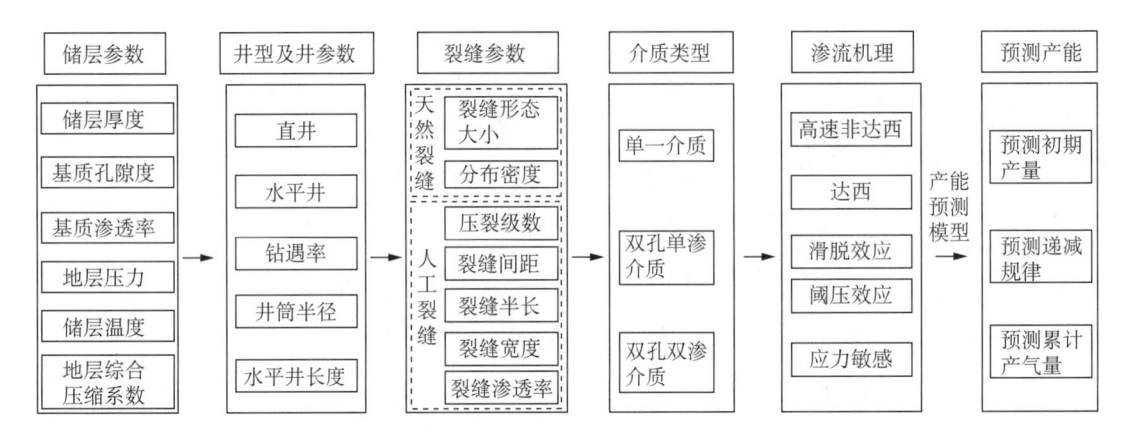

图7-105 基于渗流模型的产能预测技术

1）新井产能预测

新井产能预测主要是指对未钻井的产能预测及已完钻、未测试井的产能预测。其中，对于未钻井，根据地震资料反演获取孔隙度、渗透率及有效厚度等储层参数；对于已钻井，根据测井解释资料获取储层参数。根据储层参数、井参数及裂缝参数，选择产能预测模型，预测产能。以新井DD为例：

第一步，确定储层参数。该井控制区域内天然裂缝不发育，通过地震解释预测该井的有效厚度45m，有效孔隙度为17.3%，平均渗透率0.94mD。

第二步，确定井型、井参数及裂缝参数。该直井采用压裂方式投产，设计裂缝半长130m，裂缝导流能力15D·cm。

第三步，划分介质类型，判断不同介质内气体渗流机理，选择产能预测模型。该井天然裂缝不发育，压裂方式投产，划分为双孔单渗型储层；人工裂缝内考虑高速非达西渗流与裂缝应力敏感，基质考虑滑脱效应与基质应力敏感；选择双孔单渗型垂直压裂井产能预测模型。

第四步，预测气井产能。预测该新井初期产量$9×10^4m^3/d$，产量递减率22.58%，后期产量基本稳定为$2.3×10^4m^3/d$，产量递减率0.2%，10a累计产气$0.9×10^8m^3$（图7-106）。

2）以产量为目标，优化新井的井参数与压裂参数

对于新井，根据预测储层参数，以初期产量或累产量为目标，优化井参数与压裂参数。

以致密火山岩气藏LS3P1井为例，以初期产量$40×10^4m^3/d$，10年累计产气$1.5×10^8m^3$为目标，优化水平井长度及压裂参数，具体步骤包括：

第一步，确定储层参数、井型、井参数及压裂参数初值。该井钻遇储层厚度15.3m，孔隙度8%，渗透率0.109mD，平均地层压力40.9MPa，地层温度196℃，地层综合压缩系数$2.81×10^{-4}MPa^{-1}$，设计水平井长度800m，压裂12级裂缝，裂缝半长120m，裂缝导流能力9D·cm。

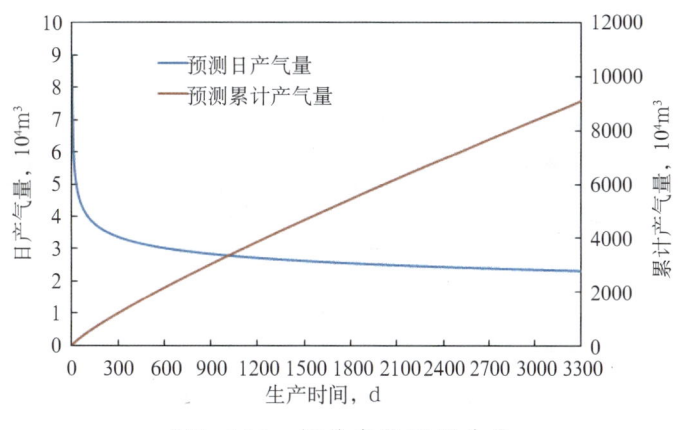

图7-106 新井产能预测曲线

第二步，根据介质类型、渗流机理，选择产能预测模型。根据储层孔缝发育特征，优选双孔单渗型压裂水平井产能预测模型。

第三步，以初期产量与累产量为约束条件，通过不同水平井长度、压裂参数的初期产量和累产量来优化参数。优化水平井长度为1000m[图7-107（a）]，压裂裂缝级数10级[图7-107（b）]，裂缝半长155m[图7-107（c）]，裂缝导流能力7.5D·cm[图7-107（d）]。

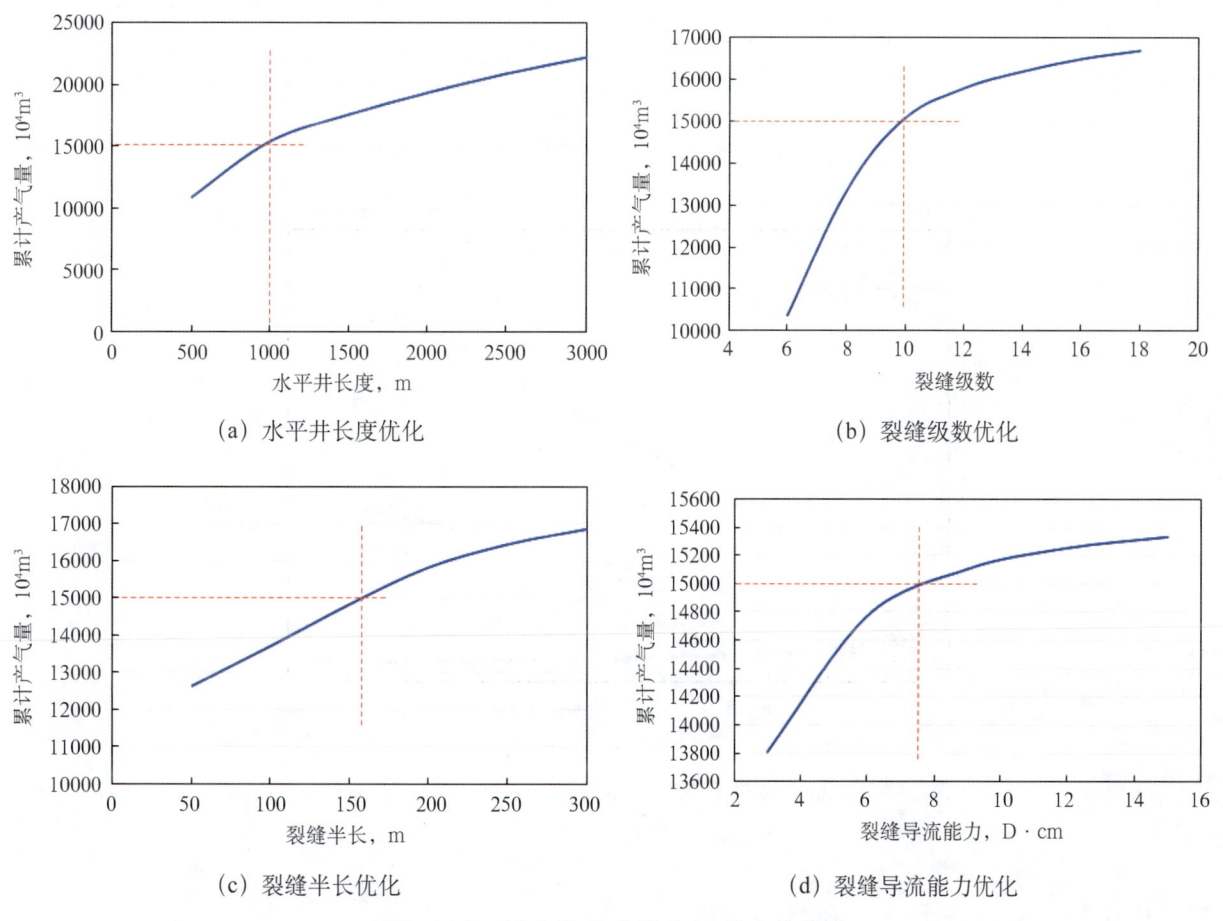

(a) 水平井长度优化

(b) 裂缝级数优化

(c) 裂缝半长优化

(d) 裂缝导流能力优化

图7-107 新井的井参数与压裂参数优化

3）生产井的产能预测

对已有试气试采资料的井，根据火山岩气藏储层参数及生产动态资料，通过历史拟合，诊断井参数与裂缝参数，用诊断出的实际参数预测后期产量。

以XX1-P1井为例，该井储层有效厚度15.3m，有效孔隙度6%，有效渗透率0.26mD，水平井段长度1000m，水平井压裂8级裂缝，裂缝半长200m，裂缝导流能力10D·cm。产能预测具体步骤如下：

第一步，根据储层参数、井参数、压裂参数及生产动态数据，选择产能预测模型，诊断井参数与裂缝参数。基于该井钻遇储层的孔缝特征，采用双孔单渗型压裂水平井产能预测模型，对XX1-P1生产动态数据进行历史拟合，调整各类参数，使预测产量与实际产量吻合，诊断分析实际有效的水平井长度与压裂参数（表7-37）。

第二步，用诊断出的实际参数预测后期产量。诊断分析水平井段有效长度940m，有效裂缝级数4条，有效裂缝半长160m，有效裂缝导流能力7D·cm。预测该井10年累计产气$1\times10^8m^3$。

第三步，根据设计参数与诊断出的实际参数，进行预测产量对比。采用设计参数预测10年累计产气$2.25\times10^8m^3$，与诊断参数预测累计产气量$1\times10^8m^3$差异很大（图7-108），因此，需要对生产井产量进行诊断分析，再进行产能预测。

表7-37 已有试气试采井历史拟合诊断结果对比

参数		设计值	诊断值
井参数	水平井长度，m	1000	940
压裂参数	压裂级数	8	4
	人工裂缝半长，m	200	160
	人工裂缝导流能力，D·cm	10	7

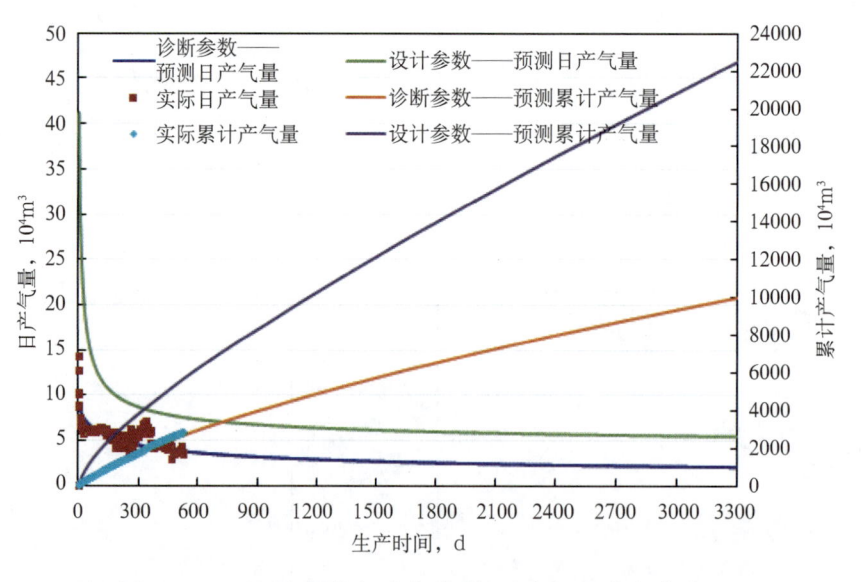

图7-108 设计参数与诊断参数预测产量对比曲线

三、火山岩气藏优化配产技术

气井优化配产即确定气井的合理产量，既是在气井的产能范围内，充分利用气藏的自然能量，提高单井的采出程度[46]；也是实现气田长期高产、稳产的前提条件。由于不同类型火山岩气藏发育不同尺度的气孔、粒间孔、溶蚀孔、构造缝、炸裂缝等复杂孔隙结构，储渗模式多样，非均质性强，渗流机理十分复杂。因此火山岩气藏的优化配产需在产能评价与预测的基础上，按照产量下限原则、稳产期原则、合理利用地层能量、不同介质的协调原则以及产量上限原则等配产原则，综合确定气井配产和气藏产能规模，形成了火山岩气藏优化配产技术（图7-109）。通过优化火山岩气藏的单井配产和气藏规模，对于提高气藏采收率或单井最大累计产量具有重要意义。

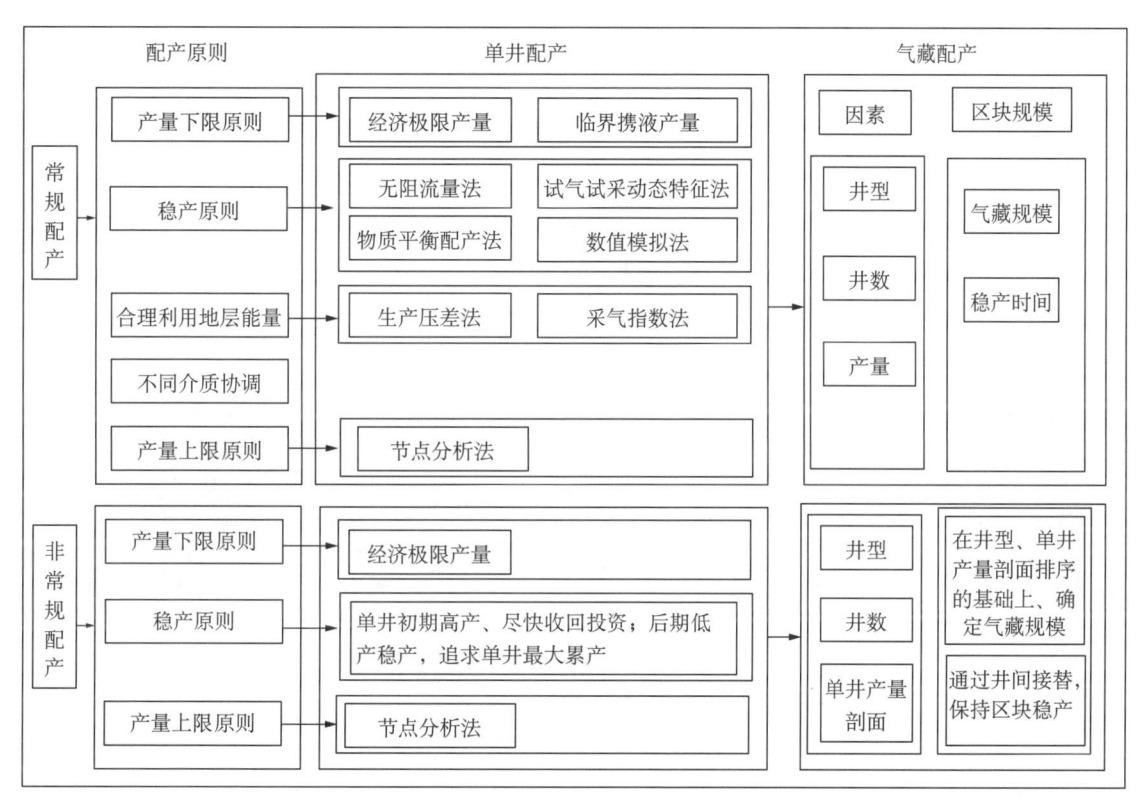

图7-109 火山岩气藏优化配产技术流程图

1. 配产模式与配产原则

火山岩气藏发育有高效、低效和致密气藏。其中高效和低效火山岩气藏以提高采收率为目的，主体采用单井稳产、区块稳产的配产模式；对于致密火山岩气藏则以追求单井最大累计产量为目的，主体采用单井初期高产、接替稳产的配产模式。不同的配产模式的配产原则主要包括产量下限原则、稳产期原则、合理利用地层能量、不同介质的协调原则以及产量上限原则等5个方面（表7-38）。

1）"单井稳产、区块稳产"模式下的配产原则

对于高效、低效火山岩气藏，气田开发以追求区块采收率为核心，采用定产降压方式生产，即单井以某一稳定产量生产，井口压力不断下降以维持气井稳产，当井口压力降到外输压力时，气井开始递减。在单井控制储量一定的条件下，稳产期与单井产量呈负相关关系，单井配产越高，稳产期越短。因此，要保持气井一定的稳产时间，需要进行气井合理配产，保证气田稳定供气（图7-110）。单井稳产模式下的配产原则包括：（1）产量下限原则：一是单井产量应大于经济极限产量；二是单井产量应大于临界携液产量，避免发生井底积液，影响气井正常生产；（2）稳产原则：具有一定的稳产期，以确保气田长期安全供气；（3）合理利用地层能量，控制气井生产压差生产：一是降低气井出砂风险，减少管柱磨损；二是抑制有水气藏边底水锥进、防止水窜；三是尽量延缓裂缝闭合及应力敏感

现象发生；四是减小气体的非达西流动，降低渗流阻力；（4）不同介质的协调原则：降低残余气饱和度，提高不同介质的采出程度；（5）产量上限原则：气井产量应小于最大极限产量。

表7-38　火山岩气藏的配产模式与配产原则

配产模式		适用条件	配产目的	优缺点	配产原则
常规配产模式	（1）单井稳产模式；（2）区块稳产模式	高效气藏低效气藏	提高区块采收率	（1）有利于安全平稳供气；（2）对于有水气藏，控制生产压差有利于防止水窜；（3）单井投资回收期慢	（1）产量下限原则：一是单井产量应大于经济极限产量；二是单井产量应大于临界携液产量。（2）稳产原则：具有一定的稳产期。（3）合理利用地层能量原则：避免出砂、出水、尽量延缓裂缝闭合及应力敏感现象发生；减小气体的非达西流动。（4）不同介质的协调原则。（5）产量上限原则：气井产量应小于最大极限产量
非常规配产模式	（1）单井初期高产，递减快；（2）井间接替实现区块稳产	致密气藏	追求单井最大累产量	（1）单井投资回收快；（2）大压差生产不利于有水气藏，易引起暴性水淹	（1）产量下限原则：单井产量和累产量应高于经济极限产量和累产量。（2）单井递减原则：单井初期高产、后期低产稳产。（3）井间接替实现区块稳产。（4）尽快收回投资，追求单井累产最大化。（5）产量上限原则：放大生产压差，气井不出砂和冲蚀；气井产量应小于最大极限产量

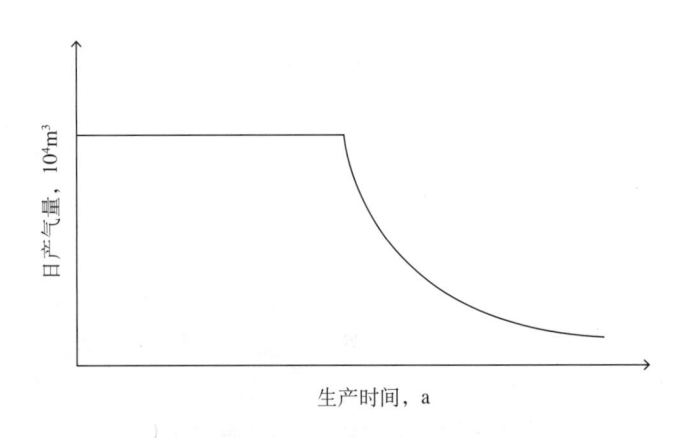

图7-110　"单井稳产"配产模式

2)"单井初期高产、井间接替"模式下的配产原则

对于无水火山岩气藏或致密火山岩气藏，气田开发以追求单井最大累产量为目标，采用定压方式生产，开采初期井口压力就控制在外输压力，气井放大生产压差，以最大可能的产量生产，通过井间接替的方式保持气田稳产（图7-111和图7-112）。其配产原则包括：（1）产量下限原则：单井产量和累计产量应高于经济极限产量和累计产量。（2）单井递减原则：气井开发不追求稳产期，单井初期高产、后期低产稳产。（3）区块稳产原则：井间接替实现区块稳产；尽快收回投资，追求单井累产最大化，获得更大的经济效益。（4）产量上限原则：放大生产压差，气井不出砂和冲蚀；气井产量应小于最大极限产量。

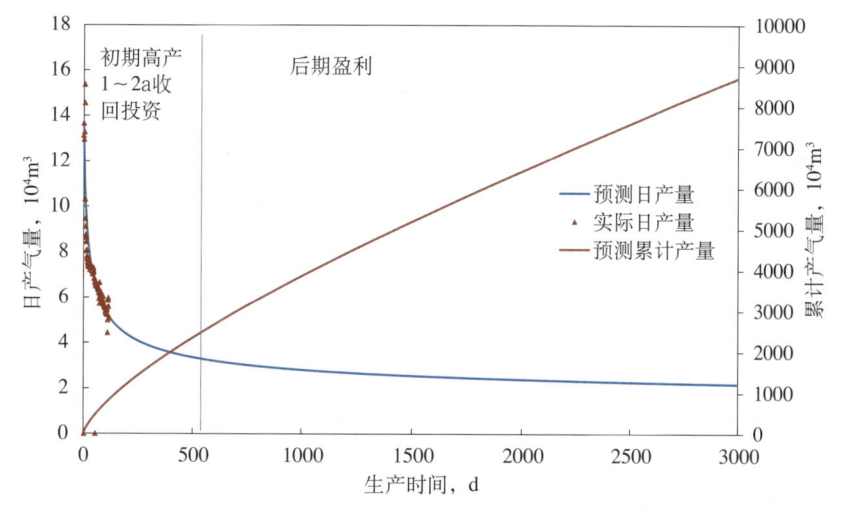

图7-111 "单井高产、井间接替"配产模式

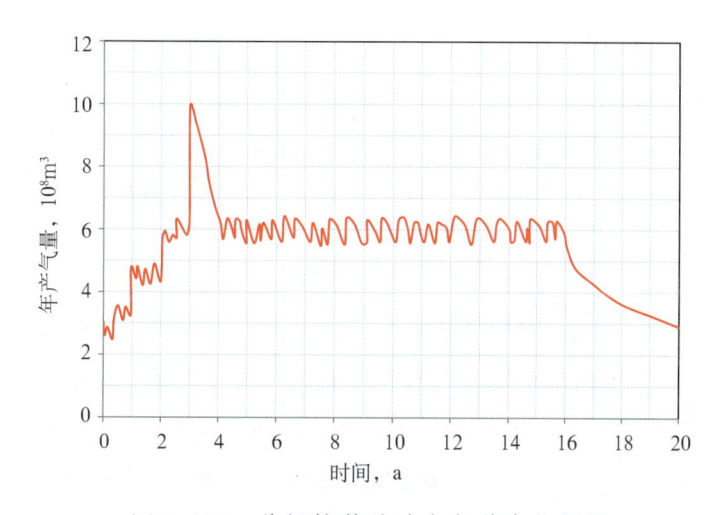

图7-112 井间接替的确定气藏产能规模

2. "单井稳产、区块稳产"模式下的配产方法

1）按照产量下限原则的配产方法

（1）根据经济效益确定经济极限产量和累计产量。

火山岩气藏开发以提高最大累计产量为目标，以气井投入产出平衡或者内部收益率8%~12%为约束，确定单井经济极限产量和累计产量。实际生产过程中的单井累计产量需大于经济极限累计产量才能获得经济效益。

①单井经济极限产量。

火山岩气藏储层非均质性强，物性级差大。对于高效、低效火山岩气藏，气井按照"单井稳产"模式在稳产一定时间以后，产量会出现递减，因此按照一口气井投入与产出平衡时，推得单井初期经济极限产量[56]的计算公式为：

$$q_{\text{begin}} = \frac{(I_D + I_F + I_B)(1+R)^{(T_1+T_2)/2}}{E_{C1} + E_{C2}} \qquad (7-37)$$

其中：

$$E_{C1}=0.0365\tau_g T_1 C(P_g-O-T_{ax})\cdot 10 \tag{7-38}$$

$$E_{C2}=0.0365\tau_g T_2 C(P_g-O-T_{ax})(1-D_{c1})^{(T_2/2)}\cdot 10 \tag{7-39}$$

式中 I_D——单井钻井（包括射孔、测试、测井等）投资，万元/井；

I_F——单井大型压裂投资，万元/井；

I_B——单井地面建设（包括系统工程和矿建等）投资，万元/井；

R——投资贷款年利率，小数；

T_1，T_2——分别是开发评价期内稳产年限、以D_{c1}递减时的生产年限，a；

E_{c1}——单位产量稳产T_1年的收入，万元/（$10^4 m^3/d$）；

E_{c2}——单位产量以递减率D_{c1}生产T_2年的收入，万元/（$10^4 m^3/d$）；

O——天然气生产操作费用，元/$10^3 m^3$；

D_{c1}——天然气年综合递减率，1/a；

P_g——天然气销售价格，元/$10^3 m^3$；

T_{ax}——天然气税费，元/$10^3 m^3$；

C——天然气商品率，小数。

②单井经济极限累产量。

对于高效、低效火山岩气藏，按照投入产出平衡确定稳产期和递减期的累积产气量，得到单井经济极限累产量[58]：

$$G_{min}=q_{begin}\cdot 0.0365\tau_g[T_1+T_2(1-D_{c1})^{(T_2/2)}] \tag{7-40}$$

式中 G_{min}——单井经济极限累积产气量，$10^8 m^3$。

根据不同类型火山岩气田的平均钻井工程投资（包括录井、测井、射孔、测试等投资）、平均单井地面工程投资（包括系统工程和矿建等），天然气价格1080元/$10^3 m^3$，其中增值税13%，教育费附加税3%，城市维护建设费7%，资源税12元/$10^3 m^3$，则天然气税费为166.44元/$10^3 m^3$。直井初期平均经济极限产量（2.26~3.05）×$10^4 m^3/d$，经济极限累计产气量（0.86~1.23）×$10^8 m^3$；水平井初期平均经济极限产量（3.77~5.05）×$10^4 m^3/d$，经济极限累产气量（1.44~2.03）×$10^8 m^3$。随着天然气价格的上涨，经济极限产量将降低。如果考虑内部收益率8%~12%，则评价的单井经济极限累产气量会更高。因此，气井投产后的最大累产气量必须大于经济极限累产气才具有经济效益，一般情况下，气井的累产气量是经济极限累产气量的1.5~2倍（表7-39）。

表7-39 不同类型火山岩气藏经济极限参数

气藏类型	井型	单井初期平均经济极限产量，$10^4 m^3/d$	单井经济极限累计产气量，$10^4 m^3/d$	单井控制经济极限可采储量，$10^8 m^3$	单井控制经济极限地质储量，$10^8 m^3$
高效气藏	直井	3.05	1.23	1.53	3.41
	水平井	5.05	2.03	2.54	3.65
低效气藏	直井	2.26~2.45	0.86~0.99	1.08~1.23	2.70~3.08
	水平井	3.77~4.39	1.44~1.77	1.80~2.21	4.49~5.52

（2）根据携液能力确定最小极限产量。

最小极限产量即临界携液产量，是指油管内任意流压下能将气流中最大液滴携带至井口的流量，通常被称为气井连续排液所需要的最小流量，或称为气井连续排液的卸载流量。它即是最小卸载流速下的流量[57]。

$$q_{\lim}=8.64\times10^{-4}\times\frac{\rho_g}{\rho_{gs}}Av \qquad (7-41)$$

$$\rho_{gs}=1.205\times10^{-3}\gamma_g \qquad (7-42)$$

$$\rho_g=3.484\times\frac{p\gamma_g}{ZT} \qquad (7-43)$$

$$v=0.207\times\frac{[\sigma(\rho_L-\rho_g)]^{0.25}}{\rho_g^{0.5}} \qquad (7-44)$$

式中 $q_{\lim}$——最小极限产量（或临界携液产量），$10^4\text{m}^3/\text{d}$；

ρ_g——井内计算点压力p（MPa）和温度T（K）条件下的气体密度，g/cm^3；

ρ_{gs}——标准状态下的气体密度，g/cm^3；

γ_g——天然气的相对密度；

p——地层压力，MPa；

T——地层温度，K；

Z——天然气偏差因子；

A——油管截面积，cm^2；

v——最小卸载流速，m/s；

σ——界面张力，对于水，σ值为60mN/m。

对于油管直径$2\frac{3}{8}$in❶时，如果气井采用增压外输的开采方式，那么气井的最小极限产量为（1.40～1.42）×$10^4\text{m}^3/\text{d}$，平均为1.41×$10^4\text{m}^3/\text{d}$；如果气井采用不增压外输开采，那么气井的最小极限产量为（2.82～2.85）×$10^4\text{m}^3/\text{d}$，平均为2.84×$10^4\text{m}^3/\text{d}$。

2）基于稳产原则的配产方法

基于稳产原则的配产方法包括无阻流量法、试气试采动态特征法、物质平衡及数值模拟方法。

（1）无阻流量法。

气井绝对无阻流量就是气井开井生产时井底流压等于1atm❷条件下的日产气量。气井生产能力通常用气井绝对无阻流量的大小来衡量。通过统计分析，气井合理产量相当于气井的无阻流量的1/6～1/3。对于低孔低渗火山岩储层的气井，配产为绝对无阻流量的1/4～1/3左右；对于中高孔渗火山岩储层的气井，无阻流量大，配产为绝对无阻流量的1/6～1/5左右。如CC103井3632～3732m井段地层压力42MPa，试采无阻流量为74.5×$10^4\text{m}^3/\text{d}$，其单井产量在（12.5～25）×$10^4\text{m}^3/\text{d}$。

（2）根据试气试采产量、压力动态变化特征配产。

对于已试气试采井，生产过程中产量、压力的变化实际上就是反映地层能量的变化，压力变化快慢反映地层能量的强弱，因此根据试采实际产气/水量的变化，以及试采过程中的稳定产量和压力变化，综合确定气井合理产量。如果产量、压力稳定，则表明地层能量充足，单井配产可适当提高；如果产量、压力递减较快，则表明地层能量较弱，单井配产则应降低。

以XX21井为例，该井短期试采32d，试采初期日产气量从30.9×$10^4\text{m}^3/\text{d}$急剧下降到9.68×$10^4\text{m}^3/\text{d}$，

---

❶ 1in=2.54cm。

❷ 1atm=101.325Pa。

井底压力从37.87MPa下降到17.98MPa，试采后期日产气量从为8.7×10⁴m³/d缓慢下降至8.1544×10⁴m³/d，井底压力从基本稳定在16.5MPa，水气比稳定在2.02m³/10⁴m³，但压差大（约20MPa），出水风险大。关井后压力恢复至38.68MPa，地层压力降低0.49MPa（图7-113）。试采后期产量和井底压力基本稳定，单位压降采气量661.19×10⁴m³/（d·MPa），由于该井返排率高达149.45%，因此配产产量不宜过高。综合考虑储层物性、渗流机理及产水多种因素的影响，该井产量在（4～6）×10⁴m³/d范围内较合理，以达到延缓气井出水，延长无水产气期的目的。

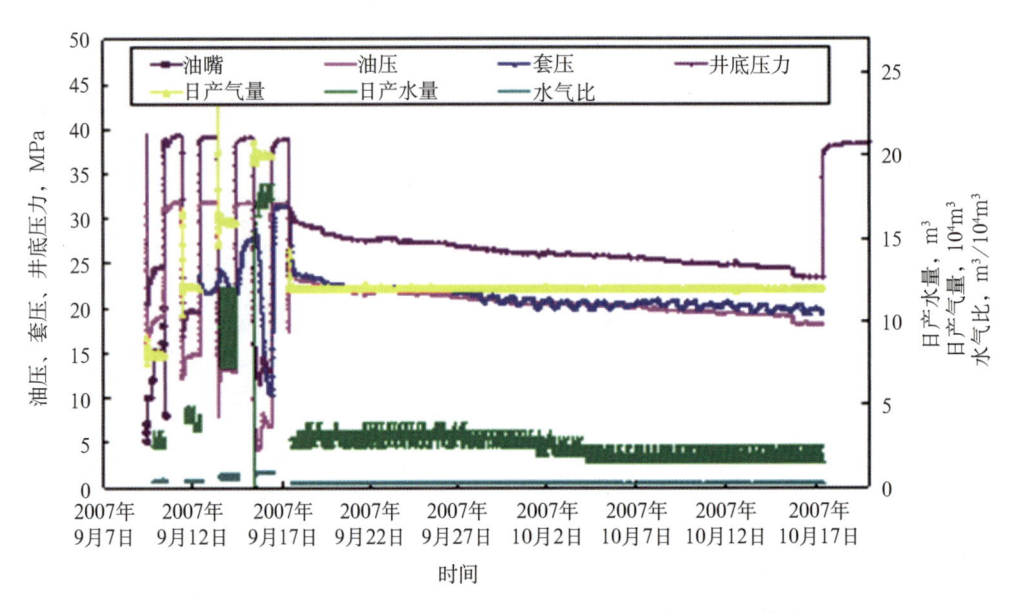

图7-113　XX21井3703.0～3674.0m井段试采曲线

（3）基于物质平衡的配产方法。

单井控制动态储量的大小是确定气井合理产量与稳产时间的物质基础。气井的井控动态储量越大，相同压差下单井产量越高，稳产时间越长；在一定井控动态储量的条件下，单井产量越高，稳产时间越短。以CC1-2井为例：

第一步，利用气井生产动态资料，根据物质平衡方法建立视地层压力与累产气量的关系（图7-114）：

$$\frac{p(t)}{Z(t)} = 38.618\left(1 - \frac{G_p}{G}\right) = \left(1 - \frac{G_p}{7.5}\right) \tag{7-45}$$

式中　$p(t)$——t时刻的地层压力，MPa；

$Z(t)$——生产t时刻时，地层压力对应的偏差因子；

G——井控地质储量，10⁸m³；

G_p——t时刻的累计产气量，10⁸m³。

第二步，利用该井的产能方程$p_R^2 - p_{wf}^2 = 83.686Q + 0.0939Q^2$确定井底流压$p_{wf}$；

第三步，利用垂直管流方法如Cullendet-Smith法、Gray法、Hagedorn-Brown法和Beggs-Brill法计算井口压力，当井口压力低于井口外输压力时对应的时间就是稳产时间t，该产量就是稳产期的产量。因此，基于此方法可得到不同配产条件下的稳产时间（图7-115）；反之，按照稳产期的原则，即可确定该井配产。

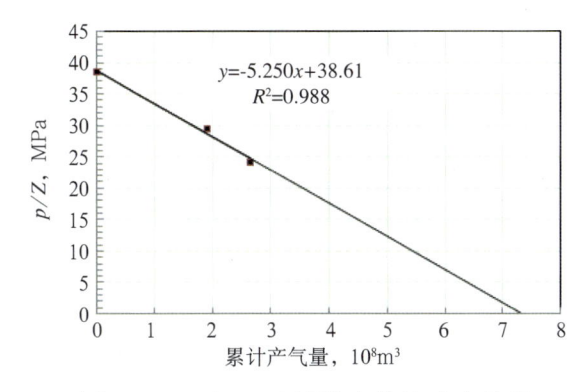

图7-114 CC1-2压降法井控动态储量 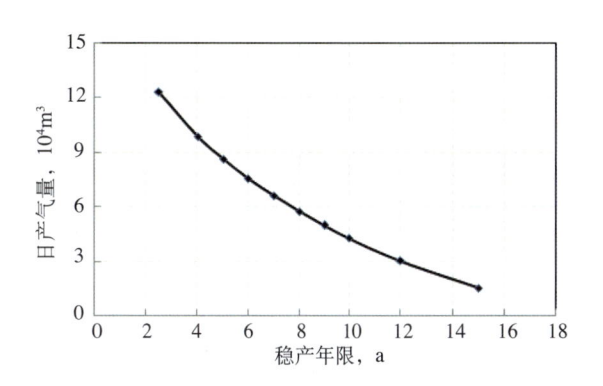　　　　图7-115 CC1-2井日产气量与稳产时间关系

(4) 数值模拟法。

火山岩气藏储层物性差，气井井控动态储量、单井产能差异大。其中，井控动态储量的大小主要取决于火山岩储渗单元的规模，储层的物性及连通性。在一定井控动态储量的条件下，稳产期与配产的高低呈反比关系。因此根据不同类别气井井控动态储量的大小，建立不同类别气井的单井地质模型，通过数值模拟方法，针对不同类型的气井，以相同累产为约束进行合理配产[58]。

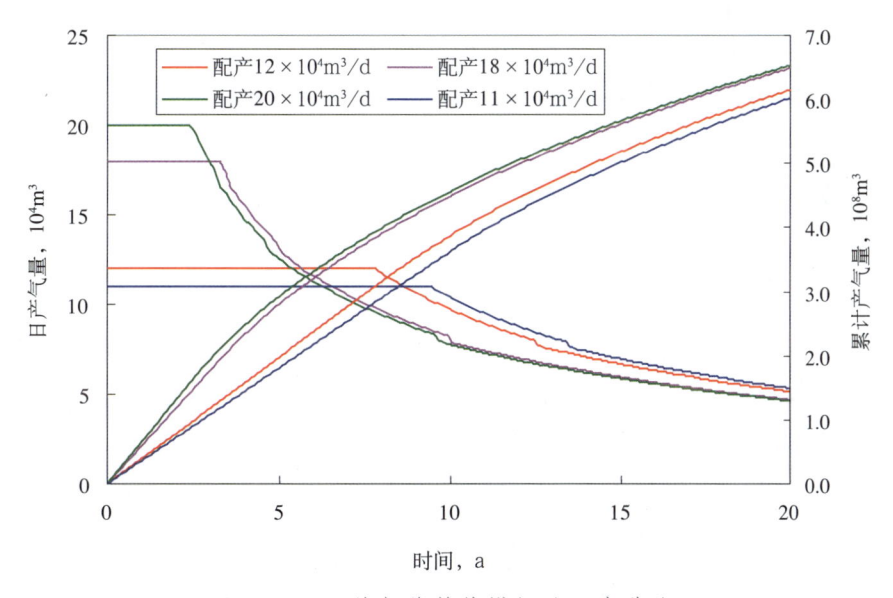

图7-116 某气井数值模拟法配产曲线

某气井储层基质物性相对较好，裂缝发育，单井井控动态储量大于$10×10^8m^3$，单井产量高。设计采用先定产后定压生产模式生产，井底压力下限为7MPa，根据设计的产量系列$11×10^4m^3/d$，$12×10^4m^3/d$，$18×10^4m^3/d$及$20×10^4m^3/d$的配产曲线看（图7-116），初期日产气量对采收率的影响小，且随着初期日产气量的增加，稳产年限降低，为保证安全平稳供气以及钻井周期等问题。如果稳产时间长（7.1a），初期日产气量$12×10^4m^3$；如果仅考虑2~3a的稳产期，则初期日产气量为$20×10^4m^3$左右。

3) 合理利用地层能量的配产方法

地层压力的高低反映了气体弹性能量的大小，是火山岩气藏开发的主要动力。气井和气藏的稳产主要靠地层压力降来维持。因此按照合理利用地层能量原则配产、控制气井生产压差生产，以提高单井累产气量，实现气田的效益开发。

(1) 生产压差法。

根据气田开发经验，通常取原始地层压力的10%～15%作为气井的合理生产压差；也可以根据试井和气田的实际生产情况统计确定气井的合理生产压差。

对于储层物性相对较差的低效气藏，单井产量低，需压裂投产。压裂井出砂、气井出水及应力敏感等因素对合理配产的影响较大。一是适当的控制生产压差可降低气井出砂风险、减少管柱磨损，提升开发效果。二是对于边、底水发育的火山岩气藏，如果生产压差过大，则会引起水锥，严重时导致气井水淹停产，因此通过合理优化生产压差的配产，有效抑制水体锥进，防止水窜，为实现单井稳产、提高单井累计产气量提供有效手段[59-62]。三是气藏衰竭式开发过程中，地层压力降低，岩石有效应力增加，储层岩石受到压缩，使岩石喉道缩小，微裂缝闭合，导致渗透率以及裂缝导流能力的降低，产能下降，因此，应控制生产压差，延缓裂缝闭合及应力敏感现象发生。

合理利用地层能量的生产压差用公式表示就是：

$$\Delta p_\text{r} < \min\,(\Delta p_\text{sand},\ \Delta p_\text{w},\ \Delta p_\text{rock}) \tag{7-46}$$

式中　Δp_r——合理生产压差，MPa；

Δp_sand——引起出砂的临界生产压差，MPa；

Δp_w——生产井不引起暴性水淹的生产压差，MPa；

Δp_rock——井底附近不造成显著渗透率降低的生产压差，MPa。

以CCP3井为例，该井储层埋藏深，地层压力高42.48MPa，且储层裂缝及边底水发育。考虑出砂、水体锥进、岩石应力敏感等因素的综合影响，确定该井的生产压差0.7～1.4MPa，根据该井的二项式产能方程$p_\text{r}^2-p_\text{wf}^2=1.85Q+0.027Q^2$计算单井产量（23.7～39.9）×10^{4}m^3/d。

(2) 采气曲线法。

大量生产实践表明随着产量的增加，生产压差与产量不再是线性关系，气井生产表现出明显的非达西效应。采气曲线法确定气井合理产量重点就是为了减小气体的非达西流动能耗，降低渗流阻力。因此，根据气井的二项式方程：

$$p_\text{R}^2 - p_\text{wf}^2 = AQ + BQ^2 \tag{7-47}$$

有：

$$p_\text{R} - p_\text{wf} = \frac{AQ + BQ^2}{p_\text{R} + \sqrt{p_\text{R}^2 - AQ - BQ^2}} \tag{7-48}$$

当生产压差较小，气井产量较小时，地层中气体流速低，表现为线性流动，气井产量与压差之间呈直线关系。当气井产量增大，随着气体流速增大，表现为非达西流动，气井产量和压差之间呈抛物线关系。当气井生产压差过大，气井产量超过了一定值后，气井生产就会把一部分压力降消耗在非达西流动上，降低了生产效率。

如根据CCP1井的采气指示曲线（图7-117），其直线段末端点对应的生产压差为1.7MPa。对应的配产为13×10^{4}m^3/d。

4）不同介质协调的配产方法

火山岩气藏发育基质孔隙（气孔、粒间孔、溶蚀孔）和裂缝等复杂孔隙结构，根据储集空间的大小，存在大孔大缝、中孔小缝和小孔微缝等不同规模尺度的孔缝组合方式。对于高效与低效火山岩气藏，由于储层物性相对较好，基质与裂缝导流能力差异小，该类火山岩气藏开采具有中高渗储层多重介质接力排供气特征。气井生产初期优先采出的是大尺度孔缝介质中的气体，当压力降低到一定程度，基质中的流体通过小裂缝快速补给，不断向大裂缝渗流供给天然气（图7—118）。流入较大尺度孔缝的窜流量与较大尺度孔缝排出的流量趋于稳定，即基质供给与裂缝产出达到一种动态平衡，此时的产能即为高/低效火山岩气藏气井合理产能。

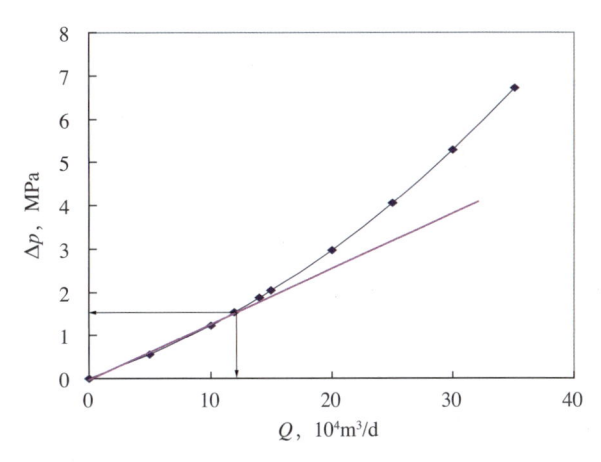

图7—117　CCP1井采气曲线法确定产量

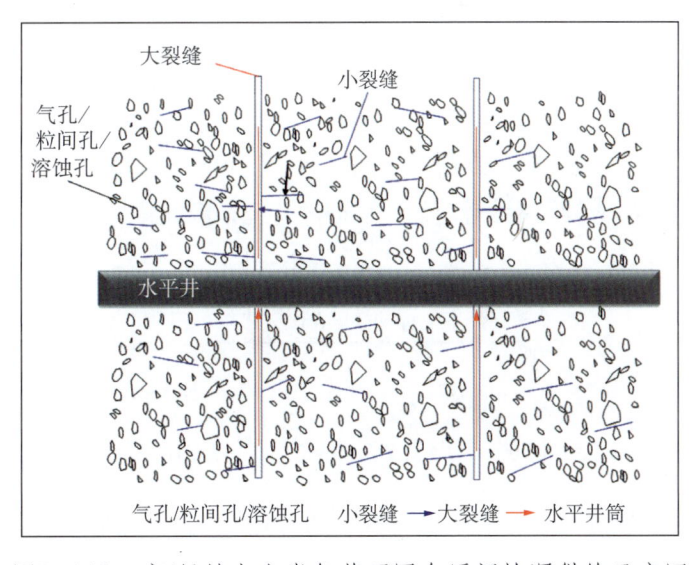

图7—118　高/低效火山岩气藏不同介质间协调供给示意图

5）按照产量上限原则的配产方法

气井生产受油管尺寸的影响较大，油管尺寸限制了气井的最大生产能力。气井的生产过程是一个不间断的连续流动过程，它主要包括气体从储层流向井底并通过射孔段流入井筒，再从井筒底部经垂直管流到井口。选择井筒底部作为分析点，从地层流动至井筒为该点的流入，从井筒流到井口为该点的流出。流入、流出均可做成压力对产量的变化曲线，在同一坐标系下流入、流出两条曲线交点对应的产量就是气井协调工作的合理产量[46,58]。以CC1—1井为例，利用节点分析法对气井上限配产，其生产动态曲线见图7—119。

第一步，该井生产层段岩性为流纹岩，利用该井的试采资料，建立产能方程$p_R^2-p_{wf}^2=7.07Q+0.349Q^2$，然后计算不同产量的井底流压，，即流入动态曲线——IPR 曲线（图7—120）。

第二步，根据该井油管尺寸2$\frac{7}{8}$"和外输条件（井口压力6.4MPa），利用垂直井筒管流法计算的流出动态曲线——WPR曲线（图7-119）。

第三步，根据流入/流出曲线的交点定CC1-1井协调产量为55.4×10⁴m³/d，考虑0.8的安全系数，则该井最大极限产量为44.3×10⁴m³/d（图7-119）。

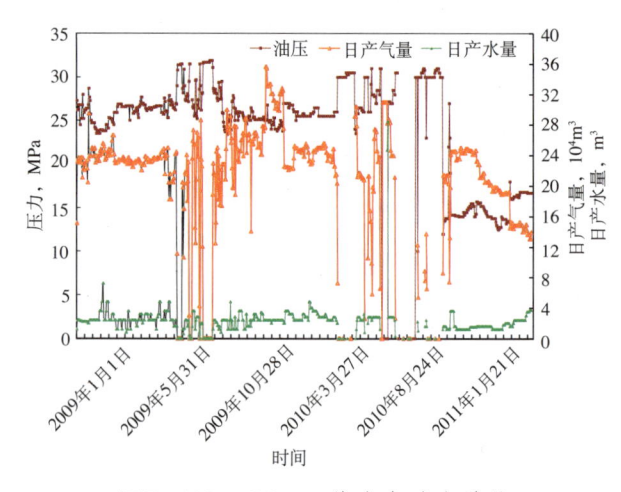

图7-119　CC1-1井生产动态曲线　　　　　图7-120　CC1-1井流入、流出曲线

3."单井高产、接替稳产"模式下的单井配产方法

1）按照产量下限原则的配产方法

（1）经济极限产量。

对于致密火山岩气藏，按照"单井高产、井间接替"模式配产，气井生产过程中基本不存在稳产期，且具有投产初期产量高，递减快，后期低产稳产的特征，因此按照一口气井投入与产出平衡时，单井初期经济极限产量为：

$$q_{\text{begin}}=\frac{(I_D+I_F+I_R)(1+R)^{(T_2+T_3)/2}}{E_{C2}+E_{C3}} \tag{7-49}$$

其中：

$$E_{c2}=0.0365\tau_g T_2 C(P_g-O-T_{ax})(1-D_{c1})^{(T_2/2)} \tag{7-50}$$

$$E_{c3}=0.0365\tau_g T_2 C(P_g-O-T_{ax})(1-D_{c1})^{(T_2/2)}(1-D_{c2})^{(T_3/2)}\cdot 10 \tag{7-51}$$

式中　q_{begin}——单井初期平均经济极限日产气量，10⁴m³；

　　　D_{C1}——投产初期的年综合递减率，1/a；

　　　D_{C2}——投产后期的年综合递减率，1/a；

　　　E_{C2}——单位产量以递减率D_{C1}生产T_2年的收入，万元/（10⁴m³/d）；

　　　E_{C3}——单位产量以递减率D_{C1}生产T_3年的收入，万元/（10⁴m³/d）。

（2）经济极限累产量。

对于致密火山岩气藏，根据"单井高产、井间接替"模式，按照投入产出平衡确定不同递减阶段的累积产气量，得到单井经济极限累产量：

$$G_{\min}=q_{\text{begin}}\cdot 0.0365\tau_g[T_2(1-D_{C1})^{(T_2/2)}+T_3(1-D_{C1})^{(T_2/2)}(1-D_{C3})^{(T_3/2)}] \tag{7-52}$$

如果考虑内部收益率8%～12%，则评价的单井经济极限累产气量会更高。因此，气井投产后的最大累产气量必须大于经济极限累产气才具有经济效益，一般情况下，气井的产气量是经济极限累产气量的1.5～2倍。

2）不同介质协调的配产方法

根据第七章第二节可知，对于致密火山岩气藏，需采用体积压裂改造模式，增大改造体积，有效提高单井产量。由于致密火山岩气藏体积压裂后，储层的介质转变为基质与天然裂缝、复杂人工裂缝多重介质。基质和天然微裂缝中的流体通过复杂的人工裂缝流向井筒，气井生产具有"接力"排供气的渗流特征，生产初期优先采出的是人工裂缝中的气体，基质中的流体通过天然微裂缝不断向人工裂缝渗流供给天然气（图7-121）。基质与天然微裂缝所占体积大，人工裂缝所占体积小，人工裂缝具有高导流能力。人工裂缝采出气体后，由于基质物性差，供给能力不足，仅靠人工裂缝只能采出基质与天然微裂缝中的很少部分天然气。为了更多地采出基质与天然微裂缝中的天然气，通过优化配产提高基质、天然微裂缝、人工裂缝不同介质的采出程度。以渗透率高的人工裂缝或大裂缝为节点，则基质向天然微裂缝和人工裂缝中的渗流可视为流入曲线，相当于地层向井筒流动的IPR曲线；人工裂缝中流体向井筒的流动可视为流出曲线，相当于井筒底部向井口的OPR曲线，这两条曲线的交点即为微观渗流的协调点（图7-122）。该协调点对应的气井产能既满足裂缝产出，也满足基质补给，即基质补给的产量通过裂缝产出，二者相互协调，达到动态平衡，此时的产能就是致密火山岩气井合理产能。

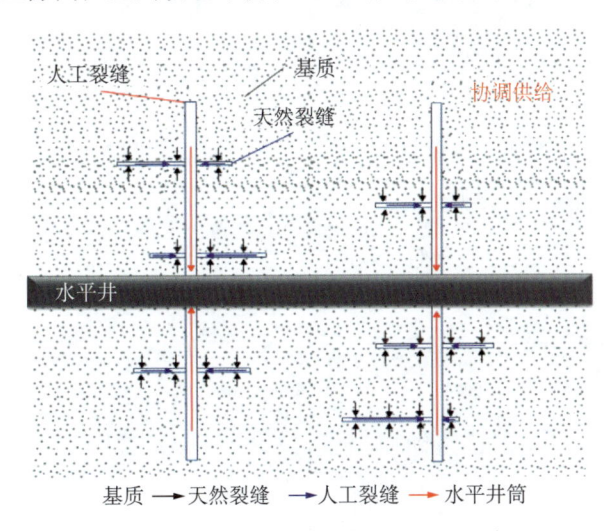

图7-121 不同介质间协调供给示意图

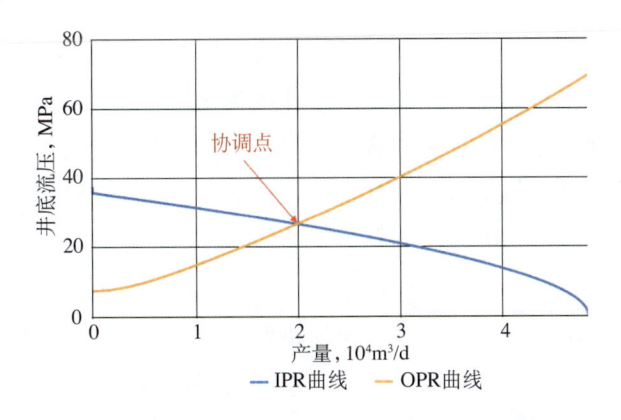

图7-122 协调配产方法确定合理产能

3）按照产量上限原则的配产方法

对于致密火山岩气藏，采用体积压裂模式后，气井采用"单井高产"模式生产，但气井投产时的产量主要受油管尺寸限制。按照前面介绍的节点分析方法与步骤，根据气井的瞬时无阻流量及产能方程，绘制气井的流入、流出曲线，进而根据流入、流出两条曲线交点确定最大极限产量。

4. 气藏优化配产方法

1）"单井稳产、区块稳产"模式下的气藏配产方法

（1）根据井数、产量确定气藏产能规模。

根据火山岩气藏储渗单元的展布特点、含气面积的大小、井控储量等因素确定气田开发井数，再将开发井的产能求和，即可得到气藏的产能规模：

$$Q = \sum_{i=1}^{N_m} 0.033 q_i + \sum_{j=1}^{N_n} 0.033 q_j + \sum_{k=1}^{N_o} 0.033 q_k \tag{7-53}$$

式中 N_m, N_n, N_o——分别为Ⅰ，Ⅱ，Ⅲ类井的井数；

q_i, q_j, q_k——分别为Ⅰ，Ⅱ，Ⅲ类井的单井产量，$10^4 m^3/d$；

Q——气藏产能规模，$10^8 m^3$。

对于XX1低效火山岩气藏，该区块部署3口Ⅰ类井，日产气量合计$37.8 \times 10^4 m^3$；14口Ⅱ类井，日产气量合计$112.3 \times 10^4 m^3$，21口Ⅲ类井，合计日产气量合计$89.6 \times 10^4 m^3$，38口井合计日产气$239.7 \times 10^4 m^3$，因此根据井数、产量确定该区块年产能规模为$7.9 \times 10^8 m^3$。

（2）根据地质储量和采气速度确定产能规模。

在气藏地质储量一定的条件下，气藏的采气速度与产能规模呈反比关系，采气速度越高，产能规模越大；反之，采气速度越低，产能规模越小：

$$Q = GV \tag{7-54}$$

式中 G——气藏地质储量，$10^8 m^3$；

Q——气藏产能规模，$10^8 m^3$；

V——气藏采气速度，%。

对于SS2-1区块火山岩气藏，该区地质储量$128 \times 10^8 m^3$，按照采气速度2.9%计，产能规模为$3.7 \times 10^8 m^3$。

2）"单井高产、接替稳产"模式下的气藏配产方法

致密火山岩气藏具有储层物性差，连片性好、连通性差，供给能力弱，产量递减快的特点，采用常规的气藏配产方法难以适应该类气藏的开发，且经济效益极差。因此，在优选富集区的基础上，根据开发区的面积，确定开发井数；确定单井产能及单井递减规律，通过对单井产气剖面排序，优选钻井顺序，确立建产井数，进而确定产能规模和递减规律。然后根据确定的钻井顺序，按照一定的批次钻一定数量的接替井，通过井间/井组接替，以弥补递减，实现区块或气田的稳产。

不同配产模式下的优化配产方法见表7-40。

（1）确定单井产能递减规律。

根据致密火山岩气藏储渗单元的展布特点、含气面积的大小、井控动态储量等因素，利用基于渗流模型的产能预测技术建立单井产气剖面，分析单井不同阶段的生产动态特征，确定单井初期产量q_i及产能递减规律D_i。

第七章 火山岩气藏开发技术

表7-40 不同配产模式下的优化配产方法

配产模式	配产原则	配产方法	适用条件	优缺点	方法描述	示意图
单井稳产模式	按上限原则配产	经济极限产量	高效气藏	—	产量高于经济极限产量	
		临界携液产量	低效气藏	—	产量高于临界携液产量	
		无阻流量配产法	有水气藏	依据国内外天然气藏开发方面的资料及经验,适用于高效气藏和低效气藏开发初期的配产	采用绝对无阻流量配产法确定气井合理产量为绝对无阻流量的1/6~1/3; (1) 对于低孔低渗火山岩储层的气井,配产为绝对无阻流量的1/4~1/3左右; (2) 对于中高孔渗火山岩储层的气井,配产为绝对无阻流量的1/6~1/5左右。	
	按稳产原则配产	试气试采产量配产法	适用于高效、低效火山岩气藏开发初期	优点:反映了气井生产实际,考虑了一定的稳产期; 缺点:未考虑渗流机理影响	利用动态数据分析试采过程中产量的稳定程度及变化趋势进行合理配产: (1) 如果产量、压力稳定,则表明地层能量充足,单井配产可适当提高; (2) 如果产量、压力递减较快,则表明地层能量较弱,单井配产则应降低	
		基于物质平衡的配产法	适用于高效、低效火山岩气藏开发初期	优点:考虑了非线性储量、井控储量; 缺点:未考虑渗流机理影响	(1) 根据物质平衡方程建立视地层压力与累计产气量的关系,确定生产时间t后的地层压力p_t: $$\frac{p(t)}{Z(t)} = \frac{p_i}{Z_i}\left(1 - \frac{G_p}{G}\right)$$ (2) 根据产能方程计算井口压力; (3) 利用压力下限对应的时间就是稳产期,该产量就是稳产期的产量	
		数值模拟法	适用于火山岩气藏开发各个阶段	优点:考虑了渗流机理,不同介质间的接力排供气,稳产因素	(1) 根据火山岩气藏不同类型井控动态储量、单井地质模型; (2) 针对不同类别气井,在相同累计产量条件下,按照单井产量最大化原则,综合考虑稳产生产年限优化气井配产; (3) 根据生产需求,利用数值模拟方法模拟不同配产下的稳产年限	

续表

配产模式	配产方法	适用条件	优缺点	方法描述	示意图
单井稳产模式	合理利用地层能量	生产压差法	适用于高效火山岩气藏开发各个阶段	考虑出砂、出水、应力敏感及非达西效应影响	(1) 考虑气井不出砂对应的临界生产压差； (2) 生产井不引起暴性水淹对应的生产压差； (3) 井底附近不造成显著渗透率降低对应的生产压差； (4) 综合多因素影响确定生产压差，利用产能方程确定气井的产量	—
		采气指数配产法	适用于气井开发初期	优点：考虑了非线性渗流机理、高速效应； 缺点：未考虑稳产	根据二项式产能方程（$\Delta p^2 = Aq_g + Bq_g^2$）可知，气体从地层均界面流向井的过程中，压力平方差由两部分组成，右端第一项用来克服气流沿流程的粘滞阻力，第二项用来克服气流沿流程的惯性阻力	(图：p_{wf}^2, MPa^2 vs $Q, 10^4 m^3/d$)
	不同介质协调原则		适用于致密与低效火山岩气藏	考虑了不同尺度介质的接力排供气机理	—	—
"单井高产、井间接替"产模式	产量上限原则	节点分析配产法	适用于火山岩气藏开发各个阶段	优点：综合考虑了气藏—井筒—地面—气藏各个环节； 缺点：生产压差大	(1) 基于非线性渗流的产能方程计算流入动态曲线； (2) 利用不同垂直管流法计算给定油管尺寸和井口条件下的流出动态曲线； (3) 根据不同流压下携液产量和流压关系； (4) 最大极限产量、流出动态曲线、气井最小携液产量等，优化不同工作制度下的气井合理产量	(图：p_{wf}, MPa vs $Q, 10^4 m^3$，流入曲线与流出曲线)
	按上限原则配产	经济极限产量	致密气藏	—	产量高于经济极限产量，一般情况下，气井的产量是经济极限累计产气量的1.5~2倍	—
	不同介质协调原则		致密气藏	考虑了不同尺度介质的接力排供气机理	—	—
	产量上限原则	节点分析配产法	适用于致密火山岩气藏开发各个阶段	优点：充分发挥产气能力； 缺点：生产压差大	(1) 基于非线性渗流的产能方程计算流入动态曲线； (2) 利用不同垂直管流法计算给定油管尺寸和井口条件下的流出动态曲线； (3) 计算不同流压下携液产量和流压关系； (4) 根据流入、流出动态曲线、气井最小携液产量等，优化不同工作制度下的气井合理产量	(图：p_{wf}, MPa vs $Q, 10^4 m^3$，流入曲线与流出曲线)

如LS3P1井储层类型为致密火山岩，采用体积压裂模式开采，基质—天然裂缝—人工裂缝协调供给，生产初期日产气量12.3×10⁴m³，产能递减率为11.5%，生产后期产能递减率为0.27%，如图7—123所示。

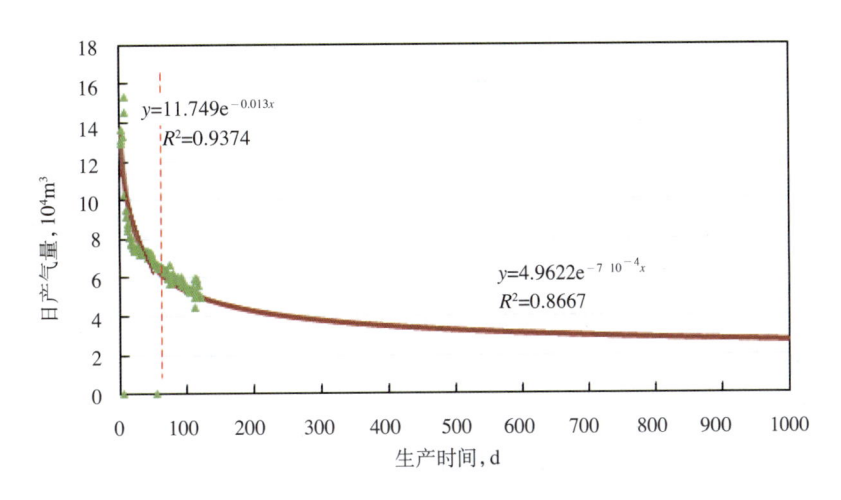

图7—123　LS3P1井生产动态特征曲线

（2）根据建产井数、产量确定气藏产能规模。

根据致密火山岩气藏的储层特点及单井产气剖面，确定气田的建产井数和不同阶段的接替井数。依据建产井数N_0及对应的单井产量q_i，即可确定气藏产能规模：

$$Q = \sum_{i=1}^{N_0} q_i \tag{7-55}$$

式中　N_0——建产井数；

q_i——建产井的单井产量，$10^4 m^3/d$；

Q——气藏产能规模，$10^4 m^3$。

（3）根据接替井数、单井产能、产能递减规律、井间接替确定气藏稳产规模。

根据致密火山岩气藏不同开发阶段的单井产能、产能递减规律及井间接替时间与接替井数等确定气藏稳产规模：

$$Q = \sum_{m=1}^{N_0} q_m e^{-D_m T_n} + \sum_{k=1}^{N_1} q_k e^{-D_k (T_n - T_1)} + \cdots + \sum_{j=1}^{N_{n-1}} q_j e^{-D_j (T_n - T_{n-1})} + \sum_{i=1}^{N_n} q_i \tag{7-56}$$

式中　n——对应井间接替次数，$n \geq 1$；

N_n——第n次井间接替的投产井数；

N_0——建产井数；

T_n——第n次井间接替的投产时间，d；

i，j，k，m——分别为第i，j，k，m口井，无量纲；

D_i，D_j，D_k，D_m——分别对应不同时间的单井产能递减率；

q_i，q_j，q_k，q_m——分别对应不同时间的单井产量，$10^4 m^3/d$；

Q——气藏产能规模，$10^8 m^3$。

第四节 火山岩气藏动态描述技术

火山岩气藏储层物性差异大，非均质性强，不同尺度孔洞缝介质之间的流体窜流、应力敏感及滑脱效应等渗流机理复杂，动态描述储层参数难度大。因此，以火山岩气藏动态描述模型为基础，建立火山岩气藏动态描述技术，动态描述火山岩气藏储层参数，评价火山岩气藏井控动态储量，对于搞清储量的可动用性、提高气藏采收率具有指导意义。

一、火山岩气藏储层参数动态描述技术

火山岩气藏储层参数动态描述是利用试气、试采、试井及长期生产数据等测试资料，生成反映地层中流体渗流状况的实测曲线，根据曲线特征识别曲线形态（表7-132），结合火山岩气藏不同储渗模式和多尺度孔洞缝发育的特点，判断储层介质、流体流态等信息，初步确定考虑相应渗流机理和边界影响的动态描述模型，进而采用解析法、数值法等技术求解并绘制典型曲线图版。通过对实测曲线拟合，得到火山岩气藏储层参数、介质参数、边界参数、裂缝参数[63-64]，形成火山岩气藏储层参数动态描述技术（图7-124）。

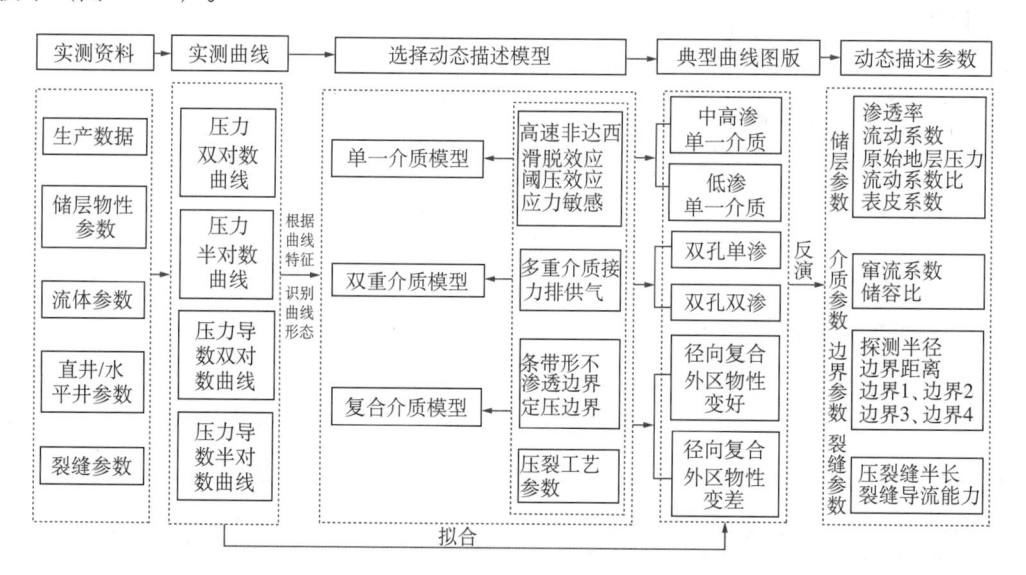

图7-124 火山岩气藏储层参数动态描述技术流程

1. 不同介质的曲线形态及储层动态参数特征

1）单一介质储层

火山岩气藏储渗模式多样，对于溢流相顶/上部气孔型、爆发相空落粒间孔型、溶蚀孔型孔隙发育的储层，渗流喉道以孔隙收缩型喉道为主，储层物性差异相对较小，可视为单一介质的储层。该储层曲线形态的主要特征是压力导数曲线具有单个值为0.5的水平段，表明探测范围内存在径向流动（或拟径向流动），未出现明显的流动受阻或流动变畅现象。

（1）直井。

CC103井位于CC气田CC103火山岩体，储层岩性为角砾熔岩和流纹岩，岩相为溢流相。该井在产能试井后进行了压力恢复测试，由图7-125分析可知，压力恢复曲线可分为两个阶段：

①续流段。双对数压力和压力导数曲线合二为一，呈斜率为1/2的直线，压力导数出现峰值后向下倾斜，表明是井筒储集效应影响期段。

②地层径向流段。导数曲线后期出现值为0.5的水平直线段，这是地层中产生径向流的典型特征，说明该井主力产层为单一介质地层，且物性较好。由于测试时间较长，且直至测试结束，曲线仍保持大段径向流段，说明该井附近不存在压力供给或封闭边界；

为了验证作为中高渗单一介质地层解释的可靠性，进行了压力历史拟合验证，由图7-126可见，不论压降段还是压恢段，理论模型与实测压力间的符合程度均较高，认为解释结果可靠。解释参数：渗透率4.79mD，原始地层压力40.99MPa，地层系数239mD·m，探测半径782m，表皮系数6.57，显示井筒附近有一定的污染。

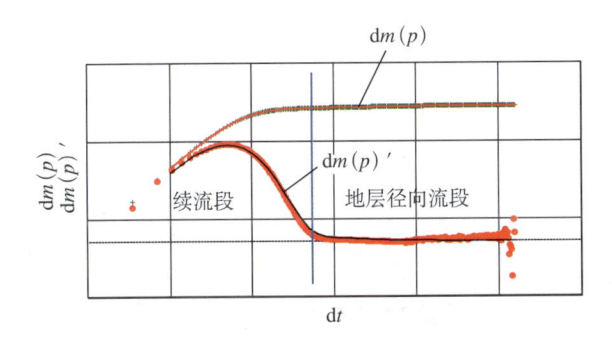

图7-125 CC103井压力恢复双对数曲线模型图 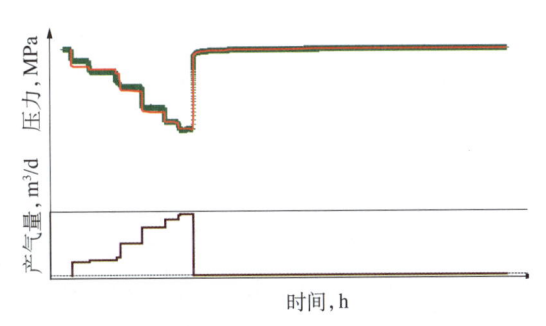　　图7-126 CC103井压力历史拟合检验图

（2）压裂直井。

XX7井位于XX气田XX7火山岩体，储层岩性为熔结凝灰岩，裂缝发育程度低。该井在产能试井后进行了压力恢复测试，由图7-127分析可知，压力恢复曲线可分为4个阶段：

①续流段。井筒储集效应影响期段。

②双线性流段。导数曲线出现斜率为1/4的直线段，表明地层中产生了双线性流，这是地层存在有限导流裂缝的典型特征。

③线性流段。双线性流后出现较长的斜率为1/2的直线段，表明地层正向该裂缝做线性流动，证明单一介质储层中存在一条较大尺度裂缝，可认定为人工压裂缝。

④拟径向流段。由于测试时间有限，曲线未出现拟径向流阶段，无法对边界条件进行判断。

为了验证作为单一介质地层压裂直井解释的可靠性，进行了压力历史拟合验证，由图7-128可见，不论压降段还是压恢段，理论模型与实测压力间的符合程度均较高，认为解释结果可靠。解释参数：渗透率2.77mD，地层压力39.36MPa，总表皮系数为-5.87，裂缝半长78m。

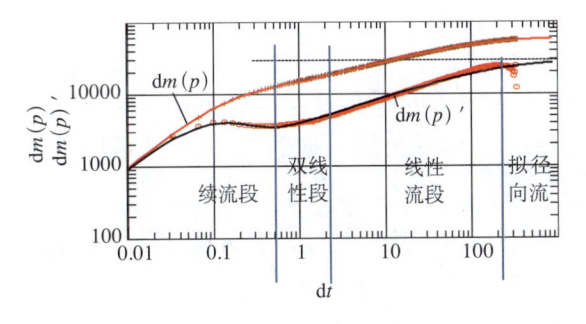

图7-127 XX7井压力恢复双对数曲线模型图 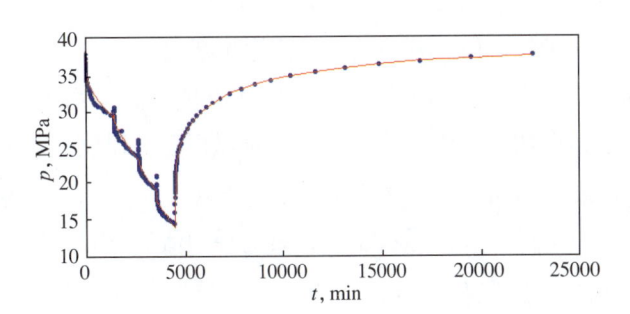　　图7-128 XX7井压力历史拟合检验图

(3) 水平井。

CCP1井位于CC气田CC1火山岩体,水平井段长度520m,水平井段岩性主要为熔结凝灰岩。该井在短期试采后进行了压力恢复测试,由图7-129分析可知,压力恢复曲线可分为4个阶段:

①续流段。井筒储集效应影响期段。

②早期径向流段。导数曲线出现小部分水平直线段,表明地层小范围内产生了早期径向流,这是水平井在地层中产生垂向径向流的典型特征。

③线性流。早期径向流后出现斜率为1/2的直线段,表明地层正向水平井井筒做线性渗流。

④水平拟径向流。导数曲线后期出现较长的值为0.5的水平直线段,表明在整个地层范围内产生径向流,同时为该井的第二个径向流,进一步证明该井为单一介质地层内未经过压裂的水平井。直至测试结束,曲线仍保持大段径向流段,说明该井附近不存在压力供给或封闭边界。

为了验证作为单一介质地层水平井解释的可靠性,进行了压力历史拟合验证,由图7-130可见,不论压降段还是压恢段,理论模型与实测压力间的符合程度均较高,认为解释结果可靠。解释参数:渗透率5.8mD,地层压力41.38MPa,地层系数290mD.m,表皮系数为4.14,显示有一定的污染,探测半径801m,

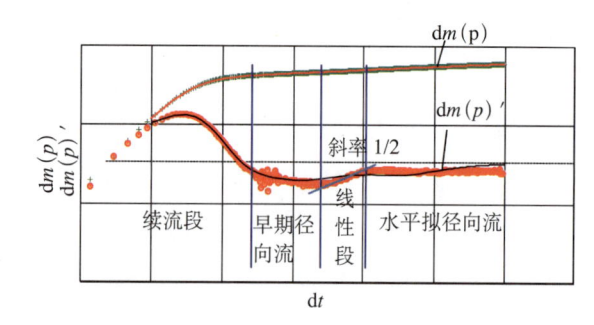

图7-129 CCP1井压力恢复双对数曲线模型图 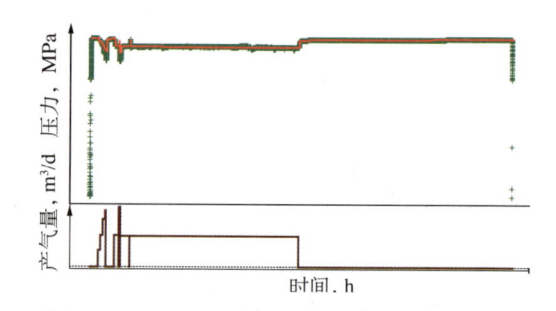   图7-130 CCP1井压力历史拟合检验图

2) 双重介质储层

火山岩爆发相、溢流相、侵入相等不同岩相火山岩储层中孔洞缝分布不均,储层物性差异相对较大,表现双重介质地层特征。根据火山岩气藏孔隙、裂缝与井筒的连通关系,可分为双孔单渗和双孔双渗两种储层。该储层曲线形态的主要特征是压力导数曲线在中后期出现下凹,表明探测范围内存在基质岩块系统向裂缝系统窜流的过渡流阶段。

(1) 双孔单渗。

DD10井位于DD气田,储层岩性为英安质熔结角砾(熔)岩,发育孔隙和裂缝。由图7-131分析可知,压力恢复曲线可分为4个阶段:

①续流段。井筒储集效应影响期段。

②裂缝径向流段。导数曲线出现小部分水平直线段,这是地层中裂缝系统产生径向流的典型特征,多数情况下,这一径向流难以出现,说明裂缝向井筒渗流时未受到其他介质向井筒渗流的干扰,由此说明储层为单渗介质。

③过渡段。导数曲线在裂缝径向流后开始下凹,这是过渡流的典型特征,表明基质岩块系统正向裂缝系统窜流,这也是双重介质储层曲线形态最重要的特征。

④总系统径向流。过渡流后应该进入地层总系统径向流,但由于测试时间较短,无法对曲线进行

分析。

为了验证作为双孔单渗地层解释的可靠性，进行了压力历史拟合验证，由图7-132可见，不论压降段还是压恢段，理论模型与实测压力间的符合程度均较高，认为解释结果可靠。解释参数：地层渗透率为3.72mD，地层系数Kh为89.3mD·m，表皮系数为-1.54，弹性储能比为0.228，窜流系数1.2×10^{-7}。

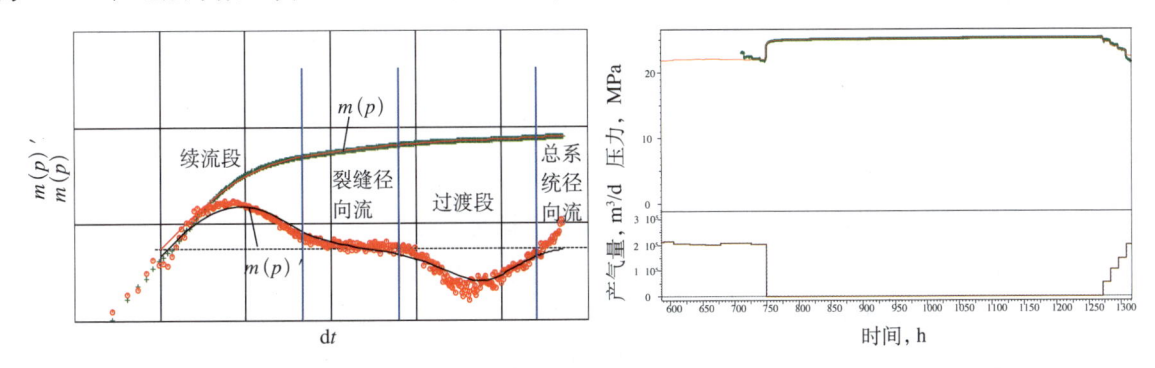

图7-131　DD10井压力恢复双对数曲线模型图　　图7-132　DD10井压力历史拟合检验图

（2）双孔双渗。

XX8井位于XX气田XX8区块，储层岩性为角砾熔岩，发育孔隙和裂缝。该井在产能试井后进行了压力恢复测试，由图7-133分析可知，压力恢复曲线可分为3个阶段：

①续流段。井筒储集效应影响期段。

②过渡段。导数曲线在井筒续流段之后下凹，未出现裂缝系统径向流，说明裂缝系统向井筒渗流时受到基质岩块系统向井筒渗流的干扰，由此说明储层为双孔双渗介质。

③总系统径向流段。过渡流后曲线出现水平段，这是地层中总系统产生径向流的典型特征，表明此时基质和裂缝压力已达到动态平衡。

为了验证作为双孔双渗地层解释的可靠性，进行了压力历史拟合验证，由图7-134可见，不论压降段还是压恢段，理论模型与实测压力间的符合程度均较高，认为解释结果可靠。解释参数：地层渗透率为5.83mD，地层系数为44mD·m，表皮系数为0.17，弹性储能比为0.09，窜流系数2.9×10^{-6}。

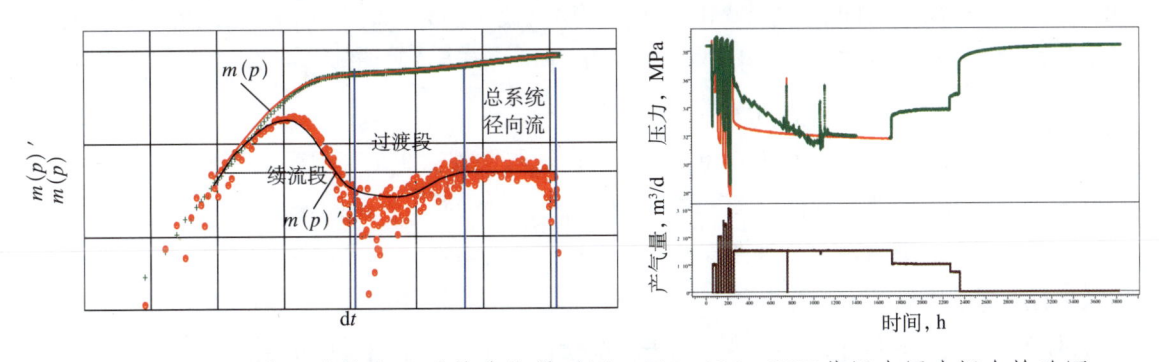

图7-133　XX8井压力恢复双对数曲线模型图　　图7-134　XX8井压力历史拟合检验图

3）复合介质储层

火山岩不同规模、形态各异的储渗单元叠置，不同尺度气孔、粒间孔、溶蚀孔和裂缝分布规律复杂，储层物性变化快，非均质性强。根据相带及物性的变化特征，可将这类储层简化为复合介质储层。该储层曲线形态的主要特征是压力导数曲线出现台阶相连的两个（多个）水平直线段，表明探测范围内存在两区（多区）复合介质。

(1) 物性变好的径向复合储层。

CC1-2井位于CC气田Yc$_2^5$火山岩体，储层岩性为角砾熔岩，高导裂缝发育。该井在产能试井后进行了压力恢复测试，由图7-135分析可知，压力恢复曲线可分为4个阶段：

①续流段。井筒储集效应影响期段。

②内区径向流段。导数曲线出现较长水平直线段，表明地层近井范围内产生了早期径向流，这是复合地层内区产生径向流的典型特征，表明井底附近地层接近均质，范围较大。

③过渡段。内区径向流段之后，受到两区储容比ω_{12}的影响，导数曲线开始弯曲，进入过渡流阶段，过渡曲线开始时间与内区半径有关。

④外区径向流段。导数曲线出现第二水平直线段，这是复合地层外区产生径向流的典型特征，且压力导数呈下沉台阶状，证明外围储层物性变好，流动更加通畅。

为了验证作为物性变好的径向复合储层解释的可靠性，进行了压力历史拟合验证，由图7-136可见，不论压降段还是压恢段，理论模型与实测压力间的符合程度均较高，认为解释结果可靠。解释参数：地层压力41.95MPa，地层渗透率1.35mD，表皮系数为-0.8，表明储层不存在污染，内外区流度比为0.195，内外区储能系数比为0.195，内区半径68.7m。

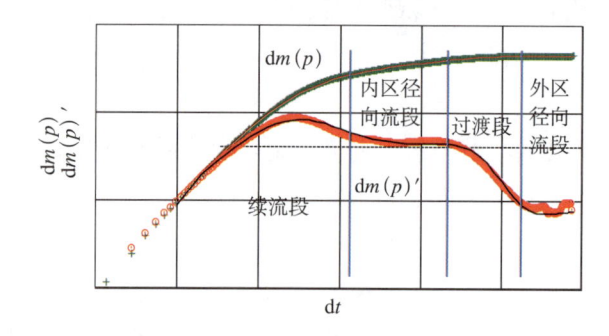

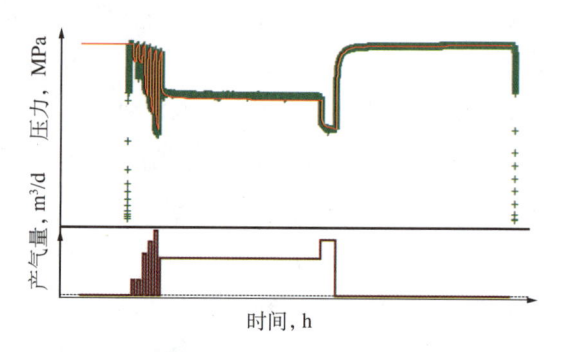

图7-135 CC1-2井压力恢复双对数曲线模型图

图7-136 CC1-2井压力历史拟合检验图

(2) 物性变差的径向复合储层。

DD1416井位于DD气田DD14复合火山岩体，储层岩性主要为熔结凝灰岩、玄武岩、英安岩。该井在产能试井后进行了压力恢复测试，由图7-137分析可知，压力恢复曲线可分为4个阶段：

①续流段。井筒储集效应影响期段。

②内区径向流段。导数曲线出现较短水平直线段，表明地层小范围内产生了早期径向流，这是复合地层内区产生径向流的典型特征，表明井底附近地层接近均质，但范围较小。

③过渡段。受到两区储容比ω_{12}的影响，导数曲线开始弯曲，进入过渡流阶段，过渡曲线开始时间与内区半径有关。

④外区径向流段。导数曲线出现第二水平直线段，这是复合地层外区产生径向流的典型特征，且压力导数呈上升台阶状，证明外围储层物性变差，流动受阻。由于测试时间有限，外区径向流水平段较短，无法分析其外区范围和边界信息。

为了验证作为物性变差的径向复合储层解释的可靠性，进行了压力历史拟合验证，由图7-138可见，不论压降段还是压恢段，理论模型与实测压力间的符合程度均较高，认为解释结果可靠。解释参数：地层压力为48.03MPa，地层渗透率0.24mD，表皮系数-0.712，地层系数为46.3mD·m，内区半径14.9m，内外区流度比为5.22，内外区储能系数比为2.3。

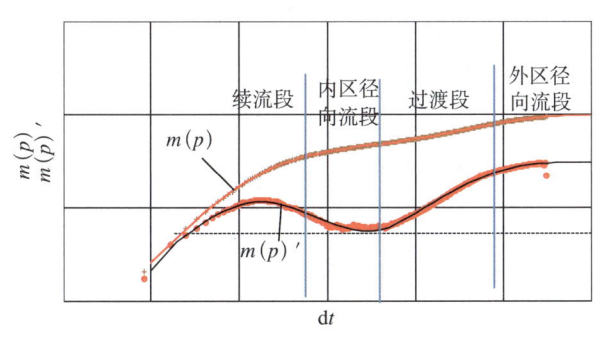

图7-137　DD1416井压力恢复双对数曲线模型图 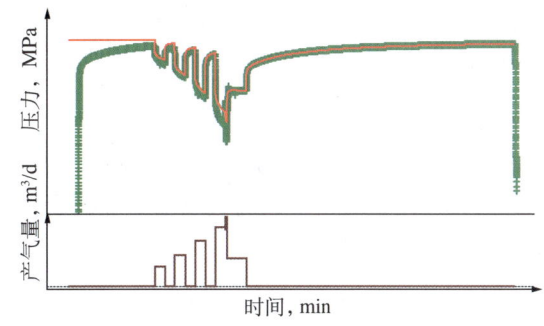　　图7-138　DD1416井压力历史拟合检验图

2. 复杂边界对曲线形态及储层动态参数的影响

受火山岩气藏断层的影响,火山岩气藏存在溢流相条带型不渗透边界储层等复杂边界储层情况,测试资料的压力曲线因边界的影响而变得较为复杂,但主要影响曲线的晚期形状。

1) 条带型不渗透边界

(1) 直井。

XX902井位于XX气田XX9区块,储层主要为溢流相流纹岩,该井在产能试井后进行了压力恢复测试,由图7-139分析可知,压力恢复曲线可分为3个阶段:

①续流段。井筒储集效应影响期段。

②径向流段。导数曲线出现较短的水平直线段,说明该井处于狭窄的条带地层,导致径向流范围很小。

③边界线性流段。压力及压力导数曲线后期上翘,导数曲线斜率为1/2,表明随着测试的进行,压力传播受边界影响,产生边界线性流特征。

为了验证作为条带型不渗透边界储层解释的可靠性,进行了压力历史拟合验证,由图7-140可见,不论压降段还是压恢段,理论模型与实测压力间的符合程度均较高,认为解释结果可靠。解释参数:地层压力39.82MPa,地层渗透率0.25mD,地层系数为6.32mD·m,边界距离L_1为54m,L_2为47m。

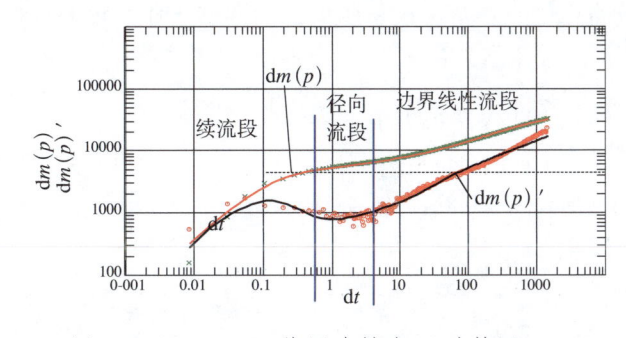

图7-139　XX902井压力恢复双对数图 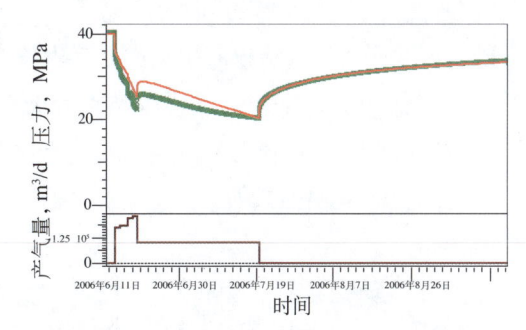　　图7-140　XX902井压力恢复Horner图

(2) 压裂直井。

XX1-1井位于XX气田XX1区块,储层岩性为熔结凝灰岩,经压裂改造完井。该井东侧为宋西大断裂,西侧有一条断层。该井在短期试采后进行了压力恢复测试,由图7-141分析可知,压力恢复曲线可分为4个阶段:

①续流段。井筒储集效应影响期段。

②裂缝线性流段。短暂的井筒续流段之后,压力及压力导数呈斜率为1/2的平行直线段,表明此时

处于裂缝线性流段，这是压裂井渗流反映在压力恢复曲线上的典型特征。

③拟径向流段。由于储层相对较窄，人工裂缝无法在地层中形成完整的拟径向流，因此曲线仅出现波动，未显示水平段特征。

④边界线性流段。压力及压力导数呈斜率为1/2的平行直线段，表明随着测试进行，压力传播受边界影响，产生边界线性流特征。若储层条带较长，边界线性流段直线将继续延伸。

为了验证作为条带型不渗透边界储层压裂井解释的可靠性，进行了压力历史拟合验证，由图7-142可见，不论压降段还是压恢段，理论模型与实测压力间的符合程度均较高，认为解释结果可靠。解释参数：地层渗透率4.47mD，裂缝半长54m，裂缝表皮系数S_f为0.12，地层系数为35.8mD·m，边界距离L_1为87m，L_2为75m，基本反映了XX1-1井的储层特征。

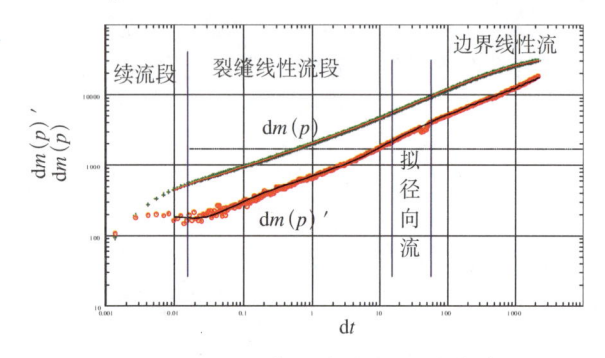

图7-141 XX1-1井压力恢复双对数曲线图 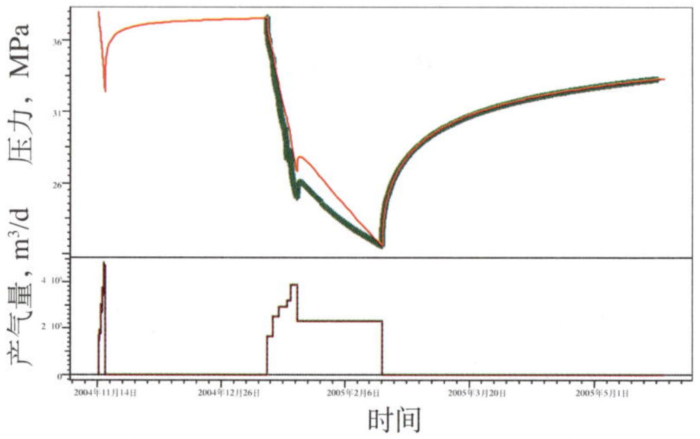　　图7-142 XX1-1井时间压力历史拟合检验图

2）定压边界

DD171井DD气田储层岩性为玄武岩、玄武质熔结角砾岩，裂缝发育程度低，压裂完井。该井在产能试井后进行了压力恢复测试，由图7-143分析可知，压力恢复曲线可分为4个阶段：

（1）续流段。井筒储集效应影响期段。

（2）线性流段。导数曲线出现较长斜率为1/2的直线段，表明地层向人工裂缝做线性流动。

（3）拟径向流段。导数曲线出现值为0.5的水平直线段，说明压裂井近井地带中产生拟径向流。

（4）边界影响段。拟径向流段之后，导数曲线快速跌落，这是压力传播遇到定压边界的典型特征，说明该井所在储层附近有边水或底水供给。

为了验证作为定压边界储层压裂直井解释的可靠性，进行了压力历史拟合验证，由图7-144可见，不论压降段还是压恢段，理论模型与实测压力间的符合程度均较高，认为解释结果可靠。解释参数：地层压力50.13MPa，地层渗透率0.44mD，压裂缝半长10.8m，裂缝表皮系数S_f为0.09，圆形定压边界距离103m。

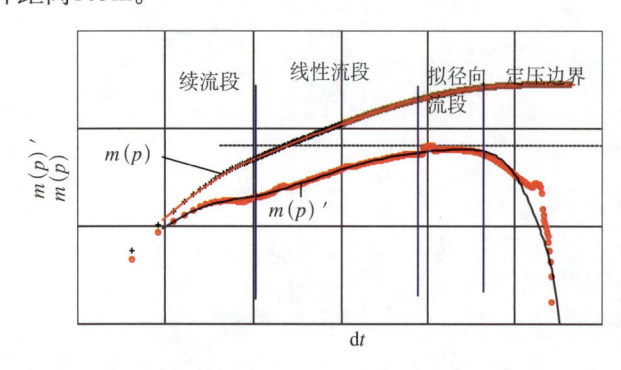

图7-143 DD171井压力恢复双对数曲线图 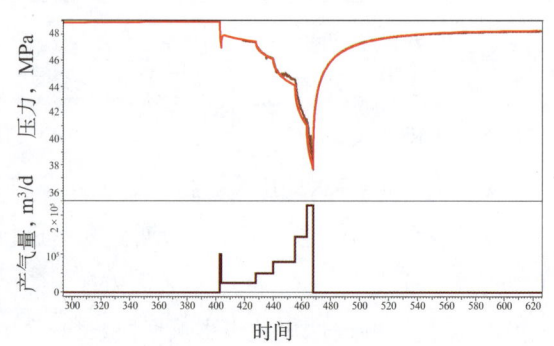　　图7-144 DD171井压力历史拟合检验图

3. 不同机理对曲线形态及储层动态参数的影响

火山岩气藏储层动态描述模型为描述储层动态参数奠定了有力的理论基础。由于火山岩气藏储层孔洞缝多重介质渗流机理复杂，对储层动态参数描述影响大，因此，基于第六章建立的储层动态描述模型对应力敏感、滑脱效应等不同渗流机理对曲线形态及储层动态参数的影响进行分析。

1）应力敏感效应

（1）单一介质储层。

对于气孔、溶蚀孔及粒间孔发育的均质气藏，孔喉收缩变形导致孔隙发生应力敏感作用。由图7—145分析得到，无限大的单一介质气藏考虑应力敏感影响时，由于应力敏感作用造成储层物性变差，流动阻力增大，压力/拟压力导数曲线在径向流水平段后期出现上翘，表现出类似不渗透边界的特征；应力敏感越强，拟压力及其导数曲线上翘越明显。如果忽略应力敏感影响，将导致解释渗透率偏小。

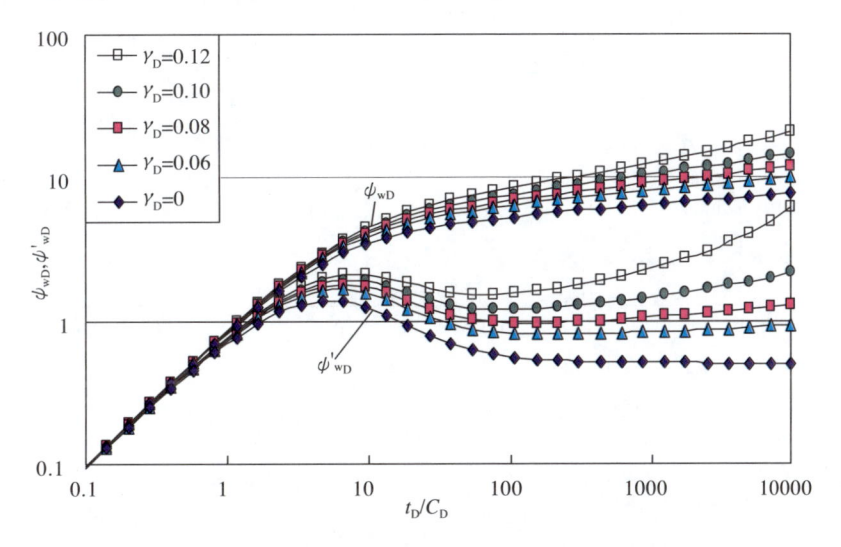

图7—145 无限大单一介质气藏双对数曲线（应力敏感）

γ_D为渗透率模量，无量纲，γ_D越大，应力敏感越强

如图7—146所示，对于圆形不渗透边界的单一介质气藏，当压力波传播到气藏外边界时，由于受封闭外边界和应力敏感效应的共同影响，导数曲线上翘幅度加剧，斜率超过了拟稳定流的45°直线。

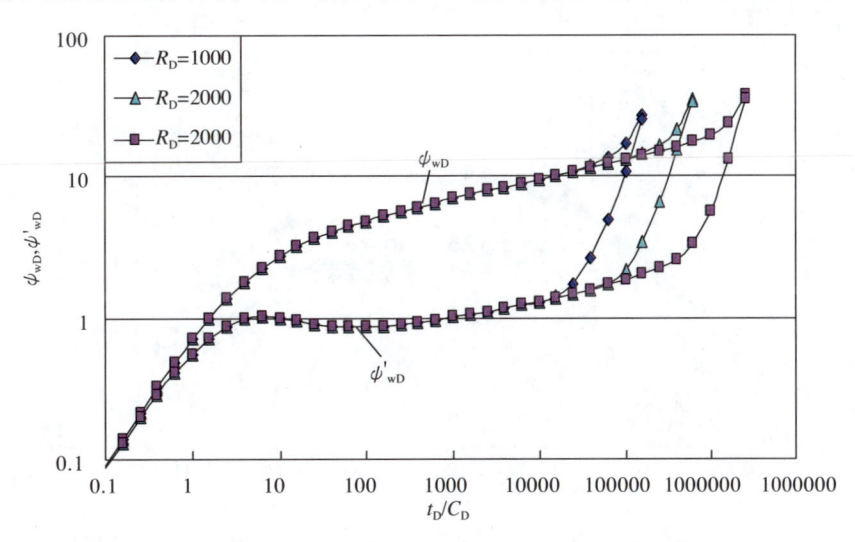

图7—146 圆形不渗透边界气藏双对数曲线（应力敏感）

（2）双重介质储层。

对于构造缝/炸裂缝发育的气孔型、溶蚀孔型储层，孔隙喉道发生收缩变形，天然裂缝发生变形与闭合，产生较强的应力敏感效应。如图7-147所示：

第I阶段，主要受井筒储集效应控制，考虑和不考虑应力敏感影响时典型曲线特征基本一致。

第II阶段，应力敏感作用导致流动阻力增加，导数曲线从过渡段开始上移，窜流段下凹形态基本不受应力敏感效应的影响，窜流段结束后导数曲线开始逐步上翘；随着应力敏感强度的增加，曲线上翘速度加快，呈现出类似于不渗透边界的特征。忽略储层应力敏感影响，将导致解释渗透率偏小。

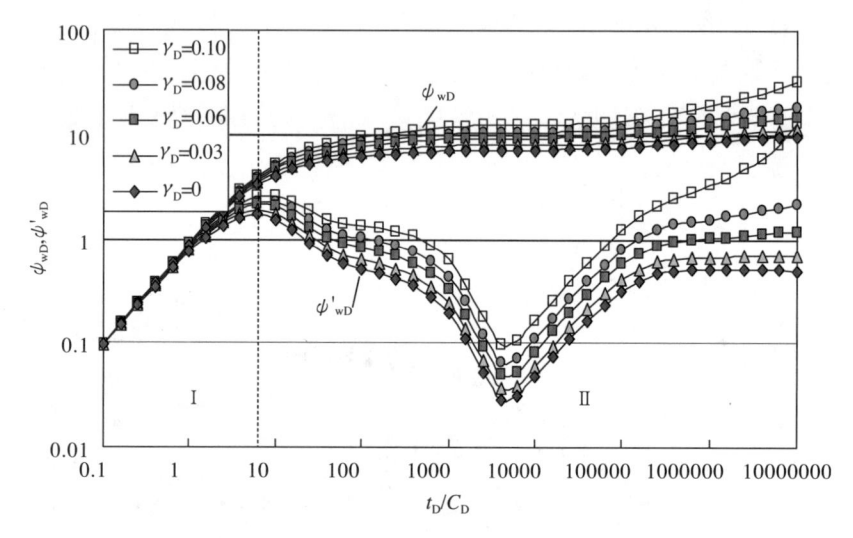

图7-147 双重介质气藏双对数曲线

（3）径向复合介质。

对于溢流相上/下部气孔型、爆发相粒间孔储层，受成岩作用影响，孔喉半径由火山口及远逐渐变小，因此基质孔喉的应力敏感对径向复合介质储层参数的动态描述影响较大。由图7-148和图7-149可知，应力敏感的影响主要体现在两个复合区域的径向流阶段：应力敏感越强，无量纲渗透率模量越大，拟压力及其导数上翘得越明显。当外区储层及流体物性变差时，其导数曲线上翘特征与不考虑应力敏感的不渗透外边界单一介质气藏曲线特征类似。

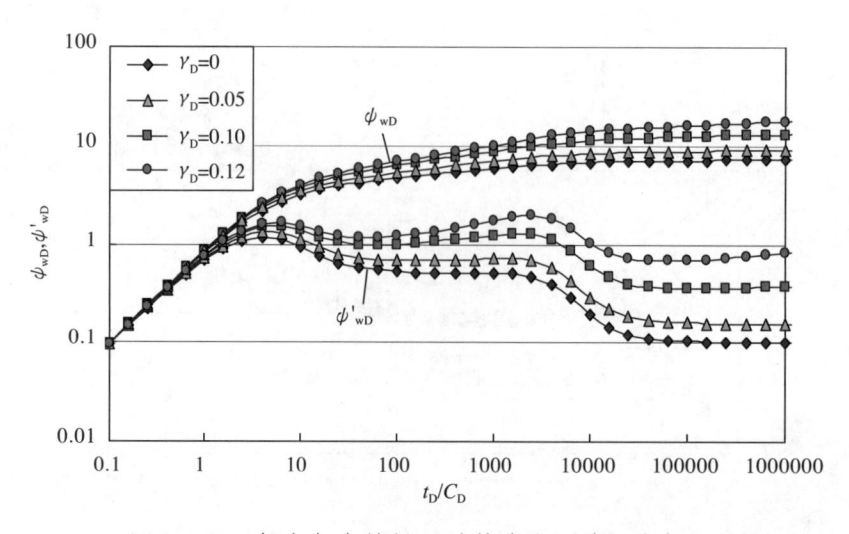

图7-148 径向复合储层双对数曲线（外区变好）

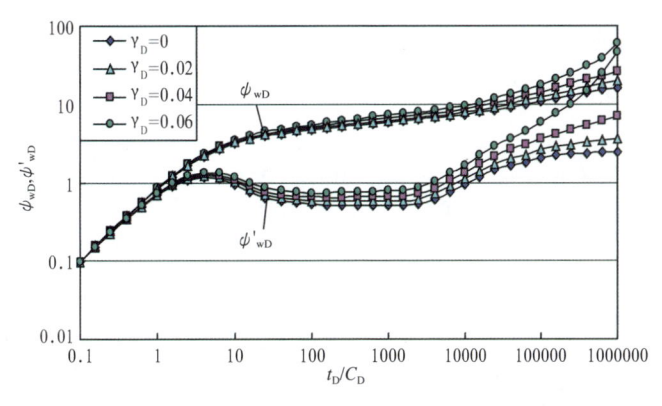

图7-149 径向复合储层双对数曲线（外区变差）

2）滑脱效应

当火山岩气藏储层物性差（渗透率小于0.1mD），孔隙压力低于10MPa时，需要考虑滑脱效应对气体渗流的影响。

由双对数图（图7-150）分析得到，滑脱效应的影响主要体现在导数曲线后期：考虑了滑脱效应的导数曲线在径向流阶段为水平直线段，而未考虑滑脱效应的导数曲线在后期井底压力较低时出现下掉，偏离水平直线段。这是因为气体滑脱效应的影响相当于减小了渗流阻力，增大储层渗透率。

由半对数图（图7-151）分析得到，与未考虑滑脱效应的导数曲线相比，考虑滑脱效应后曲线斜率更大，即考虑滑脱效应的动态描述模型计算渗透率更低，这与气体滑脱效应实验结果一致。

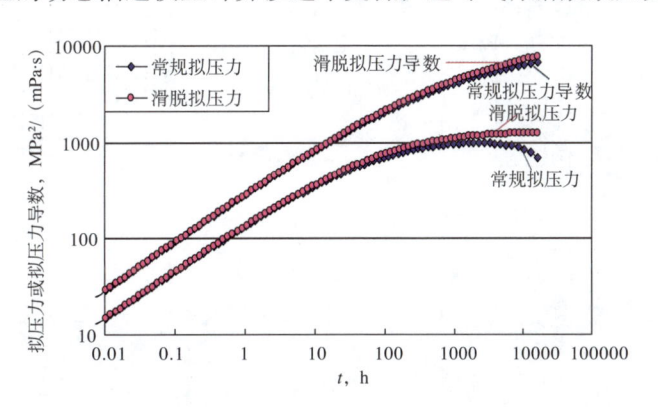

图7-150 考虑滑脱效应的单一介质气藏双对数曲线

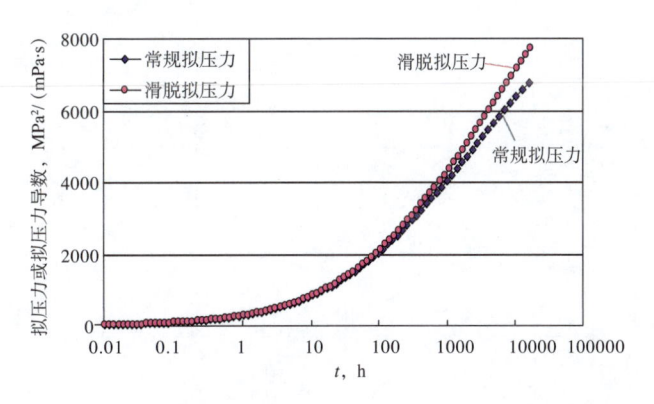

图7-151 考虑滑脱效应的单一介质气藏半对数曲线

不同井型、不同开发模式的火山岩气藏动态描述见表7-41。

表7-41 不同井型、不同开发模式的火山岩气藏动态描述

储层类型	动态描述模型	井型	开发模式	边界条件	概念模式图	曲线形态	曲线特征
单一介质储层	中、高渗孔隙型	直井	常规	储层物性较差，渗流缓慢	气孔/溶孔	$dm(p)$, $dm(p)'$ vs dt	ab: 续流段；bc: 地层径向流段
		水平井	常规	储层具有条带形不渗透边界	气孔/溶孔，井筒	$dm(p)$, $dm(p)'$ vs dt	ab: 续流段；bc: 径向流段；cd: 边界线性流段
		直井	常规	储层物性较差，渗流缓慢	气孔/溶孔，水平井	$dm(p)$, $dm(p)'$ vs dt	ab: 续流段；bc: 早期径向流段；cd: 线性流段；de: 地层拟径向流段
	低孔渗孔隙型	直井	压裂	储层物性较差，渗流缓慢	粒间孔/气孔/溶蚀孔，人工裂缝	$dm(p)$, $dm(p)'$ vs dt	ab: 续流段；bc: 双线性流段；cd: 线性流段；de: 拟径向流段
		直井	压裂	储层具有条带型不渗透边界	粒间孔/气孔/溶孔，人工裂缝	$dm(p)$, $dm(p)'$ vs dt	ab: 续流段；bc: 裂缝线性流段；cd: 拟径向流段；de: 边界线性流段

续表

储层类型	动态描述模型	井型	开发模式	边界条件	概念模式图	曲线形态	曲线特征
单一介质储层	低孔渗孔隙型	直井	压裂	储层具有充足的边水供给			ab：续流段； bc：线性流段； cd：拟径向流段； de：定压边界影响段
双重介质储层	双孔单渗型	直井	常规	储层物性较差，渗流缓慢			ab：续流段； bc：裂缝系统径向流段； cd：过渡段； de：总系统径向流段
双重介质储层	双孔双渗型	直井	常规	储层物性较差，渗流缓慢			ab：续流段； bc：过渡段； cd：总系统径向流段
复合介质储层	外区物性变好型	直井	常规	储层物性较差，渗流缓慢			ab：续流段； bc：内区径向流段； cd：过渡段； de：外区径向流段
复合介质储层	外区物性变差型	直井	常规	储层物性较差，渗流缓慢			ab：续流段； bc：内区径向流段； cd：过渡段； de：外区径向流段

二、火山岩气藏气井动态储量评价技术

动态储量（即动储量）是指采用动态方法计算的储量，一般指地层压力降为零时能够动用的地质储量。单井控制动态储量的大小（尤其是动态储量）是确定气井合理稳定产能和井网密度的重要依据。

火山岩气藏储层物性差异大，岩性岩相变化较快，发育不同尺度的孔洞缝复杂介质，储层的连通性及动态储量控制机理复杂，导致高效气藏、低效气藏和致密气藏等不同类别气藏气井动态储量的评价方法不同、评价结果差异较大，且变化规律也不尽相同（表7-42）。因此，根据不同的火山岩气藏类型的储层特征，充分利用不同测试方法提供的数据，选择合适不同储层介质类型的井控动态储量评价方法，评价火山岩气藏单井动储量的大小，分析井控动态储量的变化规律，形成火山岩气藏动储量评价技术，其技术流如图7-152所示。

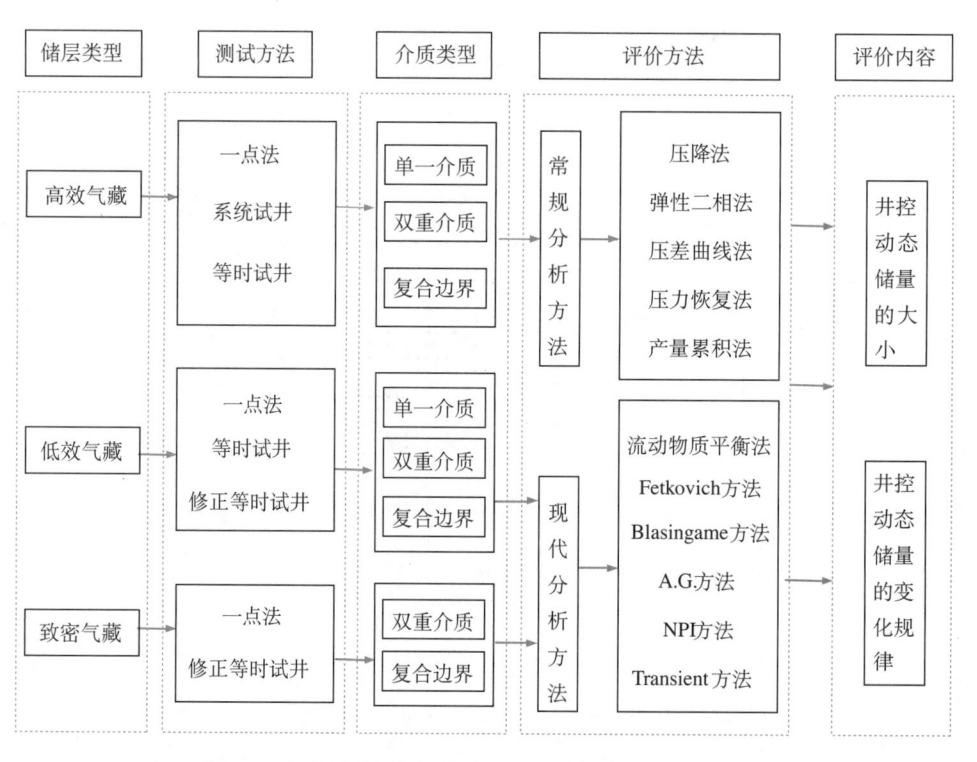

图7-152 火山岩气藏气井井控动态储量评价技术流程图

1. 高效气藏的井控动态储量评价

1) 高效气藏的储层特征

高效火山岩气藏储层岩相以爆发相、溢流相、火山岩通道相、侵入相为主，总体上储层规模大，多为厚层块状，储层发育尺度较大的气孔、粒间孔、溶蚀孔和构造缝等孔洞缝介质。受火山喷发作用影响，近火山口附近气孔及粒间孔等孔径大、孔隙和裂缝发育程度高，级差小，储层物性好，其储层孔隙度一般能达到8%以上，渗透率一般能达到1mD以上。储层由多个火山岩体相互叠置而成，平面展布面积大，储层连续性及连通性好，泄气范围大。以CC1区块为例，该区发育6个火山岩体，单个火山岩体平面面积在8.8~61km^2（图7-153），利用气井生产动态资料，通过试井分析气井泄气半径在347~1786m（图7-154）。

第七章 火山岩气藏开发技术

表7—42 不同储层类型气井井控储量评价结果及变化机理分析

气藏类型		储层特征		动储量控制机理及评价方法		动储量大小及变化规律		模式图
		储层物性	储层连通性/控制半径，m	动储量控制机理	动储量评价方法	动储量大小10⁸m³	动储量变化规律	
高效气藏	单一介质	储层物性好，裂缝不发育	连通性好，平面展布范围大，控制半径：617~971m，平均758m	压力波在生产较短时间内即可传播到控制边界	常规方法适用性好；不同方法评价结果差异不大	动储量大：(23.8~46.2)×10⁸m³，平均30.1×10⁸m³	动储量在生产初期随生产时间的延长而增加，但很快达到稳定，后几乎不变或者增幅非常小	
	双重介质	裂缝发育，基质物性比较好，基质、孔隙物性较差	储层靠裂缝沟通，控制范围较大，控制半径：540~820m，平均629m	生产初期，压力波在裂缝中的传播到控制边界，随后快速向控制范围内的基质孔隙传播，孔隙与裂缝的物性级差异时间差异小，流动时间差异小	常规方法适用性比较好；不同方法评价结果差异不大	动储量大：(15.3~27.8)×10⁸m³，平均18.7×10⁸m³	动储量随生产时间的延长而稍有增加	
	复合储层	井周围储层物性较好，井外围储层物性变差	储层连通性中等，岩性靠相边界差，控制半径：214~480m，平均320m	生产初期，井周围物性好，压力波传播速度较快，传到到边界后，随外围物性变差，压力波向外传播速度变缓，井控储量增幅变小	常规方法适用，不同方法评价结果差异稍大	动储量大：(5.3~14.0)×10⁸m³，平均7.2×10⁸m³	动储量随生产时间的延长而逐渐增加，但后期物性变差导致增幅缓慢	

续表

气藏类型		储层特征		动储量控制机理及评价方法			动储量大小及变化规律		模式图
		储层物性	储层连通性/控制半径，m	动储量控制机理	动储量评价方法		动储量大小 10^8m^3	动储量变化规律	
高效气藏	复合储层	井周围物性差，由于岩相变化，外围物性变好	储层连通性中等，岩性岩相边界岩性连通性变好；控制半径：300~488m，平均420m	生产初期，压力波传播速度较慢，传到岩性边界后，压力波向外传播速度加快，动储量增加变大	常规方法较适用；不同方法评价结果差异稍大		动储量大：(3.1~13.8) $\times 10^8 \text{m}^3$，平均$7.9 \times 10^8 \text{m}^3$	动储量随生产时间的延长而逐渐增加，但后期外围物性变好导致增幅变大	
	单一介质	储层物性较差，天然裂缝不发育	储层连通性相对小，控制范围小，控制半径：90~298m，平均184m	压力波传播速度慢，控制半径随生产时间的延长而逐渐增加，但后期延伸速度远小于初期	现代分析方法适用，常规方法计算结果偏小		动储量中等：(1.6~9.8) $\times 10^8 \text{m}^3$，平均$5.3 \times 10^8 \text{m}^3$	随生产时间的延长，但是增加幅度远小于初期	
低效气藏	双重介质	基质物性较差，天然裂缝或人工裂缝与基质形成了双重介质系统	裂缝沟通储层，控制范围比单一介质低效储层大，控制半径：194~430m，平均274m	压力波初期沿裂缝向外传播，随后向控制范围内次级尺度的孔缝介质中传播，最后向微小尺度孔缝介质中传播	现代分析方法适用；常规方法计算结果偏小		动储量中等：(2.5~12.8) $\times 10^8 \text{m}^3$，平均$7.7 \times 10^8 \text{m}^3$	随生产时间的延长动储量逐渐增加，但由于基质物性较差，增加幅度较小	

续表

气藏类型	储层特征		动储量控制机理及评价方法		动储量大小及变化规律		模式图
	储层物性	储层连通性/控制半径, m	动储量控制机理	动储量评价方法	动储量大小/$10^8 m^3$	动储量变化规律	
低效气藏 复合储层	由于人工压裂,井周围储层物性得到改善,井外围储层物性差	储层连通性中等,初期压力波传播速度快,后期传播速度慢;控制半径:216~480m,平均320m	生产初期,压力波传播速度较快,传到岩性边界后,压力波向外传播速度变缓,井控储量增幅小	现代分析方法适用;常规方法计算结果偏小	动储量中等:$(1.06~13.8) \times 10^8 m^3$,平均$8.2 \times 10^8 m^3$	井控储量随生产时间的延长而逐渐增加,但后期外围物性变差导致增幅缓慢	
致密气藏 双重介质 复合储层	储层致密,基质物性更差,一般情况下发育天然裂缝,或者体积压裂形成缝网	主要靠人工裂缝沟通储层,储层连通性差,控制范围有限:83~196m,平均151m	致密储层基质物性更差,压力波传播速度更慢,"接力"排供气过程缓慢,达到拟稳态所需时间更长	现代分析方法适用;常规方法不适用	动储量小:$(0.15~2.6) \times 10^8 m^3$,平均$1.1 \times 10^8 m^3$	动储量随生产时间的延长而缓慢增加,增渗速度比低渗效储层更为缓慢,只有在生产时间较长情况下计算结果可靠,前期计算结果偏小	
致密气藏 复合储层	致密储层体积压裂后气井控制范围的大小取决于SRV大小,储层连通性差(SRV),SRV内外储层物性的差异符合复合储层的特点	井控范围的大小取决于SRV体积大小,储层连通性差,控制范围有限:83~196m,平均151m	生产初期,由于缝网的导流能力强,压力波传播速度较快,瞬时传到SRV体积外边界。随着SRV体积外向传播,物性变差,压力波向外传播速度变慢,排供气脱效应,压敏及滑脱机理,压供气等因素影响,最后达到控制边界	现代分析方法适用;常规方法不适用	动态储量小:$(0.106~2.94) \times 10^8 m^3$,平均$0.73 \times 10^8 m^3$	生产时间越长,井控储量逐渐增加,后期井控储量增幅较小,且增速变慢。同时井控范围和储量与压裂工艺技术密切相关,压裂改造体积越大,SRV越大,井控储量越大	

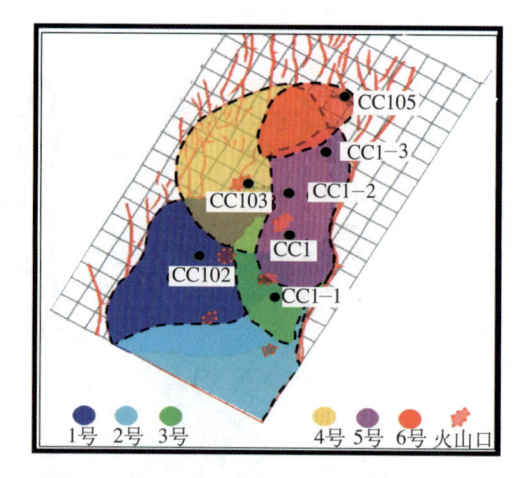

图7-153 CC1区块火山岩体平面展布

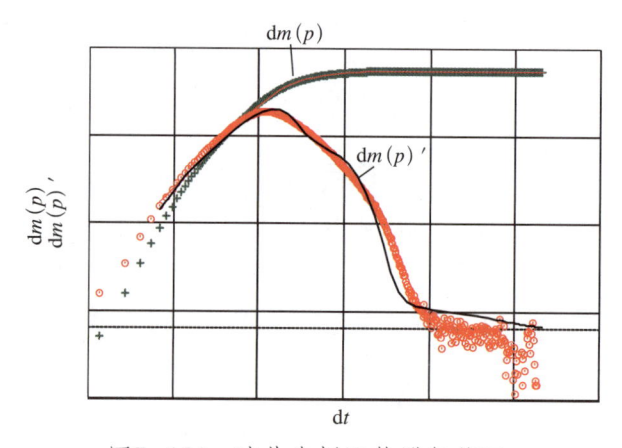

图7-154 试井分析评价泄气范围

根据火山岩储层孔缝洞的发育及分布情况，可将高效储层可划分为3种类型：一是储层中较大尺度的气孔、粒间孔或溶蚀孔发育、裂缝不发育，储层物性及连通性较好的单一介质储层；二是储层中基质孔隙和裂缝均发育，物性较好的双重介质储层；三是由级差较小的气孔、粒间孔及溶蚀孔形成的复合介质储层。

2) 井控动态储量的控制机理及评价方法

由于介质类型和储层特点的差异，高效气藏中单一介质储层、双重介质储层和复合介质储层的单井动态储量控制机理及评价方法不同。

（1）单一介质储层。

由于该类储层发育气孔、粒间孔或溶蚀孔的孔径大、差异小，储层物性好，储层连通性好。气井投产后，压力波在较短生产时间内即可瞬时传播到控制边界，且后期压力波不再向外传播或传播极为缓慢，井控体积变化很小，可视为定容气藏。因此可采用传统的压降法、弹性二相法、压差曲线法、产量累积法等方法[46]评价井控动态储量，且井控储量基本不随生产时间的延长而增加，或者出现微量增加。

如CC1井位于CC气田CC1火山岩体，储层岩性为凝结凝灰岩、角砾熔岩和流纹岩，储层平均有效孔隙度7.2%，平均渗透率2.1mD。2007年投入短期试采，期间采用4个工作制度进行修正等时试井后，以日产气量14.73×10⁴m³延时生产一个月再关井让压力恢复953h。根据井底流压p_{wf}^2与生产时间的关系

（图7-155），确定直线段斜率为0.022，该井供给半径大，达1110m，利用弹性二相法预测井控动态储量为$13.8\times10^8m^3$（图7-156）。

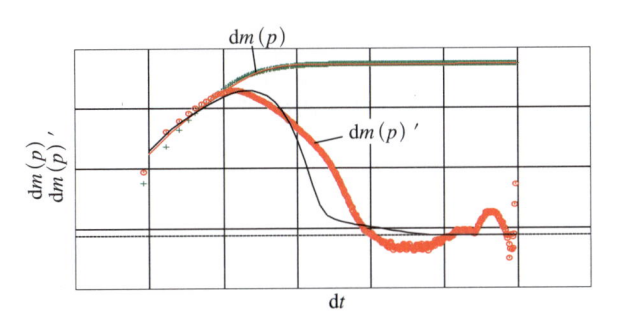

图7-155　CC1井压力恢复双对数曲线

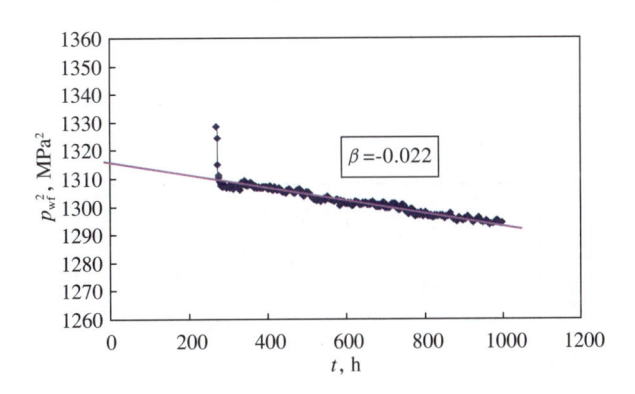

图7-156　弹性二相法评价井控储量（CC1）

（2）双重介质储层。

储层中气孔、粒间孔或溶蚀孔等孔隙和构造缝等天然裂缝均发育，属于裂缝—孔隙型双重介质储层。基质与裂缝的双重作用控制了井控动态储量的大小，裂缝沟通储层基质孔隙，气体渗流在裂缝中传播速度快，基质孔隙主要起着渗流补给作用，控制范围较大，井控储量高。生产初期，压力波在裂缝中的传播到控制边界，随后快速向控制范围内的基质孔隙传播，由于气孔/粒间孔/溶蚀孔等孔隙与裂缝的物性级差小，流动时间差异小，当基质与裂缝中气体流动达到平衡时，可视为单一介质渗流。因此，采用常规的压降法、Arps产量递减分析法、压差曲线法、产量累积法等方法可较为准确的评价井控动态储量，气井的井控动态储量随生产时间的延长而逐渐增加。

以CC1-1井为例，储层岩性为流纹岩，平均有效孔隙度9%。2008年12月气井试采平均日产气量$21.74\times10^4m^3$，平均流压32.45MPa。流压和气产量相对稳定，12月19日关井压力恢复测试12d。由Horner法外推地层压力p_e为41.66MPa（图7-157），由该压力作一水平线，与MDH法（图7-158）直线外推的交点作一垂线，交点即为关井恢复到地层压力的时间Δt_s为627.5h；将MDH法的直线斜率$m=35.995$和其他参数代入式（7-57），即可得到采用压力恢复法确定CC1-1井的井控动态储量为$10.54\times10^8m^3$：

$$G=\frac{1.077\times10^{-5}q_g p_e \Delta t_s}{mC_t}=\frac{1.077\times10^{-5}\times21.74\times41.66\times627.5}{35.995\times0.01614}=10.54\times10^8 m^3 \quad (7-57)$$

式中　G——单井井控动态储量，10^8m^3；

q_g——气井日产气量，$10^4m^3/d$；

p_e——井底流压，MPa；

Δt_s——关井压力恢复时间，h；

m——MDH法的直线斜率；

C_t——地层压缩系数，1/MPa。

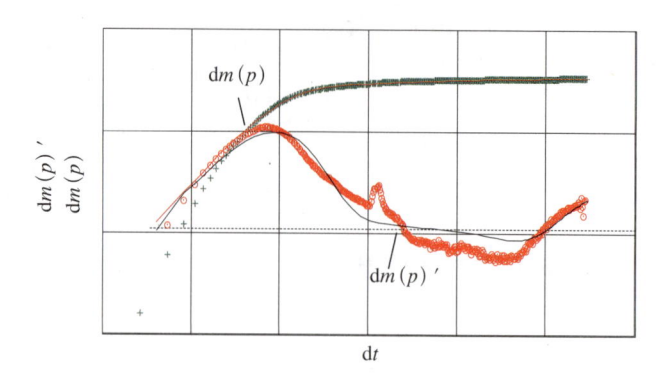

图7-157 CC1-1井压力恢复双对数曲线

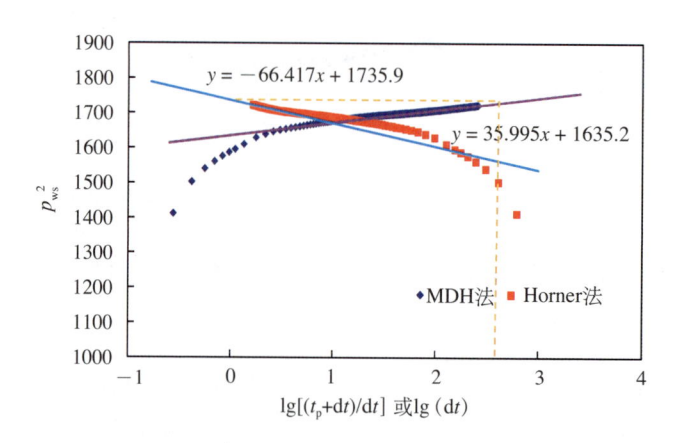

图7-158 压力恢复法评价井控储量（CC1-1）

（3）复合介质储层。

对于径向复合外围变差储层，其井周围储层物性较好，由于火山岩岩性岩相变化较快，井外围储层物性变差，对于此类气井，其生产初期，井周围物性较好，压力波传播速度较快，传到岩性边界后，随外围物性变差，压力波向外传播速度变缓，最后达到控制边界，因此，气井的井控储量初期增加较快，后期增幅变小，增速缓慢。

与径向复合外围变差储层相反，径向复合外围变好储层，井周围物性较差，外围由于岩性岩相的变化物性变好，此类气井，其生产初期，压力波传播速度较慢，传到岩性边界后，随外围物性变好，压力波向外传播速度变快，最后达到控制边界，因此，气井的井控储量初期增加缓慢，后期增幅变大，增速加快。

以SS2-1井为例，该井生产层段储层岩性为流纹岩，储层平均有效孔隙度9.3%，平均渗透率1.55mD，储层裂缝发育。该井2003年开始试采5个月后关井实测地层压力31.4MPa，单位压降采气7838.96×10^4m³/MPa，火山岩储层稳定产气12×10^4m³/d，利用现代试井分析该井表现出径向复合介质的特征，其中内区渗透率1.08mD，外区渗透率7.2mD，截至2009年12月累计生产天然气0.62×10^8m³。根据压降法评价井控动态储量27.8×10^8m³（图7-159、图7-160）。

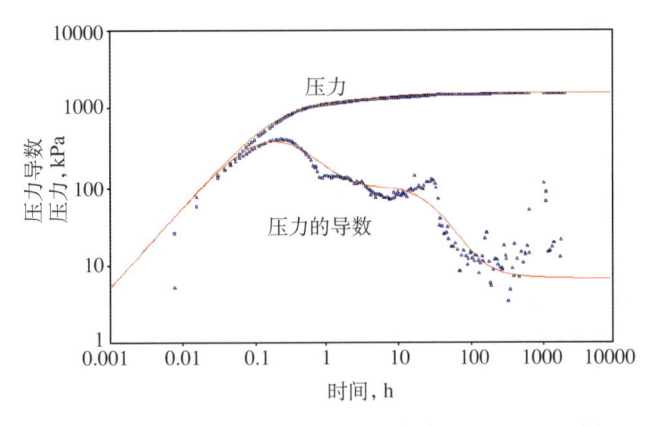

图7-159 现代试井分析双对数曲线（SS2-1井）

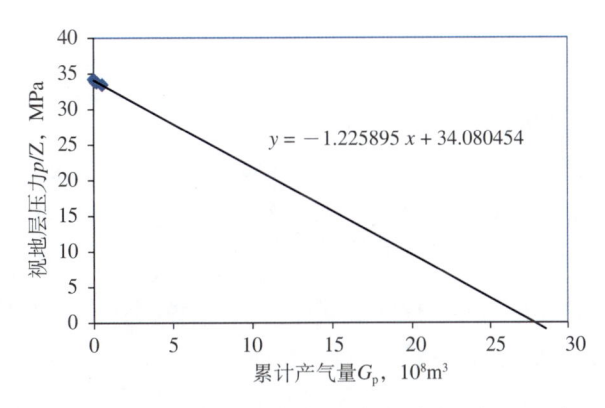

图7-160 压降法评价井控动态储量（SS2-1）

3）井控动态储量大小及其变化规律

（1）井控动态储量大小。

对于高效火山岩储层，无论是单一介质、双重介质还是复合介质储层，储层物性好、连通性好，气体渗流速度和压力波传播速度快，瞬时传到泄气边界，探测半径远，井控动态储量大。根据已开发高效火山岩储层的气井井控动态储量统计表明（图7-161和图7-162）：探测半径在347～1786m，平均817.8m；井控动态储量为（1.5～46.2）×10^8m³，平均为16.7×10^8m³。其中直井井控动态储量为（1.5～27.8）×10^8m³，平均为10.1×10^8m³；水平井井控动态储量为（12.6～46.2）×10^8m³，平均为26.4×10^8m³。

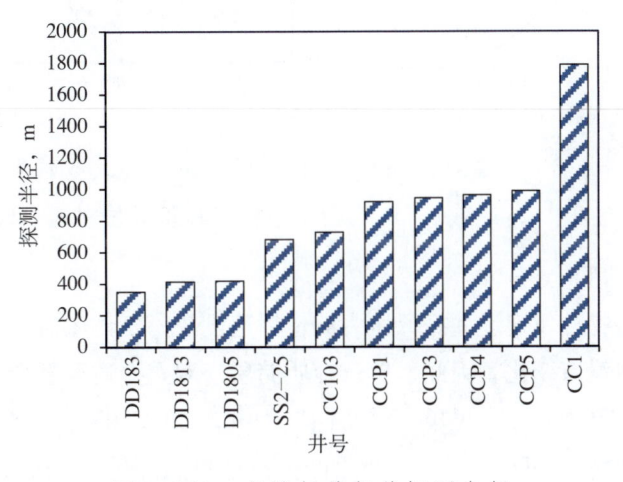

图7-161 高效气藏气井探测半径

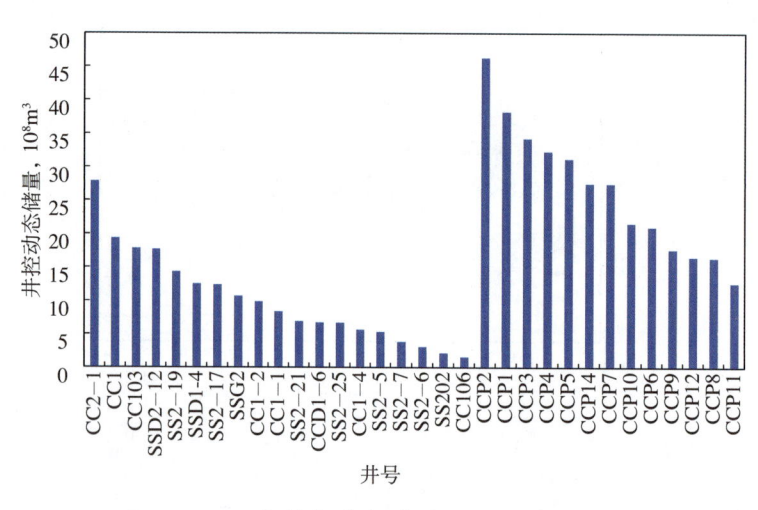

图7-162 高效气藏气井井控动态储量大小

(2) 不同评价方法的井控动态储量。

对高效火山岩气藏，虽然单一介质储层、双重介质储层与径向复合介质储层中井控动态储量的控制机理不同，但同一口井采用不同的评价方法计算结果差异较小。同时，由于高效储层，储层物性较好，压力波传播速度快，通常在生产较短时间下即可达到控制边界，气体渗流即可达到拟稳态，因此，在气井生产较长时间后计算得到的井控动态储量并未明显大于初期计算值。

以DD1805井为例，该井于储层天然裂缝发育，物性好，2008年12月投产，投产初期日产气基本稳定在$15 \times 10^4 m^3$，截至2013年3月累计产天然气$1.8 \times 10^8 m^3$（图7-163）。采用压降法、弹性二相法、压力恢复法及压差法等多种方法评价该井的井控动态储量为$(11.7 \sim 12.2) \times 10^8 m^3$（图7-164），由于压力波在该类储层传播速度快，瞬时达到控制边界，因此，不同方法评价结果之间的差异较小。

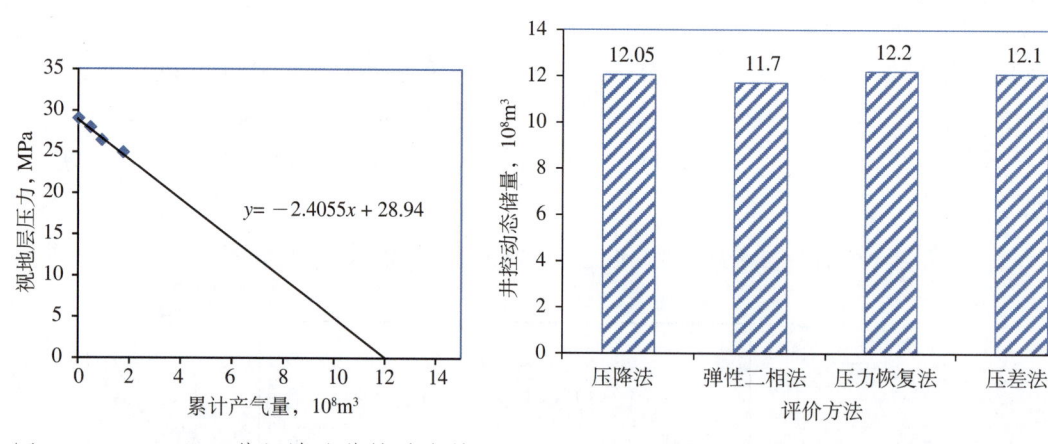

图7-163 DD1805井压降法井控动态储量

图7-164 高效气藏不同井控动态储量评价方法对比（DD1805井）

(3) 井控动态储量的变化规律。

高效火山岩气藏储层物性及连通性好，压力波传播速度快，气体渗流过程中没有发生介质变形，渗流流态及边界基本上也没有变化，因此，单一介质储层、双重介质及复合介质储层中的气井在不同时间测试的井控动态储量基本不变。以单一介质储层为例，如CC103井，储层岩性为流纹岩，储层平均孔隙度12%，平均渗透率6.2mD，2009年1月投产，投产4月后评价气井探测半径为726.2m，井控动态储量为$18.3 \times 10^8 m^3$；2010年1月评价其探测半径为730.8m，井控动态储量$18.5 \times 10^8 m^3$；2014年5月重新评价其探测半径742.5m，井动态控储量为18.9×10⁸m³（图7-165）。由此可以看出高效火山岩气藏中气井投产后压力波在较短的时间内即可达到控制边界，后期井控储量增幅很小，初期即可较为准确计算气井井控储量。

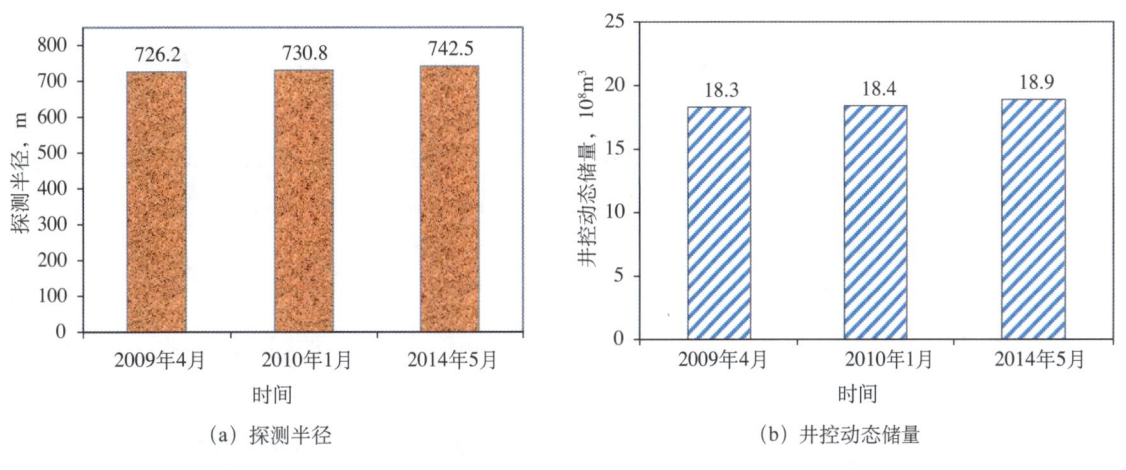

(a) 探测半径

(b) 井控动态储量

图7-165 高效气藏气井井控动态储量变化规律（CC103井）

2. 低效气藏的井控储量评价

1）低效火山岩气藏的储层特征

低效火山岩气藏储层岩相以爆发相、溢流相、火山岩沉积相为主，总体上储层规模中—小，多为分散薄层状或透镜状，非均质性强。储层发育中小尺度的气孔、粒间孔、溶蚀孔等孔缝介质。受火山喷发、逸散和溶蚀等成岩作用影响，低效火山岩储层中可发育气孔及粒间孔等多种孔隙，但溶孔局部富集，孔径较小，储层物性及连续性较差，其储层孔隙度多介于5%~8%之间，渗透率介于0.1~1mD之间。储层由多期喷发的火山岩体相互叠置而成，平面展布面积较小，储层连续性差，连通范围及供给半径小。如XX1区块火山岩沿SX断裂分布，共发育5个多呈不规则丘状、块状和透镜状的火山岩体，单个火山岩体平面面积在1.2~8km²（图7-166），利用气井生产动态资料，通过试井分析气井泄气半径在103~385m，进一步反映了低效火山岩气藏储层平面连通性较差，泄气半径较小。

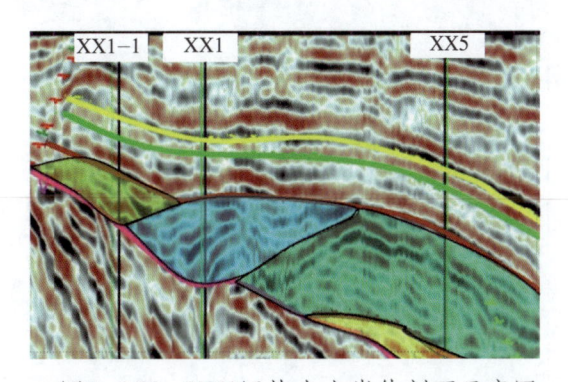

图7-166 XX1区块火山岩体剖面示意图

根据火山岩储层孔缝的发育及分布情况，可将低效储层可划分为3种类型：一是储层中较小尺度的气孔、粒间孔或溶蚀孔发育、裂缝发育程度较低，储层物性中等、连通性较差的单一介质储层；二是对于储层基质物性差，裂缝发育程度低，压裂后形成双重介质储层；三是由不同级差的小气孔、粒间孔及溶蚀孔形成的复合介质储层，以及由基质孔隙与压裂缝的物性级差形成的复合介质储层。

2）井控储量的控制机理及评价方法

对于低效火山岩气藏，由于介质类型以及储层特征的差异，不同类型储层的井控动态储量控制机理和评价结果不同。

(1) 单一介质储层。

由于该类储层发育气孔、粒间孔或溶蚀孔的孔径小、孔隙度相对较低，物性较差，储层连通性较差。气井投产后，气体渗流过程中压力波传播表现出一定的非瞬时效应，传播速度慢，控制半径随生产时间的延长而逐渐增加，但越临近控制边界，压力波传播速度越慢，增幅降低。因此，采用传统的压降法、弹性二相法、压差曲线法、产量累积法等方法评价井控动态储量的适应性较差，需采用流动物质平衡法、Blasinggame法、A.G.法、NPI法、Transient法等现代分析方法[65-72]评价井控动态储量，且井控储量基本不随生产时间的延长而增加，后期增幅缓慢。

DD1415井位于DD气田DD14火山岩体，储层岩性为凝灰质砂岩，储层平均有效孔隙度14.3%，平均渗透率0.856mD。2008年12月投入试采，初期日产气量高达$17.43\times10^4m^3$，但递减较快，截至2012年11月累计生产天然气$0.98\times10^8m^3$。通过现代试井分析该井主力产层表现为单一介质地层，地层渗透率0.683mD，供给半径较小，为293m，利用Blasinggame法预测井控动态储量为$2.6\times10^8m^3$（图7-167、图7-168）。

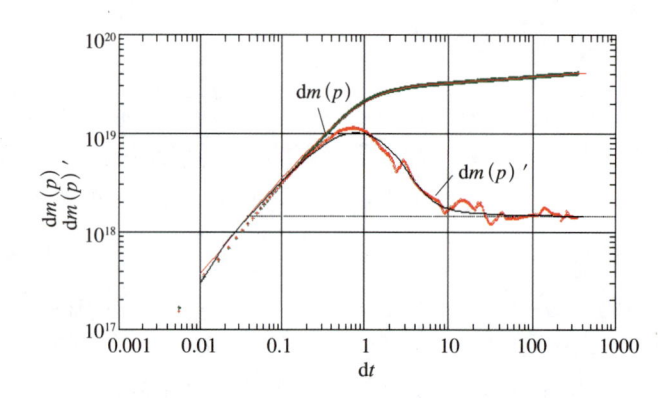

图7-167　DD1415井压力恢复双对数曲线

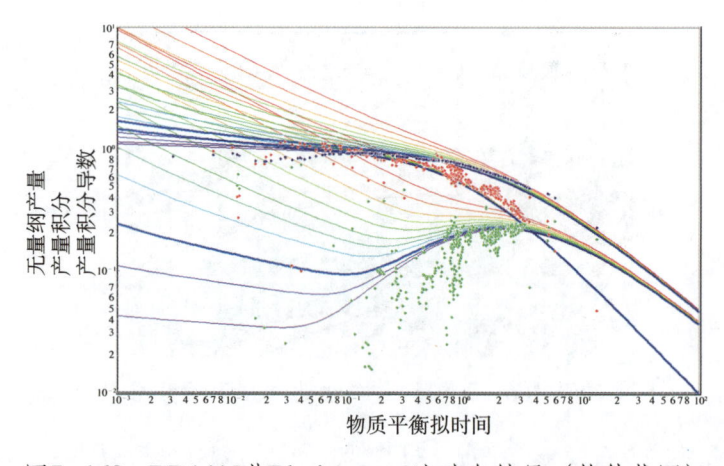

图7-168　DD1415井Blasinggame法动态储量（软件截图）

(2) 双重介质储层。

该类储层基质物性差，天然裂缝较发育时，气井有自然产能；天然裂缝发育程度较低时，需通过压裂提高单井产能。因此，天然裂缝或者压裂缝与基质孔隙形成双重介质储层。基质与裂缝缝的双重作用决定了井控范围及井控动态储量的大小，裂缝沟通基质孔隙的控制范围较单一介质储层大。气体渗流受"接力"排供气机理影响较大，裂缝中传播速度快，基质孔隙主要起着渗流补给作用。生产初期，压力波在裂缝中的传播，由于裂缝导流能力强，压力波快速瞬时传播到基质孔隙；由于基质孔隙孔径小，压力波在基质孔隙的传播具有非瞬时效应，压力传播速度慢，控制边界逐渐扩大，基质孔隙与压裂缝的物性级差大，流动时间差异大，基质与裂缝中气体流动达到平衡时间长。因此，利用常规的压降法、压差曲线法、产量累积法等方法评价井控动态储量的可靠性差，应采用流动物质平衡法、Blasinggame法、A.G.法、NPI法、Transient法等现代分析方法评价井控动态储量。当采出程度达到5%～10%时，亦可采用压降法评价井控动态储量。

以DD17井为例，储层岩性为玄武岩、玄武质熔结角砾岩，储层平均有效孔隙度9.4%，平均渗透率0.6mD。2009年12月压后投产，初期日产气量达$11.43×10^4m^3$，但产量递减较快，截至2013年3月累计生产天然气$0.58×10^8m^3$。通过现代试井分析该井主力产层表现为双重介质地层，地层渗透率0.28mD，供给半径较小，为154m，利用A.G.法预测井控动态储量为$0.9×10^8m^3$（图7–169和图7–170）。

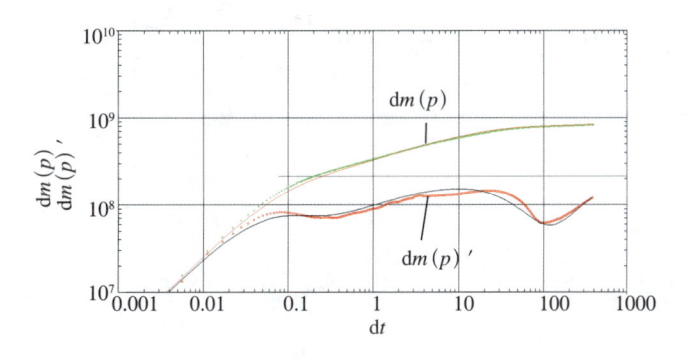

图7–169　DD17井压力恢复双对数曲线

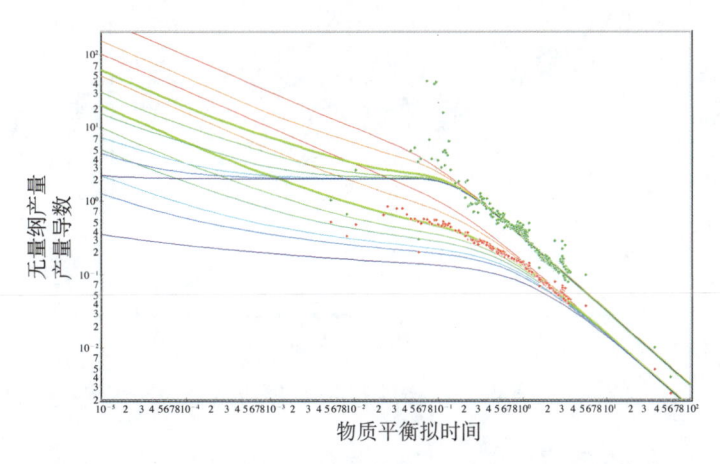

图7–170　DD17井A.G.法评价井控动态储量（软件截图）

（3）复合介质储层。

由于火山岩气藏的特殊性，低效火山岩气藏发育较小尺度的气孔、粒间孔、粒间孔，由于火山岩岩性岩相变化较快，储层物性变化快，非均质性强，自然产能低。该类储层压裂后具有物性变差的径向复合介质储层特征。对于物性变差径向复合储层，压裂井周围物性相对较好，外围物性差；生产初期，受压裂缝控制表现为线性流或双线性流，压力波传播速度较快，传到岩性边界后，随外围物性变差，压力波向外传播速度变缓，外围基质供给不足，气井的井控储量初期增加较快，后期增幅变小，增速缓慢。对于物性变好的径向复合储层，压裂井周围物性相对较差，外围物性好；生产初期，同样受压裂缝控制表现为线性流或双线性流，压力波传播速度较快，传到物性相对较差的岩性边界后，随外围物性变好，后期压力波向外传播速度相对变快，外围基质供给相对充足，气井的动态储量初期增加较快，后期增幅变小，增速缓慢。

如XX1井，储层岩性主要为火山角砾岩，晶屑凝灰岩、流纹岩，储层裂缝发育程度一般，平均孔隙度5.73%。2004年12月压裂后投入试采，压后试采初期产量21.2×10^{4}m^3/d，递减相对较慢，截至2013年3月该井累计生产天然气2.49×10^{8}m^3。通过现代试井分析该井主力产层表现为外围物性变差的径向复合介质地层，地层渗透率0.406mD，供给半径较小，为206m，利用流动物质平衡法预测井控动态储量为9.7×10^{8}m^3（图7-171和图7-172）。

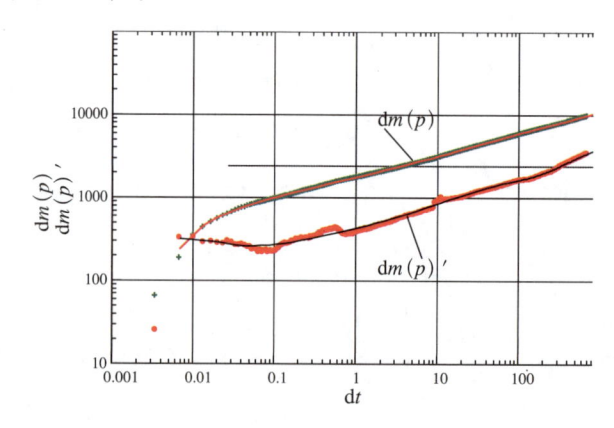

图7-171 XX1井压力恢复双对数曲线

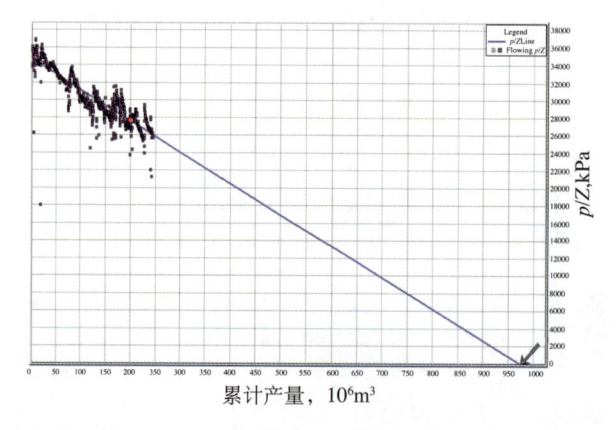

图7-172 XX1井流动物质平衡法评价井控动态储量（软件截图）

3）井控动态储量大小及变化规律

（1）井控动态储量大小。

对于低效火山岩储层，无论是单一介质、双重介质还是复合介质储层，储层物性较差、连通性范围小，气体渗流的非瞬时性较强，压力波传播速度较慢，需较长时间才能传到泄气边界，探测半径及井控动态储量较小。根据已开发低效火山岩储层的气井井控动态储量统计表明（图7-173和图7-174）：探测半径为103~385m，平均194m；井控动态储量（0.27~9.7）×10^{8}m^3，平均为2.85×10^{8}m^3。

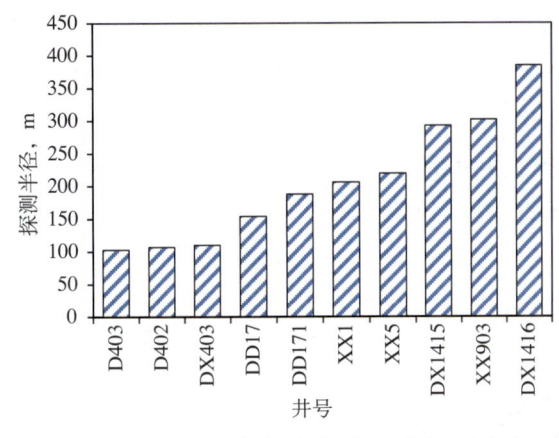

图7-173 低效火山岩气藏气井探测半径

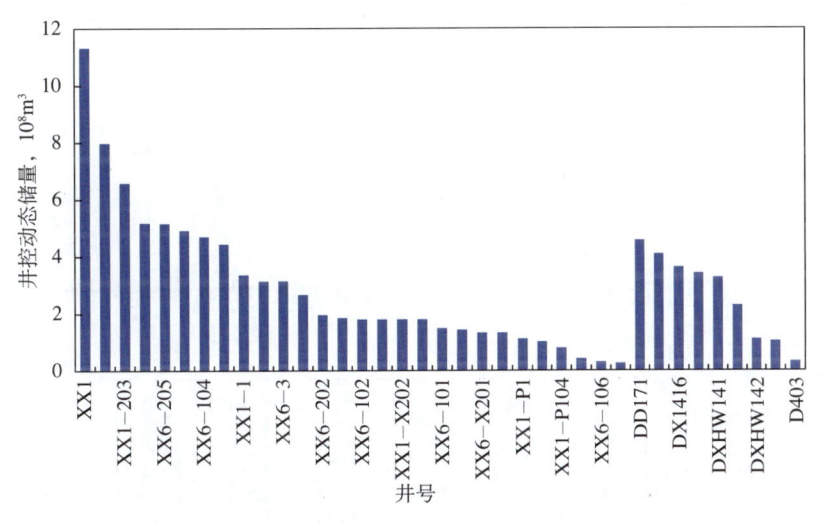

图7-174 低效火山岩气藏气井井控动态储量

（2）不同评价方法的井控动态储量。

对低效火山岩气藏，单一介质储层、双重介质储层与径向复合介质储层中井控动态储量的控制机理存在一定的差异，且同一口井采用不同的评价方法计算结果差异较大。同时，由于储层物性较差，压力波传播具有一定的非瞬时效应，传播速度相对较慢，泄气边界不断扩大，在生产较长时间后达到控制边界，因此，井控动态储量随生产时间的延长而不断增加，其变化过程较长。采用常规井控动态储量方法评价结果差别大，采用现代分析方法评价井控动态储量的差异小。

以DD1416井为例，储层岩性以熔结凝灰岩、玄武岩、英安岩为主，储层天然裂缝发育，物性好，2009年7月投产，投产初期日产气基本稳定在$21.35\times10^4m^3$，截至2013年3月累计生产天然气$1.77\times10^8m^3$。采用压降法评价井控动态储量$3.63\times10^8m^3$，误差较大。采用压降法、流动物质平衡法、Blasinggame法、A.G.法、NPI法、Transient法等现代分析方法评价井控动态储量为$(5.11\sim5.35)\times10^8m^3$，不同方法评价结果之间的差异较小（图7-175和图7-176）。

（3）井控动态储量的变化规律。

低效火山岩气藏储层物性较差，平面展布面积小，连通性差，压力波传播表现出一定的非瞬时效应，供给速度较慢，达到控制边界所需时间较长，因此，单一介质储层、双重介质及复合介质储层中的气井在不同时间测试的井控动态储量存在一定差异。一般情况下，井控储量随生产时间的延长而逐渐增加的现象更为明显。如CC1—1井于2004年12月压裂投产，截至2013年3月累计生产天然气$1.25×10^8m^3$。根据不同阶段的井控动态储量分析可知，2005年9月采用现代分析方法评价探测半径227m，井控动态储量$1.9×10^8m^3$；2006年8月探测半径236m，井控动态储量为$2.2×10^8m^3$；2008年1月探测半径259m，井控动态储量为$2.5×10^8m^3$；2012年3月评价探测半径262m，井控动态储量达到$3.19×10^8m^3$（图7—177）。可以看出，低效储层气井压力波传播缓慢，井控动态储量随生产时间的延长而逐渐增加，且在气井投产时间较短的情况下，采用现代分析方法算得的井控动态储量更为可靠。

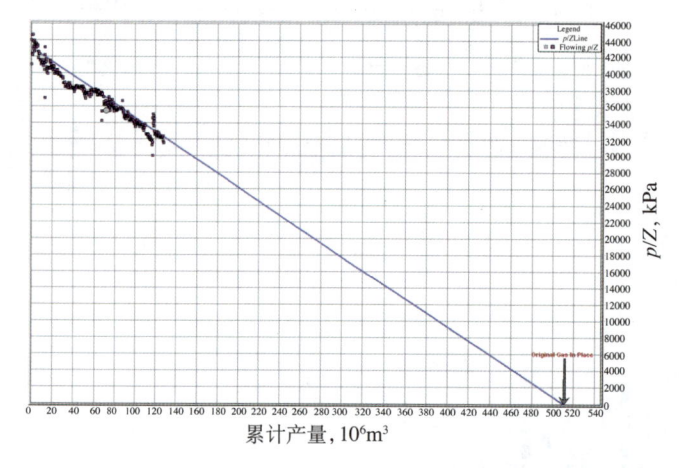

图7—175　DD1416井流动物质平衡法评价井控动态储量（软件截图）

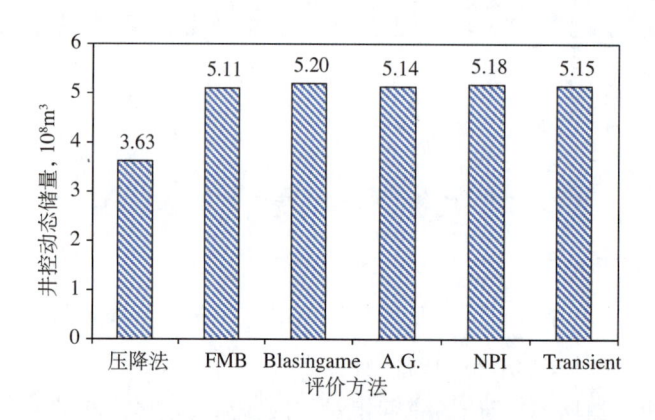

图7—176　DD1416井不同评价方法的井控动态储量对比

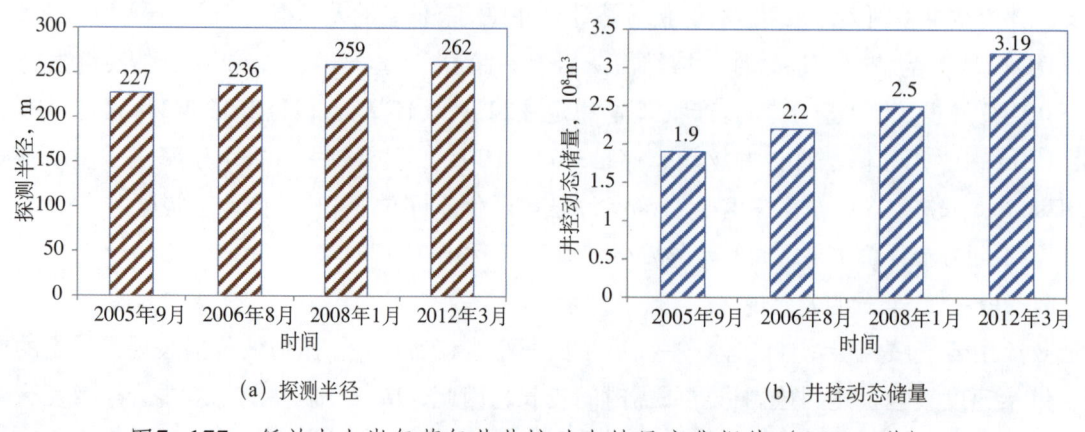

(a) 探测半径

(b) 井控动态储量

图7—177　低效火山岩气藏气井井控动态储量变化规律（CC1—1井）

3. 致密火山岩气藏的井控储量评价

1) 致密火山岩气藏的储层特征

致密火山岩气藏除了具有火山岩气藏的特征以外，更重要的是具有致密气的储层特征。储层主要发育基质微孔和微缝，较大尺度的溶孔和裂缝少见，物性差。致密火山岩气藏储层孔隙度多小于5%，渗透率多小于0.1mD。

气藏具有储层大面积叠置发育的特点，总体上储层厚度大，但每个单层多呈分散薄层状；平面分布面积大，连片性好，但储层连通性差，基质动用半径及连通范围小。如YT气田LS3区块火山岩气藏，共发育8个火山岩体，火山岩体面积为1.7~56.6 km² （图7-178）。

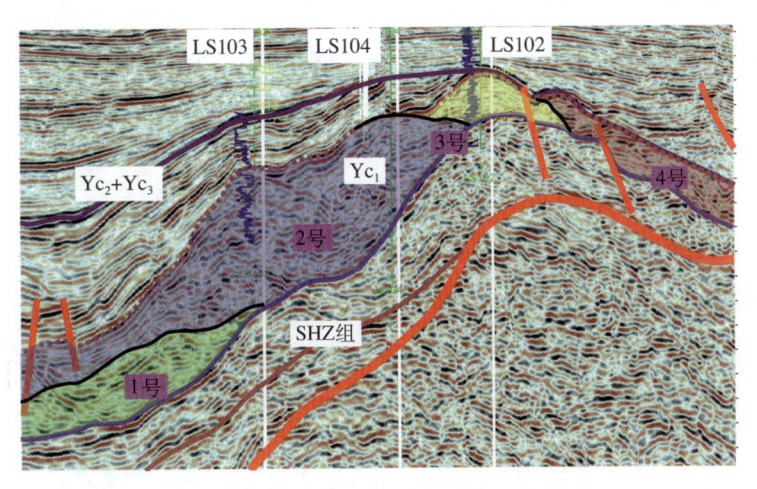

图7-178　YT火山岩气藏火山岩体分布

致密火山岩气藏单井基本无自然产能，采用常规压裂技术改造效果不佳。需采用"水平井+体积压裂"模式开发，使储层改造成具有大尺度压裂缝、基质、微孔、微缝等复杂介质的储层，进而提高开发效果。体积压裂后储层可分为两种类型：一是对于储层基质物性极差，大规模体积压裂后形成双重介质储层；二是由体积压裂形成的复杂缝网与外围基质微孔的物性级差大，气体渗流具有复合介质储层特征。

2) 井控储量的控制机理及评价方法

（1）双重介质储层。

致密储层大规模体积压裂后，形成压裂缝、基质微孔微缝双重介质，压裂缝与基质微孔的双重作用控制了井控范围及井控动态储量的大小。气体在双重介质储层中渗流受"接力"排供气机理的影响，生产初期压力波随大尺度压裂缝的展布向外延伸，随后控制范围内压裂形成的次级裂缝介质中传播，最后向基质微孔介质中传播，压力波在基质微孔的传播具有极强的非瞬时效应，流动较长时间后达到基质岩块的控制边界（图7-179）。因此采用常规井控动态储量评价方法适应性差，需采用流动物质平衡法、Blasinggame法、A.G.法、NPI法、Transient法等现代分析方法评价气井控制储量。

（2）复合介质储层。

致密储层体积压裂后气井的控制范围多大于储层改造体积，而储层改造体积内由于压裂缝网的存在，储层物性远好于储层改造体积外的基质微孔储层，进而形成复合介质储层。气井生产初期，由于压裂缝网的导流能力强，压力波传播速度较快，瞬时传到SRV体积边界。随着储层改造体积外围基质物性变差，压力波向外传播速度变缓，同时受"接力"排供气机理、压敏及滑脱效应等因素影响，最后达到控制边界（图7-180），因此，采用常规井控动态储量评价方法适应性差，需采用流动物质平衡法、Blasinggame法、A.G.法、NPI法、Transient法等现代分析方法评价气井控制储量。

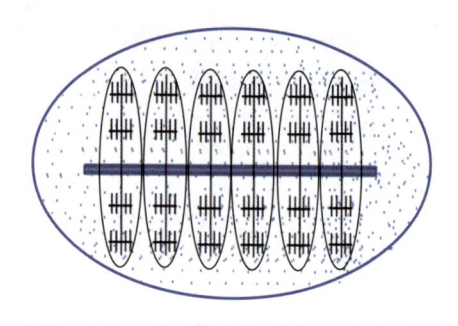

图7-179 体积压裂形成双重介质储层 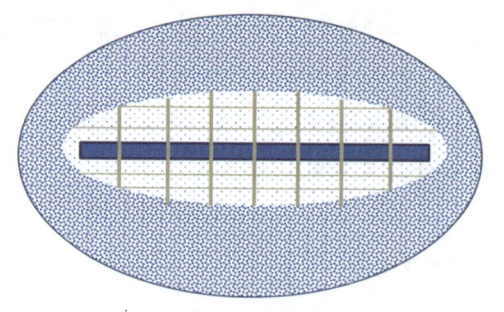　　图7-180 体积压裂形成复合介质储层

3）井控动态储量大小及变化规律

（1）井控动态储量大小。

致密火山岩气藏储层物性极差，常规压裂技术改造形成的压裂缝体积小，但由于压裂裂缝导流能力强，压力波在压裂缝中传播速度快，流动时间短；压力从裂缝传到基质后，由于基质物性极差，传播速度慢，井控范围和井控动态储量的增速缓慢，气井投产后很难达到拟稳态，因此井控范围及井控动态储量小。以DS3、LS2、LS3区块为代表，井控动态储量为$(0.106 \sim 2.94) \times 10^8 \mathrm{m}^3$，平均$0.73 \times 10^8 \mathrm{m}^3$（图7-181）。总体上，致密火山岩气藏应采用"长水平井段+体积压裂"模式开发，有利于扩大单井控制范围，增加单井控制储量。

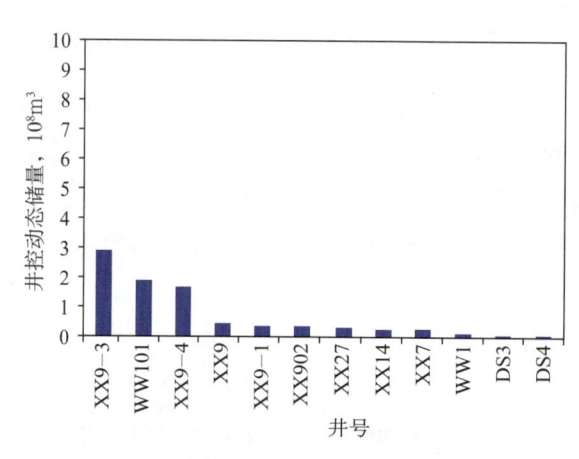

图7-181 致密火山岩气藏井控动态储量大小分布

（2）井控动态储量变化规律。

致密火山岩气藏储层物性极差，储层连片性好，但连通性差，气井需压裂改造投产。压力波在具有高导流能力压裂缝中的传播速度快，瞬时从压裂缝传递到基质。压力波在基质微孔中的传播具有较强的非瞬时效应，压力传播速度慢，气体流动达到控制边界所需时间长，因此生产时间越长，压力波及范围越大，井控储量逐渐增加，这主要是由控制范围有效动用的基质微孔逐渐增加引起的，但由于基质微孔物性极差，因此后期井控储量增幅较小，且增速缓慢。同时井控范围和储量与压裂工艺技术密切相关，压裂改造体积越大，井控储量越大。

如LS305井，储层物性极为致密，其平均孔隙度5.5%，平均渗透率0.049mD，采用体积压裂技术进行储层改造，改造成双重介质储层。LS305井于2011年3月29日投入试采，2012年9月用典型曲线法计算该井压裂缝半长111m，探测半径156m，井控动态储量0.33×10⁸m³，曲线形态表明该井尚未达到拟稳态，2014年3月评价其探测半径为163m，井控动态储量有微量增加，为0.45×10⁸m³（图7–182和图7–183），气体渗流仍未达到拟稳态，井控动态储量仍有上涨空间。

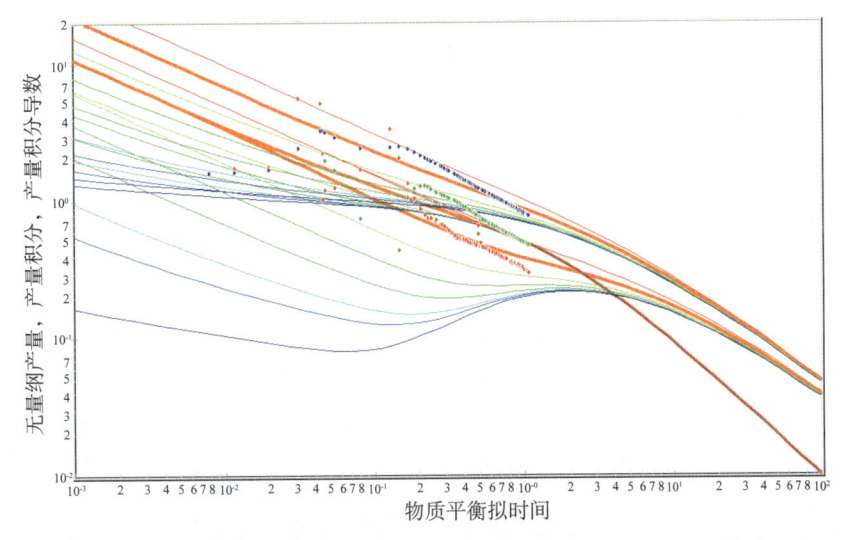

图7–182　LS305井Blasinggame法评价井控动态储量（软件截图）

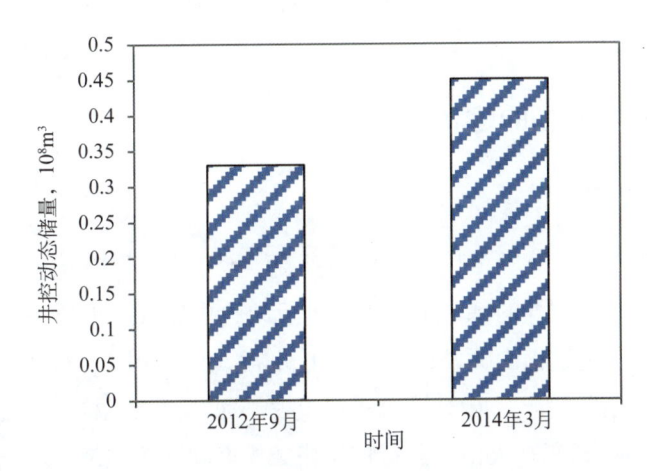

图7–183　致密气藏气井井控动态储量变化规律（LS305井）

第五节　火山岩气藏数值模拟技术

火山岩气藏是一种特殊的气藏类型，其数值模拟技术要充分体现火山岩储层内幕结构复杂、储集空间类型多样、渗流机理复杂的特点。通过火山岩气藏数值模拟研究，对于搞清火山岩气藏的开发机理、预测气田开发指标、指导火山岩气田有效开发具有重要意义。

火山岩气藏数值模拟是根据火山岩气藏的实际情况，通过建模和模拟，拟合气藏的生产历史，预测未来的开发动态。首先要建立准确反映火山岩气藏多级内幕结构、多重介质储层、复杂流体分布的地质模型[73,74]；其次，优选适合火山岩气藏孔洞缝分布规律的双孔双渗、双孔单渗或单一介质渗流模型；再次，利用生产动态资料进行历史拟合并对地质模型进一步进行修正；最后，通过机理分析研究、开发技术政策优化，形成最佳开发技术方案，预测火山岩气藏的开发指标。（图7–184）。

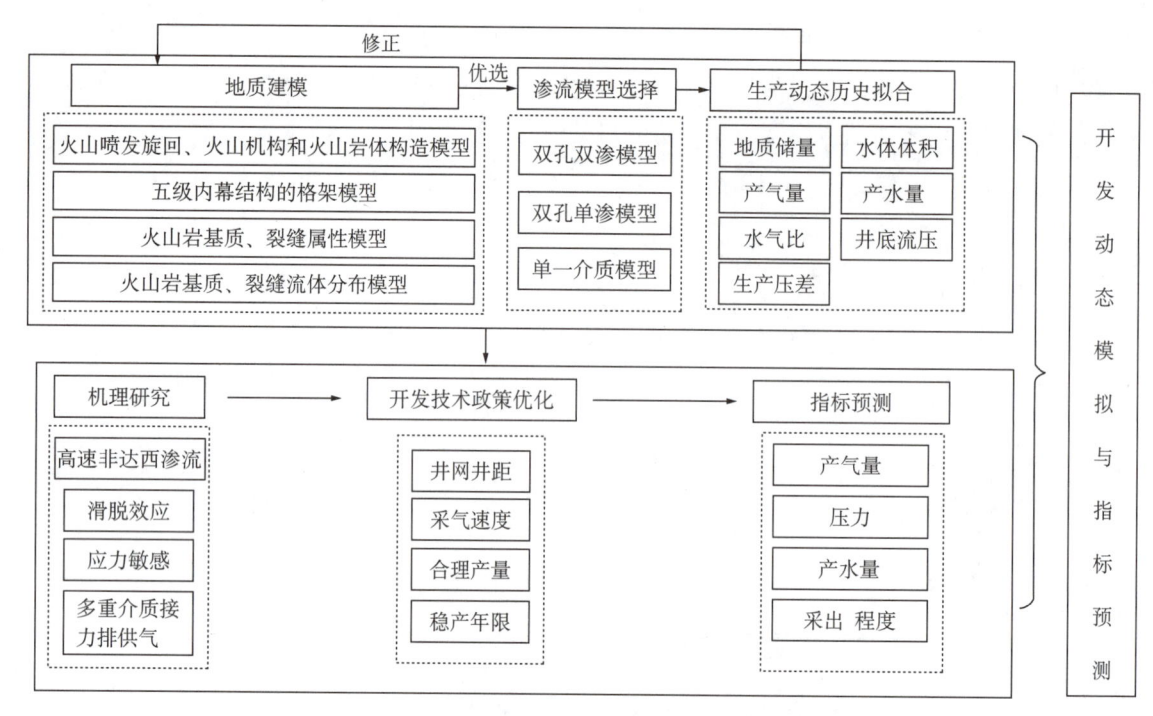

图7-184 火山岩气藏数值模拟技术流程图

一、火山岩气藏数值模拟模型的建立

1. 地质模型的建立

地质模型的建立是火山岩气藏数值模拟工作的基础。地质模型要在综合应用地质、地质统计、地震、测井、岩心和流体分析等数据的基础上，准确地反映火山岩气藏地质特征。火山岩地质模型一般包含以下4个部分：（1）利用以火山喷发旋回、火山机构、火山岩体层面为约束条件建立的区域构造模型、局部构造模型和微构造模型；（2）反映火山喷发旋回、火山机构、火山岩体、火山岩相、储渗单元五个层次的格架模型；（3）在火山岩五级储层格架模型和"体控反演"属性体约束下，建立的基质和裂缝的孔隙度、渗透率等属性模型；（4）地层格架控制下的气水分布模型。DD14井区分别建立了5个地层单元，分别为：石炭系顶部碎屑岩、储1火山岩体、储2火山岩体、中部碎屑岩和溢流相火山岩体（图7-185）。

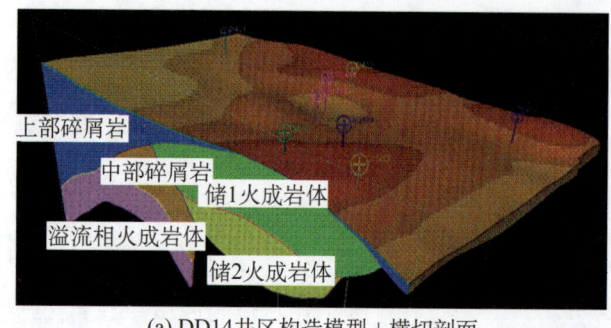

(a) DD14井区构造模型+横切剖面

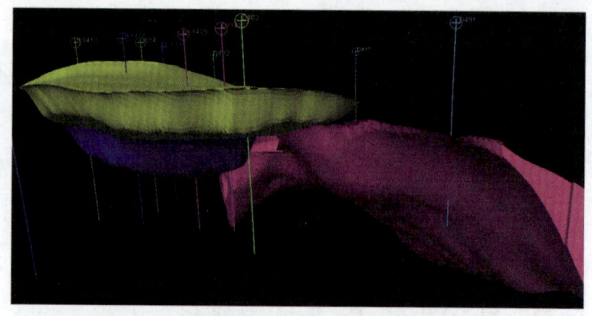

(b) DD14井区火山岩体构造形态

图7-185 DD14井区构造模型

2. 平面网格及模拟层的划分

在精细地质模型中，划定模拟区域，粗化出既能反映火山岩气藏地质特征又能适合数值模拟要求的网格模型，是数值模拟工作高效、准确运行的保证。网格太粗影响计算的精度，网格太细影响计算的速度。一般情况下，网格划分要满足以下要求：

（1）能够满足数值模拟精度和速度的要求；

（2）能足够精确描述火山岩气藏几何形态和地质特征；

（3）能够准确描述压力和饱和度在平面与垂向上的分布，正确反映火山岩气藏多重介质耦合的流动机理；

（4）纵向上模拟小层的模拟层的划分要充分考虑火山岩体叠置关系、火山岩体的岩性与岩相变化，尽可能地反映火山岩内部结构和接触关系。

DD14井区平面上网格系统划分为84×63，储层纵向上划分68个小层。由于模型为双重孔隙介质模型，实际纵向上为136个模拟层（其中前68层网格代表基质，后68层网格代表裂缝），总网格数为719712个（84×63×136），平面网格系统见图7—186。

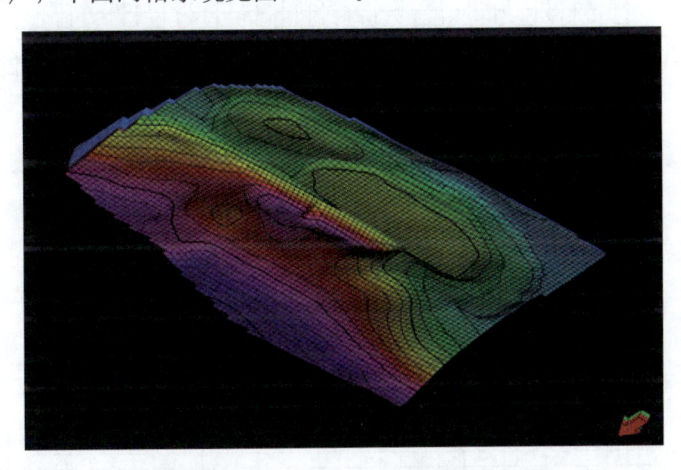

图7—186　DD14井区数模网格的划分

3. 渗流模型的选择

一般情况下，火山岩气藏储层不仅发育气孔、粒间孔、溶蚀孔及微孔等孔隙结构，同时也发育不同尺度的裂缝系统，包括构造缝、炸裂缝、成岩缝、微裂缝等。选择双重介质模型进行火山岩数值模拟是比较常见的做法，有些情况下也会使用单重等效模型进行模拟，但使用单重等效模型时无法对裂缝和基质的性质（孔隙度、渗透率、岩石变形等）进行分别设置，结果会略有差别。根据是否考虑基质岩块内部间的流动，双重介质模型可分为双孔单渗模型和双孔双渗模型。若基质物性较差，不考虑基质岩块间的流动以及基质与井筒之间的窜流，可使用双孔单渗模型；若基质物性较好，需考虑基质岩块间的流动，基质和裂缝共同向井筒供给，可使用双孔双渗模型。通常，可根据测井曲线、试井解释以及生产曲线对火山岩气藏储层类型进行综合判断及识别，根据储层类型选择合适的渗流模型。

4. 流体模型的建立

1）流体pVT性质

对于一般气藏模型，所需的pVT数据是气体及水的体积系数和黏度以及气体的偏差系数Z等。在火山岩气藏数值模拟中，为了准确的拟合凝析油，通常也会采用组分模型。

2）相对渗透率以及毛管力数据

火山岩气藏一般发育边底水，并有少量凝析油，为了拟合油、水的产量，通常需要气水相对渗透率数据或者气油相对渗透率数据。一般毛管力曲线可由常规岩心分析得到，可用来确定过渡带的初始饱和度分布。在双重介质的数值模拟中，基质与裂缝中相对渗透率曲线形态差别很大，需要分别给出。在裂缝系统中，油水相对渗透率曲线呈对角线分布，如图7-187所示。图7-188为火山岩基质中的油水相对渗透率曲线。

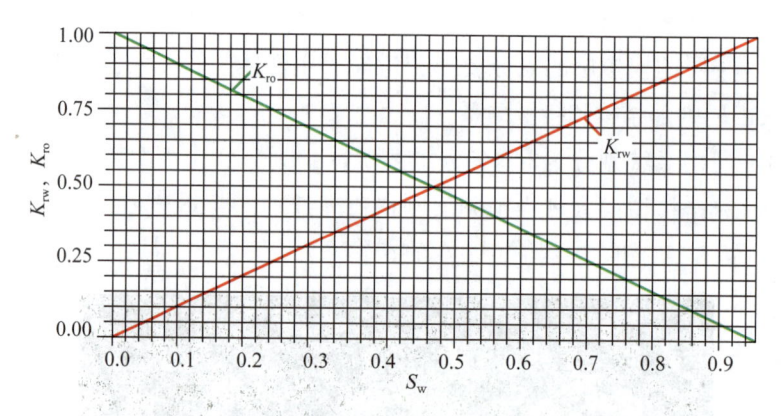

图7-187 火山岩裂缝油水相对渗透率曲线图

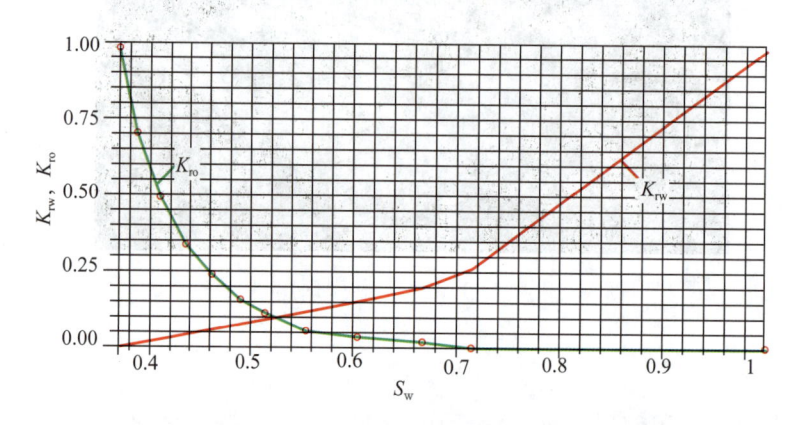

图7-188 火山岩基质油水相对渗透率曲线图

5. 模型初始化

为了对模型中的压力和流体分布进行正确地初始化，需准确提供气藏某参考深度处的压力、气水界面深度以及气水界面处的毛管力、初始的露点压力等数据。

二、生产动态历史拟合

火山岩气藏发育不同尺度孔缝洞多重介质、储层非均质性强，气水关系十分复杂。直接采用初始化的气藏模型模拟生产过程，其结果往往与实际生产动态数据具有较大的差距，因此通常需对其生产历史进行拟合。拟合的目标主要包括：储量、产量（产油、产气、产水）、压力、含水率及见水时间等[75-80]。

1. 储量拟合

储量拟合是整个历史拟合工作的第一步。储量大小受常规的储层厚度、孔隙度、含气饱和度等影响，另外，明确不同火山岩体气水界面也是火山岩气藏储量拟合的关键。一般情况下，模拟计算的储量与容积法计算的储量之间误差应控制在5%以内。

2. 产量拟合

产量拟合包括产气量、产水量、产油量的拟合。产气量拟合的主要调整参数包括有效厚度、孔隙度、渗透率、含气饱和度等，拟合单井产量时，可局部调整单井周围的属性。火山岩气藏的产出水通常分为凝析水、束缚水及夹层水以及边、底水。拟合产水量的时，首先要搞清单井产水类型、产出机理及产水特征，通过调整对应的参数来拟合不同类型的产水。火山岩气藏中单井的油主要是凝析油，产油量的拟合可以通过调整油、气的pVT性质完成。

图7-189为DD井区DD1805井的日产气量拟合曲线，图7-190为日产油量拟合曲线。

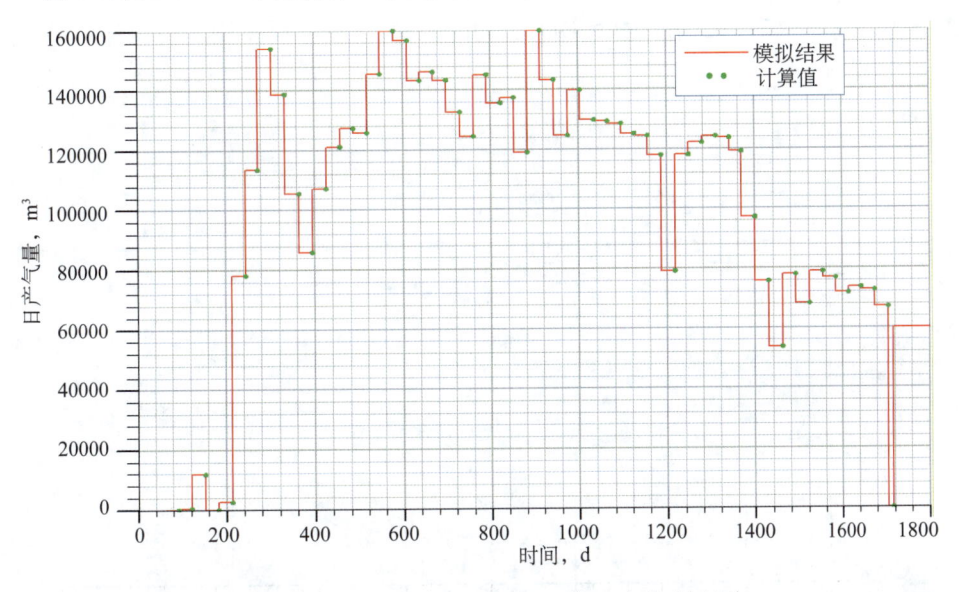

图7-189　DD井区DD1805井日产气量拟合

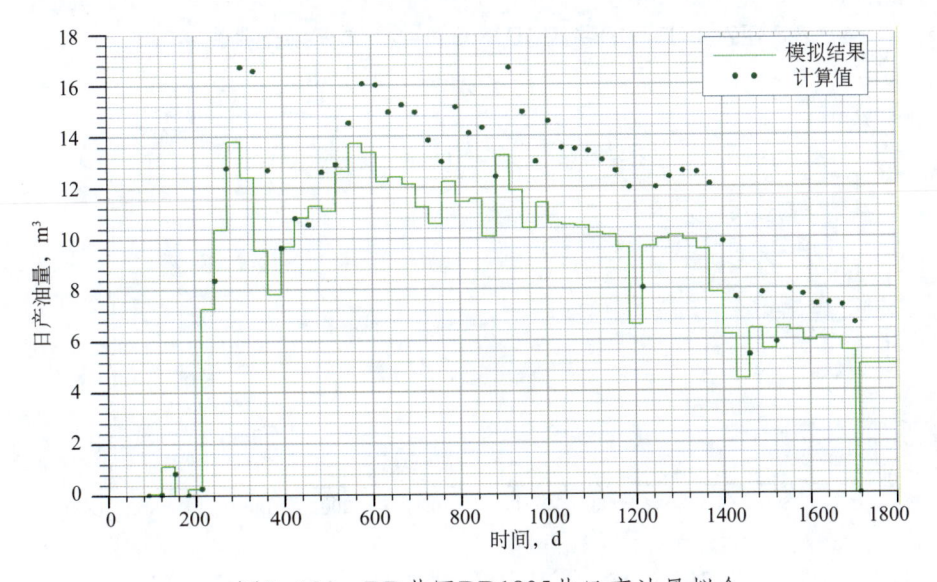

图7-190　DD井区DD1805井日产油量拟合

3. 压力拟合

在定产量生产的情况下，主要的拟合对象是压力。拟合压力时可结合渗透率、表皮系数、单井的生产指数等进行调整，确保参数的调整在合理的范围内。表皮系数偏大，近井区压降增大，表皮的调整应结合各井的完井方式、修井作业和增产工艺措施等进行，图7-191为DD井区DD1805井的井底流压拟合曲线。

4. 含水率及见水时间的拟合

相渗曲线、气水界面位置、气藏与水体的连通关系都是影响含水率与见水时间的因素。调整气水界面以及气藏与水体连通关系时应结合气藏地质特征以及裂缝分布产状和发育方向。火山岩气藏储集单元形态、规模及连通关系不尽相同，往往发育多个气水系统，气藏气水分布涵盖边水、底水和不规则气水分布3种类型。气藏水体是影响气藏产水及见水时间的关键因素，水体参数的调整要结合气藏地质特征、地层水测试资料、单井见水分析等综合进行。拟合时可以通过调整水体的面积、厚度以及与气藏的连通关系等进行，图7-192为DD井区DD1805井的日产水量拟合曲线。

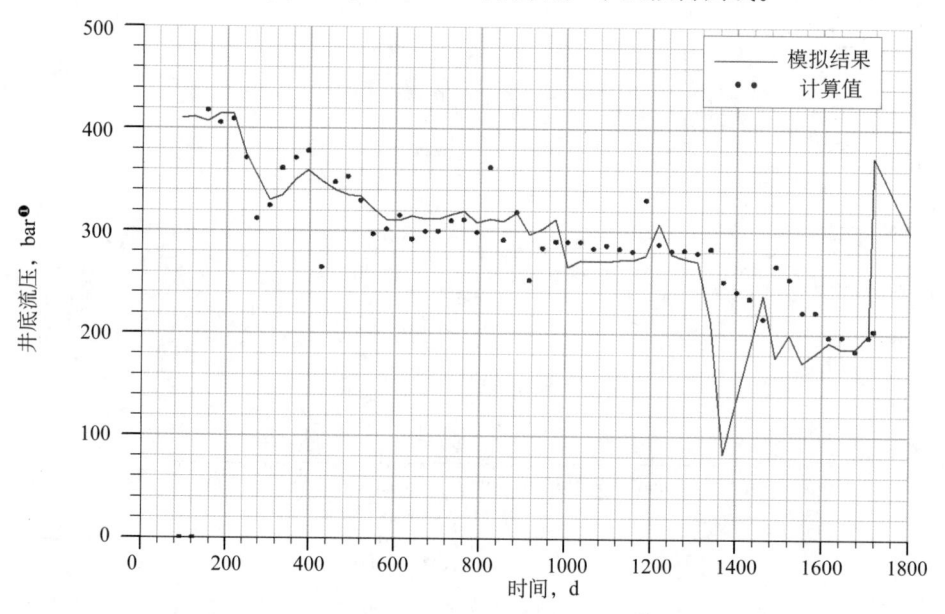

图7-191　DD井区DD1805井井底流压拟合曲线

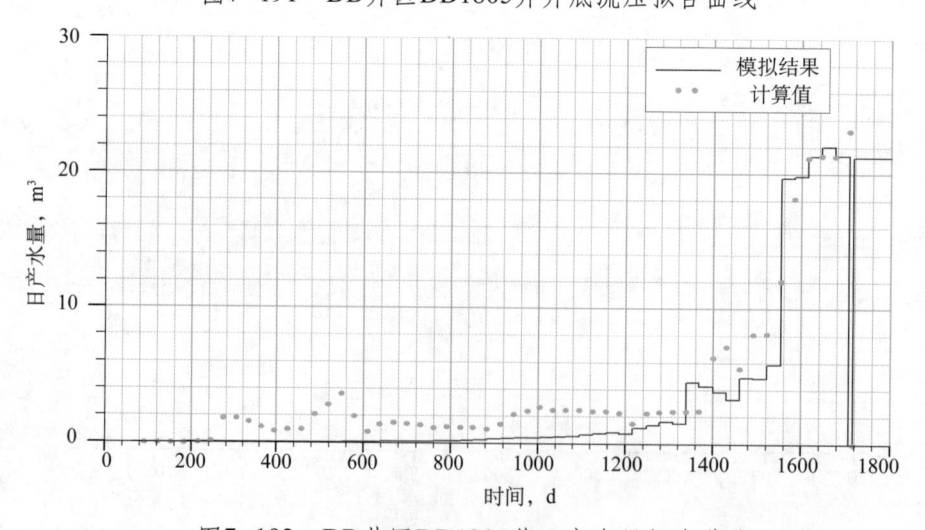

图7-192　DD井区DD1805井日产水量拟合曲线

❶ 1bar=1×10⁵Pa。

三、开发机理分析

1. 高速非线性流对开发指标的影响

通过考虑和不考虑高速非线性流两种情况的对比,分析高速非线性流对开发指标的影响情况。利用式(6—143)和式(6—144)对大裂缝中气体的高速非线性流进行修正。从计算结果(图7—193和图7—194)可看出,考虑裂缝高速紊流,预测期末采出程度降低[78];生产压差越大,高速紊流影响越大,压差达到8.9MPa后,影响增幅变缓;当生产压差6.65MPa时,预测期末采出程度降低1.17%。

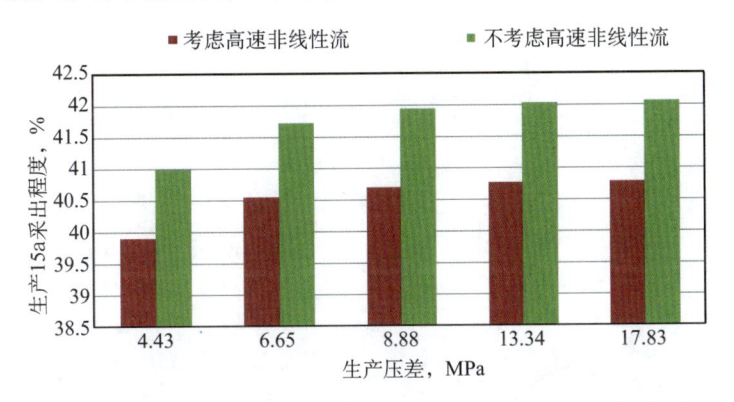

图7—193 不同生产压差下高速非线性流对采出程度的影响

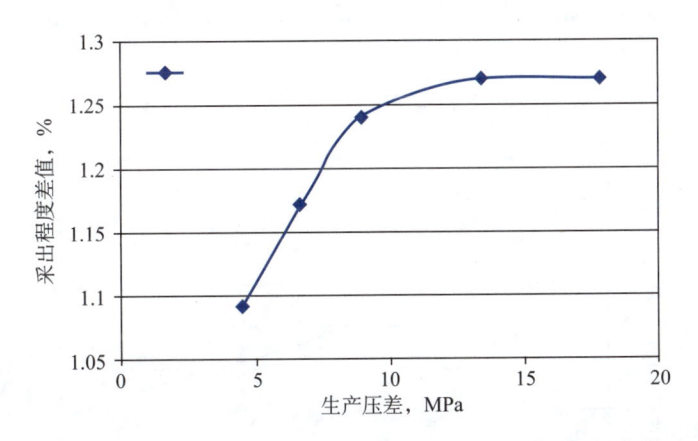

图7—194 两种情况下(考虑和不考虑高速非线性流)采出程度的差值随生产压差的变化

2. 滑脱效应对开发指标的影响

通过改变滑脱因子的大小,分析其对开发指标的影响情况。滑脱效应的存在可以提高气井的产能。从计算结果(图7—195)可看出,相同生产压差下,随着滑脱效应的增大,累计产气量增加;井底压力越低,累计产气量与滑脱因子的关系曲线斜率越大,说明滑脱影响越明显;从计算结果(图7—196)可看出,井底流压越低,不同滑脱因子下产能比(与滑脱因子为0时的产能之比)越大,井底流压越高,产能比越接近1,即滑脱效应对产量的影响越不明显[79]。

3. 应力敏感对开发指标的影响

通过改变应力敏感变形系数的大小,分析其对开发指标的影响。通过式(6—146)至式(6—154)对基质及裂缝的渗透率、孔隙度进行修正。从计算结果(图7—197和图7—198)可看出,应力敏感对开发指标影响较大,应力敏感越大,稳产时间越短,稳产期采出程度越低,预测期末累计采气量越少。

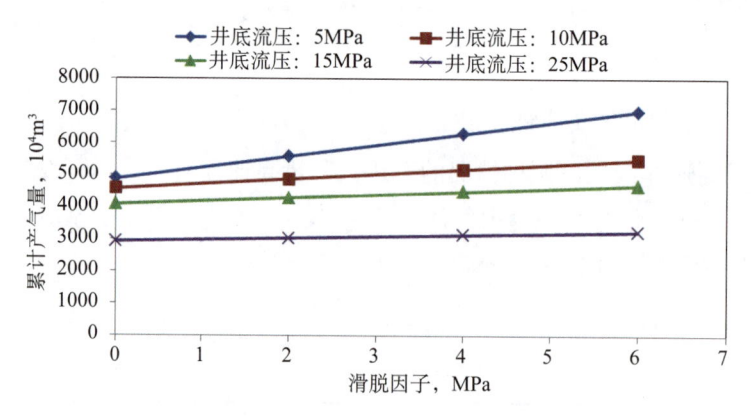

图7-195 滑脱因子对累计产气量的影响

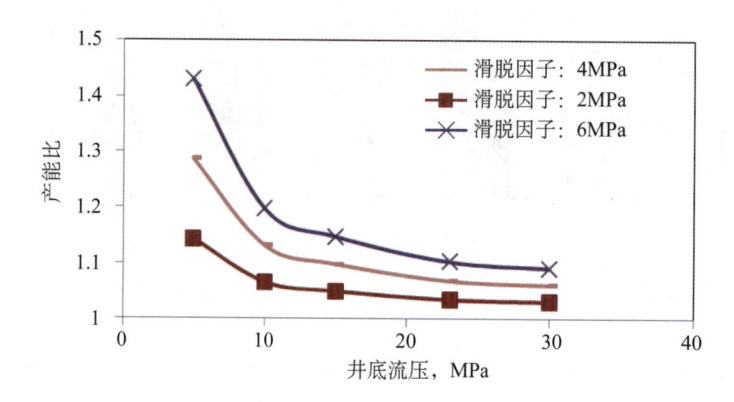

图7-196 滑脱因子对产能比的影响

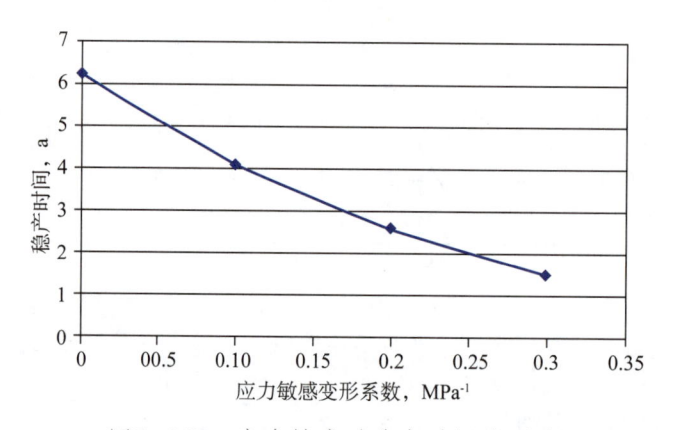

图7-197 应力敏感对稳产时间的影响

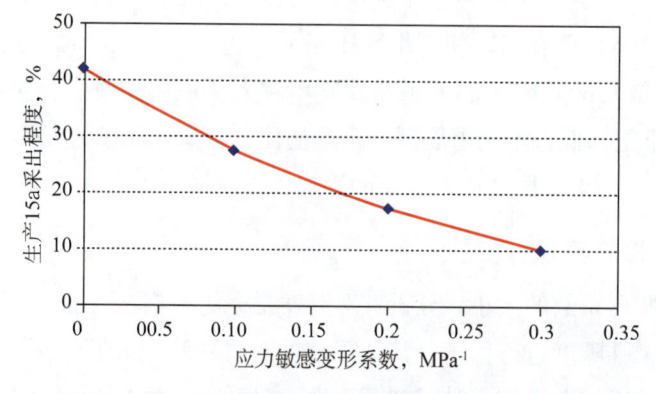

图7-198 应力敏感对预测期末采出程度影响

4. 多重介质接力排供气的影响

火山岩气藏不同尺度介质的物性差异大，根据火山岩气藏不同尺度介质的"接力"供排气机理可知：初期阶段，产量主要来自大气孔、大裂缝，其贡献高达67%；过渡期，产量主要来自中小气孔、中小缝，其贡献高达59%；后期产量主要来自小气孔、微孔、微缝，其贡献高达62%（图7-199和图5-56、表5-19）。生产阶段的划分取决于储层中每种级别的介质所占比例，如果大孔大缝发育，初期阶段会较长；如果中孔、中缝较发育，中间过渡阶段会相对较长；如果微孔微缝较发育，则后期低产稳产阶段会持续较长时间。

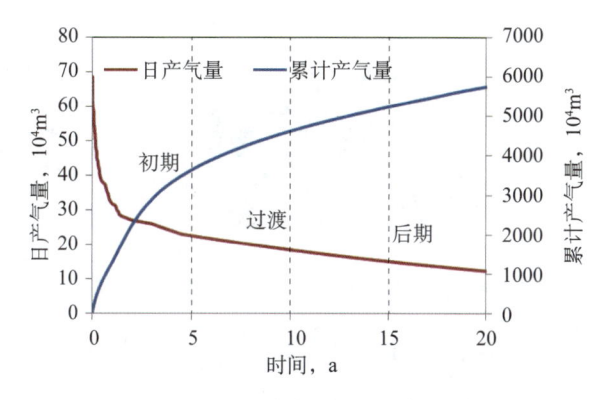

图7-199　火山岩气藏单井产量曲线图

四、开发技术政策优化

采气速度、稳产年限、生产压差、井网井距等都是火山岩气藏开发的关键参数。通过对各个参数的设置生成不同的数值模拟案例，对比计算不同案例的计算结果，通常包括采出程度、累产气量、见水时间、含水上升速度等，可以对开发参数进行优化。

以DD气田采气速度和稳产年限的制定为例，利用单井模型对不同采气速度下的稳产年限和采出程度进行了模拟计算。结果表明（图7-200和图7-201），随着采气速度的提高，采出程度逐渐增加，但增加幅度越来越小。随着采气速度增加，采出程度曲线上出现明显的拐点，拐点处的采气速度为2.5%左右。综合考虑采出程度和稳产年限，最佳采气速度在1.5%~2.5%之间，稳产年限为5~8a。采气速度过低（如小于1.5%），虽然稳产期长，但采出程度偏低；采气速度过高（如大于3.0%），稳产期短，而且还会加快边、底水的推进，以至影响气井的稳产。

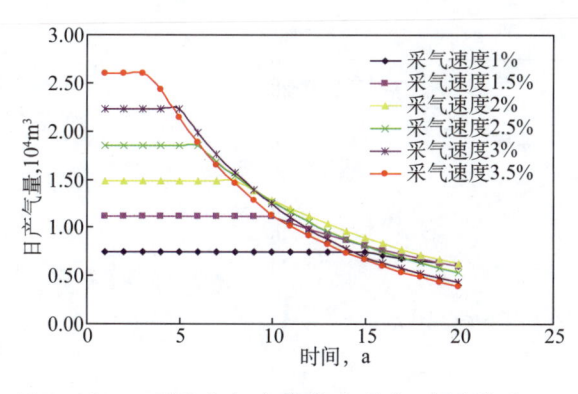

图7-200　不同采气速度的产量与时间关系 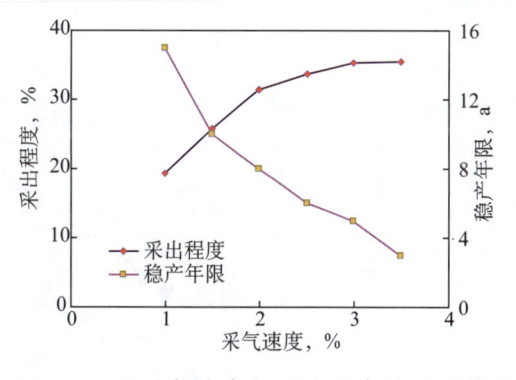　　图7-201　采气速度与采出程度的关系曲线

五、开发动态模拟及指标预测

在合理的地质模型基础上，经过生产动态历史拟合，最终的模拟既可用于反映火山岩气藏的开发动态，如气藏压力分布、饱和度分布以及边底水推进等，也可用于预测气藏的开发指标，如产量、压力、采出程度及含水等。

图7-202反映了DD18井区压力变化平面图，可以看出，随着生产的进行，压力在逐渐降低，高产井周围压力下降快。图7-203反映了DD18井区含气饱和度的剖面变化，可以看出随着生产进行，底部水体逐渐上升。

图7-202 DD18井区压力分布变化图

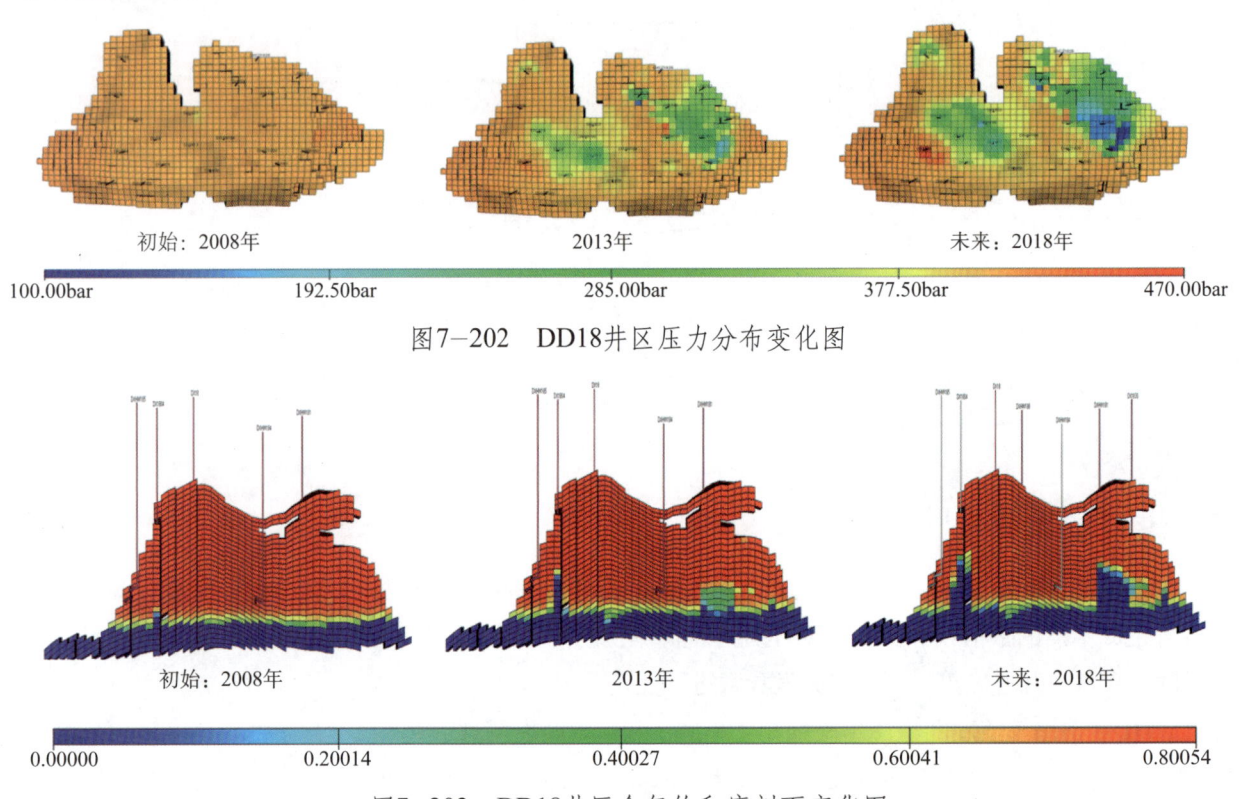

图7-203 DD18井区含气饱和度剖面变化图

利用经过历史拟合修正的模型，可以合理地预测产气量、采出程度以及气藏的压力变化等关键指标。图7-204~图7-209所示为DD18井区通过数值模拟预测的20a的开发指标。采气速度1.95%，稳产期为7.5a，稳产期末的采出程度14.59%。预测期末的累计产气量为83.93×10^{8}m^3，采出程度为30.58%，地层压力26.57MPa。

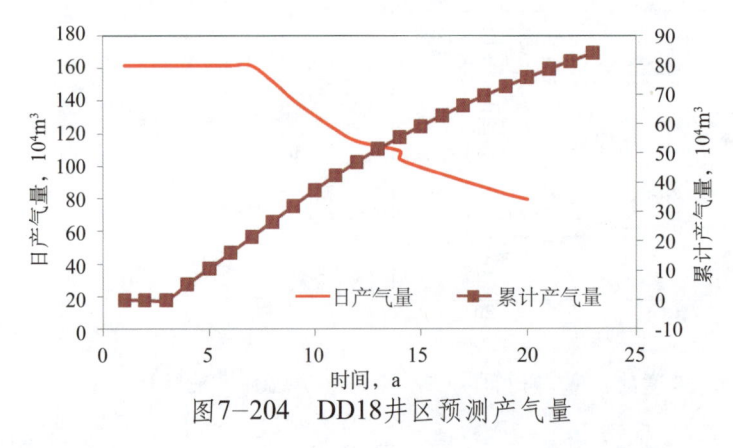

图7-204 DD18井区预测产气量

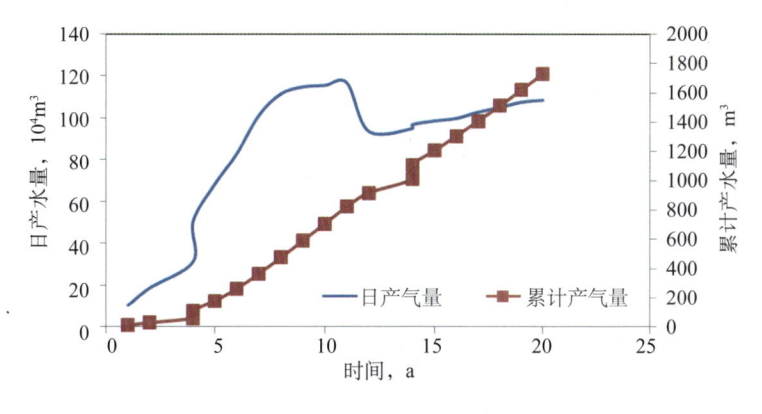

图7—205　DD18井区预测产水量

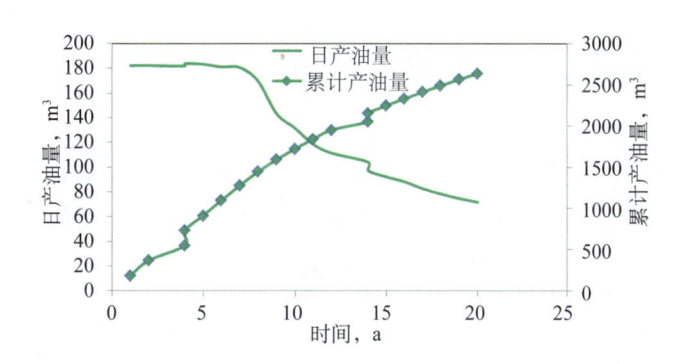

图7—206　DD18井区预测产油量

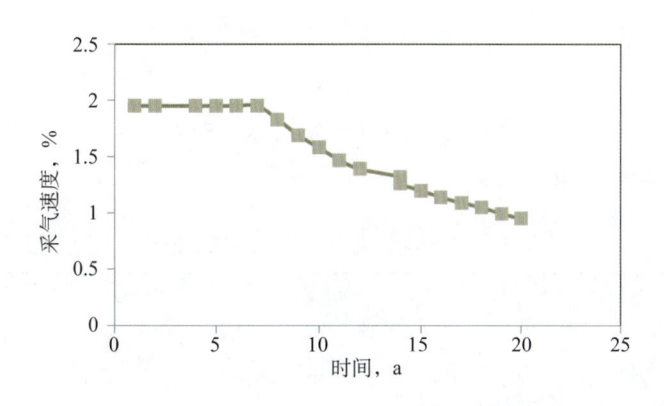

图7—207　DD18井区预测采气速度

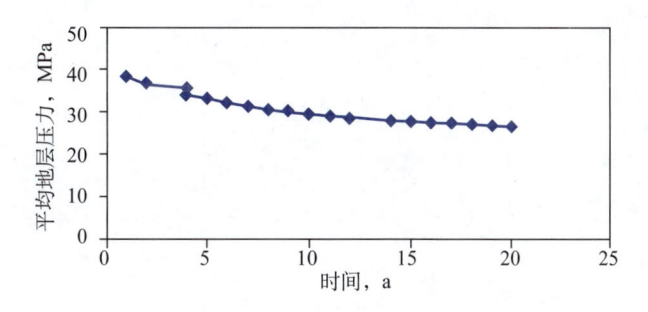

图7—208　DD18井区预测地层压力

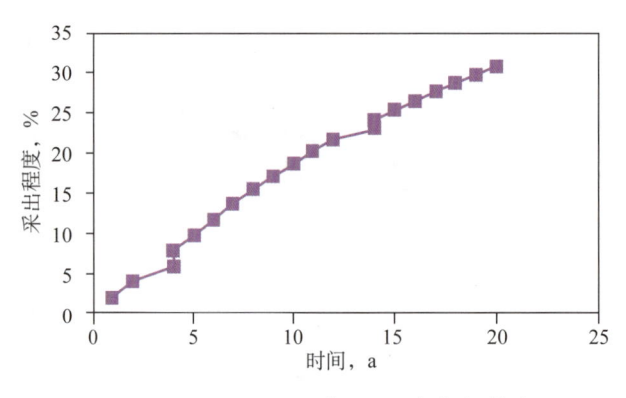

图7-209 DD18井区预测采出程度

第六节 火山岩气藏开发模式及技术政策优化技术

火山岩气藏发育不同尺度的气孔、溶蚀孔、粒间孔和裂缝等多重介质，岩性及物性变化快，储层非均质性强，井控动态储量和单井产量差异大。因此，建立不同类型火山岩气藏开发模式，优化开发技术政策，对于指导同类火山岩气藏的有效开发具有重要的意义。

一、火山岩气藏开发模式

1. 气藏类型的分类

从火山岩气藏开发的技术经济角度出发，根据储层类型、储层物性及连通性、井控动态储量、经济极限产量、累计产量、开采技术等因素将火山岩气藏划分为高效、低效、致密气藏（表7-43），对于科学合理开发火山岩气藏具有重要的意义。

表7-43 不同类型火山岩气藏的划分依据

气藏类型	储层类型	物性及连续性	开采技术	井控动态储量，$10^8 m^3$	经济极限产量，$10^4 m^3/d$	经济极限累计产量，$10^8 m^3$	单井产量，$10^4 m^3/d$	典型代表
高效气藏	大气孔型、溶蚀孔型、大粒间孔型、裂缝型	$\phi \geqslant 8\%$；$K \geqslant 2mD$；储层连通性好；平面分布面积大	常规技术——直井、水平井具有自然产能，并达到工业气流	>5	2.09~2.95	0.80~1.19	直井：>8；水平井：>20	CC气田、SS2-1
低效气藏	中小气孔型、中小粒间孔型	$5\% < \phi < 8\%$；$0.1mD < K < 2mD$；储层连续性较差平面展布范围小	新技术——直井、水平井压裂改造后，达到工业气流	1~5	1.85~2.45	0.90~1.0	直井：3~8；水平井：10~20	XX1区块、DD14
致密气藏	基质微孔型	$3.5\% < \phi < 5\%$；$K \leqslant 0.1mD$；储层连通性差	非常规技术——长水平井段体积压裂改造后，达到工业气流	<1	1.6~1.8	0.4~0.8	<3	LS3，WS1

1)高效气藏

对于大气孔型、溶蚀孔型、大粒间孔型和裂缝型火山岩储层,其储层物性好(孔隙度 $\phi \geqslant 8\%$、渗透率 $K \geqslant 2\mathrm{mD}$)、纵向厚度及平面展布范围大,连续性好,井控动态储量大于 $5 \times 10^8 \mathrm{m}^3$,经济极限产量 $(2.09 \sim 2.95) \times 10^4 \mathrm{m}^3/\mathrm{d}$,经济极限累计产量达到 $(0.8 \sim 1.19) \times 10^8 \mathrm{m}^3$,该类气藏单井产量高,稳产能力强,采用传统的开发技术,如直井、水平井不压裂,即可投入开发。其典型区块主要为CC气田、SS2—1区块。

2)低效气藏

对于中小气孔型、中小粒间孔型火山岩储层,其储层物性中等(孔隙度 $5\% \sim 8\%$、渗透率 $0.1 \sim 2 \mathrm{mD}$)、纵向厚度及平面展布范围小,连续性较差,井控动态储量 $(1 \sim 5) \times 10^8 \mathrm{m}^3$,经济极限产量 $(1.85 \sim 2.45) \times 10^4 \mathrm{m}^3/\mathrm{d}$,经济极限累产量达到 $(0.9 \sim 1.0) \times 10^8 \mathrm{m}^3$,该类气藏单井产量,稳产能力相对偏低,需采用新技术开发,如直井、水平井压裂,才能获得经济效益,其典型区块主要为XX1区块。

3)致密气藏

对于基质微孔型致密火山岩储层,储层物性差,孔隙度小于5%,渗透率小于0.1mD,连续性差,井控动态储量小于 $1 \times 10^8 \mathrm{m}^3$,经济极限产量 $(1.6 \sim 1.8) \times 10^4 \mathrm{m}^3/\mathrm{d}$,经济极限累计产量达到 $(0.4 \sim 0.8) \times 10^8 \mathrm{m}^3$,该类气藏单井产量低,无稳产能力,需采用非常规技术开发,如长水平井段体积压裂技术,才能实现致密储量的有效动用,其典型区块主要为LS3区块。

2. 开发模式

国内外针对碳酸盐岩裂缝型气藏、低渗块状砂岩气藏做了大量研究工作和生产实践,积累了丰富的经验,总结了适合于碳酸盐岩裂缝型气藏和低渗块状砂岩气藏的开发模式[80, 81]。但火山岩气藏发育溢流相气孔型、爆发相粒间孔型、差异化溶蚀孔型等多种储层类型,不同类型储层其物性及分布均存在较大差异。从火山岩气藏开发的技术经济角度看,具有高效、低效和致密气藏,不同气藏类型具有不同的开发模式。因此建立火山岩气藏的开发模式(表7-44)对于优化开发方案、指导类似火山岩气藏的开发具有重要作用。

表7-44 不同类型火山岩气藏的开发模式

气藏类型	开发模式	动用条件和技术	井型	井网井距 m	井网部署	气井合理产量 $10^4\mathrm{m}^3/\mathrm{d}$	采气速度 %	产能接替方式	典型区块	目标
高效气藏	少井高产	常规技术——直井、水平井具有自然产能,并达到工业气流	直井有效益水平井实现少井高产	800~1200	一次成形	直井:>8;水平井:>20	2.5~3.5	单井稳产、区块稳产	CC1	实现高效开发
低效气藏	密井网	新技术——直井、水平井压裂改造后达到工业气流	直井效益差压裂直井/水平井提高单井产量	600~1000	多次成型	直井:3~8;水平井:10~20	1~2.5	单井不稳定、井间接替	XX1	实现有效动用
致密气藏	水平井+体积压裂	非常规技术——长水平井段体积压裂改造后,达到工业气流	长水平井段水平井		平台两侧平行布井		<1	井组接替	LS3	提高储量动用程度

1)高效气藏的开发模式

高效火山岩气藏具有储层裂缝发育,物性好,单个储渗单元规模大、多个储渗单元叠置连片以及连通性好的特点，采用常规直井开发即可获得较好的经济效益。但利用常规水平井开发既可以增加泄气面积，提高单井产量；又能充分利用地层能量，提高溢流相上部串珠状气孔型储层、风化壳溶蚀孔型等优质储层的有效动用，采用"少井高产"开发模式以实现该类气藏的高效开发。

(1) 基本地质特征。

CC气田是典型的高效火山岩气藏，主要由9个火山岩体构成，下部中基性火山岩段发育3个火山岩体，上部酸性火山岩段发育6个火山岩体，其岩体分布面积大，达8.8~60.5km²。储层平均孔隙度7.76%、平均渗透率2.26mD，储层连续性好，储渗单元规模大。气藏裂缝发育，以高角度构造缝为主，呈近东西向展布，主要发育于火山口及断裂带附近，有效性较好。

(2) 模式要点。

① 稀井网大井距。

该气田含气面积达35.47km²，部署13口井，平均开发井距在1089m，平均每口井控制的含气面积为2.73km²（图7-210）。

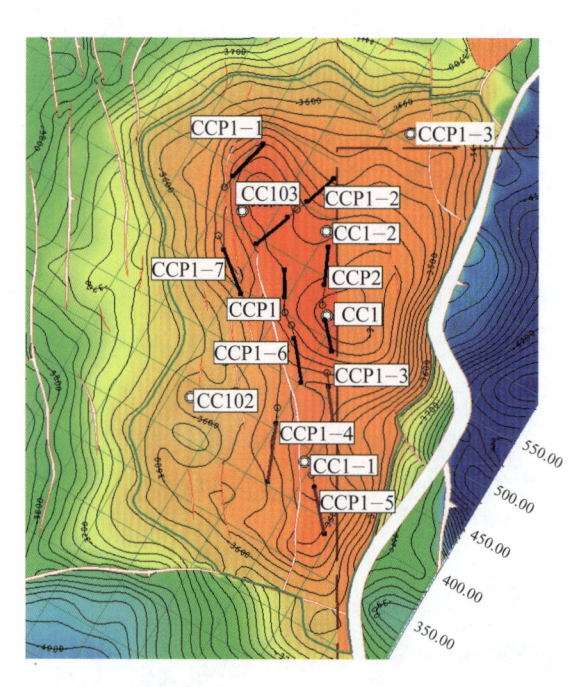

图7-210　高效气藏开发模式（CC气藏）

② 井网一次成型。

针对该气田火山岩体分布面积大、地质条件好的特点，采用井网一次成型方式部署开发井，布井风险小，能够实现高效火山岩气藏的快速建产。该气田井网部署采用井网一次成型方式部署开发井，布井风险小，能够实现高效的快速建产。

③ 水平井主体开发。

气田开发阶段整体采用水平井开发，部署7口水平井，扩大气层的连通范围，降低生产压差，提高单井产量，其水平井的稳定产量在 (25~35)×10⁴m³/d（图7-211），直井单井产量在 (8~20)×10⁴m³/d，高于经济极限产量，具有一定的经济效益。水平井的单井产量是周围直井的4倍左右。同时气藏存在边底水，底水活跃，采用水平井能抑制底水锥进。该气田采气速度2.9%，单井稳产8年左右；通过单井稳产达到区块稳产的产能接替方式实现CC气田的高效开发。

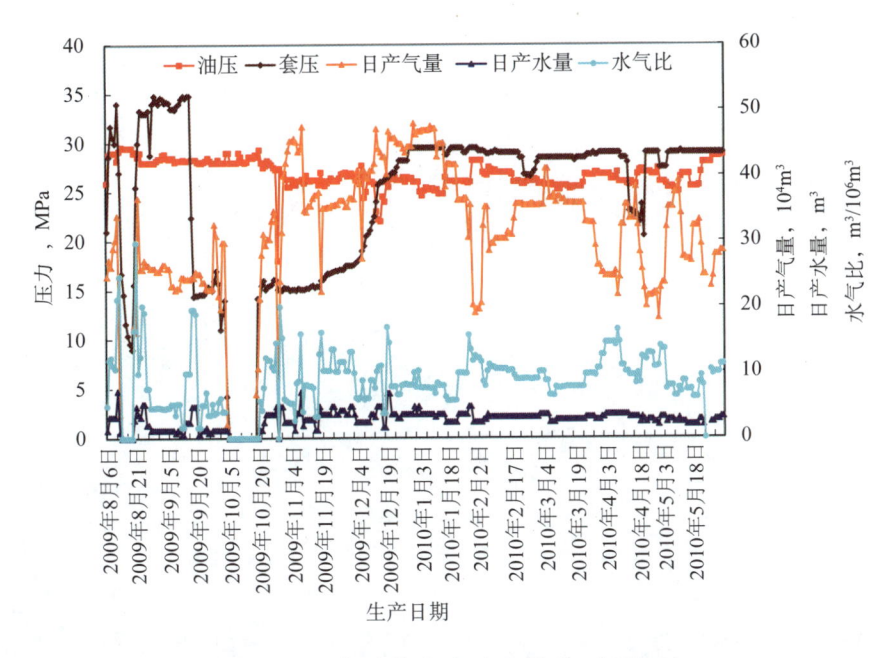

图7-211　水平井生产动态曲线（CCP3）

2）低效气藏的开发模式

低效火山岩气藏具有储层物性差、单个储渗单元规模小、储层连通性差的特点，采用直井开发效益差，需采用新技术，即直井、水平井压裂改造后，才能获得经济效益。因此，为了提高微缝沟通的气孔型、空落砾间孔型、热基浪粒间孔型等低品位储量的动用程度，大幅度提高单井产量，减少低效井、降低开发风险，采用"不规则小井距、井网多次成型、以及直井/水平井压裂"的开发，形成了独特的低效火山岩气藏不规则小井距开发模式。

(1) 基本地质特征。

XX1区块为典型的低效火山岩气藏，总体表现为受SX断裂控制的向南倾没的鼻状构造特征，由5个火山岩体构成，单个火山岩体规模小，面积为2.1~18.7km²。储层岩性以以熔结凝灰岩、晶屑凝灰岩、流纹岩、角砾熔岩、熔结角砾岩和火山角砾岩为主，发育不同尺度的气孔、砾间孔、溶孔和裂缝等，物性相对较差，其有效孔隙度平均5.73%，基质渗透率平均0.43mD。气藏天然裂缝为多期次、多方向发育，有效缝以小（微）裂缝为主。该区块储渗单元多呈孤立型或间断式分布，规模小（面积0.2~2.6km²）。

(2) 模式要点。

① 密井网、小井距。

针对火山岩储层单个多山岩体规模小、储层物性及连通性总体较差，地质条件复杂、非均质性强的特点，采用密井网小井距能有效提高火山岩储层的储量动用程度。该区块含气面积35.16km²，部署38口井，平均单井控制含气面积0.93km²，平均井距为949m（图7-212）。

② 井网多次成型。

针对储层地质条件复杂，气藏认识程度较低，布井风险较大，因此在整体部署、分步实施的原则下，优先部署基础井网，然后采用井间逐次加密、井网多次成型的方式部署开发井网，从而减少风险井，降低布井风险。

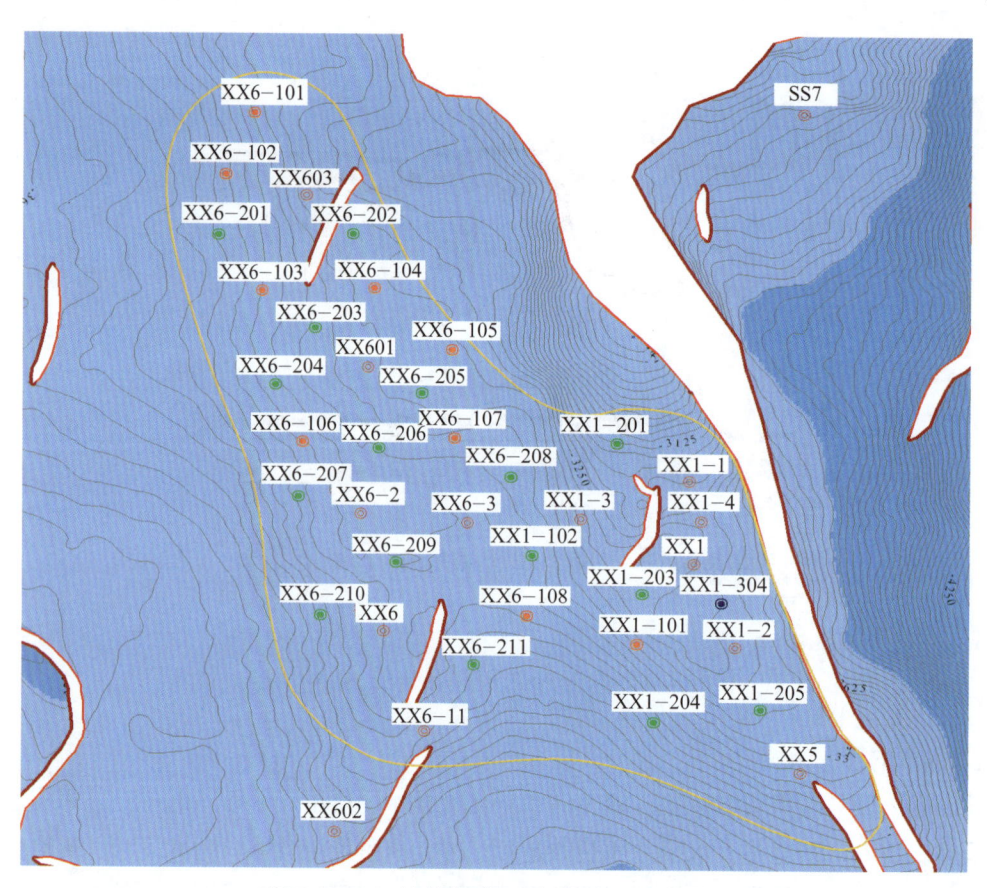

图7-212 低效气藏开发模式（XX1）

③ 直井/水平井压裂。

该区块气井单井自然产量低，小于$1\times10^4\text{m}^3/\text{d}$，低于经济极限产量，基本无经济效益。采用直井压裂和水平井压裂等新技术能够有效改善储层的渗流能力，增加气井的供给范围，提高单井产量，压裂直井平均单井产量$6.3\times10^4\text{m}^3/\text{d}$（图7-213），该区块采气速度2.49%，采用单井不稳产、井间接替方式，以实现低效火山岩气藏储量的有效动用。

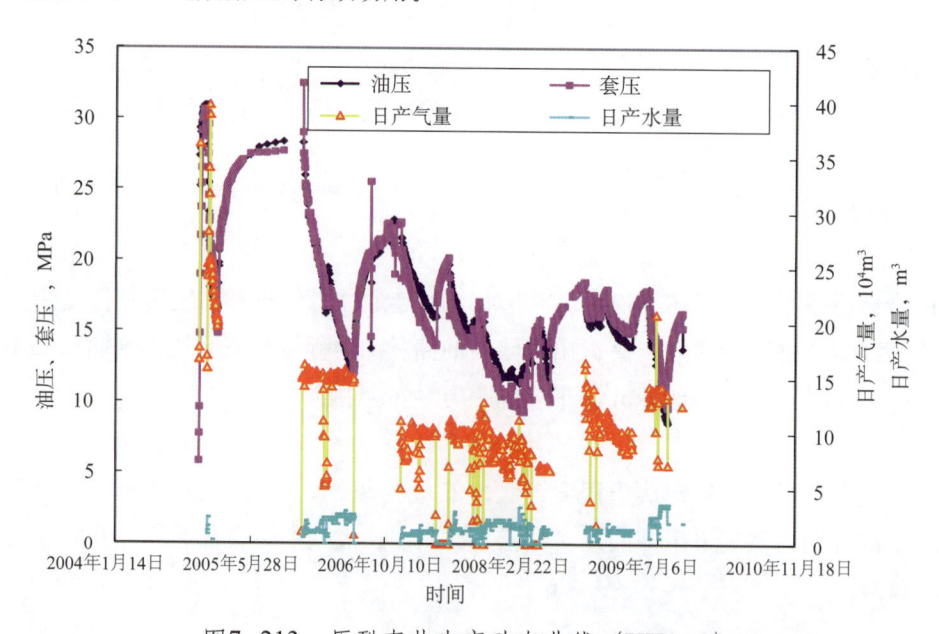

图7-213 压裂直井生产动态曲线（XX1-1）

3)致密气藏的开发模式

致密火山岩气藏兼有火山岩和致密气双重特征,具有储层基质微孔发育,物性及连通性差、自然产能低或基本无自然产能,但连片性好、大面积分布的特点。因此,致密火山岩气藏开发模式需突破常规天然气藏的开发模式,借鉴美国Fort Worth、Illinois盆地页岩气开发理念及模式[82],采用"水平井+体积压裂+衰竭式开发"的非常规开发理念,个性化的建产模式以及非常规的降本增效措施,实现致密火山岩气藏的有效动用及效益开发。

(1)基本地质特征。

YT气田是典型的致密火山岩气藏,发育10个以上火山岩体,其岩体分布面积大,达$8.8\sim60.5km^2$。气田发育Yc_1火山岩和Yc_2火山沉积岩两套主力气层,其中Yc_2火山沉积岩储集空间以粒内溶孔(占28.8%)、粒间孔(25.6%)为主,储层平均孔隙度7%,平均渗透率0.05mD。储层天然裂缝和边底水不发育,储渗单元连续性和连通性差,但有效储层与烃源岩配置关系好、呈大面积分布形式,不受构造控制,构造低部位也有较好的含气性,储层含气饱和度55%。

(2)模式要点。

① 水平井+体积压裂。

针对致密火山岩气藏单井自然产量低的难题,采用"长水平井段+体积压裂"非常规技术大幅度提高单井产量。其中运用水平井技术优化水平井井位、长度、方向和轨迹,提高储层钻遇率,增加井筒与气藏的接触面积,有效提高单井产量;应用个性化的体积压裂设计技术,基于水平段钻遇甜点类型,优选压裂段位置、压裂规模,形成复杂缝网,增大接触面积,增大储层的动用体积,提高裂缝导流能力,提高单井产量。

根据致密火山岩气藏的非均质性特点,平面上主要通过优化井网井距来实现提高储量控制程度和储层平面动用程度。井网部署应在充分考虑储渗体、裂缝及地应力方向的基础上充分控制储量和动用储量,其中对于储层非均质性弱、大面积连片分布的致密火山岩气藏,采用规则井网(图7-214),对于储层非均质性强,连片性差的致密火山岩气藏,采用不规则井网(图7-215)。井距主要根据基质泄气半径和裂缝半长确定。

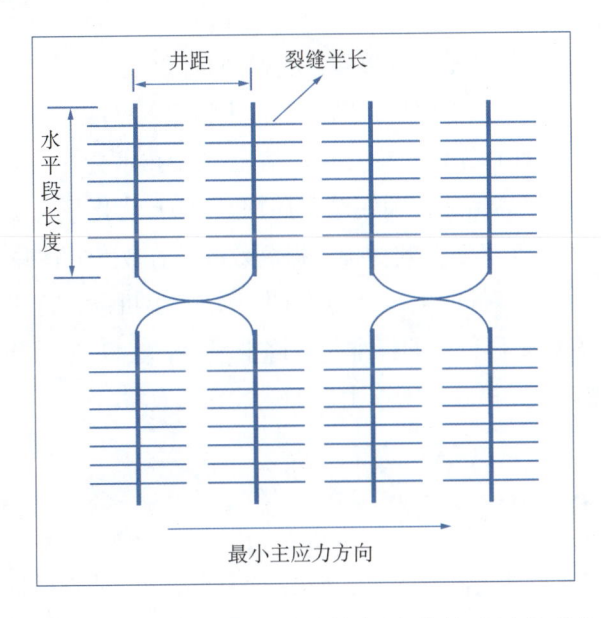

图7-214 非均质性弱、连片性好的储层采用规则井网

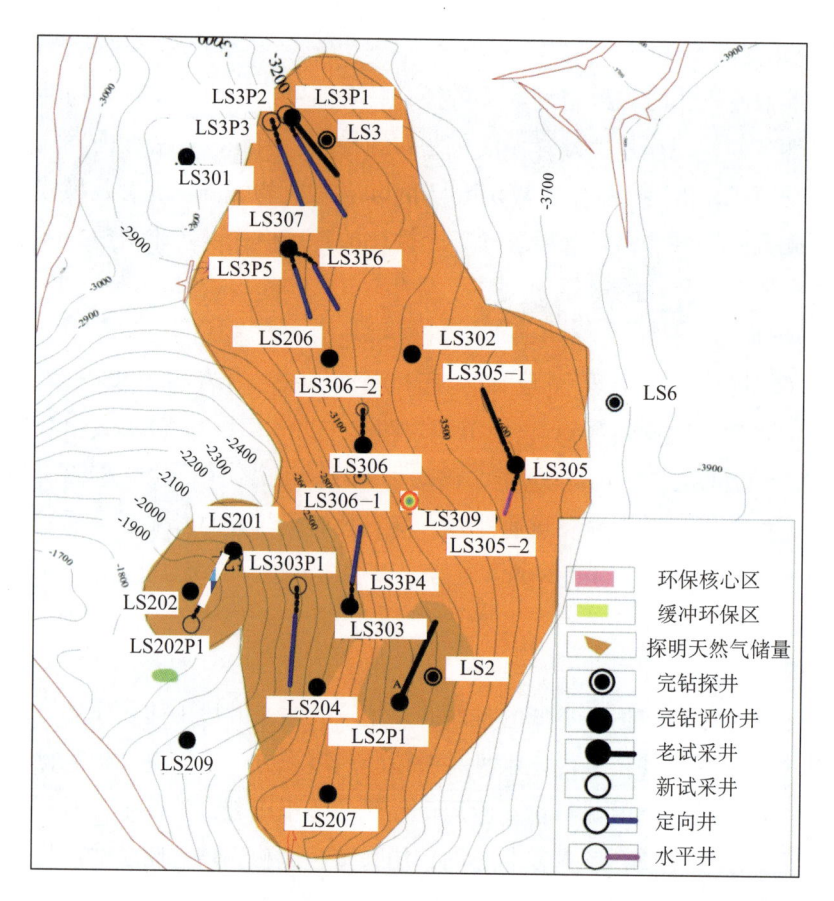

图7-215 非均质性强、连片性的储层采用不规则井网

② 建产模式。

采用非常规开发理念，以追求单井最大累产和经济效益为目标，放大生产压差，建立初期高产、后期稳产，并在1~2a内快速收回投资的单井建产模式（图7-111），区块稳产主要依靠井间接替（图7-112）。

③ 降本增效。

由于该开发模式下水平井段长、压裂级数多、支撑剂和压裂液规模大，投资成本相对较高，因此应通过实现开发全过程的"简约化、工厂化、国产化、市场化、标准化、效益化"降低成本，才能获得最大累产和经济效益。即：（a）优化井身结构，缩短/减少技术套管、油层套管等的用量，优选钻头、钻井液并做好轨迹控制，提高钻速，缩短钻井周期；（b）优化平台数，减少占地面积，降低成本和给环境带来的压力，实现各个环节高效衔接，提高效率，有效降低钻井、压裂成本；（c）实现钻井工具及压裂工具等的国产化，降低成本；（d）引进市场竞争机制，推进市场化运作，降低成本；（e）实现致密火山岩气藏开发工作程序的标准化，降低成本；（f）采用初期高产，快速收回投资，后期稳产，实现盈利的建产模式，提升致密火山岩天然气开发效益。

二、火山岩气藏开发技术政策优化技术

火山岩气藏储层发育不同尺度孔洞缝介质、储层物性级差大，非均质性强、渗流机理复杂，不同类型火山岩气藏的开发模式不同，不同开发模式下的采气速度、气井产量、井网井距及产能规模等开

发技术政策亦存在较大的差异[83, 84]。因此，以开发模式及渗流机理为基础，明确不同开发模式下的开发技术政策，形成了不同开发模式下开发技术政策优化技术，对于指导高效、低效及致密火山岩气藏的科学有效开发具有重要意义。

1. 井网井距优化技术

井网井距的优化部署是实现气田科学有效开发的关键环节，直接关系到气田的最终采收率及经济效益。叠置型火山岩气藏的井网井距优化则需根据该类气藏的地质特征以及气藏类型，按照火山岩气藏的井网部署原则，通过优化井网方向、不同类型气藏的井网部署模式优化井网；在此基础上，采取最小井距、合理井距和最大井距原则等优化方法分别确定不同类型气藏的开发井距，形成了火山岩气藏井网井距优化技术（图7-216）。

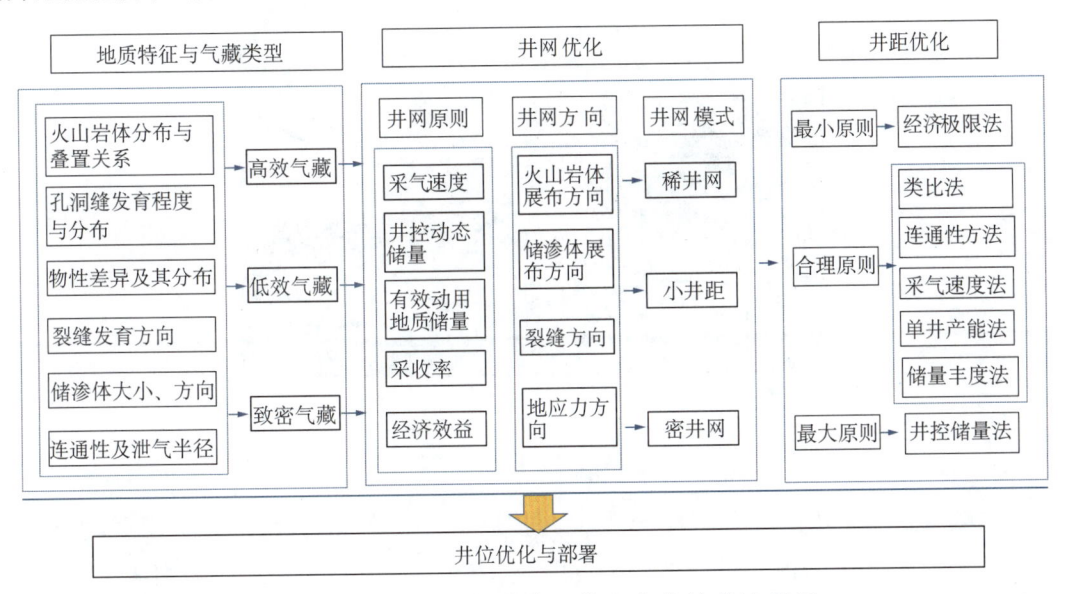

图7-216 火山岩气藏井网井距优化技术流程图

1) 火山岩气藏井网部署原则

对于具有复杂内幕结构的火山岩气藏，其火山岩体展布方向、储渗单元分布形态及大小、物性分布特征、裂缝发育程度及方向以及气水关系等因素对井网部署影响较大。如何科学、合理、经济、有效地部署井网，应以提高火山岩气藏的采气速度、稳产年限、动用储量、采收率和经济效益为目标。因此，火山岩气藏的井网部署应满足以下原则：

（1）采气速度原则。根据火山岩体、储渗体的规模及展布特征、物性的非均质性优化井位及井数，建成产能规模，达到一定的采气速度。

（2）稳产年限原则。火山岩气藏储层物性极差大，非均质性强，单井控制面积及井控动态储量差异大，部署的井网应控制一定的动态储量，满足一定的稳产年限。

（3）储量动用原则。火山岩储层物性及厚度差异大，储量丰度变化大，因此，井网部署应实现控制地质储量最大化，以提高火山岩储量动用率。

（4）采收率原则。叠置型火山岩气藏储层物性及连通性差异大，气水关系复杂，其井网部署应能获得尽可能高的采收率。

（5）经济效益原则。以经济效益为目标确定最优井网密度，达到根据火山岩气藏特点部署的井网能获得最佳的经济效益。

2）井网形式

火山岩气藏由多期喷发的火山岩体相互叠置而成，火山岩体规模及展布特征、火山岩储渗体大小及方向、孔洞缝发育程度及分布、裂缝方向、储层物性分布及连通性、气水分布等因素决定了火山岩气藏的井网形式。

（1）火山岩体规模及分布对井网的影响。

火山岩体面积总体较小，为6~60.5km²。其中，以溢流作用为主的火山岩体，面积相对较大，平均30.56km²；以爆发作用为主的火山岩体，面积一般相对较小，平均13.85km²。多期喷发形成的火山岩体呈似层状、透镜状、柱状、楔形等不规则展布（图7-217），叠置关系复杂。因此，采用与火山岩体规模相适应的不规则井网形式，提高井网对火山岩体的控制程度。

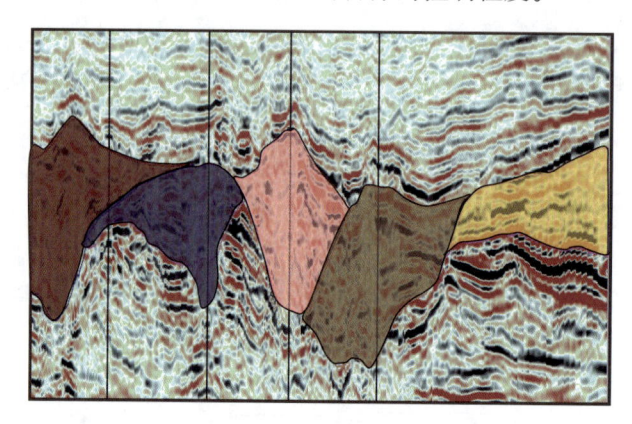

图7-217 火山岩体的展布特征

（2）火山岩储渗体大小及方向对井网的影响。

火山岩气藏储渗体面积小（0.1~5km²），储渗体形态受储层成因机理控制，不同类型储渗体的分布特征不同，如：火山通道相储渗体面积小（0.01~0.2km²），多呈柱状、不规则透镜状；爆发相储渗体面积较小（0.2~3km²），呈不规则块状、盾状；溢流相储渗体面积相对较大（0.2~5km²），以盾状、似层状、薄层状为主（图2-27）；侵出相储渗体呈透镜状、不规则块状。因此，火山岩储渗体不规则分布决定了井网部署需采用不规则井网形式，以提高井网对储渗体的控制及动用程度。

（3）孔洞缝发育程度及其分布对井网的影响。

火山岩气藏发育气孔型、粒间孔型、溶蚀孔型和裂缝型储层，不同类型储层发育不同尺度的气孔、粒间孔、溶蚀孔及裂缝，如：溢流相顶部亚相的气孔熔岩、爆发相溅落亚相的角砾熔岩中发育气孔型孔洞（图3-30），最大孔径可达300mm；近火山口气孔孔径大、发育程度高，气孔型储层物性好；但随着离火山口距离增大，气孔孔径减小、发育程度低，储层物性变差。因此，储层孔洞缝发育程度的非均质性以及分布的不均匀性决定了井网部署采用不规则井网。

（4）裂缝发育方向对井网的影响。

根据岩心观察、测井裂缝识别、地震裂缝预测结果，结合地应力和断层展布等综合分析，火山岩气藏裂缝发育具有多期次、多方向性特点。不同区块裂缝发育方向存在一定的差异，其中XX1区块与CC气田裂缝发育的主要方向以北西向为主，北东向为辅，最大主应力的方向以近东西向（偏北东东向）为主；DD气田裂缝发育则呈多方向性，裂缝主体方向既有以近东西向为主、也有以近南北向为主和以北北西向为主的裂缝（图7-218）。因此，裂缝发育的多期次与多方向性决定了井网部署采用不规则井网。

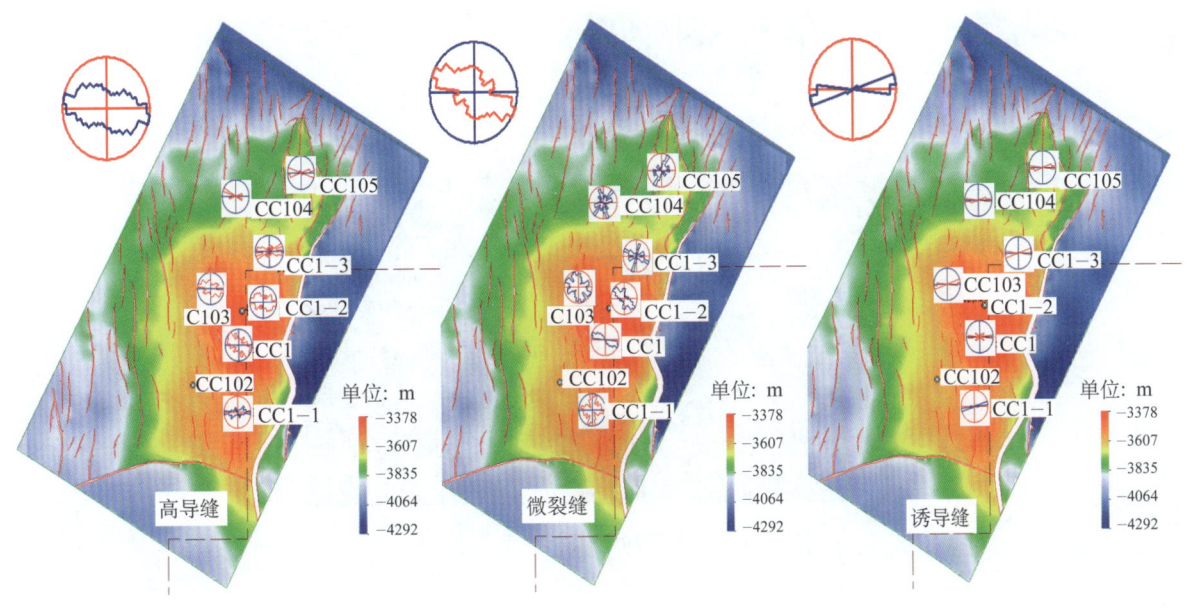

图7-218 裂缝的发育方向对井网的影响

(5) 物性分布对井网的影响。

火山岩气藏存在溢流相气孔型、爆发相粒间孔型和溶蚀孔型等多种类型储层，不同类型储层均发育不同尺度的孔隙以及构造缝、炸裂缝和收缩缝等裂缝。不同尺度孔缝介质的形态及分布决定了火山岩储层物性具有高度的非均质性。同时受火山喷发等作用影响，火山岩储层物性分布受火山岩岩相及成岩作用控制，不同岩相带的物性分布不同。其中对于溢流相气孔型储层，受溢流相亚相和挥发份差异逸散作用双重控制，储层物性在平面上多呈"条带状"分布（图7-219），靠近火山口发育串珠状气孔型储层物性好，随距离增大向裂缝沟通气孔型储层过渡，储层物性变差；对于爆发粒间孔型储层，受空落与堆积作用，以及火山碎屑颗粒大小和支撑方式等亚相特征控制，储层物性分布则围绕火山口呈"环带状"分布（图7-220）。因此，火山岩储层物性分布特征决定了井网部署采用不规则井网。

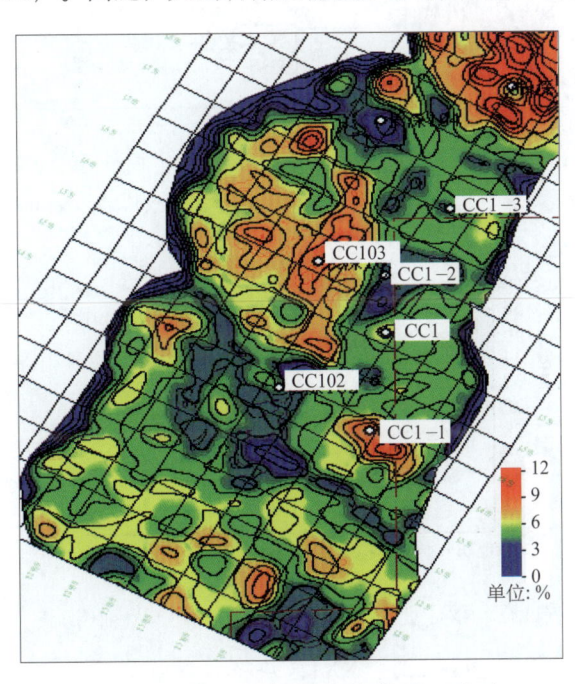

图7-219 CC气田孔隙度平面分布

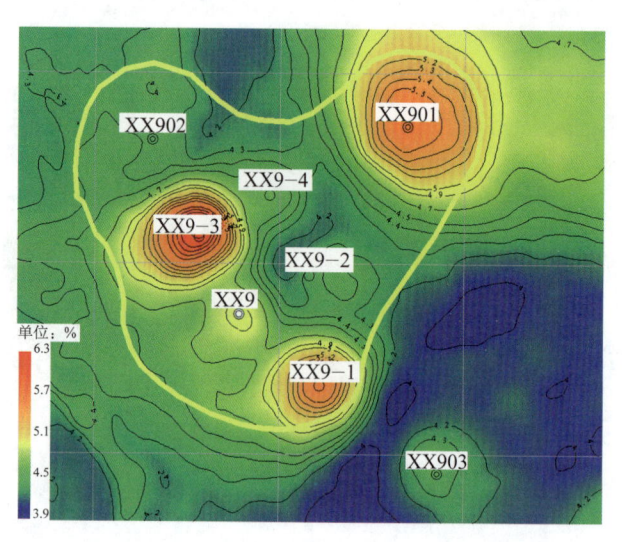

图7-220 XX9井区孔隙度平面分布

(6) 储层连通性对井网的影响。

火山岩气藏储层为各种形态、不同规模储渗单元的非层状叠置体，储层连通性的好坏对井网部署影响较大。通过XX1区块6口井的密井网解剖发现（图7-221）：相距1.1km的XX1和XX1-1井的生产主力层不连通；但加密井XX1-4未投产即呈现井底压力连续下降趋势，表明该井与XX1-1井或者XX1井的非主产层沟通。XX1-304井与XX1井相距530m且不连通，但与XX1-304井相距600km的XX1-2井累计产气$0.17 \times 10^8 m^3$后，XX1-304井出现井底静压力下降，表明XX1-304井与XX1-2井直接有沟通。

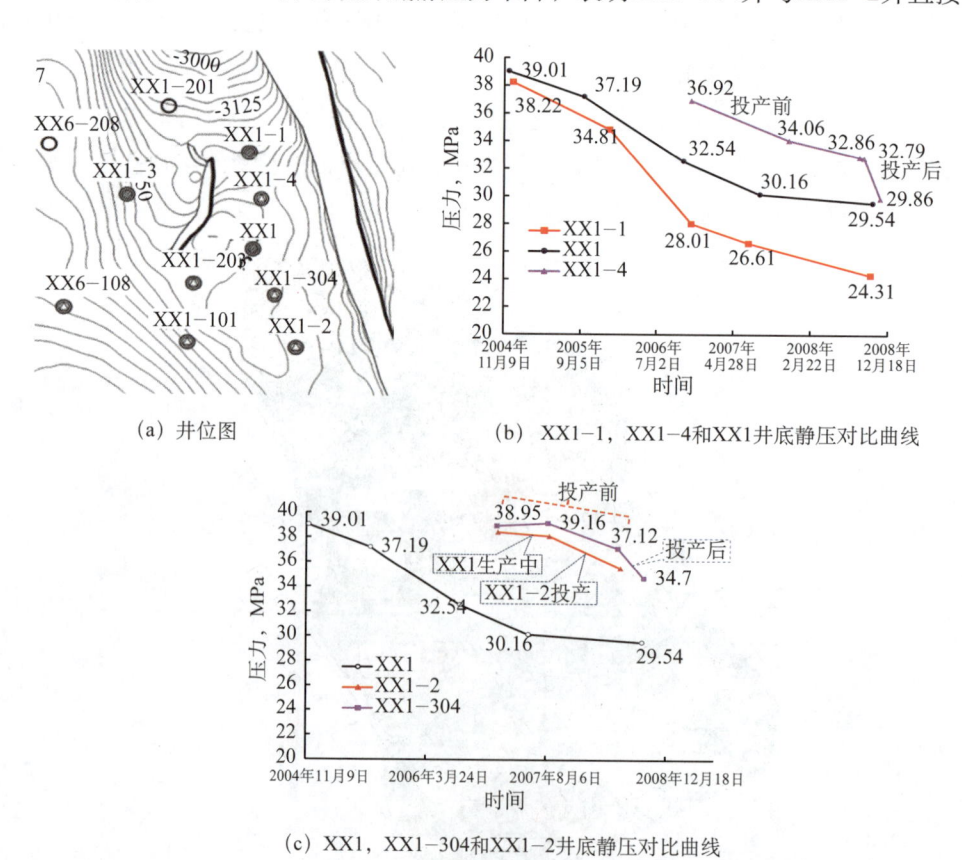

(a) 井位图

(b) XX1-1，XX1-4和XX1井底静压对比曲线

(c) XX1，XX1-304和XX1-2井底静压对比曲线

图7-221 XX1区块密井网解剖

DD18火山岩体的南部DD1804井与DD1805井相距575m，位于气藏高部位，生产层段岩性均为正长斑岩，属于同一火山岩体。干扰试井测试表明两口井具有较好的连通性（图7-222）。

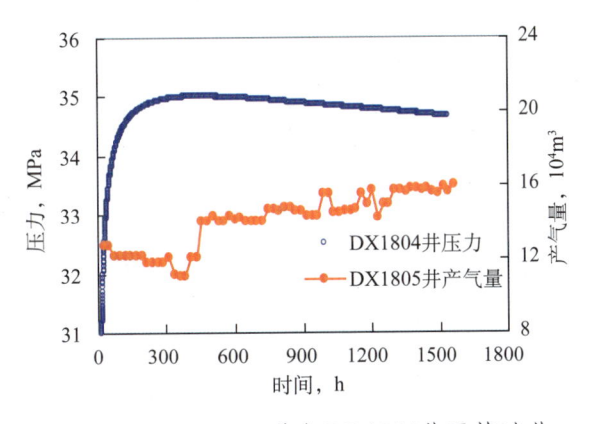

图7-222　DD1805井与DD1804井干扰试井

通过密井网解剖及干扰试井等静动态资料揭示火山岩储层连通性具有高度的不确定性，因而决定了火山岩气藏井网部署需采用不规则井网，提高储层的动用率。

（7）气水分布对井网的影响。

火山岩气藏气水分布受构造形态、储层内幕结构、岩性及储层物性等多因素控制，表现为具有多个气水系统的复杂气水关系。采用不规则井网有利于实现对火山岩气藏气水关系的有效控制，以提高气藏的采收率。

总体上，由于火山岩体面积小、火山岩体分布不规则、孔缝分布极不均匀、物性的高度非均质性、储层连通性的高度不确定性以及复杂的气水关系，导致规则井网难以适应火山岩气藏的开发需求，需采用与火山岩储渗单元相匹配的不规则井网形式，提高井网对火山岩体、储渗体及储量的控制程度。

3）井网方向

火山岩气藏井网方向主要受火山岩体展布、有效储渗体展布、物性展布方向、裂缝分布特征及地应力的影响，不同井型其井网方向存在一定的差异。

对于直井，井网方向与火山岩体、有效储渗体以及物性展布方向一致，且沿有效储渗体及物性条带方向井距大；在火山岩体、有效储渗体两侧适当布井，其井距相对较小。当储层裂缝较发育时，同时还需考虑井网与裂缝的配置关系，由于沿裂缝发育方向储层渗透性能强，而垂直裂缝发育方向渗透性相对较差，因此沿裂缝主要发育的方向井距相对较大，垂直于裂缝方向的井距相对较小。如：DD18区块天然裂缝方向以近南北向为主，井网部署沿南北方向井距大900m左右，东西方向井距缩小到600m左右。

对于水平井而言，水平井的延伸方向应与火山岩体、有效储渗体以及物性展布方向基本一致，与天然裂缝方向的垂直或斜交；同时考虑构造部位及气水关系影响，水平井应尽量部署在构造高部位，远离气水界面。

对于压裂井，由于地应力的大小及方向对裂缝改善的天然裂缝具有更好的沟通性，且裂缝方位通常垂直于最小主应力方向。因此，依据主导天然裂隙方位以及压裂裂缝方位确定开发井的方位，使井网的长边方向平行于裂缝方向。

4）井网模式

不同类型火山岩气藏的井网模式不同（表7-45）。

表7-45 不同类型气藏的井网模式

气藏类型	地质特征	井网模式	井型	井距	井网部署	典型区块
高效气藏	(1) 储层物性好； (2) 储层连通性好； (3) 平面分布面积大	稀井网	直井； 水平井	井距大 800~1200m	井网一次成型	CC1
低效气藏	(1) 储层物性中等； (2) 储层连续性较差； (3) 平面分布范围小	小井距	直井； 压裂直井； 压裂水平井	井距较小 600~1000m	井网多次成型	XX1
致密气藏	(1) 储层物性差； (2) 储层连通性差； (3) 连片性好	密井网	长水平井段水平井		平台两侧平行布井	LS3

高效火山岩气藏：对于储层物性及连通性好，平面分布面积大的高效火山岩气藏，采用"稀井网"模式部署开发井网，主体采用直井或水平井，井网一次成型，风险小。采用该模式的井距大（800~1200m），井数少，其典型区块为CC1区块。

低效火山岩气藏：对于储层物性中等，连续性较差，平面分布范围小的低效火山岩气藏，采用"小井距"模式部署开发井网，主体采用直井、压裂直井或水平井，井网逐次加密，多次成型，从而减少风险、降低低效井比例。采用该模式的井距较少（600~1000m），井数较多，其典型区块为XX1区块。

致密火山岩气藏：对于储层物性及连通性差、但连片性好的致密火山岩气藏，采用"密井网"模式部署井网，主体采用长水平井段水平井，实施平台两侧平行布井，井距大小依据压裂规模确定，其典型区块为LS3区块。

5) 井距的优化

火山岩气藏井距优化是以开发井网不产生井间干扰的情况下，实现对地质储量的最大控制和动用程度为目的。火山岩气藏井距优化应考虑不同类型气藏的火山岩体展布、储渗单元分布形态、物性分布特征、裂缝分布及压裂工艺等因素，根据井距优化原则优化井距[85-86]对于有效开发火山岩气藏具有重要意义。

(1) 井距优化的原则。

火山岩气藏开发井距过大，井间就会有部分储渗单元不能被钻遇或改造过程中不能被压裂缝沟通，造成井网对储量控制程度不够，采收率低。井距过小，则会出现两口或多口井钻遇同一储渗单元或压裂缝重叠的现象，产生井间干扰，致使单井累产低，经济效益低。因此，井距优化应满足以下原则：

① 最小原则。在经济极限产量条件下确定井距，小于该井距则没有经济效益。

② 合理原则。考虑火山岩的储层特征及展布规律、采气速度、压裂工艺要求、经济效益等多种因素确定井距，气藏采收率高，经济效益好。

③ 最大原则。满足井控储量最大化的条件下确定井距，大于该井距则会导致井控程度低、采收率低。

(2) 按最小原则优化方法确定井距。

对于储层物性相对较好的高效及低效火山岩气藏，根据钻完井及地面建设投资确定单井经济极限产气量和累计产气量；再根据累计产气量确定经济极限井网密度及井距[57]。火山岩井网密度与经济极限产量和采收率间的关系为：

$$S = \frac{10NE_RC(P_g - O - T_{ax})}{A(I_D + I_F + I_B)(1+R)^{(T_1+T_2)/2}} \tag{7-58}$$

$$L_{\min} = \sqrt{\frac{1}{S}} \tag{7-59}$$

$$G_{\min} = q_{\text{begin}} \cdot 0.0365 \tau_g [T_1 + T_2 (1-D_{cl})^{(T_2/2)}]$$

式中　S——经济极限井网密度，井/km²；

　　　I_D——单井钻井（包括射孔、测试、测井等）投资，万元/井；

　　　I_F——单井压裂投资，万元/井；

　　　I_B——单井地面建设（包括系统工程和矿建等）投资，万元/井；

　　　τ_g——采气时率，通常取0.9；

　　　P_g——天然气销售价格，元/10³m³；

　　　C——天然气商品率，小数；

　　　O——天然气生产操作费用，元/10³m³；

　　　T_{ax}——天然气税费，元/10³m³；

　　　N——天然气地质储量，10⁸m³；

　　　R——投资贷款年利率，小数；

　　　E_R——井网密度为S的天然气采收率，小数；

　　　q_{begin}——单井初期平均经济极限日产气量，10⁴m³；

　　　T_1——开发评价期内稳产年限，a；

　　　T_2——开发评价期内以D_{cl}递减时的生产年限，a；

　　　$L_{\min}$——经济极限井距，km。

对储层物性差的致密火山岩气藏，由于气井生产过程中基本不存在稳产期，且具有投产初期产量高，递减快，后期低产稳产的特征，根据累计产气量确定经济极限井网密度及井距关系式为：

$$S = \frac{10NE_RC(P_g - O - T_{ax})}{A(I_D + I_F + I_B)(1+R)^{(T_2+T_3)/2}} \tag{7-60}$$

$$L_{\min} = \sqrt{\frac{1}{S}} \tag{7-61}$$

$$G_{\min} = q_{\text{begin}} \cdot 0.0365 \tau_g [T_2(1-D_{cv})^{(T_2/2)} + T_3(1-D_{c3})^{(T_2/2)}(1-D_{c3})^{(T_2/2)}] \tag{7-62}$$

式中　D_{c2}——投产初期的年综合递减率，1/a；

　　　D_{c3}——投产后期的年综合递减率，1/a；

　　　T_2——开发评价期内以D_{c2}递减时的生产年限，a；

　　　T_3——开发评价期内以D_{c3}递减时的生产年限，a。

（3）按合理原则优化方法确定井距。

① 类比法。

日本几个火山岩气藏的开发井距为500~1000m（表7—46）。其中Katagai火山岩气田（1960年发现）构造形态为背斜构造，岩性为安山集块岩，火山岩体面积2km²，储层埋深800m，有效厚度

139m，孔隙度17%～25%，渗透率1mD，沿背斜轴心所布开发井井距约700m。Yoshii火山岩气藏，岩性主要为流纹质熔岩、凝灰角砾岩，火山岩体面积28km²，储层埋藏深度2310m，有效厚度为111m，孔隙度9%～32%，渗透率5～150mD，开发井距在700～1000m。Fujikawa火山岩气田，岩性为火山角砾岩，火山岩体面积2km²，埋深2180～2370m，有效厚度57m，孔隙度15%～18%，沿背斜轴心所布开发井井距约500m。

表7-46 日本火山岩气藏开发井距统计表

气田名称	面积 km²	层位	岩性	埋深 m	厚度 m	孔隙度 %	渗透率 mD	井距 m
Katagai	2	新近系	安山集块岩	800	139	17～25	1	700
Yoshii	28	新近系	英安岩，英安凝灰—角砾岩	2310	111	9～32	5～150	700～1000
Fujikawa	2	新近系	英安角砾岩	2180～2370	57	15～18		500

对于高效与低效火山岩气藏，储层基质平均孔隙度分别为8.87%和6.57%，平均渗透率分别为0.71mD和0.43mD。两类火山岩气藏的物性均比日本火山岩气藏差，因此，其最终平均开发井距应比日本火山岩气藏的井距小，即在500～1000m以内，但在储层物性相对较好的部位开发井距可适当增大。对于致密火山岩气藏，物性更差，井距应更小。

② 根据储层连通性原则确定井距。

（a）通过试井分析确定合理井距。

对于储层物性相对较好的高效、低效火山岩气藏，利用生产动态资料，根据试井理论，可计算探测半径[式（7-63）]，并据此确定气井的井距为$2r_e$：

$$r_e = 0.12\sqrt{\frac{Kt}{\mu\phi C_t}} \tag{7-63}$$

式中　r_e——探测半径，m；

　　　ϕ——孔隙度，%；

　　　t——生产时间，h；

　　　C_t——总压缩系数，MPa。

（b）根据基质泄气半径及物性确定井距。

对于致密火山岩气藏，储层孔喉细小、储层物性差、渗流机理复杂、单井产量低，但主体采用长水平井段体积压裂技术开发，而压裂井的裂缝长度对开发井网部署影响较大。一般地讲，裂缝长度越长，越能很好地沟通天然裂缝和基质孔隙，获得较好的产能；如果井距过小，将导致压裂缝沟通多口气井，造成井间干扰、增加成本，降低采收率。因此，为了有效动用致密气地质储量，考虑基质的泄气半径及物性确定井距（图7-223）。

与常规储层内压力瞬时传播至边界不同，致密储层气井生产过程中，压力波在致密储层内传播具有非瞬时效应的特点，随着传播时间的延长，基质动用半径逐渐增加（图7-224），储层物性越差，压力传播越慢，基质动用半径越小。因此体积压裂模式下的井距为：

$$井距 = 2 \times 基质泄油半径 + 裂缝长度 \tag{7-64}$$

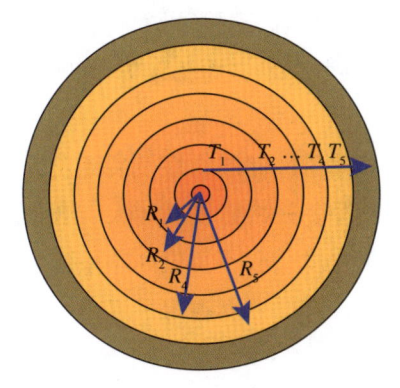

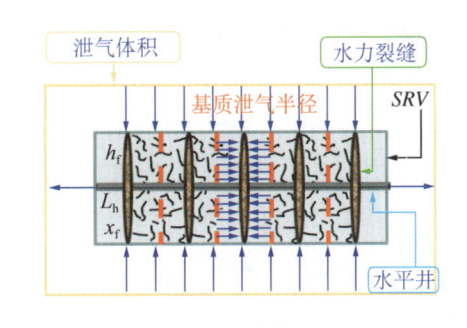

图7-223 致密储层基质泄气半径随时间变化规律　　图7-224 井距与压裂缝半长的关系

致密气藏考虑启动压力梯度与应力敏感性的基质动用半径计算模型为：

$$R(t) = \sqrt{r_w^2 + \frac{T_{sc}Z_{sc}}{p_{sc}T}\frac{4K_{m0}}{C_t}\bigg/\left\{1 + \frac{2G_T R(t)\ln\frac{R(t)}{r_w}}{m(p_e) - m(p_{wf}) - G_T[R(t) - r_w]}\right\}} \tag{7-65}$$

$$m(p) = \int_{p_0}^{p} \frac{\mathrm{e}^{-\alpha_K[p_e - p(t)]}p(t)}{\mu Z} dp \tag{7-66}$$

$$L = 2[x_f + R(t)] \tag{7-67}$$

$$G_T = \frac{\mathrm{e}^{-\alpha_K(pe-p)p}}{\mu Z}G \tag{7-68}$$

式中　L——井距，m；
　　　x_f——压裂缝半长，m；
　　　$m(p)$——t时刻动用半径r处拟压力，MPa²/（mPa·s）；
　　　α_K——基质渗透率应力敏感系数，1/MPa；
　　　p_e——原始地层压力，MPa；
　　　$p(t)$——t时刻任意点地层压力，MPa；
　　　p_0——参考压力，MPa；
　　　G_T——拟启动压力梯度，MPa²/（mPa·s·m）；
　　　η——地层导压系数，m²/s；
　　　t——时间，s；
　　　q_{sc}——产气量，m³/s；
　　　μ——气体黏度，mPa·s；
　　　Z_{sc}——标准状况下的气体偏差因子；
　　　T_{sc}——标准状况下的温度，273K；
　　　T——地层温度，K；
　　　K_{m0}——基质渗透率，mD；
　　　x_f——压裂缝半长；
　　　r_w——井筒半径，m；
　　　$R(t)$——t时刻基质动用半径，m。

以LS3区块为例，该区储层渗透率0.1mD左右，考虑火山岩气藏渗流机理影响，气藏投产10a后的基质泄气半径为150~200m，体积压裂缝半长为300m，因此确定该区块井距为900~1000m。

③ 根据采气速度确定井距。

采气速度对开发井距有较大的影响，同时也受天然气地质储量、储层物性及裂缝发育程度等地质条件和市场需求等多重因素控制。通常采气速度越高，井距越小，井网密度就越大，潜在的井间干扰就越严重，因此，为了充分有效地采出基质中的天然气，采气速度一般不宜过高。根据市场对天然气的需求、天然气地质储量或储量丰度确定产能规模和采气速度，进而可以确定采气速度与井网密度间的关系式为[55]：

$$S = \frac{vN}{0.0365 q_g \tau_g A} \tag{7-69}$$

式中　S——井网密度，井/km²；

　　　q_g——平均单井日产气量，10^4m³；

　　　v——采气速度，%；

　　　τ_g——采气时率，小数；

　　　A——含气面积，km²；

　　　N——天然气地质储量，10^8m³。

④ 根据单井产能确定井距。

根据气井采气速度和单井产能，计算气井数与总井数的关系，可确定出总井数，进而确定井网密度。假设气藏地质储量为G，含气面积为A，采气速度为v_g，平均单井产能为q_g，则气藏开发所需井数n为：

$$n = \frac{Gv_g}{330 q_g \eta} \tag{7-70}$$

$$S = n/A \tag{7-71}$$

式中　η——气井综合利用率，小数；

　　　S——井网密度，井/km²。

⑤ 根据储量丰度确定井距。

根据川东石炭系气藏开发经验表明，储量丰度与单井的井间距存在一定的关系。

在低渗区：

$$L_w = \frac{1.43}{\sqrt{G_d}} \times 10^3 \tag{7-72}$$

在高渗区：

$$L_w = \frac{1.13}{\sqrt{G_d}} \times 10^3 \tag{7-73}$$

式中　L_w——井距，m；

　　　G_d——储量丰度，10^8m³/km²。

⑥ 合理井网密度法。

当投入资金与产出效益相同，即气田开发总利润为0时，对应的井网密度即为经济极限井网密度。

$$SPC_{\min} = \frac{CG(1-T_a)(P_g E_R - O_1)}{A I_{DB}(1+R)^{T/2}} \tag{7-74}$$

式中 $SPC_{\min}$——经济极限单位面积上的井数;

A——含气面积,km^2;

G——探明天然气地质储量,10^{8}m^3;

P_g——天然气销售价格,元/m^3;

I_{DB}——单井钻井和油建等总投资,万元/井;

E_R——天然气采收率,小数;

T——评价年限,a;

O_1——平均采气操作费用,元/m^3;

R——贷款利率,小数;

C——商品率,小数;

T_a——税收率,小数。

则合理利润:
$$LR=0.15(A_g E_R) \tag{7-75}$$

考虑资金投入与效益产出因素,当经济效益最大时的井网密度为气田最佳经济井网密度(SPC_a):

$$SPC_a = \frac{aG(1-T_a)(P_g E_R - O_1 - LR)}{AI_{DB}(1+R)^{T/2}} \tag{7-76}$$

气田的实际井网密度(SPC)应在合理最佳井网密度和极限井网密度之间,并尽量靠近最佳井网密度,可采用"加三分差法"原则:

$$SPC = SPC_a + \frac{SPC_{\min} - SPC_a}{3} \tag{7-77}$$

(4)最大原则优化方法。

开发井距的确定主要应考虑单井的合理控制储量,使相对高丰度区单井控制储量不要过大,而相对低丰度区单井应控制在经济极限储量以上。假设气藏稳产期为t_s年,稳产期内的单井产能为q_{sc},气藏采收率为E_R,则单井控制的地质储量$N_单$为:

$$N_单 = \frac{330 q_{sc} t_s}{E_R} \tag{7-78}$$

式中 q_{sc}——气井稳定产能,10^{8}m^3/d;

E_R——稳产期末可采储量采出程度,%;

t_s——稳产年限,a;

$N_单$——单井控制地质储量,10^{8}m^3。

针对火山岩气藏的储层特征,根据不同的井距优化方法优化了不同区块的开发井距(表7—47)。CC气田储层物性相对较好、储层连通性好、储渗体平面分布面积大,井距较大,按最小原则、合理原则、最大原则综合确定该区块平均井距1089m。XX1区块储层物性次之、储层连通性较差、储渗体平面分布面积相对较小,井距中等,综合确定平均井距为949m。DD气田储层物性差、储层连通性较差、储渗体平面分布面积小,井距小,综合确定平均井距为726m。

2. 废弃地层压力的确定

废弃地层压力是指气井具有工业开采价值的极限地层压力,是计算气藏采收率和可采储量的重要参数。废弃地层压力越低,气藏最终采收率越高。火山岩气藏废弃地层压力是由火山岩储层地质条件、开采工艺技术、输气压力及经济指标等诸多参数所决定。确定废弃地层压力[89]的方法主要有两种：一是根据气井废弃产量确定；二是利用经验公式估算废弃地层压力。

表7-47 火山岩气藏不同方法井距优化成果表

单位：m

油田			CC气田	XX1区块	DD气田
储层物性			孔隙度7.34%，总渗透率2.45mD	孔隙度7.18%，总渗透率1.89mD	孔隙度10.69%，总渗透率1.47mD
储渗单元规模			长度0.5~2.3km，宽度0.3~2.1km，厚度9~124m，面积0.3~4km²	长度0.5~2.8km，宽度0.3~2.5km，厚度10~50m，面积0.4~3km²	厚度2.3~140m，长轴0.6~1.8km，面积0.3~2.8 km²
井距优化方法	最小原则	经济极限井距	444~520	420~660	297~505
	合理原则	类比法	1000~1500	1000~1500	500~1000
		储层连通性	960~1600	500~950	300~700
		单井产能法	1500~1790	960	900~1060
		采气速度法	1104	713.9	661
		储量丰度法	375	480	365
		合理井网密度法	1634	1570	1323
	最大原则	单井控制储量法	1490	970	721
合理井距（平均值）			1089	949	726

1）根据气井废弃产量确定废弃地层压力

（1）气井废弃产量的确定：气井废弃产量是指能够支付直接作业成本的最低产量，即按照现今生产成本、费用，税收和气价收支平衡时的天然气产量：

$$q_{\min,C} = \frac{O_1}{0.0365\tau_g C(P_g - T_{ax}) \cdot 10} \tag{7-79}$$

式中　$q_{\min,C}$——气井废弃气量，$10^4 m^3/d$；

　　　O_1——气井年操作费，万元/（井·a）；

　　　P_g——天然气销售价格，元/$10^3 m^3$；

　　　T_{ax}——天然气税费，元/$10^3 m^3$；

　　　τ_g——采气时率，小数（年生产时间按330d计，则τ_g为0.90）；

　　　C——天然气商品率，小数。

（2）根据气井废弃产量、井口输气压力，利用垂直管流法计算气井废弃井底流压p_{wfa}。

（3）根据气井生产初期产能方程的二项式系数A_1和B_1，确定气井废弃时的二项式产能方程的系数A_a和B_a：

$$\frac{A_a}{A_1} = \frac{Z_a \mu_{ga}}{Z_1 \mu_{g1}} \quad \frac{B_a}{B_1} = \frac{Z_a}{Z_1} \tag{7-80}$$

式中　Z_1，Z_a——生产初期和气井废弃时的天然气偏差因子；

　　　μ_{g1}，μ_{ga}——生产初期和气井废弃时的天然气黏度，mPa·s。

根据气井废弃产量、气井废弃井底流压和气井废弃时的二项式产能方程，即可确定废弃地层压力p_a：

$$p_a^2 - p_{wfa}^2 = A_a q_a + B_a q_a^2 \tag{7-81}$$

2) 利用经验公式估算废弃地层压力

国内外学者从不同角度研究气藏废弃压力、总结了多种计算废弃地层压力的方法，针对火山岩气藏储层内幕结构复杂、多种储渗单元叠置、储层非均质性强及气水关系复杂的地质特征，推荐采用以下几种经验公式估算气藏废弃地层压力：

(1) $p_{ab} = 1.131 \times 10^{-3} H$；

(2) $p_{ab} = 1.051 \times 10^{-3} H + 0.3447$（通用）；

(3) $p_{ab} = 0.1 \times p_i + 0.6895$（近拟）；

(4) $p_{ab} = 0.1 \times p_i + 0.703$；

(5) $p_{ab} = 1.0713 \times 10^{-3} H + 0.3515$；

(6) $p_{ab} = 1.131 \times 10^{-3} H + 0.3447$（储量规范推荐）

以上6式中 p_i，p_{ab}——分别为原始地层压力和废弃地层压力，MPa；

H——气藏中部深度，m。

3. 采气速度的优化

采气速度主要取决于气藏储渗条件和驱动类型，其次受市场需求、地面建设和后备资源增长状况制约。如果要保证长期稳定供气，必须降低采气速度；反之，可提高采气速度。确定采气速度的方法主要有类比法、采气速度和可采储量采出程度与稳产期的关系法、数值模拟方法3种[90—93]。

1) 类比法确定采气速度

根据气藏生产实际资料统计，不同类型气藏的稳产时间和采气速度不同（表7—48）。稳产年限和采气速度呈反比关系，采气速度越高，稳产时间越短；采气速度越小，稳产时间越长。根据《天然气开发管理纲要》，一般大气田要求稳产时间在10~15a，采气速度不宜过高；一般气田和小气田稳产时间可以适当缩短（7~10a），采气速度可以适当提高。

对于CC高效气藏，储层渗透率2.89mD，通过类比采气速度在2%~4%；对于XX1区块低效气藏，储渗基质渗透率0.43mD，通过类比采气速度1.5%~2.5%；对于WS1区块致密气藏，储层渗透率0.07mD，通过类比采气速度小于2%。

表7—48 不同气藏类型采气速度与稳产年限统计表

气藏类型		采气速度，%	稳产年限，a	稳产期末采出程度，%	采收率，%
气驱气藏		2~7	8~15	35~65	70~90
水驱气藏		2.5~4	5~10	20~50	30~70
低渗透致密气藏	一般低渗气藏（1~10mD）	2~4	5~10	30~50	50~70
	特低渗气藏（0.1~1mD）	<2		15~20	30~40
	致密气藏（<0.1mD）				

2) 根据采气速度和可采储量采出程度与稳产期的关系确定采气速度

气藏的采气速度与气藏稳产时间的长短、可采储量采出程度有明显的关系；采气速度和稳产年限呈反比关系，稳产时间越短，采气速度高；反之，稳产时间越长，采气速度越小：

$$v = \frac{E_R R_P}{T} \tag{7-82}$$

式中　　v——采气速度，%；

　　　　E_R——采收率，%；

　　　　R_p——稳产期末的采出程度，%；

　　　　T——稳产时间，a。

对于CC高效火山岩气藏，稳产期末可采储量的采出程度一般约为50%，采气速度2.9%；对于XX1区块低效火山岩气藏，稳产期末可采储量的采出程度一般约为40%，采气速度2.46%；对于WS1区块致密火山岩气藏，稳产期末可采储量的采出程度一般约为20%，确定采气速度1.2%。

3）数值模拟法优化采气速度

不同开发模式的火山岩气藏，其储层物性、连通性、井控储量差异大。按照稳定供气原则，考虑稳产年限、市场需求和气田规模等因素的影响，利用高效、低效、致密火山岩气藏的测井资料，建立不同开发模式的单井模型，预测不同采气速度下的采出程度等开发指标，通过对比分析采出程度随采气速度的变化特征，优化高效、低效、致密火山岩气藏的合理采气速度。

4. 稳产年限的确定

气藏稳产年限取决于国家对天然气的需求及气藏的储量状况。在储量规模一定的条件下，市场需求愈旺盛，对气田的开发规模要求越高，相应的稳产期就越短。

1）类比法确定稳产年限

根据不同气藏类型采气速度与稳产年限统计表（表7-48），对于一般低渗透气藏的稳产年限在5~10a。火山岩气藏储层基质物性差，总体上属于低渗透致密气藏。通过类比，其稳产年限一般在5~10a，或者低于5a。

根据《天然气开发管理纲要》，对于储量规模在$300 \times 10^8 m^3$以上的大型气田要求气田稳产10~15a；对于储量规模为$(100~300) \times 10^8 m^3$的中型气田，一般要求稳产时间7~10a；小气田的稳产期可以适当缩短。而火山岩气藏是由多期喷发的多个火山岩体相互叠置而成，单个火山岩体的储量规模属于中型及小型气田，其稳产时间在7~10a或者低于7a。

2）根据采气速度和可采储量采出程度确定稳产期

气藏稳产期的长短与采气速度、气田规模有明显的关系，根据气藏生产实际资料统计，稳产年限和采气速度呈反比关系，采气速度高，稳产时间短；采气速度小，稳产时间长。根据采气速度和可采储量采出程度确定稳产时间的关系式如下：

$$T = \frac{E_R R_p}{V} \tag{7-83}$$

式中　　T——稳产时间，a；

　　　　R_p——稳产期末的采出程度，%；

　　　　E_R——天然气采收率，小数。

对于低渗透致密气藏，稳产期末可采储量的采出程度一般为30%~50%。

3）根据井数和产量确定稳产期

根据不同类型火山岩气藏的储渗单元展布特征、含气面积大小、井控储量等因素确定火山岩气田开发井数n，根据单井优化配产确定气井的合理产量q_i：

$$T = \frac{GE_R R_p}{\sum_{i=0}^{n} 0.0365\tau_g q_i} \tag{7-84}$$

式中 T——稳产时间，a；

R_p——稳产期末的采出程度，%；

G——天然气地质储量，$10^8 m^3$；

E_R——天然气采收率，小数；

τ_g——采气时率，小数；

q_i——第i口井的单井产量，$10^4 m^3/d$。

4) 数值模拟法优化稳产年限

不同开发模式的火山岩气藏，其储层物性、连通性、井控储量差异大。按照稳定供气原则，考虑稳产年限、市场需求和气田规模等因素的影响，利用高效、低效、致密火山岩气藏的测井资料，建立不同开发模式的单井模型，预测不同采气速度下的采出程度和稳产年限等开发指标，通过对比分析采出程度与稳产年限的变化特征，优化高效、低效、致密火山岩气藏的合理稳产年限。

5. 火山岩气藏的采收率

气藏采收率是指在现有技术经济条件下，能从气藏原始地质储量中采出的天然气总量与原始地质储量的百分比。是一个衡量气藏开发效果、工艺水平以及地质储量可动用性等重要综合性指标。火山岩气藏采收率的高低与储层岩性岩相、物性、非均质性、流体性质及驱动类型有关，同时受叠置型火山岩气藏井网部署、开发工艺水平等因素影响较大，难以准确确定气藏采收率。因此，在评价气藏采收率时，通常是根据气藏的地质特征和开采方法、以及工艺技术措施，采用多种方法综合分析确定[94, 95]。

1) 物质平衡法

火山岩气藏受火山喷发作用控制，其储层形态多呈透镜状或条带状分布，该类气藏在开发初期表现为定容封闭气藏的特征。因此利用定容封闭气藏的物质平衡方法推导气藏采收率为：

$$E_R = 1 - \frac{p_a}{Z_a} \bigg/ \frac{p_i}{Z_i} \tag{7-85}$$

火山岩气藏储层总体上基质物性差，非均质性强，储量控制程度低，动态控制储量（G_d）可能远低于静态地质储量G，因此，确定火山岩气藏采收率时应考虑储量控制程度的影响，即对式（7-85）做出修正。

$$E_{RG} = \frac{G_d}{G}\left(1 - \frac{p_a}{Z_a} \bigg/ \frac{p_i}{Z_i}\right) = R_{gd}\left(1 - \frac{p_a}{Z_a} \bigg/ \frac{p_i}{Z_i}\right) \tag{7-86}$$

式中 E_R——气藏采收率；

p_i，p_a——分别为气藏原始地层压力和废弃地层压力，MPa；

Z_i，Z_a——分别为气藏原始地层压力和废弃地层压力对应的偏差因子；

E_{RG}——修正后的气藏采收率，%；

G_d——动态控制储量，$10^8 m^3$；

G——容积法地质储量，$10^8 m^3$；

R_{gd}——储量控制程度，%。

根据气藏废弃地层压力，确定XX1区块气藏动态储量采收率为83.91%。

2) 产量递减法

当气田开发进入递减阶段后，使用递减规律计算气田采收率。气藏的可采储量等于气藏递减期前的累计产量（G_{pi}）与递减期的累计产量（G_{pD}）之和，其表达式为：

$$G_R = G_{pi} + G_{pD} \tag{7-87}$$

则采收率为：

$$E_R = \frac{G_R}{G} = \frac{G_{pi} + G_{pD}}{G} \tag{7-88}$$

产量递减法就是利用实际气藏递减期的产量时间或累计产量时间的关系，在指定的废弃产量下，求得递减期的累计产量，进而预测气藏的采收率。

3) 水驱法

火山岩气藏普遍存在边底水，开发过程随着地层压力的下降，边底水不断侵入，使得气藏含水饱和度不断增大，相应地含气饱和度不断降低。因此考虑S_{gi}和S_{ga}的差异与区别，确定火山岩气藏的采收率为：

$$E_R = 1 - \frac{p_a/Z_a}{p_i/Z_i} \frac{S_{ga}}{S_{gi}} \tag{7-89}$$

式中 S_{ga}——废弃条件的气藏平均含气饱和度，%；

S_{gi}——气藏原始含气饱和度，%。

同时针对火山气藏非均质性强的特点，考虑储量控制程度的影响，对式（7-89）进行修正，修正后的采收率为：

$$E_{RG} = \frac{G_d}{G}\left(1 - \frac{p_a/Z_a}{p_i/Z_i}\frac{S_{ga}}{S_{gi}}\right) = R_{gd}\left(1 - \frac{p_a/Z_a}{p_i/Z_i}\frac{S_{ga}}{S_{gi}}\right) \tag{7-90}$$

4) 经验类比法

美国油气藏工程师统计了采出原始地质储量85%的气藏后，提出把气藏原始压力的15%作为气藏的废弃压力，并以此压力确定气藏采收率。根据《天然气可采储量计算方法》（SY/T 6098—2010）中气藏类型划分标准（表7-49），以及加拿大学者G.J. Desorcy归纳的世界不同气藏类型的采收率取值表（表7-50），通过类比确定火山岩气藏的采收范围。对渗透率为0.1~1mD的低效火山岩气藏，采收率为30%~50%，对于渗透率小于0.1mD的致密火山岩气藏，采收率小于30%。

表7-49 不同气藏类型的采收率取值范围

气藏类型		水侵替换系数I	废弃相对压力	采收率范围E_R
水驱	活跃	≥0.4	≥0.5	0.4~0.6
	次活跃	0.15~0.4	≥0.25	0.6~0.8
	不活跃	<0.15	≥0.05	0.7~0.9
气驱		0	≥0.05	0.7~0.9
低渗透	低渗透率（K≤1mD）	0~<0.1	≥0.5	0.3~0.5
	特低渗透率（K≤0.1mD）	0~<0.1	≥0.7	<0.3

表7–50 世界不同气藏类型的采收率取值表（来源于加拿大学者G.J. Desorcy）

序号	驱动机理	采收率E_R
1	弹性气驱气藏	0.7~0.95
2	弹性水驱气藏	0.45~0.75
3	致密气藏	可低到0.30
4	凝析气藏	0.65~0.80，凝析油为0.45~0.60

5）数值模拟法

由于火山岩气藏发育不同尺度的孔洞缝多重介质，储渗模式多样，储层物性差异大，渗流流态及渗流机理复杂。利用反映火山岩气藏储层地质特征的地质模型，在历史拟合的基础上预测火山岩气藏的产量、累产量等开发指标，进而评价火山岩气藏采收率。

参考文献

[1] 邱家骧，陶奎元，赵俊磊，等. 火山岩[M]. 北京：地质出版社，1981.

[2] Nockolds S R. Average Chemical Compositions of Some Igneous Rocks[J]. Geological Society of America Bulletin，1954，65（10）:1007–1032.

[3] Maitre Le R W.Some Problems of the Projections of Chemical Data Into Mineralogical Classifications[J]. Contributions to Mineralogy and Petrology，1976，56（2）:181–189，

[4] 王拥军，闫林，冉启全，等. 兴城气田深层火山岩气藏岩性识别技术研究[J]. 西南石油大学学报，2007，29（2）：78–81.

[5] 王拥军，周雪峰，吴海忠，等. 火山岩岩性识别新技术[J]. 断块油气田，2006，13(3)：86–88.

[6] 王拥军，冉启全，童敏，等. ECS测井在火山岩岩性识别中的应用[J]，国外测井技术，2006，21（1）：13–16

[7] 张守谦，顾纯学，曹广华. 成象测井技术及应用[M]. 北京：石油工业出版社，1997.

[8] 肖立志，柴细元，孙宝喜，等. 核磁共振测井资料解释与应用导论[M]. 北京：石油工业出版社，2001.

[9] 陈宝. 岩石的电性质：次生孔隙度、层状地层和薄层的影响[J]. 测井技术信息，1996，9（6）：214–218.

[10] 李宁、陶宏根、刘传平. 酸性火山岩测井解释理论、方法与及应用[M]. 北京：石油工业出版社，2009.

[11] 张永忠、何顺利、周晓峰，等. 兴城南部深层气田火山机构地震反射特征识别[J]. 地球学报，2008，29（5）：577–581.

[12] 朱成宏. 裂缝预测技术在松南工区应用效果分析[J]，石油物探，2001，40（4）：62–68.

[13] 陶云光，郑多明，张联盟，等. 一种新型相干分析技术在火成岩复杂地区的应用[J]. 石油天然气学报，2006，28（1）：58–61.

[14] 陶国秀. 潜山油藏多因素神经网络裂缝综合识别技术——以垦利潜山油藏为例[J]. 油气地质与采收率，2006，13（4）：36–38.

[15] 张明，姚逢昌，韩大匡，等. 多分量地震裂缝预测技术进展[J]. 天然气地球科学，2007，18

（2）：293-297.

[16] 杨惠珠，杜启振. 方位各向异性介质的裂缝预测方法研究[J]. 石油大学学报（自然科学版），2003, 27（4）：32-36.

[17] 甘其刚，高志平. 宽方位AVA裂缝检测技术应用研究[J]. 天然气工业, 2005, 25（5）：42-43.

[18] 郑志祥，戴忠桥，郑玲，等. 反演技术在文明寨油田裂缝预测中的应用[J]. 内蒙古石油化工, 2008,（15）：135-136.

[19] 万仁溥. 中国不同类型油藏水平井开采技术[M]. 北京：石油工业出版社, 1997.

[20] 李炜，李凡华，王彬，等. DX14井区火山岩气藏水平井适应性分析[J]. 四川地质学报, 2012, 32（4）:445-448

[21] 莫邵元，何顺利，王帅，等. 华庆超低渗透油藏压裂水平井适应性分析[J]. 科学技术与工程, 2013, 13（12）：3256-3260.

[22] 苏义脑. 井下控制工程学研究进展[M]. 北京：石油工业出版社, 2001.

[23] 何永宏，杨金龙，王石头，等. 超低渗透油藏水平井轨迹优化设计技术研究[J]. 超低渗透油田, 2011（1）：63-67.

[24] 曹宝军. 火山岩气藏水平井水平段合理长度确定[J]. 大庆石油地质与开发, 2011, 30（3）：71-73.

[25] 王家宏，罗志斌，赵明. 中国水平井应用实例分析[M]. 北京：石油工业出版社, 2003, 196-220.

[26] 赵金省，高建英，肖曾利. 靖边气田陕100井区马五1+2储层水平井开发优化[J]. 中国工程科学, 2013, 15（10）:66-70.

[27] 万单夫，黄文芳，李跃刚，等. 苏里格气田水平井整体开发区开发技术研究[J]. 石油化工应用, 2013, 32（9）：72-76.

[28] Joshi S D. Horizontal Well Technology [M]. USA：Pennwell Publishing Corporation, 1991.

[29] 范子菲，李云娟，纪淑红. 气藏水平井长度优化设计方法[J]. 大庆石油地质与开发, 2000, 19（6）:28-30, 33.

[30] 吴锋，李晓平. 水平气井水平段长度优化[J]. 西部探矿工程, 2008, 20（12）:84-86.

[31] 张晶，胡永乐，冉启全，等. 气藏水平井产能及水平段压力损失综合研究[J]. 天然气地球科学, 2010, 21（1）:157-162.

[32] 田文忠. 致密低渗气藏水平井水平段长度优化设计[J]. 天然气技术与经济, 2013, 7（3）：21-23.

[33] 吴德伦，黄质宏，赵明阶. 岩石力学[M]. 重庆：重庆大学出版社, 新疆大学出版社, 2002.

[34] 姚锋盛，蒋佩，何平，等. 火山岩储层增产改造技术研究与应用[J]. 重庆科技学院学报（自然科学版）, 2013, 15（1）：55-59.

[35] 李少明，王辉，邓晗，等. 水平井分段压裂工艺技术综述[J]. 中国石油和化工, 2013（10）：56-59

[36] 刘合. 深层火山岩气藏增产改造技术[M]. 北京：石油工业出版社, 2011.

[37] 蒋廷学，丁云宏，李治平，等. 活性水携砂指进压裂的优化设计方法[J]. 石油钻探技术, 2010, 38（3）：87-91.

[38] 齐天俊，韩春艳，罗鹏，等. 可降解纤维转向技术在川东大斜度井及水平井中的应用[J]. 天然气工业，2013，33（8）：58-63.

[39] 宋毅，尹向艺，卢渊. 地应力对垂直裂缝高度的影响及缝高控制技术研究[J]. 石油地质与工程，2008，22（1）：75-77，81.

[40] 李年银，赵立强，张倩，等. 裂缝高度延伸诊断与控制技术[J]. 大庆石油地质与开发，2008，27（5）：81-84.

[41] 李林地，张士诚，马新仿，等. 气井压裂裂缝参数优化设计[J]. 油气地质与采收率，2008，15（5）：105-107.

[42] 王晓东，张义堂，刘慈群. 垂直裂缝井产能及导流能力优化研究[J]. 石油勘探与开发，2004，31（6）：78-81.

[43] 王文雄，赵文，马强，等. 华庆白257区压裂施工参数优化[J]. 科学技术与工程，2011，11（35）：8885-8888.

[44] 庄惠龙. 气藏动态描述与试井[M]. 北京：石油工业出版社，2003.

[45] 李允，李治平. 气井及凝析气井产能试井与产能评价[M]. 北京：石油工业出版社，2000.

[46] 冈秦麟. 气藏开发应用基础技术方法[M]. 北京：石油工业出版社，1997.

[47] 李治平. 气藏动态分析与预测方法[M]. 北京：石油工业出版社，2003.

[48] 徐正顺，庞彦明，王渝明，等. 火山岩气藏开发技术[M]. 北京：石油工业出版社，2010.

[49] Cullender MH.The Isochronal Performance Method of Determining the Flow Characteristics of Gas Wells[J], Trans. AIME, 1955, 204：137-142.

[50] Katz D L, Cornell D, Kobayashi R, et al. Handbook of Natural Gas Engineering[M]. New York：McGraw-Hill Book Co., Inc, 1959.

[51] 潘前樱，王彬. 低渗透火山岩气藏提高单井产能技术研究——以克拉美丽气田滴西18井区为例[J]. 石油天然气学报，2009，31（3）：314-317.

[52] 孙彦彬，邵锐. 火山岩气藏开发早期产能特征及其影响因素分析[J]. 科学技术与工程，2011，11（18）：4166-4169.

[53] 朱黎鹂，童敏，阮宝涛，等. 长岭1号气田火山岩气藏产能控制因素研究[J]. 天然气地球科学，2010，21（3）：375-379.

[54] 毕晓明，邵锐，高涛，等. 徐深气田火山岩气藏气井产能的影响因素[J]. 天然气工业，2009，29（8）：75-78.

[55] 李士伦，等. 气田开发方案设计[M]. 北京:石油工业出版社，2006.

[56] 李道品. 低渗透砂岩油田开发技术[M]，北京:石油工业出版社，1997.

[57] Turner R G, Hubbard M G, Dukler A E.Analysis and Prediction of Minimum Flow Rate for the Continuous Removal of Liquids From gas Wells [J]. Journal of Petroleum Technology, 1969, 21 (11), 1475-1482.

[58] 孙晓岗，王彬，杨作明. 克拉美丽气田火山岩气藏开发主体技术[J]. 天然气工业，2010，30（2），11-15.

[59] 李颖川，李克智，王志彬，等. 大牛地低渗气藏产水气井动态优化配产方法，石油钻采工艺，2013，35（2）：71-74.

[60] 黄炳光, 刘蜀知, 唐海, 等. 气藏工程与动态分析方法[M]. 北京:石油工业出版社, 2004.

[61] 令文学, 闫利恒, 刘兰芹, 等. 克拉美丽火山岩气藏产能评价与配产方法研究[J]. 中外能源, 2012, 17 (8) :46-49.

[62] 牛丽娟, 杨东. 徐深气田火山岩气藏试气试采模式建立和工作制度优化[J]. 油气井测试, 2013, 22 (4) : 26-29.

[63] Tatsuo Shimamoto, Nozomu Inoue, Kozo Sato. Characterization of Volcannic Formation Through Comprehensive Well Test Analyses[C]. 1997, SPE-37413-MS.

[64] 刘能强. 实用现代试井解释方法[M], 北京: 石油工业出版社, 2008.

[65] Blasingame T A, McCray T L, Lee W J.Decline Curve Analysis for Variable Pressure Drop/Variable Flowrate Systems[C].1991, SPE 21513.

[66] Palacio J C, Blasingame T A.Decline Curve Analysis Using Type Curves Analysis of Gas Well Production Data[C]. 1993, SPE 25909.

[67] Doublet L E, Pandie P K, McCollum T J, et al.Decline Curve Analysis Using Type Curves-Analysis of Oil Well Production Data Using Material Balance Time: Application to Field Cases[C]. 1994, SPE 28688.

[68] Fetkovich M J.Decline Curve Analysis Using Type Curves[J]. Journal of Petroleum Technology, 1980, 32 (6) :1065-1077.

[60] Agarwal R G, Gardner D C, Kleinsteiber S W, et al.Analyzing Well Production Data Using Combined Type Curve and Decline Curve Analysis Concepts[J]. SPE Reservoir Eval. & Eng., 1999, 2 (5) : 478-486.

[70] Cinco L H, Samaniego V F, Dominguez A N.Transient Pressure Behavior for a Well With a Finite-Conductivity Vertical Fracture[J]. SPEJ, 1978, 18 (4) : 253-264, SPE6014.

[71] 王少军, 李宁, 邱红枫, 等. 累积产量图版法预测致密气藏动态储量[J]. 石油天然气学报(江汉石油学院学报), 2013, 35 (5) : 83-87.

[72] 申颖浩, 何顺利, 王少军, 等. 改进压降法确定气藏动态储量[J]. 油气井测试2012, 20 (6) :1-3.

[73] Maghsood Abbaszadeh, Chip Corbett, Rolf Broetz, et al.:Development of an Integrated Reservoir Model for a Naturally Fractured Volcanic Reservoir in China[C]. 2000, SPE 59439.

[74] Yuan Shiyi, Ran Qiquan, Xu Zhengshun, et al.Reservoir Characterization of Fractured Volcanic Gas Reservoir in Deep Zone[C].2006, SPE 104441.

[75] 童敏, 周雪峰, 胡永乐. 考虑岩石变形的火山岩气藏数值模拟研究[J]. 西南石油学院学报, 2006, 28 (4) : 44-47.

[76] 任东, 童敏, 汤勇, 等. 考虑高速紊流的含CO_2火山岩气藏数值模拟[J]. 西南石油学院学报, 2011, 33 (6) : 113-116.

[77] 许进进, 任玉林, 凡哲元, 等. 考虑滑脱效应下XS火山岩气藏数值模拟研究[J]. 石油天然气学报, 2011, 33 (1) : 148-151.

[78] 高树生, 钱根宝, 王彬, 等. 新疆火山岩双重介质气藏供排气机理数值模拟研究[J]. 岩土力学, 2011, 32 (1) : 276-280.

[79] 张训华，周学民，庞彦明，等. 裂缝性深层火山岩气藏数值模拟研究[J]. 大庆石油地质与开发，2006，25（6）：59-61.

[80] 冈秦麟，等. 中国五类气藏开发模式[M]. 北京:石油工业出版社，1994.

[81] 冈秦麟，等. 国外六类气藏开发模式及工艺技术[M]. 北京:石油工业出版社，1994.

[82] 陈作，薛承瑾，蒋廷学，等. 页岩气井体积压裂技术在我国的应用建议[J]. 天然气工业，2010，30（10）：30-32.

[83] 袁士义，冉启全，徐正顺，等. 火山岩气藏高效开发策略研究[J]. 石油学报. 2007，28（1）：73-77.

[84] 徐正顺，房宝财. 徐深气田火山岩气藏特征与开发对策[J]. 天然气工业，2010，30(12): 1-4.

[85] 王国勇，刘天宇，石军太. 苏里格气田井网井距优化及开发效果影响因素分析[J]. 特种油气藏，2008，15（5），76-79.

[86] 周学民，郭平，黄全华，等. 升平气田火山岩气藏井网井距研究[J]. 天然气工业，2006，26（5）：79-81.

[87] 江陵，廖华伟，苟嘉忆，等. 低渗气藏单井合理井距确定方法[J]. 内蒙古石油化工，2008，(16)，142-144.

[88] 任允鹏，吴晓东，王少军. 确定油气井泄流半径的新方法[J]. 油气地质与采收率，2010，17（5）：73-75.

[89] 高玉红，于士泉，崔红霞，等. 升平气田火山岩气藏废弃地层压力研究[J]. 大庆石油地质与开发，2006，25（4）：60-61.

[90] 郭春秋，李方明，刘合年，等. 气藏采气速度与稳产期定量关系研究[J]. 石油学报，2009，30（6）：908-911.

[91] 李士伦，王鸣华，何江川，等. 气田与凝析气田开发[M]. 北京:石油工业出版社. 2004.

[92] Hagoort J. 气藏工程原理[M]. 周勇，等译. 北京：石油工业出版社，1992.

[93] 宋元林，廖健德，张瑾琳，等. 准噶尔盆地克拉美丽火山岩气田开发技术[J]. 油气地质与采收率，2011，18（5）：78-80.

[94] 田玲钰，周游，刘亚勇，等. 深层气藏采收率计算及提高采收率对策研究[J]. 断块油气田，2002，9（6）：49-51.

[95] 肖鹏，刘洪，于希南，等. 水驱气藏采收率计算及影响因素分析[J]. 重庆科技学院学报（自然科学版），2013，15（1）：116-118.

第八章 火山岩气田开发实践

火山岩气藏广泛分布于中国、日本、美国、澳大利亚、印度尼西亚等100多个国家的沉积盆地中，天然气资源量超过$10×10^{12}m^3$，已探明地质储量近$2×10^{12}m^3$，显示火山岩储层中蕴含着丰富的天然气资源[1-4]。

日本是最早发现和开发火山岩气藏的国家[5]。见附气田发现于1958年，以后依次是片贝气田（1960年发现）、富士川气田（1964年发现）、吉井—东柏崎气田（1968年发现）、妙法寺气田（1969年发现）和南长冈气田（1978年发现）。其中吉井—东柏崎气田和南长冈气田是火山岩气藏早期成功开发的典范。吉井—东柏崎气田含气面积27.8km²，原始可采储量$118×10^8m^3$，原始可采原油$225×10^4t$，气田共完钻46口井，1986年统计的年产气量为$4×10^8m^3$，累计产气量$88×10^8m^3$。南长冈气田1984年正式投入开发，截至2002年底，共完钻17口井、年产气$6×10^8m^3$、累计产气量$60×10^8m^3$[6-8]。

中国1985年才开始开展火山岩气藏开发工作，但进入21世纪以来，陆续发现了数个储量规模上千亿立方米的大型火山岩气藏，其资源量和地质储量迅速上升到全世界总量的一半以上，成为已发现火山岩气藏规模最大的国家[9-11]。在经历了数年持续的开发攻关后，形成了年产规模达$33×10^8m^3$的世界上最大的火山岩气藏开发生产基地，成为世界火山岩气藏开发的核心力量。

第一节 火山岩气藏类型及开发程序

一、火山岩气藏类型

根据第四章的火山岩气藏类型划分标准，世界上主要的已开发火山岩气藏可划分为三大类（表8-1）：

一类，高效气藏储层厚度大且物性、连续性和连通性好，可采储量丰度高，单井产能高。如CC气田表现为构造圈闭、含CO_2、大型整装的高效火山岩气藏；SS2-1气田为岩性—构造圈闭、低含CO_2的中型高效火山岩气藏；DD18气田为构造—岩性圈闭、中含凝析油的大型高效火山岩气藏。

二类，低效气藏储层物性、连续性和连通性较好，可采储量丰度中等，单井产能中等偏高。如XX1为构造—岩性圈闭、低含CO_2、分散分布的中型低效火山岩气藏；DD14为岩性圈闭、低含凝析油的中型低效火山岩气藏。

三类，致密气藏储层物性、连续性和连通性差，可采储量丰度低但大面积含气，单井自然产能低或无、需要压裂改造才能投产。如YT气田为岩性圈闭、微含凝析油、甜点零散分布的中型致密火山岩气藏。

表8-1 中国典型火山岩气藏特征表

气田	圈闭类型	储层连续性及连通性	流体性质	气水系统	可采储量丰度 $10^8m^3/km^2$	含气面积 km^2	储层物性 孔隙度 %	储层物性 渗透率 mD	储层物性 孔喉大小 μm	单井产能 $10^4m^3/d$ 直井	单井产能 $10^4m^3/d$ 水平井	气藏类型
CC气田	构造	好	CO_2平均27.2%	统一气水界面	7.24	35.47	8.9	0.71	0.2	8.5	31	高效气藏
YT气田	岩性	差	凝析油 $0\sim47.05g/m^3$	11个含气单元	1.6	1.7~56.6	7~9.6	0.05~0.3	<0.1	3	7.5	致密气藏
SS2-1	岩性—构造	好	CO_2平均4.9%	统一气水界面	6.94	18.48	8.4	1.19	0.45	6	30	高效气藏
XX1	构造—岩性	中等	CO_2平均1.8%	6个气水系统	5.0	32.67	6.6	0.43	0.52	6.3	20	低效气藏
DD18	构造—岩性	中等	凝析油平均$106g/m^3$	3个气水系统	15.5	19.69	9.1	0.89	0.4	5.4	15.3	高效气藏
DD14	岩性	中等	凝析油平均$72g/m^3$	3个气水系统	10.8	19.67	10.9	1.7	0.51	4.9	13.6	低效气藏

二、中国火山岩气藏开发程序

中国火山岩气藏开发经历了从前期评价到开发调整的多个阶段。由于开发目标和资料基础不同，气藏在不同开发阶段的地质与气藏工程研究内容有所侧重和不同（表8-2）。

1. 前期评价

前期评价是指在勘探提交控制储量或有重大发现以后，围绕气田开发进行的各项开发评价和准备工作。根据气藏储量类型和工作重点不同，前期评价进一步分为两个阶段：

第一阶段是在勘探提交控制储量或有重大发现以后，为完成开发概念设计、配合提交探明储量开展的早期评价工作。其阶段任务是：充分利用勘探成果，提出开发资料录取要求，部署开发地震和开发评价井，开展产能评价，初步认识气藏地质特征和产能特征，完成开发概念设计。该阶段资料基础包括：发现井、探井和少量评价井，未形成井网；少量取心井及分析化验数据；二维或三维地震资料；少数井试气资料。火山岩气藏该阶段的研究内容及工作重点：（1）喷发旋回及期次划分、地层对比与构造解释；（2）火山机构、火山岩体、岩性岩相识别及有利区预测；（3）火山岩储层评价；（4）早期气藏描述及储量分类评价；（5）火山岩气藏产能初步评价。工作目标：（1）搞清火山岩气藏建筑结构及顶面构造特征；（2）揭示储层发育控制因素及分布规律，明确开发有利区；（3）初步

表8-2 火山岩气藏开发程序表

开发阶段	阶段任务	资料基础	研究内容及工作重点	工作目标
前期评价阶段 — 早期评价阶段	(1) 提出开发资料录取要求; (2) 部署开发地震和开发评价井; (3) 认识气藏地质特征和产能特征	(1) 发现井、探井和少量评价井; (2) 少量取心井及分析化验数据; (3) 二维或三维地震资料; (4) 少数井试气资料	(1) 喷发旋回及期次划分、地层对比与构造解释; (2) 火山机构、岩体、岩性岩相识别及有利区预测; (3) 火山岩储层评价; (4) 早期产能描述及储量初步评价; (5) 火山岩气藏产能初步分类评价	(1) 摘清火山岩气藏建筑结构及顶面构造特征; (2) 揭示储层发育控制因素及分布规律,明确开发有利区; (3) 初步搞清不同类型地质储量特征、评估气藏开发潜力; (4) 摘清气井单井生产能力和合理产量; (5) 为提交探明储量、完成开发概念设计提供依据
前期评价 — 开发评价阶段	(1) 部署开发地震和开发评价井; (2) 开展试气试采; (3) 开辟开发先导试验区; (4) 评价产能及开发可动用储量	(1) 增补较多评价井; (2) 增加取心(系统)井及分析化验数据; (3) 高分辨率三维地震资料; (4) 增加试气资料及较长时间试采资料	(1) 火山喷发韵律与开发层系; (2) 火山岩建筑结构与储层格架; (3) 火山岩储层识别、预测与分类评价; (4) 储量分类评价及可动用性评价; (5) 火山岩气藏地质建模; (6) 火山岩气藏开发动态分析及产能评价	(1) 揭示气藏内幕结构特征、确定开发层系; (2) 揭示气藏储层特征分布; (3) 确定技术和经济可采储量规模、优化井网及井位部署; (4) 揭示气藏产能特征及分布、优化气井单井配产; (5) 为完成开发方案编制提供依据、支撑开发指标论证与优选风险;
开发概念设计	(1) 建立气藏概念地质模型; (2) 初步确定气田生产规模; (3) 初步优选主体开发技术; (4) 初步明确开发方式、研究开发指标	(1) 增补少量评价井; (2) 增加少量取心井及分析化验数据; (3) 增加少量试气资料	(1) 火山岩气藏内幕结构解剖; (2) 火山岩气藏储层描述; (3) 气藏类型描述及储量评价; (4) 气藏概念地质模型建立; (5) 火山岩气藏产能初步评价; (6) 火山岩气藏开发原则、开发方式与开发指标	(1) 深化气藏地质认识、指导井型; (2) 建立气藏概念地质模型; (3) 初步揭示开发特征规律、优选开发主体技术; (4) 摘清气田开发的技术可行性与经济可行性; (5) 初步建立气藏开发原则和开发方式、指导气田开发实施

续表

开发阶段	阶段任务	资料基础	研究内容及工作重点	工作目标
试气试采	(1) 评价气井产能； (2) 确定气藏类型； (3) 评价储量可动用性； (4) 评价采气、集输工艺和流程、材质的适应性	(1) 增补较多评价井； (2) 增加较多取心井及分析化验数据； (3) 增加较多试气资料； (4) 新增部分短期试采动态资料	(1) 火山岩气藏类型与气水系统； (2) 火山岩储层连续性与连通性评价； (3) 流体性质与相态特征； (4) 可动用储量与可采储量评价； (5) 生产动态分析与产能评价； (6) 采气、集输工艺适应性评价	(1) 获取可靠的动态资料； (2) 确定气藏类型，探测气藏边界，确定可动用性特征及规模； (3) 探索适合的试井方式和生产工作制度； (4) 摸清气井生产动态特征和开发规律； (5) 优选合适的采气、集输工艺、流程和材质； (6) 为编制开发概念设计或开发方案提供依据
开发先导试验	(1) 深化气藏地质认识与产能特征认识； (2) 优选开发主体工艺技术； (3) 论证开发技术与经济可行性		(1) 密井网解剖试验； (2) 井间地震采集、处理与评价试验； (3) 火山岩气藏水平井开发试验； (4) 火山岩气藏储层压裂改造试验	(1) 揭示气藏内幕结构及储层连续性、连通性特征； (2) 明确水平井开发的适应性，建立水平井开发模式； (3) 明确火山岩储层压裂改造技术，形成压裂开发技术； (4) 进一步确定气藏开发的技术和经济可行性
开发方案编制	(1) 形成指导气田开发的技术文件； (2) 为产能建设、生产运行管理、市场开发、长输管道立项提供依据	(1) 控制程度较高的探井+开发评价井初步井网； (2) 系统取心资料及全面的分析化验数据； (3) 三维地震资料+高密度开发地震资料； (4) 较完善的试气试采动态资料； (5) 先导试验区或单井组资料	(1) 火山岩建筑结构解剖与精细构造解释； (2) 储层模式建立与有效储层分类预测； (3) 储集单元定量表征； (4) 气藏类型及特征、地质建模与储量分类评价； (5) 火山岩气藏渗流机理与开发规律； (6) 产能评价与优化配产； (7) 开发方式与井网部署； (8) 气田开发模式与开发技术政策； (9) 开发方案设计与优化； (10) 储量、地层水风险分析与应对措施	(1) 摸清气藏地质特征，指导开发井位优化部署； (2) 摸清气藏开发动态特征和规律，明确开发主体技术； (3) 摸清气藏类型及特征，优选合理开发方式； (4) 划分开发层系，充分利用地层能量； (5) 优选布井方式和井型井网，提高控制程度和采收率； (6) 优化配产以合理利用地层能量，提高稳产能力； (7) 确定合理的开发气速度，提高最终采收率和开发效益； (8) 优选开发方案，确保技术指标的先进性

续表

开发阶段	阶段任务	资料基础	研究内容及工作重点	工作目标
产能建设	(1) 实施开发方案； (2) 建成开发方案设计的配套产能； (3) 按时投产	(1) 控制程度较高的探井+开发评价井初步井网； (2) 系统取心资料及全面的分析化验数据； (3) 三维地震资料+高密度开发地震资料； (4) 较完善的试气试采等动态资料； (5) 先导试验区或井组资料	(1) 深化储层认识（根据新增井及资料）： ①精细刻画储层结构； ②精细评价储渗单元连续性及连通性； ③完善储层分类评价和地质模型； (2) 完善气藏动态分析，深化开发规律认识。 (3) 优化开发井位与钻井次序。 (4) 进一步优化气井配产和单井指标。 (5) 跟踪分析	(1) 完善地质认识和地质模型，落实开发井位； (2) 完善开发动态和开发规律认识，落实开发指标； (3) 跟踪分析和动态监测，局部实施优化调整； (4) 整体按方案实施要求建成产能，按时投产
开发调整	(1) 分析井解决开发矛盾； (2) 挖掘开发潜力； (3) 编制开发调整方案； (4) 针对性实施气田开发调整	(1) 完善的探井+评价井+开发井资料； (2) 丰富的取心及分析化验资料； (3) 丰富的开发测井、开发地震资料； (4) 丰富的试气试采等动态资料； (5) 丰富的加密井、检查井资料； (6) 各种跟踪分析及监测资料	(1) 动静结合的精细地质研究和气藏精细描述： ①喷发韵律、冷凝单元、储渗单元系统精细表征； ②隔夹层、低渗区带、储渗单元分布评价； ③剩余可采储量分布研究； ④三维动态地质模型建立； (2) 开发方案实施情况跟踪及开发效果分析； (3) 气藏开发主要矛盾及开发潜力分析； (4) 调整挖潜措施研究； (5) 调整主体技术优选及技术经济指标优化； (6) 开发调整方案的编制、优选与实施	(1) 上产期：通过局部调整，补无新井，实施目标； (2) 稳产期：通过调整配产、增产工艺措施等，提高气田稳产能力，延长稳产期； (3) 递减期：在揭示递减主控因素基础上，通过补孔调层，排水采气，打调整井等措施，减缓气田产量递减； (4) 低产期：研究挖潜措施，气藏废弃压力，经济极限量和高采出程度下的气田开发技术政策，尽可能提高气藏采收率

估算分类的地质储量规模，评估气藏开发潜力；(4) 评价气井生产能力和合理产量；(5) 为提交探明储量、完成开发概念设计提供依据。

第二阶段是在提交探明储量后，围绕气田开发方案开展的开发评价工作。其阶段任务包括：部署必要的开发地震和开发评价井、开展试气试采、开辟开发先导实验区、评价产能及开发可动用储量以及完成开发方案编制。资料基础包括：增补较多评价井、增加（系统）取心井及分析化验数据、新采集高分辨率三维地震资料以及增加试气资料及较长时间试采资料。火山岩气藏的研究内容及工作重点为：(1) 火山喷发韵律与开发层系；(2) 火山岩建筑结构与储层格架；(3) 火山岩储层识别、预测与分类评价；(4) 储量分类及可动用性评价；(5) 火山岩气藏地质建模；(6) 火山岩气藏开发动态分析及产能评价。工作目标为：(1) 揭示气藏内幕结构，确定开发层系；(2) 揭示气藏储层特征，优化井网及井位部署；(3) 确定技术和经济可采储量规模，评价开发的储量风险；(4) 揭示气藏产能特征及分布，优化气井单井配产；(5) 为完成开发方案编制提供依据。

2. 开发概念设计

开发概念设计是早期评价结束时应完成的工作。该阶段主要任务为：建立气藏概念地质模型，初步确定气田生产规模，初步优选主体开发技术以及初步明确开发方式、研究开发指标。资料基础：比早期评价阶段增补了少量评价井、增加了少量取心井及分析化验数据、增加了少量试气资料。火山岩气藏的研究内容及工作重点为：(1) 火山岩气藏内幕结构解剖；(2) 火山岩气藏储层特征描述；(3) 气藏类型描述及可动用储量评价；(4) 气藏概念地质模型建立；(5) 火山岩气藏产能初步评价；(6) 火山岩气藏开发原则、开发方式与开发指标。工作目标为：(1) 深化气藏地质认识，指导井位优化部署；(2) 建立气藏概念地质模型，支撑开发指标论证与优选；(3) 初步揭示气藏开发特征和开发规律，优选开发主体技术；(4) 搞清气田开发的技术可行性与经济可行性；(5) 初步建立气藏开发原则和开发方式，指导气田开发实施。

3. 试气试采

试气试采是开发前期评价阶段获取气藏动态资料、认识气藏开发特征、确定开发规模的关键环节。主要任务为：评价气井产能，确定气藏类型，评价储量可动用性以及评价采气、集输工艺和流程、材质的适应性。资料基础：在早期评价阶段基础上增补了较多评价井、增加了较多取心井及分析化验数据、增加了较多试气资料并新增部分短期试采资料。研究及工作重点为：(1) 火山岩气藏类型与气水系统；(2) 火山岩储层连续性与连通性评价；(3) 流体性质与相态特征；(4) 可动用储量与可采储量评价；(5) 生产动态分析与产能评价；(6) 采气、集输工艺适应性评价。工作目标：(1) 获取可靠的动态资料；(2) 确定气藏类型、探测气藏边界，确定可动性特征及规模；(3) 探索适合的试井方式和生产工作制度；(4) 清气井生产动态特征和开发规律；(5) 优选合适的采气、集输工艺、流程和材质；(6) 为编制开发概念设计或开发方案提供依据。

4. 开发先导试验

对特殊类型气田需要开展开发先导试验。主要任务为：通过气藏的局部解剖，深化气藏地质与产能特征认识；试验和优选开发主体工艺技术；论证气藏开发的技术与经济可行性。资料基础与试气试采阶段一致。火山岩气藏开发先导试验的主要内容为：密井网解剖试验，井间地震采集、处理与评价试验，水平井开发试验以及储层压裂改造试验。工作目标：(1) 揭示气藏内幕结构及储层连续性、连通性特征；（2）明确水平井开发的适应性，建立水平井开发模式；（3）明确火山岩储层压裂改造的适应性，形成压裂开发技术；（4）明确开发的技术和经济可行性。

5. 开发方案编制

开发方案编制是开发评价结束时应完成的工作。其阶段任务是形成指导气田开发的技术文件，为产能建设、生产运行管理、市场开发、长输管道立项提供依据。资料基础包括：探井、开发评价井构成的控制程度较高的初步井网；较系统的取心资料及较全面的分析化验数据；三维地震资料，局部地区采集有高密度开发地震资料；较完善的试气试采等动态资料；先导试验区或试验井组相关资料。针对火山岩气藏的研究内容及工作重点为：（1）火山岩建筑结构解剖与精细构造解释；（2）储层模式建立与有效储层分类预测；（3）储渗单元定量表征；（4）气藏类型、地质建模与储量分类评价；（5）火山岩气藏渗流机理与开发规律；（6）产能评价与优化配产；（7）开发方式与井网部署；（8）气田开发模式与开发技术政策；（9）开发方案设计与优化；（10）储量、地层水风险分析与应对措施。工作目标为：（1）搞清气藏地质特征，指导开发井位优化部署；（2）搞清气藏开发动态特征和开发规律，明确开发主体技术；（3）搞清气藏类型及特征，优选合理开发方式；（4）划分开发层系，充分利用地层能量；（5）优选布井方式和井型井网，提高控制程度和采收率；（6）优化配产以合理利用地层能量，提高稳产能力；（7）确定合理的采气速度，提高最终采收率和开发效益；（8）优选开发方案，确保技术指标的先进性。

6. 产能建设

产能建设是在气田开发方案经批准后开展的工作。主要任务为：实施开发方案，建成开发方案设计的配套产能并按时投产。资料基础与开发方案编制阶段基本相同或增加部分开发控制井。火山岩气藏产能建设的研究内容及工作重点为：（1）根据新增井及资料，精细刻画储层结构、评价储渗单元连续性及连通性、完善储层分类评价和地质模型，以深化储层认识；（2）完善气藏动态分析，深化开发规律认识；（3）优化开发井位与钻井次序；（4）进一步优化气井配产和单井指标；（5）跟踪分析。工作目标为：（1）完善地质认识和地质模型，落实开发井位；（2）完善开发动态和开发规律认识，落实开发指标；（3）跟踪分析和动态监测，局部实施优化调整；（4）整体按方案实施要求建成产能、按时投产。

7. 开发调整

当气田生产现状不适应开发阶段变化的需要，开发指标反映气田开发效果变差的时候，应进行气田开发调整，以改善气田开发效果。主要任务为：分析并解决开发矛盾，挖掘开发潜力，编制开发调整方案，针对性实施气田开发调整。资料基础包括：由探井、评价井、开发井组成的完善井网，丰富的取心及分析化验、开发测井、开发地震等静态资料以及试气试采等动态资料以及全面的加密井、检查井资料以及各种跟踪分析、监测资料。火山岩气藏开发调整的研究内容及工作重点为：（1）动静结合的精细地质研究和气藏精细描述，包括喷发韵律、冷凝单元、储渗单元精细表征、隔夹层、低渗区带、气水系统精细评价，剩余可采储量分布研究，三维动态地质模型建立；（2）开发方案实施情况跟踪及开发效果分析；（3）气田开发主要矛盾及开发潜力分析；（4）调整目标和措施；（5）调整主体技术优选及技术经济指标优化；（6）开发调整方案的编制、优选与实施。不同阶段工作目标不同：（1）上产期。通过局部调整，使气田整体达到方案设计目标。（2）稳产期。通过调整配产、补孔调层、补充新井、实施增产工艺措施等，提高气田稳产能力、延长稳产期。(3)递减期。在揭示递减主控因素基础上，通过补孔调层、排水采气、打调整井等措施，减缓气田产量递减。(4)低产期。研究挖潜措施、气藏废弃压力、经济极限产量和高采出程度下的气田开发技术政策，尽可能提高气藏采收率。

第二节　CC/YT火山岩气田开发

SL盆地南部发育两种典型的火山岩气藏。CC1气藏为构造圈闭、大型整装的含CO_2高效火山岩气藏，采用以水平井为主体的"稀井高产"开发模式，取得了很好的开发效果。YT气田同时具备火山岩气藏和致密气藏特征，为岩性圈闭、大型分散的致密火山岩气藏，采用"直井+水平井体积压裂"模式，实现了气藏规模动用和有效开发。

一、CC气田高效火山岩气藏开发

CC气田火山岩气藏在区域地质上位于CC断陷南北两个次洼之间的中部凸起带，在Yc组沉积时一直处于隆升状态，具有火山活动与构造运动双重成因机制，是储层形成和演化、油气运聚的有利区带。

1. 气藏主要地质特征

1) 火山岩建筑结构

CC火山岩多顺断裂分布，表现为典型的中心—裂隙式喷溢模式（图8-1）。整体上发育两期喷发旋回：早期中基性火山岩旋回在地震上显示为连续性较好的似层状火山岩地层；晚期酸性火山岩旋回为气藏主力产层，地震上显示为连续性变化大、局部杂乱的火山岩地层。

晚期旋回共发育6个火山机构，其中3个含气机构（Yc_2^3，Yc_2^4和Yc_2^5）集中分布于中上部。火山机构面积8.8~61km^2，厚度130~728m，下部机构规模大于上部。火山机构内部可划分2~3个喷发期次，大多数具有喷发能量由强到弱的变化特征（图8-2）。

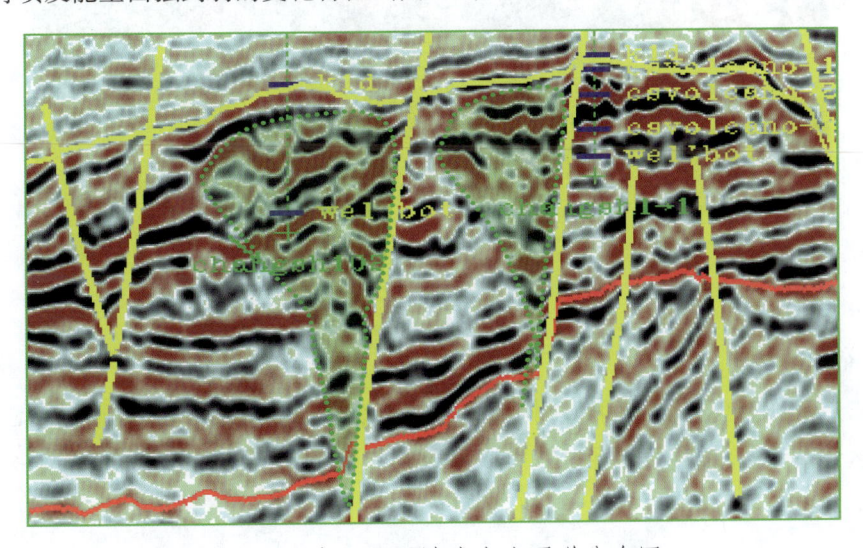

图8-1　中心—裂隙式火山通道分布图

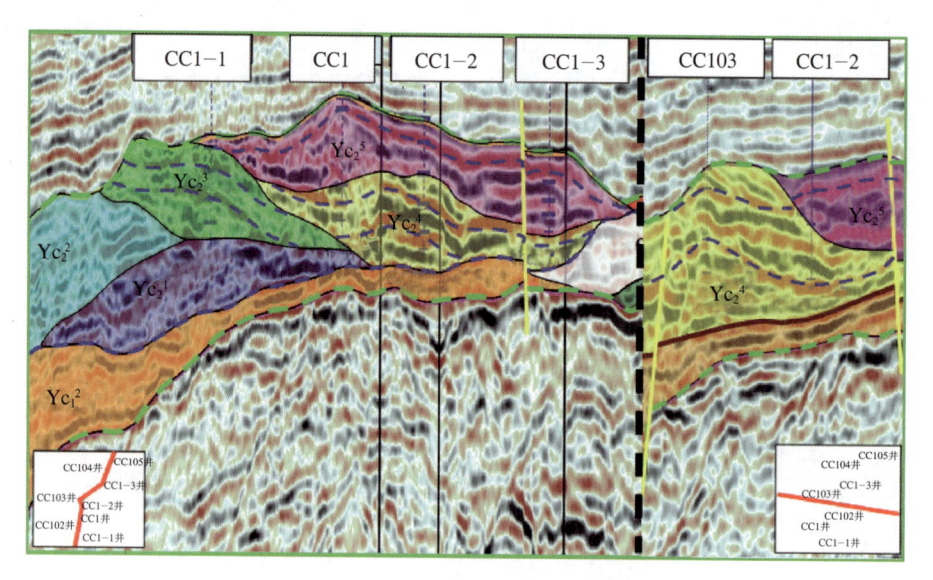

图8-2 火山岩体及喷发期次示意图

火山岩相序主体为先爆发后溢流模式，爆发相分布于火山岩体下部，以块状和透镜状产出，但Yc_2^5号火山岩体相序略有不同，其顶部发育一套相对连续的热碎屑流熔结凝灰岩（图7-45）。CC气田火山岩岩相类型复杂，其中爆发相局部发育，面积17.1km²；溢流相位于爆发相外围，面积50.07km²；爆发溢流混合相区面积21km²；侵出相绕火山口呈近圆状产出，面积约3.43km²；火山沉积相多位于边部构造较低部位，面积68.5km²。

储渗单元包括似层状溢流型、块状爆发型、透镜状隐爆型和大面积溶蚀型等类型，形态多不规则，面积0.4~4.5km²，规模变化大，储渗单元之间直接接触或呈侧向、纵向、叠瓦状叠置分布，整体具有规模大、连续性和连通性好的特点（图8-3）。

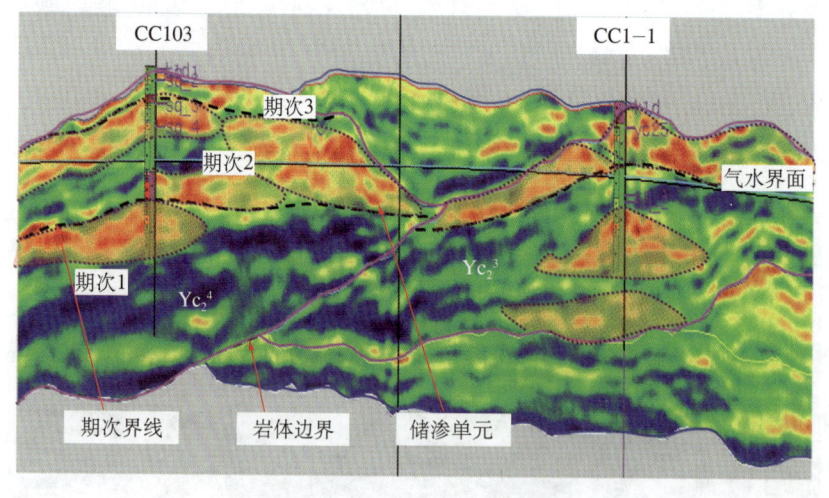

图8-3 储渗单元剖面分布图

2) 气藏顶面构造特征

气藏顶面构造形态表现为西倾的断鼻构造，顶部宽缓、西翼较陡。HEJ断层、HEJ南断层及多条次级断层将工区划分为4个圈闭，其中HEJ构造为主要含气圈闭，呈典型的断背斜形态，其最大圈闭线-3800m，幅度420m，圈闭面积95.7km²（图8-4）。

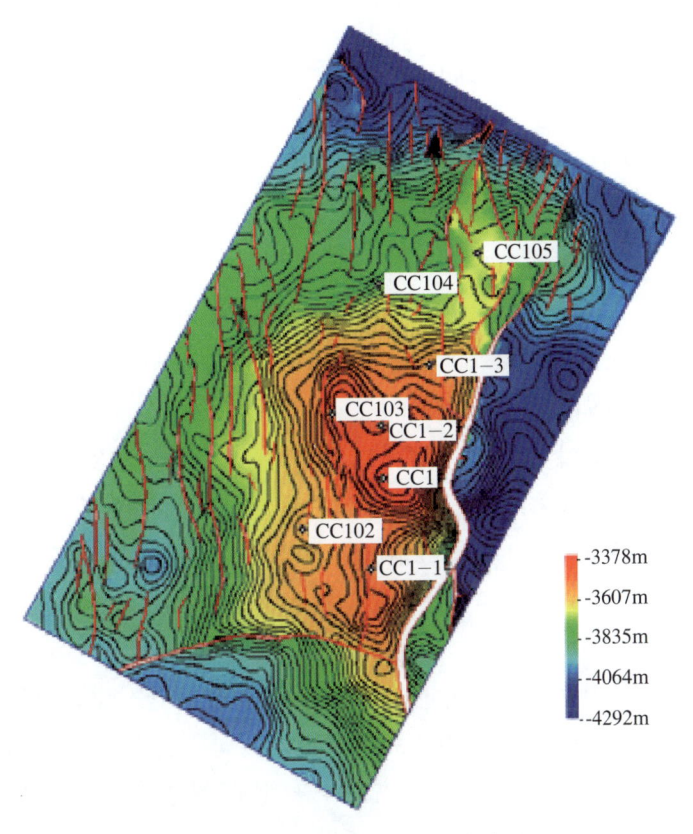

图8-4 CC1号气田T₄构造图

气田所在断陷主体呈西断东超的箕状断陷结构，以高角度正断层为主。平面上发育4级断层：（1）Ⅰ级控陷断层为HEJ断层，走向北北东，断距约900m，平面最大延伸长度约18.3km；（2）Ⅱ级断层HEJ南断层控制构造区带，走向近东西，断距160m，平面最大延伸长度约9.3km；（3）Ⅲ级断层共12条，决定局部构造特征，近南北向为主，断距30~110m，平面最大延伸长度3.7~7.2km；（4）Ⅳ级微断裂约72条，影响裂缝的发育程度，以北西向和北东向为主，断距约30m，平面最大延伸长度小于3km。

3）储层特征

CC气田火山岩气藏以溢流相流纹岩储层为主，含CO_2酸性水形成大量溶蚀孔缝，总体具有储集空间类型多、孔隙结构复杂、裂缝发育程度高、储层物性及连通性好的特点。

(1) 岩性特征。

整体以流纹岩为主，占56.7%，流纹质熔结凝灰岩和角砾熔岩次之，分别占15.0%和10.4%，中基性岩仅占2.0%。在不同火山机构中，Yc_2^5，Yc_2^4和Yc_2^3都以流纹岩为主，占55%以上；Yc_2^6则以流纹质熔结凝灰岩为主，占60.4%；Yc_1^3以沉凝灰岩为主，约占36.8%。

(2) 储集空间。

储集空间以气孔、溶孔、砾间（内）孔、微孔、构造缝和成岩缝为主，酸性水溶蚀孔缝广泛发育是该气田的典型特征。孔隙—裂缝型储层约占70.1%，孔缝组合类型主要包括：气孔+裂缝型、气孔+溶孔+裂缝型、溶孔+裂缝型以及粒间溶孔+微孔+裂缝型等。

不同岩性储集空间及孔缝组合类型不同：气孔流纹岩主要发育气孔、溶孔和构造缝、收缩缝，孔缝组合类型以气孔型和气孔+裂缝型为主；少孔和致密流纹岩主要发育基质溶蚀孔、晶间微孔以及少量气孔、杏仁孔，裂缝是成为储层的必要条件，因此有效储层的孔缝组合以溶孔+裂缝型为主；自碎角砾化熔岩主要发育砾内孔及其溶孔、砾间孔及其溶孔、构造缝和炸裂缝，孔缝组合类型主要为溶孔型、溶孔+裂缝型；晶屑熔结凝灰岩主要发育基质微孔、基质溶孔和粒内溶孔，孔缝组合类型包括微孔+裂缝型、溶孔+微孔+裂缝型、溶孔型。

（3）孔隙结构。

储层具有微孔喉、中等排驱压力和退汞效率、较高可动饱和度特点。中值半径为0.02~1.12μm，平均0.15μm；其中小于0.1μm的微孔喉占64%，0.1~0.5μm的中小孔喉占31%，大于0.5μm的大孔喉占5%。排驱压力为0.05~27.6MPa，平均6.1MPa，其中小于5MPa的占63%。退汞效率4.2~66%，平均23.9%。可动流体饱和度39%~71.6%，平均52.1%。

储层孔隙结构相对较好，其中Ⅰ型—Ⅳ型分别占30.8%，12.8%，38.5%和17.9%，以Ⅰ型和Ⅲ型为主。不同岩性的孔隙结构，流纹岩以Ⅲ型为主（约占53.3%），Ⅰ型和Ⅳ型次之（分别占20.0%）；角砾熔岩以Ⅰ型为主（占46.2%），Ⅱ型和Ⅲ型次之（分别占23.1%）；熔结凝灰岩以Ⅳ型为主（占42.9%），Ⅲ型次之（占28.6%）；因此角砾熔岩相对最好，流纹岩次之。

（4）裂缝特征。

储层裂缝类型以高角度及斜交构造缝为主，约占90.4%，收缩缝、炸裂缝等成岩缝共占9.6%。裂缝密度最大13条/m，平均3.35条/m；按4级发育程度标准，裂缝"发育段"占33.9%、"较发育段"占38.6%、"一般发育段"占9.1%、"不发育段"占18.4%，说明裂缝发育程度高。裂缝长度最大10.2m/m^2，平均2.76m/m^2；裂缝宽度最大728.5μm，平均66.1μm；裂缝孔隙度最大0.18%，平均0.02%；裂缝开启程度高，其开启缝占92.8%；说明该区裂缝的有效性好。

裂缝方向以近东西向为主，北西向次之。

裂缝在平面上可分为两组（图8-5），一组位于气藏边部，受断裂控制，顺断裂走向呈条带状分布；另一组位于气藏中部，受火山喷发作用控制，环火山口呈近圆形分布，如CC103，CC1和CC1-1等井附近区域。

（5）储层物性。

储层岩心孔隙度0.1%~22.99%，主体2%~10%，平均6.9%；孔隙度大于3.5%的有效储层占72.4%，平均孔隙度8.87%。岩心渗透率0.01~17.3mD，主体0.01~2mD，平均0.29mD；其中，大于0.03mD的有效储层占71.9%，平均0.71mD。测井解释有效孔隙度3.6%~21.8%，平均7.76%；基质渗透率0.03~1.53mD，平均0.12mD；总渗透率0.04~61.8mD，平均2.68mD。因此，CC气田火山岩气藏属于中孔、低渗储层。

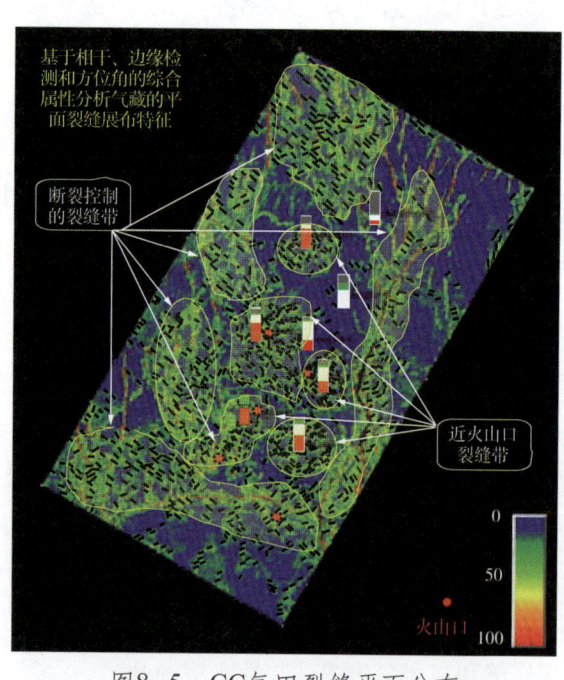

图8-5 CC气田裂缝平面分布

按照火山岩储层分类标准，CC火山岩Ⅰ类有效储层约占22.2%，Ⅱ类有效储层约占36.3%，Ⅲ类有效储层约占41.5%；Ⅰ类和Ⅱ类有效储层占比超过了55%，反映储层物性好。

(6) 储层含气性。

钻录井显示、试气试采等资料证实气藏含气性好、气柱高度超过200m，实验分析也表明气藏含气饱和度高：①气驱水相对渗透率实验，3口井9个全直径样品实验确定的可动流体饱和度为7.83%~60%，平均32.3%；②核磁共振实验，2口井7个全直径样品确定的可动流体饱和度为39%~71.55%，平均52.11%；③压汞实验最大进汞饱和度，4口井46个样品确定的最大进汞饱和度为25.3%~100%，平均75.9%；④压汞曲线气柱高度法，根据平均毛管压力曲线和气藏中部深度对应的气柱高度，确定的平均含气饱和度64.4%；⑤测井解释含气饱和度平均为61.87%。因此综合确定气藏基质含气饱和度为61.87%。

(7) 有效储层分布。

如图7-52所示，气藏总有效厚度5~146m，平均60m；以CC1井西北部1km处最厚，边部靠近气水界面处最薄；Ⅰ类有效储层厚度0~56m，平均15m，主要分布于CC103井、CC1-2井和CC1-1井附近；Ⅱ类有效储层厚度0~80m，平均约35m，以CC1井西北向1.2km处最厚；Ⅲ类有效厚度2~118m，平均约40m，以CC1井附近最厚。由此可以看出：火山岩储层甜点环火山口呈环带状分布，以CC103，CC1和CC1-1等井区为最有利区；而火山岩体叠置部分物性差、气水界面附近含气性差，为有效储层不利区。

4) 气藏特征

(1) 圈闭特征与气水关系。

CC火山岩气藏是一类复合型盾状熔岩机构，表现为上气下水特征且具有统一的气水界面，其东、南部为断层遮挡，西、北部受气水界面控制（海拔-3627.0m），岩性圈闭特征不明显，表现为构造气藏特征（图8-6）。

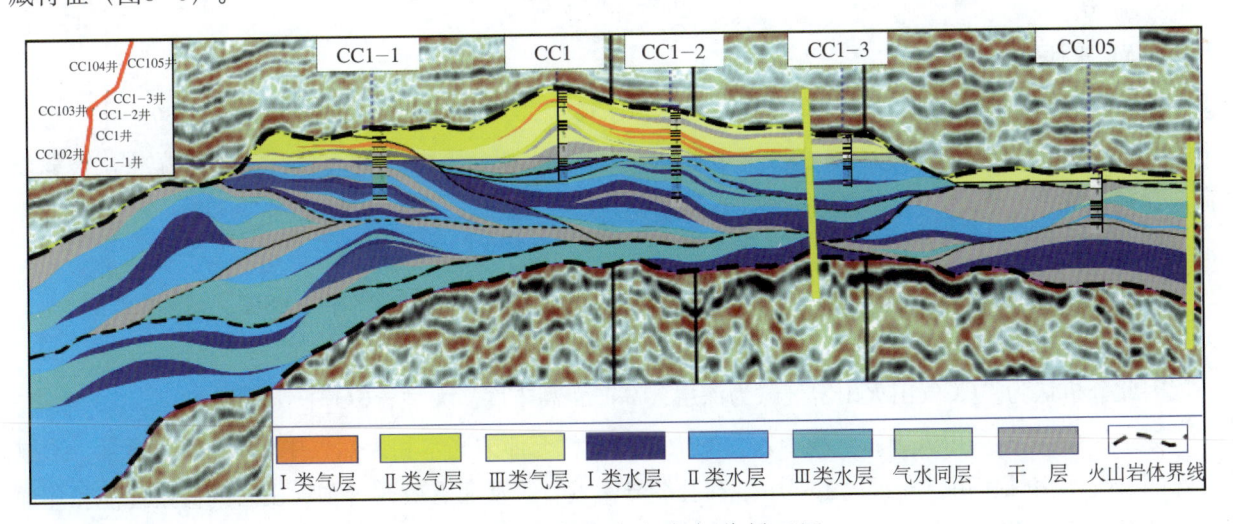

图8-6 CC气田火山岩气藏剖面图

(2) 流体性质。

天然气中甲烷含量61.78%~70.41%，平均64.97%；乙烷含量1.13%~1.40%，平均1.35%；氮气含量4.77%~8.03%，平均6.02%；CO_2含量21.95%~31.91%，平均27.19%；水蒸气含量0.099~0.13m³/10⁴m³。天然气相对密度0.80~0.89，平均0.85。因此，CC火山岩气藏为典型的高含CO_2干气气藏，其开发过程中需要采取防CO_2腐蚀工艺措施。

地层水水型为$NaHCO_3$型，总矿化度17739.5~32210.5mg/L，平均23771.4mg/L，Cl^-含量

1949.8~4466mg/L，平均3397.8mg/L；HCO₃⁻含量6625.6~18001mg/L，平均12601.5mg/L；pH值7.0~8.0，平均7.7。

（3）温压系统。

实测地层中部温度134.5~139.0℃，温度梯度3.41℃/100m，为正常温度系统；气藏埋深3550~3795m，储层中部海拔深度为-3504.65m，折算的气藏中部温度为137.34℃。

气藏地层压力42.17~43.73 MPa，平均42.82MPa，压力系数1.12~1.16，平均1.13，为正常压力系统。从地层压力与海拔深度的关系图（图8-7）可以看出，气层的压力梯度为0.28MPa/100m，气藏具有统一的气水界面，整个气藏属于同一个气水系统。气藏中部海拔-3504.65m，折算气藏中部压力为42.25MPa。

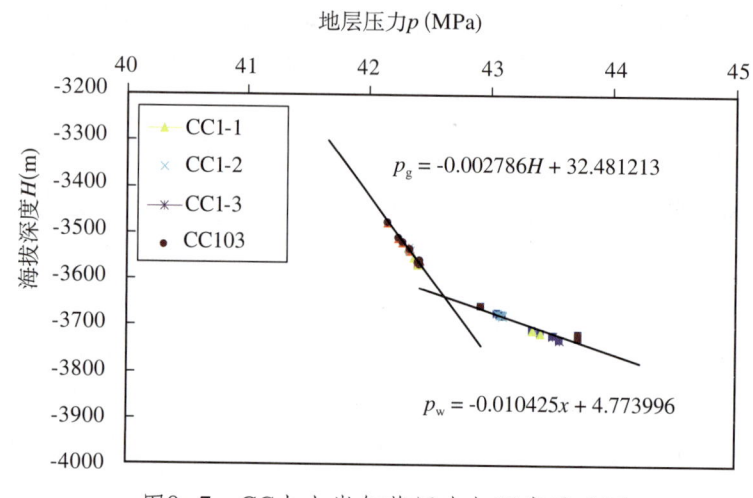

图8-7 CC火山岩气藏压力与深度关系图

（4）水体特征。

CC火山岩为构造背景下的底水气藏，水体地下体积20.67×10⁸m³，水体倍数为13.37；水层渗透率0.12~2.13mD，平均1.5mD；含水层产水量1.62~20.56m³/d，平均10.2m³/d；气水层间隔夹层裂缝发育，封隔性能差；因此水体活跃，气藏为大型水驱天然气藏。

5）储量规模

气藏含气面积44.23km²，天然气探明地质储量中，Ⅰ—Ⅲ类储量分别占30.8%，36.8%和32.4%，表现为均衡分布的特点。

因此分析认为，CC气田火山岩气藏为深层、高产、高丰度、大型含CO_2干气气藏。

综上所述，CC气田火山岩气藏中发育的天然裂缝、充沛的底水和天然气中较高的CO_2含量，形成特殊的酸性水溶蚀作用，导致火山岩中溶蚀孔缝异常发育，从而有效改善了火山岩的储集性能和连通性，使其成为火山岩气藏中少有的构造圈闭型、大型整装高效气藏。

2. 气藏开发模式与开发技术政策

1）气藏开发模式

针对CC火山岩气藏储层物性好（总渗透率2.45mD），储渗单元之间直接接触或呈侧向、纵向、叠瓦状叠置分布，整体具有规模大（0.3~4km²）、连续性和连通性好的特点，同时储层裂缝及边底水发育、水体活跃且水体能量较强，采用"水平井稀井高产"开发模式开发CC气田火山岩气藏（图7-210），对于多个储渗单元纵向叠置型储层，采用阶梯状水平井提高对储渗单元的控制程度；对于多个储渗单元横向叠置型储层及单个储渗单元大面积分布型储层，采用长井段水平井提高储层的钻遇率，能有效抑制水体锥进，大幅度提高单井产量和整体开发效果，实现CC高效火山岩气藏的高效开发。

2）开发方式与开发层系

CC火山岩气藏以甲烷为主（平均64.97%），但CO_2含量较高（21.95%~31.91%，平均27.19%），基本上不含重烃组分（C_{2+}含量小于2%），气井生产中不出现反凝析现象，故采用衰竭式开发方式开采，开发后期进行增压开采以提高气藏采收率。储量丰度较低（$9.03×10^8m^3/km^2$），流体性质差异小，储层纵向跨度小（16~166.9m），且内部无明显的隔层，不产生回流现象。因此，采用一套开发层系开发Yc_1段火山岩气藏。

3）井网井距

CC气田由6个火山岩体构成，储渗单元多呈纵向叠置型、横向叠置型和单个储渗单元大面积分布型展布。储层孔缝组合类型以裂缝—孔隙型为主（约占70.1%），总体上储层物性好，连通性好。储层裂缝发育，裂缝方向以近东西向为主，主要发育于火山口及断裂带附近，有效性较好，属于底水构造气藏。因此，考虑井网与裂缝的配置关系、储层裂缝发育情况、构造部位及气水关系，采用水平井主体开采，构造高部位、远离气水界面布井，水平井延伸方向与裂缝方向垂直或斜交，沿裂缝主要发育的方向井距相对较大，垂直于裂缝方向的井距相对较小的不规则井网部署形式开发，有效抑制水体锥进，同时能钻穿多条天然的垂直裂缝，扩大气层的连通范围，降低生产压差，提高单井产量。

采用基于储渗单元的井距优化技术，确定CC气田合理开发井距在556~1772m，平均1089m，部署水平井9口，直井3口（图7-210），采用不同的水平井开发井型可实现对储渗单元的有效控制（表8-3）。

表8-3 CC气田水平井开发井型

开发井型	井号	适用条件（储层特点）	目的
常规水平井	CCP1，CCP2	单个火山岩体中气层集中，主力气层近似层状分布	通过提高储层钻遇率，从而提高单井产量和井控储量
大斜度+水平段水平井	CCP3，CCP11	岩体内部随着平面位置变化，主力气层发生分散	大斜度段动用分散气层，水平段动用主力气层
一井多体水平井	CCP4，CCP7，CCP10	多个含气岩体在空间上紧密叠置，不同岩体气层平面位置相邻、纵向埋深接近	同时动用多个含气岩体的天然气储量，提高单井产量和累计产量，并降低气藏开发钻井数和总投资
长井段阶梯式水平井	CCP5	岩体内部发育多套呈阶梯式排列的含气单元	水平段贯穿呈阶梯式排列的多个含气单元，提高井控储量和单井产量
"U"形水平井	CCP6	岩体内部多套孤立含气单元的分布表现为中间低、两端高的特点	水平段贯穿纵向分散的多个含气单元，提高井控储量和单井产量

4）合理生产压差与废弃压力

针对CC气田的储层特点及底水发育特征，充分利用井的生产能力，尽可能放大生产压差生产。考虑气井生产不破坏储层岩石的结构，即不出砂；高于临界携液产量对应的生产压差，避免发生井底积液；不引起裂缝闭合，降低产能等因素；结合试采井实际生产压差，综合确定CC气田火山岩气藏的合理生产压差（表8-4）：Ⅰ类井由于产能高，生产压差小，直井合理生产压差取2~5MPa；Ⅱ类井由于产能较低，生产压差高，合理生产压差取5~10MPa；Ⅲ类井物性差，产能低，生产压差大，合理生产压差大于10MPa。

表8-4 CC气田合理生产压差综合确定结果表

井别		Ⅰ类井		Ⅱ类井	Ⅲ类井
井型		直井	水平井	直井	直井
试采生产压差，MPa		2.67~14.21	3.07~4.83	13.20~22.89	22.4~26.75
最大出砂压差，MPa		试气试采过程未出砂			
储层应力敏感性		实验显示火山岩应力敏感弱			
最小携液压差 MPa	不增压	0.50~3.12	0.32~0.62	4.70	7.19~14.98
	增压	0.38~2.56	0.07~0.85	5.99	8.78~12.89
最大极限压差 MPa	不增压	4.9~12.1	2.4~5.8	22.28	12.7~18.5
	增压	5.3~26.6	2.6~6.4	26.80	14.2~20.1
合理产量对应压差，MPa		1.4~12.8	0.7~3.5	4.9~9.2	3.6~9.2
采气指数对应压差，MPa		1.6~5.9	1.4~2.4	6.7	2.4~5.4
合理压差综合确定，MPa		2~5		5~10	>10

CC气田气藏埋深3550~3795m，中部深度为3672.5m，原始地层压力为42.24MPa，利用经验公式计算的废弃地层压力为4.15~4.95MPa，平均为4.5MPa。

5）单井合理产量

CC气田总体上属于中低孔低渗、裂缝和底水发育气藏，水体较大（20.67×10⁸m³），气水层间隔夹层裂缝发育，封隔性差，水体活跃程度高。因此，在控制水体快速锥进的条件下，适当放大生产压差，提高单井产量的指导下，利用火山岩气藏的产能评价和优化配产技术确定CC气田的单井合理产量，水平井合理产量（20~35）×10⁴m³/d，直井单井产量（2~15）×10⁴m³/d（图8-8），其中Ⅰ类气井合理产量为（10~15）×10⁴m³/d；Ⅱ类气井合理产量取（7~10）×10⁴m³/d；Ⅲ类气井合理产量（2~6）×10⁴m³/d。

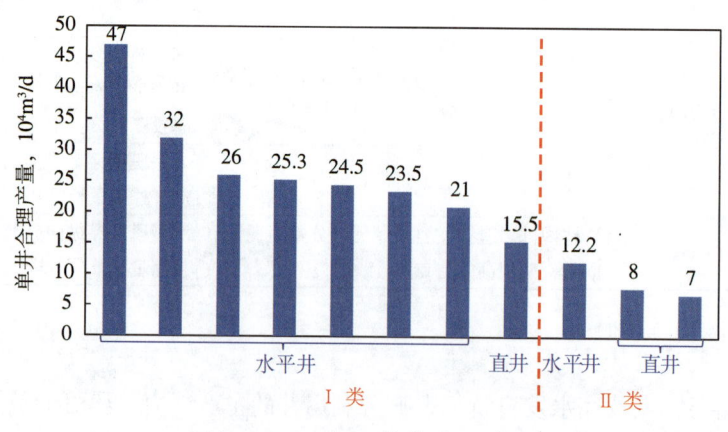

图8-8 CC气田单井合理产量

6）合理采气速度及稳产年限

CC气田火山岩属于中孔低渗透气藏，裂缝发育，存在底水，水体较活跃，为了充分地采出基质中的天然气，延长稳产时间，采气速度不宜过高，综合确定CC气田采用"直井+水平井"开发方式，合理采气速度为2.49%，稳产年限7.17a（图8-9）。

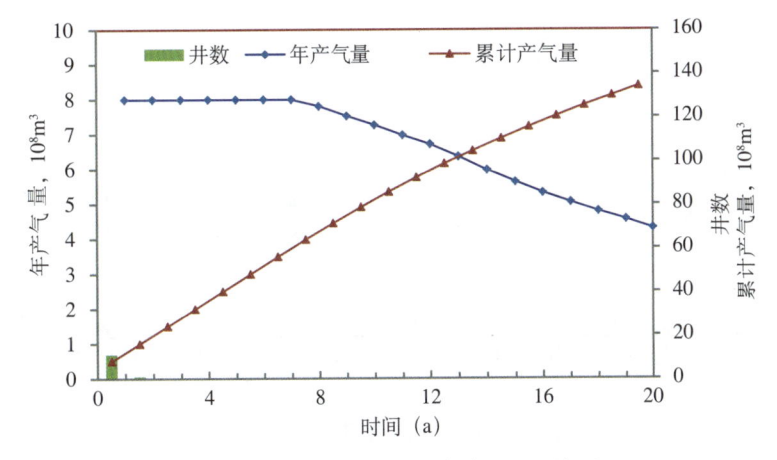

图8-9 CC气田开发指标预测结果

3. 气藏开发动态特征

CC气田高效火山岩气藏于2008年正式投产，到2012年底投产20口井，其中水平井12口，累计产气量达41.6×10⁸m³，采出程度为9.24%。

1）采用"稀井网大井距、水平井开发"的开发模式，火山岩气藏开发效果好

针对CC气田火山岩气藏基质物性好、天然裂缝发育的特点，采用"稀井网大井距、水平井开发模式"，可降低生产压差，抑制水体锥进，大幅度提高单井产量。2013年6月，日产最高达440×10⁴m³/d（图8-10），水平井生产压差小（1～5.4MPa），为直井的1/4～1/10；产量大，水平井平均单井日产气29.7×10⁴m³，是直井的3～5倍；水平井平均无阻流量184.1×10⁴m³/d，是直井的4～10倍（图8-11），充分体现了水平井在提高单井产量方面的优势。

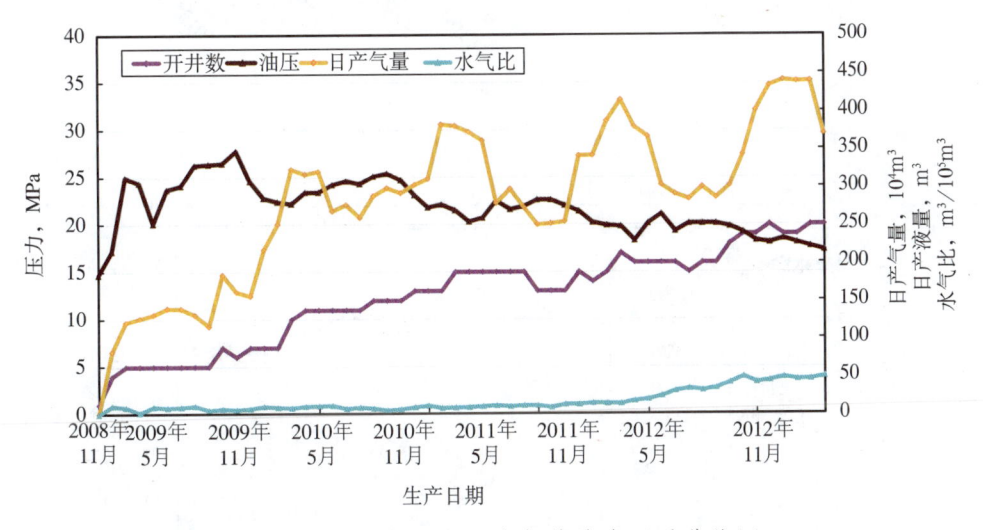

图8-10 CC气田火山岩气藏综合开采曲线图

2）地层能力充足，供给能力及稳产能力强

CC火山岩气藏储层裂缝发育程度高，储层物性好（平均孔隙度7.3%，总渗透率2.45mD），地层压力下降缓慢，从原始地层压力42.4MPa降至35.9MPa，3a下降14.9%，平均压降速度0.0053MPa/d，水平井压降速度为0.0048MPa/d，约为直井压降速度的4/5（图8-12）。供给能力强，气井初期产量高达47×10⁴m³/d，投产5a，产量稳定在25×10⁴m³/d左右，稳产能力强（图8-13）。

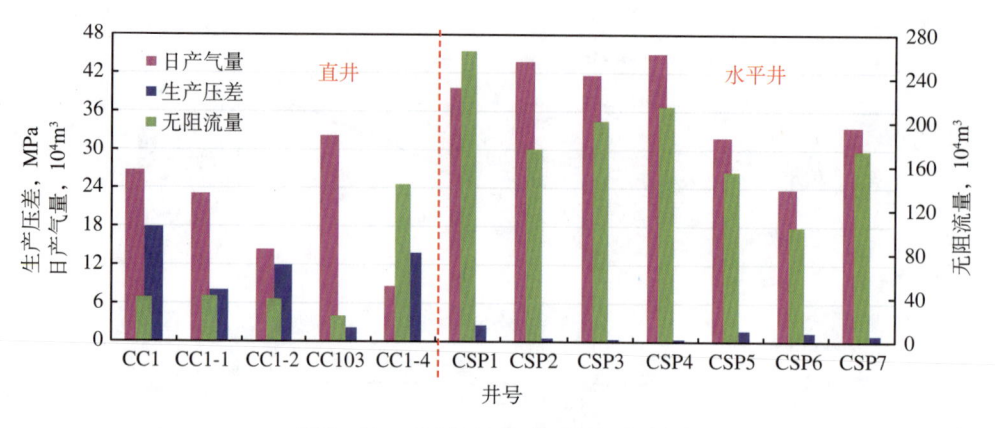

图8-11 CC气田气井产量对比图

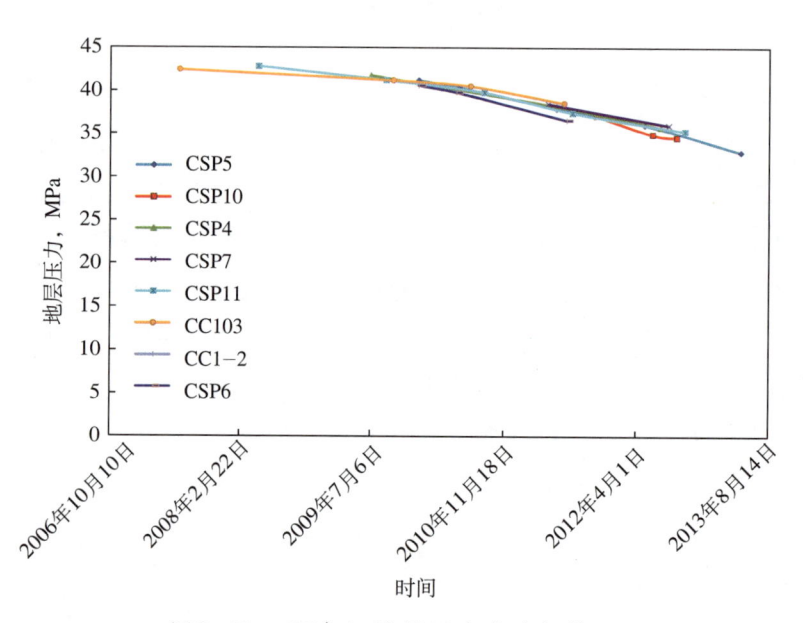

图8-12 CC气田地层压力递减规律图

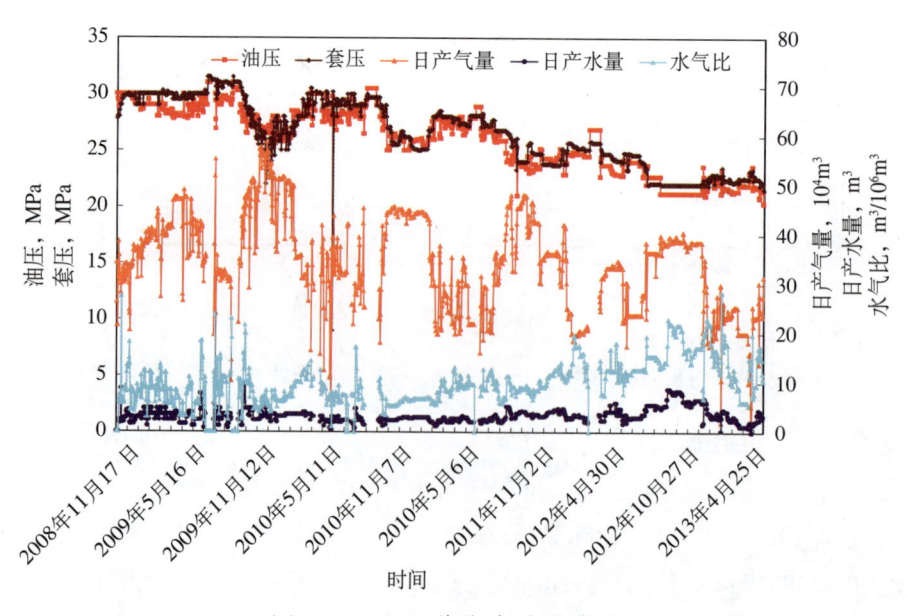

图8-13 CC1井生产动态曲线

3）储层物性及连通性好，井控范围大，井控动态储量大

溢流相顶部/上部气孔、溶蚀孔型储层为主，裂缝发育程度高，储层物性及连通性好，储渗单元规模大（0.3~4km²），探测半径达1000m左右，因此井控范围大（图8-14）。利用17口井资料综合评价气藏动态储量合计422.21×10⁸m³，水平井单井井控动态储量（12.58~46.23）×10⁸m³，是直井的3~5倍（图8-15）。

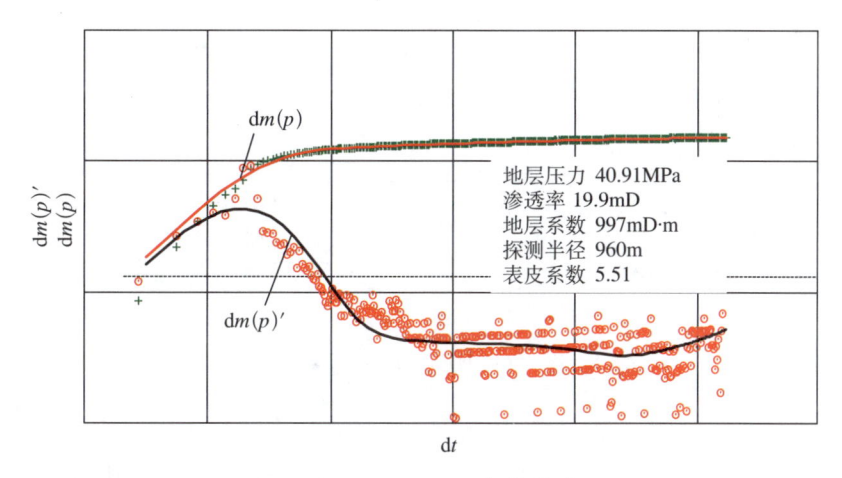

图8-14 CCP4双对数曲线

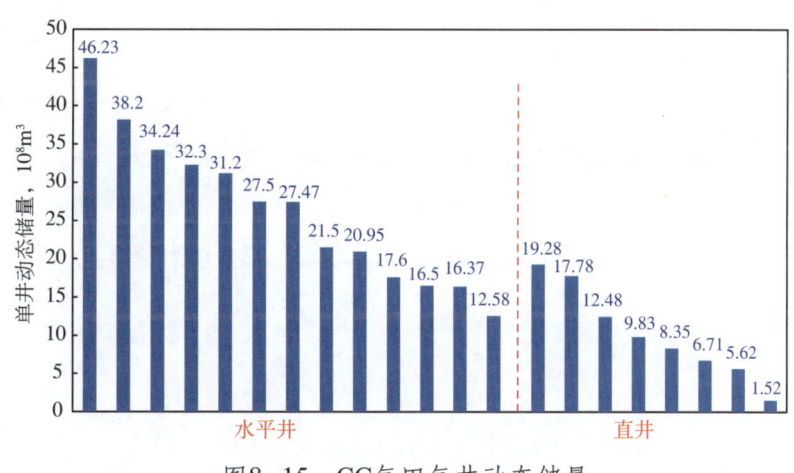

图8-15 CC气田气井动态储量

4）气井见水总体呈现初期缓、后期快速上升的趋势

CC气田气井见水的快慢与生产压差以及距离底水的位置密切相关。气井生产压差越大，流体向井底渗流速度越快，如果裂缝发育程度越高，气井见水风险越大。同时，气井生产层段距离底水越近，且隔层裂缝越发育，气井见水风险越大。例如CC103井射孔段底部距离水层顶部77m，气层、水层间的隔层厚度为70m，生产初期，气井产量较高为18×10⁴m³/d，产量稳定，稳产能力较强，见水较少；生产后期，随着地层压力降低，地层水（底水）上升，矿化度增加（图8-16），气井快速见水。产液多，为地层水，矿化度上升，即底水有上升趋势（图8-17）。

二、YT气田致密火山岩气藏开发

YT气田位于YT断陷区西部五棵树断鼻带，由南部LS1以及北部LS2和LS3等区块组成。气田邻近

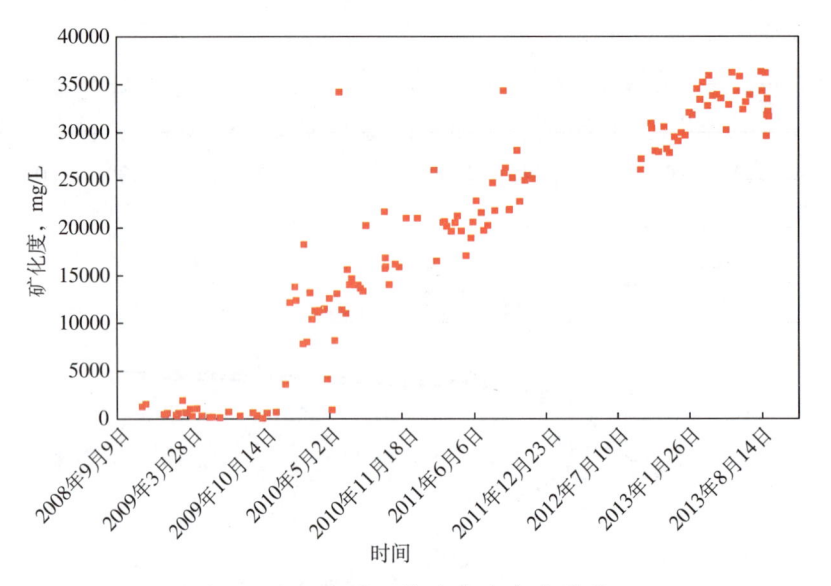

图8-16 CC103井矿化度变化曲线

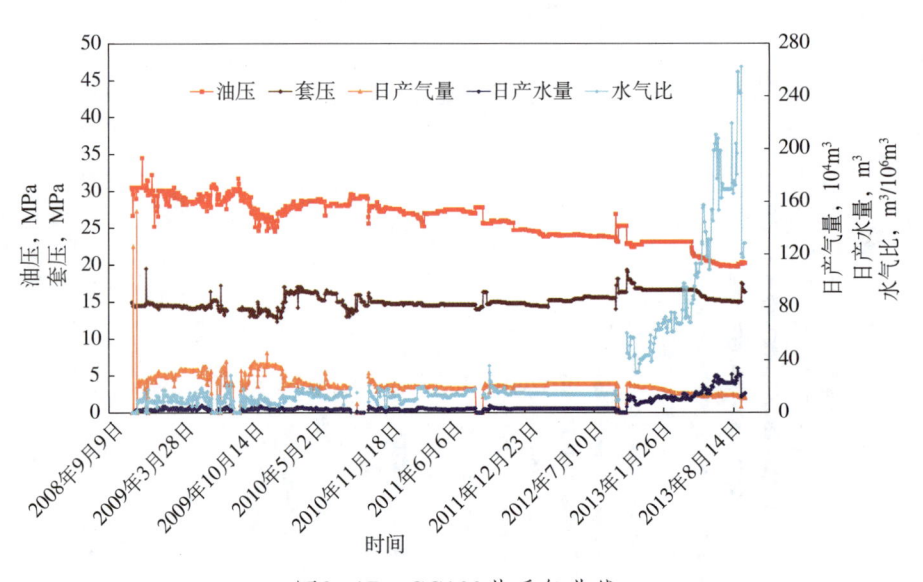

图8-17 CC103井采气曲线

生烃洼槽，Yc$_1$段至Yc$_3$段火山成因储层与Yc组、SHZ组烃源岩大面积分布，源储共生关系好，是油气长期运移的指向区。该气田同时具有火山岩气藏和致密气藏特点。

1. 气藏主要地质特征

1）火山岩建筑结构

YT气田火山喷发方式具有裂隙式和中心式同等发育的特点，火山岩建造是一类由中酸性火山熔岩、火山碎屑岩和火山沉积岩共同组成的复合式火山岩建造。

该气田火山口受构造和沉积作用的影响，其特征不明显。火山通道多呈特殊的直立状、枝杈状（图8-18）。与之相对应，YT气田目前共发现3个分散分布的火山机构，分别对应LS1，LS2和LS3等3个井区，机构面积29.5~76.3km^2，厚度500~1300m。

YT火山岩体超过10个，其中含气火山岩体8个，包括LS1井区6个、LS2和LS3井区2个，岩体面积1.7~56.6km^2，厚度50~500m（图8-19）。

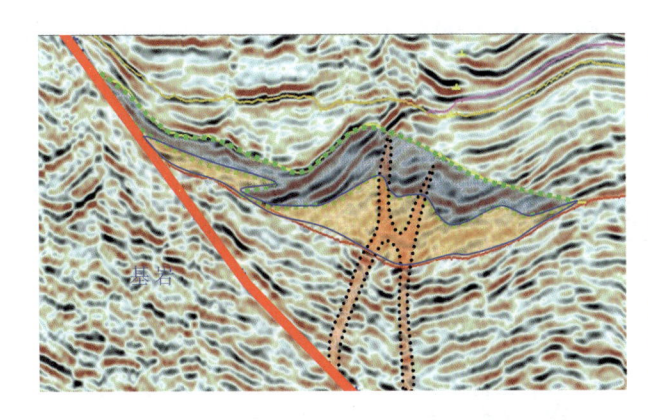

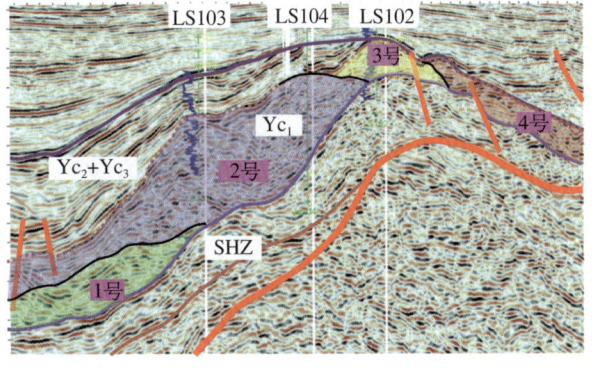

图8-18 裂隙—中心式火山通道示意图　　图8-19 火山岩体及喷发期次示意图

岩相相序为先爆发后溢流再沉积特征（图8-20）。Yc_1段火山岩以溢流相（占56.5%）为主，爆发相（34%）次之，火山沉积相（9.5%）较少；溢流相面积0.64~12.15km², 爆发相面积0.37~4.37km²。Yc_2段火山沉积岩以扇三角洲（55%）和湖相（45%）沉积为主，单扇体面积6~20km², 单期叠置厚度60~120m。

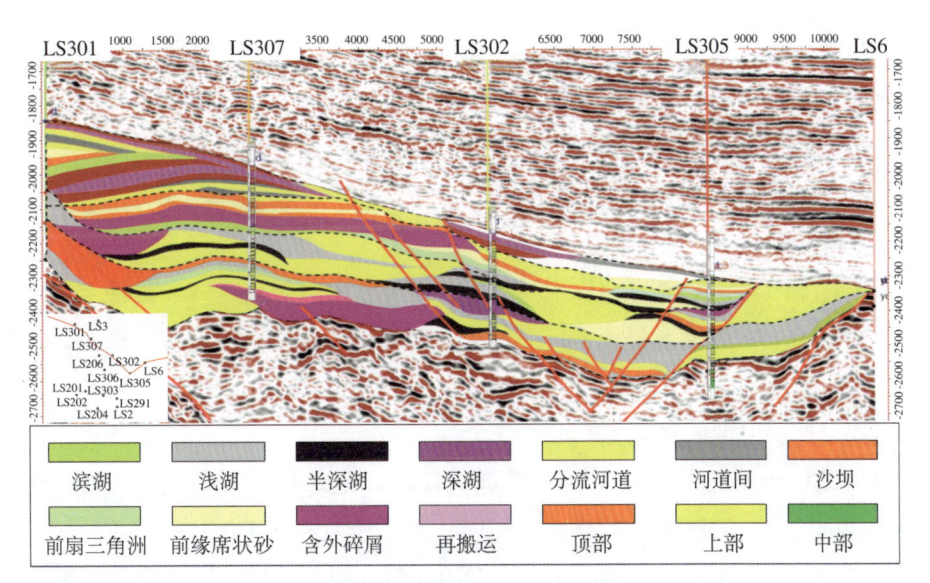

图8-20 火山岩相剖面分布图

YT气田储渗单元形态和规模变化大（图8-21）：Yc_1段以孤立块状、丘状为主，面积多小于10km²；Yc_2段以条带状、透镜状为主，面积2~30km²。与CC气田不同，YT气田储渗单元多呈纵向叠置或孤立状分布，连续性和连通性差。

2）火山喷发旋回与层系

YT气田Yc组火山岩分为3个喷发旋回：早期旋回埋藏深，钻井未揭示；中期中酸性火山岩旋回是Yc_1段气藏主力地层，地震上表现为中—强振幅的杂乱反射特征；晚期火山沉积岩旋回是Yc_2段气藏主力地层，地震上表现为具有平行—亚平行结构的中—强或中—弱地震反射特征。

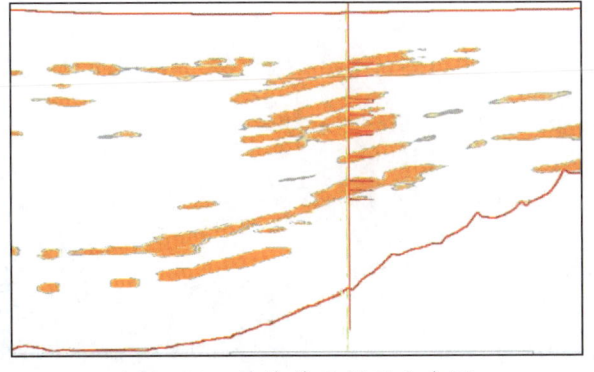

图8-21 储渗单元剖面分布图

两套主力气层表现为多期次多韵律发育的特征。Yc$_1$段上部主力气层由多个火山口经历多期次喷发形成，各喷发期次可进一步细分为2~3个喷发韵律，单个韵律表现为喷发能量由强到弱的变化特征。Yc$_2$段可划分为3个次级沉积旋回12个沉积韵律：下部旋回厚度0~300m，东薄西厚，地震剖面上表现为平行结构的中—强反射特征；中部旋回厚度0~220m，东薄西厚，地震剖面上表现为亚平行结构的中—弱反射特征；上部旋回厚度0~300m，东薄西厚，地震剖面上表现为平行结构的中—强反射特征，连续性中等—好。

YT气田发育两套含气层系，即Yc$_1$段火山岩含气层系和Yc$_2$段火山沉积岩含气层系。

3) 气藏顶面构造特征

受火山喷发及古构造形态影响，YT气田整体构造形态表现为西断东超的箕状构造，南、北分别发育LS1以及LS2和LS3两个东倾的鼻状构造，构造高点分别位于LS303井和LS3井附近。两个构造都具备成藏的圈闭条件，且背斜顶部断层不发育，易于烃类保存聚集，从而形成南北部两个岩性—构造富集区。

断层以高角度正断层为主。气田发育3期断裂：（1）早期断裂，形成于Yc组沉积初期，断穿Yc组，北东向延伸，是气体运移的重要通道；（2）中期断裂，形成于Yc$_2$段沉积早期，断穿三至二单元，南北向延伸，影响两个单元有效储层分布；（3）晚期断裂，形成于Yc$_2$段沉积后期，断穿一单元至Yc组顶，南北向延伸，控制一单元储层保存与成藏。在断层形成过程中，拉张应力使断层附近伴生微裂缝发育，改善了邻近储层的渗透性，同时，50~120m的断距使三单元储层与二单元厚层烃源岩有效对接，形成中部洼槽伴生微裂缝高产富集带。

4) 烃源岩特征

火山岩天然气来自YT断陷Yc组或SHZ组烃源岩，兼具自生自储和运移成藏特点。

YT断陷发育SHZ组、Yc组两套烃源岩，平面分布受控于近南北走向的深大断裂，具有西厚东薄的特征。钻井揭示Yc组暗色泥岩累计厚度126~288m，占揭示地层厚度的20%~29%；SHZ组暗色泥岩累计厚度198m，占揭示地层厚度的54%。

烃源岩主要为湖相或扇三角洲相泥岩，局部夹煤层。地球化学分析可知，LS1和LS3区块有机质类型属于Ⅱ$_2$、Ⅲ型，有机碳含量0.5%~3.34%，镜质组反射率1.3%~2.18%，最高裂解峰温为445~530℃，均已达到高成熟—过成熟阶段。从Yc组天然气组分甲烷碳同位素分析来看，甲烷碳同位素变化范围$\delta^{13}C_1$为−35‰~−37‰，具备典型的煤型气特征。

5) 储层特征

YT气田火山岩储层成因复杂，基质微孔及其溶蚀孔占比高，储层具有储集空间类型多、孔隙结构复杂、裂缝发育程度低、储层物性及连通性差的特点。

（1）岩性特征。

Yc组储层岩性以流纹岩为主，占12.04%；砂岩和砂砾岩次之，分别占10.44%和7.68%；沉凝灰岩约占6.94%。

Yc$_1$段岩性以火山岩为主，其中流纹岩约占29.80%，凝灰岩约占23.75%，沉凝灰岩约占21.08%，火山角砾岩约占9.74%，其余岩石所占比例每类均小于5%。

Yc$_2$段岩性以火山沉积岩为主，其中凝灰质砂岩约占28.98%，凝灰质角砾岩约占10.65%，凝灰质砂砾岩约占10.63%，其余岩性所占比例小。

(2) 储集空间。

Yc$_1$段火山岩储集空间以基质溶孔（占51%）为主，斑晶溶孔（占18.9%）、粒内溶孔（13.2%）、气孔（9.4%）次之，原生粒间孔较少保存下来，约占3.8%。

Yc$_2$段火山沉积岩储集空间以粒内溶孔（占28.8%）、粒间孔（25.6%）为主，粒内孔（25.1%）和缩小粒间孔（10%）次之，铸模孔等其他孔隙较少，共约占10.5%。

YT气田裂缝不发育，储层类型以孔隙型为主，约占90%以上；孔隙组合类型以溶蚀孔型、溶蚀孔+粒间孔型、溶蚀孔+气孔型为主，少量裂缝+溶蚀孔型。

(3) 孔隙结构。

YT气田储层以小于0.1μm微细孔喉为主，孔喉数占80%以上 [图8-22（a）]；排驱压力0.2~16.7MPa，平均8.13MPa；退汞效率3.1%~54%，平均19.8%；可动流体饱和度12%~35.62%，平均25.82%。因此气田储层具有孔喉小、排驱压力高、退汞效率低、可动流体饱和度低的特点，总体属于致密气范畴 [图8-22（b）]。

研究区孔隙结构可划分为3类：① Ⅰ 类大孔喉孔隙结构，其排驱压力小于1MPa，中值压力小于5MPa，10MPa毛管压力下的汞饱和度大于50%，该类占13.33%；② Ⅱ 类中小孔喉孔隙结构，其排驱压力1~5MPa，中值压力5~10MPa，10MPa毛管压力下的汞饱和度30%~50%，该类约占46.67%；③ Ⅲ 类微细、超毛细喉孔隙结构，排驱压力大于5MPa，中值压力大于15MPa，10MPa毛管压力下的汞饱和度小于25%，该类约占40%。说明该区孔喉结构以微细—超毛细孔喉为主，大孔喉孔隙结构多发育于Yc$_2$段火山沉积岩中的凝灰质砂岩。

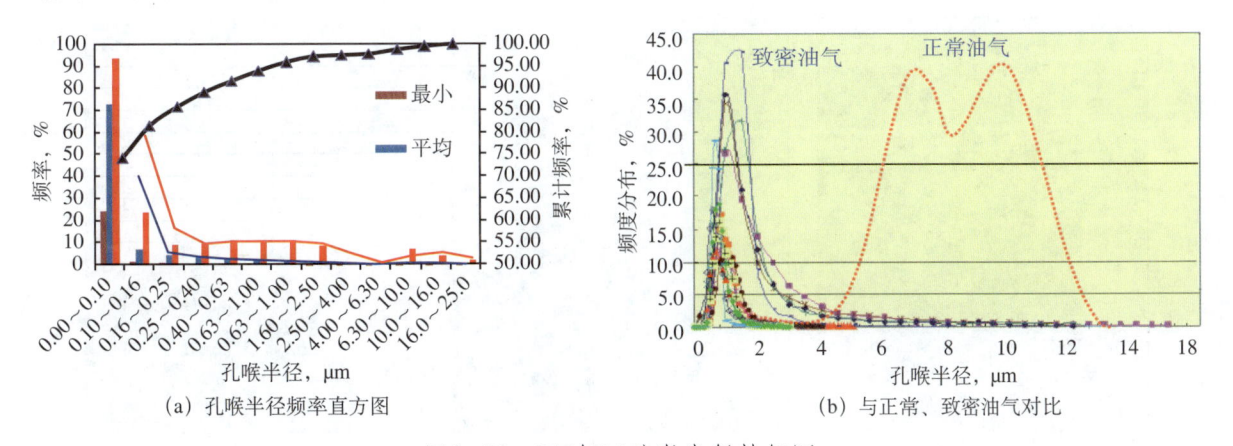

图8-22 YT气田孔喉半径特征图

(4) 裂缝特征。

YT气田裂缝发育程度低，不发育段占到90%。在裂缝发育段，裂缝多发生蚀变充填，其类型以斜交构造缝（69.3%）为主，高角度构造缝（26.1%）次之。裂缝方向以北东—南西向为主。裂缝密度小于1条/m。裂缝长度以0~3m/m^2（83.27%）为主。裂缝宽度变化大，5~50μm微缝占35.55%，100~200μm和大于200μm的裂缝各占26%，50~100μm的裂缝仅占11.92%。裂缝面孔率小于0.02%的裂缝约占93.88%。因此，YT气田裂缝对储层影响小。

(5) 储层物性。

Yc$_1$段火山岩储层孔隙度最大可达22.4%，一般为7%~15%，平均为9.6%；储层渗透率介于0.03~1.2mD，平均为0.36mD；整体属于中孔特低渗储层。

Yc₂段火山沉积岩储层孔隙度最大19%，一般为5%~9%，平均7%；渗透率0.02~0.2mD，主体为0.01~0.05mD，平均0.05mD，属于低孔致密储层。其中一单元孔隙度2.9%~21.2%，一般为4%~8%，平均7.06%；渗透率0.014~0.21mD，平均0.52mD。二单元孔隙度2.21%~10.6%，一般4%~10%，平均6.6%；渗透率0.011~0.19mD，平均0.45mD。三单元孔隙度2.48%~15.6%，平均7.88%；渗透率0.013~0.22mD，平均0.54mD。

根据物性将有效储层分为3类，其中Ⅲ类储层约占67.8%、Ⅱ类储层约占23.0%、Ⅰ类储层仅占9.2%，说明有效储层品质差。

(6) 含气性。

采用核磁共振转换毛管压力的方法计算Yc₁段两个火山岩构造气藏的含气饱和度分别为S_{gLS303}=50.2%，S_{gLS2}=50.0%。压汞试验确定的最大进汞饱和度平均为58%。测井解释Yc₁段两个火山岩气藏的含气饱和度分别为S_{gLS303}=55%，S_{gLS2}=54%，Yc₂段三个含气单元的含气饱和度分别为$S_{g一单元}$=53%，$S_{g二单元}$=54%，$S_{g三单元}$=54%。因此，综合分析后取值为：Yc₂段55%，Yc₁段52%。说明储层含气性相对较差。

(7) 岩石脆性。

通过单井评价和井间预测，在LS2和LS3井区确定了6个脆性甜点区（图8-23）：一单元储层脆性受岩性控制，主要沿湖盆西岸物源区发育，呈南北向展布；二单元储层受湖侵期泥岩影响，脆性整体变差，甜点区主要集中在南北两个高点；三单元储层脆性受火山作用影响大，甜点区位于南北两个火山口及东南沉积区附近。

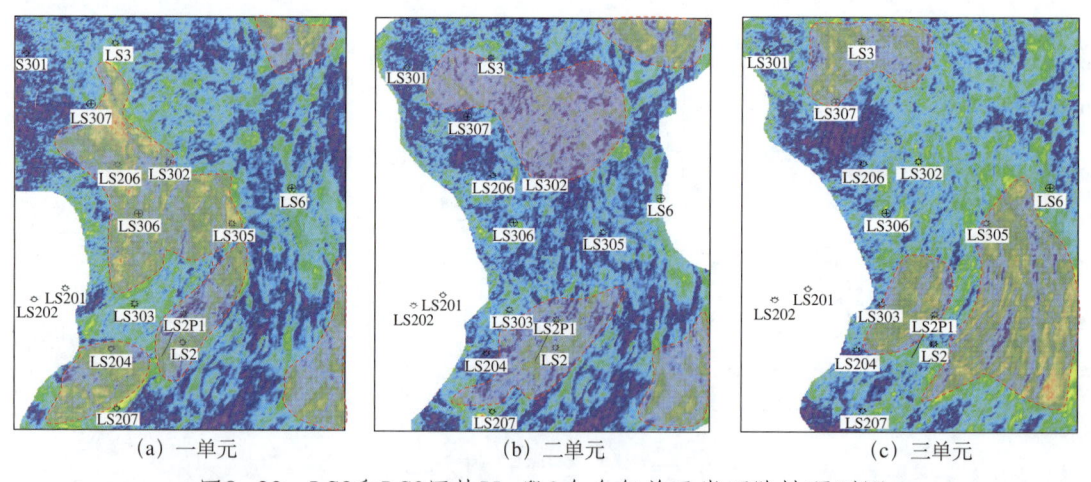

图8-23　LS2和LS3区块Yc₂段3个含气单元岩石脆性预测图

(8) 有效储层分布。

Yc₁段有效储层主要集中在各火山岩体顶部。Yc₂段三个含气单元有效储层分布如图8-24所示：一单元有效储层主要集中在工区西侧扇体附近发育区，二单元深湖半深湖火山碎屑岩有效储层集中在南北火山口高点发育，三单元有效储层集中于低洼部位发育。

6）气藏特征

(1) 圈闭特征与气水关系。

YT气田火山岩气藏剖面图如图8-25，整体显示出致密气藏的分布特征。

Yc₁段火山岩气藏位于南北两个构造高点，发育3个含气火山岩体，其中南部两个含气火山岩体（LS2和LS207）具有统一的气水界面（-3998m），为带底水的构造气藏；北部含气火山岩体

(a) 一单元　　　　　(b) 二单元　　　　　(c) 三单元

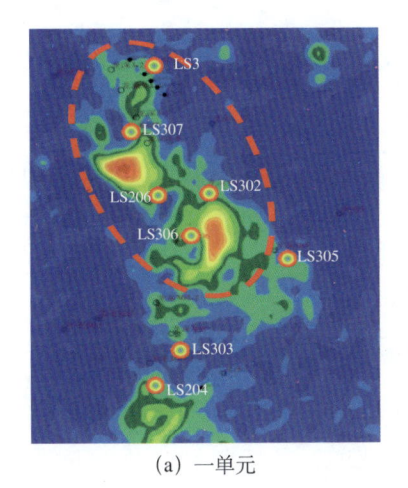

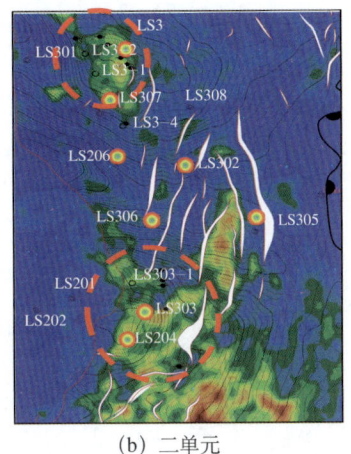

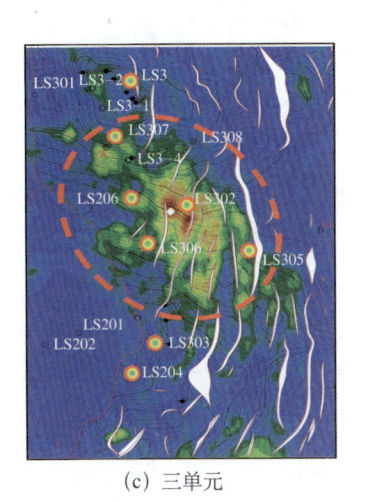

图8-24　LS2和LS3区块Yc₂段3个含气单元有效储层预测图

（LS303）具有统一的气水界面（-3584m），为带底水的岩性-构造气藏。由于储渗单元物性、连续性和连通性差且裂缝发育程度低，含气单元之间连通性差。

Yc₂段气藏不存在底边水，部分井初期产水判定为钻井液的返排，后期基本不产水。同时气藏分布不受构造控制，构造低部位也显示出较好的含气性特征。

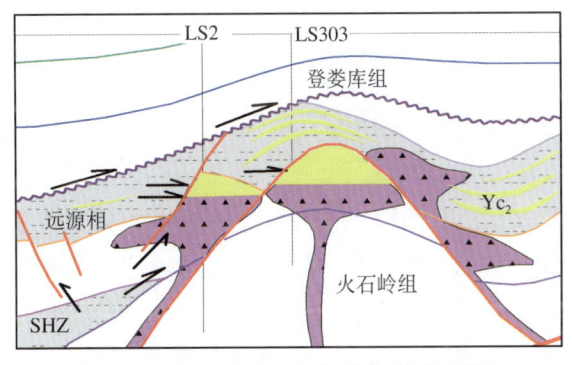

图8-25　YT气田火山岩气藏剖面图

（2）流体性质。

Yc₁段天然气以甲烷为主，甲烷平均含量82.58%，乙烷平均含量8.16%，二氧化碳含量平均1.5%，为典型的干气气藏。天然气的相对密度为0.60~0.73，平均0.64。Yc₂段天然气以甲烷为主，甲烷含量71.7%~92.8%，平均为83.9%；乙烷含量3.3%~12.4%，平均为7.9%；二氧化碳含量平均0.96%；微含凝析油，含量0~47.05g/m³，平面上主要分布在LS3和LS303井区，纵向上随埋深增加，凝析油含量降低，甲烷含量增加；天然气的相对密度为0.59~0.75，平均为0.66；因此为微含凝析油的干气气藏。

Yc₁段地层水总矿化度为6465~12249mg/L，平均8691mg/L；氯离子（Cl⁻）含量925~2084mg/L，平均3660mg/L；碳酸氢根（HCO₃⁻）含量2194~7087mg/L，平均4247mg/L；pH值平均7.4，水型为NaHCO₃型。Yc₂段尚未发现有明显地层水特征。

（3）温压系统。

Yc₂段地层温度为124~143.48℃，平均139℃，温度梯度为3.43℃/100m；Yc₁段地层温度140℃，地温梯度3.43℃/100m；为正常温度系统。

Yc₂段地层压力36.7~42.73MPa，平均39MPa；压力系数0.95~1.04，平均0.99。Yc₁段地层压力平均41.52MPa，压力系数平均1.01，为正常压力系统。

（4）水体特征。

Yc₁段火山岩气藏存在底水，裂缝相对较发育。气井在压裂投产的情况下容易沟通水层，存在一定水侵风险。LS2井初期由压裂液侵入造成气井产液，后期水气比平均为0.95m³/10⁴m³，水矿化度为14520mg/L，分析为压裂裂缝沟通底部水体而产地层水，但水体规模小、能量弱，对气藏开发影响不大。

LS3井区Yc$_2$段火山碎屑岩气藏无明显边底水，储层含水饱和度高，产出水主要为储层经过大型改造后，部分束缚水变为可动水造成。LS3井产水特征为压裂放喷累计产水494.8m^3，判定为压裂液；短期试采日产气2.5×10^{4}m^3、凝析油0.4t、水7.3m^3，水矿化度9040mg/L，水气比2.92m^3/10^{4}m^3，分析认为压裂使部分束缚水变为可动水而导致气水同出。

7）储量特征

YT气田两套含气层系共有含气单元11个，其中Yc$_1$段8个含气单元叠合含气面积占总面积的38%，天然气探明地质储量占该气田总储量的52%；Yc$_2$段3个含气单元叠合含气面积占总面积的62%，天然气探明地质储量占总储量的48%。

分析认为，YT气田火山岩气藏为深层、低产、中—低丰度、中型致密气藏。

综上所述，YT气田储层物性差、天然裂缝和边底水不发育，储渗单元连续性和连通性差，但有效储层与烃源岩配置关系好、呈大面积分布形式，不受构造控制，构造低部位也有较好的含气性；气藏具有火山岩气藏和致密气藏的双重特征，为致密火山岩气藏。

2. 气藏开发模式与技术政策

1）开发模式

YT气田既具有火山岩气藏特征，同时又具有致密储层的特征。采用直井开发存在单井产能极低、经济效益极差的问题，该类气藏部署直井主要用于储层地质评价，同时兼顾产能评价。为了有效开发致密油火山岩气藏，借鉴国外页岩气开发经验，突破常规天然气藏的开发模式，采用"水平井+体积压裂+衰竭式开发"的非常规开发理念，以追求单井最大累计产量和经济效益为目标，放大生产压差，建立初期高产、后期稳产，并在一两年内快速收回投资的单井建产模式，区块稳产主要依靠井间接替，目前还处于探索阶段。

2）开发方式与开发层系

YT火山岩气藏Yc$_1$段和Yc$_2$段天然气以甲烷为主（平均分别为82.58%和83.9%），平均CO$_2$含量分别为1.5%和0.96%，气井生产中不出现反凝析现象，故采用衰竭式开发方式开采，开发后期进行增压开采以提高气藏采收率。流体性质差异小，储层纵向跨度大，因此，采用两套开发层系分别开发Yc$_1$段和Yc$_2$段火山岩气藏。

3）井网井距

气藏8个火山岩体面积差异大，在1.7~56.6km^2。其中对于大面积连片、非均质性较弱的储层采用规则井网；对于分布面积小或者非均质性较强的储层采用不规则井网。

气藏储层物性差（Yc$_1$段平均渗透率为0.36mD，Yc$_2$段平均渗透率为0.05mD），以深穿透提高导流能力为目的，设计压裂裂缝半长为150~200m；根据裂缝半长及基质泄气半径确定直井开发井距800m×500m，水平井开发井距1500m×800m（图7–215）。

4）水平井+体积压裂参数优化

（1）水平井及参数优化。

YT火山岩气藏储层物性、连续性和连通性差，但有效储层与烃源岩配置关系好、呈大面积分布的特点，优化水平井长度在1000~1500m。该气田裂缝发育程度相对较低，但储层裂缝相对较发育区的裂缝方向以北东—南西向为主，因此水平井方向以北西向或近南北向为主。

(2) 体积压裂参数优化。

由于YT火山岩气藏岩相、岩性复杂，裂缝发育程度低，且区块两向水平主应力差异大（相差9~12MPa），难以形成复杂缝网，压裂设计以简单缝为主。因此，针对YT火山岩气藏沿水平井段储层物性、脆性、含气性非均质性强的特点，采用均匀分段压裂方式难以适应致密油火山岩气藏的储层特征，需根据沿水平井段的物性、脆性、含气性分布优化压裂段位置及裂缝长度、宽度、高度等裂缝规模参数，LS3P3井沿水平井段的压裂位置优化结果如图8–26所示。

利用致密气藏水平井体积压裂参数优化技术对YT气田水平井进行压裂设计，结果如表8–5所示。其中LS3P1井采用13级进行体积压裂，每级液量160~586m³，累计液量5281m³；每级加砂量为0.6~86m³，累计加砂621.3m³；支撑缝长为115~596m，缝高20m，SRV体积1332×10⁴m³（图8–27）。LS3P3井采用13级23簇进行体积压裂，每簇液量为244~366m³，累计液量6984.5m³；每簇加砂量为53~79.6m³，累计加砂1518.3m³；支撑缝长为104.8~171.7m，缝高94.5~110m。

表8–5 YT气田体积压裂参数表

施工及设计参数	LS3P1井 设计	LS3P1井 施工	LS3P3井 设计	LS3P3井 施工
施工压力，MPa		40~80	41.4~60.1	41.4~60.1
压裂级数	13	13	13	13
压裂簇数	1	1	2	2
施工排量，m³/min	—	—	5.5	5.5
单级液量，m³	480.9~685.0	160~586	244~366	244~366
累计液量，m³	6937.7	5281	6984.5	6984.5
单级砂量，m³	60.1~90.0	0.6~86.0	53.0~79.6	53.0~79.6
累计砂量，m³	880.5	621.3	1518.3	1518.3
压裂缝长，m	191.0~246.4	115.0~596.0	104.8~171.7	104.8~171.7
压裂缝高，m	42.7~61.1	20~30	94.5~110.0	94.5~110.0
缝宽，m	—	—	1.63~2.71	1.63~2.71
压裂波及体积，10⁴m³		1332		

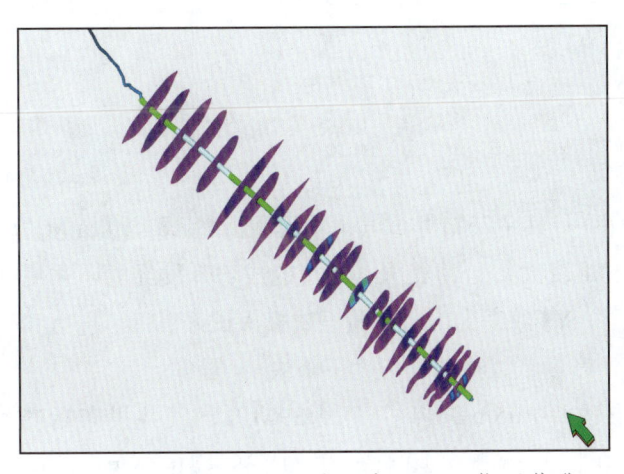

图8–26 LS3P3井水平井长度及压裂位置优化

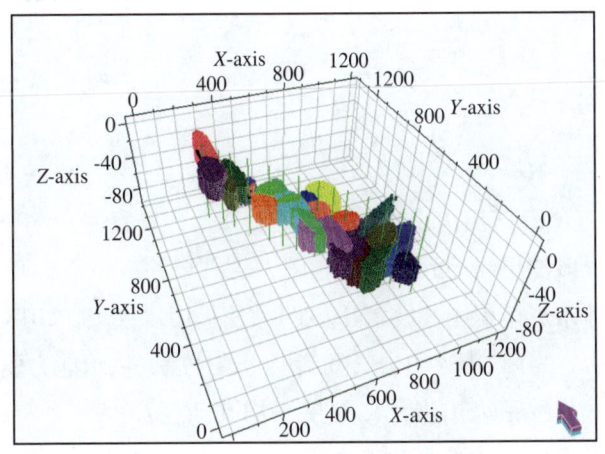

图8–27 LS3P1井体积压裂裂缝监测

(3) 天然裂缝及地应力差异对体积压裂改造的影响。

改造体积的大小取决于天然裂缝的发育程度及两相主应力差别的大小。如图8—28所示，对于天然裂缝发育程度低、两相应力相差较大的储层，压裂后形成简单裂缝，改造体积小；对于天然裂缝发育程度低、两相应力相差较小的储层，压裂后较复杂的裂缝，改造体积较大；对于天然裂缝发育、两相应力相差较小的储层，压裂后形成复杂缝网，改造体积大。

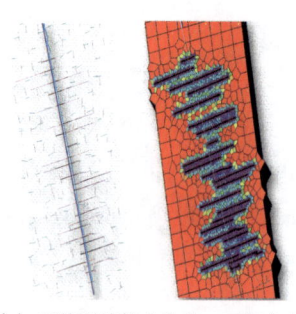

(a) 天然裂缝较少发育，两相主应力相差较大，形成简单裂缝　　(b) 天然裂缝较少发育，两相主应力相差较小，形成较复杂裂缝　　(c) 天然裂缝发育，两相主应力相差较小，形成复杂缝网

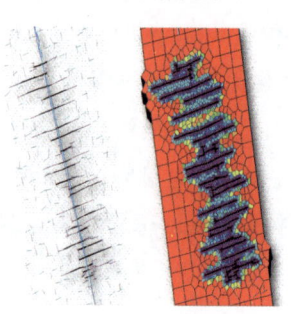

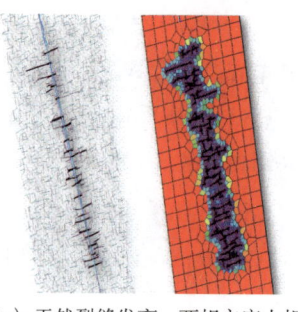

图8—28　天然裂缝及地应力差异对体积压裂效果的影响

5) 单井产量特征

按照追求单井最大累产、在一两年内快速收回投资和后期盈利的单井建产模式，确定YT单井初期产量、递减率及累产量。以LS3P1井为例，单井初期日产气量为$12.3 \times 10^4 m^3$，产能递减率为11.5%，预测后期稳产产量为$3.1 \times 10^4 m^3/d$，预测累产气$8703 \times 10^4 m^3$（图8—29）。

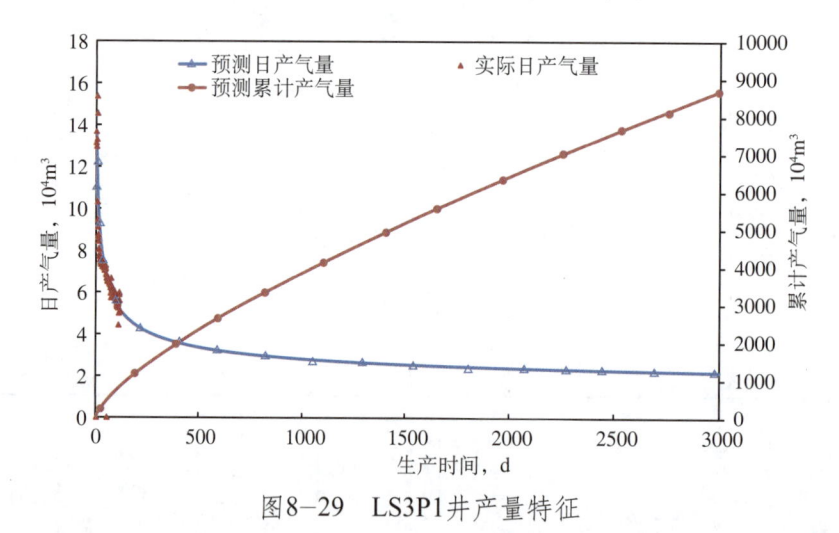

图8—29　LS3P1井产量特征

3. 气藏开发动态特征

YT气田火山岩气藏共完钻38口井（直井、水平井），其中25口井试气平均无阻流量$7.8 \times 10^4 m^3/d$。气藏储层岩石致密，物性差，直井单井产量低，开发难度大。借助美国页岩气的成功开发经验，采用非常规体积压裂技术开发YT致密火山岩气藏，2013年，YT致密火山岩气藏正式投入试采。

1) 致密火山岩气藏储层渗透性差，供给能力弱，产量低，产量、压力下降快

致密火山岩气藏储层平均孔隙度7.0%；平均渗透率0.05mD，地层压力39MPa，气井投产后产量低、压力低，生产压差大。直井单井日产气量$(0.12 \sim 4.6) \times 10^4 m^3$，平均$1.39 \times 10^4 m^3/d$；油压$0.6 \sim 15.3 MPa$（图8—30）。

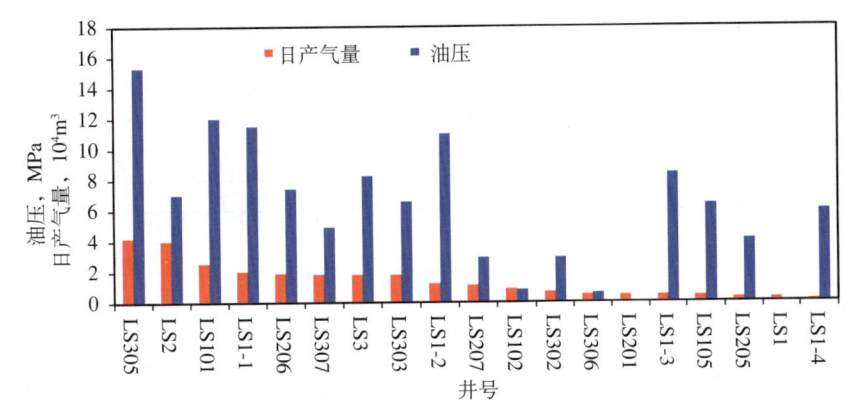

图8-30 YT气田单井产量柱状图

LS3井投产初期，最高日产气量5.16×10⁴m³，油压19.8MPa，由于储层供给能力弱，日产气量和油压均迅速下降，1个月内日产气量快速下降到1.5×10⁴m³，油压快速下降到7MPa左右，后以1.5×10⁴m³/d生产时，产量、油压下降缓慢，低产阶段具有一定的稳产能力（图8-31）。LS303井投产初期，最高日产气量3.37×10⁴m³，油压7.08MPa，不到1个月，产量快速递减到1.7×10⁴m³/d，油压降为5.46MPa（图8-32）。

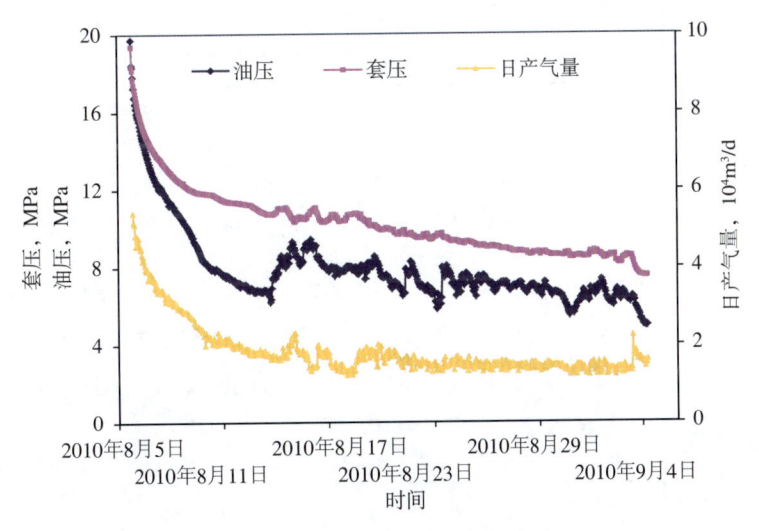

图8-31 LS3井试采动态曲线

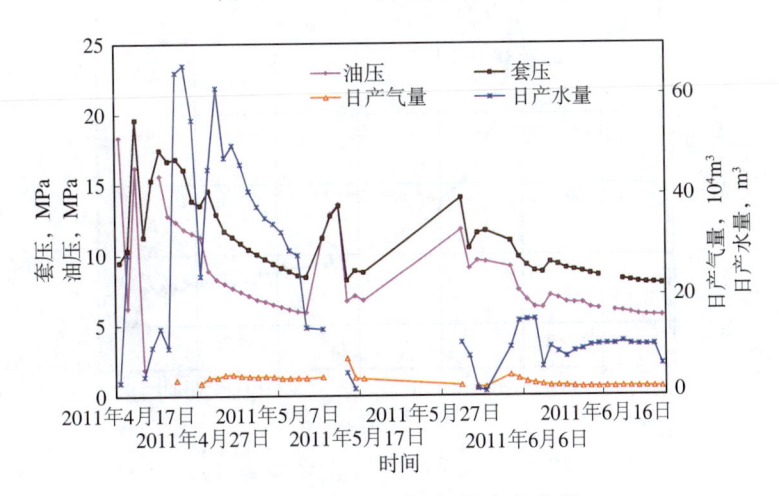

图8-32 LS303井试采动态曲线

2）水平井体积压裂在致密火山岩气藏开发中大幅度提高了单井产量

LS3P1井完钻井深4635m，水平井长度1097m，营二段储层钻遇率92%，气测解释气层27层/270.2m，差气层24层/165.6m。该井分13级进行体积压裂后于2012年进行试气试采（图8-33），试气日产气（4.4~7.5）×10⁴m³。试采过程中初期最高日产气15.4×10⁴m³，主要是压裂缝对产量贡献，但产量递减快，经过20d生产快速降至7.5×10⁴m³/d，油压从20.5MPa下降至8.6MPa。后期基质孔隙供给，产量递减减缓，生产96d，产量从7.5×10⁴m³/d降至5.1×10⁴m³/d，油压从8.6MPa降至6.3MPa。投产4个月后，该井累计产气950.8×10⁴m³，累计产水4102m³，返排率77.7%。

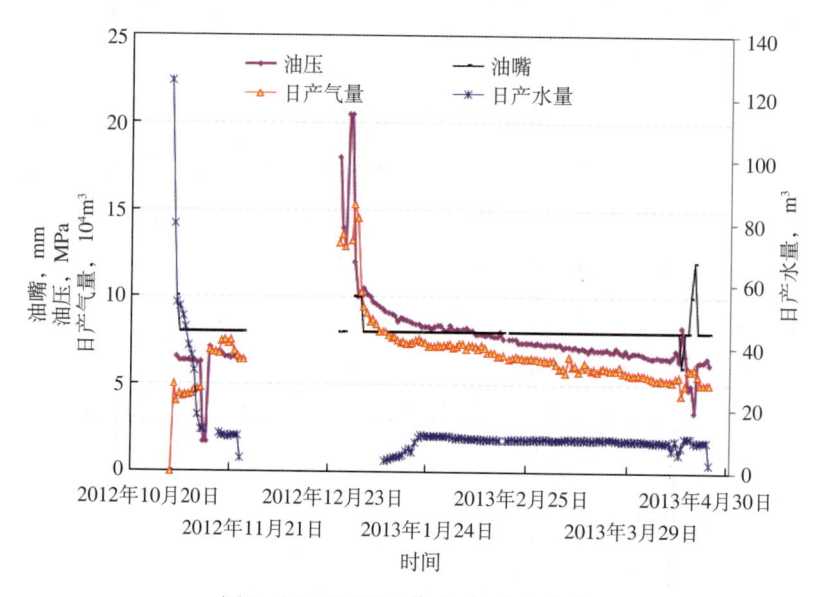

图8-33 LS3P1井生产动态曲线

LS3P3井水平井长度1449m，测井解释气层4层/58.2m，差气层48层/459.6m，该井采用13级23簇进行体积压裂后于2013年12月进行试气试采（图8-34）。试采过程中初期日产气量0.53×10⁴m³，然后储层逐渐解堵，产量压力上升，日产气量上升到3.13×10⁴m³，油压从2.3MPa上升至6.8MPa。后期产量上升到4.27×10⁴m³生产20d，油压从6.8MPa降至5.77MPa。

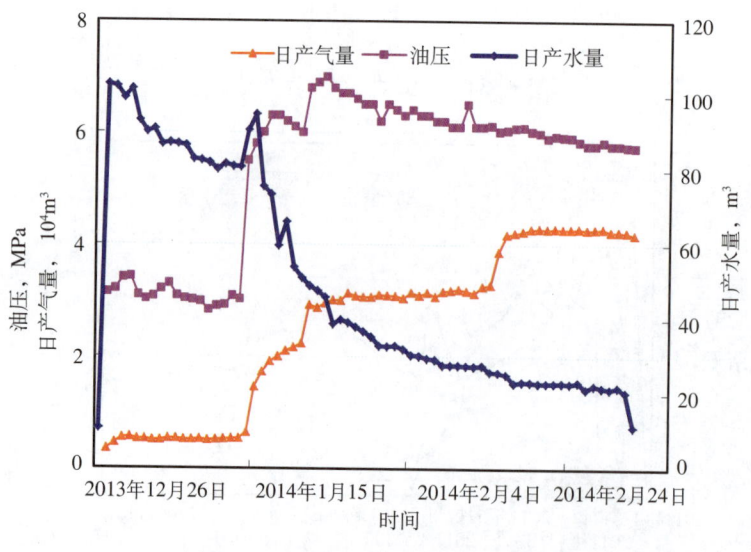

图8-34 LS3P3井生产动态曲线

第三节　SS/XX火山岩气田开发

SS气田、XX气田火山岩气藏以高效和低效两种类型为主。SS2-1为岩性—构造圈闭、中型整装的高效火山岩气藏，采用以直井为主的"稀井高产"模式，取得了很好的开发效果。XX1为构造—岩性圈闭、大型分散的低效火山岩气藏，采用直井为主的"密井网"开发模式，实现了气藏规模效益开发。

一、SS2-1高效火山岩气藏开发

SS2-1区块位于SS气田东部，是典型的裂隙式溢流型高效火山岩气藏。

1. 气藏主要地质特征

1）火山岩建筑结构

SS气田火山喷发模式以裂隙式或中心—裂隙式为主、中心式为辅，火山通道顺断裂分布，火山口幅度低、不明显，火山喷发能量中等偏弱，火山岩以溢流型熔岩为主（图8-35）。

SS2-1的火山岩沿DS18和DS19断裂分布，共发育6个火山通道，其中4个裂隙式，2个中心式，火山通道呈线状或不规则面状分布，火山口不明显（图8-35）。

与火山通道对应，SS2-1气藏共发育6个火山机构。其中裂隙式机构4个，包括SS201，SS202，SS203和SS2-17，呈厚层块状或楔状分布，面积7.4~16.4km²，平均9.7km²；最大厚度150~300m，平均245m。中心式机构2个，包括SS更2和SS2-7，呈盾状或透镜状分布，面积5.8~7.9km²，平均6.9km²；最大厚度160~310m，平均235m。

SS2-1火山岩气藏识别出的火山岩体超过10个，多呈不规则块状、楔状、透镜状和似层状分布，岩体面积4~15km²，厚度50~200m（图8-36）。

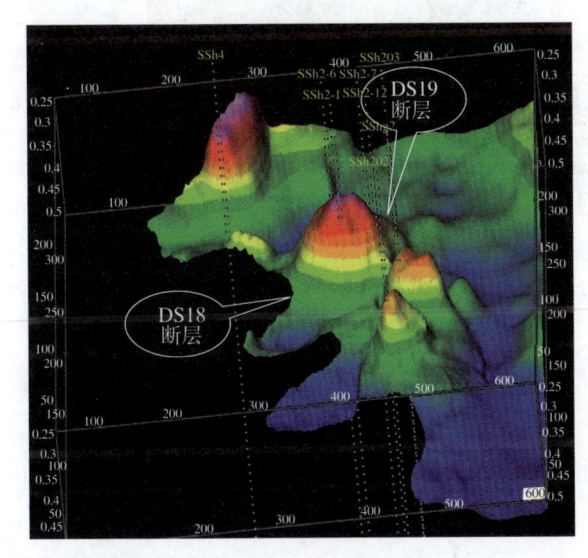

图8-35　SS2-1火山通道分布图 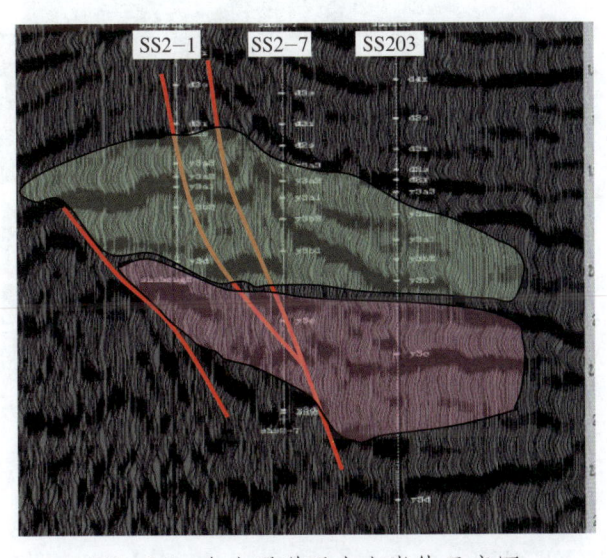　　　　图8-36　火山通道及火山岩体示意图

本区火山岩相的分布模式为[图8-37（a）]：（1）垂向上成层分布，自下而上依次为溢流相、爆发相和溢流—爆发混合相；（2）横向上离火山口由近到远依次是火山通道—侵出相、溢流相、爆

发相和火山沉积相；（3）溢流相在火山口附近的堆积厚度最大，随着离火山口距离的变远而减薄，锥体的坡度也随之减缓。根据大量野外露头和地震解释资料［图8-37（b）］，该区溢流相横向宽度6～7km，纵向厚200～400m；爆发相横向宽度4～6km，纵向厚度100～200m；火山通道相和侵出相横向宽度小于2km，纵向厚度50～200m；火山沉积相横向宽度4～6km，纵向厚度50～150m。岩心分析表明，本区溢流相约占51.66%，火山通道相约占17.55%，侵出相和爆发相分别占16.89%和13.91%。测井解释表明，本区溢流相约占59.37%，爆发相约占25.06%，火山通道相和侵出相分别占8.73%和6.84%。因此本区岩相以溢流相为主，爆发相次之，火山通道相和侵出相也较发育。

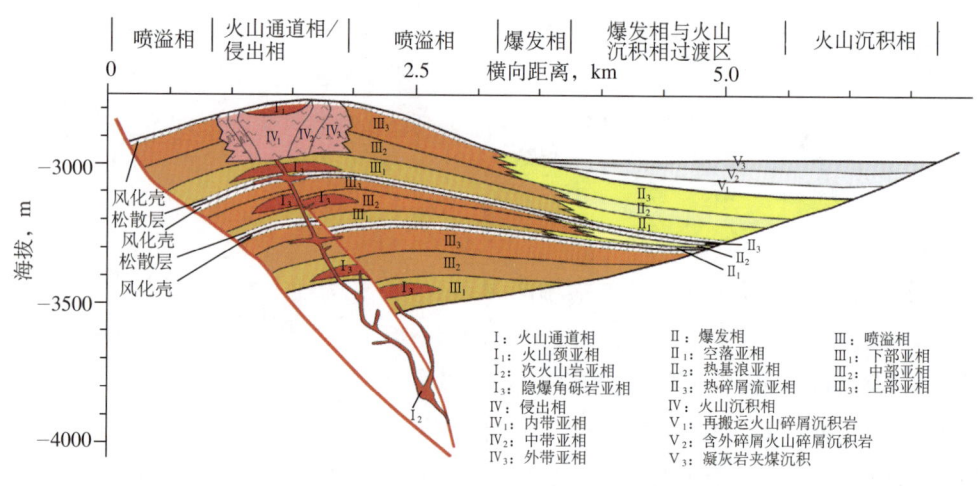

图8-37 SS2-1火山岩相特征图

SS2-1储渗单元以似层状溢流型为主，块状爆发型、透镜状侵出型次之，面积0.5～10km²，规模相对较大，储渗单元之间多直接接触或呈侧向、纵向、叠瓦状等多种叠置模式，整体具有规模大、连续性和连通性好的特点（图8-38）。

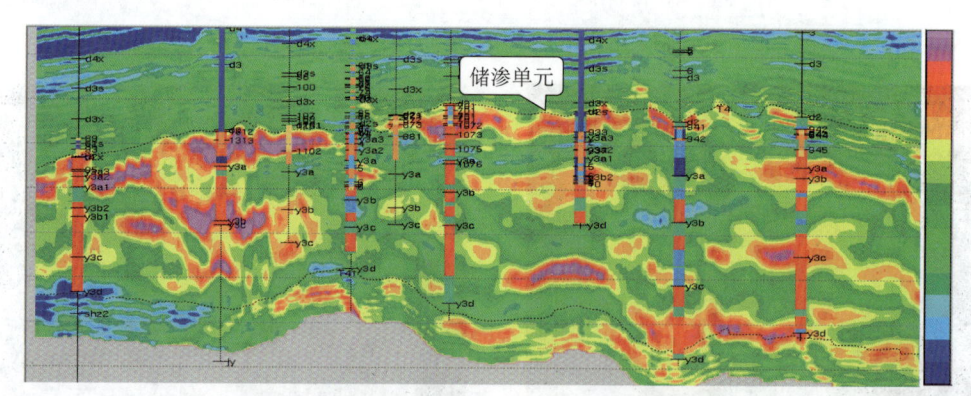

图8-38 储渗单元剖面分布图（软件截图）

2）喷发旋回与层系

SS2-1发育四期喷发旋回（图8-39）：（1）第四旋回（Yc₃XHⅠ）主要发育浅灰色含角砾隐晶流纹岩，岩相为溢流相，地震同相轴为丘状外形，强振幅、低频、断续、杂乱反射；（2）第三旋回（Yc₃XHⅡ）主要发育致密块状流纹岩，岩相为溢流相，地震铺面为中强振幅、低连续反射特征；（3）第二旋回（Yc₃XHⅢ）以低孔块状流纹岩为主，岩相为喷溢相，地震同相轴为丘状外形，强振幅、低频、低连续反射；（4）第一旋回（Yc₃XHⅣ）发育火山角砾岩或杏仁状流纹岩，岩相为爆发相松散层，地震剖面为强振幅、低频、低连续反射。

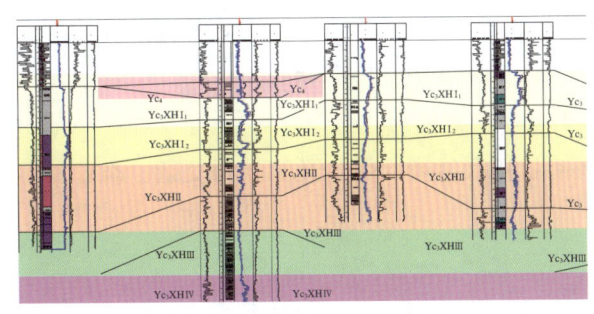

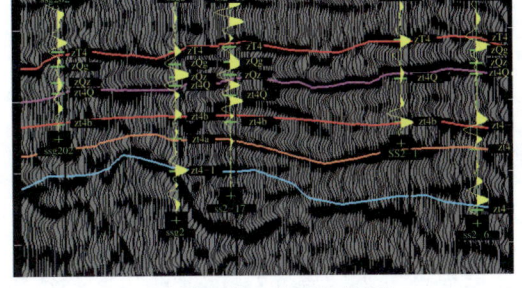

(a) 旋回划分与地层对比图　　　　(b) 喷发旋回地震剖面解释

图 8-39　SS2-1 火山喷发旋回地层对比与地震解释

第四喷发旋回内部划分出两个喷发期次：(1) 早期喷发期次（Yc_3XHI_2）岩性为火山角砾岩或杏仁状流纹岩，岩相为侵出相外带亚相或爆发相，储层为高孔高渗型，地震上表现为弱振幅、连续反射特征；(2) 晚期喷发期次（Yc_3XHI_1）岩性为灰白色块状结构流纹岩，岩相为溢流相，地震上表现为弱振幅、连续反射特征。

YT 气田 Yc_3 段发育一套含气层系，主要集中在第四喷发旋回。

3) 气藏顶面构造特征

Yc 组火山岩顶面继承了早期地层两凹夹一隆的构造格局，在构造高部位缺失部分 Yc 组地层（缺失面积 64.5km²），在构造低部堆积多期火山岩及后续沉积。整个 SP 构造由 SS23 断背斜、SS24-2 断背斜及 SS23-3 断鼻组成一个复式背斜构造，其长轴近北西向，长度 7.3km，短轴近北东向，长度 5km；构造最高点位于 SS2-12 井附近，高点埋深 -2680m，最外圈闭线为 -2810m，构造幅度 160m，背斜面积总计 24.24km²（图 8-40）。

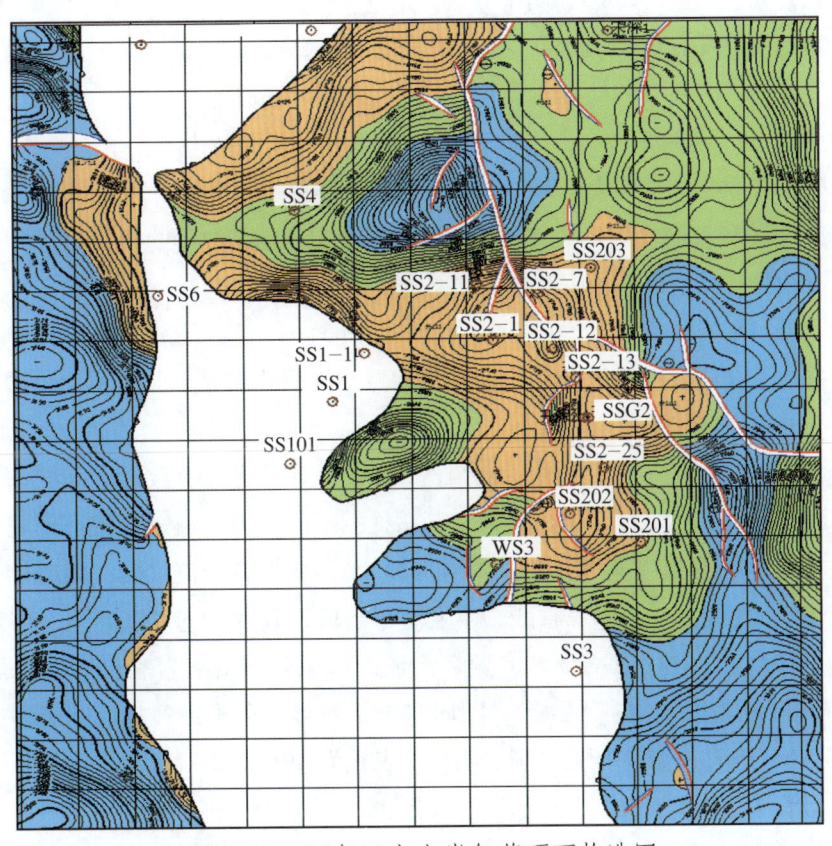

图 8-40　SS 气田火山岩气藏顶面构造图

SS2-1发育7条主要断层，其中，DS18为控陷及控带断层，最大断距2000m，延伸长度13.0km，总长度达70km；其余为带内控藏断层，延伸长度2.5~12.2km，断距10~260m。

4）储层特征

SS2-1火山岩主要发育溢流相流纹岩储层，具有孔隙尺度变化大、孔隙结构复杂、裂缝发育程度高、储层物性和连通性好的特点。

（1）岩性特征。

储层岩性以流纹岩（73.4%）为主，流纹质熔结凝灰岩（9.4%）、火山角砾岩（5.2%）次之，流纹质凝灰岩（4.51%）、集块岩（2.64%）较少，粗安岩、粗面岩共约占4.8%。

（2）储集空间。

不同岩石类型发育的储集空间类型、所占比例不同。流纹岩以原生气孔（69.25%）为主，脱玻化孔（22.89%）次之，发育少量微裂缝；流纹质凝灰岩和流纹质熔结凝灰岩的火山灰溶孔分别占72.22%和88.89%，原生气孔分别占16.7%和11.1%；火山角砾岩以砾内砾间孔（38%）、火山灰溶孔（32%）为主，原生气孔、长石溶孔和微裂缝孔各占10%。

孔缝组合类型以孔隙型和裂缝—孔隙型为主，具体类型包括：气孔型、气孔+脱玻化孔+裂缝型、火山灰溶孔+微孔型、砾内砾间孔+微孔型、砾内砾间孔+火山灰溶蚀孔+裂缝型、火山灰溶蚀孔+裂缝型和微孔+裂缝型等。

（3）孔隙结构。

平均孔隙半径0.017~5.491μm，平均0.45μm，小于0.1μm的微孔喉占50.0%，0.1~0.5μm的中小孔喉占32.8%，大于0.5μm的大孔喉占17.2%。

喉道分选系数：Sp平均值为1.865，属中分选。

歪度：$Skp<0$的细歪度占24%，而$Skp>0$的粗歪度占76%。

最大汞饱和度分布：84.42%的样品大于60%，说明孔隙与喉道连通性好，有效孔隙多。

剩余汞饱和度分布：59.84%的样品大于60%，说明难动用孔隙较多。

退出效率分布：25.69%的样品大于30%，45.91%的岩样退汞效率大于20%。

排驱压力：p_d为0.035~24.11MPa，平均4.59MPa，其中小于5 MPa的样品占70.49%，反映了岩石中孔隙喉道比较集中且孔隙喉道半径相对较大。

核磁共振揭示的可动流体饱和度为17.7%~72.9%，平均61.1%；从谱图上看，无论是SSG2井的流纹岩还是SS2-7井的流纹质火山角砾岩都具有双峰特点，说明孔隙大小分布不均，同时存在孔径较大的孔隙和孔径较小的微孔，储层非均质性强。

孔隙结构分为4类：①粗态型（Ⅰ类），约占12.2%，多发育于流纹岩和熔结凝灰岩中，其p_d小于1MPa、平均孔隙半径大于1μm，曲线呈向左下靠拢、凹向右上的粗歪度特征，孔喉分选以单峰型（占84.85%）占主导；②偏粗态型（Ⅱ类），约占23.8%，多发育于流纹岩、角砾熔岩和熔结凝灰岩中，其p_d为1~5MPa，曲线呈一近60°直线，不发育平台段，孔喉分选以双峰型（占78.63%）为主；③单峰偏细态型（Ⅲ类），约占39.2%，多发育于流纹岩、晶屑凝灰岩和火山角砾岩等岩石中，其p_d为5~10MPa，毛管压力曲线向右上靠拢、凹向左下，发育平台段；④单峰细态型（Ⅳ类），约占24.8%，发育于火山角砾岩、熔结凝灰岩等岩石中，其p_d为2.96~12.57MPa，毛管压力曲线向右上靠拢，凹向左下，无平台段发育。

(4) 裂缝特征。

该区裂缝类型以构造缝为主，占60.84%；成岩缝次之，占39.16%。开启缝占总裂缝的58.96%，其中构造开启缝占43.13%、成岩开启缝占15.83%。

产状上以斜交缝和高角度缝为主，分别占45%和40%；其中Yc₃XHⅠ以斜交缝为主，高角度缝次之；Yc₃XHⅡ以高角度缝为主，斜交缝次之；Yc₃XHⅢ水平缝、斜交缝及高角度缝同等发育；Yc₃XHⅣ以高角度缝为主，斜交缝次之。

野外露头观察的长裂缝（单缝延长数十至数百厘米）方向多为近南北向，短裂缝（单缝长几厘米至几十厘米）方向多为近东西向，近火山口及火山通道裂缝方向多变。古地磁研究认为裂缝走向以北东20°～25°和北东45°～70°为主，北西向次之。成像测井解释裂缝方向主要为近南北向，个别为北东向和北西向。因此认为裂缝主体为近南北向和近东西向两组。

本区裂缝发育程度高、有效性好。根据裂缝密度将裂缝发育程度划为3级：发育（大于10条/m）、较发育（3～10条/m）和不发育（小于3条/m）。不同旋回以Yc₃XHⅣ裂缝最发育，Yc₃XHⅠ次之，Yc₃XHⅡ和Yc₃XHⅢ较差。不同岩性岩相中，喷溢相上部气孔流纹岩和凝灰岩裂缝不发育，下部亚相致密流纹岩最发育，火山通道相较发育。测井解释的裂缝密度0.3～31.3条/m，平均7.6条/m；水动力宽度最大0.6mm/m，平均0.18mm/m；裂缝孔隙度最大0.4%，平均0.03%（图8-41）。

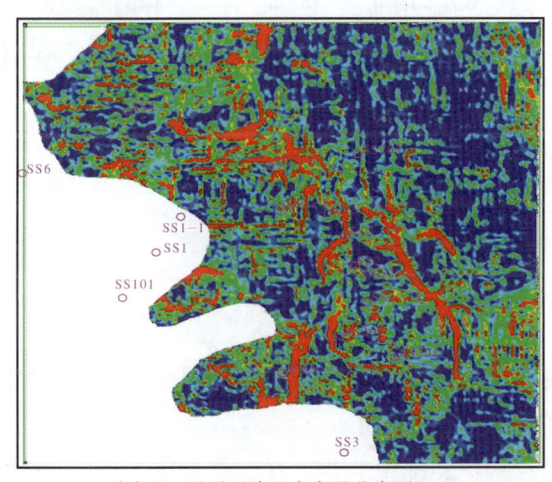

(a) Yc₃层顶面地层应变量分布图　　(b) Yc₃层顶面裂缝发育开启性平面图

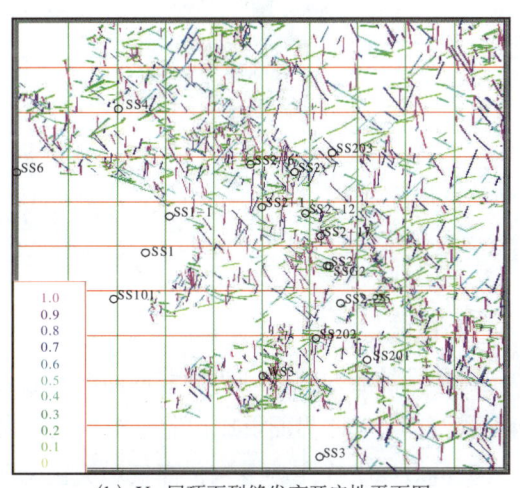

图8-41　SS2-1裂缝平面分布特征

本区裂缝受断裂控制，总体发育3个组系的裂缝，其中以近南北向和北西向的两组裂缝最为发育，裂缝密度较大且开启性好。

(5) 储层物性。

储层孔隙度4.0%～27.5%，平均8.4%，其中孔隙度大于12%的样品占37.79%，小于6%的样品占25.19%；渗透率0.006～319mD，主要分布在0.01～1mD，平均1.19mD，其中渗透率大于1.0mD的样品占27.39%，0.1～1mD间的样品占40%；测井解释孔隙度4.0%～28.0%，平均8.0%，渗透率0.1～10.0mD，平均0.52mD；属于中孔、低渗储层。

根据物性将储层分为4种类型，Ⅰ～Ⅳ类有效储层分别占24.4%、34.3%、24.8%和16.5%，Ⅰ+Ⅱ类储层占到58.7%，说明储层类型和品质相对较好。

(6) 储层含气性。

相邻区块XX1井密闭取心含气饱和度为64.2%～85.2%，平均72.3%；FS701井密闭取心的含气饱和度为1.1%~80.7%，平均64.6%。SS2-1区块压汞资料*J*函数处理得到的原始含气饱和度为70.0%，对应的孔喉半径下限值为0.108μm。测井解释的含气饱和度为51.7%~73.4%，平均61.6%，采用密闭取心实验数据校正后为73.8%。因此综合确定储层原始含气饱和度为70%，结合钻录井显示、试气试采和生产情况，该气田储层含气性好。

（7）有效储层分布。

如图8-42所示，气藏有效厚度0~130m，平均50.1m，含气面积22.1km²；发育3个较厚区，最厚区位于SSG2井东南处，次厚区位于SS2-17井西部和SS2-1井的东北部。其中Ⅰ类有效储层厚度0~60m之间，平均28.26m，面积11.73km²；Ⅱ类储层厚度0~75m，平均24.04m，面积19.93km²；Ⅲ类储层厚度为0~60m，平均18.75m，面积19.93km²。

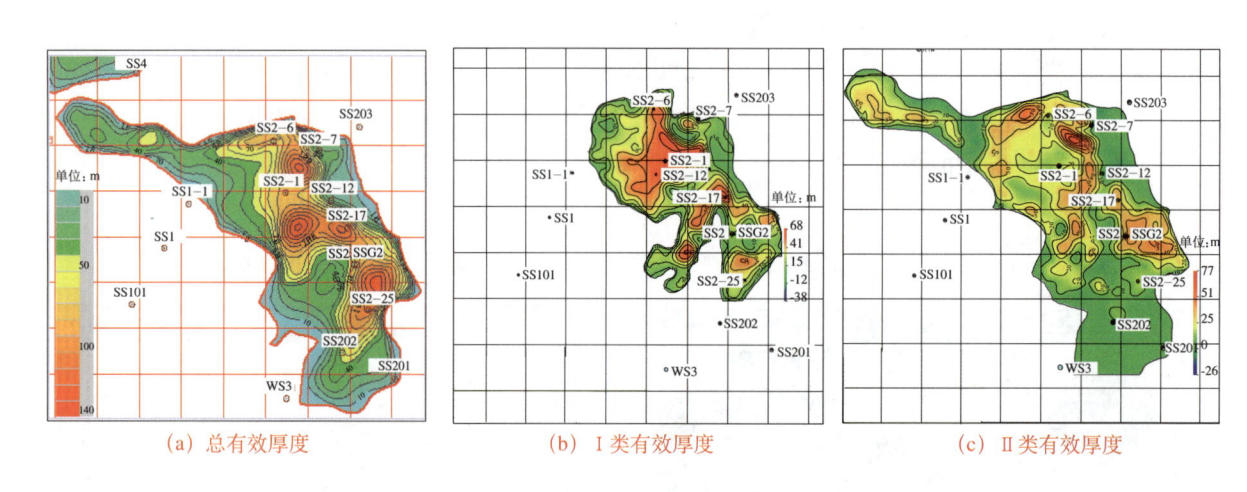

(a) 总有效厚度　　(b) Ⅰ类有效厚度　　(c) Ⅱ类有效厚度

图8-42　SS2-1分类有效厚度分布图

5）气藏特征

（1）圈闭特征与气水关系。

气藏构造特征总体表现为近北西向的长轴背斜构造，东部、南部以断层遮挡，西北为岩性遮挡，东南部和西部有气水界面形成构造遮挡，整体表现为岩性—构造圈闭。

气藏的气水分布主要受构造高低和火山岩体控制。构造高部位的井，其上部井段表现为产纯气，下部井段表现为气水同产，以产水为主；构造较低部位的井多为气水同产，以产水为主；表现为典型的上气下水特征，且在海拔-2876.7~-2814.01m处具有大致统一的气水界面。由此可以看出，构造对天然气的聚集起主要的控制作用，综合分析认为气藏为含边底水的岩性—构造气藏（图8-43）。

（2）流体性质。

天然气甲烷含量88.253%~94.79%，平均91.39%；二氧化碳含量2.38%~5.40%，平均4.92%；天然气相对密度为0.5955；表现为以干气为主的特征。本区二氧化碳含量较高，且随深度增加和生产时间延长有增大的趋势，因此应注意下井油套管及地面设备的防腐。

Yc组地层水总矿化度为8701.16~13200mg/L，平均10950.6mg/L；氯离子含量为734.23~1059.6mg/L，平均896.9mg/L；水型为$NaHCO_3$型。

（3）温压系统。

地层温度116~128℃，平均120℃，地温梯度为3.29℃/100m，为正常温度系统。

地层压力31.1~32.9MPa，平均32MPa；压力系数1.03~1.11，平均1.0，为正常压力系统。

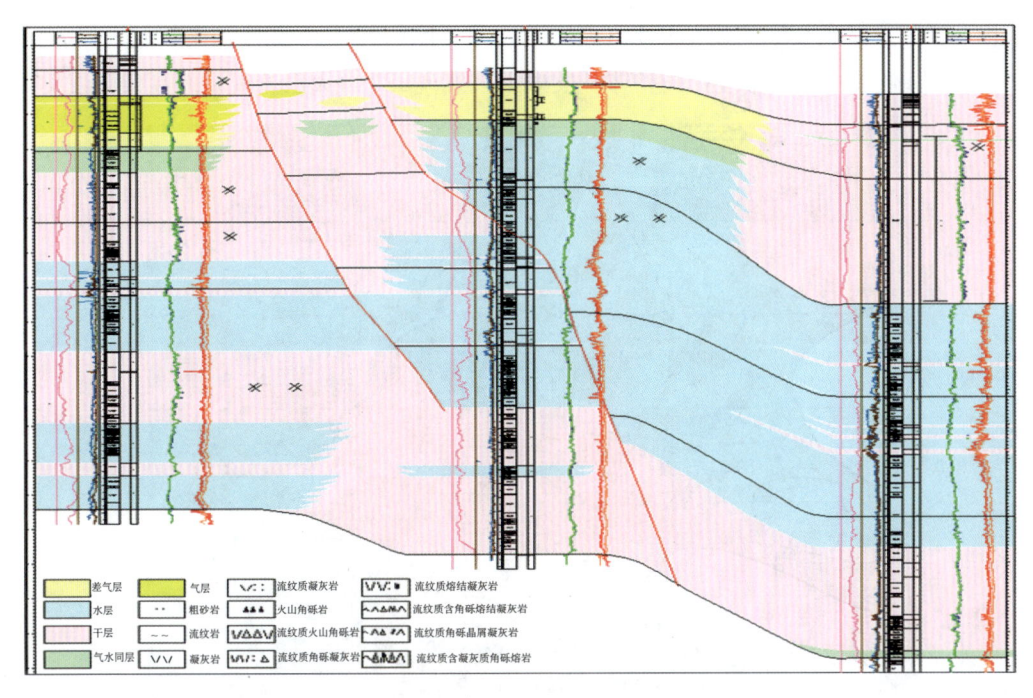

图8-43 SS2-1火山岩气藏剖面图

(4) 水体特征。

气藏底部普遍发育水层或含气水层,且厚度大、分布稳定。水层厚度19.4~332.4m,平均216m;水层的岩心孔隙度平均10.7%;估算底水体积$3.69×10^8m^3$,水体倍数为6.5。

水层的岩心空气渗透率平均为3.8mD,是气层的3.4倍。SS2-25井水层求产后的压力恢复测试结果表明,外区水层的有效渗透率高达25.0mD,传导系数为0.314。

气藏内部3口井日产水33.6~186m³,平均92.4m³;底水采水指数1.56~92.08m³/(d·MPa),平均35.8m³/(d·MPa);而边水平均采水指数为3.6m³/(d·MPa),底水是其边水的9.9倍,说明底水产能较高而边水相对较低。

含气面积内绝大多数气井气底以下就是水层或气水同层,仅少数井气水层间发育隔层,隔层厚度11.4~77.0m,岩心分析其垂向渗透率0.001~0.004mD,但由于发育高角度裂缝,在气田开发过程中,隔层难以封隔住底部水层。

因此,综合分析认为,火山岩气藏底水厚度大、平面分布稳定、物性较好、产能较高、气水层间隔层不发育,局部井区隔层还发育高角度裂缝,因此底水对气田开发效果将有较大影响。在开发过程中生产规模不宜过大,应密切监测边底水水体的活动状况。

6) 储量特征

气田中部埋深2960m,含气面积18.48km²,根据储层分类标准,Ⅰ类、Ⅱ类和Ⅲ类储量分别占35.45%,44.02%,20.53%。综合分析认为,该气田属于中深层、中产、中丰度、中型气田。

综上所述,SS2-1气田发育天然裂缝、底水能量及活跃程度高、天然气中含一定量CO_2,储层物性、连续性和连通性好,是典型的裂隙式溢流型中型整装高效气藏。

2. 气藏开发模式与开发技术政策

1) 气藏开发模式

针对SS2-1高效火山岩气藏储层裂缝及边底水发育、储层物性、连通性及连续性好的特点,采用以直井为主的"稀井高产"模式开发SS2-1火山岩气藏（图8-44）。直井开发效益较好，通过减少开发井数，可有效降低成本，大幅度提高整体开发效果，实现SS2-1火山岩气藏的高效开发。

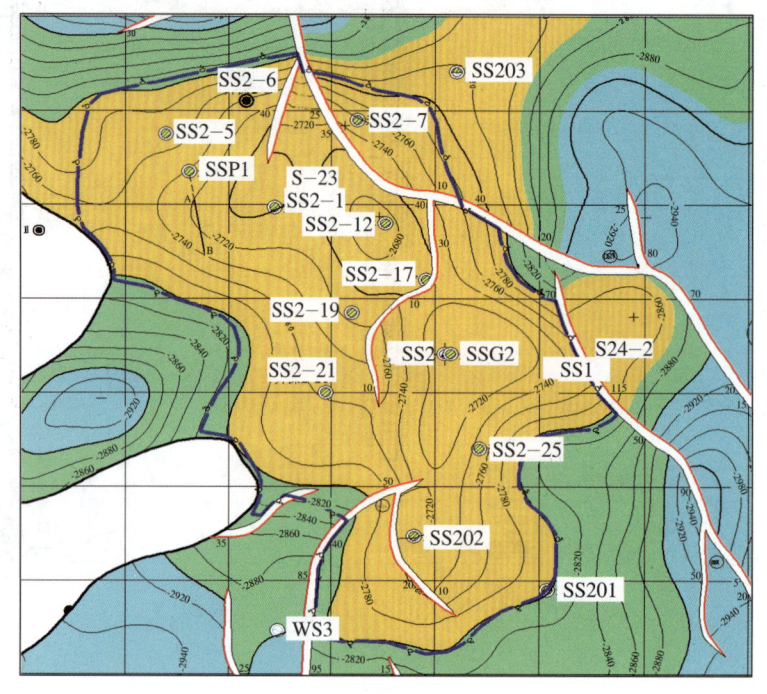

图8-44 SS2-1井位部署图

2）开发方式与开发层系

SS2-1区块天然气以甲烷（87%）为主，CO_2含量2.38%~5.4%，平均4.92%，气井生产过程中不出现反凝析现象，故采用衰竭式开发方式进行开采；在开发后期井口压力低于外输压力时，进行增压开采。该区块Yc_3段火山岩储层纵向跨度小，内部无明显隔层，因此，采用一套层系进行开发。

3）井网井距

气藏主力产气层呈北西向条带状展布，其中北部储层物性较好、有效厚度大、储量丰度高，而南部储层物性变差、储层变薄、储量丰度偏低；在三个局部构造高部位，储层有效厚度大、储量丰度高，而低部位储层较薄、储量丰度低。因此利用火山岩气藏井网井距优化技术，采用不均匀稀井网部署开发井（图8-49）。根据气藏的地质条件、考虑经济极限井距、渗流机理及裂缝影响，确定SS2-1区块开发井距为1100~1350m。

4）合理生产压差与废弃压力

气藏储层基质物性好、裂缝发育程度高、储层厚度和储量丰度大。为了充分利用已钻井的生产能力，尽可能放大生产压差生产，根据该区块试采井实际生产压差（表8-6），综合考虑出砂、产水以及井口外输条件等因素，确定该区块火山岩气藏不同类型气井的合理生产压差为：（1）Ⅰ类井产能高，生产压差小，合理生产压差确定为1~3MPa；（2）Ⅱ类井合理生产压差取3~7MPa；（3）Ⅲ类井合理生产压差大于7MPa。

表8-6 SS2-1区块试采井生产压差统计表

类别	井名	试采产量，$10^4 m^3/d$			生产压差，MPa		
		最小值	最大值	平均值	最小值	最大值	平均值
Ⅰ类	SSP1	25.5	36.89	30.86	0.99	2.14	1.66

续表

类别	井名	试采产量，10⁴m³/d			生产压差，MPa		
		最小值	最大值	平均值	最小值	最大值	平均值
Ⅰ类	SS2-19	9.5	12.24	10.89	1.86	2.40	2.14
	SS2-1	7.86	27.61	18.34	0.88	9.29	5.27
Ⅱ类	SS2-12	7.15	10.16	8.45	2.25	8.67	5.63
	SS2-21	7.74	14.57	11.28	2.96	7.38	5.18
	SS2-25	5.76	9.89	7.73	6.51	7.65	6.99
	SS2-5	5.03	8.69	7.14	8.67	12.08	10.54
Ⅲ类	SS2-7	5.7	6.35	6.06	10.19	11.96	11.17

气藏埋藏深度为2960m，计算对应的原始地层压力为31.35MPa。根据该区块储层参数和流体组分数据、试采资料等，采用气田废弃时对应的二项式产能方程，初步计算自喷开采和增压开采对应的废弃地层压力分别为7.7MPa和4.3MPa。

5）单井合理产量

针对SS2-1区块储层基质物性好，裂缝及底水发育的特点，结合气井试采动态特征，按照稀井高产模式，采用单井优化配产方法，综合确定SS2-1区块火山岩气藏单井合理产量（图8-45）。其中Ⅰ类水平井产量26.5×10⁴m³/d，Ⅰ类直井的3口合理产量为（11.12~13.5）×10⁴m³/d，Ⅱ类直井7口的合理产量为（5.13~9.08）×10⁴m³/d；Ⅲ类直井1口的合理产量为2.5×10⁴m³/d。

6）采气速度与稳产年限

针对气藏储层物性好、边底水发育的特点，为了充分有效地采出基质中的天然气、抑制底水锥进并延长稳产时间，通过开展不同类型气藏采气速度及稳产年限的类比分析，结合数值模拟技术等多种方法，综合确定SS2-1区块合理采气速度为2.3%，稳产年限为9a（图8-46）。

图8-45 单井合理产量柱状图

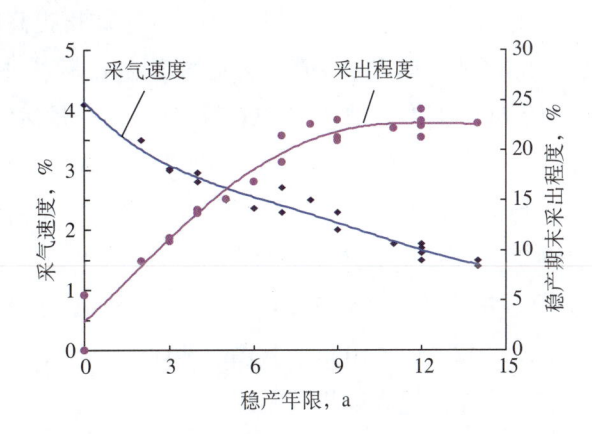

图8-46 采气速度、稳产年限和稳产期采出程度关系图

7）开发方案与生产规模

采用"直井+水平井"组合方式开发，采用整体部署，一次实施。动用含气面积18.5km²，动用天然气地质储量128.3×10⁸m³。设计井数12口，其中直井11口，水平井1口。平均单井产量7.9×10⁴m³/d，

年产规模3.7×10⁸m³，采气速度为2.3%，稳产年限为9a。预测期末的累计产气量57.45×10⁸m³，采出程度达42.6%。

3. 气藏开发动态特征

气藏投产初期有12口井投产，累积日产气128.3×10⁴m³，日产水83m³。生产期间有9口井产量、压力基本稳定，呈现出较强的稳产能力，其中8口井日产气大于10×10⁴m³。

1) 区块单井产能总体较高，产量稳定性好，供气能力强

气藏单井无阻流量（9.5~104）×10⁴m³/d，平均37.1×10⁴m³/d（图8-47）；采气指数82.2~1117.4m³/(d·MPa²)。初期单井日产气量为（5.68~36.23）×10⁴m³，平均13.47×10⁴m³，油压15.7~24.79MPa；2013年9月，单井日产气量（1.36~25.5）×10⁴m³，平均9.9×10⁴m³，油压8.2~23.4MPa；产量递减26.3%，表明产量稳定性好，供气能力强（图8-48）。截至2012年12月区块累计产气13.7×10⁸m³（图8-48）。

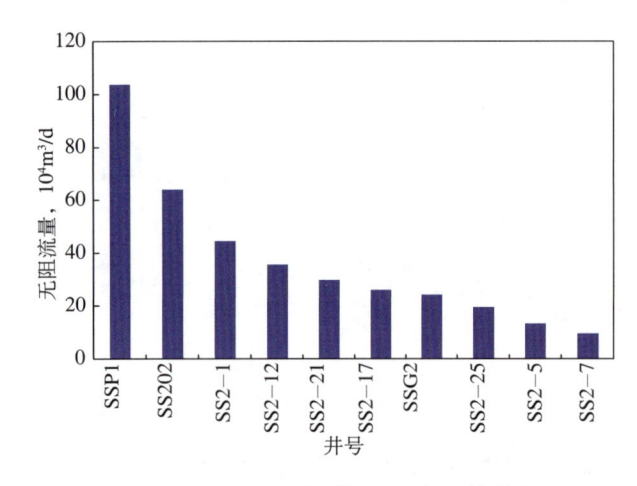

图8-47 SS2-1区块无阻流量柱状图　　图8-48 SS2-1投产初期和2013年9月产量柱状图

2) 高效气藏采用水平井开发，可大幅度提高单井产量

本区块主体采用以直井为主的"稀井高产"模式，仅部署一口水平井——SSP1井。该井水平段长度595.6m，储层钻遇率96.5%，试气最高产量达55.5×10⁴m³/d；投产后初期日产气（35.32~37.7）×10⁴m³，油压基本稳定在24.5MPa左右，2009年9月降低日产气量生产，产量基本稳定在26×10⁴m³/d，油压稳定一段时间后，开始下降，生产3年后油压下降至17MPa，油压递减速率为0.0058MPa/d。截至2012年底，日产气量稳定在24.46×10⁴m³，该井已累产气3.26×10⁸m³（图8-49）。本区块直井初期单井产量在（5.52~15.9）×10⁴m³/d，大于10×10⁴m³/d的井占58.3%；SS2-1井的单井产量在（9.01~12.9）×10⁴m³/d（图8-50）。因此，水平井单井产量是相邻直井的3~5倍，采用水平井开发，可大幅度提高单井产量。

3) 储层物性好，单井井控范围大，井控动态储量高

气藏储层物性和连通性好，单井井控范围大、井控动态储量高。如图8-51和图8-52所示，利用试井资料确定的该区块储层地层系数为7.6~770mD·m，平均163.5mD·m；井控动态储量为（2.0~27.5）×10⁴m³/d，平均9.8×10⁸m³，区块累计动态储量为108×10⁸m³。单井以SS2-25井为例，其探测半径为681m，井控动态储量为6.7×10⁸m³。

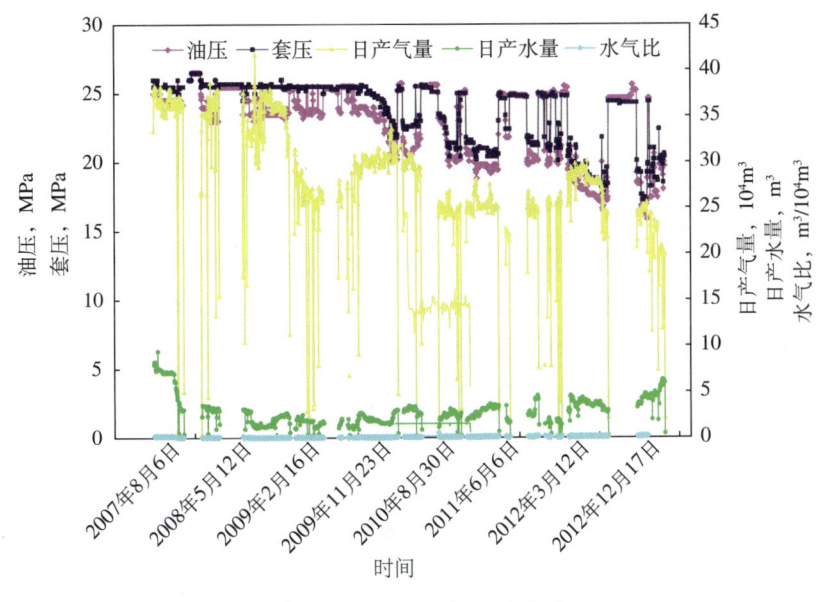

第八章 火山岩气田开发实践 | 525

图8-49 SSP1井开采曲线

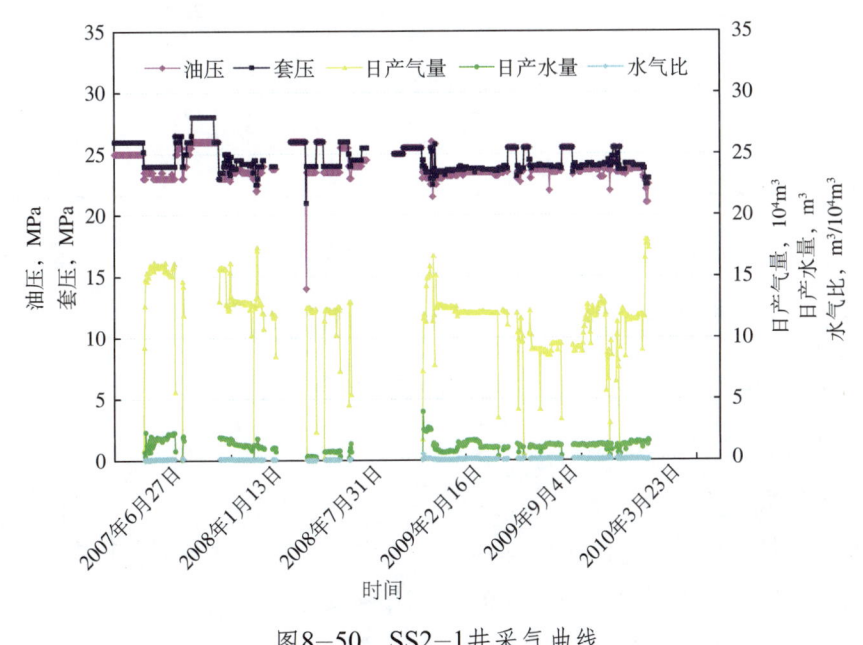

图8-50 SS2-1井采气曲线

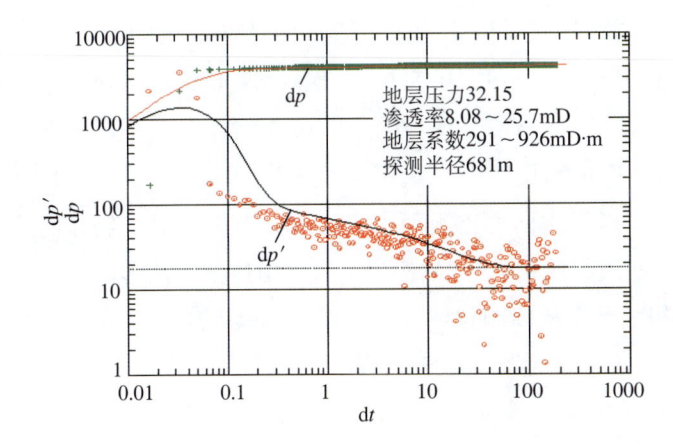

地层压力32.15
渗透率8.08~25.7mD
地层系数291~926mD·m
探测半径681m

图8-51 SS2-25井双对数曲线

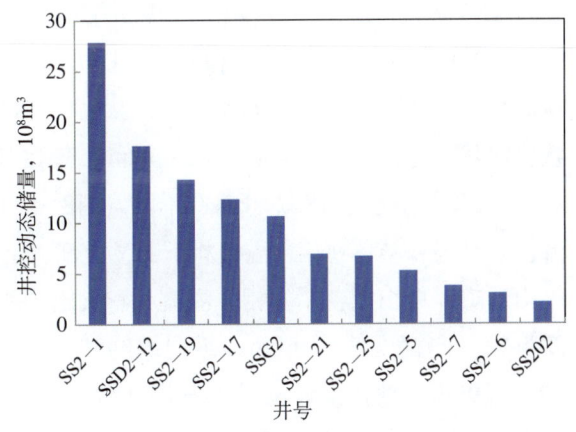

图8-52 SS2-1区块井控动态储量

4）气藏处于水侵早期阶段，水侵量和水侵强度相对稳定，且出水的气井位于气藏边部，主要表现为裂缝型水窜和孔隙型水锥特征

SS2-1区块为非均质块状底水气藏，水体体积约为$6.8×10^8m^3$，水体能量大。目前该区块的水侵量介于$(115~143)×10^4m^3$，水侵体积系数介于2.0%~2.5%，水驱指数介于0.25~0.32。根据水性分析、水气比和产水量综合分析，产水量、水气比有所上升，出水的气井位于气藏边部，不同气井表现为不同的产水特征，其中SS2-7井表现为裂缝强水窜特征，水气比从$12.29m^3/10^4m^3$快速上升到$28.11m^3/10^4m^3$；SS202井表现为裂缝弱水窜特征，水气比从$0.19m^3/10^4m^3$逐渐上升到$2.03m^3/10^4m^3$；SS2-6井表现为孔隙强水锥特征，水气比从$0.14m^3/10^4m^3$上升到$2.41m^3/10^4m^3$；SS2-5井表现为孔隙弱水锥特征，水气比从$0.16m^3/10^4m^3$逐渐上升到$1.15m^3/10^4m^3$（表8-7）。

表8-7 SS2-1区块产水特征表

井号	地层压力 MPa	初期产水 日产气量 10^4m^3	初期产水 日产水量 m^3	初期产水 水气比 $m^3/10^4m^3$	2013年9月产水 日产气量 10^4m^3	2013年9月产水 日产水量 m^3	2013年9月产水 水气比 $m^3/10^4m^3$	出水机理
SS2-7	31.30	5.52	67.85	12.29	1.05	29.70	28.11	裂缝强水窜
SS202	31.08	10.14	1.93	0.19	7.38	15.00	2.03	裂缝弱水窜
SS2-6	31.54	8.03	1.15	0.14	7.06	17.05	2.41	孔隙强水锥
SS2-5	31.51	7.75	1.27	0.16	4.873	5.60	1.15	孔隙弱水锥

二、XX1低效火山岩气藏开发

XX1位于XX气田西北部，是中心式爆发型低效火山岩气藏的代表。

1. 气藏主要地质特征

1）火山岩建筑结构

XX气田火山喷发模式为裂隙-中心式，即以中心式为主、裂隙式为辅，其特点是：（1）火山口明显，大部分火山岩体沿深大断裂成串珠状分布；（2）喷发能量强，以爆发作用为主，岩性主要为火山碎屑岩；（3）地震剖面上表现为杂乱丘状反射结构（图8-53）。

XX1火山岩沿SX断裂分布，共发育5个呈不规则柱状或树枝状的火山通道，对应4个锥状体火山机构：XX1，XX1-1，XX6和XX5，机构面积1.4~12.5km²，平均4.5km²；最大厚度150~600m，平均425m。目前共识别出5个火山岩体：包括XX1，XX1-1，XX5，XX6和XX602，岩体多呈不规则丘状、块状和透镜状分布，面积1.2~8km²，厚度100~300m（图7-166）。

该区岩相模式与SS2-1略有不同（图8-54）：（1）垂向上自下而上依次为爆发相空落、热碎屑流、热基浪和溅落亚相，溢流相下部、中部、上部和顶部亚相；（2）横向上自火山口由近及远依次是火山通道—侵出相、爆发相、溢流相和火山沉积相。爆发相横向宽约1~5km，纵向厚约150~260m；溢流相横向宽度约1~6km，纵向厚约50~100m；火山通道相和侵出相横向宽小于2km，纵向厚约100~200m。整体上岩相以爆发相（约占71.4%）为主，溢流相（10.4%）和火山沉积相（18.2%）次之。

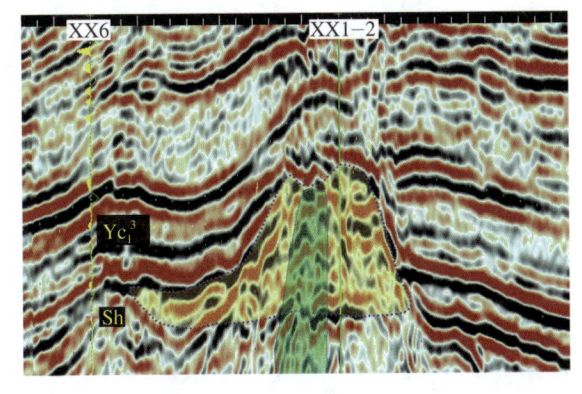

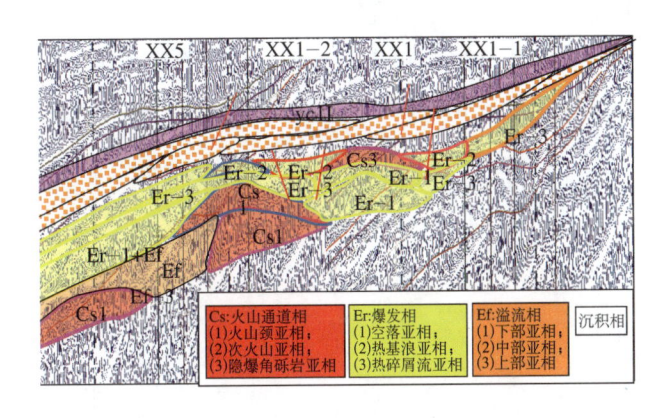

图8-53 火山通道及火山口特征图

图8-54 火山机构分布图

储渗单元以厚层块状爆发型为主，面积小、厚度大；薄层状溢流型次之。储渗单元之间多呈侧向和纵向叠置，整体具有规模小、连续性和连通性差的特点（图8-55）。

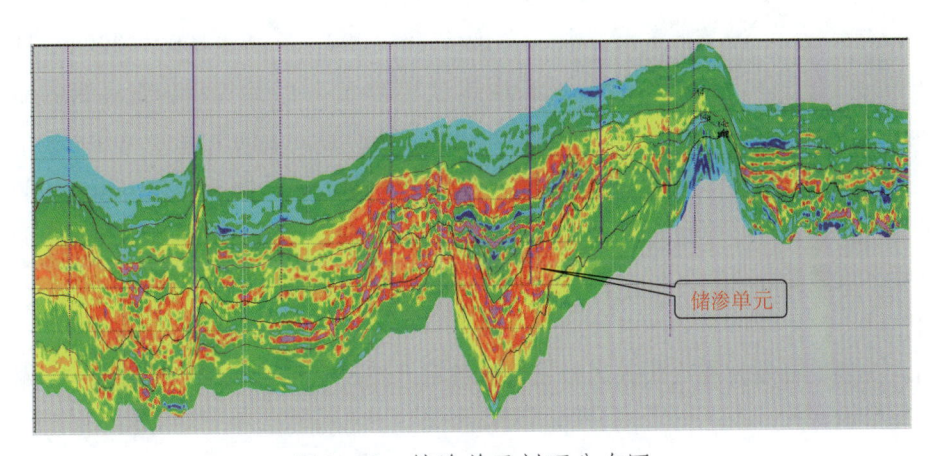

图8-55 储渗单元剖面分布图

2）喷发旋回与层系

Yc_1段火山岩分3期喷发，形成3个喷发旋回（图8-56）：（1）第三喷发旋回（Ⅲ期）为溢流相和爆发相交互型，在地震剖面上表现为中强振幅、较连续反射特征，研究区北部构造高部位缺失该旋回；（2）第二喷发旋回（Ⅱ期）以爆发相火山碎屑岩为主，地震上为杂乱反射，全区分布，厚度变化快；（3）第一喷发旋回（Ⅰ期）以溢流相熔岩为主，厚度薄、成层性好，地震上为强振幅、连续反射

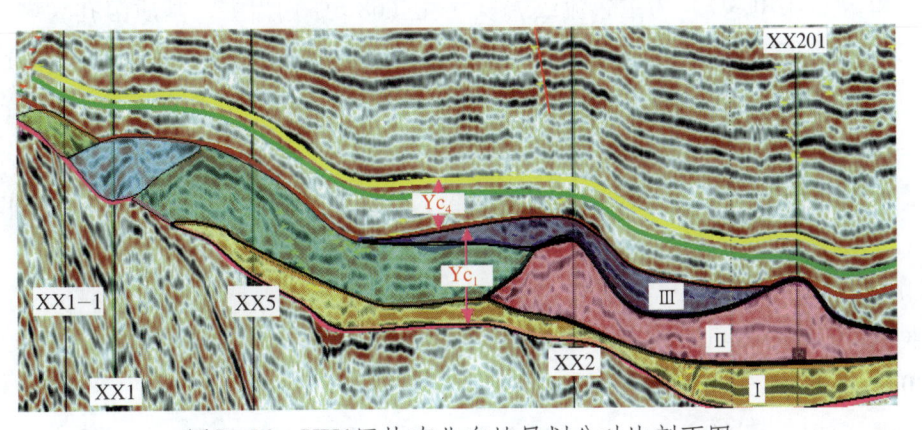

图8-56 XX1区块南北向地层划分对比剖面图

特征，主要发育于研究区南部。

第二喷发旋回可进一步划分为两个喷发期次，西侧为第一期，东部为第二期，其余每个喷发旋回对应一个喷发期次，形成相对独立的火山机构或火山岩体。

该区Yc₁段火山岩气藏发育一套含气层系，主要集中在第二个喷发旋回。

3）气藏顶面构造特征

XX气田营一段现今构造形态表现为一个北北西走向、向南倾没的鼻状构造，XX1区块是XX气田北部的一个北北西向延伸的长条形局部构造条带，发育XX1和XX5等构造，构造高点位于XX1-1井附近，高点海拔3000m左右，该构造条带南北长约12km，东西宽约3～5km，总面积45km²（图8-57）。

工区发育4种级别断层（图8-57）：（1）控陷断层，如宋西断裂带内断层，走向北北西向，倾向北东东向，倾角50°～80°，断距100～1000m，平面最大延伸长度超过5000m；（2）控制构造区带的断层，如XX6东和XX8东等断层，走向北北西向和近南北向，断距约50～100m，平面最大延伸长度约1000～5000m；（3）控

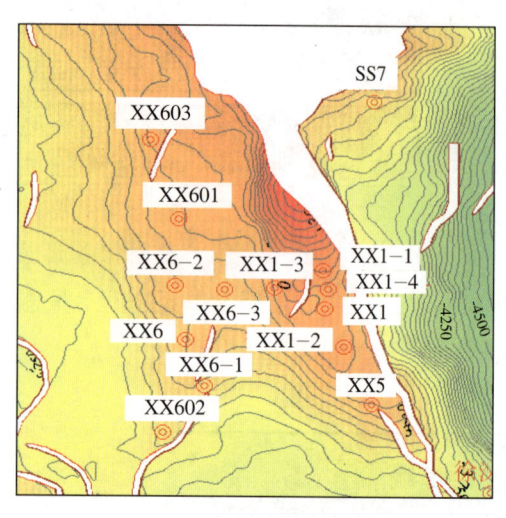

图8-57 火山岩气藏顶面构造图

制构造形态的断层，断距小于50m，平面最大延伸长度小于1000m；（4）控制裂缝的断层，无明显断距，延伸距离短，属微断。

4）储层特征

XX1火山岩主要发育爆发相火山碎屑岩储层，具有孔隙尺度小、孔隙结构差、裂缝较发育但储层物性及连通性较差的特点。

（1）岩性特征。

储层岩性以晶屑凝灰岩（20.8%）、熔结凝灰岩（20.3%）为主，熔结角砾岩（13.0%）、火山角砾岩（15.6%）也较发育，而流纹岩和角砾熔岩仅分别占18%和12.3%。

（2）储集空间。

储层主要发育粒间孔、基质微孔、气孔、溶蚀孔、炸裂缝、构造缝等储集空间类型。不同岩性差异大，其中晶屑凝灰岩主要发育微孔（43.6%）和基质溶孔（28.9%）；熔结凝灰岩以基质溶孔（36.1%）和微孔（30.3%）为主；流纹岩以气孔（68.6%）为主，基质溶孔（14.9%）和微孔（14.8%）次之；角砾熔岩主要发育气孔（30.4%）、溶孔（45.9%）和粒间孔（16.1%）；熔结角砾岩以砾（粒）间孔（21.2%）、溶孔（49.9%）和角砾内气孔（16.8%）为主；火山角砾岩主要发育砾（粒）间孔（42.2%）、溶孔（29.9%）和角砾内气孔（14.6%）。

气田储层孔缝组合主要包括：粒间孔型、微孔型、气孔型、溶孔+气孔+裂缝型、粒间溶孔+微孔+裂缝型、微孔+裂缝型。

（3）孔隙结构。

储层孔喉半径0.01～6.04μm，平均0.52μm；其中小于0.1μm的微孔喉占36.1%，0.1～0.5μm的中小孔喉占30.1%，大于0.5μm的大孔喉占23.8%。

储层排驱压力0.04～27.64MPa，平均4.48MPa；退汞效率4.8%～45.2%，平均25.1%；可动流体饱

和度10.4%~72.9%，平均40.4%。

火山岩储层孔隙结构分为4类：①粗态型（Ⅰ类），约占57.5%，多发育于角砾熔岩、熔结凝灰岩和晶屑凝灰岩中，其半径均值0.08~3.2μm，平均0.52μm；排驱压力0.04~2.95MPa，平均1.24MPa；②偏粗态型（Ⅱ类），约占15%，多发育于角砾熔岩、熔结凝灰岩和晶屑凝灰岩中，其半径均值0.04~0.9μm，平均0.27μm；排驱压力0.14~8.61MPa，平均1.57MPa；③单峰偏细态型（Ⅲ类），约占14.2%，多发育于熔结凝灰岩、晶屑凝灰岩和熔结角砾岩中，其半径均值0.03~0.08μm，平均0.05μm；排驱压力2.1~12.72MPa，平均6.1MPa；④单峰细态型（Ⅳ类），约占13.3%，多发育于火山角砾岩、熔结凝灰岩、晶屑凝灰岩中，其半径均值0.02~0.03μm，平均0.025μm；排驱压力2.96~12.57MPa，平均8.17MPa。

（4）裂缝特征。

裂缝类型以构造缝（占78.5%）为主，成岩缝（占17.0%）次之，溶蚀缝占4.2%。裂缝发育段的32.6%见于熔结凝灰岩，21.8%见于角砾熔岩，21.0%见于晶屑凝灰岩。构造缝密度以流纹岩（5.7条/m）最大，晶屑凝灰岩（5.23条/m）、熔结凝灰岩（5.27条/m）次之，火山角砾岩为4.26条/m；说明火山岩构造缝主要发育于流纹岩、熔结凝灰岩和晶屑凝灰岩中。

裂缝产状以高角度缝（占38.2%）和斜交缝（占31.3%）为主，水平缝（占18.3%）次之，网状缝仅占12.2%。

地震预测的裂缝以北北西向和东西向为主。测井解释的裂缝大多杂乱分布（占58%），其次为北西向分布（占24%）和北东向分布（占18%）。因此综合分析认为，该区裂缝方向以北西向为主、北东向为辅。

火山岩储层裂缝发育程度高、有效性好：裂缝密度为3.36~7.29条/m，平均5.73条/m；裂缝宽度2~119μm，平均28μm；裂缝孔隙度平均0.14%，开启缝占62.8%。

研究区裂缝受构造运动和火山活动控制作用明显（图8-58），沿SX断裂带的裂缝密度高，而远离SX断裂带则受局部火山活动控制，裂缝主要围绕火山口及火山通道分布。

（5）储层物性。

储层岩心孔隙度0.6%~20.5%，主要分布范围为6%~10%，平均6.57%；岩心渗透率0.002~13.6mD，主要分布范围为0.01~0.1mD，平均0.43mD。测井解释有效孔隙度3.2%~16.1%，平均5.73%，基岩渗透率0.02~10.71mD，平均0.24mD，总渗透率0.02~52.20mD，平均1.19mD。储层物性整体表现为低孔低渗特征。

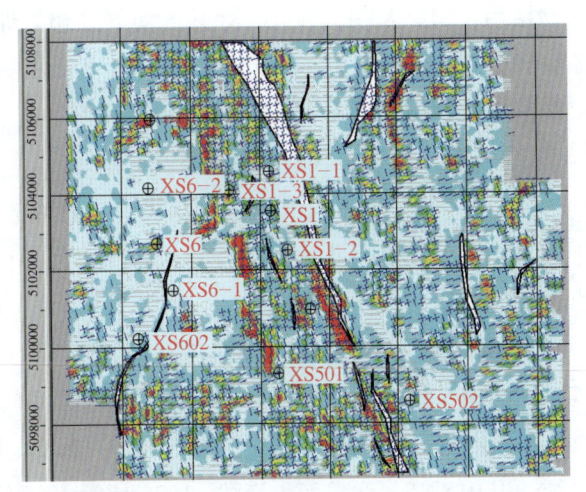

图8-58 火山岩裂缝密度和方位预测图

按照储层分类标准，Ⅰ类~Ⅳ类储层有效厚度百分比分别为：6.71%，25.40%，46.58%和21.31%，火山岩储层以Ⅲ类为主，储层类型和品质相对较差。

（6）储层含气性。

气驱水相对渗透率实验揭示的含气饱和度为49.0%~53.4%，平均51.47%。核磁共振实验揭示的可动流体饱和度为10.4%~72.9%，平均40.4%，其中以角砾熔岩和熔结角砾岩最高，平均69.75%；熔结凝灰岩（45.5%）和火山角砾岩（30.0%）次之，晶屑凝灰岩（24.32%）相对较低。压汞实验的最大进汞饱和度为13.4%～98.4%，平均77.4%，不同岩性以角砾熔岩最高（92.2%），晶屑凝灰岩次之（82%），其他岩性都介于66.8%～68.8%之间，相对较低；压汞曲线气柱高度法确定的含气饱和度为29.3%～81.3%，平均57.6%。测井解释的含气饱和度为36.4～68.3%，平均54.2%。因此，综合分析认为XX1含气性相对较差。

（7）有效储层分布。

如图8-59（a）所示，总储层厚度70～210m，平均180m。储层厚度以XX1井区南部最厚，平均286m；XX1北部次之，平均129m；XX6井区相对较薄，其北部平均123m，南部平均106m。储层物性以XX1井区北部最好，XX6井区北部次之，XX6井区南部最差。

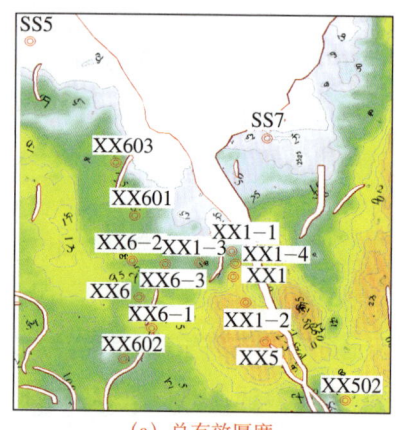

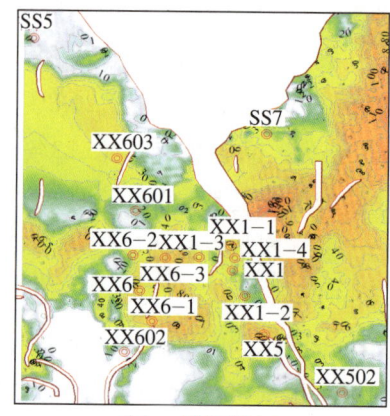

(a) 总有效厚度　　(b) Ⅰ类有效厚度　　(c) Ⅱ类有效厚度

图8-59　XX1气田分类有效厚度分布图

如图8-59（b）和图8-59（c），Ⅰ类储层仅在XX1井和XX601井附近有分布，厚度小于35m；Ⅱ类储层沿XX1，XX4一线及XX6井区南部分布，厚度约为20～100m，平均60m；Ⅲ类储层全区分布，厚度约为20～300m，平均120m。

5）气藏特征

（1）圈闭特征与气水关系。

XX1井区位于XX气田北部，鼻状构造的轴部及西翼，气藏东部由SX断裂控制的断层遮挡，向西下倾方向相变形成受火山岩相控制的岩性遮挡，南部由气水界面形成构造遮挡，因此整体表现为构造岩性圈闭（图8-60）。

气藏内部处于构造高部位的井为纯气层，构造较低部位的井有水层，总体表现为上气下水特征。气藏可划分5个气水系统：①XX1井区内东西两侧火山岩体分属于不同的火山喷发期次，且互不连通（图8-61）；②东部3个独立的火山岩体（XX1-1，XX1和XX5）为第二期喷发，是各自独立的气水系统，其中XX5气水界面为海拔-3575.1m；③西侧两个火山岩体XX6和XX602为第一期喷发，气水界面不一致，为两个独立的气水系统，其中XX602气水界面为海拔-3586.1m，XX6气水界面为-3493.9m（图8-62）。

（2）流体性质。

天然气中CH_4含量89.97%～95.69%，平均93.5%；CO_2含量0.33%～3.92%，平均1.78%；天然气相对密度0.5789～0.8147，平均0.5961，属于典型的干气类型。

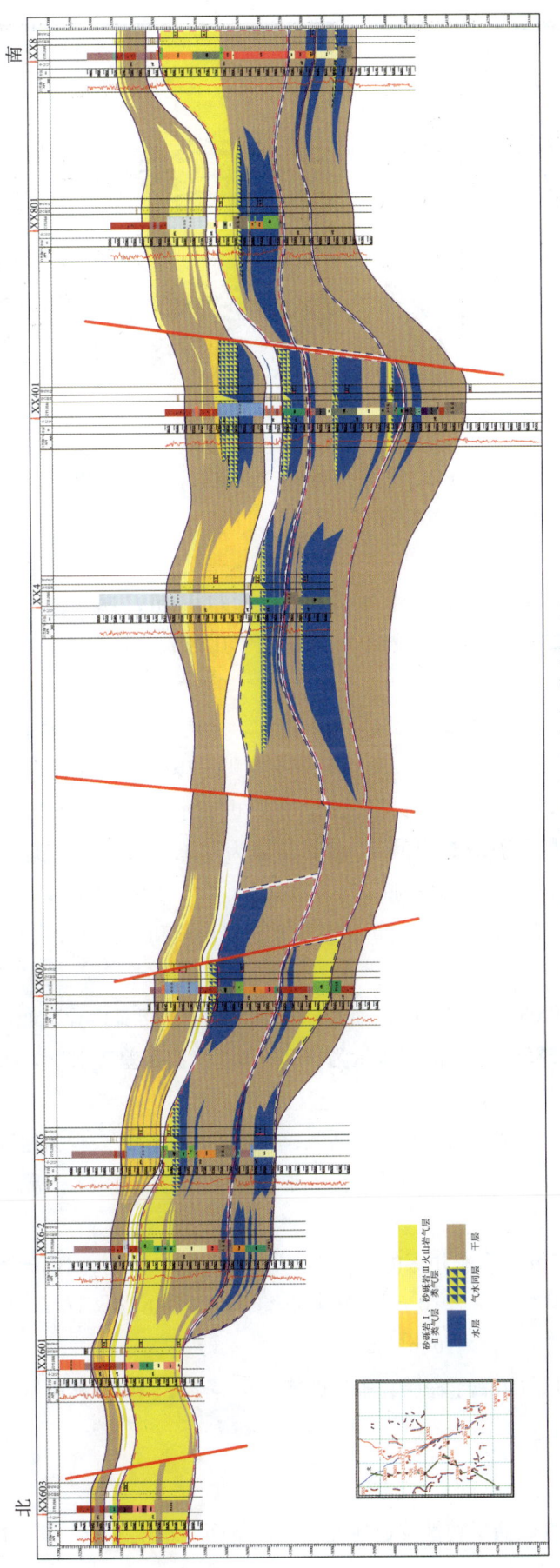

图8-60 XX气田火山岩气藏剖面图

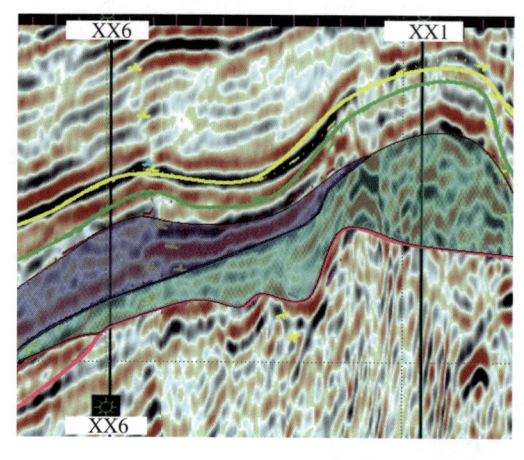

图8-61　XX1和XX6岩体关系图 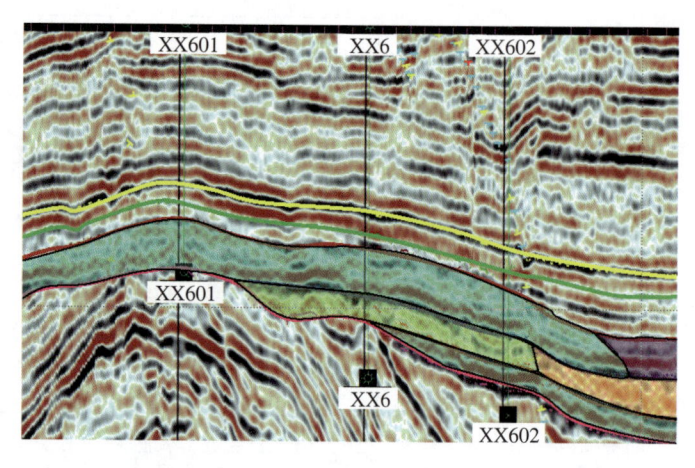　　　　　图8-62　XX6和XX602岩体关系图

地层水总矿化度5796~11336mg/L，平均9048mg/L；HCO_3^-含量2920~6452mg/L，平均5113mg/L；pH值7.3~8.7，平均7.91；水型为$NaHCO_3$型。

(3) 温压系统。

地层温度136.54~168.45℃，地温梯度3.2℃/100m，属于正常温度系统。地层压力36.73~46.09MPa，平均42MPa；压力系数1.0~1.14，平均1.08；为正常压力系统。

(4) 水体特征。

气藏气水分布同时受构造特征和火山岩体分布控制，表现为局部水体属于底水特征。

XX1整体地下水体积为$2.87×10^8m^3$，天然气地下体积为$1.00×10^8m^3$，水体体积倍数为2.86倍。不同气水系统表现不同：XX1和XX1-1未钻揭底水，不考虑底水影响；XX5受水体影响的天然气体积为$0.128×10^8m^3$，有效水体体积为$1.246×10^8m^3$，水体倍数为9.73；XX6天然气地下体积为$0.085×10^8m^3$，有效水体体积为$0.1×10^8m^3$，水体倍数为1.17；XX602天然气体积为$0.001×10^8m^3$，有效水体体积为$0.071×10^8m^3$，水体倍数为79.8，此水体对于该系统其他气层段和其它井没有影响。因此该区水体对气层开发影响小。

该区水层平均渗透率0.069~2.042mD，绝大部分小于1mD，自身传导率低。

压裂前XX6井3838~3859m水层的产水量为$18.2m^3/d$，单位压差产水量为$2m^3/(d·MPa)$，XX602井仅为$1.04m^3/d$，说明水层产能低。

因此，气藏有效水体小、能量弱、水体不活跃，气藏的动态特征表现为定容气藏特征。

综合分析认为，该气田属于深层、中低产能、中等丰度、中型火山岩气藏。

6) 储量特征

气藏中部埋深3572.5m，千米井深的平均日产量为$1.6×10^4m^3$；评价含气面积34.52km²，计算天然气探明地质储量为$357.61×10^8m^3$，探明储量丰度为$10.36×10^8m^3/km^2$；技术可采储量为$171.65×10^8m^3$，可采储量丰度为$5×10^8m^3/km^2$。

因此，综合分析认为该气田属于深层、中低产能、中等丰度、中型火山岩气藏。

2. 气藏开发模式与技术政策

1) 气藏开发模式

针对XX1低效火山岩气藏储层物性及连通性较差，平面展布范围小，发育边底水发育，但有效水体小、能量弱、水体不活跃的特点，总体上采用"密井网小井距"开发模式（图7-213），通过常规压裂工艺技术提高储量的动用程度，提高单井产量，实现XX1低效火山岩气藏的有效开发。

2）开发方式与开发层系

Yc$_1$段天然气以甲烷（93.5%）为主，不含凝析油，因此采用衰竭式开发方式，开发后期进行增压开采以提高气藏采收率。该区块Yc$_1$段火山岩储层厚度在40.8~220.6m，且内部无明显的隔层，不存在回流现象。因此，采用一套层系开发火山岩气藏。

3）井网井距

XX1区块火山岩储层中火山岩体相互叠置，储层横向连通性差，储层裂缝多期次、多方向发育。考虑火山岩体分布复杂及储层非均质性强的特点，采用相对均匀的不规则井网。优选开发井距为600~1000m（图7-213），在物性和连通性好的部位，井距取800~1000m；在物性和连通性差的部位，井距取600~800m。

4）压裂参数优化

采用常规分层压裂管柱加砂压裂工艺，XX1区块优选采用φ（0.45~0.63）mm、86MPa的高强度陶粒，加砂规模在80~100m³，排量4.5~6.0m³/min；裂缝半长100m左右。

5）合理生产压差与废弃压力

XX1区块储层厚度、物性变化大，储层横向连通性差，非均质性强，存在边底水。为了充分利用已钻井的生产能力，同时抑制边底水锥进，应优选合理的生产压差。根据该区块试采井的实际生产压差（表8-8），综合考虑边底水能量、出砂、产水和井口外输条件等因素影响，确定XX1区块火山岩气藏的生产压差为：Ⅰ类井取2~5MPa；Ⅱ类井取4~12MPa；Ⅲ类井物性差，产能低，生产压差大，合理生产压差大于10MPa。

表8-8　XX1区块火山岩气藏试采井生产压差

井名	类别	试采产量，10⁴m³/d			生产压差，MPa		
		最大值	最小值	平均值	最大值	最小值	平均值
XX1	Ⅰ	25.50	10.01	18.80	2.68	1.21	1.99
XX1-304		15.06	10.52	13.27	8.40	0.20	5.37
XX1-3		15.89	11.96	13.62	9.46	1.69	6.25
XX1-101		17.02	11.96	13.95	6.73	3.23	5.41
XX1-2	Ⅱ	11.12	8.91	10.00	4.96	1.62	3.62
XX1-1		15.22	6.96	10.72	19.73	11.64	16.01
XX1-201		9.60	6.99	8.3	17.47	8.28	12.50
XX1-205		9.78	6.93	8.2	18.19	14.36	16.02
XX1-4	Ⅲ	10.37	5.98	7.85	16.00	6.23	10.25
XX6-103		10.71	5.53	8.19	25.90	16.95	20.39
XX6-3		5.57	3.58	4.52	24.33	16.98	20.71
XX6-211		5.16	3.56	4.31	19.25	12.70	16.58
XX6-1		5.44	1.64	3.25	17.98	9.70	14.84
XX5		2.78	1.15	2.00	28.70	27.24	27.86
XX6-210		3.4	1.63	2.30	22.05	19.94	21.27

气藏埋深约3429m，平均原始地层压力38.67MPa，确定废弃地层压力约为10MPa。

6）单井合理产量

针对XX1区块储层基质物性差、裂缝发育的特点，结合气井试采动态特征，综合确定火山岩气藏单井合理产量（图8-63）。其中Ⅰ类井的合理产量为（10~16.2）×10^{4}m^3/d；Ⅱ类井的合理产量为（5~9.6）×10^{4}m^3/d；Ⅲ类井的合理产量为（1~4.9）×10^{4}m^3/d。

7）采气速度与稳产年限

XX1区块储层内部结构复杂、储层物性及连通性差、非均质性强、变化快，且气藏边底水发育。基于火山岩气藏的渗流机理，通过不同类型气藏采气速度及稳产年限的类比分析、采用数值模拟技术等多种方法，综合确定XX1区块合理采气速度2.55%，稳产年限10a（图8-64）。

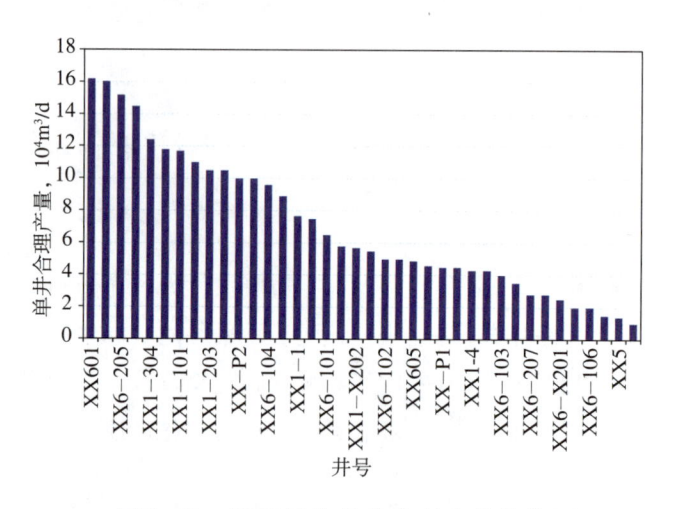

图8-63　XX1区块单井合理产量柱状图

图8-64　开发指标预测结果

8）开发方案与生产规模

针对XX1区块的地质特点，采用"密井网小井距"开发模式整体部署，分步实施，动用含气面积35.16km^2，动用地质储量311.33×10^{8}m^3，设计总井数38口，直井平均单井产量6.3×10^{4}m^3/d，采气速度2.55%，年产规模7.9×10^{8}m^3，稳产年限10a，预测期末的累计产气量为130.9×10^{8}m^3，采出程度为42.1%。

3. 气藏开发动态特征

XX1区块2008年全面投入开发，压裂投产气井37口，其中Ⅰ类井10口，Ⅱ类井14口，Ⅲ类井13口。到2012年底，累计采气26.8×10^{8}m^3。

1）气藏产能特征

气藏投产后，初期无阻流量（9.3~119.5）×10^{4}m^3/d，平均41.4×10^{4}m^3/d（图8-65）。初期单井日产气量（1.66~22.2）×10^{4}m^3，平均8.9×10^{4}m^3；油压5.5~26.61MPa。目前单井日产气量（0.6~16.82）×10^{4}m^3/d，平均5.51×10^{4}m^3/d；油压5.4~24.3MPa（图8-66）。其中Ⅰ类井目前平均单井日产13.1×10^{4}m^3，油压14.5MPa，年均压力下降幅度为13.4%；Ⅱ类井目前平均单井日产6.3×10^{4}m^3，油压8.5MPa，年均压力下降幅度为21.2%；Ⅲ类井目前间歇开井单井日产2.4×10^{4}m^3，油压8.0MPa，年均压力下降幅度为12.0%。

图8-65 XX1区块产能柱状图

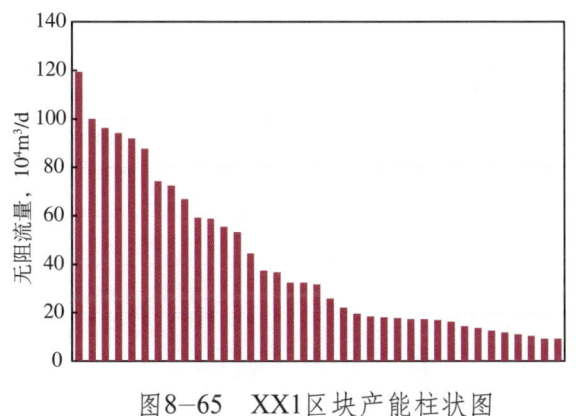

图8-66 投产初期和目前产量柱状图

2) 密井网先导试验揭示了XX1火山岩气藏储层连通性差的特点

XX1加密试验井组共6口井，井距为442~596m，平均540m。井网加密后试采资料证实井间连通性复杂：(1) XX1和XX1-1井相距1.1km，生产主力层不连通；(2) XX1-4井为加密井，未投产，但井底压力呈现连续下降趋势（图7-222），表明其与XX1-1井（0.44km）或者XX1井（0.59km）非主产层沟通；(3) XX1-304井距XX1井0.53km，XX1井生产，XX1-304井井底静压稳定，表明二者不连通；(4) XX1-2井距XX1-304井0.6km，投产后累计生产$0.17\times10^8m^3$，XX1-304井出现井底静压力下降（图7-222），表明两口井直接有沟通。

3) 储层物性差，井控范围和井控动态储量小

XX1区块储层物性差，储层平均孔隙度6.7%，平均渗透率0.43mD。利用气井的压力恢复资料，采用火山岩气藏动态描述技术，结果表明该区块边界特征明显，平面展布范围小，其中XX1井边界距离在382m（图8-67），井控动态储量$11.3\times10^8m^3$。区块28口井的井控动态储量在$(0.27~11.32)\times10^8m^3$，平均$2.97\times10^8m^3$，累计井控动态储量$83.2\times10^8m^3$（图8-68）。其中井控动态储量大于$5\times10^8m^3$的井占17.8%，小于$3\times10^8m^3$的井占60%。

图8-67 XX1井双对数曲线

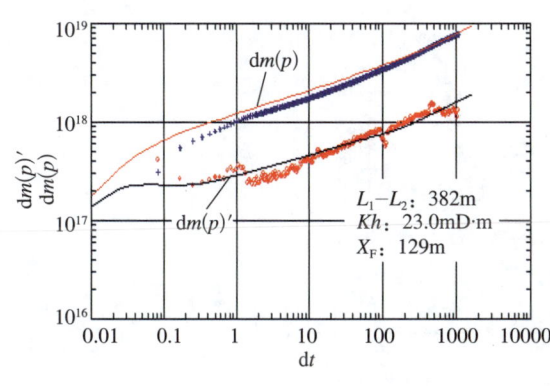

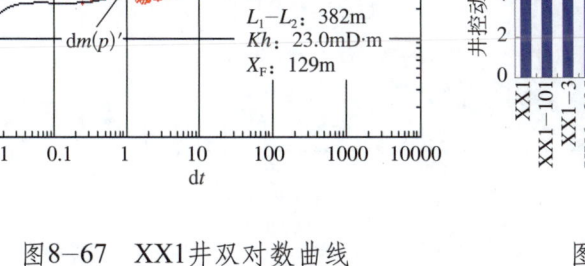

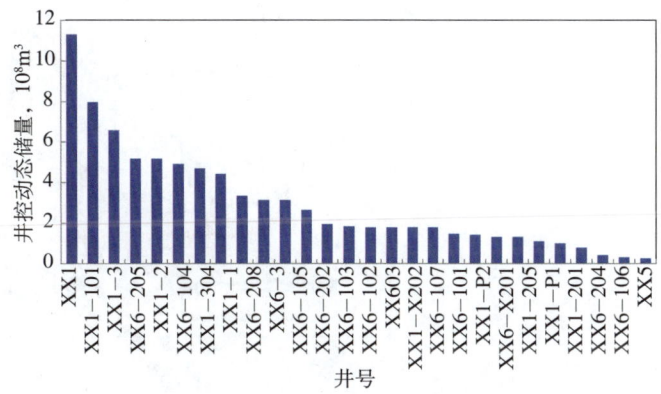

图8-68 XX1区块井控动态储量柱状图

4) 产水特征

XX1区块火山岩气藏存在多个压力系统，气水关系复杂，局部区域表现出底水特征，总体上表现为边水特征，水体能量不强。目前投入生产39口压裂气井，日产水在$0.7~8.9m^3$，平均日产水$3.04m^3$。

通过水气比和产水量综合分析，该区块边部构造低部位9口井见水呈上升趋势（表8—9）。XX6—106井产气量由初期3.1×10⁴m³/d降至目前的1.00×10⁴m³/d，产水量由初期的7.50m³/d降至目前6.50m³/d平稳变化，水气比由2.42m³/10⁴m³明显上升至6.50m³/10⁴m³；XX6—204井产气量由初期5.26×10⁴m³/d降至目前的3.35×10⁴m³/d，产水量由初期的7.4m³/d上升至目前8.88m³/d，水气比由1.41m³/10⁴m³上升至2.65m³/10⁴m³。从各井产气量、含水及水气比变化趋势可以看出，XX1区块气井生产呈现下降趋势，总体上表现出产地层水，含水呈上升趋势，水气比升高（图8—69和图8—70）。

表8—9　XX1区块出水井生产数据表

井号	生产初期 油压 MPa	套压 MPa	日产气 10⁴m³	日产水 m³	水气比 m³/10⁴m³	目前生产 油压 MPa	套压 MPa	日产气 10⁴m³	日产水 m³	水气比 m³/10⁴m³
XX1—205	19.00	19.30	6.70	3.60	0.54	7.00	7.60	3.60	4.30	1.19
XX5	10.60	11.10	2.32	2.30	0.99	5.90	7.70	0.86	2.34	2.72
XX6—103	10.00	11.00	6.70	6.00	0.90	7.30	9.60	3.84	9.13	2.38
XX6—106	11.80	13.70	3.10	7.50	2.42	6.50	12.20	1.00	6.50	6.50
XX6—108	19.00	20.06	7.10	4.54	0.64	5.60	9.90	3.62	4.90	1.35
XX6—204	19.80	20.40	5.26	7.40	1.41	5.80	9.20	3.35	8.88	2.65
XX6—210	6.00	7.30	2.00	1.00	0.50	6.60	9.40	0.35	0.88	2.46
XX6—211	12.00	12.40	4.78	1.36	0.28	7.00	7.40	3.20	3.15	0.98
XX6—X201	5.50	10.50	3.20	3.70	1.16	5.80	6.00	0.70	1.20	1.71

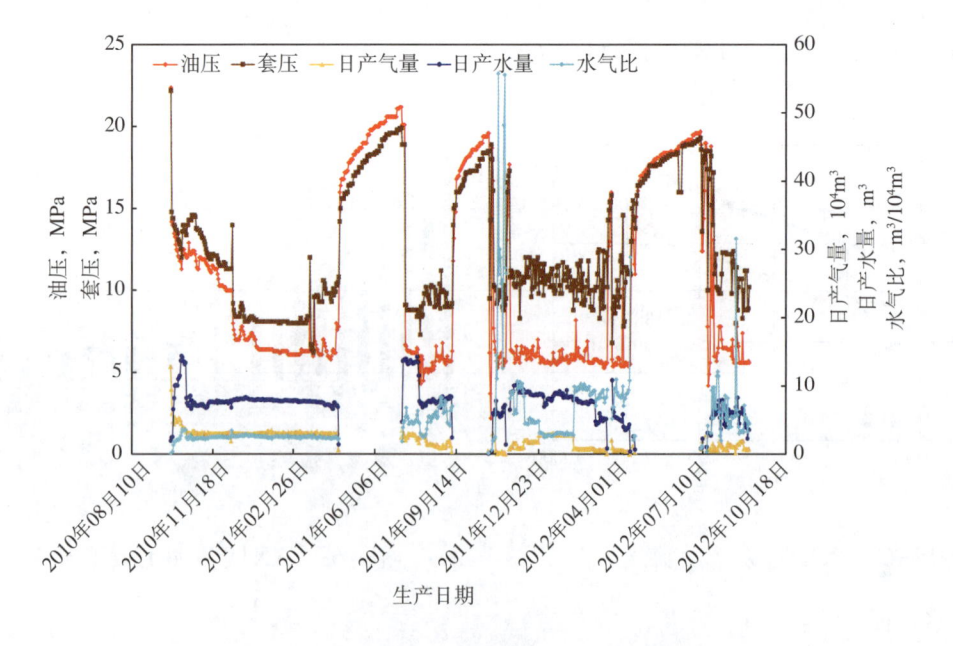

图8—69　XX6—106井生产动态曲线

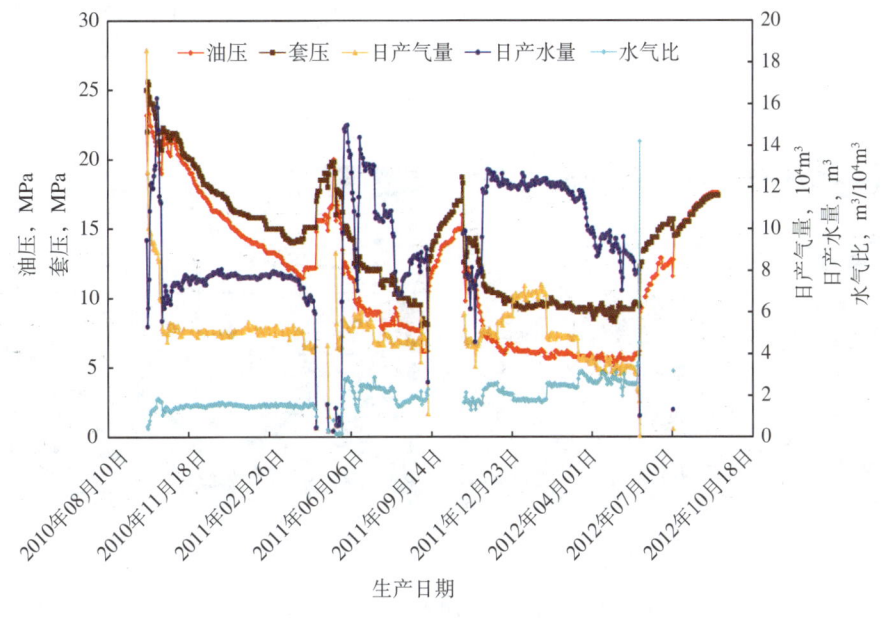

图8-70 XX6-204井生产动态曲线

第四节 DD火山岩气田开发

ZGE盆地已发现的火山岩气藏可划分为高效和低效两种类型，分别以DD18和DD14火山岩气藏为代表。DD18次火山岩气藏裂缝发育，储层物性、连续性和连通性较好，为构造—岩性圈闭、中含凝析油的大型高效火山岩气藏，采用"直井+水平井的分体式稀井高产"开发模式，取得了较好的开发效果。DD14异位型火山碎屑岩气藏储层物性好，但裂缝发育程度低，储层连续性和连通性相对较差，为岩性圈闭、低含凝析油的中型低效火山岩气藏，采用"直井+水平井的分体式密井网"开发模式，实现了气藏规模动用和有效开发。

一、DD18高效火山岩气藏开发

DD气田位于DN凸起西端，自西向东共发育4个主力火山岩气藏，其中DD18次火山岩气藏位于东部DD14与DD10之间，其储量规模大、储层物性及连通性较好、单井产能高，是DD气田天然气产量重要的贡献区块。

1. 气藏主要地质特征

1）火山岩建筑结构

DD18火山岩由岩浆沿裂隙式浅成侵入与火山沉积作用复合形成，为特殊的次火山岩建造，发育DX18，DX183，DX182和DX184等4个主力次火山体。

气藏主火山机构位于北部约12km处的DD8井附近，其类型为一中心式喷发成因的大型层状火山机构，火山通道呈近直立柱状（图8-71）。DD18次火山岩的裂隙通道依托DSQ西断裂，位于主火山机构的南部翼部，表现为枝杈状分布的特点（图8-71）。

DD18次火山岩体形态多表现为近椭圆状，火山岩体长轴2.25～4.56 km，短轴1.80～2.32 km，面积3.17～7.49km²，最大厚度251～747m，多属于中小型火山岩体（图8-72）。

图8-71 火山通道地震响应特征图

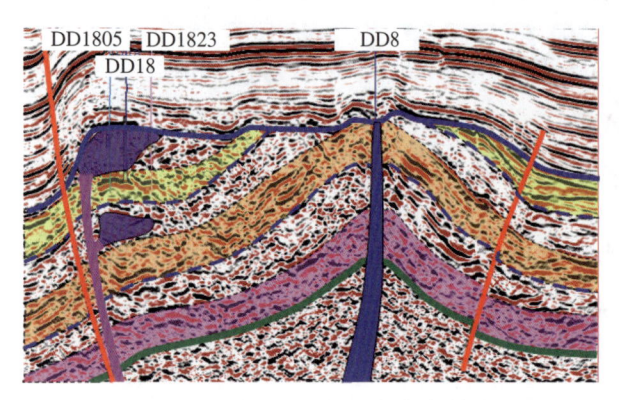

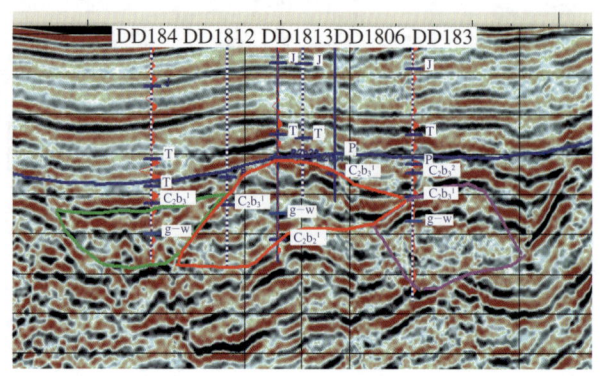

图8-72 火山岩体地震响应特征图

火山岩相以次火山相为主（46.98%），火山沉积相次之（21.3%）；亚相以次火山岩相中带亚相为主（33.1%），火山沉积相再搬运亚相（18.98%）和次火山岩相外带亚相（13%）次之。反映了该区次火山活动较强的特点，显示出与其他区块火山喷发活动的显著差别。

该区储渗单元多集中在次火山岩体中上部，自顶部向下表现物性逐渐变差的"反韵律"特征。储渗单元的形态多表现为条带状、透镜状、薄层状等类型；储渗单元的分布面积为1.26～6.74km²，厚度15～126m，表现出规模变化大的特点。不同次火山岩体的储渗单元之间连通性差，同一次火山岩体内部储渗单元之间连通性相对较好。

2）火山喷发旋回与层系

DD气田自下而上发育3个火山喷发旋回和6个火山喷发期次，3个火山喷发旋回分别对应巴一段、巴二段和巴三段，在地震上具有反射能量由强到弱变化的特点（图8-73）；6个火山喷发期次分别对应巴一段的下部亚段（典型井DD30井）、上部亚段（典型井DD404井），巴二段的下部亚段（典型井DD14井）、上部亚段（典型井DD104井和DD402井），巴三段的下部亚段（典型井DD17井）、上部亚段（典型井DD18井和DD24井）（图8-74）。

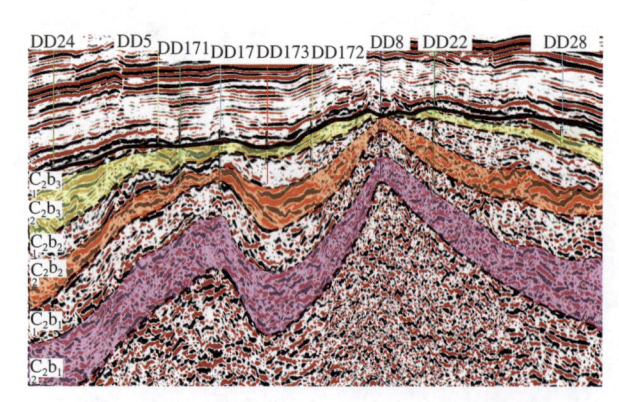

图8-73 火山喷发旋回地震响应特征图

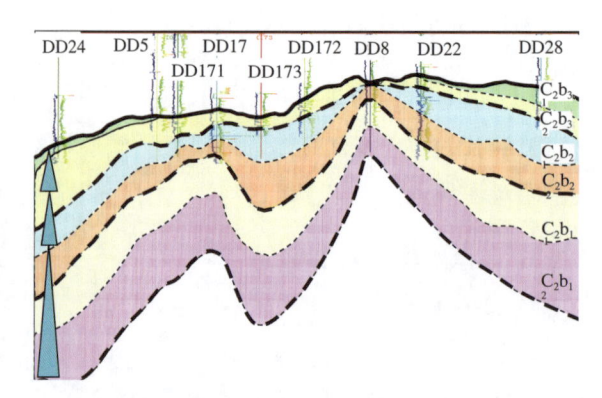

图8-74 火山喷发旋回地层格架图

DD18火山岩气藏发育于巴三段上部亚段，由DD18，DD182，DD183和DD184等4个含气火山岩体组成。其中DD18井钻穿DD18火山岩体，揭示地层厚度524m；DD182井钻遇DD182火山岩体，揭示地层厚度210m。

3）气藏顶面构造特征

DD气田整体构造形态表现为向西倾伏的大型鼻状构造，发育3条控制DN凸起整体构造格局的主断裂，包括北东东向的DSQ北断裂，断距80~100m；北西向的DSQ西断裂，断距120~500m；北西向的DD17南断裂，断距20~60m；10条北西—南东向、控制局部构造的次级断裂，具有规模小、延伸短的特点。

DD18火山岩气藏顶面构造形态表现为以DD18井为中心的背斜构造，向北部DD184井、东部DD183井构造位置逐步降低；DD182井东北构造升高，与DD18井呈现鞍状过渡的特点（图7-53）。

4）储层特征

DD18次火山岩气藏成因特殊，其储层特征与正常火山熔岩、火山碎屑岩明显不同。

(1) 岩性特征。

储层岩性以正长斑岩为主，约占57.1%；凝灰质砂砾岩次之，约占14.7%；其他岩性含量较低，如流纹质熔结凝灰岩约占4%，流纹质火山角砾岩约占3.1%。

(2) 储集空间。

储集空间类型以晶内溶孔（38.93%）、基质溶孔（17.49%）等次生孔隙为主，晶间孔（11.38%）等原生孔隙较少；裂缝以溶蚀缝和构造缝为主，总体占到30.6%。

孔缝组合包括晶间孔型、晶内溶孔+基质溶孔+裂缝型、微孔+裂缝型、裂缝型等，其中裂缝—孔隙型约占60.5%，孔隙—裂缝型和裂缝型分别占15.5%和11.9%，孔隙型只占12.1%。

(3) 孔隙结构。

储层孔隙半径0.05~10.9μm，平均0.39μm，小于0.1μm的微孔喉占11.8%，0.1~0.5μm的中小孔喉占73.9%，大于0.5μm的大孔喉占14.3%。储层排驱压力0.01~5.25MPa，平均1.13MPa；退汞效率5.5%~57.2%，平均值21%；可动流体饱和度6.8~71.3%，平均29.8%。

储层孔隙结构划分为4种类型，总体上以偏粗态型（Ⅱ型）和偏细态型（Ⅲ型）为主（分别占32.69%和40.83%）；粗态型（Ⅰ型）和细态型（Ⅳ型）次之（分别占7.25%和19.23%）。

(4) 裂缝特征。

裂缝类型以构造缝为主，占92.28%，冷凝收缩缝次之，占3.44%。裂缝产状以斜交缝为主，占53.45%；低角度缝和高角度缝次之，分别占22.07%和20.23%。该区开启裂缝占70.4%，裂缝宽度平均13.4μm，裂缝孔隙度平均0.26%，反映裂缝有效性好。

裂缝密度平均7.2条/m，根据发育程度评价标准，裂缝发育段占44%，较发育段占21.5%，一般发育段占10.8%，不发育段23.5%，反映裂缝发育程度高。

天然裂缝方向以近南北向为主，诱导缝则以北东向为主。

(5) 储层物性。

4个主力含气次火山岩体中，总体上以DD182岩体物性最好，其平均孔隙度为10.20%、平均渗透率为1.46mD；DD18岩体次之，其平均孔隙度为8.96%，平均渗透率为1.14mD；DD183岩体的平均孔隙度为7.57%，平均渗透率为1.94mD；DD184岩体的平均孔隙度为7.33%，平均渗透率为0.68mD。

根据物性将储层分为3类，其中Ⅰ类、Ⅱ类和Ⅲ类储层分别占5.3%，31.3%和63.4%。

(6) 含气性。

该区4个火山岩体的平均含气饱和度为62.33%，各个火山岩体的含气性存在一定差异。其中，DD18火山岩体含气性最好，平均含气饱和度为64.21%；DD183火山岩体次之，其平均含气饱和度为

62.57%；DD184和DD182的平均含气饱和度为61.92%和60.93%。

（7）有效储层分布。

4个火山岩体的储层发育程度和有效厚度差异大（图8-75）。DD18体储层地比约53.77%，有效厚度0～275m，以DX1813井附近有效厚度最大；DD183体储地比约16.98%，有效厚度0～220m，以岩体中部厚度大；DD184体储地比9.55%，有效厚度0～60m，以岩体中部的近南北向条带有效厚度大；DD182体储地比5.26%，有效厚度0～120m，以DX1824井以北500m最厚。

(a) DD18火山岩体有效厚度图

(b) DD182火山岩体有效厚度图

(c) DD183火山岩体有效厚度图

(d) DD184火山岩体有效厚度图

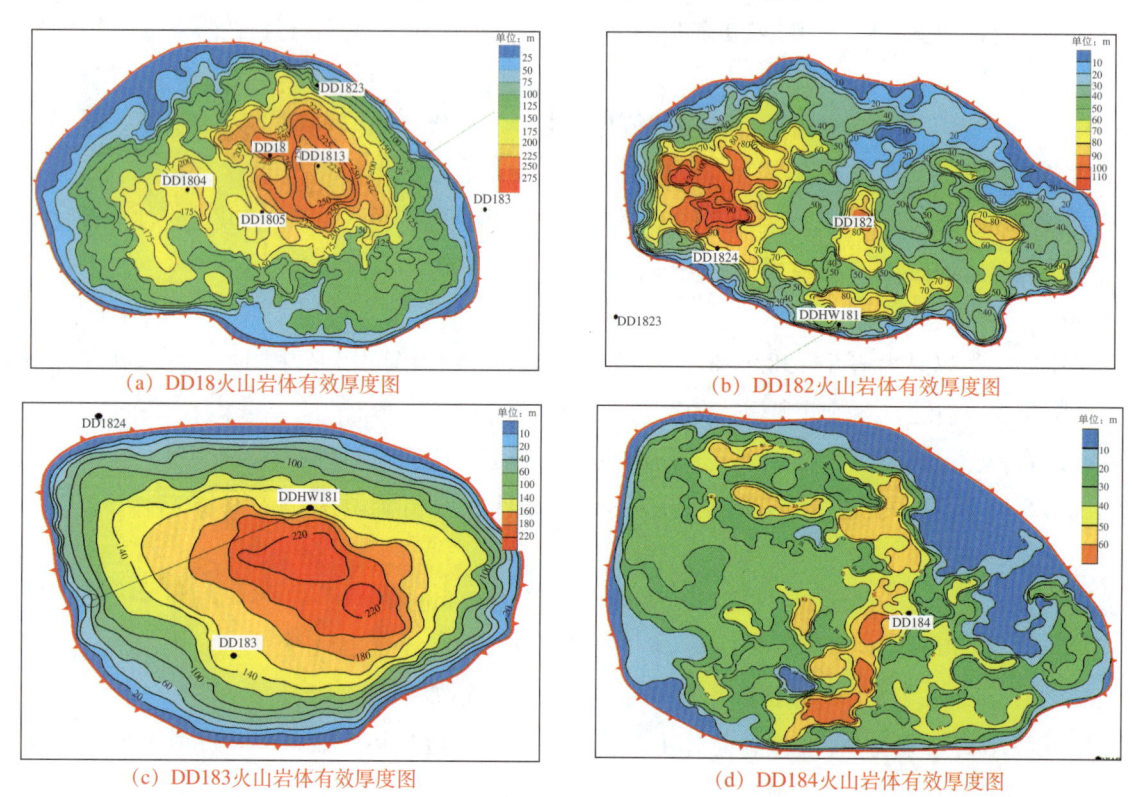

图8-75　DD18火山岩气藏各含气火山岩体储层厚度图

5）气藏特征

（1）圈闭特征与气水关系。

DD18区块4个火山岩体都具有上气下水特征，但具有不同的气水界面（-3153～-3174m），显示出岩体和构造共同控制的圈闭特征。从该区气藏剖面图（图7-62）可以看出：气藏南边为DSQ西断层所封挡，其他方向为尖灭的复合岩体，平面上形成不规则的椭圆状，显示出断层—岩性复合圈闭特征。因此，该区块火山岩气藏为典型的构造—岩性圈闭气藏。

（2）流体性质。

DD18火山岩气藏天然气组分以烃类气体为主，甲烷含量83.88%，乙烷含量6.11%，丙烷含量2.63%，氮气含量5.32%，二氧化碳含量0.137%，不含硫化氢及其他腐蚀性、有害性气体，天然气相对密度0.6650。按氮气含量划分标准，确定为中含氮气（氮气含量5%～10%）气藏；按照二氧化碳含量划分标准，为低含二氧化碳（二氧化碳含量0.01%～2.0%）气藏。

DD18火山岩气藏中凝析油含量为106.1g/m³，为中凝析油含量的凝析气藏。凝析油中蜡含量1.45%，地面密度0.763g/m³，黏度0.82mPa·s（50℃），凝固点-7℃，初馏点76.5℃。天然气pVT分析拟合相图资料分析表明，在原始地层压力和温度条件下，该气藏天然气均位于相图的凝析气区（图8-76）。流体的反凝析液量在21MPa左右达到最大值（约3.93%），露点压力为39.43MPa，低于原始地层压力39.7MPa。

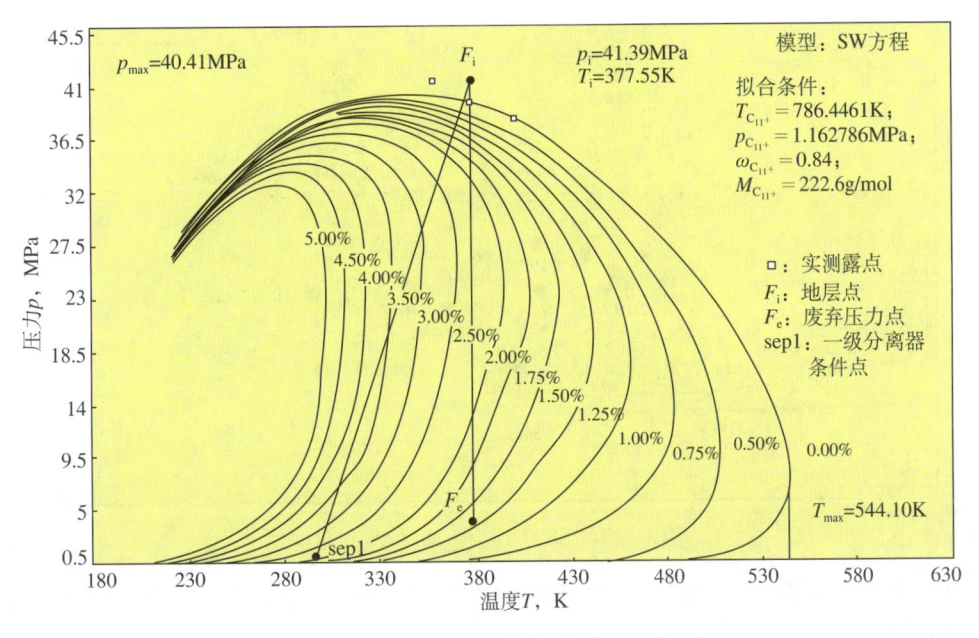

图8-76 DD18天然气拟合p-T相图

地层水水型为$CaCl_2$型，其中氯离子（Cl^-）含量5715mg/L，硫酸根离子（SO_4^{2-}）含量391.0mg/L，碳酸氢根离子（HCO_3^-）含量444.3mg/L，钙离子（Ca^{2+}）含量960.3mg/L，钾离子和钠离子（K^++Na^+）含量2987.8mg/L，地层水总矿化度10349mg/L，地层水密度1.014g/cm³，pH值平均7.5。

（3）温压系统。

地层温度92.17～109.86℃，平均98.72℃；温度系数2.32～2.51℃/100 m，平均2.41℃/100 m；地层压力35.29～40.71MPa，平均39.18MPa；压力系数1.01～1.19，平均1.12。为正常温度、压力系统。

（4）水体特征。

DD18井区中DD182岩体不含水，其他火山岩体的水体体积为（0.17～0.49）×10⁸m³，水体倍数1.20～2.88，水体能量中等偏强。

水层孔隙度6.02%～15.57%，水层渗透率0.1～4.9 mD；DD183井气水层日产水42.5m³；气水层之间隔夹层厚度薄且高角度裂缝发育，封隔底水能力弱。因此水体活跃程度高。

因此，综合分析认为该气藏属于深层、中产、高丰度、大型高效火山岩气藏。

2. 气藏开发模式与开发技术政策

1）气藏开发模式

针对DD18区块次火山岩气藏裂缝发育，储层物性、连续性和连通性较好的特点，采用"直井+水平井的分体式稀井高产"的开发模式开发DD18火山岩气藏（图8-77）。既可提高火山岩体的动用程度，又可减少生产压差，抑制水体锥进，较大幅度提高单井产量和整体开发效果，实现DD18火山岩气藏的高效开发。

2）开发方式与开发层系

DD18区块天然气是以甲烷（83.9%）为主、低含凝析油（139g/m³）的凝析气藏，但不会出现严重

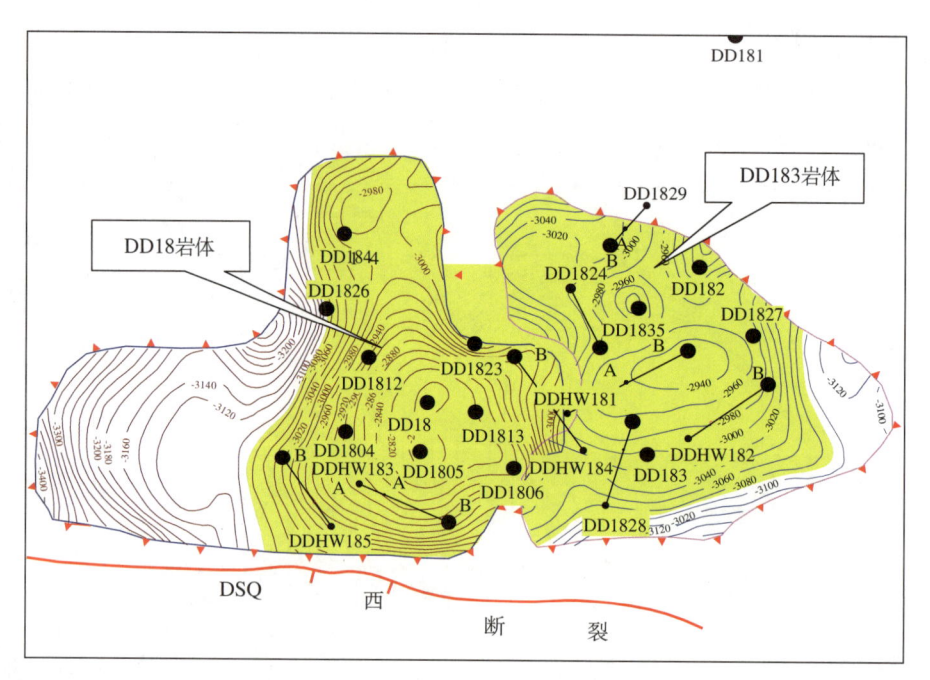

图8-77 DD18区块井网部署图

的反凝析现象，因此其开发方式采用与常规干气气田相同的衰竭式开采方式，开发后期进行增压开采以提高气藏采收率。DD18井区共发育两个火山岩体，火山岩内部纵向物性差异不大，且内部无明显的隔层，故采用分火山岩体的开发模式一套开发层系开发。

3）井网井距

针对DD18区块的两个火山岩体，按照不同火山岩体的形态、规模及大小等空间展布特征，气水关系、储层物性分布特征和裂缝分布规律，火山岩气藏的井网形式总体上应采用不规则井网，且沿裂缝发育的方向井距大，垂直裂缝发育的方向井距相对较小，在构造高部位和Ⅰ类和Ⅱ类储层发育区集中布井。通过基于储渗单元的井距优化技术，DD18井区开发井距为600~800m（图8-77）。

4）合理生产压差与废弃压力

DD18井区储层基质物性变差，裂缝较发育，厚度相对较大，储量丰度最大。为了充分利用井的生产能力，尽可能放大生产压差生产。根据该区块试采井实际生产压差（表8-10）、临界携液产量对应的生产压差4.18~5.8MPa，综合考虑出砂、产水、以及井口外输条件等因素确定DD18区块火山岩气藏的合理生产压差：Ⅰ类井由于产能高，生产压差相对小，合理生产压差取3~7MPa；Ⅱ类井由于产能较低，生产压差高，合理生产压差取6~10MPa；Ⅲ类井物性差，产能低，生产压差大，合理生产压差大于10MPa。该区块气藏埋深约为3508m，原始地层压力为39.2MPa，利用经验公式计算的废弃地层压力约为7.5MPa。

表8-10 DD18区块试采井生产压差

气井类别	井号	试采产量，$10^4 m^3/d$			生产压差，MPa		
		最小值	最大值	平均值	最小值	最大值	平均值
Ⅰ	DX1805	6.21	18.27	10.63	3.66	14.93	5.46
	DX1813	7.5	16.09	13.42	2.95	7.27	5.98
Ⅱ	DXHW181	25.97	39.71	35.57	5.51	7.13	6.49

续表

气井类别	井号	试采产量，10⁴m³/d 最小值	最大值	平均值	生产压差，MPa 最小值	最大值	平均值
Ⅱ	DD183	4.03	19.57	5.33	3.58	13.15	8.39
Ⅱ	DD18	6.33	15.5	8.03	4.67	15.68	14.77
Ⅱ	DX1804	5.56	9.4	7.54	14.39	16.95	15.83
Ⅲ	DD182	2.06	10	3.82	15.76	25.62	19.75
Ⅲ	DX1823	3.78	10	4.18	14.58	18.6	17.85
Ⅲ	DX1824	3.7	9.48	4.89	15.49	27.76	23.34

5）单井合理产量

针对DD18区块储层基质物性差，裂缝发育的特点，结合气井试采动态特征，采用单井优化配产方法，综合确定DD18区块火山岩气藏单井合理产量（图8-78）。Ⅰ类直井2口的合理产量为（13.0~14.3）×10⁴m³/d。Ⅱ类水平井2口的合理产量（14.1~16.3）×10⁴m³/d；Ⅱ类直井6口的合理产量（5.2~8.1）×10⁴m³/d；Ⅲ类直井6口的合理产量（2.3~4.8）×10⁴m³/d。

6）采气速度与稳产年限

DD18区块基质物性较差（渗透率1.049mD），裂缝发育程度高，储层非均质性强，采气速度应该控制在2%~3%。气藏底水水体倍数小，水体较活跃，采气速度不宜过高，因此，综合确定DD18区块合理采气速度1.95%，采用井间接替方式稳产年限7.5a（图8-79）。

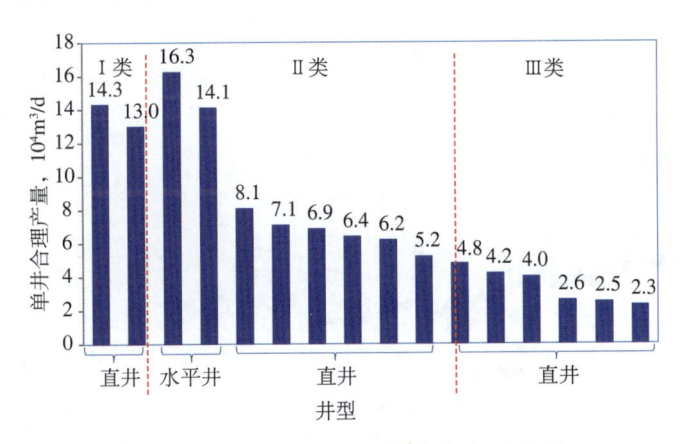

图8-78 DD18区块单井合理产量

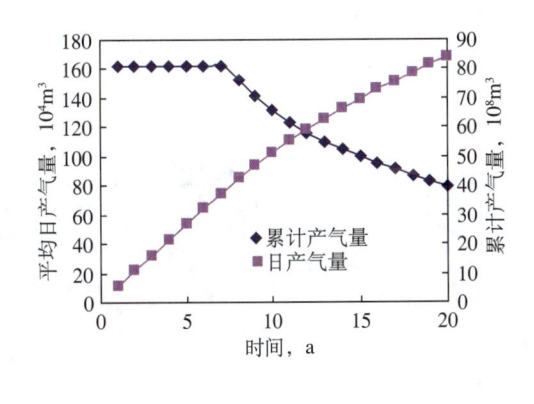

图8-79 DD18区块开发指标预测结果

3. 气藏开发动态特征

截至2012年底，DD18区块共完钻21口井，投产17口，年产气3.49×10⁸m³，凝析油3.58×10⁴t。生产期间有5口井日产气大于8×10⁴m³，有10口井产量、压力递减相对较慢，呈现出一定的稳产能力。

1）区块内井间产能差异大，初期单井产能总体上相对较高，递减较快

自投产以来，该区块14口井初期无阻流量（15.32~81.93）×10⁴m³/d，平均36.2×10⁴m³/d；目前无阻流量（5.0~61.7）×10⁴m³/d，平均18.6×10⁴m³/d，产能降低约52%（图8-80）。

该区块初期单井日产气量（5.78~36）×10⁴m³/d，平均12.58×10⁴m³/d；初期单井日产凝析油5.8~36.8t，平均12.7t/d；油压为15~30MPa，平均23.9MPa。目前单井日产气量（1.1~16.4）×10⁴m³/d，

平均6.04×10⁴m³/d；产量递减51%（图8-81）。

图8-80　DD18区块产能变化柱状图 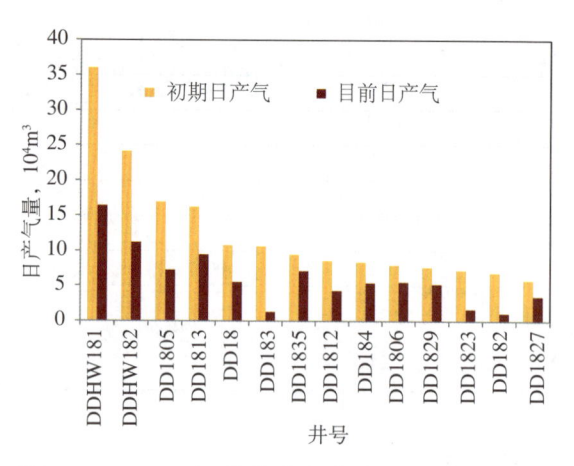　　图8-81　DD18区块投产初期和目前产量柱状图

2）DD18区块储层裂缝发育，水平井单井产量较高，产量稳定性好

DXHW181井为DD18区块一口水平井，水平段长495m。试气日产气量（20.85~42）×10⁴m³。2008年12月开始试采，初期日产气在（34~40）×10⁴m³范围波动，油压也基本稳定在26MPa左右，2010年8月至2012年2月间产气量稳定在20.6×10⁴m³/d，凝析油产量稳定在21.4t/d，油压从20.8MPa缓慢下降至16.5MPa，油压递减速率为0.0079MPa/d。目前日产气量稳定在16.4×10⁴m³/d，凝析油产量稳定在15.8t/d，油压缓慢下降，目前该井累计产气3.4×10⁸m³，累计产油3.56×10⁴t（图8-82），根据相邻直井DX1827的生产动态（图8-83），该井日产气4.27×10⁴m³/d，产油4.29t/d，水平井单井产量是周围直井的4~6倍。

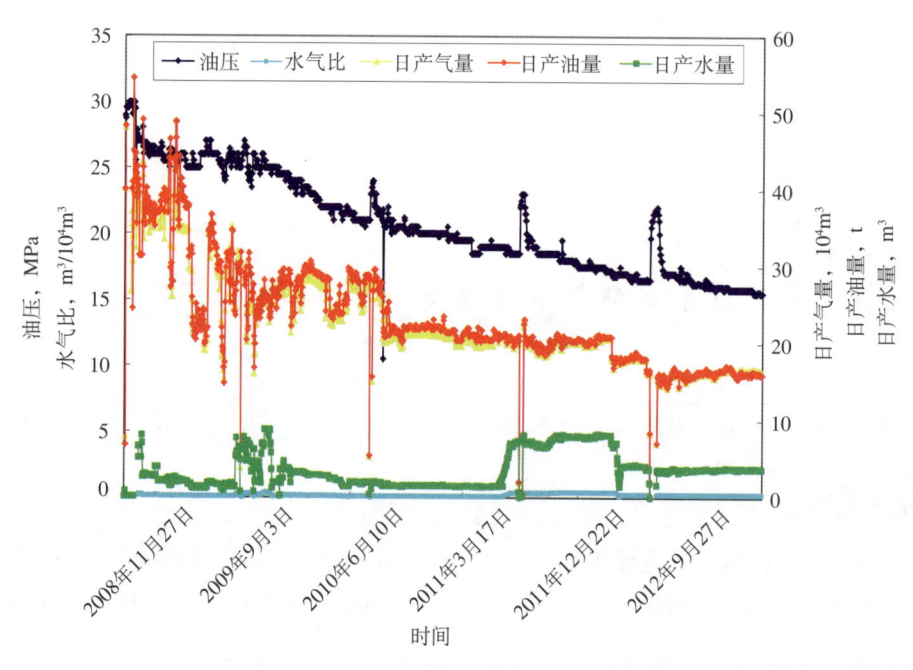

图8-82　DDHW181生产动态曲线

3）干扰试井表明DD18气藏储层连通性相对较好

DD18区块火山岩气藏生产5a来，地层压力从42MPa较为均衡地下降到29MPa左右，压降漏斗趋于平缓，仅在局部存在较大压力降落（图8-84）。

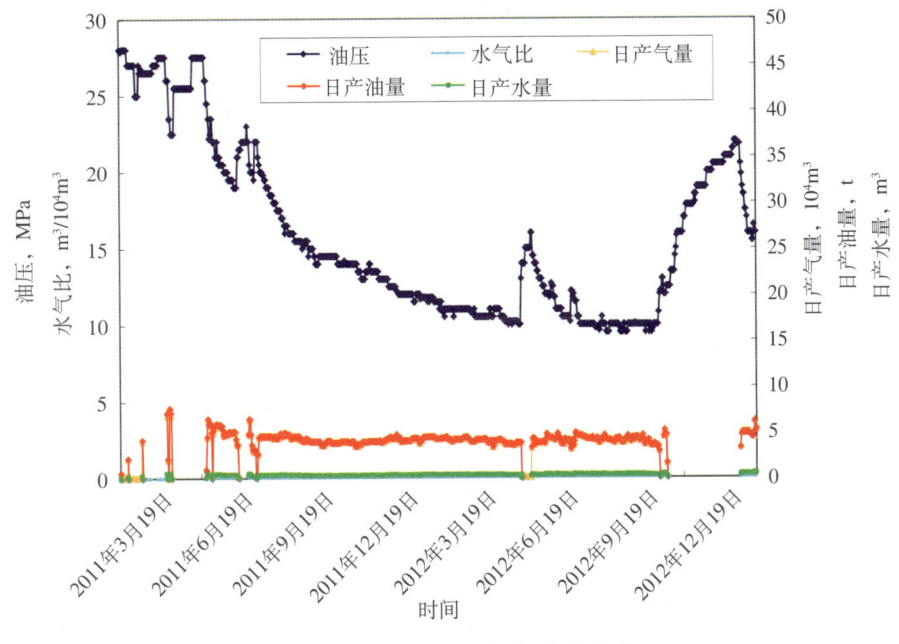

图8-83 DD1827生产动态曲线

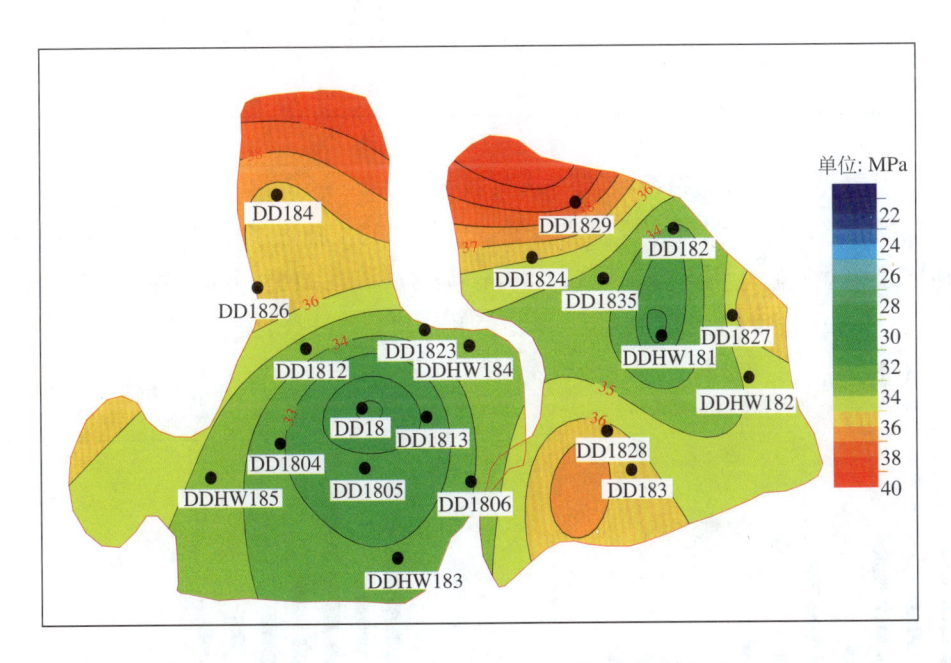

图8-84 DD18区块2011年压力等值线图

DD18火山岩体的南部DX1804井与DX1805井相距575m，两口井生产层段岩性为正长斑岩，储层岩石物性好。2010年5月对这两口井开展了干扰试井测试，其中DX1804关井测压力恢复，DX1805井以（11.7~15.6）×10⁴m³/d生产60多天，压降漏斗扩展到DX1804井后，导致DX1804井关井压力恢复呈下降趋势（图7-223）。该动态特征表明同一火山岩体的两口井具有较好的连通性，但对于气藏边部高压区，仍需增加布井，提高储量动用程度。

4）水体能量较强，大压差生产导致部分井产水且产能大幅度降低、甚至气井水淹

通过水性、水气比和产水量综合分析认为，DD18区块边底水发育，火山岩体水体体积为1.49×10⁸m³，两个火山岩体共有8口井产水：其中DD18火山岩体有5口井产水，DD183火山岩体3口井

产水（表8—11、图5—75和图5—76）；该区块的产水特征以强裂缝水窜和高导裂缝水窜为主。DD183井裂缝发育，大压差生产（>17MPa）导致产量急剧下降，半年内日产气量从$6×10^4m^3$下降到$1×10^4m^3$；产水量则从$0.6m^3/d$快速上升到$35m^3/d$，油压快速降至10MPa。后期开井排液无气体产出，气井水淹。

表8—11 DD18区块出水井生产数据表

火山岩体	井号	油压 MPa	套压 MPa	日产气量 10^4m^3	日产水量 m^3	水气比 $m^3/10^4m^3$	Cl⁻ mg/L	矿化度 mg/L
DD18	DX1804	9.5	14	1.5	23.0	15.3	4978	8794
	DXHW183	13.5	18.5	4.0	32.0	8	3739.2	7191.5
	DXHW184	20.5	4	7.0	45.0	6.4	4971.3	9993.3
	DXHW185	10.2	2.1	2.0	80.0	40	7007.1	13131.2
	DX1806	12	16	4.0	20.0	5	12903.8	21695.99
	小计	18.5	220	12.1	200.0	—	—	—
DD183	DD183	10	15	2.0	32.0	16	4892.51	8707.38
	DX1828	6.1	12.8	1.1	21.3	19.4	4911.2	9380
	DXHW182	16	2	5.0	40.0	8	5008.73	8227.36
	小计	3.1	53.3	8.1	93.3	—	—	—
合计	—	—	—	20.2	293.3	—	—	—

5）储层裂缝沟通范围较远，井控动态储量差异较大

根据该区块的生产动态，利用井控动态储量评价技术初步描述了DD18区块的储层参数和井控动态储量。该区块单井控制泄流半径在103～840m（图8—85），16口井的井控动态储量在（0.33～13.67）$×10^8m^3$，总计动态储量$69.7×10^8m^3$，平均单井控制动态储量$4.35×10^8m^3$。低于$4.35×10^8m^3$的井占62.5%（图8—86）。

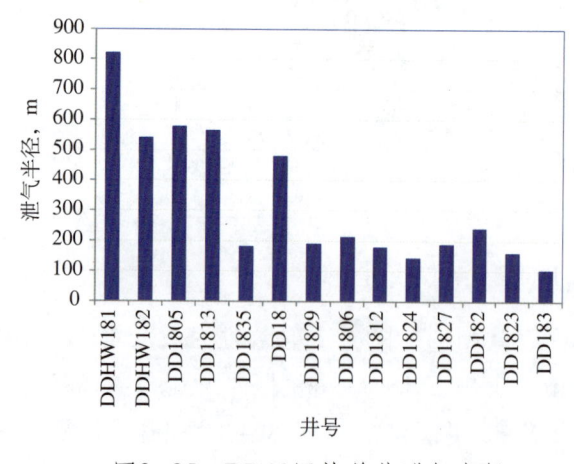

图8—85 DD18区块单井泄气半径

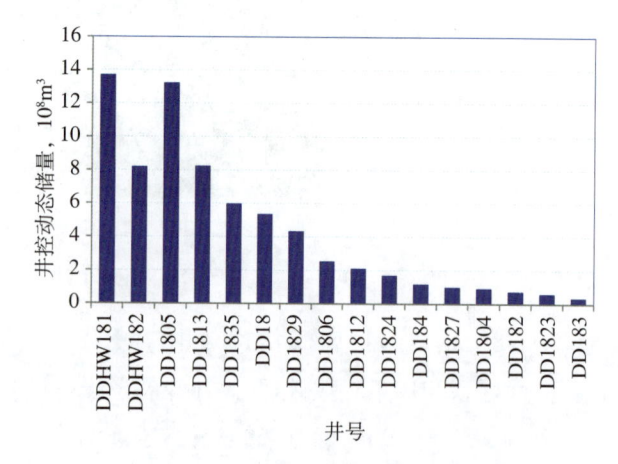

图8—86 DD18区块井控动态储量

6）采用排水采气工艺有效地减缓了气井产水的上升趋势，气井控水生产效果较好

针对DD18区块气藏出水的现状，随着水体认识的不断深入，及时对开采工艺措施进行了调整，开展了排水采气试验。DD183井为排水井，DXHW182井为监测井，设计排水80d，日排水量$40m^3$，阶段排水$3200m^3$。DD183井从2012年8月6日开始初期依靠气井本身能量自喷，后期采用连续气举排水88d，

累计排水2547m³，平均日排水28.9m³（图8-87）。试验期间井筒内未积液，井底流压较前期生产时低15.7MPa，生产压差从15MPa增加到30MPa。虽然DD183井排水量仅为水侵量（99.7m³）的29.0%，排水量偏小，但DX183井连续气举井有效地减缓了DXHW182产水的上升势头（图8-88）。因此，当发生边底水或过渡带水侵时，气井产水量迅速上升，产气量受产水影响大幅下降，这种情况下必须尽早采取排水措施，避免气井水淹。

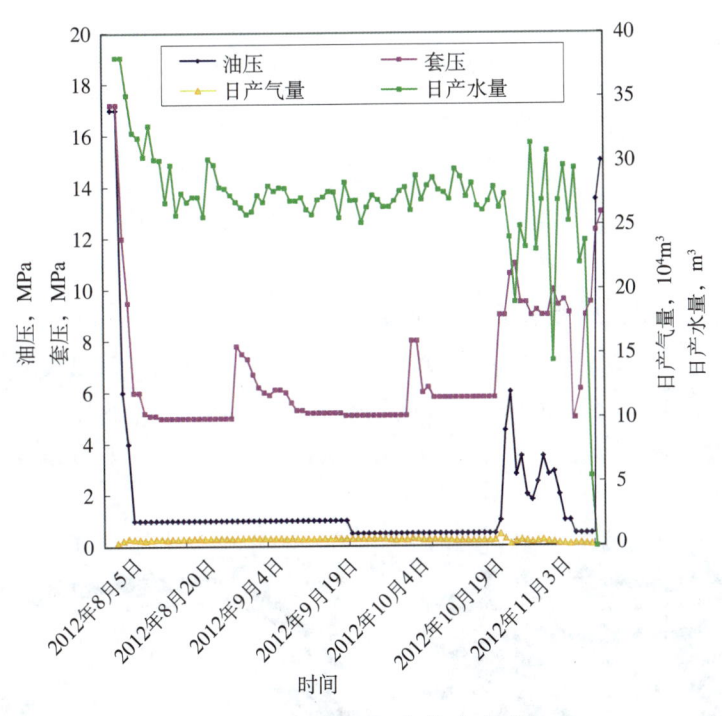

图8-87　DD183井排水曲线

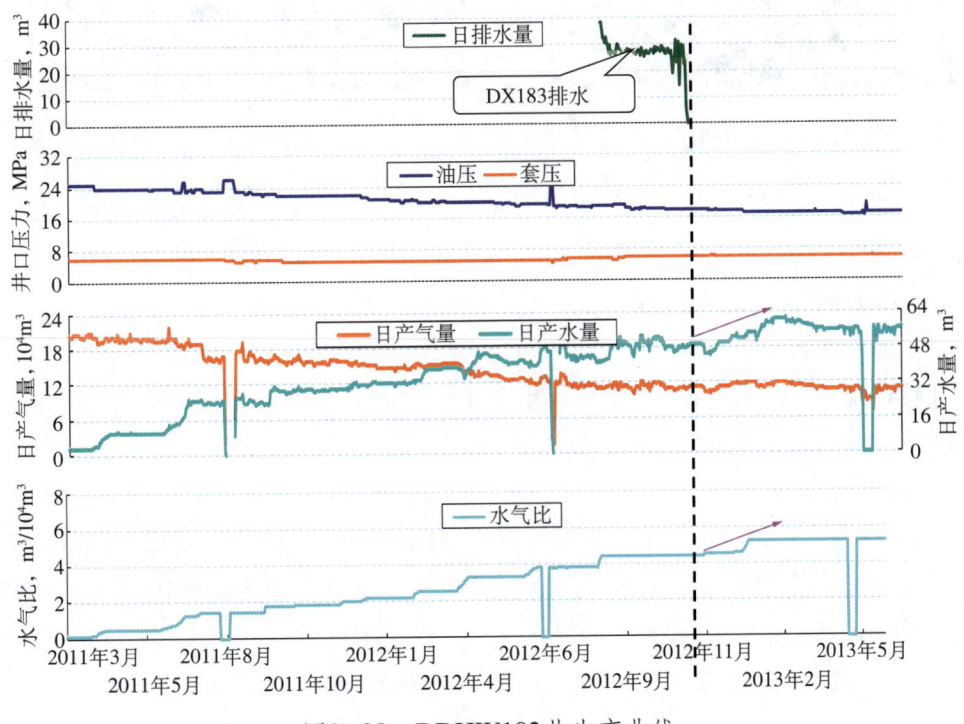

图8-88　DDHW182井生产曲线

二、DD14低效火山岩气藏开发

DD14火山岩气藏位于DD17与DD18之间，是DD气田的主力气藏之一。该气藏是典型的中心式爆发型火山岩，但经过短距离搬运和长期风化剥蚀，储层特征与原位型火山碎屑锥相比有不同之处。

1. 气藏主要地质特征

1）火山岩建筑结构

DD14火山岩由火山喷发作用、溢流作用和火山沉积作用复合成因形成，为特殊的火山碎屑岩建造，发育上部、下部和翼部3个主力火山岩体。

火山机构类型总体属于多锥复合型火山机构，为多火山口多期次喷发形成，在DD14井和DD403井下部隐约可见通道轮廓。由于后期的风化剥蚀作用，火山机构轴部剥蚀平缓，两翼较陡，机构间形成多个洼地（图8-89）。

受多期次火山喷发作用及后期风化、剥蚀、搬运沉积等作用影响，该区形成了3个独立的火山岩体，分别位于气藏的上部、下部和翼部，在地震上具有"两弱一强"的地震反射特征（图8-90）。3个火山岩体为近东西走向，长轴3.04~6.42km，短轴1.38~2.33km，面积3.89~12.02km^2，最大厚度177.5~219.5m。构造主体部位的两套火山岩体集中了85%以上的储量，是气藏开发的主要对象。

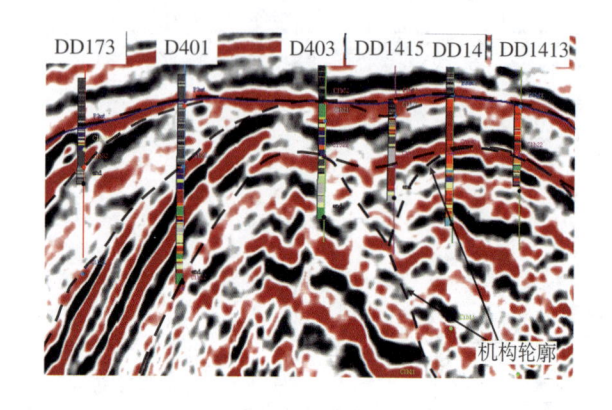

图8-89　火山机构示意图

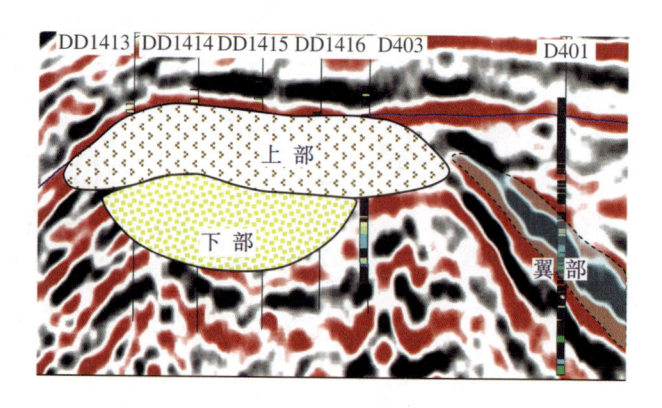

图8-90　火山岩体示意图

该区岩相以爆发相（38.77%）为主，火山沉积相（23.13%）和溢流相（22.55%）次之；亚相类型以空落亚相（27.80%）为主，溢流相中部亚相（14.50%）和火山沉积相含外碎屑亚相（11.80%）、再搬运亚相（10.30%）次之。

储渗单元受多期次火山喷发作用和风化剥蚀、火山沉积作用等影响，具有纵向多层、平面分散的分布特征，发育透镜状、薄层状等多种类型；单个储渗单元规模较小，面积一般小于2km^2，而厚度变化从10~120m不等，表现出较大的差异性和非均质性。

2）火山喷发旋回与层系

DD14火山岩气藏主要发育在巴一、巴二地层中，DD401井、DD403井和DD404井钻揭巴一段上部亚段和巴二段下部亚段（图8-91）；而巴三段在构造高部位缺失，钻揭有限。钻井资料揭示，巴二段地层岩性主要为流纹质火山角砾岩（DD14）、玄武岩（DD403）和火山沉积岩（DD401），厚度100~200m；巴一段地层岩性主要为火山沉积岩，厚度超过100m。

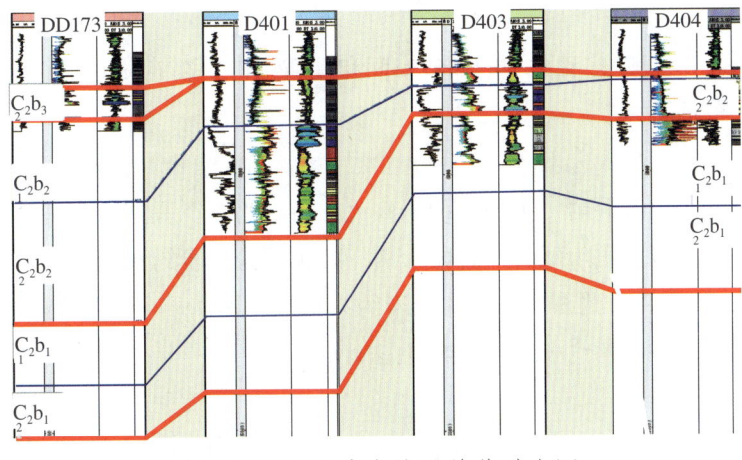

图8-91 火山喷发旋回单井对比图

3) 气藏顶面构造特征

气藏顶面的整体构造形态是一个向北北西方向倾斜和南南东向尖灭的背斜构造（图8-92），以DD14井、DX1413井和DX1414井为构造高点。其上部火山岩体构造形态则是一个向北西方向倾斜和南东方向尖灭的背斜构造，具有岩体上倾尖灭的岩性圈闭特征，以DD14井为构造高点（图8-93）。下部火山岩体构造形态为一向北西方向倾斜和南东方向尖灭的背斜构造，在DD14井、DX1413井、DX1415井附近形成局部高点（图8-94）。

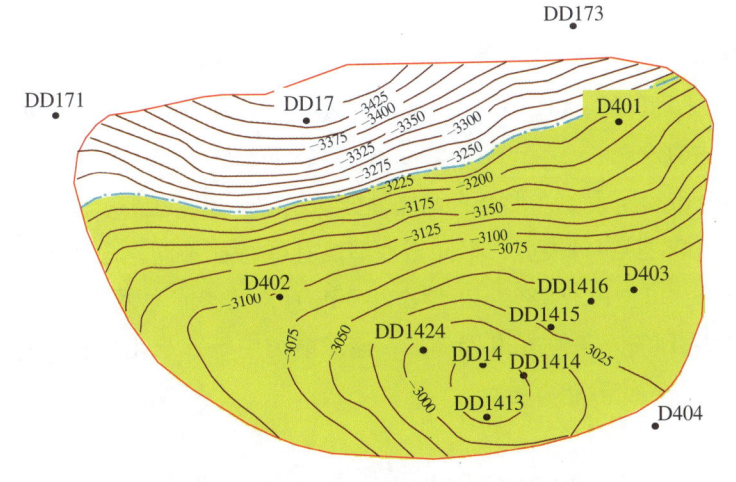

图8-92 DD14火山岩气藏顶面构造图

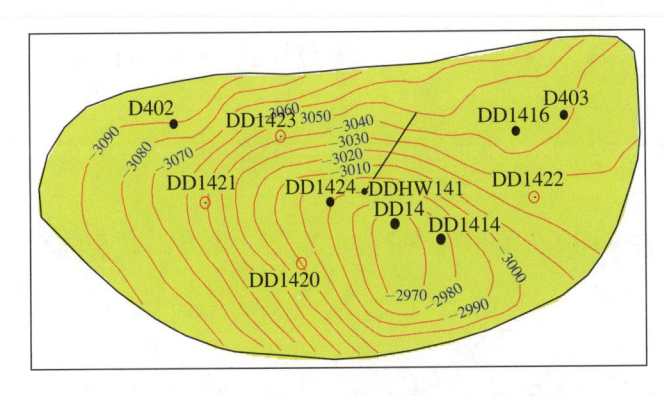

图8-93 DD14上部岩体顶面构造图

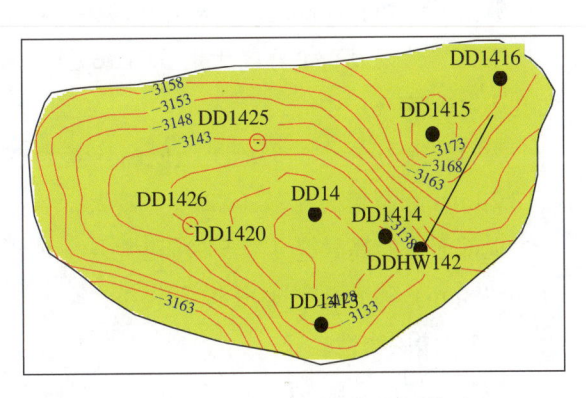

图8-94 DD14下部岩体顶面构造图

4）储层特征

DD14火山岩气藏储层发育多种类型的储集空间和孔隙结构，裂缝发育程度相对较低，储层物性、含气性及有效储层分布差异大。

（1）岩性特征。

储层岩性总体上以火山碎屑岩、火山沉积岩和火山熔岩为主，具有类型多、纵向上交互发育的特点。具体的岩性比例为：凝灰质角砾岩约占10.95%，凝灰质粉砂岩约占9.9%，玄武岩约占9.2%，流纹质凝灰岩约占8.85%，沉凝灰岩约占7.8%，流纹岩约占7.2%，凝灰质砂岩约占6.8%，英安岩约占6%，流纹质熔结凝灰岩约占5.9%，其他小于4%的岩性总计21.7%。

（2）储集空间。

储集空间类型多样，总体上以次生孔缝为主。在不同岩性中，火山碎屑岩储层孔隙以粒内孔（40.33%）、粒内溶孔（23.24%）、晶内溶孔（18.30%）为主，裂缝发育段达到18.14%；火山熔岩储层以杏仁体内残留孔（62.15%）、残余气孔（15.18%）、晶内溶孔（12.64%）、杏仁体内溶孔（2.15%）为主，裂缝发育段仅占2.03%；火山沉积岩以粒内溶孔（58.70%）、粒间溶孔（19.64%）、粒间孔（14.7%）、粒内孔（1.44%）为主，裂缝发育段约占5.54%。

孔缝组合类型包括气孔型、溶孔型、粒间孔型、基质溶孔+裂缝型、粒间溶孔+粒内溶孔+裂缝型、收缩缝+粒内缝+构造缝+溶蚀缝型等，以孔隙型（44.79%）和裂缝—孔隙型（46.23%）为主，而孔隙—裂缝型（5.08%）和裂缝型（3.9%）较少。

（3）孔隙结构。

压汞、薄片等资料表明，该气藏储层孔隙总体以毫米—微米孔为主，喉道以小喉道为主。喉道半径0.05~4.17μm，平均0.51μm，小于0.1μm的微孔喉占10.6%，大于0.5um的大孔喉占27.5%，0.1~0.5μm中小孔喉占61.9%。

根据储层的喉道分布和压汞曲线形态将储层划分为粗态型（Ⅰ型）、偏粗态型（Ⅱ型）、偏细态型（Ⅲ型）、细态型（Ⅳ型）4种类型，不同岩性储层孔喉特征不同。总体以火山碎屑岩储层孔喉类型最好（Ⅱ型占42.59%、Ⅲ型占27.78%、Ⅰ型占20.37%），储渗能力强；火山熔岩孔喉类型次之（Ⅲ型占32.86%、Ⅳ型占27.14%、Ⅱ型占20.71%），储渗能力中等；火山沉积岩孔喉类型较差（Ⅳ型占43.59%、Ⅲ型占36.75%），储渗能力弱。

（4）裂缝特征。

总体来看，沉积岩裂缝发育程度远低于火山岩。在不同火山岩体中，以下部岩体裂缝相对最发育，翼部溢流相岩体次之，上部岩体较差。

下部岩体以发育高导缝为主（53.36%），裂缝密度大（5.69条/m），裂缝宽度中等（9.55μm）、面孔率（0.151%）中等。

翼部溢流相岩体的裂缝类型以高导缝为主（57.62%），裂缝密度中等（5.48条/m），裂缝宽度（12.2μm）和裂缝面孔率（0.21%）较大。

上部岩体的高导缝（47.5%）和微裂缝（41.71%）同等发育，裂缝密度中等（5.19条/m），裂缝宽度（8.98μm）和面孔率（0.15%）较小。

（5）储层物性。

该气藏储层孔隙度0.3%~27%，主要分布范围为5%~18%，平均10.9；渗透率0.01~541mD，主要分布范围为0.01~100mD，平均1.7mD，总体属于低孔、低渗储层。

3个含气火山岩体的物性存在一定差异。下部岩体平均孔隙度14.82%、平均渗透率2.77mD，物性相对最好；上部岩体的平均孔隙度12.41%、平均渗透率0.90mD，物性相对较差；翼部溢流相岩体的平均孔隙度9.94%、平均渗透率1.14mD，物性较差。有效储层主要集中在上部岩体（占47.88%）和下部岩体（占35.55%）中。

根据物性将储层分为3类，其中Ⅰ类、Ⅱ类和Ⅲ类储层分别占14.1%，51.4%和34.5%。

(6) 含气性。

3个含气岩体的含气性受构造位置和储层物性影响，表现出一定的差异性。上部岩体构造位置高、物性好，储层含气性好，平均含气饱和度63.0%；下部岩体构造位置低但物性好，储层含气性较好，平均含气饱和度62.8%；翼部岩体的构造位置低、储层物性差，含气性较差，平均含气饱和度54.1%。

(7) 有效储层分布。

该气藏有效储层总厚度0～120m，具有东南部厚、西北部薄的特点，以DD14井处最厚，顺DD14～DD403北东向条带储层厚度较大（图8-95）。

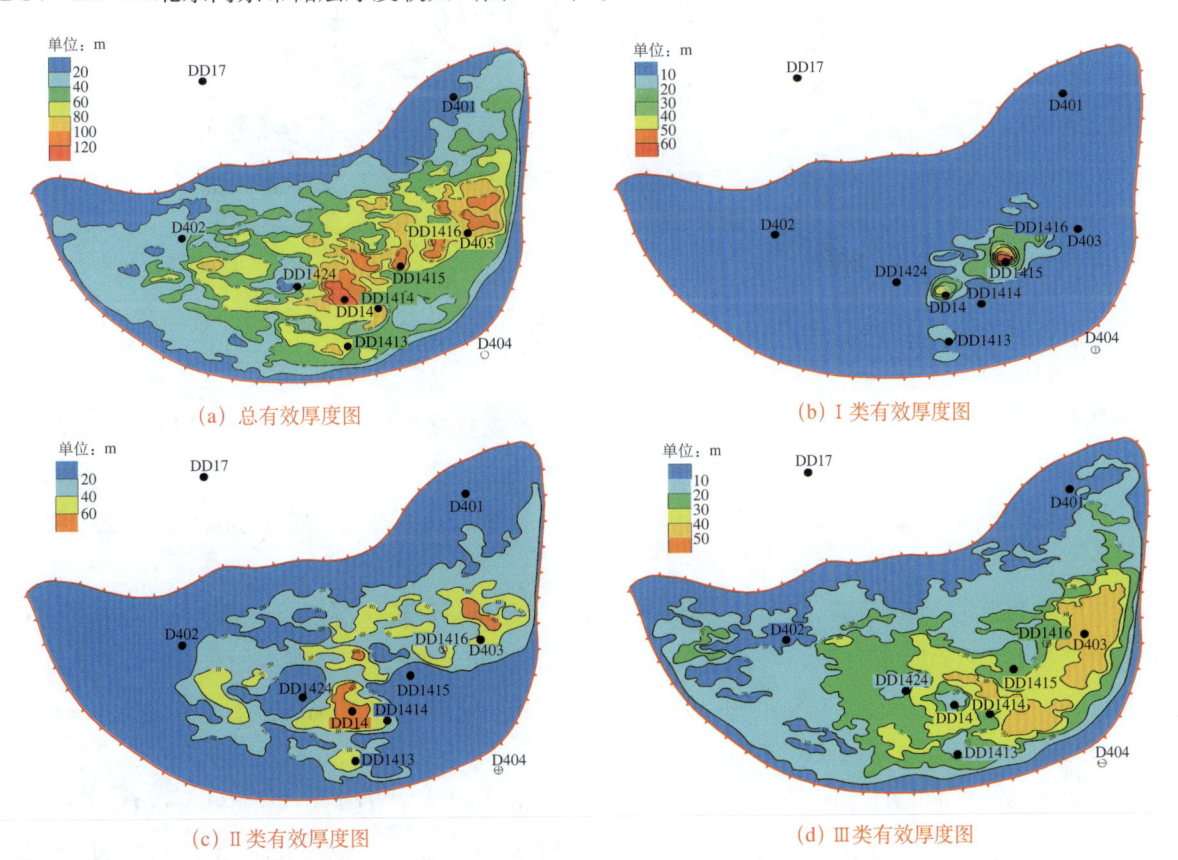

图8-95 DD14火山岩气藏分类有效储层厚度图

Ⅰ类有效储层厚度0～70m，主要分布在DD14井和DX1415井附近，表现为局部零散发育的特点；Ⅱ类有效储层厚度0～60m，以DD14井处最厚，呈北东—南西向展布，表现为分散发育的特点；Ⅲ类储层厚度0～50m，以DX1415井以南400m处最厚，呈北东—南西向展布，表现为叠置连片发育的特点。

5）气藏特征

(1) 圈闭特征与气水关系。

该气藏发育3套含气火山岩体（图8-96）：①岩体1（上部火山岩体）形成于火山爆发作用，表现为火山岩背斜，四面为岩体边界圈闭，钻井未揭示水层；②岩体2（下部火山岩体）垂叠于岩体1之下，四面以岩体边界圈闭，有边底水层发育；③岩体3（翼部火山岩体）形成于溢流相作用，表现为单斜构造，南、东、西三面为岩体边界圈闭，北面和中部以气水界面（-3243m）为界，切割为东、西两个独立的小气藏；④整个气藏具有统一的气水界面（海拔-3243m）。因此，该气藏是一个典型的岩性圈闭型气藏。

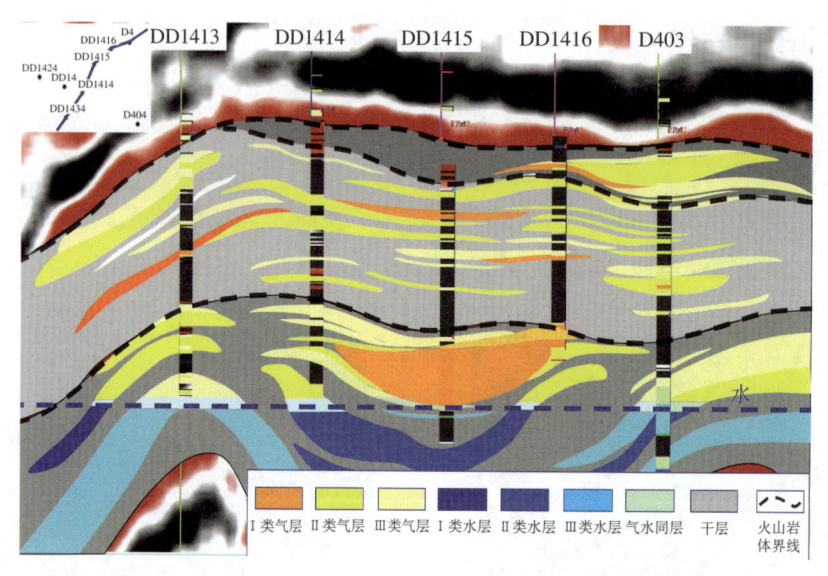

图8-96 DD14火山岩气藏剖面图

（2）流体性质。

天然气组分以烃类气体为主，甲烷含量85.25%，乙烷含量5.17%，丙烷含量2.02%，氮气含量6.07%，二氧化碳含量0.124%，不含硫化氢及其他腐蚀性、有害性气体，天然气相对密度0.6483。按氮气含量确定为中含氮气（氮气含量5%~10%）气藏；按照二氧化碳含量划分标准，为低含二氧化碳（二氧化碳含量0.01%~2.0%）气藏。

天然气中凝析油含量平均71.7g/m³，为低凝析油含量的凝析气藏。凝析油中蜡含量3.85%，地面密度0.8g/m³，黏度10.0mPa·s（50℃），凝固点6℃，初馏点108.8℃。根据天然气pVT拟合相图，在原始地层条件下，天然气位于凝析气区（图8-97），流体反凝析液量在13.72MPa左右达到最大值0.43%，露点压力33.15MPa，低于原始地层压力44.8MPa。

地层水水型为$CaCl_2$型，总矿化度平均12147mg/L。其中氯离子（Cl^-）含量6887mg/L，碳酸氢根离子（HCO_3^-）含量614.2mg/L，钙离子（Ca^{2+}）含量1152.3mg/L，钾离子和钠离子（K^++Na^+）含量3488.9mg/L。地层水密度1.02g/cm³，pH值平均7.4。

（3）温压系统。

地层温度92.2~114℃，平均102.2℃；温度梯度2.23~2.42℃/100m，平均2.316℃/100m。地层压力42.64~48.24MPa，平均45.72MPa；压力系数1.20~1.35，平均1.27。为正常的温度压力系统。

（4）水体特征。

气藏水层孔隙度7.0%~25.5%，水体地下体积约0.99×10⁸m³，水体体积倍数为1.8倍，水体能量相对较弱。

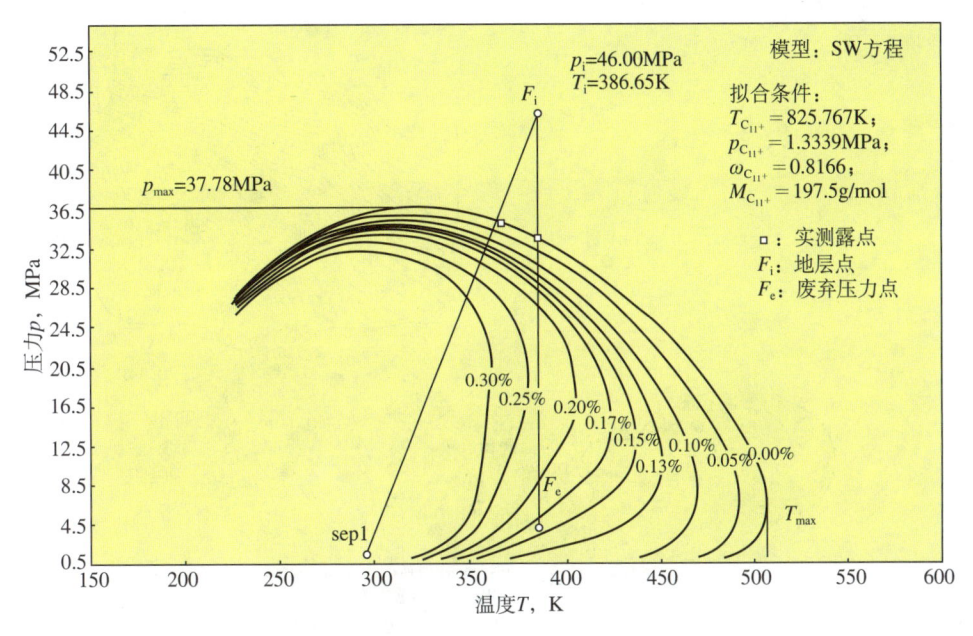

图8-97 DD14天然气拟合p-t相图

气藏水层渗透率0.1~21mD，平均3.3mD，水体渗透性较好、自身传导率较高；该气藏揭示水层日产水3.0~156.6m³，平均51m³，产水能力强；气层与水层大多直接接触，或通过高角度裂缝沟通下部水体，水体对气层影响大，如DD401井，射孔后产气0.14×10⁴m³/d，压裂后产气3.5×10⁴m³/d，同时产水量增至102.69m³/d。因此DD14火山岩气藏水体活跃。

因此，综合分析认为该气藏属于深层、低产、高丰度、中型低效火山岩气藏。

2. 气藏开发模式与技术政策

1）气藏开发模式

针对DD14异位型火山碎屑岩气藏储层物性好，但裂缝发育程度低，储层连续性和连通性相对较差，为岩性圈闭、低含凝析油的中型低效火山岩气藏，采用"直井+水平井的分体式密井网"开发模式，采用常规压裂技术提高火山岩体的动用程度，实现DD14气藏规模动用和有效开发。

2）开发方式与开发层系

气藏天然气以甲烷（85.3%）为主，低含凝析油（90g/m³），不会出现严重的反凝析现象，因此采用与常规干气气藏相同的衰竭式开采方式。

DD14区块共发育5个火山岩体，采用分火山岩体的开发模式一套开发层系开发。

3）井网井距

根据不同火山岩体的形态、规模、大小及空间展布特征，结合气水关系、储层物性和裂缝特征，采用不规则井网，要求沿裂缝方向井距大，垂直裂缝方向井距小，在构造高部位和Ⅰ类、Ⅱ类储层发育区集中布井。

采用基于储渗单元的井距优化技术，设计DD14井区井距为600m（图8-98）。

4）压裂参数优化

DD14区块直井采用常规套管射孔压裂方式，优选采用ϕ73mm压裂管柱，加砂规模18~60m³，排量3.5~4.0m³/min，压裂缝长度100~200m。水平井采用多级封隔器分段压裂或水力喷砂分段压裂方式，压裂缝长度40.0~160.0m，裂缝导流能力10.0~50.0D·cm。

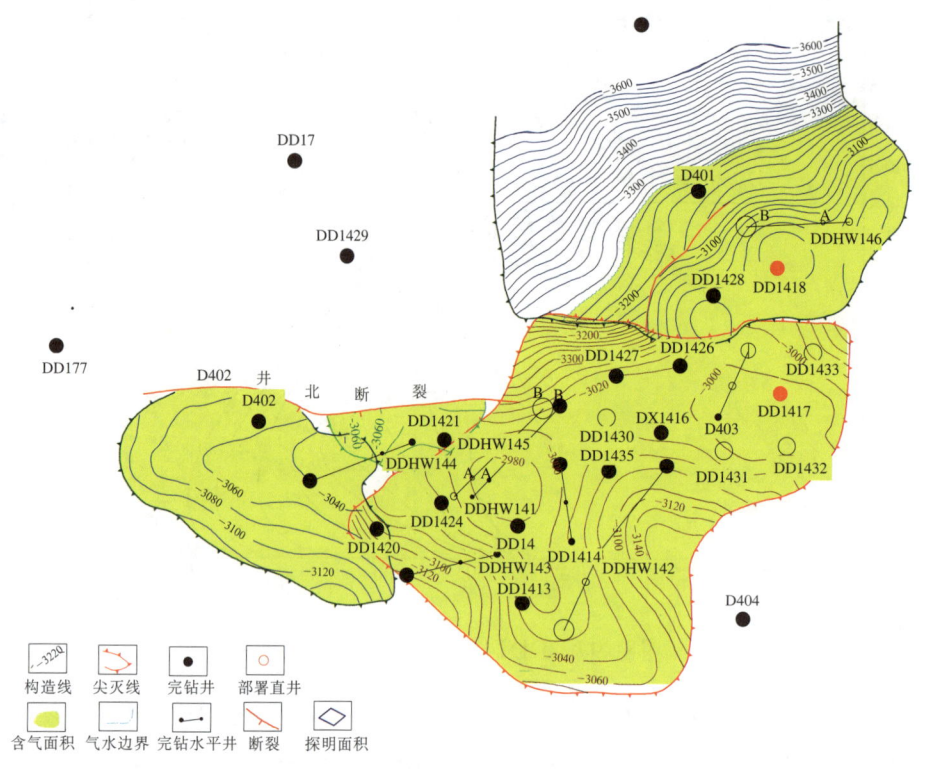

图8-98 DD14区块井网部署图

5）合理生产压差与废弃压力

针对该区块储层基质物性好、裂缝较发育、边底水发育、含气面积大、储量丰度大的特点。以充分利用已钻井生产能力、防止水体快速锥进为目标，根据试采井实际生产压差（表8-12）、临界携液产量对应的生产压差为2.17～5.4MPa，综合考虑出砂、产水、井口外输条件等因素，确定不同类型气井合理的生产压差为：①Ⅰ类井由于产能较高，生产压差相对较小，合理生产压差取3～5MPa；②Ⅱ类井由于产能较低，生产压差高，合理生产压差取5～10MPa；③Ⅲ类井物性差，产能低，生产压差大，合理生产压差大于8MPa。

根据气藏埋深（3714m）和原始地层压力（46.3MPa），利用经验公式确定气藏废弃地层压力为10.5MPa。

表8-12 DD14区块试采井生产压差

气井类别	井号	井数	试采产量，10⁴m³/d 最小值	最大值	平均值	生产压差，MPa 最小值	最大值	平均值
Ⅰ类	DX1424	2	17.9	22.47	18.87	1.37	1.84	1.46
	DX1416		12.33	23.09	18.73	3.54	8.23	7.03
Ⅱ类	DX1415	2	4.52	19	7.54	6.75	20.84	8.75
	DX1413		2.67	10.62	3.99	7.36	22.69	9.2
Ⅲ类	DXHW141	3	5.67	15.49	7.55	8.48	28.58	12.08
	DXHW142		2.65	5.49	3.43	9.62	22.56	14.32
	DD403		1.09	15	2.04	17.39	32.13	26.85

6）单井合理产量

针对气藏储层基质物性较好、边底水发育、裂缝较发育的特点，结合气井试采动态特征，采用单井优化配产方法，综合确定不同类型气井的合理产量。其中Ⅰ类直井1口的合理产量为$11.7×10^4m^3/d$。Ⅱ类水平井3口的合理产量$(6.9～11.3)×10^4m^3/d$；Ⅱ类直井6口的合理产量$(5.1～8.4)×10^4m^3/d$；Ⅲ类直井6口的合理产量$(1.5～4.7)×10^4m^3/d$（图8-99）。

7）采气速度与稳产年限

针对气藏储层非均质性强、基质物性较好、储量丰度较高的特点，以延长稳产时间提高最终采收率为目标，在不同类型气藏采气速度及稳产年限类比分析的基础上，采用数值模拟等方法，综合确定气藏合理的采气速度为1.9%，采用井间接替方式的稳产年限为7.6a（图8-100）。

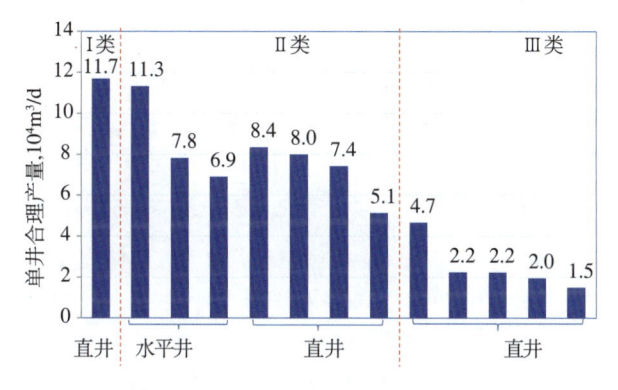

图8-99　DD14区块单井合理产量柱状图

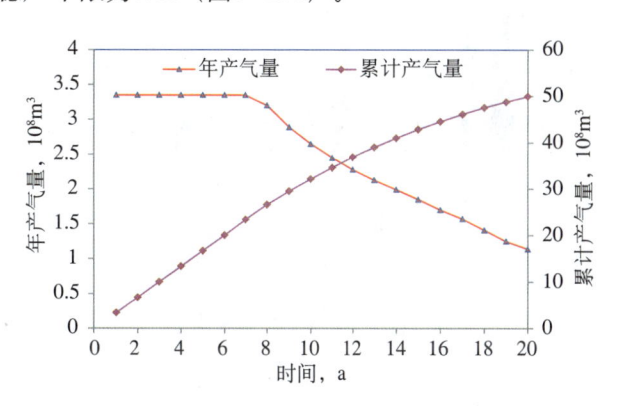

图8-100　DD14区块开发指标预测结果

3. 气藏开发动态特征

截至2012年底，DD14区块共完钻18口井，压裂投产17口，年产气$3.49×10^8m^3$，凝析油$3.58×10^4t$。生产期间有6口井产量、压力递减相对较慢，有5口井日产气大于$8×10^4m^3/d$，气藏呈现出一定的稳产能力。

1）初期单井产能较小，递减较快，井间产能差异相对较小

DD14区块14口井初期无阻流量$(12.1～114.5)×10^4m^3/d$，平均$27.6×10^4m^3/d$；目前无阻流量$(4.03～46.6)×10^4m^3/d$，平均$14.4×10^4m^3/d$，产能降低约47%（图8-101）。初期单井日产气量$(4.3～20.42)×10^4m^3$，平均$9.65×10^4m^3$；日产凝析油3.78～20.3t，平均9.3t；油压为9～37.5MPa，平均22.6MPa。目前单井日产气量$(0.79～11.3)×10^4m^3$，平均$4.76×10^4m^3$；单井日产凝析油0.09～8.49t，平均3.63t，产量递减49%（图8-102）。

2）干扰试井等资料证实火山岩储层连通性差

气藏发育5个独立的火山岩体，内部夹层较发育，火山岩体之间储层连通性差。

气井生产过程中地层压力从47MPa下降到24.5MPa，火山岩体内部呈现出压力下降不均衡的趋势，局部形成较大的压降漏斗，反映火山岩体内部储层连通性差（图8-103）。

DD14复合火山岩体中部DD1415井与DD1416井相距490m，在同一层段生产。根据这两口井的干扰试井测试，DD1416井以$(15.6～17.4)×10^4m^3/d$生产40余天，DD1415关井监测压力恢复，结果表明这两口井之间互不连通（图8-104）。

储层连通性差导致储量动用不充分，在气藏边部存在诸多压力较高的未动用区域，需完善井网以提高控制程度。

3）裂缝发育程度低于DD18，导致气井渗流沟通范围有限、井控动态储量小

在生产动态特征分析的基础上，采用第七章的井控动态储量评价方法，确定该区块的储层动态参数和井控动态储量（图8-105和图8-106）。其中单井控制泄流半径为105.7~780m，井控动态储量为（0.29~9.2）×10^{8}m^3，其中低于3.01×10^{8}m^{3}的井占50%，平均单井控制动态储量为3.01×10^{8}m^3，总计动态储量为36.2×10^{8}m^3。

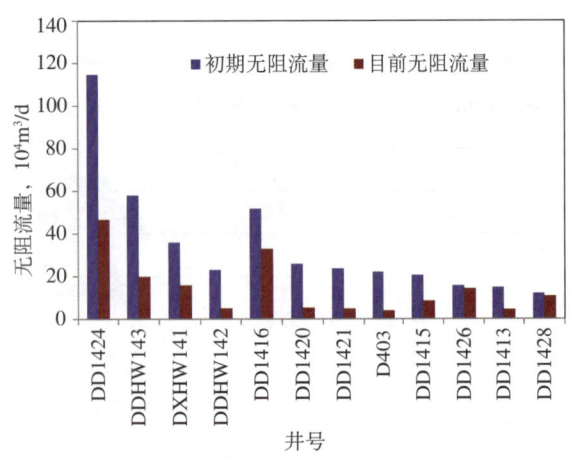

图8-101 气藏产能变化柱状图

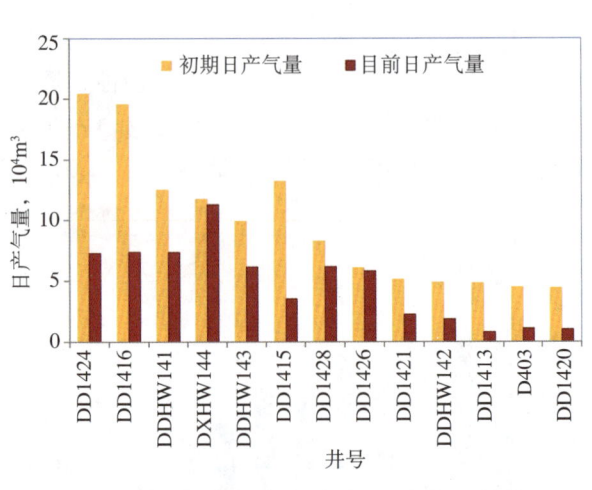

图8-102 气藏投产初期和目前产量柱状图

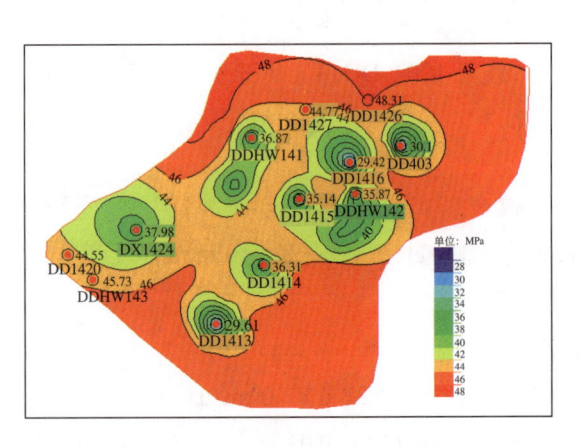

图8-103 气藏压力等值线图

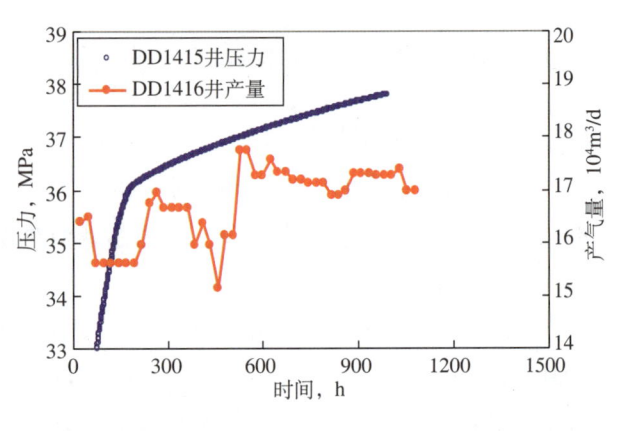

图8-104 DD1415与DD1416井干扰试井

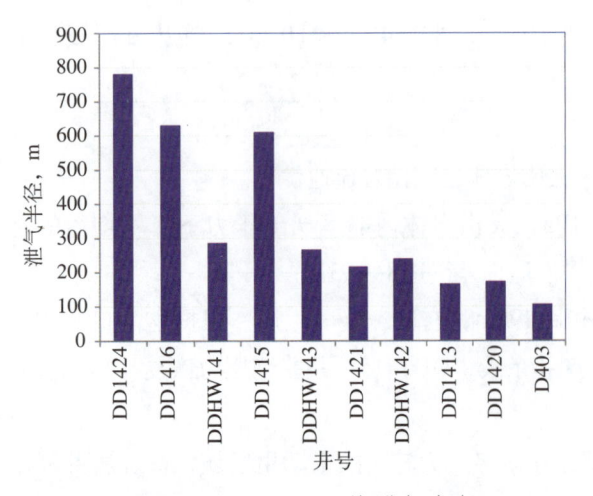

图8-105 DD14区块泄气半径

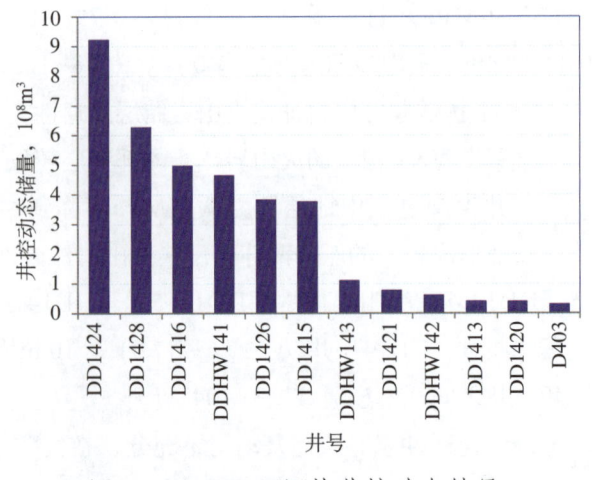

图8-106 DD14区块井控动态储量

4）水平井和欠平衡钻井技术是该区提高气井产能的重要措施

与相邻直井相比，水平井产气量、井控储量均高于直井，通常达到直井的3~5倍。如表8-13、图8-107和图8-108所示，该区水平井井数占投产总井数的14%，但累计产气量占到气田总产量的29.3%，平均单井累产气水平井是直井2.6倍，因此水平井是该区提高单井产量的有效技术。

表8-13 水平井动态指标统计表

井名	水平段长度 m	平均日产气量 $10^4 m^3$	平均油压 MPa	平均生产压差 MPa	累计产气量 $10^4 m^3$	井控储量 $10^8 m^3$	采出程度 %
DXHW141	836.5	7.932	18.114	13.059	8604.38	4.641	18.5
DXHW142	306	3.357	17.089	16.014	1432.87	0.602	23.8
DXHW143	479	6.561	21.667	0.96	3248.5	1.091	29.8

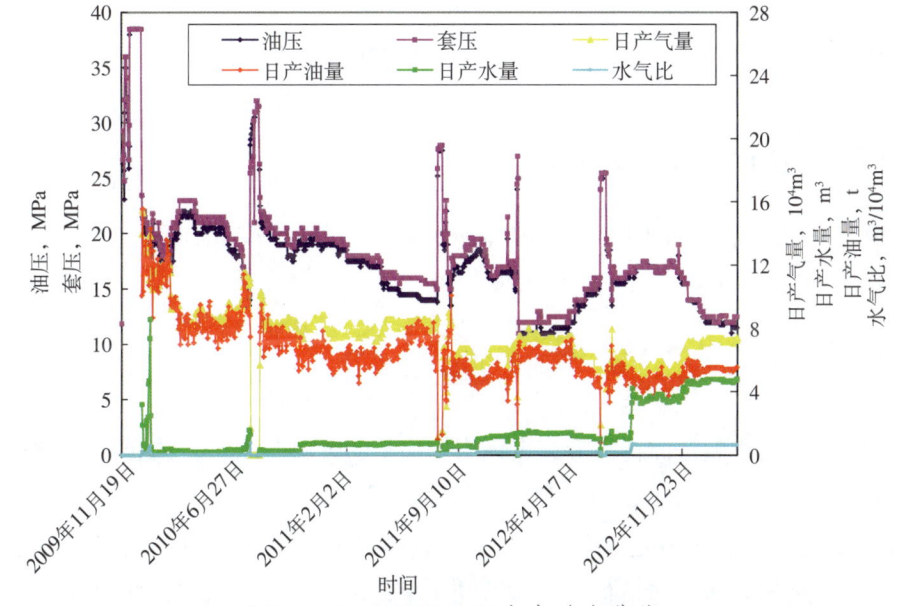

图8-107 DXHW141生产动态曲线

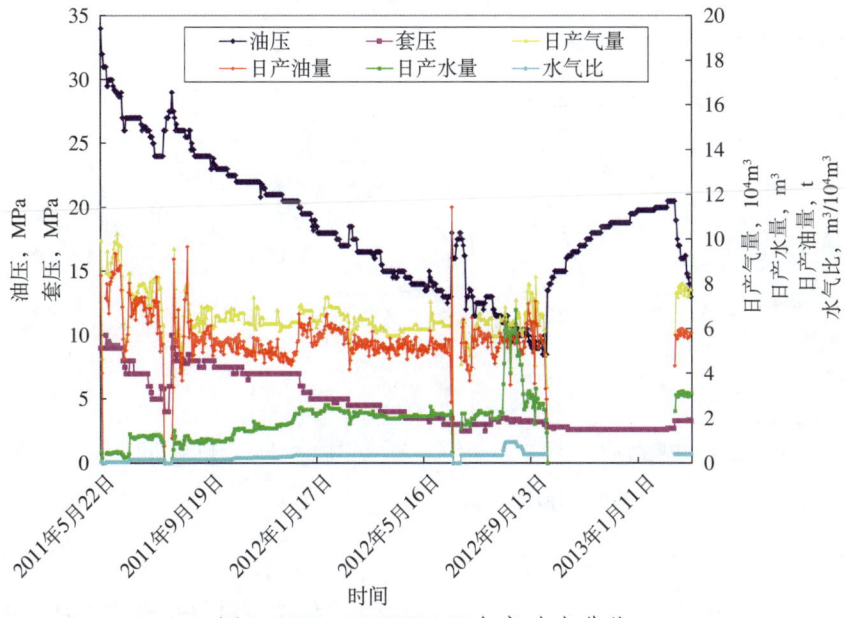

图8-108 DXHW143生产动态曲线

558 | 火山岩气田开发

欠平衡钻井是一种减小储层钻井液伤害、保护储层的有效技术。DXHW141井采用欠平衡钻井技术，钻遇石炭系上部物性较好的凝灰质火山碎屑岩储层，储层钻遇率99.3%，单井产量达到$7.9 \times 10^4 m^3/d$，高于其他井。

第五节 日本火山岩气田开发

日本从20世纪50年代中期到80年代已陆续发现了几十个中、小型火山岩油气藏，其中较为著名的有南长冈、见附、片贝、妙法寺等气田。日本火山岩气多为基性玄武岩和中性安山岩，每个气藏规模都不大，但储层物性、连续性和连通性好，表现为构造圈闭、中小型整装的高效气藏。由于采用常规沉积岩气藏的开发方式已能满足实际生产的需要，因此气藏开发整体研究水平较低，没有形成系统的火山岩气藏开发理论和特色开发技术。

下面重点介绍开发最成功的两个气田——吉井—东柏崎气田和南长冈气田的开发情况。

一、吉井—东柏崎气田火山岩气藏开发

吉井—东柏崎气田发现于1968年，位于日本东柏崎市北东向10 km，属于新潟盆地西山—中央油区，火山岩由中新世中期—七谷期火山喷发形成[12]。

1. 主要地质特征

1）气藏构造特征

吉井—东柏崎火山岩气藏顶面构造形态表现为一狭长的背斜圈闭，长约16km，宽约3km，其西北高点为帝国石油公司的东柏崎气田，东南高点为石油资源开发公司的吉井气田（图8-109）。1966年钻该气田1号井时，打到东翼背斜陡带未获气，而后在西侧钻了2号井，于井深2969m处进入绿色凝灰岩层有气显示，并且发现地表构造缓但地下构造陡，呈现出一个在凝灰岩锥体上披覆的背斜。由于这个背斜从七谷期到西山期长期处于构造高部位，成为捕集油气的良好场所。

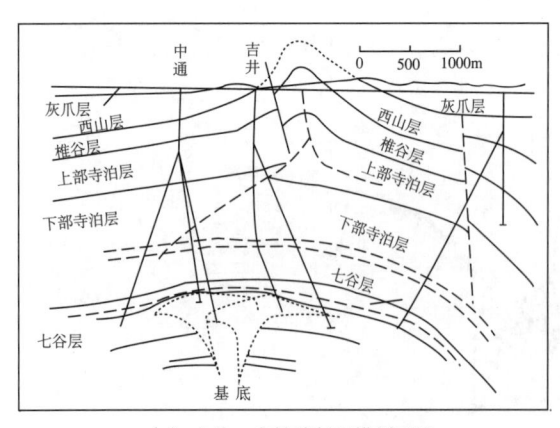

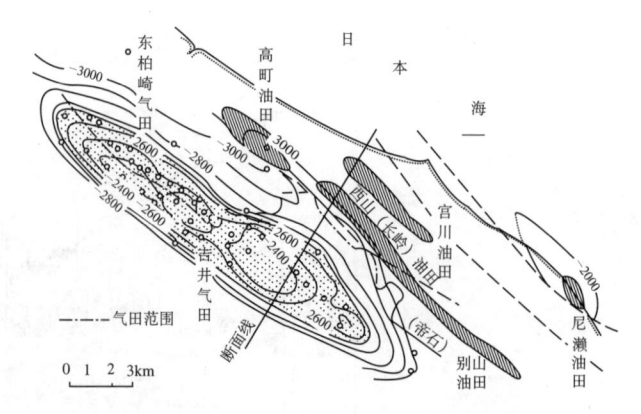

(a) 吉井—东柏崎气田横剖面图　　(b) 吉井—东柏崎气田横构造图（凝灰岩顶面）

图8-109　吉井—东柏崎气田构造图

2）储层特征

吉井—东柏崎火山岩储层岩性复杂、储集空间类型多、储层物性好但非均质性严重。

(1) 岩性特征。

总体上，吉井—东柏崎储层主要以绿色凝灰岩为主。这里的绿色凝灰岩是以绿色为主的火山岩系的总称，包括玄武岩、安山岩、流纹岩及其碎屑岩。

(2) 储集空间。

该气藏的储集空间包括原生和次生的裂隙，原生裂隙即熔岩爆发时的气孔、熔岩冷却产生的裂隙、岩石角砾岩化和结晶时形成的裂隙、孔洞或晶洞；次生裂隙包括构造裂隙及溶蚀作用形成的孔隙，如局部发育的次生蚀变中—微型裂隙和孔洞。

(3) 裂缝特征。

吉井—东柏崎裂隙发育，既有原生裂隙，即熔岩爆发时的气孔及熔岩冷却产生的裂隙，也有次生裂隙，如构造裂隙及溶蚀作用形成的裂隙。这些裂隙主要起连通气孔、溶蚀孔及其他储集空间的作用，在油气运移中则起疏导管作用。

(4) 储层物性。

火山岩岩石坚硬，骨架抗压实能力强，在埋深过程中受机械压实作用影响较小，孔隙度更容易保存下来，因此储层物性好，其孔隙度一般为7%~32%，渗透率介于5~150mD之间。

但由于次生孔隙及裂缝占比高，储层非均质性强。致密凝灰岩原生孔隙不发育，次生改造作用也不强，因此储渗性能差、产能低。

(5) 有效储层分布。

吉井—东柏崎火山岩储层有效厚度多介于5~58m之间，平面变化快、分布不均。

(6) 油源岩特征。

油源岩是七谷层的泥岩，有机碳含量为1%~1.5%，以Ⅰ型干酪根为主。

3) 气藏特征

气藏埋深800~2370m，地层压力30.2MPa，气水界面约2700m，含气高度300m，属于强水驱气藏。

七谷层在西山初期埋深2000m以上，地层温度达到100℃左右，先生成油运聚在背斜圈闭的火山岩体内，后继续沉降，地层温度达到130℃以上，原始油藏的原油热解，形成气及凝析油，气油比为4000~5000m³/m³。

4) 储量特征

吉井—东柏崎气田原始可采储量约118×10⁸m³，原油225×10⁴t，叠合含气面积约27.8km²，计算可采储量丰度为4.24×10⁸m³/km²。

综上所述，吉井—东柏崎气田火山岩气藏为新近系绿色凝灰岩，储集空间类型多、储层物性好但非均质性强，是典型的构造圈闭型、中型整装高效火山岩气藏。

2. 气藏开发动态特征

吉井—东柏崎火山岩气田属凝析气藏，储层物性好（孔隙度7%~32%，渗透率5~150mD），其西北高点为帝国石油公司的东柏崎气田，东南高点为石油资源开发公司的气田。1996年钻吉井气田1号井未获气，然后在西侧钻了2号井，并在井深2969m处绿色凝灰岩层有气显示[13,14]，标志着吉井火山岩气藏的发现。

吉井气田自1968年至1978年共完成41口生产井，井距为1000m[15,16]，有一口井日产气50×10⁴m³。

截至1986年底，一共完钻了47口井，井深2310~2720m，生产井15口，平均单井日产气$8.9×10^4m^3$，年产气为$4×10^8m^3$，产油$6×10^4t$，采气速度达到3.4%，累计产气$88×10^8m^3$，产油$173×10^4t$。

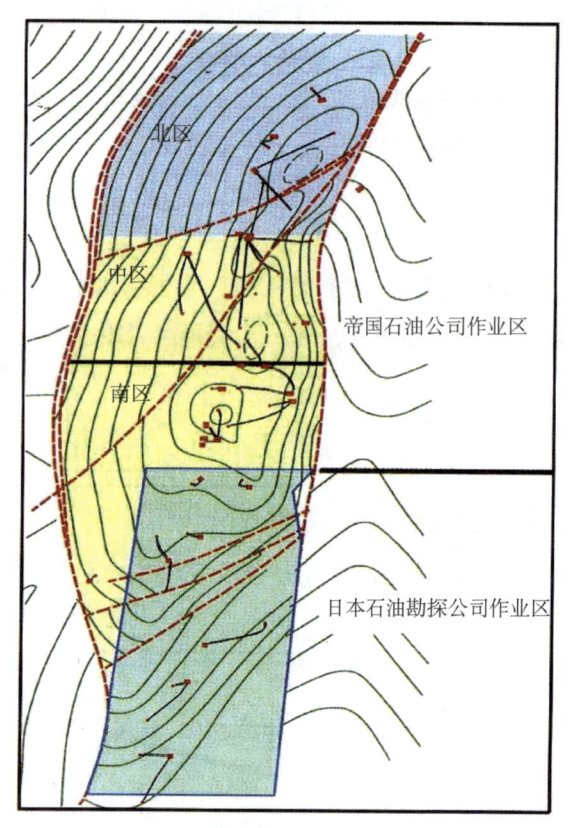

图8-110 南长冈气田构造及开发现状图

二、南长冈气田火山岩气藏开发

南长冈气田发现于1979年，位于日本中南部新泻县Niigata市西南10km处，是目前日本最大的火山岩气田之一[17]。该气田由帝国石油公司和日本石油勘探公司两家日本石油公司拥有，所产天然气通过1400km的管网直接供给东京和其他的市场。

1. 气藏主要地质特征

1）气藏构造特征

受中新统海底火山喷发及古构造形态影响，南长冈火山岩气藏构造形态整体表现为南北向背斜，东西两侧被两条大的断裂挟持，长约5 km，宽约1.6km；气藏的北部、中部和南部存在多个局部高点（图8-110）。

2）储层特征

南长冈气田火山岩储层岩性岩相变化快，储层具有储渗模式复杂、孔隙结构类型多、储层非均质性强的特点。

（1）岩性特征。

南长冈火山岩经过了多期喷发作用，由流纹岩、火山碎屑岩和枕状角砾岩持续堆积形成巨厚储层，储层胶结物主要为绢云母、石英、钠长石和碳酸盐，原生孔隙的胶结物较少。

（2）裂缝特征。

该气藏南北区裂缝发育程度差异较大，以南区天然裂缝发育，储层的渗透性及连通性较好。裂缝在不同岩性储层中发育程度不同，以熔岩和枕状角砾岩中最发育。

（3）储层物性。

该气藏储层物性差异大，孔隙度10%~20%，平均15%；渗透率0.01~20mD，以南区储层孔隙度相对较高、物性较好。不同岩性储层物性差异大，枕状角砾岩和玻璃质碎屑岩的平均孔隙度为15%，其中前者的渗透率在0.1~10.0mD，后者的渗透率则小于0.1mD；火山熔岩的平均孔隙度小于10%，但渗透率大于1.0mD。

（4）有效储层。

南长冈火山岩气藏储层厚度大，火山岩厚度数百米至数千米，有效储层厚度最大可达到792.48m。

3）气藏特征

（1）圈闭特征。

南长冈火山岩气藏为南北向的背斜，东西两侧被两条大的断裂挟持，气柱高度300~1000m

（图8-111）。南区储层物性较好、天然裂缝发育、储渗单元间连通性较好，以构造圈闭为主；北区储层物性差、基质渗透率低、裂缝发育程度低、为致密火山岩储层，各含气单元的连续性和连通性差，表现为岩性圈闭特征。

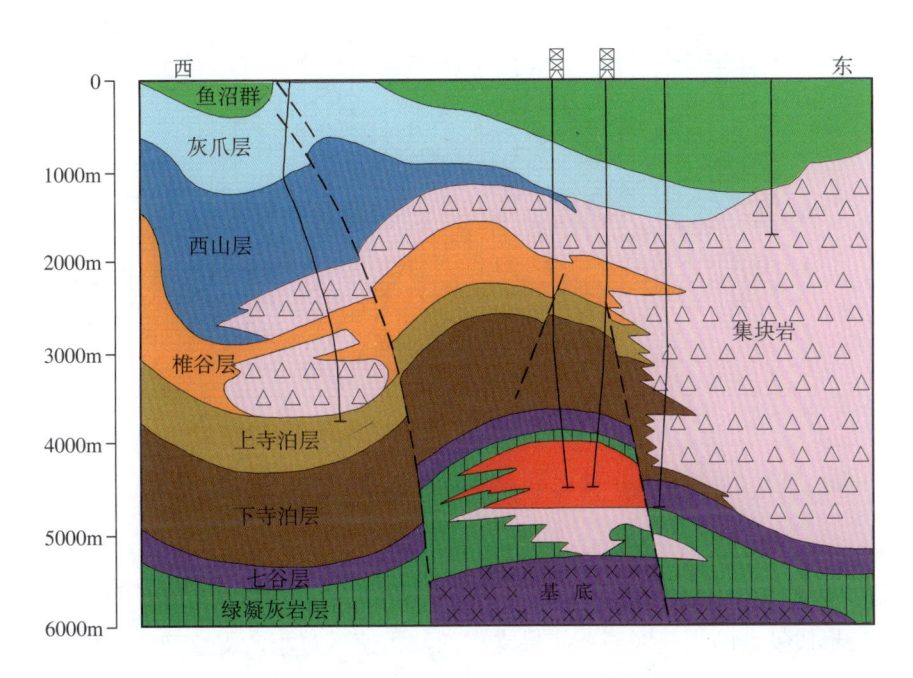

图8-111　南长冈气田火山岩气藏剖面图

（2）温压系统。

南长冈火山岩气藏埋深3810～4876.8m，原始地层温度平均为176.67℃，地温梯度3.62～4.64℃/100m，相比正常的地温系统偏高。

其原始地层压力平均为55.85MPa，压力系数1.15～1.47，属于高压系统。

2. 气藏开发模式与开发技术政策

南长冈气田经过6年的开发前期评价研究，于1984年投入正式开发。2000年，在Iiduka-1勘探井又发现了覆盖在火山岩气藏上方的砂岩储层—寺泊层，并在S-凝灰岩层位发现了天然气。到2005年底南长冈气田开采的天然气产量占日本国内天然气总产量的40%。

1）开发模式

开发初期，日产气在$100 \times 10^4 m^3$以下，通过不断钻新井的方式来维持开发规模。1994年以后，随着天然气处理净化厂的不断扩建，特别是随着适用于高温高压火山岩储层压裂技术的成功应用（2001年），气田北部致密储层得以成功开发，气田开发规模逐步扩大。

2）开发方式

南长冈气田天然气以CH_4（80.9%）为主，CO_2含量平均为6.63%（表8-14），地层条件下不会出现反凝析现象（图8-112），因此其开发方式采用与常规干气气田相同的衰竭式开采方式。

表8-14　南长岗气田天然组成（引自日本帝国石油公司内部资料）

成分	CH_4	C_2H_6	C_3H_8	$C_4H_{10}+$	N_2	CO_2
含量，%（摩尔分数）	80.9	4.97	1.84	3.39	2.27	6.63

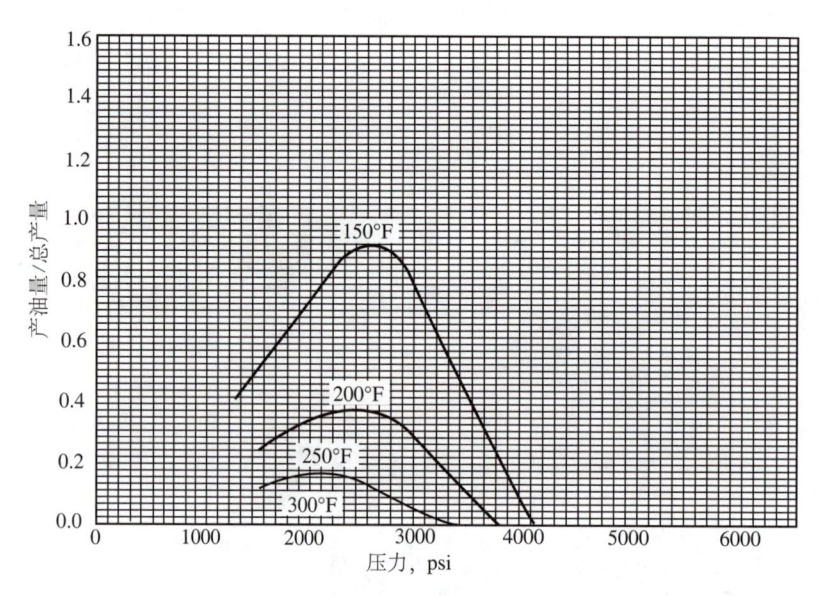

图8-112 南长冈气田流体性质（引自日本帝国石油公司内部资料）

3）压裂参数

南长冈气田MHF#1井采用套管射孔加砂压裂方式压裂6层[7, 18]。该气田天然裂缝发育，一旦压裂就会在近井地带形成复杂的裂缝网络。如果支撑剂注入速度过小，支撑剂浓度低，复杂缝网继续扩展，裂缝导流能力弱；如果支撑剂注入速度过大，支撑剂浓度高，导致主裂缝和次级裂缝全部封堵。因此，MHF#1井合理利用支撑剂段塞，封堵次级裂缝，形成高导流能力的主裂缝（图8-113）。

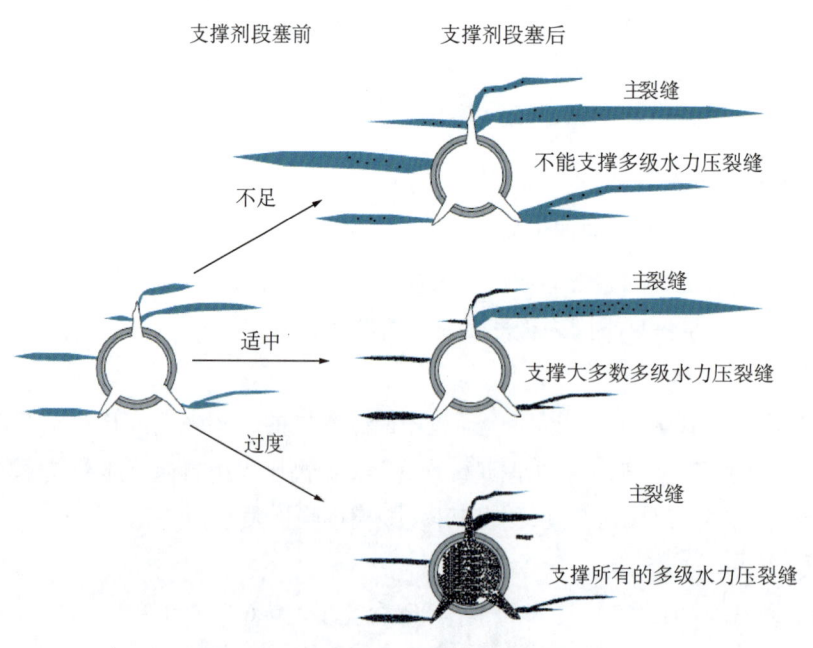

图8-113 南长冈气田有效支持模式图

MHF#1井压裂液利用高黏压裂液体系（CMHPG/Zirconate），采用30/60目Bauxite小粒径支撑剂代替20/40目支撑剂，单段加砂量13.82～36.05t，施工排量2.39～4.61m³/min，裂缝半长19～39m，裂缝高度36～73m，无量纲裂缝导流能力0.16～6.8（表8-15）。

表8-15　南长冈气田MHF#1井压裂参数表

压裂层数		1	2	3	4	5	6
岩性		Lava	Lava-NF	PBB	PBA	PBA/Lava-NF	Lava
射孔深度, m		4479.5~4485.5	4442~4448	4414~4420	4340~4346	4278~4284	4144~4150
压裂设计	排量, m³/min	2.39	4.61	3.18	3.98	3.18	3.18
	总支撑剂量, t	30.51	13.82	31.76	34.32	36.05	30.03
	净液量, m³	311.64	242.79	267.28	321.98	321.66	295.9
实际压裂	前置液, m³	109.39	100.33	72.82	104.94	97.31	113.69
	净液量, m³	311.16	236.12	187.94	326.75	97.31	310.53
	总支撑剂量, m³	33.46	16.25	10.40	40.91	49.03	35.37
	总液量, m³	529.95	356.64	283.50	407.20	184.92	404.02
闭合压力, MPa		92.68	75.43	81.268	66.96	78.22	75.71
裂缝几何尺寸	支撑裂缝半长, m	29	37	26	39	19	27
	支撑裂缝高度, m	64	69	47	73	36	49
	平均裂缝宽度, m	0.009	0.009	0.002	0.015	0.015	0.061
	无量纲裂缝导流能力F_{CD}	0.86	0.79	0.25	1.13	0.16	6.80

4）单井产量

南长冈气田1999年底完钻17口井，其中12口井投入生产，初期日产气量5~32.3×10⁴m³，其余5口井由于产量较低未投入生产。南区井间流动能力14.6~182.6mD·m，气井产量最高可达50×10⁴m³/d；北区井间流动能力3.05~11.9mD·m，气井则需压裂投产，日产气约5×10⁴m³；中区气井产量介于南、北部之间。

5）产能规模

截至2002年底，年产规模为6×10⁸m³，累计产天然气60×10⁸m³。2005年，日产最高规模达320×10⁴m³。截至2006年上半年，共完钻31口井，投产19口井，平均单井日产气为28.2×10⁴m³，日产规模为（150~320）×10⁴m³，气田累计产气91.87×10⁸m³ [5]。

3. 开采动态特征

1）储层非均质性强，井间流动能力差异大

南长冈储层物性差异较大，渗透率变化范围在0.01~20mD，其中南区储层物性好、裂缝发育，井间流动能力14.6~182.6mD·m；北区储层物性差，井间流动能力3.05~11.9mD·m；中区气井产能介于南、北部之间[19]（图8-114）。

2）火山岩储层平面连续性差，单个砂体横向展布范围有限

南长冈气田主要开发井井底静压随时间变化曲线如图8-115所示。图8-115中北部和翼部气井的压力下降与南部井生产有关，中部区域的气井生产后压力急剧下降，表现出了近封闭边界的特征，这说明该气田储层具有部分分区的连通性。

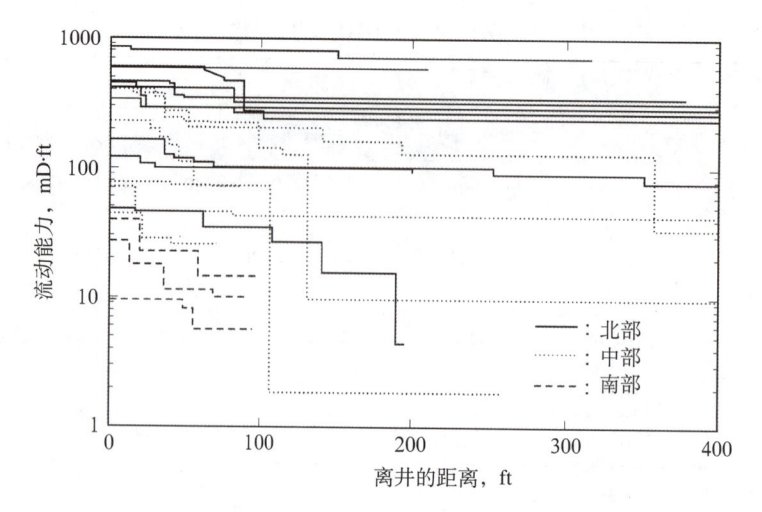

图8-114 南长冈储层气井流动能力沿井筒径向分布规律[20]

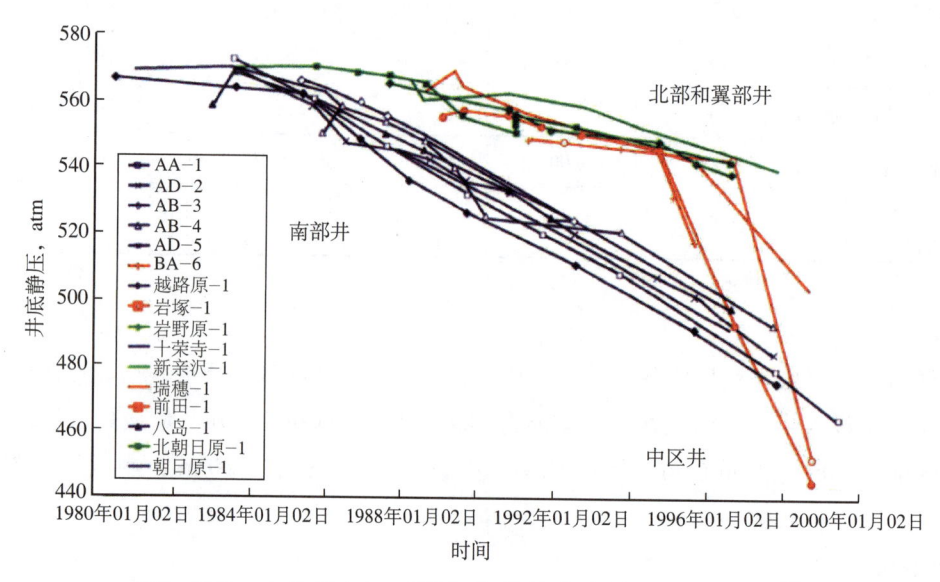

图8-115 南长冈气田不同部位井的井底静压变化曲线[5]

通过对南长冈气田不同区域气井压力恢复曲线的现代试井分析知,所有井的压力恢复曲线都表现出上翘特征,表现气藏流体渗流存在封闭边界的影响,解释边界距离9.4~304m。不同区域之间的非均质程度有差异(图8-116),中部储层的非均质性更为严重。研究认为:该气田单井钻遇的火山岩储

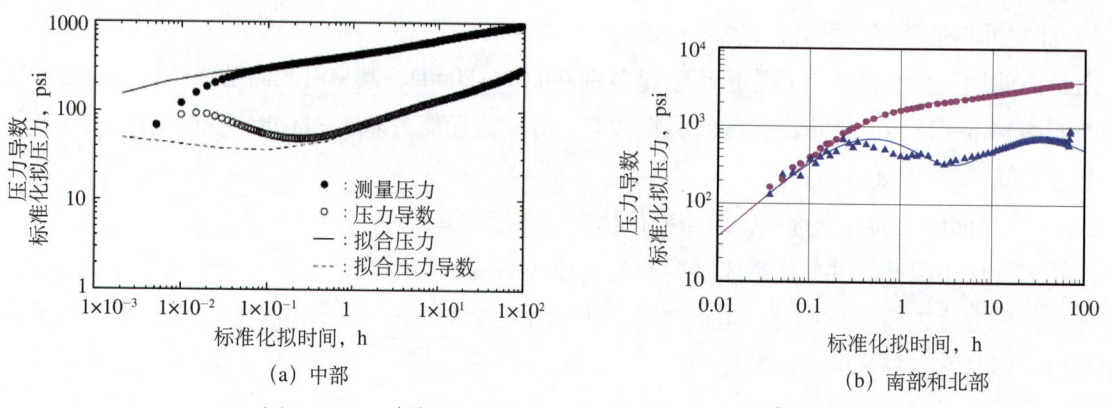

(a) 中部

(b) 南部和北部

图8-116 南长冈气田压力恢复双对数曲线[19, 20]

层为不连续的岩体，单个岩体横向展布范围有限，约5~150m，平均36m[5]。

图8-117为南长冈气田一口井长期生产历史拟合图。该井共射孔16层，26层未射孔，该井投产初期日产气$11.5\times10^6ft^3$（$32.56\times10^4m^3$），根据开井4d的生产测井和试井资料分析，认为16个层中有7个层为相对高传导率的层。日本学者通过火山岩气藏气井产气机理研究（图8-118），建立了多层无窜流分析模型，拟合效果很好，但在后期长期生产200d中的压力动态预测中明显高于实际压力（图8-118中的虚线）。重新历史拟合结果表明，16个层全部为相对高传导率的层（图8-117中的实线）。这说明储层的平面连通性评价必须依据长期生产动态。

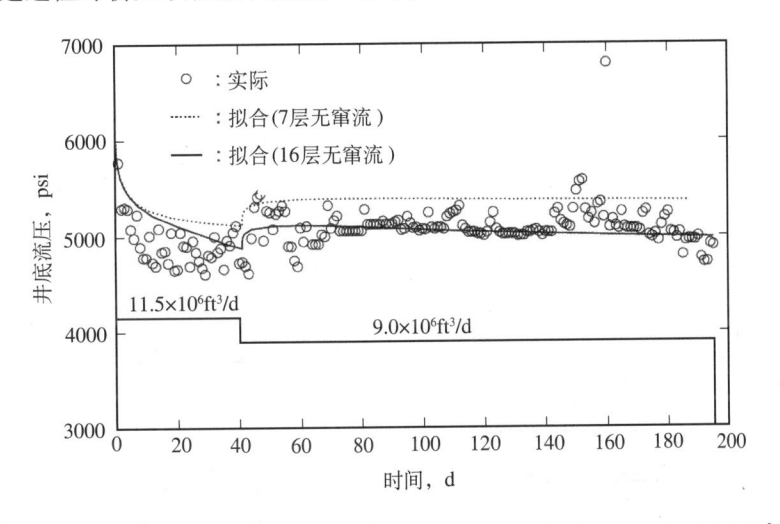

图8-117 南长冈气田某井不同的模型模拟压力与实际压力对比图[19]

3）生产测井表明层内垂向渗透率与水平渗透率差异越大，层间倒灌现象越严重

日本学者利用生产测井和试井资料分析了56个层的渗透率，其值域范围在0.07~14.86mD[20]，水平渗透率与垂向渗透率的比值在0.001~0.01，进一步说明火山岩储层纵横向的非均质性强。针对南长冈气田某口气井的13个产层开展了生产测井，其基本参数见表8-16，开井生产与关井恢复期间井筒产气剖面如图8-119所示。从图8-119中看出：13个产层开井生产时，层间产量差异大，14小层、15小层、18小层与20小层具有较高的流动能力，提供85%的产气量，为主力产层；关井恢复期间，井筒中发

(a) 实际渗流机理　　(b) 理论渗流模型

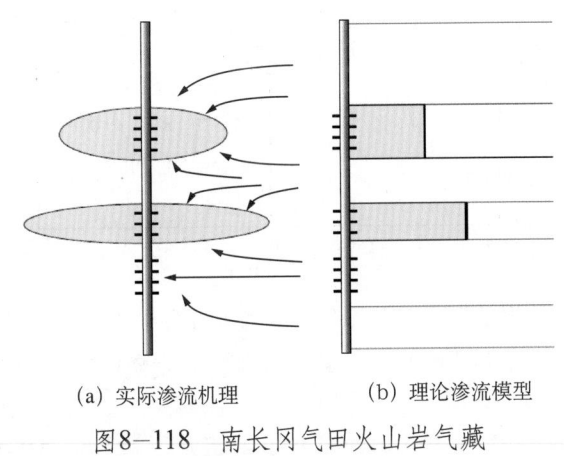

图8-118 南长冈气田火山岩气藏气井产气机理示意图[19]

生了明显的层间倒灌现象，主要倒灌层为18与20小层，其压力支持主要来自14小层和15小层；关井恢复期间，层内垂向渗透率与水平渗透率差异越大，层间倒灌现象越严重，通过模拟研究表明K_v/K_h=0.001情况下的倒灌量明显高于K_v/K_h=0.01情况，反映出层间开采的不均衡，导致部分产层压力衰竭快。

表8-16 南长冈气田一口气井气层基本参数

射孔段数	层数	Kh, mD·ft	h, ft	K, mD	ϕ	r_e, ft
1	13	16.5	66	0.25	0.17	115

续表

射孔段数	层数	Kh, mD·ft	h, ft	K, mD	ϕ	r_e, ft
1	14	78.9	49	1.61	0.18	98
	15	97.2	23	4.23	0.23	49
2	18	119.1	10	11.91	0.23	131
3	20	46.7	13	3.59	0.25	30
	21	3.2	26	0.12	0.12	36
4	23	3.4	10	0.34	0.17	30
5	25	4.2	10	0.42	0.15	—
6	27	1.4	10	0.14	0.21	—
7	29	6.2	20	0.31	0.17	23
8	31	18.3	49	0.37	0.18	36
9	33	4.2	10	0.42	0.18	49
10	35	5.8	50	0.12	0.18	66

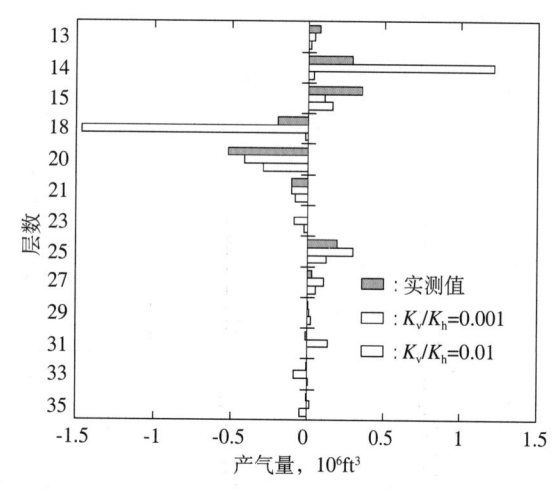

图8-119 南长冈气田气井开井生产与关井恢复期间井筒产气剖面测试图[19]

4）天然裂缝性火山岩气藏采用多层压裂工艺，利用支撑剂段塞封堵次级裂缝，控制加砂浓度避免早期脱砂，高导流能力的主裂缝，提高单井产量

1982年北区Kita Asahihara#1井共钻遇9个气层，4290～4380m层段岩性主要为火山熔岩，有效储层厚度33.92m，有效孔隙度7%～8%，渗透率0.15～0.25mD。1987年完钻Iwanohara#1井共钻遇18个气层，4202～4884m层段岩性主要为火山熔岩与枕屑砾岩，有效储层厚度106.4m，有效孔隙度7%～9%，渗透率0.15～0.63mD。1990年开始分别对北区储层这两口井实施了压裂作业，由于压裂过程中产生的多条窄裂缝导致净压力增大，支撑剂早期脱砂，导致压裂不成功[21-24]。其中Kita Asahihara#1井压前试井产量7.6×10⁴m³/d，压后试井产量15.86×10⁴m³/d（图8-120）；Iwanohara#1井压前试井产量9.6×10⁴m³/d，压后试井产量10.5×10⁴m³/d（图8-121），压裂后的产气量远低于日本学者提出的经济极限产量28.3×10⁴m³/d[7, 17]。

2001年夏天，在南长冈气田北区致密储层通过提高注入排量以增强支撑剂的铺置效率、实时裂缝监测与分析、精细射孔，以及采用小颗粒支撑剂等非常规做法，成功实施了第一口多层压裂井——MHF#1井[7, 17]。该井压裂6层，采用30/60目Bauxite支撑剂，射孔厚度限制在6m，排量提高到3～4m³/min，控制加砂浓度在0.5～2.0lb/gal，以形成高导流能力的主裂缝，单层裂缝半长至少超过14m，平均裂缝高度56m（图8-122）。压后初期日产气量42.48×10⁴m³，明显高于经济极限产量28.3×10⁴m³，提高了单井产量，获得了较好的效益。由于储层物性差异大、非均质性强，导致不同压裂层段对产能的贡献存在较大的差异，其中第1层的产能贡献率为12.4%，第2层为18.5%，第3层、4层、5层和6层的产能贡献率分别为18.4%，23.4%，12.6%和16.1%（图8-123）。

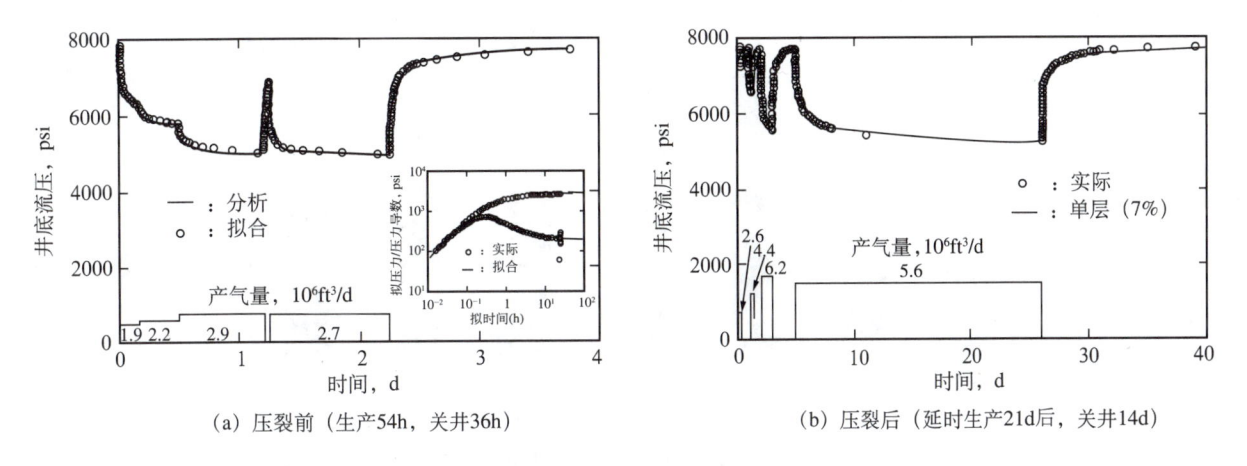

图8-120 Kita Asahihara#1井压前与压裂后试井[21]

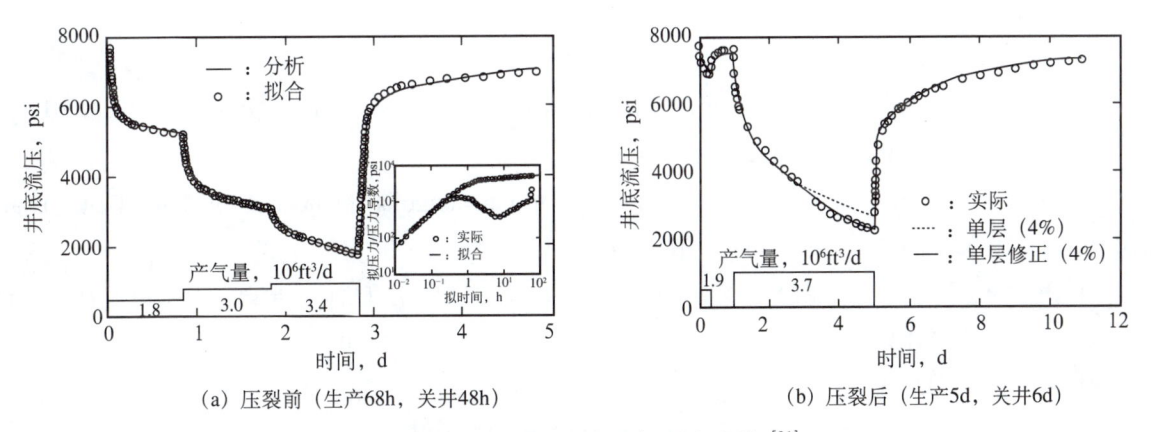

图8-121 Iwanohara#1井压后试井[21]

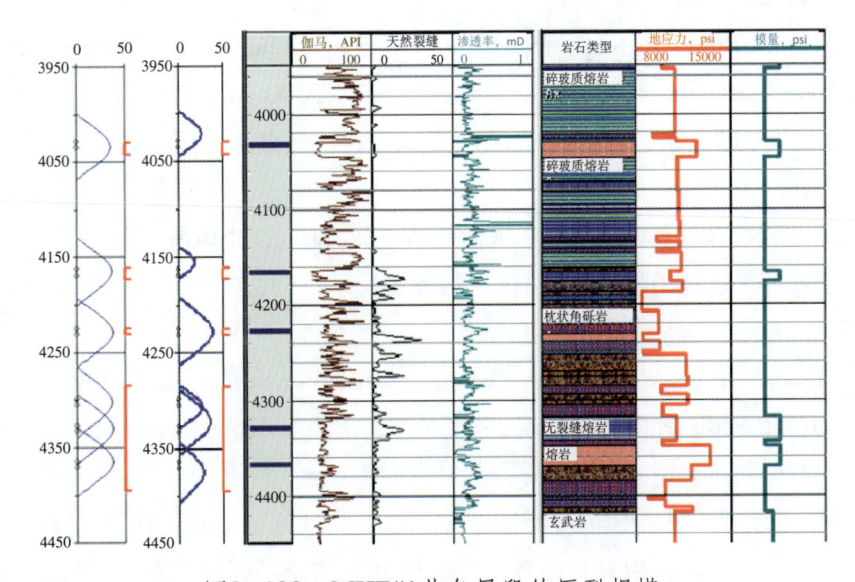

图8-122 MHF#1井各层段的压裂规模

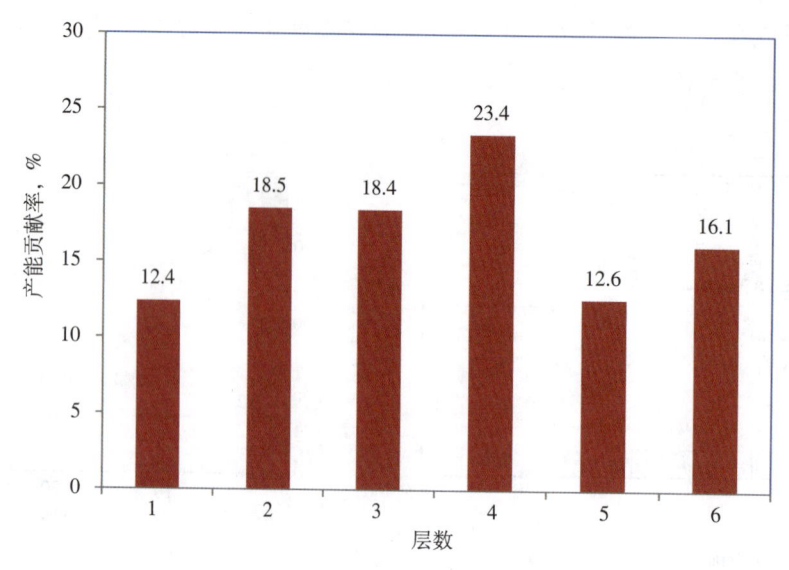

图8-123　MHF#1井压裂层段产能贡献率

参 考 文 献

[1] Schutter Stephen R.Occurences of Hydrocarbons in and Around Igneous Rocks [J]．Geological Society. London，Special Publication. 2003，214:35-68.

[2] Zorin Yu A.Geodynamics of the Western Part of the Mongolia-Okhotsk Collisional Belt, Trans-Baikal Region(Russia) and Mongolia [J]．Tectonophysics，1999，306（1）：33-56.

[3] 冉启全，王拥军，孙圆辉，等.火山岩气藏储层表征技术 [M]．北京：科学出版社，2011．

[4] 刘嘉麒，孟凡超.火山作用与油气成藏 [J].天然气工业.2009，29（8）：1-2.

[5] 徐正顺，庞彦明，王渝明.火山岩气藏开发技术 [M]．北京：石油工业出版社，2010.

[6] Kikuchi Y，Tono S，Funayama M.Petroleum Resources in the Japanese Island-arc Setting [J]．Episodes，1991，14：236-241.

[7] Weijers L，Griffin L G，Sugiyama H，et al.Hydraulic Fracturing in a Deep，Naturally Fractured Volcanic Rock in Japan-Design Considerations and Execution Results [C]．2002，SPE 77823.

[8] 王璞珺，冯志强，等.盆地火山岩：岩性、岩相、气藏、勘探 [M]．北京：科学出版社，2008.

[9] 喻高明.一种特殊油气储集层——火山岩油气藏 [J].石油知识.1998，（1）：31-32.

[10] 彭彩珍，郭平，贾闽惠，等.火山岩气藏开发现状综述 [J]．西南石油学院学报，2006，28（5）：69-72.

[11] Zou Caineng，Zhao Wenzhi，Jia Chengzao，et al.Formation and Distribution of Volcanic Hydrocarbon Reservoirs in Sedimentary Basins of China [J]．Petroleum Exploration and Development，2008，35(3)：257-271.

[12] 邹才能，张光亚，朱如凯，等.火山岩油气地质 [M]．北京：地质出版社，2012.

[13] 张子枢，吴邦辉.国内外火山岩油气藏研究现状及勘探技术调研 [J]．天然气勘探与开发，1994，16（1）：1-26.

[14] 江怀友, 郭建平, 郭士尉, 等. 世界火成岩气藏勘探开发现状与展望 [J]. 天然气技术, 2010, 4 (2): 8-10.

[15] Mitsuo Ukai, Tadami Katahira, Yoichi Kume, et al. Volcanic Reservoirs, Their Characteristics of the Development and Production [C]. 1972, SPE 4296.

[16] 杨双玲. 火山岩气藏储层渗流特征与开发技术对策研究 [D]. 成都: 西南石油大学, 2006.

[17] Tsunao Baba, Jiro Chinju, Masatoshi Sugioka. The Development of Minami-Aga Oil Field [C]. 1972, SPE 4294.

[18] Weijers L, Griffin L G, Sugiyama H, et al. The First Successful Fracture Treatment Campaign Conducted in Japan: Stimulation Challenges in a Deep, Naturally Fractured Volcanic Rock [C]. 2002, SPE 77678.

[19] Masahiko Nomura, Kozo Sato. Continuity Assessment Through Flow-test and Production Data in a Volcanic Formation [C]. 1999, SPE 56679.

[20] Tatsuo Shimamoto, Nozomu Inoue, Kozo Sato. Characterization of a Volcanic Formation through Comprehensive Well Test Analyses [C]. 1997, SPE 37413.

[21] Kozo Sato, Wright C A, Makoto Ichikawa. Post-frac Analyses Indicating Multiple Fractures Created in a Volcanic Formation [J]. SPE Production & Facilities, 1999, 14(4): 284-291.

[22] Weijers L, Wright C A, Sugiyama H, et al. Simultaneous Propagation of Multiple Hydraulic Fractures-Evidence, Impact and Modeling Implications [C]. 2000, SPE 64772.

[23] Beugelsdijk L J L, de Pater C J, Sato K. Experimental Hydraulic Fracture Propagation in a Multi-Fractured Medium [C]. 2000, SPE 59419.

[24] Kozo Sato, Chris Wright, Makoto Ichikawa. Post-Frac Analyses Indicating Multiple Fractures Created in a Volcanic Formation [C]. 1998, SPE 39513.